HANDBUCH DER PHYSIK

UNTER REDAKTIONELLER MITWIRKUNG VON

R. GRAMMEL-STUTTGART · F. HENNING-BERLIN
H. KONEN-BONN · H. THIRRING-WIEN · F. TRENDELENBURG-BERLIN
W. WESTPHAL-BERLIN

HERAUSGEGEBEN VON

H. GEIGER UND KARL SCHEEL

BAND VIII

AKUSTIK

BERLIN
VERLAG VON JULIUS SPRINGER
1927

AKUSTIK

BEARBEITET VON

H. BACKHAUS · J. FRIESE · E. M. v. HORNBOSTEL

A. KALÄHNE · H. LICHTE · E. LÜBCKE · E. MEYER

E. MICHEL · C. V. RAMAN · H. SELL · F. TRENDELENBURG

REDIGIERT VON F. TRENDELENBURG

MIT 252 ABBILDUNGEN

BERLIN

VERLAG VON JULIUS SPRINGER

1927

ISBN 978-3-642-47105-6 ISBN 978-3-642-47352-4 (eBook)
DOI 10.1007/978-3-642-47352-4

Softcover reprint of the hardcover 1st edition 1927

Inhaltsverzeichnis.

IV. Ausbreitung akustischer Schwingungsvorgänge.

Seite

Kapitel 16.

Allgemeine physikalische Konstanten

(September 1926)[1].

a) Mechanische Konstanten.

Gravitationskonstante	$6{,}6_5 \cdot 10^{-8}$ dyn · cm^2 · g^{-2}
Normale Schwerebeschleunigung	980,665 cm · sec^{-2}
Schwerebeschleunigung bei 45° Breite	980,616 cm · sec^{-2}
1 Meterkilogramm (mkg)	$0{,}980665 \cdot 10^8$ erg
Normale Atmosphäre (atm)	$1{,}01325_3 \cdot 10^6$ dyn · cm^{-2}
Technische Atmosphäre	$0{,}980665 \cdot 10^6$ dyn · cm^{-2}
Maximale Dichte des Wassers bei 1 atm	0,999973 g · cm^{-3}
Normales spezifisches Gewicht des Quecksilbers	13,5955

b) Thermische Konstanten.

Absolute Temperatur des Eispunktes	$273{,}2_0$°
Normales Litergewicht des Sauerstoffes	1,42900 g · l^{-1}
Normales Molvolumen idealer Gase	$22{,}414_5 \cdot 10^3$ cm^3
Gaskonstante für ein Mol	$0{,}8204_5 \cdot 10^2$ cm^3-atm · grad^{-1}
	$0{,}8313_2 \cdot 10^8$ erg · grad^{-1}
	$0{,}8309_0 \cdot 10^1$ int joule · grad^{-1}
	$1{,}985_8$ cal · grad^{-1}
Energieäquivalent der 15°-Kalorie (cal)	$4{,}184_2$ int joule
	$1{,}1623 \cdot 10^{-6}$ int k-watt-st
	$4{,}186_3 \cdot 10^7$ erg
	$4{,}268_8 \cdot 10^{-1}$ mkg

c) Elektrische Konstanten.

1 internationales Ampere (int amp)	$1{,}0000_0$ abs amp
1 internationales Ohm (int ohm)	$1{,}0005_0$ abs ohm
Elektrochemisches Äquivalent des Silbers	$1{,}11800 \cdot 10^{-3}$ g · int coul^{-1}
Faraday-Konstante für ein Mol und Valenz 1	$0{,}9649_4 \cdot 10^5$ int coul
Ionisier.-Energie/Ionisier.-Spannung	$0{,}9649_4 \cdot 10^5$ int joule · int volt^{-1}

d) Atom- und Elektronenkonstanten.

Atomgewicht des Sauerstoffs	16,000
Atomgewicht des Silbers	107,88
Loschmidtsche Zahl (für 1 Mol)	$6{,}06_1 \cdot 10^{23}$
Boltzmannsche Konstante k	$1{,}372 \cdot 10^{-16}$ erg · grad^{-1}
$^1/_{16}$ der Masse des Sauerstoffatoms	$1{,}650 \cdot 10^{-24}$ g
Elektrisches Elementarquantum e	$1{,}592 \cdot 10^{-19}$ int coul
	$4{,}77_4 \cdot 10^{-10}$ dyn$^{1/2}$ · cm
Spezifische Ladung des ruhenden Elektrons e/m	$1{,}76_6 \cdot 10^8$ int coul · g^{-1}
Masse des ruhenden Elektrons m	$9{,}02 \cdot 10^{-28}$ g
Geschwindigkeit von 1-Volt-Elektronen	$5{,}94_5 \cdot 10^7$ cm · sec^{-1}
Atomgewicht des Elektrons	$5{,}46 \cdot 10^{-4}$

e) Optische und Strahlungskonstanten.

Lichtgeschwindigkeit (im Vakuum)	$2{,}998_5 \cdot 10^{10}$ cm · sec^{-1}
Wellenlänge der roten Cd-Linie (1 atm, 15° C)	$6438{,}470_0 \cdot 10^{-8}$ cm
Rydbergsche Konstante für unendl. Kernmasse	109737,1 cm^{-1}
Sommerfeldsche Konstante der Feinstruktur	$0{,}729 \cdot 10^{-2}$
Stefan-Boltzmannsche Strahlungskonstante σ	$5{,}7_5 \cdot 10^{-12}$ int watt · cm^{-2} · grad^{-4}
	$1{,}37_4 \cdot 10^{-12}$ cal · cm^{-2} · sec^{-1} · grad^{-4}
Konstante des Wienschen Verschiebungsgesetzes	0,288 cm · grad
Wien-Plancksche Strahlungskonstante c_2	1,43 cm · grad

f) Quantenkonstanten.

Plancksches Wirkungsquantum h	$6{,}55 \cdot 10^{-27}$ erg · sec
Quantenkonstante für Frequenzen $\beta = h/k$	$4{,}77_5 \cdot 10^{-11}$ sec · grad
Durch 1-Volt-Elektronen angeregte Wellenlänge	$1{,}233 \cdot 10^{-4}$ cm
Radius der Normalbahn des H-Elektrons	$0{,}529 \cdot 10^{-8}$ cm

[1]) Erläuterungen und Begründungen s. Bd. II d. Handb. Kap. 10, S. 487—518.

Kapitel 1.

Definitionen. Allgemeine Literaturangaben.

Von

Ferdinand Trendelenburg, Berlin-Nikolassee.

1. Die Akustik und ihre Nachbargebiete. Die akustischen Probleme fallen ihrem eigentlichen Wesen nach in das Gebiet der Mechanik, fast alle dort besprochenen allgemeinen Gesetze — ganz besonders diejenigen der Elastokinetik — beherrschen auch die akustischen Vorgänge. Wenn im vorliegenden Band versucht wird, den derzeitigen Stand der Akustik in einer in sich geschlossenen Form darzustellen, so geschieht dies aus folgenden Gründen:

Die Eigenart akustischer Erscheinungen, insbesondere die überaus engen Beziehungen der Akustik zu anderen Wissenszweigen, und ihre Bedeutung für allgemein kulturelle und in neuester Zeit auch für technische Probleme rechtfertigt die Sonderbehandlung der Akustik neben den eigentlichen Problemen der Mechanik.

Es sind nicht nur Erscheinungen physikalischer Wissenszweige, wie diejenigen der bereits genannten Mechanik, wie diejenigen der Elektrizität oder der Thermodynamik, welche in Verbindung mit akustischen Problemen stehen; auch für ganz andere Forschungsrichtungen sind Berührungspunkte vorhanden. Es sei vor allen Dingen an Physiologie und Psychologie erinnert, in deren Gebiet die elementarste Art der Wahrnehmung akustischer Vorgänge: durch das Gehör, und auch die elementarste Art der Erzeugung eines akustischen Vorganges: durch die Stimme gehört; Probleme, deren physikalische Erforschung im einzelnen hochqualifiziertes Rüstzeug an experimentellen und theoretischen Hilfsmitteln erfordert.

Es ergibt sich aus dem Gesagten, daß eine Darstellung der Akustik, welche auf Vollständigkeit Anspruch zu erheben bestrebt ist, nur möglich ist, wenn gewisse Überschneidungen nach den genannten Wissenszweigen zugelassen werden, man wird daher in dem vorliegenden Bande manche Probleme vom Standpunkt der Akustik beleuchtet finden, die an anderer Stelle in ihrer unmittelbaren Bedeutung behandelt worden sind. Was unter dem Begriff Akustik in dem vorliegenden Band verstanden wird, sei noch kurz definiert:

Unter Akustik seien alle diejenigen physikalischen Vorgänge zusammengefaßt, welche unmittelbar oder auch mittelbar auf den Gehörsinn einwirken und auf diese Weise wahrgenommen werden können.

2. Definitionen akustischer Größen. Anschluß an das absolute Maßsystem. Ebenso wie in anderen Zweigen der Physik — als ein besonders hervortretendes Beispiel sei hier die Elektrizitätslehre genannt — liegt auch in der Akustik das

Bedürfnis vor, einzelne Begriffe zwecks leichterer Verständlichkeit besonders zu definieren und ihre Beziehungen zum CGS-System abzuleiten.

Der Ausgangspunkt der hierauf abzielenden Betrachtungen sei der Begriff der Schalleistung: eine Schallquelle strahle in der Zeiteinheit einen bestimmten Energiebetrag als Schalleistung in das Schallfeld ab. Zu messen ist die Schallleistung demnach in Erg/sec = 10^{-7} Watt $[l^2 m t^{-3}]$.

Die unmittelbare Bestimmung der von einer Schallquelle abgestrahlten Leistung mit Hilfe akustischer Meßmethoden ist nicht möglich, man könnte hier aber z. B. so verfahren, daß man die bei dem betreffenden Energieumformungsprozeß aufgenommene mechanische, elektrische oder thermische Leistung mißt und dann unter Berücksichtigung des beispielsweise theoretisch bekannten Wirkungsgrades die abgestrahlte Leistung, also die Schalleistung, berechnet. Ein Schallsender auf thermodynamischer Grundlage, dessen Energieumformungsprozeß hinreichend definiert ist, um quantitativ brauchbare Resultate zu ergeben, ist das Thermophon (vgl. Art. „Thermische Schallerzeugung" Ziff. 1 u. 2, ds. Bd. Kap. 7), man kann das Thermophon als Normalschallquelle benutzen.

Die abgestrahlte Schalleistung breitet sich im Schallfeld aus, an jeder Stelle des Schallfeldes tritt in der Zeiteinheit eine bestimmte Energiemenge durch die zur Fortpflanzungsrichtung senkrechte Flächeneinheit hindurch, diese Schallleistung pro Flächeneinheit nennt man die Schallintensität an der betreffenden Stelle des Schallfeldes. Anzugeben ist die Schallintensität nach dem Gesagten in Erg/sec/cm² = 10^{-7} Watt/cm² $[m t^{-3}]$.

Die „Schallintensität" kann mit physikalischen Methoden auch ihrem absoluten Wert nach gemessen werden. Diese Methoden sind im Artikel „Akustische Meßmethoden" Ziff. 1—7 (ds. Bd. Kap. 13) behandelt. Man kann diese Messungen auch vorteilhaft dazu benutzen, mittelbar die Leistung einer Schallquelle zu bestimmen: Man mißt die Intensitäten auf einer um die Quelle gelegten Fläche: die Integration über die Fläche ergibt die Schalleistung.

Die grundlegende Bedeutung des Intensitätsbegriffes ist aus dem Vorstehenden ersichtlich. Hier sei noch kurz auf die Beziehungen zwischen der Intensität J und den Bestimmungsstücken der akustischen Schwingung, nämlich Amplitude der schwingenden Teilchen: $a'[l]$, Geschwindigkeitsamplitude der Teilchen: $v'[l t^{-1}]$, und Druckamplitude im Schallfeld: $p'[l^{-1} m t^{-2}]$, hingewiesen, es ist nämlich[1])

$$J = \frac{s \cdot c}{2} (\omega a')^2 \tag{1}$$

$$= \frac{s \cdot c}{2} v'^2 \tag{2}$$

$$= \frac{p'^2}{2 s \cdot c}, \tag{3}$$

hierbei ist s die mittlere Luftdichte, c die Schallgeschwindigkeit und ω die Kreisfrequenz.

Die in den Gleichungen (1) bis (3) zusammengestellten Ausdrücke der Schallintensität lassen noch einen weiteren Begriff ermitteln, welcher sich für die Betrachtung akustischer Vorgänge als vorteilhaft erwiesen hat:

Kombiniert man die Ausdrücke (2) und (3), so erhält man

$$p' = s \cdot c \cdot v', \tag{4}$$

[1]) Die Beziehungen gelten für ebene fortschreitende Wellen von der Form $a = a' \sin \omega t$. Für andere Verhältnisse vgl. Artikel „Schwingungen räumlich ausgedehnter Kontinua" Ziff. 11 (ds. Bd. Kap. 4).

und wenn man v' durch $\omega a'$ ersetzt, so ergibt sich

$$\frac{p'}{a'} = s \cdot c \cdot \omega . \tag{5}$$

Diesen Begriff (Dimension $[l^{-2} m t^{-2}]$) haben HAHNEMANN und HECHT[1]), die zuerst auf seine Bedeutung als charakteristische akustische Größe hingewiesen haben, mit Schallhärte bezeichnet.

Neben dem Begriff der oben als Schallintensität definierten Schalleistung pro Flächeneinheit kennt man noch die Begriffe Schalleistung pro Volumeneinheit (Erg/sec/cm³ = 10^{-7} Watt/cm³, $[l^{-1} m t^{-3}]$) und Schallleistung pro Masseneinheit (Erg/sec/g = 10^{-7} Watt/g $[l^2 t^{-3}]$).

Schließlich benutzt man noch den Begriff der räumlichen Energiedichte[2]) E_r, dessen Wert sich aus dem oben definierten Wert der Schallintensität durch die Beziehung berechnet:

$$E_r = \frac{J}{c} \tag{6}$$

(Erg/cm³ = 10^{-7} Wattsec/cm³ $[l^{-1} m t^{-2}]$).

Den bisherigen Betrachtungen war stillschweigend zugrunde gelegt, daß der betrachtete akustische Vorgang eine unbegrenzte Folge periodisch wiederkehrender Zustände darstellt, so daß also die mittlere abgegebene Schalleistung bzw. die mittlere Intensität einen konstanten Wert besitzt, ein solcher Vorgang ist beispielsweise in dem Klang einer Pfeife realisiert. Aber auch zeitlich engbegrenzte Vorgänge ohne ausgesprochen periodischen Charakter, denken wir z. B. an den Knall einer Pistole oder an Sprachlaute wie p oder b — sind durch die betrachteten akustischen Größen in praktischer Weise zu kennzeichnen: Man kann die Momentanleistung in jedem Zeitmoment betrachten, ihre Integration über die Zeit und Division durch die Zeitdauer des gesamten Verlaufes ergibt die mittlere Leistung des Vorganges. Die Integration der Momentanintensität über die Zeit führt zu dem Betrag der bei dem Vorgang durch das Flächenelement der betreffenden Stelle des Schallfeldes hindurchgetretenen Energie. Integriert man nun noch die Energien pro Flächenelement über die gesamte um die Schallquelle herumgelegte Fläche, so erhält man die bei dem Vorgang abgestrahlte Gesamtenergie. Hinsichtlich weiterer akustischer Größen sei auf die einzelnen Artikel dieses Bandes verwiesen.

3. Allgemeine Angaben über umfassende Werke der akustischen Literatur. H. v. HELMHOLTZ[3]) hat in seiner Lehre von den Tonempfindungen die Grundlagen der physikalischen und der physiologischen Akustik dargestellt, das Werk kann auch heute noch als einer der wichtigsten Grundpfeiler des Gebäudes der Akustik bezeichnet werden.

Lord RAYLEIGH[4]) gibt in seiner „Theorie of Sound" die klassische Darstellung der mathematisch-physikalischen Akustik — den umfangreichen theoretischen

[1]) W. HAHNEMANN u. H. HECHT, Phys. ZS. Bd. 17, S. 601. 1916.

[2]) Es sei hier noch darauf hingewiesen, daß man vereinzelt auch eine von der beschriebenen Definition abweichende Bezeichnungsweise findet. So ist im Lehrbuch der praktischen Physik von F. KOHLRAUSCH (13. Aufl., S. 238 Leipzig u. Berlin 1921) dieser Begriff der räumlichen Energiedichte mit Schallintensität bezeichnet, eine Bezeichnungsart, welche mit dem Gebrauch der meisten Autoren (vgl. z. B. Lord RAYLEIGH, Theory of Sound 2. Aufl., Bd. II, S. 16, § 245; W. HAHNEMANN u. H. HECHT, Phys. ZS. Bd. 17, S. 601. 1916; I. B. CRANDALL, Theory of vibrating systems and sound, S. 155. New York 1926) im Gegensatz steht.

[3]) H. v. HELMHOLTZ, Die Lehre von den Tonempfindungen, 6. Aufl. Braunschweig 1913.

[4]) J. W. STRUTT, Baron RAYLEIGH, Die Theorie des Schalles. Autorisierte deutsche Ausgabe, übersetzt von F. NEESEN. Braunschweig 1880. Die neueste durchgesehene und gegenüber der ersten erweiterte englische Ausgabe des Werkes Lord RAYLEIGHS „The Theory of Sound" ist 1926 in London erschienen.

Ausführungen sind Ausblicke auf experimentelle Ergebnisse angegliedert. Zu bemerken ist, daß sich die heutige Form der mathematischen Ausdrucksweise gegenüber dem damaligen Stande so geändert hat, daß manche Ausführungen dieses umfassenden Werkes dem modernen Leser nur schwer zugänglich sind, eine Ergänzung und Erweiterung in dem angedeuteten Sinn wäre sehr zu begrüßen. In gewissem Umfang genügt diesem Bedürfnis das Buch von LAMB[1]), dieses ist jedoch elementarer gehalten und besitzt nicht die Vollständigkeit des Werkes von RAYLEIGH.

Die erste umfassende Darstellung des gesamten Standes der Akustik gibt F. AUERBACH[2]) in Winkelmanns Handb. d. Physik, dies Werk stellt für die älteren Aufgaben des Akustik eine sehr eingehende Hilfsquelle dar.

Eine mathematisch-theoretische Darstellung der Akustik, welche auch hinsichtlich ihrer Darstellungsweise den modernen Ansprüchen genügt, gibt A. KALÄHNE[3]) in seiner Schrift: „Grundzüge der mathematisch-physikalischen Akustik.“

Von allgemeiner Bedeutung sind — trotzdem sie ihrem eigentlichen Wesen nach auf Spezialgebiete zugeschnitten sind — die folgenden Bücher:

E. WAETZMANN[4]): „Die Resonanztheorie des Hörens.“ Das Werk ist eine moderne Ergänzung für die grundlegenden Forschungsarbeiten, welche H. v. HELMHOLTZ durchführte, es beleuchtet kritisch theoretische Erwägungen, welche die HELMHOLTZschen Grundgedanken erweitern oder ihnen entgegengehalten worden sind.

F. AIGNER[5]) gibt in seiner „Unterwasserschalltechnik“ eine Darstellung der akustischen Arbeiten auf diesem Gebiet, die in diesem Buch behandelten Fragen sind — wie der Titel andeutet — einem Spezialgebiet zugehörig, viele Ausführungen können aber leicht auf allgemeinere Gebiete, insbesondere der technischen Akustik ausgedehnt werden.

I. B. CRANDALL[6]) gibt in seiner „Theory of vibrating systems and sound“ eine allgemeine Theorie schwingender Systeme unter besonderer Berücksichtigung akustischer Probleme. Schallstrahlung, Schallausbreitung, Schallübertragung und insbesondere auch Fragen der angewandten Akustik werden eingehend behandelt.

In den genannten Werken finden sich weitere Angaben über die akustische Literatur, es gilt dies hauptsächlich für den erwähnten Band „Akustik“ in Winkelmanns Handb. d. Physik; für die neuere Literatur des Gebietes der angewandten Akustik sei dieserhalb auf das Buch I. B. CRANDALLS verwiesen.

---

[1]) H. LAMB, The dynamical theory of sound, 2. Aufl. London 1925.

[2]) F. AUERBACH in Winkelmanns Handb. d. Phys. Leipzig 1909.

[3]) A. KALÄHNE, Grundzüge der mathematisch-physikalischen Akustik, 2 Bde. Leipzig 1910 bzw. 1913.

[4]) E. WAETZMANN, Die Resonanztheorie des Hörens. Braunschweig 1912.

[5]) F. AIGNER, Unterwasserschalltechnik, Grundlagen, Ziele und Grenzen (Submarine Akustik in Theorie und Praxis). Berlin 1922.

[6]) I. B. CRANDALL, Theory of vibrating systems and sound. New York 1926.

I. Theorie akustischer Schwingungen.

Kapitel 2.

Elementare Schwingungslehre.

Von

HERMANN BACKHAUS, Berlin-Charlottenburg.

Mit 17 Abbildungen.

1. Einfache Schwingungen, harmonische Bewegung. Akustische Vorgänge, d. h. solche, die durch das Gehörorgan zu unserer Wahrnehmung gelangen, lassen sich stets auf Schwingungen von irgendwelchen Körpern zurückführen. So entsteht z. B. ein Klang durch die Schwingungen eines Körpers, einer gespannten Saite, einer Stimmgabel oder dgl. Die Luft überträgt den Schall, indem ihre einzelnen Teilchen Schwingungen um eine bestimmte Ruhelage ausführen.

Unter Schwingungen versteht man solche Bewegungen, bei denen nach Ablauf gewisser Zeitabschnitte immer wieder derselbe Zustand eintritt. Besteht die Bewegung aus einer zeitlichen Aufeinanderfolge von Vorgängen, die alle untereinander gleich sind, so wird sie als rein periodisch bezeichnet.

Die einfachste derartige Schwingung ist die gleichförmige Bewegung eines materiellen Punktes auf einer Kreislinie. Sie ist gegeben durch die Gleichungen:

$$x = a \cos \omega (t - t_0)\,, \qquad y = a \sin \omega (t - t_0)\,.$$

Hier ist: a der Radius des Kreises, ω die konstante Winkelgeschwindigkeit, d. h. der Winkel, den der Radiusvektor in einer Sekunde bestreicht, t_0 die Zeit, zu der der Punkt sich auf der positiven x-Achse befindet.

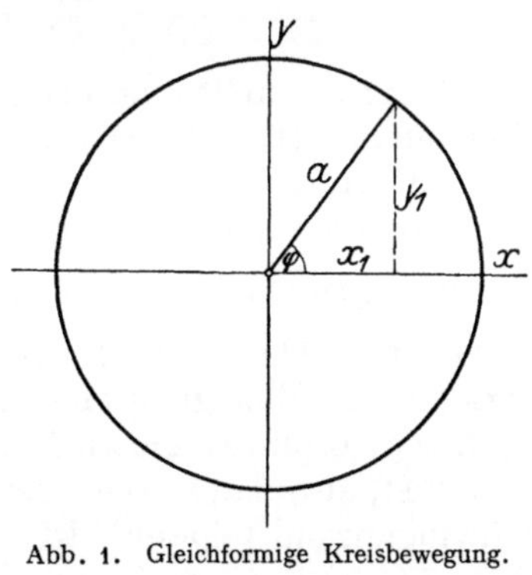

Abb. 1. Gleichformige Kreisbewegung.

Der Punkt befindet sich zur Zeit t_1 an dem Ort:

$$x_1 = a \cos \omega (t_1 - t_0)\,, \qquad y_1 = a \sin \omega (t_1 - t_0)\,.$$

Man erkennt dann, daß zur Zeit: $t_1 + \frac{2\pi}{\omega}$, $t_1 + \frac{4\pi}{\omega}$, $t_1 + \frac{6\pi}{\omega}$, $\cdots$, $t_1 + \frac{2n\pi}{\omega}$, wo n irgendeine beliebige positive ganze Zahl bedeutet, wieder der Ort (x_1, y_1) erreicht wird. Die Zeitdauer $T = 2\pi/\omega$, das ist die kürzeste Zeit, nach der der materielle Punkt wieder denselben Ort erreicht, heißt die Schwingungsdauer oder Periode der Bewegung. An Stelle der Schwingungsdauer, die um so kleiner wird, je schneller die Schwingungen erfolgen, mißt man auch die Anzahl der

Schwingungen, d. h. der vollen Kreisumläufe, die der Punkt in der Zeiteinheit, der Sekunde, ausführt. Es ist dann $N = \omega/2\pi$ die Schwingungszahl in der Sekunde oder Frequenz. Die Einheit der Frequenz ist das Hertz, seine Dimension (sec^{-1}). Für die mathematische Behandlung von Schwingungsbewegungen ist besonders zweckmäßig die Winkelfrequenz oder Kreisfrequenz ω. Gelegentlich findet sich auch für diese Größe einfach die Bezeichnung Frequenz. Sie gibt die Zahl der Schwingungen an, die in 2π Sekunden ausgeführt werden. Zwischen der Winkelfrequenz, der Schwingungszahl und der Schwingungsdauer bestehen die Beziehungen:

$$\omega = 2\pi N = \frac{2\pi}{T}, \qquad N = \frac{1}{T}.$$

Der Winkel $\omega t_0 = \varphi$ heißt die Phase der Schwingung. Wenn man eine einzelne Schwingung betrachtet, so ist die Phase offenbar belanglos; denn man kann ja t_0 beliebig wählen, also auch $t_0 = 0$ setzen. Wichtig ist die Phase dagegen, wenn es sich um mehrere gleichzeitige Schwingungsvorgänge handelt. Bei Schwingungen, die gleiche Winkelfrequenzen und daher gleiche Perioden haben, sind die Phasendifferenzen zu jeder Zeit dieselben. Dagegen sind bei verschiedenen Perioden die Phasendifferenzen dauernd veränderlich, und zwar um so schneller, je mehr die Perioden voneinander abweichen.

Die einfachste gradlinige Schwingungsbewegung erhält man, wenn man die gleichförmige Kreisbewegung auf einen Durchmesser des Kreises, z. B. auf eine der beiden Koordinatenachsen projiziert. Die Projektion der Bewegung des materiellen Punktes in Abb. 1 auf die x-Achse wird dargestellt durch die Gleichung:

$$x = a\cos(\omega t - \varphi)\,. \tag{1}$$

Durch Differentiation nach der Zeit ergibt sich hieraus für die Geschwindigkeit:

$$u = \frac{dx}{dt} = -\,\omega a \sin(\omega t - \varphi)\,, \tag{2}$$

für die Beschleunigung:

$$\frac{d^2x}{dt^2} = \frac{du}{dt} = -\,\omega^2\, a\cos(\omega t - \varphi) = -\,\omega^2 x\,. \tag{3}$$

Gleichung (1) stellt eine pendelartige Bewegung auf der x-Achse dar. Nach den Gleichungen (1), (2), (3) läßt sich diese Bewegung folgendermaßen beschreiben: Die Bewegung findet ausschließlich zwischen den Punkten $x = +a$ und $x = -a$ der x-Achse statt. Die Größe der Strecke a nennt man die Amplitude oder Schwingungsweite. $\omega = 2\pi N = \frac{2\pi}{T}$ ist die Winkelfrequenz, φ die Phase der Bewegung. Durch diese drei Bestimmungsstücke ist diese einfache Art der periodischen Bewegung eindeutig bestimmt. Die Geschwindigkeit erreicht ihren höchsten Absolutwert ωa jedesmal, wenn $\sin(\omega t - \varphi) = \pm 1$, d.h. $\cos(\omega t - \varphi) = 0$, $x = 0$ ist, also dann, wenn der materielle Punkt den Anfangspunkt, der hier der Schwingungsmittelpunkt ist, passiert; die Geschwindigkeit wird Null, wenn $\sin(\omega t - \varphi) = 0$, d. h. $\cos(\omega t - \varphi) = \pm 1$, $x = \pm a$ ist, also an den Umkehrpunkten. Die Beschleunigung ist der Elongation x proportional, aber von umgekehrtem Vorzeichen, ist also stets nach dem Schwingungsmittelpunkt gerichtet.

Die kinetische Energie der Schwingungsbewegung ist, wenn m die Masse des materiellen Punktes ist,

$$T = \frac{m u^2}{2} = \frac{m\,\omega^2 a^2}{2}\sin^2(\omega t - \varphi)\,.$$

Ihren größten Wert hat sie beim Durchgang des Punktes durch die Ruhelage; dann ist:

$$T_{\max} = \frac{m\,\omega^2 a^2}{2}$$

In diesem Augenblick ist die potentielle Energie U des Massenpunktes offenbar gleich Null, denn um den Punkt aus dem Gleichgewichtszustand in diese Lage zu bringen ist keine Arbeit nötig. Nach dem Energieprinzip ist also die Gesamtenergie oder, wie man zu sagen pflegt, die Intensität der Schwingung

$$E = T + U = \frac{m\,\omega^2 a^2}{2},$$

d. h. proportional dem Quadrat der Schwingungsamplitude und dem Quadrat der Frequenz. Für die potentielle Energie ergibt sich:

$$U = E - T = \frac{m\,\omega^2 a^2}{2}\cos^2(\omega t - \varphi).$$

Sie hat ihr Maximum bei größter Elongation, wenn also die kinetische Energie verschwindet. Man sieht daher, daß bei der beschriebenen Bewegung die Energie fortwährend ihre Form verändert; beim Durchgang durch die Ruhelage ist die Gesamtenergie in der Form der kinetischen Energie vorhanden, bei größter Elongation in der Form der potentiellen Energie.

Die durch Gleichung (1) dargestellte Bewegung, die man auch ausdrücken kann durch:

$$x = a\sin(\omega t - \varphi'), \tag{4}$$

wo dann $\varphi' = \varphi + \pi/2$ ist, heißt eine einfache Schwingung oder eine einfach harmonische Schwingung oder auch eine einfache Sinusschwingung. Die Berechtigung, diese Art der Schwingung als die einfachste zu bezeichnen, erkennt man schon aus ihrer nahen Beziehung zur gleichförmigen Kreisbewegung. Deutlicher aber noch ergibt sie sich aus der Tatsache, daß man jede periodische Bewegung nach dem FOURIERschen Satz in eine Summe von einfachen Sinusschwingungen verlegen kann.

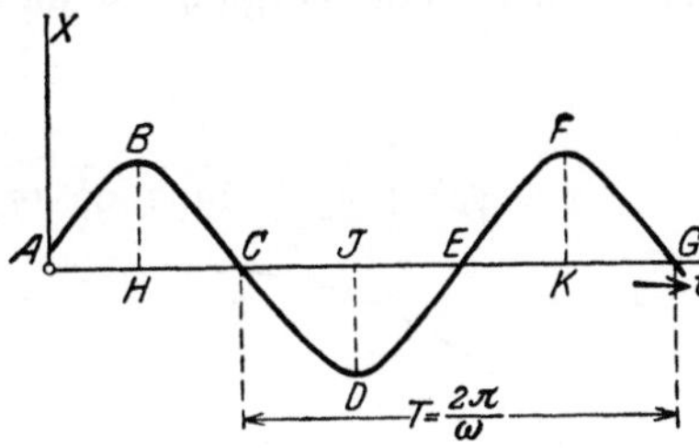

Abb. 2. Einfache harmonische Schwingung.

Um sich ein Bild von dem geschilderten Verlauf der einfachen harmonischen Schwingung nach Gleichung (4) zu machen, trägt man in Abb. 2 als Abszisse die Zeit, als Ordinate die entsprechende Elongation auf. Die Geschwindigkeit der Bewegung ist gleich der Steilheit der Kurve in Abb. 2. Sie ist, wie man sieht, am größten in den Punkten C, E, G, wenn die Bewegung den Schwingungsmittelpunkt passiert, am kleinsten, nämlich gleich Null, in den positiven und negativen Maximis der Kurve B, D, F. Es ist: $HB = JD = KF = a$; die Zeit, die verläuft, bis zuerst ein Punkt mit denselben Bewegungs- und Geschwindigkeitsordinaten nach Größe und Richtung erreicht wird, ist die Periode, also z. B. $CG = T = 2\pi/\omega$. $JK = \frac{1}{2}T$ ist eine halbe Periode, nämlich die Zeit, bis zuerst ein Punkt mit entsprechenden Ordinaten, aber umgekehrten Vorzeichens erreicht wird. Physikalisch kann man eine solche Aufzeichnung einer harmonischen Bewegung z. B. in der Weise realisieren, daß man an einer Zinke einer schwingenden Stimmgabel einen Stift befestigt, der die Schwingungen der Zinke mit ausführt, und unter diesem Stift eine berußte Platte mit gleichförmiger geradliniger Geschwindigkeit hinwegzieht.

Von Wichtigkeit für die theoretische Akustik sind nicht nur Bewegungen, die nach den hier geschilderten Gesetzen verlaufen, sondern auch andere physikalische Vorgänge, deren zeitlicher Verlauf durch dieselben einfachen Funktionen gegeben ist. Als besonders wichtiges Beispiel sei hier genannt der Druck in einem bestimmten Punkt eines elastischen Mediums, der sich periodisch mit der Zeit ändert.

2. Superposition von Schwingungsvorgängen. Interferenz. Schwebungen. Ist ein materieller Punkt mehreren getrennten aber gleichgerichteten, einfach periodischen Bewegungen unterworfen, so kann er diese Bewegungen nicht einzeln ausführen, sie werden sich vielmehr zu einer resultierenden Bewegung zusammensetzen. Oder wird etwa der Druck in einem Punkt eines elastischen Mediums aus mehreren getrennten Ursachen periodischen Änderungen unterworfen, so entsteht eine resultierende Druckänderung, die aus den einzelnen Änderungen zusammengesetzt ist. Die Form eines solchen zusammengesetzten Vorgangs kann außerordentlich mannigfaltig sein. Es sei deshalb hier vor allen Dingen der Fall betrachtet, wo den sämtlichen einwirkenden einfach periodischen Einzelvorgängen von ihren drei Bestimmungsstücken eines, nämlich die Frequenz, gemeinsam ist. Es entsteht dann ein Vorgang, der als Interferenz bezeichnet wird. Der einfachste Fall liegt vor, wenn sich zwei einfache periodische Vorgänge von gleicher Amplitude, Frequenz und Phase überlagern. Der resultierende Vorgang hat dann dieselbe Frequenz und Phase, aber die doppelte Amplitude. Sind dagegen die beiden Amplituden und Frequenzen einander gleich, aber die Phasen um π voneinander verschieden, so sind bei beiden Teilvorgängen zu jeder Zeit die Elongationen dem Absolutwert nach gleich, aber von verschiedenem Vorzeichen. Die beiden Vorgänge vernichten sich also gegenseitig in ihrer Wirkung.

Allgemeiner sei:

$$x_1 = a_1 \sin(\omega t - \varphi_1), \qquad x_2 = a_2 \sin(\omega t - \varphi_2)$$

der resultierende Vorgang ist dann:

$$x = a \sin(\omega t - \varphi),$$

wo:

$$a = \sqrt{a_1^2 + a_2^2 + 2 a_1 a_2 \cos(\varphi_1 - \varphi_2)}, \qquad \operatorname{tg}\varphi = \frac{a_1 \sin\varphi_1 + a_2 \sin\varphi_2}{a_1 \cos\varphi_1 + a_2 \cos\varphi_2}.$$

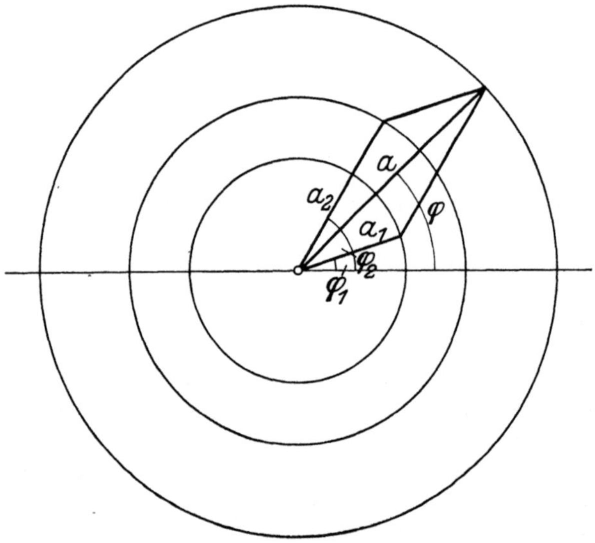

Abb. 3. Zusammensetzung zweier Sinusschwingungen.

Geometrisch erkennt man das sehr einfach, wenn man auf den Fall der gleichförmigen Kreisbewegung zurückgeht, von dem sich ja die einfach harmonische Bewegung herleiten läßt (siehe Ziff. 1). vgl. Abb. 3.

Die resultierende Amplitude hat hiernach ihren größten Wert, wenn die Phasendifferenz der beiden Schwingungen gleich einem geraden Vielfachen von π ist; der kleinste Wert ergibt sich bei Phasendifferenzen gleich einem ungeraden Vielfachen von π. Sind in diesem Fall die Amplituden beider Teilschwingungen dieselben, so liegt der vorerwähnte Fall vor, wo sich die Schwingungen gegenseitig aufheben.

In analoger Weise kann man beliebig viele einfach harmonische Bewegungen gleicher Richtung zusammensetzen. Es ergibt sich, wenn $a_1, a_2, \ldots a_n$ die Amplituden, $\varphi_1, \varphi_2, \ldots \varphi_n$ die Phasen der Einzelbewegungen sind und ω ihre gemeinsame Winkelfrequenz:

$$x = a \sin(\omega t - \varphi),$$

wo:

$$a = \sqrt{\left(\sum_1^n a_\nu \sin\varphi_\nu\right)^2 + \left(\sum_1^n a_\nu \cos\varphi_\nu\right)^2}, \qquad \operatorname{tg}\varphi = \frac{\sum_1^n a_\nu \sin\varphi_\nu}{\sum_1^n a_\nu \cos\varphi_\nu}$$

ist. Es folgt hieraus die wichtige Tatsache, daß sich beliebig viele gleichartige einfach harmonische Vorgänge, soweit sie nur gleiche Frequenz haben, stets zu einem einzigen ebensolchen Vorgang von derselben Frequenz zusammensetzen lassen.

Umgekehrt kann man offenbar jeden einfachen harmonischen Vorgang in beliebig viele gleichartige Einzelvorgänge von gleicher Frequenz zerlegen; nur ist die Lösung dieser Aufgabe unendlich vieldeutig. Es sind nämlich aus den vorstehenden beiden Gleichungen die $2n$ Unbekannten $a_1, a_2, \ldots a_n, \varphi_1, \varphi_2 \ldots \varphi_n$ zu bestimmen. Hiervon kann man alle bis auf zwei beliebig annehmen. Allerdings ist zu beachten, daß nicht für jede Kombination von angenommenen Werten sich reelle Lösungen für die Unbekannten ergeben. Beispielsweise muß offenbar bei zwei Schwingungen immer $a_1 + a_2 > a > a_1 - a_2$ sein. Sind für die Zerlegung in zwei Komponenten die beiden Einzelphasen φ_1 und φ_2 vorgeschrieben, so sind die Einzelamplituden:

$$a_1 = \frac{\sin(\varphi_2 - \varphi)}{\sin(\varphi_2 - \varphi_1)}\, a, \qquad a_2 = \frac{\sin(\varphi_1 - \varphi)}{\sin(\varphi_1 - \varphi_2)}\, a.$$

Über die wahrscheinliche Intensität bei der Superposition einer großen Anzahl von Schwingungen gleicher Periode hat Lord RAYLEIGH[1]) Betrachtungen angestellt. Ist die Amplitude sämtlicher n-Schwingungen gleich 1 und treten nur gleiche Phasen auf, so ist die resultierende Intensität offenbar gleich n^2, während die Intensität gleich Null wird, wenn die Hälfte aller Teilschwingungen gegenüber der anderen Hälfte eine Phasendifferenz von π hat. Treten nur Schwingungen von entgegengesetzter Phase auf, ist ihre beiderseitige Anzahl aber statistisch unbestimmt, so ist die wahrscheinliche Intensität der resultierenden Schwingung:

$$\frac{1}{2^n}\left[1 \cdot n^2 + n(n-2)^2 + \frac{n(n-1)}{1 \cdot 2}(n-4)^2 + \frac{n(n-1)(n-2)}{1 \cdot 2 \cdot 3}(n-6)^2 + \cdots\right] = n,$$

d. h. mit anderen Worten: Der mittlere Wert der resultierenden Intensitäten aus einer großen Anzahl von Schwingungssummationen strebt, wenn diese Anzahl wächst, gegen n. Dasselbe Resultat gilt, wenn die Phasen der Partialschwingungen beliebige Werte haben. Die wahrscheinliche Intensität ist dann:

$$2n^{-1}\int_0^\infty e^{-r^2/n}\, r^3\, dr = n,$$

1) Lord RAYLEIGH, Theory of Sound I., 2. Aufl., § 42a. London 1894; s. auch Phil. Mag. (6) Bd. 37, S. 321. 1918.

worin r die resultierende Schwingungsamplitude bedeutet. Die Wahrscheinlichkeit für eine resultierende Amplitude kleiner als r ist:

$$2n^{-1}\int_0^r e^{-r^2/n}\,r\,dr = 1 - e^{-r^2/n}.$$

In der nachstehenden Tabelle sind die Wahrscheinlichkeiten angegeben für Intensitäten, die kleiner als die nebenstehenden Vielfachen von n sind.

Int. <	Wahrscheinlichkeit	Int. <	Wahrscheinlichkeit
0,05 n	0,0488	0,80 n	0,5506
0,10 n	0,0952	1,00 n	0,6321
0,20 n	0,1813	1,50 n	0,7768
0,40 n	0,3296	2,00 n	0,8647
0,60 n	0,4512	3,00 n	0,9502

Haben n_1 Komponenten die Amplitude α_1, n_2 die Amplitude α_2 usw., so ist die Wahrscheinlichkeit für eine resultierende Amplitude zwischen r und $r + dr$:

$$\frac{2}{n_1\alpha_1^2 + n_2\alpha_2^2 + \cdots}\, e^{-\frac{r^2}{n_1\alpha_1^2 + n_2\alpha_2^2 + \cdots}}\, r\,dr.$$

Werden zwei Schwingungen:

$$x_1 = a_1 \sin(\omega_1 t - \varphi_1), \quad x_2 = a_2 \sin(\omega_2 t - \varphi_2)$$

von verschiedener Frequenz zusammengesetzt, so ist der resultierende Vorgang nicht mehr durch eine einfache Schwingung darzustellen. Es ergibt sich vielmehr:

$$x = x_1 + x_2 = a \sin(\omega_1 t - \varphi). \tag{5}$$

Hierin ist:

$$a = \sqrt{a_1^2 + a_2^2 + 2a_1 a_2 \cos[(\omega_1 - \omega_2)t - \varphi_1 + \varphi_2]} \tag{6}$$

$$\operatorname{tg}\varphi = \frac{a_1 \sin\varphi_1 + a_2 \sin[(\omega_1 - \omega_2)t + \varphi_2]}{a_1 \cos\varphi_1 + a_2 \cos[(\omega_1 - \omega_2)t + \varphi_2]}. \tag{7}$$

Die Amplitude a und die Phase φ des resultierenden Vorgangs sind nicht mehr konstant, sondern ändern sich mit der Zeit mit der Frequenz $\omega_1 - \omega_2$. In dem wichtigen Falle, wo ω_1 und ω_2 wenig voneinander verschieden sind, derart, daß $\omega_1 - \omega_2$ klein im Vergleich zu ω_1 ist, erfolgt die zeitliche Änderung von a und φ langsam im Vergleich zur Schwingung ω_1. Man erhält also eine resultierende Schwingung, deren Amplitude zwischen $a_1 + a_2$ und $a_1 - a_2$ mit der Winkelfrequenz $\omega_1 - \omega_2$ schwankt. Ist $a_1 = a_2$, so schwankt also die Amplitude zwischen 0 und $2a_1$. Man bezeichnet dieses periodische Auf- und Abschwellen der Amplitude von Schwingungsvorgängen als Schwebung und nennt die Frequenz dieser Schwebung: $\frac{\omega_1 - \omega_1}{2\pi}$, die Schwebungsfrequenz.

Eine eingehendere Analyse der Resultierenden zweier einfachen Töne hat WAETZMANN[1]) gegeben. Außerdem sind von K. L. und M. SCHÄFER[2]) Kurven berechnet worden, die durch das Zusammenwirken von zwei Schwingungen entstehen, deren Frequenzen sich in einem ganzzahligen Verhältnis zwischen 1 und 12 zueinander befinden.

[1]) E. WAETZMANN, Die Resonanztheorie des Hörens, S. 133ff. Braunschweig 1912.
[2]) C. STUMPF, ZS. f. Psychol. u. Physiol. d. Sinnesorg. Bd. 39, S. 241. 1905.

Stellt man sich vor, daß die beiden betrachteten Einzelvorgänge musikalische Töne sind, die unser Ohr treffen, so wird man einen Ton wahrnehmen, dessen Intensität zeitlich mit der Periode $\frac{2\pi}{\omega_1 - \omega_2}$ schwankt[1]. Streng genommen ist die Frequenz des wahrgenommenen Tones, also die Tonhöhe, nicht konstant, weil in Gleichung (5) φ nicht zeitlich konstant ist. Aus (7) folgt vielmehr, daß, wenn $a_2 \geqq a_1 \cos\varphi_1$ ist, φ zwischen den Werten $+\pi/2$ und $-\pi/2$ schwankt; ist aber $a_2 < a_1 \cos\varphi_1$, so erfolgt die Änderung von φ zwischen diesen Grenzwerten, jedoch ohne sie zu erreichen. Steigt nun φ in der Richtung von negativen zu positiven Werten an, so fällt die Tonhöhe; im umgekehrten Falle steigt sie. Die veränderliche Winkelfrequenz ist dann:

$$\omega - \frac{d\varphi}{dt} = \frac{\omega_1 a_1^2 + (\omega_1 + \omega_2) \cdot a_1 a_2 \cos[(\omega_1 - \omega_2)t - \varphi_1 + \varphi_2] + \omega_2 a_2^2}{a_1^2 + a_2^2 + 2a_1 a_2 \cos[(\omega_1 - \omega_2)t - \varphi_1 + \varphi_2]}.$$

Die höchsten bzw. tiefsten Tonhöhen werden erreicht, wenn die hier vorkommenden cos gleich ± 1 werden, also nach (6) gleichzeitig mit einem Maximum bzw. einem Minimum der Tonstärke. Daher ist die Winkelfrequenz für maximale Tonstärke:

$$\omega_{1_{\max}} = \frac{\omega_1 a_1 + \omega_2 a_2}{a_1 + a_2} = \omega_1 - \frac{(\omega_1 - \omega_2) a_2}{a_1 + a_2} = \omega_2 + \frac{(\omega_1 - \omega_2) a_1}{a_1 + a_2},$$

für minimale Tonstärke:

$$\omega_{1_{\min}} = \frac{\omega_1 a_1 - \omega_2 a_2}{a_1 - a_2} = \omega_1 + \frac{(\omega_1 - \omega_2) a_2}{a_1 - a_2} = \omega_2 + \frac{(\omega_1 - \omega_2) a_1}{a_1 - a_2}.$$

Im ersten Falle liegt mithin die Tonhöhe des wahrgenommenen Tones zwischen denen der beiden Einzeltöne. Während des Minimums der Tonstärke dagegen ist sie höher als beide Einzeltöne, wenn der stärkere Ton gleichzeitig der höhere ist, dagegen tiefer als beide, wenn der stärkere Ton der tiefere ist.

Die resultierende Bewegung ist demnach keine reine Sinusschwingung, vielmehr ist die Frequenz an den Bäuchen kleiner als an den Knoten und wird schließlich an den Knoten unendlich groß, wenn $a_1 = a_2 = a$ ist. Allerdings ist dann die Amplitude gleich Null. Dieser Fall ist auch auf einfachere Weise zu übersehen. Es ist dann nämlich:

$$x_1 + x_2 = 2a\cos\left(\frac{\omega_1 - \omega_2}{2} t - \frac{\varphi_1 - \varphi_2}{2}\right) \sin\left(\frac{\omega_1 + \omega_2}{2} t - \frac{\varphi_1 + \varphi_2}{2}\right) = A\sin(\omega t + \varphi),$$

wo

$$A = 2a\cos\left(\frac{\omega_1 - \omega_2}{2} t - \frac{\varphi_1 - \varphi_2}{2}\right), \qquad \omega = \frac{\omega_1 + \omega_2}{2}, \qquad \varphi = \frac{\varphi_1 + \varphi_2}{2}$$

ist. Es ergibt sich also eine resultierende Schwingung, deren Frequenz und Phase konstant und gleich den arithmetischen Mitteln der Frequenzen bzw. Phasen der Komponenten sind. Die Amplitude A dieser Schwingung ist mit einer Frequenz gleich der halben Differenz der Einzelfrequenzen moduliert. Die beiden Schwebungsmaxima erscheinen in jeder Halbperiode; man nimmt daher die Schwebungsmaxima in der Frequenz $\omega_1 - \omega_2$ wahr. Das Unendlichwerden der Frequenz in den Schwingungsknoten äußert sich dadurch, daß die Phase von ω nach jeder Halbperiode unstetig um π springt.

In älteren Arbeiten[2] sind diese Vorgänge etwas anders aufgefaßt worden. Es ergab sich aus Beobachtungen, daß, wenn man die Amplitude eines Tones

[1] Die hier angegebene elementare Ableitung genügt allerdings nicht zur strengen Erklärung der Wahrnehmung von Schwebungstönen durch das menschliche Ohr. Vgl. hierzu im einzelnen den Artikel „Das Gehör", Ziff. 25 ff. (ds. Bd. Kap. 11).

[2] Siehe z. B. R. König, Pogg. Ann. Bd. 157, S. 177. 1876.

der Frequenz Ω nach einer zeitlichen Funktion verändert, was z. B. dadurch zu realisieren ist, daß vor tönenden Stimmgabeln Scheiben mit Löchern rotieren, daß dann sog. Variations- und Unterbrechungs- oder Intermittenztöne auftreten. Diese Erscheinung ist, mit Unrecht, wie F. A. SCHULZE[1]) gezeigt hat, gegen die Helmholtzsche Resonanztheorie ins Feld geführt worden. Man kann sogar wohl sagen, daß diese Erscheinung eine starke Stütze dieser Helmholtzschen Theorie bildet.

In dem soeben behandelten einfachen Fall, wo die Modulationsfunktion des Tones $(\omega_1 + \omega_2)/2$ einfach sinusförmig ist, mit der Frequenz $(\omega_1 - \omega_2)/2$, ergibt sich aus den abgeleiteten Formeln, daß der resultierende Ton als zusammengesetzt betrachtet werden kann, aus zwei Tönen von der Frequenz ω_1 und ω_2. Daß das Ohr diese beiden Töne wahrnehmen muß, folgt dann aus der Helmholtzschen Theorie unmittelbar. Viel schwieriger ist hiernach die Erklärung für den subjektiven Eindruck von Schwebungen, wie er auftritt, wenn der Abstand der beiden Töne ω_1 und ω_2 unter einen gewissen Wert sinkt. Jedoch gelingt auch diese Erklärung in zufriedenstellender Weise nach der Helmholtzschen Theorie, wenn man die Dämpfungseigenschaften der Ohrresonatoren (vgl. hierzu Artikel „Das Gehör", Ziff. 41 ds. Bd. Kap. 11) berücksichtigt, wie bereits HELMHOLTZ[2]) selbst gezeigt hat.

Der allgemeinste Ansatz für Variations- bzw. Intermittenztöne ist: $x = A \sin \Omega t$, wenn hierin A eine beliebige periodische Funktion mit der Grundperiode ω ist. Dann läßt sich A in eine Fourierreihe entwickeln (s. Ziff. 3):

$$A = A_0 + \sum_{\nu=1}^{\infty} A_\nu \sin(\nu \omega t + \varphi_\nu),$$

und es ergibt sich durch Einsetzen:

$$\begin{aligned} x &= A_0 \sin \Omega t \\ &+ \frac{A_1}{2} \cos[(\Omega - \omega) t - \varphi_1] - \frac{A_1}{2} \cos[(\Omega + \omega) t + \varphi_1] \\ &+ \frac{A_2}{2} \cos[(\Omega - 2\omega) t - \varphi_2] - \frac{A_2}{2} \cos[(\Omega + 2\omega) t + \varphi_2] \\ &+ \cdots \end{aligned}$$

Es müssen also alle Töne entstehen, die durch das Bildungsgesetz $\Omega \pm n\omega$ gegeben sind, wo $n = 0, 1, 2, 3, \ldots$ ist. Ist Ω ein ganzes Vielfaches von ω, so befindet sich darunter stets ein Ton von der Schwingungszahl ω, den man als Intermittenzton bezeichnet. Das Auftreten dieses Intermittenztones ist, wie man sieht, an ganz bestimmte Bedingungen geknüpft, eine Tatsache, die auch durch Versuche bestätigt ist[3]). Die von KÖNIG[4]) und auch von HERMANN[5]) verfochtene Ansicht, daß periodische Unterbrechungen eines Tones als besonderer Ton wahrgenommen werden müssen, ist hiernach in dieser allgemeinen Form als widerlegt zu betrachten.

Etwas Analoges gilt von den sog. „Phasenwechseltönen", die nach HERMANN[6]) entstheen sollen, wenn die Phase eines Tones periodischem Wechsel

[1]) F. A. SCHULZE, Ann. d. Phys. Bd. 26, S. 217. 1908.

[2]) H. v. HELMHOLTZ, Die Lehre von den Tonempfindungen, 6. Aufl , S. 287. Braunschweig 1913.

[3]) K. L. SCHAEFER u. O. ABRAHAM, Ann. d. Phys. Bd. 13, S. 996. 1904.

[4]) R. KÖNIG, Pogg. Ann. Bd. 157, S. 177. 1876.

[5]) L. HERMANN, Pflügers Arch. f. d. ges. Physiol. Bd. 47, S. 347. 1890.

[6]) L. HERMANN, Pflügers Arch. f. d. ges. Physiol. Bd. 56, S. 449. 1894; Bd. 146, S. 285. 1912.

unterworfen wird. Auch hier ergeben sich, wie gleichfalls von F. A. SCHULZE[1]) sowohl theoretisch als auch experimentell gezeigt worden ist, Töne, deren Frequenzen linear aus der Frequenz des ursprünglichen Tones und der der Phasenwechsel zusammengesetzt sind, nach dem Bildungsgesetz $\Omega \pm n\omega$, wo Ω die Tonfrequenz, ω die Wechselfrequenz und n eine positive ganze Zahl ist. Ein eigentlicher Phasenwechselton, der der Frequenz der Phasenwechsel entspricht, kommt nur dann zustande, wenn ω selbst sich in der Form $\Omega \pm n\omega$ darstellen läßt.

Im Rahmen dieser rein kinematischen Betrachtung kommt den hier abgeleiteten Regeln für die Superposition von Schwingungsbewegungen ganz allgemeine Gültigkeit zu. Anders liegt aber der Fall, wenn es sich um dynamische Probleme handelt, nämlich um die Übertragung von periodischen Kräften auf mechanische Systeme. Bei einer solchen Übertragung von Schwingungen, d. h. also bei sog. erzwungenen Schwingungen ergibt die analytische Betrachtung in vielen Fällen, z. B. bei Amplituden der eingeprägten Kraft, die nicht mehr als klein zu betrachten sind, kompliziertere Gesetze für das Zusammenwirken von mehreren periodischen Kräften als die einfache hier behandelte Superposition (vgl. hierzu Artikel Schwingungen von Punktsystemen, Ziff. 4, ds. Bd. Kap. 3). Ein ähnlicher Fall liegt auch beim menschlichen Gehörorgan vor, das außerdem nicht als ein einfaches mechanisches System aufgefaßt werden kann, weshalb auch der Vorgang bei der Wahrnehmung von Schwebungstönen einer besonderen Betrachtung bedarf (s. hierzu Artikel „Das Gehör", Ziff. 28ff., ds. Bd. Kap. 11).

3. Fourierschwingungen. Die sog. einfachen harmonischen Schwingungen sind für die ganze Akustik aus dem Grunde so wichtig, weil man jede andere periodische Bewegung auf eine Reihe von einfachen Schwingungen zurückführen kann nach dem Fourierschen Satz, der folgendes aussagt: Ist eine Funktion $f(x)$ innerhalb eines Bereiches von x_1 bis $x_2 = x_1 + 2l$ stetig, so ist sie dort, und zwar in eindeutiger Weise, darstellbar in einer Reihe von der Form:

$$\left.\begin{aligned} f(x) &= a_1 \sin\frac{\pi x}{l} + a_2 \sin\frac{2\pi x}{l} + a_3 \sin\frac{3\pi x}{l} + \cdots \\ &+ \frac{1}{2} b_0 + b_1 \cos\frac{\pi x}{l} + b_2 \cos\frac{2\pi x}{l} + b_3 \cos\frac{3\pi x}{l} + \cdots \end{aligned}\right\} \tag{8}$$

oder

$$\left.\begin{aligned} &f(x) = \frac{b_0}{2} + \sum_{\nu=1}^{\infty}\left(a_\nu \sin\frac{\nu\pi x}{l} + b_\nu \cos\frac{\nu\pi x}{l}\right) = A_0 + \sum_{\nu=1}^{\infty} A_\nu \sin\left(\frac{\nu\pi x}{l} + \varphi_\nu\right), \\ &\text{worin} \\ &\qquad A_0 = \frac{b_0}{2}, \quad A_\nu = \sqrt{a_\nu^2 + b_\nu^2}, \quad \operatorname{tg}\varphi_\nu = \frac{b_\nu}{a_\nu} \end{aligned}\right\} \tag{9}$$

ist. Ist die Funktion $f(x)$ periodisch mit der Periode $x_2 - x_1 = 2l$, so gilt die Entwicklung auch außerhalb des Intervalls x_1 bis x_2, selbst dann noch, wenn die Funktion an den Intervallgrenzen unstetig wird. An den Unstetigkeitsstellen ist dann der Funktion das arithmetische Mittel der Grenzwerte von rechts und von links beizulegen. Wenn man also setzt:

$$f(\xi \pm 0) = \lim_{h=0} f(\xi \pm h),$$

so kann man symbolisch schreiben:

$$f(\xi) = \tfrac{1}{2}[f(\xi + 0) + f(\xi - 0)],$$

wo ξ der Wert der Variablen für eine Unstetigkeitsstelle bedeutet.

[1]) F. A. SCHULZE, Ann. d. Phys. Bd. 45, S. 283. 1915.

Für den Beweis dieses wichtigen Satzes muß hier auf die entsprechenden Lehrbücher verwiesen werden[1]).

Die Koeffizienten a_ν und b_ν findet man, indem man Gleichung (8) mit $\cos\frac{\nu\pi x}{l}$ bzw. $\sin\frac{\nu\pi x}{l}$ multipliziert und dann die Reihe gliedweise zwischen den Grenzen x_1 und $x_2 = x_1 + 2l$ integriert. Nun gelten, wenn μ ebenso wie ν eine ganze Zahl ist, die sog. Orthogonalitätsbedingungen für Kreisfunktionen:

$$\int\limits_{x_1}^{x_1+2l} \sin\frac{\nu\pi x}{l}\cos\frac{\mu\pi x}{l}\,dx = 0,$$

$$\int\limits_{x_1}^{x_1+2l} \sin\frac{\nu\pi x}{l}\sin\frac{\mu\pi x}{l}\,dx = \begin{cases} 0, & \text{wenn } \mu \gtrless \nu, \\ l, & \text{wenn } \mu = \nu > 0, \end{cases}$$

$$\int\limits_{x_1}^{x_1+2l} \cos\frac{\nu\pi x}{l}\cos\frac{\mu\pi x}{l}\,dx = \begin{cases} 0, & \text{wenn } \mu \gtrless 0, \\ l, & \text{wenn } \mu = \nu > 0, \\ 2l, & \text{wenn } \mu = \nu = 0. \end{cases}$$

Es fallen also bei der Integration alle Integrale fort, die Produkte zweier Sinus oder zweier Cosinus mit ungleichen Frequenzen oder Produkte von Sinus und Cosinus enthalten, und es bleibt rechts nur immer das Glied übrig, welches $\sin^2$ oder $\cos^2$ enthält. Man findet also für die Koeffizienten:

$$a_\nu = \frac{1}{l}\int\limits_{x_1}^{x_1+2l} f(x)\sin\frac{\nu\pi x}{l}\,dx, \qquad b_\nu = \frac{1}{l}\int\limits_{x_1}^{x_1+2l} f(x)\cos\frac{\nu\pi x}{l}\,dx. \tag{10}$$

Integrale dieser Form werden als Fouriersche Integrale bezeichnet. Ist speziell die Größe des Intervalls $x_2 - x_1 = 2l = 2\pi$, so gehen die Formeln (8), (9) und (10) über in:

$$f(x) = \qquad a_1\sin x + a_2\sin 2x + a_3\sin 3x + \cdots \tag{11}$$

$$\tfrac{1}{2}b_0 + b_1\cos x + b_2\cos 2x + b_3\cos 3x + \cdots$$

$$f(x) = \frac{b_0}{2} + \sum_{\nu=1}^{\infty}(a_\nu\sin\nu x + b_\nu\cos\nu x) = A_0 + \sum_{\nu=1}^{\infty}A_\nu\sin(\nu x + \varphi_\nu), \tag{12}$$

worin $A_0 = \frac{b_0}{2}$, $A_\nu = \sqrt{a_\nu^2 + b_\nu^2}$, $\operatorname{tg}\varphi_\nu = \frac{b_\nu}{a_\nu}$ ist,

$$a_\nu = \frac{1}{\pi}\int\limits_0^{2\pi} f(x)\sin\nu x\,dx, \qquad b_\nu = \frac{1}{\pi}\int\limits_0^{2\pi} f(x)\cos\nu x\,dx, \tag{13}$$

wenn man gleichzeitig den Koordinatenanfangspunkt so legt, daß er am Anfang des Intervalls sich befindet, in dem die Funktion gegeben ist.

---

[1]) Siehe z. B. R. COURANT u. D. HILBERT, Methoden der mathematischen Physik Bd. I, S. 46ff. Berlin 1924,; K. KNOPP, Theorie und Anwendung der unendlichen Reihen, S. 351ff. Berlin 1924; RIEMANN-WEBER, Die Differential- und Integralgleichungen der Mechanik und Physik Bd. I, S. 157ff. Braunschweig 1925.

Mit Hilfe der bekannten Beziehung: $\cos\nu x + i\sin\nu x = e^{i\nu x}$ kann man die Gleichungen (12) und (13) auch in die übersichtlichere Form bringen:

$$f(x) = \sum_{-\infty}^{+\infty} \alpha_\nu e^{i\nu x},$$

wo

$$2\alpha_\nu = a_\nu \quad - i\, b_\nu \quad \text{für } \nu > 0,$$

$$2\alpha_\nu = a_{-\nu} + i\, b_{-\nu} \quad \text{für } \nu < 0,$$

$$2\alpha_0 = b_0 .$$

$$\alpha_\nu = \frac{1}{2\pi}\int_0^{2\pi} f(x)\, e^{-i\nu x}\, dx. \qquad (13\text{a})$$

Liegt der Anfangspunkt in der Mitte des Intervalls, so sind die Integrale (13) von $-\pi$ bis $+\pi$ zu erstrecken. Ist dann $f(x)$ eine gerade Funktion, d. h. gilt die Beziehung $f(-x) = f(x)$, so bestehen die Integrale für die a_ν offenbar aus zwei Teilintegralen von $-\pi$ bis 0 und von 0 bis $+\pi$, worin die Integranden jedesmal den gleichen Betrag mit verschiedenem Vorzeichen haben; die a_ν verschwinden also sämtlich, und es bleibt nur eine einfache Kosinusreihe übrig. Etwas Entsprechendes gilt für ungerade Funktionen, wenn nämlich $f(-x) = -f(x)$ ist. Dann fallen offenbar alle b_ν fort, und es bleibt eine einfache Sinusreihe.

Die grundlegende Bedeutung des FOURIERschen Satzes für die gesamte Akustik liegt nicht allein darin, daß er lehrt, einen gegebenen akustischen Vorgang eindeutig nach einer bestimmten Regel in einfache Teilvorgänge zu zerlegen, sondern hauptsächlich darin, daß hierdurch der Weg gewiesen wird für eine solche Betrachtung der akustischen Vorgänge, die sich auch den Eigenschaften des menschlichen Gehörorgans weitgehend anpaßt. Diese Tatsache ist zuerst von G. S. OHM[1]) erkannt worden.

Der einfachste akustische Vorgang wird in seinem zeitlichen Verlauf mathematisch dargestellt durch eine Sinusfunktion. Es sei hier die Druckschwankung in einem bestimmten Punkt in Abhängigkeit von der Zeit betrachtet. Den physiologischen Eindruck eines solchen Vorganges nennt man nach HELMHOLTZ[2]) einen Ton. Eine periodische Bewegung allgemeinerer Art bringt den Eindruck eines Klanges hervor. Nach dem FOURIERschen Satz hat man sich einen solchen Klangvorgang vorzustellen als zusammengesetzt aus mehreren Teilvorgängen, denen in der Wahrnehmung die Teiltöne oder Partialtöne entsprechen; der Ton mit der langsamsten vorkommenden Schwingung ist der Grundton, dem überlagern sich die sog. harmonischen Obertöne, deren Periode $^1/_2$, $^1/_3$, $^1/_4$ usw. von der des Grundtones ist, d. h. deren Schwingungszahl 2-, 3-, 4- usw. mal so groß ist als die des Grundtones. Das Verhältnis der Schwingungszahl des betreffenden Teiltones zur Schwingungszahl des Grundtones gibt die Ordnung des betreffenden Teiltones an. So bezeichnet man also z. B. die Oktave des Grundtones als zweiten Teilton.

Ein reiner Ton ist bestimmt durch seine Schwingungsamplitude, d. h. die Tonstärke, durch seine Schwingungszahl, d. h. die Tonhöhe und durch die Phase. Für die Definition eines Klanges erscheint es daher mathematisch er-

---

[1]) G. S. OHM, Pogg. Ann. Bd. 59, S. 497. 1843.

[2]) H. v. HELMHOLTZ, Die Lehre von den Tonempfindungen, 6. Ausg., S. 39. Braunschweig 1913.

forderlich, jeden Teilton seiner Amplitude und Phase nach zu kennen; außerdem muß die Frequenz des Grundtones gegeben sein. HELMHOLTZ hat nun gezeigt[1]), und seine Ansichten sind durch spätere Forschungen[2]) bestätigt worden, daß das Mischungsverhältnis eines Klanges aus seinen Teiltönen, d. h. das Verhältnis der Amplituden der einzelnen Obertöne zu der des Grundtones allein maßgebend ist für die Klangfarbe des betreffenden Klanges, daß dagegen die Phase, mit der die einzelnen Obertöne in den Klang eingehen, für die subjektive Empfindung belanglos ist.

Es ist nun durchaus nicht immer nötig, daß ein Klang aus unendlich vielen Teiltönen zusammengesetzt ist, es können beispielsweise auch in der Reihenentwicklung nach (12) sämtliche Fourierkoeffizienten A_ν von $\nu = 3$ an verschwinden. Man hat dann einen Klang, der aus dem Grundton und dem ersten Oberton, d. h. der Oktave des Grundtones, zusammengesetzt ist. In Abb. 4 ist ein solcher Vorgang graphisch dargestellt. Die Kurve A stellt den Grundton dar, die Kurve B die Oktave. Die einfache Superposition beider ergibt die Kurve C. Dies ist, wie man sieht, keine einfache Sinuskurve mehr, der erste positive Anstieg ist vielmehr steiler als der Abfall. Verschiebt man nun die Kurve B um eine Achtelperiode des Grundtones nach links, ändert also ihre Phase, so ergibt die Superposition mit der Kurve A die Kurve D, die auch keine einfache Sinuskurve ist, da die positiven Teile, die Berge, verschmälert, die negativen, die Täler, verbreitert erscheinen. Kurve C und D sind aus denselben Teiltönen mit beide Male denselben Amplituden zusammengesetzt; trotzdem ist das Kurvenbild, das sog. Klangbild, in beiden Fällen ganz anders gestaltet. Bei einem Klange, der wie die meisten natürlichen Klänge in sehr viel komplizierterer Weise zusammengesetzt ist, wird der Einfluß verschiedener Phasen der einzelnen Teiltöne auf das Aussehen des Klangbildes noch viel stärker sein. Der subjektive Eindruck der beiden durch C und D dargestellten Klänge ist jedoch nach HELMHOLTZ der gleiche. Bei den meisten praktischen Aufgaben der Akustik kommt es nun ausschließlich auf diesen subjektiven Klangeindruck an. Man wird häufig Klangbilder erhalten, die äußerlich ganz verschieden aussehen, denen jedoch subjektiv identische Klänge entsprechen. Um daher für die Akustik wichtige Folgerungen aus einem komplizierten Klangbild ziehen zu können, muß man dasselbe machen, was das menschliche Gehörorgan tut, nämlich den Klang in seine Teiltöne zerlegen.

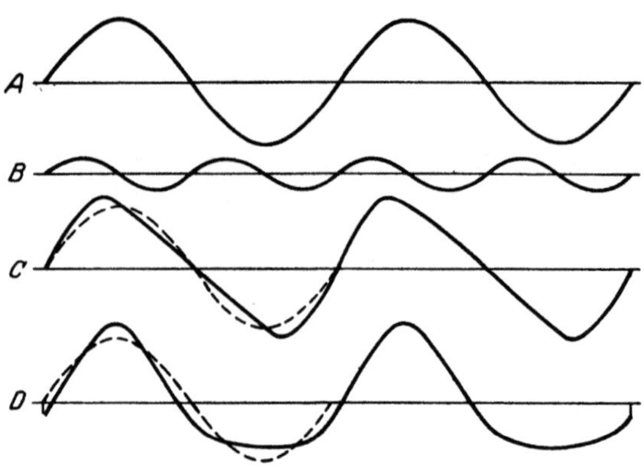

Abb. 4. Zusammensetzung von Grundton und Oktave.

Es sollen im folgenden einige Beispiele der Fourieranalyse oder harmonischen Analyse für Funktionen gegeben werden, deren mathematische Formulierung einfach ist und die gleichzeitig für bestimmte Probleme der Akustik von Wichtigkeit sind.

---

[1]) H. v. HELMHOLTZ, Die Lehre von den Tonempfindungen, 6. Ausg., S. 203ff. Braunschweig 1913.

[2]) F. LINDIG, Ann. d. Phys. Bd. 10, S. 242. 1903; M. G. LLOYD u. P. G. AGNEW, Bull. Bureau of Stand. Bd. 6, S. 255. 1909. Vgl. hierzu auch Artikel „Musikinstrumente und ihre Klänge", Ziff. 11, ds. Bd. Kap. 8, und Artikel „Das Gehör", Ziff. 39 ds. Bd. Kap 11.

In der Kurve der Abb. 5 ist:

$$f(x) = +\frac{\pi}{4} \quad \text{für} \quad 0 < x < \pi, \qquad f(x) = -\frac{\pi}{4} \quad \text{für} \quad \pi < x < 2\pi$$

Daher wird:

$$a_\nu = \frac{1}{\pi}\int\limits_0^\pi \frac{\pi}{4} \sin \nu x d x + \frac{1}{\pi}\int\limits_\pi^{2\pi}\left(-\frac{\pi}{4}\right) \sin \nu x d x,$$

also für gerade ν: $a_\nu = 0$, für ungerade ν: $a_\nu = 1/\nu$. Ebenso ergibt sich $b_\nu = 0$ für alle ν. Es folgt also:

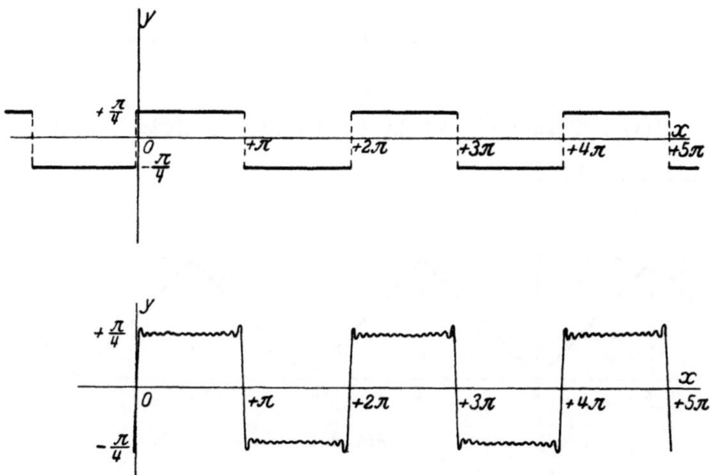

Abb. 5.

$$f(x) = \sin x + \tfrac{1}{3}\sin 3x + \tfrac{1}{5}\sin 5x + \tfrac{1}{7}\sin 7x + \cdots$$

$$= \sum_{\nu=0}^{\infty} \frac{1}{2\nu+1} \sin(2\nu+1)x.$$

In Abb. 5 ist gleichzeitig die Kurve gezeichnet, die sich durch Summation der ersten 15 Glieder der angegebenen Reihe ergibt. Man sieht, daß die Annäherung befriedigend ist, mit Ausnahme der Unstetigkeitsstellen der Funktion; hier sind die Abweichungen trotz der großen Gliederzahl noch erheblich. Es findet an diesen Stellen selbst bei Berücksichtigung zahlreicher Glieder eine beträchtliche Überschreitung des wirklichen Funktionswertes statt. Diese Erscheinung, die bei der Zerlegung aller solcher Funktionen wiederkehrt, die teilweise senkrecht zur Abszissenachse verlaufen, bezeichnet man als GIBBSsche Erscheinung[1]).

Die Zerlegung der Kurve nach Abb. 6 ergibt sich aus der Vorigen durch einfache Koordinatentransformation:

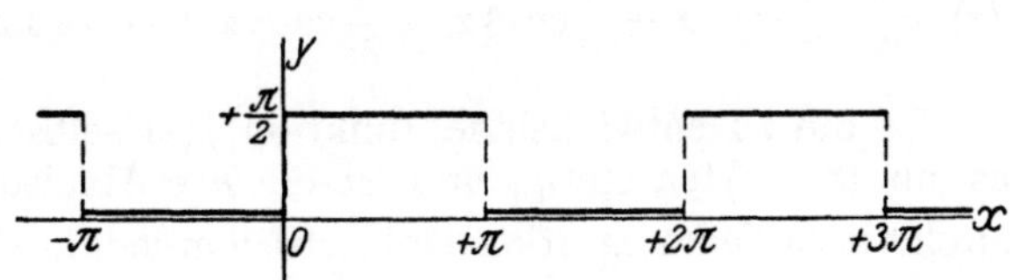

Abb. 6.

$$f(x) = \frac{\pi}{4} + \sin x + \frac{1}{3}\sin 3x + \frac{1}{5}\sin 5x + \frac{1}{7}\sin 7x + \cdots$$

[1]) GIBBS, Nature Bd. 59, S. 606. 1898; vgl. aber auch WILBRAHAM, Cambr. a. Dubl. Math. Journ. Bd. 3. 1848.

Die Kurve, die erzeugt wird durch eine unter 45° ansteigende Gerade, ergibt im Falle der Abb. 7:

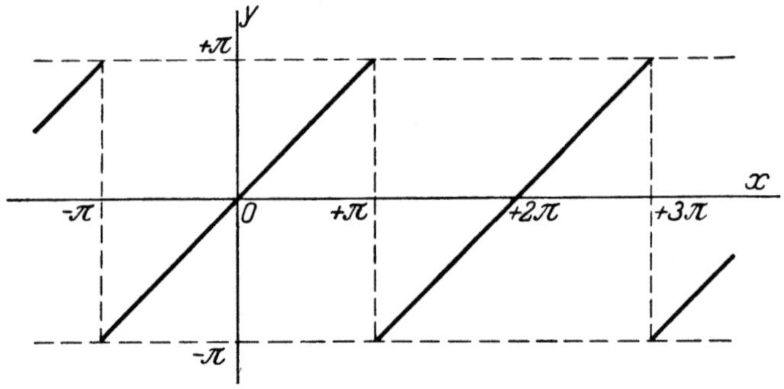

Abb. 7.

$$f(x) = 2\left(\sin x - \tfrac{1}{2}\sin 2x + \tfrac{1}{3}\sin 3x - \tfrac{1}{4}\sin 4x + \cdots\right).$$

Im Falle der Abb. 8:

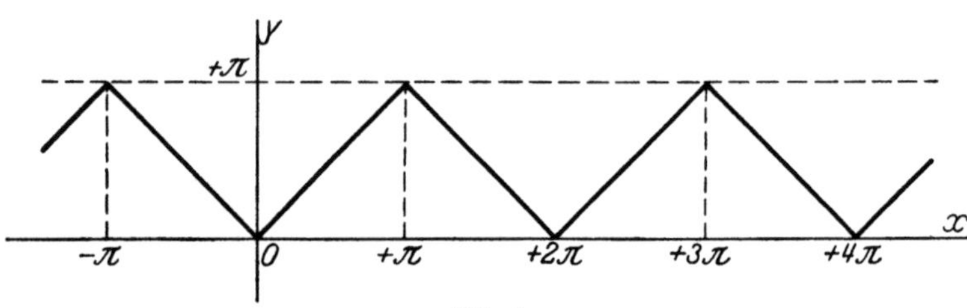

Abb. 8.

$$f(x) = \frac{\pi}{2} - \frac{4}{\pi}\left(\cos x + \frac{1}{9}\cos 3x + \frac{1}{25}\cos 5x + \cdots\right).$$

Abb. 7 stellt eine ungerade, Abb. 8 eine gerade Funktion dar. Die durch Abb. 9 dargestellte Funktion ist die halbe Summe der Funktionen nach Abb. 7 und 8. Die Zerlegung ist also:

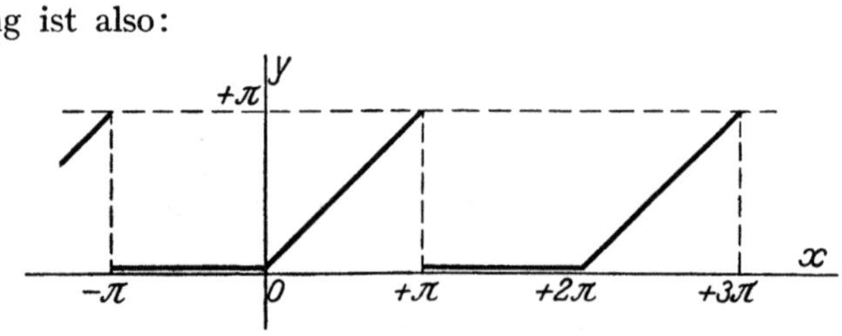

Abb. 9.

$$f(x) = \frac{\pi}{4} - \frac{2}{\pi}\left(\cos x + \frac{1}{9}\cos 3x + \frac{1}{25}\cos 5x + \cdots + \sin x - \frac{1}{2}\sin 2x + \frac{1}{3}\sin 3x - \cdots\right).$$

Ist die zu entwickelnde Funktion $f(x)$ selbst, ebenso wie ihre Ableitungen bis zur $(h-1)$ten stetig, und ist die $h$te Ableitung stückweise stetig, so folgt durch $h$fache Teilintegration der Koeffizientendarstellungen (13a): $2|\alpha_\nu| = \sqrt{a_\nu^2 + b_\nu^2} \leq c/\nu^h$, worin c eine Konstante bedeutet. Je größer also h ist, d. h. je glatter die Funktion verläuft, um so besser konvergiert die Reihe, d. h. um so weniger treten die höheren Oberschwingungen hervor.

Die Zerlegung einer periodischen Funktion nach dem FOURIERschen Satz, d. h. nach den Grundschwingungen und den harmonischen Oberschwingungen, ist, wie vorher bemerkt war, eindeutig. Natürlich sind auch andere Zerlegungen mit unharmonischen Teilschwingungen möglich, und in manchen Fällen wird eine solche Zerlegung als die naturgemäßere erscheinen, z. B. wenn der zu zerlegende Vorgang aus mehreren einfachen Schwingungen zusammengesetzt ist, deren Frequenzen sich nicht als ganze Vielfache der tiefsten unter ihnen darstellen lassen. Es ist dann die Frage, ob man es überhaupt noch mit einem periodischen Vorgang zu tun hat. Dies ist nur dann der Fall, wenn die Frequenzen der Einzelschwingungen kommensurabel sind. Dann ist eine Fourierzerlegung der Funktion über ihren Gesamtbereich möglich, wobei als Grundfrequenz der größte gemeinsame Teiler der Einzelfrequenzen eintritt. Sind die Frequenzen der Einzelschwingungen dagegen nicht kommensurabel, oder ist der größte gemeinsame Teiler der Einzelfrequenzen sehr klein im Vergleich zu diesen Einzelfrequenzen selbst, so bleibt eine Fourierzerlegung über einen bestimmten abgegrenzten Bereich natürlich noch möglich, sie gilt aber dann nicht für Werte der Variablen außerhalb dieses Bereiches; eine für den Gesamtbereich gültige Zerlegung wird aber dann unmöglich bzw. unzweckmäßig. Tritt ein solcher Fall bei akustischen Vorgängen auf, so kann man diesen — nicht periodischen — Vorgang nicht mehr streng als Klang bezeichnen; hierfür ist vielmehr von TRENDELENBURG[1]) die Bezeichnung Klanggemisch vorgeschlagen worden.

In der Praxis ist der zu analysierende periodische Vorgang meist nicht durch einen analytischen Ausdruck, sondern empirisch entweder punktweise oder als experimentell, z. B. oszillographisch, aufgezeichnete Kurve gegeben. Die Grundperiode wird sich aus dem Kurvenbilde meist ohne weiteres erkennen lassen[2]). Es handelt sich also um die Ermittlung der Koeffizienten a_ν und b_ν. b_0 ist oft leicht als der doppelte Mittelwert des Kurvenzuges bestimmbar. Zur Ermittlung der übrigen Koeffizienten kann entweder rechnerisch[3]) oder graphisch verfahren werden, oder es wird ein hierfür besonders konstruiertes Instrument, ein sog. Analysator, benutzt. Angesichts der Bedeutung, die dieses Problem für die mannigfaltigsten Wissenszweige hat, ist die Literatur hierüber außerordentlich reichhaltig. Es seien hier daher aus der Fülle der vorgeschlagenen Methoden nur einige besonders wichtige Beispiele angegeben.

In manchen Fällen besteht der zu untersuchende Kurvenzug aus geradlinigen Strecken verschiedener Neigung. Vielfach wird man auch einen beliebigen Kurvenzug durch eine solche geradlinige Schwingungsfigur angenähert ersetzen können. Für diesen Fall hat KRIGAR-MENZEL[4]) eine Formel zur Berechnung der Fourierkoeffizienten angegeben. Die zu analysierende Funktion $f(x)$ sei mit der Periode 2π periodisch, was sich stets durch eine einfache Transformation erreichen läßt. Es seien die Abszissen bzw. Ordinaten der Eckpunkte der Schwingungsfigur: $x_0, x_1, \ldots x_n, y_0, y_1, \ldots y_n$. Das ganze Intervall: $x_n - x_0 = T = 2\pi$ ist die Länge der Periode. Wegen der kontinuierlichen Fortsetzung des Linienzuges muß $y_n = y_0$ sein. Dann ist in dem Intervall: $x_\nu < x < x_{\nu+1}$:

$$y = \frac{y_\nu x_{\nu+1} - y_{\nu+1} x_\nu}{x_{\nu+1} - x_\nu} + \frac{y_{\nu+1} - y_\nu}{x_{\nu+1} - x_\nu} x .$$

Der Faktor von x in dieser Gleichung stellt die Tangente des Neigungswinkels der ausgewählten Strecke gegen die x-Achse dar. Setzt man hierfür

$$\frac{y_{\nu+1} - y_\nu}{x_{\nu+1} - x_\nu} = \operatorname{tg} \vartheta_\nu^{\nu+1} ,$$

[1]) F. TRENDELENBURG, Wiss. Veröffentl. a. d. Siemens-Konzern Bd. IV, 1, S. 1. 1925.

[2]) S. aber hierzu: A. KALÄHNE, Grundzüge der math.-phys. Akustik Bd. I, S. 20—25. Leipzig u. Berlin 1910.

[3]) Über Feststellung und Ausgleich von Fehlern bei rechnerischen Methoden zur Fourieranalyse s. W. MASON, Phys. Rev. Bd. 27, S. 315. 1913.

[4]) O. KRIGAR-MENZEL, Wied. Ann. Bd. 49, S. 545. 1893.

so ergibt sich für die Fourierkoeffizienten die leicht verständliche Formel:

$$\begin{Bmatrix} a_\nu \\ b_\nu \end{Bmatrix} = \frac{1}{\nu^2 \pi} \Big[(\operatorname{tg} \vartheta_{n-1}^n - \operatorname{tg} \vartheta_0^1) \begin{Bmatrix} \sin \\ \cos \end{Bmatrix} \nu x_0 + (\operatorname{tg} \vartheta_0^1 - \operatorname{tg} \vartheta_1^2) \begin{Bmatrix} \sin \\ \cos \end{Bmatrix} \nu x_1 + \cdots$$

$$+ (\operatorname{tg} \vartheta_{n-2}^{n-1} - \operatorname{tg} \vartheta_{n-1}^n) \begin{Bmatrix} \sin \\ \cos \end{Bmatrix} \nu x_{n-1} \Big],$$

wo $\nu = 1, 2, \ldots \infty$ ist.

Statt die zu untersuchende Kurve durch einen geradlinigen Polygonzug anzunähern, kann man auch eine Annäherung durch eine Anzahl von Sinusschwingungen bewirken, die verschiedene Frequenzen haben. Eine solche Berechnung ist auf Anregung von STUMPF von PHILIPS[1]) ausgeführt worden.

Diese rechnerischen Verfahren zur harmonischen Analyse haben den Vorteil, daß sich der annähernde Kurvenzug der zu analysierenden Kurve weitgehend anpassen läßt. Andererseits ist aber, besonders bei verwickelteren Kurvenformen, die zu leistende Rechenarbeit nicht unerheblich. Diesen Nachteil suchen die nunmehr zu nennenden Verfahren zu vermeiden. Hierzu werden die auszumessenden Ordinaten $y_1, y_2, \ldots y_{2n}$ in gleichem Abstand voneinander gewählt, so daß $x_\nu = \nu \frac{\pi}{n}$ ist. Die Größe dieses Abstandes wird sich nach den Eigenschaften der zu analysierenden Kurve richten, derart nämlich, daß innerhalb der gewählten Intervalle keine wesentlichen Schwankungen der Funktion mehr stattfinden. Die einzelnen so entstehenden Flächenstücke werden als schmale Rechtecke behandelt. An Stelle der Integrale in den Fourierkoeffizienten treten dann Summierungen, und die gesuchte approximierende Funktion wird von der Form:

$$\varphi(x) = \sum_{\nu=1}^{p} a_\nu \sin \nu x + \sum_{\nu=0}^{q} b_\nu \cos \nu x ,$$

worin

$$a_\nu = \frac{1}{n} \sum_{\mu=1}^{2n} y_\mu \sin\left(\frac{\nu \mu \pi}{n}\right) \qquad \nu = 1, 2, \ldots n-1 ,$$

$$b_\nu = \frac{1}{n} \sum_{\mu=1}^{2n} y_\mu \cos\left(\frac{\nu \mu \pi}{n}\right) \qquad \nu = 1, 2, \ldots n-1 ,$$

$$b_n = \frac{1}{2n} \sum_{\mu=1}^{2n} (-1)^\mu y_\mu .$$

Die Annäherung ist dann am besten, wenn $S = \sum_{\nu-1}^{2n} [y_\nu - \varphi(x_\nu)]^2$ ein Minimum wird. Hat $\varphi(x)$ gerade $2n$-Glieder, so daß $p = n - 1$, $q = n$ ist, so kann man S gleich Null machen und hat $2n$ lineare Gleichungen: $y_\nu = \varphi(x_\nu)$ für die $2n$ Unbekannten a_ν und b_ν. Man kann also durch Teilung der Periode und durch Ausmessung von $2n$ Ordinaten gerade $2n$ Koeffizienten a_ν und b_ν berechnen. Um aber eine Kontrolle der Rechnung und eine Ausgleichsmöglichkeit zu haben, ist es besser, sich mit weniger Koeffizienten zu begnügen. Günstig ist es, die Einteilung so zu wählen, daß die vorkommenden Kreisfunktionen möglichst einfache Werte annehmen und daß hierfür in den verschiedenen Quadranten sich immer wieder dieselben Werte ergeben. Hierdurch reduzieren sich die Multiplikationen zwischen den y_ν und den sin und cos auf den vierten Teil. Für die praktische Ausführung der Berechnung gibt es zahlreiche Schemata, z. B. für $2n = 12$ und

[1]) H. PHILIPS, ZS. f. Sinnesphysiol. Bd. 57, S. 305. 1926.

$2n = 24$ von RUNGE und EMDE[1]) sowie von MARTENS[2]), für $2n = 12$ von HERMANN[3]) und auch von ZIPPERER[4]), für $2n = 36$ von MARTENS[5]), für $2n = 40$ von HERMANN[6]). Neuerdings sind Tafeln von POLLACK[7]) erschienen, die in sehr einfacher Weise die Berechnung der Fourierkoeffizienten von $2n = 3$ bis $2n = 40$ gestatten.

Für den Fall $2n = 24$ seien nachstehend die Werte für die ersten sechs Koeffizienten a_ν und b_ν sowie für b_0 nach einer Rechnung von LAHR[8]) angegeben:

$$\begin{aligned}
12a_1 &= (y_1 + y_{11} - y_{13} - y_{23}) \sin 15^\circ + (y_2 + y_{10} - y_{14} - y_{22}) \sin 30^\circ \\
&\quad + (y_3 + y_9 - y_{15} - y_{21}) \sin 45^\circ + (y_4 + y_8 - y_{16} - y_{20}) \sin 60^\circ \\
&\quad + (y_5 + y_7 - y_{17} - y_{19}) \sin 75^\circ + (y_6 - y_{18}),
\end{aligned}$$

$$\begin{aligned}
12a_2 &= (y_1 + y_5 - y_7 - y_{11} + y_{13} + y_{17} - y_{19} - y_{23}) \sin 30^\circ \\
&\quad + (y_2 + y_4 - y_8 - y_{10} + y_{14} + y_{16} - y_{20} - y_{22}) \sin 60^\circ \\
&\quad + (y_3 - y_9 + y_{15} - y_{21}),
\end{aligned}$$

$$\begin{aligned}
12a_3 &= (y_1 + y_3 - y_5 - y_7 + y_9 + y_{11} - y_{13} - y_{15} + y_{17} + y_{19} - y_{21} - y_{23}) \sin 45^\circ \\
&\quad + (y_2 - y_6 + y_{10} - y_{14} + y_{18} - y_{22}),
\end{aligned}$$

$$\begin{aligned}
12a_4 &= (y_1 + y_2 - y_4 - y_5 + y_7 + y_8 - y_{10} - y_{11} + y_{13} + y_{14} - y_{16} - y_{17} \\
&\quad + y_{19} + y_{20} - y_{22} - y_{23}) \sin 60^\circ,
\end{aligned}$$

$$\begin{aligned}
12a_5 &= (y_5 + y_7 - y_{17} - y_{19}) \sin 15^\circ + (y_{10} + y_2 - y_{22} - y_{14}) \sin 30^\circ \\
&\quad + (y_{15} + y_{21} - y_3 - y_9) \sin 45^\circ + (y_{20} + y_{16} - y_8 - y_4) \sin 60^\circ \\
&\quad + (y_1 + y_{11} - y_{13} - y_{23}) \sin 75^\circ + (y_6 - y_{18}),
\end{aligned}$$

$$12a_6 = y_1 - y_3 + y_5 - y_7 + y_9 - y_{11} + y_{13} - y_{15} + y_{17} - y_{19} + y_{21} - y_{23},$$

$$\begin{aligned}
12b_1 &= (y_1 - y_{11} - y_{13} + y_{23}) \cos 15^\circ + (y_2 - y_{10} - y_{14} + y_{22}) \cos 30^\circ \\
&\quad + (y_3 - y_9 - y_{15} + y_{21}) \cos 45^\circ + (y_4 - y_8 - y_{16} + y_{20}) \cos 60^\circ \\
&\quad + (y_5 - y_7 - y_{17} + y_{19}) \cos 75^\circ + (y_0 - y_{12}),
\end{aligned}$$

$$\begin{aligned}
12b_2 &= (y_1 - y_5 - y_7 + y_{11} + y_{13} - y_{17} - y_{19} + y_{23}) \cos 30^\circ \\
&\quad + (y_2 - y_4 - y_8 + y_{10} + y_{14} - y_{16} - y_{20} + y_{22}) \cos 60^\circ \\
&\quad + (y_0 - y_6 + y_{12} - y_{18}),
\end{aligned}$$

$$\begin{aligned}
12b_3 &= (y_1 - y_3 - y_5 + y_7 + y_9 - y_{11} - y_{13} + y_{15} + y_{17} - y_{19} - y_{21} + y_{23}) \cos 45^\circ \\
&\quad + (y_0 - y_4 + y_8 - y_{12} + y_{16} - y_{20}),
\end{aligned}$$

$$\begin{aligned}
12b_4 &= (y_1 - y_2 - y_4 + y_5 + y_7 - y_8 - y_{10} + y_{11} + y_{13} - y_{14} - y_{16} + y_{17} + y_{19} \\
&\quad - y_{20} - y_{22} + y_{23}) \cos 60^\circ + (y_0 - y_3 + y_6 - y_9 + y_{12} - y_{15} + y_{18} - y_{21}),
\end{aligned}$$

---

1) C. RUNGE u. F. EMDE, Rechnungsformular zur Zerlegung einer empirisch gegebenen periodischen Funktion in Sinuswellen. Braunschweig 1913; s. auch H. v. SANDEN, Prakt. Analysis, S. 124ff. Leipzig u. Berlin 1914.

2) F. F. MARTENS, Verh. d. D. Phys. Ges. Bd. 14, S. 983. 1912.

3) L. HERMANN, Pflügers Arch. f. d. ges. Physiol. Bd. 47, S. 45. 1890.

4) L. ZIPPERER, Dinglers Journ. Bd. 333, S. 201. 1918. Derselbe, Tafeln zur harmonischen Analyse. Berlin 1922.

5) F. F. MARTENS, Verh. d. D. Phys. Ges. Bd. 11, S. 63. 1909.

6) L. HERMANN, Pflügers Arch. f. d. ges. Physiol. Bd. 47, S. 45. 1890; vgl. auch J. LINDELÖFF, Ebenda Bd. 85, S. 59. 1901 u. Bd. 87, S. 597. 1901.

7) L. W. POLLACK, Rechentafeln zur harmonischen Analyse. Leipzig 1926.

8) J. LAHR, Wied. Ann. Bd. 27, S. 108. 1886.

$$12 b_5 = (y_5 - y_7 - y_{17} + y_{19}) \cos 15^\circ + (y_{10} - y_2 - y_{22} + y_{14}) \cos 30^\circ$$
$$+ (y_{15} - y_{21} - y_3 + y_9) \cos 45^\circ + (y_{20} - y_{16} - y_8 + y_4) \cos 60^\circ$$
$$+ (y_1 - y_{11} - y_{13} + y_{23}) \cos 75^\circ + (y_0 - y_{12}),$$

$$12 b_6 = y_0 - y_2 + y_4 - y_6 + y_8 - y_{10} + y_{12} - y_{14} + y_{16} - y_{18} + y_{20} - y_{22},$$

$$12 b_0 = \sum_{\nu=0}^{23} y_\nu = y_0 + y_1 + y_2 + \cdots + y_{23}.$$

Für die nächsten zwölf Koeffizienten sei auf die Originalarbeit verwiesen.

Bei den bisher erwähnten Methoden wurde die Unterteilung des Kurvenzuges in angenähert geradlinig begrenzte Flächenstücke durch Parallele zur Ordinatenachse vorgenommen. Es gibt aber auch Verfahren, bei denen diese Einteilung durch Parallele zur Abszissenachse, d. h. zur Zeitachse erfolgt. Es seien hier genannt die Methoden von PICHELMAYER und SCHRUTKA und von MEURER[1]).

Um die Fourierkoeffizienten graphisch zu ermitteln, kann man folgendermaßen verfahren[2]): Man trägt die $2n$ gemessenen Ordinaten $y_1, y_2, \ldots y_{2n}$ hintereinander auf einer horizontalen Geraden ab und errichtet auf den Endpunkten der einzelnen Strecken Lote (s. Abb. 10). Ein weiteres Lot wird auf der Horizontalen im Punkt O errichtet. Auf diesem Lot werden, sämtlich vom Punkt O aus, die Werte $\sin(\nu\pi/n)$ für $\nu = 1, 2, \ldots 2n$ abgetragen, und zwar positiv nach oben, negativ nach unten. Die Endpunkte werden mit dem Punkt P verbunden, der so auf der Horizontalen gewählt ist, daß $OP = 1$ ist. In Abb. 10 sind die Endpunkte dieser Strecken mit den Zahlen $\nu = 1, 2, \ldots 2n$ bezeichnet. Im Falle der Abb. 10 ist $2n = 16$.

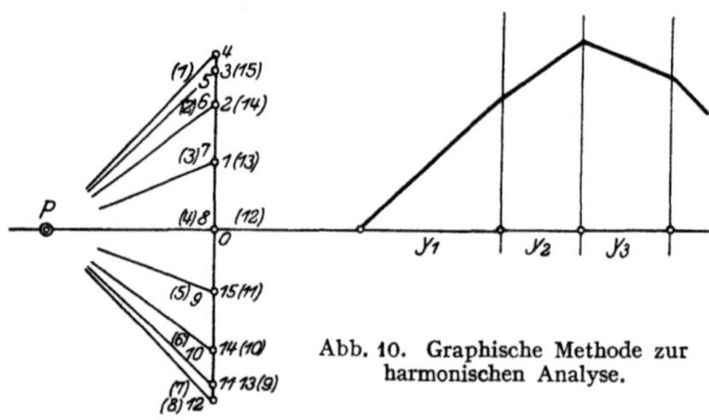

Abb. 10. Graphische Methode zur harmonischen Analyse.

Zieht man dann durch den Anfangspunkt der Strecke y_1 eine Parallele zu dem von P auslaufenden Strahl, der nach dem Punkt ν führt, d. h. zu dem Punkt auf dem Lot in O, dessen Ordinate $\sin(\nu\pi/n)$ ist, so schneidet diese Parallele die Senkrechte im Endpunkte von y_1 in einem Punkt mit der Ordinate $y_1 \sin(\nu\pi/n)$. Durch den so gewonnenen Punkt zieht man dann wieder eine Parallele zu der Geraden, die von P nach dem Endpunkt der Strecke $\sin\left(2\frac{\nu\pi}{n}\right)$ geht. Diese Parallele schneidet das Lot im Endpunkt von y_2 in einem Punkt mit der Ordinate: $y_1 \sin\left(\frac{\nu\pi}{n}\right) + y_2 \sin\left(2\frac{\nu\pi}{n}\right)$. Wenn man in dieser Weise fortfährt, so hat der Endpunkt des so entstehenden Polygonzuges auf dem Lot im Endpunkt von y_{2n} die Ordinate a_ν/n. Um die Koeffizienten b zu finden, kann das gleiche Strahlenbündel von P aus benutzt werden unter Berücksichtigung der Beziehung: $\sin\left(\frac{\alpha\pi}{n}\right) = \cos\left[\frac{\left(\frac{n}{2} - \alpha\right)\pi}{n}\right]$. Dem entsprechen in Abb. 10 die eingeklammerten Zahlen. Für b_0 ergibt sich: $\frac{1}{2n}\sum_{\nu=1}^{2n} y_\nu$. b_n wird ebenso konstruiert wie die anderen

[1]) K. PICHELMAYER u. L. v. SCHRUTKA, Elektrot. ZS. 1912, S. 129; F. MEURER, ebenda 1913, S. 121; s. auch W. HORT, Technische Schwingungslehre, S. 141—146. Berlin 1922.

[2]) Siehe H. v. SANDEN, Prakt. Analysis, S. 121. Leipzig u. Berlin 1914.

Koeffizienten, nur ist die erhaltene Summe durch $2n$ zu dividieren. Um das Ziehen der Parallelen zu erleichtern, kann man sich eines sog. Richtungslineals bedienen (s. Abb. 11), dessen untere geradlinige Kante an die Reißschiene gelegt wird, während der obere Rand aus einzelnen Linienstücken besteht, die den Strahlen des Büschels von P aus parallel sind. Für $2n = 16$ sind solche Richtungslineale im Handel erhältlich.

Um die umständlichen Rechnungen zur Bestimmung der Fourierkoeffizienten zu vermeiden, sind schon frühzeitig Apparate konstruiert worden, die diese Berechnungen mechanisch ausführen, sog. harmonische Analysatoren[1]. Es seien besonders genannt die Apparate von SOMMERFELD und WIECHERT[2] und von HENRICI-CORADI[3]. Der letztgenannte Apparat beruht auf der Tatsache, daß sich die Fourierkoeffizienten partiell integrieren lassen, wobei das erste Glied verschwindet. Es bleiben also die Integrale:

$$a_\nu = -\frac{1}{\nu\pi}\int_0^a \sin\frac{2\nu\pi}{a}\,x\,df(x)\,, \qquad b_\nu = +\frac{1}{\nu\pi}\int_0^a \cos\frac{2\nu\pi}{a}\,x\,df(x)\,,$$

die sich leichter mechanisch auswerten lassen als die ursprünglichen. Der Apparat hat den Vorteil, daß je nach der Anzahl der auf dem Instrument angebrachten Integrierapparate sich mit einer einzigen Umfahrung der gegebenen Kurve mehrere Koeffizienten ergeben.

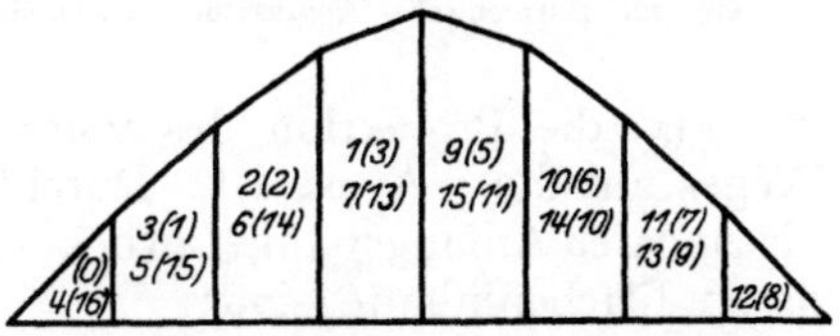

Abb. 11. Richtungslineal zur harmonischen Analyse.

Weiter ist ein Apparat zu nennen, den LÜBCKE[4] angegeben hat. Er gestattet unter Benutzung von 16 äquidistanten Ordinaten einer periodischen Funktion die Bestimmung von sieben Sinus- und neun Kosinusgliedern einer Fourierschen Reihe mit einem Fehler von etwa 0,3%. Der Apparat kann auch zur Synthese benutzt werden.

Ausführlicher soll eingegangen werden auf einen von MADER[5] angegebenen Apparat, Abb. 12 stellt das Instrument schematisch dar. An einem nur in Richtung der y-Achse verschiebbaren Wagen W sind befestigt: 1. der Winkelhebel FKS, drehbar im Punkte K mit einer Rolle S versehen; 2. eine Zahnstange ZZ', die auf dem Wagen W ebenfalls nur in Richtung der y-Achse verschiebbar ist. Die Verschiebung erfolgt vermittels der Rolle S und eines Armes an der Zahnstange, der in Richtung der x-Achse verläuft; 3. ein Zahnrad vom Halbmesser R, das sich um den Punkt D des Wagens W drehen kann und dessen Zähne in die der Zahnstange ZZ' eingreifen, so daß die Verschiebung der Zahnstange und der Rolle S relativ zum Wagen und senkrecht zur Basis a gleich werden. Die Scheibe D trägt zwei punktförmige Vertiefungen P_c und P_s im Abstand r vom Scheibenmittelpunkt D und um $\pi r/2$ auf der Kreisperipherie $2\pi r$ voneinander entfernt. Der Wagen wird so aufgesetzt, daß der Schenkel K parallel zur Basis a der zu analysierenden Kurve ist.

---

[1] E. ORLICH, Aufnahme und Analyse von Wechselstromkurven. Braunschweig 1916; A. GALLE, Mathematische Instrumente, S. 131. Leipzig 1912.

[2] A. SOMMERFELD u. E. WIECHERT, Schriften d. Königsb. Ges. Bd. 32, S. 28. 1891; s. auch A. GALLE, a. a. O. S. 145ff.

[3] O. HENRICI, Phil. Mag. Bd. 38, S. 113. 1894; G. CORADI, Der harmonische Analysator. Zürich 1894; s. auch W. HORT, Technische Schwingungslehre, S. 149ff. Berlin 1922.

[4] E. LÜBCKE, Phys. ZS. Bd. 16, S. 453. 1915.

[5] O. MADER, Elektrot. ZS. 1909, S. 847.

Der Anfangspunkt der Basis a, wo sich der Fahrstift F befindet, sei der Anfangspunkt eines Koordinatensystems x, y. Dann sind die Koordinaten von D: $x_D = -b$, $y_D = +g$, und die Koordinaten von P_c und P_s in der in Abb. 12 bezeichneten Anfangsstellung:

$$x_{0c} = -b; \qquad y_{0c} = g + r;$$
$$x_{0s} = -(b + r); \qquad y_{0s} = +g.$$

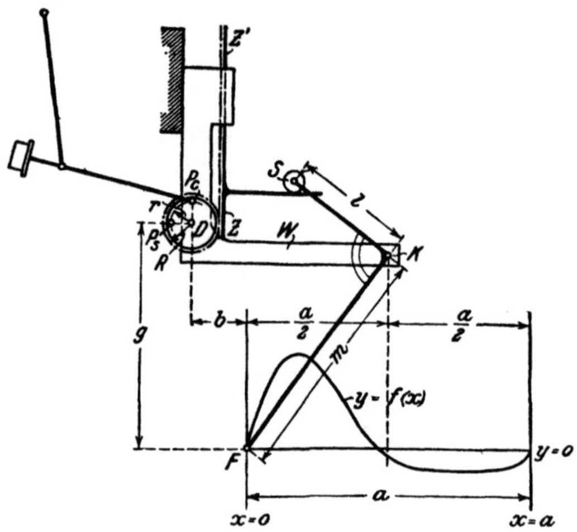

Abb. 12. Harmonischer Analysator nach O. MADER.

Geht nun der Fahrstift F auf der Kurve entlang vom Punkt $x = 0$, $y = 0$ bis nach $x = x$, $y = f(x)$, so ist die Horizontalverschiebung von F gleich x, die Vertikalverschiebung von S und damit die der Zahnstange gleich $x\,l/m$; die Scheibe D dreht sich also um den Winkel $\beta = x\,l/m R$, und die Koordinaten von P_c und P_s werden:

$$x_c = -l + r\sin\beta;$$
$$y_c = g + \psi(x) + y + r\cos\beta;$$
$$x_s = -(l + r\cos\beta);$$
$$y_s = g + \psi(x) + y + r\sin\beta,$$

wo $\psi(x)$ die Projektion des vom Fahrstift relativ zum Wagen beschriebenen Weges auf die y-Achse ist. Durchläuft nun F die ganze Kurve und die Basis bis zu deren Anfangspunkt zurück, so beschreiben P_c und P_s geschlossene Kurven, deren Flächeninhalte sind:

$$F_c = \oint y_c\,d x_c; \qquad F_s = \oint y_s\,d x_s.$$

Man findet dann:

$$R = \frac{l}{m}\,\frac{a}{2\pi\nu}; \qquad K = \pi\,\nu\,r,$$

$$F_c = \frac{2K}{a}\int_0^a f(x)\sin\left(\nu\,\frac{2\pi}{a}\,x\right)dx$$

und entsprechend:

$$F_s = \frac{2K}{a}\int_0^a f(x)\cos\left(\nu\,\frac{2\pi}{a}\,x\right)dx.$$

Also ist:

$$a_\nu = \frac{a\,F_c}{2K}, \qquad b_\nu = \frac{a\,F_s}{2K}.$$

Wählt man daher für jedes ν den entsprechenden Zahnradradius $R_\nu = \frac{l}{m}\,\frac{a}{2\pi\nu}$, so sind die gesuchten Fourierkoeffizienten gleich den Flächen F_c und F_s, und deren Größe wird durch ein gewöhnliches Planimeter bestimmt, dessen Fahrstift in den Punkten P_c und P_s eingesetzt wird. Es wird also hier mit jedem Umfahren der Kurve ein Koeffizient a_ν oder b_ν ermittelt, je nachdem ob der Fahrstift des Planimeters in F_c oder in F_s eingesetzt war. Für Koeffizienten anderer Ordnung ist dann das Zahnrad entsprechend auszuwechseln. b_0 wird nach der Formel $b_0 = \frac{2}{a}\int_0^a f(x)\,dx$ bestimmt durch Ausplanimetrieren der gesamten Kurvenfläche.

4. Gedämpfte Schwingungen. Die Regel, daß zur Analyse eines Schwingungsvorgangs die Zerlegung nach FOURIER das Gegebene ist, ist nicht ohne Ausnahme. Gewiß ist diese Zerlegung für ein bestimmt angenommenes Intervall stets in eindeutiger Weise möglich. Man wird sich aber, besonders bei nicht periodischen Vorgängen, häufig fragen müssen, ob nicht die physikalische Natur des betreffenden Vorganges eine andere Zerlegung als zweckmäßiger erscheinen läßt. Ein Beispiel für diesen Fall war in Ziff. 3 genannt bei der Analyse eines Klanggemisches aus zwei Tönen mit inkommensurablen Frequenzen. Ein anderes Beispiel, das in der ganzen Physik, und speziell in der Akustik, sehr häufig ist, sind die gedämpften Schwingungen. Es lassen sich sehr viele physikalische Probleme lösen, durch den Ansatz:

$$x = e^{-\delta t} \cdot a \cdot \sin(\omega t + \varphi) . \tag{14}$$

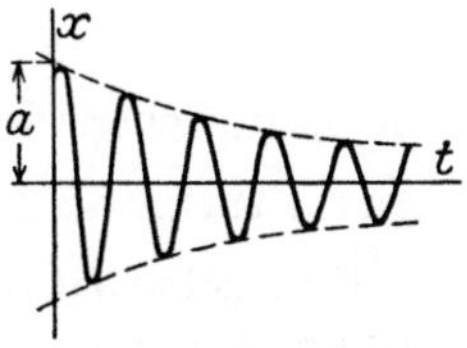

Abb. 13. Gedämpfte Schwingung.

Der hierdurch charakterisierte Vorgang ist in Abb. 13 graphisch dargestellt; es ist eine gedämpfte oder abklingende Schwingung.

Man kann ihn sich so entstanden denken, daß die einfache harmonische Schwingung $a' \cdot \sin(\omega t + \varphi)$ nicht mit konstanter Amplitude vor sich geht, sondern mit einer Amplitude $a' = a \cdot e^{-\delta t}$, die mit der Zeit immer kleiner wird, und zwar in diesem Falle nach einem Exponentialgesetz. Neben diesem wichtigsten und interessantesten Fall sind natürlich auch andere Abklingungsgesetze, z. B. lineare, möglich. Im Falle exponentieller Dämpfung setzt die Schwingung mit der Amplitude a ein und hört theoretisch überhaupt nicht auf. Praktisch kann man sie natürlich nach einer gewissen Zeit, die um so kürzer ist, je größer δ ist, als abgeklungen betrachten. δ ist die Dämpfungskonstante oder der Dämpfungsmodul; die Zeit in Sekunden, innerhalb derer die Amplitude auf den $e$ten Teil, d. h. auf rund 37%, herabgesunken ist, ist gleich $1/\delta$.

Wenn man eine ungedämpfte einfache Schwingung sich entstanden denken kann als Projektion einer gleichförmigen Kreisbewegung auf einem Kreise mit dem Radius gleich der Schwingungsamplitude auf einen Durchmesser des Kreises, also einer Kurve mit der Polargleichung: $r = a$, so entsteht eine gedämpfte einfache Schwingung durch entsprechende Projektion der Bewegung eines Punktes auf einer Spirale, auf der sich der Punkt mit der konstanten Winkelgeschwindigkeit ω bewegt. Setzt man in Gleichung (14)

$$r = a \cdot e^{-\delta t}, \qquad \vartheta = \omega t + \varphi$$

und eliminiert t, so wird

$$r = \alpha \cdot e^{-\beta\vartheta},$$

wo

$$\alpha = a \cdot e^{\beta\varphi}, \qquad \beta = \frac{\delta}{\omega}$$

ist, und das ist die Gleichung einer logarithmischen Spirale. Hierauf beruht die Möglichkeit, von der in Physik und Technik viel Gebrauch gemacht wird, gedämpfte Schwingungsvorgänge durch Spiraldiagramme darzustellen.

Wenn die gedämpfte, abklingende Schwingung in Form (14) erscheint, so läßt sich entsprechend das Einsetzen einer Schwingung darstellen durch:

$$x = a\left[1 - e^{-\delta t}\right] \sin(\omega t + \varphi) .$$

Zu Beginn des Vorganges ist die Amplitude Null und wächst dann asymptotisch gegen den Wert a. Für $t = \infty$ ergibt sich die stationäre Schwingung $x = a \sin(\omega t + \varphi)$. Die Schnelligkeit des Einschwingens ist auch hier wieder abhängig von δ, in der Weise, daß die Annäherung an die stationäre Amplitude a

um so schneller erfolgt, je größer δ ist. In diesem Falle kann man sich den gesamten Vorgang auch entstanden denken durch Überlagerung der stationären Schwingung $a \sin(\omega t + \varphi)$ und der gedämpften Schwingung:

$$-a \cdot e^{-\delta t} \sin(\omega t + \varphi) .$$

Als Maß für die Geschwindigkeit des Abklingens einer gedämpften Schwingung pflegt man das Verhältnis von zwei Amplituden zu definieren, die durch eine ganze Periode voneinander getrennt sind. Hierfür ergibt sich aus (14):

$$\frac{x_t}{x_{t+T}} = \frac{a \cdot e^{-\delta t}}{a \cdot e^{-\delta\left(t + \frac{2\pi}{\omega}\right)}} = e^{\frac{2\pi}{\omega}\delta} = e^{\delta T}$$

Den natürlichen Logarithmus dieses Verhältnisses bezeichnet man als das logarithmische Dekrement der Schwingung: $\mathfrak{d} = \frac{2\pi}{\omega}\delta = T\delta$.

Da das logarithmische Dekrement in den Formeln sehr häufig in der Form $\mathfrak{d}/\pi$ vorkommt, hat H. RIEGGER[1]) diese Größe als Dämpfung D schlechthin definiert. Es ist also:

$$D = \frac{\mathfrak{d}}{\pi} = \frac{2\delta}{\omega} = \frac{T\delta}{\pi}$$

und man kann die Gleichung (14) schreiben:

$$x = e^{-\frac{\omega}{2}Dt} \cdot a \sin(\omega t + \varphi) = e^{-\frac{\omega}{2\pi}\mathfrak{d}t} \cdot a \sin(\omega t + \varphi) = e^{-N\mathfrak{d}t} \sin(\omega t + \varphi) .$$

Hiernach sinkt die Amplitude auf e^{-1}, d. h. etwa auf 37% herab, in $1/\mathfrak{d}$ Perioden. Als Abklingzeit einer gedämpften Schwingung wird häufig die Zeit definiert, innerhalb derer die Amplitude auf 10% des Anfangswertes gesunken ist. Diese Abklingzeit beträgt hiernach rund $2{,}3/\mathfrak{d}$ Perioden.

Errechnet man das Dekrement nicht aus zwei aufeinanderfolgenden Amplituden, sondern, wie es für experimentelle Zwecke häufig günstiger ist, aus zwei beliebigen, z. B. der $p$ten und der $q$ten Amplitude, a_p und a_q, so findet man:

$$\mathfrak{d} = \frac{\ln a_p - \ln a_q}{p - q} .$$

5. Lissajous-Schwingungen. Die Schwingungsform eines geradlinig schwingenden Teilchens ist, besonders bei schnellen Schwingungen, schwer experimentell unmittelbar festzustellen. Dies brachte LISSAJOUS[2]) zu der Konstruktion seines Vibrationsmikroskops.

Hier sei nur das Prinzip besprochen, das darauf beruht, daß der geradlinigen Schwingung des betrachteten Teilchens eine andere geradlinige Schwingung überlagert wird, in einer Richtung, die senkrecht ist zu der Schwingungsrichtung des zu beobachtenden Teilchens. Dies geschieht z. B. dadurch, daß das Objektiv des Beobachtungsmikroskops in geeigneter Weise in Schwingungen versetzt wird.

Einen solchen Fall einer Schwingung, die aus zwei zueinander senkrechten Schwingungen zusammengesetzt ist, stellt die in Ziff. 1 behandelte gleichförmige Kreisbewegung dar, wenn man als Komponenten die Projektionen der Kreisbewegung auf die x- bzw. y-Achse betrachtet.

---

[1]) H. RIEGGER, Wiss. Veröffentl. a. d. Siemens-Konz. Bd. 3, 1, S. 190. 1923.

[2]) J. LISSAJOUS, Ann. chim. phys. Bd. 51, S. 147. 1857; s. auch H. v. HELMHOLTZ, Lehre von den Tonempfindungen, 6. Ausg., S. 138. Braunschweig 1913.

Es sei nun zunächst angenommen, die beiden Komponenten seien von der Form

$$x = a \sin \omega t \qquad y = b \sin(\omega t + \varphi), \tag{15}$$

d. h. die Komponenten seien von beliebiger Amplitude und Phase, nur die Frequenzen seien einander gleich. Durch Elimination von t findet man dann:

$$\frac{x^2}{a^2} - \frac{2xy}{ab}\cos\varphi + \frac{y^2}{b^2} = \sin^2\varphi. \tag{16}$$

Diese Gleichung mit dem Parameter φ stellt eine Schar von Ellipsen dar, mit gemeinsamem Mittelpunkt, die in das durch $2a$ und $2b$ gebildete Rechteck eingeschrieben sind. Der Neigungswinkel ψ der Hauptachse gegen die x-Achse ist gegeben durch die Beziehung:

$$\operatorname{tg} 2\psi = \frac{2ab\cos\varphi}{a^2 - b^2}. \tag{17}$$

Für $\varphi = 0$ bzw. $\varphi = \pi$ geht die Gleichung (16) über in: $\frac{x}{a} \mp \frac{y}{b} = 0$ und (17) in $\operatorname{tg}\psi = \pm\frac{b}{a}$. Die Ellipse artet in diesem Fall in gerade Linien aus, die vom Anfangspunkt unter den Neigungswinkeln $\psi = \operatorname{arctg}\left(\pm\frac{b}{a}\right)$ ausgehen. Die Schwingung ist dann einfach harmonisch, denn setzt man $s = \sqrt{x^2 + y^2}$, so wird $s = \sqrt{a^2 + b^2}\cdot\sin\omega t$.

Für $\varphi = \frac{\pi}{2}$ bzw. $\varphi = \frac{3\pi}{2}$ ergibt sich die Gleichung $\frac{x^2}{a^2} + \frac{y^2}{b^2} = 1$, also in beiden Fällen eine Ellipse mit den Hauptachsen $2a$ und $2b$. Im ersten Falle wird die Ellipse im entgegengesetzten Uhrzeigersinn, im zweiten im Uhrzeigersinn durchlaufen. Für $a = b$ ergibt sich in diesem Falle ein Kreis.

Die weitere Diskussion der Gleichungen ergibt das in Abb. 14 angegebene Bild.

Im allgemeinen Fall ändert sich die Neigung der großen Ellipsenachse gegen die x-Achse stetig, während im Falle $a = b$ nach Gleichung (17) ψ nur der Werte $\pi/4, 3\pi/4, 5\pi/4, 7\pi/4$ fähig ist.

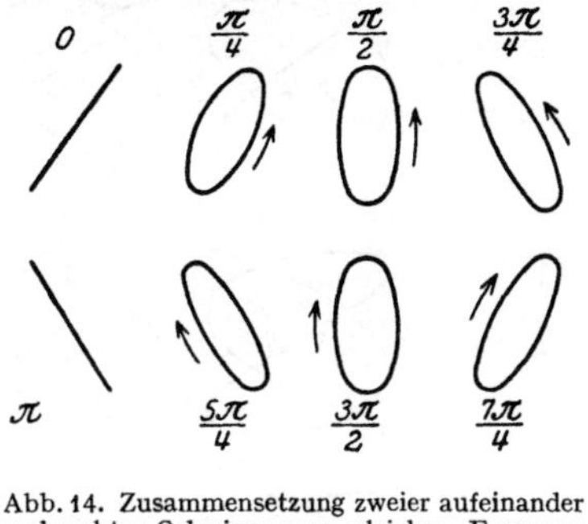

Abb. 14. Zusammensetzung zweier aufeinander senkrechter Schwingungen gleicher Frequenz bei verschiedenen Phasendifferenzen.

Es sei nun

$$x = a\cos\omega t, \qquad y = b\cos(2\omega t + \varphi).$$

Das Periodenverhältnis ist 1:2, also akustisch das einer Oktave. Für die resultierende Bewegung ergibt sich dann durch Elimination von t:

$$y = b\left(2\frac{x^2}{a^2} - 1\right)\cos\varphi - 2x\frac{b}{a}\sqrt{1 - \frac{x^2}{a^2}}\sin\varphi.$$

Die Diskussion dieser Gleichung zeigt, daß die Kurve im allgemeinen einen Doppelpunkt hat. Im Fall $\varphi = 0$ bzw. $\varphi = \pi$ entartet die Kurve in eine Parabel, denn es wird:

$$y = \pm b\left(\frac{2x^2}{a^2} - 1\right).$$

Für $\varphi = \frac{\pi}{2}$ bzw. $\varphi = \frac{3\pi}{2}$ wird:

$$y^2 = \frac{4x^2b^2}{a^2}\left(1 - \frac{x^2}{a^2}\right). \tag{18}$$

Jetzt sind also die x- und y-Achse Symmetrieachsen der Kurve; der Doppelpunkt liegt im Anfangspunkt. Über die sonstigen Gestalten der Kurve gibt die zweite Horizontalreihe der Abb. 15 Auskunft. In dieser Abbildung sind für den Spezialfall $a = b$ Lissajous-Kurven gezeichnet, für die Frequenzverhältnisse 1:1, 1:2,

1:3, 2:3, 3:4, 3:5, 4:5, 5:6. Die Vertikalreihen entsprechen den verschiedenen Phasenunterschieden. Um diese Kurven zu konstruieren, wird in folgender Weise verfahren: Man schlägt einen Kreis mit dem Durchmesser $2a$ um den Anfangspunkt. Die Peripherie dieses Kreises wird beispielsweise in 24 gleiche

Abb. 15. Zusammensetzung zweier aufeinander senkrechter Schwingungen verschiedener Frequenz.

Teile geteilt. Dann werden durch die Teilpunkte Parallele zu den beiden Achsen gezogen; so entstehen 144 Schnittpunkte. Die Schnittpunkte auf den Achsen sind dann die Orte, welche längs dieser Achsen schwingende Massenpunkte in aufeinanderfolgenden gleich langen Zeitabschnitten der

Schwingungsdauer erreichen. Zur Konstruktion der Kurven hat man dann nur die Punkte aufzusuchen, die auf den beiden Achsen gleichzeitig erreicht werden und die beiden zusammengehörigen Elongationen nach dem Parallelogrammgesetz zusammenzusetzen. Auf diese Weise ist in Abb. 16 die Kurve für das Frequenzverhältnis 1:2 und die Phasendifferenz $\varphi = \frac{\pi}{2}$ bzw. $\varphi = \frac{3\pi}{2}$ eingezeichnet, die durch die Gleichung (18) analytisch dargestellt wird. Zur Vereinfachung solcher Konstruktionen kann man sich der von LISSAJOUS[1]) und MELDE[2]) angegebenen Schablonen bedienen.

Faßt man die Gleichungen

$$x = a \sin \omega t, \qquad y = b \sin \frac{p}{q} (\omega t + \varphi) \tag{19}$$

mit der dritten Gleichung $z = a \cos \omega t$ zusammen und deutet sie rein geometrisch, so hat man eine Raumkurve, deren sämtliche Punkte auf dem Mantel des Zylinders $x^2 - z^2 = a^2$ liegen. Die durch die beiden ersten Gleichungen dargestellte ebene Kurve ist dann die Projektion der Raumkurve auf eine Ebene, die durch die Achse des Zylinders geht. Wenn man den Mantel des Zylinders in die Zeichenebene abwickelt, so erhält man eine ebene Darstellung der Schwingung y. Diese räumliche Auffassung der Lissajous-Kurve ist in der Abb. 16 angedeutet, wo die durch den Zylinder verdeckten Teile der Kurve gestrichelt gezeichnet sind. Hierdurch ist nun ohne weiteres der Weg zur Analyse von Lissajous-Kurven gegeben, wenn die eine der beiden Komponenten, z. B. die x-Komponente, eine reine Sinusschwingung ist. Es wird nämlich der Zylindermantel graphisch in die Zeichenebene dadurch abgewickelt, daß man die ungleichen Teile der x-Achse in Abb. 16 in gleiche Teile verwandelt und dann Vorder- und Rückseite des Zylinders in geeigneter Weise aneinanderpaßt. Dies Verfahren wird benutzt, um mittels des Vibrationsmikroskops Schwingungsformen zu ermitteln: Man überlagert der zu untersuchenden Schwingung im rechten Winkel zu ihrer Schwingungsrichtung eine rein sinusförmige Schwingung von bekannter Frequenz, die man im übrigen im Vergleich zu der zu untersuchenden Schwingung passend wählen muß. Die erhaltene Lissajous-Kurve wird in der beschriebenen Art in die Ebene abgewickelt und kann dann weiter analysiert werden, wie in Ziff. 3 angegeben wurde. Abb. 17 zeigt in der rechten Hälfte ($a - a$, $b - b$) Lissajous-Kurven, wie sie bei verschiedener Phasendifferenz durch das Vibrationsmikroskop erscheinen; die beiden Figuren A und B sind die Abwicklungen, also die wirklichen Schwingungsformen der untersuchten Schwingung.

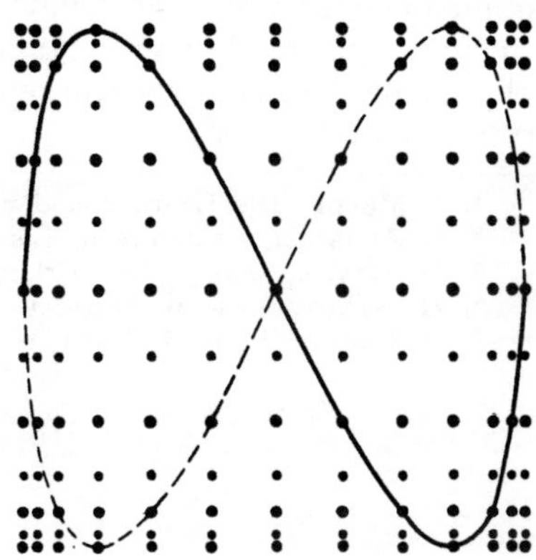

Abb. 16. Konstruktion von Lissajous-Kurven.

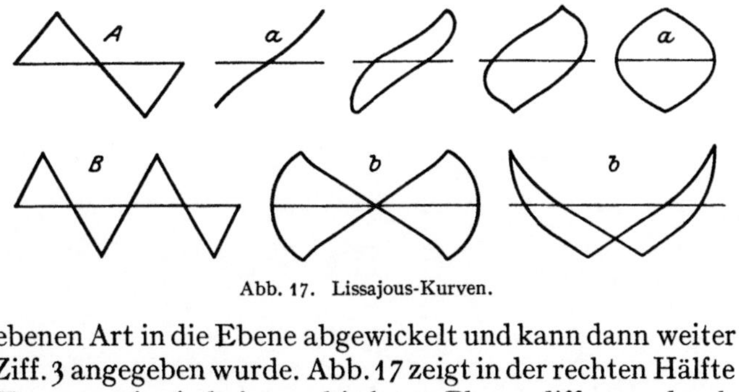

Abb. 17. Lissajous-Kurven.

[1]) J. LISSAJOUS, Ann. de chim. phys. Bd. 51, S. 147. 1857.
[2]) F. MELDE, Die Lehre von den Schwingungskurven, S. 36. Leipzig 1864.

Wenn man sich die Lissajous-Kurven in der geschilderten Weise räumlich auf einem Zylindermantel vorstellt, so entspricht einer allmählichen Änderung der Phasendifferenz φ, wie aus den Gleichungen (19) hervorgeht, eine Drehung des Zylinders. Wenn nun das Frequenzverhältnis der beiden Komponenten nicht genau durch kleine ganze Zahlen darstellbar ist, aber von einer solchen Darstellung nur wenig abweicht, so läßt sich das analytisch so darstellen, daß in der Gleichung (19) die Phasendifferenz φ sich langsam mit der Zeit verändert. Die Kurve wird dann nicht genau in sich wieder zurücklaufen; sie wird daher im Gesichtsfelde nicht stillstehen, sondern es wird beim Betrachten durch das Vibrationsmikroskop den Anschein haben, als ob sich der Zylinder, auf dessen Mantel die Kurve erscheint, dreht, und zwar um so schneller, je größer die Abweichung von dem rationalen Frequenzverhältnis ist.

Im vorstehenden ist nur die Zusammensetzung von zwei geradlinigen Schwingungen behandelt worden, deren Richtungen aufeinander senkrecht stehen. Dieser Fall ist für die Akustik bei weitem der wichtigste. Für die Zusammensetzung von zwei Schwingungen unter schiefem Winkel und von drei Schwingungen im Raume s. MELDE[1]) und ZAMBIASI[2]). Mit der mathematischen Behandlung der Lissajous-Kurven beschäftigen sich Arbeiten von BRAUN[3]), HIMSTEDT[4]) und EKAMA[5]).

[1]) F. MELDE, Die Lehre von den Schwingungskurven. Leipzig 1864.
[2]) G. ZAMBIASI, Le figure di Lissajous. Torino 1903.
[3]) W. BRAUN, Inaug.-Diss. Erlangen 1875.
[4]) HIMSTEDT, Arch. d. Math. u. Phys. Bd. 70, S. 337. 1884.
[5]) H. EKAMA, Arch. d. Math. u. Phys. Bd. 50, S. 39. 1888.

Kapitel 3.

Schwingungen von Punktsystemen.

Von

HERMANN BACKHAUS, Berlin-Charlottenburg.

Mit 11 Abbildungen.

1. Freie ungedämpfte Schwingungen eines Massenpunktes. Es sei m die Masse eines materiellen Punktes. Er bewege sich auf der x-Achse unter dem Einfluß einer Kraft X, die eine Funktion f der Entfernung x des Punktes aus der Ruhelage $x = 0$ und stets nach dem Anfangspunkt zu gerichtet sei. Es ergibt sich dann die Bewegungsgleichung:

$$m \frac{d^2 x}{d t^2} = X \qquad \text{oder} \qquad m \frac{d^2 x}{d t^2} + f(x) = 0 .$$

Das allgemeine Integral dieser Differentialgleichung ist

$$t = \int \frac{d x}{\sqrt{\frac{2}{m}\left(\int f(x)\, d x + C_1\right)}} + C_2 .$$

Die Funktion $f(x)$ läßt sich nun nach dem MACLAURINschen Satz in eine Reihe entwickeln:

$$f(x) = f(0) + \frac{x}{1!} f'(0) + \frac{x^2}{2!} f''(0) + \cdots$$

Hierin kann man $f(x)$ im Nullpunkt gleich Null annehmen, so daß

$$f(x) = \frac{x}{1!} f'(0) + \frac{x^2}{2!} f''(0) + \cdots$$

Fallen in dieser Entwicklung sämtliche Glieder mit geraden Potenzen von x fort, so ist die rücktreibende Kraft symmetrisch, anderenfalls unsymmetrisch. Es sind jedoch auch symmetrische rücktreibende Kräfte denkbar, deren Entwicklung gerade Potenzen der Elongation x enthält; dann muß man die entsprechenden Koeffizienten bei jedem Durchgang durch den Anfangspunkt das Vorzeichen wechseln lassen.

Ist nun x immer klein, d. h. erfolgen die Bewegungen mit kleiner Amplitude, so kann man setzen $X = -f(x) = -c x$, wo $c = f'(0) > 0$ eine Konstante ist. Man kann also für kleine Amplituden die rücktreibende oder elastische Kraft stets proportional zur Elongation annehmen. Die Bewegungsgleichung wird dann:

$$m \frac{d^2 x}{d t^2} + c x = 0 . \tag{1}$$

Mit dem Ansatz $x = e^{kt}$ wird $mk^2 + c = 0$, also $k = \pm i\sqrt{c/m}$ und daher

$$x = e^{\pm i\sqrt{\frac{c}{m}}\,t} = \cos\sqrt{\frac{c}{m}}\,t \pm i\sin\sqrt{\frac{c}{m}}\,t\,,$$

und die allgemeine Lösung der Bewegungsgleichung (1) ist:

$$x = A\cos\sqrt{\frac{c}{m}}\,t + B\sin\sqrt{\frac{c}{m}}\,t\,,$$

oder in anderer Form:

$$x = A'\sin\left(\sqrt{\frac{c}{m}}\,t + \varphi\right),$$

wo A und B bzw. A' und φ Integrationskonstanten sind, die nur von den Anfangsbedingungen abhängen. Nimmt man z. B. für den Anfangszustand an, daß zur Zeit $t = 0$ die Elongation $x = 0$ und die Geschwindigkeit $\frac{dx}{dt} = u_0$ ist, so wird die dem Anfangszustande angepaßte Lösung:

$$x = u_0\sqrt{\frac{m}{c}}\sin\sqrt{\frac{c}{m}}\,t\,. \tag{2}$$

Aus dieser Lösung kann man folgendes schließen: Eine Masse, die einer stets nach einem Ruhepunkte gerichteten elastischen Kraft oder Direktionskraft c unterworfen ist, ist ein schwingungsfähiges Gebilde Wirken keinerlei äußere Kräfte auf das System ein, so vollführt es, einmal aus der Ruhelage entfernt, freie Schwingungen nach Gleichung (2). Die Frequenz der freien Schwingungen, die Eigenfrequenz des Systems, ist:

$$\frac{\Omega_0}{2\pi} = N_0 = \frac{1}{2\pi}\sqrt{\frac{c}{m}}\,, \tag{3}$$

hängt also in einfacher Weise von Masse und Direktionskraft ab, und zwar ist die Eigenfrequenz um so größer, je größer die Direktionskraft und je kleiner die Masse ist; hingegen hängt die Eigenfrequenz nicht von der Anfangsgeschwindigkeit u_0 ab.

Ein anderer Weg, die Bewegungsgleichung (1) zu integrieren, sei wegen der wichtigen Schlüsse, die hieraus zu ziehen sind, angedeutet: Man multipliziert beide Seiten der Bewegungsgleichung mit dx/dt und erhält dann:

$$\frac{d}{dt}\left[\frac{m}{2}\left(\frac{dx}{dt}\right)^2\right] + \frac{d}{dt}\left(\frac{c}{2}x^2\right) = 0 \tag{4}$$

oder

$$d\left(\frac{m}{2}u^2\right) + c\,x^2\,dx = 0\,,$$

wo $u = dx/dt$ die Geschwindigkeit ist. Das erste Glied dieser Gleichung stellt die Änderung der lebendigen Kraft T dar, während das zweite die Arbeit ist, die gleichzeitig die elastische Kraft leistet. Die Gleichung sagt demnach aus, daß die Zunahme der lebendigen Kraft gleich der geleisteten Arbeit ist. Weiter erkennt man, daß man die Kraft X aus einer Funktion U durch Differentiation nach x herleiten kann. Es ist nämlich $\frac{\partial U}{\partial x} = -X$. Daraus folgt für das Potential U:

$$U = -\int X\,dx = \frac{c\,x^2}{2} + \text{konst.},$$

Das Potential oder die potentielle Energie kann man im Ruhepunkt gleich Null setzen. Das ergibt dann schließlich $U = \frac{c\,x^2}{2}$, und es folgt aus Gleichung (4):

$$E = T + U = \text{konst.} \tag{5}$$

und das ist das Energieprinzip. In Kapitel 2 Ziff. 1 ist geschildert worden, in welcher Weise bei einem solchen Schwingungsvorgang die Gesamtenergie $E = \frac{m u_0^2}{2}$ fortwährend im Takt der Schwingungen aus der Form kinetischer in die potentieller Energie übergeht und umgekehrt.

In der gleichen Weise wie hier die freien ungedämpften Schwingungen eines Massenpunktes um eine Ruhelage lassen sich analytisch Bewegungen behandeln eines Körpers, der um eine feste Achse drehbar ist und an eine bestimmte Lage elastisch gebunden ist. Die Bewegungsgleichung hat dann dieselbe Form wie die Gleichung (1), nur tritt dann an Stelle der linearen Elongation x jetzt eine Winkelelongation, und an Stelle der Masse m tritt das Trägheitsmoment des betrachteten Körpers in bezug auf die feste Achse.

Erfolgt die Bewegung eines materiellen Punktes nicht im Vakuum, sondern in einem Medium, das selbst Masse hat, so wird der schwingende Körper Teile dieses Mediums bei seiner Bewegung mitnehmen. Die Masse des schwingenden Körpers wird also scheinbar um die mitschwingende Mediummasse vergrößert, und zwar bei sonst gleichen Verhältnissen um so mehr, je größer die Dichte des Mediums ist. Dies wird sich nach Gleichung (3) durch Erniedrigung der Eigenfrequenz des Systems bemerkbar machen. Im übrigen wird die Größe der mitschwingenden Mediummasse wesentlich von der Form des schwingenden Körpers abhängen. Näheres hierüber siehe im Artikel „Schwingungen räumlich ausgedehnter Kontinua", Ziff. 12 (ds. Bd. Kap. 4).

Es sei nunmehr angenommen, daß die Bewegung des materiellen Punktes m im Raum erfolge, und die Direktionskraft sei in Richtung der Koordinatenachse verschieden, nämlich bzw. c_x, c_y, c_z, d. h. sie sei ein Vektor $\mathfrak{c}$. Dann heißt die Bewegungsgleichung in vektorieller Form:

$$m \ddot{\mathfrak{s}} + \mathfrak{c}\,\mathfrak{s} = 0$$

oder durch Koordinatenzerlegung:

$$m \frac{d^2 x}{dt^2} + c_x x = 0,$$

$$m \frac{d^2 y}{dt^2} + c_y y = 0,$$

$$m \frac{d^2 z}{dt^2} + c_z z = 0.$$

Jede dieser Gleichungen enthält nur eine Variable, kann also für sich aufgelöst werden wie die Gleichung (1). Die allgemeinen Lösungen sind:

$$\left.\begin{aligned} x &= A_1 \cos\sqrt{\frac{c_x}{m}}\,t + B_1 \sin\sqrt{\frac{c_x}{m}}\,t, \\ y &= A_2 \cos\sqrt{\frac{c_y}{m}}\,t + B_2 \sin\sqrt{\frac{c_y}{m}}\,t, \\ z &= A_3 \cos\sqrt{\frac{c_z}{m}}\,t + B_3 \sin\sqrt{\frac{c_z}{m}}\,t \end{aligned}\right\} \tag{6}$$

oder in anderer Form:

$$\left.\begin{aligned} x &= A_1' \sin\left(\sqrt{\frac{c_x}{m}}\,t + \varphi_1\right), \\ y &= A_2' \sin\left(\sqrt{\frac{c_y}{m}}\,t + \varphi_2\right), \\ z &= A_3' \sin\left(\sqrt{\frac{c_z}{m}}\,t + \varphi_3\right). \end{aligned}\right\} \tag{7}$$

Die Projektionen der Bewegung von m auf die Koordinatenachsen sind also einfache harmonische Schwingungen, deren Perioden von der betreffenden Komponente der Direktionskraft abhängen. Um ein deutlicheres Bild von der Bewegung zu bekommen, sei ihre Projektion auf eine der Koordinatenebenen, etwa die xy-Ebene, betrachtet. Die beiden ersten Gleichungen stellen dann eine Lissajousbewegung in dieser Ebene vor; dasselbe gilt entsprechend von den Projektionen auf die beiden anderen Koordinatenebenen. Die Bewegung, die durch die Gleichung (6) und (7) dargestellt wird, ist also eine räumliche Lissajousbewegung. Die Größen A_1', A_2', A_3' sind die halben Kantenlängen des Parallelepipedons, innerhalb dessen sich die Bewegung abspielt. Sie sind ebenso wie die Phasen φ_1, φ_2, φ_3 abhängig von den Anfangsbedingungen. Um die Bewegung eindeutig zu bestimmen, sind daher sechs Gleichungen erforderlich.

In dem Fall, wenn $c_x = c_y = c_z = c$, also die Direktionskraft in allen drei Koordinatenrichtungen gleich ist, ist die Eigenfrequenz der drei Teilschwingungen $\sqrt{\frac{c}{m}} = \Omega_0$ dieselbe. Aus den Gleichungen (6) folgt dann, daß die Determinante:

$$\begin{vmatrix} A_1 & B_1 & -x \\ A_2 & B_2 & -y \\ A_3 & B_3 & -z \end{vmatrix} = 0 \quad \text{sein muß.}$$

Das ist eine lineare Gleichung zwischen den Koordinaten x, y, z. Also liegt die Bahn, die der Punkt m beschreibt, in einer Ebene. Durch eine Drehung des Koordinatensystems derart, daß die Bahnebene des Punktes die $x'y'$-Ebene wird, nehmen die Gleichungen (6) die Form an:

$$x' = E_1 \sin(\Omega_0 t + \psi_1), \qquad y' = E_2 \sin(\Omega_0 t + \psi_2).$$

Das ist eine ebene Lissajousbewegung, und zwar der einfachsten Art, wo beide Komponenten gleiche Frequenz haben. Im allgemeinen ist also die Bahnkurve dann eine Ellipse, die aber für $\psi_1 - \psi_2 = n\pi$ in eine gerade Linie und für $\psi_1 - \psi_2 = (2n-1)\frac{\pi}{2}$ und $E_1 = E_2$ zu einem Kreis entartet.

2. Gedämpfte freie Schwingungen eines Massenpunktes. Die Lösung der Bewegungsgleichung unter den Annahmen der vorigen Ziffer, daß nämlich auf den Massenpunkt nur eine elastische Direktionskraft wirkt, führt auf Schwingungen, die sich in der gleichen Weise unbegrenzt fortsetzen. In der Natur existieren solche Schwingungen, die ohne die Mitwirkung äußerer Kräfte sich beliebig lange erhalten, nicht. Das deutet darauf hin, daß noch andere Kräfte die in der Natur vorkommenden Bewegungen beeinflussen müssen. Das sind die sog. Reibungskräfte. Sie vermitteln entweder den Umsatz eines Teiles der mechanischen Energie in andere Formen, z. B. in Wärme, oder sie bewirken, daß ein Teil der schwingenden Energie fortwährend auf ein umgebendes Medium in der gleichen Form übertragen, d. h. also abgestrahlt wird. In beiden Fällen ist offenbar das Energieprinzip, wenn man nur die mechanischen Bewegungen des betrachteten materiellen Punktes selbst im Auge behält, nicht mehr erfüllt. Die Bewegungsenergie des Punktes bleibt ihm dann nicht mehr erhalten, sondern sie wird in irgendeiner Weise zerstreut. Man nennt die Kräfte, die eine solche Energiezerstreuung bewirken, daher auch zerstreuende oder dissipative Kräfte.

Im allgemeinen hängt die Reibungskraft von der Geschwindigkeit ab, und für akustische Vorgänge kann man dies wohl stets annehmen. Es soll hier zunächst vorausgesetzt werden, daß die Reibungskraft der Geschwindigkeit direkt proportional sei. Es gilt dann die Bewegungsgleichung:

$$m\frac{d^2x}{dt^2} + r\frac{dx}{dt} + cx = 0. \tag{8}$$

Macht man zur Lösung den Ansatz $x = e^{\beta t}$, so ergibt sich für β die Bedingungsgleichung:

$$m\beta^2 + r\beta + c = 0$$

und daraus:

$$\beta = -\frac{r}{2m} \pm \sqrt{\frac{r^2}{4m^2} - \frac{c}{m}}.$$

Zunächst sei angenommen:

$$\frac{c}{m} > \frac{r^2}{4m^2}.$$

Setzt man dann für den Dämpfungsmodul:

$$\delta = \frac{r}{2m},$$

$$\omega_0 = \sqrt{\frac{c}{m} - \frac{r^2}{4m^2}},$$

so ist

$$\beta = -\delta \pm i\omega_0,$$

und die allgemeine Lösung der Bewegungsgleichung wird:

$$x = e^{-\delta t}(A\cos\omega_0 t + B\sin\omega_0 t) = e^{-\delta t}\cdot A'\sin(\omega_0 t + \varphi). \tag{9}$$

Die Integrationskonstanten A und B bzw. A' und φ ergeben sich aus den Anfangsbedingungen.

Die Lösung (9) stellt eine gedämpfte Schwingung dar mit der Frequenz:

$$\omega_0 = \sqrt{\frac{c}{m} - \frac{r^2}{4m^2}}.$$

Die Schwingung bleibt also nicht eine unbegrenzte Zeit bestehen, sondern sie nimmt in ihrer Amplitude ständig ab unter dem Einfluß der Reibungskraft r, und zwar um so schneller, je größer die Reibung ist. Für das logarithmische Dekrement $\mathfrak{d}$ bzw. die Dämpfung D der Schwingung gilt nach Kapitel 2 Ziff. 4:

$$D = \frac{\mathfrak{d}}{\pi} = \frac{2\delta}{\omega_0} = \frac{r}{\omega_0 m}.$$

Das Verklingen der Schwingung erfolgt also um so schneller, je größer die Reibungskraft und je kleiner die Masse ist.

Nach (9) erlischt die Schwingung völlig erst nach unendlich langer Zeit. In Wirklichkeit ist dies aber nicht der Fall; es ist vielmehr bereits nach endlicher Zeit von der abklingenden Schwingung nichts mehr nachweisbar. Diese Abweichung ist darin begründet, daß die Voraussetzungen, die der Gleichung (9) zugrunde liegen, in Wirklichkeit nicht in aller Strenge erfüllt sind. Die Reibungskraft r ist nämlich nicht konstant, sondern wächst mit kleiner werdender Geschwindigkeit zu einem Grenzwert an.

In dem Verklingen der Schwingung liegt aber nicht der einzige Unterschied gegenüber der freien ungedämpften Schwingung; vielmehr ist auch die Frequenz jetzt durch den Einfluß der Dämpfung verkleinert. Bezeichnet wie vorher Ω_0 die Winkelfrequenz der freien ungedämpften Schwingung, die sog. natürliche Eigenfrequenz des Systems, so ist:

$$\omega_0 = \sqrt{\Omega_0^2 - \delta^2} = \Omega_0\sqrt{1 - \left(\frac{\delta}{\Omega_0}\right)^2}.$$

Diese Verkleinerung ist bei akustischen Vorgängen häufig nur gering, so daß nahezu $\omega_0 = \Omega_0$. Dann ist mit hinreichender Genauigkeit:

$$\omega_0 = \Omega_0 \sqrt{1 - \frac{D^2}{4}}.$$

Die Dämpfung D ist bei allen eigentlich akustischen Vorgängen nur in der Größenordnung von wenigen Prozent. Die Tonerniedrigung, die also durch die Wirkung der Reibungskräfte zustande kommt, ist daher klein von zweiter Ordnung und wird meist subjektiv nicht bemerkbar werden.

Man kann außerdem aus der Gleichung (9) leicht erkennen, daß durch den Einfluß der Reibung die Lage der maximalen Elongationen verschoben wird; sie befinden sich nicht mehr genau in der Mitte zwischen zwei Durchgängen durch die Ruhelage, sondern jedesmal bei kleineren Zeitwerten.

Bei der Behandlung akustischer Apparate sind auch die Fälle von Bedeutung, wo die Dämpfung stärker ist. Dann macht sich die Herabsetzung der Eigenfrequenz des Gebildes durch den Einfluß der Reibung immer mehr bemerkbar. Schließlich kann es dahin kommen, daß $\frac{r^2}{4m^2} \geqq \frac{c}{m}$ wird. In diesem Falle gilt die bisher abgeleitete Lösung der Differentialgleichung nicht. Die beiden Wurzeln β werden dann reell, und es entsteht keine Schwingung mehr. Die Bewegung wird aperiodisch. Setzt man in diesem Falle:

$$\beta_1 = -\frac{r}{2m} + \sqrt{\frac{r^2}{4m^2} - \frac{c}{m}} = -\delta + \nu,$$

$$\beta_2 = -\frac{r}{2m} - \sqrt{\frac{r^2}{4m^2} - \frac{c}{m}} = -\delta - \nu,$$

so wird die vollständige Lösung der Bewegungsgleichung:

wenn $\nu > 0$:

$$x = e^{-\delta t}(A e^{+\nu t} + B e^{-\nu t}),$$

wenn $\nu = 0$:

$$x = e^{-\delta t}(A + Bt),$$

worin die Integrationskonstanten A und B von den Anfangsbedingungen abhängen. In diesen beiden Fällen nähert sich der Punkt aus seiner Anfangslage entweder sofort asymptotisch der Ruhelage $x = 0$, oder er überschreitet diese Ruhelage, jedoch, wie leicht einzusehen ist, nicht mehr als einmal, um sich ihr dann asymptotisch zu nähern.

3. Erzwungene Schwingungen eines Massenpunktes. Als solche bezeichnet man Schwingungen, zu denen ein System durch ein anderes mit ihm gekoppeltes angeregt wird. Es wird dann in Wirklichkeit das angeregte System immer auf das anregende zurückwirken, und bei einer strengen Behandlung des Problems wird man die Bewegungsgleichungen beider Systeme aufstellen müssen unter Berücksichtigung der zwischen beiden stattfindenden Wechselwirkung. Es soll hier zunächst von der Berücksichtigung dieser Rückwirkung abgesehen werden, was man sich physikalisch beispielsweise dadurch angenähert verwirklicht denken kann, daß die Kopplung zwischen den beiden Systemen so lose ist, daß die zurückgelieferte Energie gegenüber der verbrauchten vernachlässigt werden kann. In einem solchen Falle kann man dann von der Betrachtung des primären Systems ganz absehen und die Sache so auffassen, als ob eine äußere unabhängige eingeprägte periodische Kraft auf das Sekundärsystem wirkt. Es sei diese eingeprägte periodische Kraft $f(t)$. Dann heißt die Bewegungsgleichung:

$$m\frac{d^2x}{dt^2} + r\frac{dx}{dt} + cx = f(t). \tag{10}$$

Es sei hier wieder vorausgesetzt, daß die entstehenden Schwingungen so klein sind, daß die rücktreibende Kraft als proportional zur Elongation angenommen werden kann. Unter dieser Voraussetzung, daß nämlich die Bewegungsgleichung linear ist, haben ihre Lösungen folgende Eigenschaft: Es sei ξ eine Lösung der Gleichung (10). Es werde nun angenommen, daß an Stelle der eingeprägten Kraft $f(t)$ eine andere $g(t)$ vorhanden sei. Die Lösung der Differentialgleichung für diesen Fall sei η. Dann erhält man durch Einsetzen von ξ in Gleichung (10) und von η in die entsprechende Gleichung mit der Störungsfunktion $g(t)$:

$$m\frac{d^2}{dt^2}(\xi+\eta)+r\frac{d}{dt}(\xi+\eta)+c(\xi+\eta)=f(t)+g(t).$$

Hieraus erkennt man, daß durch das gleichzeitige Zusammenwirken von mehreren eingeprägten Kräften Schwingungen entstehen, die sich aus den von den einzelnen eingeprägten Kräften herrührenden Schwingungen einfach additiv zusammensetzen. Weil man in der zusammengesetzten Bewegung jede einzelne der Komponenten als ungestört vorhanden betrachten kann, so bezeichnet man diese Erscheinung, deren Voraussetzung, wie gesagt, die Linearität der Bewegungsgleichung ist, als das Gesetz von der ungestörten Superposition der Schwingungen. Diese Bemerkung kann dazu dienen, Gleichung (10) wesentlich zu vereinfachen. Man kann nämlich die als periodisch vorausgesetzte Funktion $f(t)$ nach dem FOURIERschen Satz zerlegen (s. Kapitel 2 Ziff. 3). Es genügt also, die Lösung für eine Partialschwingung zu finden; das allgemeine Resultat ergibt sich dann durch Superposition der für jede Partialschwingung gefundenen Einzellösungen. Es ist also die Gleichung zu lösen:

$$m\frac{d^2x}{dt^2}+r\frac{dx}{dt}+cx=a\cdot e^{i\omega t}, \tag{11}$$

worin die eingeprägte Kraft entweder als der reelle oder der imaginäre Teil von $a\cdot e^{i\omega t}$ zu betrachten ist; dementsprechend ist nach dem Prinzip der ungestörten Superposition der reelle bzw. der imaginäre Teil aus dem Resultat auszusondern.

Die allgemeine Lösung einer solchen linearen inhomogenen Differentialgleichung setzt sich zusammen aus einem partikulären Integral und aus dem allgemeinen Integral der entsprechenden homogenen Differentialgleichung, die aus Gleichung (11) dadurch entsteht, daß die Störungsfunktion auf der rechten Seite identisch verschwindet. Als partikuläres Integral von Gleichung (11) setzt man an:

$$x=C\cdot e^{i\omega t}.$$

Das ergibt:

$$C=\frac{a}{-m\omega^2+ir\omega+c}=\frac{\frac{a}{m}}{\Omega_0^2-\omega^2+i\frac{r\omega}{m}}, \tag{12}$$

wenn man die Winkelfrequenz der freien ungedämpften Schwingung, die natürliche Eigenfrequenz des Systems, $\sqrt{\frac{c}{m}}$ gleich Ω_0 setzt. Macht man weiter:

$$\Omega_0^2-\omega^2=\varrho\cos\psi,\qquad \frac{r\omega}{m}=\varrho\sin\psi,$$

so ist:

$$\varrho=\sqrt{(\Omega_0^2-\omega^2)^2+\frac{r^2\omega^2}{m^2}},\qquad \operatorname{tg}\psi=\frac{\frac{r\omega}{m}}{\Omega_0^2-\omega^2}=\frac{\eta D}{1-\eta^2},\qquad \eta=\frac{\omega}{\Omega_0}. \tag{13}$$

und man kann setzen:

$$C=\frac{a}{m\varrho}e^{i(\omega t-\psi)}.$$

Durch Abspalten des reellen Teiles ergibt sich also als vollständiges Integral der Gleichung (11), wenn man zu dem partikulären Integral noch das allgemeine der homogenen Gleichung (8) hinzufügt:

$$x = \frac{a}{m\varrho}\cos(\omega t - \psi) + e^{-\delta t} \cdot A \sin(\omega_0 t + \varphi)\,, \tag{14}$$

wo:

$$\omega_0 = \sqrt{\frac{c}{m} - \frac{r^2}{4m^2}}$$

die Winkelfrequenz der gedämpften freien Schwingung des Systems, $\delta = \frac{r}{2m}$ die Dämpfungskonstante, A und φ Integrationskonstanten sind. Hierbei ist vorausgesetzt, daß $\frac{c}{m} > \frac{r^2}{4m^2}$ ist. Ist $\frac{c}{m} \leq \frac{r^2}{4m^2}$, so ist das zweite Glied nicht periodisch; immer aber klingt es mit der Zeit ab, während das erste Glied seinen Charakter nicht ändert. Das zweite Glied stellt einen Vorgang dar, der nur kurze Zeit besteht, je nach der Größe von δ, den sog. Ausgleichsvorgang. Wird z. B. eine periodische Kraft dem System plötzlich aufgezwungen, so vergeht eine gewisse Zeit, bis das System sich eingeschwungen hat und seine stationäre Bewegung ausführt, die durch das erste Glied in (14) beschrieben ist. In dieser Gleichung ist der Vorgang so dargestellt, daß sich dem stationären Vorgang der Ausgleichsvorgang überlagert; dadurch entsteht der Einschwingvorgang. Umgekehrt stellt beim plötzlichen Aussetzen der eingeprägten Kraft das zweite Glied das Abklingen der Schwingungen dar. Sind ω und ω_0 nahezu gleich, so entstehen zu Anfang beim Einschwingen Schwebungen, die aber je nach der Größe von δ mehr oder weniger schnell verlöschen.

Die Differentialgleichung, die die Vorgänge in elektrischen Schwingungskreisen beschreibt, ist das elektrische Analogon zu dem hier betrachteten mechanischen Problem. Die Theorie der Vorgänge in elektrischen Schwingungskreisen ist sehr eingehend behandelt worden[1]), und man kann deren Ergebnisse auf mechanische Probleme häufig leicht übertragen. Nur ist dabei eins zu beachten: Der Ansatz der Differentialgleichung für elektrische Schwingungskreise erfolgt im allgemeinen auf Grund des zweiten KIRCHHOFFschen Satzes; es erscheint als eingeprägte Kraft eine elektromotorische Kraft. Es seien L, R, C Induktivität, OHMscher Widerstand und Kapazität des Kreises, J der Momentanwert des Stromes, und $E = E_0 e^{i\omega t}$ die eingeprägte elektromotorische Kraft. Es ist dann:

$$L\frac{dJ}{dt} + RJ + \frac{1}{C}\int J dt = E_0 e^{i\omega t},$$

Die eigentliche Differentialgleichung geht hieraus durch Differentiation nach t hervor:

$$L\frac{d^2J}{dt^2} + R\frac{dJ}{dt} + \frac{1}{C}J = i\omega E_0 e^{i\omega t},$$

Vergleicht man hiermit die für mechanische Systeme geltende Differentialgleichung (11), so sieht man, daß bei der Differentialgleichung für den elektrischen Kreis die Störungsfunktion mit der Winkelfrequenz ω der eingeprägten Kraft multipliziert erscheint.

Betrachtet man nun den stationären Vorgang, der durch das erste Glied der Gleichung (14) beschrieben ist, so erkennt man folgendes wichtige Resultat: Wird ein schwingungsfähiges System von einem Freiheitsgrad

[1]) Z. B.: H. RIEGGER, Wiss. Veröffentl. a. d. Siemens-Konz. Bd. I, 3, S. 126. 1922; Bd. III, 1, S. 190. 1923; H. BACKHAUS, Jahrb. d. drahtl. Telegr. Bd. 24, S. 11, 39, 53. 1924.

durch eine periodische, rein sinusförmige, eingeprägte Kraft zum Schwingen angeregt, so erfolgt die erzwungene Schwingung in der Frequenz der eingeprägten Kraft. Die Lage der Eigenfrequenz des angeregten Systems übt nur auf die Amplitude der Schwingung einen Einfluß. Diese Amplitude $a/m\varrho$ hat für einen solchen Wert von ω ein Maximum, für den ϱ ein Minimum wird; hierfür findet man nach (13):

$$\omega_{\max} = \sqrt{\Omega_0^2 - \frac{r^2}{2m^2}} = \Omega_0 \sqrt{1 - \frac{D'^2}{2}}. \tag{15}$$

D' stimmt mit der Dämpfung D überein, wenn $r/2m \ll \Omega_0$ ist. Das Maximum von x, die Resonanzamplitude, liegt also, anders als bei elektrischen Schwingungskreisen, nicht an der Stelle der ungedämpften Eigenfrequenz, sondern bei einer tieferen Frequenz. Dieser Unterschied, auf den zuerst M. WIEN[1]) hingewiesen hat, ist bei akustischen Schwingungen häufig zu vernachlässigen, wenn nämlich die Dämpfung klein ist. Ist aber die Dämpfung beträchtlich, was z. B. bei Schallempfängern oft der Fall ist, so kann die Verschiebung der Resonanzamplitude sehr erheblich werden. Zum Unterschiede hiervon ist jedoch zu beachten, daß sich das Maximum der Energie, die Resonanzintensität, für $\omega = \Omega_0$ ergibt.

Die Amplitude der Schwingungsbewegung ist nach (13) und (14)

$$\frac{a}{m\varrho} = \frac{a}{m\sqrt{(\Omega_0^2 - \omega^2)^2 + D'^2\Omega_0^2\omega^2}} = \frac{a}{r\omega\sqrt{1 + \operatorname{cotg}^2\psi}} \tag{16}$$

und $\operatorname{cotg}\psi = \frac{1}{D'}\left(\frac{1}{\eta} - \eta\right)$, worin $D' = \frac{r}{\Omega_0 m}$, das Frequenzverhältnis $\eta = \omega/\Omega_0$ ist. Aus dieser Form erkennt man, daß die Kurve, die die Abhängigkeit der Amplitude von der Frequenz darstellt, die Resonanzkurve, um so steiler verläuft, je kleiner die Dämpfung D oder das logarithmische Dekrement $\mathfrak{d}$ ist und umgekehrt. Die Bewegungsamplitude im Maximum ist:

$$x_{\max} = \frac{a}{r\sqrt{\Omega_0^2 - \frac{r^2}{4m^2}}} = \frac{a}{\Omega_0 r\sqrt{1 - \frac{D'^2}{4}}},$$

während die Resonanzintensität:

$$E_{\max} = \frac{a^2 m}{2r^2}$$

ist. Die Höhe des Resonanzmaximums ist also in beiden Fällen um so größer, je kleiner die Reibungskraft ist, und zwar ist die Resonanzamplitude bei kleiner Dämpfung angenähert umgekehrt proportional der ersten Potenz von r, die Resonanzintensität streng umgekehrt proportional der zweiten Potenz von r. Die Resonanz ist also um so schärfer ausgeprägt, je schwächer das System gedämpft ist. Für den Verlauf der Resonanzkurve erkennt man aus (16) folgendes: Für $\omega = 0$ ist die Amplitude gleich a/c und behält diesen Wert nahezu, solange $\omega \ll \Omega_0$ bleibt. Für Bereiche weit unterhalb Ω_0 ist also die Amplitude nahezu unabhängig von der Erregerfrequenz. Ist dagegen ω groß und weit von der Resonanzfrequenz des ungedämpften Systems entfernt, so daß das erste Glied im Nenner von (16) überwiegt, so kann man setzen:

$$\frac{a}{m\varrho} = \frac{a}{m\omega^2\left(1 - \frac{1}{\eta^2}\right)},$$

---

[1]) M. WIEN, Wied. Ann. Bd. 58, S. 725. 1896.

und da nach Voraussetzung:
$$\eta = \frac{\omega}{\Omega_0} \gg 1$$
ist:
$$\frac{a}{m\varrho} = \frac{a}{m\omega^2}.$$

Also die Resonanzkurve steigt von dem Wert a/c zum Resonanzmaximum an, und zwar um so höher und steiler, je geringer die Dämpfung ist. Vom Resonanzmaximum an fällt die Kurve dann schnell wieder gegen Null asymptotisch ab, und zwar für große Werte von ω umgekehrt proportional zum Quadrat der Frequenz. Erregungen oberhalb der Eigenfrequenz werden also bald sehr stark abgedämpft. In Abb. 1 sind die Resonanzkurven gezeichnet unter der Voraussetzung:

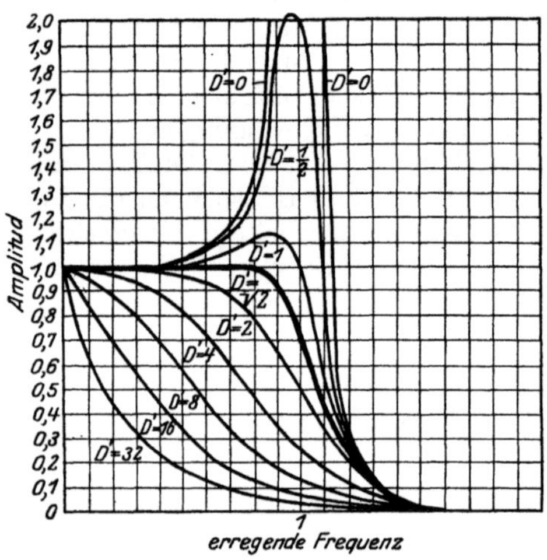

Abb. 1. Resonanzkurven bei verschiedener Dämpfung.

$$\Omega_0 = 1,\ c = 1,\ m = 1,\ a = 1,$$

für verschiedene Werte von $D' = \frac{r}{m\,\Omega_0}$.

Die Betrachtung der Resonanzkurven ist für die Erkenntnis der Eigenschaften akustischer Apparate von großer Wichtigkeit. Es werden hier im allgemeinen zwei Forderungen gestellt: Einmal wird man große Empfindlichkeit des Apparates wünschen, andererseits spielt eine große Rolle die Forderung nach weitgehender Verzerrungsfreiheit, d. h. die Forderung, daß in einem möglichst breiten Frequenzbereich die Amplituden der erregenden Kraft zu den Amplituden der vom Apparat ausgeführten Schwingung in angenähert demselben Verhältnis stehen. Die Resonanzkurven geben ein Bild dafür, in welcher Weise man diesen Forderungen am besten nachkommen kann. Wird nur möglichst große Empfindlichkeit gewünscht, so ist die Dämpfung gering zu machen. Die Resonanzlage wird man dann so wählen, daß sie mit der hauptsächlich in Betracht kommenden Erregungsfrequenz möglichst übereinstimmt. Je geringer die Dämpfung ist, um so schärfer muß die Übereinstimmung der beiden Frequenzen sein, um nennenswerte Amplituden im Empfangsapparat zu erhalten. Ein Maß für die Empfindlichkeit ist ferner, wie vorstehend bemerkt, die Amplitude für sehr kleine Frequenzen a/c. Eine Steigerung der Empfindlichkeit ist also durch Verkleinerung der Direktionskraft möglich.

Kommt es auf Verzerrungsfreiheit an, so kann man dreierlei Wege gehen: Wenn man die Eigenresonanz unterhalb des in Betracht kommenden Frequenzbereichs legt, so wird die Empfindlichkeit für höhere Frequenzen schnell abnehmen; liegt jedoch die Eigenresonanz oberhalb, so wird eine gewisse Bevorzugung der höheren Frequenzen eintreten, beides um so mehr, je geringer die Dämpfung ist. Auf Kosten der Empfindlichkeit wird es daher vorteilhaft sein, die Dämpfung möglichst groß zu wählen. Dies ist unbedingt erforderlich, wenn man den Resonanzpunkt im Übertragungsgebiet liegen läßt; dann kann man nur mit flachen Resonanzkurven hinreichende Verzerrungsfreiheit erzielen. Es liegt nahe, zu diesem Zweck das Amplitudenmaximum durch Erhöhen der Dämpfung so weit nach niedrigeren Frequenzen zu verschieben, daß es bei $\omega = 0$ zu liegen kommt. Hierfür ist nach (15) $D' = \sqrt{2}$ zu machen. Aus Abb. 1 geht hervor, daß die so entstehende Resonanzkurve wirklich hervorragend günstig ist.

Die Dämpfung oder das Dekrement spielt bei dem Vorgang der erzwungenen Schwingung eine doppelte Rolle: Sie ist erstens maßgebend für die Steilheit der Abklingkurve des Ausgleichsvorgangs und zweitens für die der Resonanzkurve, und zwar in der Art, daß mit wachsender Dämpfung das Abklingen immer schneller erfolgt, während die Resonanzkurve immer flacher wird. Wenn also z. B. durch Änderung der Erregerfrequenz um einen bestimmten Betrag, also durch Veränderung der Tonhöhe, d. h. durch Verstimmung, die Intensität der erzwungenen Schwingung von der Maximalintensität bis auf 10% herabgesetzt wird, so ist die Anzahl Schwingungen, bis zu deren Ablauf der Ausgleichsvorgang bis auf 10% seines Anfangswertes abgeklungen ist, um so größer, je kleiner das Tonintervall ist, das zu der betreffenden Verstimmung erforderlich war. In der nebenstehenden Tabelle[1]) ist in Spalte 1 das Tonintervall eingetragen, das notwendig ist, um die Intensität auf 10% der Maximalintensität herabzusetzen, in Spalte 2 das entsprechende Frequenzverhältnis, in Spalte 3 die Anzahl der Schwingungen, nach der die Intensität des Ausgleichsvorgangs bis auf 10% abgeklungen ist.

Tabelle.

$^1/_8$ Ton	1,015	38,00
$^1/_4$ Ton	1,030	19,00
$^1/_2$ Ton	1,061	9,50
$^3/_4$ Ton	1,092	6,33
$^1/_1$ Ton	1,125	4,75
$^5/_4$ Ton	1,156	3,80
$^3/_2$ Ton (kleine Terz) .	1,187	3,17
$^7/_4$ Ton	1,218	2,71
$^2/_1$ Ton (große Terz) . .	1,250	2,37

Für die Phase der erzwungenen Schwingung erkennt man aus Gleichung (13): $\operatorname{tg}\psi = \frac{\eta}{1-\eta^2} D$ folgendes: Für sehr kleine Frequenzen ist die Phasendifferenz zwischen erregender und erzwungener Schwingung praktisch gleich Null, die Schwingungen sind also synchron. Für $\eta = 1$, wenn die erregende Schwingungsfrequenz mit der natürlichen Eigenfrequenz übereinstimmt, für schwach gedämpfte Systeme also in der Nähe des Resonanzmaximums, wird die Phasendifferenz gleich $\pi/2$ und schließlich für sehr hohe Frequenzen gleich π. Die Änderung geht um so schneller vor sich, je kleiner D ist. Bei verschwindender Dämpfung erfolgt der Übergang der Phase von Null zu π für $\eta = 1$ unstetig. Man spricht dann, und auch bei geringer Dämpfung, wenn die Phasenänderung sehr schnell vor sich geht, von einem Phasensprung. In Abb. 2 sind die Verhältnisse für $D = 0{,}01$ und $D = 0{,}1$ graphisch dargestellt.

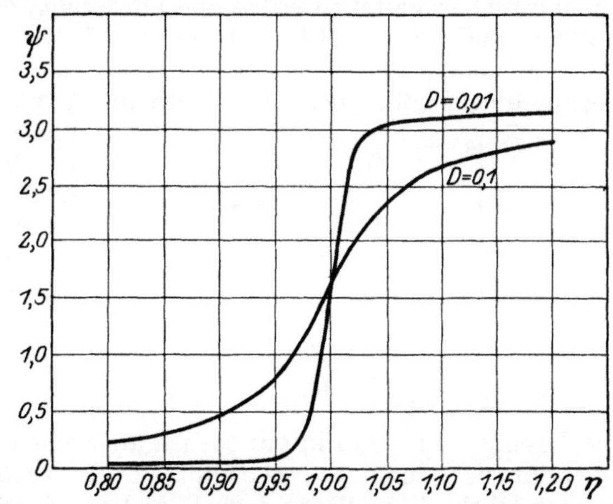

Abb. 2. Abhängigkeit der Phase erzwungener Schwingungen von dem Verhaltnis der erregenden zur Eigenfrequenz.

Praktisch ist häufig der Fall von Wichtigkeit, wo die eingeprägte Kraft selbst eine exponentiell gedämpfte Schwingung ist. Die Differentialgleichung ist dann:

$$m\frac{d^2x}{dt^2} + r\frac{dx}{dt} + cx = a e^{-\varepsilon t} \sin \omega t,$$

[1]) H. v. HELMHOLTZ, Die Lehre von den Tonempfindungen, 6. Ausg., Beilage X u. S. 234. Braunschweig 1913.

und deren allgemeine Lösung:

$$x = \frac{a\,e^{-\varepsilon t}\sin(\omega t - \psi)}{\sqrt{(\Omega_0^2 - \omega^2 + \varepsilon^2 - 2\varepsilon\delta)^2 + 4\omega^2(\delta - \varepsilon)^2}} + e^{-\delta t}\cdot A\cdot\sin(\omega_0 t + \varphi),$$

worin:

$$\operatorname{tg}\psi = \frac{2\omega(\delta - \varepsilon)}{\Omega_0^2 - \omega^2 + \varepsilon^2 - 2\varepsilon\delta}.$$

Es entsteht also ein komplizierter Vorgang, der aus zwei abklingenden Schwingungen besteht, deren eine mit der Eigendämpfung des Systems, deren andere mit der Dämpfung der eingeprägten Kraft abklingt. Die Phasenverschiebung ψ wird Null, wenn $\delta = \varepsilon$ ist, also wenn beide Dämpfungen übereinstimmen[1]).

Es werde nunmehr der allgemeine Fall betrachtet, daß nämlich die eingeprägte Kraft zwar periodisch, aber nicht von einfach sinusförmiger Gestalt sei. Die Lösung ergibt sich dann ohne weiteres durch Summation der für die einzelnen Partialschwingungen der nach FOURIER zerlegten eingeprägten Kraft geltenden Einzellösungen. Für die Übertragung eines solchen zusammengesetzten Klanges ergibt sich daraus folgendes: Die Amplitude, mit der jede einzelne Teilschwingung übertragen wird, folgt aus der Resonanzkurve des betrachteten Systems; es werden demnach also z. B. Teiltöne, deren Frequenzen oberhalb der Eigenfrequenz des Systems liegen, nur mit sehr geringer Amplitude übertragen, während in genügender Entfernung unterhalb der Eigenfrequenz die Übertragung sämtlicher Frequenzen für akustische Zwecke hinreichend gleichmäßig erfolgt. Teilfrequenzen in der Nähe der Eigenfrequenz werden bei geringer Dämpfung sehr stark bevorzugt. Auf diesen auswählenden Eigenschaften beruht die Anwendung von Resonatoren mit ausgeprägter Eigenfrequenz. Weiter folgt aus diesen Betrachtungen für einen Schallempfänger für zusammengesetzte Klänge, an den höhere Anforderungen bezüglich Verzerrungsfreiheit gestellt werden, die Forderung, daß sämtliche Partialtöne, deren Übertragung wichtig erscheint, unterhalb der Eigenfrequenz liegen müssen; d. h. mit anderen Worten, der Empfänger ist so hoch abzustimmen, daß seine Eigenfrequenz höher liegt als sämtliche Partialtöne, deren Übertragung noch von Wichtigkeit ist.

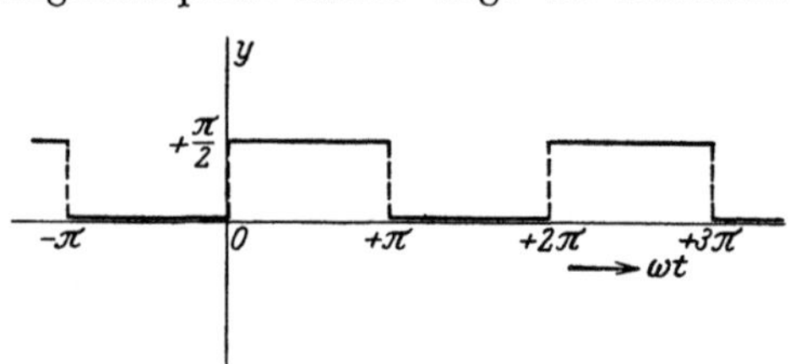

Abb 3.

Ist beispielsweise die erregende Kraft in ihrem zeitlichen Verlauf von der Form wie in Abb. 3, so lautet die Fourierzerlegung, wie in Kapitel 2 Ziff. 3 angegeben:

$$f(\omega t) = \frac{\pi}{4} + \sin\omega t + \tfrac{1}{3}\sin 3\omega t + \tfrac{1}{5}\sin 5\omega t + \cdots$$

Die Lösung kann dann in der soeben angegebenen Weise gefunden werden, und es ergibt sich durch Superposition der Einzellösungen wieder eine Funktion, deren bildliche Darstellung jedoch anders aussehen wird als Abb. 3, da einmal nach der Resonanzkurve des Aufnahmeapparates die Übertragung der einzelnen Teilamplituden nicht gleichmäßig erfolgt und außerdem sich für jeden Teilton eine andere Phasenverschiebung ergibt. Jedenfalls kann man aber so viel sagen, daß die Aufzeichnung der resultierenden Bewegung wieder streng periodisch mit der Grundperiode $2\pi/\omega$ sein wird. Das Auftreten von unharmonischen Obertönen, was zu Abweichungen von der Periodizität führen müßte, ist unter der hier ge-

[1]) Siehe A. KALÄHNE, Grundzüge der math.-phys. Akustik Bd. I, S. 74. Leipzig u. Berlin 1910.

machten Voraussetzung der Linearität der Bewegungsgleichungen unmöglich. Man kann nun die Lösung des Problems in dem vorliegenden einfachen Falle auch anders anfassen und den erregenden Vorgang als eine Folge von plötzlich einsetzenden Spannungen und Entspannungen auffassen, die sich periodisch einander folgen. Es handelt sich dann um abwechselnde Ein- und Ausschwingvorgänge, und zu ihrer analytischen Beschreibung dient das zweite Glied in Gleichung (14). Das Resultat muß natürlich bei strenger Durchführung der Rechnung dasselbe sein wie bei dem zuvor angegebenen Verfahren[1]). Man könnte nun glauben, daß hier ein Widerspruch insofern vorläge, als die Ausgleichsvorgänge ja mit der modifizierten Eigenfrequenz ω_0[2]) des Systems erfolgen, die durchaus nicht harmonisch zu der Grundfrequenz des Erregungsvorgangs ω zu sein braucht, daß also hierdurch unharmonische Bestandteile in den resultierenden Vorgang hineinkommen können. Ein solcher Schluß ist aber falsch. Denn es ist zu bedenken, daß ein Vorgang mit der Winkelfrequenz ω_0, der gedämpft abklingt, gar nicht als streng periodischer Vorgang zu betrachten ist. Eine Fourierzerlegung von einer Reihe solcher aufeinanderfolgender Vorgänge wird also im allgemeinen eine Partialschwingung mit der Winkelfrequenz ω_0 gar nicht enthalten. Diese Überlegungen spielen eine Rolle bei der Frage, wie man sich das Zustandekommen von Sprachlauten der menschlichen Stimme, insbesondere von Vokalen, erklären muß. (Vgl. hierzu den Artikel „Physik der Sprachlaute“ Ziff. 11 ds. Bd. Kap. 10.)

4. Gestörte Superposition. Kombinationstöne. In den vorhergehenden Abschnitten waren über die Bewegungen eines materiellen Punktes besondere einschränkende Voraussetzungen gemacht bezüglich der Reibungskraft und der Direktionskraft, derart daß die die Bewegung bestimmende Differentialgleichung immer linear war. Läßt man diese Voraussetzungen fallen, so tritt das Prinzip von der ungestörten Superposition außer Kraft. Man spricht dann von gestörter Superposition oder gestörtem Zusammenklang. Die Folge davon ist, daß beim Zusammenwirken mehrerer periodischer Kräfte in dem resultierenden Klange neben den ursprünglich angegebenen Tönen noch weitere Töne auftreten.

Im allgemeinen sind diese nichtlinearen Differentialgleichungen nicht lösbar. Kalähne[3]) hat daher den umgekehrten Weg beschritten und für freie Schwingungen unter Zugrundelegung bestimmter Dämpfungsgesetze die Form der entsprechenden Schwingungsdifferentialgleichungen aufgesucht. Im allgemeinen muß man sich aber für die Fälle, die physikalisch von besonderer Wichtigkeit sind, mit Näherungslösungen begnügen.

Berücksichtigt man in der Entwicklung der rücktreibenden Kraft nach Potenzen der Elongation noch das in x quadratische Glied, so hat man als Bewegungsgleichung für ein freies, ungedämpftes System:

$$m \frac{d^2 x}{d t^2} + c_1 x + c_2 x^2 = 0 .$$

Dieser Kraftansatz schließt eine Unsymmetrie in sich; denn bei positivem x sind die beiden letzten Glieder positiv, verstärken sich daher, bei negativem x bleibt das letzte Glied positiv, die beiden Glieder schwächen sich also in ihrer Wirkung. Die entstehenden Schwingungen müssen daher auch unsymmetrisch sein. Dies gilt auch für einen Ansatz mit noch höheren Potenzen von x, wofern nicht die Koeffizienten aller geraden Potenzen von x verschwinden.

---

[1]) Siehe R. Kümmich, ZS. f. techn. Phys. Bd. 7, S. 337. 1926.

[2]) H. Schmidt, ZS. f. Phys. Bd. 39, S. 474. 1926.

[3]) A. Kalähne, Elster-Geitel-Festschr., S. 172. Braunschweig 1915.

Um eine Näherungslösung zu finden, wendet man das Verfahren der sukzessiven Approximationen an und setzt die Lösung an in der Form:

$$x = x_0 + x_1 c_2 + x_2 c_2^2 + x_3 c_2^3 + \cdots, \tag{17}$$

wobei vorausgesetzt ist, daß c_2 klein ist, und daß die Reihe konvergiert. Dies läßt sich unter gewissen einschränkenden Voraussetzungen beweisen[1]). Setzt man diesen Ansatz auf der linken Seite der Bewegungsgleichung ein und ordnet nach Potenzen von c_2, so kann die Gleichung für jeden beliebigen Wert von c_2 nur dann erfüllt sein, wenn die sämtlichen Koeffizienten der Potenzen von c_2 einzeln verschwinden. Man erhält so folgendes System von simultanen Differentialgleichungen:

$$\left.\begin{aligned} m\frac{d^2 x_0}{dt^2} + c_1 x_0 &= 0, \\ m\frac{d^2 x_1}{dt^2} + c_1 x_1 + x_0^2 &= 0, \\ m\frac{d^2 x_2}{dt^2} + c_1 x_2 + 2x_0 x_1 &= 0, \\ \cdots\cdots\cdots\cdots \end{aligned}\right\} \tag{18}$$

Es seien die Anfangsbedingungen für $t=0$: $x = a$, $\frac{dx}{dt} = 0$. Dann ist die Lösung der ersten Differentialgleichung:

$$x_0 = a\cdot\cos\Omega_0 t, \qquad \text{wo} \qquad \Omega_0 = \sqrt{\frac{c_1}{m}}$$

ist. Hiermit wird die zweite Differentialgleichung:

$$m\frac{dx_1}{dt^2} + c_1 x_1 = -\frac{a^2}{2}(1 + \cos 2\Omega_0 t)$$

und durch die Substitution:

$$x_1 = \vartheta_1 - \frac{a^2}{2c_1} \tag{19}$$

$$m\frac{d^2\vartheta_1}{dt^2} + c_1\vartheta_1 = -\frac{a^2}{2}\cos 2\Omega_0 t. \tag{20}$$

Das ist eine Differentialgleichung vom gleichen Typus, wie sie für eine erzwungene Schwingung gilt. Die allgemeine Lösung ist bekannt, und man erhält durch Einsetzen von ϑ_1 aus (19) und unter Berücksichtigung der Anfangsbedingungen, wenn man die Reihe (17) hier abbricht:

$$x = -\frac{3a^2 c_2}{6c_1} + \left(a + \frac{1}{3}\frac{a^2 c_2}{c_1}\right)\cos\Omega_0 t + \frac{a^2 c_2}{6c_1}\cos 2\Omega_0 t.$$

Neben dem Grundton tritt also bei derartigen freien Schwingungen auch noch die Oktave auf. Treibt man die Annäherung noch weiter, so tritt auch noch der dritte Teilton hinzu usf.

Für die Gleichung: $\frac{d^2x}{dt^2} + c_1 x + c_2 x^3 = 0$

findet RAYLEIGH[2]), daß einmal die Höhe der Grundschwingung durch das letzte Glied beeinflußt wird; es ist nämlich:

$$\omega_1 = \Omega_0 + \frac{3c_2 a^2}{4};$$

andererseits tritt neben dieser Grundschwingung auch noch deren Duodezime $3\omega_1$ auf.

---

[1]) J. HORN, ZS. f. Math. u. Phys. Bd. 47, S. 400. 1902.

[2]) Lord RAYLEIGH, Theory of Sound, 2. Aufl., Bd. I, § 67. London 1894.

Den zuerst von HELMHOLTZ[1]) behandelten Fall des Einwirkens zweier einfach periodischer Kräfte auf ein ungedämpftes System mit gestörter Superposition hat WAETZMANN[2]) durch Einführung eines Dämpfungsgliedes erweitert. Das ergibt die Differentialgleichung:

$$m\frac{d^2x}{dt^2} + r\frac{dx}{dt} + c_1 x + c_2 x^2 + f\sin\omega_1 t + g\sin(\omega_2 t + \varphi) = 0$$

oder:

$$\frac{d^2x}{dt^2} + 2\delta\frac{dx}{dt} + \Omega_0^2 x + c_2' x^2 + f'\sin\omega_1 t + g'\sin(\omega_2 t + \varphi) = 0\,, \tag{21}$$

worin:

$$c_2' = \frac{c_2}{m}\,,\quad f' = \frac{f}{m}\,,\quad g' = \frac{g}{m}\,;\quad \delta = \frac{r}{2m}\,,\quad \Omega_0 = \sqrt{\frac{c_1}{m}}$$

ist. Durch Einsatz von:

$$x = \eta x_1 + \eta^2 x_2 + \eta^3 x_3 + \cdots$$

in (21) erhält man in ganz ähnlicher Weise wie im vorigen Fall, wenn man noch setzt:

$$f' = \eta f_1'\,,\qquad g' = \eta g_1'\,,$$

das System von simultanen Differentialgleichungen:

$$\frac{d^2x_1}{dt^2} + 2\delta\frac{dx_1}{dt} + \Omega_0^2 x_1 + f_1'\sin\omega_1 t + g_1'\sin(\omega_2 t + \varphi) = 0\,,$$

$$\frac{d^2x_2}{dt^2} + 2\delta\frac{dx_2}{dt} + \Omega_0^2 x_2 + c_2' x_1^2 = 0\,,$$

$$\frac{d^2x_3}{dt^2} + 2\delta\frac{dx_3}{dt} + \Omega_0^2 x_3 + 2c_2' x_1 x_2 = 0\,,$$

$$\cdots\cdots\cdots\cdots\cdots\cdots$$

Die Lösung der ersten Gleichung wird in die zweite eingesetzt und so fort. Man erhält dann:

$$x_1 = A e^{-\delta t}\sin(\omega_0 t + \psi) + a_1\sin(\omega_1 t - \chi_1) + a_2\sin(\omega_2 t + \varphi - \chi_2)\,,$$

und wenn man berücksichtigt, daß der Ausgleichsvorgang nach kurzer Zeit abgeklungen ist:

$$x_2 = -\frac{c_2'}{2\Omega_0^2}(a_1^2 + a_2^2) + a_3\cos(2\omega_1 t - \chi_1') + a_4\cos(2\omega_2 t - \chi_2') + a_5\cos[(\omega_1 - \omega_2)t - \chi_1''] + a_6\cos[(\omega_1 + \omega_2)t - \chi_2''].$$

Darin ist:

$$\left.\begin{aligned}
a_1 &= -\frac{f_1'}{\sqrt{(\Omega_0^2 - \omega_1^2)^2 + 4\omega_1^2\delta^2}}\,, \qquad a_2 = -\frac{g_1'}{\sqrt{(\Omega_0^2 - \omega_2^2)^2 + 4\omega_2^2\delta^2}}\,,\\
a_3 &= \frac{c_2' a_1^2}{2\sqrt{(\Omega_0^2 - 4\omega_1^2)^2 + 16\omega_1^2\delta^2}}\,, \qquad a_4 = \frac{c_2' a_2^2}{2\sqrt{(\Omega_0^2 - 4\omega_2^2)^2 + 16\omega_2^2\delta^2}}\,,\\
a_5 &= -\frac{c_2' a_1 a_2}{\sqrt{[\Omega_0^2 - (\omega_1 - \omega_2)^2]^2 + 4(\omega_1 - \omega_2)^2\delta^2}}\,,\\
a_6 &= \frac{c_2' a_1 a_2}{\sqrt{[\Omega_0^2 - (\omega_1 + \omega_2)^2]^2 + 4(\omega_1 + \omega_2)^2\delta^2}}\,,
\end{aligned}\right\} \tag{22}$$

$\chi_1, \chi_2, \chi_1', \chi_2', \chi_1'', \chi_2''$ sind Phasenkonstanten.

[1]) H. v. HELMHOLTZ, Die Lehre von den Tonempfindungen, 6. Aufl., Beilage 12, S. 646. Braunschweig 1913.

[2]) E. WAETZMANN, Ann. d. Phys. Bd. 24, S. 69. 1907; s. auch E. WAETZMANN, Die Resonanztheorie des Hörens, S. 152. Braunschweig 1912, dort auch zahlreiche Literaturangaben über Kombinationstöne.

In der resultierenden Schwingung treten hiernach Teilschwingungen mit den Winkelfrequenzen $2\omega_1, 2\omega_2, \omega_1 - \omega_2, \omega_1 + \omega_2$ auf. Bei weiterer Fortsetzung der Approximation finden sich auch noch Glieder mit den Frequenzen $3\omega_1, 3\omega_2, 2\omega_1 - \omega_2, 2\omega_1 + \omega_2, \omega_1 - 2\omega_2, \omega_1 + 2\omega_2$. Die gleichzeitige Einwirkung zweier erregender Sinusschwingungen auf ein System, bei welchem die rücktreibende Kraft von der ersten und zweiten Potenz der Elongation abhängt, ergibt demnach eine erzwungene Schwingung, die sich durch Übereinanderlagerung einer Reihe von Sinusschwingungen darstellen läßt, deren Frequenzen durch Addition und Subtraktion ganzzahliger Vielfacher der erregenden Frequenzen entstehen. Das Bildungsgesetz der so entstehenden Kombinationstöne, unter denen man Summations- und Differenztöne unterscheidet, ist $\omega_{m,n} = m\omega_1 \pm n\omega_2$, wo m und n beliebige ganze Zahlen einschließlich der Null sind. Man spricht von Kombinationstönen verschiedener Ordnungen; so ist z. B. $\omega_1 - \omega_2$ der Differenzton erster Ordnung, $\omega_1 + \omega_2$ der Summationston erster Ordnung. Für das allgemeine Bildungsgesetz ist die Ordnung dann $m + n - 1$.

Über die Intensität der verschiedenen Kombinationstöne kann man im allgemeinen, wie aus den Gleichungen (22) hervorgeht, nur so viel aussagen, daß sie wesentlich von der Lage der Kombinationstonfrequenzen zur Eigenfrequenz des erregten Systems abhängt. Außerdem erkennt man, daß diese Intensität um so geringer ist, je kleiner c_2 ist, je weniger also die Direktionskraft von der Linearität abweicht.

HELMHOLTZ[1]) hat die subjektive Wahrnehmung von Kombinationstönen dadurch zu erklären versucht, daß das menschliche Gehörorgan, insbesondere das Trommelfell, infolge seines unsymmetrischen Baues und der unsymmetrischen Belastung durch die Gehörknöchelchen in seinen Elastizitätseigenschaften dem hier gemachten Ansatz entspreche. Solche physiologisch-objektiven Kombinationstöne bestehen dann noch nicht in dem schalleitenden Medium und lassen sich folglich auch nicht durch Resonatoren, die man vor das Ohr hält, verstärken. Physikalisch-objektive Kombinationstöne, bei denen dies gelingt, haben sich lange Zeit nicht nachweisen lassen. Ihre Entstehung in der Luft kann als ausgeschlossen gelten, da nach Untersuchungen von KAYSER[2]) die linearen Ansätze für die Schallschwingungen in Luft in sehr weiten Grenzen genügen. In neuerer Zeit sind jedoch Versuche auch an mechanisch schwingenden Systemen zur Erzeugung physikalisch-objektiver Kombinationstöne erfolgreich gewesen[3]).

In vielen Fällen stimmen die Beobachtungen mit der HELMHOLTZschen Theorie überein. Andererseits ergeben sich jedoch auch Abweichungen, die durch die Theorie nicht zu erklären sind. Es zeigt sich nämlich, daß die Kombinationstöne um so stärker werden, je höher die Primärtöne liegen und je dichter sie beieinander liegen, d. h. je ausgeprägtere Schwebungen sie bei rein additiver Überlagerung ergeben[4]). Diese Tatsachen vermag der HELMHOLTZsche Ansatz nicht zu erklären. Weiter hat es sich gezeigt, daß zur Erzielung starker Kombinationstöne es notwendig ist, daß das erregte System die aufgeprägte Schwingung einseitig unsymmetrisch verzerrt, also eine Art Gleichrichterwirkung ausübt[5]).

---

[1]) H. v. HELMHOLTZ, Die Lehre von den Tonempfindungen, 6. Aufl., S. 260. Braunschweig 1913.

[2]) H. KAYSER, Wied. Ann. Bd. 6, S. 465. 1879.

[3]) S. u. a. E. WAETZMANN, Ann. d. Phys. Bd. 20, S. 837. 1906; Bd. 62, S. 371. 1920. E. WAETZMANN u. F. MOSER, Verh. d. D. Phys. Ges. Jahrg. 19, S. 13. 1917.

[4]) E. WAETZMANN u. G. MÜCKE, Verh. d. D. Phys. Ges. Jahrg. 15, S. 59. 1913.

[5]) E. WAETZMANN, ZS. f. Phys. Bd. 1, S. 271. 1920.

Dieser Forderung wird der HELMHOLTZsche Ansatz für die rücktreibende Kraft $c_1 x + c_2 x^2$ bis zu einem gewissen Grade gerecht. Immerhin sind hiernach, da für die Konvergenz der Lösung [s. Gleichung (17)] c_2 als klein vorausgesetzt werden muß, die Kombinationstöne nur als Störungseffekte anzusehen, was den Resultaten der Beobachtung jedoch nicht entspricht. Die Stärke der beobachteten Kombinationstöne ist vielmehr beträchtlich größer, als sie nach der Theorie zu erwarten wäre[1]).

Um diese Lücke zu füllen, sind mehrfach andere Kraftansätze vorgeschlagen worden. Es sei hier der Ansatz von F. A. SCHULZE[2]) genannt: $ax \pm bx^2$, wo das positive Vorzeichen von bx^2 für positives x, das negative für negatives x gilt. Auch in diesem Fall, obgleich keinerlei unsymmetrische Elastizität angenommen ist, ergeben sich Kombinationstöne. CL. SCHAEFER[3]) hat in allgemeinerer Weise nach einer Form von Bewegungsgleichungen gesucht, die Kombinationstöne ergeben. Er hat gezeigt, daß dies allgemein für Gleichungen von der Form gilt:

$$\frac{d^2 x}{d t^2} + c x \pm \sum_{\alpha, \beta} b_{\alpha\beta} \frac{d^\alpha x}{d t^\alpha} \frac{d^\beta x}{d t^\beta} = f \cos\omega_1 t + g \cos\omega_2 t \,, \tag{23}$$

wo α und β ganze Zahlen mit Einschluß der Null sind. Ein spezieller Fall, der nach CL. SCHAEFER[3]) für symmetrisch schwingende Membranen realisiert sein dürfte, ist die Gleichung

$$\frac{d^2 x}{d t^2} + c x \pm b \left(\frac{d x}{d t}\right)^2 = f \cos\omega_1 t + g \cos\omega_2 t \,.$$

Hier läßt sich das dritte Glied auf der linken Seite als ein Reibungsglied deuten, das dem Quadrat der Geschwindigkeit proportional ist, was nach den Ergebnissen der Untersuchungen über den Luftwiderstand wohl in der Regel der Fall ist. Das übliche lineare Dämpfungsglied kann hinzugefügt werden, ohne daß sich etwas Wesentliches ändert. In diesem Falle sind also weder Asymmetrie noch große Amplituden für die Entstehung von Kombinationstönen erforderlich. Außerdem ist es bemerkenswert, daß dieser Ansatz von der durch die Beobachtung erwiesenen Tatsache Rechenschaft gibt, daß die Intensität der Kombinationstöne mit der Frequenz der Primärtöne wächst.

Eine andere Spezialisierung der Gleichung (23) ist

$$\frac{d^2 x}{d t^2} + c x + b_1 \left[\left(\frac{d x}{d t}\right)^2 + 2x \frac{d^2 x}{d t^2}\right] \pm b_2 \left(\frac{d x}{d t}\right)^2 = f \cos\omega_1 t + g \cos\omega_2 t \,.$$

CL. SCHAEFER zeigt, daß ähnliche Bewegungsgleichungen für ein System gelten, wie es die Schnecke mit der Labyrinthflüssigkeit im menschlichen Ohr bildet, so daß also unabhängig von den Eigenschaften des Trommelfells das Entstehen von Kombinationstönen im Ohr sich erklären ließe.

Zusammenfassend kann man hiernach sagen, daß es im allgemeinen wohl nötig ist, zur Erfassung der an Kombinationstönen gemachten Beobachtungen ein komplizierteres Kraftgesetz anzunehmen. Analytische Ansätze, die den nach der Beobachtung erforderlichen Voraussetzungen für das Auftreten von starken Kombinationstönen Rechnung tragen, stehen jedoch noch aus. WAETZMANN[4]) weist darauf hin, daß man mit der Forderung stark ausgeprägter Schwebungen der ungestörten Primärtöne zur Erzielung kräftiger Kombinationstöne sich wieder einem Gedanken der von HELMHOLTZ bekämpften Theorie der Stoß-

---

[1]) E. WAETZMANN, Ann. d. Phys. Bd. 62, S. 371. 1920.

[2]) F. A. SCHULZE, Ann. d. Phys. Bd. 34, S. 817. 1911.

[3]) CL. SCHAEFER, Ann. d. Phys. Bd. 33, S. 1216. 1910.

[4]) E. WAETZMANN, ZS. f. Phys. Bd. 1, S. 416. 1920; Phys. ZS. Bd. 26, S. 744. 1925.

töne von R. KÖNIG[1]) nähert. (Weiteres über Kombinationstöne s. Art. „Das Gehör" Ziff. 27 u. ff., ds. Bd. Kap. 11.)

5. HAMILTONsches Prinzip. LAGRANGEsche Bewegungsgleichungen. Wenn die Bewegung eines Systems durch die zeitliche Abhängigkeit von einer einzigen unabhängigen Variablen dargestellt werden kann, so sagt man, das System hat einen Freiheitsgrad. Hierbei ist durchaus nicht nötig, daß es sich bei dieser Variablen um eine kartesische Koordinate handelt; ein Körper, der nur imstande ist, Drehungen um eine feste Achse auszuführen, ist auch ein System mit nur einem Freiheitsgrad; die unabhängige Variable ist in diesem Falle ein Winkel.

Ist die Bewegung des Systems durch mehrere Variable beschrieben, so ist zunächst festzustellen, ob diese Variablen alle unabhängig voneinander sind. Dies wird häufig nicht der Fall sein. Wenn z. B. die Bewegungen zweier Punkte, die starr miteinander verbunden sind, durch die drei Raumkoordinaten jedes der drei Punkte gegeben sind, so hat das System nicht sechs Freiheitsgrade; denn wenn die Lage des einen Punktes durch drei Koordinaten gegeben ist, so genügen infolge der starren Verbindung zur Bestimmung der Lage des anderen Punktes zwei Koordinaten. Das System hat also nur fünf Freiheitsgrade.

Man kann nun diese abhängigen Variablen stets durch die unabhängigen ausdrücken und mit einer Anzahl von Koordinaten rechnen, die der Anzahl der Freiheitsgrade gleichkommt. Im folgenden werden vielfach solche voneinander unabhängige Koordinaten angewandt werden. Welcher Art die Koordinaten sind, ob rechtwinklige oder schiefwinklige Parallelkoordinaten, Polarkoordinaten, zylindrische, elliptische, parabolische oder sonstige Koordinaten, ist für das Folgende gleichgültig. Sie seien daher einfach durchlaufend mit q_1, $q_2, \ldots q_n$ bezeichnet. Die Zahl der Bewegungsgleichungen muß gleich der Anzahl der Freiheitsgrade sein.

Für die Akustik kommen nur solche Bewegungsgleichungen in Frage, deren Lösungen kleine Schwingungen um eine Gleichgewichtslage sind. Jeder Bewegungsgleichung entspricht eine Eigenschwingung des Systems. Die Frequenzen dieser Eigenschwingungen werden im allgemeinen voneinander verschieden sein; akustisch wird sich das dadurch äußern, daß ein solches System, wenn es frei schwingt, nicht einen einfachen Ton, sondern einen zusammengesetzten Klang, oder vielmehr, da die verschiedenen Eigenschwingungen durchaus nicht harmonisch zueinander zu sein brauchen, ein Klanggemisch aussendet.

Die Form der einzelnen Bewegungsgleichungen ist dieselbe wie die für ein einfaches System gültige: Masse mal Beschleunigung ist gleich der Summe aller Kräfte, die in der Beschleunigungsrichtung wirken (D'ALEMBERTsches Prinzip). Nur ist es hier meist unmöglich, die Gleichungen so aufzustellen, weil die hierbei zu berücksichtigenden inneren Kräfte unbekannt sind. Man wird daher zu diesem Zweck auf andere Prinzipien der Dynamik zurückgreifen müssen.

Es sei ausgegangen von dem soeben erwähnten D'ALEMBERTschen Prinzip, das in vektorieller Form lautet:

$$\mathfrak{F} + \mathfrak{Z} = m\dot{\mathfrak{q}} \,. \tag{24}$$

Hierin ist $\mathfrak{F}$ die Resultierende aller treibenden Kräfte, $\mathfrak{Z}$ die aller Zwangskräfte, $\dot{\mathfrak{q}}$ die resultierende Beschleunigung. Es seien zunächst rechtwinklige kartesische Koordinaten für jeden Punkt $\nu: x_\nu, y_\nu, z_\nu$ angenommen. Wendet man hierauf das Prinzip der virtuellen Arbeit an, so erhält man unter Berücksichtigung der Tatsache, daß die von den Zwangskräften insgesamt geleistete Arbeit gleich Null ist: $\sum_\nu (\mathfrak{F}_\nu - m_\nu \dot{\mathfrak{q}}_\nu)\delta\mathfrak{r}_\nu = 0$. Hierin sind die $\delta\mathfrak{r}$ beliebige virtuelle Verschiebungen,

[1]) R. KÖNIG, Pogg. Ann. Bd. 157, S. 177. 1876.

d. h. solche, die mit den vorgeschriebenen Bedingungen verträglich sind. Diese Gleichung gilt für jede Zeit t. Man kann sie also auch über t von t_0 bis t_1 integrieren und erhält, wenn man gleichzeitig über alle Koordinaten summiert:

$$\int_{t_0}^{t_1} dt \sum_\nu \left[\left(\mathfrak{F}_{\nu x} - m_\nu \frac{d^2 x_\nu}{d t^2}\right)\delta x_\nu + \left(\mathfrak{F}_{\nu y} - m_\nu \frac{d^2 y_\nu}{d t^2}\right)\delta y_\nu + \left(\mathfrak{F}_{\nu z} - m_\nu \frac{d^2 z_\nu}{d t^2}\right)\delta z_\nu\right] = 0 .$$

Dies kann man auch in folgender Form schreiben:

$$\int_{t_0}^{t_1} dt \left\{\sum_\nu [\mathfrak{F}_{\nu x}\delta x_\nu + \mathfrak{F}_{\nu y}\delta y_\nu + \mathfrak{F}_{\nu z}\delta z_\nu] - \sum_\nu m_\nu \left(\frac{d^2 x_\nu}{d t^2}\delta x_\nu + \frac{d^2 y_\nu}{d t^2}\delta y_\nu + \frac{d^2 z_\nu}{d t^2}\delta z_\nu\right)\right\} = 0$$

Das erste Glied hierin stellt dar die von den wirkenden Kräften geleistete virtuelle Arbeit. Ist U das Potential der konservativen Kräfte und A die virtuelle Arbeit der übrigen Kräfte, so wird die erste Summe gleich $-\delta U + A$. Im zweiten Glied ergibt partielle Integration:

$$\int_{t_0}^{t_1} dt \cdot \frac{d^2 x_\nu}{d t^2}\delta x_\nu = \left[\frac{d x_\nu}{d t}\delta x_\nu\right]_{t_0}^{t_1} - \int_{t_0}^{t_1} dt \frac{d x}{d t}\delta\left(\frac{d x}{d t}\right),$$

wenn man berücksichtigt, daß die Operationen d und δ unabhängig voneinander und daher vertauschbar sind. Nimmt man nun noch an, daß die Variationen aller Koordinaten für $t = t_0$ und $t = t_1$ verschwinden, so wird

$$\int_{t_0}^{t_1} dt \frac{d^2 x_\nu}{d t^2}\delta x_\nu = -\frac{1}{2}\delta\int_{t_0}^{t_1} dt \left(\frac{d x}{d t}\right)^2$$

und schließlich

$$\int_{t_0}^{t_1} dt\,(\delta H + A) = 0, \tag{25}$$

wo

$$T = \sum_\nu \frac{m_\nu}{2}\left[\left(\frac{d x_\nu}{d t}\right)^2 + \left(\frac{d y_\nu}{d t}\right)^2 + \left(\frac{d z_\nu}{d t}\right)^2\right] = \sum_\nu T_\nu \tag{26}$$

die gesamte kinetische Energie des Systems und $H = T - U$ die Lagrangesche Funktion oder das kinetische Potential ist.

Die Gleichung (25) stellt das HAMILTONsche Prinzip dar. Unter der Annahme, daß keine äußeren Kräfte vorhanden sind, kann man es in Worten folgendermaßen ausdrücken: Unter allen Bewegungen, die ein konservatives System aus einer gegebenen Anfangslage in gegebener Zeit in eine gegebene Endlage führen, findet diejenige in der Natur wirklich statt, für welche der zeitliche Mittelwert von H eine Extremum ist. Die Bedeutung des HAMILTONschen Prinzips, das auch als das Prinzip der kleinsten Wirkung bezeichnet wird, liegt darin, daß es keinerlei Beziehungen zu irgendwelchen bestimmten Koordinaten hat. Es soll im folgenden gezeigt werden, wie man zu verfahren hat, um mit Hilfe dieses Prinzips, wenn nur die kinetische und potentielle Energie in allgemeinen unabhängigen Koordinaten bekannt sind, zur Aufstellung der Bewegungsgleichungen gelangen kann.

Die virtuelle äußere Arbeit A kann man darstellen in der Form:

$$A = \Phi_1 dq_1 + \Phi_2 dq_2 + \cdots \Phi_n dq_n ,$$

wo die Größen Φ als die den allgemeinen Koordinaten q entsprechenden äußeren allgemeinen Kraftkomponenten zu betrachten sind, die jedoch je nach der Art der Koordinaten nicht die Dimension einer Kraft zu haben brauchen

Das kinetische Potential ist eine Funktion von $q_1, q_2, \ldots q_n, \dot{q}_1, \dot{q}_2, \ldots \dot{q}_n$ und von der Zeit. Bei der Operation δ wird die Zeit nicht variiert. Man hat also

$$\delta H = \frac{\partial H}{\partial \dot{q}_1}\delta \dot{q}_1 + \frac{\partial H}{\partial \dot{q}_2}\delta \dot{q}_2 + \cdots + \frac{\partial H}{\partial q_1}\delta q_1 + \frac{\partial H}{\partial q_2}\delta q_2 + \cdots$$

Nun ergibt sich durch partielle Integration, weil $\delta \dot{q} = \frac{d}{dt}\delta q$ ist:

$$\int_{t_0}^{t_1} \frac{\partial H}{\partial \dot{q}}\delta \dot{q}\, dt = -\int_{t_0}^{t_1} \frac{d}{dt}\left(\frac{\partial H}{\partial \dot{q}}\right)\delta q \cdot dt,$$

da an den Integrationsgrenzen δq verschwindet. Mit Rücksicht auf die Unabhängigkeit von $\delta q_1, \delta q_2 \ldots \delta q_n$ voneinander, folgen dann hieraus die sog. Lagrangeschen Bewegungsgleichungen zweiter Art:

$$\left.\begin{aligned} \frac{d}{dt}\left(\frac{\partial H}{\partial \dot{q}_1}\right) - \frac{\partial H}{\partial q_1} &= \Phi_1, \\ \frac{d}{dt}\left(\frac{\partial H}{\partial \dot{q}_2}\right) - \frac{\partial H}{\partial q_2} &= \Phi_2. \\ \cdots\cdots & \end{aligned}\right\} \tag{27}$$

Dies kann man nach (26), da U nicht von den Geschwindigkeitskomponenten q abhängig ist, auch in der Form schreiben:

$$\frac{d}{dt}\left(\frac{\partial T}{\partial \dot{q}_\nu}\right) - \frac{\partial T}{\partial q_\nu} + \frac{\partial U}{\partial q_\nu} = \Phi_\nu. \tag{28}$$

Von den nicht konservativen Systemkräften Φ läßt sich nun nach dem Vorgange von Lord RAYLEIGH[1]) noch eine Gruppe von Kräften abspalten, die von der Reibung und der Zähigkeit herrühren und sich ansetzen lassen als proportional den Geschwindigkeitskomponenten, jedoch mit umgekehrtem Vorzeichen. Will man die Komponenten dieser Kräfte aus einer Funktion, der Zerstreuungsfunktion F, durch Differentiation nach den Geschwindigkeitskomponenten ableiten, so muß in kartesischen Koordinaten diese Zerstreuungsfunktion von der Form sein:

$$F = \tfrac{1}{2}\sum_\nu (\varkappa_x \dot{x}_\nu^2 + \varkappa_y \dot{y}_\nu^2 + \varkappa_z \dot{z}_\nu^2), \tag{29}$$

worin die Koeffizienten $\varkappa$ unabhängig von der Geschwindigkeit sind. Nun sind die kartesischen Koordinaten Funktionen der allgemeinen Koordinaten

$$x_\nu = x_\nu(q_1, q_2, \ldots q_n),$$

also

$$\frac{dx_\nu}{dt} = \sum_\lambda \frac{\partial x_\nu}{\partial q_\lambda}\frac{dq_\lambda}{dt}$$

oder, da die $\partial x_\nu/\partial q_\lambda$ wieder Funktionen der q sind:

$$\frac{dx_\nu}{dt} = \sum_\lambda f_\lambda(q_1, q_2 \ldots q_n)\dot{q}_\lambda,$$

und die in dem Ausdruck für die Zerstreuungsfunktion vorkommenden Größen $\dot{x}_\nu^2$ sind daher von der Form:

$$\dot{x}_\nu^2 = A_{11}\dot{q}_1^2 + A_{12}\dot{q}_1\dot{q}_2 + A_{22}\dot{q}_2^2 + A_{13}\dot{q}_1\dot{q}_3 + \cdots,$$

[1]) Lord RAYLEIGH, Theory of Sound, 2. Aufl., Bd. I, § 81. London 1894.

also homogene Funktionen zweiten Grades der $\dot{q}_\lambda$, deren Koeffizienten Funktionen der q_λ sind. Dasselbe gilt dann auch für die Zerstreuungsfunktion selbst, die mithin in der Form geschrieben werden kann:

$$F = \tfrac{1}{2} b_{11} \dot{q}_1^2 + \tfrac{1}{2} b_{22} \dot{q}_2^2 + \cdots + b_{12} \dot{q}_1 \dot{q}_2 + b_{23} \dot{q}_2 \dot{q}_3 + \cdots; \tag{30}$$

durch eine gleiche Überlegung findet man für die kinetische Energie T die Form:

$$T = \tfrac{1}{2} a_{11} \dot{q}_1^2 + \tfrac{1}{2} a_{22} \dot{q}_2^2 + \cdots + a_{12} \dot{q}_1 \dot{q}_2 + a_{23} \dot{q}_2 \dot{q}_3 + \cdots \tag{31}$$

In den beiden Ausdrücken (30) und (31) sind die Koeffizienten $a_{\nu\mu}$ und $b_{\nu\mu}$ als Funktionen der allgemeinen Koordinaten zu betrachten.

Die von den zerstreuenden Kräften geleistete Arbeit läßt sich leicht nach den allgemeinen Koordinaten transformieren und ergibt unter Berücksichtigung von (29):

$$\frac{\partial F}{\partial \dot{q}_1} \delta q_1 + \frac{\partial F}{\partial \dot{q}_2} \delta q_2 + \cdots$$

Die allgemeinen Kraftkomponenten dieser zerstreuenden Kräfte sind also

$$\frac{\partial F}{\partial \dot{q}_1}, \quad \frac{\partial F}{\partial \dot{q}_2}, \ldots \frac{\partial F}{\partial \dot{q}_n},$$

und die hiernach vervollständigten LAGRANGEschen Differentialgleichungen lauten

$$\frac{d}{dt}\left(\frac{\partial T}{\partial \dot{q}_\nu}\right) - \frac{\partial T}{\partial q_\nu} + \frac{\partial F}{\partial \dot{q}_\nu} + \frac{\partial U}{\partial q_\nu} = \Phi_\nu, \tag{32}$$

wo nunmehr die Φ_ν die allgemeinen Kraftkomponenten bedeuten von solchen Kräften, die weder konservativ sind noch zu den zerstreuenden Kräften gehören, die ihrerseits durch $\partial F/\partial \dot{q}_\nu$ dargestellt sind.

Eine wesentliche Vereinfachung finden diese Formeln in ihrer Anwendung in der Akustik dadurch, daß es sich hier stets um sehr kleine Schwingungen, um eine Gleichgewichtslage, also um sehr kleine Verschiebungen und Geschwindigkeiten handelt. Aus (30) und (31) erkennt man, daß dann die Ableitungen sowohl von F als auch von T nach den allgemeinen Verschiebungskomponenten kleine Größen zweiter Ordnung werden. Man kann also F und T als homogene quadratische Funktionen der allgemeinen Geschwindigkeitskomponenten allein ansehen mit konstanten Koeffizienten. Durch diese Erwägung vereinfachen sich die Gleichungen (32) weiter zu

$$\frac{d}{dt}\left(\frac{\partial T}{\partial \dot{q}_\nu}\right) + \frac{\partial F}{\partial \dot{q}_\nu} + \frac{\partial U}{\partial q_\nu} = \Phi_\nu. \tag{33}$$

Die allgemeinen Koordinaten kann man nun so annehmen, daß sie in der Gleichgewichtslage des Systems verschwinden. Für die Darstellung der potentiellen Energie U durch die allgemeinen Koordinaten ergibt sich dann eine Reihenentwicklung, die man bei kleinen Verschiebungen mit den quadratischen Gliedern abbrechen kann:

$$U = U(0, 0, 0 \ldots 0) + \sum_\nu \left(\frac{\partial U}{\partial q_\nu}\right)_{q_\nu = 0} \cdot q_\nu + \frac{1}{2} \sum_\nu \sum_\mu \left(\frac{\partial^2 U}{\partial q_\nu \, \partial q_\mu}\right)_{q_\nu = 0,\, q_\mu = 0} \cdot q_\nu q_\mu.$$

Das erste Glied hierin kann man durch geeignete Verfügung über die beliebige Konstante, die U enthält, zum Verschwinden bringen; das zweite Glied verschwindet gleichfalls, da nach Voraussetzung $q_\nu = 0$, $(\nu = 1, 2, \ldots n)$ eine Gleichgewichtslage des Systems ist. Es bleibt also U eine homogene quadratische Funktion der allgemeinen Verschiebungskoordinaten, die man in der Form schreiben kann:

$$U = \tfrac{1}{2} c_{11} q_1^2 + \tfrac{1}{2} c_{22} q_2^2 + \cdots + c_{12} q_1 q_2 + c_{23} q_2 q_3 + \cdots \tag{34}$$

6. Freie Schwingungen von Systemen mit zwei Freiheitsgraden. Die charakteristischen Eigenschaften von Systemen mit mehreren Freiheitsgraden zeigen sich schon deutlich in dem einfachsten Fall eines Systems mit zwei Freiheitsgraden. Die für dies ganze Gebiet grundlegenden Untersuchungen finden sich in der Arbeit von M. WIEN[1]): „Über die Rückwirkung eines resonierenden Systems."

Es seien x_1, x_2 die unabhängigen Koordinaten des Systems. Die LAGRANGEschen Bewegungsgleichungen zweiter Art sind dann nach (33), (30), (31), (34) in Ziff. 5:

$$\frac{d}{dt}\left(\frac{\partial T}{\partial \dot{x}_1}\right) + \frac{\partial F}{\partial \dot{x}_1} + \frac{\partial U}{\partial x_1} = 0,$$

$$\frac{d}{dt}\left(\frac{\partial T}{\partial \dot{x}_2}\right) + \frac{\partial F}{\partial \dot{x}_2} + \frac{\partial U}{\partial x_2} = 0,$$

worin

$$T = \frac{a_{11}}{2}\dot{x}_1^2 + \frac{a_{22}}{2}\dot{x}_2^2 + a_{12}\dot{x}_1\dot{x}_2,$$

$$F = \frac{b_{11}}{2}\dot{x}_1^2 + \frac{b_{22}}{2}\dot{x}_2^2 + b_{12}\dot{x}_1\dot{x}_2,$$

$$U = \frac{c_{11}}{2}x_1^2 + \frac{c_{22}}{2}x_2^2 + c_{12}x_1 x_2.$$

Das ergibt durch Einsetzen:

$$\left.\begin{aligned}
&\frac{d^2x_1}{dt^2} + 2\delta_1\frac{dx_1}{dt} + \Omega_1^2 x_1 + \varkappa_{12}\frac{d^2x_2}{dt^2} + 2\sigma_{12}\delta_1\frac{dx_2}{dt} + \gamma_{12}\Omega_1^2 x_2 = 0,\\
&\frac{d^2x_2}{dt^2} + 2\delta_2\frac{dx_2}{dt} + \Omega_2^2 x_2 + \varkappa_{21}\frac{d^2x_1}{dt^2} + 2\sigma_{21}\delta_2\frac{dx_1}{dt} + \gamma_{21}\Omega_2^2 x_1 = 0,\\
&\text{wo}\\
&\frac{a_{12}}{a_{11}} = \varkappa_{12},\quad \frac{a_{12}}{a_{22}} = \varkappa_{21},\quad \frac{b_{11}}{a_{11}} = 2\delta_1,\quad \frac{b_{22}}{a_{22}} = 2\delta_2,\quad \frac{b_{12}}{a_{11}} = 2\sigma_{12}\delta_1,\\
&\frac{b_{12}}{a_{22}} = 2\sigma_{21}\delta_2,\quad \frac{c_{11}}{a_{11}} = \Omega_1^2,\quad \frac{c_{22}}{a_{22}} = \Omega_2^2,\quad \frac{c_{12}}{a_{11}} = \Omega_1^2\gamma_{12},\quad \frac{c_{12}}{a_{22}} = \Omega_2^2\gamma_{21}.
\end{aligned}\right\} \quad (35)$$

Die ersten Teile dieser beiden Gleichungen sind die Bewegungsgleichungen der beiden Systeme für sich, also δ_1, δ_2 die Dämpfungskonstanten, Ω_1, Ω_2 die natürlichen Eigenfrequenzen jedes Einzelsystems. Die übrigen Glieder, die bewirken, daß die Bewegungen der beiden Systeme nicht mehr unabhängig voneinander verlaufen, enthalten jeweils die Koordinate des anderen Systems; sie werden als Kopplungsglieder bezeichnet, die Koeffizienten $\varkappa_{\nu\mu}$, $\sigma_{\nu\mu}$, $\gamma_{\nu\mu}$ als Kopplungskoeffizienten. Je nach der Form der Kopplungsglieder unterscheidet man Beschleunigungs-, Reibungs- und Kraftkopplung. Dem entsprechen im Falle elektrischer Schwingungen induktive, galvanische oder OHMsche und kapazitive Kopplung.

Aus den Gleichungen (35) erhält man durch Elimination einer Variablen eine lineare Differentialgleichung vierter Ordnung. Dies führt dann mit dem Ansatz $x = Ae^{\mu t}$ auf eine biquadratische Gleichung, die sog. Säkulargleichung oder charakteristische Gleichung, der Differentialgleichung, deren Wurzeln die Form haben $\mu_{1,2} = -\vartheta_1 \pm i\nu_1$, $\mu_{3,4} = -\vartheta_2 \pm i\nu_2$. Die allgemeinen Lösungen von (35) sind also von der Form:

$$x_1 = A_1 e^{-\vartheta_1 t}\sin\nu_1 t + B_1 e^{-\vartheta_2 t}\sin(\nu_2 t + \varphi),$$

$$x_2 = A_2 e^{-\vartheta_1 t}\sin\nu_1 t + B_2 e^{-\vartheta_2 t}\sin(\nu_2 t + \varphi),$$

[1]) M. WIEN, Wied. Ann. Bd. 61, S. 151. 1897.

worin $A_1, A_2, B_1, B_2, \varphi$ Integrationskonstanten sind, von denen drei durch die Anfangsbedingungen gegeben sind; die beiden anderen sind dann bestimmt. Es folgt hieraus für die freien Schwingungen eines Systems von zwei Freiheitsgraden, daß jedes von beiden zwei Sinusschwingungen mit verschiedenen, aber für beide Systeme gemeinschaftlichen Dämpfungen und Frequenzen ausführt.

a) Sind beide Systeme ungedämpft, und liegt nur Kraftkopplung vor, ist also $\delta_1 = \delta_2 = 0$, $\varkappa_{12} = \varkappa_{21} = 0$, so sind die Bewegungsgleichungen

$$\frac{d^2 x_1}{dt^2} + \Omega_1^2 x_1 + \gamma_{12} \Omega_1^2 x_2 = 0\,, \qquad \frac{d^2 x_2}{dt^2} + \Omega_2^2 x_2 + \gamma_{21} \Omega_2^2 x_1 = 0\,.$$

Daraus folgt die Differentialgleichung vierter Ordnung für x_1 und x_2:

$$\frac{d^4 x}{dt^4} + \frac{d^2 x}{dt^2}(\Omega_1^2 + \Omega_2^2) + x\,\Omega_1^2 \Omega_2^2 (1 - \gamma_{12}\gamma_{21}) = 0,$$

und für $\nu = i n$ ergibt sich die Bedingungsgleichung

$$n^4 + n^2(\Omega_1^2 + \Omega_2^2) + \Omega_1^2 \Omega_2^2 (1 - \gamma_{12}\gamma_{21}) = 0\,,$$

woraus:

$$\nu^2 = \frac{\Omega_1^2 + \Omega_2^2 \pm \sqrt{(\Omega_1^2 - \Omega_2^2)^2 + 4\,\Omega_1^2 \Omega_2^2 \gamma_{12}\gamma_{21}}}{2}\,.$$

Für den Fall, daß die beiden natürlichen Eigenfrequenzen stark voneinander verschieden sind, kann man setzen:

$$\nu^2 = \Omega_1^2 \pm \frac{\Omega_1^2 \Omega_2^2 \gamma_{12}\gamma_{21}}{\Omega_1^2 - \Omega_2^2}$$

und das Resultat auf die Form bringen:

$$x_1 = A \sin \Omega_1 t\left(1 + \frac{\gamma_{12}\gamma_{21}\Omega_2^2}{2(\Omega_1^2 - \Omega_2^2)}\right) + B \sin\left[\Omega_2 t\left(1 - \frac{\gamma_{12}\gamma_{21}\Omega_1^2}{2(\Omega_1^2 - \Omega_2^2)}\right) + \varphi\right],$$

$$x_2 = \frac{A\,\gamma_{21}\Omega_1^2}{\Omega_1^2 - \Omega_2^2 + \dfrac{\Omega_1^2\Omega_2^2\gamma_{12}\gamma_{21}}{2(\Omega_1^2 - \Omega_2^2)}} \sin \Omega_1 t\left(1 + \frac{\gamma_{12}\gamma_{21}\Omega_2^2}{2(\Omega_1^2 - \Omega_2^2)}\right)$$

$$+ B\,\frac{\Omega_1^2 - \Omega_2^2}{\gamma_{12}\Omega_2^2} \sin\left[\Omega_2 t\left(1 - \frac{\gamma_{12}\gamma_{21}\Omega_1^2}{2(\Omega_1^2 - \Omega_2^2)}\right) + \varphi\right].$$

Es wird also in diesem Fall durch die Kopplung der höhere Ton erhöht, der tiefere vertieft, und zwar beides um so mehr, je geringer der Unterschied der natürlichen Eigenfrequenzen ist. Man kann die Erscheinung auch in folgender Weise auffassen: Jedes der beiden Systeme macht freie Schwingungen in seiner Eigenperiode, die jedoch durch die Kopplung etwas verändert ist. Außerdem macht jedes System erzwungene Schwingungen nach der, gleichfalls etwas veränderten, freien Periode des anderen Systems.

Wenn die natürlichen Eigenfrequenzen beider Systeme einander gleich sind:

$$\Omega_1 = \Omega_2 = \Omega\,,$$

also für den Fall der Resonanz, ergibt sich:

$$\nu^2 = \Omega^2(1 \pm \gamma), \qquad \text{wo} \qquad \gamma = \sqrt{\gamma_{12}\gamma_{21}}$$

der Kraftkopplungsfaktor ist und:

$$x_1 = A \sin \Omega t\sqrt{1 + \gamma} + B \sin\left(\Omega t\sqrt{1 - \gamma} + \varphi\right),$$

$$x_2 = A\sqrt{\frac{\gamma_{21}}{\gamma_{12}}} \sin \Omega t\sqrt{1 + \gamma} - B\sqrt{\frac{\gamma_{21}}{\gamma_{12}}} \sin\left(\Omega t\sqrt{1 - \gamma} + \varphi\right).$$

Also auch in diesem Fall entstehen zwei Schwingungen von verschiedener Periode in jedem System, von denen die eine tiefer, die andere höher als die gemeinsame Eigenfrequenz der beiden Systeme ist. Die Differenz der Kopplungsfrequenzen ist um so größer, je größer γ, je enger also die Kopplung ist. Aus dem Verhältnis der Amplituden in beiden Systemen folgt, daß die mittlere Energie beider Schwingungen in beiden Systemen die gleiche ist.

Das gleichzeitige Auftreten von zwei Schwingungen in beiden Systemen hat Schwebungen zur Folge, die um so schneller sind, je enger die Kopplung ist. Wegen des verschiedenen Vorzeichens der Schwingungsglieder sind die Schwebungen in beiden Systemen um $\pi/2$ in der Phase gegeneinander verschoben. Daher hat die Amplitude und damit die Energie in dem einen System ein Maximum, wenn sie in dem anderen ein Minimum hat; es findet also ein fortgesetztes Hin- und Herpendeln der Energie zwischen beiden Systemen statt. Die Schwebungsminima sind nur dann gleich Null, wenn $A = B$ ist. Wenn also eines der beiden Systeme von außen erregt wird, während das andere noch in Ruhe ist, so wird dies allmählich auch zu Schwingungen gebracht und nimmt schließlich die gesamte Energie auf, um sie dann wieder vollständig an das erste System abzugeben.

Dieselben Resultate erhält man auch, wenn Beschleunigungskopplung oder gleichzeitig Kraft- und Beschleunigungskopplung vorliegen. Immer ergibt sich, daß ein vollständiges Unisono auch dann nicht zu erreichen ist, wenn die Schwingungszahlen der Einzelsysteme genau übereinstimmen. Diese Scheu vor der Resonanz ist gekoppelten Systemen ganz allgemein eigentümlich. Sie wird daher zu Schwierigkeiten Veranlassung geben, wenn man zwei gekoppelte Systeme aufeinander abstimmen will.

b) Bei gedämpften Systemen hat man für Kraftkopplung ($k_{12} = k_{21} = 0$, $\sigma_{12} = \sigma_{21} = 0$) die Bewegungsgleichungen:

$$\frac{d^2 x_1}{d t^2} + 2\delta_1 \frac{d x_1}{d t} + \Omega_1^2 x_1 + \gamma_{12} \Omega_1^2 x_2 = 0\,,$$

$$\frac{d^2 x_2}{d t^2} + 2\delta_2 \frac{d x_2}{d t} + \Omega_2^2 x_2 + \gamma_{21} \Omega_2^2 x_1 = 0\,.$$

Der Fall der Beschleunigungskopplung läßt sich hierauf zurückführen. Von der Reibungskopplung läßt sich zeigen, daß sie stets sehr lose und daher von geringem Einfluß ist.

Aus den Bewegungsgleichungen folgt durch Elimination einer Variablen eine Differentialgleichung vierter Ordnung und daraus mit dem Ansatz $x = A e^{\mu t}$ die Säkulargleichung in folgender Form:

$$n^4 + 2(\delta_1 + \delta_2) n^3 + (\Omega_1^2 + \Omega_2^2 + 4\delta_1\delta_2) n^2 + 2(\delta_2\Omega_1^2 + \delta_1\Omega_2^2)\, n + \Omega_1^2\Omega_2^2(1 - \gamma_{12}\gamma_{21}) = 0\,.$$

Durch die Substitution $z = n + \frac{\delta_2 + \delta_2}{2}$ und die Einführung der wahren Eigenfrequenzen der Einzelsysteme unter Berücksichtigung der Dämpfungen:

$$\omega_1^2 = \Omega_1^2 - \delta_1^2\,, \qquad \omega_2^2 = \Omega_2^2 - \delta_2^2$$

geht diese Gleichung über in

$$\left.\begin{aligned} &z^4 + z^2\left[\omega_1^2 + \omega_2^2 - \frac{(\delta_1 - \delta_2)^2}{2}\right] - z(\delta_1 - \delta_2)(\omega_1^2 - \omega_2^2) + \omega_1^2\omega_2^2 \\ &\quad + \frac{(\delta_1 - \delta_2)^2}{4}(\omega_1^2 + \omega_2^2) + \frac{(\delta_1 - \delta_2)^4}{16} - \gamma^2(\omega_1^2 + \delta_1^2)(\omega_2^2 + \delta_2^2) = 0\,. \end{aligned}\right\} \quad (36)$$

Es sei nun angenommen, daß nur die Umgebung der Resonanz betrachtet wird, wo die Differenz der Eigenfrequenzen $\omega_1 - \omega_2$ klein gegen die Eigenfrequenzen selbst ist. M. WIEN[1]) zeigt dann, daß unter der Voraussetzung, daß δ, $\gamma\omega$ und $\omega_1 - \omega_2$ so klein sind, daß ihre dritten und höheren Potenzen neben ω^3 und höheren Potenzen von ω zu vernachlässigen sind, die Wurzeln der Gleichung (36) sind:

$$\left.\begin{matrix} z_1 \\ z_2 \end{matrix}\right\} = \pm i\,(Q - R) + S; \qquad \left.\begin{matrix} z_3 \\ z_4 \end{matrix}\right\} = \pm i\,(Q + R) - S,$$

wo:

$$Q = \sqrt{\frac{a}{2} - \frac{a^2 - 4c}{8a}}; \qquad \left.\begin{matrix} R \\ S \end{matrix}\right\} = \sqrt{\frac{\sqrt{(a^2 - 4c)^2 + 8ab^2} \pm (a^2 - 4c)}{16a}},$$

$$a = \omega_1^2 + \omega_2^2 + \frac{(\delta_1 - \delta_2)^2}{2}; \qquad b = -(\delta_1 - \delta_2)(\omega_1^2 - \omega_2^2),$$

$$a^2 - 4c = (\omega_1^2 - \omega_2^2)^2 - 2\,(\delta_1 - \delta_2)^2\,(\omega_1^2 + \omega_2^2) + 4\gamma^2\,\omega_1^2\,\omega_2^2.$$

Dann wird:

$$\left.\begin{matrix} n_1 \\ n_2 \end{matrix}\right\} = \pm i(Q - R) - \left(\frac{\delta_1 + \delta_2}{2} - S\right) = \pm i\,\nu_1 - \vartheta_1$$

$$\left.\begin{matrix} n_3 \\ n_4 \end{matrix}\right\} = \pm i(Q + R) - \left(\frac{\delta_1 + \delta_2}{2} + S\right) = \pm i\,\nu_2 - \vartheta_2.$$

Sind die Dämpfungen beider Systeme einander gleich $\delta_1 = \delta_2 = \delta$, so folgt $b = 0$, $S = 0$, und man erhält zwei Schwingungsarten mit gleicher Dämpfung $\vartheta_1 = \vartheta_2 = \delta$, aber verschiedenen Perioden:

$$\nu^2 = \frac{\omega_1^2 + \omega_2^2}{2} \pm \frac{1}{2}\sqrt{(\omega_1^2 - \omega_2^2)^2 + 4\gamma^2\,\omega_1^2\,\omega_2^2},$$

deren Differenz nur von der Differenz der Eigenfrequenzen der beiden Systeme und der Kopplung abhängig ist. Ist:

$$\omega_1^2 - \omega_2^2 \gg 2\gamma\,\omega_1\,\omega_2,$$

so folgt für den Fall der Resonanz:

$$\nu_1 = \omega\sqrt{1 - \gamma}; \qquad \nu_2 = \omega\sqrt{1 + \gamma}.$$

Bei gleicher Dämpfung der beiden Einzelsysteme ist also der Vorgang ein ganz analoger wie bei ungedämpften Schwingungen. In Abb. 4 ist unter der Annahme, daß zu Beginn das Sekundärsystem in Ruhe ist, der Vorgang in beiden Systemen graphisch dargestellt. Man sieht, daß auch in diesem Fall die Energie abwechselnd von einem System in das andere übergeht; außerdem tritt infolge der Dämpfung eine Verringerung der Gesamtenergie ein: es wird durch zerstreuende Kräfte ständig Energie in andere Formen übergeführt, die Schwingungen klingen ab.

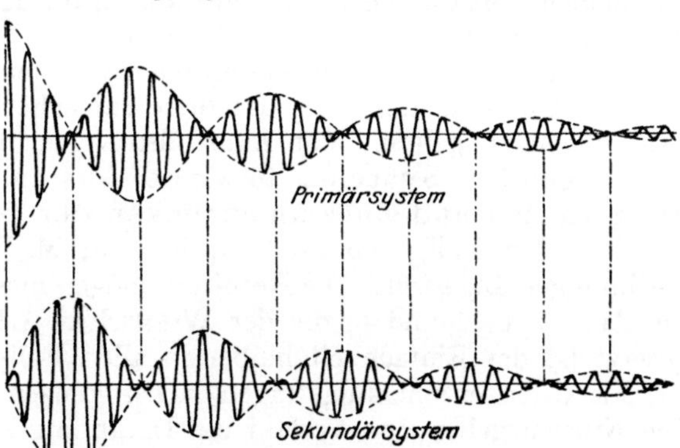

Abb. 4. Gedämpfte freie Schwingungen eines Systems von zwei Freiheitsgraden.

---

[1]) M. WIEN, Wied. Ann. Bd. 61, S. 165, 1897; eine vereinfachte Herleitung s. bei K. HEEGNER, ZS. f. Phys. Bd. 19, S. 260. 1923; u. B. v. D. POL JR., Jahrb. d. drahtl. Telegr. Bd. 28, S. 12. 1926.

Für akustische Fragen besonders wichtig ist der Fall, wo die Dämpfungen der beiden Systeme ungleich sind. Es sei der Fall der Resonanz betrachtet, also

$$\omega_1 = \omega_2 = \omega;$$

dann folgt:

$$a = 2\omega^2 - \frac{(\delta_1 - \delta_2)^2}{2}, \qquad b = 0, \qquad a^2 - 4c = -4(\delta_1 - \delta_2)^2\omega^2 + 4\gamma^2\omega^2,$$

$$Q = \omega\sqrt{1 - \gamma^4/4} \qquad R = \sqrt{\frac{\gamma^2\omega^2 - (\delta_1 - \delta_2)^2}{4}}, \qquad S = 0.$$

Hier, wie auch später, sind offenbar die Fälle zu unterscheiden, wo R reell oder imaginär ist, wo also $\gamma\omega \gtrless \delta_1 - \delta_2$ ist. Man kann diese Ungleichungen dadurch umformen, daß man an Stelle der Dämpfungskonstanten δ_1, δ_2 die Dämpfungen $D_1 = \delta_1/\omega_1$, $D_2 = \delta_2/\omega_2$ einführt. Dann hat man $\gamma \gtrless D_1 - D_2$. Das unterscheidende Merkmal ist also, ob der Kopplungsfaktor größer oder kleiner als die Differenz der Dämpfungen ist. Man sagt dann, daß in dem einen Fall die Kopplung, in dem anderen die Dämpfung vorherrscht.

Ist $\gamma\omega > \delta_1 - \delta_2$, so ergeben sich zwei Schwingungen mit gleicher Dämpfungskonstanten:

$$\vartheta_1 = \vartheta_2 = \frac{\delta_1 + \delta_2}{2},$$

aber verschiedenen Schwingungszahlen:

$$\nu_1 = \omega\sqrt{1 - \gamma^4/4} + \tfrac{1}{2}\sqrt{\gamma^2\omega^2 - (\delta_1 - \delta_2)^2},$$

$$\nu_2 = \omega\sqrt{1 - \gamma^4/4} - \tfrac{1}{2}\sqrt{\gamma^2\omega^2 - (\delta_1 - \delta_2)^2}.$$

Umgekehrt sind für $\gamma\omega < \delta_1 - \delta_2$ die beiden Schwingungszahlen einander gleich:

$$\nu_1 = \nu_2 = \omega\sqrt{1 - \gamma^2/4},$$

dagegen die Dämpfungen verschieden:

$$\vartheta_1 = \frac{\delta_1 + \delta_2}{2} + \frac{1}{2}\sqrt{(\delta_1 - \delta_2)^2 - \gamma^2\omega^2} = \sim \delta_1 - \frac{\gamma^2\omega^2}{4(\delta_1 - \delta_2)},$$

$$\vartheta_2 = \frac{\delta_1 + \delta_2}{2} - \frac{1}{2}\sqrt{(\delta_1 - \delta_2)^2 - \gamma^2\omega^2} = \sim \delta_2 + \frac{\gamma^2\omega^2}{4(\delta_1 - \delta_2)}.$$

Die beiden Teilsysteme werden also durch die Kopplung hinsichtlich der Größe der Dämpfungskonstanten einander genähert. Für die Schwingungszahlen gilt, wie sich auch bei den ungedämpften Systemen ergab, das Umgekehrte. Die genauere Untersuchung lehrt, daß diese Tatsachen bei zwei gekoppelten Systemen ganz allgemein gelten. Man kann also sagen: Die Kopplung zweier freischwingender Systeme bewirkt Auseinanderrücken der Schwingungszahlen und Zusammenrücken der Dämpfungskonstanten.

Für den Fall, daß $\omega_1 \neq \omega_2$ ist, hat M. WIEN[1]) gleichfalls ausführliche Rechnungen angestellt. Die Resultate mögen hier veranschaulicht werden durch die Abb. 5, 6, 7 und 8, die der WIENschen Arbeit entnommen sind. Vorausgesetzt ist der Einfachheit halber in allen Fällen hier, daß δ_1 klein gegen δ_2 ist. Als Abszissen sind aufgetragen die Differenzen ε der freien Eigenschwingungen, Die Kurven geben den Verlauf der Dämpfungskonstanten ϑ_1, ϑ_2 und der Frequenzen ν_1, ν_2 der Kopplungsschwingungen. Als Nullinie für die letzteren ist stets die Schwingungszahl des ungekoppelten Systems 1 angenommen. Es sei bemerkt, daß ω in den aufgetragenen Größen nicht vorkommt; die Kurven gelten daher für jede beliebige Schwingungszahl.

[1]) M. WIEN, Wied. Ann. Bd. 61, S. 168ff. 1897.

Abb. 5 gilt für $\gamma\omega = 5$, $\delta_2 = 10$. Hier ist, um die Figur nicht zu groß werden zu lassen, statt ϑ_2 und ν_2 nur $\vartheta_2/10$ bzw. $\nu_2/10$ aufgetragen. Die Schwingung 1 herrscht vor. Bemerkenswert sind das Frequenzmaximum dicht unterhalb, das Minimum dicht oberhalb der Resonanz und das Dämpfungsmaximum an der Resonanzstelle. Die Rechnung zeigt, daß die relative Intensität, mit der das System 2 auf den Ton ν_1 mitschwingt, ebenfalls an der Resonanzstelle ein Maximum hat. Praktisch ist dieser Fall realisiert bei der Kopplung einer Stimmgabel mit einem davorgehaltenen zylindrischen Luftresonator. R. König[1]) hat hiermit Resultate erhalten, die den Ergebnissen der Rechnung sehr gut entsprechen. Es sei bemerkt, daß bei diesen Versuchen der Kopplungsfaktor von der Größenordnung $5 \cdot 10^{-3}$ war. Auch sonst findet man allgemein bei akustischen Systemen, selbst bei ziemlich fester Kopplung, nur kleine Werte für den Kopplungsfaktor[2]).

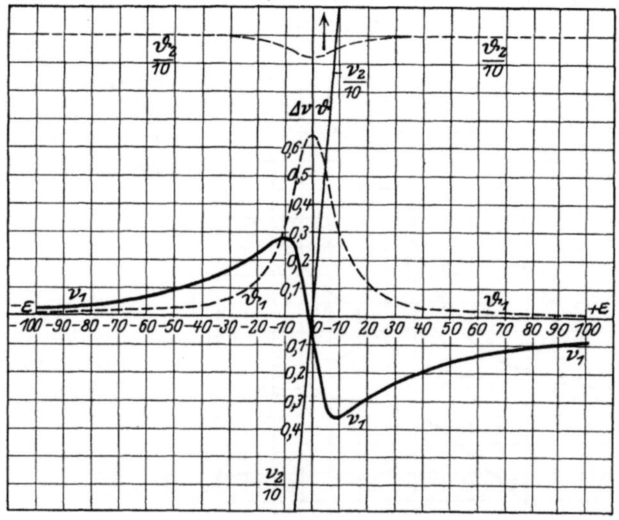

Abb. 5. Dämpfungskonstanten und Frequenzen von Kopplungsschwingungen bei vorherrschender Dampfung.

Abb. 6 stellt den Übergang dar zwischen vorherrschender Dämpfung und vorherrschender Kopplung. Sie ist berechnet für $\gamma\omega = \delta_2 = 5$; der Verlauf der Kurven ist ähnlich wie in Abb. 5, nur sind die Kurven für die beiden Dämpfungen nicht mehr völlig voneinander getrennt; das Maximum der geringeren Dämpfung und das Minimum der stärkeren laufen vielmehr in zwei Spitzen aus, die sich im Resonanzfall treffen. Beide Kurven schmiegen sich hier eng an die Ordinatenachse an. Dasselbe gilt auch für die Kurven ν_1 und ν_2 für die Schwingungszahlen der beiden Systeme. Physikalisch bedeutet das, daß Schwingungszahl und Dämpfung der Kopplungsschwingungen in diesem Falle in der Gegend der Resonanz labil sind, d. h. ihr Wert kann auf geringe äußere Veranlassungen hin, z. B. durch Temperatureinflüsse, in ziemlich weiten Grenzen schwanken.

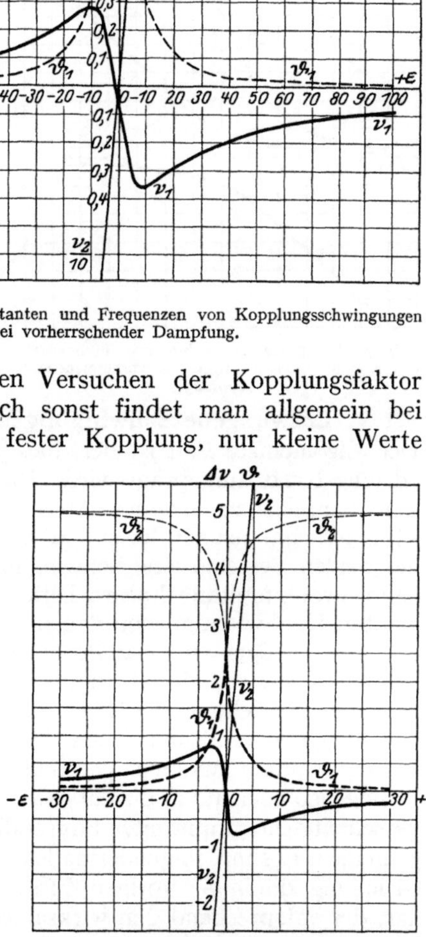

Abb. 6. Dampfungskonstanten und Frequenzen von Kopplungsschwingungen fur den Grenzfall zwischen vorherrschender Dämpfung und vorherrschender Kopplung.

Abb. 7 gilt schließlich für vorherrschende Kopplung; es ist $\gamma\omega = 10$, $\delta_2 = 5$. In diesem Falle schneiden sich die beiden Dämpfungskurven bei Reso-

[1]) R. König, Wied. Ann. Bd. 9, S. 404. 1880.

[2]) Siehe A. Kalähne, Grundzüge d. math.-phys. Akustik Bd. I, S. 128. Leipzig u. Berlin 1910.

nanz, während die Schwingungszahlen stets verschieden sind. Es entstehen daher Schwebungen, die so lange andauern, als die Töne überhaupt wahrnehmbar sind. Die Differenz der Töne ist am kleinsten, die Schwebungen sind also am langsamsten im Resonanzfall. Versuche, die diesem Fall entsprechen, sind von WARBURG[1]) mit transversal tönenden Stäben angestellt worden.

Die Abb. 5, 6 und 7 sind in verschiedenen Maßstäben gezeichnet. Deshalb sind in Abb. 8 nochmals die Kurven für ν_1 aus den Abb. 5, 6, 7 im gleichen Maßstab zusammengestellt.

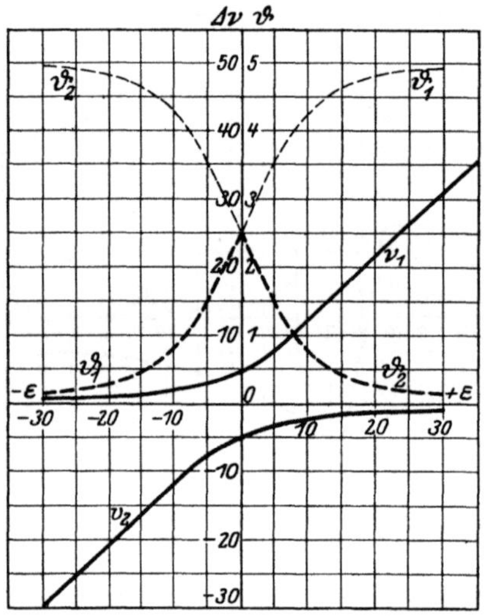

Abb. 7. Dämpfungskonstanten und Frequenzen von Kopplungsschwingungen bei vorherrschender Kopplung.

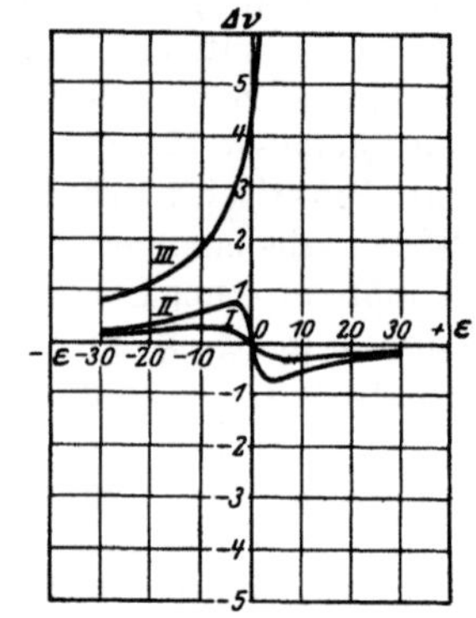

Abb. 8. Frequenzen von Kopplungsschwingungen.

7. Erzwungene Schwingungen von Systemen von zwei Freiheitsgraden. Der allgemeinste Fall ist der, daß jedem der beiden Systeme eine äußere periodische Kraft aufgeprägt wird. Die Vorgänge, die sich dann einstellen, werden sehr kompliziert sein; einen Ansatz zu ihrer Behandlung hat RIEGGER[2]) gegeben. Akustisch hat jedoch dieser Fall viel geringeres Interesse als der, wo nur einem der beiden Systeme eine Schwingung eingeprägt wird. Analytisch ergeben sich dann zwei simultane lineare Differentialgleichungen zweiter Ordnung mit konstanten Koeffizienten, von denen die eine eine Störungsfunktion hat, die andere dagegen homogen ist. Das Problem kann man dann durch Elimination einer der beiden abhängigen Variablen auf die Lösung einer einzigen inhomogenen linearen Differentialgleichung vierter Ordnung mit konstanten Koeffizienten reduzieren. Die allgemeine Lösung dieser Differentialgleichung besteht dann bekanntlich aus der Summe aus einer partikulären Lösung und der allgemeinen Lösung der homogenen Gleichung, die entsteht, wenn man die Störungsfunktion als identisch verschwindend annimmt. Physikalisch kann man diese beiden Teile der allgemeinen Lösung folgendermaßen interpretieren: Die Lösung der homogenen Gleichung, die in der vorigen Ziffer eingehend behandelt ist, stellt einen Vorgang dar, der entsprechend den wirksamen Dämpfungen zeitlich abklingt. Die partikuläre Lösung der inhomogenen Gleichung dagegen stellt den stationären Vorgang dar, der sich nach Abklingen des Ausgleichsvorganges einstellt. Die praktische Zeitdauer der Ausgleichsvorgänge, soweit sie merkbar bleiben, ist im allgemeinen so kurz, daß sie für die stationären Vorgänge außer Betracht bleiben können. Es soll daher hier mittels vereinfachender Rechenmethoden nur der stationäre Vorgang behandelt werden.

[1]) E. WARBURG, Pogg. Ann. Bd. 136, S. 89. 1869.

[2]) H. RIEGGER, Wiss. Veröffentl. a. d. Siemens-Konz. Bd. I, 3, S. 141. 1922; Bd. III, 1, S. 194. 1923.

Die Form der eingeprägten periodischen Kraft kann als rein sinusförmig angenommen werden. Der allgemeinere Fall einer beliebigen periodischen Kraft folgt hieraus bei der Linearität der Differentialgleichungen durch einfache Fourierzerlegung. Es ist bekannt, daß dann die Lösungen für beide Systeme ebenfalls einfache Sinusschwingungen von derselben Frequenz wie die eingeprägte Kraft sind. Es kann sich also bei den weiteren Betrachtungen, abgesehen von der Phase, nur um die Frage der Amplituden der Einzelschwingungen in beiden Systemen handeln in ihrer Abhängigkeit von der Frequenz, d. h. um die Form der sog. Resonanzkurve und um die Abhängigkeit dieser Form von den Koeffizienten der Differentialgleichung. Wenn nun eine eingeprägte Schwingung auf ein zusammengesetztes System wirkt, so wird dieses System selbst in stationäre Schwingungen geraten, deren Frequenz mit der der aufgeprägten Schwingung übereinstimmt. Es wird dann immer durch Rückwirkung des schwingenden Systems die erregende Frequenz mehr oder weniger beeinflußt werden, d. h. mit anderen Worten, durch die Belastung wird sich die Frequenz eines jeden Senders ungedämpfter Wellen etwas ändern; immer aber werden, unter den hier gemachten Voraussetzungen, erregende und erregte Schwingungen in ihren Frequenzen genau übereinstimmen. Wenn man daher von mehrfacher Resonanz oder multipler Resonanz in solchen Fällen spricht, so kann damit nur gesagt sein, daß das betrachtete System nach seiner Resonanzkurve verschiedene getrennte Frequenzen bevorzugt, während bei einem einfachen System dies nur für eine einzige Frequenz der Fall sein kann. Man darf aber keinesfalls erwarten, daß ein solches System im stationären Zustand in mehreren Frequenzen schwingt, die von der erregenden Frequenz abweichen. Der hierauf begründete Versuch ZWAARDEMAKERS[1]), das Entstehen unharmonischer Obertöne im Vokalklang der menschlichen Stimme zu erklären, ist hiernach abzulehnen.

Es werden zwei gedämpfte Systeme betrachtet, die durch eine Kraftkopplung miteinander verbunden sind. Im ersten System werde eine einfache Sinusschwingung von der Frequenz ω aufgeprägt. Es bestehen dann die beiden Differentialgleichungen:

$$\frac{d^2 x_1}{dt^2} + 2\,\delta_1 \frac{dx_1}{dt} + \Omega_1^2 x_1 + \gamma_{12}\,\Omega_1^2 x_2 = \mathfrak{E} = E \cdot e^{i\omega t},$$

$$\frac{d^2 x_2}{dt^2} + 2\,\delta_2 \frac{dx_2}{dt} + \Omega_2^2 x_2 + \gamma_{21}\,\Omega_2^2 x_1 = 0\,.$$

Hieraus wird für den stationären Vorgang mit dem Ansatz:

$$x_1 = \alpha_1 \cdot e^{i\omega t}, \qquad x_2 = \alpha_2 \cdot e^{i\omega t}:$$

$$x_1\mathfrak{Z}_1 + x_2\mathfrak{Z}_{12} = \mathfrak{E},$$

$$x_1\mathfrak{Z}_{21} + x_2\mathfrak{Z}_2 = 0,$$

worin:

$$\mathfrak{Z}_1 = \Omega_1^2 - \omega^2 + i \cdot 2\,\delta_1\omega = S_1 + iR_1, \qquad \mathfrak{Z}_{12} = \gamma_{12}\,\Omega_1^2 = S_{12},$$

$$\mathfrak{Z}_2 = \Omega_2^2 - \omega^2 + i \cdot 2\,\delta_2\omega = S_2 + iR_2, \qquad \mathfrak{Z}_{21} = \gamma_{21}\,\Omega_2^2 = S_{21},$$

und es folgt für die absoluten Werte der Amplituden von x_1 und x_2:

$$|x_1| = \frac{E\sqrt{R_2^2 + S_2^2}}{\sqrt{A^2 + B^2}}, \qquad |x_2| = \frac{E S_{21}}{\sqrt{A^2 + B^2}}, \tag{37}$$

worin:

$$A = S_1 S_2 - R_1 R_2 + S_{12} S_{21}, \qquad B = R_1 S_2 + R_2 S_1\,.$$

[1]) H. ZWAARDEMAKER, Nederl. Tijdschr. v. Geneeskde. (2) Bd. 9, S. 640. 1913.

Um übersichtliche Verhältnisse zu bekommen, werden jetzt einige einschränkende Annahmen gemacht. Die beiden Systeme seien aufeinander abgestimmt, d. h. es seien die natürlichen Eigenfrequenzen einander gleich

$$\Omega_1 = \Omega_2 = \Omega .$$

Weiter soll nur die nähere Umgebung dieser Resonanzstelle betrachtet werden. Dann wird angenommen, daß die Dämpfungen beider Systeme die gleichen sind:

$$D_1 = \frac{2\delta_1}{\Omega_1} = D_2 = \frac{2\delta_2}{\Omega_2} = D ,$$

also $\delta_1 = \delta_2$. Diese Bedingung ist die Voraussetzung dafür, daß ein Maximum an Energie in das zweite System übertragen wird. Über den Aufbau beider Systeme ist damit weiter nichts ausgesagt, als daß das Verhältnis von Reibungskraft zu Masse konstant ist. Auch mit diesen Einschränkungen zeigt das Problem seine charakteristischen Merkmale zur Genüge. Dividiert man in den Gleichungen (37) Zähler und Nenner durch $R_1 R_2 = R^2$, so kommt:

$$|x_1| = \frac{E}{R} \frac{\sqrt{1 + U^2}}{\sqrt{\left(1 + \frac{m^2}{\eta^2}\right)^2 + 2\left(1 - \frac{m^2}{\eta^2}\right) U^2 + U^4}} ,$$

$$|x_2| = \frac{E m}{R \eta} \frac{\sqrt{\frac{\gamma_{21}}{\gamma_{12}}}}{\sqrt{\left(1 + \frac{m^2}{\eta^2}\right)^2 + 2\left(1 - \frac{m^2}{\eta^2}\right) U^2 + U^4}} .$$

Hierin ist das Frequenzverhältnis:

$$\eta = \frac{\omega}{\Omega}$$

und:

$$U = \frac{1}{D}\left(\eta - \frac{1}{\eta}\right), \qquad m = \frac{\gamma}{D} .$$

Da nur die nähere Umgebung der Resonanzstelle betrachtet werden soll, kann man in diesen Ausdrücken η gleich Eins setzen. Durch diese Vereinfachungen ergeben sich kleine Fehler, die aber im allgemeinen zu vernachlässigen sind[1]). Es ist dann also:

$$|x_1| = \frac{E}{\delta\omega} \frac{\sqrt{1 + U^2}}{\sqrt{a + b U^2 + U^4}} , \qquad |x_2| = \frac{E m}{\delta\omega} \frac{\sqrt{\frac{\gamma_{21}}{\gamma_{12}}}}{\sqrt{a + b U^2 + U^4}} ,$$

wo $a = (1 + m^2)^2$, $b = 2(1 - m^2)$ ist. U soll als Abszissenmaßstab dienen zur Betrachtung der Resonanzkurve. Dies bietet manche Vorteile: Die Resonanzkurven werden symmetrisch, außerdem erkennt man dann sofort, daß sich die Resonanzkurven, bei denen nur die Dämpfungen verschieden sind, während das Verhältnis m von Kopplung zu Dämpfung erhalten bleibt, nur durch den Abszissenmaßstab voneinander unterscheiden. Der Faktor $E/\delta\omega$ kann bei der Kleinheit der betrachteten Frequenzbereiche als konstant angesehen werden.

Um die Formen der Resonanzkurven in bezug aus Maxima oder Minima zu untersuchen, ist zu bilden:

$$\frac{\partial |x_1|}{\partial U} = 0 , \qquad \frac{\partial |x_2|}{\partial U} = 0 .$$

---

[1]) Vgl. hierzu H. BACKHAUS, Wiss. Veröffentl. a. d. Siemens-Konz. Bd. IV, 1, S. 39. 1925.

Das gibt in beiden Fällen die Lösung $U = 0$ und außerdem für x_1:

$$U_{1_{\max}} = \pm\sqrt{m\sqrt{m^2+4}-1}\,, \qquad \text{für } x_2\colon\; U_{2_{\max}} = \pm\sqrt{m^2-1}\,.$$

Ist m so klein, also die Kopplung im Verhältnis zur Dämpfung so gering, daß diese beiden letzten Wurzeln nicht reell sind, so haben die Resonanzkurven beide nur ein Maximum bei $U = 0$. Die Kurven unterscheiden sich dann von denen einfacher Systeme nur dadurch, daß sie steiler sind. Man kann leicht zeigen, daß bei sehr loser Kopplung die Resonanzkurve des zweiten Systems durch Multiplikation der entsprechenden zusammengehörigen Ordinaten der Resonanzkurven der beiden Teilsysteme erhalten werden[1]). Daraus erhellt, daß die Selektivität eines zusammengesetzten Gebildes ceteris paribus die eines Einzelsystems überwiegt. Bei wachsender Kopplung werden schließlich die Werte von m erreicht, wo die beiden Seitenmaxima reell werden; das trifft ein für x_1 bei:

$$m = \sqrt{\sqrt{5}-2} = 0{,}486\,, \qquad \text{für } x_2 \text{ bei: } m = 1\,.$$

Oberhalb der hierdurch definierten Kopplungen treten beiderseits in gleicher Entfernung von $U = 0$ zwei Seitenmaxima auf; bei $U = 0$ liegt dann ein Minimum. Die Entfernungen der Seitenmaxima wachsen mit m. Man bemerkt, daß im System 1 die beiden Seitenmaxima schon bei loserer Kopplung auftreten als im System 2. Sie werden auch im System 1 immer weiter voneinander entfernt sein als im System 2. Die Maximalamplituden im System 2 sind:

$$|x_{2_{\max}}| = \frac{E}{2R_1}\sqrt{\frac{\gamma_{21}}{\gamma_{12}}}\,.$$

γ_{21} und γ_{12} verhalten sich umgekehrt wie die Massen der Systeme; man kann also sehr große Ausschläge des Systems 2 erhalten, wenn man bei gleicher Abstimmung beider Systeme die Masse des Systems 2 sehr klein macht im Vergleich zu der des Systems 1. In den Abb. 9, 10 und 11 sind unter den Voraussetzungen

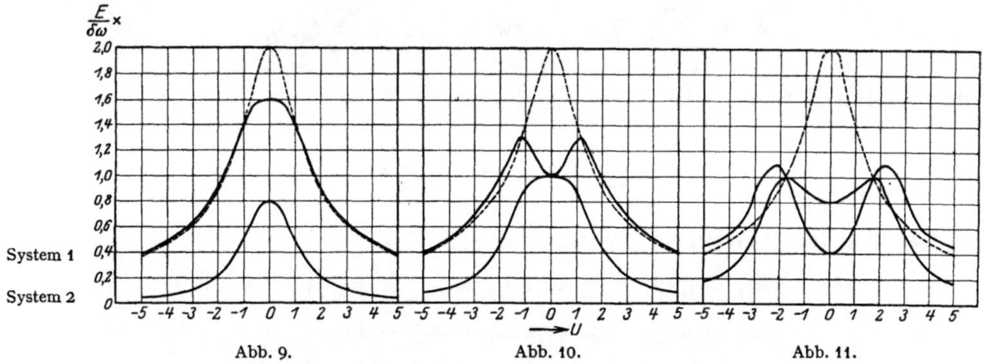

Abb. 9. Abb. 10. Abb. 11.

Abb. 9—11. Resonanzkurven von Systemen von zwei Freiheitsgraden.

$\delta_1 = \delta_2$, $\Omega_1 = \Omega_2$ die Resonanzkurven beider Systeme und die Resonanzkurve eines einzelnen entsprechenden unverkoppelten Systems gezeichnet. System 1 zeigt in allen drei Abbildungen zweiwellige Resonanzkurven, auch in Abb. 9 ist dies an der verbreiterten Form der Spitze schon zu erkennen. Dagegen ist System 2 in Abb. 9 ausgesprochen einwellig, in Abb. 10 auf der Grenze zwischen Ein- und Zweiwelligkeit, in Abb. 11 ausgesprochen zweiwellig.

[1]) J. Zenneck u. H. Rukop, Drahtlose Telegraphie 5. Aufl., S. 384. Stuttgart 1925.

8. Schwingungen von Systemen von endlich vielen Freiheitsgraden. Die rechnerische Behandlung der Schwingungen mehrfacher Systeme ist bereits bei zwei Freiheitsgraden sehr kompliziert und wird dies mit wachsender Zahl der Freiheitsgrade um so mehr, so daß es nur in ganz bestimmten Spezialfällen möglich ist, die Erscheinungen zu übersehen. Dennoch ist es mit Hilfe der in Ziff. 5 angegebenen Gleichungen möglich, einige Eigenschaften solcher Systeme ganz allgemein abzuleiten. Hierzu ist es zweckmäßig, zerstreuende Kräfte zu vernachlässigen, zumal ihre Wirksamkeit bei akustischen Vorgängen die besonderen Eigentümlichkeiten der Erscheinungen im allgemeinen nicht wesentlich beeinflußt.

Die LAGRANGEschen Bewegungsgleichungen zweiter Art lauten nach Ziff. 5, Gleichung (33):

$$\frac{d}{dt}\left(\frac{\partial T}{\partial \dot q_1}\right) + \frac{\partial U}{\partial q_1} = 0, \quad \frac{d}{dt}\left(\frac{\partial T}{\partial \dot q_2}\right) + \frac{\partial U}{\partial q_2} = 0, \quad \ldots \quad \frac{d}{dt}\left(\frac{\partial T}{\partial \dot q_n}\right) + \frac{\partial U}{\partial q_n} = 0. \tag{38}$$

Hierbei geben die allgemeinen Lagekoordinaten $q_1, q_2, \ldots q_n$ die Abweichungen des Systems aus der Gleichgewichtslage $q_1 = 0$, $q_2 = 0, \ldots q_n = 0$. Die kinetische Energie T und die potentielle Energie U sind bei kleinen Schwingungen als quadratische Formen mit konstanten Koeffizienten der zeitlichen Ableitungen der Koordinaten $\dot q_\nu$ bzw. der Koordinaten q_ν selbst gegeben [s. Ziff. 5, Gleichung (31) und (34)]:

$$T = \sum_{\nu,\,\mu=1}^{n} a_{\nu\mu}\,\dot q_\nu\,\dot q_\mu\,, \qquad U = \sum_{\nu,\,\mu=1}^{n} c_{\nu\mu}\,q_\nu\,q_\mu\,.$$

Beide Größen sind stets positiv, die kinetische Energie ihrer Natur nach, die potentielle wegen der Stabilität des Gleichgewichts in $q_1 = 0$, $q_2 = 0, \ldots q_n = 0$. Nach einem Satz aus der Theorie der quadratischen Formen[1]) kann man nun unter diesen Voraussetzungen eine lineare Transformation, eine sog. Hauptachsentransformation, angeben von der Form:

$$\dot q_\mu = \sum_{\nu=1}^{n} t_{\mu\nu}\,\dot\eta_\nu \qquad \text{bzw.} \qquad q_\mu = \sum_{\nu=1}^{n} t_{\mu\nu}\,\eta_\nu\,,$$

derart, daß T und U die Form annehmen:

$$T = \sum_{\nu=1}^{n} \dot\eta_\nu^2\,, \qquad U = \sum_{\nu=1}^{n} \lambda_\nu\,\eta_\nu^2\,.$$

Die λ_ν sind hierin Wurzeln der Gleichung:

$$\begin{vmatrix} a_{11} - \lambda c_{11} & a_{12} - \lambda c_{12} \cdots a_{1n} - \lambda c_{1n} \\ a_{21} - \lambda c_{21} & a_{22} - \lambda c_{22} \cdots a_{2n} - \lambda c_{2n} \\ \cdots\cdots & \cdots\cdots\cdots\cdots \\ a_{n1} - \lambda c_{n1} & a_{n2} - \lambda c_{n2} \cdots a_{nn} - \lambda c_{nn} \end{vmatrix} = 0.$$

Die Wurzeln sind, wie man zeigen kann, sämtlich reell und positiv. Die Bewegungsgleichungen (38) nehmen dann die Gestalt an:

$$\frac{d^2\eta_1}{dt^2} + \lambda_1\eta_1 = 0, \qquad \frac{d^2\eta_2}{dt^2} + \lambda_2\eta_2 = 0, \quad \ldots \quad \frac{d^2\eta_n}{dt^2} + \lambda_n\eta_n = 0,$$

---

[1]) S. z. B. RIEMANN-WEBERS Differentialgleichungen der Physik von PH. FRANK u. R. v. MISES, S. 61 ff. Braunschweig 1925.

worin die neuen Variablen η_ν, die man als Normalkoordinaten bezeichnet, sämtlich voneinander getrennt sind, so daß man die Lösungen sofort in der Form hinschreiben kann:

$$\eta_\nu = A_\nu \cos(\omega_\nu t - \varphi_\nu), \qquad \omega_\nu = \sqrt{\lambda_\nu} \qquad (\nu = 1, 2, 3, \ldots n). \tag{39}$$

Die A_ν und φ_ν sind Integrationskonstanten, die nach dem gegebenen Anfangszustand des Systems zu bestimmen sind. Die Schwingungen, die durch die Gleichung (39) dargestellt werden, bezeichnet man als die Hauptschwingungen oder Eigenschwingungen des Systems, die Frequenzen ω_ν als seine Eigenfrequenzen. Die Bewegung der ursprünglichen Koordinaten ist eine Superposition verschiedener Eigenschwingungen mit verschiedenen Phasen und Amplituden. Hierbei ist es natürlich nicht nötig, daß diese Eigenfrequenzen zueinander harmonisch sind. Die Eigenschwingungen sind also solche Bewegungen des Systems, bei denen die gegenseitigen Verhältnisse der Koordinaten von der Zeit unabhängig sind, bei denen also die materiellen Punkte des Systems „synchron" schwingen.

Die Behandlung von erzwungenen Schwingungen ergibt sich hieraus ohne weiteres durch eine gleiche Transformation des Systems auf Normalkoordinaten. Die Bewegungsgleichungen sind in diesem Falle:

$$\sum_{\nu=1}^{n} a_{\mu\nu}\ddot{q}_\nu + \sum_{\nu=1}^{n} b_{\mu\nu} q_\nu = f_\mu(t) \qquad (\mu = 1, 2, 3, \ldots n).$$

Bezüglich der Quadrate der Eigenfrequenzen λ_ν ist von FISCHER[1]) erstmalig ein Satz ausgesprochen worden, der sich mit den hier gebrauchten Bezeichnungen folgendermaßen wiedergeben läßt: Ordnet man die λ_ν der Größe nach, so daß $\lambda_1 \leqq \lambda_2 \leqq \cdots \leqq \lambda_n$ ist, so ist λ_p das Maximum, welches das Minimum der quadratischen Form:

$$F = \sum_{\nu,\mu=1}^{n} c_{\nu\mu} x_\nu x_\mu$$

annehmen kann, wenn die Variablen erstens der Nebenbedingung:

$$G = \sum_{\nu,\mu=1}^{n} a_{\nu\mu} x_\nu x_\mu = 1$$

und weiter noch $p - 1$ Nebenbedingungen der Form:

$$\sum_{\nu=1}^{n} \alpha_{\nu\varkappa} x_\nu = 0 \qquad (\varkappa = 1, 2, \ldots p - 1) \tag{40}$$

unterworfen werden. Aus dieser Minimum-Maximum-Eigenschaft der Eigenfrequenzen lassen sich dann leicht folgende Sätze herleiten[2]):

1. Der $p$te Oberton eines schwingenden Systems ist der höchste unter den Grundtönen aller Systeme, welche aus dem gegebenen durch Auferlegung von p irgendwie gewählten Bindungen von der Form (40) entstehen.

2. Geht ein System S durch Auferlegung von r Zwangsbedingungen der Form (40) in ein r-fach gebundenes System S' über, so sind die Eigenschwingungszahlen $\omega'_1, \omega'_2 \ldots \omega'_{n-r}$ des gebundenen Systems nicht kleiner als die entsprechenden Schwingungszahlen $\omega_1, \omega_2, \ldots \omega_{n-r}$ des freien Systems, aber auch nicht größer als die Schwingungszahlen $\omega_{r+1}, \ldots \omega_n$ des freien Systems, d. h. es gelten die Beziehungen:

$$\lambda_p \leqq \lambda'_p \leqq \lambda_{p+r} \qquad \text{bzw.} \qquad \omega_p \leqq \omega'_p \leqq \omega_{p+r} \qquad (p = 1, 2, \ldots n - r).$$

[1]) E. FISCHER, Monatshefte f. Math. u. Phys. Bd. 16, S. 234. 1905.

[2]) R. COURANT u. D. HILBERT, Methoden der mathematischen Physik Bd. I, S. 16ff., S. 230. Berlin 1924.

3. Bei Vergrößerung der Trägheit fällt der Grundton und jeder Oberton oder steigt wenigstens nicht.

4. Bei einer Versteifung des Systems steigt der Grundton und jeder Oberton oder fällt wenigstens nicht.

In Satz 2 bis 4 ändern sich Grundton und Obertöne im entgegengesetzten Sinne, wenn man Zwangsbedingungen aufhebt, Massen vermindert oder das System lockert.

Beispielsweise werden sich hiernach bei einer eingespannten Membran der Grundton und sämtliche Obertöne nur in wachsendem Sinne ändern, wenn die Membran außer am Rande noch sonst irgendwo festgehalten wird. Das Gegenteil wird der Fall sein, wenn die Membran einen Riß erhält, oder bei einer schwingenden Platte, wenn das Material einen Sprung bekommt.

Die praktische Durchführung der Berechnung der Eigenfrequenzen eines schwingungsfähigen Systems mit vielen Freiheitsgraden ist im allgemeinen mit erheblichen Schwierigkeiten verknüpft. Man ist daher oft gezwungen, zu diesem Zweck Näherungsmethoden zu benutzen. Dies kann manchmal in der Weise geschehen, daß man das vorliegende System auf ein anderes, einfacher zu behandelndes, zurückführt, wenn die Abweichungen davon als klein zu betrachten sind. Die kinetische bzw. potentielle Energie des zu untersuchenden Systems sei:

$$T_1 = \sum_{\nu,\,\mu=1}^{n} a_{\nu\mu}\,\dot{q}_\nu\,\dot{q}_\mu\,, \qquad U_1 = \sum_{\nu,\,\mu=1}^{n} c_{\nu\mu}\,q_\nu\,q_\mu\,;$$

das benachbarte einfache System sei auf dieselben Koordinaten als Normalkoordinaten bezogen; es sei also:

$$T_0 = K\sum_{\nu=1}^{n}\dot{q}_\nu^2\,, \qquad U_0 = \sum_{\nu=1}^{n}\lambda'_\nu\,q_\nu^2\,,$$

so daß die Quadrate der Eigenfrequenzen $\lambda_\nu = \lambda'_\nu/K$ sind. Die Größen $a_{\nu\mu}$ und $c_{\nu\mu}$ für $\nu \neq \mu$ und $a_{\nu\nu} - K$, $b_{\nu\nu} - \lambda$ sind dann unendlich kleine Größen erster Ordnung. Unter diesen Voraussetzungen ergibt sich nach COURANT[1]) für die Amplituden der Einzelschwingungen der einzelnen Koordinaten:

$$A_\nu^{(\nu)} = 1\,, \qquad A_\mu^{(\nu)} = \frac{a_{\nu\mu}\,\lambda'_\nu - b_{\nu\mu}\,K}{K\,(\lambda'_\mu - \lambda'_\nu)} \qquad \text{für} \qquad \mu \neq \nu$$

und für die entsprechenden Schwingungszahlen:

$$\overline{\omega}_\nu^2 = \overline{\lambda}_\nu = \frac{b_{\nu\nu}}{a_{\nu\nu}} - \sum_{\mu=1}^{n}\frac{(b_{\nu\mu}\,K - \lambda_\nu\,a_{\nu\mu})^2}{K^2\,(\lambda_\mu - \lambda_\nu)}\,.$$

Es war bisher bei der Betrachtung der Schwingungen von Systemen von beliebig vielen Freiheitsgraden angenommen, daß die Dämpfung zu vernachlässigen sei, daß also die Zerstreuungsfunktion F (s. Ziff. 5) verschwindet. Ist dies nicht der Fall, so läßt sich eine simultane Transformation in kanonische Gestalt, nämlich in eine einfache Summe von rein quadratischen Gliedern bei den drei quadratischen Formen U, T, F, im allgemeinen nicht durchführen, sondern nur bei zweien von ihnen; man wird dann hierzu wohl immer T und U wählen. Es sind aber Fälle denkbar, wo diese Reduktion bei allen drei Funktionen möglich ist. Dies ist nur dann der Fall, wenn F gewissen einschränkenden Bedingungen genügt. Wirkt z. B. auf jeden Teil des Systems eine verzögernde

---

1) R. COURANT u. D. HILBERT, Methoden der mathematischen Physik Bd. I, S. 231; vgl. auch Lord RAYLEIGH, Theory of Sound 2. Aufl., Bd. I, § 90. London 1894.

Kraft, die der Masse und der Geschwindigkeit dieses Teiles proportional ist, so ist F von derselben Form wie T. Weitere Möglichkeiten für die simultane Transformation ergeben sich, wenn F eine lineare Funktion von T und U ist, oder wenn T und U von derselben Form sind. In allen diesen Fällen sind die Veränderlichen in der angegebenen Form separierbar, und es ergibt sich für jede Variable eine Differentialgleichung, die aber nun zum Unterschied mit dem vorher behandelten Fall ein Dämpfungsglied enthält. Bezüglich der Durchführung der Rechnung sei auf die Darstellung bei RAYLEIGH[1]) verwiesen.

Für den allgemeinsten Fall von Schwingungen eines beliebigen Systems von Massenpunkten unter Berücksichtigung der Reibung gelten bei freien Schwingungen die Bewegungsgleichungen[2]):

$$m_\nu \frac{d^2 x_\nu}{dt^2} + \varepsilon \sum_{\mu=1}^{n} r_{\nu\mu} \frac{d x_\mu}{dt} + \sum_{\mu=1}^{n} c_{\nu\mu} x_\mu = 0 \qquad (\nu = 1, 2, \ldots n).$$

Hierin ist $r_{\nu\mu} = r_{\mu\nu}$ und $r_{\nu\nu} = 0$ für $\nu = 1, 2, \ldots n$. ε ist ein Maß für die Größe der reibenden Kräfte. Setzt man die Lösungen an in der Form $x_\nu = a_\nu e^{\beta t}$, so ergeben sich die Bedingungsgleichungen für die a_ν:

$$m_\nu \beta^2 a_\nu + \varepsilon\beta \sum_\mu r_{\nu\mu} a_\mu + \sum_\mu c_{\nu\mu} a_\mu = 0.$$

Aus diesen homogenen linearen Gleichungen für die a_ν folgt:

$$\left.\begin{vmatrix} \beta^2 m_1 + c_{11} & \varepsilon\beta r_{12} + c_{12} & \varepsilon\beta r_{13} + c_{13} & \ldots & \varepsilon\beta r_{1n} + c_{1n} \\ \varepsilon\beta r_{21} + c_{21} & \beta^2 m_2 + c_{22} & \varepsilon\beta r_{23} + c_{23} & \ldots & \varepsilon\beta r_{2n} + c_{2n} \\ \cdots & \cdots & \cdots & \cdots & \cdots \\ \cdots & \cdots & \cdots & \cdots & \cdots \\ \varepsilon\beta r_{n1} + c_{n1} & \varepsilon\beta r_{n2} + c_{n2} & \varepsilon\beta r_{n3} + c_{n3} & \ldots & \beta^2 m_n + c_{nn} \end{vmatrix} = 0. \right\} \qquad (41)$$

Von dieser Gleichung läßt sich zeigen[3]), daß sie für β nur komplexe Wurzeln haben kann von der Form $\beta_\lambda = -\delta_\lambda \pm i\omega_\lambda$, wo weder die δ_λ noch die ω_λ verschwinden können. Für die δ_λ ergibt sich, daß sie positiv sein müssen und proportional zu ε. Ist also $\varepsilon = 0$, also bei Fehlen der Reibung, so werden die sämtlichen Wurzeln rein imaginär. Die allgemeine Lösung der Bewegungsgleichungen läßt sich auf die Form bringen:

$$x_\nu = \sum_\lambda \varrho_{\nu\lambda} \cdot e^{-\delta_\lambda t}[A_\lambda \cos(\omega_\lambda t + \varphi_{\nu\lambda}) + B_\lambda \sin(\omega_\lambda t + \varphi_{\nu\lambda})].$$

Die Werte der Integrationskonstanten A_λ, B_λ ergeben sich aus den Anfangsbedingungen. Der Einfluß der Dämpfung äußert sich also auch hier zunächst darin, daß die Bewegung jedes einzelnen Massenpunktes nach einem exponentiellen Dämpfungsgesetz abklingt.

Fragt man nun nach dem Einfluß der Dämpfung für die Lage der Eigenfrequenzen, so sind die Verhältnisse am einfachsten zu übersehen in den Fällen, wo, wie bei sehr vielen Problemen der Akustik, die Dämpfung klein ist. Da β eine Funktion von ε ist, kann man sie nach Potenzen von ε entwickeln. Bricht man dann bei kleiner Dämpfung die Reihenentwicklung mit der ersten Potenz von ε ab, so erhält man $\beta = \beta_0 + \left(\frac{d\beta}{d\varepsilon}\right)_{\varepsilon=0} \cdot \varepsilon$, wo β_0 diejenigen Wurzeln der Determinantengleichung (41) bezeichnet, die sich ergeben, wenn die Dämpfung verschwindet. Den Wert $\left(\frac{d\beta}{d\varepsilon}\right)_{\varepsilon=0}$ kann man durch Differentiation aus (41) gewinnen.

1) Lord RAYLEIGH, Theory of Sound 2. Aufl., Bd. I, §§ 96, 97. London 1894.

2) Siehe H. v. HELMHOLTZ, Vorlesungen über die mathematischen Prinzipien der Akustik, S. 35ff. Leipzig 1898.

3) H. v. HELMHOLTZ, a. a. O. S. 37ff.

Es läßt sich leicht zeigen, daß β_0 imaginär, $\left(\frac{d\beta}{d\varepsilon}\right)_{\varepsilon=0}$ dagegen reell und negativ sein muß. Da also der für die Eigenfrequenzen maßgebende Anteil β_0 gegenüber dem Fall verschwindender Dämpfung nicht verändert ist, so findet unter dieser Annahme kleiner Dämpfung bei erster Annäherung keine Änderung der Eigenfrequenzen statt gegenüber ihrer Lage bei verschwindender Dämpfung. Erst bei weiterer Annäherung ergibt sich ein Einfluß, und zwar macht sich dieser in der Richtung geltend, daß die Eigenfrequenzen erniedrigt werden. Weiter ergibt sich, daß durch die Reibung zu den Amplituden der Einzelschwingung ein imaginäres Glied hinzutritt, das ε proportional ist; das bedeutet, daß die Reibung auf die Größe der Amplituden der Einzelschwingungen nur in zweiter Ordnung einwirkt; die Hauptwirkung ist eine Phasenverschiebung, die für jede einzelne Koordinate im allgemeinen verschieden sein wird. Die tatsächlich ausgeführten Bewegungen sind dann Ellipsen.

Beim Vorhandensein äußerer Kräfte, also bei erzwungenen Schwingungen[1]), gilt auch hier, solange die Bewegungsgleichungen linear sind, das Gesetz von der ungestörten Superposition. Man kann sich daher auf die Betrachtung rein harmonischer eingeprägter Kräfte beschränken und die Bewegungsgleichungen ansetzen in der Form:

$$m_\nu \frac{d^2 x_\nu}{d t^2} + \varepsilon \sum_\mu r_{\nu\mu} \frac{d x_\mu}{d t} + \sum_\mu c_{\nu\mu} x_\mu = A_\nu \cdot e^{pt},$$

wo $p = i\omega$ rein imaginär ist. Durch den Lösungsansatz $x_\nu = a_\nu \cdot e^{pt}$ erhält man hieraus zur Bestimmung der Werte a_ν die n inhomogenen Bedingungsgleichungen:

$$m_\nu p^2 a_\nu + \varepsilon p \sum_\mu r_{\nu\mu} a_\mu + \sum_\mu c_{\nu\mu} a_\mu = A_\nu. \tag{42}$$

Man kann hiernach die Regel aussprechen, daß im stationären Zustande, d. h. nach Abklingen der Ausgleichsvorgänge, nur Schwingungen mit den Frequenzen der eingeprägten Kräfte stattfinden können. Die Schwingungen, die für jeden einzelnen Massenpunkt im allgemeinen elliptisch sind, dauern mit unveränderter Amplitude so lange an, als die eingeprägten Kräfte einwirken. Um nun die Stärke des Mitschwingens zu bestimmen, kann man die Amplituden der von außen einwirkenden Kräfte in Glieder zerlegen, von denen jedes einer freien Eigenschwingung des Systems entspricht. Man erhält dann folgende Bedingungsgleichungen für die Koeffizienten B:

$$m_\nu \sum_\lambda (B_\lambda \cdot \alpha_{\nu\lambda}) = A_\nu. \tag{43}$$

Hierin sind die Größen α die Amplituden in einem entsprechenden von äußeren Kräften freien System. Nimmt man nun an, daß an Stelle von A_ν nur die Komponente $B_\lambda \alpha_{\nu\lambda}$, die der λten Eigenschwingung entspricht, einwirkt, so nehmen die Gleichungen (42) die Form an:

$$m_\nu p^2 a_{\nu\lambda} + \varepsilon p \sum_\mu r_{\nu\mu} a_{\mu\lambda} + \sum_\mu c_{\nu\mu} a_{\mu\lambda} = m_\nu B_\lambda \alpha_{\nu\lambda},$$

worin $a_{\nu\lambda}$ die Komponenten der der betreffenden Komponente von A_ν entsprechenden Amplitude des Punktes ν bedeuten. Für $\varepsilon = 0$ kann man diesen Gleichungen dadurch genügen, daß man setzt:

$$a_{\nu\lambda} = C_\lambda \cdot \alpha_{\nu\lambda},$$

worin:

$$C_\lambda = B_\lambda \frac{1}{p^2 - p_\lambda^2}$$

ist. Der Faktor C_λ ist für die Amplitude der erzwungenen Schwingung maßgebend. Die Stärke des Mitschwingens hängt also davon ab, wie weit die Frequenz

[1]) H. v. HELMHOLTZ, Vorlesungen über die mathematischen Prinzipien der Akustik, S. 50ff. Leipzig 1898.

der erzwungenen Schwingung von der des betreffenden Eigentones abweicht. Fallen die beiden Frequenzen zusammen, so wird die Amplitude nur durch die Dämpfung begrenzt. Das Hinzutreten einer geringen Reibung wirkt außerhalb der Resonanzstellen nicht merklich auf die Amplitude ein. Die hauptsächliche Folge der Reibung ist auch hier wieder eine Phasenverschiebung zwischen erregender und erzwungener Schwingung.

Es sei schließlich noch eine Gruppe von Theoremen erwähnt, die häufig bei akustischen Problemen sehr fruchtbare Anwendung finden, die sog. Reziprozitätssätze. Geht man von den LAGRANGEschen Bewegungsgleichungen zweiter Art aus, unter Zugrundelegung der kinetischen und potentiellen Energie T und U sowie der Zerstreuungsfunktion F als quadratische Formen der allgemeinen Koordinaten [s. Ziff. 5, Gleichung (33), (30), (31), (34)], so lauten die Bewegungsgleichungen:

$$\sum_\mu a_{\nu\mu}\ddot{q}_\mu + \sum_\mu b_{\nu\mu}\dot{q}_\mu + \sum_\mu c_{\nu\mu} q_\mu = Q_\nu \qquad (\nu = 1, 2, \ldots n).$$

Hierin gilt:

$$a_{\nu\mu} = a_{\mu\nu}, \qquad b_{\nu\mu} = b_{\mu\nu}, \qquad c_{\nu\mu} = c_{\mu\nu}.$$

Q_ν sind die eingeprägten Kräfte. Es seien weiter Q'_ν ein zweites System von eingeprägten Kräften, q'_ν die entsprechenden Verschiebungen, so wird:

$$\sum_\nu Q_\nu q'_\nu = \sum_\nu a_{\nu\nu}\ddot{q}_\nu q'_\nu + \sum_\nu b_{\nu\nu}\dot{q}_\nu q'_\nu + \sum_\nu c_{\nu\nu} q_\nu q'_\nu + \sum_{\nu,\mu} a_{\nu\mu}(\ddot{q}'_\nu \ddot{q}_\mu + \ddot{q}'_\mu \ddot{q}_\nu)$$
$$+ \sum_{\nu,\mu} b_{\nu\mu}(\dot{q}'_\nu \dot{q}_\mu + \dot{q}'_\mu \dot{q}_\nu) + \sum_\nu c_{\nu\mu}(q'_\nu q_\mu + q'_\mu q_\nu).$$

Da die rechte Seite bezüglich der gestrichelten und der ungestrichelten Koordinaten völlig symmetrisch ist, so folgt:

$$\sum_\nu Q_\nu q'_\nu = \sum_\nu Q'_\nu q_\nu.$$

Das ist die allgemeinste Form, aus der sich sämtliche Reziprozitätsbeziehungen ableiten lassen. Nimmt man an, daß alle Kräfte mit Ausnahme von Q_1, Q_2, Q'_1, Q'_2 verschwinden, so bleibt:

$$Q_1 q'_1 + Q_2 q'_2 = Q'_1 q_1 + Q'_2 q_2.$$

Hier kann man dann nach RAYLEIGH[1]) drei Fälle unterscheiden:

1. $Q_2 = 0, \quad Q'_1 = 0: \quad q_2 : Q_1 = q'_1 : Q'_2,$
2. $q_1 = 0, \quad q'_2 = 0: \quad Q_1 : q_2 = Q'_2 : q'_1,$
3. $Q_1 = 0, \quad q'_2 = 0: \quad q_1 : q_2 = -Q'_2 : Q'_1.$

Zu dem ersten Fall hat HELMHOLTZ[2]) folgendes Beispiel gegeben: Befinden sich in einem lufterfüllten Raum zwei Punkte A und B und sonst Hindernisse irgendwelcher Art, so wird ein in A erzeugter Schall in B mit derselben Stärke vernommen, wie ein gleich starker in B erzeugter Schall in A gehört wird.

Die zweite Fassung des Theorems hat SCHOTTKY[3]) zum Ausgangspunkt einer Betrachtung genommen, die sich auf den Aufnahme- und Sendewirkungsgrad von Empfängern und Strahlern bezieht. Er spricht das hiernach abgeleitete Gesetz des Tiefenempfangs u. a. in der Form aus: „Ein beliebiger akustischer Strahler, dessen Verhalten linear und durch eine einzige Koordinate bestimmbar ist, vermag aus der Winkeleinheit einer auf ihn auftreffenden Quasikugelwelle zeitlich konstanter Intensität mit der Wellenlänge λ nur einen im Verhältnis λ^2/R^2 kleineren Betrag an Energie zu absorbieren, als er in Richtung des Zentrums dieser Kugelwelle unter dem Einheitswinkel (in einer fortschreitenden Welle, die dort den Radius R besitzt) zu entsenden vermag." Es ergibt sich hieraus z. B. die Tatsache, daß für irgendwelche Sender, wenn sie auch in ihrer elektrischen

[1]) Lord RAYLEIGH, Theory of Sound 2. Aufl., Bd. I, § 108ff. London 1894.
[2]) H. v. HELMHOLTZ, Wiss. Abh. Bd. I, S. 309. Leipzig 1882.
[3]) W. SCHOTTKY, ZS. f. Phys. Bd. 36, S. 689. 1926.

oder sonstigen Wirkungsweise umkehrbar sind, dies nicht auch für ihren Sende- bzw. Aufnahmewirkungsgrad in Abhängigkeit von der Frequenz gilt.

9. Systeme von unendlich vielen Freiheitsgraden. Nimmt die Zahl der Massenpunkte in dem betrachteten mechanischen System unbegrenzt zu, so erfolgt hiermit der Übergang zur stetig verteilten Masse. Man könnte also Schwingungsprobleme, die sich auf solche Massen beziehen, auch mit den bisher besprochenen Methoden angreifen und dann einen Grenzübergang in dem Sinne vornehmen, daß man die Anzahl der betrachteten Punkte unendlich werden läßt. Es wird hierbei Schwierigkeiten machen, die Kopplungen zwischen den einzelnen Systemen auszudrücken. Im allgemeinen werden sich diese Beziehungen nur durch Rekursionsformeln angeben lassen. Man kommt daher durch Verallgemeinerung dieser Beziehungen zu örtlichen Differenzen und Differenzenquotienten. Geht man dann zur Grenze über, so erhält man in den Bewegungsgleichungen nicht nur Differentialquotienten nach der Zeit, sondern auch solche nach den räumlichen Koordinaten. Man erkennt hieraus, daß die Bewegungsgleichungen stetig verteilter Massen die Form von partiellen Differentialgleichungen annehmen werden. Einer besonderen Klärung bedarf in jedem Fall bei den erwähnten Grenzübergängen die Frage nach der Konvergenz. Mit diesem Problem beschäftigen sich Arbeiten von COURANT[1]) und seiner Mitarbeiter. Die Resultate lassen sich folgendermaßen zusammenfassen[2]): Wenn man eine partielle Differenzengleichung durch unbegrenzte Verkleinerung des Gitterabstandes gegen eine partielle Differentialgleichung konvergieren läßt, so konvergiert auch die Lösung der Differenzengleichung im allgemeinen gegen die Lösung der fraglichen Differentialgleichung. Dies gilt ohne Einschränkung für Differentialgleichungen vom elliptischen Typus[3]), d. h. solche, die sich auf einfache Schwingungsvorgänge beziehen, wie z. B. die Bewegungsgleichung der schwingenden Membran, des schwingenden Stabes, der schwingenden Platte. Für Differentialgleichungen vom hyperbolischen Typus[3]), solchen nämlich, die für Ausbreitungsvorgänge gültig sind, wie z. B. die Wellengleichung, die Telegraphengleichung, gilt folgendes: Die Lösung einer solchen partiellen Differenzengleichung konvergiert nur dann gegen die der entsprechenden Differentialgleichung, wenn der Gitterabstand der Differentialgleichung einen bestimmten Wert nicht überschreitet.

Eine andere Möglichkeit zur Behandlung von Schwingungen von Systemen mit unendlichen vielen Freiheitsgraden liegt darin, daß man von vornherein unendlich viele Koordinaten annimmt und dann das Problem in ähnlicher Weise, wie in Ziff. 8 geschildert, behandelt, unter Anwendung der Theorie der quadratischen Formen von unendlich vielen Variablen. Der Gang einer solchen Lösung für das Problem der schwingenden Seite ist von COURANT und HILBERT[4]) angegeben worden.

Im allgemeinen wird man in der Praxis besser so verfahren, daß man bei der Behandlung von Schwingungsproblemen stetiger elastischer Körper die partiellen Differentialgleichungen durch Elastizitätsbetrachtungen für jedes solches Problem unmittelbar aufsucht. Die hierhergehörenden Fragen werden im Artikel „Schwingungen räumlich ausgedehnter Kontinua" (ds. Bd. Kap. 4) und im Artikel „Schallerzeugung mit mechanischen Mitteln" (ds. Bd. Kap. 5) eingehendere Behandlung finden.

---

[1]) R. COURANT, Göttinger Nachr. 1925, S. 1.

[2]) R. COURANT, Vortrag, gehalten a. d. Naturforschertagung Düsseldorf 1926, erscheint demnächst in den Math. Annalen.

[3]) Eine strenge Definition der verschiedenen Typen von partiellen Differentialgleichungen findet man z. B. in Riemann-Webers Differentialgleichungen der Physik Bd. I, S. 528. Braunschweig 1925.

[4]) R. COURANT u. D. HILBERT, Methoden der mathematischen Physik Bd. I, S. 232f. Berlin 1924.

Kapitel 4.

Schwingungen räumlich ausgedehnter Kontinua.

Von

Hermann Backhaus, Berlin-Charlottenburg.

Mit 11 Abbildungen.

1. Vorbemerkungen. Es ist in diesem Kapitel allgemein die Theorie der akustischen Schwingungen beliebiger Körper zu behandeln. Hierfür ergeben sich nun mehrere Probleme verschiedener Art. Einmal ist zu betrachten die Form der akustischen Schwingungsvorgänge, die innerhalb unbegrenzt gedachter Körper in irgendeiner Weise erzeugt werden; es sind die Gesetze ihrer Ausbreitung festzustellen, mit anderen Worten, es ist die Konfiguration von Schallfeldern zu untersuchen. Für feste Körper ist eine solche Untersuchung akustisch von geringerem Interesse, die Fragen der Ausbreitung von Schwingungsvorgängen in festen Körpern gehören vielmehr wesentlich in das Gebiet der Geophysik (s. Bd. VI ds. Handb.). Über die speziellen Fragen der Schalleitung, Schallabsorption u. ä. in festen Körpern ist das Erforderliche im Artikel „Schallausbreitung" (ds. Bd. Kap. 15) zu finden. Das Hauptgebiet für die Untersuchungen von Schallfeldproblemen bilden die flüssigen und gasförmigen Medien. Hierauf sollen sich die Darlegungen des vorliegenden Kapitels daher in der Hauptsache beziehen. Hierfür ist es unerläßlich, die Grundtatsachen der Mechanik deformierbarer Körper kurz zusammenzufassen.

Eine andere Klasse von Problemen ist die, die sich mit den Schwingungsvorgängen begrenzter Körper beschäftigt in bezug auf benachbarte Körper. Hier ist wiederum zu unterscheiden die Untersuchung der Schwingungen der Körper selbst, d. h. das Problem der Schallerzeugung, das im 5. Kapitel behandelt werden wird, und die Frage nach der Wechselwirkung schwingender Körper mit dem sie umgebenden Medium, d. h. die Theorie der Strahler und Empfänger, auf die in Ziff. 12 und 13 dieses Abschnitts näher eingegangen werden soll.

2. Kinematik deformierbarer Körper. Ein starrer Körper ist definiert durch die Eigenschaft, daß der Abstand zweier seiner Punkte konstant ist, in Formeln ausgedrückt:

$$\sqrt{(x_1 - x_2)^2 + (y_1 - y_2)^2 + (z_1 - z_2)^2} = r_{12} = \text{konst.}$$

Diese Bedingung ist, streng genommen, in der Natur nie erfüllt; man kann sie aber, insbesondere bei vielen festen Körpern, zur Beschreibung mancher Phänomene mit hinreichender Genauigkeit als erfüllt betrachten. Bei flüssigen und noch mehr bei gasförmigen Körpern ist dies in der Regel nicht angängig; und auch bei festen Körpern sind gerade die Eigenschaften, die aus ihrer Deformierbarkeit hervorgehen, für die Akustik besonders interessant.

Wird ein deformierbarer Körper äußeren Kräften ausgesetzt, z. B. einem allseitigen Druck, so verändert er seine Gestalt; in dem gewählten Beispiele verringert sich sein Volumen. Werden die eingeprägten Kräfte wieder entfernt, so nimmt der Körper seine ursprüngliche Gestalt wieder an, wenn die eingetretene Deformation einen gewissen Betrag nicht überstiegen hat. Die hierdurch gekennzeichnete Eigenschaft der Körper nennt man ihre Elastizität. Die Annahme, daß die erfolgte Deformation nur klein ist, kann man bei akustischen Vorgängen fast immer machen.

Zur mathematischen Behandlung der elastischen Eigenschaften deformierbarer Körper denkt man sich diese Körper aus einzelnen Volumelementen zusammengesetzt. Diese Annahme soll jedoch nichts als eine mathematische Fiktion sein und hat mit der molekularen Struktur der Körper nichts zu tun. Man denkt sich vielmehr den Raum, den ein Körper einnimmt, stetig von Materie erfüllt. Die Bewegungen dieser Volumelemente, die man auch, allerdings nicht ganz korrekt, als materielle Punkte des Körpers bezeichnet, sind daher stets als „geordnet“ zu betrachten.

Die Vorgänge in einem deformierbaren Körper sind bestimmt, wenn von jedem einzelnen seiner materiellen Punkte bekannt ist, an welchem Ort er sich zu irgendeiner Zeit befindet, wenn also Beziehungen gegeben sind von der Form:

$$\left.\begin{aligned} x &= f(a, b, c, t), \\ y &= \varphi(a, b, c, t). \\ z &= \psi(a, b, c, t). \end{aligned}\right\} \tag{1}$$

Hierin sind a, b, c die Koordinaten des betrachteten Punktes zur Zeit $t = 0$, so daß also gilt für $t = 0$: $x = a$, $y = b$, $z = c$. f, φ und ψ sind eindeutige, endliche und stetige Funktionen. a, b, c dienen zur Charakterisierung des Punktes, sie bilden gewissermaßen seinen Namen. Wenn man aus den Gleichungen (1) die Zeit t ganz fortläßt, so kann man sie deuten als den Ausdruck für den Übergang des Körpers aus einer Anfangslage in eine Endlage. Der Punkt a, b, c geht dabei nach x, y, z; man nennt daher die Größen:

$$x - a = \xi, \quad y - b = \eta, \quad z - c = \zeta$$

die Komponenten des Vektors $\mathfrak{s}$, die Verschiebungskomponenten.

Ein spezieller und besonders wichtiger Fall einer Verschiebung ist die lineare Verschiebung, die gekennzeichnet ist durch die Gleichungen:

$$\left.\begin{aligned} x &= \lambda_0 + \lambda_1 a + \lambda_2 b + \lambda_3 c, \\ y &= \mu_0 + \mu_1 a + \mu_2 b + \mu_3 c, \\ z &= \nu_0 + \nu_1 a + \nu_2 b + \nu_3 c. \end{aligned}\right\} \tag{2}$$

Die Verschiebungskomponenten sind dann:

$$\left.\begin{aligned} \xi &= \lambda_0 + (\lambda_1 - 1)\, a + \lambda_2 b + \lambda_3 c, \\ \eta &= \mu_0 + \mu_1 a + (\mu_2 - 1)\, b + \mu_3 c, \\ \zeta &= \nu_0 + \nu_1 a + \nu_2 b + (\nu_3 - 1)\, c. \end{aligned}\right\} \tag{3}$$

Wenn man, wie im folgenden meist geschehen, zur Vereinfachung annimmt, daß der betrachtete Punkt sich vor der Verschiebung im Koordinatenanfangspunkt befand, so verschwinden λ_0, μ_0, ν_0. Die Verschiebung bezeichnet man dann als homogen. Die allgemeine lineare Verschiebung (3) kann man sich dann hieraus dadurch entstanden denken, daß dem Körper eine translatorische Verschiebung mit den Komponenten λ_0, μ_0, ν_0 erteilt wird.

Die Bedeutung der linearen Verschiebung für die Akustik liegt darin, daß, da man in unendlich kleinen Bereichen jede Funktion als linear ansehen kann, die in der Akustik gewöhnlich kleinen Verschiebungen als linear angenommen werden können. Wenn man also die Funktionen (1) nach Potenzen von a, b, c nach dem MacLaurinschen Satz entwickelt und zweite und höhere Potenzen von a, b, c vernachlässigt, so erhält man unter Voraussetzung einer homogenen Verschiebung:

$$\left.\begin{aligned} x &= \left(1+\frac{\partial\xi}{\partial a}\right)a + \frac{\partial\xi}{\partial b}\,b + \frac{\partial\xi}{\partial c}\,c, \\ y &= \frac{\partial\eta}{\partial a}\,a + \left(1+\frac{\partial\eta}{\partial b}\right)b + \frac{\partial\eta}{\partial c}\,c, \\ z &= \frac{\partial\zeta}{\partial a}\,a + \frac{\partial\zeta}{\partial b}\,b + \left(1+\frac{\partial\zeta}{\partial c}\right)c \end{aligned}\right\} \tag{4}$$

bzw.:

$$\left.\begin{aligned} \xi &= \frac{\partial\xi}{\partial a}\,a + \frac{\partial\xi}{\partial b}\,b + \frac{\partial\xi}{\partial c}\,c, \\ \eta &= \frac{\partial\eta}{\partial a}\,a + \frac{\partial\eta}{\partial b}\,b + \frac{\partial\eta}{\partial c}\,c, \\ \zeta &= \frac{\partial\zeta}{\partial a}\,a + \frac{\partial\zeta}{\partial b}\,b + \frac{\partial\zeta}{\partial c}\,c. \end{aligned}\right\} \tag{5}$$

In den hier vorkommenden partiellen Differentialquotienten kann man die Variablen a, b, c bei unendlich kleinen Deformationen ohne merklichen Fehler durch x, y, z ersetzen[1]). Es ist also:

$$\frac{\partial\xi}{\partial a} = \frac{\partial\xi}{\partial x}, \qquad \frac{\partial\xi}{\partial b} = \frac{\partial\xi}{\partial y} \quad \text{usw.}$$

Übrigens sind dann diese Größen alle unendlich klein, so daß man ihre Produkte und Potenzen vernachlässigen kann. Durch Vergleich von (4) und (5) mit (2) und (3) folgt dann:

$$\left.\begin{aligned} &\frac{\partial\xi}{\partial x} = \lambda_1 - 1 = \lambda, && \frac{\partial\xi}{\partial y} = \lambda_2, && \frac{\partial\xi}{\partial z} = \lambda_3, \\ &\frac{\partial\eta}{\partial x} = \mu_1, && \frac{\partial\eta}{\partial y} = \mu_2 - 1 = \mu, && \frac{\partial\eta}{\partial z} = \mu_3, \\ &\frac{\partial\zeta}{\partial x} = \nu_1, && \frac{\partial\zeta}{\partial y} = \nu_2, && \frac{\partial\zeta}{\partial z} = \nu_3 - 1 = \nu. \end{aligned}\right\} \tag{6}$$

λ, μ, ν sind die Dehnungskoeffizienten, die übrigen sechs die Scherungskoeffizienten. Die Berechtigung zu dieser Bezeichnung erkennt man im folgenden: Sind die Scherungskoeffizienten alle gleich Null, so besteht die entsprechende Deformation einfach darin, daß alle zu einer Koordinatenachse parallelen Ebenen parallel mit sich selbst verschoben und dabei voneinander entfernt oder einander genähert werden, je nachdem, ob der betreffende Dehnungskoeffizient positiv oder negativ ist. Verschwinden dagegen alle Koeffizienten bis auf einen Scherungskoeffizienten, so werden die zu einer Koordinatenachse senkrechten Ebenen auch parallel mit sich selbst verschoben, aber nicht in Richtung der Achse, sondern senkrecht dazu in ihrer eigenen Ebene.

Die lineare und damit auch die unendlich kleine Deformation hat einige wichtige Eigenschaften, die sich unmittelbar aus der Linearität der Gleichungen ergeben: Bei einer solchen Deformation bleiben nämlich Ebenen und Geraden

---

[1]) Siehe M. Planck, Einführung in die Mechanik deformierbarer Körper, S. 23. Leipzig 1919.

als solche erhalten. Auch bleibt der Parallelismus von Ebenen bestehen. Demnach bleiben alle Parallelepipede als solche erhalten; wohl aber können sich in ihnen die Winkel und Volumina ändern. Flächen zweiten Grades werden durch eine solche Deformation stets wieder in Flächen zweiten Grades übergeführt, so z. B. eine Kugel im allgemeinen in ein dreiachsiges Ellipsoid.

Das Volumen eines Parallelepipeds, das durch die vier Eckpunkte a_1, b_1, c_1; a_2, b_2, c_2; a_3, b_3, c_3; a_4, b_4, c_4 charakterisiert ist, ist:

$$V = \begin{vmatrix} a_1 & b_1 & c_1 & 0 \\ a_2 & b_2 & c_2 & 0 \\ a_3 & b_3 & c_3 & 0 \\ a_4 & b_4 & c_4 & 0 \end{vmatrix}$$

Nach der Deformation ist dieses Volumen, wenn für die Verschiebung der vier Eckpunkte die Gleichungen (2) gelten:

$$V' = \begin{vmatrix} x_1 & y_1 & z_1 & 1 \\ x_2 & y_2 & z_2 & 1 \\ x_3 & y_3 & z_3 & 1 \\ x_4 & y_4 & z_4 & 1 \end{vmatrix}$$

Man erkennt leicht, daß $V \cdot \Delta = V'$, wo:

$$\Delta = \begin{vmatrix} \lambda_1 & \lambda_2 & \lambda_3 & \lambda_0 \\ \mu_1 & \mu_2 & \mu_3 & \mu_0 \\ \nu_1 & \nu_2 & \nu_3 & \nu_0 \\ 0 & 0 & 0 & 1 \end{vmatrix}$$

ist. Δ ist identisch mit der Funktionaldeterminante der Transformation (2):

$$\Delta = \begin{vmatrix} \lambda_1 & \lambda_2 & \lambda_3 \\ \mu_1 & \mu_2 & \mu_3 \\ \nu_1 & \nu_2 & \nu_3 \end{vmatrix}$$

Die Volumendilatation, das ist das Verhältnis der Volumenänderung zum ursprünglichen Volumen, wird dann:

$$\frac{V' - V}{V} = \Delta - 1 .$$

Berücksichtigt man, daß bei der unendlich kleinen Deformation sämtliche Glieder dieser Determinante klein sind, so findet man unter Vernachlässigung von Größen zweiter und höherer Ordnung für die Volumendilatation unter Berücksichtigung von (6):

$$d = \Delta - 1 = \lambda + \mu + \nu = \frac{\partial \xi}{\partial x} + \frac{\partial \eta}{\partial y} + \frac{\partial \zeta}{\partial z} = x_x + y_y + z_z = \operatorname{div} \mathfrak{s} ,$$

wenn $\mathfrak{s}$ der Verschiebungsvektor mit den Komponenten ξ, η, ζ ist.

Die Zerlegung der infinitesimalen Deformation in drei Dilatationen und drei Scherungen ist nicht die einzige Möglichkeit einer solchen. Es sei eine homogene Deformation:

$$\left.\begin{aligned} \xi &= \lambda a + \lambda_2 b + \lambda_3 c , \\ \eta &= \mu_1 a + \mu b + \mu_3 c , \\ \zeta &= \nu_1 a + \nu_2 b + \nu c \end{aligned}\right\} \tag{7}$$

zugrunde gelegt. Betrachtet man alle die Punkte, die vor der Veränderung auf einer Kugel lagen, die mit dem Radius R um den Anfangspunkt beschrieben war, deren Koordinaten also der Gleichung genügen $a^2 + b^2 + c^2 = R^2$, so sieht man, daß durch die Deformation diese Kugel im allgemeinen in ein dreiachsiges Ellipsoid übergeht. Die ursprünglichen orthogonalen Koordinatenachsen werden nach der Deformation nicht mehr aufeinander senkrecht stehen, immerhin werden sie, da die zu ihnen parallelen Tangentialebenen erhalten bleiben, insofern bevorzugt bleiben, als sie ein Tripel konjugierter Durchmesser bilden werden. Dasjenige Tripel konjugierter Durchmesser des Ellipsoids, das aufeinander senkrecht steht, also die Hauptachsen des Ellipsoids, haben also ihre Lage zueinander bei der Deformation nicht geändert. Diese Achsen bezeichnet man als die Dilatationsachsen. Es ergibt sich also, daß die betrachtete homogene Deformation zerlegt werden kann in eine Drehung um den Koordinatenanfangspunkt und eine Dilatation nach drei zueinander senkrechten Achsen.

Fallen die ursprünglichen Koordinatenachsen mit den Dilatationsachsen zusammen, so ist die Deformation gekennzeichnet durch die Gleichungen:

$$\xi = \lambda a, \qquad \eta = \mu b, \qquad \zeta = \nu c.$$

In diesem Fall sind die Koordinatenachsen die einzigen Richtungen, die von der Veränderung nicht betroffen werden. Die Dilatationen der drei Achsen, die sog. Hauptdilatationen, sind:

$$\frac{x-a}{a} = \lambda_1 - 1 = \lambda, \qquad \frac{y-b}{b} = \mu_2 - 1 = \mu, \qquad \frac{z-c}{c} = \nu_3 - 1 = \nu.$$

Ist $\lambda = \mu = \nu$, so behalten alle Geraden ihre Richtungen, die Dilatationsachsen werden unbestimmt, und der Körper erfährt eine allseitig gleichmäßige Ausdehnung oder Kontraktion, je nachdem, ob die Dilatationen positiv oder negativ sind.

Man kann leicht zeigen, daß für infinitesimale Deformationen das Superpositionsprinzip und hierfür das kommutative Gesetz gilt, was für endliche Deformationen nicht mehr der Fall ist. Man kann also eine infinitesimale Deformation auch in unendlich vieldeutiger Weise zerlegen. Faßt man nun die infinitesimale homogene Deformation (7) als lineare Vektorfunktion auf, so kann man diese nach den hierfür gültigen Regeln[1]) zerlegen, und zwar in eindeutiger Weise in eine symmetrische und eine antisymmetrische lineare Vektorfunktion. Diese sind:

$$\begin{aligned}
\mathfrak{d}_x &= \lambda a + \tfrac{1}{2}(\mu_1 + \lambda_2) b + \tfrac{1}{2}(\nu_1 + \lambda_3) c, & \mathfrak{a}_x &= -\tfrac{1}{2}(\mu_1 - \lambda_2) b + \tfrac{1}{2}(\nu_1 - \lambda_3) c,\\
\mathfrak{d}_y &= \tfrac{1}{2}(\mu_1 + \lambda_2) a + \mu b + \tfrac{1}{2}(\nu_2 + \mu_3) c, & \mathfrak{a}_y &= \tfrac{1}{2}(\mu_1 - \lambda_2) a - \tfrac{1}{2}(\nu_2 - \mu_3) c,\\
\mathfrak{d}_z &= \tfrac{1}{2}(\nu_1 + \lambda_3) a + \tfrac{1}{2}(\nu_2 + \mu_3) b + \nu c, & \mathfrak{a}_z &= -\tfrac{1}{2}(\nu_1 - \lambda_3) a + \tfrac{1}{2}(\nu_2 - \mu_3) b.
\end{aligned}$$

Der zweite Anteil ist, wie man leicht sieht, keine eigentliche Deformation, sondern eine einfache Rotation um eine Achse durch den Anfangspunkt. Der betreffende Vektor ist $\mathfrak{a} = [\mathfrak{r}, \tfrac{1}{2}\operatorname{rot}\mathfrak{s}]$, wenn $\mathfrak{r}$ der durch die Komponenten a, b, c definierte Vektor ist.

Die eigentliche Deformation wird durch die symmetrische lineare Vektorfunktion dargestellt. Diese ist ein symmetrischer Tensor zweiten Grades mit den Komponenten:

$$\left.\begin{aligned}
\lambda &= \frac{\partial\xi}{\partial x} = x_x, & \frac{1}{2}(\mu_1 + \lambda_2) &= \frac{1}{2}\left(\frac{\partial\eta}{\partial x} + \frac{\partial\xi}{\partial y}\right) = \frac{1}{2} x_y, & \frac{1}{2}(\nu_1 + \lambda_3) &= \frac{1}{2}\left(\frac{\partial\zeta}{\partial x} + \frac{\partial\xi}{\partial z}\right) = \frac{1}{2} x_z,\\
\frac{1}{2}(\mu_1 + \lambda_2) &= \frac{1}{2}\left(\frac{\partial\eta}{\partial x} + \frac{\partial\xi}{\partial y}\right) = \frac{1}{2} y_x, & \mu &= \frac{\partial\eta}{\partial y} = y_y, & \frac{1}{2}(\nu_2 + \mu_3) &= \frac{1}{2}\left(\frac{\partial\zeta}{\partial y} + \frac{\partial\eta}{\partial z}\right) = \frac{1}{2} y_z,\\
\frac{1}{2}(\nu_1 + \lambda_3) &= \frac{1}{2}\left(\frac{\partial\zeta}{\partial x} + \frac{\partial\xi}{\partial z}\right) = \frac{1}{2} z_x, & \frac{1}{2}(\nu_2 + \mu_3) &= \frac{1}{2}\left(\frac{\partial\zeta}{\partial y} + \frac{\partial\eta}{\partial z}\right) = \frac{1}{2} z_y, & \nu &= \frac{\partial\zeta}{\partial z} = z_z.
\end{aligned}\right\} \qquad (8)$$

[1]) Siehe z. B. M. Abraham u. A. Föppl, Theorie der Elektrizität 6. Aufl., Bd. I, S. 25. Leipzig u. Berlin 1921.

Für die Schiebungskomponenten gelten die Symmetriebedingungen

$$y_z = z_y\,, \qquad z_x = x_z\,, \qquad x_y = y_x\,.$$

Um die Hauptachsen zu finden, setzt man in die symmetrische Vektorfunktion die Bedingungen ein:

$$\mathfrak{d}_x = l\,a\,, \qquad \mathfrak{d}_y = l\,b\,, \qquad \mathfrak{d}_z = l\,c\,.$$

Die Hauptdilatationen ergeben sich dann als Wurzeln der in l kubischen Gleichung:

$$\begin{vmatrix} x_x - l & \frac{1}{2} x_y & \frac{1}{2} x_z \\ \frac{1}{2} y_x & y_y - l & \frac{1}{2} y_z \\ \frac{1}{2} z_x & \frac{1}{2} z_y & z_z - l \end{vmatrix} = 0\,.$$

3. Spannungen. Bewegungsgleichungen deformierbarer Körper. Elastizitätskonstanten. Wenn auf einen elastischen Körper äußere Kräfte einwirken, so deformiert sich der Körper. Gleichzeitig werden in dem Körper Gegenkräfte erzeugt, die im deformierten Zustande den äußeren Kräften das Gleichgewicht halten. Dies gilt für jedes Flächenelement, das man sich in dem Körper vorstellen kann. Es wirken also auf ein jedes solches Flächenelement zwei gleich große entgegengesetzt gerichtete Kräfte. Diese rufen einen sog. Spannungszustand hervor. Die Normalenrichtung eines solchen Flächenelementes $d\sigma$ sei n; die resultierende Kraft, die von beiden Seiten auf das Flächenstück wirkt, braucht im allgemeinen nicht mit der Normalenrichtung übereinzustimmen; man kann sie zerlegen in eine normale und zwei tangentiale Komponenten. Diese Komponenten sind dann:

$$X_n d\sigma\,, \quad Y_n d\sigma\,, \quad Z_n d\sigma\,.$$

X_n, Y_n, Z_n haben die Dimension einer Kraft dividiert durch eine Fläche. Man bezeichnet sie als Druckkomponenten. Der Index n bezeichnet die Lage der Normalenrichtung. Seine Angabe ist notwendig, weil von dieser Richtung im allgemeinen die resultierende Flächenkraft, der Druck, auf $d\sigma$ abhängt. Um also den Spannungszustand in dem betrachteten Körper erschöpfend zu bestimmen, erscheint es notwendig und hinreichend, ihn in drei aufeinander senkrechten Richtungen zu untersuchen. Es ergeben sich dann die 9 Spannungskomponenten:

$$\begin{matrix} X_x & Y_x & Z_x\,, \\ X_y & Y_y & Z_y\,, \\ X_z & Y_z & Z_z\,. \end{matrix}$$

Hierin bedeuten die Indizes die betreffenden Flächennormalen. X_x, Y_y, Z_z sind die Normalspannungen, Y_x, Z_x, X_y, Z_y, X_z, Y_z die Tangential- oder Schubspannungen. Durch diese Komponenten ist dann der Spannungszustand in dem betreffenden Punkt vollkommen bestimmt. Man kann also den Spannungszustand als einen Tensor zweiten Ranges auffassen.

Schneidet man die drei positiven Koordinatenachsen in unendlich kleiner Entfernung durch eine Ebene mit der Normalenrichtung n, so entsteht ein Tetraeder, dessen Spitze im Anfangspunkt liegt. Seine Oberflächen seien $d\sigma_x$, $d\sigma_y$, $d\sigma_z$, wobei der Index die Normalenrichtung bedeutet, deren positive Richtung hier wie auch später immer nach dem Innern des Körpers zu angenommen werden soll; die Oberfläche $d\sigma$ sei die dem Anfangspunkt gegenüberliegende. Als Gleichgewichtsbedingung für das Tetraeder folgt dann, wenn keine äußeren Kräfte wirken:

$$X_x d\sigma_x + X_y d\sigma_y + X_z d\sigma_z + X_n d\sigma = 0\,.$$

Aus dieser und den entsprechenden Gleichgewichtsbedingungen für die beiden anderen Achsen findet man leicht:

$$\left.\begin{aligned} X_n &= X_x \cos(n x) + X_y \cos(n y) + X_z \cos(n z)\,, \\ Y_n &= Y_x \cos(n x) + Y_y \cos(n y) + Y_z \cos(n z)\,, \\ Z_n &= Z_x \cos(n x) + Z_y \cos(n y) + Z_z \cos(n z)\,. \end{aligned}\right\} \tag{9}$$

Die gesamten auf einen Körper wirkenden Kräfte kann man einteilen in Massenkräfte und Oberflächenkräfte. Ist $d\tau$ ein Volumenelement, s die Dichtigkeit, so sind die Komponenten der wirkenden Massenkräfte:

$$X s\, d\tau\,, \qquad Y s\, d\tau\,, \qquad Z s\, d\tau\,.$$

Die Flächenkräfte werden, wie vorher, gekennzeichnet durch die Normalrichtung des Flächenelementes, auf das sie wirken; ihre Komponenten sind dann:

$$X_n\, d\sigma\,, \qquad Y_n\, d\sigma\,, \qquad Z_n\, d\sigma\,.$$

Durch Anwendung des D'ALEMBERTschen Prinzips kann man dann die Bewegungsgleichungen schreiben in der Form:

$$\left.\begin{aligned} &\int\left(X - \frac{d^2x}{dt^2}\right) s\, d\tau + \int X_n\, d\sigma = 0\,, \\ &\int\left(Y - \frac{d^2y}{dt^2}\right) s\, d\tau + \int Y_n\, d\sigma = 0\,, \\ &\int\left(Z - \frac{d^2z}{dt^2}\right) s\, d\tau + \int Z_n\, d\sigma = 0\,, \\ &\int\left[y\left(Z - \frac{d^2z}{dt^2}\right) - z\left(Y - \frac{d^2y}{dt^2}\right)\right] s\, d\tau + \int (y Z_n - z Y_n)\, d\sigma = 0, \\ &\int\left[z\left(X - \frac{d^2x}{dt^2}\right) - x\left(Z - \frac{d^2z}{dt^2}\right)\right] s\, d\tau + \int (z X_n - x Z_n)\, d\sigma = 0\,, \\ &\int\left[x\left(Y - \frac{d^2y}{dt^2}\right) - y\left(X - \frac{d^2x}{dt^2}\right)\right] s\, d\tau + \int (x Y_n - y X_n)\, d\sigma = 0. \end{aligned}\right\} \tag{10}$$

Die drei ersten dieser Gleichungen kann man vereinfachen, wenn man bedenkt, daß nach dem ersten GREENschen Satz[1]):

$$\int X_x \cos(n x)\, d\sigma = -\int \frac{\partial X_x}{\partial x}\, d\tau\,, \qquad \int X_y \cos(n y)\, d\sigma = -\frac{\partial X_y}{\partial y}\, d\tau \quad \text{usw.}$$

ist. Man erhält dann, wenn man nur ein Volumenelement betrachtet, die Gleichungen:

$$\left.\begin{aligned} &\left(X - \frac{d^2x}{dt^2}\right) s - \frac{\partial X_x}{\partial x} - \frac{\partial X_y}{\partial y} - \frac{\partial X_z}{\partial z} = 0\,, \\ &\left(Y - \frac{d^2y}{dt^2}\right) s - \frac{\partial Y_x}{\partial x} - \frac{\partial Y_y}{\partial y} - \frac{\partial Y_z}{\partial z} = 0\,, \\ &\left(Z - \frac{d^2z}{dt^2}\right) s - \frac{\partial Z_x}{\partial x} - \frac{\partial Z_y}{\partial y} - \frac{\partial Z_z}{\partial z} = 0\,, \end{aligned}\right\} \tag{11}$$

die für jeden Punkt des Körpers gültig sind. Man erkennt aus den Gleichungen, daß die Druckkomponenten selbst nicht zur wirkenden Kraft beitragen, sondern nur ihre räumlichen Differentialquotienten. Ein gleichmäßiger Druck kann also

[1]) Siehe z. B. CL. SCHAEFER, Einführung in die theoretische Physik Bd. I, S. 501. Leipzig 1914; oder M. PLANCK, Einführung in die Mechanik deformierbarer Körper, S. 31ff. Leipzig 1919.

niemals eine Bewegung hervorrufen, es gehört dazu vielmehr stets eine räumliche Veränderlichkeit des Druckes, ein Druckgefälle.

Aus den letzten drei Gleichungen (10) folgt, ebenfalls durch Anwendung des ersten GREENschen Satzes und Berücksichtigung der Gleichungen (11):

$$Z_y = Y_z, \qquad X_z = Z_x, \qquad Y_x = X_y. \tag{12}$$

Der Spannungstensor ist also symmetrisch.

Wenn man sich nun die Frage vorlegt, ob es möglich ist, drei aufeinander senkrechte Flächen zu finden, auf die der Druck senkrecht wirkt, so sind die Bedingungen dafür:

$$X_n = p\cos(nx), \qquad Y_n = p\cos(ny), \qquad Z_n = p\cos(nz).$$

Daraus folgt dann nach (9) die Bedingungsgleichung:

$$\begin{vmatrix} X_x - p & X_y & X_z \\ Y_x & Y_y - p & Y_z \\ Z_x & Z_y & Z_z - p \end{vmatrix} = 0.$$

Die drei Wurzeln dieser kubischen Gleichung p_1, p_2, p_3 nennt man die Hauptdrucke.

Der Druck in jedem Punkt eines deformierbaren Körpers ist abhängig von der Deformation. Für unendlich kleine Deformationen kann man nach dem HOOKEschen Gesetz einen linearen Zusammenhang zwischen den Komponenten des Drucktensors und des Deformationstensors annehmen von der Form:

$$\left.\begin{aligned} X_x &= a_{11}x_x + a_{12}y_y + a_{13}z_z + a_{14}y_z + a_{15}z_x + a_{16}x_y, \\ Y_y &= a_{21}x_x + a_{22}y_y + a_{23}z_z + a_{24}y_z + a_{25}z_x + a_{26}x_y, \\ &\cdots\cdots\cdots\cdots\cdots\cdots\cdots\cdots \end{aligned}\right\} \tag{13}$$

Sind die Bedingungen derart, daß im deformationslosen Zustand eine Spannung herrscht, die den Charakter der Bewegung wesentlich beeinflußt, wie dies z. B. bei der gespannten Saite der Fall ist, so hören eine oder mehrere dieser Gleichungen auf, homogen zu sein, es tritt noch ein von den Deformationskomponenten unabhängiges Glied hinzu.

In den Gleichungen (13) treten 36 Elastizitätskonstanten auf, die von der materiellen Beschaffenheit des Körpers abhängen. Es läßt sich nun unter Benutzung des Energieprinzips zeigen, daß bei einem vollständig elastischen Körper, wo die Formänderungsarbeit ohne Verluste in Form von mechanischer Energie wiedergewonnen werden kann, die Druckkomponenten sich aus einer Funktion F, dem elastischen Potential, durch Differentiation nach den Deformationskomponenten ausdrücken lassen:

$$X_x = -\frac{\partial F}{\partial x_x}, \qquad Y_y = -\frac{\partial F}{\partial y_y}, \qquad Z_z = -\frac{\partial F}{\partial z_z},$$
$$Y_z = -\frac{\partial F}{\partial y_z}, \qquad Z_x = -\frac{\partial F}{\partial z_x}, \qquad X_y = -\frac{\partial F}{\partial x_y}.$$

F ist die potentielle Energie in der Volumeneinheit. Daraus folgt, daß in den Gleichungen (13) zwischen den Elastizitätskonstanten die Symmetriebeziehungen gelten $a_{ik} = a_{ki}$, wodurch sich ihre Anzahl auf 21 erniedrigt. Sie wird noch weiter verringert, wenn der Körper Symmetrien aufweist. Einem vollkommen isotropen Körper kommen, wie sich zeigen läßt[1]), nur noch zwei

[1]) Siehe z. B. M. PLANCK, Einführung in die Mechanik deformierbarer Körper, S. 53ff. Leipzig 1919.

unabhängige Konstante zu. Das elastische Potential läßt sich dann darstellen in der Form:

$$F = \frac{\lambda}{2}(x_x + y_y + z_z)^2 + \mu\left[x_x^2 + y_y^2 + z_z^2 + \frac{1}{2}(y_z^2 + z_x^2 + x_y^2)\right],$$

wo λ und μ positiv sind. Demnach gelten für den isotropen Körper die Beziehungen:

$$\left.\begin{aligned} X_x &= -\lambda d - 2\mu x_x, & Y_z &= -\mu y_z, \\ Y_y &= -\lambda d - 2\mu y_y, & Z_x &= -\mu z_x, \\ Z_z &= -\lambda d - 2\mu z_z, & X_y &= -\mu x_y, \end{aligned}\right\} \tag{14}$$

worin die Volumendilatation $d = x_x + y_y + z_z$ ist (s. Ziff. 2).

Wenn man nach den Deformationskomponenten auflöst, so wird:

$$\begin{aligned} x_x &= -\frac{1}{E}[X_x - \sigma(Y_y + Z_z)], & y_z &= -\frac{2(1+\sigma)}{E} Y_z, \\ y_y &= -\frac{1}{E}[Y_y - \sigma(Z_z + X_x)], & z_x &= -\frac{2(1+\sigma)}{E} Z_x, \\ z_z &= -\frac{1}{E}[Z_z - \sigma(X_x + Y_y)], & x_y &= -\frac{2(1+\sigma)}{E} X_y. \end{aligned}$$

Hierin ist $E = \frac{\mu(3\lambda + 2\mu)}{\lambda + \mu}$ der lineare Elastizitätsmodul, μ der Torsionsmodul und $\sigma = \frac{\lambda}{2(\lambda + \mu)}$ der Querkontraktionskoeffizient. Zwischen diesen drei Größen besteht die Beziehung $\frac{E}{2\mu} = 1 + \sigma$.

Wirkt auf einen isotropen Körper überall in normaler Richtung zur Oberfläche ein allseitig gleichförmiger Druck p, so ist:

$$X_x = Y_y = Z_z = p; \qquad X_y = Y_z = Z_x = 0,$$

aus den Gleichungen (14) folgt dann durch Addition:

$$3p = -3\lambda d - 2\mu d \tag{15}$$

und weiter

$$d = -\frac{3p}{3\lambda + 2\mu}, \qquad x_x = y_y = z_z = \frac{d}{3}.$$

$k = -\frac{d}{p} = \frac{3}{3\lambda + 2\mu}$ ist die kubische Kompressibilität, $K = \frac{1}{k} = \lambda + \frac{2}{3}\mu$ der kubische Elastizitätsmodul oder Kompressionsmodul.

Die hier gegebene Ableitung der Elastizitätskoeffizienten ist unter der Annahme erfolgt, daß sich, abgesehen von der betrachteten Deformation, der Zustand des betreffenden Körpers nicht ändert, daß insbesondere seine Temperatur konstant bleibt. Man bezeichnet daher diese Elastizitätskoeffizienten als isotherme. Für feste Körper und für Flüssigkeiten kommt man mit dieser einschränkenden Annahme im allgemeinen aus, nicht aber für Gase. Man hat daher für den entgegengesetzten Fall, daß nämlich die Vorgänge adiabatisch erfolgen, was man im allgemeinen bei akustischen Vorgängen als erfüllt ansehen kann (vgl. Ziff. 8 u. 10), besondere adiabatische Elastizitätskoeffizienten definiert, die mit den isothermen in einfachen Beziehungen stehen[1]).

4. Hydrodynamische Grundgleichungen. Kontinuitätsgleichung. Geschwindigkeitspotential. Beschränkt man die Betrachtung auf flüssige und gasförmige Körper, so vereinfachen sich die allgemeinen Bewegungsgleichungen. In diesem Falle sind nämlich die drei Hauptdrucke einander gleich, während, soweit man von innerer Reibung absieht, die Tangentialdrucke verschwinden.

[1]) Siehe A. Kalähne, Grundzüge der math.-phys. Akustik Bd. II, S. 17. Leipzig u. Berlin 1913.

Auf jedes Flächenelement wirkt ein von seiner Orientierung unabhängiger senkrechter Druck p, der als positiv angenommen wird, wenn der Körper auf Kompression beansprucht wird. Nach Gleichung (14) verschwindet in diesem Falle der Torsionsmodul, und der Druck ist allein vom Volumen bzw. von der Dichtigkeit abhängig:

$$p = f(s).$$

Die Bewegungsgleichungen gehen dann über in die Form:

$$\left.\begin{aligned} \left(X - \frac{d^2x}{dt^2}\right)s - \frac{\partial p}{\partial x} = 0, \\ \left(Y - \frac{d^2y}{dt^2}\right)s - \frac{\partial p}{\partial y} = 0, \\ \left(Z - \frac{d^2z}{dt^2}\right)s - \frac{\partial p}{\partial z} = 0. \end{aligned}\right\} \tag{16}$$

Dies sind die hydrodynamischen Grundgleichungen. Haben die Massenkräfte ein Potential U und setzt man $P = \int dp/s$, so kommt:

$$\frac{d^2x}{dt^2} + \frac{\partial U}{\partial x} + \frac{\partial P}{\partial x} = 0, \qquad \frac{d^2y}{dt^2} + \frac{\partial U}{\partial y} + \frac{\partial P}{\partial y} = 0, \qquad \frac{d^2z}{dt^2} + \frac{\partial U}{\partial z} + \frac{\partial P}{\partial z} = 0$$

oder in vektorieller Form:

$$\dot{\mathfrak{q}} + \operatorname{grad}(U + P) = 0.$$

Setzt man den Druck im deformationslosen Zustand gleich p_0, so gehen die Gleichungen (14) der vorigen Ziffer über in die einzige $p = p_0 - \lambda d$, wo die Volumendilatation $d = x_x + y_y + z_z$ ist. Für den Zusammenhang zwischen Volumen- und Dichteänderung ergeben sich folgende Beziehungen:

$$d = \frac{V - V_0}{V_0} = \frac{v - v_0}{v_0},$$

wo $v = 1/s$ das spezifische Volumen, d. h. das Volumen der Masseneinheit ist. Also wird $v = v_0(1 + d)$. Ebenso ergibt sich aus dem Ausdruck für die Verdichtung:

$$\gamma = \frac{s - s_0}{s_0}: \quad s = s_0(1 + \gamma); \tag{17}$$

daher:

$$(1 + d)(1 + \gamma) = 1.$$

Sind γ und d sehr klein, so folgt $\gamma = -d$.

Aus der Bedingung, daß das Volumelement dV bei der Deformation seine Masse behält:

$$dV \cdot s = dV(1 + d)(s + ds),$$

findet man:

$$d = -\frac{ds}{s} \qquad \text{und} \qquad \frac{\lambda}{s} = \frac{dp}{ds} = c^2.$$

Die Bewegungsgleichungen haben dann die Form

$$s\frac{\partial^2 x}{\partial t^2} = \lambda\frac{\partial d}{\partial x}, \qquad s\frac{\partial^2 y}{\partial t^2} = \lambda\frac{\partial d}{\partial y}, \qquad s\frac{\partial^2 z}{\partial t^2} = \lambda\frac{\partial d}{\partial z} \tag{18}$$

oder in vektorieller Form

$$\ddot{\mathfrak{s}} = c^2 \cdot \operatorname{grad} d.$$

Bezeichnen u, v, w die Geschwindigkeitskomponenten eines materiellen Teilchens des Körpers, so kann man die Differentiation dieser Größen nach der Zeit in zweierlei Weise vornehmen. Betrachtet man den Zuwachs an Geschwindigkeit eines bestimmten Teilchens in der Zeiteinheit, so bedeuten die zeitlichen Ableitungen von u, v, w die Beschleunigungskomponenten des betreffenden Teilchens. Bei dieser substantiellen Betrachtungsweise soll die Differentialoperation mit D/Dt bezeichnet werden. Hält man dagegen einen bestimmten

Ort (x, y, z) fest und fragt sich nach dem Unterschied der Geschwindigkeiten zweier materieller Punkte, die diesen Ort in einem Zeitdifferential passieren, so bezeichnet man bei dieser lokalen Betrachtungsweise die Differentialoperation mit $\partial/\partial t$. Der Zusammenhang zwischen diesen beiden Operationen ist:

$$\frac{D}{Dt} = \frac{\partial}{\partial t} + u\frac{\partial}{\partial x} + v\frac{\partial}{\partial y} + w\frac{\partial}{\partial z}. \tag{19}$$

Die Masse des Flüssigkeitsteilchens V ändert sich bei einer Deformation nicht; es ist also der substantielle zeitliche Differentialquotient von sV:

$$\frac{D(sV)}{Dt} = 0, \quad \text{d. h.} \quad \frac{Ds}{Dt} + s\frac{DV/V}{Dt} = 0.$$

DV/V ist die kubische Dilatation, $\frac{DV/V}{Dt}$ die Dilatationsgeschwindigkeit:

$$\operatorname{div}\mathfrak{q} = \frac{\partial u}{\partial x} + \frac{\partial v}{\partial y} + \frac{\partial w}{\partial z};$$

also folgt unter Anwendung der Operation (19) die sog. Kontinuitätsgleichung in der lokalen Formulierung

$$\operatorname{div}(s\mathfrak{q}) + \frac{\partial s}{\partial t} = 0. \tag{20}$$

Für unendlich kleine Deformationen kann man diese Gleichung auch anwenden in der Form

$$s\operatorname{div}\mathfrak{q} + \frac{\partial s}{\partial t} = 0.$$

Hierzu treten die Bewegungsgleichungen (16), die nach Umwandlung durch die Operation (19) die Eulersche Form annehmen:

$$\left.\begin{aligned}
\frac{\partial u}{\partial t} + u\frac{\partial u}{\partial x} + v\frac{\partial u}{\partial y} + w\frac{\partial u}{\partial z} + \frac{\partial U}{\partial x} + \frac{\partial P}{\partial x} &= 0,\\
\frac{\partial v}{\partial t} + u\frac{\partial v}{\partial x} + v\frac{\partial v}{\partial y} + w\frac{\partial v}{\partial z} + \frac{\partial U}{\partial y} + \frac{\partial P}{\partial y} &= 0,\\
\frac{\partial w}{\partial t} + u\frac{\partial w}{\partial x} + v\frac{\partial w}{\partial y} + w\frac{\partial w}{\partial z} + \frac{\partial U}{\partial z} + \frac{\partial P}{\partial z} &= 0
\end{aligned}\right\} \tag{21}$$

oder in vektorieller Form:

$$\frac{\partial \mathfrak{q}}{\partial t} + (\mathfrak{q}, \operatorname{grad}) \cdot \mathfrak{q} + \operatorname{grad}(U + P) = 0.$$

Die Kontinuitätsgleichung in substantieller Formulierung erhält man unter Benutzung der Funktionaldeterminante Δ (s. Ziff. 2) für die Volumenänderung

$$dV_0 \cdot s_0 = dV_0 \cdot \Delta \cdot s.$$

Daraus ergibt sich:

$$\frac{D(\Delta s)}{Dt} = 0.$$

Hierzu gehören die Lagrangeschen Gleichungen der Hydrodynamik, deren erste durch Multiplikation der Gleichungen (16) mit $\partial x/\partial a$, $\partial y/\partial a$, $\partial z/\partial a$ und Addition entsteht:

$$\left.\begin{aligned}
\frac{D^2 x}{Dt^2}\frac{\partial x}{\partial a} + \frac{D^2 y}{Dt^2}\frac{\partial y}{\partial a} + \frac{D^2 z}{Dt^2}\frac{\partial z}{\partial a} + \frac{\partial U}{\partial a} + \frac{\partial P}{\partial a} &= 0,\\
\frac{D^2 x}{Dt^2}\frac{\partial x}{\partial b} + \frac{D^2 y}{Dt^2}\frac{\partial y}{\partial b} + \frac{D^2 z}{Dt^2}\frac{\partial z}{\partial b} + \frac{\partial U}{\partial b} + \frac{\partial P}{\partial b} &= 0,\\
\frac{D^2 x}{Dt^2}\frac{\partial x}{\partial c} + \frac{D^2 y}{Dt^2}\frac{\partial y}{\partial c} + \frac{D^2 z}{Dt^2}\frac{\partial z}{\partial c} + \frac{\partial U}{\partial c} + \frac{\partial P}{\partial c} &= 0,
\end{aligned}\right\} \tag{22}$$

worin a, b, c ebenso wie in Ziff. 2 die Bezeichnung für einen bestimmten materiellen Punkt ist.

Diese allgemeinen Gleichungen lassen sich durch eine Annahme, die bei der Mehrzahl der akustischen Probleme erfüllt ist, sehr vereinfachen, nämlich durch die Annahme, daß die entstehende Bewegung wirbelfrei ist. Unterwirft man nämlich die Gleichung (18) der Vektoroperation rot, so folgt nach den Regeln der Vektorrechnung (s. Bd. III ds. Handbs.): $\operatorname{rot}\ddot{\mathfrak{s}} = 2\ddot{\mathfrak{o}} = 0$, und durch zweimalige Integration nach t: $\mathfrak{o} = A_1 t + A_2$. Die Drehung wird also mit der Zeit ins Unendliche wachsen. Da für die Akustik nur kleine Schwingungsbewegungen um eine Ruhelage in Frage kommen und zeitlich konstante Drehungen kein Interesse haben, so kann man sich auf den Fall wirbelfreier Bewegungen beschränken, daß also $A_1 = A_2 = 0$, mithin $\mathfrak{o} = \frac{1}{2}\operatorname{rot}\mathfrak{s} = 0$ ist. Die allgemeine Lösung dieser Differentialgleichung ist: $\mathfrak{s} = -\operatorname{grad}\psi$, wo ψ das Verschiebungspotential bedeutet. Durch Differentiation nach der Zeit wird hieraus

$$\dot{\mathfrak{s}} = \mathfrak{q} = -\operatorname{grad}\varphi; \tag{23}$$

hierin ist $\varphi = \dot{\psi}$ das Geschwindigkeitspotential. Die Geschwindigkeitskomponenten sind dann

$$u = -\frac{\partial\varphi}{\partial x}, \qquad v = -\frac{\partial\varphi}{\partial y}, \qquad w = -\frac{\partial\varphi}{\partial z}. \tag{24}$$

Es läßt sich zeigen, daß, wenn die Annahme wirbelfreier Bewegung für einen bestimmten Zeitpunkt gilt, dies für alle Zeiten der Fall ist. Diese Tatsache wird als der Satz von der Erhaltung des Geschwindigkeitspotentials bezeichnet. In dem Ausdruck des Geschwindigkeitspotentials bleibt eine additive Zeitfunktion unbestimmt und daher praktisch belanglos. Die physikalische Bedeutung des Geschwindigkeitspotentials ist der durch die Dichte dividierte impulsive Druck, der nötig wäre, um die anfangs ruhende Flüssigkeit in ihren augenblicklichen Zustand zu bringen[1]). Die EULERschen Bewegungsgleichungen (21) lassen sich unter dieser Voraussetzung in der Form schreiben:

$$\frac{\partial u}{\partial x}u + \frac{\partial v}{\partial x}v + \frac{\partial w}{\partial x}w - \frac{\partial^2\varphi}{\partial x\,\partial t} + \frac{\partial U}{\partial x} + \frac{\partial P}{\partial x} = 0,$$

$$\frac{\partial u}{\partial y}u + \frac{\partial v}{\partial y}v + \frac{\partial w}{\partial y}w - \frac{\partial^2\varphi}{\partial y\,\partial t} + \frac{\partial U}{\partial y} + \frac{\partial P}{\partial y} = 0,$$

$$\frac{\partial u}{\partial z}u + \frac{\partial v}{\partial z}v + \frac{\partial w}{\partial z}w - \frac{\partial^2\varphi}{\partial z\,\partial t} + \frac{\partial U}{\partial z} + \frac{\partial P}{\partial z} = 0.$$

Das gibt, wenn man jede einzelne Gleichung über x bzw. y bzw. z integriert

$$\frac{1}{2}\mathfrak{q}^2 + U + P - \frac{\partial\varphi}{\partial t} = 0, \tag{25}$$

wenn man die in dem Wert des Geschwindigkeitspotentials enthaltene additive Zeitfunktion gleich Null setzt. Bei akustischen Schwingungen sind die Geschwindigkeiten meist klein; man kann daher in Gleichung (25) $\frac{1}{2}\mathfrak{q}^2$ vernachlässigen. Weiter wird meist von der Wirkung äußerer Kräfte abgesehen werden können; es fällt demnach auch das Glied U fort und es bleibt

$$P = \int\frac{dp}{s} = \frac{\partial\varphi}{\partial t}.$$

Die Änderungen der Dichte sind gleichfalls bei akustischen Vorgängen sehr gering; setzt man daher $s = s_0(1+\gamma)$, wo γ die Verdichtung sehr klein gegen 1 ist, und $p = p_0 + \delta p$, so erhält man schließlich die wichtige Beziehung

$$\delta p = s_0\frac{\partial\varphi}{\partial t}. \tag{26}$$

---

1) Siehe z. B. M. PLANCK, Einführung in die Mechanik deformierbarer Körper, S. 134ff. Leipzig 1919, oder CL. SCHAEFER, Einführung in die theoretische Physik Bd. I, S. 771ff. Berlin u. Leipzig 1922.

Der Begriff des Geschwindigkeitspotentials ist für die Akustik von großer Bedeutung, weil sich aus ihm die für die Konfiguration von Schallfeldern wichtigsten Größen, Geschwindigkeit und Druckänderung, nach den Gleichungen (24) und (26) in einfacher Weise gewinnen lassen. Ein Schallfeld ist vollständig bestimmt, wenn das Geschwindigkeitspotential in allen seinen Punkten bekannt ist. Schallfeldberechnungen werden also meist auf eine Bestimmung des Geschwindigkeitspotentials hinauslaufen.

5. Wellengleichung. Man kann die allgemeinen Bewegungsgleichungen, wenn von äußeren Kräften abgesehen wird, in folgender vektorieller Form annehmen

$$s\frac{\partial^2 \mathfrak{s}}{\partial t^2} = \mu\,\Delta\mathfrak{s} + (\lambda + \mu)\,\mathrm{grad}\, d\,,$$

wo $d = \mathrm{div}\,\mathfrak{s}$ ist. Die Herleitung ergibt sich einfach aus den Gleichungen (11) von Ziff. 3 unter Berücksichtigung der Beziehungen (14), Ziff. 3 und (9), Ziff. 3. Wendet man hierauf die Operation div, zweitens die Operation rot an, so erhält man:

$$\frac{\partial^2 d}{\partial t^2} = \frac{\lambda + 2\mu}{s}\,\Delta d\,, \qquad \frac{\partial^2 \mathfrak{d}}{\partial t^2} = \frac{\mu}{s}\,\Delta\mathfrak{d}\,, \tag{27}$$

wo $\mathfrak{d} = \frac{1}{2}\,\mathrm{rot}\,\mathfrak{s}$ ist. Bezeichnet χ eine der beiden Größen d und $\mathfrak{d}$, so ist der gemeinsame Typus dieser Wellengleichungen

$$\frac{1}{c^2}\frac{\partial^2\chi}{\partial t^2} = \Delta\chi\,. \tag{28}$$

Die allgemeine Lösung dieser Gleichung ist von KIRCHHOFF[1]) gefunden worden. Es sei x_0, y_0, z_0 der Punkt, für den der Wert von χ gesucht wird, und

$$R = \sqrt{(x-x_0)^2 + (y-y_0)^2 + (z-z_0)^2}\,.$$

Dann ist:

$$\chi(x_0, y_0, z_0, t) = \frac{1}{4\pi}\int d\sigma\left\{\frac{\partial\frac{1}{R}}{\partial n}\,\chi\left(t-\frac{R}{c}\right) - \frac{1}{cR}\frac{\partial R}{\partial n}\frac{\partial}{\partial t}\left[\chi\left(t-\frac{R}{c}\right)\right] - \frac{1}{R}\frac{\partial}{\partial n}\left[\chi\left(t-\frac{R}{c}\right)\right]\right\}. \tag{29}$$

Hierin ist $d\sigma$ das Element einer geschlossenen Fläche, die den Punkt x_0, y_0, z_0 umgibt, n die innere Normalenrichtung dieser Fläche. Die Integration ist über die gesamte Oberfläche zu erstrecken. Die Summanden, in die das Integral zerfällt, stellen Potentiale, von flächenhaft verbreiteten Massen und Doppelschichten dar. Sie beziehen sich aber nicht auf die Zeit t, zu der der Schwingungszustand in x_0, y_0, z_0 untersucht wird, sondern auf die um R/c zurückliegende Zeit $t - R/c$. Man nennt sie daher retardierte Potentiale. Der Schwingungszustand zur Zeit t in x_0, y_0, z_0 ist also nach dieser Formel zu errechnen, wenn bekannt ist, wie der Schwingungszustand auf einer geschlossenen Fläche zur Zeit $t - R/c$ war. Die Schwingung wird also in der Zeit R/c um die Strecke R fortgepflanzt; c ist demnach die Fortpflanzungsgeschwindigkeit. Die Formel (29) kann man als die strenge Fassung des HUYGENSschen Prinzips auffassen (s. Ziff. 14).

Eine andere Form der Lösung für die Wellengleichung ist von POISSON[2]) angegeben worden; sie lautet:

$$\chi(x_0, y_0, z_0) = \frac{d}{dt}\cdot t\bar{f}_0(ct) + t\bar{F}_0(ct)\,. \tag{30}$$

---

[1]) G. KIRCHHOFF, Wied. Ann. Bd. 18, S. 663. 1883.

[2]) S. D. POISSON, Mém. de l'Inst. Bd. III, S. 121, 1820; vgl. auch H. WEBER, Die partiellen Differentialgleichungen der math. Phys. II, Braunschweig 1912, S. 299.

Hierin sind definiert:

$$\chi_0 = f_0(x, y, z), \left(\frac{\partial \chi}{\partial t}\right)_0 = F_0(x, y, z)$$

als die Werte, die χ und $\partial \chi / \partial t$ zur Zeit $t = 0$ annehmen. $\bar{f}$ und $\bar{F}$ sind die Mittelwerte von f und F über eine Kugel mit dem Radius r um den Aufpunkt (x_0, y_0, z_0), also

$$\bar{f} = \frac{1}{4\pi}\iint \chi \, d\Theta, \qquad \bar{F} = \frac{1}{4\pi}\iint \frac{\partial \chi}{\partial t} d\Theta,$$

wenn $d\Theta$ das Differential des räumlichen Winkels bedeutet. Eine eingehende Diskussion dieses Resultates findet sich u. a. bei RAYLEIGH[1]).

Partikuläre Integrale der Wellengleichung (28) erhält man durch die Annahme, daß χ nur von einer Koordinate, etwa von x, abhängt. Die Gleichung hat dann die Form:

$$\frac{1}{c^2}\frac{\partial^2 \chi}{\partial t^2} = \frac{\partial^2 \chi}{\partial x^2}.$$

Die allgemeine D'ALEMBERTsche Lösung dieser Gleichung ist:

$$\chi = f_1(x - c\,t) + f_2(x + c\,t),$$

worin f_1 und f_2 beliebige Funktionen sind. Die physikalische Bedeutung dieser Lösung kann man in folgender Weise erkennen: Setzt man im Argument von $f_1 : t = 0$, so stellt $f_1(x)$ eine Funktion des Ortes dar, die man sich als Kurve dargestellt denken kann. Mit wachsendem t rückt dann jeder Punkt dieser Kurve mit der gleichen Geschwindigkeit c nach wachsendem x zu; die Kurve verschiebt sich also ungeändert und undeformiert mit der Geschwindigkeit c nach dieser Richtung. Für die Funktion $f_2(x + ct)$ gilt das gleiche, nur mit dem Unterschied, daß die Verschiebung in entgegengesetzter Richtung, nämlich in der der negativen x-Achse, erfolgt. Da die Bewegung nur von der x-Koordinate abhängig ist, herrscht also in jeder Ebene, die senkrecht zur x-Achse verläuft, durchweg der gleiche Zustand. Man nennt solche Wellen daher ebene Wellen; die Ebenen gleicher Phase senkrecht zur x-Achse heißen Wellenflächen.

Die Form der Funktionen f_1 und f_2 wird durch die Anfangs- und Grenzbedingungen des fraglichen Problems bestimmt. Nimmt man speziell an, daß sie einfach von der Form sind:

$$f_1(x - ct) = a \cos k(x - ct), \qquad f_2(x + ct) = a \cos k(x + ct), \tag{31}$$

so stellt sich der entstehende Vorgang dar als zwei Wellen, die mit der Geschwindigkeit c nach entgegengesetzten Seiten laufen. Diese Annahme ist insofern keine Einschränkung der Allgemeinheit, als man ja die Funktionen f_1 und f_2 nach FOURIER in eine Reihe von Sinusfunktionen entwickeln kann. Man kann also die Betrachtung auf ein Glied dieser Reihe beschränken. Die allgemeine Lösung erhält man dann infolge der Linearität der Wellengleichung durch einfache Superposition.

Eine andere Art der Lösung der Wellengleichung besteht darin, daß man nach BERNOULLI annimmt, daß die Lösung aus einem Produkt von zwei Faktoren besteht, von denen der eine nur von der Zeit, der andere nur von den Raumkoordinaten abhängt. Setzt man also an

$$\chi = \chi_0 e^{i\omega t},$$

so erhält die Wellengleichung die Form

$$\Delta \chi + k^2 \chi = 0, \qquad \text{wo} \qquad k = \frac{2\pi}{\lambda} = \frac{\omega}{c} \qquad \text{ist.} \tag{32}$$

[1]) Lord RAYLEIGH, Theory of Sound, 2. Aufl., Bd. II, § 273; vgl. auch H. LAMB, Dynamical Theory of Sound, 2. Aufl., S. 216f. London 1925.

Die Volumendilatation d und die Rotation $\mathfrak{o}$ stehen zur Verschiebung $\mathfrak{s}$ in der Beziehung:

$$2\mathfrak{o} = \operatorname{rot}\mathfrak{s}, \qquad d = \operatorname{div}\mathfrak{s}.$$

Die Verschiebung $\mathfrak{s}$ läßt sich dann aus dem skalaren Potential ψ und dem Vektorpotential $\mathfrak{A}$ ableiten

$$\mathfrak{s} = -\operatorname{grad}\psi + \operatorname{rot}\mathfrak{A} \tag{33}$$

mit der Nebenbedingung:

$$\operatorname{div}\mathfrak{A} = 0.$$

Sowohl ψ als $\mathfrak{A}$ müssen dann die Wellengleichung (28) befriedigen.

Es soll nun angenommen werden, daß beide Potentiale nur von der Variablen x abhängen. Dann sind die Verschiebungskomponenten nach Gleichung (33)

$$\xi = -\frac{\partial\psi}{\partial x}, \qquad \eta = -\frac{\partial\mathfrak{A}_z}{\partial x}, \qquad \zeta = \frac{\partial\mathfrak{A}_y}{\partial x},$$

weiter ist

$$\frac{\partial\xi}{\partial x} = d, \qquad \frac{\partial\eta}{\partial x} = 2\mathfrak{o}_z, \qquad \frac{\partial\zeta}{\partial x} = -2\mathfrak{o}_y,$$

und diese drei Größen genügen den Gleichungen (27). Es ist demnach

$$\frac{\partial^2 d}{\partial x^2} = \frac{s}{\lambda+2\mu}\frac{\partial^2 d}{\partial t^2}, \qquad \frac{\partial^2\mathfrak{o}_y}{\partial x^2} = \frac{s}{\mu}\frac{\partial^2\mathfrak{o}_y}{\partial t^2}, \qquad \frac{\partial^2\mathfrak{o}_z}{\partial x^2} = \frac{s}{\mu}\frac{\partial^2\mathfrak{o}_z}{\partial t^2}. \tag{34}$$

Als Lösungen kann man hierfür ansetzen:

$$d = -\alpha\sin k\left(x - \sqrt{\frac{\lambda+2\mu}{s}}\,t\right), \qquad \mathfrak{o}_y = -\alpha\sin k\left(x - \sqrt{\frac{\mu}{s}}\,t\right),$$

$$\mathfrak{o}_z = -\alpha\sin k\left(x - \sqrt{\frac{\mu}{s}}\,t\right).$$

Das ergibt dann durch nochmalige Integration nach x:

$$\xi = \cos k\left(x - \sqrt{\frac{\lambda+2\mu}{s}}\,t\right), \qquad \eta = 2\cos k\left(x - \sqrt{\frac{\mu}{s}}\,t\right), \qquad \zeta = 2\cos k\left(x - \sqrt{\frac{\mu}{s}}\,t\right).$$

Das sind sämtlich Wellenbewegungen, die sich parallel der x-Achse fortpflanzen. Nur besteht in der Form dieser Bewegungen folgender wesentlicher Unterschied: Bei der durch ξ dargestellten Bewegung schwingen die Einzelteilchen in der Fortpflanzungsrichtung; bei den durch η und ζ dargestellten Bewegungen findet die Teilchenschwingung dagegen senkrecht zur Fortpflanzungsrichtung statt. Man bezeichnet daher die erste Bewegung als Longitudinalwellen, die andere als Transversalwellen. Die Fortpflanzungsgeschwindigkeiten beider Wellenarten sind verschieden. In festen Körpern können im allgemeinen beide Wellenarten auftreten. Bei idealen reibungslosen Flüssigkeiten und Gasen dagegen ist der Torsionsmodul $\mu = 0$. Transversalwellen können sich daher in solchen Körpern nicht fortpflanzen, ihre Fortpflanzungsgeschwindigkeit wird Null. Es ergibt sich also das für die Akustik wichtige Resultat: die Schallwellen in Gasen und Flüssigkeiten sind, abgesehen von einigen Ausnahmefällen, bei sehr zähen Flüssigkeiten, Longitudinalwellen. Für ideale Flüssigkeiten und Gase erhält man also als Bewegungsgleichung nach (27):

$$\ddot{d} = \frac{\lambda}{s}\Delta d.$$

Es läßt sich leicht einsehen, daß diese Gleichung auch für jede Komponente der Verschiebung und der Geschwindigkeit, sowie für das Verschiebungs- und Geschwindigkeitspotential gilt. Für das Geschwindigkeitspotential lautet sie demnach:

$$\ddot{\varphi} = \frac{\lambda}{s}\Delta\varphi.$$

6. Einfache harmonische Wellenbewegungen. Den kinematischen Vorgang einer Wellenbewegung erkennt man am einfachsten an einer Transversalwelle. Es sei daher eine solche betrachtet, die man für die x-Achse nach Gleichung (30) in folgender Form mathematisch darstellen kann

$$y = a \cos k(c t - x) . \tag{35}$$

Im Gegensatz zur einfachen harmonischen Bewegung eines Massenpunktes, bei der Amplitude, Frequenz und Phase konstant sind, kann man sich diesen Vorgang rein formal so vorstellen, daß alle Punkte der x-Achse Schwingungen gleicher Frequenz ausführen, jedoch mit einer Phase, die mit dem Ort variabel ist. Hierzu betrachtet man t als Variable und x als Parameter. Bei der umgekehrten Betrachtungsweise, wenn man nämlich x als Variable und t als Parameter betrachtet, erhält man die Kurven, die die gleichzeitigen Lagen der einzelnen Teilchen bezeichnen. Die Punkte dieser Kurve, wo sie die Abszissenachse schneidet, wo also die Schwingungsamplitude Null ist, heißen Knoten, die Punkte, wo die Amplituden ihr Maximum haben, Bäuche. Bei Änderung des Parameters t ändert nun diese Kurve nicht ihre Gestalt, sondern nur ihre Phase, und zwar derart, daß sie mit wachsender Zeit sich in Richtung der positiven x-Achse zu verschieben scheint. Aus dieser Überlegung ergibt sich die Berechtigung der Bezeichnung Wellenbewegung. Man hat es hier mit einer fortschreitenden Welle zu tun. Geht man von einer bestimmten Lage dieser Kurve aus, so erkennt man leicht, daß die Zeit, die sie braucht, um zum erstenmal wieder mit ihrer Ausgangslage zur Deckung zu kommen, gleich $T = 2\pi/kc$ ist. Also pflanzt sich die Bewegung in der Zeit T um die Strecke $\lambda = Tc$ fort. λ ist die Wellenlänge der Bewegung. Sie ist definiert als Abstand eines Teilchens von dem ihm nächsten, das mit gleicher Phase schwingt, z. B. als doppelter Abstand zweier benachbarter Knoten. Sie steht hiernach zu der Fortpflanzungsgeschwindigkeit und der Periode $T = 2\pi/\omega$ in der Beziehung:

$$c = \frac{\lambda}{T} . \tag{36}$$

Die Formel für die Wellenbewegung kann man in die Form bringen:

$$y = a \cos 2\pi \left(\frac{t}{T} - \frac{x}{\lambda}\right) = a \cos \frac{2\pi}{T}\left(t - \frac{x}{c}\right) = a \cos \omega \left(t - \frac{x}{c}\right),$$

wenn man setzt:

$$k = \frac{\omega}{c} = \frac{2\pi}{\lambda} .$$

Die Geschwindigkeit bzw. die Beschleunigung der einzelnen Teilchen sind dann gegeben durch:

$$\frac{dy}{dt} = -a\omega \sin \omega \left(t - \frac{x}{c}\right), \qquad \frac{d^2y}{dt^2} = -a\omega^2 \cos \omega \left(t - \frac{x}{c}\right) .$$

Das für die Bewegung Gesagte gilt demnach auch für die Geschwindigkeit und die Beschleunigung. Beide haben Bäuche und Knoten, die sich mit der Fortpflanzungsgeschwindigkeit c bewegen. Bäuche und Knoten von Bewegung und Beschleunigung fallen zusammen, dagegen liegen die Geschwindigkeitsbäuche an denselben Stellen wie die Bewegungsknoten, und umgekehrt.

Ist die Wellenbewegung von der Form:

$$y = a \cos \omega \left(t + \frac{x}{c}\right),$$

so handelt es sich um dieselbe Bewegung, wie soeben beschrieben, mit dem einzigen Unterschied, daß die Fortpflanzungsgeschwindigkeit c das entgegengesetzte Vorzeichen hat, d. h. die Fortpflanzung erfolgt in Richtung der negativen x-Achse.

Bei Transversalwellen ist es nicht nötig, daß die Einzelteilchen alle in einer Ebene schwingen, die die x-Achse enthält. Im allgemeinen Fall wird sich die Schwingungsbewegung der Einzelteilchen vielmehr in Ebenen vollziehen, die senkrecht zur Fortpflanzungsrichtung stehen. Ist die Fortpflanzungsrichtung parallel zur x-Achse, so kann man dann die Bewegung aus den beiden Schwingungskomponenten in der y- und z-Richtung zusammensetzen. Hierfür gelten die Regeln, die in Kap. 2, Ziff. 5 angegeben sind. Je nach der Form dieser resultierenden Bewegung unterscheidet man den Polarisationszustand der Welle. Erfolgen alle Einzelschwingungen in einer und derselben Ebene, so heißt die Welle geradlinig polarisiert. Gehen sie dagegen in Kreisen vor sich, deren Ebenen senkrecht zur Strahlrichtung liegen, so handelt es sich um eine zirkular polarisierte Welle, um eine elliptisch polarisierte dann, wenn die Teilchen Ellipsenbahnen beschreiben, deren große und kleine Hauptachsen alle bzw. in denselben Ebenen liegen. Es ergibt sich aus den Darlegungen in Ziff. 1 und 5 des Kap. 2, daß jede zirkular und jede elliptisch polarisierte Welle zusammengesetzt gedacht werden kann aus zwei geradlinig polarisierten Wellen, deren Polarisationsrichtungen zueinander senkrecht sind. Ist eine Gesetzmäßigkeit in den Bewegungen derart, wie sie vorstehend aufgeführt wurden, nicht zu erkennen, so heißt die Welle unpolarisiert.

Bei Longitudinalwellen ist die Schwingungsrichtung der Einzelteilchen eindeutig gegeben, sie schwingen sämtlich in der Fortpflanzungsrichtung. Polarisationserscheinungen sind demnach hierbei ausgeschlossen. Der Vorgang läßt sich mathematisch in der gleichen Weise darstellen wie bei Transversalwellen, nur ist die abhängige Variable hier die longitudinale Elongation aus der Ruhelage, die Verschiebung:

$$\xi = a \cos 2\pi \left(\frac{t}{T} - \frac{x}{\lambda}\right).$$

Die momentane örtliche Anordnung der einzelnen Teilchen kann hierbei also nicht wie bei Transversalwellen durch eine Kurve veranschaulicht werden, man muß sich vielmehr anderer Hilfsmittel zur Anschauung bedienen. In Abb. 1 ist eine Zeichnung von Petruschewsky wiedergegeben, die dem Lehrbuch von Chwolson[1]) entnommen ist, welche die zeitlich aufeinanderfolgenden Änderungen in der räumlichen Anordnung der Teilchen eines Strahles in der Fortpflanzungsrichtung bei Longitudinalwellen zeigt.

Auf den von oben nach unten verlaufenden Kurven sind die Bewegungen von verschiedenen Teilchen ersichtlich, die sich in ihrer Ruhelage in gleichem Abstand voneinander befinden. Die römischen Ziffern bezeichnen aufeinanderfolgende äquidistante Zeitpunkte. Man sieht, wie die Bewegung von einem Teilchen auf das andere übergeht. Als Wellenlänge ist auch hier wieder definiert die Entfernung von zwei Teilchen, die gleichphasig schwingen. Betrachtet man eine solche Wellenlänge ausgehend von einem Teilchen, dessen Elongation gerade ein Maximum ist, so unterscheidet man deutlich zwei Abschnitte mit gleicher Teilchenzahl, aber verschiedener räumlicher Ausdehnung. In dem einen Abschnitt hat demnach eine Verdichtung, in dem anderen eine Verdünnung stattgefunden. In der Abb. 1 sind die Verdichtungen durch eine Reihe paralleler Striche gekennzeichnet. Man erkennt, daß sich die Verdichtungen in der Fortpflanzungsrichtung verschieben. Zwischen der Fortpflanzungsgeschwindigkeit c, der Wellenlänge λ und der Periode T besteht naturgemäß dieselbe Beziehung wie bei Transversalwellen: $c = \lambda/T$.

In der Natur verlaufen Schwingungs- und Wellenvorgänge nicht zeitlich unbegrenzt weiter, sondern es sind stets dissipative Kräfte am Werk, die die

[1]) O. D. Chwolson, Lehrbuch der Physik Bd. I, 1, 2. Aufl., S. 166. Braunschweig 1918.

Schwingungsenergie in andere Energieformen überführen. Man hat dann bei einer Welle zwei verschiedene Arten der Dämpfung zu unterscheiden, die natürlich auch gleichzeitig auftreten können. Entweder kann der Anlaß zu der Wellenbewegung eine Störung sein, die zeitlich z. B. nach einem Exponentialgesetz abklingt; dann wird ein ähnliches Gesetz auch von der Wellenbewegung selbst gelten, und es wird dann die mathematische Form des Vorgangs folgende sein:

$$\xi = a \cdot e^{-pt} \sin 2\pi \left(\frac{t}{T} - \frac{x}{\lambda}\right).$$

Andererseits ist es denkbar, daß die Welle zwar zeitlich dauernd durch irgendeine periodisch wirkende Kraft erhalten wird, aber bei ihrer räumlichen Fortpflanzung,

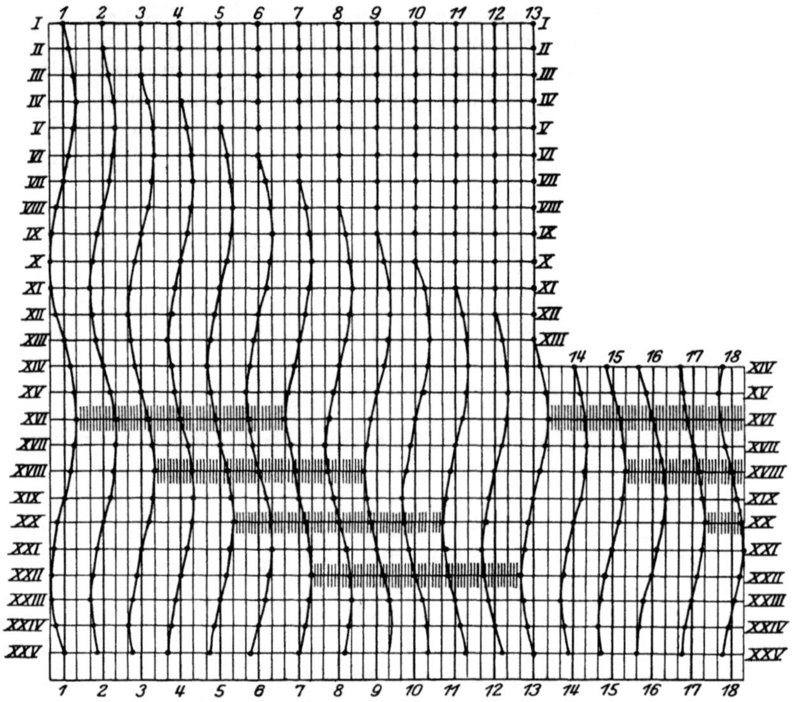

Abb. 1. Longitudinalwellen.

z. B. durch Reibung, Energie verliert. Die Verschiebungsamplitude muß dann mit der Entfernung von der Störungsquelle räumlich abklingen, und man erhält z. B. Formen wie:

$$\xi = a \cdot e^{-px} \sin 2\pi \left(\frac{t}{T} - \frac{x}{\lambda}\right).$$

Schließlich sei noch bemerkt, daß bisher nur Wellen einfachster Form, also Sinuswellen, betrachtet worden sind. Kompliziertere periodische Schwingungsvorgänge übertragen sich natürlich nicht in dieser einfachen Form, sondern geben in den sie umgebenden Medien Veranlassung zu Wellen, deren Form der Art der Störung entspricht. Eine fortschreitende Welle der allgemeinsten Form wird dargestellt durch den Ausdruck:

$$\xi = f(ct - x),$$

wo f eine periodische Funktion mit der Periode 2π ist. Nun läßt sich eine solche Funktion nach dem FOURIERschen Satz (s. Kap. 2, Ziff. 3) zerlegen in eine Summe von der Form:

$$\xi = A_0 + \sum_{\nu=1}^{\infty} A_\nu \sin[\nu k (ct - x) + \vartheta_\nu)],$$

oder

$$\xi = A_0 + \sum_{\nu=1}^{\infty} A_\nu \sin\left[2\pi\nu\left(\frac{t}{T} - \frac{x}{\lambda}\right) + \vartheta_\nu\right].$$

Eine beliebige Welle zerfällt demnach in eine im allgemeinen Fall unendlich große Anzahl von Teilwellen, von denen man die Grundwelle mit der Wellenlänge λ und die Oberwellen mit den Wellenlängen $\lambda/2$, $\lambda/3$, $\lambda/4$, ... zu unterscheiden hat. Für die Berechnung der Koeffizienten A_ν s. Kap. 2, Ziff. 3.

Eine sehr allgemeine Form der Wellendarstellung wendet ULLER[1]) an. Er setzt eine vektorielle Störung $\mathfrak{E}$ in der Form an:

$$\mathfrak{E} = \mathfrak{e} \cdot e^{i\Phi + i\nu t},$$

worin der Wellenvektor $\mathfrak{e} = \mathfrak{e}' + i\mathfrak{e}''$, der die Amplitude und Schwingungsrichtung der Elementarteilchen bestimmt, sowie $\Phi = \Phi' + i\Phi''$ und $\nu = \nu' + i\nu''$ sämtlich komplex sind. Es sind hierin also sowohl Longitudinalwellen als auch Transversalwellen, sowie solche Wellen enthalten, bei denen Fortpflanzungsrichtung und Schwingungsrichtung der Einzelteilchen beliebige Winkel miteinander bilden. Von $\mathfrak{E}$ ist in diesem Ausdruck wie üblich nur der reelle Teil zu berücksichtigen. ν' ist dann die Winkelfrequenz der Erregung, ν'' ein zeitlicher Dämpfungsfaktor. Φ ist eine Funktion der Raumkoordinaten; Φ' enthält dann das Gesetz der räumlichen Wellenfortpflanzung, Φ'' das der räumlichen Amplitudenverteilung. Die Flächen gleicher Phase $\Phi' =$ konst. und die Flächen $\Phi'' =$ konst. definieren in jedem Feldpunkt zwei Vektoren $\mathfrak{w}' = -\mathrm{grad}\,\Phi'$, $\mathfrak{w}'' = -\mathrm{grad}\,\Phi''$, die im allgemeinen Fall nicht zusammenfallen. Ist die Welle eben, so sind $\mathfrak{e}'$ und $\mathfrak{e}''$ konstante Vektoren, und die Flächen $\Phi' =$ konst. sind untereinander parallele Ebenen, ebenso die Flächen $\Phi'' =$ konst. ULLER bezeichnet sie als Isophasenebenen bzw. Isodynamenebenen. Die Vektoren $\mathfrak{w}'$ und $\mathfrak{w}''$ bzw. als Isophasengradienten und Isodynamengradienten. Im allgemeinen ist es nach ULLER notwendig, streng zwischen dem kinematischen und dem physikalischen Wellenbegriff zu unterscheiden, welch letzterer eine Energieströmung darstellt. Nur wenn Energieströmung und Isophasennormale parallel sind, wie dies z. B. bei ebenen Longitudinalwellen der Fall ist, decken sich beide Gebilde.

7. Überlagerung von Wellenbewegungen. Stehende Wellen. Wenn in einem Medium mehrere Wellenbewegungen vorhanden sind, so setzen sich die resultierenden Verschiebungen der Einzelteilchen vektoriell aus den von den einzelnen Wellenbewegungen herrührenden zusammen. Die Regeln für diese Zusammensetzung sind in Kap. 2, Ziff. 2 angegeben. Zu besonders interessanten und übersichtlichen Erscheinungen führt das gleichzeitige Auftreten von zwei Wellenbewegungen gleicher Frequenz. Man pflegt sie als Interferenzvorgänge im engeren Sinne zu bezeichnen.

Wenn man die Betrachtung auf die in der Akustik hauptsächlich interessierenden Longitudinalwellen beschränkt, so zeigt sich sofort ein Weg, die Überlegungen sehr zu vereinfachen, dadurch, daß man nicht Verschiebungsvektoren ins Auge faßt, sondern skalare Größen, nämlich den Druck und das

[1]) K. ULLER, Jahrb. d. drahtl. Telegr. Bd. 9, S. 438. 1915; Elster-Geitel-Festschrift, S. 521. Braunschweig 1915; Phys. ZS. Bd. 17, S. 168, 610, 302. 1916.

Geschwindigkeitspotential. Die resultierenden Vorgänge erhält man dann durch einfache algebraische Addition.

In dem einfachsten Fall, wo sich zwei Wellen von entgegengesetzt gleicher Fortpflanzungsrichtung, aber von derselben Frequenz und Amplitude begegnen, erhält man für das resultierende Geschwindigkeitspotential:

$$\varphi = \varphi_1 + \varphi_2 = b \sin\omega\left(t - \frac{x}{c}\right) + b \sin\omega\left(t + \frac{x}{c}\right) = 2b \sin\omega t \cos\frac{\omega x}{c}.$$

Daraus folgt dann für die resultierende Geschwindigkeit, die Verschiebung und den Druck:

$$\left.\begin{aligned} u &= -\frac{\partial\varphi}{\partial x} = 2\frac{\omega b}{c}\sin\omega t \sin\frac{\omega x}{c}, \\ \xi &= \int u\,dt = -2\frac{b}{c}\cos\omega t \sin\frac{\omega x}{c}, \\ \delta p &= s_0\frac{\partial\varphi}{\partial t} = 2 s_0 b\,\omega \cos\omega t \cos\frac{\omega x}{c}. \end{aligned}\right\} \tag{37}$$

Man erkennt hieraus, daß zu allen Zeiten in den Punkten $x = n\frac{\lambda}{2}$ Geschwindigkeit und Verschiebung, in den Punkten $x = \frac{\lambda}{4}(2n - 1)$, wo n irgendeine ganze Zahl ist, der Druck verschwindet. Die Knotenpunkte dieser Art der Wellenbewegung liegen also im Gegensatz zur fortschreitenden Welle fest im Raum. Man bezeichnet den Vorgang daher als stehende Welle. Der Abstand zwischen zwei Knoten bzw. zwischen zwei Bäuchen ist eine halbe Wellenlänge. Zwischen je zwei Knoten sind die Vorgänge bei allen Punkten gleichphasig. Die Nullage tritt für die Geschwindigkeiten für die Zeiten $t = n\frac{T}{2}$, für Verschiebung und Druckänderung für die Zeiten $t = \frac{T}{4}(2n - 1)$, und zwar jedesmal für alle Punkte gleichzeitig ein. Vergleicht man ein Intervall zwischen zwei Knoten mit dem entsprechenden benachbarten Intervall, so sieht man, daß die Phasen in den beiden Intervallen entgegengesetzt sind. Weiter erkennt man aus den Gleichungen (37), daß bei stehenden Longitudinalwellen im Gegensatz zu den fortschreitenden Wellen die Knoten des Druckes nicht mit denen der Geschwindigkeit zusammenfallen. In einem komplizierteren Schallfelde werden nun im allgemeinen nicht allein fortschreitende oder nur stehende Wellen vorhanden sein, sondern eine Überlagerung von beiden. Es ist daher für akustische Messungen in solchen Schallfeldern wichtig, festzustellen, ob der Empfänger, mit dem man arbeitet, auf Druckänderungen oder auf Geschwindigkeiten anspricht. Je nach der Art des Empfängers wird man die erhaltenen Resultate verschieden zu deuten haben[1]). Näheres hierüber s. Artikel „Akustische Meßmethoden" ds. Bd. Kap. 13.

Ein weiterer einfacher Fall ist der, daß von zwei Punkten P_1 und P_2 Schallwellen ausgehen, die sich aus Symmetriegründen als Kugelwellen verbreiten. Das Geschwindigkeitspotential φ in einem Punkte, der von P_1 und P_2 um r_1 bzw. r_2 entfernt ist, ist dann:

$$\varphi = \frac{b_1}{r_1}\sin\omega\left(t - \frac{r_1}{c}\right) + \frac{b_2}{r_2}\sin\omega\left(t - \frac{r_2}{c}\right).$$

In allen Punkten, wo $r_2 - r_1 = \pm n\lambda$ ist, verstärken sich die Wirkungen der beiden Wellen, eine Schwächung tritt ein, wo $r_2 - r_1 = \pm\frac{\lambda}{2}(2n - 1)$ ist. Die Größen $r_2 - r_1$ bezeichnet man als Gangunterschiede. Die Orte größter und kleinster Amplitude liegen auf Rotationshyperboloiden, die ihre Brenn-

[1]) Vgl. Lord RAYLEIGH, Theory of Sound 2. Aufl., Bd. II, § 269a. London 1896.

punkte in P_1 und P_2 haben. Vollständige Auslöschung tritt nur auf, wenn $r_1 : r_2 = b_1 : b_2$, d. h. da, wo die hierdurch bestimmten Kugelflächen die durch die Gleichungen $r_2 - r_1 = \pm n\,\lambda$ definierten Hyperboloide schneiden.

Schließlich sei der Fall betrachtet, wo sich zwei in derselben Richtung fortschreitende Wellen überlagern, deren Fortpflanzungsgeschwindigkeiten nicht die gleichen sind. Dieser Fall kommt z. B. bei Transversalschwingungen von Stäben vor, wo die Fortpflanzungsgeschwindigkeiten von den Wellenlängen abhängig sind. Es ist also:

$$y = \cos 2\pi\left(\frac{t}{T_1} - \frac{x}{\lambda_1}\right) + \cos 2\pi\left(\frac{t}{T_2} - \frac{x}{\lambda_2}\right),$$

$$y = 2\cos\pi\left[t\left(\frac{1}{T_1} - \frac{1}{T_2}\right) - x\left(\frac{1}{\lambda_1} - \frac{1}{\lambda_2}\right)\right]\cos\pi\left[t\left(\frac{1}{T_1} + \frac{1}{T_2}\right) - x\left(\frac{1}{\lambda_1} + \frac{1}{\lambda_2}\right)\right].$$

Sind die Unterschiede zwischen T_1 und T_2 bzw. λ_1 und λ_2 klein, so kann man dies als den Ausdruck auffassen für eine fortschreitende Welle, deren Amplituden zwischen Null und 2 langsam von einem Ort zum anderen variieren; man kann sich den gesamten Wellenzug demnach vorstellen als unterteilt in eine Reihe von Wellengruppen. Wenn die Fortpflanzungsgeschwindigkeit unabhängig von λ, also T proportional zu λ ist, so ist die Gruppengeschwindigkeit ebenfalls gleich c. Anderenfalls findet man[1]) aus der Lage des Maximums der Amplitude:

$$t\left(\frac{1}{T_1} - \frac{1}{T_2}\right) - x\left(\frac{1}{\lambda_1} - \frac{1}{\lambda_2}\right) = 0$$

für den Fall, daß $c = a\,\lambda^n$ für die Gruppengeschwindigkeit:

$$C = -(n-1)\,c.$$

Bei Transversalschwingungen in Stäben ist z. B. $n = -1$, also ist die Gruppengeschwindigkeit hier das Doppelte von der Fortpflanzungsgeschwindigkeit. Im übrigen s. hierzu Kap. 6.

8. Schallgeschwindigkeit[2]). Die Wellengleichung für Dilatations- oder Longitudinalwellen lautet nach Ziff. 5:

$$\frac{\partial^2 d}{\partial t^2} = \frac{\lambda}{s}\frac{\partial^2 d}{\partial x^2}.$$

Aus der allgemeinen Lösung:

$$d = f_1\left(x - \sqrt{\frac{\lambda}{s}}\,t\right) + f_2\left(x + \sqrt{\frac{\lambda}{s}}\,t\right)$$

folgt die Fortpflanzungsgeschwindigkeit:

$$c = \sqrt{\frac{\lambda}{s}}.$$

Bei verschwindendem Torsionsmodul, also für ideale Flüssigkeiten und Gase, ist λ gleich dem kubischen Elastizitätsmodul $K = -p/d$ [s. Ziff. 4, Gleichung (15)]. Also ist:

$$\lambda = -\frac{p_0 V}{V - V_0}, \qquad \text{worin} \qquad \frac{V}{V - V_0} = d,$$

V_0 das ursprüngliche Volumen, p_0 der entsprechende Druck ist. Aus der Kombination dieses Ausdrucks für λ mit dem entsprechenden für das Volumen V_1 mit dem entsprechenden Druck p_1 erhält man:

$$\lambda = -\frac{dp}{dV}V, \qquad \text{worin} \qquad -dV = V_1 - V_0$$

---

[1]) Lord Rayleigh, Theory of Sound 2. Aufl., Bd. I, § 191. London 1894.

[2]) Vgl. hierzu auch den Artikel „Schallgeschwindigkeit" (ds. Bd. Kap. 14).

die Volumenverminderung, $dp = p_1 - p_0$ die entsprechende Drucksteigerung bedeutet. Nun folgt aus dem BOYLE-MARIOTTEschen Gesetz[1]) für eine isotherme Zustandsänderung:

$$pV = \text{konst.}, \qquad p\,dV + V\,dp = 0,$$

also $\lambda = p$, und die Schallgeschwindigkeit wird unter der Voraussetzung eines isothermen Prozesses:

$$c = \sqrt{\frac{p}{s}}. \tag{38}$$

Diese Formel, die auf NEWTON[2]) zurückgeht, gibt für Körper mit geringer Kompressibilität, also für tropfbar flüssige Körper, Werte, die gut mit der experimentellen Erfahrung übereinstimmen. Für Wasser von 0° C z. B. ist:

$$\lambda = 1/50{,}2 \cdot 10^6\,\text{Atm.}, \qquad s = 1.$$

Demnach wird $c = 1424$ m/sec, während die Beobachtungen ergeben 1435 m/sec. Ähnlich gute Übereinstimmung zeigt sich bei anderen Flüssigkeiten. Bei Luft von 0° C und 760 mm Druck dagegen würde man mit dieser Formel eine Schallgeschwindigkeit von 280 m/sec erhalten, während die Beobachtung 334 m/sec ergibt.

Der Grund für diese Unstimmigkeit wurde von LAPLACE[3]) darin erkannt, daß die Annahme isothermer Vorgänge, die der Gleichung (38) zugrunde liegt, bei Schallschwingungen in Gasen nicht erfüllt ist. Bei Gasen sind die Volumenänderungen so groß, daß die bei Schwingungen auftretenden thermischen Vorgänge nicht außer acht gelassen werden dürfen. LAPLACE nahm daher den anderen Grenzfall an, nämlich, daß die Änderungen so schnell erfolgen, daß dabei die Ab- und Zufuhr von Wärme in Wechselwirkung mit der Umgebung vernachlässigt werden kann. Bei einem solchen adiabatischen Vorgang lautet die Zustandsgleichung für ideale Gase $p \cdot V^{\varkappa} = \text{konst.}$, wo $\varkappa = c_p/c_v$ das Verhältnis der spezifischen Wärmen bei konstantem Druck und bei konstantem Volumen ist. Daraus folgt dann:

$$V^{\varkappa}\,dp + p\,\varkappa \cdot V^{\varkappa-1}\,dV = 0$$

und:

$$\lambda = -\frac{dp}{dV}\,V = p\,\varkappa$$

und demnach:

$$c = \sqrt{\frac{p\,\varkappa}{s}}.$$

Nimmt man für Luft $\varkappa = 1{,}41$, so wird mit dieser Korrektur:

$$c = 280\sqrt{1{,}41} = 333{,}2\ \text{m/sec},$$

was mit der Erfahrung sehr gut übereinstimmt (s. im einzelnen hierzu ds. Bd. Kap. 14, Ziff. 5ff.).

In Wirklichkeit finden nun die Schwingungen in der Luft nicht unter strengem Wärmeabschluß statt, und man kann sich daher die Frage stellen, bis zu welchem Grade die Annahme adiabatischer Vorgänge berechtigt ist. Hierzu hat STOKES[4]) gezeigt, daß jede andere Annahme, selbst eine geringfügige Ab-

---

[1]) Vgl. ds. Handb. Bd. IX.

[2]) ISAAC NEWTON, Philosophiae naturalis principia mathematica Tom. II, Sect. VIII, Prop. 48. London 1687.

[3]) S. LAPLACE, Ann. chim. phys. Bd. 3, S. 238. 1816.

[4]) G. G. STOKES, Phil. Mag. (4) Bd. 1, S. 305; s. auch Lord RAYLEIGH, Theory of Sound 2. Aufl., Bd. II, § 247. London 1896.

weichung vom vollständig isothermen oder vollständig adiabatischen Verhalten des Mediums eine Energiezerstreuung bedingen würde, die den beobachteten Tatsachen durchaus nicht entspricht.

Da nach dem GAY-LUSSACschen Gesetz[1]) $p/s = RT$ ist, wo T die absolute Temperatur ist, so ist die Schallgeschwindigkeit von der Dichte unabhängig, dagegen proportional der Quadratwurzel aus der absoluten Temperatur, also wenn die Indizes den betreffenden absoluten Temperaturen entsprechen:

$$c_T = c_{273°}\sqrt{\frac{T}{273}}.$$

Weiter sieht man, daß die Schallgeschwindigkeit wesentlich unabhängig vom Druck sein muß. Abweichungen, die von diesem Gesetz bei hohen Drucken, besonders bei niedrigen Temperaturen, gefunden worden sind[2]), sind darauf zurückzuführen, daß das der Ableitung zugrundeliegende BOYLEsche Gesetz nicht mehr genau gilt. Das gleiche gilt für Dämpfe, für die JAEGER[3]) unter Zugrundelegung der VAN DER WAALSschen Zustandsgleichung in der CLAUSIUSschen Form:

$$\frac{p\,s_0}{R'T} = \frac{1}{v-\alpha} - \frac{1}{\Theta(v+\beta)^2}$$

für die Schallgeschwindigkeit gefunden hat:

$$c = \sqrt{\frac{R'T}{s_0}\,\varkappa}\,\sqrt{\frac{1}{\left(1-\frac{\alpha}{v}\right)^2} - \frac{2}{\Theta\, v\left(1+\frac{\beta}{v}\right)^3}}.$$

Für Gemische von Luft und Wasserdampf im speziellen bei Sättigungsdruck ergibt sich nach STEVENS[4]) die Schallgeschwindigkeit zu:

$$c = c_0\left[1 - \frac{S}{B}\left(\frac{\varkappa'}{\varkappa} - \frac{5}{8}\right)\right]^{-1},$$

worin c_0 die Schallgeschwindigkeit bei trockener Luft, S den Sättigungsdruck des Wasserdampfes, B den atmosphärischen Luftdruck, $\varkappa'$ das Verhältnis der spezifischen Wärmen für Wasserdampf bedeuten.

Über die Schallgeschwindigkeit in Röhren ist im Anschluß an Ergebnisse von HELMHOLTZ[5]) von KIRCHHOFF[6]) eine Theorie aufgestellt worden, die den Einfluß der Wärmeleitung und der Reibung berücksichtigt[7]). Ist r der Röhrenradius, N die Tonfrequenz, so folgt aus den KIRCHHOFFschen Berechnungen:

$$c = c_0\left(1 - \frac{\gamma}{2r\sqrt{\pi N}}\right),$$

worin:

$$\gamma = \sqrt{\nu} + \frac{\varkappa - 1}{\sqrt{\varkappa}}\sqrt{\nu'}$$

ist und ν der kinetische Reibungskoeffizient ν', der Wärmeleitungskoeffizient, $\varkappa = c_p/c_v$ das Verhältnis der spezifischen Wärmen bedeutet. Nach neueren experimentellen Forschungen[8]) scheint es sich zu ergeben, daß die Wärmeleitung

---

1) Siehe ds. Handb. Bd. IX.

2) A. M. WITKOWSKI, Bull. Acad. Cracovie 1899, S. 138.

3) W. JAEGER, Wied. Ann. Bd. 36, S. 165. 1889.

4) E. H. STEVENS, Ann. d. Phys. Bd. 7, S. 285. 1902.

5) H. v. HELMHOLTZ, Wiss. Abh. Bd. I, S. 383. Leipzig 1882.

6) G. KIRCHHOFF, Pogg. Ann. Bd. 134, S. 177. 1868; die Formel für c enthält hier einen Druckfehler.

7) Vgl. hierzu Ziff. 10.

8) Siehe hierzu G. SCHWEIKERT, Ann. d. Phys. Bd. 48, S. 593. 1915; die hier angegebene Formel für γ ist unrichtig; derselbe Fehler findet sich übrigens in Winkelmanns Handb. Bd. II, Akustik, S. 508.

bei diesem Vorgange eine weniger bedeutende Rolle spielt, als ihr nach der hier gegebenen Formel zukommen würde. Im übrigen vgl. hierzu Ziff. 10 sowie ds. Bd. Kap. 15, Ziff. 9.

Voraussetzung bei der Ableitung der allgemeinen Wellengleichung ist, daß die Wellenamplitude klein ist. Diese Voraussetzung ist für gewöhnliche akustische Vorgänge von sehr allgemeiner Gültigkeit und tritt erst bei ungewöhnlich starken Drucksteigerungen wie bei Explosionswellen außer Kraft. Dann nehmen die Differentialgleichungen eine andere Gestalt an. Die grundlegenden Untersuchungen zu dieser Frage stammen von RIEMANN[1]). Beschränkt man sich darauf, die Abhängigkeit nach einer Raumkoordinate zu untersuchen, also auf ebene Wellen, so folgt aus den EULERschen Differentialgleichungen und der Kontinuitätsgleichung [s. Ziff. 4, Gleichung (21) und (20)]:

$$\frac{\partial u}{\partial t} + u\frac{\partial u}{\partial x} = -\frac{1}{s}\frac{\partial p}{\partial x},$$

$$\frac{\partial \ln s}{\partial t} + u\frac{\partial \ln s}{\partial x} = -\frac{\partial u}{\partial x}.$$

Setzt man für den Zusammenhang zwischen Druck und Dichte $p = \varphi(s)$ und ist:

$$f(s) = \int \sqrt{\varphi'(s)}\, d\ln s\,,$$

so lassen sich die Differentialgleichungen in die Form bringen:

$$da = \frac{\partial a}{\partial x}\left[dx - \left(u + \sqrt{\varphi'(s)}\right)dt\right],$$

$$db = \frac{\partial b}{\partial x}\left[dx - \left(u - \sqrt{\varphi'(s)}\right)dt\right],$$

worin:

$$f(s) + u = 2a\,, \qquad f(s) - u = 2b$$

gesetzt ist. Es läßt sich nun weiter zeigen, daß man setzen kann:

$$x - \left(u + \sqrt{\varphi'(s)}\right)t = \frac{\partial w}{\partial a}, \qquad x - \left(u - \sqrt{\varphi'(s)}\right)t = -\frac{\partial w}{\partial b}.$$

Es bleibt also zu integrieren die lineare Gleichung:

$$\frac{\partial^2 w}{\partial a\, \partial b} - m\left(\frac{\partial w}{\partial a} + \frac{\partial w}{\partial b}\right) = 0\,,$$

worin:

$$m = \frac{1}{2\sqrt{\varphi'(s)}}\left(\frac{d\ln\sqrt{\varphi'(s)}}{d\ln s} - 1\right)$$

ist. Bezüglich der weiteren Lösung sei auf die angegebene Literatur verwiesen.

Um die Eigentümlichkeiten der Wellenfortpflanzung in diesem Fall auf andere Weise zu erkennen, kann man sich einer Methode von EARNSHAW[2]) bedienen. Hierzu geht man aus von der hydrodynamischen Grundgleichung:

$$s_0 \frac{\partial^2 \xi}{\partial t^2} = -\frac{\partial p}{\partial x}$$

mit:

$$s = \frac{s_0}{\left(1 + \frac{\partial \xi}{\partial x}\right)}$$

[1]) B. RIEMANN, Göttinger Abhandlgn. Bd. VIII, S. 43. Göttingen 1860; s. auch RIEMANN-WEBER, Die partiellen Differentialgleichungen der mathematischen Physik Bd. II, S. 503ff. Braunschweig 1912.

[2]) S. EARNSHAW, Proc. Roy. Soc. London Bd. 6. 1859; Phil. Trans. 1860, S. 133; s. auch Lord RAYLEIGH, Theory of Sound 2. Aufl., Bd. II, § 252. London 1896; sowie H. LAMB, Dynamical Theory of Sound 2. Aufl., S. 179ff. London 1925.

[s. Ziff. 4, Gleichung (16) und (17)]. Unter der Voraussetzung adiabatischer Vorgänge:

$$\frac{p}{p_0} = \left(\frac{s}{s_0}\right)^\varkappa$$

wird:

$$\frac{\partial^2 \xi}{\partial t^2} = \frac{c^2 \frac{\partial^2 \xi}{\partial x^2}}{\left(1 + \frac{\partial \xi}{\partial x}\right)^{\varkappa+1}}. \tag{39}$$

Nimmt man als Beziehung zwischen Teilchengeschwindigkeit und Fortpflanzungsgeschwindigkeit an:

$$\frac{\partial \xi}{\partial t} = f\left(\frac{\partial \xi}{\partial x}\right),$$

so wird:

$$\frac{\partial^2 \xi}{\partial t^2} = \left[f'\left(\frac{\partial \xi}{\partial x}\right)\right]^2 \frac{\partial^2 \xi}{\partial x^2}.$$

Der Bewegungsgleichung wird also genügt durch:

$$\frac{\partial \xi}{\partial t} = \mp \frac{2c}{\varkappa - 1} \left[(1+\gamma)^{\frac{1}{2}(\varkappa-1)} - 1\right],$$

und die Geschwindigkeit, mit der sich der Wert γ der Verdichtung im Raum fortpflanzt, ist:

$$\mp \left(\frac{dp}{ds}\right)^{\frac{1}{2}} + \frac{\partial \xi}{\partial t};$$

die beiden Vorzeichen beziehen sich auf Wellen, die in entgegengesetzten Richtungen sich fortpflanzen. Man erkennt hieraus, daß die Fortpflanzungsgeschwindigkeit um so größer wird, je größer die Dichte ist. Daher werden die Verdichtungswellen beim Fortschreiten ihre Form verändern, derart, daß der Druckanstieg immer steiler und steiler wird, bis schließlich der Wellenkopf in einen unstetigen Druckanstieg ausartet, der sich dann in dieser Form weiter fortpflanzt. Verdünnungswellen dagegen werden im Fortschreiten immer flacher. RIEMANN hat seinen Berechnungen das POISSONsche adiabatische Verdichtungsgesetz zugrunde gelegt. Das bedeutet, wie RAYLEIGH[1]) bemerkt hat, eine Preisgabe des Energieprinzips. Ein anderes komplizierteres dynamisches Adiabatengesetz ist von HUGONIOT[2]) vorgeschlagen worden, das die Verletzung des Energieprinzips vermeidet, dafür aber, im Gegensatz zu dem RIEMANNschen Ansatz, die Annahme konstanter Entropie ausschließt. Beide Annahmen, die den Ausschluß von Wärmeleitung bzw. eine reibungslose Bewegung ausdrücken, entsprechen nicht streng der Wirklichkeit. R. BECKER[3]) hat gefunden, daß schon vor Eintritt eines unstetigen Druckanstieges eine Vernachlässigung von Flüssigkeitsreibung und Wärmeleitung nicht mehr statthaft ist, daß vielmehr diese beiden Einflüsse bewirken, daß eine Unstetigkeit gar nicht zustande kommt, sondern schon vorher der Prozeß der Versteilerung der Wellenfront sein natürliches Ende erreicht und die Welle nunmehr, vorausgesetzt, daß der Vorgang sich in einem Rohr vollzieht, als quasi-stationäres Gebilde weiterläuft. BECKER zeigt, daß die „Frontbreite“ der Stoßwelle, die als Horizontalprojektion des Stückes der Tangente an der steilsten Stelle der Stoßwellenkurve zwischen den Schnittpunkten der Tangente mit den Verlängerungen der stationären Kurvenstücke definiert ist, so klein ist, daß sie mit molekularen Ausdehnungen vergleichbar

---

[1]) Lord RAYLEIGH, Theory of Sound 2. Aufl., Bd. II, § 253. London 1896; s. auch O. TUMLIRZ, Wiener Ber. II. Abt. Bd. 95, S. 367. 1887.

[2]) HUGONIOT, C. R. Bd. 98, S. 507. 1884.

[3]) R. BECKER, ZS. f. Phys. Bd. 8, S. 321. 1921.

wird, daß also die Methoden der Kontinuumsphysik zur Beschreibung der wirklichen Vorgänge innerhalb der Wellenfront unzulänglich sind. Für die Fortpflanzungsgeschwindigkeit der Stoßwelle in ein ruhendes Medium hinein gilt die Formel:

$$c = v_1 \sqrt{\frac{p_2 - p_1}{v_1 - v_2}}.$$

Hierin beziehen sich die Indizes 1 und 2 auf die Zustände vor bzw. hinter dem Verdichtungsstoß; v ist das spezifische Volumen. Ist dann z. B.: $p_2/p_1 = 3000$, so findet man für die Schallgeschwindigkeit: $c = 15750$ m/sec.

In neuerer Zeit ist der Versuch gemacht worden, gewisse Anomalien bei der Schallausbreitung, nämlich das Entstehen einer Zone des Schweigens um die Schallquelle herum, außerhalb deren dann wieder Schallwahrnehmung auftritt, durch das Entstehen RIEMANNscher Stoßwellen in großen Höhen der Atmosphäre zu erklären (s. Art. „Schallausbreitung" Ziff. 14, ds. Bd. Kap. 15).

Eine angenäherte Lösung der Bewegungsgleichungen für Wellen von endlicher Amplitude, die sich eng an die Theorie der Kombinationstöne anschließt, ist von AIRY[1]) gegeben und von ihm auf die Theorie der Gezeiten angewendet worden. Die Gleichung (39) kann, wenn $\partial\xi/\partial x \ll 1$ ist und die höheren Ableitungen vernachlässigt werden können, in der Form geschrieben werden:

$$\frac{\partial^2\xi}{\partial t^2} = c^2 \frac{\partial^2\xi}{\partial x^2} - (\varkappa + 1)\, c^2 \frac{\partial\xi}{\partial x} \frac{\partial^2\xi}{\partial x^2}.$$

Nimmt man bei $x = 0$ eine eingeprägte Kraft in der Form:

$$\xi = f(t) = a\cos\omega t$$

an, so erhält man die Gleichung:

$$\frac{\partial^2\xi}{\partial t^2} = c^2 \frac{\partial^2\xi}{\partial x^2} - \frac{1}{2}(\varkappa + 1) \frac{\partial}{\partial x}\left[f'\left(t - \frac{x}{c}\right)\right]^2,$$

deren Lösung ist:

$$\xi = a\cos\omega\left(t - \frac{x}{c}\right) + \frac{(\varkappa + 1)\,\omega^2 a^2}{8\,c^2}\, x \left[1 - \cos 2\,\omega\left(t - \frac{x}{c}\right)\right].$$

Dies ist keine einfache harmonische Schwingung mehr, sondern enthält außer einem von t unabhängigen Glied zwei Schwingungen mit der Grundperiode und der halben Grundperiode. Außerdem ist zu bemerken, daß das zweite Glied mit dem weiteren Fortschreiten der Welle, also mit wachsendem x, immer größer wird, so daß schließlich die angewendete Näherung nicht mehr ausreicht.

Ist die eingeprägte Kraft von der Form:

$$f(t) = a_1 \cos\omega_1 t + a_2 \cos\omega_2 t,$$

so ergibt sich als Lösung:

$$\begin{aligned}\xi = a_1\cos\omega_1\left(t - \frac{x}{c}\right) + a_2\cos\omega_2\left(t - \frac{x}{c}\right) + \frac{\varkappa + 1}{8\,c^2}\, x \Big[\omega_1^2 a_1^2 + \omega_2^2 a_2^2 - \omega_1^2 a_1^2 \cos 2\,\omega_1\left(t - \frac{x}{c}\right) \\ - \omega_2^2 a_2^2 \cos 2\,\omega_2\left(t - \frac{x}{c}\right) + 2\,\omega_1\omega_2 a_1 a_2 \cos(\omega_1 - \omega_2)\left(t - \frac{x}{c}\right) \\ - 2\,\omega_1\omega_2 a_1 a_2 \cos(\omega_1 + \omega_2)\left(t - \frac{x}{c}\right)\Big],\end{aligned}$$

ein Resultat, das vollkommen analog ist den Erscheinungen, die sich bei erzwungenen Schwingungen endlicher Amplitude eines einfachen schwingungsfähigen Systems zeigen; s. Art. „Schwingungen von Punktsystemen", Ziff. 3 (ds. Bd. Kap. 3). Man erhält auch hier Kombinationsfrequenzen.

[1]) G. B. AIRY, Enc. Metrop., Art. Tides and Waves. London 1845; s. auch H. LAMB, Dynamical Theory of Sound 2. Aufl., S. 182f. London 1925.

9. DOPPLERsches Prinzip. Wenn ein Beobachter sich einer ruhenden einfach periodischen Schallquelle nähert, die einfache fortschreitende Wellen aussendet, so erreichen die Maxima und die Knoten des Drucks das Ohr des Beobachters in kürzeren Zeitabständen, als wenn der Beobachter selbst sich in Ruhe befindet. Er wird also den von der Schallquelle ausgesandten Ton als höher empfinden, als er ihm in der Ruhe erscheinen würde. Eine dieser Tatsache analoge Erscheinung ist zuerst von DOPPLER[1]) bei optischen Vorgängen bemerkt worden.

Um diese Erscheinung quantitativ zu erfassen, sei angenommen, daß eine punktförmige Schallquelle sich mit der gleichförmigen Geschwindigkeit u relativ zum ruhenden Luftmedium in Richtung der positiven x-Achse bewege. Zur Zeit t_0 befinde sich die Quelle im Anfangspunkte O. In dem Zeitabschnitt dt legt die Quelle die Strecke $u \cdot dt$ zurück. Die in dieser Zeit ausgesandte Welle liegt zwischen zwei exzentrischen Kugeln, deren eine ihren Mittelpunkt im Koordinatenanfangspunkt hat; der Mittelpunkt der anderen ist dann der Punkt $x = u \cdot dt$. Die Radien dieser Kugeln sind, wenn c die Schallgeschwindigkeit ist:

$$c(t - t_0) \qquad \text{bzw.} \qquad c(t - t_0 - dt)\,.$$

Der Abstand der Kugeln, die Wellenbreite, ist dann:

$$dl = c\,dt - u\,dt \cos\varphi = c\,dt(1 - \beta\cos\varphi)\,,$$

wo $\beta = u/c$ ist und φ der Winkel ist, den der nach dem Punkt P des Beobachters führende Fahrstrahl mit der x-Achse bildet. Integriert man auf beiden Seiten über eine volle Periode, so erhält man auf der linken Seite die Wellenlänge der Schwingung, die der ruhende Beobachter in P wahrnimmt, während $\int c\,dt$ die Wellenlänge ist, die von der als ruhend gedachten Quelle ausgesandt wird. Man erhält also:

$$\frac{T'}{T} = \frac{N}{N'} = \frac{1}{1 - \beta\cos\varphi}\,;$$

darin sind T' und N' Periode und Schwingungszahl der Quelle, T und N diejenige Periode und Schwingungszahl, die der ruhende Beobachter in P wahrnimmt.

Bewegt sich nun der Beobachter P gleichfalls mit einer Geschwindigkeit u'' in einer Richtung, die mit dem Fahrstrahl OP den Winkel φ'' bildet, und ist $\beta'' = u''/c$, so ergibt sich als allgemeinste Fassung des DOPPLERschen Prinzips:

$$\frac{T''}{T'} = \frac{N'}{N''} = \frac{1 - \beta\cos\varphi}{1 - \beta''\cos\varphi''}\,,$$

worin T'' und N'' Schwingungsdauer und Frequenz sind, die der bewegte Beobachter wahrnimmt.

Man erkennt hieraus sofort, daß, wenn Beobachter und Quelle sich parallel zueinander mit stets derselben Geschwindigkeit bewegen, der Dopplereffekt unmerkbar wird, weil dann:

$$\beta'' = \beta\,, \qquad \varphi'' = \varphi\,, \qquad T'' = T', \qquad N'' = N'$$

wird.

Nimmt man im besonderen an, daß die Bewegung sowohl der Quelle als auch des Beobachters nur auf der x-Achse erfolgen, so erhält man:

$$\frac{N'}{N''} = \frac{c - u}{c - u''}\,.$$

---

[1]) CH. DOPPLER, Abhandlgn. d. Böhm. Ges. d. Wiss. (5) Bd. 2. 1843.

Entfernt sich nun der Beobachter von der ruhenden Quelle mit Schallgeschwindigkeit, so ist $c = u$, $u'' = 0$, also $N' = 0$; entfernt sich aber die Quelle vom ruhenden Beobachter mit Schallgeschwindigkeit, ist also $u'' = -c$, $u = 0$, so wird

$$\frac{N'}{N''} = \frac{1}{2}.$$

Sind u und u'' klein gegen c, so kann man setzen:

$$\frac{N'}{N''} = 1 + \frac{u'' - u}{c}.$$

Also nur in diesem Fall ist der Effekt allein von der Differenz der Geschwindigkeiten, d. h. von der relativen Geschwindigkeit von Beobachter und Schallquelle zueinander, abhängig.

10. Einfluß von Reibung, Wärmeleitung und Wärmestrahlung. Die Annahme, die den hydrodynamischen Grundgleichungen zugrunde liegt, daß nämlich die betrachteten Flüssigkeiten und Gase als solche ideal sind, d. h. daß sämtliche Tangentialdrucke verschwinden, ist in Strenge nicht erfüllt, wenn auch die Abweichungen so gering sind, daß ihr Einfluß auf den Ablauf der Bewegungen nur von untergeordneter Bedeutung ist. Wenn man sich nun fragt, welchen Einfluß die Reibung in einem Körper haben kann, so hat man zunächst zu unterscheiden zwischen innerer Reibung, nämlich einer Schicht des Körpers an der anderen, und äußerer Reibung an anderen Körpern, z. B. bei Flüssigkeiten und Gasen an festen Gefäßwänden.

Zur analytischen Darstellung dieser Verhältnisse hat man auszugehen von den allgemeinen Bewegungsgleichungen [s. Ziff. 3, Gleichung (11) und (12)]:

$$\left(X - \frac{d^2x}{dt^2}\right)s - \frac{\partial X_x}{\partial x} - \frac{\partial X_y}{\partial y} - \frac{\partial X_z}{\partial z} = 0,$$
$$\left(Y - \frac{d^2y}{dt^2}\right)s - \frac{\partial Y_x}{\partial x} - \frac{\partial Y_y}{\partial y} - \frac{\partial Y_z}{\partial z} = 0,$$
$$\left(Z - \frac{d^2z}{dt^2}\right)s - \frac{\partial Z_x}{\partial x} - \frac{\partial Z_y}{\partial y} - \frac{\partial Z_z}{\partial z} = 0,$$
$$Z_y = Y_z, \qquad X_z = Z_x, \qquad Y_x = X_y.$$

Es ist nun die Annahme, daß die Spannungszustände in einem Körper allein vom Deformationszustand abhängen, bei Berücksichtigung der Reibung dahin zu erweitern, daß sie auch vom Geschwindigkeitszustand abhängig sind. Man hat also zu setzen:

$$X_x = X'_x + X''_x, \qquad Y_y = Y'_y + Y''_y, \qquad Z_z = Z'_z + Z''_z,$$
$$Y_z = Y'_z + Y''_z = Z_y, \qquad Z_x = Z'_x + Z''_x = X_z, \qquad X_y = X'_y + X''_y = Y_x,$$

worin die eingestrichelten Größen allein vom Deformationszustand, die zweigestrichelten allein von der Geschwindigkeit abhängen. Die Bewegungsgleichungen sind dann:

$$\left.\begin{aligned}
\left(X - \frac{d^2x}{dt^2}\right)s &= \frac{\partial(X'_x + X''_x)}{\partial x} + \frac{\partial(X'_y + X''_y)}{\partial y} + \frac{\partial(X'_z + X''_z)}{\partial z},\\
\left(Y - \frac{d^2y}{dt^2}\right)s &= \frac{\partial(Y'_x + Y''_x)}{\partial x} + \frac{\partial(Y'_y + Y''_y)}{\partial y} + \frac{\partial(Y'_z + Y''_z)}{\partial z},\\
\left(Z - \frac{d^2z}{dt^2}\right)s &= \frac{\partial(Z'_x + Z''_x)}{\partial x} + \frac{\partial(Z'_y + Z''_y)}{\partial y} + \frac{\partial(Z'_z + Z''_z)}{\partial z}.
\end{aligned}\right\} \tag{40}$$

Lösungen für diese Gleichungen hat DRUDE[1]) angegeben. Näheres hierüber s. Ziff. 15.

[1]) P. DRUDE, Wied. Ann. Bd. 41, S. 759. 1890.

Für Flüssigkeiten und Gase kann man setzen:

$$X_x = p + X''_x,\ Y_y = p + Y''_y,\ Z_z = p + Z''_z,\ Y_z = Y''_z,\ Z_x = Z''_x,\ X_y = X''_y. \quad (41)$$

Nun haben gleichförmige Translations- und Rotationsgeschwindigkeiten auf den Spannungszustand keinen Einfluß; man kann also die Druckkomponenten als Funktionen der Deformationsgeschwindigkeiten allein ansehen, und zwar als lineare Funktionen, wenn die Deformationsgeschwindigkeiten hinreichend klein sind. Da beim Verschwinden der Deformationsgeschwindigkeiten auch die Druckkomponenten verschwinden müssen, so sind diese Funktionen auch als homogen anzunehmen. Die Bewegungsgleichungen werden dann:

$$\left.\begin{aligned}
\left(X - \frac{d^2x}{dt^2}\right)s &= \frac{\partial p}{\partial x} + \frac{\partial X''_x}{\partial x} + \frac{\partial X''_y}{\partial y} + \frac{\partial X''_z}{\partial z},\\
\left(Y - \frac{d^2y}{dt^2}\right)s &= \frac{\partial p}{\partial y} + \frac{\partial Y''_x}{\partial x} + \frac{\partial Y''_y}{\partial y} + \frac{\partial Y''_z}{\partial z},\\
\left(Z - \frac{d^2z}{dt^2}\right)s &= \frac{\partial p}{\partial z} + \frac{\partial Z''_x}{\partial x} + \frac{\partial Z''_y}{\partial y} + \frac{\partial Z''_z}{\partial z}.\\
Y''_z = Z''_y, \qquad & Z''_x = X''_z, \qquad X''_y = Y''_x.
\end{aligned}\right\} \quad (42)$$

Bezeichnet nun W die in der Zeiteinheit und der Volumeneinheit durch die Reibung erzeugte Wärme, so kann man unter Benutzung des Energieprinzips zeigen[1]), daß:

$$-W = X''_x \dot{x}_x + Y''_y \dot{y}_y + Z''_z \dot{z}_z + Y''_z \dot{y}_z + Z''_x \dot{z}_x + X''_y \dot{x}_y$$

ist. W ist also eine homogene quadratische Funktion der Deformationsgeschwindigkeiten. Man kann demnach ansetzen:

$$W = \lambda'(\dot{x}_x + \dot{y}_y + \dot{z}_z)^2 + 2\mu'\left(\dot{x}_x^2 + \dot{y}_y^2 + \dot{z}_z^2 + \frac{\dot{y}_z^2 + \dot{z}_x^2 + \dot{x}_y^2}{2}\right),$$

also durch Koeffizientenvergleichung:

$$\left.\begin{aligned}
X''_x &= -\lambda'\dot{d} - 2\mu'\dot{x}_x, & Y''_z &= -\mu'\dot{y}_z,\\
Y''_y &= -\lambda'\dot{d} - 2\mu'\dot{y}_y, & Z''_x &= -\mu'\dot{z}_x,\\
Z''_z &= -\lambda'\dot{d} - 2\mu'\dot{z}_z, & X''_y &= -\mu'\dot{x}_y.
\end{aligned}\right\} \quad (43)$$

Daraus folgt für Flüssigkeiten und Gase nach (41):

$$\tfrac{1}{3}(X_x + Y_y + Z_z) = p - (\lambda' + \tfrac{2}{3}\mu')\dot{d}.$$

Hier steht auf der linken Seite der Druck in einem Punkt des Körpers. Nach Untersuchungen von MAXWELL[2]) muß nun angenommen werden, daß dieser Druck von der Reibung unabhängig ist; dann muß aber sein $\lambda' = -\tfrac{2}{3}\mu'$, und es wird nach den drei ersten Gleichungen (43):

$$\begin{aligned}
X_x &= p - 2\mu'\dot{x}_x + \tfrac{2}{3}\mu'\dot{d},\\
Y_y &= p - 2\mu'\dot{y}_y + \tfrac{2}{3}\mu'\dot{d},\\
Z_z &= p - 2\mu'\dot{z}_z + \tfrac{2}{3}\mu'\dot{d}.
\end{aligned}$$

---

[1]) Siehe M. PLANCK, Einführung in die Mechanik deformierbarer Körper, §§ 23, 78. Leipzig 1919.

[2]) J. CL. MAXWELL, Phil. Trans. Bd. 156, S. 249. 1866.

Die Bewegungsgleichungen (42) erhalten also die Form:

$$\left.\begin{aligned}\left(X-\frac{d^2x}{dt^2}\right)s-\frac{\partial p}{\partial x}+\mu'\Delta u+\frac{1}{3}\mu'\frac{\partial\dot{d}}{\partial x}=0\,,\\ \left(Y-\frac{d^2y}{dt^2}\right)s-\frac{\partial p}{\partial y}+\mu'\Delta v+\frac{1}{3}\mu'\frac{\partial\dot{d}}{\partial y}=0\,,\\ \left(Z-\frac{d^2z}{dt^2}\right)s-\frac{\partial p}{\partial z}+\mu'\Delta w+\frac{1}{3}\mu'\frac{\partial\dot{d}}{\partial z}=0\,.\end{aligned}\right\}\tag{44}$$

Dividiert man diese Gleichungen durch die Dichte s, so erhalten die beiden letzten Glieder auf der linken Seite den Faktor $\nu=\mu'/s$, der nach MAXWELL als der kinetische Reibungskoeffizient bezeichnet wird. Er hat die Dimension $[l^2t^{-1}]$. Für Luft bei 0° C ist der numerische Wert etwa 0,132 cgs-Einheiten.

Nimmt man ebene Wellen an, so hat man zu setzen:

$$\dot{d}=\frac{\partial u}{\partial x}\,,\qquad \frac{\partial v}{\partial y}=\frac{\partial w}{\partial z}=0\,.$$

Seien außerdem keine äußeren Kräfte vorhanden, so ergibt sich die zuerst von STOKES[1]) angegebene Gleichung:

$$\frac{\partial^2\xi}{\partial t^2}=c^2\frac{\partial^2\xi}{\partial x^2}+\frac{4}{3}\nu\frac{\partial^3\xi}{\partial x^2\partial t}\,.\tag{45}$$

Man erkennt hieraus leicht den Zusammenhang mit der Wellengleichung, die sich daraus ergibt, wenn der kinematische Reibungskoeffizient ν verschwindet.

Für freie Wellen erhält man aus dem Ansatz $\xi=P\cos kx$, wo $k=2\pi/\lambda$ und P eine Funktion der Zeit ist:

$$\frac{d^2P}{dt^2}+\frac{4}{3}\nu k^2\frac{dP}{dt}+k^2c^2P=0\,,$$

die Lösung ist:

$$P=A\,e^{-\frac{2}{3}\nu k^2 t}\cos(\omega_1 t+\varphi)\,,$$

wo:

$$\omega_1^2=k^2c^2-\tfrac{4}{9}\nu^2k^4\,.$$

Im allgemeinen ist $c\gg\frac{2}{3}\nu k$, so daß die Reibung keinen merkbaren Einfluß auf die Wellenlänge hat. Für die allgemeine Lösung von (45) kann man dann setzen:

$$\xi=e^{-\frac{8}{3}\frac{\nu\pi^2 t}{\lambda}}\cos k(ct-x)\,.$$

Das ist eine fortschreitende Welle, die exponentiell abklingt, und zwar um so schneller, je kleiner die Wellenlänge λ, je größer also die Frequenz ist.

Nimmt man an, daß im Anfangspunkt ein bestimmtes Verschiebungsgesetz vorgeschrieben ist $\xi=a\cos\omega t$, was man sich dadurch realisiert denken kann, daß dort ein Kolben in einer Röhre sich bewegt, an deren Wandungen man die äußere Reibung vernachlässigen kann, so kann man in (45) mit dem Ansatz eingehen:

$$\xi=a\,e^{i\omega t+mx};$$

man erhält:

$$m^2=-\frac{\omega^2}{c^2+\frac{4}{3}i\nu\omega}\,.$$

---

[1]) G. G. STOKES, Cambr. Trans. Phil. Soc. Bd. 8, S. 297. 1845; vgl. auch Lord RAYLEIGH, Theory of Sound 2. Aufl., Bd. II, § 345ff. London 1896; sowie H. LAMB, Dynamical Theory of Sound 2. Aufl., S. 186ff. London 1925.

Das Verhältnis $\nu\omega/c^2$ ist im allgemeinen sehr klein; für $\omega = 1500$ ist z. B. $\nu\omega/c^2 = 1{,}8 \cdot 10^{-7}$. Also kann man setzen:

$$m = \pm \frac{i\omega}{c}\left(1 - \frac{2}{3}\,\frac{i\nu\omega}{c^2}\right).$$

Nimmt man das Minuszeichen, das einem Wellenzug entspricht, der sich in Richtung der positiven x-Achse bewegt, so findet man durch Heraussondern des reellen Teiles:

$$\xi = a\,e^{-\frac{2\nu\omega^2}{3c^3}x}\cos\omega\left(t - \frac{x}{c}\right). \tag{46}$$

Die Amplitude der fortschreitenden Welle nimmt also mit der Entfernung vom Anfangspunkt ab. Der Dämpfungsfaktor ist:

$$\frac{2\nu\omega^2}{3c^3} = \frac{8\pi^2\nu}{3\lambda^2 c},$$

also für Luft gleich $0{,}105 \cdot 10^{-3} \cdot 1/\lambda^2$. Der Effekt wird also größer mit Verkleinerung der Wellenlänge, also mit Erhöhung des Tones. Man findet z. B., daß für $\lambda = 10$ cm eine Amplitudenabnahme im Verhältnis $1/e$, d. h. auf etwa 37%, erst in etwa 10 km zu erwarten ist. Die Schallschwächung infolge der Reibung wird daher im allgemeinen neben anderen schwächenden Einflüssen, hauptsächlich dem, der von der kugelförmigen Ausbreitung herrührt, verschwinden.

Um den Einfluß der äußeren Reibung zu erfassen, sei angenommen, daß sich in der yz-Ebene eine feste Begrenzung befindet. Auf die gasförmige Materie rechts der festen Wand wirke eine periodische Kraft $Y = f\cos\omega t$ parallel zur y-Achse auf die Masseneinheit. Aus den beiden ersten Gleichungen (44) erhält man dann nach RAYLEIGH[1]) $\frac{\partial v}{\partial t} = \nu\frac{\partial^2 v}{\partial x^2} + Y$ mit den Randbedingungen, daß $v = 0$ für $x = 0$, und daß für $x = \infty$ v endlich bleiben muß. Das bedeutet die Annahme, daß unmittelbar an der festen Wand die Materie fest haftet. Die Berechtigung hierzu ergibt sich daraus, daß anderenfalls die innere Reibung des Gases viel kleiner sein müßte als die äußere an der Gefäßwand. Setzt man $Y = f \cdot e^{i\omega t}$, so ist die Lösung der Differentialgleichung:

$$v = \left(\frac{f}{i\omega} + A\,e^{mx}\right)e^{i\omega t}, \qquad \text{wo} \qquad m = \pm(1+i)\sqrt{\frac{\omega}{2\nu}}$$

ist. Unter Berücksichtigung der Randbedingungen folgt hieraus, wenn man zu reellen Werten übergeht:

$$v = \frac{f}{\omega}\sin\omega t - \frac{f}{\omega}e^{-x\sqrt{\frac{\omega}{2\nu}}}\sin\left(\omega t - \sqrt{\frac{\omega}{2\nu}}\,x\right). \tag{47}$$

Ganz ähnliche Resultate ergeben sich, wenn man statt sY den negativen Druckgradienten $-\frac{\partial p}{\partial y}$ einführt. Das erste Glied von (47) gilt allein, wenn x hinreichend groß ist. Es stellt die Geschwindigkeit dar ohne merkbaren Einfluß der Reibung. Da der Wert von $\sqrt{\frac{\omega}{2\nu}}$ im allgemeinen ziemlich groß ist, so

---

[1]) Lord RAYLEIGH, Theory of Sound 2. Aufl., Bd. II, § 347. London 1896; s. auch H. LAMB, Dynamical Theory of Sound 2. Aufl., S. 193ff. London 1925.

reicht der Einfluß der äußeren Reibung nur wenig in das Innere des Gases hinein. Für $x = 2\pi\sqrt{\frac{2\nu}{\omega}}$ z. B. sinkt er schon auf $^1/_{535}$ seines Randwertes. Diese Größe:

$$h = 2\pi\sqrt{\frac{2\nu}{\omega}} = \sqrt{\frac{4\pi\nu}{N}}$$

kann als Maß dienen dafür, wie weit die Wirkung der Reibung in die Flüssigkeit eindringt. Setzt man z. B. für Luft $\nu = 0{,}132$, so wird $h = \frac{1{,}29}{\sqrt{N}}$. Für $N = 256$ gibt das $h = 0{,}8$ mm.

Die hier entwickelte Theorie kann man zur Lösung des Problems der Schallausbreitung in Röhren benutzen. Es sei zunächst angenommen, daß der Durchmesser des Rohres zwar klein gegen die Wellenlänge, aber groß gegen h sei. Die Tangentialspannung an der Röhrenwandung ist dann:

$$\mu' \frac{\partial v}{\partial x} = -\frac{1-i}{4\pi} h s N.$$

Die gesamte Tangentialkraft, die durch die Wände eines zylindrischen Rohres vom Radius a auf die in ihm enthaltene Luft ausgeübt wird, ist dann für die Längeneinheit des Rohres:

$$\frac{1}{2}(1-i) h a \frac{\partial \bar{p}}{\partial x},$$

wenn $\bar{p}$ der mittlere Druck über den Querschnitt des Rohres ist. Daraus folgt die Gleichung[1]):

$$\frac{\partial \bar{u}}{\partial t} = -\frac{1}{s_0}\frac{\partial \bar{p}}{\partial x}\left[1 - (1-i)\frac{h}{2\pi a}\right]$$

und daraus unter Berücksichtigung von $p = p_0 + c s_0 \gamma$ und $\frac{\partial \bar{\gamma}}{\partial t} = -\frac{\partial \bar{u}}{\partial x}$:

$$\frac{\partial^2 \bar{u}}{\partial t^2} = \left[1 - (1-i)\frac{h}{2\pi a}\right] c^2 \frac{\partial^2 \bar{u}}{\partial x^2}.$$

Durch den Ansatz:

$$\bar{u} = C e^{i\omega t + m x}$$

folgt:

$$\bar{u} = C e^{-\alpha x} \cos\omega\left(t - \frac{x}{c'}\right),$$

worin:

$$c' = c\left(1 - \frac{h}{4\pi a}\right), \qquad \alpha = \frac{\omega h}{4\pi a c}$$

ist. Die Fortpflanzungsgeschwindigkeit des Schalles wird durch die Wirkung der äußeren Reibung verringert, und zwar um so mehr, je größer die Wellenlänge ist[2]). Außerdem wird aber auch die Amplitude der Schallwellen beim Fortschreiten verringert. Die Verringerung ist um so beträchtlicher, je kleiner a, d. h. je enger die Röhre ist. Weiter erkennt man, daß die Dämpfung in diesem Falle viel stärker ist als bei alleiniger Berücksichtigung der inneren Reibung. Das Verhältnis der Dämpfungskonstanten bei äußerer Reibung zu der bei innerer Reibung ist nämlich nach Gleichung (46) $\frac{3\pi\lambda^2}{h a}$.

Es war vorher angenommen worden, daß die Größe $h = \sqrt{\frac{4\pi\nu}{N}}$, von der die Eindringungstiefe der Wirkung der äußeren Reibung abhängig ist, klein sei im Vergleich zum Rohrdurchmesser. Ist diese Voraussetzung nicht mehr erfüllt, so wird die Bewegung in anderer Weise verlaufen. Macht man nun die Annahme, daß der Röhrendurchmesser so klein ist, daß er im Vergleich zu h vernachlässigt

[1]) H. LAMB, Dynamical Theory of Sound 2. Aufl., S. 196. London 1925.
[2]) Siehe hierzu auch Ziff. 8.

werden kann, so kann man den Einfluß der Massenträgheit der Flüssigkeit außer acht lassen und annehmen, daß nur der Druckgradient und die äußere Reibung sich das Gleichgewicht halten. Es ist demnach:

$$R\bar{u} = -\frac{\partial \bar{p}}{\partial x}.$$

Hierin ist R ein Widerstandskoeffizient, der von der Form des Querschnitts abhängig ist. Bei der geringen Ausdehnung des Röhrenquerschnitts kann man annehmen, daß die Vorgänge in der Flüssigkeit isotherm verlaufen, und daher das BOYLEsche Gesetz zugrunde legen: $\bar{p} = p_0(1 + \bar{\gamma})$. Hieraus und aus der Beziehung $\frac{\partial \bar{\gamma}}{\partial t} = -\frac{\partial \bar{p}}{\partial x}$ folgt die Bewegungsgleichung $\frac{\partial \bar{u}}{\partial t} = \frac{p_0}{R}\frac{\partial^2 \bar{u}}{\partial x^2}$, d. h. eine Gleichung der gleichen Form wie der Wärmeleitungsgleichung. Durch den Ansatz

$$\bar{u} = C e^{i\omega t + m x}$$

findet man[1])

$$\bar{u} = C e^{-\beta x} \cos(\omega t - \beta x),$$

worin

$$\beta = \sqrt{\frac{\omega R}{2 p_0}}$$

ist. Die Wellenlänge ist demnach $\frac{2\pi}{\beta}$, gleichzeitig nimmt, wenn die Welle diesen Weg durchläuft, die Amplitude im Verhältnis $\frac{1}{e^{2\pi}} = \frac{1}{535}$ ab.

Der Reibungskoeffizient R läßt sich nach dem POISEUILLEschen Gesetz bestimmen (s. Bd. VII ds. Handb.). Es ergibt sich für einen kreisförmigen Querschnitt:

$$R = \frac{8\mu'}{a^2},$$

für einen elliptischen nach BOUSSINESQ:

$$R = \frac{4\mu'(a^2 + b^2)}{a^2 b^2}$$

und hieraus für einen schmalen, unendlich langen Spalt von der Breite b:

$$R = \frac{4\mu'}{b^2}.$$

Für den kreisförmigen Querschnitt folgt:

$$\beta^2 = \frac{4\mu'\omega}{p_0 a^2}.$$

Wenn der Röhrenquerschnitt so klein wird, daß $\nu/\omega a^2$ groß ist, so ist die Wellenlänge im Rohr klein im Vergleich zu der in der Atmosphäre. In einem sehr engen Rohr werden Schallwellen stark gedämpft. Hierin liegt der Grund, warum poröse Körper, wie Vorhänge und Teppiche, den Schall stark absorbieren, d. h. Schallenergie in Wärmeenergie umsetzen. Auch die Erscheinung der Schallabsorption beim Durchgang durch feste Körper ist hierdurch zu erklären. Es sei verwiesen auf die Arbeiten von RAYLEIGH[2]) über die Einwirkung poröser Körper auf die Schallfortpflanzung sowie auf Ziff. 15.

Bezüglich der Wirkung der Wärmeleitung und Wärmestrahlung auf die Schallbewegung sei auf das in Ziff. 8 Gesagte verwiesen. Die Wirkung der Wärmeleitung kann demnach ebenfalls nur gering sein. In der Tat ergibt sich aus der

[1]) Siehe H. LAMB, Dynamical Theory of Sound 2. Aufl., S. 197ff. London 1925.

[2]) Lord RAYLEIGH, Phil. Mag. Bd. 16, S. 181. 1883; Scient. Pap. Bd. II, S. 220; Theory of Sound 2. Aufl. Bd. II, § 351. London 1896.

kinetischen Gastheorie nach MAXWELL[1]), daß der kinetische Reibungskoeffizient zu dem entsprechenden Wärmeleitungskoeffizienten ν' in der Beziehung steht: $\nu' = \frac{5}{2}\nu$. Eine vollständige Theorie, die beide Einflüsse berücksichtigt, wird also ganz ähnliche Erscheinungen von derselben Größenordnung ergeben, wie sie hier für den Einfluß der Wärmeleitung angegeben worden sind. STOKES[2]) fand, daß die Wirkung der Wärmestrahlung eine Amplitudenverminderung zur Folge hat von der Form: e^{-mx}, wo: $m = \frac{\varkappa - 1}{\varkappa} \frac{q}{2c}$. Hierin ist $\varkappa$ das Verhältnis der spezifischen Wärmen, und q ist der Faktor, mit dem eine kleine Luftmasse sich durch Wärmestrahlung bei konstantem Volumen nach dem Gesetz e^{-qt} abkühlt. Der Wert von q wurde von RAYLEIGH[3]) so angenommen, daß die Abkühlung auf die Hälfte des ursprünglichen Temperaturüberschusses in einer Minute erfolgt. Es folgt dann aus der STOKESschen Formel, daß eine Abnahme der Amplitude auf die Hälfte infolge der Wärmestrahlung allein erst nach Durchlaufen einer Strecke von etwa 140 km erfolgt. Nach den Bemerkungen von RAYLEIGH muß man annehmen, daß die Einwirkung der Wärmestrahlung gegen die der Wärmeleitung zurücktritt. Für den Einfluß der Wärmeleitung und der Flüssigkeitsreibung hat KIRCHHOFF[4]) den Dämpfungsfaktor berechnet:

$$m' = \frac{\omega^2}{2c^3}\left(\frac{4}{3}\nu + \frac{\varkappa - 1}{\varkappa}\nu'\right).$$

Nimmt man mit RAYLEIGH für Luft: $\nu = 0{,}14$, $\nu' = 0{,}26$ an, so wird:

$$m + m' = 0{,}14\frac{q}{c} + 0{,}12\frac{\omega^2}{c^3}.$$

Findet die Bewegung in einer zylindrischen Röhre von kreisförmigem Querschnitt statt, so ist nach KIRCHHOFF:

$$m' = \frac{\gamma\sqrt{\pi N}}{c r},$$

wo r der Querschnittsradius und

$$\gamma = \sqrt{\nu} + \frac{\varkappa - 1}{\sqrt{\varkappa}}\sqrt{\nu'} \quad \text{ist.}$$

11. Spezielle Lösungen der Wellengleichung. Ebene Wellen. Kugelwellen. Zylinderwellen. Ist in der Wellengleichung: $\frac{\partial^2\varphi}{\partial t^2} = c^2\Delta\varphi$ das Geschwindigkeitspotential φ nur abhängig von einer linearen Koordinate, etwa von x, so reduziert sich die Gleichung auf: $\frac{\partial^2\varphi}{\partial t^2} = c^2\frac{\partial^2\varphi}{\partial x^2}$. Es herrscht dann in allen Ebenen, die senkrecht zur x-Achse sind, immer der gleiche Zustand. Setzt man speziell die Lösung an als fortschreitende Sinuswelle, so sind in allen Punkten einer solchen Ebene die Phasen zu allen Zeiten gleich. Man bezeichnet eine solche Bewegung daher als ebene Welle. Die Ebenen gleicher Phase heißen Wellenflächen, die Normalen dazu Wellennormalen.

Die fortschreitende ebene Welle stellt eine Energieströmung dar in Richtung der Wellennormalen. Als Intensität einer solchen Wellenbewegung definiert man die Energiemenge, die in der Zeiteinheit durch die Flächeneinheit der Wellenfläche tritt; das ist gleichzeitig die Menge an Schwingungsenergie, die sich im stationären Zustand in einem Zylinder befindet, dessen Achse parallel zur Wellen-

---

[1]) J. CL. MAXWELL, Phil. Trans. Bd. 157, S. 49. 1867.
[2]) G. G. STOKES, Trans. Cambr. Phil. Soc. Bd. 8, S. 297. 1845.
[3]) Lord RAYLEIGH, Phil. Mag. Bd. 47, S. 308. 1899; Scient. Pap. Bd. 4, S. 376.
[4]) G. KIRCHHOFF, Pogg. Ann. Bd. 134, S. 177. 1868.

normalen liegt, dessen Querschnitt gleich der Flächeneinheit und dessen Höhe gleich der Strecke ist, die die Welle in einer Sekunde zurücklegt. Da auf dieser Strecke stets eine große Zahl von Wellenlängen liegen, so kann man sich praktisch den Zylinder zur Hälfte mit kinetischer, zur anderen Hälfte mit potentieller Energie angefüllt denken. Zur Berechnung der Gesamtenergie kann man dann auch annehmen, daß der Zylinder ganz mit kinetischer oder ganz mit potentieller Energie angefüllt sei. Nach HAHNEMANN und HECHT[1]) ergibt sich dann für die Intensität einer ebenen Welle in Abhängigkeit von der Bewegungsamplitude B, von der Geschwindigkeitsamplitude $|q| = Q$ und von der Amplitude der Druckschwankung P:

$$J = \frac{s\,c}{2}\,\omega^2 B^2 = \frac{s\,c}{2}\,Q^2 = \frac{P^2}{2\,s\,c}\,. \tag{48}$$

Daraus folgt für das Verhältnis von Bewegungsamplitude zu Druckamplitude: $B/P = s\,c\,\omega$. Zwischen Druck und Geschwindigkeitsamplitude ergibt sich für ebene Wellen die Beziehung $P/Q = c\,s$. Diese Größe wird von HAHNEMANN und HECHT[2]) in Anlehnung an RAYLEIGH[3]) als Schallhärte des betreffenden Mediums definiert (vgl. hierzu Ziff. 14). Je größer die Schallhärte ist, um so größere Drucke sind erforderlich, um eine bestimmte Geschwindigkeit zu erzeugen.

Weiter findet man für die Intensität in Abhängigkeit von Druck- und Geschwindigkeitsamplitude die Formel: $J = \frac{1}{2}\,Q \cdot P$. HAHNEMANN und HECHT weisen auf die Analogie hin, die zwischen diesem Ausdruck und dem für die Leistung eines Wechselstromes mit den Maximalwerten Q und P für Strom und Spannung besteht.

Wird andererseits angenommen, daß das Geschwindigkeitspotential außer von der Zeit t nur von der Entfernung $r = \sqrt{x^2 + y^2 + z^2}$ des Aufpunktes vom Koordinatenanfangspunkt abhängt, so wird:

$$\varDelta\varphi = \frac{1}{r}\,\frac{\partial^2 (r\varphi)}{\partial r^2}\,,$$

und die Wellengleichung lautet:

$$\frac{\partial^2 (r\varphi)}{\partial t^2} = c^2\,\frac{\partial^2 (r\varphi)}{\partial r^2}\,,$$

deren allgemeine D'ALEMBERTsche Lösung ist:

$$\varphi = \frac{1}{r}\,[g(r - ct) + f(r + ct)]\,. \tag{49}$$

Das sind zwei Wellen, von denen sich die eine symmetrisch vom Anfangspunkt entfernt, während sich die andere ihm in gleicher Weise nähert. Die Wellenflächen sind in diesem Fall konzentrische Kugelflächen; man bezeichnet solche Wellen daher als Kugelwellen. Die Wellennormalen sind die Richtungen der Radien der konzentrischen Kugelflächen. Für $r = 0$, also im Anfangspunkt, ist eine besondere Untersuchung erforderlich, weil nach der angegebenen Lösung φ dort unendlich werden müßte. Man stelle sich vor, es sei nur die nach innen fortschreitende Kugelwelle vorhanden, wie sie durch $f(r + ct)$ dargestellt wird, und es sei gefragt, was aus dieser Kugelwelle wird, wenn sie den Anfangspunkt erreicht hat. Da nun in der Natur keine unendlich großen Geschwindigkeiten vorkommen können, so ist φ auch für $r = 0$ endlich und es ist:

$$f(ct) + g(-ct) = 0 \qquad \text{oder} \qquad f(ct - r) + g(r - ct) = 0$$

und daher nach (49):

$$\varphi = \frac{1}{r}\,[f(ct + r) - f(ct - r)]\,.$$

---

[1]) W. HAHNEMANN u. H. HECHT, Phys. ZS. Bd. 17, S. 601. 1916.

[2]) G. GEHLHOFF, Lehrb. d. techn. Physik Bd. I, S. 150. Leipzig 1924.

[3]) Lord RAYLEIGH, Theory of Sound, 2. Aufl., Bd. II, § 270. London 1896.

Es findet also im Anfangspunkt eine Art Reflexion der Kugelwelle statt, die Kugelwelle geht gewissermaßen im Anfangspunkt durch sich selbst hindurch. Im übrigen vergleiche hierzu die Darstellungen bei PLANCK[1]) und RAYLEIGH[2]).

Betrachtet man nur die Welle, die sich nach außen fortpflanzt, so kann man bei harmonischem Bewegungstypus das Geschwindigkeitspotential schreiben in der Form:

$$\varphi = \frac{A}{4\pi r}\cos\omega\left(t - \frac{r}{c}\right). \tag{50}$$

Daraus kann man dann das ganze Schallfeld nach den Formeln berechnen:

$$p = s\frac{\partial\varphi}{\partial t}, \qquad u = -\frac{\partial\varphi}{\partial r}$$

[vgl. Ziff. 4, Gleichung (24) und (26)]. Hierin ist p die Druckänderung, u die Radialgeschwindigkeit. Man findet nach HAHNEMANN und HECHT[3])

$$p = \frac{s\omega A}{4\pi r}\sin\omega\left(t - \frac{r}{c}\right),$$

$$u = \frac{\omega A}{4\pi r c}\sqrt{1 + \left(\frac{\lambda}{2\pi r}\right)^2}\sin\left[\omega\left(t - \frac{r}{c}\right) - \psi\right],$$

wo:

$$\sin\psi = \frac{\lambda/2\pi r}{\sqrt{1 + (\lambda/2\pi r)^2}}, \qquad \cos\psi = \frac{1}{\sqrt{1 + (\lambda/2\pi r)^2}}, \qquad \operatorname{tang}\psi = \frac{c}{\omega r} = \frac{\lambda}{2\pi r} = \frac{1}{k r}$$

ist. Es besteht also zwischen Druck und Geschwindigkeit bei Kugelwellen ein Phasenunterschied, und zwar eilt der Druck der Geschwindigkeit voraus. Diese Phasenverschiebung ist um so größer, je länger die Wellenlänge ist. Außerdem nimmt sie mit der Entfernung von der Schallquelle ab. Hierin spricht sich die Tatsache aus, daß Kugelwellen in hinreichendem Abstand von der Schallquelle als eben zu betrachten sind. In der Tat beginnt die fragliche Phasenverschiebung, wenn die Entfernung von der Schallquelle die Größe der Wellenlänge erreicht, praktisch bedeutungslos zu werden. Dann besteht wie bei ebenen Wellen zwischen Druck- und Geschwindigkeitsamplitude die Gleichung

$$P = c s Q.$$

Die Beziehung zwischen Druck und Geschwindigkeit läßt sich auf die Form bringen:

$$c s \cos^2\psi \cdot u + \frac{c s}{\omega}\cos\psi\sin\psi\frac{du}{dt} = p. \tag{51}$$

HAHNEMANN und HECHT weisen darauf hin, daß diese Gleichung dieselbe Form hat wie die Differentialgleichung für die Vorgänge in einem elektrischen Stromkreis mit Widerstand und Selbstinduktion:

$$R i + L\frac{di}{dt} = e.$$

Demnach muß sich auch für die Intensität eine Formel ergeben, die der für die elektrische Leistung analog ist. In der Tat findet man:

$$J = \frac{\omega}{2\pi}\int_0^{\frac{2\pi}{\omega}} p u\, dt = \frac{c s}{2}\cos^2\psi \cdot Q^2 = \frac{1}{2} Q P\cos\psi = \frac{\omega^2 s A^2}{32\pi^2 r^2 c}, \qquad P = c s Q\cos\psi.$$

---

1) M. PLANCK, Einführung in die Mechanik deformierbarer Körper, S. 109f. Leipzig 1919.
2) Lord RAYLEIGH, Theory of Sound, 2. Aufl., Bd. II, § 279. London 1896.
3) W. HAHNEMANN u. H. HECHT, Phys. ZS. Bd. 17, S. 603f. 1916.

Die gesamte, durch eine Wellenfläche hindurchtretende Leistung ist also:

$$L = \frac{\omega^2 s A^2}{8\pi c} = \frac{k^2 s c A^2}{8\pi},$$

wo $k = 2\pi/\lambda$ ist. L ist unabhängig von r, wie von vornherein zu erwarten ist. Der gesamte, durch eine Kugel vom Radius r hindurchtretende Betrag an Masse, der Mediumstrom, ist:

$$4\pi r^2 \frac{\partial\varphi}{\partial r} = A[\cos k(ct - r) - kr \sin k(ct - r)],$$

und das wird, wenn r klein ist, einfach gleich $A \cos kct$. A kann man also unter diesen Umständen als die Amplitude des Mediumstroms bezeichnen. Liegen nun die Verhältnisse so, daß eine Ausbreitung nicht im freien Raum erfolgen kann, sondern nur innerhalb eines starrwandigen Kegels, eines konischen Trichters, in dessen Spitze sich die Quelle befindet mit dem räumlichen Öffnungswinkel Θ, so ist:

$$\varphi = \frac{A}{\Theta r} \cos k(ct - r).$$

Für die von der Quelle abgegebenen Leistung findet man dann:

$$L = \frac{k^2 s c A^2}{2\Theta}.$$

Ist der Öffnungswinkel gleich 2π, liegt also die Quelle in unmittelbarer Nähe einer starren Wand, so wird $L = \frac{k^2 s c A^2}{4\pi}$, also doppelt so groß, wie wenn die Quelle sich im freien Raume befände. Durch Verkleinerung des Öffnungswinkels kann man also, wenn man vom Einfluß der Reibung absieht, einer gegebenen Quelle jede beliebige Energie entnehmen[1]). Durch diese Überlegungen erklärt sich die Wirksamkeit von Trichtern und Sprachrohren. Nach den Reziprozitätssätzen[2]) kann man die Resultate dann auch sinngemäß auf Hörrohre anwenden.

Betrachtet man einen langen Trichter mit der x-Achse als Symmetrieachse, den räumlichen Öffnungswinkel Θ und dem Querschnitt S, der mit x veränderlich ist, so folgt aus der Kontinuitätsgleichung in der Form: $S\frac{\partial\gamma}{\partial t} + \frac{\partial}{\partial x}(S\dot{\xi}) = 0$, worin γ die Verdichtung ist, nach WEBSTER[3]):

$$\ddot{\varphi} = c^2 \frac{\partial^2\varphi}{\partial x^2} + c^2 \frac{\partial\varphi}{\partial x} \frac{\partial}{\partial x} (\ln S)$$

und daraus für einen kegelförmigen Trichter:

$$\frac{\partial^2(x\varphi)}{\partial t^2} = c^2 \frac{\partial^2(x\varphi)}{\partial x^2}$$

mit der Lösung

$$\varphi = \frac{A'}{x} e^{i\omega\left(t - \frac{x}{c}\right)} + \frac{B'}{x} e^{i\omega\left(t + \frac{x}{c}\right)}.$$

Liegt nicht eine punktförmige Quelle in der Kegelspitze, sondern eine flächenhaft ausgedehnte im Abstand x_1 davon, so kann man sie als Ausschnitt einer pulsierenden Kugel betrachten (s. Ziff. 12), und es ist nach KELLOGG[4]):

$$\varphi = \frac{A}{\Theta x} \frac{(1 - k x_1)}{1 + k^2 x_1^2} e^{i\omega t} \cdot e^{ik(x_1 - x)}$$

[1]) Vgl. hierzu Lord RAYLEIGH, Theory of Sound, 2. Aufl., Bd. II, § 280. London 1896.

[2]) Siehe Kap. 3, Ziff. 8; vgl. auch Lord RAYLEIGH a. a. O. § 294.

[3]) A. G. WEBSTER, Proc. Nat. Acad. Amer. Bd. 5, S. 275, 1919; experimentelle Bestätigung der Theorie bei A. G. WEBSTER, ebenda Bd. 6, S. 316, 1920, sowie bei G. W. STEWART, Phys. Rev. Bd. 15, S. 229, 1920; Bd. 16, S. 313, 1920. Vgl. auch J. B. CRANDALL, Theory of Vibrating Systems and Sound S. 152ff., New York 1926.

[4]) E. W. KELLOGG, Gen. Electr. Rev. Bd. 17, S. 556. 1924.

und daraus die Intensität an der Stelle des Querschnitts: $S = \Theta x^2$:

$$J = \frac{A^2 s c}{2 S \Theta} \frac{k^2}{(1 + k^2 x_1^2)} .$$

Bei niederen Frequenzen ist diese Intensität proportional zum Quadrat der Frequenz und nähert sich für hohe Frequenzen einem Wert, der umgekehrt proportional der Fläche der Quelle ist. Je größer x_1 ist, um so breiter wird der praktisch verzerrungsfrei übertragene Frequenzbereich.

Für einen langen Trichter mit exponentieller Änderung des Querschnitts: $S = S_1 e^{m x}$ wird:

$$\frac{\partial^2 \varphi}{\partial x^2} + m \frac{\partial \varphi}{\partial x} + k^2 \varphi = 0$$

und demnach:

$$\varphi = A_1 e^{-\alpha x} \cdot \cos(\omega t - \beta x),$$

wo $\alpha = m/2$, $\beta = \frac{1}{2}\sqrt{4 k^2 - m^2}$ ist.

Außer der Dämpfung, die hier nicht durch Reibung entsteht, ist eine weitere Folge der exponentiellen Querschnittsänderung eine Änderung der Ausbreitungsgeschwindigkeit; es wird nämlich:

$$c' = \frac{c}{\sqrt{1 - m^2/4 k^2}} ,$$

und die Intensität im Querschnitt S ist:

$$J = \frac{s c A^2}{2 S S_1} \sqrt{1 - \frac{m^2 c^2}{4 \omega^2}} .$$

Dies gilt nur, solange $\omega > \frac{m c}{2}$ ist, unterhalb dieser Frequenz wirkt der Trichter stark dämpfend, oberhalb davon ist er jedoch dem kegelförmigen Trichter überlegen[1]). Weiteres über Trichter siehe auch Artikel „Musikinstrumente und ihre Klänge“ Ziff. 48, ds. Bd. Kap. 8, sowie Artikel „Elektrische Schallsender“ Ziff. 2, ds. Bd. Kap. 7 und Artikel „Schallausbreitung“ Ziff. 7, ds. Bd. Kap. 15.

In weiterer Fortführung der Analogie mit den elektrischen Vorgängen kann man die Gleichung (51) schreiben:

$$w u + m \frac{d u}{d t} = p . \tag{52}$$

Demnach könnte man dann $w = c s \cos^2 \psi$ als akustischen Widerstand pro Einheit der Oberfläche betrachten. Er gibt ein Maß für die ins Schallfeld abgegebene Energie und kann daher als Strahlungswiderstand pro Flächeneinheit bezeichnet werden. Die Intensität kann man dann darstellen durch $J = \frac{1}{2} w Q^2$. $m = \frac{c s}{\omega} \sin\psi \cos\psi = r s \sin^2 \psi$ ist eine pro Flächeneinheit des durchströmten Querschnittes mitschwingende Mediummasse, die eine wattlose Komponente des Druckes erzeugt.

Es folgt also, daß eine divergente Schallausbreitung im Gegensatz zur ebenen Ausbreitung ähnlich wirkt wie in der Elektrizität die Einschaltung einer Selbstinduktion. In ähnlicher Weise läßt sich zeigen, daß eine konvergente Schallausbreitung ihr elektrisches Analogon in der Wirkung einer Kapazität findet.

Eine weitere spezielle Lösung der Wellengleichung findet man, wenn man annimmt, daß die Bewegung von einer orthogonalen Koordinate, etwa von z, unabhängig sei, daß also Zylindersymmetrie herrsche. Führt man dann ebene

[1]) C. R. HANNA u. J. SLEPIAN, Journ. Amer. Inst. Elect. Eng. Bd. 43, S. 250. 1924.

Polarkoordinaten r und ϑ ein, so lautet die Wellengleichung für einfach harmonische Bewegungen:

$$\frac{\partial^2 \varphi}{\partial r^2} + \frac{1}{r}\frac{\partial \varphi}{\partial r} + k^2 \varphi = 0 .$$

Die allgemeine Lösung ist:

$$\varphi = A J_0(k r) + B Y_0(k r),$$

wo J_0 und Y_0 die BESSELschen Funktionen erster bzw. zweiter Art von der nullten Ordnung sind. Ist kr sehr groß, liegt also der betrachtete Punkt in einem Abstand von der z-Achse, der groß gegen die Wellenlänge ist, so kann man setzen[1]:

$$\varphi = \sqrt{\frac{\pi}{2 k r}} \cos k\left(c t - r - \frac{\lambda}{8}\right).$$

Man sieht also, daß auch die Zylinderwelle in großer Entfernung vom Ursprung näherungsweise als ebene Welle angesehen werden kann. Gleichzeitig ergibt sich das Gesetz der Amplitudenabnahme mit der Entfernung von der Quelle zu $r^{-\frac{1}{2}}$, während es bei der Kugelwelle r^{-1} war[2].

12. Theorie der akustischen Strahler. Eine wichtige Aufgabe der Akustik ist es, zu untersuchen, in welcher Weise die Schwingungen schallerzeugender Körper auf das Schallfeld übertragen werden und wie das Medium, das das Schallfeld bildet, auf Bewegungen der Schallerzeuger zurückwirkt. Um überhaupt das Zustandekommen eines Schallfeldes mathematisch zu erfassen, muß man einen Ausdruck finden, für die Wirkungen, die irgendeine Störung an einem beliebigen entfernten Punkte des Schallfeldes hervorbringt. Hierzu kann man nach RAYLEIGH[3] in folgender Weise gelangen: Man findet aus der POISSONschen Lösung der Wellengleichung [s. Ziff. 5, Gleichung (30)]:

$$\varphi = \frac{d\tau}{4\pi c^2 r}\,\Phi\left(t - \frac{r}{c}\right).$$

Hierin ist $d\tau$ ein Volumenelement, in dem eine gleichförmige Störung von der Form Φ erzeugt wird; r ist der Abstand der Punkte des Raumelementes vom Aufpunkt. Die Störung pflanzt sich also symmetrisch nach allen Richtungen mit der Geschwindigkeit c fort. Die Amplitude ist umgekehrt proportional zu der Entfernung von der Quelle. Hiernach kann die allgemeine Lösung der Gleichung:

$$\frac{\partial^2 \varphi}{\partial t^2} = c^2 \Delta\varphi + \Phi$$

geschrieben werden:

$$\varphi = \frac{1}{4\pi c^2}\iiint \Phi\left(t - \frac{r}{c}\right)\frac{d\tau}{r},$$

worin die Integration über den ganzen von Quellen erfüllten Raumteil zu erstrecken ist. Setzt man einfach harmonische Bewegungen voraus, so nimmt die Wellengleichung die Form an:

$$\Delta\varphi + k^2\varphi + \frac{1}{c^2}\Phi = 0,$$

worin

$$k = \frac{\omega}{c} = \frac{2\pi}{\lambda}$$

ist. Die Lösung wird dann, wenn man

$$\Phi\left(t - \frac{r}{c}\right) = e^{-ikr}\Phi(t)$$

setzt,

$$\varphi = -\frac{1}{4\pi c^2}\iiint \frac{e^{-ikr}}{r}\,\Phi\, d\tau .$$

[1] Siehe z. B. P. SCHAFHEITLIN, Theorie der Besselschen Funktionen, S. 42. Leipzig u. Berlin 1908.

[2] Lord RAYLEIGH, Theory of Sound Bd. II, §§ 275, 339, 342.

[3] Lord RAYLEIGH, Theory of Sound Bd. II, § 276ff.

Stellt man sich die Quellenverteilung flächenförmig vor, so ist:

$$\varphi = -\frac{1}{4\pi c^2}\iint \frac{e^{-ikr}}{r}\,\Phi' d\sigma,$$

worin $\Phi' = \Phi b$ und b die Dicke der Schicht bedeutet. Die Flächendivergenz einer solchen Doppelschicht von Quellen ist nach HELMHOLTZ[1]):

$$\frac{\partial\varphi}{\partial n_1} + \frac{\partial\varphi}{\partial n_2} = -\frac{1}{c^2}\,\Phi',$$

worin n_1 und n_2 die nach außen gerichteten Normalrichtungen zu beiden Seiten der Fläche bedeuten. Handelt es sich um eine Ebene, so ist:

$$\frac{\partial\varphi}{\partial n_1} = \frac{\partial\varphi}{\partial n_2} = -\frac{1}{2c^2}\,\Phi',$$

und es wird das Geschwindigkeitspotential einer Ebene, die mit der Normalgeschwindigkeit $\delta\varphi/\partial n$ sich bewegt:

$$\varphi = \frac{1}{2\pi}\iint \frac{\partial\varphi}{\partial n}\,\frac{e^{-ikr}}{r}\,d\sigma. \tag{53}$$

Für eine punktförmige Quelle ist [vgl. Ziff. 11, Gleichung (50)]:

$$\varphi = \frac{A}{4\pi r}\,e^{ik(ct-r)}, \tag{54}$$

oder in reeller Form

$$\varphi = \frac{A}{4\pi r}\cos k(ct - r),$$

A ist nach Ziff. 11 die Amplitude des Mediumstromes, der von einer solchen Quelle aus durch eine konzentrische Kugel vom Radius r geht. Man bezeichnet diese Größe auch als Stärke oder Ergiebigkeit der Quelle.

Eine andere Einteilung der verschiedenen Strahler als nach ihrer geometrischen Form, die auch zu weiteren Erkenntnissen führt, ergibt sich aus der Bemerkung, daß, wenn φ der Wellengleichung $\Delta\varphi = \frac{1}{c^2}\ddot{\varphi}$ genügt, dies auch von $\frac{\partial\varphi}{\partial x}$, $\frac{\partial\varphi}{\partial y}$, $\frac{\partial\varphi}{\partial z}$ und allen höheren Ableitungen von φ nach den Orthogonalkoordinaten gilt. Auf diesem Wege hat MAXWELL[2]) das NEWTONsche Potential $1/r$ behandelt. Er erhält dann durch Differentiation nach verschiedenen Richtungen das Potential eines Multipols mit den Achsen, die den Richtungen, nach denen differentiiert wurde, entsprechen[3]). HELMHOLTZ[4]) hat diesen Weg auch für das Geschwindigkeitspotential $r^{-1}\cdot e^{-ikr}$ angedeutet. Man kommt aber nach einer Bemerkung von RAYLEIGH[5]) auf diesem Wege für höhere Glieder nicht zu einfachen Lösungen. RAYLEIGH[6]) selbst hat daher eine Methode gewählt, die der im folgenden angegebenen entspricht.

Wenn man die Wellengleichung in der Form für harmonische Vorgänge:

$$\Delta\varphi + k^2\varphi = 0,$$

nach räumlichen Polarkoordinaten transformiert, so erhält man:

$$\frac{1}{r^2\sin\vartheta}\left[\frac{\partial}{\partial r}\left(r^2\sin\vartheta\,\frac{\partial\varphi}{\partial r}\right) + \frac{\partial}{\partial\psi}\left(\frac{1}{\sin\vartheta}\,\frac{\partial\varphi}{\partial\psi}\right) + \frac{\partial}{\partial\vartheta}\left(\sin\vartheta\,\frac{\partial\varphi}{\partial\vartheta}\right)\right] + k^2\varphi = 0. \tag{55}$$

---

[1]) H. v. HELMHOLTZ, Crelles Journ. Bd. 57, S. 21. 1859; Wiss. Abh. Bd. I, S. 326. Leipzig 1882.

[2]) J. CL. MAXWELL, Treatise on Electricity and Magnetism, Oxford 1881, deutsch von B. WEINSTEIN, Bd. I, S. 194ff. Berlin 1883.

[3]) Vgl. R. COURANT u. D. HILBERT, Methoden der math. Physik Bd. I, S. 423ff. Berlin 1924.

[4]) H. v. HELMHOLTZ, Vorlesungen über die math. Prinzipien der Akustik, S. 170ff Leipzig 1898.

[5]) Lord RAYLEIGH, Theory of Sound Bd. II, § 325.

[6]) Ebenda § 323ff., vgl. auch R. COURANT u. D. HILBERT, a. a. O. S. 195, 263ff., 420ff.

Durch den Ansatz:
$$\varphi = Y(\psi,\ \vartheta)\cdot f(r),$$
wo Y nur von ψ und ϑ, f nur von r abhängt, ergibt sich, daß:
$$\frac{(r^2 f')' + k^2 r^2 f}{f} = -\frac{r^2 \Delta Y}{Y} = -\frac{1}{Y\sin\vartheta}\left[\frac{\partial}{\partial\psi}\left(\frac{1}{\sin\vartheta}\frac{\partial Y}{\partial\psi}\right) + \frac{\partial}{\partial\vartheta}\left(\sin\vartheta\frac{\partial Y}{\partial\vartheta}\right)\right] = C \tag{56}$$
eine Konstante sein muß. Zur Bestimmung dieser Konstanten ist zu beachten, daß die Gleichung:
$$\frac{1}{\sin\vartheta}\left[\frac{\partial}{\partial\psi}\left(\frac{1}{\sin\vartheta}\frac{\partial Y}{\partial\psi}\right) + \frac{\partial}{\partial\vartheta}\left(\sin\vartheta\frac{\partial Y}{\partial\vartheta}\right)\right] + CY = 0. \tag{57}$$
eine in ψ mit der Periode 2π periodische Lösung haben muß; weiter müssen für $\vartheta = 0$ und $\vartheta = \pi$ sich reguläre Lösungen ergeben, die von ψ unabhängig sind. Diesen Bedingungen kann nur entsprochen werden[1]), wenn $C = n(n+1)$ ist, wo $n = 0, 1, 2, \ldots$ ist, und zwar durch die Laplaceschen Kugelfunktionen $Y_n(\vartheta, \psi)$. Diese lassen sich als ganze rationale Funktionen der Koordinaten x, y, z darstellen, die homogen vom Grade n sind. Weiter läßt sich zeigen, daß es für jedes n $2n+1$ linear unabhängige Funktionen Y_n gibt, und daß die Differentialgleichung (57) keine anderen Eigenfunktionen, also auch keine anderen Eigenwerte als $n(n+1)$, wo n null- oder ganzzahlig ist, haben kann. Für die Funktion $f(r)$ ergibt sich die Differentialgleichung:
$$(r^2 f')' - n(n+1) f + k^2 r^2 f = 0,$$
deren Lösung ist[2]):
$$f(r) = S_n(kr) = \frac{1}{\sqrt{r}} J_{n+\frac{1}{2}}(kr),$$
wo $J_{n+\frac{1}{2}}$ die Besselsche Funktion von der Ordnung $n + \frac{1}{2}$ bedeutet. Diese Funktion läßt sich stets durch trigonometrische Funktionen ausdrücken[3]). Die Lösungen der Differentialgleichung (55) sind also darzustellen in der Form:
$$\varphi_n = \frac{1}{\sqrt{r}} Y_n(\vartheta, \psi) J_{n+\frac{1}{2}}(kr).$$
Für die allgemeinen Laplaceschen Kugelfunktionen $Y_n(\vartheta, \psi)$ gilt:
$$Y_n(\vartheta, \psi) = \frac{a_{n0}}{2} P_n(\cos\vartheta) + \sum_{\nu=1}^{n} (a_{n\nu}\cos\nu\psi + b_{n\nu}\sin\nu\psi) P_{n\nu}(\cos\vartheta).$$
Hierin sind die P_n die Legendreschen Polynome:
$$P_n(x) = \frac{1\cdot 3\cdot 5\ldots(2n-1)}{n!}\left[x^n - \frac{n(n-1)}{2(2n-1)}x^{n-2} + \frac{n(n-1)(n-2)(n-3)}{2\cdot 4\cdot(2n-1)(2n-3)}x^{n-4} + \cdots\right]$$
die $P_{n\nu}$ die sog. zugeordneten Legendreschen Funktionen νter Ordnung:
$$P_{n\nu}(x) = \left(\sqrt{1-x^2}\right)^\nu \frac{d^\nu}{dx^\nu}[P^\nu(x)].$$
Die Lösungen für $n = 0, 1, 2$ werden nach passender Bestimmung der Integrationskonstanten:
$$\left.\begin{aligned}
\varphi_0 &= \frac{1}{\sqrt{r}} Y_0 J_{\frac{1}{2}}(kr)\sin kct = \sqrt{\frac{2}{\pi k}}\, Y_0 \frac{\sin kr}{r}\sin kct,\\
\varphi_1 &= \frac{1}{\sqrt{r}} Y_1 J_{\frac{3}{2}}(kr)\sin kct = \sqrt{\frac{2}{\pi k}}\,\frac{1}{r} Y_1\left(\frac{\sin kr}{kr} - \cos kr\right)\sin kct,\\
\varphi_2 &= \frac{1}{\sqrt{r}} Y_2 J_{\frac{5}{2}}(kr)\sin kct = \sqrt{\frac{2}{\pi k}}\,\frac{1}{r} Y_2\left[\left(\frac{3}{k^2 r^2} - 1\right)\sin kr - \frac{3}{kr}\cos kr\right]\sin kct.
\end{aligned}\right\} \tag{58}$$

---

[1]) R. Courant u. D. Hilbert, Methoden der math. Physik Bd. I, S. 420ff. Berlin 1924.
[2]) R. Courant u. D. Hilbert, Methoden der math. Physik Bd. I, S. 258. Berlin 1924.
[3]) Z. B.: P. Schafheitlin, Theorie der Besselschen Funktionen, S. 27. Leipzig u. Berlin 1908.

Hierin ist:

$$\left.\begin{aligned} Y_0 &= \frac{a_{00}}{2}, \\ Y_1 &= \frac{a_{10}}{2}\cos\vartheta + (a_{11}\cos\psi + b_{11}\sin\psi)\sin\vartheta \\ Y_2 &= \frac{a_{20}}{}(3\cos^2\vartheta - 1) + (a_{21}\cos\psi + b_{21}\sin\psi)\sin\vartheta\cos\vartheta \\ &\qquad + (a_{22}\cos 2\psi + b_{22}\sin 2\psi)\sin^2\vartheta. \end{aligned}\right\} \tag{59}$$

Man kann das hier abgeleitete Geschwindigkeitspotential als solches deuten, das von irgendeiner Schwingungsbewegung herrührt, die von der Oberfläche einer Kugel erzeugt wird. Die allgemeinste Bewegung entsteht durch Übereinanderlagerung der Einzellösungen. Betrachtet man einen solchen kugelförmigen Strahler, so läßt sich dessen Bewegung immer in dieser Weise beschreiben. Besonderes Interesse verdienen solche Bewegungen, die durch ein einziges Glied der allgemeinen Lösung dargestellt werden. Man bezeichnet dann den Strahler nach der Ordnung der in φ auftretenden Kugelfunktionen z. B. als Strahler $n$ter Ordnung.

Das Geschwindigkeitspotential eines Strahlers nullter Ordnung kann aus (58) auf die Form gebracht werden:

$$\varphi = \frac{A}{4\pi r}\cos k(ct - r).$$

Das ist dieselbe Form, die für das Geschwindigkeitspotential einer punktförmigen Quelle gefunden worden war [s. Gleichung (54)]. Es entstehen also einfache Kugelwellen, deren Mittelpunkt mit der punktförmigen Störung zusammenfällt. Hier ist nun diese Störungsquelle zu denken als Kugeloberfläche, die symmetrisch und gleichphasig schwingt, dergestalt, daß der Mittelpunkt in Ruhe bleibt, während die Oberfläche sich durch Bewegungen in radialer Richtung periodisch vergrößert und verkleinert. Durch Einsetzen der geeigneten Grenzbedingungen kann man das Geschwindigkeitspotential, das von einer solchen „pulsierenden" Kugel vom Radius R herrührt, auf die Form bringen:

$$\varphi = \frac{R^2(1 - ikR)\,\dot{\xi}_0}{r(1 + k^2R^2)}\,e^{i[\omega t - k(r - R)]},$$

worin ξ_0 die Geschwindigkeitsamplitude an der Kugeloberfläche ist.

Es war oben [s. Gleichung (52)] gefunden worden, daß man in Analogie zu elektrischen Vorgängen die Bewegung des Strahlers darstellen kann durch:

$$p = wu + m\frac{du}{dt}$$

wo p und u Druckänderung und Geschwindigkeit darstellen.

$$m = \frac{cs}{\omega}\sin\psi\cos\psi = rs\sin^2\psi$$

ist die pro Oberflächeneinheit mitschwingende Mediummasse, $w = cs\cos^2\psi$ der akustische Widerstand. Weiter ist:

$$\sin\psi = \frac{\lambda/2\pi r}{\sqrt{1 + (\lambda/2\pi r)^2}}, \qquad \cos\psi = \frac{1}{\sqrt{1 + (\lambda/2\pi r)^2}}.$$

Wird der Radius klein gegen die Wellenlänge, so ist die gesamte mitschwingende Mediummasse $M = 4\pi r^3 s$ unabhängig von der Frequenz und gleich der dreifachen Masse des Strahlers, wenn man sich dessen Volumen durch das Strahlungsmedium ausgefüllt denkt. Der gesamte Strahlungswiderstand $W = 4\pi r^2 cs\cos^2\psi$ wird für große Strahler, wenn $r \gg \lambda$ ist, $W = 4\pi r^2 cs$, ist also dann unabhängig von der Frequenz, für kleine Strahler dagegen, wenn $r \ll \lambda$ ist, $W = \frac{4\pi r^4 s \omega^2}{c}$.

Für das logarithmische Dekrement $\mathfrak{d} = \frac{\pi W}{\omega M}$ bzw. die Dämpfung $D = \frac{W}{\omega M}$ findet man:

$$\mathfrak{d} = 2\pi^2 \frac{r}{\lambda} = \frac{\pi \omega r}{c}, \qquad D = 2\pi \frac{r}{\lambda} = \frac{\omega r}{c}.$$

Für Strahler nullter Ordnung gilt also allgemein das Gesetz, daß die Strahlungsdämpfung proportional der Frequenz ist; außerdem wächst sie mit zunehmender Größe des Strahlers.

Beim Strahler erster Ordnung treten nach Gleichung (58) nicht nur Radialgeschwindigkeiten, sondern auch Tangentialgeschwindigkeiten auf, die allerdings zur Strahlung nichts beitragen. Im allgemeinen Fall sind diese Tangentialkomponenten gegeben durch $\frac{\partial \varphi}{\partial \vartheta}$ und $\frac{\partial \varphi}{\partial \psi}$. Der wichtigste Fall ist der, wo Y_1 nur von ϑ abhängig ist, also das zweite Glied von Y_1 verschwindet. In diesem Fall hat die Tangentialgeschwindigkeitskomponente $\frac{\partial \varphi}{\partial \vartheta}$ am Äquator ein Maximum, an den Polen verschwindet sie, während die Druckänderung an den Polen Maxima hat und am Äquator verschwindet. Die Bewegung stellt sich dann dar als die einer masselosen starren, um ihre Gleichgewichtslage als Ganzes schwingenden Kugel. Nimmt man zwei punktförmige Quellen an mit den Ergiebigkeiten $+A$ und $-A$, die also in ihrer Phase entgegengesetzt sind, im Abstand b voneinander, so heißt $A \cdot b$ das Moment der Doppelquelle. Nähert man die beiden Quellen einander immer mehr, jedoch so, daß das Moment endlich bleibt, so erhält man einen sog. Dipol. Das Geschwindigkeitspotential eines solchen Dipols vom Moment 1 ist nach LAMB[1]):

$$\varphi = \frac{1}{4\pi r^2}(1 + ikr)e^{-ikr}\cos\vartheta,$$

eine Formel, die sich auch unmittelbar aus den vorstehenden Darlegungen ergibt. Das Schallfeld eines Strahlers erster Ordnung ist also polarisiert.

Als Kraftgleichung für einen solchen Strahler erster Ordnung findet RAYLEIGH[2]):

$$K = \alpha \frac{4\pi r^3 s}{3} \frac{du}{dt} + \beta k c \frac{4\pi r^3 s}{3} u = M \frac{du}{dt} + W u, \tag{60}$$

wo:

$$\alpha = \frac{2 + k^2 r^2}{4 + k^4 r^4}, \qquad \beta = \frac{k^3 r^3}{4 + k^4 r^4}$$

ist. Der Strahlungswiderstand ist:

$$W = kc \frac{4\pi r^3 s}{3} \beta = kc \frac{4\pi r^3 s}{3} \frac{k^3 r^3}{4 + k^4 r^4},$$

für kleine Strahler, also für $r \ll \lambda$, ist das:

$$W = \frac{\pi}{3} c s k^4 r^6,$$

für große Strahler, also für $r \gg \lambda$, ist das:

$$W = \tfrac{4}{3} \pi c s r^2,$$

also unabhängig von der Frequenz. Für die mitschwingende Mediummasse findet sich:

$$M = \alpha \frac{4\pi r^3 s}{3} = \frac{4\pi r^3 s}{3} \frac{2 + k^2 r^2}{4 + k^4 r^4}.$$

---

[1]) H. LAMB, Dynamical of Sound 2. Aufl., S. 231. London 1925.

[2]) Lord RAYLEIGH, Theory of Sound Bd. II, § 325.

In den Grenzfällen

$$\text{für } r \ll \lambda \text{ folgt: } M = \frac{2\pi}{3} r^3 s\,,$$

$$\text{für } r \gg \lambda \text{ folgt: } M = \frac{r\lambda^2 s}{3\pi}\,.$$

Das logarithmische Dekrement ist:

$$\mathfrak{d} = \pi \frac{\beta}{\alpha} = \pi \frac{k^3 r^3}{2 + k^2 r^2}\,,$$

also in den Grenzfällen

$$\text{für } r \ll \lambda\text{: } \mathfrak{d} = 4\pi^4 \left(\frac{r}{\lambda}\right)^3,$$

$$\text{für } r \gg \lambda\text{: } \mathfrak{d} = 2\pi^2 \frac{r}{\lambda}\,.$$

Bei kleinen Strahlern ist also die Dämpfung umgekehrt proportional zur dritten Potenz der Wellenlänge, analog wie bei den offenen Antennengebilden der drahtlosen Telegraphie. Bei großen Strahlern dagegen ist ebenso wie bei Strahlern nullter Ordnung die Dämpfung umgekehrt proportional zur Wellenlänge selbst. Nach HAHNEMANN und HECHT[1]) kann man Strahler als klein betrachten, wenn $r \leqq 0{,}1\,\lambda$, dagegen als groß, wenn $r \geqq 2\lambda$ ist.

Ist Q die Geschwindigkeitsamplitude der starren Kugel, so ergibt sich die ausgestrahlte Leistung zu

$$L = \frac{1}{2} W Q^2 = \frac{1}{6} \pi s k^4 r^6 c Q^2$$

für den Fall, daß der Kugelradius klein gegen die Wellenlänge[2]) ist.

Die Strahler höherer Ordnung haben für akustische Zwecke geringere Bedeutung. Es sei daher nur kurz die LAPLACEsche Kugelfunktion zweiter Ordnung aus Gleichung (59) diskutiert, die einem Strahler zweiter Ordnung entspricht. Die Funktion besteht aus drei Teilen: Das erste Glied:

$$\frac{a_{20}}{4}(3\cos^2\vartheta - 1)$$

ist nur abhängig von ϑ, hat also für bestimmte Zonen denselben Wert. Man nennt diese Art der Kugelfunktionen daher zonale oder einachsige Kugelfunktionen. Es sei bemerkt, daß die Äquatorebene hier eine Knotenfläche ist, desgleichen jede Meridianebene. Bei dem dritten Glied von der Form:

$$a_{22} \cos 2\psi \sin^2\vartheta$$

sind außer der Äquatorebene nur zwei aufeinander senkrecht stehende Meridianebenen Knotenflächen; es handelt sich hier um sektorielle Kugelfunktionen. Bei dem zweiten Glied schließlich von der Form:

$$a_{21} \cos\psi \sin\vartheta \cos\vartheta$$

ist nur eine Meridianknotenebene vorhanden; außerdem bestehen zwei Knotenflächen für $\vartheta = \frac{\pi}{4}$ und $\vartheta = \frac{3\pi}{4}$, die also Kegelflächen bilden, deren Öffnungswinkel rechte Winkel sind. Es sind dies die Tesseralkugelfunktionen. Näheres hierüber findet man bei RAYLEIGH[3]) sowie bei MAXWELL[4]), der auch graphische Darstellungen der verschiedenen Kugelfunktionen gibt.

[1]) W. HAHNEMANN u. H. HECHT, Phys. ZS. Bd. 18, S. 261 ff. 1917.
[2]) H. LAMB, Dynamical Theory of Sound, 2. Aufl., S. 238. London 1925.
[3]) Lord RAYLEIGH, Theory of Sound Bd. II, § 331.
[4]) J. CL. MAXWELL, Treatise on Electricity and Magnetism. Oxford 1881; deutsch von B. WEINSTEIN, Bd. I, S. 208 ff. Berlin 1883.

Ist die Bewegung unabhängig von der Koordinate z, so kann man ebene Polarkoordinaten einführen. Die Wellengleichung hat dann die Form:

$$\frac{\partial^2 \varphi}{\partial r^2} + \frac{1}{r}\frac{\partial \varphi}{\partial r} + \frac{1}{r^2}\frac{\partial^2 \varphi}{\partial \vartheta^2} + k^2 \varphi = 0.$$

Entwickelt man φ in eine FOURIERsche Reihe:

$$\varphi = \sum_{\nu=0}^{\infty} (A_\nu \cos \nu\vartheta + B_\nu \sin \nu\vartheta),$$

so müssen die einzelnen Glieder dieser Entwicklung ebenfalls der Differentialgleichung genügen:

$$\frac{\partial^2 \varphi_\nu}{\partial r^2} + \frac{1}{r}\frac{\partial \varphi_\nu}{\partial r} + \left(k^2 - \frac{\nu^2}{r^2}\right)\varphi_\nu = 0.$$

Die allgemeine Lösung ist[1]):

$$\varphi_\nu = A J_\nu(kr) + B Y_\nu(kr),$$

wo J_ν und Y_ν die BESSELschen Funktionen erster und zweiter Art von der Ordnung ν sind. Für das Glied nullter Ordnung ergibt sich unter der Voraussetzung, daß es sich um divergierende Wellen handelt:

$$A = i\frac{\pi}{2}, \qquad B = \frac{\pi}{2},$$

so daß:

$$\varphi = \Re e\left[i\frac{\pi}{2} J_0(kr) + \frac{\pi}{2} Y_0(kr)\right] e^{i\omega t},$$

und das ist für große Werte von r:

$$\varphi_0 = \sqrt{\frac{\pi}{2kr}} \cos k\left(ct - r - \frac{\lambda}{8}\right).$$

Wegen der weiteren mathematischen Behandlung dieses Problems sei auf die Darstellung bei RAYLEIGH verwiesen. Man hat es in diesem Falle mit Zylinderstrahlern verschiedener Ordnungen zu tun.

Für kompliziertere Gebilde als Kugeln oder Zylinder lassen sich die Lösungen nicht streng in der einfachen Form, wie vorstehend angegeben, aussprechen. Immerhin wird man durch sinngemäße Anwendung, insbesondere der Lösungen mit Kugelfunktionen, zu brauchbaren Annäherungen gelangen. Im allgemeinen wird sich dann die Schwingungsform eines solchen Strahlers keineswegs allein durch ein Glied der vorstehenden Entwicklungen beschreiben lassen, so daß man also streng genommen einen solchen Strahler nicht als von einer bestimmten Ordnung bezeichnen kann. Doch lassen sich für die Bedeutung der einzelnen Glieder einige allgemeine Regeln angeben. Handelt es sich bei der Störung um die Schwingung eines starren Rotationskörpers parallel zu seiner Achse, so reduzieren sich die LAPLACEschen Kugelfunktionen auf einfache Vielfache der zonalen Funktionen, also der LEGENDREschen Polynome $P_n(\cos\vartheta)$. Ist andererseits bei dem schwingenden starren Körper die Äquatorebene Symmetrieebene, so erscheinen in der Entwicklung nach Kugelfunktionen nur Glieder von ungerader Ordnung. So enthält z. B. die Entwicklung für eine kreisförmige Scheibe, die senkrecht zu ihrer Ebene schwingt, nur Glieder mit $P_1, P_3, P_5, \ldots$ Erfolgt jedoch die Schwingung in der Weise, daß die Bewegung symmetrisch zur Äquatorebene ist, wie z. B. der gleichmäßig pulsierenden Kugel, die auf ihrer ganzen Oberfläche konphas schwingt, oder einer idealen Stimmgabel aus zwei Kugeln

[1]) Siehe z. B. RIEMANN-WEBERS Differentialgleichungen der Physik Bd. I, S. 326ff. Braunschweig 1925.

oder zwei parallelen kreisförmigen Scheiben, die gegenphasig schwingen, so bleiben in der Entwicklung nur die geraden Glieder $P_0, P_2, P_4 \ldots$ In allen praktischen Fällen wird aber ein Glied besonders vorherrschen und damit die Ordnung des Strahlers mit hinreichender Genauigkeit bestimmen. Im folgenden sollen die Eigenschaften von zwei solchen Strahlern, nämlich der Kolbenmembran und der eingespannten elastischen Membran, betrachtet werden.

Unter einer Kolbenmembran versteht man eine starre Scheibe, die normal zu ihrer Ebene als Ganzes schwingt, ohne sich zu deformieren. Betrachtet man eine solche Kolbenmembran im freien Raum, so kann man sie als Strahler erster Ordnung ansehen; stellt man sich dagegen vor, daß innerhalb einer unendlich ausgedehnten Ebene, die als starr und unbeweglich angenommen ist, ein Teil, z. B. mit kreisförmiger Begrenzung, normal schwingt, so wird durch die starre Wand ein Druckausgleich zwischen den beiden Raumhälften verhindert, und man kann in jeder Raumhälfte das Gebilde als Strahler nullter Ordnung betrachten.

Die Kraftgleichung für die kreisförmige Membran ist von RAYLEIGH[1]) berechnet worden. Er geht aus von dem Ausdruck für das Geschwindigkeitspotential von flächenförmig verteilten Schallquellen [s. Gleichung (53)]:

$$\varphi = \frac{1}{2\pi}\iint \frac{\partial \varphi}{\partial n}\,\frac{e^{-ikr}}{r}\,d\sigma\,.$$

und errechnet die gesamte auf die Membran wirkende Druckänderung:

$$\int\!\!\int \delta p\, d\sigma = s\int\!\!\int \dot{\varphi}\, d\sigma = i k c s \int \varphi\, d\sigma\,.$$

Es ist dann die Doppelsumme:

$$\sum\sum \frac{e^{-ikr}}{r}\, d\sigma\, d\sigma'$$

auszuwerten, wobei jedes Paar von Flächenelementen nur einmal genommen werden darf. Es ergibt sich:

$$\sum\sum \frac{e^{-ikr}}{r}\, d\sigma\, d\sigma' = \frac{\pi^2}{2k^3}\, Z_1(2kR) - i\,\frac{\pi^2 R^2}{k}\left[1 - \frac{J_1(2kR)}{kR}\right].$$

Hierin ist R der Radius der Kolbenmembran; die Funktionen Z sind Zylinderfunktionen, deren Definition als bestimmte Integrale sich in analoger Weise ergibt, wie der der gewöhnlichen BESSELschen Funktionen erster Art:

$$J_0(x) = \frac{2}{\pi}\int\limits_0^{\frac{\pi}{2}} \cos(x\sin\vartheta)\, d\vartheta\,, \qquad Z_0(x) = \frac{2}{\pi}\int\limits_0^{\frac{\pi}{2}} \sin(x\sin\vartheta)\, d\vartheta\,,$$

$$J_1(x) = \frac{1}{x}\int\limits_0^{x} x\, J_0(x)\, dx\,, \qquad Z_1(x) = \int\limits_0^{x} x\, Z_0(x)\, dx\,.$$

RAYLEIGH gibt Reihenentwicklungen für diese Funktionen [vgl. auch die Funktionentafeln von JAHNKE und EMDE[2]) und das umfassende Handbuch von NIELSEN[3]). RIEGGER[4]) hat die hier in Betracht kommende Funktion Z_1 numerisch ausgewertet. Das Resultat gibt Abb. 2. Die Werte der Funktion schwanken um die Gerade $Z = \frac{2}{\pi}\,y$, wo $y = 2kR$ gesetzt ist.

---

1) Lord RAYLEIGH, Theory of Sound Bd. II, § 302.

2) E. JAHNKE u. F. EMDE, Funktionentafeln, S. 90ff. Leipzig u. Berlin 1909.

3) N. NIELSEN, Handb. d. Theorie d. Zylinderfunktionen, S. 54. Leipzig 1904.

4) H. RIEGGER, Wiss. Veröffentl. a. d. Siemens-Konz. Bd. III, 2, S. 67. 1924.

Die Kraftgleichung ist nach RAYLEIGH:

$$K = \left[m + \frac{\pi s}{2k^3} Z_1(y)\right]\frac{du}{dt} + c s \pi R^2 \left[1 - \frac{1}{kR} J_1(y)\right] u + \mu \int u\, dt, \qquad (61)$$

wo K die eingeprägte Kraft, μ die Direktionskraft bezeichnet, mit der die Kolbenmembran in ihrer Gleichgewichtslage gehalten wird. Die hydrodynamische Masse, d. h. die mitschwingende Mediummasse M, ist:

$$M = \tfrac{8}{3} s R^3 g(y),$$

der Strahlungswiderstand:

$$W = c s \pi R^2 h(y), \qquad (62)$$

worin:

$$g(y) = \frac{3\pi}{2}\frac{Z_1(y)}{y^3}, \qquad h(y) = 1 - 2\frac{J_1(y)}{y}$$

ist. Die Funktionen $g(y)$ und $h(y)$ sind in der Abb. 3 dargestellt. Für große Werte von y, also für kurze Wellen, wird M sehr klein, es überwiegt dann in der Bewegungsgleichung die Wirkung der Membranmasse m. Dagegen wird für kleine Werte von y, also für lange Wellen, $g(y)$ nahezu gleich 1, also $M = \frac{8}{3} s R^3$. Die Funktion $h(y)$ ist für kleine y $h(y) = \frac{1}{8} y^2$, also der Strahlungswiderstand:

$$W = \frac{\pi}{2} c s k^2 R^4 = \frac{\pi s \omega^2 R^4}{2c}. \qquad (63)$$

Für große y wird $h(y)$ gleich 1, also $W = c s \pi R^2$. Die weitere Berechnung von

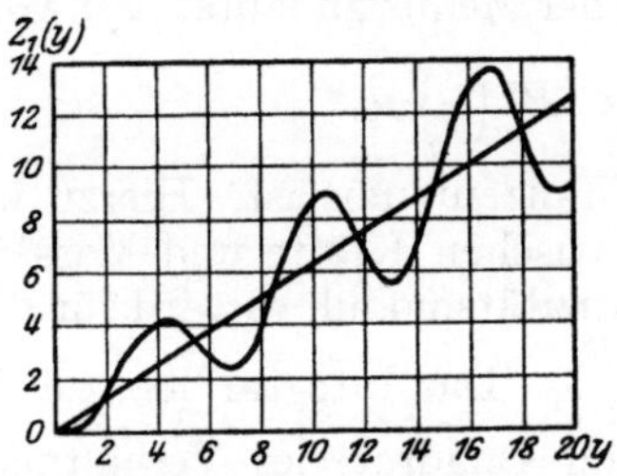

Abb. 2. Verlauf der Funktion $Z(y)$.

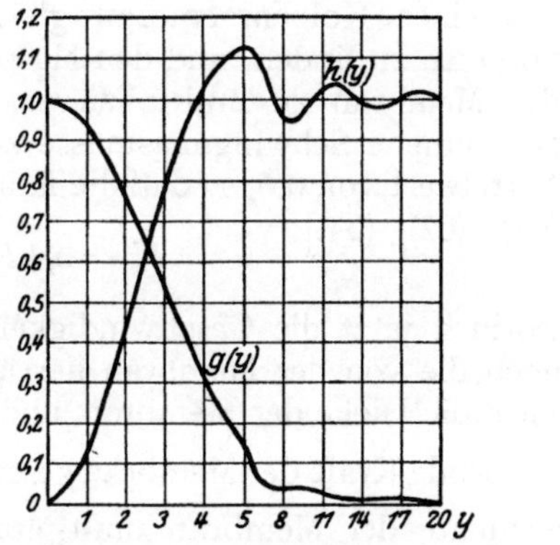

Abb. 3. Mitschwingende Mediummasse und Strahlungswiderstand der Kolbenmembran.

RIEGGER berücksichtigt auch die elektrischen Eigenschaften eines elektrodynamischen Lautsprechers mit Kolbenmembran. Hierzu sei auf die Originalarbeit verwiesen sowie auf Kap. 6 Ziff. 21 ds. Bd. Nimmt man an, daß die mechanische Abstimmung der Membran sehr tief liegt, so ist ihre Amplitude x proportional zu ω^{-2}, die Geschwindigkeit $\dot{x}$ daher zu ω^{-1} (s. Kap. 3, Ziff. 3). Es ergibt sich also, daß die abgestrahlte Leistung $\frac{1}{2} W \dot{x}^2$ für einen beträchtlichen Teil des akustisch wichtigen Frequenzbereiches, nämlich solange $\lambda \gg R$ ist, unabhängig von der Frequenz ist. Nach Abb. 3 kann man dies annehmen, etwa bis $y = 3$, also wenn z. B. $R = 10$ cm ist, etwa bis 800 Hertz. Oberhalb dieser Grenze ist dann die abgestrahlte Leistung proportional zu ω^{-2}. Hier kommt nun als Kompensation eine weitere Eigenschaft großer Membranen in Betracht, nämlich ihre Richtwirkung[1]). Die Art der Wellenausbreitung im Medium muß sich um so mehr der Kugelwelle nähern, je größer die Wellenlänge im Vergleich zum Membrandurchmesser ist. Bei kleinen Wellenlängen muß dagegen in Richtung der Mittelnormalen der Membran in geringer Entfernung zunächst die Form der ebenen Welle vorherrschend sein. Daraus ergibt sich eine vermehrte Richtwirkung mit zunehmender Frequenz. Die hier geschilderten Eigenschaften

1) Siehe H. BACKHAUS u. F. TRENDELENBURG, ZS. f. techn. Phys. Bd. 7, S. 630. 1926.

eines Senders mit großflächiger Kolbenmembran hat RIEGGER[1]) zur Konstruktion eines verzerrungsfreien Lautsprechers, des sog. Blatthallers, benutzt (vgl. hierzu Artikel „Elektrische Schallsender" Ziff. 21 (ds. Bd. Kap. 7) und Artikel „Schallausbreitung" Ziff. 3 (ds. Bd. Kap. 15).

Die Schwingungsbewegung einer eingespannten Membran wird im Artikel „Schallerzeugung mit mechanischen Mitteln" Ziff. 52 u. ff. (ds. Bd. Kap. 5) eingehender behandelt. Hier sollen nur an Hand der Kraftgleichung in ähnlicher Weise wie bei der Kolbenmembran die Strahlungseigenschaften abgeleitet werden. Nach HAHNEMANN und HECHT[2]) entspricht einer Kolbenmembran eine eingespannte Membran mit gleichem Deformationsvolumen, das bei der Kolbenmembran $\pi R^2 h$ beträgt, wo h die maximale Elongation ist. Um das Deformationsvolumen der eingespannten Membran zu bestimmen, ist es notwendig, zu wissen, in welchen Kurvenformen die Durchmesser der Membran schwingen. HAHNEMANN und HECHT nehmen hierfür vier wahrscheinliche Kurvenformen an, nämlich den Kegel, die elastische Linie eines an beiden Seiten eingespannten und in der Mitte belasteten Trägers, die elastische Linie des an beiden Seiten eingespannten gleichmäßig belasteten Trägers und die Sinuslinie, und errechnen hieraus den Formfaktor, mit dessen Quadrat die Membranfläche zu multiplizieren ist, um das einer Kolbenmembran gleicher Amplitude entsprechende Deformationsvolumen zu finden, und den Massenfaktor, mit dessen Quadrat die Gesamtmasse der Membran zu multiplizieren ist, um die im Mittelpunkt konzentriert angenommene Schwingungsmasse zu finden. Für den Formfaktor ergibt sich ein Mittelwert von 0,6, so daß die Kraftgleichung der Membran lautet [vgl. Gleichung (61), (62), (63)]:

$$K = 0{,}4\,R^3\,s\,\frac{du}{dt} + 4\,c\,s\,R^2\left(\frac{R}{\lambda}\right)^2 u\,,$$

worin u jetzt die Geschwindigkeit des Membranzentrums ist. Hierzu kommen noch die von der Membran herrührenden elastischen Kräfte und Massenkräfte. Ist d die Dicke der Membran und E der Elastizitätsmodul, so wird für die rücktreibende Kraft der Membran gesetzt $\mu = \frac{d^3 E}{0{,}22\,R^2}$. Das Integral über die Massenelemente der Membran multipliziert mit dem Quadrat des Verhältnisses der einzelnen Amplituden zur Maximalamplitude ergibt die Schwingungsmasse der Membran und damit den Massenfaktor, der für die Kurvenform des an beiden Seiten eingespannten, gleichmäßig belasteten Trägers, bei deren Wahl man den experimentellen Ergebnissen am nächsten kommt, 0,45 beträgt. Die vollständige Kraftgleichung ist dann:

$$K = (0{,}4\,R^3 s + 0{,}2\,\pi\,R^2\,d\,s')\,\frac{du}{dt} + 4\,c\,s\,R^2\left(\frac{R}{\lambda}\right)^2 u + \frac{d^3 E}{0{,}22\,R^2}\int u\,dt\,,$$

wo s' die Dichte der Membran ist. Hiernach ist die Eigenschwingungszahl:

$$N = \frac{1}{2\pi}\sqrt{\frac{d^3 E}{0{,}22\,R^2(0{,}4\,R^3 s + 0{,}2\,\pi\,R^2 s' d)}}$$

und das logarithmische Dekrement:

$$\mathfrak{d} = 5\,\frac{R}{\lambda}\,\frac{M}{M+m}\,, \tag{64}$$

worin: $M = 0{,}4\,R^3 s$ die mitschwingende Mediummasse und $m = (0{,}45\,R)^2 \pi\,s'\,d$ die Schwingungsmasse der Membran ist. In Luft kann man die Mediummasse gegen die Membran vernachlässigen und hat dann:

$$N_l = 0{,}43\,\frac{d}{R^2}\sqrt{\frac{E}{s'}} \qquad \text{und} \qquad \mathfrak{d}_l = 5\,\frac{R}{\lambda}\,\frac{M}{m} = 1{,}4\,\frac{s}{c}\sqrt{\frac{E}{s'^3}}\,,$$

[1]) H. RIEGGER, Wiss. Veröffentl. a. d. Siemens-Konzern, Bd. III, 2, S. 67, 1924.

[2]) W. HAHNEMANN u. H. HECHT, Phys. ZS. Bd. 18, S. 264ff. 1917.

d. h. also, daß das Dekrement unabhängig von Größe und Abstimmung der Membran ist. Die aus dieser Formel errechneten Dekremente sind für Luft so klein, daß sie in derselben Größenordnung sind wie die durch innere Reibung entstehenden Dekremente. Anstatt die Massen M und m zu berechnen, kann man zur Ermittlung des Strahlungsdekrementes in Wasser von der Beziehung Gebrauch machen:

$$\frac{m}{M+m} = \left(\frac{N_w}{N_l}\right)^2,$$

wo N_w und N_l die Eigenfrequenzen der Membran in Wasser bzw. in Luft sind. Die Formel (64) nimmt dann die Gestalt an:

$$\mathfrak{d} = 5\frac{R}{\lambda}\left[1-\left(\frac{N_w}{N_l}\right)^2\right],$$

was sich experimentell gut bestätigt hat. Für die gesamte in den Halbraum abgestrahlte Leistung ergibt sich aus einer Rechnung, die M. Wien[1]) angestellt hat: $L = 2{,}7\,c\,s\,R^2\left(\frac{R}{\lambda}\right)^2 Q^2$, worin Q die Geschwindigkeitsamplitude des Membranmittelpunktes ist. Der nach den Rechnungen von Hahnemann und Hecht sich ergebende Wert steht hiermit in guter Übereinstimmung, wenn man entsprechend den Voraussetzungen der Wienschen Rechnung den Formfaktor 0,55 für den in der Mitte belasteten Träger annimmt.

13. Theorie der akustischen Empfänger. Unter einem akustischen Empfänger versteht man einen Apparat, der akustische Schwingungen in solche einer anderen Energieform, meist in elektrische, in definierter Weise umformt. Bezüglich der Klassifizierung und der Wirkungsweise der verschiedenen Arten von Empfängern sei auf den Artikel „Umwandlung des Schalls in andere Energieformen" (ds. Bd. Kap. 12) verwiesen. Es soll an dieser Stelle die Theorie der Empfänger nur insoweit behandelt werden, als sie in Beziehung zu den Vorgängen im Schallfeld steht.

Die theoretisch einfachste Form eines Empfängers ist eine deformierbare Kugel in einem gasförmigen oder flüssigen Medium. Um merkbare Wirkungen erwarten zu können, muß man annehmen, daß die Kompressibilitäten des Schallmediums und des Kugelmaterials verschieden sind. Dieses Problem ist von Rayleigh[2]) unter Zugrundelegung eines Schallfeldes von ebenen Wellen behandelt worden. Er findet für das Geschwindigkeitspotential eines solchen kugelförmigen Hindernisses bei Beschränkung auf Glieder erster Ordnung:

$$\varphi = \frac{\pi V}{\lambda^2 r}\left(\frac{K'-K}{K'} + 3\,\frac{s'-s}{s+2s'}\cos\vartheta\right)\cos k\,(c\,t - r)\,. \tag{65}$$

Hierin ist V das Volumen der Kugel, deren Mittelpunkt im Anfangspunkt angenommen ist, r und ϑ sind ebene Polarkoordinaten, deren Achse parallel mit der Fortpflanzungsrichtung der ebenen Wellen ist, s und K sind Dichte und Kompressionsmodul des umgebenden Mediums, während sich s' und K' auf die entsprechenden Eigenschaften des Kugelmaterials beziehen.

Aus der Beziehung (65) ist zu erkennen, daß das erste Glied $(K'-K)/K'$ von der nullten Ordnung einen richtungslosen Effekt bedeutet, der von dem Unterschied der Kompressibilität des Mediums und des Empfängers herrührt. Dagegen bringt der Dichteunterschied, der in dem zweiten Glied in Erscheinung tritt, einen gerichteten Effekt hervor. Man sieht ferner, in welcher Weise ein Körper je nach seinen Materialeigenschaften auf akustische Bewegungen

[1]) M. Wien, Pflügers Arch. f. d. ges. Physiol. Bd. 97, S. 1. 1903.

[2]) Lord Rayleigh, Theory of Sound Bd. II, § 335; vgl. auch F. Aigner, Unterwasserschalltechnik, S. 112. Berlin 1922.

in dem ihn umgebenden Medium reagiert. Ist er z. B. von völlig gleicher Beschaffenheit wie das Medium, so fallen beide Glieder in (65) fort, und ein Einfluß des Körpers auf das Schallfeld wird unmerkbar. In den extremen Fällen, wo die Kugel vollkommen starr oder aber vollkommen nachgiebig ist, treten nur Druckschwankungen ohne Bewegung bzw. nur Bewegungen ohne Druckschwankungen auf. Man nennt dann den Empfänger einen reinen Druckempfänger bzw. Bewegungsempfänger. In Wirklichkeit können beide Fälle nicht auftreten, man gebraucht die Bezeichnungen aber dennoch, je nachdem, welcher Vorgang vorherrscht. Bezüglich der Benutzung solcher Empfänger ist dann folgendes zu beachten: Mißt man ein Schallfeld ebener Wellen mit einem Druckempfänger aus und erhält für zwei verschiedene Frequenzen die gleiche Amplitude im Empfänger, so hat für beide Frequenzen das Feld die gleiche Intensität nach der Gleichung (48): $J = \frac{P^2}{2sc}$. Mißt man dagegen mit einem Bewegungsempfänger, so würde man im gleichen Fall, also bei gleicher Intensität, nicht dieselbe Membranamplitude erhalten, denn es ist, ebenfalls nach Gleichung (48), $J = \frac{sc}{2}\omega^2 B^2$. Bei gleicher Intensität ändert sich also hier die Amplitude umgekehrt zum Quadrat der Frequenz.

Die Theorie der Empfänger nullter und erster Ordnung ist von LICHTE[1]) behandelt worden. Die Kraftgleichung ist hier von der gleichen Form wie beim Strahler, nur muß, wenn dem Empfänger Energie entnommen werden soll, außer dem Strahlungswiderstand W_s auch der Nutzwiderstand W_n berücksichtigt werden. Für die eingeprägte Kraft ist für den Fall des Auftreffens ebener Wellen auf eine Kolbenmembran im freien Medium zu setzen:

$$K = 2PR^2\pi = 2PF,$$

wo F die Membranfläche ist. Die Kraftgleichung ist, wenn man annimmt, daß der Membranradius R klein gegen die Wellenlänge ist [vgl. Ziff. 12, Gleichung (61)]:

$$M'\ddot{x} + (W_n + W_s)\dot{x} + \mu x = 2PR^2\pi.$$

Hierin ist M' die gesamte schwingende Masse einschließlich der hydrodynamischen Masse, $W_s = \frac{\pi}{4} c s k^2 R^4$ der Strahlungswiderstand, μ die Direktionskraft. Setzt man:

$$\frac{W}{M'} = \frac{W_n + W_s}{M'} = 2(\delta_n + \delta_s) = 2\delta \qquad \text{und} \qquad \frac{\mu}{M'} = \omega_0^2,$$

so hat man:

$$\ddot{x} + 2\delta\dot{x} + \omega_0 x = \frac{2FP_0}{M'}\sin\omega t.$$

Daraus folgt:

$$x = \frac{2FP_0}{M'\sqrt{(\omega_0^2 - \omega^2)^2 + 4\delta^2\omega^2}}\sin(\omega t - \vartheta),$$

wo:

$$\operatorname{tang}\vartheta = \frac{2\delta\omega}{\omega_0^2 - \omega^2}$$

ist. Die Nutzleistung ist

$$L_n = \tfrac{1}{2} W_n \dot{x}^2;$$

die dem Schallfeld entnommene Leistung:

$$L_e = PR^2\pi\cdot\dot{x};$$

[1]) H. LICHTE, Phys. ZS. Bd. 18, S. 393. 1917; Bd. 19, S. 17. 1918; vgl. auch F. AIGNER, Unterwasserschalltechnik, S. 138ff. Leipzig 1922.

die ins Feld zurückgestrahlte Leistung:

$$L_s = \frac{\pi}{4} c s k^2 R^4 \dot{x}^2 .$$

Die im Resonanzfall $\omega = \omega_0$ absorbierte Nutzenergie ist dann:

$$L_n = \frac{1}{2}(2FP_0)^2 \frac{W_n}{(W_n + W_s)^2} = \frac{1}{2}(2FP_0)^2 \frac{D_n}{\omega_0 M' (D_n + D_s)^2},$$

wo

$$D_n = \frac{W_n}{\omega_0 M'}$$

die Nutzdämpfung,

$$D_s = \frac{W_s}{\omega_0 M'}$$

die Strahlungsdämpfung ist. Ihren maximalen Wert:

$$L_{n\max} = \frac{1}{2}(2 R^2 \pi P_0)^2 \frac{1}{4 W_s} = \frac{1}{2} P_0^2 \frac{\lambda^2}{c s \pi}$$

erreicht die Nutzleistung, wenn, ebenso wie bei elektrischen Antennen, die Nutzdämpfung gleich der Strahlungsdämpfung ist. Diese maximale Nutzleistung ist proportional zum Quadrat der Wellenlänge, aber unabhängig von der Größe des Empfängers. Aus dieser letzten Tatsache folgt nach AIGNER[1]), daß bezüglich der maximalen Energieabsorption der elastische Membranempfänger dem Kolbenmembranempfänger gleichwertig ist, da, wie oben gezeigt wurde, diese beiden Strahler sich nur durch einen Formfaktor, also durch ihre wirksame Größe, unterschieden.

Für einen Empfänger erster Ordnung, der in Kugelform angenommen sei, findet man aus dem Geschwindigkeitspotential für einen Zug ebener Wellen:

$$\varphi = A e^{ik(ct+x)}$$

den Druck für einen beliebigen Punkt der Kugeloberfläche zu:

$$p = i k c s A e^{ikct} \cdot e^{ikR\cos\vartheta} = P_0 e^{ikct} \cdot e^{ikR\cos\vartheta},$$

wenn ϑ der Winkel ist, den der betreffende Kugelradius mit der Fortpflanzungsrichtung der ebenen Wellen bildet. Die auf die Kugel wirkende Kraft folgt dann durch Integration über die Kugelfläche zu:

$$K = 4\pi R^2 P_0 \left[\frac{1}{kR}\cos kR - \left(\frac{1}{kR}\right)^2 \sin kR\right] \sin\omega t,$$

oder für Kugeln, deren Radius klein im Vergleich zur Wellenlänge ist:

$$K = -\frac{4}{3}\pi R^3 k P_0 \sin\omega t .$$

Der Strahlungswiderstand und die hydrodynamische Masse eines Strahlers erster Ordnung sind nach den RAYLEIGHschen Formeln bekannt [vgl. Ziff. 12, Gleichung (60)]. Also lautet die Schwingungsgleichung für einen Empfänger erster Ordnung von einer Dimension, die klein gegen die Wellenlänge ist, in einem Schallfeld ebener Wellen:

$$\left(m + \frac{2}{3}\pi s R^3\right)\ddot{x} + \left(W_n + \frac{\pi}{3} s c k^4 R^6\right)\dot{x} + \mu x = -\frac{4}{3}\pi R^3 k P_0 \sin\omega t$$

oder:

$$\ddot{x} + 2\delta\dot{x} + \omega_0^2 x = \frac{K}{M'},$$

wo:

$$\omega_0^2 = \frac{\mu}{M'}, \quad 2\delta = \frac{W_n + W_s}{M'}$$

[1]) F. AIGNER, Unterwasserschalltechnik, S. 140f., 288. Berlin 1922.

ist. Die Lösung ist:

$$x = \frac{K}{M' \sqrt{(\omega_0^2 - \omega^2)^2 + 4\delta^2\omega^2}} \sin(\omega t - \vartheta),$$

worin:

$$\operatorname{tg}\vartheta = \frac{2\delta\omega}{\omega_0^2 - \omega^2}$$

ist. Die Nutzleistung:

$$L_n = \tfrac{1}{2} W_n \dot{x}^2$$

ist im Resonanzfalle:

$$L_n = \frac{1}{2} W_n \frac{K^2}{(W_n + W_s)^2}.$$

Das Maximum an absorbierter Energie ergibt sich auch hier wieder wie bei den Empfängern nullter Ordnung dann, wenn der Nutzwiderstand gleich dem Strahlungswiderstand ist. Es ist dann:

$$L_{n\max} = \frac{P_0^2}{2sc} \frac{\lambda^2}{3\pi}.$$

Die Anwesenheit eines Empfängers im Schallfeld ruft dort Veränderungen hervor, die von der Rückwirkung des Empfängers vermöge seiner Eigenschaft als Strahler herrühren. Diese Wirkung kann sich auch auf andere Empfänger übertragen, die sich in dem gleichen Schallfeld befinden. Um diese Rückwirkungen theoretisch zu erfassen, muß man das Eigenfeld des betreffenden Empfängers bestimmen. Das Geschwindigkeitspotential der Kolbenmembran, die als Strahler nullter Ordnung im freien Medium schwingt, ist:

$$\varphi = \frac{A}{4\pi r} \cos k(ct - r),$$

worin A den Maximalwert des erzeugten Mediumstromes bedeutet. Dieser hängt nach AIGNER[1]) mit dem Deformationsvolumen ΔV zusammen durch die Beziehung $A = \omega \Delta V$; also ist:

$$\varphi = \frac{2\omega F x_{\max}}{4\pi r} \cos k(ct - r) = \frac{2F^2 P_0 \omega}{4\pi r M' \sqrt{(\omega_0^2 - \omega^2)^2 + 4\delta^2\omega^2}} \cos k(ct - r).$$

Das Potential des ungestörten primären Feldes ebener Wellen ist:

$$\varphi' = \frac{P_0}{\omega s} \cos kct.$$

Das Amplitudenverhältnis ist im Resonanzfall:

$$\alpha = \frac{F^2 \omega s}{2\pi r M' \delta};$$

wenn Strahlungsdämpfung und Nutzdämpfung gleich sind, so wird:

$$2M'\delta = \frac{2\pi^3 c s R^4}{\lambda^2},$$

also:

$$\alpha_0 = \frac{1}{\pi} \frac{\lambda}{r}.$$

Für den Strahler erster Ordnung ist das Geschwindigkeitspotential in großem Abstand vom Strahler nach Ziff. 12[2]):

$$\varphi = \frac{P_0}{c s k^2 r} \cos\vartheta \sin k(ct - r).$$

---

[1]) F. AIGNER, Unterwasserschalltechnik, S. 106. Berlin 1922.

[2]) Vgl. H. LICHTE, Phys. ZS. Bd. 19, S. 20. 1918.

Der Maximalwert wird für $\vartheta = 0$ erreicht. Das Verhältnis der Amplitude der sekundären zu der der primären Welle ist dann $\alpha_1 = \frac{1}{2\pi}\frac{\lambda}{r}$. Die Störung des primären Schallfeldes durch das sekundäre ist also beim Empfänger nullter Ordnung und erster Ordnung proportional λ/r. Die Verhältnisse der Intensitäten ergeben sich hieraus:

beim Empfänger nullter Ordnung:

$$\beta_0 = \left(\frac{\lambda}{\pi r}\right)^2,$$

beim Empfänger erster Ordnung:

$$\beta_1 = \left(\frac{\lambda}{2\pi r}\right)^2.$$

Nimmt man an, daß eine Störungsamplitude von 1% noch wirksam ist, so reicht der Störbereich:

beim Empfänger nullter Ordnung bis $r_0 = 32\lambda$,
beim Empfänger erster Ordnung bis $r_1 = 16\lambda$.

Zwei Empfänger können also, ohne sich merkbar zu stören, um so näher aneinander sein, je kleiner die Wellenlänge, je höher die Frequenz ist.

Das Verhältnis der Nutzleistung des Empfängers zur Intensität des ungestörten Feldes liefert die Größe der Absorptionsfläche, d. h. derjenigen Fläche, durch die im ungestörten Felde ebensoviel Energie senkrecht zur Fortpflanzungsrichtung hindurchwandert, wie der Empfänger absorbiert. Man findet für die Empfänger nullter und erster Ordnung die Größe dieser Flächen zu:

$$Q_0 = \frac{\lambda^2}{\pi} \quad \text{bzw.} \quad Q_1 = \frac{\lambda^2}{3\pi}.$$

14. Schallbeugung. Wenn von einem Punkte des homogenen isotropen Mediums eine Kugelwelle ausgeht, so kann man sich den Vorgang der Wellenfortpflanzung im einzelnen so vorstellen, daß ein durch äußere Kräfte in Schwingungen versetztes Teilchen diese seine Bewegung auf seine Nachbarteilchen überträgt. Dieser Vorgang setzt sich dann nach allen Seiten symmetrisch fort und gibt so Anlaß zu der Entstehung einer Kugelwelle. Ebensogut könnte man nun auch jedes andere Teilchen, das durch Auftreffen einer Wellenerregung in Schwingungen versetzt wird, als das Zentrum einer Kugelwelle auffassen. Das ist der Ausgangspunkt des Prinzips von HUYGENS[1]). Nach der Auffassung von FRESNEL[2]) überlagern sich nun in jedem Punkte des Mediums die von diesen einzelnen Elementarzentren ausgehenden Kugelwellen, und der Schwingungszustand in jedem Punkt ist durch die Zusammenwirkung dieser sämtlichen Kugelwellen bestimmt. Diese elementare Auffassung ist zur angenäherten Erklärung vieler Vorgänge geeignet.

Wenn von dem Punkt Q in Abb. 4 eine Kugelwelle ausgeht, so kann man sich nach dem HUYGENSschen Prinzip vorstellen, daß von jedem Punkte der Öffnung A_1A_2 des für die Wellen undurchlässigen Schirmes S_1S_2 eine Elementarwelle ausgehe. Es sei ein bestimmter Zeitmoment festgehalten. Um den Zeitunterschied, mit dem die ursprüngliche Kugelwelle an den verschiedenen Punkten von A_1A_2 ankommt, zu berücksichtigen, sind die Elementarwellenflächen mit verschiedenen Radien gezeichnet, und diese Verschiedenheit in der Größe der Kugelradien der Wellenflächen muß genau der zeitlichen Differenz zwischen der Erregung der Elementarzentren in A_1A_2 entsprechen. Nach dem HUYGENSschen Prinzip findet Erregung nur in der umhüllenden Fläche dieser Elementarwellen statt. FRESNEL begründet das damit, daß in allen anderen Punkten die

[1]) CHR. HUYGENS, Traité de la lumière. Leyden 1690.
[2]) A. FRESNEL, Pogg. Ann. Bd. 30, S. 110. 1833.

von den einzelnen Elementarwellen herrührenden Erregungen sich durch Interferenz auslöschen. Die einhüllende Fläche ist eine Kugelfläche mit dem Mittelpunkt Q, die in Abb. 4 stark gezeichnet und durch die Punkte B_1B_2 begrenzt ist. Innerhalb des durch QB_1B_2 dargestellten Kegels pflanzt sich also die Erregung geradlinig fort, als ob gar kein Schirm vorhanden wäre. In den Winkeln $S_1A_1B_1$ und $S_2A_2B_2$ findet keine vollständige Auslöschung statt, doch kann dort die Erregung vernachlässigt werden, wenn die vorkommenden Wellenlängen als klein gegenüber den Dimensionen der Schirmöffnung angesehen werden können. Bei Lichtwellen ist dies sehr häufig der Fall, und hierdurch erklärt es sich, daß die geometrische Optik mit ihrer Voraussetzung der geradlinigen Fortpflanzung der Lichtstrahlen auf so weiten Gebieten fruchtbare Anwendung finden kann. Sobald diese Voraussetzung aber nicht mehr erfüllt ist, versagt diese Art der Betrachtung, und man muß die Wellennatur der Vorgänge ins Auge fassen. Der Begriff des Strahles, der ja streng genommen stets nur eine bequeme geometrische Fiktion ist, verliert dann jede Bedeutung. Dies trifft nun bei akustischen Vorgängen immer zu, die Wellenlängen sind nicht als klein zu betrachten. Das ist

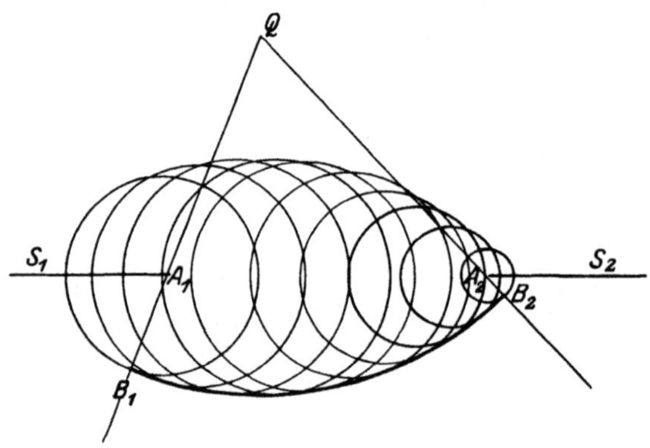

Abb. 4. Schallbeugung an einer Öffnung in einem undurchlassigen Schirm.

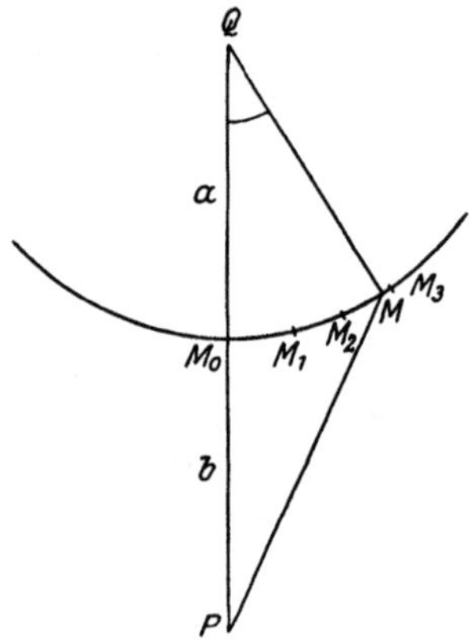

Abb. 5. FRESNELsche Zonenkonstruktion.

der Grund, weshalb akustische Wellenvorgänge so wesentlich anders verlaufen als optische. Man kann von Schallstrahlen schlechterdings nicht sprechen.

Bei streng geradliniger Ausbreitung findet im Falle der Abb. 4 außerhalb des Kegels QB_1B_2 keinerlei Erregung statt; der Schirm S_1S_2 müßte demnach eine scharfe Schattenwirkung ausüben. Beim Licht ist dies stets wahrzunehmen; daß die Grenze in Wirklichkeit nicht eindeutig ist, zeigt sich erst bei näherer Beobachtung. Von einem Analogon bei akustischen Vorgängen, von einem Schallschatten, kann man jedoch, besonders bei längeren Schallwellen, kaum sprechen. Nur bei kurzen Schallwellen ist eine solche Wirkung unter günstigen Voraussetzungen subjektiv wahrnehmbar, wenn nämlich der schattengebende Körper in seinen Dimensionen groß ist gegen die Wellenlänge. Der physikalische Vorgang, der bei langen Wellen das Entstehen einer ausgesprochenen Schattengrenze verhindert, heißt Beugung. Sein Zustandekommen und seine Eigenschaften erkennt man aus der FRESNELschen Zonenkonstruktion.

Vom Punkte Q in Abb. 5 gehe eine Kugelwelle aus und sei zu dem betrachteten Zeitpunkt bis zu der Kugelfläche $M_0M_1M_2M_3$ gelangt. Die Druckänderung in dieser Fläche ist dann:

$$p = \frac{A}{a}\cos 2\pi\left(\frac{t}{T} - \frac{a}{\lambda}\right) [1]. \qquad (66)$$

[1] Lord RAYLEIGH, Theory of Sound Bd. II, § 284, hat die hier gegebene Zonenkonstruktion auch näherungsweise für eine allgemeinere Form der Wellenfläche durchgeführt.

Teilt man nun die Kugelfläche in ringförmige Zonen ein, deren Zentra auf der Geraden QP liegen, derart, daß die Differenzen zwischen zwei aufeinanderfolgenden Strahlen PM_ν und $PM_{\nu+1}$ gleich $\lambda/2$ sind, so läßt sich zeigen[1]), daß die Wirkung jeder Zone im Punkte P dem Betrage nach das arithmetische Mittel ist von den Wirkungen der beiden Nachbarzonen, und daß die Wirkungen der Zonen in der Phase nacheinander um π verschoben sind. Es heben sich also die Wirkungen jeder Zone mit denen der Hälften der beiden Nachbarzonen auf. Hierzu kommt, daß die Einwirkung einer jeden Zone um so geringer wird, je größer der Winkel ist, den der Strahl nach P mit der Normalen zur Zonenfläche bildet. Es bleibt also schließlich nur die Wirkung der halben Zentralzone übrig:

$$p_P = \frac{k\lambda A}{a+b}\sin 2\pi\left(\frac{t}{T} - \frac{a+b}{\lambda}\right). \tag{67}$$

Hierin ist k ein Proportionalitätsfaktor, über den noch verfügt werden kann.

Stellt man nun einen kreisförmigen Schirm mit dem Mittelpunkte in M_0 so auf, daß er die mittlere Zone verdeckt, so kann man dieselbe Konstruktion, vom Rande des Schirmes beginnend, ausführen. Es bleibt dann in P die halbe Wirkung der ersten unverdeckten Zone übrig. Es gilt also dieselbe Formel (67), nur mit dem Unterschiede, daß b jetzt die Entfernung zwischen P und dem Rande des Schirmes bedeutet und k einen etwas anderen Wert annimmt, da es von der mittleren Neigung der Zone gegen die Richtung MP abhängen muß. Durch die Wirkung des Schirmes wird also die Erregung in keinem Punkte von M_0P aufgehoben. Befindet sich in M_0 der Mittelpunkt einer kreisförmigen Öffnung eines großen Schirmes, so hängt der Druck in P von der Größe der Öffnung ab; wird die halbe Zentralzone freigelassen, so ist die Wirkung so, als ob gar kein Schirm vorhanden wäre. Bleibt die ganze Zentralzone frei, so ist der Druck in P doppelt so groß wie bei Abwesenheit des ganzen Schirmes. Ist die Öffnung so groß, daß die Zentralzone und die darauffolgende Zone unverdeckt sind, so muß die Erregung in P nahezu verschwinden.

Die hier vorgetragene elementare Auffassung der Beugungserscheinungen gibt von der geradlinigen Schallfortpflanzung Rechenschaft und läßt sie als einen nur selten angenäherten Grenzfall erscheinen. Die verwendeten Methoden sind für manche Untersuchungen zweckmäßig, doch ergeben sich in zwei Punkten Widersprüche mit der Erfahrung. Es müßte nämlich einmal nach den hier entwickelten Prinzipien eine Fortpflanzung der Elementarwellen auch entgegen der Gesamtfortpflanzungsrichtung stattfinden, was praktisch niemals beobachtet wird. Außerdem zeigt die Formel (67) für den Druck im Punkte P eine falsche Phase, denn bei ungestörter Fortpflanzung müßte nach (66) sein:

$$p_P = \frac{A}{a+b}\cos 2\pi\left(\frac{t}{T} - \frac{a+b}{\lambda}\right).$$

Auch wenn man $k = 1/\lambda$ setzt, fällt diese Unstimmigkeit nicht fort. Der Widerspruch erklärt sich dadurch, daß die FRESNELsche Ableitung auf der unzutreffenden Annahme beruht, daß die Punkte einer Wellenfläche sich wie voneinander unabhängige Erregungszentren verhalten sollen. Die Anwendung der strengen Lösung der Wellengleichung nach KIRCHHOFF[2]) und VOIGT[3]) (vgl. Ziff. 5) vermeidet diese Schwierigkeiten. Es ist hiernach die Erregung in einem Punkte P gegeben durch die Superposition von Erregungen, die von den Oberflächen-

---

[1]) Siehe z. B. P. DRUDE, Lehrb. d. Optik, S. 154ff. Leipzig 1906.

[2]) G. KIRCHHOFF, Vorlesungen über math. Optik; Berl. Ber. 1882, S. 641; Wied. Ann. Bd. 18, S. 663. 1883.

[3]) W. VOIGT, Komp. d. theoret. Physik Bd. II, S. 776. Leipzig 1896; Wied. Ann. Bd. 3, S. 532. 1878; Crelles Journ. Bd. 89, S. 322. 1880.

elementen einer beliebigen den Punkt P einschließenden Fläche herrühren. Die praktische Anwendung dieser Lösung ist jedoch nur in wenigen Fällen möglich.

Die Beugungserscheinungen sind für die Frage nach der Konfiguration von Schallfeldern von großer Bedeutung. Strenge mathematische Lösungen sind bei der Kompliziertheit der auftretenden Integrale nur für wenige Fälle bisher gefunden[1]). Viele wichtige Ergebnisse auf diesem Gebiet stammen von RAYLEIGH.

Wenn auf einen Schirm mit einer beliebig geformten Öffnung in senkrechter Richtung ebene Schallwellen auftreffen, so kann man in erster Annäherung[2]), wenn die Öffnung groß im Vergleich zur Wellenlänge ist, annehmen, daß die Bewegung in der Öffnung derart ist, als wenn kein Schirm vorhanden sei. Man kann dann das Schallfeld auf der von der Schallquelle abgewandten Seite des Schirmes sich entstanden denken durch eine flächenhafte Quellenverteilung, die der Öffnung im Schirm entspricht. Das Geschwindigkeitspotential der ungestörten ebenen Welle sei:

$$\varphi = e^{i(\omega t - k x)},$$

also die Normalgeschwindigkeit in der Öffnung:

$$-\left(\frac{\partial \varphi}{\partial x}\right)_{x=0} = i k e^{i \omega t}.$$

Es wird dann das Geschwindigkeitspotential für das gesuchte Schallfeld nach Ziff. 12, Gleichung (53), in reeller Form:

$$\varphi = \frac{k}{2\pi} \iint \frac{\sin(\omega t - k r)}{r} \, d\sigma.$$

Ist die Öffnung klein gegen r und kreisförmig, vom Radius R, so wird:

$$\varphi = \frac{\pi R^2}{\lambda} \frac{\sin(\omega t - k r)}{r}.$$

Die dieser Rechnung zugrunde liegende Annahme, daß die Geschwindigkeit in der ganzen Öffnung überall gleich ist, ist in Wirklichkeit nicht zutreffend. Zu einer weiteren Annäherung kommt RAYLEIGH[3]), indem er annimmt, das Geschwindigkeitspotential φ sei aus zwei Teilen zusammengesetzt, von denen der eine χ dem Fall entspricht, daß die Öffnung im Schirm geschlossen sei, der andere ψ von der Änderung herrührt, die dieses Feld durch die Wirkung der Öffnung erleidet. Bezeichnen die Indizes m und p die negative bzw. die positive Seite des Schirmes, so ist:

$$\chi_m = e^{-ikx} + e^{ikx},$$

$$\psi_m = \iint \Psi_m \frac{e^{-ikr}}{r} \, d\sigma, \qquad \psi_p = \iint \Psi_p \frac{e^{-ikr}}{r} \, d\sigma.$$

Die Grenzbedingungen sind, daß $\frac{\partial \psi_m}{\partial n}$ und $\frac{\partial \psi_p}{\partial n}$ in der ganzen Ebene des Schirmes, mit Ausnahme der Öffnung, verschwinden. Für die Öffnung selbst muß gelten:

$$\frac{\partial \chi_m}{\partial n} = 0, \qquad \frac{\partial \chi_p}{\partial n} = 0, \qquad \chi_m = 2, \qquad \chi_p = 0.$$

Demnach also:

$$2 + \psi_m = \psi_p, \qquad \frac{\partial \psi_m}{\partial x} = \frac{\partial \psi_p}{\partial x}.$$

---

[1]) Z. B.: A. SOMMERFELD, Math. Ann. Bd. 47, S. 317. 1895.

[2]) Lord RAYLEIGH, Theory of Sound Bd. II, § 283.

[3]) Lord RAYLEIGH, Phil. Mag. Bd. 43, S. 259. 1897; Theory of Sound Bd. II, §§ 292, 306; Scient. Pap. Bd. 4, S. 283.

Folglich:
$$\psi_m = \iint \Psi_m \frac{e^{-ikr}}{r}\,d\sigma\,, \qquad \psi_p = -\psi_m = 1\,.$$

Hieraus ist dann Ψ_m zu bestimmen, eine Aufgabe, die jedoch im allgemeinen nicht lösbar ist. Ψ_m hängt, wie RAYLEIGH zeigt, mit der Normalgeschwindigkeit zusammen durch die Gleichung:
$$\Psi_m = -\frac{1}{2\pi}\frac{\partial\varphi}{\partial n}\,.$$

Ist die Öffnung klein im Vergleich zur Wellenlänge, so kann man $\frac{e^{-ikr}}{r}$ bei der Integration als konstant betrachten. Die Bedeutung von $\iint \Psi_m\,d\sigma = M$ ist dann nach einer elektrischen Analogie die der Kapazität einer leitenden Scheibe, die die gleiche Form wie die Öffnung hat. Die Lösung des Problems ist in diesem Fall durch die Formeln gegeben:
$$\varphi_m = 2\cos\omega t\cos k x - M\frac{\cos(\omega t - k r)}{r}\,, \qquad \varphi_p = M\frac{\cos(\omega t - k r)}{r}\,.$$

Für eine Ellipse mit der halben großen Achse a und der Exzentrizität e ist nach RAYLEIGH[1]):
$$M = \frac{a}{F(e)}\,, \qquad \text{wo} \qquad F(e) = \int\limits_0^{\pi/2} \frac{d\vartheta}{\sqrt{1 - e^2\cos^2\vartheta}}$$

das elliptische Integral erster Gattung ist[2]). Für den Fall eines Kreises mit dem Radius R, wo $e = 0$, $F(e) = \frac{\pi}{2}$ ist, wird $M = \frac{2R}{\pi}$. Das Resultat ist also beträchtlich anders als das vorher in erster Annäherung erhaltene.

Für den Fall der Beugung ebener Wellen durch einen engen Schlitz findet RAYLEIGH nach derselben Methode:
$$\psi_p = \sqrt{\frac{\pi}{2kr}}\,\frac{\cos(\omega t - k r - \pi/4)}{\gamma + \ln(\frac{1}{4}k b)}\,.$$

Hierin ist γ die EULERsche Konstante $\gamma = 0{,}5772$, $2b$ die Breite des Schlitzes. Das Resultat ist, wie man sieht, von der Breite des Schlitzes sehr wenig abhängig. Es ist RAYLEIGH später[3]) gelungen, dieses auffallende Ergebnis experimentell zu verifizieren.

Ein Fall, wo die vorstehenden Betrachtungen Anwendung finden können, ist das Schallfeld eines Sprachrohres oder Sprachtrichters. Nimmt man die große Öffnung des Trichters als beugende Öffnung an, so erkennt man, daß in der verlängerten Achse des als rotationssymmetrisch vorausgesetzten Trichters in genügender Entfernung alle Elementarstörungen von der großen Öffnung mit nahezu der gleichen Phase ankommen. Hier ist also die größte Intensität. Geht man von der Mittelachse nach der Seite, so wird die Intensität abnehmen, und schließlich wird man einen Punkt erreichen, wo die Intensität ein Minimum hat, weil man sich jetzt die Öffnung in zwei Teile geteilt denken kann, deren Wirkungen in dem betrachteten Aufpunkt interferieren. Man wird diesen Punkt um so eher erreichen, je kleiner die Wellenlänge ist. Die Rechnung[4]) ergibt, daß für den Winkel α, den der vom Mittelpunkt der Mündungsöffnung zu dem betrachteten Aufpunkt gezogene Fahrstrahl mit der Achse bildet, die Bedingung gilt:
$$\sin\alpha = 0{,}610\,\frac{\lambda}{R}\,,$$

---

[1]) Lord RAYLEIGH, Phil. Mag. Bd. 43, S. 259. 1897; Theory of Sound Bd. II, §§ 292, 306; Scient. Pap. Bd. 4, S. 283.

[2]) Siehe E. JAHNKE u. F. EMDE, Funktionentafeln, S. 46ff. Leipzig u. Berlin 1909.

[3]) Lord RAYLEIGH, Phil. Mag. Bd. 14, S. 153. 1907. Scient. Pap. Bd. 5, S. 380.

[4]) Siehe z. B. F. NEUMANN, Vorlesungen über Optik, S. 89.

wo R den Radius der Mündungsöffnung bedeutet. Bei größerem α nimmt dann die Intensität wieder zu einem Maximum zu, das aber nur 1,7% der Intensität auf der Achse beträgt, nimmt dann wieder zu Null ab usf. Eine kurvenmäßige Darstellung ähnlicher Erscheinungen s. Artikel „Schallausbreitung" Ziff. 3 (ds. Bd. Kap. 15). Ist die Mündungsöffnung im Durchmesser nicht größer als die halbe Wellenlänge, so ist die Intensität in allen Richtungen nahezu dieselbe. Man erhält also eine Richtwirkung, die um so ausgesprochener ist, je höher die Frequenz ist. Eine ähnliche Erscheinung war schon in Ziff. 12 bei der Schilderung der Strahlungseigenschaften einer großflächigen Kolbenmembran erwähnt.

Die Behandlung weiterer Beugungsprobleme kann aus der Optik entnommen werden (s. Bd. XIX ds. Handb.). Es müssen sich bei akustischen Problemen die gleichen Erscheinungen zeigen, allerdings unter Berücksichtigung der großen Verschiedenheit der Wellenlängen. Für den Fall der Beugung durch eine kreisförmige Öffnung ist die von LOMMEL[1]) aufgestellte Theorie auch auf dem Gebiet der Akustik von RAYLEIGH[2]) experimentell bestätigt worden (s. hierzu Kap. 15, Ziff. 8).

RAYLEIGH[3]) hat die Störung untersucht, die eine starre Kugel vom Radius R auf ein Schallfeld ebener Wellen $\varphi = \cos k(ct + x)$ ausübt. Er findet, wenn kR klein, d. h. $\lambda \gg R$ ist, für das Geschwindigkeitspotential der von der Kugel herrührenden Sekundärwellen, die sich den ebenen Wellen überlagern, d. h. also für das der Störung:

$$\psi = -\frac{\pi V}{r\lambda^2}\left(1 + \frac{3}{2}\mu\right)\cos k(ct - r)\,.$$

Darin ist $\mu = \cos\vartheta$, ϑ und r sind Polarkoordinaten mit dem Mittelpunkt der Kugel als Anfangspunkt und der Richtung, von welcher die Wellen herkommen, als Achse. Statt der ebenen Primärwellen kann man auch Kugelwellen annehmen, deren Ursprung vom Mittelpunkt der starren Kugel die Entfernung $P \gg \lambda$ hat. Das Verhältnis der Sekundär- zu den Primärwellen in gleichem Abstand von den Quellen ist dann:

$$-\frac{\pi V}{P\lambda^2}\left(1 + \frac{3}{2}\mu\right)$$

das der beiderseitigen Intensitäten:

$$\frac{\pi^2 V^2}{P^2\lambda^4}\left(1 + \frac{3}{2}\mu\right)^2,$$

was für $\mu = 1$ annähernd $\frac{61{,}72\, V^2}{P^2\lambda^4}$ ist. Hierin ist V das Volumen der Kugel. NICHOLSON[4]) hat dasselbe Problem noch für den Fall untersucht, daß die Wellenlänge klein gegen den Kugelradius ist. Er erhält eine Näherungsformel in Gestalt eines bestimmten Integrals unter der Voraussetzung, daß die Bewegung außerhalb der Kugel ein Geschwindigkeitspotential besitzt.

Einen weiteren sehr interessanten Fall hat RAYLEIGH[5]) untersucht, nämlich die Schattenwirkung einer starren Kugel in hinreichend großem Abstand von ihr, an deren Oberfläche sich eine punktförmige Quelle im Punkte A, $\vartheta = 0$ befindet. Ist die Wellenlänge groß gegen den Umfang des größten Kreises der Kugel $\lambda \gg 2\pi R$, so ist von einer Schattenwirkung in einigem Abstand von der Kugel

[1]) E. v. LOMMEL, Abhandlgn. d. Bayr. Akad. d. Wiss. Bd. 15, S. 233. 1886.
[2]) Lord RAYLEIGH, Proc. Roy. Inst. Bd. 12, S. 187. 1888; Nature Bd. 38, S. 208. 1888; Scient. Pap. Bd. 3, S. 24.
[3]) Lord RAYLEIGH, Theory of Sound Bd. II, § 334.
[4]) J. W. NICHOLSON, Phil. Mag. Bd. 11, S. 193. 1906.
[5]) Lord RAYLEIGH, Theory of Sound Bd. II, § 328; Phil. Trans. Bd. 203 A, S. 87. 1904; Scient. Pap. Bd. V, S. 149.

nichts zu merken. RAYLEIGH hat seiner Berechnung die Fälle $R = 2$ und $R = 10$ zugrunde gelegt, wo $k = 1$ gesetzt ist. Aus der allgemeinen Wellengleichung im Polarkoordinaten [s. Ziff. 12, Gleichung (55)] ergibt sich die Lösung:

$$\varphi_n = Y_n r^n \chi_n(k r),$$

wo χ_n der Differentialgleichung genügt:

$$\frac{d^2\chi_n}{dr^2} + \frac{2n+2}{r}\frac{d\chi_n}{dr} + \chi_n = 0.$$

Hiervon kann man die Lösung für eine divergente Welle schreiben in der Form:

$$\chi_n(r) = \left(-\frac{d}{r\,dr}\right)^n \frac{e^{-ir}}{r}.$$

Unter Berücksichtigung von hieraus sich ergebenden Rekurrenzformeln folgt für die Normalgeschwindigkeit an der Kugelfläche in der $n$ten Komponente:

$$U_n = R^{n-1} Y_n [\chi_{n-1}(R) - (n+1)\chi_n(R)].$$

Entwickelt man U_n in einer Reihe nach Kugelfunktionen, so folgt[1]):

$$U_n = \frac{2n+1}{2} P_n(\mu) \int_{-1}^{+1} U P_n(\mu)\, d\mu.$$

Berücksichtigt man nun, daß U nach Voraussetzung nur dort zum Integral beiträgt, wo $\mu = \cos\vartheta = 1$, also $P_n(\mu) = 1$ ist, so wird durch Elimination von Y_n:

$$\varphi = \frac{\iint U\, d\sigma \cdot e^{i(ct-r)}}{4\pi r} \sum_n \frac{(2n+1)\, i^n P_n(\mu)}{R^{n+1}[\chi_{n-1}(R) - (n+1)\chi_n(R)]}.$$

Die Ergebnisse der numerischen Auswertung dieser Formel sind für $R = 2$ und $R = 10$ in Abb. 6 eingetragen.

Die Länge der Fahrstrahlen bedeutet hier die Intensität in der betreffenden Richtung im Verhältnis zu derjenigen im ungestörten Schallfeld. Der eingezeichnete Kreis mit dem Radius 1 stellt die starre Kugel dar. Man erkennt deutlich, daß mit Verkürzung der Wellen die Schattenwirkung immer mehr merklich wird. Auffallend ist die Zunahme der Intensität in der der Quelle gegenüberliegenden Richtung bis über die Normalintensität, entsprechend dem hellen Fleck im Zentrum des Schattens einer kreisförmigen Scheibe. Nach dem Reziprozitätssatz sind die Ergebnisse ebenfalls gültig für die Sekundärwellen, die entstehen, wenn ebene Wellen auf die Kugel fallen. Auf dem angedeuteten Wege läßt sich auch die Intensität berechnen, die auf der Kugeloberfläche selbst wahrgenommen wird. Es ergeben sich hier gewisse Konvergenzschwierigkeiten. RAYLEIGH findet für $kR = 10$, daß dann für $\vartheta = 90°$ die Intensität durch die Anwesenheit der Kugel im Verhältnis 0,09588/0,5 geschwächt wird; für $\vartheta = 180°$ ist das Verhältnis 0,03237/0,25. Diese Resultate

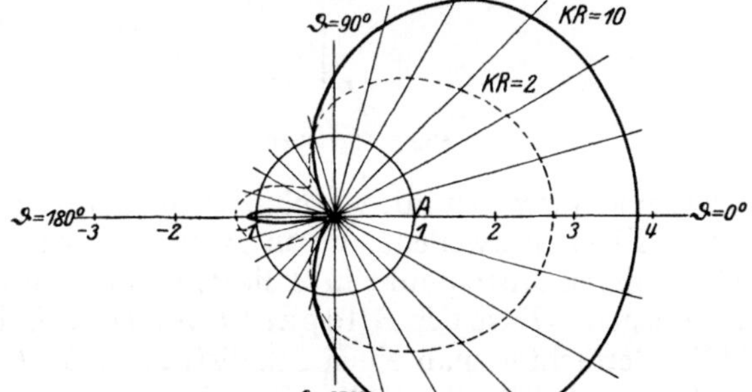

Abb. 6. Schallschatten einer starren Kugel.

[1]) Siehe z. B. RIEMANN-WEBERS, Differentialgleichungen der mathematischen Physik Bd. I, S. 351. Braunschweig 1925.

sind noch etwas weiter verallgemeinert worden von Stewart[1]), indem er die Intensitäten für Entfernungen berechnet, die nicht sehr groß im Verhältnis zur Kugel sind. Aus dem HELMHOLTZschen Reziprozitätstheorem folgen dann Intensitäten auf bestimmten Punkten der Kugeloberfläche, herrührend von Quellen, die sich in nicht zu großem Abstand befinden. STEWART macht hiervon Anwendungen auf den Richtungseffekt des Hörens unter der Annahme, daß der Kopf eine starre Kugel sei und die Ohren sich diametral gegenüberstehen. Die scheinbare Intensität ist maximal, wenn ein Ohr der Tonquelle zugewandt ist; das Maximum wird bei zunehmender Tonhöhe schärfer; der Wechsel der scheinbaren Intensität ist um so deutlicher, je näher die Tonquelle dem Kopf ist; er ist am geringsten bei tiefen Tönen, nimmt mit abnehmender Wellenlänge zu, von $\lambda = 30$ cm an aber wieder ab.

15. Schallreflexion und Schallbrechung[2]). Aus dem HUYGENSschen Prinzip läßt sich der Vorgang der Schallreflexion in elementarer Weise erkennen. Es sei in Abb. 7 MN die Projektion einer ebenen, ideal reflektierenden Wand auf die Zeichenebene, O eine punktförmige Schallquelle, von der Kugelwellen ausgehen. Es ergibt sich für die Konstruktion der Elementarwellen ein ganz analoges Verfahren, wie es bei Erklärung der Beugung in Ziff. 14, Abb. 4 angewendet worden war. Der Zeitunterschied, mit dem die Kugelwelle auf die einzelnen Punkte der Wand auftrifft, ist dadurch berücksichtigt, daß die Wellenflächen der Elementarwellen mit verschiedenem Radius gezeichnet sind. Die Umhüllende dieser Elementarwellen, die in Abb. 7 stark ausgezogen ist, ist eine Kugelfläche, deren Mittelpunkt in O' liegt, und O' muß in bezug auf MN symmetrisch zu O liegen. O' ist der Bildpunkt von O in bezug auf die reflektierende Fläche MN. Betrachtet man einen Schallstrahl, z. B. Oa, so sieht man, daß der reflektierte Strahl $O'a\,a_1Z$ mit dem Einfallslot einen Winkel φ_r, den Reflexionswinkel, bildet, der gleich dem Einfallswinkel φ_e ist. Es ergibt sich daraus das Reflexionsgesetz: der einfallende und der reflektierte Strahl liegen in derselben Ebene, und der Reflexionswinkel ist gleich dem Einfallswinkel. Das identische Resultat erhält man, wenn man ebene Wellen betrachtet. Dies letztere Problem hat RAYLEIGH[3]) von einem etwas anderen Gesichtspunkt aus behandelt. Es seien zwei ebene Wellen von gleicher Wellenlänge gegeben, deren Fortpflanzungs-

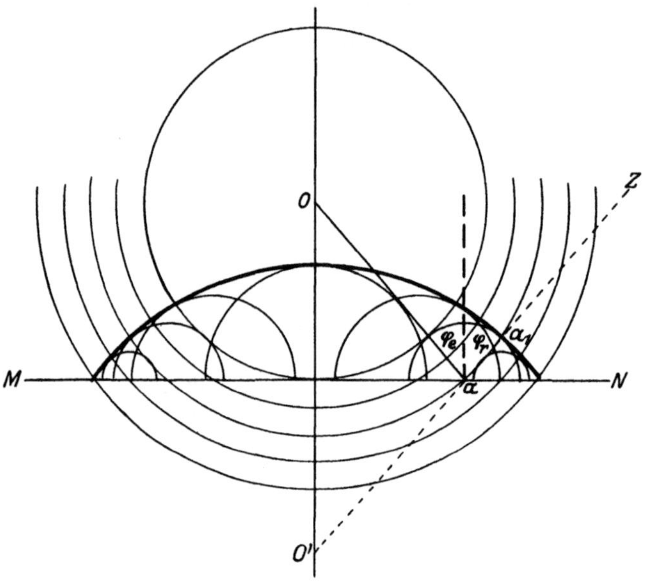

Abb. 7. Schallreflexion.

1) G. W. STEWART, Phys. Rev. Bd. 33, S. 467. 1911.
2) Vgl. hierzu insbesondere auch den Art. „Schallausbreitung" Ziff. 6 u. ff. (ds. Bd. Kap. 15).
3) Lord RAYLEIGH, Theory of Sound, II, § 269.

richtungen parallel zur xy-Ebene sind und mit der positiven x-Achse die Winkel $+\alpha$ und $-\alpha$ bilden:

$$\varphi_1 = \cos k(ct - x\cos\alpha - y\sin\alpha),$$

$$\varphi_2 = \cos k(ct - x\cos\alpha + y\sin\alpha).$$

Die resultierende Welle ist dann:

$$\varphi = 2\cos k(ct - x\cos\alpha)\cos k(y\sin\alpha).$$

Das ist eine gerade Funktion von y, die symmetrisch in bezug auf die xz-Ebene ist; es findet also keine Bewegung senkrecht zu dieser Ebene statt. Durch Einführung einer unendlich dünnen starren Wand in der xz-Ebene wird daher der Vorgang in keiner Weise geändert, und man kann die Sache so auffassen, wenn man nur die eine Hälfte des Raumes betrachtet, die sich auf der einen Seite der xz-Ebene befindet, als ob die eine Welle durch Reflexion an der Wand in der xz-Ebene die andere Welle entstehen läßt. Ist $\alpha = \pi/2$, begegnen sich also die beiden Wellenzüge direkt, so wird der resultierende Vorgang:

$$\varphi = 2\cos kct\cos ky,$$

also eine stehende Welle. Man kann sich demnach eine stehende Welle durch eine derartige Reflexion entstanden denken.

Mathematisch ergeben sich Reflexionen häufig bei bestimmten Problemen durch Berücksichtigung der Randbedingungen. Die Wellengleichung für ebene Wellen ergibt die d'ALEMBERTsche Lösung;

$$\varphi = f_1(ct - x) + f_2(ct + x).$$

Nimmt man eine absolut starre Wand in der yz-Ebene an und betrachtet nur die Vorgänge links von dieser Wand, so folgt:

$$f_1' = f_2', \qquad \text{also:} \qquad \varphi = f_1(ct - x) + f_1(ct + x).$$

In der reflektierten Welle ist also die Geschwindigkeit in der Phase um π gegen die der primären verschoben, während der Druck in beiden Wellen konphas ist. Setzt man andererseits als Randbedingung, daß in der yz-Ebene der Druck überall verschwinden muß, eine Bedingung, die z. B. annähernd an dem offenen Ende einer Pfeife verwirklicht ist, so findet man

$$\varphi = f_1(ct - x) - f_1(ct + x).$$

Jetzt ist also umgekehrt in der primären und sekundären Welle die Geschwindigkeit in Phase, während die Drucke entgegengesetzt sind.

Damit nun eine Reflexion überhaupt zustande kommen kann, ist die Ausbildung einer Anzahl von FRESNELschen Zonen notwendig, weil sonst die Konstruktion nicht möglich ist, die der Abb. 7 zugrunde liegt. Der Radius ϱ der ersten Zone ist offenbar abhängig von den Abständen a_1 und a_2 der Schallquelle und des Beobachtungspunktes von dem Mittelpunkt der reflektierenden Wand und von der Wellenlänge λ. Die Beziehung zwischen diesen Größen ist:

$$\varrho^2\left(\frac{1}{a_1} + \frac{1}{a_2}\right) = \lambda.$$

Sind a_1 und a_2 groß, so müssen auch die Ausdehnungen der reflektierenden Wand groß sein, um eine Reflexion zustande kommen zu lassen, und zwar um so mehr, je größer die Wellenlänge ist. Hierdurch erklärt sich die Tatsache, daß es leichter ist, hohe Töne zur Reflexion zu bringen, als tiefe, weil eben für die Reflexion tiefer Töne die Dimensionen der verwendeten Schallspiegel häufig nicht ausreichen. Bei optischen Erscheinungen macht sich das nicht geltend, weil zur

Reflexion des Lichtes bei der Kürze der in Frage kommenden Wellenlängen die kleinsten Spiegel genügen.

Das Entstehen einer Reflexion kann man sich auch so vorstellen, daß man sich den reflektierenden Körper als Strahler von sekundären Wellen denkt. Ist die Fläche des Reflektors so beschaffen, daß sie vollkommen den auftreffenden Druckänderungen nachgibt, so ist die Normalbewegung an jedem Punkt der reflektierenden Fläche genau so, als wenn kein Reflektor vorhanden wäre. Die wirklich eintretende Reflexion bei nicht nachgiebiger Fläche muß also dieselbe sein, als wenn sie von einer Bewegung des Reflektors herrührte, die in jedem Punkt der Oberfläche gleich und entgegengesetzt der betreffenden primären Bewegung ist. Die Reflexion an gekrümmten Oberflächen erfolgt hiernach nach denselben Gesetzen wie bei einer Ebene. An Stelle des Einfallslotes tritt dann die Flächennormale.

Ganz allgemein werden die Gesetze der Reflexion von dem FERMATschen Prinzip beherrscht, das man als das Prinzip vom Grenzwert des Strahlweges bezeichnen kann. Denkt man sich einen Strahl von Q ausgehend, der bei R reflektiert und bei P empfangen wird, so sagt das FERMATsche Prinzip aus, daß der Strahlweg derart verlaufen muß, daß $QR + RP$ ein Minimum oder ein Maximum ist, je nach der Form der reflektierten Fläche. Es erübrigt sich, an dieser Stelle des näheren auf die hiermit verknüpften Fragen einzugehen. Sie gehören in das Gebiet der geometrischen Optik und finden in Band XVIII ds. Handb. eine eingehende Behandlung.

Strenge Lösungen der Wellengleichung für Reflexionsprobleme hat zuerst SHARPE[1]) behandelt, und zwar für den besonders interessanten Fall, wo die reflektierende Fläche ein Paraboloid ist. Fallen Schallwellen ein, so ergeben sich zwei Brennpunkte in gleichem Abstand vom geometrischen Brennpunkt. Dieser Abstand ist um so kleiner, je höher die Töne sind. Liegt andererseits eine lineare Quellenverteilung vor auf der Achse zwischen Scheitel und Brennpunkt, so zeigt sich, daß die Schallverstärkung in großer Entfernung für tiefe Töne größer ist als für hohe. Eine andere Behandlung desselben Problems stammt von LAMB[2]). Im Anschluß an eine Untersuchung, die eine einfachere Lösung für das von Sommerfeld behandelte Beugungsproblem ebener Wellen an der geraden Kante eines Schirmes für den Spezialfall senkrechten Einfalls mit Hilfe von parabolischen Koordinaten bringt, werden folgende Fälle behandelt: 1. eine ebene Primärwelle, die senkrecht zur Symmetrieebene eines parabolischen Zylinders auf die konvexe Seite dieses Zylinders fällt; 2. gehen auf der konkaven Seite des Zylinders Wellen vom Fokus aus, so wandern sie nach Reflexion am Zylinder als ebene Wellen normal zur Symmetrieebene. Fällt umgekehrt eine ebene Welle senkrecht zur Symmetrieebene des Zylinders auf der konkaven Seite ein, so läßt sich die Lösung nach dieser Methode nur dann angeben, wenn man annimmt, daß im Fokus eine vollständige Absorption der einmal reflektierten Wellen stattfindet. Für ein Rotationsparaboloid ergeben sich analoge Lösungen.

Erscheinungen der Schallreflexion, die man oft beobachten kann, sind das Echo und der Nachhall. Der Unterschied zwischen diesen beiden Begriffen ist der, daß man vom Echo nur dann spricht, wenn der reflektierte Klang erst nach Beendigung des primären Klanges hörbar wird. Hierzu ist bei senkrechter Reflexion unter Zugrundelegung einer Schallgeschwindigkeit von 340 m/sec und einer Dauer des Klanges von 0,2 Sek. ein Mindestabstand von etwa 34 m vom reflektierenden Medium notwendig. Der Erscheinung des Nachhalls begegnet man bei kleineren räumlichen Dimensionen. Sie ist es, die die Akustik von

[1]) H. J. SHARPE, Proc. Cambr. Phil. Soc. Bd. 10, S. 101. 1899; Bd. 13, S. 133. 1905.
[2]) H. LAMB, Proc. Lond. Math. Soc. Bd. 4, S. 190. 1906.

geschlossenen Räumen beeinflußt (s. Art. „Raumakustik", Ziff. 30ff. [ds. Bd. Kap. 16]). Für das Zustandekommen von solchen Reflexionen ist, wie oben erläutert, die Größe der reflektierenden Fläche und die Wellenlänge maßgebend. Hierdurch erklären sich die sog. harmonischen Echos, bei denen man statt des Originaltones seine Oktave oder Duodezime hört. RAYLEIGH[1]) erklärt diesen Vorgang so, daß die Reflexion der verschiedenen Partialtöne an verschiedenen Medien je nach der Wellenlänge und Ausdehnung des Mediums erfolgt. Je nach der Konsistenz dieser Medien, nämlich ihrer Schallhärte, wird dann die reflektierte Intensität der einzelnen Partialtöne verschieden sein. Das Zustandekommen eines mehrfachen Echos setzt die Wirksamkeit mehrerer reflektierender Flächen voraus. Besonders günstig liegen die Umstände hierfür, wenn zwei parallele Flächen vorhanden sind, zwischen denen die Schallquelle liegt; ein Beispiel hierfür ist der Donner, der am Erdboden und einer hierzu parallelen Wolkendecke mehrfach reflektiert wird.

Auf dem Prinzip der Schallreflexion beruht weiter die Wirkungsweise des Sprachrohres und umgekehrt des Hörrohres. Es wird hier durch fortwährende Reflexion der Schallwellen an den Rohrwänden ein Divergieren der Wellen verhindert, vielmehr die Schwingungsenergie auf engem Raum zusammengehalten. Etwas Ähnliches geschieht bei den sog. Flüster- oder Seufzergalerien. Es handelt sich hierbei um meist kreisförmige Galerien, die im allgemeinen durch eine Kuppel überwölbt sind. Man hat früher geglaubt, daß die ungewöhnliche Stärke, mit der Flüstersprache in solchen Galerien gehört wird, von der Reflexion an der Oberfläche der Kuppel herrührt. RAYLEIGH[2]) hat jedoch gezeigt, daß es sich hierbei mehr um eine Art Kriechen der Schallwellen in horizontaler Richtung um die Galerie herum handelt. Es ergibt sich nämlich, daß die Schallwellen sich in der Hauptsache infolge wiederholter Reflexion an der Galeriewand innerhalb eines Raumes fortpflanzen, der durch zwei koaxiale Zylinder begrenzt ist. Hierdurch wird die Divergenz der Schallwellen verhindert. Eine mathematische Theorie dieser Erscheinung hat RAYLEIGH in zwei weiteren Arbeiten[3]) mit Hilfe der BESSELschen Funktionen höherer Ordnung gegeben.

Die der Reflexion als solcher zugrunde liegende Grenzbedingung ist die, daß das Medium, auf dessen Begrenzungsfläche die Schallwellen auftreffen, für Schall absolut undurchlässig ist. Macht man dagegen die Annahme, daß das betreffende Medium zwar schalldurchlässig ist, daß aber die Schallfortpflanzung in ihm nach anderen Gesetzen verläuft, daß insbesondere die Schallgeschwindigkeit eine andere sei als in dem ersten Medium, so erhält man die Erscheinung der Schallbrechung. Um die Verhältnisse elementar nach dem HUYGENSschen Prinzip zu erkennen, kann die Abb. 8 dienen. Eine ebene Welle mit der Wellenfläche A_1B möge schief auf die Trennungsfläche A_1A_2 zwischen den beiden Medien I und II auftreffen. Faßt man nach dem HUYGENSschen Prinzip die Punkte der Trennungsfläche als Erreger von Elementarkugelwellen auf, so sind, um die Verhältnisse für einen bestimmten Zeitpunkt zu fixieren, die Radien dieser Kugelwellen verschieden groß zu machen, um dadurch zu berücksichtigen, daß die Erregungswelle zu verschiedenen Zeitpunkten auf den einzelnen Punkten der Trennungsfläche ankommt. Sind die Fortpflanzungsgeschwindigkeiten in den beiden Medien c_1 bzw. c_2, so ist $BA_2 = c_1 t$, wenn man annimmt, daß zur Zeit 0 die Wellenfront in A_1 zur Zeit t in A_2 ankommt. Die Lage der Wellenfläche zur Zeit t erhält man, wie man leicht einsieht, dadurch, daß man von A_2 an die

[1]) Lord RAYLEIGH, Nature Bd. 8, S. 319. 1873; Scient. Pap. Bd. 1, S. 188.

[2]) Lord RAYLEIGH, Theory of Sound Bd. II, § 287.

[3]) Lord RAYLEIGH, Phil. Mag. Bd. 20, S. 1001. 1910; Bd. 27, S. 100. 1914. Scient. Pap. Bd. 5, S. 617; Bd. 6, S. 211.

Kugelfläche, die um A_1 mit dem Radius $c_2 t$ geschlagen ist, die Tangentialebene $A_2 C$ konstruiert. Ist nun $c_1 = c_2$, so ist $A_1 B$ parallel zu $A_2 C$, die Wellenfläche pflanzt sich also parallel mit sich selbst fort. Anders jedoch, wenn $c_1 \lesseqgtr c_2$ ist. Dann ist:

$$\sin\varphi = c_1 t : A_1 A_2 , \qquad \sin\chi = c_2 t : A_1 A_2 , \tag{68}$$

also:

$$\frac{\sin\varphi}{\sin\chi} = \frac{c_1}{c_2} = n .$$

φ und χ sind gleichzeitig, wenn man Strahlen betrachtet, der Einfalls- bzw. der Brechungswinkel. Man hat also das Brechungsgesetz, wonach die Sinus des Einfalls- und Brechungswinkels sich zueinander verhalten wie die Fortpflanzungsgeschwindigkeiten; dieses Verhältnis ist gleich dem Brechungsindex. Der einfallende Strahl wird demnach aus seiner ursprünglichen Richtung um den Winkel $\varphi - \chi$ abgelenkt, und zwar zum Einfallslot hin, wenn die Fortpflanzungsgeschwindigkeit im Medium II kleiner ist als im Medium I, d. h. beim Übergang vom akustisch dünneren zum akustisch dichteren Medium; vom Einfallslot fort im entgegengesetzten Fall. Der Brechung vom Einfallslot, d. h. also beim Übergang vom akustisch dichteren zum dünneren Medium, ist nach diesem Gesetz durch die Trennungsfläche eine Grenze gesetzt: bei einem bestimmten Einfallswinkel verläuft der gebrochene Strahl parallel zur Trennungsfläche. Wird dann der Einfallswinkel noch weiter vergrößert, so ergibt sich aus dem Brechungsgesetz (68) kein reeller reflektierter Strahl mehr. Es findet dann Reflexion statt, die man, weil die gesamte Energie reflektiert wird, Totalreflexion nennt. Die Theorie dieser Erscheinungen gehört in das Gebiet der geometrischen Optik. Es kann daher für alles Weitere auf Bd. XVIII ds. Handb. verwiesen werden. Erwähnt sei nur noch, daß auch für die Erscheinungen der akustischen Brechung das FERMATsche Prinzip vom Grenzwerte des Strahlenweges gilt, allerdings mit der Modifikation, daß man hier nicht den rein geometrischen Lichtweg einsetzen muß, sondern den reduzierten Lichtweg, der sich durch Division des geometrischen Weges durch die Wellenlänge ergibt. Man bezeichnet dann das FERMATsche Prinzip besser als das vom Grenzwert der Laufzeit.

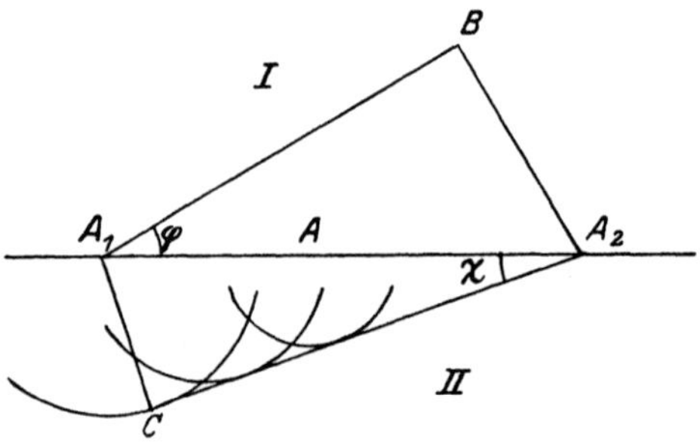

Abb. 8. Schallbrechung.

Ist die reflektierende Schicht durch enge Öffnungen unterbrochen, wie dies bei einem porösen Körper der Fall ist, so wird die reflektierte Welle in ihrer Intensität dadurch geschwächt, daß ein Teil der auftreffenden Energie in die Poren des Körpers eindringt und hier im wesentlichen absorbiert wird (vgl. hierzu Ziff. 10). Ist B das Verhältnis der Amplitude der reflektierten Welle zu der einfallenden und g das Verhältnis der undurchbohrten Flächenteile zu der Oberfläche der Öffnungen, so findet RAYLEIGH[1]) bei senkrechtem Einfall ebener Wellen unter der Annahme, daß die Wellenlänge in den Kanälen dieselbe ist wie im freien Raum $B = g/2 + g$. Entfällt die Hälfte der reflektierenden Fläche auf die Durchbohrungen, ist also $g = 1$, so wird $B = {}^1/_3$. Wird die Reibung in den Kanälen berücksichtigt, so ändert sich nach KIRCHHOFF[2]) (vgl. Ziff. 8

[1]) Lord RAYLEIGH, Theory of Sound Bd. II, § 351.
[2]) G. KIRCHHOFF, Pogg. Ann. Bd. 134, S. 177. 1868.

u. 10) die Wellenlänge. Dann ergibt sich für das Verhältnis der Intensitäten des reflektierten Schalles zum einfallenden:

$$J = \frac{2M^2 - 2M - 1}{2M^2 + 2M + 1}, \qquad \text{wo} \qquad M = \frac{2(1+g)\sqrt{\nu\varkappa}}{r\sqrt{\omega}},$$

worin $\varkappa$ das Verhältnis der spezifischen Wärmen, ν der kinetische Reibungskoeffizient, r der Radius der Poren ist. In einer weiteren nachgelassenen Arbeit hat RAYLEIGH[1]) diese Resultate noch verallgemeinert für schrägen Einfall von ebenen Wellen und den Einfluß des Einfallswinkels untersucht. Es zeigt sich, daß unter bestimmten Bedingungen, denen die Wellenlänge und die Dämpfung in den Poren zu unterwerfen sind, die Reflexion verschwindet, eine Erscheinung, die auf einer Resonanz der Hohlräume beruht.

Die Vorgänge der Schallbrechung spielen eine Rolle bei der Fortpflanzung von Schall in der Atmosphäre. Der Grund dafür liegt nicht in der Druckänderung, denn nach Ziff. 8 ist die Schallgeschwindigkeit vom Druck unabhängig, sondern in den Änderungen, die die Temperatur in verschiedenen Höhenlagen erleidet. Die Integralgleichung für diesen Vorgang erhält man in folgender Weise: Es seien ebene wagerechte Schichten angenommen, in denen die Schallgeschwindigkeit $c_0, c_1, \ldots c_\nu$ betrage. Die Einfallswinkel auf den Grenzflächen seien $\varphi_1, \varphi_2, \ldots \varphi_\nu$. Dann ist nach dem Reflexionsgesetz:

$$\frac{c_0}{\sin\varphi_0} = \frac{c_1}{\sin\varphi_1} = \cdots = \frac{c_\nu}{\sin\varphi_\nu} = a.$$

Läßt man die Schichten unendlich dünn werden, so wird:

$$\operatorname{tang}\varphi_\nu = \frac{\sin\varphi_\nu}{\sqrt{1-\sin^2\varphi_\nu}}\,\frac{dx}{dy},$$

also:

$$x = \int \frac{c(y)\,dy}{\sqrt{a^2 - c^2(y)}},$$

Lösungen ergeben sich verschieden, je nach dem Gesetz, das die Abhängigkeit der Schallgeschwindigkeit von der Höhe y beherrscht[2]). MOHN[3]) setzt $c(y) = c(0) - Ay$. Die Schallgeschwindigkeit nimmt also mit der Höhe gleichmäßig ab. Die Schallstrahlen sind dann, wie sich durch Ausführung der Integration ergibt, Kreise, die nach unten konvex sind. Die Krümmung ist um so stärker, je schneller die Schallgeschwindigkeit sich mit der Höhe ändert. Mit der gleichen Methode läßt sich bei homogen angenommener Atmosphäre der Einfluß des Windes berücksichtigen. Ist nämlich die Windgeschwindigkeit w, α der Winkel, den die Richtung des Windes und die Richtung des Schallstrahles miteinander bilden, so ist $c = A - B\cos\alpha\cdot y$. Nimmt man dann an, daß w proportional der Höhe zunimmt $w = w_0 + py$, so erhält man nach JÄGER[4]) für die Bahn der Schallstrahlen wiederum Kreise, die konvex nach unten sind, solange $\cos\alpha > 0$, dagegen konkav nach unten werden, sobald $\cos\alpha < 0$ wird[5]).

Der MOHNsche Ansatz setzt ein ziemlich kompliziertes Gesetz für die Abnahme der Temperatur mit der Höhe voraus. Nimmt man hierfür nach RAYLEIGH[6]) den Beobachtungen bei normalen Verhältnissen am Tage entsprechend an $t = t_0 + Ay$, so ist nach Ziff. 8:

$$c(0,t) = c(0,0)\sqrt{1+Bt}; \qquad c(y,t) = \sqrt{c^2(0,t) + Dy}.$$

1) Lord RAYLEIGH, Phil. Mag. Bd. 39, S. 225. 1920; Scient. Pap. Bd. 6, S. 662.
2) P. BEHRENS, Inaug.-Dissert. Rostock 1905.
3) MOHN, Ann. d. Hydrogr. 1892, 1893, 1895.
4) G. JÄGER, Wiener Ber. (Abt. II a) Bd. 55. 1896.
5) Vgl. hierzu Lord RAYLEIGH, Theory of Sound Bd. II, § 289.
6) Ebenda § 288.

In der Funktion c bedeutet hier die erste Variable die Höhe, die zweite die Temperatur. Wenn man diesen Ausdruck nach RAYLEIGH entwickelt:

$$\frac{1}{c(y,t)} = \frac{1}{c(0,t)} - \frac{Dy}{2c^3(0,t)},$$

unter Vernachlässigung höherer Potenzen von y, so ergibt sich als Schallstrahlkurve eine Kettenlinie, während KOMMERELL[1]) durch strenge Behandlung desselben Ansatzes Zykloiden gefunden hat. MATTHIESSEN[2]) setzt für die Abhängigkeit des Brechungsexponenten mit der Höhe die Beziehung an: $n = \sqrt{1 + \frac{y}{b}}$. Unter dieser Annahme erhält man dann für die Schallstrahlen Parabeln.

Allgemein werden daher Schallstrahlen unter dem Einfluß der Verschiedenheit der Atmosphäre in verschiedenen Höhen nach aufwärts gekrümmt; die Folge davon ist, daß die Wirkung einer Schallquelle, die sich auf dem Erdboden befindet, von einem gleich hoch gelegenen Beobachter, wenn überhaupt, so nur infolge von Beugung wahrgenommen wird. Man kann also sagen, daß der Beobachter in einem solchen Fall sich im Schallschatten befindet, obgleich zwischen ihm und der Schallquelle gar kein Hindernis vorhanden ist.

In Wirklichkeit treten Schallbrechung und Schallreflexion im allgemeinen nicht einzeln, sondern gleichzeitig auf. Man muß daher auch theoretisch die beiden Erscheinungen gemeinsam behandeln. Der erste Ansatz hierzu stammt von GREEN[3]), weitere Arbeiten von POISSON[4]) und RAYLEIGH[5]). Wenn als Trennungsfläche zwischen zwei Medien die horizontale Ebene $x = 0$ angenommen wird, so sind die Wellengleichungen oberhalb und unterhalb dieser Ebene:

$$\frac{\partial^2 \varphi_1}{\partial t^2} = c_1^2 \left(\frac{\partial^2 \varphi_1}{\partial x^2} + \frac{\partial^2 \varphi_1}{\partial y^2} \right), \qquad \frac{\partial^2 \varphi_2}{\partial t^2} = c_2^2 \left(\frac{\partial^2 \varphi_2}{\partial x^2} + \frac{\partial^2 \varphi_2}{\partial y^2} \right),$$

wo sich die Indizes 1 bzw. 2 auf die Zustände oberhalb bzw. unterhalb der yz-Ebene beziehen. Die Schallgeschwindigkeiten in den beiden Medien sind:

$$c_1 = \sqrt{a_1 \frac{p}{s_1}}, \qquad c_2 = \sqrt{a_2 \frac{p}{s_2}}, \tag{69}$$

worin a_1 und a_2 Konstanten sind, die von den Eigenschaften des betreffenden Mediums abhängen (vgl. hierzu Ziff. 8). Dazu kommen die Grenzbedingungen, daß in der Trennungsebene die Normalgeschwindigkeiten und die Drucke einander gleich sein müssen, nämlich für $x = 0$:

$$\frac{\partial \varphi_1}{\partial x} = \frac{\partial \varphi_2}{\partial x}, \qquad s_1 \frac{\partial \varphi_1}{\partial t} = s_2 \frac{\partial \varphi_2}{\partial t}.$$

Eine allgemeine Lösung des Problems ist bisher nur für ebene Wellen bekannt. Es sei die einfallende Welle:

$$\varphi_1 = A_1 e^{i(\alpha_1 x + \beta_1 y + \gamma_1 t)},$$

worin:

$$\alpha_1 = k_1 \cos\vartheta_1, \qquad \beta_1 = k_1 \sin\vartheta_1, \qquad \gamma_1 = k_1 c_1$$

ist. Die Richtung der Wellenebene ist gegeben durch:

$$\alpha_1 x + \beta_1 y = \text{konst}.$$

Dann kann man die reflektierte Welle darstellen in der Form:

$$\varphi_1' = A_1' e^{i(-\alpha_1 x + \beta_1 y + \gamma_1 t)}.$$

---

1) V. KOMMERELL, Phys. ZS. Bd. 17, S. 172. 1916.
2) L. MATTHIESSEN, Abhandlgn. d. Deutsch. Akad. d. Naturforscher Bd. 4, S. 74. 1899.
3) G. GREEN, Cambr. Phil. Trans. 1838.
4) S. D. POISSON, Mém. Inst. Bd. 2, S. 305. 1819.
5) Lord RAYLEIGH, Theory of Sound Bd. II, § 270ff.

Für die gebrochene Welle folgt:

$$\varphi_2 = A_2 e^{i(\alpha_2 x + \beta_2 y + \gamma_2 t)},$$

worin:

$$\alpha_2 = k_2 \cos\vartheta_2, \quad \beta_2 = \beta_1, \quad \gamma_2 = \gamma_1 = c_1\sqrt{(\pm\alpha_1)^2 + \beta_1^2} = c_2\sqrt{\alpha_2^2 + \beta_2^2}, \tag{70}$$

wie sich durch Einsetzen in die Wellengleichungen ergibt. ϑ_1 ist der Einfallswinkel, ϑ_2 der Brechungswinkel. Aus der letzten Beziehung folgt also das Brechungsgesetz. Setzt man dann für die einfallende Welle:

$$\varphi_1 = \cos(\alpha_1 x + \beta_1 y + \gamma_1 t) = \cos k(x\cos\vartheta_1 + y\sin\vartheta_1 + c_1 t),$$

so folgt aus den Grenzbedingungen für die reflektierte Welle:

$$\varphi_1' = \frac{\dfrac{s_2}{s_1} - \dfrac{\operatorname{cotg}\vartheta_2}{\operatorname{cotg}\vartheta_1}}{\dfrac{s_2}{s_1} + \dfrac{\operatorname{cotg}\vartheta_2}{\operatorname{cotg}\vartheta_1}} \cos k_1(-x\cos\vartheta_1 + y\sin\vartheta_1 + c_1 t), \tag{71}$$

für die gebrochene Welle:

$$\varphi_2 = \frac{2}{\dfrac{s_2}{s_1} + \dfrac{\operatorname{cotg}\vartheta_2}{\operatorname{cotg}\vartheta_1}} \cos k(x\cos\vartheta_2 + y\sin\vartheta_2 + c_2 t). \tag{72}$$

Die Amplitude der reflektierten Welle gilt, wie RAYLEIGH bemerkt, auch für Wellen von beliebiger Form. Wenn die reflektierte Welle verschwindet, so muß:

$$\left(\frac{s_2^2}{s_1^2} - \frac{c_1^2}{c_2^2}\right)\operatorname{cotg}^2\vartheta_1 = \frac{c_1^2}{c_2^2} - 1$$

sein. Ist demnach:

$$1 \gtrless \frac{c_2}{c_1} \gtrless \frac{s_1}{s_2},$$

so gibt es stets einen Einfallswinkel, bei dem keinerlei Reflexion stattfindet.

Ist die Schallgeschwindigkeit im unteren Medium größer als im oberen, so muß es nach (72) von einem bestimmten Wert von β_1 an, also sobald der Einfallswinkel einen bestimmten Betrag übersteigt, nur noch imaginäre Lösungen für α_2 geben; setzt man diese gleich $-i\alpha_2'$, so findet man für die reflektierte Welle:

$$\varphi_1' = \cos(-\alpha_1 x + \beta_1 y + \gamma_1 t + 2\varepsilon),$$

für die gebrochene Welle:

$$\varphi_2 = \frac{2}{\sqrt{\dfrac{\varrho_2^2}{\varrho_1^2} + \dfrac{\alpha_2'^2}{\alpha_1^2}}} e^{\alpha_2' x} \cos(\beta_1 y + \gamma_1 t + \varepsilon),$$

worin:

$$\operatorname{tg}\varepsilon = \frac{\alpha_2' s_1}{\alpha_1 s_2}$$

ist, und:

$$\alpha_2' = k\sqrt{\sin^2\vartheta_1 - \frac{c_1^2}{c_2^2}}.$$

Die Störung, die in das untere Medium eintritt, wird also schon in sehr kleinem Abstand jenseits der Trennungsfläche unmerklich. Eine Energiebetrachtung[1]) lehrt, daß in diesem Fall keine Energie in das zweite Medium übertragen wird. Die Reflexion ist total.

[1]) Lord RAYLEIGH, Theory of Sound Bd. II, § 270.

Das Verhältnis der Kotangenten von Einfall- und Brechungswinkel kann man auf die Form bringen:

$$\frac{\operatorname{cotg}\vartheta_2}{\operatorname{cotg}\vartheta_1} = \frac{c_1}{c_2}\sqrt{1 - \left(\frac{c_2^2}{c_1^2} - 1\right)\operatorname{tg}^2\vartheta_1}\,. \tag{73}$$

Setzt man für Luft und Wasser hierin $\frac{c_2}{c_1} = 4{,}3$, so folgt:

$$\frac{\operatorname{cotg}\vartheta_2}{\operatorname{cotg}\vartheta_1} = 0{,}23\sqrt{1 - 17{,}5\,\operatorname{tg}^2\vartheta_1}\,.$$

Es tritt also schon von $\vartheta_1 > 13^\circ$ an totale Reflexion ein. Da das Verhältnis der Dichtigkeiten von Wasser und Luft etwa 770:1 ist, so folgt für das Verhältnis der reflektierten zur einfallenden Welle angenähert:

$$\frac{\varphi_1'}{\varphi_1} = 1 - 0{,}0006\sqrt{1 - 17{,}5\,\operatorname{tg}^2\vartheta_1}\,,$$

woraus hervorgeht, daß selbst bei senkrechtem Einfall die Reflexion nahezu vollkommen ist. Es folgt hieraus ganz allgemein, daß ein Übergang von Schallenergie von einem Medium zum anderen nur dann in nennenswertem Maße stattfindet, wenn die Eigenschaften der beiden Medien nicht so sehr voneinander abweichen, wie es z. B. für Wasser und Luft der Fall ist. Um zu erkennen, wovon diese Übergangsmöglichkeit abhängt, betrachtet man die Verhältnisse bei senkrechtem Einfall. Es ist dann nach (72) und (73):

$$\frac{\varphi_1'}{\varphi_1} = \frac{s_2 c_2 - s_1 c_1}{s_2 c_2 + s_1 c_1}\,.$$

RAYLEIGH bezeichnet dasjenige Medium als das akustisch dünnere in welchem die Schallgeschwindigkeit größer ist. Demnach wäre Wasser akustisch dünner als Luft. HAHNEMANN und HECHT[1]) haben das Produkt aus Dichtigkeit und Schallgeschwindigkeit sc, das bei ebenen Wellen gleich dem Verhältnis von Druckamplitude zu Geschwindigkeitsamplitude ist, als Schallhärte definiert (vgl. Ziff. 11).

Bei einfachen Gasen kann man die elastischen Konstanten in (69) einander im allgemeinen gleichsetzen. Dann ist:

$$\frac{c_1^2}{c_2^2} = \frac{s_2}{s_1}$$

und demnach:

$$\frac{\varphi_1'}{\varphi_1} = \frac{\sqrt{s_2} - \sqrt{s_1}}{\sqrt{s_2} + \sqrt{s_1}} = \frac{c_1 - c_2}{c_1 + c_2}\,.$$

Eine freie Ausbreitung der gebrochenen Wellen kann nur dann stattfinden, wenn das zweite Medium sich unbegrenzt ausdehnt. Findet dagegen in einer endlichen Entfernung abermals eine Änderung der Mediumseigenschaften statt, so tritt an der neuen Begrenzungsfläche abermals eine Trennung der einfallenden Welle in eine reflektierte und eine gebrochene Welle auf. Man kann dann jede dieser Wellen weiterverfolgen und erhält die Lösungen in Form von konvergenten unendlichen Reihen. Für den Fall von drei Medien, wo das dritte in seinen Eigenschaften dem ersten ähnlich sieht, hat RAYLEIGH[2]) eine direkte Lösung angegeben.

Ist die horizontale Trennungsfläche nicht vollkommen eben, sondern rauh, so kann man in erster Annäherung die Gleichung für diese Oberfläche ansetzen in der Form $z = a\cos px$. Fällt dann eine ebene Welle mit dem Geschwindigkeits-

[1]) W. HAHNEMANN u. H. HECHT, Phys. ZS. Bd. 17, S. 603f. 1916.

[2]) Lord RAYLEIGH, Theory of Sound Bd. II, § 271.

potential $\varphi = e^{ik(ct+z)}$ ein, so ist der vollständige Wert des Geschwindigkeitspotentials im oberen Medium nach RAYLEIGH[1]):

$$\varphi = e^{ikz} + A_0 e^{-ikz} + A_1 e^{-i\mu_1 z} \cos p x + A_2 e^{-i\mu_2 z} \cos 2p x \ldots$$

wo:

$$\mu_1^2 = k^2 - p^2, \qquad \mu_2^2 = k^2 - 4p^2, \ldots$$

ist. Es wird der einfache Fall behandelt, daß das untere Medium keinerlei Schall hindurchläßt. Ist dann $p \ll k$, so sind zwei Fälle zu unterscheiden: erstens das untere Medium sei trägheitslos, so daß sich an der Trennungsfläche dieselbe Grenzbedingung ergibt wie am offenen Ende einer Pfeife, nämlich $\varphi = 0$, dann ergibt sich für die Amplitude einer senkrecht reflektierten Welle:

$$-A_0 = J_0(2ka) + \frac{p^2}{k^2}\frac{1}{2} k a J_1(2ka) + \frac{p^4}{k^4}\left[\frac{1}{8} k a J_1(2ka) - \frac{1}{2} k^2 a^2 J_2(2ka)\right].$$

Ist andererseits das zweite Medium absolut starr, so ist die Grenzbedingung $\frac{\partial \varphi}{\partial n} = 0$, und dann ist:

$$A_0 = J_0(2ka) - \frac{p^2}{2k^2} k a J_1(2ka).$$

Die weiteren Glieder der Reihe entsprechen ähnlich wie in der Optik Spektren höherer Ordnung, die seitlich vom Hauptspektrum liegen. Ist hingegen $p > k$, so sind sämtliche μ imaginär, und in der Reihenentwicklung werden alle Glieder, deren Index $\geqq 1$ ist, in einiger Entfernung von der Trennungsfläche unmerklich. Demnach verschwinden also die Seitenspektra. Eine sehr rauhe Fläche reflektiert also Schall von mittlerer Tonhöhe ebenso wie eine vollkommen glatte Fläche.

Soll bei der Bestimmung von Reflexion und Brechung auch die innere Reibung berücksichtigt werden, so geht man nach DRUDE[2]) von den allgemeinen Bedingungsgleichungen (40) in Ziff. 10 aus:

$$\left.\begin{aligned}
-s\frac{\partial^2 \xi}{\partial t^2} &= \frac{\partial(X'_x + X''_x)}{\partial x} + \frac{\partial(X'_y + X''_y)}{\partial y} + \frac{\partial(X'_z + X''_z)}{\partial z},\\
-s\frac{\partial^2 \eta}{\partial t^2} &= \frac{\partial(Y'_x + Y''_x)}{\partial x} + \frac{\partial(Y'_y + Y''_y)}{\partial y} + \frac{\partial(Y'_z + Y''_z)}{\partial z},\\
-s\frac{\partial^2 \zeta}{\partial t^2} &= \frac{\partial(Z'_x + Z''_x)}{\partial x} + \frac{\partial(Z'_y + Z''_y)}{\partial y} + \frac{\partial(Z'_z + Z''_z)}{\partial z},
\end{aligned}\right\} \qquad (74)$$

wo:

$$\begin{aligned}
-X'_x &= \lambda d + 2\mu x_x, & -Y'_z &= -Z'_y = \mu y_z,\\
-X''_x &= \lambda'\dot{d} + 2\mu'\dot{x}_x, & -Y''_z &= -Z''_y = \mu'\dot{y}_z,\\
-Y'_y &= \lambda d + 2\mu y_y, & -Z'_x &= -X'_z = \mu z_x,\\
-Y''_y &= \lambda'\dot{d} + 2\mu'\dot{y}_y, & -Z''_x &= -X''_z = \mu'\dot{z}_x,\\
-Z'_z &= \lambda d + 2\mu z_z, & -X'_y &= -Y'_x = \mu x_y,\\
-Z''_z &= \lambda'\dot{d} + 2\mu'\dot{z}_z, & -X''_y &= -Y''_x = \mu'\dot{x}_y.
\end{aligned}$$

λ, μ sind die adiabatische Elastizitätskoeffizienten, λ', μ' die entsprechenden Reibungskoeffizienten, $d = x_x + y_y + z_z$ die Volumendilatation. Man setzt die Lösungen an in der Form:

$$\left.\begin{aligned}
\xi &= \mathrm{M}\, e^{i\omega[t - (Qx + Ry + Sz)]},\\
\eta &= \mathrm{N}\, e^{i\omega[t - (Qx + Ry + Sz)]},\\
\zeta &= \Pi\, e^{i\omega[t - (Qx + Ry + Sz)]}.
\end{aligned}\right\} \qquad (75)$$

---

[1]) Lord RAYLEIGH, Theory of Sound Bd. 2, 2. Aufl. § 272a.

[2]) P. DRUDE, Wied. Ann. Bd. 41, S. 759. 1890; s. auch R. BERGER, Gesundheits-Ing. Bd. 37, S. 661. 1914; Bd. 38, S. 49, 60. 1915.

Die Amplituden M, N, Π und die Fortpflanzungsgeschwindigkeit C sind im allgemeinen komplex:

$$\mathrm{M} = M + iM', \qquad \mathrm{N} = N + iN', \qquad \Pi = P + iP',$$

ebenso die Größen:

$$Q = q - iq', \qquad R = r - ir', \qquad S = s - is'.$$

Aus der Linearität der Bewegungsgleichungen folgt dann, daß, wenn man setzt:

$$l = \lambda + i\omega\lambda', \qquad m = \mu + i\omega\mu',$$

man die Bewegungsgleichungen in der Form schreiben kann:

$$\left.\begin{aligned} s\ddot{\xi} &= m\Delta\xi + (m+l)\frac{\partial d}{\partial x}, \\ s\ddot{\eta} &= m\Delta\eta + (m+l)\frac{\partial d}{\partial y}, \\ s\ddot{\zeta} &= m\Delta\zeta + (m+l)\frac{\partial d}{\partial z}. \end{aligned}\right\} \tag{76}$$

Setzt man die Lösungen (75) hierin ein, multipliziert jede der entstehenden Gleichungen mit bzw. Q, R, S und addiert, so folgt:

$$s(\mathrm{M}Q + \mathrm{N}R + \Pi S) = (l + 2m)(Q^2 + R^2 + S^2)(\mathrm{M}Q + \mathrm{N}R + \Pi S).$$

Nunmehr sind zwei Fälle zu unterscheiden, nämlich je nachdem, ob:

$$\mathrm{M}Q + \mathrm{N}R + \Pi S$$

endlich oder Null ist. Im ersten Falle folgt:

$$Q^2 + R^2 + S^2 = \frac{s}{l + 2m}, \qquad \frac{\mathrm{M}}{Q} = \frac{\mathrm{N}}{R} = \frac{\Pi}{S},$$

d. h. die Wellenbewegung ist longitudinal. Im anderen Falle, wenn also:

$$\mathrm{M}Q + \mathrm{N}R + \Pi S = 0$$

ist, wird:

$$Q^2 + R^2 + S^2 = \frac{s}{m},$$

und dies gilt für transversale Wellen.

Wenn die imaginären Bestandteile von Q, R, S ihren reellen Bestandteilen proportional sind, kann man setzen:

$$q = \frac{q_0}{c}, \qquad r = \frac{r_0}{c}, \qquad s = \frac{s_0}{c},$$

$$q' = \delta\frac{q_0}{c}, \qquad r' = \delta\frac{r_0}{c}, \qquad s' = \delta\frac{s_0}{c},$$

$$q_0^2 + r_0^2 + s_0^2 = 1, \qquad a = q_0 x + r_0 y + s_0 z = x\cos\alpha + y\cos\beta + z\cos\gamma,$$

dann hat man es mit ebenen Wellen zu tun, und die Lösungen lauten in reeller Form:

$$\xi = e^{-\frac{\delta\omega}{c}a}\left[M\cos\omega\left(t - \frac{a}{c}\right) - M'\sin\omega\left(t - \frac{a}{c}\right)\right],$$

$$\eta = e^{-\frac{\delta\omega}{c}a}\left[N\cos\omega\left(t - \frac{a}{c}\right) - N'\sin\omega\left(t - \frac{a}{c}\right)\right],$$

$$\zeta = e^{-\frac{\delta\omega}{c}a}\left[P\cos\omega\left(t - \frac{a}{c}\right) - P'\sin\omega\left(t - \frac{a}{c}\right)\right].$$

Es ist dann für longitudinale Wellen:

$$\left(\frac{1 - i\delta}{c}\right)^2 = \frac{s}{l + 2m},$$

für transversale Wellen:

$$\left(\frac{1 - i\delta'}{c'}\right)^2 = \frac{s}{m}.$$

Durch Trennung der reellen und imaginären Anteile folgt dann, wenn man zweite und höhere Potenzen von δ vernachlässigt:
für longitudinale Wellen:

$$c^2 = \frac{\lambda + 2\mu}{s}, \qquad \delta = (\lambda' + 2\mu')\frac{\omega}{2sc^2},$$

für transversale Wellen:

$$c'^2 = \frac{\mu}{s}, \qquad \delta' = \frac{\mu'\omega}{2sc'^2} = \frac{\omega}{2}\frac{\mu'}{\mu}.$$

Die Resultate stehen im Einklang mit den in Ziff. 5 auf anderem Wege erhaltenen.

Nimmt man nun an, daß die Trennungsebene zwischen zwei Medien 1 und 2 die xy-Ebene sei, und daß außerdem die Wellennormale der einfallenden Welle parallel zur xz-Ebene sei, so daß $R = 0$ ist, so lauten die Grenzbedingungen:

$$\xi_1 = \xi_2, \qquad \eta_1 = \eta_2, \qquad \zeta_1 = \zeta_2,$$

$$m_1\left(\frac{\partial \xi_1}{\partial z} + \frac{\partial \zeta_1}{\partial x}\right) = m_2\left(\frac{\partial \xi_2}{\partial z} + \frac{\partial \zeta_2}{\partial x}\right), \qquad m_1\frac{\partial \eta_1}{\partial z} = m_2\frac{\partial \eta_2}{\partial z},$$

$$2m_1\frac{\partial \zeta_1}{\partial z} + l_1\left(\frac{\partial \xi_1}{\partial x} + \frac{\partial \zeta_1}{\partial z}\right) = 2m_2\frac{\partial \zeta_2}{\partial z} + l_2\left(\frac{\partial \xi_2}{\partial x} + \frac{\partial \zeta_2}{\partial z}\right).$$

Im allgemeinsten Fall hat man dann im Medium 1 zwei transversale und zwei longitudinale Wellen, von denen je eine einfällt und eine reflektiert wird. Im Medium 2 besteht eine gebrochene transversale und eine gebrochene longitudinale Welle. Die transversalen Wellen seien im folgenden, wie auch bisher, durch gestrichelte Größen charakterisiert.

Offenbar sind in beiden Medien die Frequenzen gleich, außerdem muß unter den angegebenen Grenzbedingungen Q für alle Wellen gleichbleiben, also muß:

$$\frac{\cos\alpha_e}{c} = -\frac{\cos\alpha_r}{c_r} = \frac{\cos\alpha_d}{c_d}$$

sein. Die Indizes e, r, d sollen sich auf die einfallende, die reflektierte bzw. die durchgehende Welle beziehen. Bezeichnet man den Einfallswinkel mit φ, den Brechungswinkel mit χ, so ist:

$$\cos\alpha_e = \sin\varphi, \qquad \cos\alpha_d = \sin\chi.$$

Es folgt also das bekannte Brechungsgesetz:

$$\frac{\sin\varphi}{\sin\chi} = \frac{c_e}{c_d},$$

sowohl für longitudinale wie für transversale Wellen. Setzt man:

$$\mathrm{M}_e = A_e Q, \qquad \mathrm{M}_r = A_r Q, \qquad \mathrm{M}_d = A_d Q,$$

$$\mathrm{M}'_e = A'_e S'_e, \qquad \mathrm{M}'_r = A'_r S'_r, \qquad \mathrm{M}'_d = A'_d S'_d,$$

$$\Pi_e = A_e S_e, \qquad \Pi_r = A_r S_r, \qquad \Pi_d = A_d S_d,$$

$$\Pi'_e = -A'_e Q, \qquad \Pi'_r = -A'_r Q, \qquad \Pi'_d = -A'_d Q,$$

so findet man:

$$\left.\begin{aligned}(A_e+A_r)Q^2+(A_e-A_r)S_1S_2'-(A_e'+A_r')QS_2'+(A_e'-A_r')QS_1'&=A_d(Q^2+S_2S_2'),\\(A_e+A_r)QS_2-(A_e-A_r)QS_1+(A_e'+A_r')Q^2+(A_e'-A_r')S_2S_1'&=A_d'(Q^2+S_2S_2'),\end{aligned}\right\}\quad(77)$$

und weiter, wenn man setzt:

$$Q^2+S_2S_2'=\sigma^2,\qquad s_2+(m_1-m_2)\,2\sigma^2=s_3:$$

$$\left.\begin{aligned}(A_e+A_r)(s_1\sigma^2-s_3Q^2)-(A_e-A_r)\,s_2S_1S_2'+(A_e'+A_r')\,s_2QS_2'-(A_e'-A_r')\,s_3QS_1'&=0,\\(A_e+A_r)\,s_2QS_2-(A_e-A_r)\,s_3QS_1-(A_e'+A_r')\,(s_1\sigma^2-s_3Q^2)+(A_e'-A_r')\,s_2S_1'S_2&=0.\end{aligned}\right\}\quad(78)$$

Diese Gleichungen enthalten die Lösung des Problems: Man kann nach (78) A_r und A_r' als Funktionen der A_e und A_e' darstellen. Setzt man die so gefundenen Werte für A_r und A_r' in (77) ein, so kann man daraus A_d und A_d' als Funktionen von A_e und A_e' ausdrücken. Es geht daraus hervor, daß die Amplituden der reflektierten Wellen wie auch die der durchgelassenen beide sowohl von den Amplituden der einfallenden longitudinalen wie auch der transversalen Wellen abhängen. Für den Fall, daß das Medium 1 eine reibungsfreie Flüssigkeit ist, ist:

$$\mu_1=0,\qquad S_1'=\infty,\qquad \lambda'=0,\qquad A_e'=A_r'=0$$

und:

$$A_r=\quad A_e\frac{S_1[s_2^2+4m_2^2Q^2S_2'(S_2-S_2')]-s_1s_2S_2}{S_1[s_2^2+4m_2^2Q^2S_2'(S_2-S_2')]+s_1s_2S_2},$$

$$A_d=\quad 2A_e\frac{S_1s_1(s_2-2m_2Q^2)}{S_1[s_2^2+4m_2^2Q^2S_2'(S_2-S_2')]+s_1s_2S_2},$$

$$A_d'=-2A_e\frac{2m_2s_1QS_1S_2}{S_1[s_2^2+4m_2^2Q^2S_2'(S_2-S_2')]+s_1s_2S_2}.$$

Die reflektierte Welle verschwindet dann für keinen Wert des Einfallswinkels. Ist das Medium 2 ebenfalls eine reibungsfreie Flüssigkeit, so gehen diese Formeln über in die RAYLEIGHschen Gleichungen (71) und (72), und es ist $A_d'=0$.

Bei senkrechtem Einfall erhält man für longitudinale Wellen:

$$A_r=A_e\frac{1-n(1-i\delta)}{1+n(1-i\delta)},\qquad A_d=2A_e\frac{s_1}{s_2}\frac{1}{1+n(1-i\delta)},$$

für transversale Wellen:

$$A_r'=A_e'\frac{1-n'(1-i\delta')}{1+n'(1-i\delta')},\qquad A_d'=2A_e'\frac{n'(1-i\delta')}{1+n'(1-i\delta')}.$$

Hierin ist $n=\frac{s_1c_1}{s_2c_2}$, $n'=\frac{c_1}{c_2}$. Die reflektierte Intensität wird für longitudinale Wellen:

$$J_r=J_e\frac{1-2n+n^2(1+\delta^2)}{1+2n+n^2(1+\delta^2)}.$$

Durch die innere Reibung des zweiten Mediums wird also die reflektierte Intensität vergrößert.

16. Schwingungen von gaserfüllten Hohlräumen. Der Gegenstand dieses Abschnitts steht in naher Beziehung zu der Theorie der Pfeifen, die im Artikel „Schallerzeugung mit mechanischen Mitteln", Ziff. 79ff. (ds. Bd. Kap. 5), sowie im Artikel „Musikinstrumente und ihre Klänge", Ziff. 43ff. (ds. Bd. Kap. 8) eingehend behandelt wird. Es soll daher an dieser Stelle das Problem nur insoweit untersucht werden, als es sich um Eigenschwingungen gasförmiger Hohlräume handelt. Zuerst ist die Theorie dieser Erscheinungen von HELMHOLTZ in seiner klassischen Arbeit: „Theorie der Luftschwingungen in Röhren mit offenen Enden"[1]) gegeben worden. Da diese Arbeit die Grundlage für die Theorie der Pfeifen bildet, kann ein näheres Eingehen hierauf dem 5. Kapitel überlassen bleiben, um so mehr, als von RAYLEIGH[2]) eine andere Art der Lösung in Angriff genommen ist, die gerade für die in dieser Ziffer zu behandelnden Fragen besonders geeignet erscheint.

Es sei zunächst ein geschlossener rechteckiger Hohlraum betrachtet mit den Kantenlängen a, b, c. Der Anfangspunkt befinde sich in einer Ecke, die Koordinatenachsen fallen zusammen mit der Richtung der hier zusammenstoßenden Kanten. Das mathematische Problem ist die Lösung der Wellengleichung $\Delta\varphi + k^2\varphi = 0$ mit der Randbedingung, daß $\frac{\delta\varphi}{\delta n} = 0$ an den Begrenzungsflächen sein muß. Die allgemeine Lösung läßt sich in der Form schreiben:

$$\varphi = \sum_p \sum_q \sum_r (A\cos\omega t + B\sin\omega t)\cos\left(p\frac{\pi x}{a}\right)\cos\left(q\frac{\pi y}{b}\right)\cos\left(r\frac{\pi z}{c}\right),$$

worin p, q, r die Reihe der ganzen Zahlen durchlaufen und:

$$k^2 = \pi^2\left(\frac{p^2}{a^2} + \frac{q^2}{b^2} + \frac{r^2}{c^2}\right)$$

ist. Die tiefste Eigenschwingung ist die, wo die Bewegung parallel zu der längsten Ausdehnung des Raumes vor sich geht. Bei einem würfelförmigen Raum, wo $a = b = c$ ist, wird:

$$k^2 = \frac{\pi^2}{a^2}(p^2 + q^2 + r^2),$$

oder die Wellenlänge:

$$\lambda = 2a\,(p^2 + q^2 + r^2)^{-\frac{1}{2}}.$$

Die Wellenlängen der vier tiefsten Schwingungen sind:

$$\lambda = 2a,\ \sqrt{2a},\ \frac{2a}{\sqrt{3}},\ 4a.$$

Ist der Hohlraum in der Richtung der z-Achse unendlich lang, handelt es sich also um eine lange Röhre von rechteckigem Querschnitt, so erhält man als Lösung der Wellengleichung:

$$\varphi = \sum_p \sum_q A_{pq}\cos\left(p\frac{\pi x}{a}\right)\cos\left(p\frac{\pi y}{b}\right),$$

wo die A_{pq} von a und b unabhängig sind. Da die Wellengleichung von jedem Glied dieser Reihe befriedigt werden muß, so erhält man zur Bestimmung der A_{pq} durch Einsetzen:

$$\frac{\partial^2 A_{pq}}{\partial z^2} + \left[k^2 - \pi^2\left(\frac{p^2}{a^2} + \frac{q^2}{b^2}\right)\right]A_{pq} = 0,$$

wenn man eine periodische Bewegung untersucht, die durch einen bei $z = 0$ befindlichen Kolben erzeugt wird. Man erhält dann als allgemeine Lösungen entweder:

$$\varphi = [B_{pq}\cos(\omega t - \mu z) + C_{pq}\sin(\omega t - \mu z)]\cos\left(p\frac{\pi x}{a}\right)\cos\left(q\frac{\pi y}{b}\right)$$

oder:

$$\varphi = e^{-\mu z}[D_{pq}\cos\omega t + E_{pq}\sin\omega t]\cos\left(p\frac{\pi x}{a}\right)\cos\left(q\frac{\pi y}{b}\right),$$

worin:

$$\mu^2 = \left|k^2 - \pi^2\left(\frac{p^2}{a^2} + \frac{q^2}{b^2}\right)\right|,$$

je nachdem, ob diese Differenz positiv oder negativ ist. Glieder mit hohen Werten von p und q werden also schon in geringem Abstand von $z = 0$ unmerkbar werden.

---

[1]) H. v. HELMHOLTZ, Crelles Journ. Bd. 57, S. 1. 1860; Wiss. Abh. Bd. I, S. 303.

[2]) Lord RAYLEIGH, Theory of Sound Bd. II, S. 303–322k.

Bei einem Rohr mit quadratischem Querschnitt muß demnach, damit ein Ton merkbar fortgepflanzt wird, $a \gtreqless \lambda/2$ sein.

Für die Schwingungen eines kugelförmigen Hohlraumes finden sich die Ansätze in Ziff. 12. Für Schwingungen der nullten Ordnung ergibt sich aus der ersten der Gleichungen (58) aus $\frac{\partial \varphi_0}{\partial r} = 0$ zur Bestimmung der Eigenfrequenzen die Bedingung $\operatorname{tang}(kr) = kr$. Eine sehr einfache Näherungslösung für diese Gleichung ist von FOURIER[1]) angegeben worden. Die erste endliche Wurzel, die der tiefsten symmetrischen Eigenschwingung entspricht, ist $r/\lambda = 0{,}7151$. Für die höheren Wurzeln haben die Schwingungen sphärische Knotenflächen, die den niederen Wurzeln entsprechen.

Beim offenen, konischen Trichter gilt als Grenzbedingung am offenen Ende, allerdings nur angenähert, weil sonst keine Schallfortpflanzung in den freien Raum stattfinden könnte, $p = s\frac{\partial \varphi_0}{\partial t} = 0$, also $\sin(kr) = 0$. Ein Vollkegel mit offener Basis hat daher als Eigentöne die volle harmonische Partialtonreihe. Andere nicht radiale Schwingungen in Trichtern sind von HOERSCH[2]) und WEBSTER[3]) behandelt worden. HOERSCH[4]) berechnet nach dieser Theorie den optimalen Öffnungswinkel eines Empfangstrichters, d. h. denjenigen Öffnungswinkel, bei dem größte Verstärkung erhalten wird. Dieser Winkel ist proportional zu $\omega^{\frac{3}{4}}$, wenn ω die Wellenfrequenz ist. Die Rechnung ist von STEWART[5]) experimentell bestätigt worden.

Die Schwingungen der ersten Ordnung in einem kugelförmigen Hohlraum erfolgen mit einem Durchmesser als Symmetrieachse. Für die Knotenflächen ist die Bedingungsgleichung:

$$\operatorname{tg} k r = \frac{2 k r}{2 - k^2 r^2},$$

deren niedrigste Wurzel dargestellt wird durch $r/\lambda = 0{,}3313$. Dies ist der tiefste Eigenton, dessen die Hohlkugel überhaupt fähig ist. Näheres, besonders auch bezüglich der Eigentöne höherer Ordnung s. bei RAYLEIGH[6]).

In einem zylindrischen Hohlraum gilt die Gleichung:

$$\frac{\partial^2 \varphi}{\partial r^2} + \frac{1}{r}\frac{\partial \varphi}{\partial r} + \frac{1}{r^2}\frac{\partial^2 \varphi}{\partial \vartheta^2} + k^2 \varphi = 0, \tag{79}$$

oder wenn φ nach FOURIER entwickelt wird:

$$\varphi = \varphi_0 + \varphi_1 + \varphi_2 + \cdots + \varphi_n + \cdots.$$

$$\frac{\partial^2 \varphi_n}{\partial r^2} + \frac{1}{r}\frac{\partial \varphi_n}{\partial r} + \left(k^2 - \frac{n^2}{r^2}\right)\varphi_n = 0.$$

Die Lösung ist im Fall freier Schwingungen (vgl. Ziff. 12) $\varphi_n = A J_n(kr)$. Also die Bedingung für die Eigenfrequenzen $J_n(kr) = 0$. Die ersten Wurzeln sind für Schwingungen

von der nullten Ordnung: $kr = 3{,}832,\ 7{,}015,\ 10{,}174,$

von der ersten Ordnung: $kr = 1{,}841,\ 5{,}332,\ 8{,}536$ usw.

---

1) J. J. FOURIER, Théroie de la Chaleur. Paris 1822; deutsch von B. WEINSTEIN, Berlin 1884; s. auch H. LAMB, Dynamical Theory of Sound 2. Aufl., S. 260. London 1925.

2) V. A. HOERSCH, Phys. Rev. Bd. 25, S. 218. 1925.

3) A. G. WEBSTER, Proc. Nat. Acad. Amer. Bd. 5, S. 275. 1919.

4) V. A. HOERSCH, Phys. Rev. Bd. 25, S. 225. 1925.

5) G. W. STEWART, Phys. Rev. Bd. 15, S. 229. 1920; Bd. 16, S. 313. 1920; Bd. 25, S. 230. 1925.

6) Lord RAYLEIGH, Theory of Sound Bd. II, § 331.

Weitere Lösungen auch höherer Ordnung s. bei RAYLEIGH[1]). Für rein longitudinale Schwingungen in einem beiderseits geschlossenen Zylinder folgt aus der Gleichung:

$$\frac{\partial^2 \varphi}{\partial x^2} + k^2 \varphi = 0:$$

$$\varphi = (A \cos k x + B \sin k x) \cos(\omega t + \varphi)$$

und aus den Grenzbedingungen für:

$$x = 0\,, \qquad x = l: \qquad A = 0\,, \qquad \sin k c = 0:$$

$$\varphi = C_m \sin m \frac{\pi x}{l} \cos\left(\frac{m \pi c t}{l} + \chi_m\right),$$

wo $m = 1, 2, 3 \ldots$ ist. Hier bilden also auch die Oberschwingungen die volle harmonische Partialtonreihe. Für beliebige Schwingungen in einem zylindrischen Hohlraum, der bei $z = 0$ und $z = 1$ abgeschlossen ist, lautet die Differentialgleichung:

$$\frac{\partial^2 \varphi}{\partial r^2} + \frac{1}{r} \frac{\partial \varphi}{\partial r} + \frac{1}{r^2} \frac{\partial^2 \varphi}{\partial \vartheta^2} + \frac{\partial^2 \varphi}{\partial z^2} + k^2 \varphi = 0\,.$$

Durch Reihenentwicklung nach FOURIER erhält man:

$$\varphi = H_0 + H_1 \cos \frac{\pi z}{l} + H_2 \cos \frac{2\pi z}{l} + \cdots + H_p \cos \frac{p \pi z}{l} + \cdots$$

und da jedes Glied der Differentialgleichung genügen muß, zur Bestimmung von H:

$$\frac{\partial^2 H_p}{\partial r^2} + \frac{1}{r} \frac{\partial H_p}{\partial r} + \frac{1}{r^2} \frac{\partial^2 H_p}{\partial \vartheta^2} + \left(k^2 + p^2 \frac{\pi^2}{l^2}\right) H_p = 0\,.$$

Das ist dieselbe Form, wie Gleichung (79) mit dem Unterschied, daß an Stelle von k^2 jetzt tritt: $k^2 - p^2 \frac{\pi^2}{l^2}$. Es ist also:

$$\varphi_n = (A_n \cos n \vartheta + B_n \sin n \vartheta) \cos p \frac{\pi z}{l} \cos k c t \cdot J_n \left(\sqrt{k^2 - p^2 \frac{\pi^2}{l^2}} \cdot r\right)$$

$$+ (C_n \cos n \vartheta + B_n \sin n \vartheta) \cos p \frac{\pi z}{l} \sin k c t \cdot J_n \left(\sqrt{k^2 - p^2 \frac{\pi^2}{l^2}} \cdot r\right).$$

Diese Größe ist dreifach zu summieren, und zwar über ganzzahlige Werte von n und p und über die Werte von k, die der Bedingung genügen:

$$J_n' \left(\sqrt{k^2 - p^2 \frac{\pi^2}{l^2}} \cdot r\right) = 0\,.$$

Die Theorie der Schwingungen abgeschlossener Hohlräume ist an und für sich für manche Zwecke, z. B. für raumakustische Fragen (s. Artikel „Raumakustik", Ziff. 20ff. [ds. Bd. Kap. 16]), von Wichtigkeit. Sie läßt sich aber auch verallgemeinern für den Fall von Hohlräumen, deren Inneres durch Öffnungen mit dem umgebenden Medium in Verbindung steht. Es sei zunächst ein irgendwie geformter Hohlraum vom Volumen V betrachtet, der durch einen Hals vom Querschnitt σ und der Länge l mit der äußeren Atmosphäre in Verbindung steht. Der Hals sei durch einen frei beweglichen Kolben von der Dichte s' verschlossen, während die Dichte der Luft s sei. Die betrachteten periodischen Bewegungen sollen so langsam verlaufen, daß die entsprechende Wellenlänge in Luft groß sei im Vergleich zu den Dimensionen des Hohlraumes. Dann kann man die Verdichtung als im ganzen Hohlraum zu jeder Zeit gleichförmig annehmen: $\gamma = -\sigma x / V$, wenn x eine kleine Verschiebung bedeutet,

[1]) Lord RAYLEIGH, Theory of Sound Bd. II, § 339.

die der Kolben nach außen erfährt. Die Kraft, die auf den Kolben ausgeübt wird, ist dann:

$$s c^2 \sigma \gamma = -\frac{s c^2 \sigma^2 x}{V},$$

und es ist die Bewegungsgleichung:

$$s' \sigma l \ddot{x} + \frac{s c^2 \sigma^2}{V} x = 0,$$

also die Eigenfrequenz:

$$\omega_0 = \sqrt{\frac{c^2 \sigma}{V l} \frac{s}{s'}}.$$

Die Länge des Kolbens l sei klein im Vergleich zur Wellenlänge. Wenn man dann annimmt, der Kolben bestehe aus Luft, so verhält sich die entsprechende Luftsäule wie ein inkompressibles Medium. Für die Eigenfrequenz erhält man dann:

$$\omega_0 = \sqrt{\frac{c^2 \sigma}{V l}}.$$

Steht der Hohlraum unmittelbar, ohne Vermittlung eines Halses mit der Außenluft in Verbindung, so werden die Bewegungsgesetze ganz ähnlich sein, nur daß jetzt an Stelle des Kolbens die Luftmenge tritt, die in der Öffnung und in ihrer Nähe schwingt. Zur Lösung dieses Problems bedient man sich nach RAYLEIGH[1]) einer elektrischen Analogie. Da im Innern des Hohlraumes die Bewegung nur klein ist, kann man das Geschwindigkeitspotential dort als konstant annehmen, es sei gleich φ_1. Außerhalb der Mündung dagegen wird φ sehr bald verschwinden. Es sei q das Luftvolumen, das bis zur Zeit t durch die Mündung nach außen getreten sei, dann ist $\dot{q}$ der Fluß zur Zeit t, und man kann setzen $\dot{q} = \mu \varphi_1$, worin man μ nach elektrischen Analogien als die Leitfähigkeit der Öffnung bezeichnet; sie ist abhängig von der Form der Öffnung. Fügt man zu dieser letzten Gleichung hinzu die Beziehungen $c^2 \gamma = \dot{\varphi}_1$ und $\gamma = q/V$ und eliminiert γ und φ_1, so ergibt sich:

$$\frac{d^2 q}{d t^2} + \frac{\mu c^2}{V} q = 0; \qquad (80)$$

daraus folgt:

$$q = C \cos(\omega_0 t + \varepsilon),$$

worin:

$$\omega_0 = c \sqrt{\frac{\mu}{V}}$$

ist. Dann folgt für die Wellenlänge der Eigenschwingung:

$$\lambda_0 = 2\pi \sqrt{\frac{V}{\mu}}.$$

Sie ist nur abhängig von den Dimensionen des Hohlraumes und der Form der Öffnung, während die Eigenfrequenz auch von der Natur des Gases abhängt, das sich in der Öffnung und in ihrer Nähe befindet. Sind zwei gleiche Öffnungen vorhanden, die sich nicht gegenseitig beeinflussen, so wird:

$$\omega_0 = c \sqrt{2} \sqrt{\frac{\mu}{V}}.$$

Die Größe der Leitfähigkeit von Öffnungen ist nur für wenige Formen von Öffnungen bisher berechnet worden. Für eine kreisförmige Öffnung ist nach

[1]) Lord RAYLEIGH, Theory of Sound Bd. II, § 304; s. auch H. LAMB, Dynamical Theory of Sound, 2. Aufl., S. 264ff. London 1925.

RAYLEIGH[1]) $\mu = 2R$, wenn R der Radius des Kreises ist. Der Fall einer elliptischen Öffnung vom Flächeninhalt σ und der Exzentrizität e ist zuerst von HELMHOLTZ[2]) behandelt worden. Es ist:

$$\mu = 2\sqrt{\frac{\sigma}{\pi}}\left(1 + \frac{e^4}{64} + \frac{e^6}{64} + \cdots\right).$$

Selbst wenn das Verhältnis der Achsen 2:1 beträgt, ist die Abweichung von dem Wert $2\sqrt{\frac{\sigma}{\pi}}$ erst 3%. Für die Wellenlänge der Resonatorschwingung erhält man dann bei kreisförmiger Öffnung:

$$\lambda = \pi\sqrt{\frac{2V}{R}},$$

bei elliptischer Öffnung:

$$\lambda = 2^{\frac{1}{2}}\pi^{\frac{5}{4}}\sigma^{-\frac{1}{4}}V^{\frac{1}{2}}.$$

Für den HELMHOLTZschen Kugelresonator hat RAYLEIGH[3]) die Wellenlänge, ausgehend von der allgemeinen Wellengleichung, unter Benutzung von Kugelfunktionen bis zu einer weiteren Näherung berechnet, indem er für die Verteilung der Geschwindigkeit in der Öffnung geeignete Annahmen macht und sie mit den Grenzbedingungen in Übereinstimmung bringt. Er findet:

$$\lambda = \pi\sqrt{\frac{2V}{R}}\left(1 - \frac{9}{10}\,\frac{R}{2\pi R_1}\right),$$

wenn R der Radius der kreisförmigen Öffnung, R_1 der Kugelradius ist. Eine weitere Näherung stammt von PURYER WHITE[4]), der gefunden hat:

$$\lambda = \pi\sqrt{\frac{2V}{R}}\left(1 - 0{,}14324\frac{R}{R_1} - 0{,}019617\frac{R^2}{R_1^2}\right).$$

Rechnungen und experimentelle Beobachtungen über einen HELMHOLTZschen Resonator mit hyperbolischer Öffnung sind von JONES[5]) angestellt worden.

Die Leitfähigkeit eines zylindrischen Kanals von der Länge l und dem Querschnittsradius r ist nach RAYLEIGH[6]) $\mu = \frac{\pi r^2}{l}$, wenn l sehr groß im Vergleich zu r ist. Ist dies nicht der Fall, so kommt zu l noch eine Korrektur α hinzu, für die sich auf Grund elementarer Überlegungen ergibt:

$$\frac{\pi}{4}r < \alpha < \frac{8}{3\pi}r.$$

Als weitere Annäherung findet RAYLEIGH:

$$\alpha < 0{,}82422\,r.$$

Für eine beliebige Form des Kanals von kreisförmigem Querschnitt ist unter der Voraussetzung, daß die Größe des Querschnitts sich langsam ändert, die reziproke Leitfähigkeit:

$$\frac{1}{\mu} = \int\frac{dx}{\pi y^2}\left[1 + \frac{1}{2}y'^2 - \frac{(3y'^2 - yy'')^2}{48}\right].$$

Hierin ist der y der Radius des Kanals im Punkt x.

---

1) Lord RAYLEIGH, Theory of Sound Bd. II, § 306.

2) H. v. HELMHOLTZ, Crelles Journ. Bd. 57, S. 1. 1860; Wiss. Abh. Bd. I, S. 303. Leipzig 1882.

3) Lord RAYLEIGH, Proc. Roy. Soc. London Bd. 92, S. 265. 1915; Scient. Pap. Bd. 6, S. 365.

4) F. PURYER WHITE, Proc. Roy. Soc. London Bd. 92, S. 549. 1915.

5) ARTHUR TABER JONES, Phys. Rev. Bd. 25, S. 705, 1925.

6) Lord RAYLEIGH, Theory of Sound Bd. II, §§ 307, 308.

Es ist bei der bisherigen Lösung des Problems der Schwingungen eines offenen Resonators nicht berücksichtigt worden, daß der Resonator Energie durch die Öffnung nach außen abstrahlt. Dies kann in sehr einfacher Weise folgendermaßen geschehen: Man kann den Resonator als einfache Quelle auffassen, die zufolge Gleichung (80) die Stärke ωC hat. Die gesamte ausgestrahlte Leistung ist dann nach Ziff. 11: $L = \frac{\omega^4 s C^2}{8\pi c}$. Die Gesamtenergie der Bewegung ist $E = \frac{s c^2 C^2}{2V}$. Aus der Beziehung $\frac{dE}{dt} = -L$ folgt die Bedingung für C, das jetzt nicht mehr als Konstante anzusehen ist $\frac{dC}{dt} + \delta C = 0$ und daraus:

$$q = C' e^{-\delta t} \cos(\omega t + \varepsilon), \qquad \delta = \frac{\omega^4 V}{8\pi c^3} = \frac{\mu^2 c}{8\pi V}.$$

Wird an der Öffnung eines Resonators ein äußerer Druck aufgeprägt, so lautet die Bewegungsgleichung:

$$\frac{s}{\mu}\ddot{q} + \frac{s\omega^2}{2\pi c}\dot{q} + \frac{s c^2}{V} q = P_a e^{i\omega t} = P_a e^{ikct}. \tag{81}$$

Es sei $q = q_0 e^{i(\omega t + \varepsilon)}$, wo q_0 reell ist; dann folgt, weil die Druckamplitude im Innern des Resonators

$$P_i = \frac{c^2 s q_0}{V}$$

ist[1]):

$$\frac{P_a^2}{P_i^2} = \left(1 - \frac{k^2 V}{\mu}\right)^2 + \left(\frac{k^3 S}{2\pi}\right)^2.$$

Die innere Druckänderung wird also ein Maximum, wenn $k^2 V = \mu$ oder $\omega = c\sqrt{\frac{\mu}{V}}$, d. h. wenn die aufgeprägte Frequenz gleich der Eigenfrequenz des Resonators ist.

Wird ein Resonator durch eine Schallquelle geringer Ausdehnung erregt, die von ihm im Abstand b sich befindet, und deren Geschwindigkeitspotential ψ sei, so wird der Resonator zu Schwingungen angeregt und wirkt selbst als Quelle mit dem Potential φ. Setzt man voraus, daß die Frequenz der Quelle mit der Eigenfrequenz des Resonators übereinstimmt, so ist nach RAYLEIGH[2]) $\frac{\varphi}{\psi} = \frac{1}{kb}$. Man sieht daraus, daß, wenn $2\pi b \ll \lambda$ ist, die vom Resonator emittierte Amplitude die von der Quelle selbst emittierte beträchtlich überschreiten kann. Die hierfür erforderliche Energie wird natürlich der Quelle entnommen, da der Resonator selbst aus sich keine Energie liefern kann. Die Erscheinung könnte auf den ersten Anblick überraschen; sie findet aber bekannte Analogien in der Theorie der Vorgänge in elektrischen Stromkreisen, die durch eine Wechselstromquelle konstanter Spannung erregt werden. Der Grund für die beschriebene Erscheinung liegt demnach im folgenden: Durch die umgebende Luft erfährt ein Strahler nullter Ordnung eine eigentümliche Form der Belastung, durch die die Phasenverhältnisse zwischen Druck und Geschwindigkeit bestimmt werden. Durch die Anwesenheit eines abgestimmten Resonators werden diese Zustände in der die Quelle umgebenden Luft geändert, die Phasenverhältnisse werden andere und demnach auch die Belastung der Quelle.

Das Verhalten von Resonatoren im Schallfeld gehorcht im übrigen den Gesetzen der erzwungenen Schwingungen. Dies gilt auch für die Form der Resonanzkurven und den Einfluß der Dämpfung. Es kann daher hier auf die eingehende Behandlung dieses Gegenstandes in Kap. 3, Ziff. 3 hingewiesen

1) Lord RAYLEIGH, Theory of Sound Bd. II, § 311.
2) Ebenda § 319.

werden. Die Gleichung (81) entspricht in ihrer Form der Gleichung für die erzwungenen Schwingungen mit dem Unterschied jedoch, daß in Gleichung (81) der Koeffizient des Dämpfungsgliedes von der erregenden Frequenz abhängig ist.

Die beschriebenen Eigenschaften der Resonatoren kennzeichnen ihre Eignung als Selektionsmittel. HELMHOLTZ[1]) hat wohl zuerst die von ihm angegebenen Resonatoren dazu angewandt, um Partialtöne eines zusammengesetzten Klanges festzustellen. Genügt die Selektivität eines solchen einzelnen Resonators nicht, so kann man sich dadurch helfen, daß man nach Abb. 9 mehrere Resonatoren hintereinander schaltet. Hierdurch erhält man eine gegenüber der Wirkung eines einzelnen Resonators versteilerte Resonanzkurve. Man nennt solche Gebilde dann akustische Filter. Es finden offenbar dieselben Gesetze Anwendung, die bei der Theorie der Schwingungen von Systemen mit mehreren Freiheitsgraden Geltung haben (s. hierzu Kap. 3, Ziff. 6 u. 7). Im Fall der Abb. 9 liegt Kraftkopplung vor. Für zwei so gekoppelte Resonatoren hat RAYLEIGH[2]) die freien Schwingungen berechnet. STEWART[3]) und CANAC[4]) haben für kompliziertere Gebilde von der bereits erwähnten Analogie Gebrauch gemacht, die zwischen den Vorgängen in akustischen Resonatoren und denen in elektrischen Schwingungskreisen bestehen. Den aus der Elektrotechnik bekannten Begriffen Impedanz, Induktivität, Kapazität usw. werden durch Vergleichung der betreffenden Differentialgleichungen die entsprechenden akustischen Größen zugeordnet; so entspricht z. B. einer Potentialdifferenz eine Druckänderung, einer Induktivität eine Mündung, die vom Hauptleitungsrohr abzweigt, einer Kapazität ein geschlossener Raum, der mit dem Hauptrohr verbunden ist. Die weitere Behandlung erfolgt nach einer Methode, die derjenigen analog ist, mit der K. W. WAGNER[5]) und CAMPBELL[6]) sog. elektrische Kettenleiter behandelt haben. Diese Methode ist eine Modifikation der Theorie homogener elektrischer Leitungen. Sie hat gegenüber der strengeren Behandlung nach der Schwingungstheorie den Vorteil großer Einfachheit auch bei großer Gliederzahl, doch ist bei ihrer Anwendung auf Filter von wenigen Gliedern eine gewisse Vorsicht geboten, da sie streng nur für unendlich viele Glieder gültig ist[7]). STEWART behandelt dreierlei Arten von Filtern: erstens solche, die tiefe Frequenzen hindurchlassen, höhere von einer bestimmten Grenzfrequenz an stark schwächen; zweitens solche, die nur höhere Frequenzen von einer Minimalfrequenz an hindurchlassen; drittens Filter, die nur ein bestimmtes endliches Band von Frequenzen hindurchlassen, andere oberhalb und unterhalb dieses Bandes stark dämpfen. Die Ergebnisse seiner Rechnungen hat STEWART durch Versuche in befriedigender Weise bestätigt gefunden. Bezüglich der Einzelheiten muß auf die Originalarbeiten verwiesen werden. Versuche mit entsprechenden Filtern aus festem und flüssigem Material wurden von HALL[8]) angestellt.

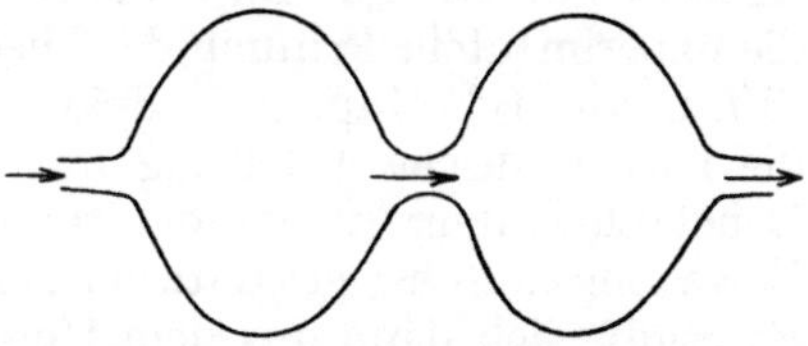

Abb. 9. Doppelter Resonator.

[1]) H. v. HELMHOLTZ, Tonempfindungen, 6. Ausg., S. 76, 600. Braunschweig 1913.

[2]) Lord RAYLEIGH, Theory of Sound Bd. II, § 310.

[3]) G. W. STEWART, Phys. Rev. Bd. 20, S. 528. 1923; Bd. 23, S. 520. 1924; Journ. Opt. Soc. Amer. Bd. 9, S. 583. 1924; Phys. Rev. Bd. 25, S. 90. 1925; Bd. 25, S. 252. 1925; Bd. 26, S. 688. 1925; Bd. 28, S. 1038. 1926.

[4]) Fr. CANAC, Journ. de phys. et le Radium (6) Bd. 7, S. 161. 1926.

[5]) K. W. WAGNER, Arch. f. Elektrot. Bd. 3, S. 315. 1915; Bd. 8, S. 61. 1919.

[6]) G. A. CAMPBELL, U. S. Pat. 1227113.

[7]) Vgl. hierzu H. RIEGGER, Wiss. Veröffentl. a. d. Siemens-Konz. Bd. III, 1. S. 190, sowie H. BACKHAUS, Jahrb. d. drahtl. Telegr. Bd. 24, S. 11. 1924.

[8]) V. C. HALL, Phys. Rev. Bd. 23, S. 116. 1924.

17. Ponderomotorische Schallwirkungen. Solche Wirkungen im weiteren Sinne sind bei akustischen Vorgängen die Regel. Es hat sich jedoch der Gebrauch herausgebildet, unter ponderomotorischen Wirkungen in engerem Sinne nicht solche zu verstehen, die oszillatorischer Art sind, sondern nur diejenigen, bei denen eine translatorische Bewegung oder auch eine Rotation in einem bestimmten Sinne stattfindet. Man hat nun weiter zwei reziproke Fälle zu unterscheiden: Einmal ist es möglich, durch bestimmte translatorische Bewegungen Schallschwingungen zu erzeugen; hierher gehören z. B. das Anstreichen von Seiten, das Anblasen von Pfeifen u. dgl. Alle diese Fragen werden ihre Behandlung in dem Kapitel 5 dieses Bandes bei Erörterung der Probleme der Schallerzeugung finden. An dieser Stelle sollen nur solche Fälle betrachtet werden, bei denen infolge von Schallwellen Translations- oder gleichgerichtete Rotationskräfte auftreten.

Als erstes ist hier zu nennen der Fall, daß eine ebene Schallwelle auf eine ebene vollkommen reflektierende Wand auftrifft. RAYLEIGH[1]) hat gezeigt, daß dann auf die Wand ein konstanter Druck ausgeübt wird $p = \frac{1}{2}(\varkappa + 1)\varepsilon$, wo $\varkappa$ das Verhältnis der spezifischen Wärmen, ε die Energiedichte ist. Die Beziehung zwischen der Energiedichte ε und der Schallintensität J ist: $\varepsilon = \frac{J}{c}$. LEWIS[2]) hat dasselbe Ergebnis aus gaskinetischen Erwägungen abgeleitet. Über die experimentelle Prüfung der Theorie siehe Artikel „Akustische Meßmethoden", Ziff. 6 (ds. Bd. Kap. 13). Später hat WAETZMANN[3]) darauf hingewiesen, daß die RAYLEIGHsche Ableitung nur den zeitlichen Mittelwert der stattfindenden Druckschwankungen angibt; für eine Feststellung der gesamten auftretenden Bewegung muß der gesamte zeitliche Verlauf des Druckes berücksichtigt werden. Es ergibt sich dann aus dem Umstand, daß in der Gleichung der erzwungenen Schwingungen die eingeprägte Kraft aus einem konstanten und einem periodischen Glied besteht, die Notwendigkeit des Auftretens von Obertönen und Kombinationstönen (vgl. Kap. 3, Ziff. 4). Eingehende theoretische Berechnungen hierüber sind von KÜSTNER[4]) angestellt worden.

Durch den Schalldruck ebenfalls ist eine Art Reaktionserscheinung zu erklären, die DVOŘÁK[5]) und MAYER[6]) an Hohlresonatoren fanden. Solche Resonatoren erfahren, wenn sie durch eine entsprechend starke Quelle erregt werden, einen Impuls in der Richtung, die von der Mündung ins Innere führt. RAYLEIGH[7]) vergleicht diesen Effekt mit einer Art Raketenwirkung. Die Form der Reaktionswirkung ist von der Mündungsform der Resonatoren abhängig in einer Weise, die theoretisch bisher noch nicht geklärt ist[8]).

Eine Erscheinung, die auch an Resonatoren beobachtet werden kann, ist die sog. Düsenwirkung; sie besteht darin, daß beim Austritt von Schallwellen aus engen Öffnungen ein gerichteter Luftstrom entsteht, der auch zum vergleichenden Messen von Schallstärken benutzt werden kann[9]). Der Grund hierfür liegt darin, daß beim Austritt sämtliche Teilchen eine gleichgerichtete Geschwindigkeit haben, in der Saugphase dagegen eine gleiche Bevorzugung

[1]) Lord RAYLEIGH, Phil. Mag. Bd. 3, S. 338. 1902; Bd. 10, S. 364. 1905; Scient. Pap. Bd. 5, S. 41 u. 262; s. auch W. WEAVER, Phys. Rev. Bd. 15, S. 399. 1920.
[2]) E. P. LEWIS, Science Bd. 43, S. 646. 1916.
[3]) E. WAETZMANN, Verh. d. D. Phys. Ges. Bd. 16, S. 424. 1914; Phys. ZS. Bd. 21, S. 122. 1920.
[4]) F. KÜSTNER, Ann. d. Phys. Bd. 50, S. 941. 1916.
[5]) C. DVOŘÁK, Pogg. Ann. Bd. 157, S. 42. 1876; Wied. Ann. Bd. 3, S. 328. 1878.
[6]) A. M. MAYER, Phil. Mag. Bd. 6, S. 225. 1878.
[7]) Lord RAYLEIGH, Theory of Sound Bd. II, § 253a.
[8]) Siehe hierzu G. HIPPE, Ann. d. Phys. Bd. 82, S. 161. 1927.
[9]) H. SELL, ZS. f. techn. Phys. Bd. 5, S. 573. 1924.

einer Richtung nicht eintritt. Hierher gehören auch die von MEISSNER[1]) beobachteten Luftströmungen an kleinen piezoelektrischen Kristallen.

Eine andere Klasse von Wirkungen ist nach SCHELLBACH[2]) benannt. Er fand die Gesetzmäßigkeit, daß im Schallfeld Körper, die schwerer als das Medium sind, von der Schallquelle angezogen, umgekehrt leichtere Körper abgestoßen werden. Eine theoretische Erklärung dieser Phänomene existiert bisher nicht.

Nach einem von Lord KELVIN[3]) bewiesenen Satz ist in einem inkompressiblen Medium der mittlere Druck dort, wo Bewegung stattfindet, kleiner als an den ungestörten Stellen des Mediums. Hierdurch erklären sich Beobachtungen von GUTHRIE[4]), wonach z. B. auf eine Papierscheibe von einer schwingenden Stimmgabel eine Anziehung ausgeübt wird.

Vielseitige Anwendung zu Meßzwecken hat ein von RAYLEIGH[5]) beobachteter Rotationseffekt gefunden. Er beobachtete, daß ein Scheibchen, das im Schallfeld aufgehängt ist, unter der Einwirkung der Schallwellen die Neigung hat, sich mit seiner Fläche senkrecht gegen die Fortpflanzungsrichtung des Schalles einzustellen. RAYLEIGH[6]) begründet diese Erscheinung in einfacher Weise, wie leicht aus Abb. 10 ersichtlich ist. Mathematisch ist die Erscheinung von W. KÖNIG[7]) behandelt worden, der seiner Berechnung ein Rotationsellipsoid im reibungsfreien Medium zugrunde legte. Entartet das Ellipsoid in eine dünne kreisförmige Scheibe, so ergibt sich für das Drehmoment, das die Scheibe in die Lage senkrecht zur Fortpflanzungsrichtung zu drehen strebt

$$M = \frac{2}{3} s u^2 R^3 \left(1 - 0{,}2977 \frac{b}{R}\right) \sin 2\vartheta;$$

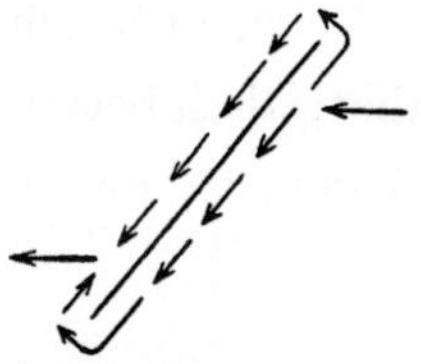

Abb. 10. Wirkungsweise der RAYLEIGHschen Scheibe.

hierin ist R der Radius, b die Dicke des Scheibchens, u die Amplitude der als sinusförmig angenommenen Geschwindigkeit und ϑ der Winkel, den die Normale zur Scheibe mit der Fortpflanzungsrichtung bildet. Über die RAYLEIGHsche Scheibe als Meßinstrument s. Artikel „Akustische Meßmethoden", Ziff. 3 (ds. Bd. Kap. 13).

Besonderes Interesse verdienen schließlich gewisse ponderomotorische Wechselwirkungserscheinungen zwischen einem schwingungserzeugenden und einem resonierenden Körper in der Nähe der Resonanzlage, die zuerst von DVOŘÁK[8]) beobachtet, dann von LEBEDEW[9]) erklärt und neuerdings von E. MEYER[10]) für zwei Kreismembranen theoretisch und experimentell und von HIPPE[11]) für zwei Hohlresonatoren experimentell behandelt worden sind. Nach Rechnungen von PEARSON[12]) beträgt die Kraft, die zwei Ellipsoide, deren a-Achsen dieselbe Richtung haben und die in Richtung dieser Achse schwingen, aufeinander ausüben:

$$K = \frac{32\pi}{3} \frac{a_1 b_1 c_1 a_2 b_2 c_2 s}{r^4 (2 - A_1)(2 - A_2)} u_1 u_2;$$

[1]) A. MEISSNER, ZS. f. techn. Phys. Bd. 7, S. 585. 1926.
[2]) K. H. SCHELLBACH, Pogg. Ann. Bd. 139, S. 670. 1870; Bd. 140, S. 325 u. 495. 1870.
[3]) Lord KELVIN, Proc. Roy. Soc. London Bd. 19, S. 271. 1887.
[4]) F. GUTHRIE, Phil. Mag. Bd. 39, S. 309. 1870; Bd. 40, S. 345 u. 405. 1870.
[5]) Lord RAYLEIGH, Phil. Mag. Bd. 14, S. 186. 1882; Scient. Pap. Bd. 1, S. 132.
[6]) Lord RAYLEIGH, Theory of Sound Bd. II, § 253b.
[7]) W. KÖNIG, Wied. Ann. Bd. 43, S. 51. 1891.
[8]) V. DVOŘÁK, Wiener Ber. Bd. 84, S. 702. 1881.
[9]) P. LEBEDEW, Wied. Ann. Bd. 62, S. 158. 1897.
[10]) E. MEYER, Ann. d. Phys. Bd. 71, S. 567. 1923.
[11]) G. HIPPE, Ann. d. Phys. Bd. 82, S. 161. 1927.
[12]) K. PEARSON, Quart. Journ. of Math. Bd. 20, S. 184. 1885; s. auch hierzu V. BJERKNES, Vorlesungen über Hydrodynamische Fernkräfte. Leipzig 1900, 1902.

darin sind a, b, c die Hauptachsen der Ellipsoide, u die Geschwindigkeiten, r die Entfernung der Mittelpunkte und:

$$A = a\,b\,c \int_0^\infty \frac{d\lambda}{(a^2+\lambda)\sqrt{(a^2+\lambda)(b^2+\lambda)(c^2+\lambda)}} .$$

Für Kreisscheiben mit den Radien R_1 und R_2 wird das:

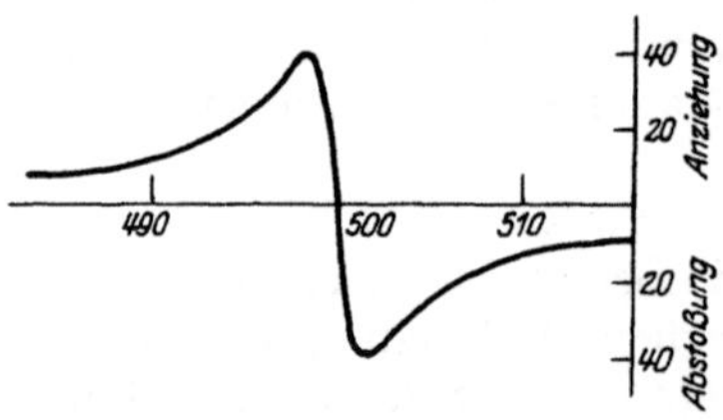

Abb. 11. Ponderomotorische Wechselwirkungen.

$$K = \frac{32}{3\pi} \frac{R_1^3 R_2^3 s}{r^4} u_1 u_2 .$$

Schwingt die erregende Membran sinusförmig: $x_1 = g_1 \sin\omega t$, so ist die auf die zweite Membran ausgeübte Kraft:

$$K = \frac{1}{6m_2}\left(\frac{32}{3}\frac{R_1^3 R_2^3 s}{\pi}\right)^2 \frac{1}{r^7} \frac{g_1^2 \omega^4 (\omega^2-\omega_2^2)}{(\omega_2^2-\omega^2)^2 + 4\delta_2^2\omega^2},$$

wo ω_2 die Eigenfrequenz, $2\delta_2$ die Dämpfungskonstante und m_2 die Masse der erregten Membran ist. Es folgt also, daß unterhalb der Abstimmung eine Anziehung, oberhalb der Abstimmung eine Abstoßung stattfinden muß, wie die theoretisch berechnete Abb. 11 für $\frac{\omega_2}{2\pi} = 500$, $\mathfrak{d}_2 = 0{,}02$ zeigt. Der experimentelle Befund ist mit der Theorie in guter qualitativer Übereinstimmung.

II. Die Erzeugung akustischer Schwingungen.

Kapitel 5.

Schallerzeugung mit mechanischen Mitteln.

Von

ALFRED KALÄHNE, Danzig-Oliva.

Mit 42 Abbildungen.

Durchgehend oder vorzugsweise benutzte Bezeichnungen.

N Schwingungszahl in 1 Sekunde [Frequenz],
ω ,, ,, 2π Sekunden [Kreisfrequenz],
c [evtl. mit Index Schallgeschwindigkeit, Wellengeschwindigkeit,
E YOUNGscher Elastizitätsmodul, Dehnungsmodul,
Φ Scherungs-[Torsions-]modul,
μ POISSONsche Elastizizätszahl = Querkontraktion : Längsdilatation [in Ziff. 22 ist μ eine Kraft],
s Dichte = Masse : Volumen,
s' Flächendichte = Masse der Flächeneinheit einer Membran usw.,
l oder L Länge, q Querschnitt } eines Stabes, einer Saite usw.,
P spannende Kraft,
$p = P/q$ Spannung, Zug oder Druck auf die Flächeneinheit,
$p' = P/l$ Spannung einer Membran, Zug auf die Längeneinheit,
i, h, k, m, n, σ ganze Zahlen, Ordnungszahlen der Teilschwingungen,
t Zeitkoordinate,
x, y, z Cartesische rechtwinklige Koordinaten,
u, v, w Verschiebungen in den Koordinatenrichtungen [in Ziff. 23 bis 51 bedeutet y Verschiebung, v Geschwindigkeit].

a) Klangkörper und ihre Schwingungen im allgemeinen.

1. Einleitung. Um Schall zu erzeugen, oder allgemeiner gesprochen, um eine Wellenbewegung in einem ausgedehnten elastischen Medium zu erzeugen, braucht man einen schwingungsfähigen, also — von Ausnahmen abgesehen — einen elastischen Körper, der durch irgendwelche Mittel so in Schwingungen versetzt wird, daß ihre Frequenz in die Grenzen der Hörbarkeit fällt (sekundliche Schwingungszahl zwischen etwa 30 und 16000). Die Beschränkung auf die für das menschliche Ohr wahrnehmbaren Töne ist jedoch nicht unbedingt nötig, da die gleichen physikalischen Gesetze auch für die außerhalb der Hörgrenzen liegenden Schwingungen gelten. Sie werden daher durch die folgende Darstellung mit umfaßt.

Die Schwingungen können freie oder erzwungene sein. Hier sollen nur die freien als schallerzeugende berücksichtigt werden, die anderen sind im Artikel „Schwingungen von Punktsystemen" (ds. Bd. Kap. 3) behandelt worden.

2. Aggregatzustand der schallgebenden Klangkörper. Die schallerzeugenden Körper werden als Schallgeber oder Klangkörper bezeichnet. Sie können jeden Aggregatzustand (fest, flüssig, gasförmig) besitzen, sie können dabei auch ein Teil des den Schall weitertragenden Mediums sein, z. B. die schwingende Luftsäule in Blasinstrumenten.

Wegen der Unterschiede in den elastischen Eigenschaften der verschiedenen Aggregatzustände, durch welche die Art der Schwingungen der aus ihnen gebildeten Klangkörper wesentlich beeinflußt werden, empfiehlt sich eine Einteilung nach dem Aggregatzustand, und zwar in feste Körper einerseits, flüssige und gasförmige zusammengenommen andererseits. Feste Körper besitzen Dehnungs-(Volumen-)Elastizität und Scherungs-(Torsions-)Elastizität, sie können deshalb longitudinale und transversale Schwingungen ausführen. Flüssigkeiten und Gase haben nur Volumenelastizität, sind daher nur longitudinaler Schwingungen fähig, wenigstens abgesehen von den Fällen sehr zäher Flüssigkeiten.

Bei festen Körpern kommen in erster Linie — praktisch fast ausschließlich — isotrope Körper in Frage. Anisotrope Körper, wie Kristalle, Holz u. dgl. spielen als Klangkörper zur Erzeugung von Klängen eine untergeordnete Rolle; auch theoretische Behandlung derselben ist nur in einigen Arbeiten über Klangstäbe und -platten aus Holz und Kristallen erfolgt (s. Ziff. 65 und 71).

3. Hauptformen der Klangkörper. Je nach der besonderen Form der Klangkörper ergibt sich eine weitere Einteilung, die auch in der mathematischen Behandlung zum Ausdruck gelangt. Man kann als Hauptformen unterscheiden: 1. die vorzugsweise in einer Dimension ausgedehnten linearen Klangkörper (Saiten, Stäbe, Flüssigkeits- und Gassäulen), 2. die vorzugsweise in zwei Dimensionen ausgedehnten flächenhaften Klangkörper (Membranen, Platten, Glocken) und 3. die nach allen drei Dimensionen ausgedehnten Klangkörper, von welchen hauptsächlich die kubischen Pfeifen in Betracht kommen; 4. treten hierzu noch die besonders gebauten, nach Art des einfachen Massenpunktes oder des endlichen Punktsystems schwingenden Klangkörper, bei denen Masse und Elastizität nicht stetig verteilt, sondern räumlich getrennt — lokalisiert — sind (s. Ziff. 109).

Aus beiden Gesichtspunkten — Aggregatzustand und Gestalt der Körper — zusammen ergibt sich die im folgenden zugrunde gelegte Einteilung des Stoffes.

4. Arten der Schwingungserregung. Von den möglichen Arten der Schwingungserregung dieser Klangkörper [elektrische[1]), magnetische[1]), thermische[2]), mechanische usw.) wird hier nur die mit rein mechanischen Mitteln behandelt. Letztere können aber noch recht verschiedenartig sein (Schlagen, Zupfen, Streichen bei festen Körpern, Anblasen usw. bei Flüssigkeiten und Gasen). Die durch solche Verschiedenheit der mechanischen Erregung bedingten Besonderheiten in der Schallerzeugung werden bei den Klangkörpern behandelt werden, bei denen die betreffenden Mittel zur Anwendung kommen.

Grundsätzlich muß dabei unterschieden werden die einmalige Erregung (Schlagen, Zupfen) und die Dauererregung (Streichen, Reiben, Anblasen) und demgemäß die Erzeugung von verklingenden oder gedämpften und von Dauertönen, letztere den dauernd durch Energiezufuhr unterhaltenen Schwingungen zugehörend, die gewöhnlich — aber nicht sehr glücklich — als ungedämpfte Schwingungen bezeichnet werden. Die mechanischen Vorgänge und ihre theoretische Beschreibung sind bei diesen beiden Klassen von Erregungsarten verschieden. Es leuchtet ein, daß auch der Charakter des erzeugten Schalles entsprechende Verschiedenheiten zeigen wird.

[1]) Vgl. Artikel „Elektrische Schallsender" (ds. Bd. Kap. 6).
[2]) Vgl. Artikel „Thermische Schallerzeugung (ds. Bd. Kap. 7).

In jeder Unterabteilung des hiernach aufgestellten Planes der Darstellung wird zunächst die Theorie des betreffenden Klangkörpertyps allgemein behandelt, dann die einzelnen Formen dieses Typs theoretisch und experimentell unter Berücksichtigung der verschiedenen Erregungsarten.

5. Linearität der elastischen Grundgesetze für unendlich kleine Schwingungen. Die Theorie rechnet im allgemeinen mit Schwingungen von verschwindend kleiner Amplitude, also mit verschwindend kleinen Deformationen, wodurch Linearität aller Beziehungen, insbesondere der elastischen Grundgesetze und der aus ihnen abgeleiteten Differentialgleichungen gewährleistet ist. Fälle, in denen diese Annahme nicht genügt und wo die größere Schwingungsweite besondere Erscheinungen bedingt, sind besonders zu behandeln, kommen aber in diesem Abschnitt nur ausnahmsweise in Betracht[1]).

Im allgemeinen gilt also das HOOKEsche Proportionalitätsgesetz für alle hier vorkommenden elastischen Deformationen, d. h.: der Elastizitätsmodul für die betreffende Deformation ist gleich der Beanspruchung der Flächeneinheit, geteilt durch die dabei erzeugte relative Deformation.

Die elementare Theorie vernachlässigt die durch Ausstrahlung und durch energiezerstreuende Kräfte (Reibung) entstehende Dämpfung der freien oder Eigenschwingungen. Beide Dämpfungsursachen werden zur Erweiterung der Theorie in besonderen Fällen in geeigneter Weise eingeführt. Die theoretische Behandlung der Dämpfung durch Strahlung führt auf das Problem eines aus Klangkörper einerseits und schallaufnehmendem und -forttragendem Medium andererseits gekoppelten Systems (vgl. dazu den Artikel: „Schwingungen räumlich ausgedehnter Kontinua“ Ziff. 12 u. 13 (ds. Bd. Kap. 4), ferner den Artikel „Elektrische Schallsender“ Ziff. 2 (ds. Bd. Kap. 6).

b) Lineare feste Klangkörper.

α) Theorie der eindimensionalen (linearen) Klangkörper vom Saitentypus.

6. Allgemeiner Charakter der Schwingungen. Feste Klangkörper, die sich im wesentlichen nach einer Richtung erstrecken, deren Querdimensionen also klein sind gegen die Längsdimensionen, bezeichnen wir kurz als lineare Klangkörper. Sie können streng oder nur annähernd prismatische bzw. zylindrische Gestalt haben, je nachdem der Querschnitt längs der Achse konstant ist oder sich schwach ändert, wie z. B. bei konischen Stäben oder nicht genau zylindrischen Saiten. Die Achse kann gerade sein oder auch auf der ganzen Länge oder an einzelnen Stellen gebogen (Stimmgabel, Triangel, Ring).

Für die Theorie ist es wesentlich, daß der Schwingungszustand an jedem Punkte des Körpers, außer von der Zeit, nur von einer einzigen Raumkoordinate, nämlich der auf der Achse gemessenen Entfernung dieses Punktes, von einem festen Punkte abhängt. Innerhalb eines jeden Querschnitts senkrecht zur Achse herrscht merklich der gleiche Schwingungszustand für alle Punkte desselben, auch bei Stäben, wo ja jeder Querschnitt eine endliche, oft sogar, absolut genommen, eine beträchtliche Größe besitzt. Es kommt dabei nur auf die relative Größe der Querdimensionen im Verhältnis zur Längsdimension an.

Am einfachsten sind Longitudinal- (Längs-) Schwingungen und Torsions- (Drillungs-) Schwingungen zu behandeln; die Theorie ergibt da für alle linearen Klangkörper mit konstantem Querschnitt formal dieselben Gleichungen (Typus der Saitenschwingungen), nur die Konstanten sind verschieden.

---

[1]) Vgl. z. B. F. BRAUN, Pogg. Ann. Bd. 151, S. 51 u. 250. 1874; R. HARTMANN-KEMPF, Ann. d. Phys. (4) Bd. 13, S. 124 u. 271. 1904.

Bei Transversal- (Quer- oder Biegungs-) Schwingungen kommt die besondere physikalische Beschaffenheit in Frage. Es macht einen Unterschied, ob die zur Erzeugung solcher Schwingungen erforderliche Steifigkeit schon im natürlichen Zustand des Körpers vorhanden ist (Stäbe) oder erst durch besondere Mittel hervorgerufen werden muß (gespannte Saiten).

Die elementare Theorie der Biegungsschwingungen gespannter Saiten führt formal auf dieselben Gleichungen wie bei den Longitudinalschwingungen und den Torsionsschwingungen linearer Klangkörper im allgemeinen. Die Schwingungsformen und die erzeugten Klänge haben daher bei diesen dreien gleichen Charakter. Die Biegungsschwingungen von Stäben führen zu einer anderen Bewegungsgleichung; die Schwingungsform und der erzeugte Klang, der sich aus den gleichzeitig erklingenden Teiltönen zusammensetzt, haben bei ihnen einen anderen Charakter. Kurz gesagt: die Teiltöne der Klangkörper, welche nach dem Typus der Saiten schwingen, sind harmonisch, die der anderen im allgemeinen unharmonisch.

7. Differentialgleichung der Wellenbewegung[1]**. Schallgeschwindigkeit**[2]**.** Die allgemeinste Theorie geht aus von den Bewegungen in einem dreidimensional ausgedehnten, homogenen, isotropen elastischen Körper. Sie führt unter Vernachlässigung dämpfender, energiezerstreuender Kräfte (Reibung) bei Annahme verschwindend kleiner Verschiebungen und Geschwindigkeiten der Körperteilchen, wodurch wirbelfreie Bewegung gewährleistet ist, zu der bekannten partiellen Differentialgleichung

$$\frac{\partial^2 u}{\partial t^2} = c^2 \Delta u, \tag{1}$$

wo Δu den zweiten LAMÉschen Differentialparameter bedeutet, der in rechtwinkligen CARTESIschen Koordinaten x, y, z die Form hat

$$\Delta u = \frac{\partial^2 u}{\partial x^2} + \frac{\partial^2 u}{\partial y^2} + \frac{\partial^2 u}{\partial z^2}. \tag{2}$$

Die Zeit t und die drei Raumkoordinaten sind die unabhängigen Variabeln. Als abhängige Variabele u kann je nach Bedarf und je nach der Art der Herleitung der Gleichung (1) die Verschiebung oder die Geschwindigkeit eines Teilchens oder die Verdichtung oder der Drucküberschuß über den mittleren Gleichgewichtsdruck usw. auftreten; c ist eine Konstante, die sich aus der Dichte des Mediums und den elastischen Konstanten bzw. der durch äußere Kräfte erzeugten inneren Spannung desselben — z. B. bei einer Saite, oder einer Membran — berechnet. Sie ist die Fortpflanzungsgeschwindigkeit, mit der sich eine Störung, also eine Welle im allgemeinsten Sinne, über das Medium hin ausbreitet, d. h. die Schallgeschwindigkeit.

Für lineare Körper, deren Achse zur x-Achse gemacht wird, also für das eindimensionale Problem, verkürzt sich Gleichung (1) durch Wegfall zweier Glieder von Δu zu

$$\frac{\partial^2 u}{\partial t^2} = c^2 \frac{\partial^2 u}{\partial x^2}. \tag{3}$$

Physikalisch anschaulicher werden die Gleichungen (1) und (3), wenn man sie beiderseits mit der Masse eines Körperteilchens $m = s\,d\tau$, im Fall des linearen Körpers mit $sq\,dx$ multipliziert (s Dichte, q Querschnitt, $d\tau$ Volumenelement). Wenn u die Verschiebung des Teilchens ist, so stellen dann diese Gleichungen das zweite NEWTONsche Bewegungsgesetz dar; die linke Seite das Produkt aus

---

[1]) Vgl. hierzu auch Artikel „Schwingungen räumlich ausgedehnter Kontinua" Ziff. 4 und folgende (ds. Bd. Kap. 4).

[2]) Vgl. hierzu auch Artikel „Schallgeschwindigkeit" (ds. Bd. Kap. 14).

Masse und Beschleunigung, die rechte Seite die infolge der Elastizität des Mediums wirkende Kraft bzw. die Summe der Kräfte für die drei Koordinatenrichtungen.

In dieser Form lassen sich beide Gleichungen leicht durch Hinzufügung neuer Kräfte erweitern. Als solche kommen in Betracht:

1. dämpfende, energiezerstreuende Kräfte, durch Reibung oder durch Energieabgabe infolge der Schallausstrahlung erzeugt,

2. von außen auf den Klangkörper wirkende, von diesem nicht beeinflußte Kräfte (äußere Kräfte, die einmalig oder periodisch wirken können, wie Hammeranschlag, Bogenstrich u. dgl.).

Für periodische Kräfte, die erzwungene Schwingungen erzeugen, sei auf den Artikel ,,Schwingungen von Punktsystemen" (ds. Bd. Kap. 3) verwiesen. Hier werden nur solche äußeren Kräfte behandelt, die freie Schwingungen erregen oder vorhandene beeinflussen. Von dämpfenden Kräften kommen praktisch nur solche in Betracht, die der jeweiligen Geschwindigkeit der Körperteilchen proportional sind. Diese Erweiterung der Gleichungen (1) und (3) ergibt daher, wenn man wieder durch die Masse $s\,d\tau$ bzw. $sq\,dx$ dividiert,

$$\frac{\partial^2 u}{\partial t^2} + 2\delta \frac{\partial u}{\partial t} = c^2 \Delta u + \mathfrak{K} \tag{1 a}$$

bzw.

$$\frac{\partial^2 u}{\partial t^2} + 2\delta \frac{\partial u}{\partial t} = c^2 \frac{\partial^2 u}{\partial x^2} + \mathfrak{K}. \tag{3 a}$$

Hierin bedeutet δ die Dämpfungskonstante, $\mathfrak{K}$ hat die Dimension einer Beschleunigung, wenn u die Verschiebung ist; $\mathfrak{K} s\,d\tau$ bzw. $\mathfrak{K} sq\,dx$ ist die auf ein Massenelement wirkende äußere Kraft.

Die allgemeine Ableitung der Gleichungen (1) und (3) gehört in die Elastizitätstheorie; sie ist im Artikel ,,Schwingungen räumlich ausgedehnter Kontinua" (ds. Bd. Kap. 4) behandelt. Die Gleichung (3) läßt sich jedoch sehr einfach für jeden Sonderfall der Schwingungen linearer Klangkörper, für den sie gilt, ableiten. Das geschieht andeutungsweise in den folgenden Ziffern. Der Wert der zugehörigen Schallgeschwindigkeit c ist dabei allgemein gleich dem wirksamen Elastizitätsmodul, dividiert durch die Dichte. Es ergibt sich also für

Longitudinalwellen in Stäben und Saiten	$c_1^2 = E s^{-1}$	(4)
Torsionswellen ,, ,, ,, ,,	$c_2^2 = \Phi s^{-1}$	
Transversalwellen in Saiten	$c_3^2 = p s^{-1}$	
(Longitudinal-) Wellen in Flüssigkeiten	$c_4^2 = k_a s^{-1}$	
,, ,, ,, Gasen	$c_5^2 = k_a s^{-1} = p\varkappa s^{-1}$	

s Dichte, E linearer Elastizitätsmodul, Φ Torsionsmodul, p Zug oder Druck auf die Flächeneinheit des Saitenquerschnitts q, P spannende Kraft, k kubischer Elastizitätsmodul (Kompressionsmodul). In allen Fällen sind die adiabatischen Elastizitätsmoduln zu nehmen, wobei dieser für Gase $k_a = p\varkappa$ ist ($\varkappa$ = Verhältnis der spezifischen Wärmen bei konstantem Druck und konstantem Volumen).

8. Longitudinalschwingungen von Stäben und Saiten. Differentialgleichung[1]**).** Bezeichnungen außer den durchgehend benutzten: u Verschiebung des an der Stelle x gelegenen Querschnitts in der x-Richtung; $\mathfrak{u} = \partial u/\partial t$ Geschwindigkeit dieser Verschiebung; u_{x+dx} und $\mathfrak{u}_{x+dx}$ die entsprechenden Größen an der Stelle $x + dx$; $\partial u/\partial x$ Dehnung der Längeneinheit (relative Dehnung).

---

[1]) Vgl. auch für die folgenden Ziffern z. B. B. RIEMANN-WEBER, Die partiellen Differentialgleichungen der math. Physik, 2. Aufl. Braunschweig: F. Vieweg 1919; Lord RAYLEIGH, The Theory of Sound, 2. Aufl. London: Macmillan & Co. 1894; A. KALÄHNE, Grundzüge der math.-phys. Akustik, Bd. II. Leipzig: B. G. Teubner 1910/13.

Die relative Dehnung ist die Verlängerung einer Strecke, dividiert durch ihre ursprüngliche Länge. Dies auf die verschwindend kleine Strecke dx angewandt, gibt, da die Verschiebung u eines jeden Stabquerschnitts eine stetige differenzierbare Funktion von x ist, die relative Dehnung

$$e = \frac{u_{x+dx} - u}{dx} = \frac{\left(u + \frac{\partial u}{\partial x} dx - u\right)}{dx} = \frac{\partial u}{\partial x}.$$

Die Spannung p ist die durch die Dehnung geweckte elastische Gegenkraft in Richtung der x-Achse. Sie ist proportional der relativen Dehnung nach dem HOOKEschen Gesetz, also

$$p = -E\frac{\partial u}{\partial x}. \tag{5}$$

Wendet man nun auf ein scheibenförmiges Stück des Stabes von der Dicke dx zwischen den Querschnitten x und $x + dx$, also ein Raumelement $d\tau = q\,dx$, das die Masse $s\,d\tau = s\,q\,dx$ besitzt (s. Abb. 1), das zweite NEWTONsche Bewegungsgesetz an und beachtet, daß die in die x-Richtung fallende Kraft die algebraische Summe der beiden auf die Endquerschnitte q wirkenden Kräfte pq und $-p_{x+dx}\,q = -\left(p + \frac{\partial p}{\partial x} dx\right) q$ ist, also $= -q\frac{\partial p}{\partial x} dx$, so wird die Bewegungsgleichung

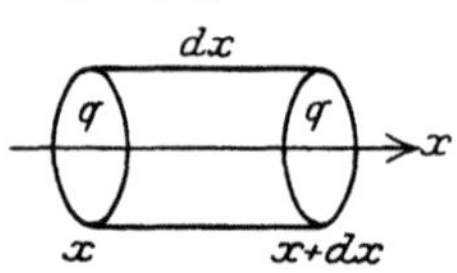

Abb. 1. Zylindrisches Raumelement $d\tau = q\,dx$.

$$s\,q\,dx\frac{\partial \mathfrak{u}}{\partial t} = -q\,dx\frac{\partial p}{\partial x}, \tag{6}$$

worin beiderseits noch die Faktoren $q\,dx$ weggehoben werden können. Durch Einsetzen von p aus Gleichung (5) und unter Berücksichtigung der Bedeutung von $\mathfrak{u}$ als Geschwindigkeit ergibt sich aus Gleichung (6) die Differentialgleichung der ebenen Wellenbewegung in der Form von Gleichung (3) mit der Verschiebung u als abhängiger Variabler und der Wellengeschwindigkeit $c_1 = E^{\frac{1}{2}} s^{-\frac{1}{2}}$ [vgl. auch die Gleichung (4)].

9. Torsions- (Drillungs-) Schwingungen von Stäben und Saiten mit kreisförmigem Querschnitt. Bezeichnungen außer den dauernd benutzten: r Radius des kreisförmigen Querschnitts, φ Drehungswinkel des an der Stelle x gelegenen Querschnitts, δ Scherungswinkel, P_φ tangentialer Scherungsdruck (Schubkraft auf die Flächeneinheit).

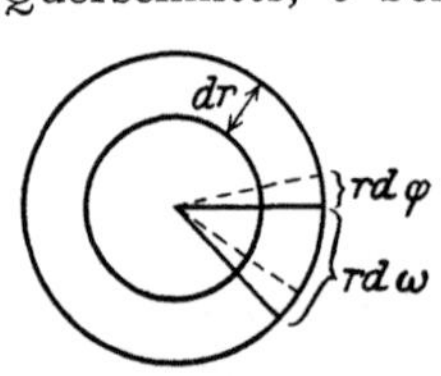

Abb. 2. Stabquerschnitt mit Flächenelement $r\,d\vartheta\,dr$, im benachbarten Querschnitt um $d\varphi$ verdreht.

Jeder kreisförmige Querschnitt dreht sich in seiner Ebene um einen Winkel φ, dessen Größe Funktion von t und x ist. Die Zunahme des Drehungswinkels beim Übergang vom Querschnitt bei x zu dem bei $x + dx$ ist $d\varphi = \frac{\partial \varphi}{\partial x} dx$. Ein in ebenen Polarkoordinaten r, ω ausgedrücktes Flächenelement eines Querschnitts, $d\sigma = r\,dr\,d\omega$, das um den Winkel φ verdreht ist (s. Abb. 2), wird mit der durch die Drillung geweckten elastischen Scherungskraft $P_\varphi\,d\sigma = P_\varphi\,r\,d\omega\,dr$ zurückgetrieben, die in tangentialer Richtung wirkt. Das rücktreibende Drehmoment ist also $P_\varphi r^2\,d\omega\,dr$, für eine ganze Ringfläche vom Radius r und der Breite dr somit $2\pi r^2\,dr\,P_\varphi$. Für die entsprechende Ringfläche an der Stelle $x + dx$ folgt ebenso $2\pi r^2\,dr\left(P_\varphi + \frac{\partial P_\varphi}{\partial x} dx\right)$.

Das gesamte rücktreibende Drehmoment für das von diesen beiden Ringflächen und der inneren und äußeren Mantelfläche des Hohlzylinders mit den Radien r und $r + dr$ begrenzte ringförmige Raumelement ist also als algebraische

Summe beider Ausdrücke, wobei wieder das negative Vorzeichen die Richtung nach rückwärts bedeutet:

Rücktreibendes Drehmoment für das Raumelement $d\tau = -2\pi r^2 dr \frac{\partial P_\varphi}{\partial x} dx$.

Dieses Drehmoment der wirkenden Kräfte, nach dem zweiten NEWTONschen Bewegungsgesetz gleich Trägheitsmoment mal Winkelbeschleunigung der betrachteten Ringscheibe gesetzt, gibt die Bewegungsgleichung

$$2\pi s\, dr\, dx\, r^3 \frac{\partial^2 \varphi}{\partial t^2} = -2\pi r^2 dr \frac{\partial P_\varphi}{\partial x} dx, \tag{7}$$

die durch Ersetzung von P_φ mittels der Beziehung $P_\varphi = -\Phi\delta = -\Phi r \frac{\partial \varphi}{\partial x}$ und Weglassen der beiderseits gleichen Faktoren die Gestalt der Gleichung (3) annimmt, mit φ als abhängiger Variabler und der Wellengeschwindigkeit $c_2 = \Phi^{\frac{1}{2}} s^{-\frac{1}{2}}$ [vgl. Gleichung (4)].

10. Transversalschwingungen von Saiten. Differentialgleichung der Bewegung. Bezeichnungen außer den dauernd benutzten: u_0 konstante, mit x und P proportionale Verschiebung jedes Querschnitts, die dem neuen elastischen Ruhezustand entspricht; u, v, w darüber gelagerte, mit x und t variierende Verschiebungen der Saitenpunkte in den drei Koordinatenrichtungen; l und dl Länge und Längenelement der bei den Schwingungen ausgebogenen Saite; α, β, γ Winkel der Strecke dl mit den Koordinatenachsen (Richtungswinkel).

Die Gleichung dieses wichtigsten Falles werde etwas ausführlicher abgeleitet. Die überall gleich beschaffene homogene Saite bildet infolge der drei Verschiebungen u, v, w eine Raumkurve. Die drei Verrückungen lagern sich übereinander (Superpositionsprinzip). Infolge der periodischen Dehnung u ist auch eine periodische Verlängerung der Saite vorhanden, also eine Longitudinalschwingung in Richtung x, die sich den beiden Transversalschwingungen in Richtung y und z überlagert. Man kann sie zwar von Anfang an unberücksichtigt lassen, doch bringt ihre Mithinzunahme keine Beschwerden für die Rechnung, ebenso wie auch die Berücksichtigung zweier transversaler Schwingungen statt nur einer.

Ein beliebig gewählter Punkt der Saite A (s. Abb. 3) gelange durch diese Bewegung nach A', der benachbarte Punkt B ebenso nach B'. Es ist $AB = dx$ und $A'B' = dl$. Die Endpunkte A' und B' von dl haben die Koordinaten $x + u, v, w$ bzw. $x + dx + u + du$, $v + dv$, $w + dw$, und es wird mit Vernachlässigung von Gliedern zweiter und höherer Ordnung

$$dl = dx\left(1 + \frac{\partial u}{\partial x}\right). \tag{8}$$

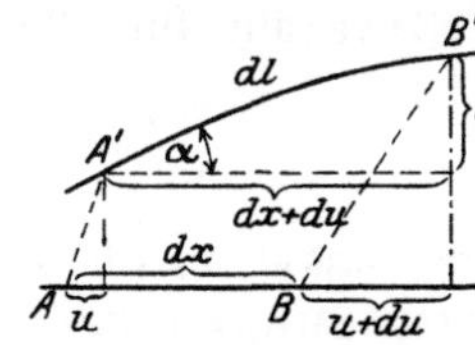

Abb. 3. Verschiebung eines Saitenelementes dx nach dl hin.

Mit Benutzung der Richtungswinkel α, β, γ kann man schreiben $dx + du = dl\cos\alpha$, $dv = dl\cos\beta$, $dw = dl\cos\gamma$, woraus mit Vernachlässigung der Glieder höherer Ordnung folgt $\cos\alpha = 1$, $\cos\beta = \partial v/\partial x$, $\cos\gamma = \partial w/\partial x$. Man sieht also von der bei der Ausbiegung entstandenen Krümmung der Saite ab und setzt überall x statt l.

Die rücktreibenden Kräfte auf ein Massenelement der Saite ergeben sich aus der Dehnung der Saite am Orte dieses Elements. Diese besteht aus zwei Teilen: 1. aus der von der konstanten Verschiebung u_0 herrührenden, deren Ursache die konstante spannende Kraft P ist, 2. aus der darüber gelagerten von der Schwingungsverschiebung u herrührenden Dehnung, deren Betrag wie in Ziff. 8 $\partial u/\partial x$ ist. Erstere weckt die elastische Gegenkraft P, letztere die Gegenkraft $qE\frac{\partial u}{\partial x}$. Die Summe beider ist die Gesamtspannung, die mit Ort und

Zeit variiert, da $\partial u/\partial x$ von x und t abhängt. Diese Spannung wirkt in Richtung der Saite l. Aus ihr folgen die Kraftkomponenten in den Richtungen x, y, z auf das Längenelement $dx (= dl)$ der Saite zwischen zwei Punkten A und B durch Multiplikation des Ausdrucks $P + qE\frac{\partial u}{\partial x}$ mit dem zugehörigen Richtungskosinus $\cos\alpha$ usw., also am Punkte A mit der Koordinate x:

$$X = -\left(P + qE\frac{\partial u}{\partial x}\right), \quad Y = -\left(P + qE\frac{\partial u}{\partial x}\right)\frac{\partial v}{\partial x}, \quad Z = -\left(P + qE\frac{\partial u}{\partial x}\right)\frac{\partial w}{\partial x}. \tag{9}$$

An der Stelle B mit der Koordinate $x + dx$ sind die entsprechenden Größen

$$\left.\begin{aligned} X_{x+dx} &= -\left(X + \frac{\partial X}{\partial x}dx\right), \qquad Y_{x+dx} = -\left(Y + \frac{\partial Y}{\partial x}dx\right), \\ Z_{x+dx} &= -\left(Z + \frac{\partial Z}{\partial x}dx\right), \end{aligned}\right\} \tag{9a}$$

wo die obigen Werte von X, Y, Z eingesetzt zu denken sind. Die Vorzeichen der Kräfte an den Endpunkten A und B des Elementes sind natürlich entgegengesetzt. Die algebraische Summe beider gegeneinander wirkenden Kräfte gibt die resultierende rücktreibende Kraft in der betreffenden Koordinatenrichtung, nämlich nach Einsetzen der Ausdrücke für X, Y, Z und Ausdifferentiieren

$$qE\frac{\partial^2 u}{\partial x^2}dx, \qquad P\frac{\partial^2 v}{\partial x^2}dx, \qquad P\frac{\partial^2 w}{\partial x^2}dx. \tag{10}$$

Bei der Differentiation ist P konstant. Ferner ist zu berücksichtigen, daß die infolge der seitlichen Ausbiegung der Saite hinzukommende Zusatzspannung $qE\frac{\partial u}{\partial x}$ klein ist gegen P, also überall da vernachlässigt werden kann, wo beide zusammen als Summe auftreten; auch das bei der Differentiation noch auftretende Glied $qE\frac{\partial v}{\partial x}\frac{\partial^2 u}{\partial x^2}$ ist aus dem gleichen Grunde zu vernachlässigen.

Indem man je einen der Ausdrücke (10) dem Produkt aus Masse und Beschleunigung des Saitenelementes in der betreffenden Koordinatenrichtung, also $qs\,dx\frac{\partial^2 u}{\partial t^2}$, $qs\,dx\frac{\partial^2 v}{\partial t^2}$ usw. gleichsetzt, erhält man die Differentialgleichungen der Bewegung für alle drei Koordinatenrichtungen

$$\frac{\partial^2 u}{\partial t^2} = \frac{E}{s}\frac{\partial^2 u}{\partial x^2}, \qquad \frac{\partial^2 v}{\partial t^2} = \frac{p}{s}\frac{\partial^2 v}{\partial x^2}, \qquad \frac{\partial^2 w}{\partial t^2} = \frac{p}{s}\frac{\partial^2 w}{\partial x^2}, \tag{11}$$

da die Masse des Elementes $m = qs\,dx$ ist. Die erste gilt für die Longitudinalschwingungen und stimmt selbstverständlich mit der Gleichung (6) in Ziff. 8 für Stäbe vollkommen überein. Die Wellengeschwindigkeit ist wie dort

$$c_1 = E^{\frac{1}{2}} s^{-\frac{1}{2}}, \tag{12}$$

wobei nur zu berücksichtigen ist, daß möglicherweise die durch P erzeugte Dehnung der Saite ihren Elastizitätsmodul E und Dichte s gegenüber dem ungedehnten Zustand verändert haben kann.

Die zweite und dritte der Gleichungen (11) gelten für Transversalschwingungen. Sie haben dieselbe Form wie die Gleichung der Longitudinalschwingungen, nur die Wellengeschwindigkeit ist eine andere

$$c_3 = p^{\frac{1}{2}} s^{-\frac{1}{2}} = P^{\frac{1}{2}} (qs)^{-\frac{1}{2}}. \tag{13}$$

qs ist die Masse eines Saitenstückes von der Längeneinheit und wird zuweilen als Längendichte bezeichnet.

Die Wellengeschwindigkeit c_3 hängt von der innerhalb der Festigkeitsgrenzen des Materials willkürlich wählbaren Spannung p und von der Dichte s ab; sie ist der Quadratwurzel aus der Spannung direkt, der Wurzel aus der Dichte umgekehrt proportional.

11. Wellengeschwindigkeit (Schallgeschwindigkeit) und Tonhöhe. Die Schwingungszahl (Frequenz) der Eigenschwingungen bei den bisher betrachteten linearen Klangkörpern und damit auch ihre Tonhöhe (vgl. Ziff. 14) ist der Fortpflanzungsgeschwindigkeit der Wellen proportional. Die Zusammenstellung in Ziff. 7 zeigt, daß für Longitudinal- und Torsionsschwingungen von homogenen Saiten und Stäben diese Werte und damit die Tonhöhe eines Klangkörpers von gegebenen Ausmaßen fest bestimmt sind; bei Transversalschwingungen von Saiten aus homogenem Material ist eine obere, nicht sehr scharfe Grenze für c und damit auch für die Tonhöhe durch die Festigkeit bzw. die Elastizitätsgrenze des Materials gegeben, über welche die Spannung nicht gesteigert werden darf, ohne Zerreißen oder dauernde Änderung der Saite zu bewirken. Die untere Grenze für c und die Tonhöhe ist theoretisch Null für $p = 0$, praktisch aber liegt sie bei solchen Spannungen, die noch eine hinreichende Schwingungsfähigkeit bei nicht allzu großer Dämpfung gewährleisten. Dazu ist eine gewisse Straffheit erforderlich. Der tiefste, praktisch mit Transversalschwingungen zu erzeugende Ton läßt sich also nicht einfach durch Verkleinerung der Spannung beliebig herabdrücken. Man kann die Tonerniedrigung aber durch Vergrößerung der Dichte, also 1. durch Wahl sehr dichten, d. h. spezifisch schweren Materials, 2. durch künstliche Vergrößerung der Dichte, ohne gleichzeitige Veränderung der Spannung erzeugen. Das geschieht durch Beschwerung der Saite, z. B. durch Umspinnen oder Umwickeln mit Draht aus irgendwelchem spezifisch schweren Material. Dadurch erhöht sich die Masse der Längeneinheit, aber nicht die Elastizität (Spannung), da die Umwicklung nicht dem Zuge ausgesetzt ist, den die „Seele" der Saite auszuhalten hat.

Von diesem Mittel macht man bei den tiefsten Saiten der Schlag- und Streichinstrumente Gebrauch — vgl. Klavier, Geige (G-Saite) und tiefere Streichinstrumente. Auch die Mitführung des umgebenden Mittels, von dem die Schwingung aufgenommen und als Schall weitergetragen wird, bewirkt eine Tonvertiefung, um so mehr, je dichter das Medium ist (Tonvertiefung durch Eintauchen in Flüssigkeiten). Näheres darüber in Ziff. 50.

Im allgemeinen sind die Transversaltöne tiefer als die Torsionstöne und diese wieder tiefer als die Longitudinaltöne, da der Torsionsmodul Φ kleiner als der Elastizitätsmodul E ist, und die anwendbare Spannung p immer kleiner als beide Moduln bleibt.

12. Integration der Schwingungsgleichung nach d'Alembert. Fortschreitende und stehende Wellen. Die Integration der partiellen linearen Differentialgleichung (3) in Ziff. 7, die allgemein für die bisher betrachteten Schwingungen gilt, erfordert zur vollen Bestimmtheit des Problems noch die Angabe der Grenzbedingungen, die wieder in räumliche und zeitliche zerfallen.

Die zeitlichen Grenzbedingungen erfordern die Kenntnis des Zustandes des schwingenden Körpers zu irgendeiner Zeit, also Angabe der Lage und Geschwindigkeit aller seiner Punkte zu irgendeiner Zeit, etwa zur Zeit $t = 0$ (Anfangszustand).

Die räumlichen oder örtlichen Grenzbedingungen (Randbedingungen) betreffen hier die Bedingungen an den Enden des linearen Klangkörpers z. B. durch die Art der Befestigung oder Nichtbefestigung. Es gibt zwar auch eine allgemeine Lösung der Differentialgleichung (3) ohne räumliche Grenzbedingungen, nämlich für beiderseits unendlich lange Stäbe oder Saiten; doch ist das natürlich kein praktisch in Betracht kommender Fall, und die in Rede stehende d'ALEMBERTsche Lösung gibt zwar Auskunft über das Hinweglaufen fortschreitender Wellen über den Stab bzw. die Saite, sagt jedoch von vornherein nichts aus über die etwaigen Eigenschwingungen und deren Frequenzen bzw. Tonhöhen. Sie kann aber in geeigneten Fällen zu ihrer Berechnung dienen.

Das Integral hat die Form

$$u = \varphi(x + ct) + \psi(x - ct). \tag{14}$$

c Fortpflanzungsgeschwindigkeit der Wellen; φ und ψ sind zwei beliebige, zunächst unbestimmte Funktionen, deren Form durch die zeitlichen Grenzbedingungen bestimmt wird. Bei einseitig oder beiderseitig begrenzten Stäben bzw. Saiten kommen zur Bestimmung von φ und ψ noch die räumlichen Grenzbedingungen hinzu, durch welche sich die Reflexion der an den Enden ankommenden Wellen regelt.

Zur Funktion φ gehört immer die Verbindung $x + ct$, zur Funktion ψ die Verbindung $x - ct$ der Variabeln x und t. Es stellt dar: $\varphi(x + ct)$ eine von größeren zu kleineren x hinschreitende, $\psi(x - ct)$ eine von kleineren zu größeren x evtl. eine von $x = -\infty$ bis $x = +\infty$ fortschreitende Welle. Beide schreiten als ungedämpfte, in ihrer Form sich nicht ändernde Wellen fort (s. Abb. 4).

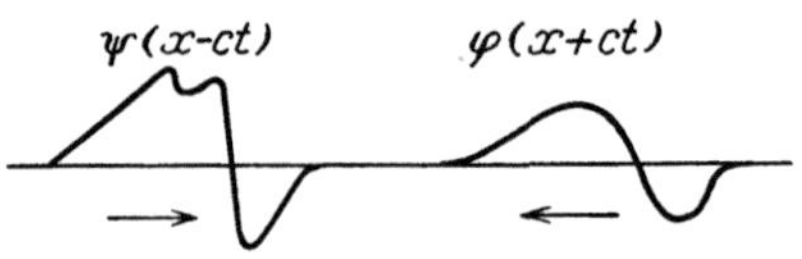

Abb. 4. Zwei gegeneinander laufende Wellen beliebiger Form.

Die zeitlichen Grenzbedingungen allein ergeben folgendes. Gegeben sein muß zu irgendeiner Zeit $t = t_0$ die Größe $u = u_0$ und ihre Änderungsgeschwindigkeit $(\partial u/\partial t)_0$, beispielsweise die Verschiebung u_0 des Punktes aus seiner Ruhelage, und die Geschwindigkeit seiner Bewegung $(\partial u/\partial t)_0$. Beide Werte müssen für alle x gegeben sein, über die sich der Klangkörper erstreckt (also z. B. bei einer beiderseits unendlich langen Saite für alle Werte von x zwischen $-\infty$ und $+\infty$) als Funktionen von x.

Ist

$$u_0 = f(x) \qquad \text{und} \qquad \left(\frac{\partial u}{\partial t}\right)_0 = g(x), \tag{15}$$

so sind die Funktionen φ und ψ

$$\varphi(x + ct) = \tfrac{1}{2}\left[f(x) + \frac{1}{c}\int g(x)\,dx\right]_{x + c(t - t_0)} + C, \tag{16}$$

$$\psi(x - ct) = \tfrac{1}{2}\left[f(x) - \frac{1}{c}\int g(x)\,dx\right]_{x - c(t - t_0)} - C. \tag{17}$$

C ist eine willkürliche, übrigens belanglose Integrationskonstante. Der Index an der eckigen Klammer bedeutet, daß nach Ausführung des Integrals in der Klammer überall auf der rechten Seite statt x dieser Index zu setzen ist. Die Summe beider Funktionen, d. h. die Übereinanderlagerung beider Wellen an jedem Punkte x, ergibt den dort gerade herrschenden Wert u. Bei dieser Summenbildung fällt die Integrationskonstante weg, ist also tatsächlich belanglos und kann deshalb auch $= 0$ gesetzt werden.

Sind φ und ψ periodische Funktionen gleicher Form und gleicher Periode und Amplitude, z. B. einfache Sinusfunktionen oder aus gleichen Sinusfunktionen zusammengesetzte Funktionen, so erhält man als Ergebnis der Übereinanderlagerung der beiden fortschreitenden Wellen eine stehende Welle. Ein solches Übereinanderhinlaufen von Wellen gleicher Form und Amplitude wird insbesondere durch Reflexion an den Enden begrenzter linearer Klangkörper bewirkt und führt damit zur Entwicklung stehender Wellen auf ihnen. Weiteres über die Anwendung der d'ALEMBERTschen Lösung s. Art. „Schwingungen räumlich ausgedehnter Kontinua" Ziff. 5, 11 und 15 (ds. Bd. Kap. 4).

Die durch Übereinanderlagerung reflektierter Wellen mit geeigneten Frequenzen gebildeten stehenden Wellen sind die Eigenschwingungen begrenzter Klangkörper. Sie werden durch eine zweite, von D. BERNOULLI stammende Lösung der Differentialgleichung unmittelbar in etwas anderer Form erhalten.

13. Integration nach D. BERNOULLI. Eigenschwingungen. Akustisches Spektrum. Die für die Berechnung der Eigenschwingungen begrenzter linearer Klangkörper vornehmlich in Betracht kommende Lösung von DANIELL BERNOULLI setzt sich aus Partikularlösungen zusammen, welche den räumlichen Grenzbedingungen angepaßt werden können. Die zeitlichen Grenzbedingungen sind dann ebenfalls leicht erfüllbar. Zum besseren Verständnis alles später Folgenden und um nicht öfter Gleiches oder Verwandtes wiederholen zu müssen, soll hier kurz die Art der Lösung, einige Eigenschaften der Eigenfunktionen und allgemein gebrauchte Bezeichnungen besprochen werden.

Die Integration geschieht durch die bekannte Zerspaltung der zu integrierenden Funktion u in zwei Teilfunktionen

$$u = u_x \cdot u_t\,. \tag{18}$$

Dieselbe Art der Integration durch Zerspaltung (Separation der Variablen) ist bekanntlich auch für andere Schwingungssysteme (zwei- und dreidimensionale Klangkörper) anwendbar (vgl. die Ziff. 56 u. ff.). An die Stelle der nur von einer Raumkoordinate abhängigen Teilfunktion u_x tritt dann eine von den jeweils in Betracht kommenden Raumkoordinaten abhängige Funktion $u_{x,\,y}\ldots$ Wesentlich ist stets die Abtrennung des Zeitfaktors u_t, der als einfache periodische Funktion der Zeit, und zwar als Sinus- oder Cosinusfunktion bzw. unter Benutzung komplexer Zahlen, als Exponentialfunktion $e^{i\omega t}$ angesetzt wird.

Die bei der Integration erhaltene Raumfunktion $u_{x,\,y}\ldots$ hat eine bzw. mehrere zunächst willkürliche Integrationskonstanten (Parameter), deren Werte so gewählt werden müssen, daß die räumlichen Grenzbedingungen des Problems erfüllt werden. Das ist im allgemeinen nicht bloß für einen einzigen Wert jeder dieser Konstanten, sondern für unendlich viele diskrete Werte derselben möglich. Jeder dieser Werte — bzw. jede Wertekombination, wenn es sich um mehr als eine Raumkoordinate handelt — ergibt mit der zugehörigen Zeitfunktion zusammen eine mögliche Eigenschwingung. Da in der zugehörigen Zeitfunktion der betreffende Parameter bzw. die betreffende Parameterkombination mit auftritt, und zwar als frequenzbestimmende Größe, so erhält man in jedem Fall eine unendliche Mannigfaltigkeit von diskreten Eigenschwingungen, die ein dem optischen Linienspektrum entsprechendes elastisches Schwingungsspektrum oder kürzer ein akustisches Spektrum für den betreffenden Klangkörper darstellen.

Die Raumfunktionen $u_{x,\,y}\ldots$, welche diese Partikularlösungen für einen Klangkörper ergeben, heißen die Normal- oder Eigenfunktionen oder harmonischen Funktionen des betreffenden Klangkörpers; die besonderen diskreten Parameterwerte, welche die Grenzbedingungen des Problems erfüllen, sind die Eigenwerte des Klangkörpers, die aus ihnen berechneten Frequenzen die Eigenfrequenzen desselben. Man unterscheidet sie nach aufsteigenden Ordnungen, von der kleinsten Frequenz (zur langsamsten Schwingung, Grundschwingung, Grundton gehörend) angefangen, zu immer größeren Frequenzen (den Oberschwingungen, Obertönen zugehörend) emporsteigend. Zusammenfassend werden die Schwingungen bzw. Töne der verschiedenen Ordnungen als Teil- oder Partialschwingungen (Teil- oder Partialtöne) bezeichnet.

Die Eigenfunktionen sind diejenigen Partikularlösungen der nach Abspaltung des rein periodischen Zeitfaktors u_t aus der Differentialgleichung (1) von Ziff. 7 übrigbleibenden linearen Differentialgleichung zweiter Ordnung (der determinierenden oder charakteristischen Differentialgleichung), die sich den räumlichen Grenzbedingungen anpassen lassen. Sie gehorchen gewissen, durch Integrale ausgedrückten Gesetzen, die als Integraleigenschaften oder Orthogonalitätsbedingungen der Eigenfunktionen bekannt sind. Man kann auch so definieren: Die bei Schwingungsproblemen nach Abspaltung der Zeitfunktion übrigbleibenden gewöhnlichen Differentialgleichungen haben — abgesehen von Sonderfällen starker Dämpfung — Integrale oszillierenden Charakters. In mathematischem Sinne werden sie als harmonische Funktionen bezeichnet. Eine jeweils durch die Grenzbedingungen bedingte Auswahl derselben sind die Normal- oder Eigenfunktionen des betreffenden Gebietes, hier also des betreffenden Klangkörpers.

Eine Reihe solcher Funktionen verschiedener Ordnungen eines Integrationsgebietes τ, z. B. der Länge eines linearen oder der Fläche eines zweidimensionalen Klangkörpers, seien $u_0, u_1, u_2 \ldots u_i$. Die Orthogonalitätseigenschaften (Integraleigenschaften) werden dann durch folgende Gleichungen ausgedrückt:

$$\int u_h u_i \, d\tau = \begin{cases} 0, & \text{wenn } h \neq i \\ \text{konst.}, & \text{wenn } h = i; \end{cases} \tag{19}$$

h und i sind irgend zwei ganze Zahlen, hier positiv. Der konstante Wert in Gleichung (19) kann gleich 1 oder gleich irgendeiner anderen Zahl gemacht werden, indem man alle harmonischen Funktionen mit einem und demselben geeigneten Faktor multipliziert. Übrigens können h und i auch den Wert 0 haben.

14. Eigenfunktionen der linearen Klangkörper für Schwingungen vom Typus der Saitenschwingungen. Der Ansatz (18) gibt in Gleichung (3) eingesetzt nach einfachen Umformungen die Gleichung

$$\frac{1}{u_t}\frac{\partial^2 u_t}{\partial t^2} = \frac{c^2}{u_x}\frac{\partial^2 u_x}{\partial x^2}. \tag{20}$$

Ihre Lösung ergibt sich, indem man beide Seiten einer und derselben Konstanten gleichsetzt, die wir $-\omega_h^2$ nennen. So erhält man die beiden gewöhnlichen Differentialgleichungen

$$\frac{d^2 u_t}{dt^2} = -\omega_h^2 u_t \qquad \text{und} \qquad \frac{d^2 u_x}{dx^2} = -\frac{\omega_h^2}{c^2} u_x, \tag{21}$$

mit den Partikularlösungen

$$\left.\begin{aligned} u'_{ht} &= \sin\omega_h t, & u'_{hx} &= \sin\frac{\omega_h x}{c}, \\ u''_{ht} &= \cos\omega_h t, & u''_{hx} &= \cos\frac{\omega_h x}{c}. \end{aligned}\right\} \tag{22}$$

Durch Produktbildung ergeben sich für u schließlich folgende vier möglichen Kombinationen

$$\left.\begin{aligned} u'_h &= \sin\frac{\omega_h x}{c}\sin\omega_h t, & u'''_h &= \cos\frac{\omega_h x}{c}\sin\omega_h t, \\ u''_h &= \sin\frac{\omega_h x}{c}\cos\omega_h t, & u''''_h &= \cos\frac{\omega_h x}{c}\cos\omega_h t. \end{aligned}\right\} \tag{23}$$

Die untereinanderstehenden Lösungen unterscheiden sich nur in der Phase um $\pi/2$, da sie die Sinus- oder Cosinusfunktion der Zeit enthalten; die nebeneinanderstehenden haben gleiche Phase, aber verschiedene Schwingungsform, entsprechend den verschiedenen Eigenfunktionen. Diese sind hier alle Sinus- oder Cosinusfunktionen des Argumentes $\omega_h x/c$.

Jede der Lösungen kann mit einem willkürlichen konstanten Amplitudenfaktor multipliziert werden, und stellt dann eine ungedämpfte sinusförmige Eigenschwingung des betreffenden linearen Klangkörpers dar.

Die Kreisfrequenz ist ω, die sekundliche Frequenz also $N = \omega/2\pi$. Ihre Berechnung erfordert die Betrachtung der besonderen räumlichen Grenzbedingungen. Der Natur der Sache nach können nur zwei Arten derselben in Frage kommen, eine für feste und eine für freie Enden.

a) Festes Ende: Die Verrückung u muß 0 sein.

b) Freies Ende: Die Verrückung kann beliebig sein, dagegen muß ihre räumliche Zunahme, ihr Gradient, dort 0 sein, da auf das äußere freie Ende des letzten Stab- bzw. Saitenelementes keine Kraft wirkt, welche eine Änderung der relativen Verrückung gegen das vorletzte Element bewirken könnte.

Freie Enden können jedoch nur bei Stäben vorkommen, Saiten erfordern an beiden Enden Befestigung.

Die danach möglichen Kombinationen sind (Länge der Saite oder des Stabes l, Enden bei $x = 0$ und $x = l$):

α) Zwei feste Enden: $u = 0$ für $x = 0$ und $x = l$.

Diese Forderung ist nur durch die Eigenfunktion $\sin \omega_h x/c$ erfüllbar, wenn noch $\omega_h l/c$ zu einem gradzahligen Vielfachen von $\pi/2$ gemacht wird. Das gibt für ω und N die diskrete Wertereihe

$$2\pi N_h = \omega_h = 2h \frac{\pi c}{2l} \quad (h = 1, 2, 3 \cdots). \tag{24}$$

β) Zwei freie Enden (nur bei Longitudinal-, Torsions- und Transversalschwingungen von Stäben möglich): $\partial u/\partial x$ bzw. $\partial \psi/\partial x = 0$ für $x = 0$ und $x = l$.

Das ist nur erfüllbar durch die Eigenfunktion $\cos \omega_h x/c$, wenn noch $\omega_h l/c$ zu einem graden Vielfachen von $\pi/2$ gemacht wird. Man erhält also dieselbe Wertereihe (24) wie im Fall α, nur sind die Eigenfunktionen selbst Cosinus statt Sinus.

γ) Ein festes Ende bei $x = 0$, ein freies Ende bei $x = l$ (nur bei Stäben möglich): $u = 0$ für $x = 0$ und $\partial u/\partial x = 0$ für $x = l$. Ist nur erfüllbar durch die Eigenfunktion $\sin \omega_h x/c$, wenn noch $\omega_h l/c$ zu einem ungeraden Vielfachen von $\pi/2$ gemacht wird, woraus für N und ω die Wertereihe folgt

$$2\pi N_h = \omega_h = (2h - 1) \frac{\pi c}{2l} \quad (h = 1, 2, 3 \cdots). \tag{25}$$

Dieselbe Wertereihe ergibt sich, wenn das Ende bei $x = 0$ frei, das Ende bei $x = l$ fest ist, nur tritt als Eigenfunktion $\cos \omega_h x/c$ auf.

Der Wert $h = 1$ liefert die Grundschwingung — erste Teilschwingung —, die folgenden liefern die Oberschwingungen bzw. -töne. Bei Übereinanderlagerung von Teilschwingungen zur Bildung einer willkürlich vorgegebenen Schwingungsform durch FOURIERsche Reihen muß auch der Wert $h = 0$ berücksichtigt werden.

Die Teilschwingungen, welche die Gleichung (3) befriedigen, sind harmonisch im physikalischen Sinn, d. h. die Frequenzen stehen in den einfachen ganzzahligen Verhältnissen $1:2:3:4\ldots$

Aus (24) und (25) folgt, daß die transversalschwingende Saite, die stets beiderseits fest ist, ebenso wie der beiderseits feste oder beiderseits freie Stab, wenn er Longitudinal- oder Torsionsschwingungen ausführt, alle harmonischen Teiltöne gibt. Dagegen kann der fest-freie Stab bei Longitudinal- und Torsionsschwingungen nur die ungeraden Teiltöne geben.

Die Eigenfunktionen geben Aufschluß über das räumliche Schwingungsbild, insbesondere über die Lage der Schwingungsknoten und -bäuche.

Erstere sind die Nullwerte, letztere die Extremwerte der Eigenfunktionen innerhalb der Stab- bzw. Saitenlänge l oder, mathematisch gesprochen, innerhalb des Intervalls l, für welches die Eigenfunktion erklärt ist. Vom zweiten Teilton ($h = 2$) an sind Knoten nicht bloß an den Enden, sondern auch im Innern der Strecke l vorhanden. Es gibt aber natürlich nicht nur Knoten und Bäuche der Verrückung, sondern auch jeder anderen sich periodisch bei den Schwingungen ändernden Größe (Geschwindigkeit, Dichteänderung, Druck usw.). Das Verhalten dieser anderen Größen folgt zwangsläufig aus der Gleichung für die Verrückung. Eine Zusammenstellung über die Lage der Nullwerte und Extremwerte dieser Größen für die Teilschwingungen 1. bis 4. Ordnung ist in den Tabellen 1 und 2 enthalten.

Tabelle 1. Lage der Knoten (Kn.) und Bäuche (B.) der Verrückung, Geschwindigkeit, Dehnung und Dichteänderung.

Ordnungszahl der Schwingung h	Verrückung und Geschwindigkeit u und $\frac{\partial u}{\partial t}$	↓ Beiderseits fester Stab (longit. und Torsion) Beiderseits feste Saite (longit., Torsion und transv.) Beiderseits geschlossene Gassäule (longit.) ↓	Dehnung und Dichteänderung $\frac{\partial u}{\partial x}$ und $\frac{\partial s}{\partial t}$
1	Kn.	0 l	B.
	B.	$l/2$	Kn.
2	Kn.	0 $2l/4$ l	B.
	B.	$l/4$ $3l/4$	Kn.
3	Kn.	0 $2l/6$ $4l/6$ l	B.
	B.	$l/6$ $3l/6$ $5l/6$	Kn.
4	Kn.	0 $2l/8$ $4l/8$ $6l/8$ l	B.
	B.	$l/8$ $3l/8$ $5l/8$ $7l/8$	Kn.
	Dehnung und Dichteänderung $\frac{\partial u}{\partial x}$ und $\frac{\partial s}{\partial t}$	↑ Beiderseits freier Stab (longit. und Torsion) Beiderseits offene Gassäule (longit.) ↑	Verrückung und Geschwindigkeit u und $\frac{\partial u}{\partial t}$

Tabelle 2. Lage der Knoten (Kn.) und Bäuche (B.) der Verrückung, Geschwindigkeit, Dehnung und Dichteänderung.

Ordnungszahl der Schwingung h	Verrückung und Geschwindigkeit u und $\frac{\partial u}{\partial t}$	↓ Bei 0 festes, bei l freies Stabende (longit. und Torsion) oder bei 0 geschlossene, bei l offene Gassäule (longit.) ↓	Dehnung und Dichteänderung $\frac{\partial u}{\partial x}$ und $\frac{\partial s}{\partial t}$
1	Kn.	0	B.
	B.	l	Kn.
2	Kn.	0 $2l/3$	B.
	B.	$l/3$ l	Kn.
3	Kn.	0 $2l/5$ $4l/5$	B.
	B.	$l/5$ $3l/5$ l	Kn.
4	Kn.	0 $2l/7$ $4l/7$ $6l/7$	B.
	B.	$l/7$ $3l/7$ $5l/7$ l	Kn.
	Dehnung und Dichteänderung $\frac{\partial u}{\partial x}$ und $\frac{\partial s}{\partial t}$	↑ Bei 0 freies, bei l festes Stabende (longit. und Torsion) oder bei 0 offene, bei l geschlossene Gassäule (longit.) ↑	Verrückung und Geschwindigkeit u und $\frac{\partial u}{\partial t}$

Die Tabellen 1 und 2 sind für alle Spalten gleichzeitig von obenher oder von untenher zu lesen.

15. Allgemeinste Schwingung. Befriedigung der Anfangsbedingungen. Die vollständige Lösung der Differentialgleichung (3) erhält man aus (23) durch additive Zusammenfassung der beiden Partikularlösungen mit der jeweils brauchbaren Eigenfunktion unter Verwendung geeigneter Amplituden. Beispielsweise erhält man für einen longitudinalschwingenden Stab oder eine Saite, die beiderseits (bei $x = 0$ und $x = l$) feste Enden haben, die beiden Partikularintegrale der h-ten Teilschwingung:

$$u_h' = A_h' \sin\frac{\omega_h x}{c} \sin\omega_h t\,, \quad u_h'' = A_h'' \sin\frac{\omega_h x}{c} \cos\omega_h t\,, \quad \left(\omega_h = \frac{h\pi c}{l}\,,\ h = 1, 2 \cdots\right) \tag{26}$$

also als allgemeine Lösung die Summe beider, die sich durch Zusammenfassung und durch Einführung der Konstanten A_h (Amplitude) und ϑ_h (Phasenkonstante) schreiben läßt

$$u_h = u_h' + u_h'' = (A_h' \sin\omega_h t + A_h'' \cos\omega_h t) \sin\frac{\omega_h x}{c} = A_h \sin(\omega_h t + \vartheta_h) \sin\frac{\omega_h x}{c}\,, \tag{27}$$

$$\left.\begin{aligned} &A_h = \sqrt{A_h'^2 + A_h''^2}\,,\\ &\operatorname{tg}\vartheta_h = \frac{A_h''}{A_h'}\,, \qquad \sin\vartheta_h = \frac{A_h''}{\sqrt{A_h'^2 + A_h''^2}}\,, \qquad \cos\vartheta_h = \frac{A_h'}{\sqrt{A_h'^2 + A_h''^2}}\,. \end{aligned}\right\} \tag{28}$$

Diese Lösung läßt sich einem beliebig gegebenen Zustand anpassen, den die Saite (der Stab) zur Zeit $t = t_0$, z. B. zur Anfangszeit $t = 0$, besitzen soll, jedoch mit der Einschränkung, daß sowohl die Verschiebung u_h wie auch die Geschwindigkeit $\partial u_h/\partial x$ längs der Saite (des Stabes) nach derselben einfachen Sinusfunktion $\sin\omega_h x/c$ variiert; willkürlich wählbar sind dabei die Amplituden der Verschiebung und Geschwindigkeit (s. Abb. 5).

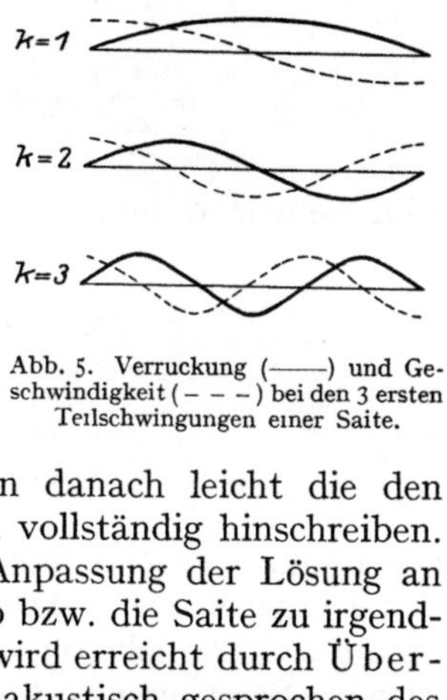

Abb. 5. Verruckung (——) und Geschwindigkeit (– – –) bei den 3 ersten Teilschwingungen einer Saite.

Für einen Stab mit beiderseits freien Enden (eine solche Saite gibt es nicht) tritt $\cos\omega_h x/c$ an die Stelle von $\sin\omega_h x/c$.

Für einen Stab, der an einem Ende fest, am anderen frei ist, hat man $\sin\omega_h x/c$ als Eigenfunktion, wenn das feste Ende bei $x = 0$ liegt, dagegen $\cos\omega_h x/c$, wenn das feste Ende bei $x = l$ liegt; in diesen beiden Fällen gilt Gleichung (25). Man kann danach leicht die den Gleichungen (26) bis (28) entsprechenden Gleichungen vollständig hinschreiben.

In allen Fällen bietet sich die Möglichkeit der Anpassung der Lösung an einen ganz beliebigen Bewegungszustand, den der Stab bzw. die Saite zu irgendeiner Zeit $t = t_0$ haben soll, z. B. zur Zeit $t_0 = 0$. Dies wird erreicht durch Übereinanderlagerung der Teilschwingungen, oder akustisch gesprochen des Grundtones und seiner harmonischen Obertöne, die als Funktion der Raumkoordinate x betrachtet in jedem Zeitpunkt eine FOURIERsche Reihe bilden, was aus Gleichung (27) folgt, wenn man darin t konstant hält und h die ganzzahligen Werte 1, 2 . . . annehmen läßt. Die Koeffizienten der Glieder dieser Reihe lassen sich so bestimmen, daß die resultierende Verrückung

$$u = \sum_{h=1}^{\infty} u_h = f(x)\,, \tag{29}$$

d. h. für den gegebenen Zeitpunkt gleich der vorgegebenen Funktion $f(x)$ wird, welche das Momentanbild des schwingenden Stabes (Saite) zu dieser Zeit darstellt.

Zur völligen Bestimmung des Schwingungszustandes muß noch die resultierende Geschwindigkeit jedes Stabpunktes als Funktion von x zu irgendeiner

Zeit gegeben sein. Das liefert eine zweite FOURIERreihe, deren Glieder sich aus denen der ersten Reihe durch Differentiation nach t ergeben.

Die resultierende Geschwindigkeit $\partial u/\partial t = \sum_{h=1}^{\infty} \partial u_h/\partial t$ muß gleich einer willkürlich vorgegebenen Funktion $g(x)$ sein, welche das Momentanbild für die Geschwindigkeit der Stab- (Saiten-) Punkte zu dieser Zeit darstellt. Meist wird es sich bei $f(x)$ und $g(x)$ um die Werte für dieselbe Zeit handeln, etwa die Zeit $t = 0$ oder allgemein $t = t_0$. Also sind die beiden Gleichungen zu erfüllen

$$u_0 = \sum_{h=1}^{\infty} (u_h)_0 = f(x), \qquad \left(\frac{\partial u}{\partial t}\right)_0 = \sum_{h=1}^{\infty} \left(\frac{\partial u_h}{\partial t}\right)_0 = g(x). \tag{30}$$

Der Index bezeichnet die Werte zur Zeit $t = t_0$. Im Fall der Teilschwingungen (26) für einen beiderseits festen Stab oder Saite bekommt man z. B. die Gleichungen

$$\left.\begin{aligned}
u &= \sum_{h=1}^{\infty} u_h = \sum_{h=1}^{\infty} (A_h' \sin\omega_h t + A_h'' \cos\omega_h t) \sin\frac{\omega_h x}{c} \\
&= \sum_{h=1}^{\infty} A_h \sin(\omega_h t + \vartheta_h) \sin\frac{\omega_h x}{c} \\
\frac{\partial u}{\partial t} &= \sum_{h=1}^{\infty} \frac{\partial u_h}{\partial t} = \sum_{h=1}^{\infty} \omega_h (A_h' \cos\omega_h t - A_h'' \sin\omega_h t) \sin\frac{\omega_h x}{c} \\
&= \sum_{h=1}^{\infty} \omega_h A_h \cos(\omega_h t + \vartheta_h) \sin\frac{\omega_h x}{c}
\end{aligned}\right\} \tag{31}$$

also, wenn $f(x)$ und $g(x)$ für den Anfangszustand ($t = 0$) gelten:

$$\left.\begin{aligned}
u_0 &= \sum_{h=1}^{\infty} A_h'' \sin\frac{\omega_h x}{c} = f(x) \\
\left(\frac{\partial u}{\partial t}\right)_0 &= \sum_{h=1}^{\infty} \omega_h A_h' \sin\frac{\omega_h x}{c} = g(x).
\end{aligned}\right\} \tag{32}$$

Die Funktionen $f(x)$ und $g(x)$ müssen über die ganze Länge l des Stabes (der Saite) gegeben sein. Dann lassen sich die Koeffizienten A_h' und A_h'' nach den bekannten Formeln für die FOURIERschen Reihen berechnen (vgl. Artikel „Allgemeine Schwingungslehre" Ziff. 3; ds. Bd. Kap. 2). Man erhält hier

$$A_h'' = \frac{2}{l}\int_0^l f(x) \sin\frac{h\pi x}{l}\, dx, \qquad \omega_h A_h' = \frac{2}{l}\int_0^l g(x) \sin\frac{h\pi x}{l}\, dx, \tag{33}$$

woraus weiter mittels Gleichung (28) auch die A_h und ϑ_h zu berechnen sind. Dieselben Gleichungen (26) bis (33) erhält man für die Longitudinal- und Torsionsschwingungen eines beiderseits freien Stabes; nur steht überall $\cos\omega_h x/c$ statt $\sin\omega_h x/c$ bzw. $\cos h\pi x/l$ statt $\sin h\pi x/l$.

16. Energie der Schwingung. Normalkoordinaten. Bezeichnungen: T kinetische, U potentielle Energie des Stabes (der Saite);

$$\frac{\partial u_{ht}}{\partial t} = \dot{u}_{ht}; \qquad \frac{\partial u_{hx}}{\partial x} = \frac{\omega_h}{c} u_{hx}'.$$

Die Gesamtenergie ist die Summe der kinetischen Energie T und der potentiellen Energie U. Beide Größen ergeben sich durch Integration über die Länge der Saite oder des Stabes, wenn sie für ein Längenelement derselben bekannt sind. Für die kinetische Energie ist Masse und Geschwindigkeit maßgebend, die potentielle erhält man aus der Arbeit, die zu leisten ist, um die bei der Bewegung eintretende Dehnung gegen die elastischen Kräfte zu bewirken, also bei Longitudinalschwingungen als Summe der Produkte aus der Verschiebung $du = \frac{\partial u}{\partial x} dx$ des Querschnitts und der elastischen Gegenkraft $qE \frac{\partial^2 u}{\partial x^2} dx$ (vgl. Ziff. 8 u. 10), bei Transversalschwingungen ebenso aus der seitlichen Verschiebung $dv = \frac{\partial v}{\partial x} dx$ des Längenelementes dx und der aus der Saitenspannung folgenden Kraftkomponente $P\partial^2 v/\partial x^2$ mit Vernachlässigung kleiner Glieder höherer Ordnung [vgl. Ziff. 10, Gleichung (10)].

Die in das Volumenelement $q dx$ bei der Erzeugung der Dehnung ξ vom Werte 0 bis zum augenblicklichen Werte $\xi = \partial u/\partial x$ hineingesteckte Arbeit findet man als Integral

$$\int qE \frac{\partial^2 u}{\partial x^2} dx \cdot \frac{\partial u}{\partial x} dx = q\,dx\,E \int\limits_{\xi=0}^{\xi=\frac{\partial u}{\partial x}} \xi\,d\xi = \frac{1}{2} q\,dx\,E \left(\frac{\partial u}{\partial x}\right)^2,$$

indem man ξ einführt und berücksichtigt, daß bei dieser Integration dx konstant bleibt. Der gleiche Ausdruck ergibt sich für die Transversalverschiebungen, jedoch mit v bzw. w statt u, und P statt qE.

Über ein endliches Stück der Saite (des Stabes) von x_1 bis x_2 integriert, ergibt dies

$$T_{12} = \frac{1}{2}\int\limits_{x_1}^{x_2} qs \left(\frac{\partial u}{\partial t}\right)^2 dx. \tag{34}$$

$$\underset{\text{longitudinal}}{U_{12} = \frac{1}{2}\int\limits_{x_1}^{x_2} qE \left(\frac{\partial u}{\partial x}\right)^2 dx} \quad \text{und} \quad \underset{\text{transversal}}{U_{12} = \frac{1}{2}\int\limits_{x_1}^{x_2} P \left(\frac{\partial u}{\partial x}\right)^2 dx}. \tag{35}$$

Mit dem allgemeinen Werte $u = \sum_{h=1}^{\infty} u_h$ und unter Berücksichtigung des Ansatzes Gleichung (18), Ziff. 13 $u_h = u_{ht} \cdot u_{hx}$ werden die Größen

$$\left(\frac{\partial u}{\partial t}\right)^2 = \left(\sum_{h=1}^{\infty} \dot u_{ht} u_{hx}\right)^2 = \sum_{h=1}^{\infty} \dot u_{ht}^2 u_{hx}^2 + \sum_{\substack{h=1\\i=1}}^{\infty} \dot u_{ht} \dot u_{it} u_{hx} u_{ix},$$

$$\left(\frac{\partial u}{\partial x}\right)^2 = \left(\sum_{h=1}^{\infty} u_{ht} \frac{d u_{hx}}{dx}\right)^2 = \left(\sum_{h=1}^{\infty} u_{ht} \frac{\omega_h}{c} u'_{hx}\right)^2$$

$$= \sum_{h=1}^{\infty} u_{ht}^2 \frac{\omega_h^2}{c^2} u'^2_{hx} + \sum_{\substack{h=1\\i=1}}^{\infty} u_{ht} u_{it} u'_{hx} u'_{ix} \frac{\omega_h}{c} \frac{\omega_i}{c},$$

wobei $h \neq i$ ist und alle Kombinationen mit Wiederholungen zu nehmen sind. Ferner ist $\frac{du_{ht}}{dt} = \dot u_{ht}$ und $\frac{du_{hx}}{dx} = \frac{\omega_h}{c} u'_{hx}$ gesetzt. Da die hier vorliegenden Eigenfunktionen nach Gleichung (22) in Ziff. 14 Sinus- oder Cosinusfunktionen sind, so sind die u'_{hx} jeweils die zu diesen Funktionen konjugierten Eigenfunktionen Cosinus bzw. Sinus, was für die folgenden Integrationen wichtig ist.

Die Integration über die ganze Länge des Stabes (der Saite) $x_2 - x_1 = l$ ergibt

$$T = \frac{1}{2} q s \sum_{h=1}^{\infty} \dot{u}_{ht}^2 \int_0^l u_{hx}^2 \, dx = \frac{q s l}{4} \sum_{h=1}^{\infty} \dot{u}_{ht}^2, \tag{36}$$

$$\left.\begin{aligned} U &= \frac{1}{2} q E \sum_{h=1}^{\infty} u_{ht}^2 \frac{\omega_h^2}{c^2} \int_0^l u_{hx}'^2 \, dx = \frac{q E l}{4 c^2} \sum_{h=1}^{\infty} \omega_h^2 u_{ht}^2 = \frac{q s l}{4} \sum_{h=1}^{\infty} \omega_h^2 u_{ht}^2 \text{ (longit.)}, \\ U &= \frac{1}{2} P \sum_{h=1}^{\infty} u_{ht}^2 \frac{\omega_h^2}{c^2} \int_0^l u_{hx}'^2 \, dx = \frac{P l}{4 c^2} \sum_{h=1}^{\infty} \omega_h^2 u_{ht}^2 = \frac{q s l}{4} \sum_{h=1}^{\infty} \omega_h^2 u_{ht}^2 \text{ (transv.)}. \end{aligned}\right\} \tag{37}$$

Denn die Glieder mit den Doppelprodukten $u_{hx} \cdot u_{ix}$ und $u'_{hx} \cdot u'_{ix}$ fallen wegen Gleichung (19) in Ziff. 13 weg. Die Integrale $\int_0^l u_{hx}^2 \, dx$ und $\int_0^l u_{hx}'^2 \, dx$ haben sämtlich den Wert $l/2$, wie sich leicht durch Einsetzen der Werte $\sin \frac{\omega_h x}{c}$ und $\cos \frac{\omega_h x}{c}$ mit den Eigenwerten ω_h nach (24) bzw. (25) ergibt. Dies gilt für alle möglichen Fälle von Grenzbedingungen.

Die Gesamtenergie wird

$$W = T + U = \frac{q s l}{4} \sum_{h=1}^{\infty} (\dot{u}_{ht}^2 + \omega_h^2 u_{ht}^2) = \frac{q s l}{4} \sum_{h=1}^{\infty} \omega_h^2 A_h^2 = \frac{q s l}{4} \sum_{h=1}^{\infty} \omega_h^2 (A_h'^2 + A_h''^2). \tag{38}$$

Die Gleichungen (36) und (37) sagen folgendes aus: Wenn man den schwingenden linearen Klangkörper, der der Bewegungsgleichung (3) gehorcht, als ein mechanisches System mit unendlich vielen Freiheitsgraden ansieht, also als Grenzfall von Punktsystemen mit endlicher, immer größer werdender Zahl von Freiheitsgraden, so sind zur Beschreibung seiner Bewegung unendlich viele Koordinaten nötig. Mit diesen Lage-Koordinaten und den aus ihnen abgeleiteten Geschwindigkeiten und Impulsen (Impulskoordinaten) kann man die kinetische und die potentielle Energie als quadratische Funktionen derselben darstellen. Dabei treten außer den Quadraten auch Produkte der Koordinaten bzw. der Geschwindigkeiten (oder der Impulse) auf. Nur ein bestimmtes, in jedem Falle besonders auszuwählendes System von Koordinaten, die Haupt- oder Normalkoordinaten, läßt die Produkte in dieser quadratischen Form verschwinden, so daß in mathematischem Sinne eine definite quadratische Form entsteht. Die Gleichungen (36) und (37) zeigen also, daß die Funktionen u_{ht}, die durch Gleichung (18) eingeführt werden, und die hier nach Gleichung (22) Sinus- bzw. Cosinusfunktionen der Zeit sind, die Normalkoordinaten dieses Schwingungssystems darstellen.

Zu dieser Auffassung gelangt man z. B., indem man sich die Länge des Stabes (der Saite) in eine Anzahl Abschnitte (Intervalle) zerlegt und die Masse jedes Abschnittes in der Mitte desselben konzentriert denkt; ausgehend von dem Fall einer einzigen Masse in der Mitte der Saite kommt man im Grenzfall unendlich vieler Abschnitte zu der Saite (dem Stabe) mit gleichförmig verteilter Masse, ein Weg, den LORD RAYLEIGH in seiner Theory of Sound ausführlich verfolgt hat.

17. Normalkoordinaten und äußere (eingeprägte) Kraft. Die Normalkoordinaten haben die besondere Eigenschaft, daß zeitliche Veränderungen einer von ihnen ohne Einfluß auf die übrigen sind. Anders ausgedrückt: Bewegungen längs diesen Normalkoordinaten erfolgen unabhängig voneinander; es ist keine Kopplung zwischen ihnen vorhanden, wenigstens solange man von energiezerstreuenden, dissipativen Kräften absehen kann, deren Wirkung durch eine Zerstreuungsfunktion F nach Lord RAYLEIGH[1]) (im einfachsten Falle ebenfalls eine quadratische Funktion der Geschwindigkeiten) dargestellt werden kann. Dem Fehlen der Kopplung zwischen den verschiedenen Koordinaten entspricht das Fehlen der Produkte in den Ausdrücken für T und U.

Mit Hilfe der LAGRANGEschen Gleichungen[2]) kann man nämlich aus den quadratischen Ausdrücken für T und U leicht die besonderen Bewegungsgleichungen für die einzelnen Koordinaten ableiten. Das gibt für jede der Normalkoordinaten eine Gleichung der Form

$$\frac{d^2 u_{ht}}{d t^2} + \omega_h^2 u_{ht} = \frac{2}{m} \mathfrak{U}_{ht}, \tag{39}$$

wo $m = qsl$ die Gesamtmasse der Saite, $\mathfrak{U}_{ht}$ eine willkürlich wählbare, von außen auf die Saite, aber nur auf die Koordinate mit der Ordnungszahl h wirkende Kraft ist, die eine Funktion der Zeit und des Ortes (Lage des Angriffspunktes) sein kann. Diese Gleichung (39) ist natürlich nichts anderes als die erste der Gleichungen (21), aus der die Funktionen u_{ht} abgeleitet sind, erweitert durch Hinzufügung der willkürlichen, nur von äußeren Einflüssen abhängigen Kraft $\mathfrak{U}_{ht}$. Diese kann als die auf die Koordinate h wirkende Komponente einer die ganze Saite angreifenden Kraft angesehen werden.

Es sei — vgl. Gleichung (1a) und (3a) in Ziff. 7 — $qs\mathfrak{K}\,dx$ diese auf das Massenelement $qs\,dx$ der Saite (des Stabes) wirkende äußere Kraft, die von x und t abhängt. Dann ist

$$\mathfrak{U}_{ht} = \int_0^l qs\mathfrak{K} u_{hx}\, dx. \tag{40}$$

Dies folgt aus Gleichung (3a), indem man die Gleichungen (18), (22) bzw. (23) und (29) benutzt, beide Seiten der Gleichung mit u_h multipliziert und über x von 0 bis l integriert. Bei der Integration findet Gleichung (19) Anwendung und es ist zu berücksichtigen, daß hier $\frac{\partial^2 u_{hx}}{\partial x^2} = -\frac{\omega_h^2}{c^2} u_{hx}$ ist, weil sich die Sinus- und Cosinusfunktion bei zweimaliger Differentiation selbst wiederholt, jedoch mit negativem Vorzeichen. Der konstante Wert des übrigbleibenden Integrals von Gleichung (19) ist (vgl. Ziff. 16 am Schluß) $l/2$. Die von der Kraftkomponente $\mathfrak{U}_{ht}$ bei der Änderung δu_{ht} der zugehörigen Normalkoordinate geleistete Arbeit ist definitionsgemäß $\delta a = \mathfrak{U}_{ht} \cdot \delta u_{ht}$.

Aus Gleichung (40) läßt sich über die Erzeugung einer bestimmten Teilschwingung h durch die äußere Kraft $qs\mathfrak{K}\,dx$ ein wichtiger Schluß ziehen. Die zu dieser Kraft gehörende Beschleunigung ist längs der Strecke l nach irgendeinem Gesetze verteilt, sie kann z. B. auf einem kurzen Teil derselben von Null verschieden, sonst aber Null sein (Fall des Anschlags mit Hammer). In jedem Fall aber läßt sich $\mathfrak{K}$ oder, wenn auch Querschnitt q und Dichte s variabel sind, das Produkt $qs\mathfrak{K}$ in dem Intervall 0 bis l als FOURIERsche Reihe darstellen. Jedes Glied derselben liefert mittels Gleichung (40) eine „Kraftkomponente" $\mathfrak{U}_{ht}$ für die betreffende Koordinate mit der Ordnungszahl h. Aus der Form von (40)

---

[1]) Lord RAYLEIGH, The Theory of Sound, Bd. I, Kap. 4, Nr. 81. 2. Aufl. 1894. London: Macmillan & Co.

[2]) Vgl. hierzu Artikel „Schwingungen von Punktsystemen" Ziff. 5 (ds. Bd. Kap. 3).

ergibt sich, daß bei der Integration nur ein Glied der Fourierreihe für $\mathfrak{K}$ einen Beitrag liefert, nämlich das Glied, das u_{hx} enthält. Ist ein solches Glied in $\mathfrak{K}$ nicht vorhanden, so wird die h-Koordinate nicht angeregt, die Teilschwingung h fällt aus. Insbesondere findet also keine Erregung derselben statt, wenn in $\mathfrak{K}$ zwar ein Glied der Ordnung h vorhanden ist, aber nicht mit der Normalfunktion u_{hx} selbst, sondern mit der konjugierten, also $\cos h\pi x/l$, wenn die Normalfunktion $\sin h\pi x/l$ ist bzw. umgekehrt.

Daraus folgt: Eine Kraft, die an einem Knotenpunkt einer Eigenschwingung angreift (z. B. Schlag eines schmalen Hammers), erregt diese Teilschwingung nicht, sie erregt auch die übrigen Teilschwingungen nicht, die an derselben Stelle einen Knoten haben. Nur diejenigen Teilschwingungen werden erregt, deren Knoten nicht auf jene Stelle fallen, und zwar um so stärker, je näher der Angriffspunkt der Mitte zwischen zwei benachbarten Knoten dieser anderen Schwingungen liegt, denn in diesem Falle wird das betreffende Fourierglied bei gleichbleibender Form von $\mathfrak{K}$ besonders groß. Auch ein sehr großer Wert der Kraft $\mathfrak{K}$ bzw. des in ihr enthaltenen Fouriergliedes der Ordnung h würde aber an diesem Knotenpunkt nicht das Auftreten der Funktion u_{hx}, sondern nur ihrer konjugierten Normalfunktion bewirken können.

β) Saiten[1]).

18. Transversale Saitenschwingungen im besonderen[2]). Die ideale Saite ist ein absolut biegsamer Faden, der seine bestimmte, und zwar hier geradlinige Gestalt durch Befestigung der Enden und Dehnung mittels einer spannenden Kraft erhält. In diesem Zustand zeigt die Saite eine gewisse Steifheit gegen seitliche Verbiegung und ist daher fähig, Transversalschwingungen auszuführen. Ihre Eigenschaften werden hierbei in der Hauptsache durch die künstlich erzeugte Spannung bedingt. Außerdem kommt ihr die natürliche Elastizität des Materials zu, aus dem sie besteht, also Dehnungselastizität und Scherungselastizität. Die beiden letzteren sind für die Longitudinal- und Torsionsschwingungen maßgebend, die die Saite ebenso wie ein grader Stab ausführt, und wegen deren auf die entsprechenden Ausführungen bei den Stäben — Ziff. 36 — verwiesen sei. Die gemeinsame Theorie für beide ist übrigens schon in den Ziff. 8 bis 17 enthalten. Praktisch kommen Longitudinal- und Torsionsschwingungen von Saiten so gut wie gar nicht für die musikalische Tonerzeugung in Betracht. Sie haben mehr wissenschaftliches Interesse. Einige Arbeiten sind in der Anmerkung angeführt[3]). Viel wichtiger sind die Transversalschwingungen.

Ihre allgemeine Theorie ist bereits in den Ziff. 10 bis 19 gegeben worden. Sie zeigt, daß die ideale Saite fähig ist, unendlich viele harmonische Teilschwingungen auszuführen, deren Frequenzen im Verhältnis $1:2:3:4\ldots$ stehen. Welche von diesen Teiltönen in jedem Falle merklich oder überhaupt auftreten, hängt von der besonderen Art der Schwingungserregung ab, d. h. von den Anfangsbedingungen, denen die Saite unterworfen wird. Sie sind verschieden je nach der Form der Erregung (Zupfen, Schlagen, Streichen). Die Auffindung der dafür maßgebenden Gesetze ist das Ziel zahlreicher Arbeiten, die jedoch noch

[1]) Vgl. hierzu insbesondere auch den Artikel „Musikinstrumente und ihre Klänge" Ziff. 18—42 (ds. Bd. Kap. 8).

[2]) Longitudinal- und Torsionsschwingungen s. bei den Stäben in Ziff. 36.

[3]) H. N. DAVIS, (Longitudinalschwingungen einer geriebenen Saite), Proc. Amer. Acad. Bd. 41, S. 693. 1906; Contrib. Jefferson Phys. Lab. Harvard Univ. Bd. 3, Nr. 11. 1905; F. A. SCHULZE, Ann. d. Phys. (4) Bd. 24, S. 785. 1907 (Hohe Töne zur Bestimmung der oberen Hörgrenze S. 820; Schulzesches Monochord der Ohrenärzte); Beitr. z. Anat. usw. d. Ohres usw. Bd. 1, S. 134. 1908; H. CLARK, Phys. Rev. (2), Bd. 7, S. 561. 1916.

nicht in allen Fällen restlos zum Erfolg geführt haben. Nur die wichtigeren und neueren Arbeiten sind im folgenden berücksichtigt. Wegen der älteren sei auf die früheren Zusammenstellungen verwiesen, insbesondere die älteren Handbücher und Sammelwerke sowie einzelne Sonderwerke[1]).

Zur Erzeugung von Saitenschwingungen gibt es folgende Erregungsarten:

1. Momentanerregung. a) Zupfen oder Reißen, b) Anschlagen.

2. Dauererregung. c) Anstreichen. Dauernde Kraft mit Selbststeuerung der Saite, d) Anblasen (Äolsharfe). Dauerkraft mit Selbststeuerung der Saite, e) Mitschwingung erzwingende Kraft von gegebener Periode, Fremderregung und -steuerung.

Von diesen fünf Arten bleibt 2e) außer Betracht, da die erzwungenen Schwingungen im Artikel „Schwingungen von Punktsystemen" ds. Bd. Kap. 3 behandelt werden. Die vier anderen ergeben freie oder Eigenschwingungen, deren Frequenzen ω_h durch Saitenlänge l, Saitenspannung $p = P/q$ und Materialdichte s, sowie durch die Ordnungszahl h der betreffenden Teilschwingung bestimmt sind. Bei der Erregung durch Anstreichen weicht die wirkliche Frequenz von der so berechneten etwas ab. Für Kreisfrequenz ω_h und Sekundenfrequenz N_h gilt [vgl. Gleichung (24) in Ziff. 14].

$$\omega_h = \frac{h\pi c}{l}, \qquad N_h = \frac{hc}{2l}, \qquad c = \sqrt{\frac{p}{s}} = \sqrt{\frac{P}{qs}} \tag{41}$$

c Wellengeschwindigkeit auf der Saite, von Spannung und Dichte abhängig.

19. Eigenschwingungen der gezupften Saite. Die gezupfte Saite bietet den theoretisch einfachsten Fall dar, dessen Ergebnisse auch gut mit der Erfahrung übereinstimmen. Die Saite wird durch eine konstante, an einem Punkte wirkende Kraft ausgebogen, so daß sie eine dachförmige, aus zwei geraden Stücken bestehende Gestalt annimmt. Die Spitze des Daches liege bei x', die Saitenenden sind $x = 0$ und $x = l$. Zu einer gewissen Zeit, die zweckmäßig als Anfang der Zeit $t = 0$ genommen wird, hört diese Kraft plötzlich auf zu wirken, d. h. die Saite wird losgelassen und führt nun freie Schwingungen aus. Praktisch wird die Ausbuchtung mittels eines dünnen Stiftes erzeugt, der die Saite dann losläßt. Die theoretische Behandlung hat HELMHOLTZ[2]) gegeben. Die Grundzüge sind folgende.

Die Bewegung erfolge in einer Ebene, die Ausbiegung eines Saitenpunktes sei v. Der Stift greife im Punkt $x = x'$ an. Die Gestalt der Saite und die Geschwindigkeit ihrer Punkte zur Zeit $t = 0$ ist gegeben durch

$$\left.\begin{aligned} v_0 &= f(x) = \frac{v_0'}{x'}\,x && \text{auf der Strecke } 0 \leqq x \leqq x' \\ v_0 &= f(x) = \frac{v_0'}{l - x'}(l - x) && \text{,, \quad ,, \quad ,, } \quad x' \leqq x \leqq l \\ \left(\frac{\partial v}{\partial t}\right)_0 &= g(x) = 0\,. \end{aligned}\right\} \tag{42}$$

In der Fourierreihe Gleichung (31) für v, das hier statt u zu setzen ist, fallen gemäß (33) wegen $g(x) = 0$ alle Koeffizienten A_h' weg, die Koeffizienten A_h'' werden gleich den Koeffizienten A_h in Gleichung (28); weiter wird $\cos\vartheta_h = 0$, $\sin\vartheta_h = 1$,

---

[1]) Winkelmanns Handb. d. Physik, 2. Aufl., Bd. II (Akustik), Leipzig: J. A. Barth 1909, bearb. v. AUERBACH. Literatur über Saitentöne S. 319 bis zum Jahre 1908; Enzyklopädie d. math. Wissensch. Bd. IV, 2 II, Abschn. C, Art. 26, Schwingungen elast. Körper, insbes. Akustik, bearb. v. H. LAMB (im Juli 1906 abgeschlossen); H. v. HELMHOLTZ, Die Lehre von den Tonempfindungen, 5. Ausg., Braunschweig: F. Vieweg & Co. 1896; Lord RAYLEIGH, The Theory of Sound, 2. Aufl., London: Macmillan a. Co 1894/96.

[2]) H. v. HELMHOLTZ, Tonempfindungen, 5. Ausg. 1896, S. 603, Beilage III.

also $\vartheta_h = \pi/2$ (oder ein ungerades Vielfaches von $\pi/2$). Die Koeffizienten A_h'' bzw. A_h werden

$$A_h'' = A_h = \frac{2l^2 v_0'}{h^2\pi^2 x'(l-x')} \sin\frac{h\pi x'}{l} \qquad (h = 1, 2\cdots) \tag{43}$$

Die seitliche Ablenkung eines Saitenpunktes mit der Abszisse x wird dargestellt durch

$$\left.\begin{aligned} v &= \sum_{h=1}^{\infty} A_h \sin\frac{\omega_h x}{c}\cos\omega_h t = \sum_{h=1}^{\infty} A_h \sin\frac{h\pi x}{l}\cos 2\pi N_h t \\ &= \sum_{h=1}^{\infty} A_h \sin\frac{h\pi x}{l}\cos 2\pi h N_1 t \end{aligned}\right\} \tag{44}$$

oder ausgeschrieben

$$\left.\begin{aligned} v &= A_1 \sin\frac{\omega_1 x}{c}\cos\omega_1 t + A_2 \sin\frac{\omega_2 x}{c}\cos\omega_2 t + \cdots \\ &= A_1 \sin\frac{\pi x}{l}\cos 2\pi N_1 t + A_2 \sin\frac{2\pi x}{l}\cos 4\pi N_1 t + \cdots \end{aligned}\right\} \tag{44a}$$

wobei

$$\omega_h = \frac{h\pi c}{l} = 2\pi N_h = 2\pi h N_1, \qquad N_1 = \frac{c}{2l}, \tag{45}$$

N_1 = Sekundenfrequenz der Grundschwingung.

Die Amplitude der Teilschwingungen nimmt mit wachsender Ordnungszahl h, und zwar umgekehrt proportional mit h^2 ab. Außerdem hängt sie vermöge des Faktors $\sin h\pi x'/l$ in Gleichung (43) von der Lage der Zupfstelle ab. Diejenigen Teiltöne werden besonders bevorzugt, für welche dieser Faktor (positiv oder negativ) groß wird. Ganz fallen diejenigen Töne aus, für welche er Null ist. Beispielsweise fallen bei einer in der Mitte gezupften Saite alle Töne mit den geraden Ordnungszahlen 2, 4, 6 . . . weg.

Liegt die Zupfstelle an der Abszisse $x' = pl/q$, wo p und q ganze Zahlen sind ($p < q$), so werden die Koeffizienten

$$A_h'' = A_h = \frac{2v_0'}{h^2\pi^2 \frac{p}{q}\left(1-\frac{p}{q}\right)} \sin\frac{h\pi p}{q}. \tag{46}$$

und es fallen diejenigen Obertöne weg, für welche $h \cdot p$ ein Vielfaches von q ist. Wenn z. B. die Zupfstelle auf $^2/_3$ der Saitenlänge liegt, also $p = 2$, $q = 3$ ist, so fallen weg die Teiltöne $h = 3, 6, 9\ldots$, da für sie der Sinus in (46) verschwindet.

Zur Erleichterung des Vergleichs mit der Originalarbeit seien die von HELMHOLTZ darin benutzten Bezeichnungen hier angeführt. Es entsprechen sich die Größen

dieses Handbuch:	$P,\ qs,\ v,\ l,\ v_0',\ x',\ N_1,\ h,\ A_h'',\ A_h'$;
HELMHOLTZ:	$S,\ \mu,\ y,\ l,\ b,\ a,\ n,\ m,\ A_m,\ B_m$.

20. Schwingungsform und Gestalt der gezupften Saite. Die Gestalt der gezupften Saite, ihr Momentbild, läßt sich besser mit der d'ALEMBERTschen Lösung der Schwingungsgleichung als mit der BERNOULLIschen behandeln, die kein anschauliches Bild gibt.

Zur Zeit $t = 0$ hat man eine dachförmige Gestalt. Die höchste Stelle derselben, der First, unterliegt der aus den Saitenspannungen herrührenden Kraft, welche diese Ausbiegung rückgängig zu machen sucht. Indem die Saite dieser rücktreibenden Kraft nachgibt, wird das Dach eingedrückt und abgeflacht, es hat nun keinen First mehr, sondern eine obere Kante, die senkrecht steht zum Zuge R (s. Abb. 6). Diese Kante senkt sich in Richtung R immer tiefer herab unter gleichzeitiger Verlängerung und später wieder Verkürzung bis auf Null, indem sich ein neuer First in entgegengesetzter Lage (negative v) bildet. Die Saite besteht während dieses Vorganges aus drei geraden Stücken, nämlich aus dieser Mittelkante und den beiden allmählich kleiner werdenden seitlichen Randkanten, an denen die Mittelkante entlang gleitet. Nach Bildung des vollen Daches mit First auf der negativen v-Seite läuft der ganze Vorgang ebenso rückwärts und wiederholt sich dann immer von neuem. Er stellt also eine auf der Saite stattfindende stehende Wellenbewegung dar, die nur bei dieser Betrachtungsweise anschaulich wird. In ähnlicher Weise finden auch

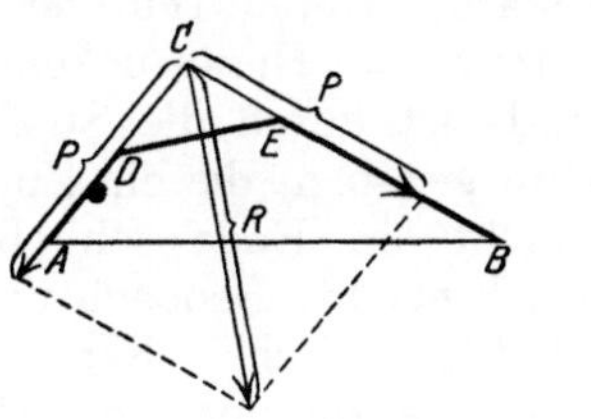

Abb. 6. Bewegung der ausgebauchten Saite. Konstruktion der rucktreibenden Kraft R aus der Saitenspannung P.

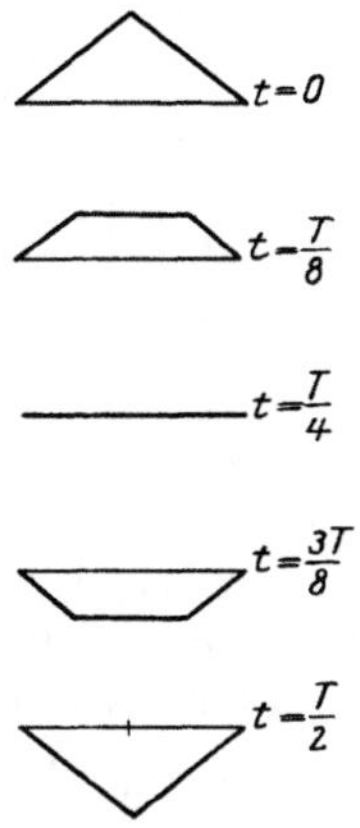

$\xi = \frac{l}{2}$

Abb. 7.

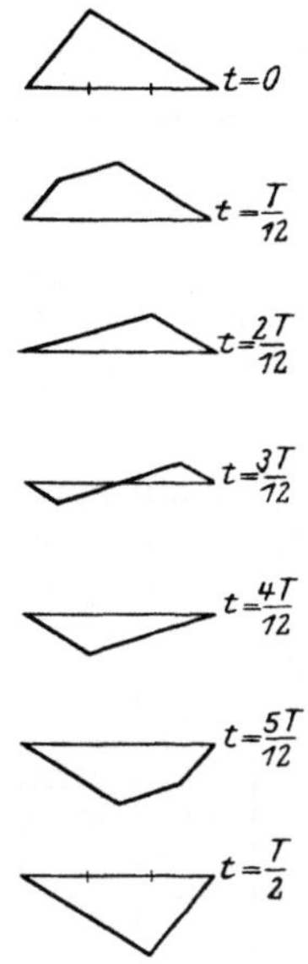

$\xi = \frac{l}{3}$

Abb. 8.

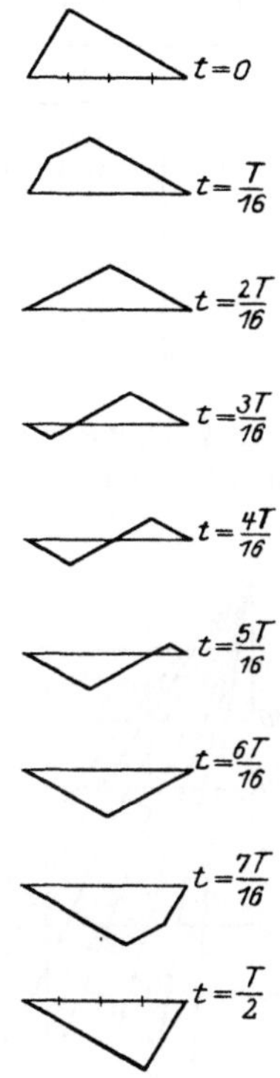

$\xi = \frac{l}{4}$

Abb. 9.

Abb. 7—9. Schwingungsfigur der gezupften Saite zu verschiedenen Zeiten. ξ Lage der Zupfstelle, T Periode.

die Bewegungen der geschlagenen und gestrichenen Saite statt. Die Abb. 7 bis 9 zeigen den Verlauf für Lage der Zupfstelle bei $^1/_2$, $^1/_3$, $^1/_4$ der Saitenlänge.

21. Klang der gezupften Saite. Der Klang der gezupften Saite hängt ab von der relativen Stärke der Teiltöne, also von dem Faktor $\frac{1}{h^2}\sin\frac{h\pi x'}{l}$ bzw. $\frac{1}{h^2}\sin\frac{h\pi p}{q}$ der Gleichung (43) bzw. (46). Das Gesetz der Abnahme der Amplitude der Teiltöne mit dem Quadrat der Ordnungszahl, das durch den Faktor $1/h^2$ ausgedrückt ist, wird durch den Sinusfaktor sehr stark verändert, und zwar um so mehr, je näher die Zupfstelle der Saitenmitte liegt. Entsprechendes gilt für die aus der Amplitude zu berechnende Intensität. Diese, die Energie der Teilschwingung, ergibt sich nach Gleichung (38) in Ziff. 16 in Verbindung mit (46) zu

$$W_h = \frac{4 l^2 v_0'^2 c^2}{h^2 \pi^2 x'^2 (l - x')^2} \sin^2\frac{h\pi x'}{l} = \frac{4 v_0'^2 c^2}{h^2 \pi^2 l^2 \frac{p^2}{q^2}\left(1 - \frac{p}{q}\right)^2} \sin^2\frac{h\pi p}{q}. \tag{47}$$

Für gleichbleibende Zupfstelle, d. h. $\frac{x'}{l} = \frac{p}{q} = \text{konst.}$ und veränderliches h $(= 1, 2, 3 \ldots)$ erhält man hieraus eine mit Schwankungen abnehmende Zahlenreihe, die auch die Werte 0 mit enthält. AUERBACH[1]) hat die Rechnung für einige Lagen der Zupfstelle mit einfachen Werten des Verhältnisses p/q ausgeführt (s. Tab. 3 u. Abb. 10). Die römischen Zahlen bedeuten die Ordnungszahlen h

Tabelle 3. Stärke der Teiltöne I bis VIII für verschiedene Lage der Zupfstelle ξ.

ξ	I	II	III	IV	V	VI	VII	VIII
$^1/_2$	100	0	11	0	4	0	2	0
$^1/_3$	100	25	0	7	4	0	1	1
$^1/_4$	100	51	11	0	4	6	2	0
$^1/_5$	100	66	29	7	0	3	5	4
$^1/_6$	100	76	44	20	4	0	2	5
$^1/_7$	100	81	56	32	13	3	0	2
$^1/_8$	100	84	65	43	24	9	2	0

der Teiltöne, die Zupfstellen liegen um $^1/_2$, $^1/_3$, $^1/_4$... von dem einen Ende entfernt. Die Intensität des Grundtones $h = I$ ist überall gleich 100 gesetzt, die Zahlen der Tabelle bedeuten also relative Stärken. Die Abb. 10 gibt Aufschluß über das periodische Anwachsen der relativen Tonstärke mit Verschiebung der Zupfstelle von der Mitte $h = {}^1/_2$ an. Je weiter die Zupfstelle an das Saitenende rückt, desto stärker treten Teiltöne auf. Eine Grenze des Heranrückens an das Ende ist durch die Steifheit der Saite gegeben, die ein Zupfen ganz dicht am Ende schließlich unmöglich macht. Beobachtungen mit photographischen Registriermethoden liegen vor von RAPS und KRIGAR-MENZEL[2]) sowie von MORTON und VINYCOMB[3]). Sie bestätigen im wesentlichen die Theorie. Der Klang ist — wegen genügender Stärke der Obertöne — am vollsten, wenn die Zupfstelle etwa in der Gegend von $^1/_8$ der Saitenlänge liegt.

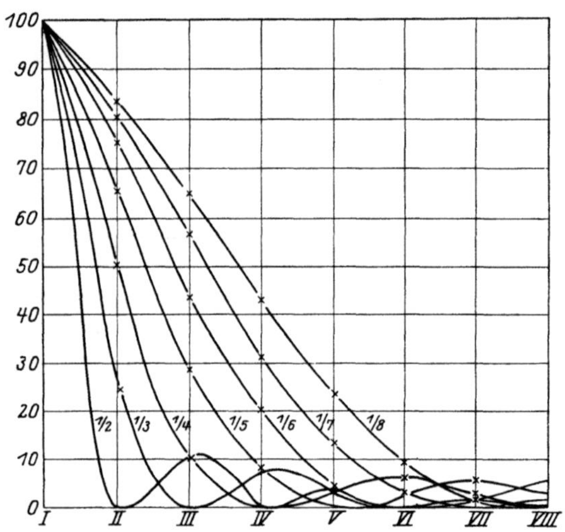

Abb. 10. Stärke der Teiltöne der gezupften Saite. Die Abszissen I, II ... bedeuten den 1., 2. ... Teilton, die Ordinaten sind die zugehörigen relativen Tonstarken.

22. Nachgiebigkeit der Saitenenden. Veränderungen des Klanges und Abweichungen von den Forderungen dieser einfachen Theorie entstehen durch Nachgiebigkeit der Befestigungsstellen der Saite, die meist über Stege geht und durch diese begrenzt ist. Da diese nicht starr sind und nicht auf absolut starrer Unterlage ruhen, ergibt sich eine geringe seitliche Bewegung der Enden in der Saitenrichtung und senkrecht dazu. Das kommt auf dasselbe hinaus, als wenn die Länge der Saite etwas größer ist und die wahren Befestigungspunkte etwas außerhalb der eigentlichen Länge l liegen. Diese, eine Tonvertiefung bewirkende Verlängerung kann aber auf die verschiedenen Teiltöne ungleich starken Einfluß haben, wodurch sie unharmonisch werden. Auch die Steifheit der Saite hat ihre Wirkung, sie soll im Zusammenhang mit den beiden anderen Erregungsarten besprochen werden.

[1]) F. AUERBACH, in Winkelmanns Handb. d. Physik, 2. Aufl., Bd. II (Akustik), S. 299.
[2]) A. RAPS u. O. KRIGAR-MENZEL, Berl. Ber. 1893, S. 509; Wied. Ann. Bd. 50, S. 440. 1893.
[3]) W. MORTON u. T. VINYCOMB, Phil. Mag. (6) Bd. 8, S. 573. 1904.

Die Nachgiebigkeit der Saitenenden an den Stegen wird in brauchbarer Weise berücksichtigt durch folgende von Lord RAYLEIGH[1]) gemachte Annahme: Das Saitenende trägt eine Masse M von verschwindend kleiner Ausdehnung, die durch eine quasielastische Kraft μ (z. B. eine Feder) gegen die Unterlage gedrückt wird. Die Grenzbedingung ist dann nicht wie bisher $v = 0$, d. h. die Verschiebung soll gleich Null sein, sondern die Verschiebung v dieser Masse M muß die nichthomogene Differentialgleichung einer erzwungenen Schwingung erfüllen

$$M\frac{d^2v}{dt^2} + \mu v = \pm P\frac{\partial v}{\partial x} \quad \begin{cases} + \text{ bei } x = 0, \\ - \text{ bei } x = l. \end{cases} \tag{48}$$

Die Lösung der Wellengleichung $\frac{\partial^2 v}{\partial t^2} = c^2 \frac{\partial^2 v}{\partial x^2}$ ist hier mit der allgemeineren Form der Eigenfunktionen anzusetzen

$$v = \left(\alpha \sin\frac{\omega x}{c} + \beta\cos\frac{\omega x}{c}\right)\cos(\omega t - \varepsilon) = \left(\nu \sin\frac{\omega x}{c} + \cos\frac{\omega x}{c}\right)\beta\cos(\omega t - \varepsilon). \tag{49}$$

Daraus folgen für das Verhältnis α/β die beiden Bestimmungsgleichungen

$$\frac{\alpha}{\beta} = \frac{\beta \operatorname{tg}\frac{\omega l}{c} - \alpha}{\alpha \operatorname{tg}\frac{\omega l}{c} + \beta} = \frac{\mu - M\omega^2}{\frac{\omega P}{c}} = \nu. \tag{50}$$

Durch Elimination von α/β aus ihnen ergibt sich weiter

$$\operatorname{tg}\frac{\omega l}{c} = \frac{2\nu}{1-\nu^2}, \qquad \nu = \frac{\mu - M\omega^2}{\frac{\omega P}{c}}. \tag{50a}$$

Gleichung (50a) hat unendlich viele diskrete Wurzeln ω_h. Durch Berechnung derselben und des jeweils zugehörigen Amplitudenverhältnisses α/β aus (50) ist das Problem gelöst. Denn man kann nun durch Addition beliebig vieler Glieder v_h verschiedener Ordnung mit passend gewählten Werten der willkürlichen Konstanten ε_h und α_h bzw. β_h, also durch Entwicklung nach harmonischen Funktionen, jeden vorgeschriebenen Anfangszustand der Bewegung darstellen. Diese Entwicklung hat dieselbe Form wie die in den vorhergehenden Ziffern behandelte, nämlich

$$v = \sum v_h = \sum v_{hx} v_{ht},$$

wobei

$$v_{hx} = \nu_h \sin\frac{\omega_h x}{c} + \cos\frac{\omega_h x}{c}$$

die Eigenfunktionen und $\beta_h \cos(\omega_h t - \varepsilon_h)$ die Normalkoordinaten sind. Näheres an der angegebenen Stelle bei RAYLEIGH.

Der Unterschied gegen die Saite mit absolut festen Enden liegt darin, daß ν hier endlich ist, während es dort den Wert ∞ hatte, wodurch β gegen α verschwindend klein wurde. Letzteres ist nach (50a) der Fall, wenn $\mu - M\omega^2 \gg \omega P/c$ ist. Welchen Wert aber ν auch haben mag, er hängt im allgemeinen von beiden Größen μ und M ab. Der besondere Einfluß jeder von ihnen läßt sich am besten in den beiden Grenzfällen übersehen, wo eine Größe die andere weit überwiegt, also im Fall 1: Kraft μ groß, Masse M klein, und Fall 2: Kraft μ klein, Masse M groß.

---

[1]) Lord RAYLEIGH, Theory of Sound, 2. Aufl., Bd. I, § 135, S. 200. 1894.

Der erste hier wichtigere Fall gibt $\nu = \mu c/\omega P$, also, wenn ν überhaupt als groß gegen 1 angenommen wird, die Näherungsgleichung

$$\operatorname{tg}\frac{\omega l}{c} = -\frac{2}{\nu} = -\frac{2\omega P}{\mu c} = -\frac{2P}{\mu l}\,\frac{\omega l}{c} \tag{51}$$

mit der Näherungslösung

$$\frac{\omega_h l}{c} = h\pi\left(1 - \frac{2P}{\mu l}\right). \tag{51a}$$

Verglichen mit Gleichung (24) in Ziff. 14 zeigt sich die Schwingungszahl ω_h durch seitliche Nachgiebigkeit der Enden verkleinert, was auch vorauszusehen war. Man kann dieses Ergebnis auch so deuten, als ob die festen Saitenenden über die Begrenzung der Saite hinaus verlegt zu denken seien.

Der andere Grenzfall (μ verschwindend klein gegen die Masse M an den Saitenenden) ergibt eine Tonerhöhung

$$\frac{\omega_h l}{c} = h\pi\left(1 + \frac{2Pl}{Mc^2h^2\pi^2}\right). \tag{52}$$

also eine Vergrößerung von ω_h, die nicht für alle Teilschwingungen gleich groß ist, sondern mit zunehmender Ordnungszahl abnimmt. Die Teiltöne werden hier unharmonisch. Die Saite wird durch die mitbewegten Massen scheinbar verkürzt, und zwar bei dem Grundton am meisten.

In allen Zwischenfällen kommt es auf das Vorzeichen von ν an, d. h. darauf, ob die Frequenz des betreffenden Teiltones ω_h größer oder kleiner als die Frequenz $\mu^{\frac{1}{2}} M^{-\frac{1}{2}}$ der Eigenschwingung der Endmasse M unter Wirkung der Kraft μ ist. Ist $\omega^2 > \mu/M$, also ν negativ, so findet Tonerhöhung für diesen Teilton statt, ist $\omega^2 < \mu/M$, also ν positiv, so tritt Tonvertiefung ein.

Beobachtungen über den Einfluß der Nachgiebigkeit der Befestigungsstellen (meist sind es Stege) sind in Ziff. 33 bei der gestrichenen Saite mitgeteilt.

23. Einfluß periodischer Impulse. Den Einfluß periodisch wiederkehrender Impulse auf eine bestehende Schwingung, besonders solcher Impulse, die nur ein gegen die Saitenlänge l kleines Stück der Saite angreifen und deren Dauer kleiner ist als die Periode der Grundschwingungen, sind von RAMAN experimentell, von KAR theoretisch untersucht worden. Sie stellen eine periodische Störung dar und bilden den Übergang zu den vollkommen erzwungenen Schwingungen. Solche Störungen treten z. B. auf, wenn die Saite beim Schwingen in bestimmter Lage jedesmal an ein Hindernis stößt, etwa an einen Steg, der etwas niedriger ist als die festen, die Saite begrenzenden Stege. Beobachtungen eines derartigen Vorganges hat RAMAN[1]) an dem „TANPURA" genannten indischen Saiteninstrument gemacht und KAR[2]) hat dafür eine Theorie zu geben versucht.

Nach RAMAN wird bei diesem Instrument, das gezupft wird, und bei dem die Saiten auf einen dicht am Endsteg gelegenen etwas niedrigeren Steg aufschlagen sollen, der Grundton (1. Teilton) stark gedämpft, dafür treten die höhere Oktave (2. Teilton) und andere gerade Teiltöne besonders stark hervor. Das Instrument soll einen eigenartig weichen Klang haben. KAR betrachtet zur Erklärung des von RAMAN beobachteten starken Hervortretens der Oktave (und der anderen geraden Teiltöne) eine gedämpfte Bewegung der Saite gemäß Gleichung (3a) in Ziff. 7. Diese gibt für jede der Normalkoordinaten, wenn man u in das Produkt $u_x u_t$ auflößt, die Gleichung

$$\ddot{u}_h + 2\delta_h \dot{u}_h + \omega_h^2 u_h = \frac{2}{m}\mathfrak{U}_h\,, \tag{53}$$

---

[1]) C. V. RAMAN, Proc. Ind. Assoc. for the Cultiv. of Sc. Bd. 7, S. 29. 1921; Phys. Ber. Bd. 3, S. 1033. 1922.

[2]) K. C. KAR, Phys. Rev. (2) Bd. 21, S. 695. 1923; Phys. ZS. Bd. 24, S. 63. 1923.

wo m die Gesamtmasse der Saite zwischen den beiden Begrenzungsstegen ist. Wirkt $\mathfrak{U}_h$ nun in der angegebenen Weise periodisch mit der Periode der Oktave, so ergibt sich durch Summation der Wirkungen dieser Impulse, wenn dieselben an der Stelle $x = x_0$ angreifen, die Gesamtbiegung der Saite, indem y statt u gesetzt wird:

$$y = \sum_{h=1}^{\infty} \frac{2}{l p_h} \sin\frac{h\pi x}{l} \sin\frac{h\pi x_0}{l} \frac{e^{-\delta_h T} \sin p_h T}{1 \pm e^{-\delta_h T}}, \qquad \left(p_h = \sqrt{\omega_h^2 - \delta_h^2}\right) \tag{54}$$

und es gilt das $+$-Zeichen für ungerades h, — für gerades h. Für kleine δ_h wird hierin der Nenner abwechselnd 2 oder 0, und zwar für ungerade h-Werte gleich 2, für gerade gleich 0, woraus hervorgeht, daß die letzteren an Intensität überwiegen. Etwas Bedenken muß es erregen, daß in dieser Theorie, trotz der vorausgesetzten Dämpfung der Saite der Nenner gleich 0, d. h. die Amplitude $y = \infty$ werden kann. In etwas abweichender Weise haben zwei andere indische Physiker[1]) dasselbe Problem behandelt.

24. Geschlagene Saite[2]). Klaviersaite. Die geschlagene Saite hat dieselben Eigenfunktionen und Normalkoordinaten wie die gezupfte, jedoch sind die Anfangsbedingungen andere. Offenbar ist zur Zeit $t = 0$ die Saite in Ruhe zu denken und es beginnt an der Anschlagsstelle eine Kraft Y zu wirken, die von Null zu einem Maximum ansteigt, dann wieder auf Null absinkt und mit dem Abwurf des Hammers dauernd verschwindet, so daß schließlich die Saite frei schwingt. Die räumliche Verteilung dieser Kraft über das geschlagene Saitenstück muß bekannt sein. Ferner muß ihr zeitlicher Verlauf d. h. Y als Funktion von t gegeben sein. Dabei sind sehr verschiedene Annahmen über beides möglich. Im Augenblick des Verschwindens der Kraft hat die Saite einen gewissen Bewegungszustand angenommen, und von diesem aus als Anfangszustand führt sie nun freie Eigenschwingungen aus.

Über die räumliche Verteilung ist bisher lediglich die sehr einfache Annahme gemacht worden, daß die Kraft nur an einem einzigen Längenelement dx angreift, und daß sie längs desselben konstant ist. Für die zeitliche Abhängigkeit aber sind verschiedene Ansätze gemacht worden. Die experimentelle Prüfung hat sie nur zum Teil bestätigt. Die erste theoretische Grundlage hat Helmholtz[3]) gegeben. Dann haben W. Kaufmann[4]), Delemer[5]) und in neuester Zeit Raman und Banerji[6]), Das[7]), Lamb[8]), Bhargava und Ghosh[9]), Gosh[10]) diese Theorie weiter entwickelt oder auf andere Annahmen gegründet. Experimentelle Untersuchungen über die Schwingungen stammen von C. K. Wead[11]), A. J. Hipkins[12]), W. Kaufmann[4]), neuerdings Raman und Banerji[6]), Bhargava und Ghosh[9]), Ghosh und Dey[13]), Hayashi[14]), W. H. George[15]), Anderson[16])

[1]) D. Gunnaiya u. G. Subrahmaniam, Phys. Rev. (2) Bd. 25, S. 99. 1925.
[2]) Vgl. hierzu Artikel „Musikinstrumente und ihre Klänge" Ziff. 35—39 (ds. Bd. Kap. 8).
[3]) H. v. Helmholtz, Tonempfindungen, Beilage V, 5. Ausg. 1896, S. 611.
[4]) W. Kaufmann, Wied. Ann. Bd. 54, S. 675. 1895.
[5]) J. Delemer, Ann. Soc. scient. de Bruxelles Bd. 30, S. 299. 1906.
[6]) C. V. Raman u. B. Banerji, Proc. Roy. Soc. London (A) Bd. 97, S. 99. 1920.
[7]) P. Das, Proc. Indian Assoc. for the Cultiv. of Sc. Bd. 7, I u. II, S. 13. 1921.
[8]) H. Lamb, The Dynamical Theory of Sound, S. 74. 1910.
[9]) S. Bhargava u. R. N. Ghosh, Phil. Mag. (6) Bd. 47, S. 1141. 1924; Bd. 49, S. 121. 1925.
[10]) R. N. Ghosh, Phys. Rev. (2) Bd. 24, S. 456. 1924.
[11]) C. K. Wead, Amer. Journ. of Science Bd. 32, S. 366. 1886.
[12]) A. J. Hipkins, Proc. Birmingh. Phil. Soc. Bd. 37, S. 363. 1884.
[13]) R. N. Ghosh u. J. N. Dey, Proc. Indian Ass. for the Cultiv. of Sc. Bd. 9, S. 192. 1925.
[14]) S. Hayashi, Kyoto Coll. Science Mem. Bd. 6, S. 165. 1923.
[15]) W. A. George, Phil. Mag. (6) Bd. 47, S. 591. 1924; Bd. 48, S. 34 u. 48. 1924; Bd. 50, S. 491. 1925; Proc. Roy. Soc. London (A) Bd. 108, S. 284. 1925.
[16]) S. H. Anderson, Phys. Rev. (2) Bd. 22, S. 205. 1923.

und DATTA[1]). BRYAN[2]) hat die Wirkung verschiedenen Anschlags am Klavier untersucht. GEORGE hat die aus verschiedenen Theorien folgenden Formeln für beobachtbare Größen, wie Amplitude, Geschwindigkeit, Zeitdauer der Berührung usw. berechnet und nebeneinander gestellt.

25. Experimentelle Bestimmung der vom Hammer ausgeübten Kraft. Es ist natürlich grundsätzlich möglich, aus genauen Beobachtungen über die Saitenbewegung während des Anschlags des Hammers die gesuchte Funktion von x und t, welche die Kraft darstellt, rechnerisch abzuleiten. Dazu muß während der ganzen Berührungsdauer die Bewegung aller während dieser Zeit aus der Ruhe gebrachten Saitenpunkte beobachtet werden, nicht bloß der vom Hammer direkt getroffenen. In den praktisch ausgeführten Beobachtungen ist aber fast immer nur die Bewegung eines einzelnen Saitenpunktes bestimmt worden. Dieser Weg der mathematischen Zerlegung scheint also aus praktischen, wie auch aus rein rechnerischen Gründen aussichtslos.

Ein anderer Weg ist der, die vom Hammer während der Berührungszeit in jedem Augenblick auf die Saite ausgeübte Kraft selbst zu messen, indem man den zeitlichen Verlauf des Druckes zwischen Hammer und Saite aufnimmt. Dabei wird natürlich zugleich die Zeitdauer der Berührung mitgemessen. Beobachtungsergebnisse in dieser Richtung liegen nicht vor. Wohl sind Beobachtungen veröffentlicht worden, über die Zeitdauer der Berührung, insbesondere unter Benutzung elektrischer Methoden, indem der Stromdurchgang durch die Kontaktstelle Hammer-Saite mittels ballistischem Galvanometer [WEAD[3]), RAMAN und BANERJI[4])] gemessen wurde oder mit Oszillograph [W. H. GEORGE[5])]; aber die ballistische Methode reicht zur Beantwortung dieser Frage überhaupt nicht aus, da sie integrierend wirkt, und die Beobachtungen von GEORGE ergeben auch nur das Vorhandensein von Druckschwankungen, aber keine absoluten Werte des Druckes, ja sie versagen offenbar oberhalb eines gewissen Maximaldrucks vollständig, da sich der elektrische Widerstand der Berührungsstelle dann nicht mehr merklich ändert und die Stromstärke einen konstanten Grenzwert annimmt. Doch scheint es nicht ausgeschlossen, die Methode zu verfeinern und auf diesem Wege weiterzukommen. Bisher ist die Arbeit von GEORGE jedenfalls wohl die wertvollste aus der neuesten Zeit. Benutzt wurde eine Stahlsaite von 315,6 cm Länge und 0,125 cm Durchmesser, horizontal gespannt. Als Hammer dienten ein Kohlenzylinder (Bogenlampenkohle) von 0,7 cm Durchmesser und ein aus Kupferblech gebogener Keil, dessen Schneide etwa halbkreisförmigen Querschnitt hatte, mit einem Durchmesser ungefähr gleich dem der Stahlsaite. Dieser Hammer war an einem Pendel befestigt und wurde von diesem mit einer Geschwindigkeit von etwa 80 cm/sec gegen die Saite geworfen. Saite und Hammer standen senkrecht zueinander. Die Berührung fand an verschiedenen Saitenpunkten statt, derart, daß das Verhältnis a/l zwischen $^1/_2$ und $^1/_{11}$ verändert wurde (l = Saitenlänge zwischen den Stegen, a = Entfernung des Berührungspunktes vom näheren Stege).

Die Hauptergebnisse sind: 1. Der Druck zwischen Hammer und Saite ist nicht konstant, sondern zeigt plötzliche Schwankungen, die bis auf den Wert 0, d. h. völlige Trennung, herabgehen können. Die Erklärung dafür wird in dem Auftreten von an den Saitenenden reflektierten Wellen gesehen, die die Saite von dem Hammer zeitweise mehr oder weniger abheben, bevor schließlich die

---

1) S. K. DATTA, Proc. Indian Ass. for the Cultiv. of Sc. Bd. 8, S. 107. 1923.
2) G. H. BRYAN, Proc. Phys. Soc. Bd. 25, S. 147. 1913.
3) CH. K. WEAD, Sill. Journ. Bd. 32, S. 366. 1886.
4) C. V. RAMAN u. B. BANERJI, Proc. Roy. Soc. London (A) Bd. 97, S. 99. 1919/20.
5) W. H. GEORGE, Proc. Roy. Soc. London (A) Bd. 108, S. 284. 1925.

völlige Trennung erfolgt. Diese Erscheinung läßt sich nach GEORGE durch die Theorien von HELMHOLTZ, DELEMER, LAMB und BHARGAVA-GHOSH nicht erklären, wohl aber durch die Theorien von KAUFMANN, DAS und RAMAN-BANERJI (vgl. Ziff. 24).

2. Besonders interessant ist die Bestätigung des von RAMAN und BANERJI aus ihrer Theorie vorausgesagten Ergebnisses, daß die Berührungsdauer unter Schwankungen wächst, wenn der Anschlagspunkt vom Ende der Saite nach der Mitte zu wandert.

26. Theorie der Hammerwirkung. Allgemeines. Der dritte Weg ist die Aufstellung einer plausiblen Annahme über die von dem Hammer ausgeübte Kraft und darauf fußende Berechnung der Saitenbewegung, die dann mit der Beobachtung verglichen werden kann. Solche Theorien enthalten die in Ziff. 24 aufgeführten Arbeiten von HELMHOLTZ, W. KAUFMANN, DELEMER, RAMAN und BANERJI, DAS, LAMB, GHOSH, BHARGAVA und GHOSH.

Saite und Hammer haben beide ihre eigene Bewegung nach besonderem Gesetz. Die verschiedenen Theorien berücksichtigen das in verschiedener Weise. Sie unterscheiden sich weiter hinsichtlich der Annahmen über die Ursache des Wiederabspringens des Hammers. Es wird angenommen entweder:

1. der Hammer springt infolge eigener Elastizität bzw. Elastizität des Saitenmaterials zurück, oder

2. der Hammer wird nur durch die infolge der Spannung der Saite künstlich erzeugte Elastizität zurückgeworfen, wobei das Material des Hammers keine Rolle spielt, oder

3. beide Ursachen kommen in Betracht, jedoch überwiegt der Einfluß der Spannungselastizität der Saite.

Die erste Annahme hat HELMHOLTZ gemacht, sowohl für den extremen Fall des harten Hammers, dessen Berührungszeit verschwindend klein angenommen wird, als auch für den weichen Hammer mit normaler Elastizität (Filzhammer), der eine zwar endliche, aber doch nur kleine Zeit der Saite anliegt. Als weitere Annahme für den weichen Hammer fügt HELMHOLTZ hinzu, daß das Abspringen des Hammers erfolgt, bevor die von dem entfernteren Ende reflektierte Welle den Anschlagspunkt wieder erreicht, womit die Komplikation ausgeschlossen wird, daß gleichzeitig zwei Ursachen das Abwerfen des Hammers bewirken.

Die HELMHOLTZsche Annahme des schnellen Abspringens, infolge eigener Elastizität hat sich nicht bewährt. KAUFMANNS photographische Aufzeichnungen und neuerdings die photographischen Beobachtungen von W. H. GEORGE[1]), GHOSH und DEY[2]), ANDERSON[3]), RAMAN und BHABONAT BANERJI[4]) haben gezeigt, daß sie unzulänglich ist, weil die Berührung viel länger dauert, und daß der Hammer erst durch die zurückkehrende Welle abgeworfen wird.

Die zweite Annahme des Abwurfs allein durch die Wellenbewegung der Saite, die KAUFMANN gemacht hat, braucht keine Elastizität des Hammers, kann diesen also als hart bzw. starr ansehen. Die Theorie der Hammerwirkung wird hier von der Annahme beherrscht, daß von dem Eintritt der Berührung bis zu ihrer Beendigung Saite und Hammer gemeinsame Bewegung haben (zu berechnen nach den Gesetzen für die Bewegung der an einem Punkt belasteten Saite). Der Lauf der bei der Berührung erzeugten Welle bis zu den Enden der Saite und zurück ist zu berechnen. Nach Rückkehr dieser Welle und dem dadurch bewirkten Abwurf des Hammers schwingt die Saite frei.

---

1) W. H. GEORGE, Proc. Roy. Soc. London (A) Bd. 108, S. 284. 1925; Phil. Mag. (6) Bd. 50, S. 491. 1925.

2) R. N. GHOSH u. J. N. DEY, Proc. Indian Ass. for the Cultiv. of Sc. Bd. 9, S. 192. 1925.

3) S. H. ANDERSON, Phys. Rev. (2) Bd. 22, S. 205. 1923.

4) C. V. RAMAN u. BHABONAT BANERJI, Proc. Roy. Soc. London (A) Bd. 97, S. 99. 1920

Die Bewegung des kürzeren Saitenendes hat KAUFMANN hierbei als einheitlich und gleichphasig mit der Bewegung des Berührungspunktes behandelt, also die Welle daselbst vernachlässigt. Das kürzere Saitenstück wirkt dabei nur wie eine zusätzliche Masse. DAS[1]) hat die KAUFMANNsche Theorie des starren Hammers durch Berücksichtigung der Schwingungen auch des kürzeren Saitenendes erweitert.

Die Theorie der Bewegung eines weichen Hammers (s. den nächsten Absatz) hat KAUFMANN nicht behandelt, er beschränkt sich auf die experimentellen Ergebnisse.

Die dritte Annahme (Abwurf des Hammers durch die Schwingungselastizität im Verein mit der Elastizität des Hammers) ist die allgemeinste. Sie bedingt besondere Annahmen über die Elastizität des Hammers und die bei der Berührung auftretende Kraft zwischen Hammer und Saite. Wegen des Vorhandenseins dieser Kraft kann die Bewegung der Saite während der Berührungsdauer nicht einfach als Bewegung einer an einem Punkt belasteten Saite angesehen werden, sondern man muß die zusätzliche Kraft noch mit berücksichtigen. Derartige Theorien enthalten die übrigen der zu Anfang dieser Ziffer genannten Arbeiten. Die Besonderheiten dieser Theorien werden weiter unten hervorgehoben werden. Zunächst werde das allen Gemeinsame besprochen.

Abgesehen von der ersten, auf der nicht bestätigten Annahme eines sehr schnell zurückspringenden Hammers aufgebauten Theorie von HELMHOLTZ müssen alle — auch die HELMHOLTZsche Theorie des weichen Hammers tut es — über die vom Hammer ausgeübte Kraft und ihren zeitlichen Verlauf irgendeine Annahme machen. Diese Kraft kann nach dem Verfahren von Gleichung (40) in Ziff. 17 in ihre Komponenten für die Normalkoordinaten, d. h. für die Teilschwingungen zerlegt werden, sofern nicht schon diese Komponenten von vornherein gegeben sind, und es ist für die Bewegung jeder Normalkoordinate dann die Gleichung (39) zu lösen. Einzelne Theorien erweitern diese Gleichung — die bekannte Gleichung der erzwungenen Schwingung eines Systems mit einem Freiheitsgrad der Bewegung, das ungedämpfte Sinusschwingungen als Eigenschwingungen ausführen kann — durch Hinzufügung eines Dämpfungsgliedes, das von der Geschwindigkeit abhängt, im einfachsten Fall ihr proportional ist, so daß die Eigenschwingungen exponentiell gedämpfte Sinusschwingungen sein würden.

Die Gesamtbewegung während der Hammerberührung ergibt sich daraus als Summe der Einzelbewegungen. Der hieraus folgende Bewegungszustand am Ende der Berührungsdauer ist Anfangszustand für die nun folgende freie Schwingung der Saite.

27. Einzeltheorien der Hammerwirkung. a) Harter (starrer) unelastischer Hammer. Im einzelnen sind die Ansätze und Ergebnisse der Theorien, die in fortlaufender Numerierung in Ziff. 27 und 28 aufgeführt werden, folgende:

1. HELMHOLTZ. a) Harter (starrer), sehr schmaler Metallhammer, der unendlich schnell zurückspringt. Nur das getroffene Längenelement dx der Saite, das an der Stelle $x = x_0$ liegt, erhält dadurch eine Anfangsgeschwindigkeit; die ganze Saite bleibt aber während des Schlages noch in der Ruhelage.

Also ist für die ganze Saite zur Zeit $t = 0$ auch $y = 0$ und $dy/dt = 0$, ausgenommen an der Stelle $x = x_0$, wo $\partial y/\partial t = (\partial y/\partial t)_0$ einen endlichen Wert hat. Es sei also

$$\left(\frac{\partial y}{\partial t}\right)_0 = v_0 \tag{55}$$

[1]) P. DAS, Proc. Indian Ass. for the Cultiv. of Sc. Bd. 7, Tl. I u. II, S. 13. 1921.

(bei HELMHOLTZ c statt v_0 genannt), so wird die Gesamtbewegung

$$\left.\begin{aligned} y &= \sum_{h=1}^{\infty} A'_h \sin\frac{h\pi x}{l} \sin 2\pi N_h t = \sum_{h=1}^{\infty} A'_h \sin\frac{\omega_h x}{c} \sin\omega_h t, \\ A'_h &= \frac{v_0}{\pi l N_h} \sin\frac{h\pi x_0}{l} = \frac{v_0}{\pi l h N_1} \sin\frac{h\pi x_0}{l} = \frac{2v_0}{\pi h c} \sin\frac{h\pi x_0}{l}, \\ N_h &= h N_1 = \frac{\omega_h}{2\pi}. \end{aligned}\right\} \tag{56}$$

Die Abnahme der Amplitude mit steigender Ordnungszahl h erfolgt hier langsamer als bei der gezupften Saite, die Intensität bleibt sogar — abgesehen von der durch den Faktor $\sin h\pi x_0/l$ bewirkten Änderung — für alle Teiltöne nach Gleichung (38) in Ziff. 16 die gleiche, ein ganz unwahrscheinliches Ergebnis. Bei dem Anschlag an der Stelle x_0 fallen nach Gleichung (56) diejenigen Teiltöne weg, die dort einen Knoten haben, für welche also $\sin(h\pi x_0/l) = 0$ ist, aber nur, wenn die Anschlagstelle genau auf einen Knoten fällt.

2. KAUFMANN: Harter (starrer) sehr schmaler Metallhammer, der die Saite mit der Geschwindigkeit v_0 trifft. Der unelastische Hammer macht während der ganzen Berührungszeit T genau die Bewegung des getroffenen Saitenpunktes x_0 mit.

Bezeichnungen: M Saitenmasse, m Hammermasse, d. h. diejenige punktförmig gedachte Masse, die in dem Abstand des Hammers von seiner Drehungsachse statt des Hammers angebracht, das gleiche Trägheitsmoment ergibt, Θ Schwingungsdauer der Saite, T Berührungsdauer von Hammer und Saite, l Saitenlänge, a und b $(a < b)$ Entfernung des Anschlagpunktes von den Saitenenden, v_0 Hammergeschwindigkeit beim Berührungsbeginn, P spannende Kraft, x_0 Berührungsstelle.

Es wird die D'ALEMBERTsche Lösung der Differentialgleichung (3) benutzt (Ziff. 12) und die Bewegung y_0 des Anschlagspunktes aus ihr abgeleitet. Die von der Saite auf den Hammer ausgeübte Kraft läßt sich mittels der Bewegung des Berührungspunktes und der bekannten Spannung der Saite P ausdrücken. Das liefert eine gewöhnliche Differentialgleichung zweiter Ordnung für die Bewegung des Berührungspunktes, also auch des Hammers. KAUFMANN hat sie für drei Fälle integriert, nämlich

a) unendlich lange Saite, Berührungspunkt beliebig,
b) endliche Saite, Länge l, Berührungspunkt in der Mitte,
c) endliche Saite, Länge l, Berührungspunkt am Saitenende.

Indem man aus der erhaltenen Gleichung die Zeiten[1]) bestimmt, zu denen die Beschleunigung, also auch die Kraft 0 wird, erhält man die Zeiten, wo sich Saite und Hammer trennen, letzterer also abgeworfen wird. Es ergibt sich

a) für unendlich lange Saite keine Trennung,
b) für endliche Saite bei Anschlag in der Mitte $a = l/2$ im Zeitintervall

$$0 \leqq \frac{t}{\Theta} \leqq \frac{1}{2}, \qquad y_0 = v_0 \Theta \frac{m}{4M}\left(1 - e^{-\frac{4Mt}{m\Theta}}\right), \tag{57}$$

$$\frac{1}{2} \leqq \frac{t}{\Theta} \leqq 1, \qquad y_0 = v_0 \Theta \left\{ e^{-\frac{4Mt}{m\Theta}} \left[2e^{\frac{2M}{m}} \left(\frac{t}{\Theta} - \frac{1}{2} + \frac{m}{4M} \right) - \frac{m}{4M} \right] - \frac{m}{4M} \right\} \tag{58}$$

und

$$\frac{T}{\Theta} = \frac{1}{2} + \frac{1}{4}\frac{m}{M}\left(1 + \frac{1}{2} e^{-\frac{2M}{m}}\right), \tag{59}$$

[1]) In Gleichung (58) ist nach Angabe von GEORGE ein Druckfehler der KAUFMANNschen Arbeit berichtigt, indem der Faktor 4 im Exponenten der e-Funktion vor der eckigen Klammer hinzugefügt wurde.

c) für endliche nahe dem Ende angeschlagene Saite im Zeitintervall

$$0 \leqq \frac{t}{\Theta} \leqq \frac{b}{l}, \qquad y_0 = v_0\,\Theta\left[\frac{M}{m_0}\left(\frac{4l}{a} - \frac{M}{m_0}\right)\right]^{-\frac{1}{2}} e^{-\frac{Mt}{m_0\Theta}} \sin\left\{\frac{t}{\Theta}\left[\frac{M}{m_0}\left(\frac{4l}{a} - \frac{M}{m_0}\right)\right]^{\frac{1}{2}}\right\}, \tag{60}$$

$$\frac{T}{\Theta} = \left[\frac{M}{m_0}\left(\frac{4l}{a} - \frac{M}{m_0}\right)\right]^{-\frac{1}{2}} \operatorname{arctg}\left\{\left[\frac{M}{m_0}\left(\frac{4l}{a} - \frac{M}{m_0}\right)\right]^{\frac{1}{2}}\left(\frac{M}{m_0} - \frac{2l}{a}\right)^{-1}\right\}, \tag{61}$$

welche Formeln für den Fall, daß $\frac{M}{m_0} \ll \frac{l}{a}$ ist, wobei die arctg-Funktion annähernd $\eqslantless \pi$ wird, übergehen in

$$y_0 = v_0\,\Theta\left[\frac{M}{m_0}\left(\frac{4l}{a} - \frac{M}{m_0}\right)\right]^{-\frac{1}{2}} e^{-\frac{Mt}{m_0\Theta}} \sin\frac{\pi t}{T}. \tag{60a}$$

$$\frac{T}{\Theta} = \pi\left[\frac{M}{m_0}\left(\frac{4l}{a} - \frac{M}{m_0}\right)\right]^{-\frac{1}{2}} \tag{61a}$$

Es bedeutet $m_0 = m + \mu a/3$ die um den dritten Teil der Masse des kürzeren Saitenstückes vermehrte Hammermasse (μ = Masse der Längeneinheit der Saite). Die Formeln gelten also nur für eine Zeit, die kleiner ist als die Periode der freien Grundschwingung der Saite; es ist dabei $a + b = l$, und $a < b$.

Wie oben bemerkt, hat GEORGE diese Formeln weiter ausgewertet und daraus die Geschwindigkeit des geschlagenen Saitenpunktes (und des Hammers), die Maximalelongation beider und die Zeit, nach der sie erreicht wird, sowie die während der Berührung vom Hammer entwickelte Druckkraft, ferner die Geschwindigkeit des abgeworfenen Hammers abgeleitet. Hier sei nur die Zeit t_2 für die Maximalelongation angeführt. Es ist für den Fall

b) (in der Mitte geschlagene Saite)

$$\frac{t_2}{\Theta} = \frac{1}{2}\left(1 + \frac{m}{4M} e^{-\frac{2M}{m}}\right), \tag{62}$$

c) (am Ende geschlagene Saite)

$$\frac{t_2}{\Theta} = \left[\frac{M}{m_0}\left(\frac{4l}{a} - \frac{M}{m_0}\right)\right]^{-\frac{1}{2}} \operatorname{arc\,tg}\left\{\frac{m_0}{M}\left[\frac{M}{m_0}\left(\frac{4l}{a} - \frac{M}{m_0}\right)\right]^{\frac{1}{2}}\right\} \tag{63}$$

woraus für den Sonderfall $\frac{M}{m_0} \ll \frac{l}{a}$ angenähert folgt

$$\frac{t_2}{\Theta} = \frac{\pi}{2}\left[\frac{M}{m_0}\left(\frac{4l}{a} - \frac{M}{m_0}\right)\right]^{-\frac{1}{2}} \tag{63a}$$

Danach würde in diesem Sonderfall die Berührungsdauer ungefähr doppelt so lang sein, wie die Zeit bis zur größten Elongation des getroffenen Punktes.

Die KAUFMANNsche Theorie gibt den Bewegungszustand des Anschlagpunktes während der ganzen Berührungszeit. Daraus läßt sich die Bewegung aller anderen Saitenpunkte mittels der Wellengleichung berechnen, also auch der Bewegungszustand im Augenblick des Hammerabwurfs. Aus diesem als Anfangszustand für die nun folgenden freien Schwingungen lassen sich die Amplituden der Teilschwingungen A_h ermitteln. Die Rechnung ist jedoch wegen der Kompliziertheit der dabei auftretenden Ausdrücke bisher noch nicht ausgeführt worden. Es ist also auch kein Vergleich mit Versuchsergebnissen möglich. — Für den Fall des elastischen (weichen) Hammers gibt KAUFMANN keine Theorie, sondern nur Versuchsdaten.

3. DAS[1]): Die KAUFMANNsche Theorie wird erweitert durch Berücksichtigung der Wellenbewegung auch auf dem kürzeren Saitenstück. Experimentell werden

---

[1]) P. DAS, Proc. Indian Ass. for the Cultiv. of Sc. Bd. 7, S. 13. 1921; Bd. 9, S. 297. 1926; Phys. Ber. Bd. 3, S. 974. 1922; Bd. 7, S. 1790. 1926.

die Veränderungen des Hammerdrucks gemessen. Theoretisch werden für einen typischen Fall diese Druckvariationen berechnet und graphisch dargestellt. Die Originalarbeit ist leider dem Bearbeiter nicht zugänglich. DATTA[1]) hat die Theorie an einer Stahlsaite von 150 cm Länge geprüft.

4. RAMAN und BHABONAT BANERJI[2]): Harter, starrer, unendlich schmaler Hammer wie bei KAUFMANN. Auch die gleiche Annahme, daß der Hammerabwurf durch die Spannungselastizität der Saite mittels der reflektierten Wellen erfolgt. Aber während KAUFMANN nur die D'ALEMBERTsche Wellengleichung benutzt, um die Bewegung des Berührungspunktes zu bestimmen, wenden die Verfasser eine Vereinigung dieser Methode mit der Lösung durch Eigenfunktionen und Normalkoordinaten an, indem sie die gemeinsame Bewegung von Hammer und getroffenem Saitenpunkt berechnen als Schwingungsbewegung einer an einem Punkte belasteten Saite, wofür Lord RAYLEIGH die Theorie gegeben hat. Diese an sich stetige Bewegung mit unharmonischen Teilschwingungen erfährt durch die nach der Reflektion zurückkehrende Welle jedesmal einen stoßweisen Impuls von der Größe $2\mu c v$ (c = Geschwindigkeit der Transversalwellen, v = Anfangsgeschwindigkeit des Berührungspunktes und Hammers, μ = Masse der Längeneinheit der Saite). Da an beiden Enden Reflektion erfolgt, so finden diese Impulsvergrößerungen statt zu den Zeiten $2a/c$, $4a/c$ usw. und $2b/c$, $4b/c$ usw. Die stetige Bewegung des mit einer lokalisierten Masse behafteten Saitenelementes würde eine stetige Änderung der auf das Element wirkenden Druckkraft bedeuten. Die Hinzufügung dieser in bestimmten Zeitabständen eintreffenden Stöße gibt eine Zickzackkurve für den zeitlichen Verlauf der Druckkraft des Hammers. Sie hat für verschiedene Lagen des Anschlagpunktes verschiedene Formen. Die Verfasser haben sie für einige derselben berechnet unter Zugrundelegung eines bestimmten Verhältnisses zwischen Hammer- und Saitenmasse, wie es ihren Versuchen entsprach, nämlich $m/\mu = 24/0{,}095$ und $16/0{,}095$. Die beigegebene Abb. 11 zeigt sie für den Fall, daß der Anschlagspunkt auf $^1/_9$ der Saitenlänge liegt. Abszisse ist die Zeit, Ordinate die Druckkraft. Beim endgültigen Nullwerden der so berechneten Druckkraft, also zu der Zeit, wo die Kurve dauernd unter die Abszissenachse sinkt, findet Abwurf des Hammers statt. Diese Kurven geben also die Berührungsdauer für den betreffenden Anschlagpunkt. Die Verfasser haben dieselbe für 27 verschiedene Anschlagpunkte mit obigem Verhältnis der Hammer- und Saitenmasse 24/0,095 berechnet und finden qualitative Übereinstimmung der diskontinuierlichen Kurve mit ihren Versuchsergebnissen. Das Hauptergebnis der als vorläufig gekennzeichneten Arbeit ist: Die Berührungsdauer nimmt zu, wenn der Anschlagpunkt von dem Ende nach der Saitenmitte hin verschoben wird, aber

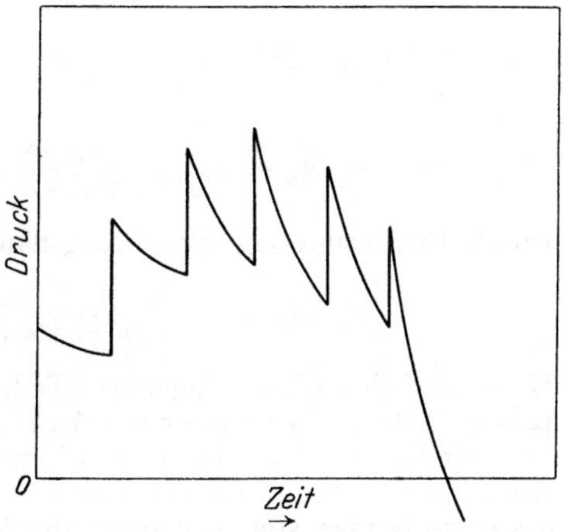

Abb. 11. Druck-Zeit-Diagramm fur einen harten Hammer.

[1]) S. K. DATTA, Proc. Indian Ass. for the Cultiv. of Sc. Bd. 8, S. 107. 1923; Phys. Ber. Bd. 5, S. 665. 1924.

[2]) C. V. RAMAN u. BHABONAT BANERJI, Proc. Roy. Soc. London (A) Bd. 97, S. 99. 1920. Vgl. hierzu auch Artikel „Musikinstrumente und ihre Klänge" Ziff. 36 (ds. Bd. Kap. 8).

nicht stetig, sondern unter starken Schwankungen, die bei gewissen Lagen desselben besonders ausgeprägt sind.

Die weiter zu besprechenden Theorien beziehen sich auf den elastischen Hammer.

28. Einzeltheorien der Hammerwirkung (Fortsetzung). b) Weicher (elastischer) Hammer.

5. HELMHOLTZ: Weicher, elastischer Hammer, der unendlich schnell zurückspringt, d. h. schnell gegenüber der Wellengeschwindigkeit auf der Saite, so daß die Berührungszeit $\tau = \pi/\nu$ kleiner ist als die doppelte Laufzeit der Welle bis zum nächsten Ende.

Der zeitliche Verlauf der vom Hammer auf die Saite ausgeübten Kraft wird als einfache Sinusfunktion angenommen

$$Y = K \sin \nu t \tag{64}$$

für die Zeiten t, die begrenzt sind durch $0 \leqq t \leqq \pi/\nu$. Durch vollständige Behandlung der dadurch erzeugten Saitenbewegung ergibt sich

$$y = 2\sum_{h=1}^{\infty} A_h \cos\frac{h\pi x}{l} \cos\frac{h\pi}{l}(ct + C) = 2\sum_{h=1}^{\infty} A_h \cos\frac{h\pi x}{l} \cos\frac{h\pi c}{l}\left(t + \frac{\pi}{2\nu}\right), \tag{65}$$

$$A_h = -\frac{2cK\nu l^2}{Ph\pi(h^2\pi^2c^2 - \nu^2 l^2)} \sin\frac{h\pi x_0}{l} \cos\left(\frac{h\pi}{l}\cdot\frac{c\pi}{2\nu}\right). \tag{66}$$

Durch Einführung der Berührungsdauer $\tau = \pi/\nu$ läßt sich schreiben

$$A_h = -\frac{2K}{P}\,\frac{l}{h^2\pi^2}\,\frac{hc\tau l}{h^2c^2\tau^2 - l^2} \sin\frac{h\pi x_0}{l} \cos\frac{h\pi c\tau}{2l}. \tag{66a}$$

Hiernach fallen wieder diejenigen Teiltöne weg, die an der Anschlagstelle einen Knoten haben. Der Faktor $\cos(h\pi/l \cdot c\pi/2\nu)$ wird nur in ganz besonderen Ausnahmefällen $= 0$, im allgemeinen bewirkt er nur weitere Schwankungen in der Abnahme der Amplitude der Teiltöne mit wachsender Ordnungszahl h. Wegen des h^3 im Nenner von A_h nehmen die Amplituden und Intensitäten der Teiltöne sehr rasch ab. Doch könnten gewisse besondere Teiltöne auch stark auftreten, nämlich diejenigen, für welche $h^2c^2\tau^2 - l^2$ im Nenner sehr klein wird. Praktisch kommt dies für höhere Teiltöne nicht in Betracht, da τ im allgemeinen größer als die Periode der Grundschwingung, in den günstigsten Fällen nur wenig kleiner als sie ist, so daß dieser Nenner immer > 0 ist und mit wachsender Ordnungszahl h sehr schnell ansteigt.

6. LAMB[1]) nimmt, wohl mehr wegen bequemer Berechenbarkeit zu Lehrzwecken als deshalb, weil es dem wirklichen Verhalten entspräche, als Gesetz für den zeitlichen Verlauf der Hammerdruckkraft an

$$Y = \frac{2\mu\tau}{\pi(t^2 + \tau^2)}, \tag{67}$$

eine Funktion, die durch Abb. 12 charakterisiert wird. Das Zeitintegral derselben von $-\infty$ bis $+\infty$ $\int_{-\infty}^{+\infty} Y dt$ ist $= 2\mu$, wodurch diese Größe definiert ist; t ist die variable Zeit, τ eine beliebig wählbare konstante Zeitdauer, deren Größen-

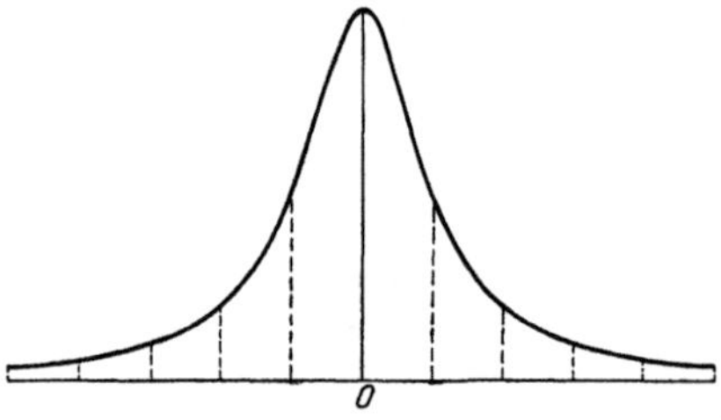

Abb. 12. Zeitlicher Verlauf des Hammerdrucks nach LAMBS Annahme.

[1]) H. LAMB, The Dynamical Theory of Sound, S. 74. London 1910.

ordnung die Zeit bestimmt, während welcher die Kraft merkliche Werte hat. Das Ergebnis für die Amplitudenkoeffizienten ist

$$A_h = 0, \qquad B_h = \frac{2\mu}{h\pi c\varrho} e^{-\frac{h\pi c\tau}{l}} \sin\frac{h\pi x_0}{l}, \tag{68}$$

in der Entwicklung

$$y = \sum_{h=1}^{\infty} \left(A_h \cos\frac{h\pi c t}{l} + B_h \sin\frac{h\pi c t}{l} \right) \sin\frac{h\pi x}{l}, \tag{69}$$

wobei x_0 Abszisse des Anschlagpunktes ist. Ein wesentlicher Mangel des angewandten Kraftgesetzes ist, daß Anfang und Ende der Kraftwirkung überhaupt nicht definiert sind. Für verschwindendes τ gehen die Formeln in die HELMHOLTZschen für den harten (starren), unendlich schnell zurückspringenden Hammer über.

7. DELEMER[1]) nimmt konstanten Druck während der ganzen Berührungsdauer τ an, also

$$Y = K \qquad \text{für} \qquad 0 \leqq t \leqq \tau, \tag{70}$$

statt der HELMHOLTZschen Sinusfunktion, und findet durch Ausführung der der HELMHOLTZschen vollkommen entsprechenden Rechnung dieselbe Fourierreihe [Gleichung (65)], aber mit den Koeffizienten

$$A_h = -\frac{2K}{P} \frac{l}{h^2\pi^2} \sin\frac{h\pi x_0}{l} \sin\frac{h\pi c\tau}{2l}. \tag{71}$$

Der Unterschied gegen Gleichung (66a) von HELMHOLTZ wird nur durch den Faktor $hc\tau l(h^2c^2\tau^2 - l^2)^{-1}$ daselbst bedingt. DELEMER findet beim Ausrechnen der Amplituden für die beiden Fälle: Berührungsdauer $\tau = {}^3/_{10}$ bzw. ${}^3/_7$ der Periode der Grundschwingung, wie zu erwarten, ganz außerordentliche Unterschiede zwischen beiden Formeln.

8. BHARGAVA und GHOSH[2]). Bezeichnungen: l Saitenlänge, α Abstand der Anschlagstelle vom näheren Saitenende, M wirksame Masse des Hammers (d. h. mit Berücksichtigung seines Trägheitsmomentes), μ elastische Kraft des Hammerfilzes, T Kraft, mit der die Saite gespannt ist, ϱ Masse der Längeneinheit der Saite (Längendichte), $c = T^{\frac{1}{2}}\varrho^{-\frac{1}{2}}$ Wellengeschwindigkeit, p Druckkraft zwischen Saite und Hammer, k Dämpfungsverhältnis für die Hammerschwingung, A Anfangsamplitude der Hammerschwingung, v_0 Anfangsgeschwindigkeit des Hammers für $t = 0$.

Die genannten indischen Physiker haben teils einzeln, teils zusammen eine Theorie ausgearbeitet, bei der die Elastizität des Hammerfilzes und der Saite (Rückkehr der reflektierten Wellen) berücksichtigt werden. Sie kommen damit zu Formeln für die Geschwindigkeit des Hammers und die Berührungsdauer sowie den Hammerdruck. Allerdings sind bei dieser Ableitung zahlreiche Vernachlässigungen und Vereinfachungen vorzunehmen. Diese Theorie ist also einerseits eine Erweiterung der KAUFMANNschen Theorie vom harten unelastischen Hammer auf den weichen elastischen, andererseits erweitert sie die HELMHOLTZsche Annahme des sinusförmigen Druckgesetzes durch Hinzunahme der Dämpfung.

---

[1]) J. DELEMER, Ann. Soc. scient. de Bruxelles Bd. 30, S. 299. 1905/06.

[2]) R. N. GHOSH, Phys. Rev. (2) Bd. 24, S. 456. 1924, mit einigen Druckfehlern. S. BHARGAVA u. R. N. GHOSH, Phil. Mag. (6) Bd. 47, S. 1141. 1924; Bd. 49, S. 121. 1925.

Die Druckkraft während der Berührungszeit befolgt, wie sich ergibt, die Differentialgleichung einer gewöhnlichen, exponentiell gedämpften Sinusschwingung, hat also selbst die Form einer derartigen Schwingung

$$p = A T e^{-\frac{kt}{2}} \left[\frac{1}{\alpha} \sin q t + \frac{R}{c} \cos(q t + \vartheta)\right], \tag{72}$$

$$\left.\begin{aligned} R &= \left(q^2 - \frac{k^2}{4}\right)^{\frac{1}{2}}, \quad \operatorname{tg}\vartheta = \frac{k}{2q}, \quad A = \frac{v_0}{q}\left\{1 + \frac{T}{\mu}\left(\frac{1}{\alpha} - \frac{k}{2c}\right)\right\}^{-1}, \\ k &= \frac{T}{Mc}\left(\frac{\mu\alpha}{T + \mu\alpha}\right), \quad q^2 = \frac{T}{\alpha M}\left(\frac{\mu\alpha}{T + \mu\alpha}\right) - \frac{k^2}{4}. \end{aligned}\right\} \tag{73}$$

Für vollkommen harten Hammer würde $\mu = \infty$ und k unabhängig von α sein. Die Berührungsdauer ist annähernd $= \pi/q$.

Das zweite Glied von p in (72) ist klein gegen das erste und kann vernachlässigt werden. Mit diesem vereinfachten Werte p ergibt sich die äußere Zusatzkraft bzw. die Beschleunigung Y_s, für die Normalkoordinate der Ordnungszahl s

$$Y_s = A e^{-\frac{1}{2}kt} \sin\frac{s\pi\alpha}{l} \sin q t, \tag{74}$$

in der Differentialgleichung

$$\frac{d^2 y_s}{dt^2} + \left(\frac{s\pi c}{l}\right)^2 y_s = \frac{2}{\varrho l} Y_s. \tag{75}$$

Für Zeiten t, die größer sind als die Berührungsdauer ($t > \pi/q$), erhält man daraus die einzelnen Normalkoordinaten y_s und als ihre Summe die Gesamtbewegung:

$$\left.\begin{aligned} y = \frac{2Al^2}{\varrho\pi c} \sum_{s=1}^{\infty} \frac{\sin\frac{s\pi\alpha}{l} \sin\frac{s\pi x}{l}}{s(lq - s\pi c)} & \left\{\frac{2q\cos\left(\frac{s\pi^2 c}{2lq}\right)\sin\frac{s\pi c}{l}\left(t - \frac{\pi}{2q}\right)}{lq + s\pi c}\right. \\ & - \frac{k}{2}\,\frac{\sin\frac{s\pi^2 c}{2lq}\cos\frac{s\pi c}{l}\left(t + \frac{\pi}{2q}\right)}{lq - s\pi c} + \frac{k\pi}{4lq}\sin\frac{s\pi c}{l}\left(t + \frac{\pi}{q}\right) \\ & \left. - \frac{k\pi}{4lq}\,\frac{\sin\frac{s\pi c}{l}\left(t - \frac{\pi}{q}\right)}{(lq + s\pi c)(lq - s\pi c)} + \cdots\right\} \end{aligned}\right\} \tag{76}$$

Die angegebenen Formeln sind mit einer gewissen Unsicherheit behaftet, da die Veröffentlichungen in dem Phil. Mag. und in der Phys. Rev. für dieselbe Größe y zum Teil verschiedene Vorzeichen der einzelnen Glieder des Ausdruckes angeben, ohne daß man — wenn man nicht alles nachrechnen will — die Entscheidung für das eine oder das andere Vorzeichen treffen kann.

Das erste der vier Glieder unter dem Summenzeichen entspricht dem HELMHOLTZschen, die drei anderen sind neue Glieder, die auftreten, auch wenn das HELMHOLTZsche Glied ausfällt, was z. B. der Fall ist für einen Teilton s, dessen Schwingungsdauer Θ_s den Bruchteil $^2/_1$, $^2/_3$, $^2/_5$, $^2/_7$ usw. der Berührungsdauer τ des Hammers beträgt (vgl. die Bezeichnungen bei KAUFMANN in Ziff. 27, wo T statt unseres τ steht). Denn es ist $\frac{s\pi c}{l} = \frac{2\pi}{\Theta_s}$ und $\frac{\pi}{q} = \tau$, also wird hier $\cos\frac{s\pi^2 c}{2lq} = \cos\frac{\pi\tau}{\Theta_s} = 0$ für die angegebenen Werte des Verhältnisses $\frac{\Theta_s}{\tau}$, während der Sinus desselben Argumentes im folgenden Gliede $= 1$ wird.

Die Verfasser glauben mit dieser Theorie die experimentell von ihnen und anderen gefundene Tatsache erklären zu können, daß auch beim Anschlag an oder vielmehr dicht neben einer Knotenstelle eines Teiltones dieser trotzdem mit erscheint, wenn auch in wesentlich geringerer Stärke, weil diese drei neuen Glieder den kleinen Faktor k, das Dämpfungsverhältnis der Hammerbewegung, enthalten. Das Wesentliche an dieser Theorie ist die Form, welche der Druckkraft p zwischen Hammer und Saite zugeschrieben wird, nämlich die Form einer exponentiell gedämpften Sinusschwingung in Erweiterung der HELMHOLTZschen Annahme einer ungedämpften Sinusschwingung.

29. Versuchsergebnisse über die Hammerbewegung und -wirkung. Die Versuchsergebnisse über die Vorgänge beim Hammeranschlag reichen trotz vieler Arbeiten bei weitem nicht aus, um alle Fragen zu beantworten. Wie schon in Ziff. 25 angegeben, ist besonders eine zuverlässige Bestimmung der während der Berührung zwischen Hammer und Saite wirksamen Druckkraft und ihres zeitlichen Verlaufs noch nicht gelungen. Es sind nur Ansätze dazu vorhanden, besonders in den Arbeiten von GEORGE (vgl. Ziff. 24 u. 25 die Literaturangaben). Eine unmittelbare Prüfung der Richtigkeit der theoretischen Annahmen ist also nicht möglich. Einige wichtige Einzelfragen betreffen den Einfluß:

1. der Lage der Anschlagstelle,
2. der Masse des Hammers im Verhältnis zur Saitenmasse,
3. der Anschlaggeschwindigkeit des Hammers,
4. der Anschlagdauer.

Diese Fragen lassen sich vom rein mechanischen Standpunkt betrachten und haben als solche über den Rahmen der Akustik hinaus Bedeutung, da sie natürlich auch für Schwingungen außerhalb der Tonfrequenzen gelten. Für die akustische Frage der Schallerzeugung kommt aber schließlich nur das Endergebnis in Betracht mit der Antwort auf die Frage: Welche Wirkung haben diese Faktoren auf die Ausbildung der einzelnen Teilschwingungen, d. h. auf die Klangfarbe? Die Ergebnisse stimmen da nur teilweise überein, vermutlich weil die Versuchsbedingungen vielfach voneinander abweichen.

BHARGAVA und GHOSH[1]) haben diese Fragen in ihrer Theorie behandelt und den Zusammenhang zwischen Anschlagdauer τ und Schwingungsdauer Θ der Grundschwingung als Funktion der Lage des Anschlagpunktes (α Abstand desselben vom näheren Saitenende) untersucht bei einem bestimmten Werte des Verhältnisses M_1/ϱ der wirksamen Hammermasse M_1 zur Masse ϱ der Längeneinheit der Saite bzw. zur Gesamtmasse $M_0 = l\varrho$ der Saite. Die Formel lautet

$$\frac{\tau}{\Theta} = \pi\left\{\frac{M_0}{M_1}\left[\frac{4l}{\alpha}\left(\frac{\mu\alpha}{\mu\alpha+T}\right) - \frac{M_0}{M_1}\left(\frac{\mu\alpha}{\mu\alpha+T}\right)^2\right]\right\}^{-\frac{1}{2}}. \tag{77}$$

M_1 ist die um das Trägheitsmoment des kürzeren Saitenstückes vermehrte Hammermasse [vgl. Ziff. 27 (2) u. 28 (8)], μ die elastische Kraft des Hammerfilzes. Die danach berechneten Werte τ/Θ stimmen besser als die nach der KAUFMANNschen Formel berechneten mit den von den Verfassern gefundenen Werten überein. Das Massenverhältnis war: $M_0 = 5{,}61$ g, $\varrho_0 = 0{,}0589$ g/cm, $M = 7{,}3$ g.

Die Berührungsdauer als Funktion des Massenverhältnisses und der Lage des Anschlagpunktes haben auch GEORGE sowie RAMAN und BANERJI untersucht (vgl. Ziff. 26), jedoch für Hämmer, welche als starr gelten können. Es ergibt sich für beide als gemeinsames Ergebnis: die Berührungsdauer nimmt zu, wenn der Anschlagpunkt vom Saitenende nach der Mitte hin verlegt wird. Nach BHARGAVA und GHOSH erfolgt diese Zunahme mit wachsendem α stetig, nach GEORGE sowie RAMAN und BANERJI aber unter Schwankungen, herbeigeführt durch die besonderen Verhältnisse des zeitlichen Eintreffens der reflektierten Welle an gewissen Stellen der Saite. Die Zunahme

[1]) S. BHARGAVA u. R. N. GHOSH, Phil. Mag. (6) Bd. 47, S. 1141. 1924. — R. N. GHOSH, ebenda (7) Bd. 1, S. 875. 1926; Proc. Ind. Ass. for the Cult. of. Sc. Bd. 9, S. 145. 1925.

der Berührungsdauer mit wachsendem α finden auch GHOSH und DEY (vgl. Literatur in Ziff. 26).

Den Einfluß des Massenverhältnisses hat besonders GEORGE[1]) untersucht, und zwar den Einfluß auf die relative Stärke des beim Anschlag erzeugten Grundtones zusammen mit dem Einfluß der Lage der Anschlagstelle. Bei jedem gegebenen Massenverhältnis zwischen Saite und Hammer finden sich ein oder mehrere Anschlagpunkte, an denen die Amplitude der Grundschwingung ein Maximum wird, und dazwischen andere, wo sie einen Minimalwert annimmt. Die Lage dieser Stellen hängt vom Massenverhältnis ab. Benutzt wurden Filzhämmer und aus dünnem Metallblech keil- oder schneidenförmig gebogene Hämmer. Die Erregungsstellen der größten Amplitude bei gegebenem Massenverhältnis liegen immer dicht an einem Ende der Saite. Dieselbe Untersuchung will der genannte Verfasser auch auf andere Teiltöne ausdehnen.

Die Anschlagdauer scheint keinen unmittelbaren Einfluß auf die Stärke der erregten Teilschwingungen zu haben.

Die Anschlaggeschwindigkeit beeinflußt die Amplitude der Teilschwingungen, abschließende Versuchsergebnisse darüber liegen nicht vor. Nach der Theorie von BHARGAVA und GHOSH ist die Anschlagdauer in weiten Grenzen von ihr unabhängig. Die Versuche von GEORGE bestätigen dies für Geschwindigkeiten zwischen 75 und 300 cm/sec.

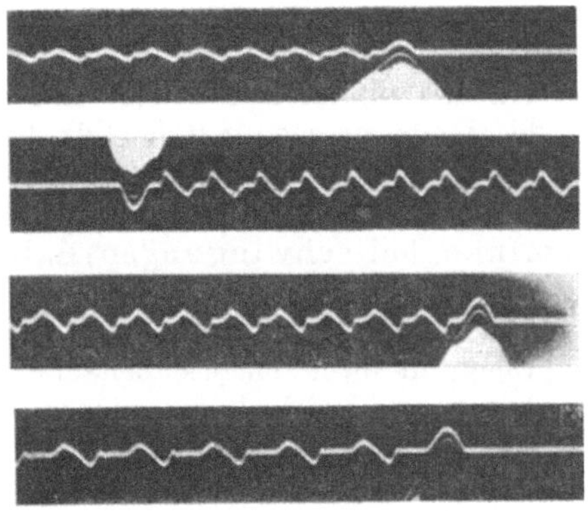

Abb. 13. Schwingung des vom Hammer getroffenen Saitenpunktes. Abszissen: Zeit; Ordinaten: Ablenkung aus Ruhelage.

Besonders wichtig scheint die Wahl der Anschlagstelle für die Ausbildung der Schwingungen zu sein. Aus der Gleichung (66) für die Amplitude der Teilschwingungen hatte HELMHOLTZ geschlossen, daß beim Klavierbau aus einer gewissen Erfahrung heraus die Anschlagstelle auf $^1/_7$ der Saitenlänge gelegt würde, wodurch der schon wenig harmonisch klingende siebente Teilton und Vielfache desselben ausgeschaltet werden. Daß diese HELMHOLTZsche Hypothese nicht zutrifft, ist heute zwar nachgewiesen, aber noch immer nicht allgemein bekannt. Sie kann nicht zutreffen, weil die praktisch benutzte Lage der Anschlagstelle nicht bei $^1/_7$ der Saitenlänge liegt, sondern je nach dem Geschmack der verschiedenen Klavierbauer um die Gegend von $^1/_7$ bis $^1/_9$ herumschwankt, ohne daß die Klangfarbe sich dabei merklich ändert. Der wahre Grund für die Wahl der Anschlagstelle so nahe dem Ende ist wohl darin zu sehen, daß bei ihr, wie die eben besprochenen Versuche zeigen, der Grundton — und vielleicht noch die tieferen Obertöne — sich besonders gut ausbilden. BERRY[2]) weist in einer kurzen Arbeit darauf hin, daß bei der von den Klavierbauern gewählten Lage des An schlagpunktes die durch den Hammerschlag geweckten schädlichen Eigenschwingungen des Resonanzbodens möglichst schwach sind und starke Dämpfung besitzen, also wenig stören.

Abb. 13 (entnommen aus der in Ziff. 24 angeführten KAUFMANNschen Arbeit) stellt einige typische Bewegungen des vom Hammer getroffenen Punktes dar, wie sie auch von anderen Beobachtern erhalten worden sind. Der große

[1]) W. H. GEORGE, Phil. Mag. (6) Bd. 48, S. 34 u. 48. 1924; Bd. 50, S. 491. 1925.
[2]) G. H. BERRY, Phil. Mag. (6) Bd. 19, S. 648. 1910.

helle Fleck ist die Stelle des Hammers. Die Kurven geben die Ablenkung des getroffenen Saitenpunktes (Ordinate) als Funktion der Zeit t (Abszisse, von rechts nach links wachsend) wieder; sie stellen also nicht die Gestalt der Saite selbst dar. Der Tangens des Neigungswinkels der Kurve gegen die Abszissenachse liefert die Geschwindigkeit des Punktes.

30. Gestrichene Saite der Geige und anderer Streichinstrumente[1]. Eigenfunktionen und Normalkoordinaten sind dieselben wie bei der gezupften und geschlagenen Saite. Es handelt sich aber nicht um freie Eigenschwingungen, die ja gedämpft sein würden, also verklingen müßten, sondern um dauernd unterhaltene. Innerhalb jeder Periode der Grundschwingung wird während einer gewissen Zeit der Saite die verlorengegangene Energie wieder zugeführt, indem sie zwangsweise vom Bogen mitgenommen und ihr dabei wieder dieselbe Amplitude wie vorher erteilt wird, die sie bei freier Schwingung infolge der Dämpfung nicht erreichen würde. Das Haften der Saite und das Wiederlosreißen von dem gleichmäßig mit konstanter Geschwindigkeit bewegten Bogen findet infolge von Selbststeuerung des Systems Saite-Bogen in regelmäßigem Wechsel statt. Der Vorgang ist so, daß die Saite, die bei der stärker werdenden Ausbiegung stärker gespannt wird, bei einem gewissen Werte der Spannung vom Bogen abreißt und an den Bogenhaaren entlanggleitend zurückschwingt, bis sie bei verringerter Spannung wieder am Bogen haften kann und neuerdings von ihm mitgenommen wird. Hin- und Rückgang erfolgt jeweils mit konstanter Geschwindigkeit, doch ist die Geschwindigkeit beim Hingang im allgemeinen eine andere als beim Rückgang.

Zur Zeit der Umkehr wechselt die Geschwindigkeit plötzlich in eine entgegengerichtete, sie ändert sich also für einen gegebenen Saitenpunkt zu gewissen Zeitpunkten unstetig. Das gilt erfahrungsgemäß nicht nur für die vom Bogen berührten, sondern auch für die anderen Punkte. Die Umkehr der Bewegung, also der Eintritt der Unstetigkeit oder Diskontinuität der Geschwindigkeit, findet aber im allgemeinen nicht für alle Saitenpunkte gleichzeitig statt, sondern nacheinander; anders ausgedrückt: die verschiedenen Punkte der Saite haben verschiedene Phase der Geschwindigkeit; die Bewegung mitsamt der Unstetigkeit läuft vom einen Ende der Saite zum anderen und wieder zurück. Die Erfahrung zeigt weiter, daß das Hin- und Herwandern oder Schwingen eines Saitenpunktes zwischen seinen äußersten Lagen nicht bloß in je einem Zuge oder Schritte erfolgen kann, sondern unter Umständen auch in zwei oder mehr Teilschritten. Dann hat die Geschwindigkeit eines Punktes während jeder vollen Schwingungsdauer zwei oder noch mehr Unstetigkeiten, die natürlich in derselben Weise über die Saite hinweggleiten. Das wesentliche Ergebnis der diesbezüglichen Beobachtungen von Helmholtz[2], Krigar-Menzel und Raps[3], Krigar-Menzel[4], in neuerer Zeit Barton[5] mit seinen Mitarbeitern Richmond, Eblewhite und Kilby, ferner Davis[6] und zuletzt besonders Kar[7], Raman[8] nebst seinen Mit-

[1] Vgl. hierzu auch Art. „Musikinstrumente und ihre Klänge" Ziff. 18—34 (ds. Bd. Kap. 8).

[2] H. v. Helmholtz, Lehre von den Tonempfindungen, 5. Ausg. S. 137—148. 1896.

[3] O. Krigar-Menzel u. A. Raps, Berl. Ber. 1891, S. 613; Wied. Ann. Bd. 44, S. 623. 1891.

[4] O. Krigar-Menzel, Inaug.-Dissert. Berlin: M. Niethe 1888.

[5] E. H. Barton u. T. I. Richmond, Phil. Mag. (6) Bd. 18, S. 233. 1909; H. Barton u. Th. F. Eblewhite, ebenda Bd. 20, S. 456. 1910; E. H. Barton u. W. B. Kilby, ebenda Bd. 23, S. 885. 1912.

[6] H. N. Davis, Phys. Rev. Bd. 26, S. 331. 1908; Proc. Amer. Acad. Bd. 41, S. 693. 1906 u. Contrib. Jefferson Phys. Lab. Harvard Univ. Bd. 3, Nr. 11. 1905 (longitudinale Saitenschwingungen).

[7] K C. Kar, Phys. Rev. (2) Bd. 20, S. 148. 1922.

[8] C. V. Raman, Proc. Indian Ass. for the Cultiv. of Sc., Bull. 11 u. 15. 1918; bespr. in ZS. f. techn. Phys. Bd. 4, S. 77. 1923; Phil. Mag. (6) Bd. 32, S. 391. 1916; Bd. 38, S. 573. 1919.

arbeitern[1]) APPASWAMAIYAR, ASHUTOSH DEY usw., CLARK[2]) läßt sich folgendermaßen ausdrücken:

Jeder Punkt der gestrichenen Saite vollführt seine Bewegung während der Periode der Grundschwingung in einzelnen Schritten mit jeweils konstanter Geschwindigkeit, die aber von Schritt zu Schritt im allgemeinen sprungweise wechselt.

Die Zeitlängen der einzelnen Schritte sind verschieden. Die gleichen Schritte erfolgen an den verschiedenen Stellen der Saite nicht gleichzeitig, sondern nacheinander (Phasendifferenz der Geschwindigkeit, wodurch das Fortschreiten der Bewegung über die Saite hinweg bedingt ist). HELMHOLTZ hatte ursprünglich irrtümlicherweise Gleichphasigkeit auf der ganzen Saite angenommen, wodurch seine mathematische Behandlung wegen Überbestimmtheit des Problems fehlerhaft wurde.

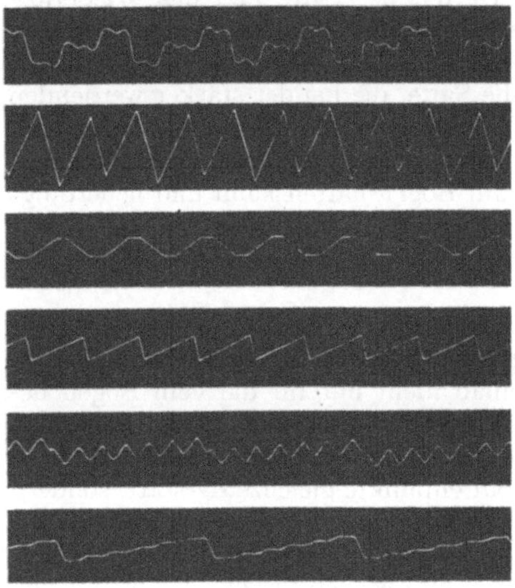

Abb. 14. Schwingungen eines Punktes der gestrichenen Saite.

Bei der besonders wichtigen, von HELMHOLTZ zuerst allein betrachteten „Hauptbewegung“ vollführt jeder Punkt der Saite die Hin- und Rückbewegung in je einem einzigen Schritte.

Die Schwingungsperioden der durch Streichen erzeugten Schwingungen sind erfahrungsgemäß bis auf sehr kleine Unterschiede gleich denen der freien Schwingungen der Saite, obwohl die Mittellage, um welche die gestrichene Saite schwingt, etwas von der Ruhelage der nichtschwingenden Saite nach der Richtung des Bogenstriches hin abweicht.

Abb. 14 (entnommen aus der Arbeit von KRIGAR-MENZEL und RAPS) zeigt ebenso wie die Abb. 13 für die angeschlagene Saite die typischen Bewegungen eines Punktes der gestrichenen Saite.

31. Theorie der Bewegung gestrichener Saiten. Auf Grund seiner Beobachtungsergebnisse mit dem Vibrationsmikroskop hat HELMHOLTZ[3]) für die „Hauptbewegung“ folgende Theorie aufgestellt, die in der von VOIGT[4]) bzw. LINDEMANN[5]) verbesserten Form hier wiedergegeben wird.

Bezeichnungen: y seitliche Ausbiegung (Ordinate) des Saitenpunktes, x Abszisse, vom Ende der Saite gerechnet, t Zeit, von beliebigem Anfangspunkt gerechnet, T Schwingungsperiode der Grundschwingung, $\mathfrak{T}$ Teilperiode für den Hingang, $T - \mathfrak{T}$ Teilperiode für den Rückgang des Saitenpunktes, L Saitenlänge, p Amplitude an der Abszisse x, P Amplitude in der Saitenmitte $x = L/2$, f und g zwei Funktionen nur der Abszisse x, welche die Geschwindigkeiten des betreffenden Saitenpunktes während der beiden Schritte darstellen, h additive Integrationskonstante, n Ordnungszahl der Teilschwingung, t_0 eine nur von

1) C. V. RAMAN u. S. APPASWAMAIYAR, Phil. Mag. (6) Bd. 31, S. 47. 1916; C. V. RAMAN u. ASHUTOSH DEY, ebenda Bd. 33, S. 203. 1917.

2) H. CLARK, Phys. Rev. (2) Bd. 7, S. 561. 1916 (Longitudinalschwingungen).

3) H. v. HELMHOLTZ, Lehre von den Tonempfindungen, Beilage VI, S. 616.

4) W. VOIGT, Göttinger Nachr. 1890, S. 502.

5) F. LINDEMANN, Ber. d. naturf. Ges. Freiburg Bd. 7, S. 500. 1880.

x abhängige Zeitkonstante, die bei VOIGT die Phasendifferenz zwischen den Saitenpunkten bedingt.

Für die Hauptbewegung hat die Geschwindigkeit dy/dt eines Saitenpunktes x in den beiden Teilen $\mathfrak{T}$ und $T - \mathfrak{T}$ einer ganzen Schwingungsperiode der Grundschwingung, die nur von x abhängigen Werte f bzw. $-g$. Durch Integration folgt daraus nach HELMHOLTZ die Lage dieses Punktes als Funktion von t für die Zeitintervalle

$$\left.\begin{aligned} 0 \leqq t \leqq \mathfrak{T}: &\quad y = ft + h, \\ \mathfrak{T} \leqq t \leqq T: &\quad y = g(T - t) + h, \end{aligned}\right\} \tag{78}$$

wobei h eine Konstante ist. Dieser zu spezielle Ansatz ist von VOIGT erweitert und berichtigt worden zu

$$\left.\begin{aligned} t_0 < t < \mathfrak{T} + t_0: &\quad y = f(t - t_0) + h, \\ \mathfrak{T} + t_0 < t < T + t_0: &\quad y = g(T - t + t_0) + h, \end{aligned}\right\} \tag{79}$$

wobei t_0 und h Funktionen von x sind. In dem HELMHOLTZschen Ansatz haben alle Saitenpunkte gleiche Phasen, in dem VOIGTschen verschiedene, bedingt durch verschiedene Werte von t_0. Zur Zeit $\mathfrak{T}$ (HELMHOLTZ) bzw. $\mathfrak{T} + t_0$ (VOIGT) müssen beide Werte y gleich sein, da die Saite keine Trennung ihrer Teile erleiden darf, woraus folgt $f\mathfrak{T} = g(T - \mathfrak{T})$. Die Ordinate ist also eine stetige Funktion von t, der 1. Differentialquotient, die Geschwindigkeit dy/dt, jedoch eine unstetige. Die Unstetigkeiten, Sprünge der Geschwindigkeit, treten ein zu den Zeiten t_0, $\mathfrak{T} + t_0$ und wiederholen sich dann in jeder Periode T in gleicher Weise.

Entwicklung dieser Funktion y von Gleichung (79) in eine Fourierreihe ergibt

$$y = \frac{(f+g)T}{\pi^2} \sum_{n=1}^{\infty} \frac{1}{n^2} \sin\frac{\pi n \mathfrak{T}}{T} \sin\frac{2\pi n}{T}\left(t - t_0 - \frac{\mathfrak{T}}{2}\right). \tag{80}$$

Andererseits muß y sich durch die allgemeine Fourierreihe der Gleichung (31) darstellen lassen, die mit etwas veränderten Bezeichnungen lautet

$$y = \sum_{n=1}^{\infty} \sin\frac{n\pi x}{L}\left\{C_n \sin\frac{2\pi n t}{T} + D_n \cos\frac{2\pi n t}{T}\right\}. \tag{81}$$

Vergleich von (80) und (81) ergibt als notwendige Bedingungen[1])

$$t_0 + \frac{\mathfrak{T}}{2} = 0, \qquad D_n = 0, \qquad L\mathfrak{T} = xT, \qquad C_n = (f+g)T\pi^{-2}n^{-2}, \tag{82}$$

also muß $f + g$ von x unabhängig sein, da C_n eine Konstante ist. Für f, g, die Amplitude p und die „Konstante" h folgt

$$p = -h = \frac{4Px(L-x)}{L^2}, \qquad f = \frac{8P(L-x)}{LT}, \qquad g = \frac{8Px}{LT}. \tag{83}$$

Die vollständige Durchführung der Rechnung ergibt die Ordinate y für die Zeitintervalle:

$$-\frac{xT}{2L} < t < +\frac{xT}{2L}: \qquad y = \frac{8P(L-x)t}{LT}, \tag{84a}$$

$$+\frac{xT}{2L} < t < \frac{(2L-x)T}{2L}: \qquad y = \frac{8Px}{LT}\,\frac{T-2t}{2}. \tag{84b}$$

---

1) Bei VOIGT ist die Schlußfolgerung bezüglich $t_0 + \mathfrak{T}/2$ etwas allgemeiner gehalten.

Die Zeitintervallgrenzen, innerhalb deren die beiden Funktionen y in (84a) und (84b) gelten, sind für einige Saitenpunkte beispielsweise nach Tabelle 4:

Tabelle 4. Geltungsbereiche der Bewegungsgleichungen (84a) und (84b).

$x=$	0	$\frac{L}{4}$	$\frac{L}{2}$	$\frac{3L}{4}$	L
Für (84a)	$t=0$ bis $t=0$	$t=-\frac{T}{8}$ bis $+\frac{T}{8}$	$t=-\frac{T}{4}$ bis $+\frac{T}{4}$	$t=-\frac{3T}{8}$ bis $+\frac{3T}{8}$	$t=-\frac{T}{2}$ bis $+\frac{T}{2}$
Für (84b)	0 bis T	$+\frac{T}{8}$ bis $+\frac{7T}{8}$	$+\frac{T}{4}$ bis $+\frac{3T}{4}$	$+\frac{3T}{8}$ bis $+\frac{5T}{8}$	$+\frac{T}{2}$ bis $+\frac{T}{2}$

Die Lage dieser Intervalle ist in Abb. 15 angegeben mit Bezeichnung der Gebiete (84a) und (84b).

Die Gestalt der Saite ist in jedem Augenblick eine aus zwei graden Strecken bestehende dachförmige Linie. Die Knickstelle (der Dachfirst) bewegt sich während einer Halbperiode $T/2$ über die ganze Saite von $x = 0$ bis $x = L$ hinweg auf einem Parabelbogen, während der folgenden Halbperiode ebenso auf dem spiegelbildlichen Bogen von $x = L$ bis $x = 0$ zurück, beide Male mit der konstanten Wellengeschwindigkeit c. Die Gleichung beider Parabelbögen folgt aus (84a) und (84b) durch Elimination von t.

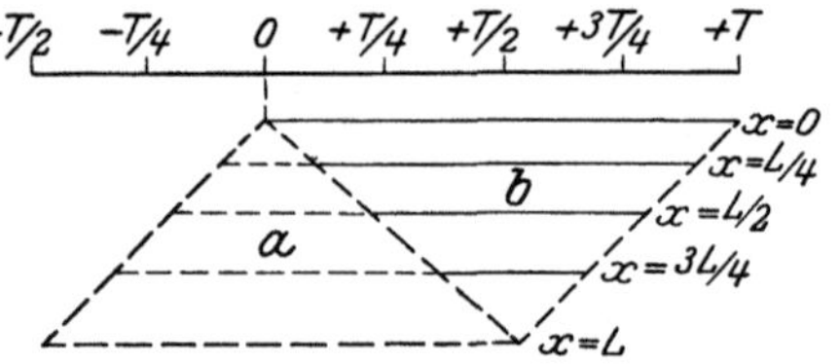

Abb. 15. Geltungsbereiche der Bewegungsgleichungen einer gestrichenen Saite (84a) — gestrichelt — und (84b) — ausgezogen —.

32. Schwingungsform der gestrichenen Saite durch Konstruktion der reflektierten Wellen. Charakteristisch für die Bewegungsform der gestrichenen Saite ist das Vorhandensein einer (oder mehrerer) Unstetigkeiten der Geschwindigkeit, die sich über die Saite hinwegbewegen. Man kann das Problem auch von vornherein unter diesem Gesichtspunkt betrachten und die d'ALEMBERTsche Lösung der Wellenbewegung [s. Gleichung (14), Ziff. 12] unter Berücksichtigung dieser besonderen Form der Unstetigkeit des Differentialquotienten der dargestellten Wellenfunktion anwenden. Diesen Weg hat HARNACK[1]) beschritten und an ihn anschließend neuerdings in den schon angeführten Arbeiten RAMAN[2]). Letzterer hat anscheinend ohne Kenntnis der Arbeiten von VOIGT und LINDEMANN dieselben verbesserten HELMHOLTZschen Formeln durch Betrachtung der an den Saitenenden reflektierten Wellen mit Geschwindigkeitssprüngen abgeleitet. Durch Annahme nicht bloß einer Unstetigkeit der Geschwindigkeit, sondern mehrerer, die längs der Saite verteilt sind, wird die Erklärung der treppenförmigen Geschwindigkeitskurven gegeben, die z. B. in den Arbeiten von KRIGAR-MENZEL und RAPS u. a. vielfach vorkommen. RAMAN gibt auch eine sehr lehrreiche Methode zur künstlichen Erzeugung solcher Geschwindigkeitssprünge auf der Saite an, indem die als Pendelfaden mit einem Gewicht beschwerte und vertikal aufgehängte Saite bei einer Pendelschwingung gegen einen (oder mehrere) feste Anschläge schlägt, wodurch die Geschwindigkeit der getroffenen, festgehaltenen Punkte plötzlich einen anderen Wert bekommt. Die Beobachtung, die seit KRIGAR-MENZEL und RAPS allgemein auf photographischem registrierenden Wege erfolgt, gibt in der Tat sehr gute Übereinstimmung mit gewissen Kurven aus den angeführten Arbeiten.

1) A. HARNACK, Math. Ann. Bd. 29, S. 486. 1887.

2) C. V. RAMAN, s. Anm. Ziff. 30.

33. Mitbewegung der Stege usw. Bei allen Saiteninstrumenten spielen die Stege, über welche die Saiten geführt sind und von denen ihre Länge begrenzt wird, eine große Rolle. Auch bei physikalischen Apparaten (Monochord, Sonometer) sind sie in Gebrauch, meist verschiebbar angeordnet zur bequemen Änderung der Saitenlänge. Neben der Funktion der Abgrenzung der Saite haben sie auch noch die Übertragung der Saitenschwingungen auf die Unterlage zu besorgen. Das ist sehr wichtig, weil durch die Unterlage — meist eine hölzerne Platte (Resonanzboden des Klaviers, Decke des Körpers der Saiteninstrumente) — der Ton der Saite überhaupt erst in genügender Stärke auf die Umgebung übertragen wird. Auf unnachgiebiger Unterlage starr befestigte Saiten lassen nur einen sehr schwachen Ton hören, im Gegensatz zu den kraftvollen Tönen der Saiteninstrumente.

Mit dem Resonanzboden und der Übertragung der Saitenschwingungen auf ihn durch die Stege beschäftigen sich Arbeiten von BERRY[1]). Es zeigt sich, daß die Stege sowohl senkrecht zur Saitenrichtung schwingen, wobei sie die Saitenschwingungen genau mitmachen, als auch, wie man von vornherein annehmen muß, in Längsrichtung der Saite, wobei sie durch die abwechselnden Verkürzungen und Verlängerungen hin und her gebogen werden. Bei dieser letzteren Bewegung müssen sie als tiefsten Ton die höhere Oktave des Grundtons geben, da die Saite bei jeder Transversalschwingung sich zweimal verkürzt und verlängert. Die relative Stärke dieser beiden Schwingungsformen hängt offenbar von den besonderen Befestigungsverhältnissen ab [vgl. dazu auch Arbeiten von GEORGE[2]), RAMAN[3]), WHITE[4]), EDWARDS[5]), HEWLETT[6]) und die Ausführungen im Artikel „Musikinstrumente und ihre Klänge" Ziff. 18ff. (ds. Bd. Kap. 8) sowie auch eine Arbeit von SEIFFERT[7]), der eine Theorie der Geige auf mechanischer Grundlage zu geben versucht].

34. Weitere Ergänzungen: Steifheit, Veränderlichkeit von Querschnitt und Dichte. Sind die Voraussetzungen vollkommener Biegsamkeit sowie vollkommener Gleichmäßigkeit bezüglich Material und Gestalt der Saite nicht streng erfüllt, so ergeben sich Abweichungen von den Ergebnissen der einfachen Theorie der Ziffern 13ff.

Unvollkommene Biegsamkeit, d. h. anders ausgedrückt, bereits ohne Spannung P vorhandene Steifheit bewirkt, daß die Saite sich wie ein Stab verhält, der zugleich von der Kraft P gedehnt ist. Die Transversalschwingungen sind daher unter Berücksichtigung der Eigenelastizität des Materials zu behandeln, d. h. als Stabschwingungen, die durch die Zusatzspannung P verändert sind. Die Teilschwingungen erhalten höhere Frequenzen und werden unharmonisch, indem die höheren Teiltöne relativ stärker erhöht werden (Näheres s. in Ziff. 51).

Veränderlichkeit der Dichte längs der Saite ist von Lord RAYLEIGH[8]) für den Fall allgemein behandelt worden, daß dieselbe klein bleibt gegen die Dichte selbst ($\delta s \ll s$). Das Ergebnis ist

$$\tau_h^2 = \frac{4l^2 s_0}{h^2 p}\left\{1 + \frac{2}{l}\int\limits_0^l \frac{\delta s}{s_0}\sin^2\frac{h\pi x}{l}\,dx\right\}. \tag{85}$$

---

1) G. H. BERRY, Phil. Mag. (6) Bd. 20, S. 652. 1910; Bd. 22, S. 113. 1911.

2) W. H. GEORGE, Phil. Mag. (6) Bd. 49, S. 97. 1925.

3) C. V. RAMAN, Phil. Mag. (6) Bd. 35, S. 493. 1918.

4) G. W. WHITE, Proc. Cambr. Phil. Soc. Bd. 18, S. 85. 1916.

5) P. H. EDWARDS, Phys. Rev. Bd. 32, S. 23. 1911.

6) C. W. HEWLETT, Phys. Rev. Bd. 35, S. 359. 1912.

7) A. SEIFFERT, Arch. f. Musikwiss. 1922. H. 4.

8) Lord RAYLEIGH, Theory of Sound Bd. I, § 140, S. 214; Phil. Mag. (6) Bd. 16, S. 235. 1908; In den Formeln der Theory of Sound sind versehentlich die Faktoren h^2 im Nenner (dort s^2) weggelassen.

h Ordnungszahl (1, 2, 3 ...), l Saitenlänge, s_0 mittlere Dichte, $p = P/q$ Saitenspannung, τ_h Periode des h-ten Teiltones. Beschränkt sich die Abweichung auf eine kleine Last mit der Masse m an der Stelle $x = b$, so wird

$$\tau_h^2 = \frac{4 l^2 s_0}{h^2 p}\left\{1 + \frac{2m}{l s_0}\sin^2\frac{h\pi b}{l}\right\}, \tag{86}$$

die Formel (85) läßt sich zur Auffindung von Dichteschwankungen benutzen, welche vorgeschriebene Änderungen der Perioden τ_h der Teiltöne geben. RAYLEIGH hat dies z. B. auf den Fall angewandt, daß nur der Grundton sich ändern, alle Obertöne ungeändert bleiben sollen. Es ergibt sich dafür eine cosinusförmige Dichteverteilung längs der Saite

$$\left.\begin{aligned} \frac{\delta s}{s_0} &= -2\alpha_1\cos\frac{2\pi x}{l} = A_1\cos\frac{2\pi x}{l}, \\ s &= s_0\left(1 + A_1\cos\frac{2\pi x}{l}\right), \end{aligned}\right\} \tag{87}$$

d. h. eine in der Mitte der Saite um $2\,A_1 s_0$ größere oder kleinere Dichte als an den Enden. Von den Perioden wird in der Tat nur die des Grundtones τ_1 geändert, denn nur α_1 wird von Null verschieden, nämlich $= -A_1/2$, alle anderen α werden $= 0$; mit α_h ist hierbei das zweite Glied der Klammer von Gleichung (85) bezeichnet. Lord RAYLEIGH hat eine solche sinusförmige Massenverteilung längs der Saite annähernd verwirklicht durch Aufkleben von zahlreichen Wachskügelchen auf eine Stahlsaite und hat hinreichende Übereinstimmung mit der Theorie beobachten können. Anhäufung der Masse nach der Saitenmitte bewirkt Tonvertiefung, nach den Enden hin Tonerhöhung. Das Entsprechende läßt sich für die Obertöne ausführen.

35. Angeblasene Saite. Äolsharfe[1]). Durch einen seitwärts gegengeblasenen Luftstrom kann eine Saite ebenfalls in dauernde Schwingungen mit ihrer Eigenfrequenz versetzt werden. Man erhält so die bekannte Äolsharfe (Windharfe). Die Schwingungsebene ist hier aber nicht parallel der Richtung des Luftstroms, sondern senkrecht dazu. Wie schon Lord RAYLEIGH[2]) bemerkt hat, hängt die Entstehung dieser Schwingungen zweifellos mit der Instabilität von Wirbelschichten in der an der Saite vorbeiströmenden Luft zusammen. Beobachtungen von STROUHAL[3]) bei der Untersuchung der von ihm „Reibungstöne“ genannten Erscheinungen geben über ihr Zustandekommen auf Grund neuerer Vorstellungen guten Aufschluß. Diese Dauerschwingungen und Töne entstehen offenbar immer, wenn eine Eigenschwingung der Saite in Resonanz ist mit der Frequenz der Wirbelablösung in der vorbeistreichenden Luftlamelle, die dann periodisch um das von der Saite gebildete Hindernis hin und her schwingt, dabei von der durch Resonanz mitschwingenden Saite unterstützt (Näheres über diese Erregungsart s. Ziff. 93ff. bei den Hieb- und Schneidentönen).

γ) Gerade Stäbe und Hohlzylinder.

36. Longitudinal- und Torsionsschwingungen. Die Theorie ist in den Ziff. 10 bis 19 enthalten, für Torsionsschwingungen allerdings nur bei kreisförmigem Querschnitt. Torsionsschwingungen von Stäben (und Saiten) mit anderem Querschnitt erfordern besondere Behandlung. Für rechteckigen Querschnitt hat F. A. SCHULZE[4]) die Torsionsschwingungen berechnet, ebenso für

[1]) Vgl. hierzu Artikel „Musikinstrumente und ihre Klänge“ Ziff. 42 (ds. Bd. Kap. 8).
[2]) Lord RAYLEIGH, Phil. Mag. (5) Bd. 7, S. 160. 1879; Theory of Sound Bd. I, § 138, S. 212; Bd. II, S. 412, § 372.
[3]) V. STROUHAL, Wied. Ann. Bd. 5, S. 216. 1878; Habilitationsschrift Würzburg 1878.
[4]) F. A. SCHULZE, Ann. d. Phys. (4) Bd. 13, S. 583. 1904.

elliptischen. Beide Fälle schließen sich der allgemeinen Theorie an, nur ist die Wellengeschwindigkeit c nach besonderen Formeln zu berechnen, die in der Veröffentlichung angegeben sind. Der Zweck der Arbeit ist übrigens nicht die Schaffung einer Tonquelle, sondern Messung der Elastizitätskonstanten nach einer akustischen Methode.

Zur Erzeugung von Longitudinaltönen werden die Stäbe mit einem Tuche, das angefeuchtet oder mit Kolophoniumpulver klebrig gemacht ist, in der Längsrichtung gerieben; auch Streichen mit einem quergestellten Geigenbogen erzeugt sie. Torsionsschwingungen werden nach SCHULZE am besten durch Streichen mit einem Geigenbogen hervorgerufen; besonders kräftig tönen dabei flache prismatische Stäbe, während runde Stäbe ihre Schwingungen nur sehr schwach an die umgebende Luft übertragen, ein Zeichen dafür, daß die Luftteilchen nur wenig durch Reibung an der Körperoberfläche mitgenommen werden.

Die Stäbe werden zweckmäßig an einem Ende fest eingeklemmt, an dem anderen durch Gegendrücken einer feinen Spitze gegen die Mitte des freien Endquerschnitts gestützt. Angestrichen wird an der Längskante oder an der freien Querkante.

Die Schwingungszahl des h-ten Teiltones eines solchen einseitig befestigten Stabes ist (vgl. Ziff. 14), wenn $h = 1, 2, 3 \cdots$ ist,

$$\omega_h = 2\pi N_h = \frac{(2h-1)\pi c}{2l}.$$

Für den frei-freien oder den fest-festen Stab gilt

$$\omega_h = 2\pi N_h = \frac{h\pi c}{l}.$$

Da die Schallgeschwindigkeit c hier durch den Torsionsmodul Φ oder, was auf dasselbe hinauskommt, durch den YOUNGschen Dehnungsmodul E und die POISSONsche Elastizitätszahl μ bestimmt ist, wie auch bei den Transversalschwingungen der Stäbe, so sind die Schwingungszahlen sehr groß, die Töne sehr hoch. Die Wellengeschwindigkeit c'' berechnet sich aus der allgemeingültigen Beziehung

$$c'' = D^{\frac{1}{2}} (Js)^{-\frac{1}{2}}, \tag{88}$$

indem man für D und J die von DE ST. VENANT berechneten Werte einsetzt. Dabei ist D das rücktreibende Drehmoment für eine Drehung um den Winkel 1 pro Längeneinheit der Torsionsachse, s die Dichte, J das polare Trägheitsmoment des Querschnitts in bezug auf seinen Mittelpunkt ($J = q\int r^2 dq$, wo q der Querschnitt, r der Abstand des Querschnittelementes dq vom Mittelpunkt ist).

Sie ist für elliptischen Querschnitt (Achsen β und γ, $\gamma/\beta = v$)

$$c'' = \frac{2\beta\gamma}{\beta^2+\gamma^2}\sqrt{\frac{\Phi}{s}} = \frac{2v}{1+v^2}\sqrt{\frac{E}{2s(1+\mu)}}, \tag{89a}$$

für rechteckigen Querschnitt (Kanten β und γ, $\gamma/\beta = v$)

$$\left.\begin{aligned} c'' &= A\,\frac{2v}{1+v^2}\sqrt{\frac{\Phi}{s}},\\ A &= \frac{1}{4}\left\{\frac{16}{3} - \left(\frac{4}{\pi}\right)^5 v \sum_{n=1}^{\infty} \frac{1}{(2n-1)^5}\,\frac{e^{\frac{2n-1}{2v}\pi} - e^{-\frac{2n-1}{2v}\pi}}{e^{\frac{2n-1}{2v}\pi} + e^{-\frac{2n-1}{2v}\pi}}\right\}\sqrt{3(1+v^2)}\\ &= \frac{1}{4}\left\{\frac{16}{3} - \left(\frac{4}{\pi}\right)^5 v \sum_{n=1}^{\infty} \frac{1}{(2n-1)^5}\,\mathfrak{Tg}\,\frac{(2n-1)\pi}{2v}\right\}\sqrt{3(1+v^2)}. \end{aligned}\right\} \tag{89b}$$

Für flache Stäbe, also kleines v, wird näherungsweise

$$A = \sqrt{(1 + v^2)(1 - 0{,}630249v)}\,.$$

Bei rechteckigem Querschnitt ist für gleiches Verhältnis v die Geschwindigkeit c kleiner als bei elliptischem, für verschwindendes v werden beide Werte gleich, doch verliert für solche unendlich dünnen Stäbe der Begriff der Torsionsschwingungen seine Bedeutung, wie auch daraus hervorgeht, daß c dabei selbst gleich Null wird. Es tritt dann die einfache Biegung an die Stelle der Torsion.

Der Faktor A von Gleichung (89b) hat nach DE ST. VENANT[1]), auf dessen Elastizitätstheorie SCHULZE seine Rechnung stützt, für verschiedene v folgende aus Tabelle 5 zu entnehmende Werte $A = 6\sqrt{K}$. Für einen Stab mit quadratischem Querschnitt ($v = 1$) folgt daraus $A = 0{,}898$, während der kreisrunde Querschnitt ($v = 1$) den Wert 1 hat.

Tabelle 5. Torsionswellen rechteckiger Stäbe.

fur $v = \gamma/\beta$	$\beta = \gamma$ 1	$\beta = 2\gamma$ 0,5	$\beta = 4\gamma$ 0,25	$\beta = 8\gamma$ 0,125
K	0,0224	0,0238	0,0249	0,0260

Für den kreisrunden Stab ist überhaupt c und damit die Tonhöhe aller Eigentöne bei gleicher Stablänge am größten. Als Beispiele rechteckiger Stäbe sind die in Tabelle 6 verzeichneten Werte aus der Arbeit von SCHULZE angegeben. N_1 ist der erste Torsionston (Grundton) des einseitig eingeklemmten Stabes.

Tabelle 6. Schwingungszahl des Torsionsgrundtons rechteckiger Stäbe.

Stab Nr.	Stoff	Schwingungszahl N_1	Breite b cm	Hohe h cm	Lange l cm	Dichte s	Dehnungsmodul E kg/mm²	Torsionsmodul Φ kg/mm²	POISSONsche Zahl μ
1	Stahl	1024	0,995	0,152	22,30	7,801	18952	8106	0,169
2	,,	2048	1,00	0,100	7,40	7,798	19120	7873	0,220
4	Wismut	2048	0,999	0,200	10,00	9,90	3293	1372	0,200
5	Messing	2048	0,995	0,195	9,38	8,300	9308	3908	0,191
6	Glas	2048	1,005	0,165	13,30	2,500	7722	3191	0,210
7	Ebonit	1024	1,00	0,200	9,00	0,8316	2087	849	0,299

Die Schwingungsfiguren, Lage der Knoten und Bäuche usw. sind in den Tabellen 1 und 2, Ziff. 14 enthalten. Neues ist nicht hinzuzufügen.

Die Anwendung von longitudinalen Schwingungen zur Erzeugung hoher Töne bei akustischen und auf akustischer Grundlage beruhenden Messungen ist bekannt. Es genügt der Hinweis auf die KUNDTschen Staubfiguren, die an anderer Stelle dieses Handbuches behandelt werden[2]). Ebenso ein Hinweis auf die Stimmstäbe von R. KOENIG und von APPUN, auf die Bestimmung der Elastizitätskonstanten fester Körper mit ihrer Hilfe oder auch mittels Torsionsschwingungen. Nach KOENIG[3]) sind in der Mitte eingeklemmte Stäbe mit freien Enden zur einwandfreien Erzeugung von Longitudinaltönen mittels Anschlagens der Endflächen nur bis etwa c_6 (ca. 8000 Schw./sec) brauchbar; darüber hinaus stören die gleichzeitig auftretenden Transversaltöne. Erregung durch Reiben gelingt bei der erforderlichen Kürze nur an ganz dünnen Stäben, also Saiten, wie SCHULZE sie benutzt hat (vgl. die Literaturangaben in Ziff. 18).

37. Transversal-, Quer- oder Biegungsschwingung von Stäben. Differentialgleichung. Bezeichnungen: x Abszisse längs der Achse gemessen, y seitliche Ausbiegung, l Länge, q Querschnitt, s Dichte, $J = \mu\varkappa^2 = \varkappa^2 sq\,dx$ Trägheitsmoment einer Querschnittsscheibe von der Dicke dx, bezogen auf eine durch

1) M. DE ST. VENANT, Mém. présentés par div. savants Bd. 14, S. 233–560. 1856.
2) Vgl. hierzu Artikel „Akustische Meßmethoden“ Ziff. 11 (ds. Bd. Kap. 13).
3) R. KOENIG, Wied. Ann., N. F. Bd. 69, S. 721. 1899.

den Schwerpunkt gehende Drehungsachse, $\varkappa$ Trägheits- oder Gyrationsradius, E Dehnungsmodul, T kinetische, V potentielle Energie des Stabes.

Die Differentialgleichung wird (Querschnitt q und Dichte s konstant angenommen)

$$s q \frac{\partial^2 y}{\partial t^2} - s q \varkappa^2 \frac{\partial^4 y}{\partial x^2 \partial t^2} + E q \varkappa^2 \frac{\partial^4 y}{\partial x^4} = 0 . \tag{90}$$

Meist ist das mittlere Glied, das von den Drehbewegungen des Querschnitts herrührt, klein gegen die beiden anderen, und die Gleichung vereinfacht sich durch seine Weglassung zu

$$\frac{\partial^2 y}{\partial t^2} + \varkappa^2 c^2 \frac{\partial^4 y}{\partial x^4} = 0 , \qquad \left(c^2 = \frac{E}{s}\right), \tag{90a}$$

wo c die Wellengeschwindigkeit longitudinaler Wellen ist. Die Herleitung kann auf verschiedene Weise erfolgen, z. B. durch Berechnung der auf einen Querschnitt q oder, genauer gesagt, eine Querschnittscheibe $q\,dx$ wirkenden Kräfte und Drehmomente und Einsetzen dieser Werte in die NEWTONsche Bewegungsgleichung, oder durch Berechnung der potentiellen und kinetischen Energie als Funktion der Lage- und Impuls- bzw. Geschwindigkeitskoordinaten und Ableitung der Bewegungsgleichungen aus diesen Werten nach irgendeinem Prinzip der Mechanik[1]).

Die von Lord RAYLEIGH angegebene Ableitung mittels des Prinzips der virtuellen Geschwindigkeiten liefert zugleich die Grenzbedingungen in allgemeinster Form. Die kinetische Energie T ist

$$T = \frac{1}{2}\int_0^l s q \left(\frac{\partial y}{\partial t}\right)^2 dx + \frac{1}{2}\int_0^l s q \varkappa^2 \left(\frac{\partial^2 y}{\partial x \partial t}\right)^2 dx = T_{tr} + T_r ,$$

wo das erste Glied T_{tr} die Energie der Translationsbewegung, das zweite T_r diejenige der Rotationsbewegung darstellt. Die potentielle Energie V ist

$$V = \frac{1}{2}\int_0^l E q \varkappa^2 \left(\frac{\partial^2 y}{\partial x^2}\right)^2 dx .$$

Indem man die Variation der Gesamtenergie $= 0$ setzt, erhält man nach einigen Umformungen die Gleichung

$$\int_{x=0}^{l} \left[E q \varkappa^2 \frac{\partial^4 y}{\partial x^4} + s q \frac{\partial^2 y}{\partial t^2} - s q \varkappa^2 \frac{\partial^4 y}{\partial t^2 \partial x^2}\right] dx\, \delta y$$
$$+ \left[E q \varkappa^2 \frac{\partial^2 y}{\partial x^2}\, \delta\left(\frac{\partial y}{\partial x}\right) + \left(s q \varkappa^2 \frac{\partial^3 y}{\partial t^2 \partial x} - E q \varkappa^2 \frac{\partial^3 y}{\partial x^3}\right) \delta y\right]_{x=0}^{x=l} = 0 .$$

Die Variationen δy usw. sind ganz willkürlich; sie unterliegen nur den Bedingungen des Problems, hier also den Bedingungen, daß y und der Neigungswinkel $\partial y/\partial x$ sich stetig mit x ändern müssen. Also kann dieser Gleichung nur genügt werden, wenn beide eckigen Klammern jede für sich $= 0$ gesetzt werden. Die Klammer unter dem Integralzeichen liefert die bereits angegebene Differentialgleichung (90), die andere gibt die Grenzbedingung an den Enden $x = 0$ und $x = l$ des Stabes:

$$E q \varkappa^2 \frac{\partial^2 y}{\partial x^2}\, \delta\left(\frac{\partial y}{\partial x}\right) + s q \varkappa^2 \left(\frac{\partial^3 y}{\partial x \partial t^2} - c^2 \frac{\partial^3 y}{\partial x^3}\right) \delta y = 0 . \tag{91}$$

[1]) Vgl. Lord RAYLEIGH, The Theory of Sound, 2. Ausg., Bd. I, § 162, S. 258. 1894; A. KALÄHNE, Grundzüge der math.-phys. Akustik Bd. II, § 44, S. 107. Leipzig 1913; H. LAMB, The Dynamical Theory of Sound. London 1910; Enzyklop. d. math. Wiss. Bd. IV, 2 II, Art. 26 (Akustik, von LAMB).

Diese zerfällt in allen praktisch wichtigen Fällen in mehrere Einzelbedingungen, indem die Variationen der Ausbiegung δy und der Neigung $\delta\left(\frac{\partial y}{\partial x}\right)$ der Stabenden in jedem Falle durch die besondere Befestigungsart bestimmt sind.

38. Die Grenzbedingungen bei Stabquerschwingungen. Es sind vier Fälle denkbar.

1. Das Stabende ist frei. — Variation der Ausbiegung und der Neigung sind frei wählbar, also muß sein

$$\frac{\partial^2 y}{\partial x^2} = 0 \qquad \text{und} \qquad \frac{\partial^3 y}{\partial x\,\partial t^2} - c^2\frac{\partial^3 y}{\partial x^3} = 0\,, \qquad \left(c^2 = \frac{E}{s}\right),$$

wobei die zweite dieser Gleichungen sich vereinfacht zu $\frac{\partial^3 y}{\partial x^3} = 0$, wenn die Drehbewegungen wie bei der Differentialgleichung vernachlässigt werden können.

2. Das Stabende ist fest eingespannt (eingeklemmt). — Es kann sich weder drehen noch seitlich ausweichen, also ist $\delta y = 0$ und $\delta\left(\frac{\partial y}{\partial x}\right) = 0$. Diese Bedingungen lauten, wenn die ursprünglich gerade Stabachse zugleich Abszissenachse ist:

$$y = 0 \qquad \text{und} \qquad \frac{\partial y}{\partial x} = 0\,.$$

3. Das Stabende ist drehbar gelagert (gestützt, angestemmt, engl. supported), d. h. es ist durch eine Kraft so festgehalten, daß es nicht seitlich ausweichen, aber um eine im Endquerschnitt liegende Achse sich drehen kann. Der Fall ist zu verwirklichen durch Gegenstemmen des Stabendes gegen ein — schwach gewölbtes — festes Widerlager. Dabei ist $\delta y = 0$, aber die Neigungsvariation $\delta\left(\frac{\partial y}{\partial x}\right)$ bleibt willkürlich, woraus die Grenzbedingungen folgen

$$\delta y = 0 \qquad \text{und} \qquad \frac{\partial^2 y}{\partial x^2} = 0\,.$$

4. Das Stabende ist gerichtet verschiebbar, d. h. es kann seitlich ausweichen, aber seine Richtung ist durch ein Zwangsdrehmoment festgelegt. Also ist δy willkürlich, aber $\delta\left(\frac{\partial y}{\partial x}\right) = 0$, und die Grenzbedingungen werden

$$\delta\left(\frac{\partial y}{\partial x}\right) = 0 \qquad \text{und} \qquad \frac{\partial^3 y}{\partial x\,\partial t^2} - c^2\frac{\partial^3 y}{\partial x^3} = 0 \qquad \text{bzw.} \qquad \frac{\partial^3 y}{\partial x^3} = 0\,.$$

Dieser vierte Fall ist nicht zu verwirklichen. Fall 3 ist zwar möglich, z. B. durch Einklemmen eines Stabes zwischen feste Widerlager (vgl. den Stimmstock im Körper der Saiteninstrumente), hat aber für die Schallerregung keine größere Bedeutung. Wichtig sind nur die beiden ersten Fälle; sie können, da jeder Stab zwei Enden hat, in verschiedenen Kombinationen vorkommen, so daß sich die drei praktisch möglichen Fälle ergeben:

I. Frei-freier Stab, beide Enden frei,
II. Fest-fester Stab, beide Enden fest,
III. Fest-freier Stab, ein Ende frei, ein Ende eingeklemmt.

39. Integration der Differentialgleichung. Für stehende Schwingungen führt die Methode der Zerspaltung der Funktionen wie bei den Saitenschwingungen zum Ziel. Es wird in Gleichung (90a) gesetzt

$$y = y_t \cdot y_x\,, \tag{92}$$

wodurch man nach einigen Umformungen ähnlich den früheren erhält

$$\frac{1}{y_t}\frac{d^2 y_t}{d t^2} = -\frac{\varkappa^2 c^2}{y_x}\frac{d^4 y_x}{d t^4} = -\omega_k^2 = -\frac{m_k^4\,\varkappa^2 c^2}{l^4}\,. \tag{93}$$

Dabei ist die Konstante, der beide Seiten der zerspaltenen Gleichung gleich sein müssen als $-\omega_k^2$ oder $-m_k^4 \varkappa^2 c^2/l^2$ bezeichnet; m_k bedeutet eine Konstante für die k-te Teilschwingung (Frequenzkonstante). Die Zerspaltung liefert also zwei gewöhnliche Differentialgleichungen

$$\frac{d^2 y_t}{d t^2} = -\omega^2 y_t = -\frac{m^4 \varkappa^2 c^2}{l^4} y_t, \qquad \frac{d^4 y_x}{d x^4} = \frac{\omega^2}{\varkappa^2 c^2} y_x = \frac{m^4}{l^4} y_x{}^{1)}. \tag{94}$$

Die Lösung der ersteren ist wie früher eine der einfach sinusförmigen Zeitfunktionen

$$y_{kt} = \begin{cases} \sin \omega_k t, \\ \cos \omega_k t, \end{cases} \qquad \omega_k = \frac{m_k^2 \varkappa c}{l^2}, \qquad (k = 0, 1, 2 \ldots), \tag{95}$$

wobei die Parameter m_k und die zugehörigen Frequenzen ω_k eine diskrete Wertereihe bilden. Die Lösung der zweiten Gleichung, einer linearen gewöhnlichen Differentialgleichung 4. Ordnung, erfordert vier Partikularintegrale[1]), z. B.

$$\sin \frac{m x}{l}, \qquad \cos \frac{m x}{l}, \qquad e^{\frac{m x}{l}}, \qquad e^{-\frac{m x}{l}}$$

oder Verbindungen derselben, wie z. B. die Hyperbelfunktionen

$$\mathfrak{Sin} \frac{m x}{l} = \frac{1}{2}\left(e^{\frac{m x}{l}} - e^{-\frac{m x}{l}}\right) \quad \text{und} \quad \mathfrak{Cof} \frac{m x}{l} = \frac{1}{2}\left(e^{\frac{m x}{l}} + e^{-\frac{m x}{l}}\right).$$

40. Eigenfunktionen der Stabschwingungen für einzelne Fälle. Das allgemeine Integral erhält man durch Addition von vier solchen unabhängigen Teilintegralen, z. B. in der Form[2])

$$y_x = \mathfrak{A} \sin \frac{m x}{l} + \mathfrak{B} \cos \frac{m x}{l} + \mathfrak{C}\, \mathfrak{Sin} \frac{m x}{l} + \mathfrak{D}\, \mathfrak{Cof} \frac{m x}{l}. \tag{96}$$

Mit Rücksicht auf die Grenzbedingungen ergibt sich hieraus die Eigenfunktion y_x des betreffenden Stabes für jede besondere Befestigungsart. Weiter folgt daraus der Parameter m_k und damit aus einer transzendenten Gleichung die Kreisfrequenz der Teilschwingung ω_k. In akustischer Beziehung haben diese Werte allein Interesse, während die Eigenfunktionen, die die Schwingungsfigur des Stabes bestimmen, wesentlich für die Mechanik des Schwingungsvorganges Bedeutung besitzen. Es seien deshalb hier allgemein nur die Werte m und die aus ihnen zu berechnenden Schwingungsfrequenzen angegeben, die Eigenfunktionen nur beispielsweise für einen Fall, nämlich den des frei-freien Stabes.

I. Frei-freier Stab; Enden bei $x = 0$ und $x = l$:

$$\left.\begin{aligned} y_{kx} = (\cos m_k - \mathfrak{Cof}\, m_k)\left[\cos \frac{m_k x}{l} + \mathfrak{Cof} \frac{m_k x}{l}\right] \\ + (\sin m_k + \mathfrak{Sin}\, m_k)\left[\sin \frac{m_k x}{l} + \mathfrak{Sin} \frac{m_k x}{l}\right]. \end{aligned}\right\} \tag{97}$$

Dieser Ausdruck kann auch andere Form annehmen, indem die Faktoren in den runden Klammern durch andere ersetzt werden, ohne daß dabei die Eigenfunktion ihren Charakter ändert, nämlich $(\cos m_k - \mathfrak{Cof}\, m_k)$ durch $(\sin m_k - \mathfrak{Sin}\, m_k)$ und gleichzeitig $(\sin m_k + \mathfrak{Sin}\, m_k)$ durch $-(\cos m_k - \mathfrak{Cof}\, m_k)$. Noch andere Formen erhält man, wenn man den Koordinatenanfang in die Stabmitte, die Enden also an die Stellen $x = -l/2$ und $+l/2$ legt. Näheres darüber in Werken über Schwingungslehre[3]). In allen Fällen wird die augenblickliche Ausbiegung y_k für die Teilschwingung der Ordnungszahl k erhalten, indem y_{kx} mit der Zeitfunktion

$$\mathfrak{A}_k \sin \omega_k t + \mathfrak{B}_k \cos \omega_k t = a_k \sin(\omega_k t + \vartheta_k)$$

---

[1]) Hier ist statt m genauer m_k, y_{kt} statt y_t und y_{kx} statt y_x zu schreiben.

[2]) Näheres darüber z. B. bei A. KALÄHNE, Math.-phys. Akustik Bd. II, § 48ff., S. 119. Auch hier ist statt m genauer m_k und entsprechend y_{kx} statt y_x zu schreiben.

[3]) S. z. B. die in der Anm. zu Ziff. 37 aufgeführten Werke.

multipliziert wird, wobei das Verhältnis der beiden Integrationskonstanten $\mathfrak{B}_k/\mathfrak{A}_k$ bzw. die Phasenkonstante ϑ_k aus derselben Beziehung folgt, welche die transzendente Gleichung für m liefert. Diese transzendente Gleichung ist hier

$$1 - \cos m \,\mathfrak{Cos}\, m = 0\,. \tag{98}$$

Ihre unendlich vielen diskreten Wurzeln lassen sich in der Form darstellen

$$m_k = (2k-1)\frac{\pi}{2} + (-1)^k \beta_k\,, \qquad (k = 0, 1, 2 \ldots), \tag{98a}$$

die ersten acht Wurzeln sind in Tabelle 7 zusammengestellt.

Die höheren Wurzeln werden fast genau die entsprechenden Vielfachen von $\pi/2$, nämlich $(2k-1)\,\pi/2$, von $k = 3$ an schon auf drei Dezimalen. Die Abweichung β_k beträgt für $k = 3$ nur $^1/_{10000}$ und wird mit wachsendem k schnell verschwindend klein. Die Wurzeln zerfallen in zwei Gruppen, für gerade und für ungrade k. Die geraden k entsprechen Schwingungen, bei denen die beiden Hälften des Stabes symmetrisch zur Stabmitte schwingen (gerade Knotenzahl), die ungeraden k ergeben zur Stabmitte antisymmetrische Schwingungen (ungerade Knotenzahl). Die Werte m_0 und m_1, die beide Null sind, gehören zu unendlich langsamen Bewegungen des Stabes als Ganzes ohne Deformation, und zwar $k=0$ zu einer Translation ohne Drehung, $k = 1$ zu einer Drehung des Stabes um seinen Mittelpunkt. Beide Bewegungen sind nicht eigentlich als Schwingungen anzusehen, müssen aber mit berücksichtigt werden, wenn durch Übereinanderlagerung von Teilschwingungen ein willkürlicher Anfangszustand dargestellt werden soll.

II. Fest-fester Stab; Enden bei $x = 0$ und $x = l$.

Die transzendente Gleichung für m, also auch die Werte von m und daher der Schwingungsfrequenzen sind dieselben wie im Fall 1; die Eigenfunktionen unterscheiden sich von den dortigen nur durch negatives Vorzeichen des zweiten Gliedes in den eckigen Klammern.

III. Fest-freier bzw. frei-fester Stab.

Die transzendente Gleichung für m ist

$$1 + \cos m \,\mathfrak{Cos}\, m = 0\,, \tag{99}$$

ihre Wurzeln haben die Form

$$m'_k = (2k-1)\frac{\pi}{2} - (-1)^k \alpha_k\,. \tag{99a}$$

Tabelle 7. Frequenzparameter m_k und m'_k für Querschwingungen von Stäben.

k	$(2k-1)\frac{\pi}{2}$	m_k	m'_k	k	$(2k-1)\frac{\pi}{2}$	m_k	m'_k
0		0	0	1	$\frac{\pi}{2} = 1{,}570796$	0	1,87510
2	$\frac{3\pi}{2} = 4{,}712389$	4,73004	4,69410	3	$\frac{5\pi}{2} = 7{,}853982$	7,85320	7,85476
4	$\frac{7\pi}{2} = 10{,}995574$	10,99561	10,99554	5	$\frac{9\pi}{2} = 14{,}137167$	14,13717	14,13717
6	$\frac{11\pi}{2} = 17{,}278760$	17,27876	17,27876	7	$\frac{13\pi}{2} = 20{,}420352$	20,42035	20,42035
		frei-frei und fest-fest	fest-frei			frei-frei und fest-fest	fest-frei

Die ersten sieben Werte für $k = 1$ bis 7 sind ebenfalls in Tabelle 7 angegeben. Die höheren Wurzeln, praktisch von $k = 3$ an, gehen wieder asymptotisch in die Werte $(2k-1)\,\pi/2$ über. Die Eigenfunktion hat ähnliche Form wie in den vorigen Fällen. Hier sowohl wie dort sind natürlich die Parameter m und damit die Schwingungsfrequenzen von der besonderen äußeren Form der Eigenfunktion, die ja von der willkürlich wählbaren Lage des Koordinatenanfangspunktes abhängt, ganz unabhängig. Alle Eigenfunktionen erfüllen die Orthogonalitätsbedingungen (vgl. dazu Ziff. 13).

41. Schwingungsfrequenzen und Lage der Knoten. Die sekundlichen Frequenzen der Teilschwingungen eingespannter Stäbe sind

$$N_k = \frac{\omega_k}{2\pi} = \frac{m_k^2 \varkappa c}{2\pi l^2} = \frac{m_k^2 \varkappa}{2\pi l^2} \sqrt{\frac{E}{s}}\,. \tag{100}$$

Für rechteckigen Querschnitt (Breite B, Höhe H) ist $\varkappa = H/\sqrt{12}$, für kreisförmigen Querschnitt (Radius R) ist $\varkappa = R/2$.

Die Tonfrequenzen sind also der Stabdicke bei rechteckigem, dem Durchmesser bzw. Radius bei Stäben mit kreisförmigem Querschnitt proportional, in allen Fällen dem Quadrat der Länge l^2 umgekehrt proportional. Als Faktor tritt die Schallgeschwindigkeit c für Longitudinalschwingungen auf. Die Teiltöne sind unharmonisch, die vier ersten Obertöne bilden z. B. mit dem Grundton bei dem frei-freien und dem fest-freien Stab folgende Intervalle (Schwingungszahlenverhältnisse) (s. Tab. 8), berechnet aus den Werten m_k^2 der Tabellen 9 bis 11. Grundton ist der Ton mit der Ordnungszahl $k=2$ für den frei-freien und fest-festen, dagegen $k=1$ für den fest-freien Stab.

Tabelle 8. Frequenzverhältnis der Obertöne zum Grundton bei querschwingenden Stäben.

	k	N/N_{gr}	k	N/N_{gr}
Grundton	2	1	1	1
1. Oberton	3	2,76	2	6,27
2. ,,	4	5,41	3	17,57
3. ,,	5	8,94	4	34,37
4. ,,	6	13,37	5	56,84
	frei-freier und fest-fester Stab		fest-freier Stab	

Für hohle Stäbe[1]) (Röhren, Hohlzylinder) gilt: bei rechteckigem Querschnitt (äußere Breite B, innere Breite b, äußere Höhe H, innere Höhe h)

$$\varkappa = \frac{1}{2\sqrt{3}} \sqrt{\frac{BH^3 - bh^3}{BH - bh}}\,,$$

bei Kreisringquerschnitt (Radius außen R, innen r) $\varkappa = \frac{1}{2}\sqrt{R^2 + r^2}$.

Die Schwingungsfigur ist für jede der Teilschwingungen eine besondere Kurve mit Scheitelwerten (Extremwerte, Maxima und Minima, Bäuche), Nullwerten (Knoten), Wendepunkten nnd Krümmungspunkten (Stellen stärkster Krümmung). Die Werte dafür sind von Lord RAYLEIGH u. a. berechnet, zusammengestellt in Tabellenform bei KALÄHNE[2]) für die Stablänge $l = 1$.

Für die Knoten sind die Werte x/l bis zum 4. Oberton folgende, wobei gleich die Quadrate m^2 der Parameterwerte hinzugefügt sind (s. Tab. 9 bis 11). Ein Bauch liegt immer am freien Ende, die übrigen zwischen je zwei benachbarten Knoten. Die Schwingungszahlen sind bei gleichen Dimensionen für die höheren Obertöne des fest-freien Stabes dieselben wie die des frei-freien und des fest-festen Stabes (praktisch vom Werte $k = 4$ an, der für den fest-freien Stab den 3. Oberton, für die bei den anderen Fälle den 2. Oberton bedeutet).

Die Schwingungsfiguren des Grundtons und der beiden ersten Obertöne eingespannter Stäbe sind schematisch in den Abb. 16 und 17 dargestellt.

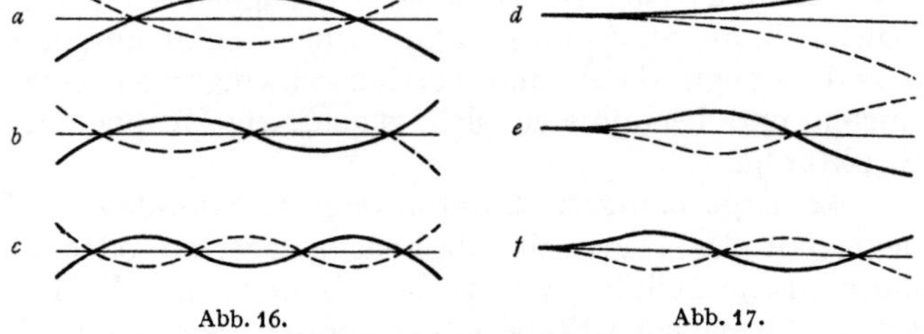

Abb. 16. Abb. 17.

Abb. 16 u. 17. Schwingungsfiguren der drei tiefsten Töne: a, b, c des frei-freien Stabes; d, e, f des fest-freien Stabes.

[1]) W. ELSÄSSER, Inaug.-Dissert. Marburg 1886; C. T. HEUSER, desgl. 1884.

[2]) A. KALÄHNE, Math.-phys. Akustik Bd. II, § 53.

Tabelle 9 bis 11. Quadrate der Frequenzparameter m_k^2 und Lage der Knoten x/l für Querschwingungen von geraden Stäben.

Tabelle 9. Frei-freier Stab.

k	Grundton 2	1. Oberton 3	2. Oberton 4	3. Oberton 5	4. Oberton 6
m_k^2	22,372	61,674	120,90	199,86	298,55
Lage der Knoten x/l	0,2242	0,1321	0,0944	0,0735	0,0601
	0,7758	0,5	0,3558	0,2768	0,2265
		0,8679	0,6442	0,5	0,4091
			0,9056	0,7232	0,5909
				0,9265	0,7735
					0,9399

Tabelle 10. Fest-fester Stab.

k	Grundton 2	1. Oberton 3	2. Oberton 4	3. Oberton 5	4. Oberton 6
m_k^2	22,372	61,674	120,90	199,86	298,55
Lage der Knoten x/l	0	0	0	0	0
	1	0,5	0,3593	0,2787	0,2281
		1	0,6407	0,5	0,4091
			1	0,7213	0,5909
				1	0,7719
					1

Tabelle 11. Fest-freier Stab.

k	Grundton 1	1. Oberton 2	2. Oberton 3	3. Oberton 4	4. Oberton 5
$m_k'^2$	3,5160	22,035	61,698	120,90	199,86
Lage der Knoten x/l	0	0	0	0	0
		0,7739	0,5001	0,3561	0,2788
			0,8679	0,6442	0,5
				0,9056	0,7232
					0,9265

Der beiderseits drehbar gelagerte (unterstützte) Stab mit Grenzbedingung 3 von Ziffer 38 hat besonders einfache Eigenfunktionen, nämlich $y_{kx} = \sin k\pi x/l$ mit $k = 1, 2, 3 \ldots$, und daher auch besonders einfache Verhältnisse in bezug auf Frequenzen der Teilschwingungen und Schwingungsfiguren. Es gilt hier offenbar dasselbe wie bei den Saiten. Praktische Bedeutung für selbständige Erzeugung von Tönen haben derartig angeordnete Stäbe nicht; die als Stützen zur Versteifung der Körper von Saiteninstrumenten benutzten „Stimmstöcke" dürften den vorliegenden Fall einigermaßen verwirklichen.

Eine Untersuchung querschwingender Stäbe, sowohl fest eingespannter, als auch drehbar gelagerter, besonders bezüglich der Knotenlagen, haben RELF und COWLEY[1]), allerdings im subakustischen Gebiet, ausgeführt. Häufig treten Transversal-, Longitudinal- und Torsionsschwingungen gemeinschaftlich auf; sie bedingen und beeinflussen sich gegenseitig [Koppelung infolge der molekularen Struktur[2])].

42. Ergänzungen. Stabtonometer. Stabklavier. Zungen. Abgesehen von dem Fall des beiderseits drehbar gelagerten oder unterstützten Stabes, der harmonische Teiltöne wie die Saite besitzt, sind die Teilschwingungen der transversalschwingenden Stäbe unharmonisch, wie aus den Tabellen 7 bis 11 hervorgeht. Der Klang solcher Stäbe hat deshalb, wenn der Grundton mit den anderen

---

1) E. F. RELF u. W. L. COWLEY, Phil. Mag. (6) Bd. 48, S. 646. 1924.

2) Vgl. L. AMADUZZI, Rend. di Bologna 1924/25; Phys. Ber. Bd. 7, S. 1788. 1926.

Teiltönen zusammen erklingt, etwas Scharfes, Unmusikalisches. Für Musikzwecke sind sie daher nur sehr bedingt brauchbar und werden eigentlich nur in dem bekannten Stabklavier[1]) angewandt, sowie als schwingende Zungen in den Zungenpfeifen der Orgel, des Harmoniums und bei den bekannten Instrumenten vom Harmonikatypus. Doch werden ihre Schwingungen dabei durch die mitschwingenden Luftsäulen stark beeinflußt (Näheres in den Ziff. 102ff.).

Das Stabklavier, mehr ein Spielzeug als ein Musikinstrument, besteht aus nebeneinandergelagerten, verschieden langen Stäben, deren Grundtöne auf die Tonleiter abgestimmt sind, und die so gelagert sind, daß sie in den Knotenpunkten auf zwei zusammenlaufenden Holzleisten aufliegen oder an diesen mittels Fäden aufgehängt sind. Durch die Befestigung, Unterstützung an geeigneten Knoten, können die nicht gewünschten Teiltöne zum Teil beseitigt oder wenigstens sehr geschwächt werden. Eine solche Zusammenstellung zahlreicher Stäbe, deren Frequenzen in kleinen Schritten aufsteigen, kann als wissenschaftliches Hilfsmittel zur Vergleichung und Messung von Schwingungszahlen dienen (Tonometer).

Die Erregung erfolgt — besonders bei größeren und hinreichend schweren Stäben — zweckmäßig durch Anstreichen mit Geigen- oder Cellobogen oder durch Anschlagen mit einem Korkhammer, der für die tieferen und mittleren Töne am besten mit einem Kautschuk- oder Filzüberzug versehen ist. Anschlag mit hartem Hammer begünstigt die hohen Obertöne.

Hohle Stäbe geben bei gleichen äußeren Dimensionen höhere Töne als massive Stäbe aus gleichem Stoff, wie aus den Werten des Trägheitsradius folgt (s. Ziff. 41). Längere dünnwandige Rohre (ca. 1 m Länge) geben als frei-freie Stäbe tönend glockenähnlichen Klang.

43. Stäbe mit veränderlichem Querschnitt (Abb. 18a—e). Stäbe mit längs der Achse veränderlichem Querschnitt sind für akustische Zwecke kaum in Gebrauch, abgesehen von solchen veränderlicher Breite, z. B. bei schwingenden Zungen, die zuweilen in Dreiecksform oder länglicher Trapezform ausgeführt werden. Analytische Behandlung derartiger Fälle bei KIRCHHOFF[2]), VOGEL[3]), MEYER ZUR CAPELLEN[4]), MORROW[5]), während DECHARME[6]) zahlreiche Fälle von ungleichförmigem Querschnitt experimentell untersucht hat. KIRCHHOFF hat den Fall eines keilförmigen, am dicken Ende eingespannten, am dünnen (Schneiden-) Ende freien Stabes von konstanter Breite behandelt (Abb. 18b), VOGEL auf seine Veranlassung diesen Fall weiter ausgeführt und experimentell untersucht. MEYER ZUR CAPELLEN behandelt gerade den entgegengesetzten Fall des prismatischen Stabes von konstanter Dicke, der aber in der Form einem schmalen Kreissektor fast gleichkommt, bis auf die Kreisbogenbegrenzung statt gerader Grenzlinien am dicken Ende (Abb. 18c). In allen diesen Fällen gilt für die Schwingungszahl N dieselbe Formel [Gleichung (100) von Ziff. 41] mit $\varkappa = H/2\sqrt{3}$, wobei H die Dicke des Stabes bzw. die Dicke am fest eingespannten Ende bedeutet. Auf die Breite kommt es gar nicht an, auch nicht bei dem sektorförmigen Stab, dessen Breite variiert. Nur die Werte von m^2 werden hier andere. Für den Grundton sind sie (vgl. auch Tab. 11): prismatisch 3,516, keilförmig 5,315, sektorförmig 7,156. Die Tonhöhen derartiger Stäbe von gleicher Dicke am eingespannten Ende verhalten sich also annähernd wie 2:3:4, stehen daher ungefähr im Verhältnis Grundton: Quint: Oktave.

---

1) Vgl. z. B. K. GENTIL, ZS. f. math. u. nat. Unterr. Bd. 50, S. 271. 1919.
2) G. KIRCHHOFF, Berl. Ber. 1879, S. 815; Wied. Ann. Bd. 10, S. 501. 1880.
3) F. VOGEL, Inaug.-Dissert. Berlin 1881.
4) F. MEYER ZUR CAPELLEN, Wied. Ann. Bd. 33, S. 661. 1888.
5) J. MORROW, Phil. Mag. (6) Bd. 10, S. 113. 1905; Bd. 11, S. 354. 1906.
6) C. DECHARME, Ann. chim. phys. (7) Bd. 9, S. 551. 1896.

KIRCHHOFF hat in derselben Arbeit auch den konischen Stab (Abb. 18e) behandelt. Verglichen mit einem zylindrischen Stab (Abb. 18d), dessen Dicke gleich der Dicke des fest eingespannten Endes eines konischen von gleicher Länge l ist, ist das Schwingungsverhältnis der Grundtöne 18e:18d 8,718:3,516. Denselben Fall hat ganz neuerdings DOROTHY WRINCH[1]) ausführlich theoretisch auch für die höheren Teiltöne bearbeitet. Andere Formen hat MORROW behandelt.

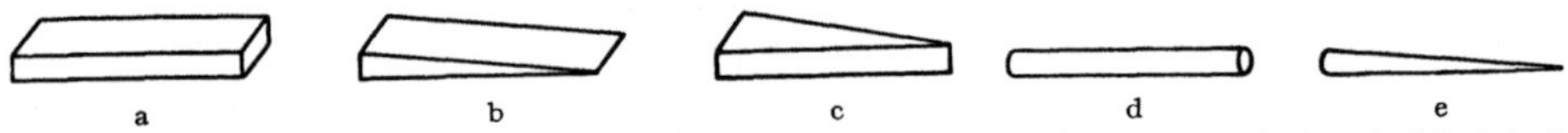

Abb. 18a—e. Klangstabe mit verschiedenem Querschnitt: a prismatisch, b keilförmig, c kreissektorahnlich, d kreiszylindrich, e konisch.

Experimentell hat GARRETT[2]) die Schwingungen des einfachen prismatischen Stabes photographisch untersucht. Stäbe mit schwach veränderlichem Querschnitt hat HORT[3]) nach der RAYLEIGHschen Methode der kleinen Variationen theoretisch und experimentell behandelt.

Die wichtige Frage der Temperaturabhängigkeit der Schwingungszahl ist von A. M. MAYER[4]) schon 1896 bearbeitet worden, teilweise gemeinsam mit R. KOENIG.

δ) Gekrümmte Stäbe und Stimmgabeln.

44. Geschlossener und aufgeschnittener Kreisring. Theoretischer Behandlung zugänglich sind nur einfache regelmäßige Formen, in erster Linie der geschlossene Kreisring. Größere praktische Bedeutung haben aber andere Formen, besonders die Gabelform, bei der jedoch die theoretische Behandlung versagt.

Der Kreisring bietet theoretisches Interesse wegen mancher Ähnlichkeiten mit den Glocken, die bei den Platten behandelt werden. Mögliche Schwingungsarten sind:

1. Dehnungsschwingungen (longitudinal und radial);
2. Transversale (Biegungs-) Schwingungen ohne Längenänderung der Ringachse, a) in der Ringebene, b) senkrecht zur Ringebene;
3. Torsionsschwingungen.

Die Longitudinalschwingungen befolgen dieselben Gesetze wie bei geraden Stäben (vgl. Ziff. 36 bzw. 8 bis 17), wobei die Grenzbedingungen natürlich geeigneterweise zu berücksichtigen sind. Die Wellenlänge λ der Grundschwingung ist durch die Länge $L = 2\pi R$ der Ringachse (R = Radius des Ringes) gegeben. Bei einem an einer Stelle des Umfangs durchgeschnittenen (offenen) Ringe ist sie gegeben durch $\frac{\lambda_1}{2} = L = 2\pi R$ entsprechend einem frei-freien Stabe der Länge L mit Bäuchen an den Enden und einem Knoten in der Mitte. Bei dem geschlossenen Ringe ist $\frac{\lambda_1'}{2} = \frac{L}{2} = \pi R$, also halb so groß, so daß er die höhere Oktave des offenen als Grundton hat. Die Schwingungsfigur hat zwei Knoten und zwei Bäuche, die übrigen Teilschwingungen müssen auch immer eine gerade Anzahl von Knoten und Bäuchen haben, während beim offenen Ring alle Knotenzahlen möglich sind. Dabei sind die mit ungeraden Knotenzahlen symmetrisch zur (punktiert gezeichneten) Symmetrielinie des aufgeschnittenen Ringes, die mit geraden Knotenzahlen unsymmetrisch. Die Reihe der Teiltöne enthält daher beim geschlossenen Ring nur die Hälfte der beim

[1]) D. WRINCH, Proc. Roy. Soc. London (A) Bd. 101, S. 493. 1922.

[2]) C. GARRETT, Phil. Mag. (6) Bd. 8, S. 581. 1904.

[3]) W. HORT, ZS. f. techn. Phys. Bd. 6, S. 181. 1925; Proc. Intern. Congr. Applied Mech. Delft 1924, S. 282.

[4]) A. M. MAYER, Phil. Mag. (5) Bd. 41, S. 168. 1896.

offenen möglichen (s. Abb. 19 u. 20). Die Pfeile geben Richtung und — durch ihre Dicke — Größe der Verschiebung an der betr. Stelle in der dargestellten Schwingungsphase an. K = Knoten, B = Bauch.

Ganz ähnlich liegen die Verhältnisse bei den Biegungs- oder Transversalschwingungen. Im Fall a) (Schwingungen in der Ringebene) hat HOPPE[1]) das Problem für einen Ring mit zur Ringebene spiegelbildlich symmetrischem Querschnitt, z. B. kreisförmigem Querschnitt, gelöst, in einfacherer Form Lord

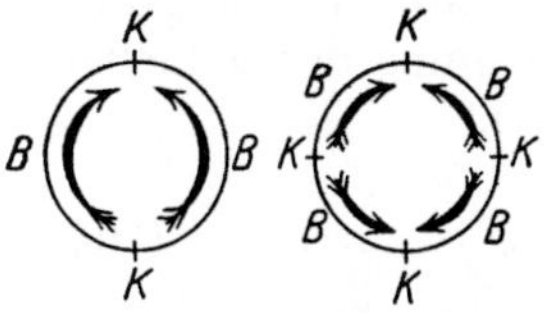

Abb. 19. Geschlossener Ring. Grund- und 1. Oberschwingung (longit.).

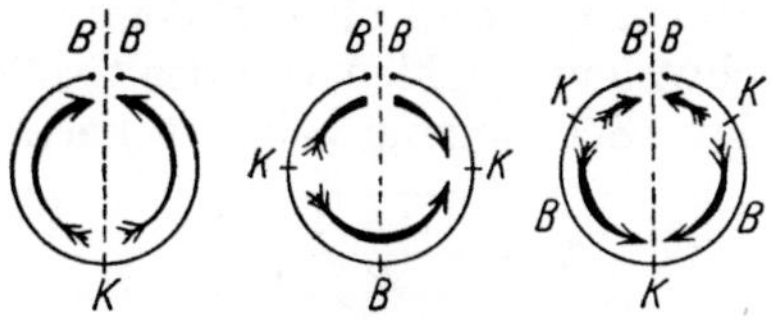

Abb. 20. Aufgeschnittener Ring. Grund-, 1. u. 2. Oberschwingung (longit.).

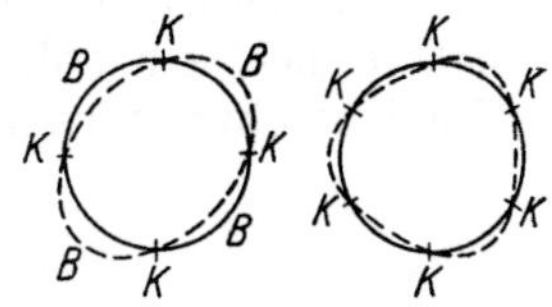

Abb. 21. Kreisring. Grund- und 1. Oberschwingung (transversal).

RAYLEIGH[2]); eine Zusammenstellung findet sich bei LOVE[3]). Die Abb. 21 gibt ein Bild von der 1. und 2. Teilschwingung (Grundschwingung und 1. Oberschwingung) mit $i = 2$ und $i = 3$.

Die Kreisfrequenz ω_i bzw. Sekundenfrequenz N_i der Biegungsschwingung von der Ordnungszahl i ist im Fall a)

$$\omega_i = 2\pi N_i = \frac{i(i^2-1)\varkappa}{\sqrt{i^2+1}\,R^2}\sqrt{\frac{E}{s}} \tag{101}$$

(E Dehnungsmodul, s Dichte, $\varkappa$ Trägheitsradius des Ringquerschnitts in bezug auf seine Drehungsachse, i Ordnungszahl [0, 1], 2, 3, ..., $i = 2$ ergibt die Grundschwingung. Für kreisförmigen Querschnitt mit Radius r ist $\varkappa = r/2$.)

Im Falle b) (Schwingungen senkrecht zur Ringebene) hat MICHELL[4]) die Rechnung durchgeführt, bei der auch die Torsion zu berücksichtigen ist, wodurch die POISSONsche Zahl μ mit hineinkommt. Die Kreisfrequenz für den geschlossenen Kreisring ist

$$\omega_i = 2\pi N_i = \frac{i(i^2-1)\varkappa}{\sqrt{i^2+1+\mu}\,R^2}\sqrt{\frac{E}{s}}, \tag{102}$$

μ POISSONsche Zahl = Querkontraktion dividiert durch Längsdilatation; $i = 2$ gibt auch hier die Grundschwingung. Auch hier gilt die Abb. 21. Die punktierten Kurven deuten dabei aber Ausbiegungen senkrecht zur Zeichnungsebene an. Die Bewegung der Ringpunkte ist bei a) radial und tangential, bei b) senkrecht zur Ringebene und zugleich eine Drehbewegung um die Ringachse (Torsionsschwingung). Die Knoten der Radialbewegung fallen mit den Bäuchen der Tangentialbewegung zusammen usw.

Für Torsionsschwingungen — verbunden mit kleinen Verschiebungen senkrecht zur Ringebene — gibt LOVE a. a. O., S. 188, die Formel

$$\omega_i = 2\pi N_i = \frac{\sqrt{i^2+1+\mu}}{R}\sqrt{\frac{\Phi}{s}} \tag{103}$$

(Φ Torsionsmodul). Der Wert $i = 0$ gibt hier eine symmetrische Schwingung ohne Knoten, die folgenden haben 2, 4, 6 ... Knoten. Die Schwingungszahlen liegen viel höher als in den beiden vorigen Fällen, wo noch der Faktor $\varkappa/R$ in

---

[1]) R. HOPPE, Crelles Journ. f. d. Math. Bd. 73, S. 158. 1871.
[2]) Lord RAYLEIGH, Theory of Sound Bd. I, § 233, S. 384.
[3]) A. E. H. LOVE, Proc. Lond. Math. Soc. Bd. 24, S. 188. 1893.
[4]) H. MICHELL, Mess. of Math. Bd. 19, S. 68. 1889.

der Formel steckt, der immer klein gegen 1 ist (seine Größenordnung ist das Verhältnis der Lineardimensionen des Ringquerschnitts zum Ringradius R). BASSET[1]), der auch die übrigen Schwingungsarten behandelt, weist ausdrücklich darauf hin, daß es hier zwei Arten von Torsionsschwingungen gibt, nämlich die eine soeben behandelte und eine zweite, die mit den Biegungsschwingungen des Falles b) verbunden ist; die von ihm für dieselbe angegebene Schwingungszahl ist identisch mit der von MICHELL für die Biegungsschwingungen des Falles b).

Die Dehnungsschwingungen (mit radialer und tangentialer Bewegung) haben auch sehr hohe Schwingungszahlen von der Größenordnung der schnellen Torsionsschwingungen, ihre Schwingungszahl ist nach LOVE

$$\omega_i = \frac{\sqrt{i^2+1}}{R}\sqrt{\frac{E}{s}}\,, \tag{104}$$

für $i = 0$ erhält man eine rein radiale symmetrische Schwingung, für größere i mehr und mehr longitudinale. Mit wachsendem i gehen dabei alle Werte ω mehr und mehr in die entsprechenden für gerade Stäbe über. Die Zahl der Knoten für eine Teilschwingung i beim geschlossenen Ringe ist in allen Fällen gleich $2i$.

45. Schwingungen eines Kreisringstückes. Die Biegungsschwingungen eines kreisförmig gebogenen Stabes, also eines Stückes von einem Kreisring, hat LAMB[2]) theoretisch untersucht und für den Fall, daß der Stab nur schwach gekrümmt ist, d. h. nur ein kurzes Stück des Kreisumfanges darstellt, genauer berechnet. Die Lineardimensionen des Ringquerschnitts werden verschwindend klein gegen den Ringradius R angenommen. Die Ringachse, also auch die Stablänge $L = 2\alpha R$, ändert bei den Biegungsschwingungen ihre Länge nicht. Unter diesen Umständen ergibt die Theorie für den Stab mit zwei freien Enden, daß die Schwingungszahlen kleiner sind als bei dem gleich langen geraden Stab, und daß die Knoten nach der Mitte zusammengerückt sind. Bei einem Kreisbogen mit dem Zentriwinkel 2α, also von der Länge $L = 2\alpha R$, ist die Frequenzerniedrigung für die Grundschwingung ω mit zwei Knoten gegeben durch

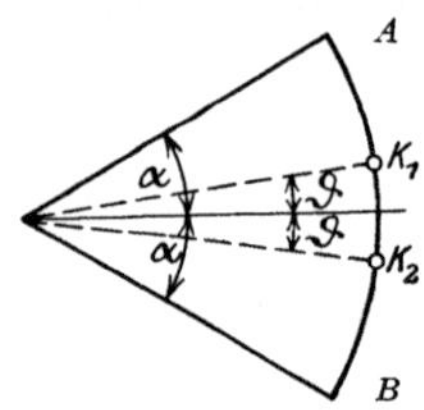

Abb. 22. Schwingungsknoten K_1 und K_2 eines Kreisringstückes AB.

$$\omega/\omega' = 1 - 0{,}14747\,\alpha^2\,.$$

ω' Grundfrequenz des gleich langen geraden Stabes mit gleichem Querschnitt. Die Lage der beiden zugehörigen Knoten ist (s. Abb. 22)

$$\pm\,\vartheta/\alpha = 0{,}55164 - 0{,}07959\,\alpha^2\,.$$

Dabei ist der Winkel ϑ, von der Mitte des Kreisbogens an gerechnet, das Azimut des betreffenden Knotens. Der Quotient ϑ/α entspricht dem Quotienten $x\!:\!L/2$, der in ähnlicher Weise die Lage des Knotens auf dem geraden Stabe von der Länge L angibt. Ein Vergleich mit den Werten der Tabelle 9 für $k = 2$ zeigt, daß dort $x\!:\!L/2 = 0{,}5516$ ist (x = Knotenabstand von der Stabmitte). Das Glied $-\,0{,}07959\,\alpha^2$ bedeutet also eine Verkleinerung des Knotenabstandes von der Mitte. Übrigens gelten die Formeln nur, wenn α^4 und höhere Potenzen gegen α^2 vernachlässigt werden können, also nur für verhältnismäßig kleine Winkel α, d. h. für schwach gekrümmte Stäbe.

46. Stimmgabeln. Der wichtigste Fall des gebogenen Stabes ist die Stimmgabel. Die bekannte Form des aus zwei Zinken bestehenden **U** mit angesetztem Stiel soll nach ALEXIS ELLIS von dem englischen Gardetrompeter JOHN SHORE

---

1) A. B. BASSET, Proc. Lond. Math. Soc. Bd. 23, S. 105. 1892.

2) H. LAMB, Proc. Lond. Math. Soc. Bd. 19, S. 365. 1888.

stammen (1711). Wegen ihrer nicht einfachen Form versagt die theoretische Behandlung ganz, man ist auf reine Erfahrung angewiesen und muß allgemeine Gesetze aus den Beobachtungen ableiten. Eine Zusammenstellung der über die Stimmgabel bis zum Jahre 1906 bekannt gewordenen Tatsachen gibt KIELHAUSER[1]).

Bei der Stimmgabel sind zwei Arten von Biegungsschwingungen zu unterscheiden:

1. Schwingungen parallel der Zinkenebene,
2. Schwingungen senkrecht zur Zinkenebene.

Die ersteren sind die gewöhnlichen, sie geben die Gabeltöne"; die letzteren, die nur unter besonderen Bedingungen auftreten, liefern die „Plattentöne", so genannt, weil die Gabel dabei wie eine ebene Platte mit besonderer Begrenzung schwingt. Diese erst neuerdings festgestellten „Plattenschwingungen", bei denen auch der Stiel transversal schwingt, sind von Bedeutung, wenn zufällig eine von ihnen hinsichtlich der Schwingungszahl mit einem Gabelton übereinstimmt, weil der betreffende Gabelton dann infolge der elastischen Kopplung innerhalb der Gabel den Plattenton mit erregt, seine Energie teilweise an ihn abgibt und dadurch gedämpft wird[2]). Derartiges Zusammenfallen der Schwingungszahlen muß also bei dem Ton, welchen die Gabel geben soll, möglichst vermieden werden, es kann aber zur Unterdrückung störender Obertöne gerade erwünscht sein und absichtlich herbeigeführt werden.

Die eigentlich interessierenden Schwingungen sind die den Gabelton gebenden Schwingungen in der Zinkebene. Für die Berechnung ihrer Frequenz (Tonhöhe der Gabel) muß man sich empirischer Formeln bedienen (vgl. KIELHAUSER). Die dafür grundlegende Untersuchung von MERCADIER[3]) führte zu folgender Formel für die sekundliche Schwingungszahl des Grundtons

$$N = \varkappa \frac{d}{(l + \lambda)^2} \,. \tag{105}$$

d Dicke der Zinken parallel der Schwingungsebene, l Zinkenlänge, gemessen von den Knoten an, beide in Millimetern. Die Konstanten $\varkappa$ und λ haben die Werte $\varkappa = 818\,270$ und $\lambda = 3{,}8$. Nach AUERBACH[4]) setzt man besser im Zähler $d + \delta$ statt d, welche Formel mit $\varkappa = 818000$, $\delta = 0{,}5$ und $\lambda = 3{,}8$ die Frequenzen MERCADIERscher Gabeln noch besser wiedergibt. Für Gabeln besonderer Form (sehr lange dünne oder sehr kurze dicke Zinken) müßte man diesen Konstanten etwas andere Werte geben.

Die Breite der Zinken senkrecht zur Zinkenebene hat nach demselben Autor keinen oder nur verschwindenden Einfluß auf den Gabelton, wie auch entsprechend der Schwingungsart zu erwarten ist. Dagegen hat sie natürlich auf die Höhe des schon erwähnten Plattentones entscheidenden Einfluß.

47. Schwingungsformen und Obertöne der Stimmgabel. Da die Gabel aus einem geraden Stab durch allmähliches Zusammenbiegen entstanden gedacht werden kann, wobei nur der mittlere Teil des Stabes gekrümmt wird, so müssen ihre Schwingungsformen und Eigenfunktionen denen des geraden Stabes in gewissem Sinne ähnlich sein, es müssen Knoten und Bäuche festzustellen sein, wobei an den Zinkenenden ein Bauch zu erwarten ist.

Bei einer Gabel ohne Stiel entspricht nach CHLADNI[5]) der Grundton dem

---

[1]) E. A. KIELHAUSER, Die Stimmgabel, ihre Schwingungsgesetze und Anwendungen in der Physik. Leipzig: B. G. Teubner 1907.

[2]) Vgl. dazu M. TH. EDELMANN, Phys. ZS. Bd. 8, S. 451. 1907.

[3]) E. MERCADIER, C. R. Bd. 79, S. 1001 u. 1069. 1874.

[4]) Siehe Winkelmanns Handb. d. Phys. Bd. II, S. 348. 1909.

[5]) E. F. F. CHLADNI, Akustik, Ziff. 99, S. 111ff. Leipzig 1802.

Grundton des geraden, frei-freien Stabes mit zwei Knoten. Doch liegen die beiden Gabelknoten enger zusammen, ungefähr am Übergang des geraden Zinkenteiles in die Krümmung (s. Abb. 23a, vgl. dazu die Ausführungen in Ziff. 44).

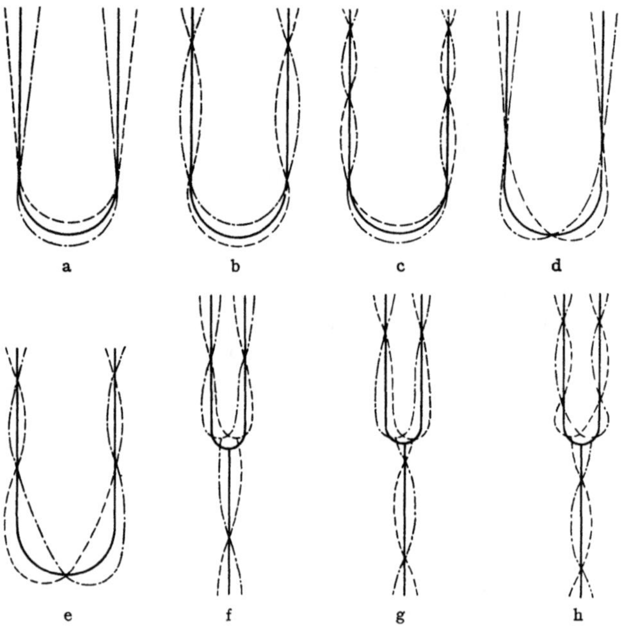

Abb. 23a—h. Denkbare Schwingungsformen der Stimmgabel ohne und mit Stiel.

Der Stimmgabelstiel stellt in diesem Falle nur eine Belastung des mittleren Gabelabschnittes dar und bewegt sich als Ganzes in Longitudinalschwingung auf und ab. Demgemäß beobachtet man auch tatsächlich am unteren Stielende die Grundschwingung. Außerdem lassen sich aber höhere Schwingungen, insbesondere vielfach die höheren Oktaven des Grundtones, feststellen, was auf andere Schwingungsformen der Gabel schließen läßt[1]).

Nimmt man die CHLADNIsche Vorstellung der Schwingung mit zwei Knoten für den Grundton als richtig an, so kann man weitere transversale Teilschwingungen mit 3, 4, 5 und mehr Knoten erwarten. Tatsächlich lassen sich durch Abhören mit Hörschlauch oder durch andere Mittel solche Knoten feststellen. Z. B. findet man leicht in der Nähe der Zinkenenden auf jeder Zinke einen solchen Punkt, den man als zweiten Knoten einer höheren Schwingung, hier der ersten Oberschwingung mit vier Knoten, ansehen kann. Weiter sind noch höhere Obertöne mit gerader Knotenzahl möglich und beobachtet worden. Auch Oberschwingungen mit ungerader Knotenzahl scheint die Gabel ausführen zu können (vgl. die Abb. 23e bis h). Nur eine Schwingung mit drei Knoten scheint sich nicht auszubilden, weil dabei der Schwerpunkt der Gabel seitlich stark hin und her verschoben würde, wie eine Konstruktion des Schwingungsvorganges zeigt (Abb. 23d).

Im Gegensatz zu diesen Vorstellungen findet STRUYKEN[2]) in einer Experimentaluntersuchung, bei der allerdings die Befestigungsart der Gabel nicht angegeben wird, daß sich nur ein Knoten bei der Grundschwingung feststellen läßt als Punkt geringster Bewegung, und zwar liegt er am unteren Ende der einen Zinke. Die Zinkenenden selbst vollführen fast genau geradlinige transversale Bewegungen, der Stiel schwingt im wesentlichen transversal mit entgegengesetzter Phase der Zinke, in welcher der Knotenpunkt liegt. Es ist aber immer auch eine longitudinale Komponente in der Stielschwingung nachweisbar. Damit sind die älteren einfachen Vorstellungen zwar zum Teil ins Wanken gebracht, die neuen

[1]) Vgl. E. WAETZMANN, Phys. ZS. Bd. 10, S. 409. 1909; S. H. ANDERSON, Phys. Rev. (2) Bd. 21, S. 692. 1923; M. TH. EDELMANN, ZS. f. Ohrenheilkde. Bd. 51, S. 64. 1905; W. SCHMIDT-HACKENBERG, Beitr. z. Anat. usw., d. Ohren usw. Bd. 13, S. 50. 1919; E. H. BARTON, Nature Bd. 90, S. 436. 1912; F. H. PARKER ebenda, S. 361. 1912.

[2]) J. H. E. STRUYKEN, Ann. d. Phys. (4) Bd. 23, S. 643. 1907.

Tatsachen genügen aber nicht zur einwandfreien Erklärung der Schwingungsform. Es bleiben hier noch viele Fragen zu beantworten.

Für die Schwingungszahlen der Oberschwingungen, die sich durch Abhören mittels Hörschlauch feststellen lassen, gilt folgendes: Die Obertöne sind unharmonisch, ihre relative Höhe steigt mit der Ordnungszahl rasch an, sie hängt von der besonderen Form der Gabel ab. Die Schwingungszahl des ersten Obertons (zweiten Teiltons der Gabel) ist etwa 5,8- bis 6,6mal so groß wie die des Grundtons[1]). Die Schwingungszahlen dieser Obertöne, vom ersten angefangen, verhalten sich angenähert wie $3^2:5^2:7^2 \ldots$, d. h. wie die Quadrate der ungeraden Zahlen. Die Gabelzinken schwingen also bei den höheren Teiltönen nahezu wie Stäbe, die am Gabelherz befestigt, am anderen Ende frei sind (vgl. Ziff. 40 u. 41). Neben diesen symmetrischen Schwingungen müssen nach dem Vorhergesagten auch noch unsymmetrische vorhanden sein, deren Schwingungszahlen sich dazwischen ebenfalls unharmonisch einordnen. Als Beispiel gibt AUERBACH[2]) folgende Reihe an:

Tabelle 12. Schwingungen einer Stimmgabel nach AUERBACH.

	Symmetrische Schwingungen					Unsymmetrische Schwingungen	
Schwing.-Zahl relat.	1	6,2	18,3	35	58	12,2	23,5
Schwing.-Zahl abs.	128	793	2340	4480	7824	1581	3008
Ton	c	$gis_2(+)$	$d_4(+)$	$cis_5(+)$	$ais_5(+)$	$gis_3(-)$	$g_4(-)$

An tiefen Stimmgabeln sind leicht mehrere Obertöne feststellbar; sie verklingen meistens schnell. Der untere Teil der Gabel (Herz und Stiel) scheint wenig Einfluß auf ihre Höhe zu haben. Sie treten unmittelbar nach der Erregung der Gabel — besonders bei Anschlag mit hartem Hammer — auf. Neuerdings hat ANDERSON[3]) Beobachtungen mitgeteilt, die die relative Frequenz 6,27 für den ersten Oberton bestätigen und außerdem einen Oberton mit der relativen Frequenz von etwa 3 ergeben, der von einer der unsymmetrischen Schwingungen herzustammen scheint.

48. Harmonische Obertöne der Stimmgabel. Asymmetrietöne. Außer diesen mittels der Theorie der transversalen Stabschwingungen erklärbaren unharmonischen Obertönen tritt — bei kräftiger Erregung der Gabel immer — die höhere Oktave des Grundtones auf. Nach den Untersuchungen von LINDIG[4]) soll sie erst in dem umgebenden Medium entstehen, und zwar infolge der unsymmetrischen Elastizität der unmittelbar an die Gabelzinken grenzenden Schichten desselben, die nach außen leichter ausweichen können als gegen die Gabel hin. Danach muß sich natürlich die höhere Oktave auch bei anderen Klangkörpern, z. B. Membranen und Platten, finden, was die Beobachtungen auch bestätigen, und nicht nur die Oktaven werden auf diese Weise erzeugt, sondern auch die höheren harmonischen Teiltöne müssen entstehen. STUMPF[5]) hat an tiefen Gabeln solche Obertöne bis zum 8. und 9. Teilton beobachtet, an einer elektromagnetischen Gabel von 100 Schw/sec sogar noch den 16. und 17.

Die theoretische Erklärung schließt sich der HELMHOLTZschen Erklärung der Kombinationstöne eng an. Wenn bei einem elastischen Schwingungssystem die rücktreibende Kraft K außer von der ersten noch von höheren Potenzen der Ablenkung x abhängt, z. B. $K = ax + bx^2$ ist, so gibt dieses unter Einwirkung

[1]) Vgl. H. v. HELMHOLTZ, Tonempfindungen, 5. Ausg., S. 121. 1896.
[2]) Vgl. Winkelmanns Handb. d. Phys. Bd. II, S. 355. 1909.
[3]) S. H. ANDERSON, Phys. Rev. (2) Bd. 21, S. 692. 1923.
[4]) F. LINDIG, Ann. d. Phys. (4) Bd. 11, S. 31. 1903.
[5]) C. STUMPF, Wied. Ann. Bd. 57, S. 660. 1895.

einer einfachen sinusförmigen Kraft von der Frequenz ω nicht eine einfache Schwingung derselben Frequenz, sondern ein Tonspektrum, in dem außer der Frequenz ω noch die höheren Frequenzen 2ω, 3ω usw. vorkommen. Einfluß erlangt das Glied bx^2, wenn entweder die Ablenkung x groß ist (Kombinationstöne) oder der Koeffizient b. Das ist hier bei den Asymmetrietönen der Fall.

Neben diesen erst im umgebenden Medium entstehenden Tönen scheinen aber doch auch im Körper der Stimmgabel harmonische Oberschwingungen stattzufinden, wenigstens die Oktavenschwingung, über die zahlreiche Arbeiten vorliegen. Für die ersten Beobachtungen ihres Auftretens am Gabelstiel, die oft angezweifelt worden sind, hat Lord RAYLEIGH[1]) bereits 1877 eine Erklärung gegeben. Danach ist die Oktavenschwingung — und andere höhere — eine sekundäre Erscheinung. Die Entstehung der Longitudinalschwingungen des Stieles von doppelter Frequenz der Gabelgrundschwingung kann man sich so ähnlich denken wie bei dem MELDEschen Fadenversuch[2]), wo durch eine transversalschwingende Saite der Frequenz n das Ende der Saite und eine an ihr befestigte Masse gezwungen wird, Schwingungen der Frequenz $2n$ in der Längsrichtung der Saite auszuführen, da jeder Halbschwingung der Saite eine volle Periode der Longitudinalbewegung des Saitenendes entspricht. Aus der Longitudinalschwingung des Stieles könnten sich weiter durch Kopplung transversale entwickeln, denn auch solche sind beobachtet worden [vgl. z. B. die Arbeiten von QUIX[3]), EDELMANN[4]), WAETZMANN[5])]. Volle Aufklärung hat diese Frage noch nicht gefunden.

49. Äußere Beeinflussung der Schwingungszahl (Temperatur, Magnetismus, umgebendes Medium, Kopplung mit Resonator usw.). Da die Stimmgabel in erster Linie als Normaltonquelle zur Festlegung bestimmter Schwingungszahlen dient, so ist die genaue Kenntnis der Einwirkung äußerer Ursachen auf die Schwingungen wichtig. In Betracht kommen:

a) Temperatur, b) etwaige Magnetisierung (bei Gabeln aus ferromagnetischem Material), c) umgebendes Medium (Luft verschiedener Dichte oder andere Stoffe), d) Befestigung auf Resonanzkasten, e) Amplitude und Dämpfung, f) molekulare Änderungen des Gabelmaterials, hervorgebracht durch die mechanische Beanspruchung beim Schwingen.

Sieht man von diesen letzteren ab, die durch sorgfältige Auswahl des Materials auf ein Mindestmaß herabgedrückt werden müssen, so läßt sich folgendes feststellen[6]):

a) Temperatureinfluß. Die Schwingungszahl nimmt im allgemeinen mit steigender Temperatur ab, und zwar aus doppelter Ursache, erstens wegen der Vergrößerung der Gabeldimensionen infolge termischer Ausdehnung, wodurch zwar die Dichte s kleiner wird, das Trägheitsmoment aber zunimmt; zweitens wegen Verkleinerung des Elastizitätsmoduls. Nach den Beobachtungen überwiegt die zweite Ursache. Soweit sich überhaupt in Anbetracht des unterschiedlichen Materials und der verschiedenartigen Formen der Gabeln allgemeingültige Gesetze aufstellen lassen, ist dies bereits in älteren Arbeiten geschehen,

---

1) Lord RAYLEIGH, Phil. Mag. (5) Bd. 3, S. 456. 1877.

2) Vgl. hierzu A. WINKELMANN, Hdb. d. Physik, Bd. II, Akustik von F. AUERBACH, S. 314ff. Neuere Literatur bei A. T. JONES, Phys. Rev. (2) Bd. 27, S. 622. 1926; H. J. OOSTING, Physica Bd. 6, S. 339. 1926; ZS. f. phys. u. chem. Unterr. Bd. 28, S. 126 u. 240. 1915; A. KALÄHNE, Verh. d. D. Phys. Ges. Bd. 16, S. 934. 1914.

3) QUIX, ZS. f. Ohrenheilkde. Bd. 47, S. 323. 1904; Bd. 52, S. 294. 1906.

4) M. TH. EDELMANN, ZS. f. Ohrenheilkde. Bd. 53, S. 341. 1907.

5) E. WAETZMANN, Phys. ZS. Bd. 10, S. 409. 1909.

6) Über Konstanz von Stimmgabeln und sonstige Normaltonquellen geben die Berichte der Zentralinstitute der einzelnen Länder zur Prüfung der Normalien für Maß und Messen, z. B. Phys.-techn. Reichsanstalt usw., Aufschluß. Eine Sonderveröffentlichung für Italien s. z. B. bei G. ZAMBIASI, Mem. Acad. d. Lincei, math.-phys. Kl. (5a) Bd. 6, S. 89. 1906.

eine Zusammenstellung s. in dem schon angeführten Werke von KIELHAUSER (vgl. Ziff. 46). Bei nicht allzu großen Temperaturänderungen gilt lineare Abhängigkeit der Schwingungszahl, also

$$N_t = N_0[1 - \alpha(t - t_0)], \tag{106}$$

t_0 = Normaltemperatur der Gabel; der Temperaturkoeffizient ist rund $\alpha = 0{,}0001$ für Gabeln aus Stahl. Gabeln aus gewissen Stahllegierungen (Invarstahl von GUILLAUME) haben nur etwa α=ca. $1 \cdot 10^{-6}$ [vgl. dazu Arbeiten von ROBIN u. a. [1])]. Anderes Material (Glas usw.) wird nur in Ausnahmefällen für Gabeln benutzt; Angaben dafür bei KIELHAUSER und in Winkelmanns Handb. d. Physik.

b) Magnetisierung von Stahlgabeln kann je nach der Orientierung der Gabel zum Magnetfeld Vergrößerung oder Verkleinerung von N ergeben. In Betracht kommen Beobachtungen von PIERPAOLI[2]), WERTHEIM[3]), MAURAIN[4]), KIRSTEIN[5]), ebenfalls bei KIELHAUSER zusammengestellt. Zu beachten ist, daß elektromagnetisch erregte Gabeln[6]) auch diesem Einfluß unterliegen, da bei ihnen ebenfalls eine teilweise Magnetisierung stattfindet (vgl. hierzu auch Artikel „Musikinstrumente und ihre Klänge", Ziff. 66, ds. Bd. Kap. 8).

c) Umgebendes Medium. Am häufigsten ist es Luft, seltener andere Gase oder Flüssigkeiten. Gegenüber der Schwingungszahl im Vakuum ergibt sich überall eine Tonvertiefung, die zurückzuführen ist auf eine scheinbare Vergrößerung der Gabelmasse infolge teilweiser Mitführung des umgebenden Mediums. Maßgebend ist dabei dessen Dichte, wie KOLACEK[7]), TUMA[8]), v. ETTINGSHAUSEN[9]) u. a. berechnet und beobachtet haben. Beim Eintauchen in Flüssigkeiten ist die Tonvertiefung besonders groß. Die hier beobachteten Erscheinungen kommen hauptsächlich für andere Formen der Klangkörper bei Unterwasserschallsendern in Betracht (vgl. Artikel „Elektrische Schallsender", Ziff. 2, ds. Bd. Kap. 6). Die Einwirkung des umgebenden Mediums auf Stäbe und Saiten s. Ziff. 50.

d) Befestigung der Gabel auf einem Resonanzkasten bewirkt sowohl eine kleine Änderung der Tonhöhe als auch besonders der Dämpfung (s. log. Dekrement). Das System Stimmgabel-Resonanzkasten (dieser fast immer aus Holz) ist ein gekoppeltes, und seine Schwingungszahlen ergeben sich aus der Theorie der gekoppelten Systeme, wie sie zuerst von M. WIEN[10]) aufgestellt worden ist. In Übereinstimmung damit stehen Beobachtungen von KOENIG[11]), nach denen ein zu tief gestimmter Resonanzkasten eine Verstimmung des Kopplungstones des Gesamtsystems nach oben bewirkt, und zwar um so stärker, je näher der Eigenton des Resonators dem Eigenton der freien Gabel kommt, während ein zu hoch gestimmter Resonator eine entsprechende Verstimmung nach unten ergibt, beide Male jedoch nur bis zu einem gewissen Grenzwert. In unmittelbarer Umgebung des Einklangs beider Teilsysteme findet ein sehr rascher Übergang von dem zu hohen zu dem zu tiefen Verstimmungston statt, wobei sich dann als gemeinsamer Kopplungston des Gesamtsystems ein dem unverstimm-

[1]) F. ROBIN, C. R. Bd. 153, S. 665. 1911; Journ. de phys. (5) Bd. 2, S. 298. 1912; A. L. KIMBALL u. D. E. LOVELL, Phys. Rev. (2) Bd. 25, S. 116. 1925.

[2]) N. PIERPAOLI, Lincei Rend. (5) Bd. 3 (2), S. 368. 1894.

[3]) G. WERTHEIM, Ann. chim. phys. Bd. 12, S. 610. 1844.

[4]) CH. MAURAIN, C. R. Bd. 121, S. 248. 1895.

[5]) O. KIRSTEIN, bei KIELHAUSER ohne nähere Angabe zitiert.

[6]) Vgl. D. C. MILLER, Phys. Rev. (2) Bd. 11, S. 497. 1918; W. G. CADY, ebenda. (2) Bd. 21, S. 371. 1923; E. A. ECKARDT, J. C. KARCHER u. M. KEISER, ebenda, (2) Bd. 17, S. 535. 1921; A. G. ROSSI, Cim. (5) Bd. 16, S. 97. 1908.

[7]) FR. KOLACEK, Wied. Ann. Bd. 7, S. 23. 1879.

[8]) T. TUMA, Wiener Ber. (2a) Bd. 98, S. 1028. 1889.

[9]) v. ETTINGSHAUSEN, Pogg. Ann. Bd. 156, S. 337. 1875.

[10]) M. WIEN, Wied. Ann. Bd. 61, S. 151. 1897.

[11]) R. KOENIG, Wied. Ann. Bd. 9, S. 394. 1880.

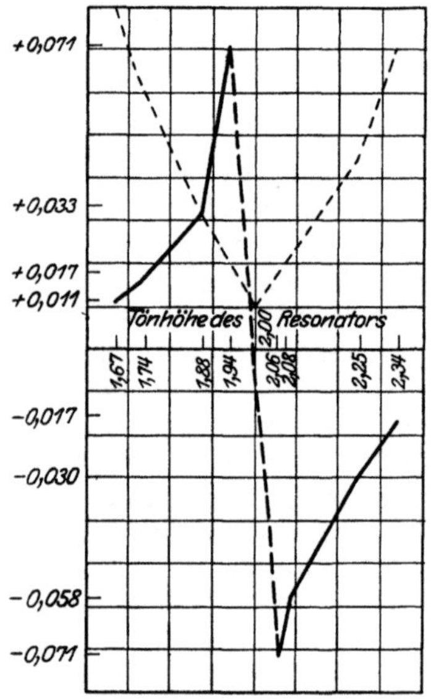

Abb. 24. Wirkung eines mit einer Stimmgabel gekoppelten zylindrischen Luftresonators auf Tonhohe (—) und Tondauer(...) der Gabel.

ten Ton beider Teilsysteme praktisch gleicher Ton ergibt. Das Nähere darüber siehe im Artikel „Schwingungen von Punktsystemen", Ziff. 7 bis 9 (ds. Bd. Kap. 3). Dieser für die Koppelungswirkung kennzeichnende Verlauf der Tonänderung, der auch bei anderen Klangkörpern (Saiten, Luftsäulen usw.) auftritt, ist nach den KOENIGschen Versuchsdaten in Abb. 24 dargestellt, entnommen aus dem in Ziff. 46 angeführten Buche von KIELHAUSER über die Stimmgabel. Abszissen sind die relativen Schwingungszahlen des vor die Stimmgabel gehaltenen zylindrischen Luftresonators, bezogen auf c_0 (die tiefere Oktave der Versuchsgabel) als Einheit. Der Abszissenwert 2,00 bedeutet hier also Einklang beider Systeme. Ordinaten sind die beobachteten Tonänderungen in Schwingungszahlen/sec (Erhöhungen positiv, nach oben; Vertiefungen negativ, nach unten). Über die gekoppelten Schwingungen einer Saite und eines Stabes (idealisierter Fall der Violinsaite usw.) liegt eine neuere Arbeit von MORTON und CHAMBERS[1]) vor.

e) Amplitude und Dämpfung. Wie bei anderen Klangkörpern hat auch bei der Stimmgabel die Schwingungsweite einen gewissen Einfluß auf die Tonhöhe, der besonders bei Normalgabeln für sehr genaue Messungen nicht zu vernachlässigen ist. Auch die Dämpfung hat bekanntlich einen praktisch freilich nur sehr geringen Einfluß, wenn sie nicht ungewöhnlich groß ist. Untersuchungen über beide Einflüsse insbesondere von HARTMANN-KEMPF[2]); STEFANINI und GRADENIGO[3]) haben Beobachtungen über die Dämpfung angestellt. Die erstgenannte, bei weitem wichtigste Arbeit erbringt den Beweis an einer elektromagnetisch getriebenen Gabel, daß die Schwingungszahl mit wachsender Amplitude abnimmt nach dem Gesetz

$$N = N_0 - (p + \Delta\alpha)\alpha\,. \tag{107}$$

Für eine der untersuchten Gabeln von 100 Schw/sec nimmt beispielsweise N um 0,005 Schw/sec ab, wenn die Amplitude der Zinkenenden α von 9 auf 10 mm ansteigt. $\Delta\alpha$, eine mit α wachsende Funktion der Amplitude, wird fast immer gegen die Konstante p zu vernachlässigen sein, so daß dann die Schwingungszahl linear mit der Amplitude abnimmt. Ähnlich sind die Ergebnisse für einfache Stahlbänder (Zungen), also gerade Stäbe.

Die Dämpfung, dargestellt durch das logarithmische Dekrement, ist annähernd proportional der Schwingungsamplitude. Beide Größen, Dämpfung und Schwingungszahl, sind demnach Funktionen der Amplitude, stehen also auch untereinander in Abhängigkeit. Diese Abhängigkeit ist viel stärker als die aus der Theorie der exponentiell gedämpften Schwingungen eines Massenpunktes folgende, die — wie schon hervorgehoben — außerordentlich klein ist[4]).

[1]) W. B. MORTON u. FLORENCE M. CHAMBERS, Phil. Mag. (6) Bd. 50, S. 570. 1925.
[2]) R. HARTMANN-KEMPF, Ann. d. Phys. (4) Bd. 13. S. 124. 1904.
[3]) A. STEFANINI u. G. GRADENIGO, Cim. (5) Bd. 15, S. 131. 1908; Bd. 16, S. 268. 1908.
[4]) Vgl. ferner A. CAMPBELL, Nature, Bd. 102, S. 397. 1919; R. Ll. JONES, Proc. Phys. Soc. Bd. 34, S. 66. 1922; C. C. MASON, Journ. scient. instr. Bd. 1, S. 250. 1924; S. L. QUIMBY, Phys. Rev. (2) Bd. 25, S. 558. 1925.

Man darf also diese einfachen Vorstellungen nicht auf die komplizierten Verhältnisse bei Stimmgabeln und Stäben übertragen.

Über Anwendungen der Stimmgabel als Normaltonquelle und alle damit zusammenhängenden Fragen s. die verschiedenen Artikel in ds. Handb.[1]). Zahlreiche praktische Hinweise betreffend Herstellung und Prüfung von Gabeln und anderen Tonquellen finden sich in den Arbeiten von R. KOENIG[2]).

50. Einfluß des umgebenden Mediums auf Schwingungszahl und Dämpfung bei Stäben und Saiten. Der in voriger Ziffer unter c) schon kurz berührte Einfluß des umgebenden Mediums auf die Schwingungszahl rührt in erster Linie von mechanischer Mitführung desselben bei der Bewegung her, die sich wie eine scheinbare Vergrößerung der Masse des schwingenden Klangkörpers auswirkt. Der Erfolg ist immer eine Tonvertiefung (Verkleinerung der Schwingungszahl). Maßgebend ist dabei die Dichte des umgebenden Mediums. Es ist möglich, daß auch eine andere Materialkonstante, die Zähigkeit (innere Reibung) eine gewisse Rolle spielt, doch kann ihr Einfluß nur klein sein und ist bisher nicht gemessen worden. Dagegen ist sie neben der Dichte entscheidend für die Größe der Dämpfung.

Theoretisch sind diese Fragen außer in der schon in Ziff. 49 genannten Arbeit von KOLACEK von KLEMENCIC[3]) für die Dämpfung, neuerdings von KALÄHNE[4]) für die Schwingungszahl untersucht worden. Letzterer behandelt die schwingende Saite und das umgebende Mittel als ein gemeinsames System, bei dem die Bewegungen dieser beiden Teilsysteme an ihrer gemeinschaftlichen Oberfläche stetig ineinander übergehen, wenn man die zeitliche Amplitudenabnahme infolge der Dämpfung vernachlässigen kann. Für kreiszylindrische massive und hohle Stäbe (oder Saiten) wird die Schwingungszahl

$$N' = N\left(1 - \frac{L R^2 \pi s'}{2 q s}\right). \tag{108}$$

(N Frequenz im Vakuum, N' im Medium der Dichte s', s Dichte des Stabes oder der Saite, q Querschnitt, R äußerer Radius derselben, L eine von R und der Schwingungszahl N abhängige, aus Zylinderfunktionen gebildete Größe, die sich von 1 nur sehr wenig unterscheidet und praktisch $= 1$ zu setzen ist.) Für massive stab- oder saitenähnliche Klangkörper gilt also praktisch

$$N' = N\left(1 - \frac{s'}{2s}\right). \tag{108a}$$

Bei hohlen Klangkörpern (Röhren, die wie Stäbe transversal schwingen) ist $q < R^2\pi$, und L nimmt von 1 verschiedene Werte an, so daß der Einfluß des Mediums wesentlich größer wird[4]). Ist auch in dem Hohlraum ein Medium, so wirkt dieses ebenfalls und läßt sich in der Formel mit berücksichtigen. Die Tonveränderung beim Ersatz eines schwereren Gases (Luft) durch ein leichteres (Wasserstoff) oder erst recht durch das Vakuum läßt sich durch Benutzung spezifisch leichten Materials für den hohlen Klangkörper auf $^1/_{100}$ der ursprünglichen Schwingungszahl und mehr steigern, so daß sie leicht beobachtet und gemessen werden und rückwärts zur Dichtemessung des Mediums dienen kann.

---

[1]) Vgl. insbesondere: Artikel „Musikinstrumente und ihre Klänge", Ziff. 64—67 (ds. Bd. Kap. 8); Artikel „Akustische Meßmethoden", Ziff. 9 (ds. Bd. Kap. 13); Artikel „Die Stimmgabel als Zeitmesser" (ds. Hdb. Bd. II, Kap. 6, H. II).

[2]) S. z. B. R. KOENIG, Wied. Ann. Bd. 69, S. 626 u. 721. 1899.

[3]) J. KLEMENCIC, Wiener Ber. (2a) Bd. 84, S. 146. 1881.

[4]) A. KALÄHNE, Ann. d. Phys. (4) Bd. 46, S. 1. 1915; (4) Bd. 45, S. 321. 1914; Verh. d. D. Phys. Ges. Bd. 17, S. 35. 1915.

In gleicher Weise wird auch die Schwingungszahl anderer Klangkörper (Platten, Glocken usw.) beeinflußt; bei leichten Membranen und Platten kann die Änderung ebenfalls erheblich sein, theoretisch ist sie noch nicht streng behandelt. Am einfachsten dürfte es für die schwingende Kugel und für Kugelschalenglocken als Teile der Kugel möglich sein, da die Schwingungsbewegung der Kugeloberfläche und des Mediums im Außenraum mittels Kugelfunktionen behandelt werden kann[1]). Die von KOLACEK (vgl. Ziff. 49) ohne Rücksicht auf die besondere Form des Klangkörpers abgeleitete Formel

$$N' = N(1 + a s')^{-\frac{1}{2}}, \tag{109}$$

in der a eine von der Gestalt des Körpers abhängige, durch Versuche zu bestimmende Konstante ist, wird identisch mit Formel (108a), wenn man die Klammer entwickelt und beim ersten Gliede abbricht, was voraussetzt, daß as' klein ist gegen 1. Die Konstante a hat im Falle der Saite den besonderen Wert s^{-1} (s = Dichte des Saitenmaterials). Wie Versuche zeigen (vgl. weiter unten), gilt die Formel aber auch, wenn s'/s die Größenordnung 1 hat.

Für die Dämpfung schwingender Körper durch das umgebende Medium unter Berücksichtigung der inneren Reibung desselben hat KLEMENCIC in der genannten Arbeit Formeln im Anschluß an Rechnungen von KIRCHHOFF entwickelt. Die Strahlungsdämpfung ist dabei nicht berücksichtigt. In Betracht kommt der Fall des Kreiszylinders, der um eine zur Zylinderachse senkrechte Achse schwingt, da er dem Fall des transversal schwingenden Stabes oder der Saite einigermaßen entspricht. Die hierfür von KLEMENCIC abgeleitete Formel

$$\mathfrak{d} = \frac{1}{Rs}\sqrt{\frac{2\pi\eta s'}{N}} + \frac{3\eta}{R^2 s N} - \frac{2\eta s'}{R^2 s^2 N} \tag{110}$$

[$\mathfrak{d}$ log. Dekrement der ganzen Schwingung, η Konstante der inneren Reibung, die übrigen Größen wie oben in Formel (108); das erste Glied überwiegt bei weitem] und die Formel (108a) von KALÄHNE sind in einer jüngst erschienenen experimentellen Arbeit von MARTIN[2]) als richtig erwiesen worden. Diese Arbeit bringt übrigens noch die wichtige Tatsache, daß eine anscheinend genau kreisrunde Saite, die in Luft, also mit kleiner Dämpfung schwingt, in Wirklichkeit zwei Schwingungen mit etwas verschiedener Frequenz ausführt, die lose miteinander gekoppelt sind. Sie waren an den auftretenden Schwebungen (etwa 1,6 in der Sekunde) erkennbar. Vielleicht sind sie durch kleine Abweichungen des Saitenquerschnitts von der genauen Kreisform hervorgerufen. Das Dekrement in Luft findet der Verfasser für Stahlsaiten von 0,81 und 0,30 mm Dicke in der Größenordnung von 0,0004 bis 0,002, und zwar für höhere Teiltöne kleiner als für die tieferen unter sonst gleichen Umständen. Für Duraluminsaiten ist es größer als für Stahlsaiten. In Wasser ist das Dekrement bei etwa gleichen Längen 0,053 bis 0,148. Die Schwingungszahl steigt etwas mit der Amplitude an, da mit stärkerer Ausbuchtung der Saite auch ihre Spannung zunimmt. Die Änderung der Schwingungszahl ist

$$\varDelta N = \frac{E\pi^2 h^2}{32 s l^4 N} \tag{111}$$

(h = maximale Schwingungsweite in der Mitte der Saite, l = Länge, N = Grenzschwingungszahl für verschwindendes h).

---

[1]) Vgl. auch E. T. HANSON, Phil. Mag. (6) Bd. 46, S. 434. 1923; N. C. KRISHNAIYAR, ebenda S. 1049. 1923; J. CALDERWOOD, ebenda (6) Bd. 47, S. 624. 1924.

[2]) H. MARTIN, Ann. d. Phys. (4) Bd. 77, S. 627. 1925 (Jenaer Dissert.).

51. Biegungssteife Saiten und gespannte Stäbe. Die in Ziff. 34 angedeutete Eigenschaft der unvollkommenen Biegsamkeit einer Saite bei Querschwingungen führt dazu, die Saite als Grenzfall eines Stabes anzusehen, dem außer der Eigenelastizität auch noch eine zusätzliche äußere Spannung die nötige Steifheit gegen seitliche Ausbiegungen verleiht. Die nicht vollkommen biegsame Saite ist also ein gespannter Stab. Je nachdem die Eigenelastizität oder die durch die Dehnung hervorgebrachte Spannungselastizität überwiegt, wird man von „gedehntem Stab" oder von „biegungssteifer Saite" sprechen. Beide gehorchen im Grunde denselben Gesetzen, nur prägt sich in den Koeffizienten die eine oder die andere Eigenschaft stärker aus.

Die theoretische Behandlung erfordert lediglich die Zufügung eines von der Zusatzspannung p — die Bezeichnung ist wie bei der Saite — herrührenden Gliedes und Berücksichtigung der Tatsache, daß der Dehnungsmodul E um den Betrag dieser Spannung zu erhöhen ist. Die Gleichung (90) in Ziff. 37 wird so

$$s q \frac{\partial^2 y}{\partial t^2} - s q \varkappa^2 \frac{\partial^4 y}{\partial x^2 \partial t^2} + (E + p) q \varkappa^2 \frac{\partial^4 y}{\partial x^4} - p q \frac{\partial^2 y}{\partial x^2} = 0 \tag{112}$$

oder, wenn man im Anschluß an die Bezeichnungen (4) von Ziff. 7 setzt:

$$E + p = s c_1'^2, \qquad p = s c_3^2 \tag{113}$$

$$\frac{\partial^2 y}{\partial t^2} - \varkappa^2 \frac{\partial^4 y}{\partial x^2 \partial t^2} + \varkappa^2 c_1'^2 \frac{\partial^4 y}{\partial x^4} - c_3^2 \frac{\partial^2 y}{\partial x^2} = 0. \tag{112a}$$

Die Lösung kann auch wieder durch Zerspaltung $y = y_t \cdot y_x$ mit $y_t = \sin \omega t$ oder $\cos \omega t$ erfolgen, wobei sich für die Eigenfunktion y_x die Gleichung ergibt:

$$\frac{d^4 y_x}{d x^4} - \left(\frac{c_3^2}{\varkappa^2 c_1'^2} - \omega^2 \varkappa^2\right) \frac{d^2 y_x}{d x^2} - \frac{\omega^2}{\varkappa^2 c_1'^2} y_x = 0. \tag{114}$$

Für die weitere Behandlung kommt es auf die Grenzbedingungen an den Enden an. Möglich sind zwei Arten derselben:

1. drehbar befestigtes Ende,
2. fest eingespanntes Ende.

Im Falle 1, der praktisch bei dickeren, über Stege geführten Saiten verwirklicht ist, muß Verschiebung und Krümmung am Ende der Saite, d. h. am Stege, verschwinden, also y und d^2y/dx^2 gleich Null sein. Im Falle 2 — z. B. eingeklemmten oder eingelöteten Enden — muß Verschiebung und Neigung verschwinden, also y und dy/dx gleich Null sein.

Fall 1 ist der einfacher zu behandelnde und zugleich der wichtigere. Man erhält ihn durch den weiteren Ansatz

$$y = e^{\varepsilon x}, \qquad \left(\varepsilon = \pm \frac{i h \pi}{l}\right. \qquad (i = \sqrt{-1}, \quad h = 0, 1, 2 \ldots) \tag{115}$$

der die vorher aufgestellte Grenzbedingung befriedigt. Die Eigenfunktionen ergeben sich zunächst in den komplexen Formen

$$y_x = \cos \frac{h \pi x}{l} \pm i \sin \frac{h \pi x}{l} \tag{116}$$

oder als Verbindungen beider, d. h. in der reellen Form

$$y_x = \cos \frac{h \pi x}{l} \qquad \text{bzw.} \qquad y_x = \sin \frac{h \pi x}{l}.$$

Die charakteristische Gleichung für die Eigenwerte ω wird in gewohnter Weise erhalten und liefert

$$\omega_h^2 = \varepsilon^2 \left(\varepsilon^2 \varkappa^2 c_1'^2 - c_3^2\right) : \left(1 + \frac{h^2 \pi^2 \varkappa^2}{l^2}\right) \tag{117}$$

oder umgeformt

$$\omega_h^2 = \frac{h^2 \pi^2}{l^2} \frac{c_3^2 l^2 + h^2 \pi^2 \varkappa^2 c_1'^2}{l^2 + h^2 \pi^2 \varkappa^2} = \frac{h^2 \pi^2 c_3^2}{l^2} \left(1 + \frac{h^2 \pi^2 \varkappa^2}{l^2} \frac{c_1'^2}{c_3^2}\right) \frac{l^2}{l^2 + h^2 \pi^2 \varkappa^2}. \tag{117a}$$

Für $\varkappa = 0$, also unendlich dünnen Stab, d. h. Saite, geht Gleichung (117) über in die Gleichung (41) von Ziff. 18 der idealen Saite. Ist $\varkappa$ endlich, aber klein gegen l, was praktisch immer zutrifft, so läßt sich näherungsweise schreiben

$$\omega_h = \frac{h\pi c_3}{l}\left(1 + \frac{h^2\pi^2\varkappa^2}{2l^2}\left[\frac{c_1'^2}{c_3^2} - 1\right]\right). \tag{117b}$$

Sowohl diese Gleichung wie auch die allgemeinere Gleichung (117a) zeigen, daß die Teiltöne biegungssteifer Saiten sämtlich höher sind als die der idealen, vollkommen biegsamen Saite, und daß sie außerdem unharmonisch sind, da die höheren Teiltöne relativ stärker erhöht werden.

Das Problem ist theoretisch und experimentell bereits von SEEBECK[1]) ausführlich behandelt worden. Nach gewissen Richtungen hat F. BRAUN[2]) es erweitert. Neuerdings hat sich O. SCHAEFER[3]) damit beschäftigt, indem er bei dem Versuch, eine schwingende Saite als Dehnungsmesser — z. B. zur Messung der Dehnung von belasteten Brückenbogen — durch die dabei auftretende Tonänderung zu benutzen, genötigt wurde, als mögliche Fehlerquelle die Biegungssteifheit zu berücksichtigen. Das Problem findet sich ebenso wie das minder wichtige des eingeklemmten gedehnten Stabes auch in Lord RAYLEIGHS Theory of Sound[4]).

c) Flächenförmige feste Klangkörper.

α) Theorie der zweidimensionalen Klangkörper.

52. Membran und Platte. Allgemeines. Das zweidimensionale Gegenstück der Saite ist die Membran, dasjenige des Stabes ist die Platte. Wie bei der Saite die Schwingungsfähigkeit erst durch die künstlich erzeugte Spannung entsteht, so auch bei der Membran. Wie dort kann auch bei der Membran die Schwingungsfrequenz, also die Tonhöhe, durch Änderung der Spannung willkürlich geändert werden. Das ist praktisch nur möglich bei weichen, nachgiebigen Stoffen (Leder, Zeug, Papier, Pergament, Flüssigkeitshäutchen und ähnlichem Material), während bei Metallfolien nur ganz dünne bedingt dieser Forderung genügen, alle stärkeren aber als Platten anzusehen sind. So ist z. B. die „Eisenmembran" des BELLschen Hörtelephons eine Platte und keine Membran in physikalischem Sinne, denn ihre Gestalt und elastische Eigenschaften werden nicht durch eine von außen wirkende spannende Kraft bestimmt, sondern durch ihre eigene Elastizität und Steifigkeit. Bei Platten wird die Bewegung durch die Materialkonstanten, Elastizitätsmodul E, Torsionsmodul Φ und Dichte s geregelt; zusätzliche Spannungen durch künstlich hinzugefügte Deformationen (Dehnungen, Biegungen usw.) beeinflussen nur die Werte dieser Konstanten. Bei den idealen Membranen tritt an Stelle der elastischen Materialkonstanten die künstlich durch dauernde äußere Kräfte erzeugte Spannung α. Bezüglich der Dichte s ist zu beachten, daß maßgebend die Masse der Flächeneinheit der (unendlich dünn gedachten) Membran oder Platte ist; dieser Masse ist bei homogenem Material die räumliche Dichte s natürlich proportional. Bei inhomogenem Material ist s mit dem Orte veränderlich, eine Funktion der Raumkoordinaten. Zusätzliche Belastung einzelner Teile der Membran oder Platte wirkt wie Inhomogenität des Materials und macht sich in dem Werte von s geltend, scheinbare örtliche Veränderungen der Dichte hervorrufend.

Da die ideale Membran keine eigene Elastizität und Steifigkeit besitzt, muß ihre Begrenzung wenigstens teilweise befestigt sein, d. h. ihr Rand muß —

[1]) A. SEEBECK, Leipziger Abhandlgn. 1849.
[2]) F. BRAUN, Pogg. Ann. Bd. 147, S. 64. 1872.
[3]) O. SCHAEFER, Ann. d. Phys. (4) Bd. 62, S. 156. 1920.
[4]) Lord RAYLEIGH, Theory of Sound Bd. I, § 188, S. 296.

einige Teile evtl. ausgenommen — eingespannt sein. Teilweise freie Ränder sind z. B. bei einer zwischen zwei geraden Leisten ausgespannten Membran denkbar. Der häufigste und wichtigste Fall ist jedoch der der ringsum befestigten Membran. Übrigens kann, ebenso wie die Dichte, auch die Spannung von Punkt zu Punkt veränderlich sein, wodurch dann sehr komplizierte Probleme entstehen. Für die Akustik kommen im allgemeinen nur die einfacheren Fälle konstanter oder nur schwach variabler Spannung und Dichte in Betracht.

Bei Platten können die Randbedingungen ganz beliebig gewählt werden; es sind möglich die vier Fälle:

1. freier Rand, 2. fest eingespannter Rand, 3. drehbar gelagerter (angestemmter) Rand, 4. verschiebbar, aber nicht drehbar gelagerter Rand. Von ihnen sind die beiden ersten die weitaus wichtigsten, wenn auch Fall 3 ebenfalls leicht zu verwirklichen ist, z. B. bei einer rechteckigen Platte, die mit zwei Kanten zwischen feste Wände geklemmt wird, während die beiden anderen Kanten frei sind. (Weitere Ausführungen, sowohl über die Randbedingungen als auch über die Differentialgleichungen der Bewegung und ihre Ableitung s. in ds. Handb. Bd. 6.) Hier sollen nur die Gleichungen in ihrer einfachsten Form für ebene Membranen und Platten angegeben werden, soweit sie für die Akustik von Belang sind.

53. Schwingungsarten. Dehnungs- und Biegungs- bzw. Longitudinal- und Transversalschwingungen. Bezeichnungen: x, y Koordinaten der Mittelebene, u, v, w Verrückungen eines Punktes in den drei Koordinatenrichtungen $df = dx \cdot dy$ = Flächenelement, $\mathfrak{K}_z$ rücktreibende Kraft auf die Flächeneinheit bei Verrückung w, s Dichte, $s' = s\delta$ Flächendichte = Masse der Flächeneinheit, $\delta = 2D$ = Dicke der Membran oder Platte, p' = Spannung der Membran = Kraft pro Längeneinheit irgendeiner in der Membran gezogenen Linie, $c = p'^{\frac{1}{2}} s'^{-\frac{1}{2}}$ eine der Schallgeschwindigkeit in Saiten entsprechende Geschwindigkeit, T = kinetische, V = potentielle Energie der Membran, E Dehnungsmodul, Φ Torsionsmodul, μ POISSONsche Elastizitätszahl. (Die Spannung p' entspricht vollkommen der Konstante der Oberflächenspannung α bei Flüssigkeitshäutchen.)

Bei Membranen können Verrückungen in der Membranebene stattfinden (Longitudinalschwingungen) und senkrecht dazu (Transversal- oder Querschwingungen). Nur letztere kommen akustisch wesentlich in Betracht; sie sind stets mit periodischen Vergrößerungen und Verkleinerungen der Gesamtfläche verbunden. Ihre Frequenz wird durch die Spannung p' geregelt, während für die Längsschwingungen Dehnungs- und Torsionsmodul maßgebend sind.

Bei Platten gilt dasselbe, es müssen Biegungs- und Dehnungsschwingungen berücksichtigt werden. Beide hängen von Dehnungs- und Torsionsmodul ab. Im allgemeinen sind aber beide Arten miteinander gekoppelt, die Bewegungen in verschiedenen Richtungen (senkrecht und parallel der Plattenfläche, Normal- und Tangentialbewegungen) sind nur in besonderen Fällen voneinander unabhängig. Dies kommt hauptsächlich bei gekrümmten Platten (Glocken, Schalen usw.) in Betracht. Bei ebenen Platten kann man von den Tangentialbewegungen ganz absehen und nur die Transversalbewegung betrachten, die die wichtigste ist.

54. Ebene Membran. Differentialgleichung. Die Differentialgleichung[1]) für die Querschwingungen der gleichmäßig gespannten ebenen Membran ist die Gleichung (1) von Ziff. 7 für zwei Koordinaten

$$\frac{\partial^2 w}{\partial t^2} = c^2\left(\frac{\partial^2 w}{\partial x^2} + \frac{\partial^2 w}{\partial y^2}\right) \qquad \left(c^2 = \frac{p'}{s'}\right). \tag{118}$$

[1]) Die Herleitung z. B. bei RIEMANN-WEBER, Part. Diff.-Gl. d. math. Phys. Bd. II, S. 240. 1912; Winkelmanns Handb. d. Phys. Bd. I, S. 750. 1908. Eine einfache Herleitung bei W. MERTEN, ZS. f. angew. Math. u. Mech. Bd. 3, S. 63. 1923.

Die kinetische und potentielle Energie dT und dV für ein Flächenelement $dx \cdot dy$ ist

$$dT = \frac{s'}{2}\left(\frac{\partial w}{\partial t}\right)^2 dx\,dy, \qquad dV = \frac{p'}{2}\left[\left(\frac{\partial w}{\partial x}\right)^2 + \left(\frac{\partial w}{\partial y}\right)^2\right] dx\,dy,$$

woraus die Werte für die ganze Membran durch Integration über die Gesamtfläche folgen.

Die Grenzbedingungen sind

a) örtliche: $w = 0$ an den festen Randteilen, w muß endlich bleiben an den freien Randteilen;

b) zeitliche: für eine beliebig gegebene Zeit $t = t_0$, z. B. $t = 0$, müssen w und $\partial w/\partial t$ auf der ganzen Membran als Funktion von x und y gegeben sein, also

$$w = f(x, y), \qquad \partial w/\partial t = g(x, y).$$

Ist die Spannung nicht gleichförmig, sondern von der Richtung abhängig, so ist dies bei den einzelnen Gliedern von Δw auf der rechten Seite von Gleichung (1) zu berücksichtigen. Wenn z. B. die Spannungen in den beiden Richtungen x und y verschieden sind, p'_x und p'_y, so nimmt die Gleichung (118) die neue Gestalt an

$$\frac{\partial^2 w}{\partial t^2} = c_x^2 \frac{\partial^2 w}{\partial x^2} + c_y^2 \frac{\partial^2 w}{\partial y^2}, \qquad \left(c_x^2 = \frac{p'_x}{s'}, \quad c_y^2 = \frac{p'_y}{s'}\right), \tag{119}$$

deren allgemeine Lösung ebenfalls einfach möglich ist[1]).

Für Membranen anderer, z. B. elliptischer Form müssen entsprechende Koordinaten eingeführt und Δw in ihnen ausgedrückt werden. Weiteres in Ziff. 60 bis 62.

Wirken außer den elastischen bzw. durch die Membranspannung geweckten Kräften noch andere (Reibungskräfte, periodische äußere Kräfte), so treten sie auf der rechten Seite der Gleichung (118) bzw. (119) hinzu.

55. Ebene Platte. Differentialgleichung für Querschwingungen. Bezeichnungen: $2D$ Plattendicke, s Dichte, α eine durch (120) definierte Konstante.

Die Differentialgleichung der Bewegung ist von der 4. Ordnung, nämlich

$$\frac{\partial^2 w}{\partial t^2} + \alpha^4 \Delta\Delta w = 0 \qquad \left(\alpha^4 = \frac{E D^2}{3s(1-\mu^2)}\right). \tag{120}$$

Δ bedeutet die bekannte Differentialoperation, die hier also doppelt auszuführen ist. In gewöhnlichen Cartesischen Koordinaten lautet die Gleichung

$$\frac{\partial^2 w}{\partial t^2} + \alpha^4\left(\frac{\partial^4 w}{\partial x^4} + 2\frac{\partial^4 w}{\partial x^2 \partial y^2} + \frac{\partial^4 w}{\partial y^4}\right) = 0. \tag{120a}$$

Der Ausdruck $\Delta\Delta w$ in anderen Koordinaten, die z. B. bei kreisrunder, elliptischer oder sonstiger Begrenzung anzuwenden sind, ist umständlicher. Man braucht ihn zur Lösung der Gleichung aber gar nicht zu bilden, wie in Ziff. 65 gezeigt wird. Wesentlich sind die Randbedingungen, die hier komplizierter sein können. Sie sind von KIRCHHOFF[2]) und H. LAMB[3]) in etwas verschiedener Form aufgestellt; die allgemeinere ist die von LAMB. Es sei dl ein Linienelement der Begrenzungskurve der (ebenen) Platte, ν die nach außen gerichtete Normale

---

[1]) S. z. B. Winkelmanns Handb. d. Phys. Bd. I, S. 751. 1908.

[2]) G. KIRCHHOFF, Crelles Journ. f. Math. Bd. 40, S. 51. 1850.

[3]) H. LAMB, Proc. Lond. Math. Soc. Bd. 21, S. 70. 1891.

dieser Kurve, Θ der Winkel zwischen ν und der x-Richtung, so lauten diese Randbedingungen nach LAMB

$$\left.\begin{aligned} &\delta w\left[\frac{\partial \Delta w}{\partial \nu}+(1-\mu)\frac{\partial}{\partial \iota}\left\{\cos\Theta\sin\Theta\left(\frac{\partial^2 w}{\partial y^2}-\frac{\partial^2 w}{\partial x^2}\right)\right.\right.\\ &\qquad\left.\left.+(\cos^2\Theta-\sin^2\Theta)\frac{\partial^2 w}{\partial x\,\partial y}\right\}\right]=0,\\ &\frac{\partial\,\delta w}{\partial \nu}\left[\mu\Delta w+(1-\mu)\left(\cos^2\Theta\frac{\partial^2 w}{\partial x^2}+\sin^2\Theta\frac{\partial^2 w}{\partial y^2}\right.\right.\\ &\qquad\left.\left.+2\sin\Theta\cos\Theta\frac{\partial^2 w}{\partial x\,\partial y}\right)\right]=0,\\ &\delta w\frac{\partial^2 w}{\partial x\,\partial y}=0 \text{ an etwaigen Ecken.} \end{aligned}\right\} \tag{121}$$

Das Zeichen δ bedeutet eine willkürliche Variation der betreffenden Größe, die jedoch mit den Bedingungen des Problems verträglich sein muß. Je nach den besonderen in Ziff. 52 angegebenen Bedingungen ist entweder δw und $\partial\,\delta w/\partial\nu = 0$ (fest eingespannter Rand) oder beide sind willkürlich, oder es ist $\delta w = 0$ und $\partial\,\delta w/\partial\nu$ willkürlich (angestemmter, drehbar gelagerter Rand); die vierte noch denkbare Bedingung (ohne Neigungsänderung verschiebbarer Rand) hat keine praktische Bedeutung.

Wenn diese Größen Null sind, so ist die betreffende Randbedingung identisch erfüllt; sind sie aber willkürlich, so muß die zugehörige Größe in der eckigen Klammer der Gleichung (121) verschwinden, was eine weniger einfache Bedingung ergibt.

Die Energie bei den Schwingungen ist

$$T=\frac{1}{2}\iint 2Ds\left(\frac{\partial w}{\partial t}\right)^2 df,$$

$$V=\iint\frac{ED^3}{3(1-\mu^2)}\left\{\left(\frac{\partial^2 w}{\partial x^2}\right)^2+\left(\frac{\partial^2 w}{\partial y^2}\right)^2+2\mu\frac{\partial^2 w}{\partial x^2}\frac{\partial^2 w}{\partial y^2}+2(1-\mu)\left(\frac{\partial^2 w}{\partial x\,\partial y}\right)^2\right\}dx\,dy$$

über die ganze Plattenfläche integriert.

β) Membran im einzelnen.

56. Integration der Differentialgleichung für die ebene Membran. Je nach der Form der Begrenzungskurve Benutzung verschiedener Koordinaten. Die typische Form der Lösung ist jedoch überall dieselbe; sie geht hervor aus der Zerspaltung der Variablen w in ein Produkt zweier Faktoren w_t und w^*, wobei w_t nur von der Zeit t, w^* nur von den Raumkoordinaten x und y bzw. ihnen gleichwertigen, z. B. r, φ (Polarkoordinaten) usw., abhängt. Wie bei dem eindimensionalen Problem (Saite, Stab) ergibt sich w_t als einfache Sinus- bzw. Cosinusfunktion der Zeit t mit einer gewissen (Kreis-) Frequenz ω, die für die verschiedenen Teilschwingungen verschiedene diskrete Werte besitzt (elastisches oder Tonspektrum). Diese Frequenzen ω hängen hier aber nicht nur von einem unabhängigen Parameter (Ordnungszahl) ab, sondern entsprechend der flächenhaften Ausdehnung von zwei Parametern, wodurch eine weit größere Mannigfaltigkeit entsteht. Die so zu bildenden unendlich vielen w_t sind die Normalkoordinaten der Membran.

Der nach Abspaltung der Zeitfunktion w_t übrigbleibende Teil w^* gehorcht einer gewöhnlichen linearen Differentialgleichung 2. Ordnung mit zugehörigen Grenz- (Rand-)Bedingungen und stellt die Eigenfunktion (Normalfunktion) der betreffenden Form der Membran dar. Die Differentialgleichung dieser Eigenfunktionen ist hier in Cartesischen Koordinaten:

$$c^2\left(\frac{\partial^2 w^*}{\partial x^2}+\frac{\partial^2 w^*}{\partial y^2}\right)+\omega^2 w^*=0 \qquad \left(c^2=\frac{p'}{s'}\right) \tag{122}$$

(s' = Flächendichte, p' = Flächenspannung = Kraft auf die Längeneinheit einer Kurve in der Membran). Aus Gleichung (122) lassen sich durch Transformation leicht andere Formen gewinnen, z. B. in ebenen Polarkoordinaten

$$c^2\left(\frac{\partial^2 w^*}{\partial r^2}+\frac{1}{r}\frac{\partial w^*}{\partial r}+\frac{1}{r^2}\frac{\partial^2 w^*}{\partial \varphi^2}\right)+\omega^2 w^*=0\,. \tag{122a}$$

Ist die Spannung der Membran nach verschiedenen Richtungen verschieden, so tritt die erweiterte Form der Gleichung auf, z. B. für den schon in Ziff. 54 angegebenen Fall der nach x und y verschiedenen Spannung die Gleichung

$$c_x^2\frac{\partial^2 w^*}{\partial x^2}+c_y^2\frac{\partial^2 w^*}{\partial y^2}+\omega^2 w^*=0 \qquad \left(c_x^2=\frac{p_x'}{s'}\,,\ c_y^2=\frac{p_y'}{s'}\right). \tag{123}$$

Wegen der gebotenen Kürze können hier nur die Eigenschaften der Lösungen in ihren allgemeinen Zügen besprochen und die Hauptformeln angegeben werden. Hinsichtlich weiterer Einzelheiten muß auf die ausführlichen Sonderdarstellungen verwiesen werden[1]).

Für die Randbedingungen ist der praktisch weitaus wichtigste Fall der des festen Randes; er wird, wo nichts anderes bemerkt ist, überall im folgenden ausgenommen.

Soweit Lösungen gefunden sind, handelt es sich immer um Partikularlösungen, aus denen die allgemeinste Lösung durch Übereinanderlagerung zusammengesetzt wird.

57. Rechteckige Membran. Kante a parallel x-Achse, b parallel y-Achse, Koordinatenanfang $x=0$, $y=0$ in einem Eckpunkt. Spannungen in x- bzw. y-Richtung: p_x' und p_y'. Randbedingungen: Für $x=0$, $x=a$, $y=0$, $y=b$ muß $w=0$ sein.

Die nur von t abhängigen Normalkoordinaten der Teilschwingungen sind $\sin\omega_{hk}t$ und $\cos\omega_{hk}t$, die Normal- oder Eigenfunktionen w^* sind die Produkte $\sin h\pi x/a\cdot\sin k\pi y/b$ mit $h=1,2,3\ldots$, $k=1,2,3\ldots$

Die allgemeine Lösung ist also

$$w=\sum_{h=1}^{\infty}\sum_{k=1}^{\infty}(A'_{hk}\sin\omega_{hk}t+A''_{hk}\cos\omega_{hk}t)\sin\frac{h\pi x}{a}\sin\frac{k\pi y}{b}\,, \tag{124}$$

wobei

$$\omega_{hk}=\pi\sqrt{\left(\frac{h c_x}{a}\right)^2+\left(\frac{k c_y}{b}\right)^2}\,, \tag{125}$$

$$\left.\begin{aligned} A'_{hk}&=\frac{4}{ab\,\omega_{hk}}\int_0^a\!\!\int_0^b g(x,y)\sin\frac{h\pi x}{a}\sin\frac{k\pi y}{b}\,dx\,dy\,,\\ A''_{hk}&=\frac{4}{ab}\int_0^a\!\!\int_0^b f(x,y)\sin\frac{h\pi x}{a}\sin\frac{k\pi y}{b}\,dx\,dy\,,\end{aligned}\right\} \tag{126}$$

ferner $f(x,y)$ und $g(x,y)$ die Werte von w und $\partial w/\partial t$ (Verrückung und Geschwindigkeit) zur Zeit $t=0$ sind.

[1]) Vgl. außer den noch anzuführenden Einzelarbeiten z. B. die Darstellungen in Winkelmanns Handb. d. Phys. Bd. I, S. 751. 1908; Bd. II, S. 368. 1909; Enzyklop. d. math. Wiss. Bd. IV, 2 II, Abschn. C, Art. 26; RIEMANN-WEBER, Part. Diff.-Gl. d. math. Phys. Bd. II, 3. Buch, Abschn. 13 u. 14. 5. Aufl. 1912.

Die Kreisfrequenz ω_{hk} $\left(\text{und sekundliche Frequenz } N_{hk} = \frac{\omega_{hk}}{2\pi}\right)$ hängt außer von den Kantenlängen a, b und den beiden Geschwindigkeiten c_x und c_y noch von den Ordnungszahlen h und k ab, die alle ganzzahligen Werte zwischen 1 und ∞ in beliebigen Kombinationen annehmen können.

In dem hier behandelten allgemeinsten Falle gibt jedes Wertepaar h, k einen von allen anderen verschiedenen Wert ω. Und jede dieser Teilschwingungen hat ihr ganz bestimmtes festliegendes System von Knotenlinien (zu den Kanten a und b parallele Gerade, die sich rechtwinklig schneiden).

Ist die Spannung nach allen Richtungen dieselbe $p_x = p_y = p$, also $c_x = c_y = c$, so gilt genau dasselbe, sofern die Kantenlängen a und b inkommensurabel sind.

Sind bei gleichmäßiger Spannung a und b kommensurabel (praktisch kommt Kommensurabilität jedoch nur dann in Betracht, wenn dabei das Verhältnis von a zu b durch kleine Zahlen ausgedrückt wird), so gibt es Fälle, wo eine Vertauschung der Werte von h und k den Frequenzwert ω_{hk} nicht ändert. Im besonderen gilt dies auch für das Verhältnis $a:b = 1:1$, d. h. die quadratische Membran. Die Schwingungsform, also die Lage der Knotenlinien, ist — unabhängig von etwaiger Übereinstimmung der Frequenzen — für jedes Wertepaar h, k eine besondere.

Die Berechnung der zusammenfallenden Frequenzen führt auf das zahlentheoretische Problem: Für welche verschiedenen Kombinationen h und k nimmt der Ausdruck $\sqrt{\left(\frac{h}{a}\right)^2 + \left(\frac{k}{b}\right)^2}$ ein und denselben Wert an? Akustisch hat nur die sehr einfache Berechnung einer verhältnismäßig kleinen Zahl der Teiltöne von nicht zu hoher Ordnung Bedeutung.

Die Knotenlinien ergeben sich, indem man den einen oder den anderen der beiden Faktoren $\sin\frac{h\pi x}{a}$ oder $\sin\frac{k\pi y}{b}$ in w gleich Null setzt, als zu den Kanten parallele Gerade. Sind a und b inkommensurabel — praktisch auch dann, wenn $a:b$ nur durch größere ganze Zahlen ausdrückbar ist —, so gibt es nur diese festliegenden Knotenlinien. Sind a und b kommensurabel, d. h. ist praktisch das Verhältnis $a:b$ durch kleine ganze Zahlen ausdrückbar, so können auch andere kompliziertere Formen von Knotenlinien entstehen durch Übereinanderlagerung je zweier Schwingungen von gleicher Frequenz, aber von verschiedenem Typus, hervorgehend aus einer Vertauschung der Ordnungszahlen h und k. Die Besonderheiten solcher Fälle werden bei der quadratischen Membran besprochen werden.

58. Quadratische, gleichmäßig gespannte Membran. Schwingungszahlen. Die Kreisfrequenz ist

$$\omega_{hk} = 2\pi N_{hk} = \frac{\pi c}{a}\sqrt{h^2 + k^2} = \frac{\pi c\sqrt{2}}{a}\sqrt{\frac{h^2 + k^2}{2}}. \tag{127}$$

Die Ausdrücke für w, A'_{hk} und A''_{hk} von Ziff. 57 gelten mit diesem Werte ω_{hk} und $b = a$. Tabelle 13 gibt die Werte $(h^2 + k^2)/2$, d. h. die Quadrate der Frequenzparameter für alle Ordnungszahlen h und k von 1 bis 16. Die in Klammer eingeschlossenen Werte sind die Doppelwerte, d. h. diejenigen, die zwei verschiedenen Schwingungstypen mit verschiedener Lage der Knotenlinie zukommen, die fettgedruckten entsprechen den Grundtönen der verschiedenen Reihen harmonischer Teiltöne, in die man die Gesamtheit der Eigentöne der Membran einordnen kann, wie aus der Frequenzgleichung (127) hervorgeht. Die Frequenzparameter $\sqrt{(h^2 + k^2)/2}$ dieser unter sich unharmonischen Grundtöne sind in aufsteigender Reihenfolge die Quadratwurzeln aus folgenden Zahlen: 1, 2,5, 5, 6,5, 8,5, 12,5, 13, 14,5, 17, 18,5, 20,5, (25), 26,5, 29, 30,5, 32,5, 36,5, 37, 41, 42,5, 44,5, 48,5, 50,5, 53, 54,5, 56,5, 61, 65 usw. Sie liegen

Tabelle 13. Halbe Quadratsummen $\frac{h^2+k^2}{2}$ (in Steildruck) und Frequenzparameter $\sqrt{\frac{h^2+k^2}{2}}$ (in Schrägdruck) der quadratischen Membran für $h = 1$ bis 16 und $k = 1$ bis 16.

Die eingeklammerten Werte sind Doppelwerte (durch verschiedene Kombinationen h und k entstanden), die fettgedruckten Werte sind die unter sich unharmonischen Grundtöne der harmonischen Tonreihen, in die sich alle Töne der Membran einordnen lassen.

1	2	3	4	5	6	7	8	9	10	11	12	13	14	15	16	$h \rightarrow$
1 *1*	**2,5** *1,58*	**5** *2,24*	**8,5** *2,92*	**13** *3,61*	**18,5** *4,30*	**(25)** *5,00*	**(32,5)** *5,70*	**41** *6,40*	**50,5** *7,11*	**61** *7,81*	**(72,5)** *8,51*	**(85)** *9,22*	**98,5** *9,92*	**113** *10,63*	**128,5** *11,34*	k ↓1
	4 *2,00*	**6,5** *2,55*	10 *3,16*	**14,5** *3,81*	20 *4,47*	**26,5** *5,15*	34 *5,83*	**(42,5)** *6,52*	52 *7,21*	(62,5) *7,91*	74 *8,60*	**86,5** *9,30*	(100) *10,00*	**114,5** *10,70*	(130) *11,40*	2
		9 *3,00*	**12,5** *3,54*	**17** *4,12*	22,5 *4,74*	**29** *5,39*	**36,5** *6,04*	45 *6,71*	**54,5** *7,38*	**(65)** *8,06*	76,5 *8,75*	**89** *9,43*	**(102,5)** *10,12*	117 *10,82*	**(132,5)** *11,51*	3
			16 *4,00*	**20,5** *4,53*	26 *5,10*	**(32,5)** *5,70*	40 *6,32*	**48,5** *6,96*	58 *7,62*	**68,5** *8,28*	80 *8,94*	**(92,5)** *9,62*	106 *10,30*	**120,5** *10,98*	136 *11,66*	4
				(25) *5,00*	**30,5** *5,52*	**37** *6,08*	**44,5** *6,67*	**53** *7,28*	(62,5) *7,91*	**73** *8,54*	**84,5** *9,19*	**97** *9,85*	**(110,5)** *10,51*	(125) *11,18*	**140,5** *11,85*	5
					36 *6,00*	**(42,5)** *6,52*	50 *7,07*	58,5 *7,65*	68 *8,25*	**78,5** *8,86*	90 *9,49*	**(102,5)** *10,12*	116 *10,77*	130,5 *11,42*	146 *12,08*	6
						49 *7,00*	**56,5** *7,52*	**(65)** *8,06*	**74,5** *8,63*	**(85)** *9,22*	**96,5** *9,82*	**109** *10,44*	122,5 *11,07*	**137** *11,70*	**152,5** *12,34*	7
							64 *8,00*	**(72,5)** *8,51*	82 *9,06*	**(92,5)** *9,62*	104 *10,20*	**116,5** *10,79*	(130) *11,40*	**144,5** *12,02*	160 *12,65*	8
								81 *9,00*	**90,5** *9,51*	**101** *10,05*	112,5 *10,61*	(125) *11,18*	**138,5** *11,77*	153 *12,37*	**168,5** *12,98*	9
									(100) *10,00*	**(110,5)** *10,51*	122 *11,05*	**134,5** *11,60*	148 *12,17*	162,5 *12,75*	178 *13,34*	10
										121 *11,00*	**(132,5)** *11,51*	**145** *12,04*	**158,5** *12,59*	**173** *13,15*	**188,5** *13,73*	11
											144 *12,00*	**156,5** *12,51*	170 *13,04*	184,5 *13,58*	200 *14,14*	12
												169 *13,00*	**182,5** *13,51*	**197** *14,04*	212,5 *14,58*	13
													196 *14,00*	**210,5** *14,51*	226 *15,03*	14
														(225) *15,00*	**240,5** *15,51*	15
															256 *16,00*	16

teilweise sehr dicht beieinander, denn die hier aufgeführten 28 Werte fallen in das Gebiet von nur etwa drei Oktaven. Da zu ihnen noch die höheren harmonischen Teiltöne der über jeden von ihnen aufgebauten harmonischen Teiltonreihe kommen, die teilweise auch noch in das Gebiet dieser drei Oktaven fallen, so wird die Fülle der Eigentöne in dem betrachteten Gebiet noch größer. Hieraus erklärt sich in Verbindung mit der großen Resonanzbreite infolge bedeutender Dämpfung, der jede Membran bei ihrer verhältnismäßig kleinen Masse und großen Fläche unterliegt, die Fähigkeit der Membran, praktisch auf fast alle Töne innerhalb eines sehr großen Bereiches gleichmäßig anzusprechen. Die Membranen eignen sich daher gut zu Aufnahme-, Empfangs- und Reproduktionszwecken, aus denselben Gründen aber wenig als selbständige Klangkörper zur Erzeugung von Tönen.

Die Tabelle 13 enthält außerdem in Schrägdruck die Quadratwurzeln der darüberstehenden Zahlen, d. h. die Frequenzparameter $\sqrt{(h^2 + k^2)/2}$ selbst, die mit dem Werte 1 beginnen. Die Gesamtheit der Töne (aus Tab. 13 entnommen), welche die quadratische Membran innerhalb der drei tiefsten Oktaven zu geben vermag, nach ihren relativen Schwingungszahlen geordnet, ist in Tabelle 14 enthalten. Der tiefste Grundton hat dabei die relative Frequenz 1. Für die 4. Oktave beträgt die Zahl der Eigentöne bereits über 100; Tabelle 13 umfaßt davon 87.

Tabelle 14. Relative Schwingungszahlen der Eigentöne der quadratischen Membran in den ersten drei Oktaven. Grundton = 1 gesetzt.

(In der entsprechenden Tabelle bei AUERBACH, Winkelmanns Handb. d. Phys. Bd. II, S. 370, fehlen versehentlich die Töne 7,11 und 7,81.)

1,000	2,000	3,000	4,000	5,000	6,000	7,000
1,581	2,236	3,162	4,123	5,099	6,042	7,071
	2,550	3,536	4,301	5,148	6,083	7,106
		3,606	4,472	5,385	6,325	7,211
		3,808	4,528	5,523	6,403	7,280
			4,743	5,701	6,519	7,382
				5,831	6,671	7,517
					6,708	7,616
					6,964	7,649
						7,810
						7,906

Diese auf Grund vollkommener Homogenität der Membran berechnete Gesamtheit von Tönen wird übrigens noch größer, wenn kleine Inhomogenitäten, örtliche Unterschiede der Spannung oder der Dichte vorhanden sind, dann spalten nämlich die Töne der verschiedenen Typen von gleicher Frequenz in zwei oder mehrere Töne verschiedener Frequenz auf. Die Zahlen der Tabellen 13 und 14 gelten jedoch nur für den Idealfall einer Membran im Vakuum. Bei Membranen in irgendeinem Medium (z. B. Luft) werden infolge des Widerstandes des Mediums alle Töne vertieft, die tieferen mit großer Elongation jedoch mehr als die höheren. BOURGET[1]) gibt dafür die Formel

$$\frac{N_{hk}}{N_{11}} = \frac{\sqrt{h^2 + k^2 - f^2}}{\sqrt{2 - f^2}}, \tag{128}$$

wo $f = \varepsilon\lambda/2\pi c$ ist (ε = Koeffizient des mit der Geschwindigkeit proportionalen Widerstandes, λ = Wellenlänge des Grundtones, c = Schallgeschwindigkeit).

59. Quadratische Membran. Knotenlinien (Klangfiguren). Bei der homogenen quadratischen Membran wird j e d e r Ton, ausgenommen die Töne, bei denen $h = k$ ist, durch z w e i Schwingungstypen hervorgebracht, deren einer die Knotenlinien parallel der x-Kante, deren anderer sie parallel der y-Kante hat. Sie gehen durch Drehung der Membran um 90° auseinander hervor. Jede

[1]) J. BOURGET, C. R. Bd. 72, S. 560. 1871; s. auch J. BOURGET u. F. BERNARD, Ann. chim. phys. Bd. 60, S. 449. 1860.

von diesen Schwingungen ist selbständig mit besonderer Phase und Amplitude erregbar, je nach den besonderen Bedingungen der Erregung. Ihre Übereinanderlagerung erzeugt einen neuen Schwingungstyp, bei dem die Knotenlinien nicht fest liegen, sondern im Verlauf einer Schwingungsperiode ihre Gestalt allmählich

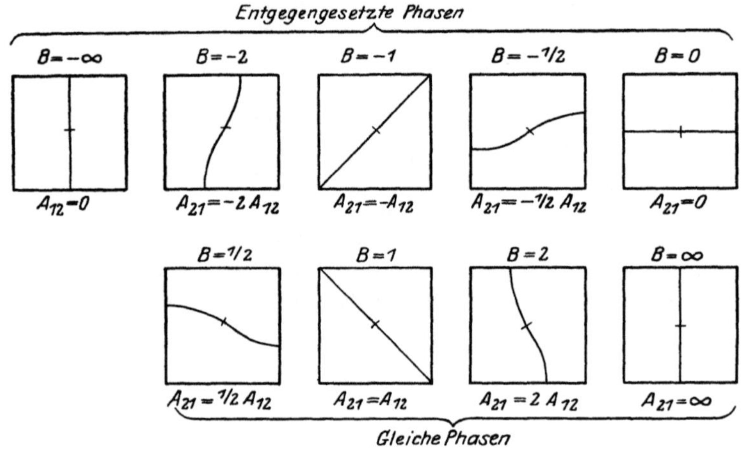

Abb. 25. $h=1$, $k=2$ und $h=2$, $k=1$. Knotenlinien (Klangfigur) der 1. Oberschwingung einer quadratischen Membran bei verschiedenem Amplitudenverhältnis $B=A_{21}/A_{12}$ der nach den Kanten x und y orientierten Schwingungskomponenten gemäß der Gleichung $w = w_{12}(x,y) + w_{21}(x,y) = A_{12}\sin(\omega_{12}t+\vartheta_{12})\sin\frac{\pi x}{a}\sin\frac{2\pi y}{a} + A_{21}\sin(\omega_{12}t+\vartheta_{21})\sin\frac{2\pi x}{a}\sin\frac{\pi y}{a}$. Gleiche Phase beider Komponenten ($\vartheta_{21}=\vartheta_{12}$) entspricht positivem B (Amplituden mit gleichem Vorzeichen), entgegengesetzte Phase ($\vartheta_{21}=\vartheta_{12}\pm\pi$) entspricht negativem B (Amplituden mit verschiedenem Vorzeichen). Jeder andere Phasenunterschied bewirkt ein innerhalb der Schwingungsperiode $2\pi/\omega_{12}$ wechselndes Amplitudenverhältnis B, d. h. ein Wandern der Knotenlinen durch alle gezeichneten Lagen (und Zwischenlagen) während jeder Periode.

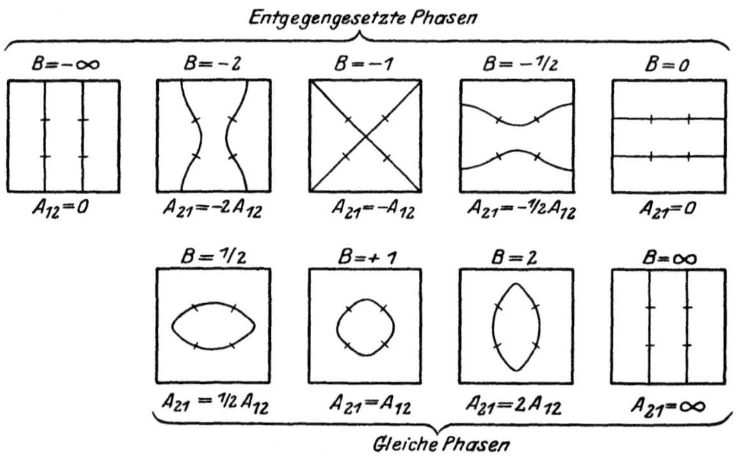

Abb. 26. $h=1$, $k=3$ und $h=3$, $k=1$. Knotenlinien (Klangfigur) der 2. Oberschwingung einer quadratischen Membran bei verschiedenem Amplitudenverhältnis $B=A_{31}/A_{13}$ der nach den Kanten x und y orientierten Schwingungskomponenten in der Gleichung $w = w_{13}(x,y) + w_{31}(x,y) = A_{13}\sin(\omega_{13}t+\vartheta_{13})\sin\frac{\pi x}{a}\sin\frac{3\pi y}{a} + A_{31}\sin(\omega_{13}t+\vartheta_{31})\sin\frac{3\pi x}{a}\sin\frac{\pi y}{a}$. Weiter gilt das bei Abb. 25 Gesagte.

ändern. Dabei können je nach dem Amplitudenverhältnis und dem Phasenunterschied zwischen beiden Komponenten sehr verschiedene Lagen der Knotenlinien entstehen[1]). Nur für gewisse Amplituden- und Phasenverhältnisse haben die Knotenlinien eine feste Lage, nämlich

1. wenn das Amplitudenverhältnis 0 oder ∞ ist, d. h. wenn nur eine der beiden Schwingungen vorhanden, die andere aber nicht erregt ist, oder

[1]) Vgl. dazu auch O. WEDER, Gedächtnisfeier Gymn. Zittau 1903.

2. wenn der Phasenunterschied 0 oder $\pi/2$ ist bei beliebigem Amplitudenverhältnis.

In jedem Falle sind auch bei wandernden Knotenlinien gewisse Punkte derselben dauernd in Ruhe. An diesen Stellen, den Polen der Klangfiguren, häuft sich der zum Nachweis der Knotenlinien aufgestreute Sand immer an, auch wenn die Knotenlinien in ihrem sonstigen Verlauf wegen dauernder Bewegung nicht sichtbar werden. Nur in besonderen Fällen erscheinen die Linien in ganzer Ausdehnung, wenn nämlich zufällig bei der Erregung gerade das günstige Amplituden- bzw. Phasenverhältnis getroffen wurde, das eine feste Lage der Knotenlinie bedingt[1]). Auch bei Platten gilt Ähnliches (s. Ziff. 70). Die Abb. 25 und 26 (entnommen aus dem unten angeführten Buch von KALÄHNE) zeigen die zeitlich aufeinanderfolgenden Gestalten der Knotenlinien (Klangfiguren) bei gewissen ausgezeichneten Werten der Phasen bzw. Amplitudenverhältnisse für die erste Oberschwingung $h = 1$, $k = 2$ bzw. $h = 2$, $k = 1$ und die zweite Oberschwingung $h = 1$, $k = 3$ bzw. $h = 3$, $k = 1$. Es gelingt zuweilen, solche Figuren experimentell festzuhalten. Für $h = 6$, $k = 7$ und $h = 2$, $k = 9$ gibt WEDER a. a. O. ebenfalls derartige Klangfiguren, die nur durch die größere Zahl der einzelnen Knotenlinien verwickelter erscheinen, im ganzen jedoch denselben Charakter haben.

60. Kreismembran. Die in ebenen Polarkoordinaten r, φ aufzustellende Gleichung

$$\frac{\partial^2 w}{\partial t^2} = c^2\left(\frac{\partial^2 w}{\partial r^2} + \frac{1}{r}\frac{\partial w}{\partial r} + \frac{1}{r^2}\frac{\partial^2 w}{\partial \varphi^2}\right) \qquad \left(c^2 = \frac{p'}{s'}\right) \tag{129}$$

wird ebenfalls durch Zerspaltung der abhängigen Variablen w in ein Produkt

$$w = w_t \cdot w_{r\varphi} \tag{130}$$

mit $w_t = \sin\omega t$ oder $\cos\omega t$ gelöst, wobei die Eigenfunktion $w_{r\varphi}$ der Gleichung gehorchen muß:

$$\frac{\partial^2 w_{r\varphi}}{\partial r^2} + \frac{1}{r}\frac{\partial w_{r\varphi}}{\partial r} + \frac{1}{r^2}\frac{\partial^2 w_{r\varphi}}{\partial \varphi^2} + \frac{\omega^2}{c^2} w_{r\varphi} = 0\,. \tag{131}$$

Diese Gleichung läßt sich aber weiter spalten durch den Ansatz

$$w_{r\varphi} = w_r \cdot w_\varphi \tag{132}$$

in

$$\frac{d^2 w_\varphi}{d\varphi^2} + h^2 w_\varphi = 0 \qquad (h \text{ eine neue Konstante}) \tag{133}$$

und

$$\frac{d^2 w_r}{dr^2} + \frac{1}{r}\frac{d w_r}{dr} + \left(\varkappa^2 - \frac{h^2}{r^2}\right) w_r = 0 \qquad \left(\varkappa = \frac{\omega}{c}\right) \tag{134}$$

oder

$$\frac{d^2 w_r}{d\varrho^2} + \frac{1}{\varrho}\frac{d w_r}{d\varrho} + \left(1 - \frac{h^2}{\varrho^2}\right) w_r = 0\,, \qquad \left(\varrho = \varkappa r = \frac{\omega r}{c}\right), \tag{134a}$$

von denen die erste (133) durch $w_\varphi = \sin h\varphi$ oder $\cos h\varphi$, die zweite (134) bzw (134a) durch Zylinderfunktionen, z. B. die BESSELsche und NEUMANNsche Zylinderfunktion h-ter Ordnung[2])

$$w_r = J_h(\varrho) = J_h(\varkappa r) \qquad \text{und} \qquad w_r = N_h(\varrho) = N_h(\varkappa r) \tag{135}$$

befriedigt wird. Die Normalkoordinaten sind wieder die Zeitfunktionen $w_t = \sin\omega t$ oder $\cos\omega t$, die Eigenfunktionen $w_{r\varphi}$ sind Produkte aus den goniometrischen

[1]) Genaueres s. z. B. bei A. KALÄHNE, Math.-phys. Akustik Bd. II, S. 150ff. 1913.

[2]) E. JAHNKE-EMDE, Funktionentafeln, S. 93. Leipzig: B. G. Teubner 1909. Die Funktionsbezeichnung N ist nicht zu verwechseln mit der Bezeichnung der sekundlichen Frequenz N.

Funktionen $\sin h\varphi$ oder $\cos h\varphi$ und den Zylinderfunktionen, die die Grenzbedingungen erfüllen. So lassen sich behandeln die Vollkreismembran, die Kreisringmembran und die Kreissektormembran, im besonderen dabei die Vollkreismembran mit einem festgehaltenen Radius. Am wichtigsten ist die Vollkreismembran und die Kreisringmembran, letztere, weil sie den Fall der auch in der Mitte eingespannten Membran zu behandeln gestattet. Eine Partikularlösung in allgemeinster Form ist [$Z_h(\varkappa r)$ bedeutet eine Zylinderfunktion]

$$w = A_h Z_h(\varkappa r) \sin(h\varphi + \varphi_0) \sin(\omega t + \vartheta), \tag{136}$$

woraus durch Übereinanderlagerung die allgemeinste entsteht.

61. Vollkreismembran vom Radius a. Die Zylinderfunktionen sind hier die BESSELschen Funktionen $J_h(\varkappa r)$; h ist eine ganze Zahl einschließlich 0 und stellt die Anzahl der Knotendurchmesser (radiale Knotenlinien) dar. Durch $\varkappa$ wird die Zahl der Knotenkreise bestimmt; die Werte $\varkappa$ sind aber keine ganzen Zahlen, sondern hängen mit den Wurzeln der transzendenten Gleichungen $J_h(\varkappa a) = 0$ zusammen. Jede Anzahl von Knotendurchmessern h kann mit jeder Anzahl von Knotenkreisen $\varkappa$ vereint auftreten; jeder derartigen Zusammenstellung entspricht ein bestimmter Schwingungstyp mit bestimmter Kreisfrequenz ω bzw. sekundlicher Frequenz N. Die Wurzeln der Gleichungen $J_h(\varkappa a) = 0$, nämlich $a\varkappa_{hk}$ für $h = 0, 1, 2$, $k = 0, 1, 2 \ldots$ bilden eine unendliche Mannigfaltigkeit diskreter Werte, die wahrscheinlich alle voneinander verschieden sind; für die Werte der akustisch allein in Betracht kommenden niederen Ordnungen gilt dies sicher, also auch für die Schwingungszahlen.

Die sekundliche Schwingungszahl N ist

$$N_{hk} = \frac{\omega}{2\pi} = \frac{\varkappa c}{2\pi} = \frac{\varkappa a}{2\pi} \frac{c}{a}, \tag{137}$$

in dieser Form geschrieben, weil nicht $\varkappa$, sondern $\varkappa a$ als Wurzel der Frequenzgleichung auftritt. Die Frequenzen der verschiedenen Schwingungsformen sind in Tabelle 15 zusammengestellt, indem die Werte $\varkappa a$, also die Wurzeln der Gleichungen $J_h(\varkappa a) = 0$, angegeben sind. Der erste Index h bedeutet die Zahl der Knotendurchmesser, der zweite k diejenige der Knotenkreise. Tabelle 15 ist die von BOURGET berechnete, bei JAHNKE-EMDE[1]) abgedruckte Tabelle der Wurzeln der BESSELschen Funktionen in erweiterter Form. Einige Klangfiguren mit den Radien der Knotenkreise sind in der Abb. 27 wiedergegeben.

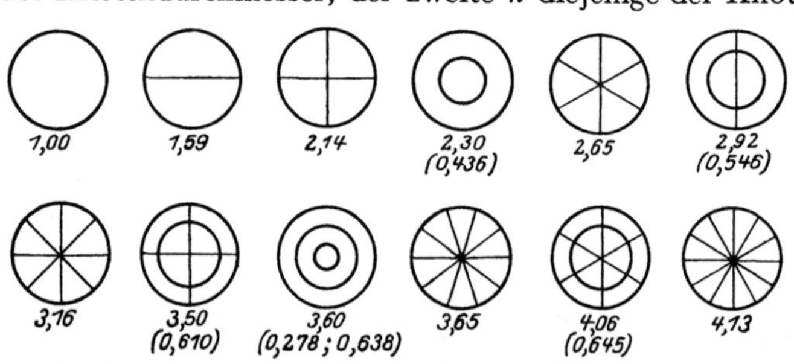

Abb. 27. Knotenlinien der Kreismembran. Radien der Knotenkreise in Klammern. Die nicht eingeklammerten Zahlen sind die relativen Schwingungszahlen.

Die relativen Schwingungszahlen aller Töne innerhalb der drei ersten Oktaven sind in Tabelle 16 enthalten. Sie gehen aus den Werten der Tabelle 15 hervor, indem man diese durch den kleinsten derselben 2,405, der zur Grundschwingung gehört, dividiert und entsprechend ordnet.

Die Radien der inneren Knotenkreise eines Tones mit k solchen Kreisen erhält man aus Tabelle 15 in Bruchteilen des Membranradius a, indem man die kleineren in Steildruck angegebenen Werte einer Vertikalspalte durch den zu

[1]) E. JAHNKE-EMDE, Funktionentafeln, Tafel XXII, S. 147.

Tabelle 15. Frequenzparameter $\varkappa a$ der Kreismembran vom Radius a als Wurzeln der Besselschen Zylinderfunktion $J_h(\varkappa a) = 0$ (Steildruck) und relative Schwingungszahlen der Teiltöne bezogen auf den tiefsten Eigenton $h = 0$, $k = 0$ (Schrägdruck); h = Zahl der Knotendurchmesser, k = Zahl der inneren Knotenkreise, die Randlinie ist äußerer Knotenkreis.

k ↓ / h →	0	1	2	3	4	5	6	7	8	9	10	11	12	13	14
0	2,405 *1*	3,832 *1,593*	5,135 *2,133*	6,379 *2,651*	7,586 *3,154*	8,780 *3,649*	9,94 *4,13*	11,09 *4,61*	12,23 *5,07*	13,36 *5,54*	14,49 *6,02*	15,60 *6,48*	16,70 *6,94*	17,80 *7,40*	18,90 *7,86*
1	5,520 *2,291*	7,016 *2,919*	8,417 *3,501*	9,760 *4,062*	11,064 *4,599*	12,339 *5,124*	13,61 *5,66*	14,80 *6,15*	16,05 *6,67*	17,30 *7,18*	18,45 *7,66*	19,61 *8,15*	20,77 *8,63*	21,94 *9,13*	23,14 *9,62*
2	8,654 *3,600*	10,137 *4,220*	11,620 *4,830*	13,017 *5,416*	14,373 *5,97*	15,700 *6,523*	17,01 *7,06*	18,30 *7,60*	19,56 *8,12*	20,80 *8,65*	22,04 *9,17*	23,30 *9,70*	24,6 *10,24*	25,8 *10,73*	
3	11,792 *4,90*	13,323 *5,53*	14,796 *6,15*	16,224 *6,74*	17,616 *7,31*	18,982 *7,893*	20,36 *8,46*	21,62 *9,00*	22,96 *9,55*	24,2 *10,08*					
4	14,931 *6,21*	16,470 *6,83*	17,960 *7,465*	19,410 *8,07*	20,827 *8,66*	22,220 *9,24*	23,60 *9,82*								
5	18,071 *7,502*	19,616 *8,16*	21,117 *8,78*	22,583 *9,39*	24,018 *9,99*	25,431 *10,60*									
6	21,212 *8,83*	22,760 *9,46*	24,270 *10,11*	25,749 *10,72*	27,200 *11,32*	28,628 *11,91*									
7	24,353 *10,13*	25,903 *10,78*	27,421 *11,41*	28,909 *12,05*	30,371 *12,62*	31,813 *13,23*									
8	27,494 *11,45*	29,047 *12,08*	30,571 *12,72*	32,050 *13,33*	33,512 *14,02*	34,983 *14,54*									

dem betreffenden Ton gehörenden Wert derselben Spalte dividiert; z. B. hat der Ton ohne Knotendurchmesser ($h = 0$) mit $k = 2$ inneren Knotenkreisen und der relativen Frequenz 3,600 die Knotenkreisradien 2,405 : 8,654 = 0,278 und 5,520 : 8,654 = 0,638, wenn der Membranradius $a = 1$ gesetzt wird.

Tabelle 16. Tonhöhe der Eigentöne der Kreismembran (relative Schwingungszahlen bezogen auf den tiefsten Eigenton) in den drei ersten Oktaven.

1,000	2,133	3,154	4,062	5,07	6,02	7,065
1,593	2,291	3,501	4,13	5,124	6,15	7,180
	2,651	3,600	4,220	5,416	6,154	7,315
	2,919	3,649	4,599	5,53	6,21	7,40
			4,610	5,54	6,48	7,465
			4,830	5,66	6,523	7,502
			4,90	5,97	6,67	7,60
					6,74	7,665
					6,83	7,86
					6,94	7,893

Wie bei der quadratischen Membran sind sehr viele dicht beieinander gelegene Töne möglich; daher die Fähigkeit annähernd gleich guter Resonanz für fast alle Töne. Bezüglich der Tonhöhen der Teiltöne gilt auch das am Schluß von Ziff. 58 über ihre Veränderung durch das umgebende Medium Gesagte.

62. Membranen besonderer Form (Kreisring, Kreissektor, elliptische usw). Die theoretische Behandlung ist ähnlich und fußt auf denselben Gleichungen. Bei dem Kreissektor[1]) sind BESSELsche Funktionen $J_h(\varkappa r)$ mit passenden,

[1]) Vgl. hierzu und zu dem Folgenden: Lord RAYLEIGH, Theory of Sound, Bd. I, § 207, S. 332.

durch den Sektorwinkel bedingten, gebrochenen Indizes zu benutzen. Ein besonderer Fall ist der des Vollkreises mit einem festgehaltenen Radius, die Indizes sind dabei $^1/_2$, $^3/_2$, $^5/_2$ usw.; die Teiltöne werden harmonisch, und die Radien der Knotenkreise stehen in ganzzahligen Verhältnissen zueinander. Das Ganze bildet also ein sehr einfaches Schwingungssystem. Doch ist der Fall akustisch von geringer Bedeutung.

Ähnlich liegt es bei dem Kreisringsektor. Bei diesem tritt aber wie bei dem ganzen Kreisring die Notwendigkeit auf, beide Partikularintegrale der BESSELschen Differentialgleichung zu benutzen, also die BESSELsche und die NEUMANNsche Zylinderfunktion, um beide Randbedingungen zu befriedigen, d. h. es ist $Z_h(\varkappa r) = J_h(\varkappa r) + \lambda N_h(\varkappa r)$, wo λ eine durch das Verhältnis der Außen- und Innenradien a und b bestimmte Amplitudenkonstante ist. Am klarsten tritt dies beim Kreisring hervor. Die Berechnung der Radien der Knotenkreise und der Schwingungszahlen ω bzw. N erfordert, wenn die Membran an beiden Begrenzungskreisen fest eingespannt ist, Berechnung der Wurzeln der transzendenten Gleichung

$$\frac{J_h(\varkappa b)}{N_h(\varkappa b)} = \frac{J_h(\varkappa a)}{N_h(\varkappa a)} \quad \text{oder} \quad \frac{J_h(x)}{N_h(x)} = \frac{J_h(k x)}{N_h(k x)}, \tag{138}$$

wo $\varkappa b = x$ und $k = a/b$ das Verhältnis der Ringradien ist. Diese Gleichung ist der trigonometrischen Gleichung $\operatorname{tg} x = \operatorname{tg} k x$ ähnlich und hat wie diese unendlich viele diskrete Wurzeln verschiedener Ordnungen; natürlich für jeden Index h, der die Zahl der Knotendurchmesser angibt, ein besonderes System dieser Wurzeln. Wie bei der Vollkreismembran gibt es hier auch Knotendurchmesser und Knotenkreise und den verschiedenen Zusammenstellungen dieser entsprechende Schwingungsformen. Die Berechnung der Radien der Knotenkreise und der Schwingungszahlen muß für jedes Verhältnis $k = a/b$, d. h. für jede Ringbreite, besonders ausgeführt werden, bringt also viel Rechenarbeit mit sich.

Da das Problem der Ringmembran akustisch kein besonderes Interesse erregt hat, so ist es nur wenig bearbeitet worden[1]). Die obige transzendente Gleichung (138) kommt aber auch auf anderen Gebieten, z. B. bei elektrischen Schwingungsproblemen, vor und ist dabei ausführlicher untersucht worden[2]). Die dortigen Ergebnisse können hier ebenfalls benutzt werden. Praktische Bedeutung haben Kreismembranen mit kreisförmiger Befestigung im Zentrum, wodurch sie zu Ringmembranen werden, bisher nicht erlangt.

Die elliptische Membran haben MATHIEU[3]) und REINSTEIN[4]) mit Benutzung elliptischer Koordinaten behandelt. Letzterer hat die Rechnungsergebnisse auch experimentell geprüft und hat bei den ersten 17 Teiltönen Übereinstimmung der Lage der Knotenlinien mit den berechneten festgestellt.

Auch anders begrenzte Membranen (parabolische, lemniskatenförmige usw.) sind theoretisch und experimentell untersucht worden (s. Winkelmanns Handb. d. Phys. Bd. II, S. 373), doch bieten sie für die Schallerzeugung nichts Besonderes.

63. Einfluß von Unregelmäßigkeiten. In Betracht kommen: Unregelmäßigkeiten 1. der Dichte bzw. der Massenverteilung, 2. der Spannung, 3. der Begrenzung.

Sind die Abweichungen von den der Rechnung zugrunde liegenden Werten (Konstanz von Massenverteilung und Spannung auf der ganzen Membran-

[1]) Vgl. W. VOIGT, Göttinger Nachr. 1907, S. 171 u. 341, wo theoretisch der Fall des freien inneren Randes behandelt wird.

[2]) E. JAHNKE-EMDE, Funktionentafeln usw., Tafel XXVI bis XXIX; A. KALÄHNE, ZS. f. Math. u. Phys. Bd. 54, S. 56. 1906.

[3]) E. MATHIEU, Liouvilles Journ. (2) Bd. 13, S. 137. 1868.

[4]) E. REINSTEIN, Ann. d. Phys. (4) Bd. 35, S. 109. 1911.

fläche, genaue Einhaltung der Begrenzungskurve) nur gering, so kann man mit einer von Lord RAYLEIGH viel benutzten Methode der kleinen Variationen die dadurch bedingten Änderungen der in Betracht kommenden Größen (Schwingungszahlen, Lage und Gestalt der Knotenlinien usw.) näherungsweise berechnen.

1. Bei der Massenverteilung behandelt Lord RAYLEIGH[1]) den Fall einer kleinen Zusatzmasse M auf einem als Punkt anzusehenden Flächenelement der Membran. Die Wirkung auf die Schwingungen der verschiedenen Typen ist verschieden je nach der Lage dieser Masse zu den Knotenlinien derselben; eine Schwingung, von der eine Knotenlinie durch den Ort von M geht, wird gar nicht verändert. Daher wirkt z. B. Belastung der Mitte einer Kreismembran nur auf die Schwingungen ohne Knotenradien ($h = 0$), sog. symmetrische Schwingungen, zu denen übrigens der tiefste Ton der Membran gehört. Diese Schwingungen werden durch zentrische Belastung weiter vertieft.

Exzentrische Belastung einer Kreismembran ergibt im allgemeinen Aufspaltung jeder ohne Belastung vorhandenen Schwingung in zwei mit verschiedenen Frequenzen. Die eine von ihnen hat die unveränderte Frequenz der unbelasteten Membran, ihr radiales Knotenliniensystem stellt sich so ein, daß ein Knotenradius durch den Ort der Masse M geht (Minimaländerung der Frequenz usw.). Bei der anderen tritt die größtmögliche, durch die Zusatzmasse zu bewirkende Frequenzänderung ein; das zugehörige Knotenliniensystem liegt dabei so, daß M auf der Mittellinie des Winkels zwischen zwei benachbarten Knotenradien liegt. Die Knotenlinien sind dabei nicht mehr genau Radien und Kreise, sondern haben hyperbelartige bzw. ellipsenähnliche Gestalt.

Die von RAYLEIGH berechneten Frequenzänderungen sind gegeben durch

$$\frac{\omega_{0k}^2}{\Omega_{0k}^2} = 1 - \frac{M}{s' \pi a^2} \frac{J_0^2(\varkappa_{0k} r')}{J_0'^2(\varkappa_{0k} a)} \qquad \left(\varkappa = \frac{\Omega}{c}\right) \tag{139}$$

für symmetrische Schwingungen ($h = 0$). Für die unsymmetrischen Schwingungen, also Schwingungen mit Knotendurchmessern, ist

$$\frac{\omega_{hk}^2}{\Omega_{hk}^2} = 1 - \frac{2M}{s' \pi a^2} \frac{J_h^2(\varkappa_{hk} r')}{J_h'^2(\varkappa_{hk} a)}. \tag{140}$$

Dabei gilt Ω für die Frequenz ohne Zusatzmasse, r' ist der Abstand der Zusatzmasse M vom Kreismittelpunkt, a der Radius der Membran, J_h' ist die Ableitung der BESSELschen Funktion J_h nach dem Argument.

Stetig verteilte Massenanhäufungen wirken ähnlich. In jedem Falle bewirkt die Unsymmetrie, daß die Lage der Knotenlinien, die bei vollkommener Symmetrie der Membran zunächst unbestimmt ist und allein durch die Erregung bestimmt wird, von vornherein eine bestimmte Orientierung erhält. Die Lage der Erregungsstelle, z. B. Anschlagstelle, hat dann nur Einfluß auf die Amplitude.

Das Entsprechende gilt für Membranen mit geradliniger Begrenzung, insbesondere die quadratische. Bei letzterer bleiben die Schwingungen, für welche $h = k$ ist, einheitlich; ihre Frequenzänderung ist bestimmt durch

$$\frac{\omega_{hh}^2}{\Omega_{hh}^2} = 1 - \frac{4}{a^2} \int_0^a \int_0^a \frac{\delta s}{s_0} \sin^2 \frac{h \pi x}{a} \sin^2 \frac{h \pi y}{a} \, dx \, dy, \tag{141}$$

insbesondere also bei Belastung der Quadratmitte mit der kleinen Zusatzmasse M

$$\frac{\omega_{hh}^2}{\Omega_{hh}^2} = 1 - \frac{4M}{a^2 s_0} \sin^4 \frac{h\pi}{2}. \tag{141a}$$

---

[1]) Lord RAYLEIGH, Theory of Sound Bd. I, § 208, S. 335.

Für gerade h ist hier der Sinusfaktor Null, die Last M liegt auf einer Knotenlinie und hat keinen Einfluß; für ungerade h ist der Faktor $= 1$, es tritt Tonvertiefung ein.

Die Schwingungsformen, für welche $h \neq k$ ist, verhalten sich im allgemeinen verschieden; eine Frequenzänderung findet für jede von ihnen statt, aber in verschiedenem Betrage, also erfolgt eine Aufspaltung der einheitlichen Frequenz. Für die eine ist die Änderung der mögliche Minimalbetrag, für die andere gleichzeitig der mögliche Maximalbetrag. Der Minimalbetrag wird Null, wenn zufällig die Masse M auf einer Knotenlinie der einen Schwingung liegt. Ein Beispiel dafür gibt RAYLEIGH[1]).

Einen besonderen Fall stetiger Massenverteilung hat GHOSH[2]) behandelt. Gewisse indische Trommeln geben eigentümlicherweise harmonische Teiltöne[3]). Das erklärt sich nach den theoretischen und experimentellen Untersuchungen dieser Forscher dadurch, daß das Trommelfell eine künstliche Belastung erhält, die mit dem Abstande vom Mittelpunkt abnimmt (Weiteres s. Artikel „Musikinstrumente und ihre Klänge" Ziff. 61ff. (ds. Bd. Kap. 8).

2. Unregelmäßigkeiten der Spannung sind theoretisch schwierig zu fassen. Praktisch wirken sie im gleichen Sinne wie Unregelmäßigkeiten der Massenverteilung (Aufspaltung der zusammenfallenden Töne und Vermehrung der Eigentöne).

3. Unregelmäßigkeiten der Begrenzungskurve.

Das Ergebnis ist ebenfalls Aufspaltung jeder Schwingung in zwei mit genau derselben Art der Frequenzänderung. Das Problem findet sich an derselben Stelle in Lord RAYLEIGHS Theory of Sound behandelt wie das unter 1. genannte.

Aus neuerer Zeit sind keine Untersuchungen darüber bekannt geworden. Von früheren sei auf die schon in Ziffer 62 angeführte Arbeit von VOIGT verwiesen, sowie auf die bekannte Untersuchung von HELMHOLTZ[4]) über die dreieckige Membran (Basilarmembran der Schnecke des Ohres).

64. Anwendungen von Membranen. Anwendung zur musikalischen Tonerzeugung finden Membranen nur sehr bedingt, wenn auch weitverbreitet, insbesondere bei primitiven Völkern. Der dumpfe, kurze, schnell verhallende Klang der Pauken und Trommeln ist bekannt, er hat nicht viel Musikalisches an sich. Physikalische Untersuchungen darüber gibt es nur wenige. Eine über Kesselpauken stammt von Lord RAYLEIGH[5]), der auch die Obertöne untersucht hat. Eine andere von TERADA[6]) erstreckt sich auf Trommeln und Pauken und behandelt auch die Schwingungen der eingeschlossenen Luft. Besondere Bedeutung haben Membranen als durch Schallwellen leicht erregbare Aufnahmeapparate, z. B. in der Form von Gummi- oder Flüssigkeitshäutchen. Doch werden sie auf diesem Gebiet aus praktischen Gründen sehr häufig durch dünne Platten ersetzt, die fälschlich Membranen genannt werden (eiserne Telephonmembran usw.). Deren Eigenschaften sind denen der Membranen zwar sehr ähnlich, aber nicht gleich. Diese Anwendungen gehören aber in das Resonanzgebiet. (Vgl. hierzu Kap. 8, Ziff. 59 bis 63 und Kap. 13, Ziff. 15 ds. Bd. über Telephonmembranen eine Arbeit von SIEGBAHN.)[7])

---

1) Lord RAYLEIGH, Theory of Sound Bd. I, § 198, S. 315.
2) R. N. GHOSH, Phys. Rev. (2) Bd. 20, S. 526. 1922; Phil. Mag. (6) Bd. 45, S. 315. 1923.
3) C. V. RAMAN u. SIVAKALI-KUMAR, Nature Bd. 104, S. 500. 1920.
4) H. v. HELMHOLTZ, Tonempfindungen, Beilage XI, S. 643. 5. Ausg. 1896.
5) Lord RAYLEIGH, Phil. Mag. Bd. 7, S. 160. 1879.
6) T. TERADA, Tokyo Kyoto (2) Bd. 4, S. 345. 1908; Beibl. z. d. Ann. d. Phys. Bd. 33, S. 1279. 1909.
7) M. SIEGBAHN: Ann. d. Phys. (4) Bd. 42, S. 689. 1913.

65. Ebene Platten, Integration der Differentialgleichung. Die ebenen Klangplatten haben seit den grundlegenden Arbeiten von CHLADNI[1]) theoretisch und experimentell eine sehr große Rolle gespielt. Die Integration der Differentialgleichung ist gelungen für die Kreisplatte[2]), die quadratische Platte[3]) und neuerdings nach demselben Verfahren wie diese für die rechteckige, rhombische, dreieckige und elliptisch begrenzte Platte[4]) mit freiem Rande. Die leichter lösbaren entsprechenden Probleme für Platten mit fest eingespanntem Rande sind daneben behandelt worden. Für kreisförmige Kristallplatten, also nicht-isotrope Körper, hat VOIGT[5]) die Grundschwingungen berechnet und mit älteren Versuchen von SAVART und von ÅNGSTRÖM in Übereinstimmung gefunden. Vgl. auch Ziff. 69 u. 71.

Die Gleichung (120) von Ziff. 55 läßt sich durch Abspaltung des Zeitfaktors (Normalkoordinate) $\sin\omega t$ oder $\cos\omega t$ bzw. zusammengefaßt $\sin(\omega t + \vartheta)$ umformen in

$$\Delta\Delta w^* - \beta^4 w^* = 0 \qquad \left(\beta^4 = \frac{\omega^2}{\alpha^4}\right), \tag{142}$$

wo w^* eine Eigenfunktion der Platte ist. Diese Gleichung wird allgemein befriedigt von allen Funktionen ψ und χ, die den einfachen Gleichungen genügen:

$$\Delta\psi + \beta^2\psi = 0, \qquad \Delta\chi - \beta^2\chi = 0. \tag{143}$$

Streng lassen sich diese beiden Gleichungen für Kreisplatten lösen, nach Näherungsverfahren auch für andere, insbesondere quadratische und rechteckige. Die Frequenz der Schwingungen ist

$$\omega = 2\pi N = \alpha^2\beta^2 = \beta^2 D\sqrt{\frac{E}{3s(1-\mu^2)}}. \tag{144}$$

D = halbe Plattendicke (KIRCHHOFF hat dafür ε).

Bezeichnungen: D = halbe Dicke, s Dichte, R Radius (bei Kreisplatte), l Saitenlänge (bei quadratischer Platte), μ POISSONsche Elastizitätszahl, Φ Torsionsmodul, $E = 2\Phi(1+\mu)$ Dehnungsmodul, α und β zwei Frequenzkonstanten [vgl. die Gleichung (120), Ziff. 55, und (142), Ziff. 65].

Für Platten ohne innere Begrenzung, z. B. für Vollkreisplatten, ist nur eine Randbedingung zu erfüllen, die leichtere für fest eingespannten, die schwerere für freien Rand. Bei Platten mit doppelter Begrenzung, z. B. Kreisringplatten, zu denen praktisch die in der Mitte durch Einspannung befestigten gehören, sind zwei Randbedingungen zu erfüllen, wodurch die Zahl der möglichen Fälle und die rein rechnerischen Schwierigkeiten sich erhöhen.

66. Vollkommen freie Kreisplatte vom Radius R und der Dicke d. Ebene Polarkoordinaten r, φ. Die nach Abspaltung des periodischen Zeitfaktors verbleibende Eigenfunktion w^* (hier weiterhin als $w_{r\varphi}$ bezeichnet) läßt sich zerspalten in das Produkt

$$w_{r\varphi} = w_r \cdot w_\varphi, \qquad w_\varphi = \sin(h\varphi + \varphi_0), \tag{145}$$

da w_φ offenbar periodisch sein muß mit der Periode 2π, d. h. nach einem ganzen Umgang. Also wird

$$\Delta w_{r\varphi} = w_\varphi\left(\frac{\partial^2 w_r}{\partial r^2} + \frac{1}{r}\frac{\partial w_r}{\partial r} - \frac{h^2}{r^2}w_r\right), \tag{146}$$

und die beiden Gleichungen (143) von Ziff. 65 werden

$$\frac{d^2 w_r}{dr^2} + \frac{1}{r}\frac{dw_r}{dr} - \left(\frac{h^2}{r^2} \mp \beta^2\right)w_r = 0. \tag{147}$$

---

[1]) E. F. F. CHLADNI, Die Akustik. Leipzig 1802.

[2]) G. KIRCHHOFF, Crelles Journ. f. Math. Bd. 40, S. 51. 1850; Pogg. Ann. Bd. 81, S. 258. 1850 (nur Angabe der Rechnungsergebnisse).

[3]) W. RITZ, Ann. d. Phys. (4) Bd. 28, S. 737. 1909.

[4]) ELLA GOLDMANN, Inaug.-Dissert. Breslau 1918.

[5]) W. VOIGT: Gött. Nachr. math.-phys. Kl. 1915, S. 345.

Die erste dieser beiden Gleichungen mit dem oberen, negativen Vorzeichen in der Klammer ist die von der Kreismembran her bekannte Gleichung (134) von Ziff. 59, als deren Lösungen die BESSELschen und NEUMANNschen Zylinderfunktionen $J_h(\beta r)$ und $N_h(\beta r)$ benutzt werden können, die beide reell sind. Die zweite Gleichung hat ebenfalls zwei Zylinderfunktionen als Lösung, aber mit rein imaginärem Argument, nämlich $J_h(i\beta r)$ und $H_h^{(1)}(i\beta r)$, wo $i = \sqrt{-1}$ ist. Diese Funktionen sind mit wachsendem Index h abwechselnd reell und rein imaginär, so daß sie, mit entsprechendem reellen oder imaginären Amplitudenfaktor λ und λ'' versehen, ebenfalls reelle Lösungen sind. Die allgemeine Eigenfunktion wird

$$w_{r\varphi} = A\sin(h\varphi + \varphi_0)\,[J_h(\beta r) + \lambda J_h(i\beta r) + \lambda' N_h(\beta r) + \lambda'' H_h^{(1)}(i\beta r). \qquad (148)$$

Durch geeignete Bestimmung von β, λ, λ', λ'' lassen sich die Grenzbedingungen erfüllen[1]).

Bei einer Kreisringplatte sind alle vier Integrale nötig, und auch brauchbar. Bei einer Vollkreisplatte kommt die NEUMANNsche Funktion N_h, die für das Argument Null unendlich wird, nicht in Betracht; die zugehörigen Faktoren λ müssen $= 0$ sein. In Polarkoordinaten lauten die Randbedingungen für w_r

$$\left.\begin{aligned} &\left[\frac{d}{dr}\left(\frac{d^2 w_r}{dr^2} + \frac{1}{r}\frac{dw_r}{dr} - \frac{h^2}{r^2} w_r\right) - \frac{(1-\mu)h^2}{r^2}\left(\frac{dw_r}{dr} - \frac{w_r}{r}\right)\right]_{r=R} = 0, \\ &\left[\mu\left(\frac{d^2 w_r}{dr^2} + \frac{1}{r}\frac{dw_r}{dr} - \frac{h^2}{r^2} w_r\right) + (1-\mu)\frac{d^2 w_r}{dr^2}\right]_{r=R} = 0. \end{aligned}\right\} \qquad (149)$$

Durch Einsetzen des Wertes w_r in diese Gleichungen kann man die λ und den Frequenzparameter βR berechnen. Den hauptsächlich interessierenden Wert des Frequenzparameters hat KIRCHHOFF hieraus für die Vollkreisplatte mit freiem Rande berechnet. Die von ihm mit x bezeichnete und berechnete Größe entspricht dem hier gebrauchten $\beta R/2$. Für jedes h (Zahl der Knotendurchmesser) gibt es unendlich viele diskrete Werte β bzw. βR, die mit wachsender Ordnungszahl sich den Vielfachen von $\pi/2$ nähern, nämlich

$$\beta R = (h + 2\sigma)\,\pi/2 \qquad (h \text{ und } \sigma \text{ ganze Zahlen}). \qquad (150)$$

σ ist die Anzahl der Knotenkreise. Schon für die zweite Wurzel βR gilt die obige Formel mit guter Näherung. Für sämtliche Teiltöne gilt

$$N = \frac{\omega}{2\pi} = \frac{\alpha^2\beta^2}{2\pi} = \frac{(\beta R)^2 d}{4\pi R^2}\sqrt{\frac{E}{3s(1-\mu^2)}}\,. \qquad (151)$$

Die Schwingungszahlen sind der Plattendicke d direkt, dem Quadrat des Radius R umgekehrt proportional (Analogie mit den Querschwingungen der Stäbe bezüglich Dicke und Länge); sie sind ferner der Quadratwurzel aus dem Verhältnis Dehnungsmodul E durch Dichte s proportional, auch wie bei Stäben; außerdem tritt aber noch die POISSONsche Elastizitätszahl μ in der Verbindung $(1-\mu^2)^{-\frac{1}{2}}$ auf. Dieselbe Zahl μ steckt jedoch weiterhin noch in den Werten des Frequenzparameters βR, die aus den Gleichungen für die Randbedingungen berechnet werden. Diese Berechnung ist daher sehr umständlich, da sie für jeden Wert μ besonders erfolgen muß, oder wenigstens für so viele, daß eine Interpolation für Zwischenwerte möglich ist. KIRCHHOFF[2]) hat für die tiefsten Schwingungen die

[1]) Diese Koeffizienten müssen gegebenenfalls zum Teil imaginär gewählt werden, wenn nämlich die zugehörige Funktion selbst imaginär ist, was bei $J_h(i\beta r)$ und der HANKELschen Funktion $H_h^{(1)}(i\beta r)$ der Fall sein kann. $H_h^{(1)}(i\beta r)$ ist die erste HANKELsche Zylinderfunktion, die allein hier zulässig ist, da sie für rein imaginäres Argument reell oder rein imaginär (nicht komplex) wird und für positives r im Unendlichen endlich $(= 0)$ bleibt.

[2]) G. KIRCHHOFF, a. a. O. (s. Anm. zu Ziff. 65). In dieser Arbeit wird statt μ die Konstante $\Theta = \mu/(1-2\mu)$ benutzt, deren Werte dann entsprechend $1/2$ und 1 sind.

Werte des Frequenzparameters (Bezeichnung x bei KIRCHHOFF entsprechend unserem $\beta R/2$) berechnet unter Zugrundelegung der beiden Werte 0,25 und 0,33 für μ. In Tabelle 17 sind die Quadrate derselben, denen die Schwingungszahlen proportional sind, angegeben. In Klammern hinzugefügt sind noch einige Werte, die nach der Näherungsformel (150) berechnet sind, in der übrigens μ nicht mehr auftritt. In Schrägdruck sind ihre relativen Schwingungszahlen, bezogen auf die Frequenz des tiefsten Tones (mit zwei Knotendurchmessern, aber ohne Knotenkreis, also $h = 2$, $\sigma = 0$), hinzugefügt, ebenfalls nach KIRCHHOFF.

Tabelle 17. Kreisplatte mit freiem Rande. Frequenzparameter x^2 (Bezeichnung von KIRCHHOFF) oder $(\beta R/2)^2$ (Bezeichnung von KALÄHNE) für Schwingungen mit h Knotendurchmessern und σ Knotenkreisen (Steildruck), nebst zugehörigen relativen Schwingungszahlen $N_{h\sigma}/N_{20}$ (Schrägdruck), bezogen auf den tiefsten Eigenton $h = 2$, $\sigma = 0$. Der obere Teil der Tabelle gilt für die POISSONsche Elastizitätszahl $\mu = \frac{1}{4}$, der untere für $\mu = \frac{1}{3}$. Die eingeklammerten Werte sind nach der nur für große σ gültigen Näherungsformel $x = \beta R/2 = (h + 2\sigma)\pi/4$ berechnet und zum Vergleich hinzugefügt.

σ (Zahl der Knotenkreise ↓)	$h=0$	$h=1$	$h=2$	$h=3$	$h=4$	$h=5$	
0	— —	— —	1,3778 *1*	3,1861 *2,3124*	5,5780 (9,870) *4,0485*	8,5399 (15,48) *6,1982*	$\mu = \frac{1}{4}$
1	2,2224 *1,6131*	5,1023 *3,7032*	8,8223 (9.870) *6,4033*	13,2880 (15,48) *9,6445*	18,4538 (22,26) *13,3937*	24,2911 (30,30) *17,6304*	
2	9,5838 (9,870) *6,9559*	14,9330 (15,48) *10,8383*	21,0874 (22,26) *15,3052*	28,0035 (30,30) *20,3249*	— —	— —	
3	21,9112 (22,26) *15,9031*	— —	— —	— —	— —	— —	
0	— —	— —	1,3128 *1*	3,0554 *2,3274*			$\mu = \frac{1}{3}$
1	2,2690 *1,7284*	5,1293 *3,9072*	8,8102 (9,870) *6,7111*	13,2280 (15,48) *10,0762*			
2	9,6285 (9,870) *7,3344*	14,9660 (15,48) *11,4003*	— —	— —			

Für die drei tiefsten Töne sind auch mit einigen anderen Werten von μ diese Größen von KALÄHNE[1]) berechnet worden, um aus den Schwingungszahlen die Elastizitätskonstanten zu bestimmen. Diese Zahlen sind in Tabelle 18 angegeben.

Tabelle 18. Kreisplatte mit freiem Rande. Frequenzparameter x^2 (Steildruck) und relative Schwingungszahlen (Schrägdruck) der drei Schwingungen $h = 0$, $\sigma = 1$; $h = 1$, $\sigma = 1$; $h = 2$, $\sigma = 0$ (Grundton) für verschiedene Werte der POISSONschen Elastizitätszahl μ.

	$\mu=0$	$\mu=0,1$	$\mu=0,2$	$\mu=0,25$	$\mu=0,33$	$\mu=0,4$	$\mu=0,5$	
x^2 N_{01}/N_{20}	2,0610 *1,3398*	2,1313 *1,4404*	2,1929 *1,5511*	2,2225 *1,6131*	2,2690 *1,7284*	2,3041 *1,8349*	2,3534 *2,0286*	$h = 0$ $\sigma = 1$
x^2 N_{11}/N_{20}	5,0149 *3,2601*	5,0502 *3,4131*	5,0856 *3,5972*	5,1023 *3,7032*	5,1293 *3,9072*	5,1503 *4,1016*	5,1806 *4,4657*	$h = 1$ $\sigma = 1$
x^2 N_{20}/N_{20}	1,53826 *1*	1,47967 *1*	1,41378 *1*	1,37780 *1*	1,31278 *1*	1,25569 *1,*	1,16009 *1*	$h = 2$ $\sigma = 0$

[1]) A. KALÄHNE, Verh. d. D. Phys. Ges. Bd. 17, S. 35. 1915.

Die höheren Teiltöne lassen sich einfacher, nämlich mit der Näherungsformel (150), behandeln, aus der für sie folgendes hervorgeht:

Die Schwingungszahlen der (höheren) Teiltöne verhalten sich bei konstant gehaltenem h näherungsweise wie die Quadrate der aufeinanderfolgenden geraden oder ungeraden Zahlen, je nachdem die Anzahl h der Knotendurchmesser gerade oder ungerade ist.

Dieses Gesetz hat bereits CHLADNI[1]) experimentell festgestellt. Es gilt nur angenähert. Bei strenger Geltung würde aus ihm folgen, daß es verschiedene Schwingungsformen der Kreisplatte gibt, die genau gleiche Frequenz besitzen, während in Wirklichkeit sämtliche Töne voneinander verschieden sind. Die Radien der Knotenkreise, die übrigens auch etwas von der Elastizitätszahl μ abhängen, hat ebenfalls KIRCHHOFF berechnet (s. Tabelle 19). Die Übereinstimmung dieser Werte mit der Erfahrung hat STREHLKE[2]) nachgewiesen. Die Gestalt der Knotenlinien (Klangfiguren) ist im wesentlichen die gleiche wie bei der Kreismembran; Abb. 27 gilt, abgesehen von den Zahlenwerten, auch hier. Neuere Untersuchungen darüber liegen nicht vor.

Tabelle 19. Kreisplatte mit freiem Rande. Radien der Knotenkreise der Schwingungen (h, σ), bezogen auf den Plattenradius als Einheit; h = Anzahl der Knotendurchmesser, σ = Anzahl der Knotenkreise. — Oberer Tabellenteil für POISSONsche Elastizitätszahl $\mu = \frac{1}{4}$, unterer für $\mu = \frac{1}{3}$.

σ	$h=0$	$h=1$	$h=2$	$h=3$	$h=4$	$h=5$	
1	0,60862	0,78136	0,82194	0,84523	0,86095	0,87256	$\mu = \frac{1}{4}$
2	0,39151 0,84200	0,49774 0,87057	0,56043 0,88747	0,60365 0,89894			$\mu = \frac{1}{4}$
3	0,25679 0,59147 0,89381						$\mu = \frac{1}{4}$
1	0,67941	0,78088	0,82274	0,84681			$\mu = \frac{1}{3}$
2		0,49715 0,87015					$\mu = \frac{1}{3}$

67. Wirkung von Unregelmäßigkeiten. Unregelmäßigkeiten der Platte bezüglich Massenverteilung (Dichte), Elastizität (evtl. Anisotropie), Gestalt (ungleiche Dicke, unregelmäßige Begrenzung) bewirken Veränderung der Schwingungszahlen sowie der Lage und Gestalt der Knotenlinien. Das bei den Membranen Gesagte gilt im wesentlichen auch hier. Theoretisch genauer untersucht ist der Fall der Platte mit nicht genau kreisförmiger Begrenzung von ZENNECK[3]). Das Hauptergebnis ist die schon von anderen, so z. B. Lord RAYLEIGH vorausgenommene Feststellung, daß infolge jeder Unsymmetrie die Lage der Knotenlinien nicht mehr unbestimmt bleibt, sondern durch sie eindeutig festgelegt ist, derart, daß nur für gewisse ausgezeichnete Lagen (Hauptlagen) der Knotenlinien stabile Schwingungen möglich sind. Nach ZENNECK: „Unter allen Lagen, in welchen irgendeine Schwingungsart erfolgen könnte, sind diejenigen Lagen, in welchen die Schwingung bei der freien Platte tatsächlich erfolgt, dadurch ausgezeichnet, daß für sie die Schwingungszahl ein Maximum bzw. ein Minimum

[1]) E. F. F. CHLADNI, Die Akustik. Leipzig: Breitkopf & Härtel 1802, Neudruck 1830.

[2]) F. STREHLKE, Pogg. Ann. Bd. 4, S. 205. 1825; Bd. 18, S. 198. 1830; Bd. 43, S. 521. 1838; Bd. 95, S. 577. 1855; Bd. 146, S. 319. 1872.

[3]) J. ZENNECK, Ann. d. Phys., N. F. Bd. 67, S. 165. 1899.

wird." Mit anderen Worten: es suchen sich diejenigen Schwingungen frei auszubilden, deren Knotenlinien so liegen, daß die Gesamtenergie und die Schwingungszahl ein Maximum wird, und gleichzeitig diejenigen, bei denen beide Größen ein Minimum werden. Durch geeignete Befestigung und Anregung (Schlag auf bestimmte Stellen der Platte oder Bogenstrich an gewissen Stellen des Randes) kann man die eine oder die andere dieser beiden stabilen Schwingungsarten allein erregen. Werden sie gleichzeitig erregt, so treten Interferenzen auf, die bei hinreichend kleiner Differenz der Schwingungszahlen als Schwebungen wahrgenommen werden. Diese Schwebungen treten immer auf, wenn nicht die stabilen Schwingungen erregt werden, sondern wenn die Erregung z. B. durch Schlagen oder durch Bogenstrich so erfolgt, daß die entstehenden Knotenlinien andere als die ausgezeichneten stabilen Lagen annehmen müssen. Solange die Erregung dauert — bei dem Schlag tritt dies wegen der Kürze der Zeit praktisch nicht in Erscheinung, bei Erregung durch Bogenstrich aber sehr deutlich —, hat man es mit erzwungenen (unterhaltenen), durch den aufliegenden Hammer oder den anliegenden Bogen veränderten, nicht freien Schwingungen zu tun. Der Bogenstrich erzwingt, wenn nicht die Anregungsstelle gerade sehr ungünstig liegt, eine einzige bestimmte Frequenz, die von den natürlichen freien Frequenzen im allgemeinen etwas abweicht. Nach Aufhören dieser Erregung verschwindet die erzwungene Frequenz, und es suchen sich die natürlichen (freien) Eigenschwingungen einzustellen. Dabei verlagern sich die Stellen kleinster Bewegung (Knotenlinien), die hierbei aber nicht mehr Stellen vollkommener Ruhe sind; sie wandern — unter Umständen um eine Ruhelage (Hauptlage) hin und her pendelnd.

Daß diese wandernden „Knotenlinien" keine absoluten Ruhestellen sein können, folgt schon daraus, daß bei diesem Vorgang Energie durch diese Stellen kleinster Bewegung (scheinbare Knotenlinien) hindurch nach anderen Stellen der Platte hinwandert. Stellen vollkommener Ruhe, wirkliche Knotenlinien, sind aber absolute Grenzen für die Energie; durch sie hindurch kann keine Energiewanderung stattfinden.

Bei der gedachten Verschiebung der Knotenlinien ändert sich die Frequenz entsprechend der Änderung der mechanischen Bedingungen. Es ist klar, daß während dieser Wanderungen keine Knotenlinien mit aufgestreutem Sande, durch den sie sonst nach CHLADNI sichtbar gemacht werden, erkennbar sind. Weitere Ausführungen über dieses Gebiet bei Lord RAYLEIGH[1]) und in der angegebenen Arbeit von ZENNECK sowie einer anderen[2]) desselben Verfassers, in dem das Gegenstück zu den wandernden Sandkörnchen auf ruhender Platte, nämlich die drehende Bewegung einer lose aufliegenden schwingenden Platte mit geringer Unsymmetrie behandelt wird.

Anisotropie, die außer bei Kristallen auch bei gewalzten Blechen mit Kristallitgefüge vorhanden ist, bewirkt neben Festlegung der oben gedachten Vorzugsrichtung auch Gestaltänderung der Knotenlinien, indem z. B. ein Teil der den Mittelpunkt schneidenden Radien sich in Hyperbeläste umwandelt.

68. In der Mitte eingespannte Kreisplatte mit freiem Rande. Die feste Einspannung erfolge auf einem Kreise vom Radius b, der Außenradius sei a; sonst gelten dieselben Bezeichnungen wie bisher. Randbedingungen: am Außenrand a dieselben wie in Ziff. 66, am Innenrand b muß die Verrückung $w = 0$ sein. Es muß die volle Gleichung (148) von Ziff. 66 als Lösung benutzt werden. Den vorliegenden Fall hat SOUTHWELL[3]) neuerdings behandelt, da er für die Schwingungserscheinungen an schnell umlaufenden Scheiben (Turbinenräder, Spinn-

[1]) Lord RAYLEIGH, Theory of Sound Bd. I, § 221ff., S. 363ff.
[2]) J. ZENNECK, Ann. d. Phys., N. F. Bd. 66, S. 170. 1898.
[3]) R. V. SOUTHWELL, Proc. Roy. Soc. London (A) Bd. 101, S. 133. 1922.

scheiben, Spulen u. dgl.) wichtig ist. Er hat aber auch großes akustisches Interesse, da z. B. die meisten Demonstrationsapparate für CHLADNIsche Klangfiguren derartige in der Mitte befestigte Scheiben sind. Bei der Berechnung der Eigenfrequenzen, ebenfalls mit einer transzendenten Gleichung wie bei der Vollkreisplatte, kommt es natürlich auf das Verhältnis a/b an. Die Rechnung muß wie bei der Ringmembran für jeden Wert dieses Verhältnisses besonders ausgeführt werden, wodurch mit Rücksicht darauf, daß auch noch die verschiedenen Werte der POISSONschen Elastizitätszahl μ ins Spiel kommen, außerordentlich viel Rechenarbeit entsteht.

Bei SOUTHWELL findet sich eine kleine Tabelle, in der für die tiefsten Schwingungen mit $h = 0, 1, 2, 3$ Knotendurchmessern die Werte $\varkappa a$ (entsprechend unserem βR von Ziff. 65 ff.) angegeben sind, die zu bestimmten Verhältnissen b/a gehören, wenn die Elastizitätszahl $\mu = 0{,}3$ ist, ein Mittelwert für Stahl. Sie ist in Tabelle 20 hier abgedruckt. Hinzugefügt sind die Werte für $b/a = 0$, d. h.

Tabelle 20. Kreisplatte mit freiem Außenrand (Radius a) und festgehaltenem Innenrand (Radius b). Frequenzparameter $\varkappa a$ bei verschiedenen Werten des Radienverhältnisses b/a für Schwingungen mit h Knotendurchmessern ohne innere Knotenkreise.

$h=0$		$h=1$		$h=2$		$h=3$	
b/a	$\varkappa a$	b/a	$\varkappa a$	b/a	$\varkappa a$	b/a	$\varkappa a$
0	1,937	0	(0—1,2)	0	2,35	0	
0,276	2,50	0,060	1,68	0,186	2,50	0,43	4,00
0,642	5,00	0,397	3,00	0,349	3,00	0,59	5,00
0,840	9,00	0,603	4,60	0,522	4,00	0,71	7,00
		0,634	5,00	0,769	8,00	0,82	10,00
		0,771	8,00	0,81	10,00		
		0,827	11,00				

für verschwindend kleinen Radius des inneren Befestigungskreises. Für $h = 1$ ist der Wert bei $b/a = 0$ selbst Null, steigt dann aber ganz plötzlich rasch empor bis etwa 1,2, wenn b/a nur äußerst wenig von Null verschieden ist. In vier Kurvenbildern wird dies Verhalten der tiefsten Schwingungen dargestellt, indem als Abszisse b/a, als Ordinate eine der Kreisfrequenz ω (bei SOUTHWELL p) proportionale Größe aufgetragen ist, nämlich $\omega a^2 s^{\frac{1}{2}} \cdot (ED^2)^{-\frac{1}{2}}$.

Die vier aufeinanderfolgenden Wurzeln $\varkappa a$ für $h = 0$ und $b/a = 0$ bei $\mu = 0{,}3$ sind $\varkappa a = 1{,}937$; $4{,}573$; $7{,}79$; $10{,}94$, woraus nach SOUTHWELL für diese Teilschwingungen die quadratischen Frequenzen hervorgehen[1]):

$$\omega^2 = \frac{E d^2}{4 s a^4} \cdot f \quad (f = 5{,}156;\ 160{,}2;\ 1349;\ 5250). \tag{152}$$

Eine weitere Hauptaufgabe dieser Arbeit ist es übrigens, die infolge schneller Drehung der Scheibe um eine durch die Mitte gehende Achse entstehenden Spannungen und dadurch bedingten Änderungen der Eigenschwingungen zu bestimmen. Mehr vom technischen Standpunkt der Erkennung und Verhütung gefährlicher Resonanzschwingungen bei Rad und Schaufelkranz der Dampfturbinen hat HORT[2]) dasselbe Problem behandelt.

69. Kreisplatte mit eingespanntem Rande. Wenn kein freier Rand vorhanden ist, vereinfachen sich die Grenzbedingungen zu $w = 0$ und $\partial w/\partial r = 0$ für den betreffenden Wert von r, d. h. für den Radius des äußeren bzw. des inneren Randes.

a) Vollkreisplatte mit eingespanntem Außenrande. Diesen Fall, der bei der Telephonmembran als Aufnahmeorgan und neuerdings als Schall-

[1]) D, bei SOUTHWELL h, ist die halbe Plattendicke, also gleich $d/2$ von Ziff. 66. Die hier angeführten vier Schwingungen haben 0, 1, 2, 3 innere Knotenkreise außer dem festgehaltenen Innenrand. Für ω ist die Formel (151) von Ziff. 66 benutzt.

[2]) W. HORT, ZS. d. V. D. Ing. Bd. 70, S. 1375 u. 1419. 1926.

sender bei Unterwasserschallapparaten verwirklicht ist (vgl. hierzu Artikel „Elektrische Schallsender", ds. Bd. Kap. 6, und Artikel „Umwandlung des Schalles in andere Energieformen", ds. Bd. Kap. 12), hat F. A. SCHULZE[1]) theoretisch und für den Fall der Resonanzschwingungen auch experimentell behandelt. DEBYE[2]) hat dazu weitere Ausführungen gemacht betreffend die theoretische Erklärung der auftretenden Klangfiguren bei den erzwungenen Schwingungen. GOLDHAMMER[3]) behandelt den gleichen Fall, und LAMB[4]) gibt Näherungsberechnungen für die tiefsten Töne derartiger Platten bei Schwingungen in Luft (Vakuum) und in Kontakt mit Wasser, wie bei Unterwasserschallsendern. Die Berechnung der Schwingungszahlen und Radien der Knotenkreise für die Schwingungen ohne Knotendurchmesser hat MEYER ZUR CAPELLEN[5]) übrigens schon früher genau ausgeführt.

Die Lösung der Gleichung für die Eigenfunktion ist hier

$$w_{r\varphi} = A \sin(h\varphi + \varphi_0)\,[J_h(\beta r) + \lambda J_h(i\beta r)]\,. \tag{153}$$

Die Randbedingungen führen zu der transzendenten Gleichung für den Frequenzparameter βR

$$J_h(\beta R)\,J_h'(i\beta R) = J_h(i\beta R)\,J_h'(\beta R)\,. \tag{154}$$

J_h' bedeutet die Ableitung von J_h nach dem Argument; nach der Ausführung dieser Operation ist die Variable r durch den Randwert R zu ersetzen.

Die Werte von MEYER ZUR CAPELLEN sind [von ihm mit z_s', bei SCHULZE mit $\varkappa$ und römischem Zahlenindex, bei Lord RAYLEIGH[6]) mit z bzw. ka, hier mit βR bezeichnet; vgl. Gleichung (151), Ziff. 66] $z_1' = 3{,}1962$; $z_2' = 6{,}3065$; $z_3' = 9{,}4391$; von den folgenden an stimmen die Werte bis mindestens zur 4. Dezimale mit den Vielfachen von π vollkommen überein. Die SCHULZEschen Werte sind weniger genau berechnet. Für $h = 1$ (1 Knotendurchmesser) sind sie $\varkappa_I = 4{,}612$; $\varkappa_{II} = 7{,}80$; $\varkappa_{III} = 10{,}95$; von da ab fast vollkommen mit $(s+1)\frac{\pi}{2}$ übereinstimmend; für $h = 2$ (2 Knotendurchmesser) $\varkappa_I = 5{,}904$; $\varkappa_{II} = 9{,}40$. Beifolgende Tabelle 21 gibt die relativen Schwingungszahlen, bezogen auf den tiefsten Ton, hier den Ton ohne Knotendurchmesser und Knotenkreise. Die Zahlen in Klammern geben die entsprechenden Tonhöhen der Vollkreismembran. Die Werte für die Radien der Knotenkreise sind ebenso in Tabelle 21a angegeben. Neuerdings hat CARRINGTON[7]) die Wurzeln der

Tabelle 21. Kreisplatte mit fest eingespanntem Rande. Relative Schwingungszahlen der Schwingungen (h, σ) bezogen auf den tiefsten Ton $(h = 0,\ \sigma = 0)$; h = Zahl der Knotendurchmesser, σ = Zahl der Knotenkreise. In Klammern beigefügt die entsprechenden Werte für die Kreismembran.

σ	$h=0$	$h=1$	$h=2$
0	1	2,07 (1,59)	3,42 (2,14)
1	3,90 (2,30)	5,98 (2,92)	8,68 (3,50)
2	8,70 (3,60)	11,76	
3	15,50		

Tabelle 21a. Kreisplatte mit fest eingespanntem Rande. Radien der Knotenkreise bezogen auf den Plattenradius als Einheit. In Klammern die Werte für die Kreismembran.

σ	$h=0$	$h=1$	$h=2$
1	0,38 (0,44)	0,49 (0,55)	0,54 (0,61)
2	0,26 (0,28) 0,58 (0,64)	0,35 0,64	
3	0,19 0,44 0,68		

[1]) F. A. SCHULZE, Ann. d. Phys. (4) Bd. 24, S. 785. 1907.
[2]) P. DEBYE, Ann. d. Phys. (4) Bd. 25, S. 819. 1908.
[3]) D. A. GOLDHAMMER, Ann. d. Phys. (4) Bd. 33, S. 192. 1910.
[4]) H. LAMB, Proc. Roy. Soc. London (A) Bd. 98, S. 205. 1920.
[5]) F. MEYER ZUR CAPELLEN, Wied. Ann. Bd. 33, S. 661. 1888.
[6]) Lord RAYLEIGH, Theory of Sound Bd. I, § 221a, S. 367.
[7]) H. CARRINGTON, Phil. Mag. (6) Bd. 50, S. 1261. 1925.

Gleichung (154) ohne Kenntnis der hier angeführten Arbeiten ausführlicher und teilweise genauer berechnet. Sie sind in Tabelle 22 mitgeteilt.

Tabelle 22. Kreisplatte mit eingespanntem Rande. Frequenzparameter βR als Wurzeln der Gleichung

$$J_h(\beta R) \cdot J_h'(i\beta R) = J_h(i\beta R) \cdot J_h'(\beta R); \quad i = \sqrt{-1}.$$

h = Zahl der Knotendurchmesser, σ = Zahl der Knotenkreise.

σ	$h=0$	$h=1$	$h=2$	$h=3$
0	3,1961	4,6110	5,9056	7,1433
1	6,3064	7,7993	9,1967	10,537
2	9,4395	10,958	12,402	13,795
3	12,577	14,108	15,579	—
4	15,716	—	—	—

b) Kreisringplatte. Beide Ränder $r = a$ und $r = b$ fest eingespannt. Die theoretische Behandlung ist ohne weiteres klar; die Eigenfunktion $w_{r\varphi}$ hat die volle Form von Gleichung (148) in Ziff. 66. Die an beiden Rändern zu erfüllenden einfachen Grenzbedingungen ergeben zwei Gleichungen ähnlicher Form wie Gleichung (154), die eine mit a statt R, die andere mit b statt R, aber mit allen vier Zylinderfunktionen. Wie bei der Kreisringmembran und der in der Mitte eingespannten Platte mit freiem Rand wird jedoch die Rechenarbeit sehr umfangreich. Der Fall ist noch nicht behandelt worden, wohl weil er bisher kein großes Interesse erregt hat.

Die praktischen Anwendungen von Kreisplatten, soweit sie noch nicht mit angegeben worden sind, werden mit denen von Platten anderer Form zusammen behandelt werden.

70. Quadratische Platte mit freiem Rande. Den wichtigsten Fall bildet die quadratische Platte mit freiem Rande. Eine befriedigende Lösung ist zuerst RITZ[1]) gelungen, nachdem die vorherigen Versuche nur sehr mangelhafte Näherungslösungen gebracht haben.

Eine Partikularlösung der Bewegungsgleichung ist natürlich wie immer das Produkt aus einer Eigenfunktion w^* und einer periodischen Zeitfunktion $\sin\omega t$ bzw. $\cos\omega t$. Durch Übereinanderlagerung solcher Partikularlösungen kann man jeden beliebigen Schwingungszustand herstellen, insbesondere jeden vorgegebenen Anfangszustand befriedigen.

Die Eigenfunktionen können nicht durch Integration der beiden Differentialgleichungen (143), Ziff. 65, in geschlossener Form gefunden werden; man kann aber Reihenentwicklungen für sie aufstellen, die die Differentialgleichungen und die Grenzbedingungen annähernd erfüllen. Die Grundgedanken — übrigens schon früher ausgesprochen und z. B. auch von Lord RAYLEIGH[2]) teilweise angewandt — sind Anwendung geeigneter einfacher Funktionen als Reihenglieder und Bestimmung der Koeffizienten dieser Reihen derart, daß die mit ihnen berechnete potentielle Energie ein Minimum wird. Dabei müssen natürlich die so gebildeten Eigenfunktionen (Normalfunktionen) den Orthogonalitätseigenschaften genügen [vgl. Gleichung (19) in Ziff. 13], wodurch ein Minimalproblem mit Nebenbedingungen entsteht.

Als geeignete Funktionen erkannte RITZ die Eigenfunktionen querschwingender Stäbe mit zwei freien Enden, die hier paarweise (als Funktion von x und von y) in einfachen Polynomen zusammengefaßt auftreten, z. B. $u_1 v_1$ oder $u_1 v_2$ u. dgl., wo u die von x, v die von y abhängige „Stabfunktion" ist.

Um die Symmetrieeigenschaften hervortreten zu lassen, legt man nach RITZ den Koordinatenanfang in den Mittelpunkt der Platte und nimmt die halbe Saitenlänge der Platte $l/2$ als Längeneinheit. Die „Stabfunktionen" erscheinen

[1]) W. RITZ, Ann. d. Phys. (4) Bd. 28, S. 737. 1909.

[2]) Lord RAYLEIGH, Theory of Sound Bd. I, § 226, S. 372; u. Phil. Mag. (6) Bd. 22, S. 225. 1911; Bd. 32, S. 353. 1916.

dabei als symmetrische Funktionen, nämlich wenn m die Ordnungszahl derselben ist, für gerade m, also $m = 0,\ 2,\ 4 \ldots$

$$u_m = \frac{\mathfrak{Cof}\, k_m \cos k_m x + \cos k_m \mathfrak{Cof}\, k_m x}{\sqrt{\mathfrak{Cof}^2 k_m + \cos^2 k_m}} \quad \text{mit Frequenzgleichung } \operatorname{tg} k_m + \mathfrak{Tg}\, k_m = 0, \tag{155a}$$

für ungerade m, also $m = 1,\ 3,\ 5 \ldots$

$$u_m = \frac{\mathfrak{Sin}\, k_m \sin k_m x + \sin k_m \mathfrak{Sin}\, k_m x}{\sqrt{\mathfrak{Sin}^2 k_m - \sin^2 k_m}} \quad \text{mit Frequenzgleichung } \operatorname{tg} k_m - \mathfrak{Tg}\, k_m = 0, \tag{155b}$$

dabei sind die k, die Wurzeln der beiden mit hingeschriebenen transzendenten Frequenzgleichungen, die Frequenzparameter, die früher in Ziff. 39ff. als m_k/l bezeichnet waren, da dort k als Ordnungszahl (0, 1, 2, ...) genommen wurde. Bei den hier benutzten RITZschen Bezeichnungen ist die Orthogonalitätsbedingung

$$\int u_m^2\, dx = 1\,; \qquad \int u_m u_n\, dx = 0\,,$$

bei Integration über die ganze Stablänge von -1 bis $+1$, und die Kreisfrequenz der Schwingungen wird durch eine mit den k_m zusammenhängende Größe λ bestimmt, die aus einer Determinantengleichung zu berechnen ist, und die mit der sekundlichen Schwingungszahl N zusammenhängt mittels der Gleichung

$$N = \frac{d\sqrt{\lambda}}{4\pi}\sqrt{\frac{E}{3s(1-\mu^2)}}\,, \tag{156}$$

d = ganze Plattendicke, E Dehnungsmodul, s Dichte, μ POISSONsche Elastizitätszahl.

Von den unendlich vielen diskreten Werten λ hat RITZ mit $\mu = 0{,}225 + \delta\mu$ ($\delta\mu \ll \mu$) die ersten 35 berechnet, welche Ordnungszahlen m und n kleiner als 7 entsprechen (s. Tab. 23). Dabei sind von den Reihenentwicklungen für die

Tabelle 23. **Quadratische Platte.** Hauptglieder $u_h v_k \pm u_k v_h$ der RITZschen Entwicklungen nach Stabfunktionen $u_h = u_h(x)$ und $v_h = u_h(y)$. Daraus berechnete Frequenzparameter λ und relative Tonhöhen, wenn als Höhe des tiefsten Eigentons $u_1 v_1$ das große G mit etwa 96 Schwing./sek angenommen wird, in Spalte „ber."; entsprechende von CHLADNI beobachtete Werte in Spalte „beob.". Die Glieder mit Doppelvorzeichen $\pm$ entsprechen den Doppeltönen, d. h. Tönen mit zwei verschiedenen Systemen von Knotenlinien.

Hauptglieder	λ	berechnet	beobachtet	Hauptglieder	λ	berechnet	beobachtet
$u_1 v_1$	12,43	G*	G	$u_3 v_4 \pm u_4 v_3$	3240	g_3+	fis_3
$u_0 v_2 - v_0 u_2$	26,40	d*	d	$u_5 v_2 \pm u_2 v_5$	3927	a_3+	gis_3+
$u_0 v_2 + v_0 u_2$	35,73	e*	e	$u_4 v_4$	5480	ais_3+	ais_3
$u_1 v_2 \pm u_2 v_1$	80,8	h*	h	$u_0 v_6 - u_6 v_0$	5500	c_4-	—[3])
$u_0 v_3 \pm u_3 v_0$	237,1	gis_1^*+	gis_1+	$u_3 v_5 - u_5 v_3$	5570	c_4-	ais_3-
$u_2 v_2$[1])	266,0	ais_1^*-	ais_1^*-	$u_0 v_6 + u_6 v_0$	5640	c_4-	—[3])
$u_1 v_3 - u_3 v_1$	316,1	h_1^*	h_1	$u_1 v_6 \pm v_1 u_6$	6036	c_4+	c_4-
$u_1 v_3 + u_3 v_1$	378	cis_2^*	cis_2	$u_3 v_5 + u_5 v_3$	6303	cis_4	c_4-
$u_2 v_3 \pm u_3 v_2$	746	fis_2^*+	fis_2	$u_2 v_6 - u_6 v_2$	7310	d_4+	cis_4+
$u_0 v_4 - v_0 u_4$	886	gis_2	gis_2	$u_2 v_6 + u_6 v_2$	7840	dis_4-	d_4-
$u_0 v_4 + v_0 u_4$	941	gis_2+	gis_2+	$u_5 v_4 \pm u_4 v_5$	9030	e_4	dis_4
$u_1 v_4 \pm u_4 v_1$	1131	ais_2	ais_2-	$u_6 v_3 \pm u_3 v_6$	10380	f_4	e_4
$u_3 v_3$	1554	c_3+	c_3	$u_5 v_5$	13670	g_4+	fis_4+
$u_2 v_4 - u_4 v_2$	1702	d_3-	cis_3	$u_6 v_4 - u_4 v_6$	13840	g_4+	g_4+
$u_2 v_4 + u_4 v_2$	2020	dis_3	d_3	$u_6 v_4 + u_4 v_6$	15120	gis_4+	g_4+
$u_0 v_5 \pm v_0 u_5$	2500	f_3-	f_3-	$u_6 v_5 \pm u_5 v_6$	20400	h_4	ais_4-
$u_1 v_5 - v_1 u_5$	2713	fis_3	fis_3-	$u_6 v_6$	28740	d_5	—[3])
$u_1 v_5 + v_1 u_5$	2945	fis_3+	fis_3[2])				

Die mit * versehenen berechneten Töne stimmen vollkommen mit den beobachteten überein.

[1]) In der Tabelle bei RITZ infolge Druckfehlers als $u_1 v_1$ bezeichnet.
[2]) Von CHLADNI von dem vorigen Ton nicht getrennt.
[3]) Von CHLADNI nicht beobachtet.

Eigenfunktion w_{mn} jeweils die Hauptglieder, d. h. die Glieder mit den größten Koeffizienten, angegeben, die übrigens für die Werte m und $n > 4$ allein zur

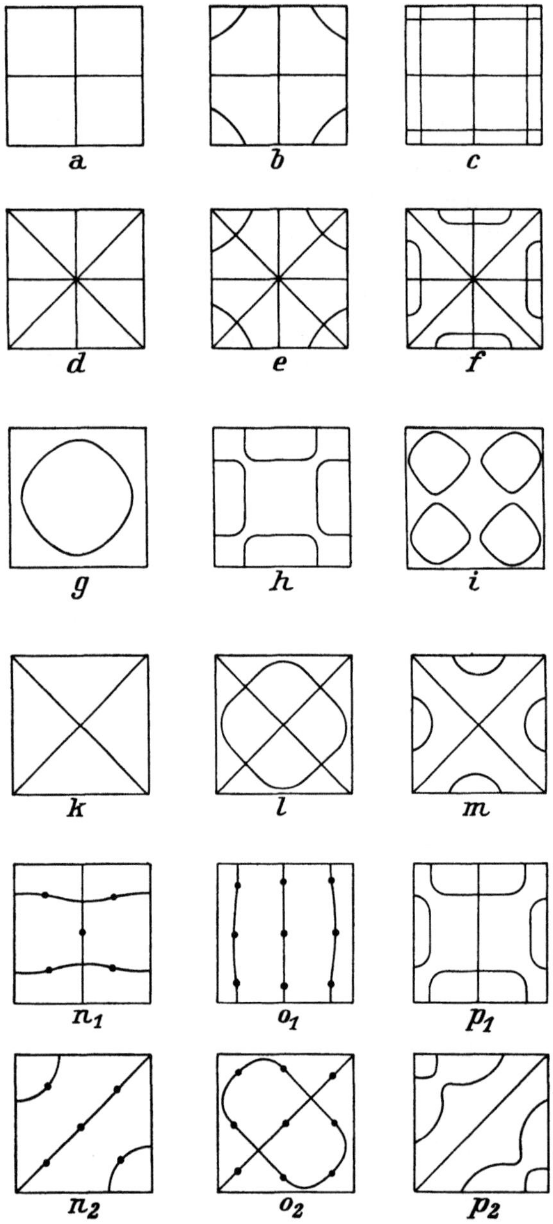

a) Grundton: $\lambda = 12{,}43 - 18{,}0\,\delta\mu$;
$w = \boldsymbol{u}_1 \boldsymbol{v}_1 + 0{,}0394\,(u_1 v_3 + v_1 u_3) - 0{,}0040\,u_3 v_3 - 0{,}0034\,(u_1 v_5 + u_5 v_1) + 0{,}0011\,(u_3 v_5 + u_5 v_3) - 0{,}0019\,u_5 v_5$.

b) $\lambda = 378 - 57\,\delta\mu$;
$w = -0{,}075\,u_1 v_1 + (\boldsymbol{u}_1 \boldsymbol{v}_3 + \boldsymbol{u}_3 \boldsymbol{v}_1) + 0{,}173\,u_3 v_3 + 0{,}045\,(u_1 v_5 + u_5 v_1) - 0{,}015\,(u_3 v_5 + u_5 v_3) - 0{,}029\,u_5 v_5$.

c) $\lambda = 1554$;
$w = 0{,}009\,u_1 v_1 - 0{,}075\,(u_1 v_3 + v_1 u_3) + \boldsymbol{u}_3 \boldsymbol{v}_3 - 0{,}057\,(u_1 v_5 + u_5 v_1) + 0{,}121\,(u_3 v_5 + u_5 v_3) - 0{,}007\,u_5 v_5$.

d) $\lambda = 316{,}1 - 270\,\delta\mu$;
$w = \boldsymbol{u}_1 \boldsymbol{v}_3 - \boldsymbol{v}_1 \boldsymbol{u}_3 + 0{,}0002\,(u_1 v_5 - v_1 u_5) + 0{,}0033\,(u_3 v_5 - v_3 u_5)$.

e) $\lambda = 2713$;
$w = \boldsymbol{u}_1 \boldsymbol{v}_5 - \boldsymbol{v}_1 \boldsymbol{u}_5$.

f) $\lambda = 5570$;
$w = \boldsymbol{u}_3 \boldsymbol{v}_5 - \boldsymbol{v}_3 \boldsymbol{u}_5$.

g) $\lambda = 35{,}73 + 20{,}8\,\delta\mu$;
$w = \boldsymbol{u}_0 \boldsymbol{v}_2 + \boldsymbol{u}_2 \boldsymbol{v}_0 - 0{,}0238\,u_2 v_2 + 0{,}0130\,(u_0 v_4 + v_0 u_4) + 0{,}0026\,(u_2 v_4 + v_2 u_4) + 0{,}0016\,u_4 v_4$.

h) $\lambda = 266 - 274\,\delta\mu$;
$w = 0{,}0122\,(u_0 v_4 + v_0 u_2) + \boldsymbol{u}_2 \boldsymbol{v}_2 - 0{,}0188\,(u_0 v_4 + v_0 u_4) + 0{,}0880\,(u_4 v_2 + v_4 u_2) - 0{,}0044\,u_4 v_4$.

i) $\lambda = 941$;
$w = \boldsymbol{u}_0 \boldsymbol{v}_4 + \boldsymbol{v}_0 \boldsymbol{u}_4$.

k) $\lambda = 26{,}40$;
$w = \boldsymbol{u}_0 \boldsymbol{v}_2 - \boldsymbol{v}_0 \boldsymbol{u}_2 - 0{,}0129\,(u_0 v_4 - v_0 u_4) - 0{,}0045\,(u_2 v_4 - v_2 u_4)$.

l) $\lambda = 886$;
$w = \boldsymbol{u}_0 \boldsymbol{v}_4 - \boldsymbol{v}_0 \boldsymbol{u}_4$.

m) $\lambda = 1702$;
$w = \boldsymbol{u}_2 \boldsymbol{v}_4 - \boldsymbol{v}_2 \boldsymbol{u}_4$.

n) $\lambda = 80{,}8 - 73\,\delta\mu$;
$w(x, y) = \boldsymbol{u}_1 \boldsymbol{v}_2 - 0{,}0682\,u_3 v_0 + 0{,}0760\,u_3 v_2 + 0{,}0260\,u_1 v_4 + 0{,}0073\,u_5 v_0 - 0{,}0027\,u_3 v_4 - 0{,}0112\,u_5 v_2 + 0{,}0030\,u_5 v_4$.

o) $\lambda = 237{,}1$;
$w(x, y) = 0{,}0678\,u_1 v_2 + \boldsymbol{u}_3 \boldsymbol{v}_0 - 0{,}0150\,u_3 v_2 + 0{,}0355\,u_1 v_4 + 0{,}0000\,u_5 v_0 + 0{,}0100\,u_3 v_4 - 0{,}0007\,u_5 v_2 + 0{,}0016\,u_5 v_4$.

p) $\lambda = 746$;
$w(x, y) = -0{,}0709\,u_1 v_2 + 0{,}0214\,u_3 v_0 + \boldsymbol{u}_3 \boldsymbol{v}_2 - 0{,}1260\,u_1 v_4 - 0{,}0038\,u_5 v_0 + 0{,}1234\,u_3 v_4 - 0{,}0095\,u_5 v_2 - 0{,}0100\,u_5 v_4$.

Abb. 28. Klangfiguren der quadratischen Platte nach RITZ; *a* bis *m* für einfache Töne, *n*, *o*, *p* für „Doppeltöne" in je zwei der unendlich vielen möglichen Formen. Die Tabelle enthalt die Frequenzparameter λ und die der Berechnung von λ und der Knotenlinien zugrunde gelegten RITZschen Polynome. Die Hauptglieder sind fettgedruckt. Die POISSONsche Elastizitätszahl ist $\mu = 0{,}225 + \delta\mu$, wobei $\delta\mu \ll \mu$ ist.

Berechnung von λ benutzt sind, während für die tieferen Töne die genaueren Näherungsformeln mit mehreren Reihengliedern zur Anwendung gebracht sind, um noch eine Genauigkeit von $^1/_{1000}$ zu erzielen. Sieht man von diesen Zusatzgliedern ab, so lassen sich die Eigenfunktionen der quadratischen Platte mit großer Annäherung durch die beiden Formeln darstellen:

$$w_{mn} = u_m(x)\, v_n(y) + v_m(y)\, u_n(x), \qquad w'_{mn} = u_m(x)\, v_n(y) - v_m(y)\, u_n(x)\,. \quad (157)$$

Die erste gilt für zur Mittellinie symmetrische, die zweite für antisymmetrische Schwingungen.

Die Theorie zeigt, daß es, wie bei der quadratischen Membran, außer den einfachen Tönen der Platte Doppeltöne — aber keine mehrfachen — gibt, d. h. Töne gleicher Frequenz, für welche das Schwingungsbild der Knotenlinien verschieden ist, nämlich jeweils durch Drehung um 90° infolge Vertauschung von x und y auseinander hervorgehend. Und da diese beiden unabhängigen Schwingungen gleicher Frequenz beliebige Phasendifferenzen haben können, so sind auch hier unendlich viele verschiedene Knotenlinienbilder (Klangfiguren) möglich. Einige der einfacheren Klangfiguren sind in Abb. 28 dargestellt. Die Klangfiguren der einfachen Töne sind mittelpunktzentriert, diejenigen der Doppeltöne dagegen durch eine Symmetrielinie ausgezeichnet.

Unregelmäßigkeiten in bezug auf Dichte, Elastizität und Gestalt (Dicke und Umrandungskurve) machen sich ähnlich wie bei Kreisplatten durch Aufspaltung der Eigentöne und feste Lage sowie Verzerrung der Knotenlinien geltend. Systematische Untersuchungen darüber fehlen noch.

71. Andere ebene Platten. Experimentelle Prüfung. Nach dem RITZschen Verfahren sind von ELLA GOLDMANN[1]) auch rechteckige, rhombische, dreieckige und elliptische Platten behandelt worden. Die Ergebnisse für rechteckige Platten sind natürlich sehr ähnlich denen für quadratische. Auch die Ergebnisse für die anderen Platten gestalten sich verhältnismäßig einfach.

Die Vergleichung der berechneten Klangfiguren mit den experimentell gefundenen zeigt im großen und ganzen Übereinstimmung. Die Hauptabweichungen bestehen darin, daß gewisse Figuren experimentell, wie es scheint, nicht zu erzeugen sind, weiter darin, daß Knotenlinien, die sich nach der Theorie schneiden sollen, vor dem zu erwartenden Schnittpunkt seitlich ausweichen. Diese letztere systematische Abweichung läßt sich nach RITZ einfach dadurch erklären, daß die immer vorhandene Reibung den in der Nähe der Knotenlinien und besonders ihrer Pole sehr geringen Bewegungsantrieb, den die schwingende Platte auf die Sandkörnchen ausübt, größtenteils vernichtet, so daß in unmittelbarer Umgebung solcher Pole sich überhaupt die Schwingungsfigur nicht ausbildet. Auch die Art der Erregung, z. B. durch Anstreichen mit dem Geigenbogen, beeinflußt die Entstehung und Ausbildung der Knotenlinien, die Lage der Streichstelle und etwaiger festgehaltener Stellen bedingen gewisse Vorzugsrichtungen. Es ist klar, daß außerdem etwaige Inhomogenität der Platte eine große Rolle dabei spielt. Auch die Unsicherheit, mit der die Werte der elastischen Konstanten der Platten, insbesondere die POISSONsche Elastizitätszahl, behaftet sind, muß berücksichtigt werden, wenn auch kleine Abweichungen dieser Werte die Lage der Klangfigur nicht wesentlich verändern. Diese Einflüsse hat SCHULLER[2]) schon früher genauer untersucht und hat durch künstlichen Ausgleich der vorhandenen Ungleichmäßigkeit, z. B. Aufkleben kleiner Massen, Abschleifen des Randes, bessere Übereinstimmung mit der Theorie erzielt. Für hölzerne Platten hat TERADA[3]) die älteren Versuche von SAVART, WHEATSTONE und CHLADNI ergänzt und Knotenlinien und Tonhöhen bestimmt.

[1]) ELLA GOLDMANN, Inaug.-Dissert. Breslau 1918.

[2]) A. SCHULLER, Ungar. Ber. Bd. 24, S. 24. 1906; Ref. in Beibl. z. d. Ann. d. Phys. Bd. 32, S. 245. 1908.

[3]) T. TERADA, Tokyo Kyoto (2) Bd. 4, S. 122. 1907; Beibl. z. d. Ann. d. Phys. Bd. 32, S. 509. 1908.

72. Anwendungen ebener schwingender Platten. Für praktische Zwecke kommen ebene Platten mehrfach in Betracht, z. B. zur Bestimmung der Elastizitätskonstanten, worauf schon RITZ hingewiesen hat. Für kreisförmige Platten ist von KALÄHNE[1]) ein Verfahren angegeben worden, um sämtliche Elastizitätskonstanten aus dem beobachteten Verhältnis der Schwingungszahlen des Grundtones und der tieferen Obertöne zu bestimmen. Dasselbe läßt sich nach Ausführung der nötigen Rechnungen auch auf quadratische oder anders geformte Platten anwenden. Eine diesbezügliche Arbeit einer Schülerin von W. KAUFMANN (A. LEMKE)[2]) ist noch nicht veröffentlicht. SCHRÖDER und TAMMANN[3]) haben an der Änderung der Klangfiguren von Kreisplatten aus gewalzten Blechen den Verlauf der Rekristallisation derselben bei Erwärmung studieren können.

Weiter sind ebene Platten bei Unterwasserschallsendern in Gebrauch als resonierende Systeme, die erzwungene Schwingungen ausführen, indem sie wie Telephonmembranen mit Hilfe eines wechselstromdurchflossenen Elektromagneten erregt werden. Es sind ebene Kreisplatten mit eingespanntem äußeren Rande, die gegebenenfalls noch in der Mitte mit einem kreisförmigen Eisenstück als Magnetanker belastet sind. Daher kommen zur Berechnung der für die Resonanz wichtigen Eigenschwingungen die in Ziff. 69 angeführten Arbeiten von MEYER ZUR CAPELLEN, F. A. SCHULZE und LAMB in Betracht sowie eine an letztere anschließende Experimentaluntersuchung von POWELL und ROBERTS[4]). LAMB berechnet als zyklische Schwingungszahl der Grundschwingung für eine kreisrunde Platte im Vakuum (oder Luft)

$$\omega = 2\pi N = 2\pi F c_1 d a^{-2} \tag{158}$$

und gibt in erster Näherung den Wert von $F = 0{,}4745$ an, in zweiter $F = 0{,}4693$, gut übereinstimmend mit dem schon früher von MEYER ZUR CAPELLEN berechneten 0,4694. [d Dicke, a Radius der Platte, $c_1 = E^{\frac{1}{2}}(1-\mu^2)^{-\frac{1}{2}} s_1^{-\frac{1}{2}}$ Geschwindigkeit der Transversalwellen in der Platte, s_1 Dichte des Plattenmaterials, s Dichte des umgebenden Mediums, $\beta = 0{,}6689\, s a (s_1 d)^{-1}$ eine Größe, welche den Einfluß der Umgebung darstellt.] Für eine ebensolche Platte, die mit der einen Fläche an ein Medium der Dichte s grenzt, ist die rechte Seite von Gleichung (158) durch $\sqrt{1+\beta}$ zu dividieren. Zu berücksichtigen ist, daß außerdem bei dieser Anordnung der einseitige Druck einer schweren Flüssigkeit, z. B. Wasser, eine dauernde Einbiegung der Platte bewirkt, die mit einer Erhöhung der Eigenfrequenz verbunden ist, und zwar proportional $a^4 d^{-4}$.

In andrer Anordnung hat AIGNER in seiner Oszillatorsirene eine ebene Platte durch einen Luft- oder Wasserstrom in Dauerschwingungen versetzt. Näheres darüber in Ziff. 111.

Bei der Tonerregung in Platten müssen diese geeignet befestigt sein, und zwar an Punkten der Knotenlinien des zu erzeugenden Tones, am besten an den „Polen“ derselben. Bei schweren Platten genügt Auflegen auf Spitzen oder Schneiden, bei leichten ist Einspannen zwischen gegenüberstehenden Spitzen erforderlich. Die Erregung erfolgt durch Anschlagen mit Hammer, am besten an einem Bauch der betreffenden Schwingung; bei Platten mit freiem Rand auch durch Anstreichen mittels Geigen- oder Cellobogen. Für Dauererregung können mechanische „Bögen“, endlose über Rollen laufende, gleichmäßig bewegte Bänder aus Leder, Zeug, Gummi benutzt werden, ähnlich den von DAVIS[5]), CLARK[5]), ALTBERG[6]), HOLTZMANN[7]) beschriebenen Anordnungen zur Erregung von Saiten und Stäben.

[1]) A. KALÄHNE, Verh. d. D. Phys. Ges. Bd. 17, S. 35. 1915.
[2]) ALICE LEMKE, Dissert. Königsberg Demnächst erscheinend.
[3]) E. SCHRÖDER u. G. TAMMANN, ZS. f. Metallkde, Bd. 16, S. 201. 1924.
[4]) J. H. POWELL u. J. H. T. ROBERTS, Proc. Phys. Soc. London Bd. 35, S. 170. 1923.
[5]) Siehe Anm. zu Ziff. 18. [6]) W. ALTBERG, Anm. d. Phys. (4) Bd. 11, S. 405. 1903.
[7]) M. HOLTZMANN, Phys. ZS. Bd. 26, S. 147. 1925.

Zu wissenschaftlich-praktischer Anwendung hat MELDE[1]) versucht, mit Stiel versehene Platten als Ersatz für Stimmgabeln, besonders für sehr hohe Töne, einzuführen. Diese Stimmplatten haben vor den Stimmgabeln und -stäben den Vorzug, daß sich durch die mit aufgestreutem Sand erzeugten Klangfiguren leicht der Nachweis erbringen läßt, ob die Platte tatsächlich mit der gewünschten Teilschwingung schwingt.

Dehnungsschwingungen von ebenen Platten (und Membranen), die übrigens theoretisch genau so zu behandeln sind wie die Dehnungsschwingungen von Gasräumen der gleichen Gestalt, kommen, wie schon in Ziff. 53 bemerkt wurde, für Schallerzeugung nicht in Betracht. Ihre Erregung und Verwendung bei akustischen Versuchen hat ANTOLIK[2]) weitgehend, wenn auch nicht erschöpfend, behandelt. Diese Arbeiten bieten übrigens für Schwingungen von Platten und Membranen überhaupt eine sehr wertvolle, experimentelle Ergänzung der alten Untersuchungen von CHLADNI und seinen Nachfolgern wie SEEBECK, STREHLKE usw. Insbesondere geben sie Aufschluß über gewisse Besonderheiten in der Gestaltung der Klangfiguren.

Auf einem anderen Gebiete haben Dehnungsschwingungen stab- und plattenförmiger fester Körper neuerdings große Bedeutung erlangt, nämlich im Zusammenhang mit elektrischen Erscheinungen bei piezoelektrischen Körpern wie Quarz. Die Masseschwingungen sind bei diesen Körpern stets mit elektrischen Schwingungen vergesellschaftet, und diese Verkopplung macht einen solchen Körper zugleich zu einem Schwingungsnormalkörper für elektrische Schwingungen. (Weiteres darüber im Artikel „Elektrische Schallsender" Ziff. 29—31, ds. Bd. Kap. 6, und im Artikel „Umwandlung des Schalles in andere Energieformen" Ziff. 10, ds. Bd. Kap. 12, sowie im Artikel „Akustische Meßmethoden" Ziff. 9, ds. Bd. Kap. 13.)

γ) Gekrümmte Platten. Glocken.

73. Kugelschale, Zylinderschale. Schalen-, Klingel- und Uhrenglocken. Während die ebene Platte große theoretische, aber verhältnismäßig geringe praktische Bedeutung für die mechanische Tonerzeugung besitzt, ist es bei gekrümmten Platten umgekehrt. Die Theorie versagt wegen der mathematischen Schwierigkeiten zum großen Teile, dagegen ist die praktische Bedeutung besonders der Glocken, die als besondere Fälle gekrümmter Platten gelten können, sehr groß.

Theoretisch lassen sich eigentlich nur die Kugelschale und die Zylinderschale einigermaßen befriedigend behandeln. Doch sind auch da schon außerordentliche Schwierigkeiten zu überwinden. Während nämlich bei ebenen Platten die Annahme zulässig scheint, daß die Mittelfläche keine Dehnung erfährt und die Formänderungen der zu ihr parallelen Flächen proportional dem Abstand von der Mittelfläche sind, ist die Zulässigkeit dieser Annahme bei gekrümmten Platten nicht mehr sicher. Im allgemeinen sind Dehnungen und Krümmungen, wie es scheint, bei allen Flächen vorhanden und untrennbar miteinander verbunden. Es sind zwar Theorien entwickelt worden für Dehnungsschwingungen allein und solche für Biegungsschwingungen allein; jedoch scheint die Annahme reiner Biegung ohne Dehnung und umgekehrt mit den Randbedingungen nicht verträglich zu sein[3]), und es sind deshalb andere allgemeinere

[1]) F. MELDE, Sitz.-Ber. d. Ges. z. Beförd. d. ges. Naturwiss., Marburg, Jg. 1898, S. 77; Wied. Ann., N. F. Bd. 66, S. 767. 1898.

[2]) K. ANTOLIK, Verh. d. Ver. f. Natur- u. Heilkde. zu Preßburg (Pozsony) Bd. 24, S. 71. 1904; Math. u. Nat. Ber. aus Ungarn Bd. 8, S. 285. 1890.

[3]) Näheres darüber z. B. Enzyklop. d. math. Wiss. Bd. 4, 2 II, Art. 26, § 5, S. 260ff. von H. LAMB; weitere Ausführungen auch bei Lord RAYLEIGH, Theory of Sound Bd. I, § 232ff., S. 383ff.

Theorien aufgestellt worden, die beide Formänderungen zugleich berücksichtigen. Es herrscht über diese Frage noch keine volle Klarheit, und die Theorie ist noch kein ganz zuverlässiger Wegweiser für Versuche. Auch scheinen noch keine umfassenden systematischen Versuche mit solchen einfach geformten Schalen angestellt oder wenigstens nicht veröffentlicht zu sein. Untersuchungen an Kirchenglocken, deren Form ja erheblich von der theoretisch geforderten einfachen Schalenform abweicht, haben natürlich für die Prüfung und Stützung der Theorie nur bedingten Wert. Einige Versuche mit gläsernen Luftpumpenglocken, also Körpern, die der theoretischen Gestalt von Kugelschalen usw. noch am nächsten kommen, beschreibt Lord RAYLEIGH a. a. O.

Die Theorie unterscheidet hauptsächlich zwei Arten von Schwingungen:

1. Dehnungsschwingungen, bei denen auch die Mittelfläche der Schale Dehnung und Zusammenziehung erleidet,

2. Biegungsschwingungen ohne Dehnung der Mittelfläche.

Die potentielle Energie beider unterscheidet sich dadurch, daß sie bei der ersteren der ersten Potenz der Schalendicke, bei der letzteren der dritten Potenz dieser Dicke proportional ist. Die unendliche Reihe der Schwingungszahlen beginnt bei den Dehnungsschwingungen mit einem kleinsten Wert von endlichem Betrage, bei den reinen Biegungsschwingungen mit dem Werte 0 (bloßen Verschiebungen oder Drehungen der Schale als Ganzes ohne Deformation entsprechend wie bei einer ebenen Platte). Die Dehnungsschwingungen, die übrigens auch bei der ebenen Platte vorkommen, dort aber keine Rolle spielen, entsprechen den Longitudinalschwingungen der Stäbe, die Biegungsschwingungen den Transversalschwingungen. Demgemäß verhalten sich auch die Schwingungszahlen; diese haben bei den Dehnungsschwingungen allgemein eine höhere Lage als bei den Biegungsschwingungen.

Weiter besteht eine große Ähnlichkeit zwischen den hier betrachteten Schwingungen einer gekrümmten Schale und denen eines Ringes (vgl. Ziff. 44), also eines gekrümmten Stabes. Läßt man überhaupt, wie hier geschehen, die Möglichkeit des gesonderten Bestehens von Dehnungs- und Biegungsschwingungen zu, so kann man die etwas veränderten Formeln für die Schwingungszahlen der entsprechenden Ringschwingungen auch hier benutzen. Für eine kreiszylindrische unendlich lange Schale von der Dicke d und dem Radius R wird die Kreisfrequenz ω_i und Sekundenfrequenz N_i der i-ten Teilschwingung[1])

$$\omega_i = 2\pi N_i = \frac{i(i^2-1)}{\sqrt{i^2+1}} \frac{d}{2R^2} \sqrt{\frac{E}{3s(1-\mu^2)}}. \tag{159}$$

Zu beachten ist, daß bei diesen Schwingungen gleichzeitig radiale und tangentiale Verschiebungen stattfinden, und daß die Knoten der radialen an den Bäuchen der tangentialen Schwingungen liegen und umgekehrt. Die Knotenlinien sind hier bei diesen gekrümmten Schalen als axialsymmetrischen Körpern naturgemäß Meridiankurven statt der Radien bei ebenen Platten und Parallelkreise. Bei vollkommener Symmetrie des Klangkörpers ist das Azimut der Meridianknotenlinien wieder unbestimmt und wird erst durch die Lage der Erregungsstelle oder durch künstliche Festlegung einer Knotenstelle (Festhalten) näher bestimmt. Bei Vorhandensein irgendwelcher Unsymmetrie, die sich praktisch immer findet, hat man wieder Aufspaltung des betreffenden einfachen Tones

---

[1]) RAYLEIGH gibt diese Gleichung in § 233 und 235g a. a. O. in etwas anderer Form an. Der dort benutzte Faktor B/σ, der in RAYLEIGHS Bezeichnung den Wert $\frac{4mnh^2}{3\varrho(m+n)}$ hat, ist hier $\frac{Ed^2}{12s(1-\mu^2)}$.

in zwei mit etwas verschiedener Tonhöhe und gegeneinander verdrehten Knotenmeridianen. Es gibt hier auch wieder zwei Hauptlagen, in denen diese Knotenmeridiane dauernd bestehen können, nämlich diejenigen beiden, für welche die zugehörige Tonhöhe und Schwingungszahl ein Maximum oder ein Minimum ist.

Erfolgt die Erregung so, daß die Knotenmeridiane von vornherein eine der Hauptlagen haben können (z. B. Anschlag an einem Punkt genau zwischen zwei benachbarten Meridianen derselben Art, wo also der andere Ton extremer Höhe einen Knoten hat und nicht miterregt wird), so entsteht nur der eine dieser beiden extremen Eigentöne der Schale. Bei Anschlag an Zwischenstellen entstehen gleichzeitig beide und geben miteinander Schwebungen. Wird aber durch Festhalten eines beliebigen Punktes der Oberfläche dafür gesorgt, daß ein Knotenmeridian der entstehenden Schwingung durch diesen Punkt hindurchgeht, und ist dies nicht gerade eine der Hauptlagen, so hat der dabei erzeugte Ton eine dieser Knotenlage entsprechende mittlere Tonhöhe. Hebt man nun während des Erklingens dieses Tones den Zwang auf, den das Festhalten jenes Punktes bewirkt, so sucht sich nunmehr die Schwingung so zu gestalten, daß sie mit kleinstem Zwange erfolgt, d. h. sie formt sich in eine der Eigenschwingungen extremer Tonhöhe um. Dabei wandern natürlich die Knotenmeridiane, und zwar nach der nächstgelegenen Hauptlage, um die sie dann hin und her pendeln. Übrigens ist diese auch bei ebenen Platten auftretende Erscheinung dort schon 1827 von SAVART beobachtet, später von Lord RAYLEIGH und neuerdings von ZENNECK[1]) eingehender für Platten behandelt worden. Sie erklärt die z. B. an Glocken oft gehörten Schwebungen.

74. Schalenglocken. Versuchsmethoden und Ergebnisse. Abgesehen von der Bestimmung der Schwingungszahl, die nach irgendeiner der bekannten Methoden geschehen kann, handelt es sich um die Bestimmung der Knotenlinien. Allgemein anwendbar ist dabei die Methode des Abhörens, am besten mit Hörschlauch, dessen eines Ende vor der Oberfläche des Klangkörpers entlanggeführt wird. Bequemer für schnelle Übersicht ist eine der CHLADNIschen Sandmethode bei ebenen Platten entsprechende, von MELDE[2]) angegebene Methode. Statt trockenen Sandes wird eine Mischung von dünner Kalkmilch und Sand benutzt. Bei kräftiger Erregung erscheinen die Knotenlinien, indem der Sand durch die Kalkmilch hindurchwandert und sich an den Knotenlinien anhäuft. Ein weiteres Mittel zur Feststellung der Knotenlinien ist das Aufhängen leichter Kügelchen an Fäden, derart, daß sie der Oberfläche des Klangkörpers anliegen; nur an den Knoten der radialen Bewegung bleiben sie in Ruhe, sonst werden sie abgestoßen.

Die Erregung kann erfolgen 1. durch Schlag, wobei harte Hämmer, besonders solche mit kleiner Masse, das Entstehen auch der höheren Teiltöne begünstigen, 2. durch Anstreichen mit Violinbogen, 3. durch Gegensingen in der erforderlichen Tonhöhe oder Aufsetzen einer Stimmgabel, was aber als Resonanzerscheinung nicht hier zu behandeln ist, 4. durch Anreiben des Randes mit nassem Finger oder angefeuchtetem Kork. Bei dieser Erregungsart werden die tangentialen Schwingungen erregt, die aber nach dem früher Gesagten mit den radialen immer gekoppelt sind und daher auch diese mit erregen (FRANKLINsche Glasharmonika).

Die Versuche bestätigen im allgemeinen die Richtigkeit der theoretischen Anschauungen über die Lage der Knotenlinien und die Art der Schwingungen. Insbesondere zeigt eine von Lord RAYLEIGH[3]) beschriebene Methode (Beobachtung eines beleuchteten Punktes am Rande einer angeriebenen Glasschale) sehr

---

[1]) J. ZENNECK, Wied. Ann. N. F. Bd. 66, S. 170. 1898; Bd. 67, S. 165. 1899.
[2]) F. MELDE, Pogg. Ann. Bd. 109, S. 43 u. 147. 1860.
[3]) Lord RAYLEIGH, Theory of Sound, Bd. I, § 235, S. 388.

deutlich die Lage der Schwingungsrichtung (radial oder tangential) je nach der jeweiligen Stellung des reibenden Fingers (tangentiale Richtung, wenn der Winkelabstand des reibenden Fingers von der Beobachtungsstelle gleich dem Winkel zwischen zwei benachbarten Knotenlinien ist; bei dem halben Winkelabstand radiale Schwingungsrichtung; in beiden Fällen kann natürlich der Winkel um ein ganzzahliges Vielfaches des Winkels zweier benachbarten Knoten vermehrt sein). Einige Beobachtungen über Knotenlinien von Glocken, durch Resonanz mittels aufgesetzter Stimmungsgabeln erhalten, teilt TERADA[1]) mit. Bezüglich der Schwingungszahlen, sowohl der absoluten wie der relativen, scheinen keine Untersuchungen vorzuliegen, die eine Prüfung der Theorie gestatten, was auch nicht wundernehmen kann, da die Gestalt der zur Verfügung stehenden gekrümmten Schalen selbst in möglichst einfachen Fällen noch sehr von der theoretisch geforderten abweicht. Bei zylindrischen Schalen, also praktisch bei Röhren, dürfte es fraglich sein, ob man überhaupt die hier geforderten Schwingungen erhält, da solche Röhren, insbesondere bei größerer Länge, einfache Querschwingungen wie massive Stäbe ausführen.

Die wegen stärkerer Abweichung der Gestalt nur in den allgemeinen Umrissen der hier skizzierten Theorie folgenden Schwingungen der übrigen Glocken erfordern wegen der hervorragenden praktischen Bedeutung dieser Art von Klangkörpern eine besondere Behandlung.

75. Kirchen- und Schiffsglocken. Allgemeines. Die Form der als Kirchenglocken, Schiffsglocken usw. benutzten Klangkörper ist bekanntlich die eines Rotationskörpers, und zwar in ganz grober Näherung eines oben durch einen flachen Deckel geschlossenen Hohlkegelstumpfes; in Wirklichkeit ist jedoch die bei der Umdrehung die Wand erzeugende Linie nicht eine Gerade, sondern eine Kurve, die im oberen Teil der Achse parallel läuft, unten aber mehr und mehr nach außen biegt. In erster Näherung kann diese Linie vielleicht als Hyperbel angesehen werden, wenigstens nähern sich Glocken von bekannten Meistern diesem Profil[2]). Vgl. auch Abb. 29, die aus Winkelmanns Handb. d. Phys. Bd. II übernommen ist und eine von dem Musiktheoretiker ZAMMINER mitgeteilte Konstruktion darstellt. Die beigefügten Zahlen zeigen übrigens, daß hier die Erzeugende der Umdrehungsfigur aus mehreren Kreisbögen zusammengesetzt wird. Die Wanddicke nimmt von oben nach unten zu, der unterste dickste Teil der Wand ist der Schlagring, gegen den der Klöppel schlägt. Da zu dieser an sich schon nicht einfachen Gestalt der Seitenwand oben noch die etwas gewölbte Haube mit der Aufhängevorrichtung hinzukommt, so entsteht eine jeder theoretischen Behandlung unzugängliche Form des Ganzen. Für die Herstellung der Glocken hat bisher auch nur die Erfahrung den Weg gewiesen. Die Folge ist, daß manche abenteuerliche Vorstellungen über die Beeinflussung des Klanges durch allerlei Formgebung und durch besondere Bereitung der Gußmasse (des sog. Glockengutes) eine Rolle gespielt haben.

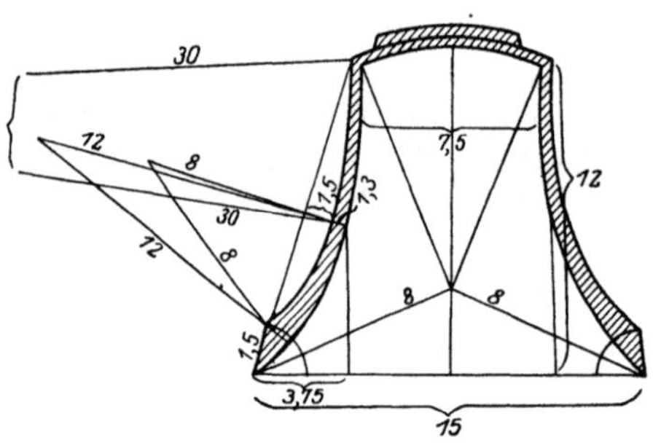

Abb. 29. Glockenprofil nach ZAMMINER.

[1]) T. TERADA, Tokyo Kyoto Bd. 2, S. 312. 1905. (Bespr. in Beibl. z. d. Ann. d. Phys. Bd. 30, S. 71. 1906.)

[2]) Vgl. dazu A. VAS NUNES, Experimenteel Onderzoek van Klokken van F. Hemony (Dissert. Amsterdam 1909), welche Arbeit sehr eingehende Ausführungen darüber enthält.

Diese Dinge sind natürlich als Kuriosa zu bewerten und interessieren hier nicht. Für den Klang und die Tonhöhe sind bei gegebenen Dimensionen die Dichte, die Elastizitätskonstanten und Härte bzw. Weichheit des Materials maßgebend, wobei die besondere Zusammensetzung der angewandten Metalllegierung (Bronze), insbesondere kleine Zusätze, nur insoweit eine Rolle spielen, als sie die obengenannten physikalischen Größen beeinflussen. Statt Bronze wird übrigens neuerdings vielfach mit bestem Erfolge Gußstahl genommen.

Nicht bloß bezüglich des Klanges im ganzen, sondern auch bezüglich des Auftretens einzelner Töne waren und sind zum Teil noch heute etwas merkwürdige Vorstellungen zu finden. Es wird auf diese Frage näher eingegangen werden; jedoch soll nur das physikalisch Wertvolle hervorgehoben werden (über die Glocke als Musikinstrument s. den Artikel „Musikinstrumente und ihre Klänge" Ziff. 68 und 69, ds. Bd. Kap. 8),

Die schon genannte Arbeit von NUNES, hauptsächlich experimenteller Natur, bringt die Bestätigung einiger physikalischer Gesetze, z. B. des bekannten Satzes (Ähnlichkeitssatzes), daß bei geometrisch ähnlichen Körpern von physikalisch gleicher Beschaffenheit die Schwingungszahl umgekehrt proportional irgendeiner der zum Vergleich gewählten Lineardimensionen ist, z. B. der Höhe der Glocke oder dem Durchmesser der Öffnung od. dgl. Der Verfasser hat 18 Glocken untersucht; 3 davon bildeten das Kirchengeläut, die anderen 15 waren zu einem Glockenspiel im gleichen Turm vereinigt; 17 dieser Glocken stammten von demselben Glockengießer (F. Hemony) und erwiesen sich, soweit sie zugänglich waren und ihre Dimensionen gemessen werden konnten, geometrisch durchaus ähnlich. Die Grundtöne dieser 18 Glocken gingen von H (in holländischer Bezeichnung B) bis h', mit den sekundlichen Schwingungszahlen 122,07 bis 488,3 nach gleichschwebender Stimmung berechnet, also durch zwei Oktaven hindurch.

76. Kirchenglocken. Teiltöne. Die Reihe der relativen Schwingungszahlen der Teiltöne erwies sich bei allen diesen von NUNES untersuchten Glocken als dieselbe; die Tonreihe selbst als Grundton, kl. Terz, Oktave, kl. Terz der Oktave (kl. Dezime), Quarte der Oktave (Undezime), Quinte der Oktave (Duodezime), Quinte der zweiten Oktave . . ., beispielsweise für die größte der untersuchten Glocken hier in Tabelle 24 wiedergegeben. Die kleine Terz des Grundtones ist nicht bei allen Glocken beobachtet worden.

Tabelle 24. Teiltöne und Knotenlinien von Kirchenglocken nach A. VAS NUNES.

Teiltöne	*H*	*d*	*h*—	*d'*	*e'*	*fis'*	*fis''*
Meridiane	4	4	...	6	6	8?	...
Parallelkreise	0	0	1	1	1	...	...

Bemerkenswert ist das regelmäßige Auftreten der Oktave des Grundtones. Leider ist nicht erkennbar, ob es sich um die genaue Oktave, d. h. genau die doppelte Schwingungszahl des Grundtones handelt, oder um einen Ton, der ungefähr die Oktave ist. Im ersten Fall wäre an die Möglichkeit zu denken, daß es sich um die auch bei den Stimmgabeln auftretenden, erst in der umgebenden Luft gebildeten „Asymmetrietöne" handeln könnte, die auch bei Platten und Glocken entstehen müssen. Im anderen Falle, der übrigens der wahrscheinlichere ist, da die Oktave auch bei schwächerem Anschlag aufzutreten scheint, würde ihr regelmäßiges Vorhandensein beweisen, daß es durch geeignete Formgebung gelungen ist, die an sich unharmonische Teiltonreihe wenigstens annähernd teilweise in eine harmonische zu verwandeln, was einen besonderen Wohlklang dieser Glocken bewirken muß.

Die von Lord RAYLEIGH[1]) untersuchten Glocken, die teilweise auch zu einem Glockenspiel gehören, aber alle von verschiedenen Gießern stammen, zeigen zwar auch Oktaven unter den Teiltönen, jedoch nicht so regelmäßig an bestimmten Stellen; der musikalische Wert dieser Glocken scheint danach geringer zu sein als derjenige der von NUNES untersuchten.

Beide haben übrigens auch die zugehörigen Knotenlinien bestimmt und dabei 4 bis 8 Knotenmeridiane und 0 bis 1 Knotenparallelkreise gefunden. Töne mit mehr als einem Parallelkreis als Knoten scheinen sich praktisch nicht auszubilden. Für zwei der untersuchten Glocken sind nach RAYLEIGH die Teiltöne und darunter die Zahl der Knotenmeridiane und Parallelkreise in Tabelle 25 angegeben, soweit sie festgestellt werden konnten.

Tabelle 25. Teiltöne und Knotenlinien von Kirchenglocken nach Lord RAYLEIGH.

Teiltöne . . .	*e'*	*c''*	*f''*+	*b''*	*d'''*	*f'''*	*es'*	*d''*	*f''*	*b''*—*h''*	*d'''*	*g'''*
Meridiane . . .	4	4	6	6	8	. . .	4	4	6	6	8	. . .
Parallelkreise .	0	1	0	. . .	0	. . .						

Bei den Beobachtungen von NUNES treten übrigens besondere Umstände auf. Will man nicht annehmen, daß sie teilweise unter der Ungunst der Umstände (Fehlen genügend empfindlicher Resonatoren) gelitten haben, wodurch ihm vielleicht manche Knotenlinien entgangen sein können, so muß man annehmen, daß es sich z. B. bei den Tönen *d'* und *e'* nicht um verschiedenartige Schwingungen handelt, sondern um die beiden Komponenten eines einfachen, durch zufällige Asymmetrie der Glocke aufgespaltenen Tones, bei dem auch die Knotenparallelkreise gegeneinander verschoben sind (vgl. dazu Ziff. 67). Für *H* und *d* könnte das gleiche gelten. Sehr unsicher bleibt auf jeden Fall die Einordnung des Tones *h*—. Die gleichen Schwierigkeiten sind auch bei den Knoten der anderen hier nicht aufgeführten Glocken der NUNESschen Arbeit vorhanden. Dazu kommt, daß außer dem als tiefster Ton aufgeführten Grundton bei einigen Glocken gelegentlich ein noch tieferer (bei der *H*-Glocke ein A, bei der dis-Glocke ein Cis) gehört wurde, also ein „Unterton". Die Entstehung dieses Tones, der nur bei kräftigem Klöppelschlag, aber nicht bei Anschlag mit anderen Instrumenten (Hammer) und an anderen Stellen entstand, ist durchaus unklar, wenn man ihn nicht etwa auch für die zweite Komponente eines durch Unsymmetrie aufgespaltenen Tones halten will, dessen eine Komponente der „Grundton" H ist.

77. Kirchenglocken. Weitere Untersuchungen. Der Unterton spielt auch bei anderen Erforschern des Glockenklanges eine Rolle. Besonders sind hier die Arbeiten von BIEHLE[2]) zu nennen, der die Bearbeitung dieses Gebietes geradezu zu seiner Lebensaufgabe gemacht und dabei gegen 1000 Glocken untersucht und den Klang von etwa 450 genau analysiert hat. Nach BIEHLE setzt sich der Klang etwas anders zusammen. Er unterscheidet zur besseren Kennzeichnung verschiedene Klassen von Glocken, nämlich 1. die ideale, 2. die normale, 3. die übermäßige, 4. die verminderte.

Bei der idealen, bisher nicht verwirklichten Glocke sind sämtliche Teiltöne harmonisch, bei der normalen, welcher die meisten guten in Gebrauch befindlichen Glocken nahekommen, liegen die Abweichungen von den harmonischen

[1]) Lord RAYLEIGH, Phil. Mag. (5) Bd. 29, S. 1. 1890; Theory of Sound Bd. I, § 235a, S. 389ff.

[2]) JOHANNES BIEHLE, Arch. f. Musikwiss. d. Inst. f. musikwiss. Forsch., Bückeburg 1918, S. 289 (Die Analyse des Glockenklangs); Vergleichende Bewertung der Bronze- und Gußstahlglocken. Verl. d. D. Pfarrerblattes, Dieskau 1918; Phys. ZS. Bd. 20, S. 429. 1919 (Ausführliche Besprechung beider Arbeiten); Bd. 22, S. 337. 1921; Bd. 23, S. 80. 1922.

Verhältnissen in mäßigen Grenzen, insbesondere aber sind die zwei als „Grundton" und „Schlagton" bezeichneten Töne in der Höhe gleich; bei der übermäßigen sind die Intervalle vergrößert, bei der verminderten sind sie verkleinert (vgl. die von BIEHLE aufgestellte Tabelle 26). Die Schwingungszahl des tiefsten Tones ist darin gleich 100 angenommen und für die übrigen Intervalle sind Mittelwerte angegeben.

Tabelle 26. Teiltöne der Kirchenglocken nach J. BIEHLE. Die Frequenz des tiefsten Tones (Unterton nach BIEHLE) ist = 100 gesetzt.

Intervalle	Idealer Typus	Normaler Typus	Übermaßiger Typus	Verminderter Typus
Unterton	100	100	100	100
Grundton	200	191	164	213/212
Schlagton	200	191	172	207
Charakt. Ton, 1. Terz	250	230	206	246
Quinte	300	294	292	301
Oktave	400	• 379	342	408
2. Terz	500	519	451	574
2. Quinte	600	563	507	612
Septime	—	—	597	—
2. Oktave	800	776	698	839

BIEHLE bezeichnet den tiefsten Ton als „Unterton" und den nächst höheren, der genau oder angenähert die Oktave ist, als „Grundton", weil er wegen seiner Stärke, besonders kurz nach dem Anschlagen, die Tonhöhe der Glocke für das Gehör bestimmt. Er entspricht also dem „Hauptton" (hoofdtoon bei NUNES, nominal tone oder pitch bei RAYLEIGH). Die Lage dieses Hapttones in der Gesamtheit der Teiltöne ist aber bei RAYLEIGH und NUNES eine andere; bei RAYLEIGH ist vielfach die Note eines der höheren Teiltöne als Hauptton bezeichnet, teilweise nach Angabe des Glockengießers. Nach BIEHLE beeinflußt weiter die Terz des „Grundtones" (also der 3. Teilton) den Klang in charakteristischer Weise und wird deshalb von ihm „Charakteristik" genannt; ihr Intervall ist jedoch vielfach nicht das der Terz, sondern ein ganz anderes (vgl. dazu Tab. 26). Die höheren Teiltöne treten weniger hervor und verklingen im allgemeinen rascher. Die Zusammensetzung des Klanges ist also, wenn man das BIEHLEsche Schema annimmt, eine ganz andere als bei den von NUNES und Lord RAYLEIGH untersuchten Glocken. Vom physikalischen Standpunkt aus muß eine derartige zwangsweise Einteilung Bedenken erregen, für die Praxis des Glockengießers und die musikalische Bewertung aber kann sie Bedeutung haben.

Eine ganz besondere geheimnisvolle Rolle spielt der „Schlagton", der zu den genannten Teiltönen noch hinzutritt. Nach BIEHLE handelt es sich um einen Ton, der nur durch Anschlagen, insbesondere am Schlagring, hervorgerufen werden kann, während alle anderen auch durch Resonanz (z. B. durch Aufsetzen einer entsprechend gestimmten Stimmgabel auf die Glockenwand) erzeugt werden können. Dieser von BIEHLE auch „imaginärer" Ton genannte Ton soll mit anderen Tönen sowohl derselben Glocke als auch anderer Klangkörper keine Schwebungen geben, also gewissermaßen unfaßbar, geisterhaft sein. Als Kombinationston (Differenzton) soll er sich nach BIEHLE, wenigstens mit den tieferen Eigentönen der Glocke, die allein genügende Stärke dafür haben, nicht erklären lassen. Auch andere Autoren[1]) berichten von diesem geheimnisvollen Ton. Will man sein Vorhandensein mit diesen Sondereigenschaften gelten lassen, so

[1]) P. J. BLESSING, Phys. ZS. Bd. 12, S. 597. 1911.

könnte vielleicht noch an einen Kombinationston sehr hoher unhörbarer Töne gedacht werden; es besteht aber doch auch die Möglichkeit, daß es sich um eine Komponente eines durch Unsymmetrie aufgespaltenen Tones handelt, die wegen besonderer mechanischer Verhältnisse sehr schwer erregbar ist, daher wegen großer Schwäche bei Erregung durch Resonanz nicht wahrgenommen wird und deshalb nicht erregbar scheint, um so mehr, als dieser Schlagton immer in der Nähe des BIEHLEschen „Grundtones" liegt oder sogar mit ihm zusammenfällt. Jedenfalls sind weitere Beobachtungen zur Klärung dieser physikalischen Frage erforderlich.

Da eine brauchbare Theorie für Glocken von der Form der Kirchenglocken fehlt, so ist man vorläufig auf die Versuchsergebnisse und die auf sie aufgebauten halb theoretischen Vorstellungen angewiesen.

Ähnliche Ergebnisse bezüglich des „Schlagtones" findet JONES[1]) (Nichterregbarkeit durch Resonanz, keine Schwebungen mit anderen Tonquellen). Jedoch scheint er nach diesem Autor immer durch den 5. Teilton, der sich ganz genau physikalisch nachweisen und untersuchen läßt, in seiner Höhe bestimmt zu werden, nämlich als tiefere Oktave desselben. Er würde danach also nur ein Scheindasein besitzen und wohl nicht als „Ton", sondern als „Klang" bezeichnet werden müssen, entstanden aus dem Zusammenklang der verschiedenen Teiltöne. Übrigens findet JONES noch einen weiteren Schlagton, der eine Oktave unter dem 4. Teilton liegt.

d) Räumlich ausgedehnte feste Klangkörper.

78. Tönende Steine[2]), Metallblöcke, mit Flüssigkeit gefüllte Gefäße u. dergl. Im Gegensatz zu den flächenförmigen und noch mehr den linearen haben die nach drei Dimensionen räumlich ausgedehnten festen Klangkörper so gut wie gar keine Bedeutung für Schallerzeugung. Selbstverständlich kann jeder irgendwie gestaltete feste Körper elastische Schwingungen ausführen, und zwar sowohl longitudinale (Dehnungs-) wie transversale (Scherungs-) Schwingungen; die Frequenzen der entsprechenden Eigenschwingungen werden durch die Materialkonstanten (Dichte und Elastizität) sowie durch die Körperform und eventuelle Befestigung (Grenzbedingungen) bestimmt. Vielfach sind übrigens Stäbe und Platten, wenn sie größere Dicke annehmen, schon zu den dreidimensionalen Klangkörpern zu rechnen, bilden wenigstens den Übergang zu ihnen.

Daß von kleineren räumlichen Klangkörpern im allgemeinen auch bei kräftigem Anschlagen keine Töne gehört werden, hat seinen Grund natürlich darin, daß die Eigentöne bereits oberhalb der Hörgrenze liegen; erst bei recht beträchtlicher Größe solcher Körper (Metallblöcke, Steine) kann man hörbare Töne erhalten, da die Wellenlänge der tiefsten Eigenschwingung ebenso wie bei vollkommen eingeschlossenen Gasmassen die Größenordnung der größten räumlichen Erstreckung hat und die Schallgeschwindigkeit in festen Körpern, also auch die zu einer gegebenen Wellenlänge gehörende Schwingungsfrequenz, im allgemeinen sehr groß ist. Die beim Zusammenstoß von kleineren Körpern, z. B. Billardkugeln, gehörten Töne dürften von Schwingungen dieser Körper bzw. des aus ihnen gebildeten Systems als Ganzes um die Unterstützungs- oder Befestigungspunkte während der Stoßdauer herrühren. Sie haben auch nur kurze Dauer und knallartigen Charakter. Ganz ähnlich liegen übrigens die Dinge bei räumlich ausgedehnten Flüssigkeiten, die natürlich von festen Wänden begrenzt sein müssen, z. B. Flüssigkeiten in Metallkanistern oder in Glasballons, wie sie etwa für destilliertes Wasser oder für Säuren üblich sind. Diese geben in gefülltem

[1]) E. T. JONES, Phys. Rev. (2) Bd. 16, S. 247. 1920.

[2]) Vgl. hierzu auch den Artikel „Thermische Schallerzeugung" Ziff. 8 (ds. Bd. Kap. 7).

Zustand beim Anschlagen entsprechende Töne. Auch bei ihnen ist der akustische Wert gering, besondere Untersuchungen darüber fehlen. Einige Beobachtungen über solche feste Körper, die Töne hervorbringen können, insbesondere Steine, sind in der Anmerkung[1]) zusammengestellt (nach AUERBACH in Winkelmanns Handb. d. Phys. Bd. II, S. 149).

Auf rein mechanischem Gebiete und im Anschluß daran auf dem Gebiet der Wärmetheorie, spielen die elastischen Schwingungen eines dreidimensional ausgedehnten festen Körpers neuerdings eine sehr große Rolle, da die Kenntnis ihrer Frequenzen nötig ist, um den aus der molekularen Wärmebewegung folgenden Energieinhalt des Körpers zu berechnen. Dahin gehören z. B. Arbeiten von DEBYE[2]), der das elastische oder, was dasselbe bedeutet, das akustische Spektrum einer festen elastischen Kugel zu dem genannten Zwecke behandelt hat.

e) Flüssigkeits- und Gassäulen. Pfeifen[3]).

α) Theorie der Eigenschwingungen von Pfeifen. Eindimensionales Problem.

79. Differentialgleichung. Bezeichnungen: Ψ Geschwindigkeitspotential, u Verrückung, $\mathfrak{u} = \partial u/\partial t = -\operatorname{grad}\Psi =$ Geschwindigkeit, p Momentandruck, $\bar{p}$ Mittelwert (Gleichgewichtswert) des Druckes, s Momentandichte, $\bar{s}$ mittlere Dichte, $\sigma = (s - \bar{s})/\bar{s}$ Verdichtung, $\varkappa$ Verhältnis der spezifischen Wärmen bei konstantem Druck und konstantem Volumen.

G a s s ä u l e n mannigfacher Form sind bei verschiedenartigen Musikinstrumenten die Träger und Regler der Schwingungsbewegung, von welcher die in den Raum hinauswandernden Schallwellen ausgehen. Die verschiedenen Arten der Orgelpfeifen, die Holz- und Blechblasinstrumente aller Völker sowie gewisse meist in Porzellan, Steingut u. dgl. ausgeführte Blasinstrumente (Okarina usw.) vom Typus der dreidimensional ausgedehnten kubischen Pfeifen sind Beispiele dafür.

Die Schwingungen aller dieser Gasmassen, seien sie linear, flächenhaft oder räumlich ausgedehnt, werden theoretisch durch ein und dieselbe Gleichung geregelt und verhalten sich in vielen Beziehungen ähnlich. Man kann daher mit Recht, trotz der Unterschiede der Form, den gemeinschaftlichen Namen „Gassäulen" benutzen. Die in Rede stehende Gleichung ist die Gleichung (1) bzw. (3) von Ziff. 7, der wir hier, wo es sich nur um Schwingungen einer einzigen Art, nämlich um Ausdehnungs- (Longitudinal-) Schwingungen mit entsprechenden Dichteänderungen handeln kann, durch Einführung des Geschwindigkeitspotentials Ψ von vornherein die allgemeinste Form für das dreidimensionale bzw. eindimensionale Problem geben können

$$\frac{\partial^2 \Psi}{\partial t^2} = c^2 \Delta \Psi \quad \text{bzw.} \quad \frac{\partial^2 \Psi}{\partial t^2} = c^2 \frac{\partial^2 \Psi}{\partial x^2}; \qquad c^2 = \left(\frac{dp}{ds}\right)_{\text{adiab}} = \frac{\bar{p}\varkappa}{\bar{s}}. \tag{160}$$

Aus dem Geschwindigkeitspotential folgt die Geschwindigkeit $\mathfrak{u} = -\operatorname{grad}\Psi$, also z. B. die x-Komponente $\mathfrak{u}_x = -\dfrac{\partial \Psi}{\partial x}$ usw. Die obigen Gleichungen (160) gelten in derselben Form, wenigstens zum Teil, für jede der bei den Schwingungen

[1]) A. LEVOL, Ann. chim. phys. (3) Bd. 56, S. 110. 1859; JULLIEN, C. R. Bd. 61, S. 480. 1865; LILLIMAN, Beibl. z. d. Ann. d. Phys. Bd. 1, S. 653. 1877; R. J. NELSON, Nature Bd. 8, S. 46. 1873; B. H. MULLEN, Proc. Dublin Phil. Soc. 1885, S. 432; A. TINGLE, Nature Bd. 73, S. 222. 1906; T. L. PHIPSON, Pogg. Ann. Bd. 123, S. 658. 1864. Die Namen sind bei AUERBACH teilweise unrichtig angegeben.

[2]) P. DEBYE, Ann. d. Phys. (4) Bd. 39, S. 789. 1912.

[3]) Vgl. hierzu auch Artikel „Musikinstrumente und ihre Klänge" Ziff. 43—58 (ds. Bd. Kap. 8).

vorkommenden variablen Größen besonders [Verrückung u, Geschwindigkeit $\mathfrak{u}$, Verdichtung σ, Drucküberschuß $(p - \bar{p})/\bar{p}$]. Als Gradient ist hier der Anstieg der betreffenden Größe bezeichnet, weswegen das negative Vorzeichen zu benutzen ist.

Die Ableitung der Differentialgleichung für das eindimensionale Problem mit der Geschwindigkeit $\mathfrak{u}$ als abhängiger Variabler ergibt sich sehr einfach durch Benutzung der Gleichungen:

$$s\frac{\partial \mathfrak{u}}{\partial t} = -\frac{\partial p}{\partial x}, \qquad s\frac{\partial \mathfrak{u}}{\partial x} = -\frac{\partial s}{\partial t}, \tag{161}$$

wobei weiter

$$\left.\begin{aligned} \mathfrak{u} = \frac{\partial u}{\partial t}, \qquad s = \bar{s}(1+\sigma), \qquad p = \bar{p}(1+\sigma)^{\varkappa} \cong \bar{p}(1+\varkappa\sigma) \\ p\,s^{-\varkappa} = \bar{p}\,\bar{s}^{-\varkappa} = \text{konst.} \end{aligned}\right\} \tag{162}$$

ist. Die Gleichungen (161) sind das zweite NEWTONsche Bewegungsgesetz und die (eindimensional verkürzte) Kontinuitätsgleichung, die letzte der Gleichungen (162) ist das adiabatische Druckgesetz der idealen Gase. An seine Stelle tritt bei Flüssigkeiten das entsprechende, für diese bei schnellen Schwingungen gültige Druckgesetz. Die Größe c^2 bekommt daselbst einen anderen Wert als bei idealen Gasen, ebenso natürlich auch bei Gasen, die nicht die Zustandsgleichung der idealen Gase befolgen.

In ähnlicher Weise kann die Ableitung der Gleichung (160) für den dreidimensionalen Fall und das Geschwindigkeitspotential erfolgen. Betreffs Einzelheiten s. den Artikel „Schwingungen räumlich ausgedehnter Kontinua“ (ds. Bd. Kap. 8). Da bei idealen Gasen die Gleichgewichts- oder Mittelwerte $\bar{p}$ und $\bar{s}$ nur von der Temperatur abhängen, und zwar derart, daß das Verhältnis $\bar{p}/\bar{s}$ der absoluten Temperatur proportional ist, so folgt bekanntlich

$$c = c_0\sqrt{\alpha\Theta} = c_0\sqrt{1+\alpha\vartheta}. \tag{163}$$

α thermischer Ausdehnungskoeffizient $= 0{,}00367$ der Gase, Θ absolute Temperatur, ϑ Temperatur in Celsius vom Eisschmelzpunkt an, c_0 Schallgeschwindigkeit bei 0° Celsius. Daraus folgt weiter:

Alle Schwingungszahlen und Tonhöhen, die ja von der Schallgeschwindigkeit c abhängen, ändern sich auch mit der Temperatur; wenn sie, was hier zutrifft, c proportional sind, so ändern sie sich proportional der Wurzel aus der absoluten Temperatur.

80. Integration der Differentialgleichung. Eigenfunktionen und Eigentöne (Frequenzen). In Ziff. 90 wird eine eindimensionale Lösung für die Differentialgleichung des dreidimensionalen Problems (160) behandelt werden, die für kegelförmige Gassäulen neben der allgemeineren Lösung von Wert ist und sich eng an die Lösung der eindimensionalen Gleichung von (160) anschließt. Die Lösung dieser letzteren, für zylindrische Gassäulen gültig, unterscheidet sich in nichts von der entsprechenden Lösung für die Transversalschwingungen von Saiten oder die Longitudinalschwingungen von Stäben, mit welch letzteren die Schwingungen von Gassäulen auch im Wesen als Longitudinalschwingungen übereinstimmen. Es kann daher alles dort Gesagte hier angewandt werden. Beide Lösungen, die D'ALEMBERTsche Wellenlösung wie die BERNOULLIsche, sind anwendbar.

Die dort in Ziff. 14 mitgeteilten Tabellen 1 und 2 der Knoten und Bäuche enthalten bereits die nötigen Angaben auch für Gassäulen (Röhren). Voraussetzung ist, daß die dortigen einfachen räumlichen Grenzbedingungen in entsprechender Form auch hier gelten. Das sind die folgenden:

1. Beiderseits geschlossene Röhren: an beiden Enden sind die Verrückungen (und Geschwindigkeiten), die ja nur in die Richtung der Röhrenachse fallen, Null, also u (und $\mathfrak{u}$) $= 0$ für $x = 0$ und $x = l$.

2. Beiderseits offene Röhren: an beiden Enden sind die Druckschwankungen und die Dichteänderungen Null, also muß sein $\sigma = 0$ für $x = 0$ und $x = l$, wobei zweckmäßig die Differentialgleichung mit σ als abhängiger Variabler benutzt wird. Gleichbedeutend mit den hier angegebenen Grenzbedingungen sind übrigens die anderen

$$\frac{\partial u}{\partial x}\left(\text{und zugleich } \frac{\partial \mathfrak{u}}{\partial x}\right) = 0 \quad \text{für} \quad x = 0 \quad \text{und} \quad x = l\,.$$

3. Ein Ende geschlossen, das andere offen: es muß am geschlossenen Ende $u = 0$, am offenen Ende $\partial u/\partial x = 0$ (oder damit gleichbedeutend $\sigma = 0$) sein. Hieraus folgt für die Schwingungszahlen:

$$\left.\begin{array}{lll} \text{Fall 1. und 2.} & \omega_h = 2\pi N_h = h\,\pi\,c\,l^{-1} & (h = 1, 2, 3\ldots) \\ \text{Fall 3.} & \omega_h = 2\pi N_h = (2h-1)\,\pi\,c\,(2l)^{-1} & (h = 1, 2, 3\ldots) \end{array}\right\} \qquad (164)$$

Also: die beiderseits geschlossene und die beiderseits offene Röhre (offene Pfeife) hat als Eigentöne außer ihrem Grundton sämtliche harmonischen Obertöne desselben, die einseitig geschlossene (gedeckte) Röhre (gedackte Pfeife) hat außer ihrem Grundton nur die ungeraden Obertöne desselben als Eigentöne. Dabei gilt weiter:

Der Grundton der beiderseits offenen Pfeife ist die höhere Oktave des Grundtones der gleich langen gedackten Pfeife. Zwei solche Pfeifen gleicher Länge geben daher zusammen die Gesamtheit aller zu dem tiefsten Ton derselben (dem Grundton der gedackten) gehörenden Teiltöne.

Die so berechneten Eigentöne werden aus leicht ersichtlichen Gründen auch als Resonanztöne bezeichnet. Für Luft ($c = 33300$ cm/sec bei 0° C) gibt AUERBACH in Winkelmanns Handb. d. Phys. die beifolgend abgedruckten Tabellen 27 der Pfeifenlängen und zugehörigen Teiltöne[1]) mit ihren Schwingungszahlen/sek. Ausführliche Tabellen der Schallgeschwindigkeit und der Tonwellenlängen bei verschiedenen Temperaturen, damit also auch der zugehörigen Pfeifenlängen, hat K. L. SCHAEFER[2]) veröffentlicht.

Tabelle 27. Teiltöne von Pfeifen (Röhren) in Luft von 0°.

a) gedackt.

l cm	Grundton $k=1$		1. Oberton $k=2$		2. Oberton $k=3$		3. Oberton $k=4$		4. Oberton $k=5$	
515	C_{-2}	16,17	G_{-1}	48,5	E	80,9	B—	113,2	d	145,5
257,5	C_{-1}	32,2	G	97,0	e	161,6	b —	226,3	d_1	291,0
128,8	C	64,7	g	194,0	e_1	323,3	b_1—	452,6	d_2	582
64,4	c	129,3	g_1	387,9	e_2	647	b_2—	905	d_3	1 164
32,2	c_1	258,7	g_2	776	e_3	1 293	b_3—	1 811	d_4	2 328
19,1	a_1	435	e_3	1 305	cis_4	2 175	g_4—	3 045	h_4	3 915
16,1	c_2	517,3	g_3	1 552	e_4	2 587	b_4—	3 621	d_5	4 656
8,05	c_3	1 025	g_4	3 105	e_5	5 175	b_5—	7 243	d_6	9 313
4,03	c_4	2 069	g_5	6 207	e_6	10 345		—		—
2,01	c_5	4 139	g_6	12 417		—		—		—

[1]) Abgedruckt auch in A. KALÄHNE, Math.-phys. Akustik, Bd. II, S. 86. 1913.
[2]) K. L. SCHAEFER, Passows Beitr. z. Anat. usw. d. Ohres usw. Bd. 1, S. 76. 1908.

b) offen.

[Die zu den Noten gehörigen Schwingungszahlen sind aus der Tabelle a) zu entnehmen.]

l cm	Grundton $k=1$	1. Oberton $k=2$	2. Oberton $k=3$	3. Oberton $k=4$	4. Oberton $k=5$	5. Oberton $k=6$	6. Oberton $k=7$	7. Oberton $k=8$	8. Oberton $k=9$
1030	C_{-2}	C_{-1}	G_{-1}	C	E	G	$B-$	c	d
515	C_{-1}	C	G	c	e	g	$b-$	c_1	d_1
257,5	C	c	g	c_1	e_1	g_1	b_1-	c_2	d_2
128,8	c	c_1	g_1	c_2	e_2	g_2	b_2-	c_3	d_3
64,4	c_1	c_2	g_2	c_3	e_3	g_3	b_3-	c_4	d_4
38.2	a_1	a_2	e_3	a_3	cis_4	e_4	g_4-	a_4	h_4
32,2	c_2	c_3	g_3	c_4	e_4	g_4	b_4-	c_5	d_5
16,1	c_3	c_4	g_4	c_5	e_5	g_5	b_5-	c_6	d_6
8,05	c_4	c_5	g_5	c_6	e_6	g_6	b_6-	—	—
4,03	c_5	c_6	g_6	c_7	—	—	—	—	—

81. Mängel der elementaren Theorie. Es ist zu berücksichtigen, daß die zugrunde gelegten Annahmen über die Grenzbedingungen ideale Grenzfälle darstellen. Die z. B. bei Orgelpfeifen zur Tonerregung nötigen Einrichtungen (Lippen und Spalt, Öffnung für die Zunge usw.) verändern die Form des einen Endes (des Maulendes am Pfeifenfuß) erheblich. Sehr wesentlich ist ferner bei offenen Enden der Umstand, daß mit der rein mathematisch gedachten Endfläche daselbst ja die Gasmasse nicht abgeschlossen ist, sondern in die umgebende Atmosphäre übergeht, und daß sich ihre Schwingungen in diese fortsetzen. An der „gedachten" ebenen Endfläche kann streng genommen die für Fall 2 angenommene Grenzbedingung gar nicht gelten, weil dann überhaupt kein Energieübergang aus der Pfeife in den umgebenden Gasraum möglich wäre. Die in dieser elementaren Theorie abgeleiteten Gesetze können daher nur als eine erste, aber vielfach brauchbare, Näherung gelten und müssen in den angegebenen Richtungen ergänzt werden. Das ist bezüglich des offenen Endes durch Berechnung der sog. Mündungskorrektion geschehen (vgl. Ziff. 82ff). Weiter ist noch der Einfluß seitlicher Öffnungen in den Röhrenwänden und die Nachgiebigkeit dünner biegsamer Wände in Rechnung zu stellen. Die Berücksichtigung der von der glatten Form, wie sie die Theorie voraussetzt, stark abweichenden Form der Pfeife am Tonerregungsende (Maul- oder Mundende) ist theoretisch nicht streng durchführbar. Diese Abweichung macht sich aber im wesentlichen in der Hinsicht geltend, daß es unsicher wird, an welche Stelle man das glatt abgeschnittene Ende der zugehörigen reduzierten Pfeife mit gleichem Eigenton verlegen soll. Experimentell läßt sich der Eigenton ja immer bestimmen, gleichviel, wie auch das Pfeifenende gebaut sein mag.

Die beiderseits vollkommen geschlossene Röhre oder Pfeife ist nur eine Abstraktion, da ihr vollständig abgeschlossener Gasraum zwar durch besondere Mittel in Schwingungen versetzt werden kann, aber nach außen keine Energie, also auch keinen Ton abgibt.

Der hier skizzierten elementaren Theorie folgen im großen und ganzen auch die nicht zylindrischen Röhren bzw. Pfeifen, z. B. gekrümmte oder trompetenförmig sich erweiternde Röhre. Jedoch weicht die Lage der Knoten und Bäuche und die Tonhöhe der Eigentöne um so mehr ab, je größer die Abweichung von der reinen Zylinderform ist (vgl. auch Artikel „Musikinstrumente und ihre Klänge", Ziff. 47—50, ds. Bd. Kap. 8).

β) Zylindrische Pfeifen mit konstantem Querschnitt.

82. Mündungskorrektion. Die nach der Gleichung (164) von Ziff. 80 berechneten Tonhöhen stimmen erfahrungsgemäß nicht völlig mit der Erfahrung überein. Die Gründe sind: 1. Abweichung des Wertes der Schallgeschwindigkeit c

in Röhren von dem Wert im freien Gasraum infolge innerer Reibung und Wärmeleitung sowie Reibung an den Röhrenwänden und Wärmeabgabe an diese bei den Schwingungen, wobei c verkleinert wird, 2. Nichtzutreffen der Annahme 2 von Ziff. 80 über die Grenzbedingungen an offenen Enden, 3. mechanische Nachgiebigkeit der Wände, evtl. Seitenöffnungen. Da die Schallgeschwindigkeit mit abnehmendem Rohrdurchmesser selber abnimmt, so sind die Eigenfrequenzen enger Röhren kleiner, ihre Eigentöne also bei gleicher Länge tiefer als diejenigen weiter Röhren. Um denselben Ton zu erhalten, müßte man danach die enge Röhre kürzer nehmen. In gleichem Sinne wirkt die Wandnachgiebigkeit, im entgegengesetzetn Sinne die Mündungskorrektion, die für weite Röhren die wirksame Länge stärker vergrößert. Die Mündungskorrektion eines offenen Pfeifenendes ist theoretisch von HELMHOLTZ[1]), Lord RAYLEIGH[2]), AICHI[3]) u. a. berechnet worden. Über die Verkleinerung der Schallgeschwindigkeit c in Röhren und die davon herrührende Längenkorrektion der Pfeifen s. Artikel „Schallgeschwindigkeit" (Ziff. 9, ds. Bd. Kap. 14).

Die Mündungskorrektion α ist die Zusatzstrecke, um welche die Pfeifenlänge l vergrößert zu denken ist, damit man die so „reduzierte" Länge $l + \alpha$ nach den Formeln der elementaren Theorie zur Berechnung der Eigenfrequenzen benutzen kann. Ihre Einführung beruht auf der Annahme, daß der Knoten der Verdichtung (Bauch der Verschiebung und Geschwindigkeit) nicht in der Endfläche der Röhre, sondern etwas außerhalb derselben in der umgebenden Atmosphäre liegt. Zu dieser Vorstellung nötigt die experimentell festgestellte Tatsache, daß der erste Bauch der Verdichtung (Knoten der Verschiebung und Geschwindigkeit) im Rohrinnern um weniger als eine Viertelwellenlänge von der Mündung entfernt liegt, und demgemäß auch die übrigen Knoten und Bäuche Verschiebungen zeigen.

Lord RAYLEIGH hat mit einer der Theorie des elektrischen Stromes bei dem Übergang aus einem zylindrischen Draht in einen unendlichen Halbraum nachgebildeten Theorie als obere und untere Grenze für diese Korrektion die Werte $\alpha = 0{,}849\,R$ und $0{,}785\,R$ berechnet und später das Ergebnis genauer angegeben auf

$$\alpha = 0{,}82\,R \quad (R = \text{Rohrradius}).$$

(Vgl. dazu auch Artikel „Musikinstrumente und ihre Klänge", Ziff. 47, ds. Bd. Kap. 8.)

HELMHOLTZs Behandlungsweise des Problems schließt sich der älteren Theorie enger an. Sie läuft praktisch darauf hinaus, daß die Differentialgleichung der Wellenbewegung in der zylindrischen Röhre in bekannter Weise integriert wird, jedoch unter Ansatz einer anderen Grenzbedingung am offenen Ende der Pfeife. Da der Schwingungszustand am Pfeifenende nicht von vornherein bekannt ist, wird er mittels des GREENschen Satzes für die Potentialfunktion bzw. des KIRCHHOFF-HUYGENschen Prinzips aus dem bekannten Schwingungszustand (fortschreitende Kugelwellen) in großer Entfernung von der Mündung im Außenraum abgeleitet. Im Inneren der Röhre ergibt sich eine ebene Wellenbewegung, jedoch nicht eine reine stehende, wie in den vollkommen abgeschlossenen Systemen der elementaren Theorie, sondern eine allgemeinere Bewegung, die aus einer stehenden, und einer darüber gelagerten fortschreitenden Welle zusammengesetzt ist, entsprechend der Abgabe von Energie nach außen.

---

[1]) H. v., HELMHOLTZ, Crelles Journ. f. Math. Bd. 57, S. 1. 1860; abgedruckt in Ostwalds Klassikern d. exakt. Wiss. Bd. 80. Leipzig 1896.

[2]) Lord RAYLEIGH, Theory of Sound Bd. II, § 307, S. 180 und Appendix A; Phil. Trans. Roy. Soc. London Bd. 161, S. 77. 1871.

[3]) K. AICHI, Tokyo Kyoto (2) Bd. 4, S. 377. 1908.

Zur Durchführung der Rechnung muß angenommen werden:

1. Die Öffnung der Pfeife befindet sich in einer unendlich ausgedehnten festen Ebene, praktisch durch einen Mündungsflansch dargestellt (übrigens auch von Lord RAYLEIGH angenommen).

2. Der Querschnitt der Pfeifenöffnung und der Röhre überhaupt ist klein gegen das Quadrat der Wellenlänge des betrachteten Teiltones.

3. Die Röhre ist genau zylindrisch, bis auf ein kurzes gegen die Wellenlänge kleines Stück dicht an der Mündung, längs dem sie sich etwas ausbauchen kann. Ist R der Radius der Öffnung, R_1 der Radius des zylindrischen Teils der Röhre, so ist die Mündungskorrektion

$$\alpha = \frac{\pi(R_1^2 - \frac{1}{2}R^2)}{2R}. \tag{165}$$

Ist $R = R_1$ (Öffnungsweite = Röhrenweite im zylindrischen Teil), so wird also

$$\alpha = \frac{\pi R_1}{4} = 0{,}7854\, R_1 \tag{165a}$$

in ziemlich guter Übereinstimmung mit dem RAYLEIGHschen Wert. Die schwache Ausbauchung der Röhre, für welche dieser HELMHOLTZsche Wert gilt, hat HELMHOLTZ zahlenmäßig berechnet. An der Stelle der größten Erweiterung beträgt die Abweichung des Radius vom Mündungsradius nur etwa 2% desselben, diese Stelle liegt um ungefähr 0,14 R von der Mündung entfernt. Bei 1,16 R ist die Abweichung bereits auf 0,35% gesunken. Bei der Geringfügigkeit dieser Abweichung kann eine solche Röhre als genau zylindrisch angesehen werden.

Eine gewisse Röhrenform hat die Korrektion Null; sie ist an der Mündung trompetenförmig erweitert, der Öffnungsradius ist

$$R = R_1\sqrt{2} = 1{,}414\; R_1. \tag{165b}$$

Für die Leitlinie der Röhrenwand hat HELMHOLTZ die Gleichung angegeben, aus der ihre Form zu berechnen ist.

Zu bemerken ist noch, daß das theoretische α für die verschiedenen Teiltöne der Pfeife verschieden ist. Die Unterschiede sind aber verschwindend klein, solange $\operatorname{tg}\omega\alpha/c$ ohne merklichen Fehler gleich $\omega\alpha/c$ selber gesetzt werden kann. Merkliche Unterschiede kommen erst für die höheren Obertöne in Betracht, und da ist sowieso die Voraussetzung 2 nicht mehr erfüllt, so daß auch die ganze Rechnung nicht mehr gilt.

Auch der Fall, daß der Öffnungsradius R klein ist gegen den Röhrenradius R_1, ist in den HELMHOLTZschen Gleichungen enthalten. Er erfordert die Auflösung der Gleichung

$$k\pi\frac{R_1^2}{2R} = \operatorname{tg} k\alpha \qquad \left(k = \frac{\omega}{c}\right). \tag{165c}$$

83. Mündungskorrektion. Versuchsergebnisse. Experimentell ist die Korrektion mehrfach bestimmt worden, so von HOPKINS[1]), WERTHEIM[2]), BOSANQUET[3]), BLAIKLEY[4]), Lord RAYLEIGH[5]), STÜCKER[6]), BOEHM[7]), RATZ[8]).

---

1) E. HOPKINS, Trans. Cambr. Phil. Soc. Bd. 5, S. 231. 1833; Pogg. Ann. Bd. 44, S. 246 u. 603. 1838.

2) G. WERTHEIM, Ann. chim. phys. (3) Bd. 31, S. 394. 1851.

3) H. M. BOSANQUET, Phil. Mag. (5) Bd. 3, S. 271, 343. 418; Bd. 4, S. 25, 125, 216. 1877.

4) D. J. BLAIKLEY, Phil. Mag. (5) Bd. 7, S. 339. 1879.

5) Lord RAYLEIGH, Trans. Roy. Soc. London Bd. 161, S. 77. 1871; Phil. Mag. (5) Bd. 3, S. 456. 1877.

6) N. STÜCKER, Wiener Ber. (2a) Bd. 116, S. 1231. 1907.

7) W. M. BOEHM, Phys. Rev. Bd. 31, S. 332. 1910.

8) E. RATZ, Ann. d. Phys. (4) Bd. 77, S. 195. 1925.

Eine Berechnung von BRILLOUIN bezieht sich auf die Wirkung des seitlich gelegenen Pfeifenmauls, wird daher besser bei der Besprechung der Seitenlöcher in Ziff. 86 behandelt.

Die angeführten Versuche ergeben zwar dasselbe Gesetz (Proportionalität mit dem Röhrenradius, Unabhängigkeit von der Wellenlänge), aber der Zahlenwert ist kleiner als der theoretische. Die Werte sind (teilweise schon von AUERBACH in WINKELMANNS Handb. d. Phys. Bd. II angegeben): für rechteckigen Querschnitt (Breite b, Dicke d): $\alpha = 0{,}187\,(b + d)$ nach WERTHEIM, für kreisförmigen Querschnitt (Radius R, Fläche F): $\alpha = 0{,}374\,\sqrt{F} = 0{,}66\,R$ auch nach WERTHEIM. Weiter ist für kreisförmigen Querschnitt nach BOSANQUET $\alpha = 0{,}635\,R$, wenn die Wellenlänge $\lambda = 12\,R$, dagegen $\alpha = 0{,}543\,R$, wenn $\lambda = 30\,R$ ist; nach BLAIKLEY ist $\alpha = 0{,}577\,R$, wenn λ zwischen $25\,R$ und $50\,R$ liegt (Töne von $c_1 = 253{,}6$ bis $c_2 = 507{,}2$ Schwing/sec bei $R = 1{,}04$ engl. Zoll $= 26{,}42$ mm); STÜCKER findet $\alpha = 0{,}583\,R$ unabhängig von der Wellenlänge, wenn λ von etwa $6\,R$ bis $200\,R$ wächst (Töne von $a_0 = 217$ Schwing/sec bis $b_3 = 1850$ Schwing/sec bei $R = 0{,}2$ cm bis $3{,}2$ cm). BOEHM findet $0{,}656\,R$ ohne und $0{,}871\,R$ mit Flansch.

Die Beobachtungen sind jedoch außer der letzten alle an Röhren ohne Mündungsflansch angestellt. Diese für die Theorie erforderliche feste Begrenzung des Außenraums wirkt nach Lord RAYLEIGH in dem Sinne, daß sie den Zahlenwert vergrößert, in Übereinstimmung mit den Versuchen. RAYLEIGH hat versucht, diesen Einfluß durch Zählung der Schwebungen zweier im übrigen genau gleichen Orgelpfeifen zu bestimmen, von denen die eine nach genauer Abstimmung einen Flansch erhielt. Er fand $0{,}2\,R$ als Betrag, um den der theoretische mit Flansch berechnete Wert zu verkleinern ist, wodurch er in der Tat den experiementell an Röhren ohne Flansch gefundenen gleich wird. RATZ gibt in der angeführten Arbeit auf S. 202 als Nebenergebnis den Wert $\alpha = 0{,}78\,R$ an, der in Anbetracht seiner sehr genauen objektiven Beobachtungsmethode Anspruch auf Beachtung machen kann. Doch liegen die Verhältnisse insofern anders, als diese Beobachtung sich auf das Maulende der Pfeife bezieht, das hier wie bei den Galtonpfeifen als ringförmige Lippe mit gegenüberstehendem ringförmigen Anblasespalt ausgestaltet ist. Möglicherweise bewirkt die Bewegung der Luft im Anblasestrahl eine Verschiebung des außenliegenden Bauches (und natürlich auch des ersten Innenbauches) gegenüber der Lage bei ruhender Außenluft, die in der Theorie angenommen wird, wodurch sich die Abweichung von den sonst beobachteten Werten erklären würde, die im allgemeinen kleiner sind. Vielleicht kann man auch annehmen, daß die der Öffnung gegenüberstehende Scheibe mit dem Kreisspalt ähnlich wirkt wie ein seitlicher Mündungsflansch, nämlich die Korrektion vergrößernd.

84. Nachgiebigkeit der Wände und des Mündungsdeckels. Die Theorie, mit der die Eigenfrequenzen (Resonanzfrequenzen) der Röhren [Gleichung (164) in Ziff. 80] berechnet sind, setzt absolut starre, geschlossene Röhrenwände voraus; anderenfalls ändern sich die Werte der Schwingungszahlen. Offenbar muß jede Nachgiebigkeit der Wände die Frequenzen verkleinern, die Eigentöne also vertiefen, denn sie stellt eine Verringerung des vorhandenen Zwanges dar, unter dem die Bewegung erfolgt. Jede Verkleinerung der die Bewegung regulierenden Kraft bewirkt aber eine Verlangsamung derselben. Versuche über die Wirkung der Wandnachgiebigkeit hat schon SAVART[1]) angestellt, indem er eine Seitenwand einer Orgelpfeife durch Pergamentpapier ersetzte. Außer Verschlechterung der Tonbildung ergab sich — wenigstens anfangs — eine Ver-

[1]) F. SAVART, Ann. chim. phys. Bd. 24, S. 56. 1823.

tiefung des Tones. Neuerdings ist dies Problem in den Versuchen von H. O. TAYLOR[1]) mitbehandelt worden, die zum Ziel hatten, die Schallabsorptionskoeffizienten verschiedener Stoffe zu messen. Dazu werden diese Stoffe als eine Wandfläche einer Pfeife mit rechteckigem Querschnitt gewählt und der Schwingungszustand im Innern bestimmt, insbesondere auch der Einfluß auf die Tonhöhe. Die untersuchten Stoffe waren Holz, Pappe, Papier, Filz usw. Alle diese Stoffe ergaben — abgesehen von anderen Veränderungen des Schwingungszustandes, wie vergrößerter Dämpfung infolge der Energieabgabe an und durch die Wand — eine Tonvertiefung in Übereinstimmung mit dem Vorhergesagten.

Es sei hier darauf hingewiesen, daß zur sicheren Unterscheidung der verschiedenen Einflüsse, welche die Tonhöhe der Resonanz- oder Eigentöne der Gassäule in einer Pfeife bestimmen, die genaue Kenntnis des Schwingungszustandes an allen Stellen in der Pfeife erforderlich ist. Systematische Experimentaluntersuchungen liegen dafür erst in geringer Zahl vor. Außer der eben genannten TAYLORschen Arbeit ist eine Untersuchung von BUCKEL[2]) über die Resonanz in Luftsäulen zu nennen, der in verschieden weiten Resonanzröhren der SEEBECK-QUINCKEschen Form (mit verschiebbarem Flüssigkeitsstempel zur Veränderung der Länge) die Lage und Form der Resonanzmaxima objektiv mit Mikrophon und Saitengalvanometer gemessen hat. Allerdings betrifft die Arbeit nur die Gesamtresonanz bei veränderlicher Länge und nicht den Zustand an verschiedenen Punkten bei gleichbleibender Pfeifenlänge. Dieser wichtigere Fall ist erst von STEINHAUSEN[3]) und dann von RATZ[4]) mittels des von R. KÖNIG zuerst angegebenen, von QUINCKE u. a. weiter benutzten Suchrohres, d. h. eines langen, engen, dünnwandigen, in das Pfeifenrohr eingeführten, am inneren Ende verschlossenen und mit feinem Suchloch in der Seitenwand versehenen Rohres, behandelt worden und zwar besonders für Röhren mit Seitenlöchern, wovon weiter unten noch die Rede sein wird. In gewissem Sinne gehören auch die Untersuchungen von FRIESE und WAETZMANN[5]) über die Temperaturverteilung in stehenden Schallwellen mittels des Widerstandsthermometers hierher. Die Wirkung eines nicht starren Endverschlusses (Mündungsdeckels) in Form eines Seifenhäutchens hat GEIGEL[6]) untersucht und dabei ebenfalls eine Tonvertiefung festgestellt. Untersuchungsmethoden mit optischen Interferenzapparaten haben u. a. RAPS[7]) und neuerdings BARUS[8]) angewandt.

85. Wirkung von Seitenlöchern. Eine besondere Rolle spielen seitliche Öffnungen in der Wand. Man könnte vermuten, daß sie als besonders nachgiebige Stellen der Wand allgemein tonvertiefend wirken müßten. Es zeigt sich aber — und die Theorie lehrt dies auch —, daß ihre Wirkung wesentlich von der Lage zu den Knoten und Bäuchen des betrachteten Eigentons (Resonanztons) der Röhre abhängt. Hierüber liegen die schon in Ziff. 84 angegebenen theoretischen und experimentellen Untersuchungen von STEINHAUSEN[3]) sowie von RATZ[4]) vor. STEINHAUSEN arbeitete hauptsächlich mit einem teilweise konischen Flötenrohr, RATZ mit einem genau zylindrischen Pfeifenrohr. Des letzteren Ergebnisse mit einer objektiven, elektrischen Methode sind folgende:

1. Ein Seitenloch beliebiger Weite an der Stelle eines Schwingungsbauches (d. h. Bauch der Verschiebung und Geschwindigkeit, also Knoten der Verdich-

[1]) H. O. TAYLOR, Phys. Rev. (2) Bd. 2, S. 270. 1913.
[2]) A. BUCKEL, Inaug.-Dissert. Erlangen 1915.
[3]) W. STEINHAUSEN, Ann. d. Phys. (4) Bd. 48, S. 693. 1915.
[4]) E. RATZ, Ann. d. Phys. (4) Bd. 77, S. 195. 1925; Inaug.-Dissert. Gießen 1924.
[5]) J. FRIESE u. E. WAETZMANN, ZS. f. Phys. Bd. 29, S. 110. 1924; Bd. 33, S. 131. 1925.
[6]) R. GEIGEL, Mitt. d. naturw. Ver. Aschaffenburg Bd. 6, S. 67. 1907.
[7]) A. RAPS, Wied. Ann. Bd. 36, S. 273. 1889; Bd. 50, S. 193. 1893.
[8]) C. BARUS, Proc. Nat. Acad. Sci. Amer. Bd. 7, S. 47 u. 207. 1921.

tung und Druckänderung) hat **keinen** merkbaren Einfluß auf die Lage der Knoten und Bäuche; die Wellenlänge und Tonhöhe bleibt also ungeändert. Die Amplitude der mit dem Suchrohr aufgenommenen Druckschwankungen bleibt zunächst dieselbe, oberhalb einer gewissen Lochgröße wächst sie.

2. Ein Seitenloch an der Stelle eines Schwingungsknotens der Verschiebung, d. h. eines Bauches der Verdichtung und der Druckänderung, bewirkt das Entstehen **zweier neuer Verdichtungsbäuche** zu beiden Seiten des Loches. Mit wachsendem Lochdurchmesser verschieben sich diese weiter von dem Loche weg nach den Pfeifenenden hin; in gleichem Sinne, aber weniger stark, verschieben sich auch die anderen Bäuche und Knoten der Schwingung, so daß allgemein eine **Verkürzung der Wellenlänge, d. h. Erhöhung des Tones**, herauskommt. Diese Tonerhöhung ist auch unmittelbar mit dem Ohre wahrnehmbar. Die Erscheinungen werden jedoch erst von einer gewissen Lochgröße an deutlich.

Die Amplitude nimmt zunächst ab, bis der Lochdurchmesser auf etwa $^1/_7$ des Pfeifendurchmessers gestiegen ist, dann nimmt sie wieder zu; in den rechts und links des Loches liegenden Abteilungen — bei den Versuchen mit einer gedackten Pfeife, war die eine also am Ende geschlossen (Raum 1), die andere offen (Raum 2) — sind diese Amplitudenänderungen verschieden groß. Abb. 30 nach Ratz zeigt die Amplitudenkurven der Verdichtung vor und nach Anbringung eines Seitenloches an der Stelle eines Verdichtungsbauches.

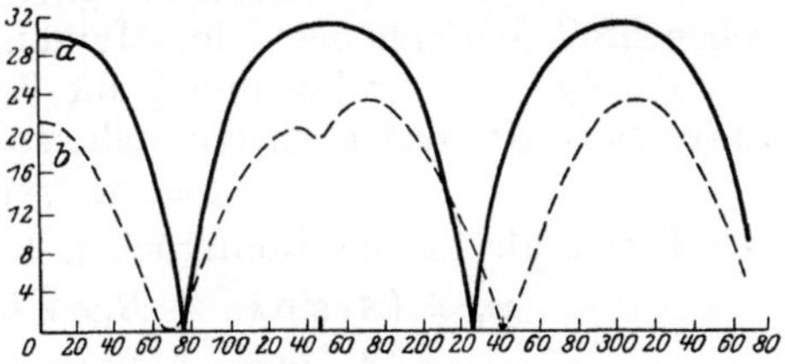

a vor } Anbringung eines Seitenloches.
b nach }

Abb. 30. Amplitudenkurve der Verdichtung in gedackter Pfeife mit Seitenloch bei der Abszisse 146 mm. Bildung zweier neuer Verdichtungsbauche beiderseits des Loches, Verschiebung der Knoten mit Verkürzung der Wellenlange. Geschlossenes Pfeifenende bei Abszisse *0*. Ordinaten: Relative Verdichtung. Abszissen: Lage der Prüfstelle auf der Rohrachse.

Die Beobachtungen erfolgten hier am 5. und 7. Teilton, und es war gleichgültig, welcher der Knoten eines Teiltons zur Anbringung des Seitenloches benutzt wurde. Die Verkleinerung der Viertelwellenlänge ging von $\lambda/4 = 75$ mm bis $\lambda/4 = 67{,}6$ mm, wenn der Durchmesser des Seitenloches von 0 bzw. 1 mm auf 7 mm stieg. Ein Loch von 1 mm Weite hatte noch keinen Einfluß. Die entsprechenden Erhöhungen der sekundlichen Frequenzen gehen von 1125 bis 1249 Schwing/sec.

3. Lage des Seitenloches an einer Zwischenstelle zwischen Knoten und Bauch gibt keine neuen Erscheinungen, sondern die in Fall 1 und 2 beschriebenen treten weniger ausgeprägt auf.

Die theoretische Erklärung hat Steinhausen mit den Helmholtzschen und Rayleighschen Rechnungsmethoden gegeben. Da in dem Artikel „Musikinstrumente und ihre Klänge“ Ziff. 50 (ds. Bd. Kap. 8) bereits die entsprechende Rechnung mitgeteilt ist, sollen hier nur die allgemeinen Gesichtspunkte angegeben werden.

Unter der Annahme, daß die Dimensionen des Seitenloches klein sind gegen die Wellenlänge, kann man den ganzen von Wellen erfüllten Luftraum in 4 Teile zerlegen, nämlich Raum 1 im Rohre von dem Querschnitt an der Stelle des Lochmittelpunktes, der zum Koordinatenanfang $x = o$ gewählt wird, bis zum geschlossenen Ende, Raum 2 ebenso von $x = o$ bis zum offenen Rohrende, Raum 3 der gesamte Außenraum außerhalb einer gewissen, um den Lochmittelpunkt $x = o$ geschlagenen Kugel, Raum 4 der Raum von der Innenseite des Loches bis zu dieser Kugel. In den beiden ersten Räumen herrscht ebene, in Raum 3 Kugelwellenbewegung, in Raum 4, dessen Dimensionen kleiner als die Wellenlänge sind, findet der Übergang zwischen beiden Arten statt und die Bewegung kann darin annähernd als Bewegung einer inkompressiblen Flüssigkeit betrachtet werden. Daher lassen sich auch die Gesetze der elektrischen Strömung mit den zugehörigen Begriffen des Widerstandes und seines reziproken Wertes, des Leitwertes (Leitfähigkeit), darauf übertragen.

Aus der Gestalt des Übergangsraumes läßt sieh sein „akustischer Widerstand" bzw. der „akustische Leitwert" ebenso wie die entsprechenden elektrischen Größen berechnen. Die Bedingung der Stetigkeit der Strömung durch die Grenzflächen der verschiedenen Räume hindurch ergibt Bedingungen für die Konstanten der Geschwindigkeitspotentiale, die ihrer Form nach in den getrennten Räumen 1, 2, 3 bekannt sind. Im Verein mit den an den Rohrenden geltenden Grenzbedingungen ermöglichen sie die Berechnung aller Größen, die zur Beschreibung des Bewegungszustandes im Pfeifenrohr nötig sind.

86. Formeln für die Eigenfrequenzen von Röhren (Pfeifen) mit Seitenlöchern. Bezeichnungen: Q Röhrenquerschnitt, l_1 Rohrlänge vom Loch ($x = o$) bis zum geschlossenen Ende, l_2 desgl. bis zum offenen Ende, ψ_1 und ψ_2 Geschwindigkeitspotentiale in diesen Räumen 1 und 2, ψ Geschwindigkeitspotential im Loch (Raum 4), $A_1, B_1, \beta_1, A_2, B_2, \beta_2$ Konstanten in den Potentialwerten ψ_1 und ψ_2, $\omega = 2\pi N$ Kreisfrequenz des betrachteten Eigentons, $k = \omega c^{-1} = 2\pi\lambda^{-1}$ Frequenzkonstante, λ Wellenlänge, c Schallgeschwindigkeit, a akustischer Leitwert (Durchlässigkeit) des Seitenloches[1]). Die Länge l_2 ist gegebenenfalls einschließlich der Mündungskorrektion zu rechnen.

Ist R der Lochradius und L die Wanddicke der Röhre, also die Länge des Luftkanals, der das Loch darstellt, so ist nach Lord RAYLEIGH[2])

$$a = 2\pi R^2 (2L + \pi R)^{-1}. \tag{166}$$

Die Potentiale in den Rohrstücken 1 und 2 sind

$$\psi_1 = (A_1 \sin kx + B_1 \cos kx) \cos\omega t + \beta_1 \cos kx \sin\omega t,$$
$$\psi_2 = (A_2 \sin kx + B_2 \cos kx) \cos\omega t + \beta_2 \cos kx \sin\omega t.$$

In diesen Ausdrücken ist nach HELMHOLTZs Vorgang durch passende Wahl des Zeitanfangspunktes bereits ein viertes Glied der Form $\mathfrak{A} \sin kx \cdot \sin\omega t$ des allgemeinsten Ausdrucks zum Wegfall gebracht.

Die Anwendung der in voriger Ziffer besprochenen Bedingungen ergibt hier

$$\beta_1 = \beta_2 = 0, \qquad A_1 = B_1 \operatorname{tg} k l_1, \qquad A_2 = B_2 \operatorname{ctg} k l_2,$$

wobei übrigens noch $B_1 = B_2$ ist; die Gleichung für die Eigenfrequenz wird

$$a = Qk(\operatorname{tg} k l_1 - \operatorname{ctg} k l_2), \tag{167}$$

wo für a der experimentell irgendwie bestimmte, oder aus Gleichung (166) berechnete Wert einzusetzen ist. Die Frequenzwerte k bzw. ω lassen sich nicht in einer einfachen Tabelle darstellen, da sie von beiden Längen l_1 und l_2 abhängen, daher für jedes Verhältnis $l_2 : l_1$ besonders berechnet werden müssen.

Ähnliche Gleichungen ergeben sich für Röhren mit zwei offenen oder zwei geschlossenen Enden, nur die trigonometrischen Funktionen sind andere. Experimentell hat STEINHAUSEN den Gang von k bzw. ω bei Verschiebung des Loches längs der Achse für ein beiderseits geschlossenes Rohr bestimmt und gefunden, daß das Loch in der Rohrmitte ein Maximum der Frequenz (Tonhöhe) gibt.

Für zwei und mehr Seitenlöcher ist die Rechnung grundsätzlich die gleiche, nur umständlicher; z. B. ergibt sich für zwei Löcher

$$\frac{a'}{kQ'} = \operatorname{tg} k l_1 - \frac{\operatorname{ctg} k l_3 + \dfrac{a''}{kQ''} - \operatorname{tg} k l_2}{\operatorname{tg} k l_2 \left(\operatorname{ctg} k l_3 + \dfrac{a''}{kQ''}\right) + 1} \tag{168}$$

[1]) Die Bezeichnungen c und a sind hier gerade umgekehrt wie bei STEINHAUSEN.

[2]) Lord RAYLEIGH, Phil. Mag. (5) Bd. 3, S. 456. 1877; Scient. Pap. Bd. 1, S. 54. 1899.

Bei $+ l_1$ liegt das geschlossene, bei $-(l_2 + l_3)$ das offene Rohrende, bei $x = o$ das erste Loch (Rohrquerschnitt Q', Lochdurchlässigkeit a'), bei $x = -l_2$ das zweite Loch (Rohrquerschnitt Q'', Lochdurchlässigkeit a'').

Ist die Entfernung zwischen den Löchern ein ganzes Vielfaches einer Wellenlänge, $l_2 = i\lambda$, mit $i = 0, 1, 2 \ldots$, so vereinfacht sich Gleichung (168) zu

$$\frac{a'}{kQ'} + \frac{a''}{kQ''} = \operatorname{tg} k l_1 - \operatorname{ctg} k l_3, \tag{169}$$

erhält also die Form der Gleichung (167) für ein einziges Seitenloch, jedoch mit anderem Werte auf der linken Seite. Nach STEINHAUSEN sind diese Ergebnisse in guter Übereinstimmung mit dem experimentellen Befund von R. GERHARD[1]).

In ganz anderer Weise hat BRILLOUIN[2]) versucht, dem Problem beizukommen, indem er die Wirkung des seitlichen Mundloches oder Maules der Lippenpfeifen in der Form eines zweidimensionalen Vorganges behandelt hat. Der rechteckige Querschnitt der Pfeife wird dabei in einer Dimension unendlich ausgedehnt, indem die senkrecht zu der Maulöffnung stehenden Seitenwände in unendliche Entfernung rücken. Die Maulöffnung selbst wird dabei zu einem unendlich ausgedehnten Spalt.

Man wird anzunehmen geneigt sein, daß eine weite Maulöffnung annähernd wie eine Öffnung in der Achse der Pfeife, also wie ein offenes Ende, im gewöhnlichen Sinne wirkt; dann müßte annähernd in der Endfläche der Pfeife ein Bauch der Bewegung, d. h. ein Knoten der Verdichtung liegen. Je kleiner die Maulöffnung im Verhältnis zur Weite der Pfeife ist, desto mehr wird man dieser den Charakter einer am Ende geschlossenen Pfeife beilegen, d. h. man wird annehmen, daß an diesem Ende ein Knoten der Bewegung, also ein Verdichtungsbauch liegt. Die BRILLOUINsche Rechnung scheint dies zu bestätigen. Ist die Maulweite — hier also Spaltbreite h — mindestens $^1/_5$ der Pfeifenweite b, so ist die Korrektion klein; die Pfeife wirkt wie eine an diesem Ende offene. Bei einer Maulweite von nur $^1/_{10}$ oder weniger der Pfeifenweite soll sie sich nach BRILLOUIN mehr und mehr wie eine gedackte Pfeife verhalten, für die höheren Teiltöne mit kürzeren Wellenlängen in stärkerem Maße, so daß die Reihe der Teiltöne unharmonisch wird.

Das Ergebnis steht aber mit den Versuchen von STEINHAUSEN etwas in Widerspruch. Denn diese zeigen, daß an dem dicht bei dem geschlossenen Ende der Flöte liegenden Mundloch, an dem dieselbe angeblasen wird, nur eine geringe Verdichtung, also nahezu ein Knoten derselben vorhanden ist, und besonders, daß in dem ganzen kurzen Raum bis zum geschlossenen Ende, der sog. Kammer, fast genau derselbe Druck — mit verschwindend kleinem Anstieg bis zum Endverschluß — herrscht. Es kann da also nicht von einem Verdichtungsbauch am Ende die Rede sein, obwohl der Durchmesser des Mundloches klein gegen den Rohrdurchmesser ist. Diese Verhältnisse verlangen also noch genauere Aufklärung.

γ) Zylindrische Pfeifen mit veränderlichem Querschnitt.

87. Pfeifen mit schwach veränderlichem Querschnitt. Pfeifen der angegebenen Art können mit einer gewissen Berechtigung noch als zylindrische bezeichnet und behandelt werden. Ihre Eigenfrequenzen weichen nur wenig von denen genau zylindrischer ab. Lord RAYLEIGH[3]) hat diese veränderten Frequenzen ähnlich wie die von Saiten mit veränderlicher Dichte berechnet.

---

[1]) R. GERHARDT, Wied. Ann. N. F. Bd. 28, S. 281. 1886.
[2]) M. BRILLOUIN, Journ. de phys. (4) Bd. 5, S. 569. 1906.
[3]) Lord RAYLEIGH, Theory of Sound Bd. II, § 265, S. 66.

Bezeichnungen: l Rohrlänge, x Abszisse längs der Rohrachse gemessen, Q_0 Querschnitt an der Abszisse $x = x_0$, $Q = Q_0 + \Delta Q$ variabler von x abhängiger Querschnitt, c Schallgeschwindigkeit.

1. Beiderseits geschlossene Pfeife. RAYLEIGH[1]) gibt für das Quadrat der Kreisfrequenz ω die allgemeine Formel

$$\omega^2 = \frac{c^2\pi^2}{l^2}\int\limits_0^l \cos^2\frac{\pi x}{l}\frac{dx}{Q} : \int\limits_0^l \sin^2\frac{\pi x}{l}\frac{dx}{Q}. \tag{170}$$

Mit Benutzung der Bezeichnungen $Q = Q_0 + \Delta Q$ und Vernachlässigung der quadratischen und höheren Potenzen von ΔQ wird dies

$$\omega^2 = \frac{c^2\pi^2}{l^2}\left[1 - \frac{2}{l}\int\limits_0^l \frac{\Delta Q}{Q_0}\cos\frac{2\pi x}{l}\,dx\right] = \frac{c^2\pi^2}{l^2}\left[1 - \frac{2\Delta l}{l}\right]. \tag{171}$$

ω selbst folgt daraus also, da das zweite Klammerglied $\ll 1$ ist, indem man vor der Klammer die Potenzexponenten 2 und in der Klammer den Faktor 2 vor dem Integral wegläßt.

Man kann die Frage auch so stellen: Welches ist die von der Querschnittsveränderlichkeit verursachte Korrektion Δl, die man zu der Länge l hinzufügen muß, um mit der so korrigierten Länge $l + \Delta l$ nach der elementaren Gleichung (24) von Ziff. 14 die Frequenz zu berechnen. Eine einfache Rechnung zeigt, daß Δl gleich dem Integral in Gleichung (171) ist, was in jener Gleichung bereits zum Ausdruck gebracht ist.

2. Beiderseits offene Pfeife. Die Formeln bleiben dieselben, nur hat Δl negatives Vorzeichen, so daß sich in den Klammern von Gleichung (171) positives Zeichen ergibt.

Diese Gleichungen, die für den Grundton gelten, sind ohne weiteres auf den k^{ten} Teilton zu übertragen, indem man $\cos 2k\pi x/l$ statt $\cos 2\pi x/l$ setzt.

Eine Querschnittsänderung hat offenbar die größte Wirkung, wenn sie am Orte eines Knotens oder Bauches vorhanden ist. In allen Fällen gilt, wie aus den Gleichungen (170) und (171) folgt:

Eine Erweiterung des Rohres (positives ΔQ) am Orte eines Knotens der Verschiebung und Geschwindigkeit (Bauch der Verdichtung und Druckänderung) bewirkt Verkleinerung der Frequenz (Tonvertiefung), Erweiterung am Orte eines Bauches der Verschiebung und Geschwindigkeit (Knoten der Verdichtung und Druckänderung) bewirkt Vergrößerung der Frequenz (Tonerhöhung).

Dies gilt auch für den dritten, hier nicht besonders aufgeführten Fall, der am einen Ende offenen, am anderen geschlossenen Pfeife. Schwach konische Form ändert die Tonhöhe nur unwesentlich, da sich die Querschnittvergrößerungen an den Knoten und Bäuchen gegenseitig zum größten Teil aufheben; dagegen haben geschweifte (ausgebauchte oder eingezogene) Formen größeren Einfluß.

In nahem Zusammenhang mit diesen Problemen steht das unter anderen von Lord RAYLEIGH[2]) behandelte Problem der Schallfortpflanzung in engen Röhren mit veränderlichem Querschnitt, worauf hier nur hingewiesen werden kann.

---

[1]) Lord RAYLEIGH, Theory of Sound Bd. II, § 265, S. 66.

[2]) Lord RAYLEIGH, Phil. Mag. (6) Bd. 31, S. 89. 1916.

88. Pfeifen mit unstetigen Querschnittsänderungen. Das Problem der aus mehreren Stücken mit verschiedenem Querschnitt zusammengesetzten Pfeife – denn so kann man eine Pfeife charakterisieren, deren Querschnitt unstetige Änderungen aufweist — ist praktisch wichtig, da in der „Rohrflöte" der Orgel eine derartige Pfeife benutzt wird[1]). Auch bei den von G. W. STEWART[2]) u. a. gebauten akustischen Wellenfiltern werden solche zusammengesetzte Röhren benutzt, und zwar als Resonanzsysteme zum Aussieben von Schwingungen aus einem gegebenen Klange.

Eine solche Röhre kann als ein aus mehreren Teilsystemen — den einzelnen Rohrstrecken mit konstantem Querschnitt — zusammengesetztes gekoppeltes System angesehen und die Theorie derselben darauf angewendet werden. Das Problem ist übrigens auf anderem Wege schon vor längerer Zeit behandelt worden, allerdings für die Longitudinalschwingungen fester Stäbe, und zwar theoretisch von OBERMANN[3]), experimentell von STEFAN[4]). Deren Ergebnisse lassen sich ohne weiteres hier anwenden.

Für Gase (Luft) ist, abgesehen von der schon angeführten GERHARDTschen Arbeit, insbesondere eine ausführliche Experimentaluntersuchung von CERMAK[5]) zu nennen. Es werden darin hauptsächlich zylindrische Röhren behandelt, die aus zwei Stücken verschiedener Weite bestehen, und zwar sowohl an beiden Enden offene, als auch an einem (dem engeren oder dem weiteren) Ende geschlossene Röhren. Die Eigentonhöhe bei verschiedenem Längen- und Weitenverhältnis der beiden Teilstücke wird bestimmt und durch empirische Formeln mit großer Genauigkeit dargestellt. In gleicher Weise werden aus drei und mehr Stücken zusammengesetzte Röhren untersucht.

Die Änderung der Eigentonhöhe, die man beobachtet, wenn man bei gleichbleibender Gesamtlänge $L = L_e + L_w$ die Länge L_e des engeren Stückes, vom einen Ende angefangen, zunehmen läßt, hat folgenden Gang.

a) Bei beiderseits offenen Pfeifen: Mit wachsendem L_e zunehmende Tonvertiefung bis $L = L/4$, dann wieder Abnahme derselben bis zum Ausgangston der Pfeife mit konstantem Querschnitt bei $L_e = L/2$; darauf entsprechende zunehmende Tonerhöhung bis zu $L_e = 3\,L/4$, und wieder Abnahme bis zum Ausgangston, der erreicht wird, wenn $L_e = L$ ist, d. h. wenn die ganze Pfeife den kleineren Querschnitt hat[6]). Bei der Berechnung der Längen muß – genau genommen – jedesmal die von WERTHEIM eingeführte HELMHOLTZ-RAYLEIGHsche Mündungskorrektion mit berücksichtigt werden.

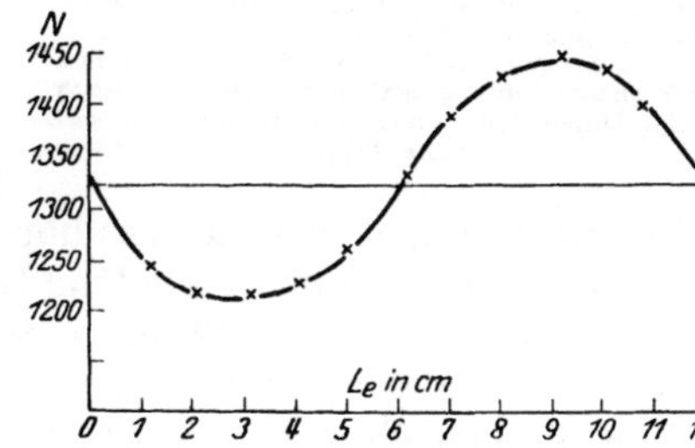

Abb. 31. Änderung des Eigentones einer beiderseits offenen Pfeife bei allmahlichem Vorrucken des engeren Teiles L_e von links nach rechts.

Die jeweilige Tonhöhe erhält man aus Abb. 31. Abszisse ist die Länge L_e des engeren Rohrteils, Ordinate die Tonhöhe bzw. Schwingungszahl. Der Verlauf der Erscheinung wird qualitativ genau durch die Gleichung (171) in voriger

[1]) R. GERHARDT, Wied. Ann., N. F. Bd. 28, S. 281. 1886.

[2]) G. W. STEWART, Phys. Rev. (2) Bd. 20, S. 528. 1922; Bd. 22, S. 502. 1923; Bd. 23, S. 520. 1924; Bd. 25, S. 90, 117, 252. 1925; H. B. PEACOCK, ebenda Bd. 23, S. 525. 1924; A. G. WEBSTER, ebenda Bd. 25, S. 90. 1925· E. T. PARIS, Phil. Mag. (6) Bd. 48, S. 769. 1924; Nature Bd. 114, S. 465. 1924; J. A. ALDIS, Nature Bd. 114, S. 309. 1924; W. E. BENTON, Nature Bd. 114, S. 573 u. 787. 1924.

[3]) J. OBERMANN, Arch. f. Math. u. Phys. Bd. 55, S. 22. 1873.

[4]) J. STEFAN, Wiener Ber. (2a) Bd. 55, S. 597. 1867.

[5]) P. CERMAK, Ann. d. Phys. (4) Bd. 53, S. 49. 1917.

[6]) Die maximalen Tonänderungen fand CERMAK übrigens nicht genau an den Stellen $L/4$ und $3\,L/4$, ebenso die Nulländerung nicht genau bei $L/2$.

Ziffer[1]) dargestellt, wenn man darin auf der Strecke L_e $\Delta Q = 0$ setzt, auf dem übrigen Teil $L - L_e$ dagegen ΔQ gleich einer positiven Konstante, oder — was auf dasselbe hinauskommt — von dem weiteren Querschnitt ausgehend auf der Strecke L_e ΔQ gleich einer negativen Konstanten, auf dem Rest der Strecke $L - L_e$ aber ΔQ gleich Null setzt. Die Röhre gibt nur immer einen einzigen Eigenton, gleichgültig, ob man sie am engen oder weiten Ende anbläst.

b) Einerseits offene, andererseits geschlossene Pfeife. Hier macht es einen Unterschied, ob das weitere oder das engere Ende geschlossen ist. Gegenüber dem Ton N_0 einer gleichlangen Röhre konstanten Querschnitts erhält man eine Tonvertiefung (Ton N_t), wenn das angeblasene offene Ende das engere, dagegen eine Tonerhöhung (Ton N_h), wenn das offene Ende das weitere ist.

Läßt man nun die Querschnittsverkleinerung (Einschnürung) der Länge L_e, vom offenen Ende anfangend, sich immer weiter über die Röhre erstrecken, bis schließlich $L_e = L$ wird, so erhält man von $L_e = 0$ bis $L_e = L/2$ Sinken der Tonhöhe, dann wieder Steigen bis zum Ausgangston, der erreicht wird, wenn $L_e = L$ ist. Geht man ebenso vom geschlossenen (gedackten) Ende aus und läßt L_e von 0 bis L wachsen, so erhält man entsprechend Tonerhöhung bis zum Maximum bei $L/2$ und wieder Abnahme derselben bis zum Ausgangston bei L. Dies wird durch Abb. 32 veranschaulicht, in der die Abszissen von links nach rechts hin wachsend L_e, die Ordinaten die zugehörigen Tonhöhen N_h (nach oben) und N_t (nach unten) darstellen.

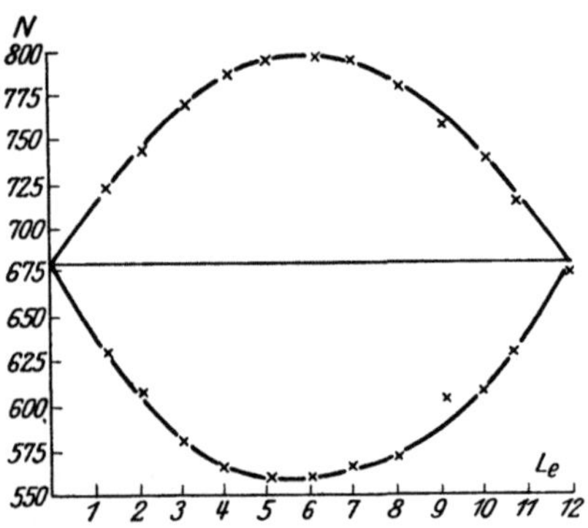

Abb. 32. Änderung des Eigentones einer gedeckten (einseitig offenen) Pfeife bei allmählichem Vorrücken des engeren Teiles L_e von links nach rechts. Obere Kurve mit Tonerhöhung: offenes Ende rechts. Untere Kurve mit Tonvertiefung: offenes Ende links.

Auch hierfür würden sich nach den RAYLEIGHschen Methoden Formeln aufstellen lassen, die für schwache Querschnittsänderungen quantitativ gelten, aber den Verlauf der Tonänderung qualitativ auch für größere Änderungen richtig angeben. Die Differenz zwischen dem tieferen und höheren Ton N_t und N_h kann übrigens sehr erheblich sein; in einem Falle fand CERMAK mehr als zwei Oktaven Unterschied.

Für die höheren Teiltöne gelten ähnliche Beziehungen, doch sind diese Töne zum Teil sehr schwer oder gar nicht zu erzeugen. Weitere Einzelheiten sind in der angeführten Arbeit selbst nachzusehen.

89. Pfeifen mit Verengungen. Eine besondere Rolle bei der Tonerzeugung in Röhren spielen Verengungen, die durch in den lichten Raum derselben eingesetzte Körper, z. B. freihängende Scheiben, oder von der Röhrenwand ausgehende Rippen gebildet werden. Auch diese Fälle hat CERMAK[2]) behandelt. Ihre Besprechung gehört eigentlich erst in den Abschnitt über die Tonerzeugung in Pfeifen. Doch möge hier eine kurze Darstellung gegeben werden.

Zuerst hat BURSTYN[3]) beobachtet, daß Metallschläuche, wie solche als Vakuumpumpenverbindungen benutzt werden, d. h. dünnwandige Metallrohre, in die ziemlich tiefe, scharfrandige kreisförmige Rippen eingepreßt sind, bei stärkerem Durchblasen oder Durchsaugen von Luft Töne geben. Tiefe Töne

[1]) Jedoch mit $+$-Zeichen vor dem Integral, da es sich um eine beiderseits offene Pfeife handelt.

[2]) P. CERMAK, Phys. ZS. Bd. 23, S. 394. 1922; Bd. 25, S. 121. 1924.

[3]) W. BURSTYN, ZS. f. techn. Phys. Bd. 3, S. 179. 1922.

sind dabei schwer, höhere Teiltöne leicht zu erhalten. Er glaubte, daß die eingedrückten Rippen wie zahlreiche Lippen wirken. Diese Ansicht wird durch die Versuche von CERMAK gestützt. Die Einzelheiten können hier nicht besprochen werden. Die wesentlichen Ergebnisse der CERMAKschen Untersuchungen sind:

1. Nur Schläuche mit tiefen, möglichst scharfkantigen Rippen geben Töne.

2. Die Töne sind harmonische Obertöne eines Grundtones, der bei engen Schläuchen selbst nicht zu erzeugen ist, ebenso wie meist auch die tieferen Obertöne. Gewöhnlich ist erst der dritte Teilton erregbar.

3. Der Grundton hängt von den Schlauchdimensionen ab, ist aber wesentlich tiefer, als der aus der Länge des Schlauches nach der gewöhnlichen Pfeifenformel berechnete Resonanzton; die für die Berechnung maßgebende Luftsäule hat also, vielleicht infolge der durch die Rippen geschaffenen Einbuchtungen, eine größere Länge.

4. Die Ordnung des erregten Teiltones hängt von der Strömungsgeschwindigkeit der Luft ab und nimmt mit dieser selbst zu. Zu jedem Teilton gehört eine bestimmte Geschwindigkeit, bei der er besonders rein klingt. Oberhalb und unterhalb derselben erhöht bzw. vertieft sich der Teilton etwas; dann tritt bei stärkerer Änderung der Geschwindigkeit der benachbarte Teilton mit auf, und schließlich erfolgt völliges Umschlagen in diesen neuen Teilton, also die von gewöhnlichen Pfeifen her bekannten Erscheinungen des Ziehens und „Umschlagens" bei veränderter Windstärke.

5. Die Schwingungszahl des erregten Teiltones läßt sich ziemlich genau aus der Zahl der Stöße berechnen, welche die durchströmende Luft an den Rippen in der Zeiteinheit erfährt.

Ganz ähnliche und noch weitergehende Ergebnisse findet CERMAK an glatten Rohren, in die eine oder mehrere das Innere ausfüllende Scheiben mit einem Loch (Lochscheiben) eingesetzt werden. Auch hier Teiltöne als harmonische Obertöne eines Grundtones, die durch die Rohrdimensionen gegeben sind. Erregung je eines Teiltons in einem gewissen Geschwindigkeitsbereich des Luftstroms. Besonders gut wird ein Teilton erregt, wenn die Lochscheibe sich an einer Stelle befindet, wo ein Bauch der Verschiebung und Geschwindigkeit dieses Tones liegt; dagegen fällt er aus, wenn sie an einem Knoten liegt. Die Erzeugung der Töne selbst erfolgt an den Rändern der Lochscheiben und hängt mit der Ablösung und dem Fortschreiten der dort entstehenden Wirbel zusammen.

δ) Konische Pfeifen.

90. Konische Pfeifen im engeren Sinne. Differentialgleichung. Für konische, d. h. von Kegelwänden begrenzte Gassäulen lassen sich Lösungen der allgemeinen dreidimensionalen Differentialgleichung (160) (Ziff. 79) finden, wenn man noch zu diesen Wänden zwei geeignet zu wählende — evtl. nur gedachte — Begrenzungsflächen hinzunimmt, die den Kegel nach der Spitze und nach dem weiteren Ende zu abschließen, und wenn man an diesen Flächen einen geeigneten Bewegungszustand annimmt. Als solche Abschlußflächen eignen sich in erster Linie Kugelflächen. Man erhält damit die bekannte Form der Schalltrichter und Sprachrohre (Megaphone), sowie der Pfeifen bei gewissen Registern der Orgel. Auch manche Orchesterblasinstrumente haben konische Form. Bei den meisten von ihnen, die sich nach außen erweitern, ist allerdings die Leitlinie der Wand nicht gerade, sondern gekrümmt, in erster Annäherung vielleicht als Hyperbel anzusehen. Auch für solche Formen lassen sich unter gewissen einschränkenden Bedingungen Näherungslösungen finden. Weiteres darüber im Artikel 48 „Musikinstrumente und ihre Klänge" Ziff. 48 ff. (ds. Bd. Kap. 8). Hier sei nur das physikalisch Wichtige kurz hervorgehoben.

Wie bei zylindrischen Röhren wird angenommen, daß keine Wandreibung vorhanden ist, daß also jede Bewegung parallel der Wand möglich ist. Nur die Bewegungskomponente senkrecht dazu muß an jeder Wand Null sein. Dann erhält man eine mögliche Lösung der allgemeinen Differentialgleichung durch die Annahme, daß die Luftschichten nur radiale Bewegung haben, d. h. in der Richtung von der Kegelspitze fort oder zu ihr hin, also eine um den Mittelpunkt der zugehörigen Kugel symmetrische Bewegung. Es ergeben sich sphärische oder Kugelwellen, mit Kugeln als Wellenflächen. Die festen oder gedachten Abschlußflächen der Kegelrohre müssen also konzentrische Kugelflächen sein.

Durch Einführung von Kugelkoordinaten r, ϑ, φ wird das $\Delta\Psi$ der Gleichung (160) umgeformt und nimmt schließlich, bei Annahme voller Symmetrie um den Mittelpunkt, also Unabhängigkeit von ϑ und φ, die Form an

$$\Delta\Psi = \frac{1}{r}\,\frac{\partial^2(r\Psi)}{\partial r^2}, \tag{172}$$

wodurch die Differentialgleichung (160) übergeht in

$$\frac{\partial^2(r\Psi)}{\partial t^2} = c^2\,\frac{\partial^2(r\Psi)}{\partial r^2}. \tag{173}$$

Damit ist das Problem auf das eindimensionale zurückgeführt, und alle für diese abgeleiteten Ergebnisse sind auch hier mit den nötigen Änderungen anwendbar. Es gibt fortschreitende und stehende Wellen, Eigenschwingungen in Kugelschichten, die durch konzentrische Kugelflächen begrenzt werden, und ebenso in konischen Gassäulen, die aus einer solchen kugeligen Gasmasse durch radiale Wände (Kegelflächen) herausgeschnitten werden. Der einzige wesentliche Unterschied besteht darin, daß hier das Geschwindigkeitspotential und damit auch die Amplitude der Bewegung mit wachsender Entfernung r vom Mittelpunkt der Kugel (Scheitel des Kegels) abnimmt. Dadurch werden auch die Rechnungen etwas umständlicher; manche Schlußergebnisse werden aber davon nicht berührt, so insbesondere gewisse Sätze über die Reihe der möglichen Eigentöne.

Bei stehenden Schwingungen erhält man die Eigenfunktionen $(r\Psi)^*$, indem man auch wieder die abhängige Variable $r\Psi$ in das Produkt der Zeitfunktion (Normalkoordinate) $\sin(\omega t + \Theta)$ und der Raumfunktion (Eigenfunktion) $(r\Psi)^*$ zerlegt, in der allgemeinen Form

$$(r\Psi)_h^* = A_h \sin\frac{\omega_h r}{c} + B_h \cos\frac{\omega_h r}{c}. \tag{174}$$

Hieraus lassen sich alle anderen Größen, wie Verschiebung, Geschwindigkeit, Verdichtung, Überdruck usw. ableiten. Für die Verdichtung σ gilt übrigens dieselbe Differentialgleichung, wie für das Geschwindigkeitspotential, man kann sie daher unmittelbar berechnen in der Form

$$(r\sigma)_h^* = C_h \sin\frac{\omega_h r}{c} + D_h \cos\frac{\omega_h r}{c}. \tag{175}$$

Je nach der Lage der zu den Kegelwänden noch hinzugefügten oder hinzugedachten kugelförmigen Begrenzungsflächen kann man unterscheiden:

Vollkegel mit offener oder geschlossener Spitze und offener oder geschlossener Basis (im ganzen 4 Fälle),

Kegelstumpf mit offener oder geschlossener enger, und offener oder geschlossener weiter Öffnung (ebenfalls 4 Fälle). Natürlich kann auch der Vollkegel als Sonderfall des Kegelstumpfes behandelt werden, bei dem der Abstand r_1 der kleineren Abschlußfläche 0 wird.

Die Durchrechnung dieser Fälle bezüglich Schwingungszahlen und Lage der Knoten und Bauchflächen ist in Sonderwerken nachzusehen[1]).

Für Zwecke der Schallerzeugung kommt wesentlich der beiderseits offene Kegelstumpf bzw. Vollkegel in Betracht. Nimmt man als Grenzbedingung, wie bei der zylindrischen Pfeife, die annähernd zutreffende Bedingung, daß die Verdichtung in den hinzugedachten kugelförmigen Abschlußflächen Null sein soll, so findet man als Bestimmungsgleichung der Frequenz

$$\operatorname{tg}\frac{\omega r_1}{c} = \operatorname{tg}\frac{\omega r_2}{c} \qquad (176)$$

wenn r_1 und r_2 die Entfernungen der Abschlußflächen vom Scheitel des Kegels sind, also dieselbe Lösung wie für die beiderseits offene zylindrische Pfeife

$$\omega_h = h\pi c\,(r_2 - r_1)^{-1}, \qquad (177)$$

da $r_2 - r_1$ die Länge der konischen Pfeife ist. Eine beiderseits offene konische Pfeife hat somit dieselbe vollständige harmonische Teiltonreihe wie die gleich lange offene zylindrische Pfeife (vgl. Ziff. 80).

Das Ergebnis bleibt auch bestehen, wenn $r_1 = 0$ wird, d. h. für einen Vollkegel mit offener Basis und (verschwindend kleinem) Loch an der Spitze. Auch die Lage der Knotenflächen für die Verdichtung ergibt sich sehr einfach.

91. Konische Pfeifen. Erweiterung der Theorie und Versuche. Die mit der mittelpunktsymmetrischen Lösung der Differentialgleichung (160) von Ziff. 79 für konische Röhren gefundenen Ergebnisse erweisen sich bei experimenteller Prüfung zwar als richtig, sie genügen aber nicht zur Erklärung aller Erscheinungen, insbesondere nicht zur Erklärung der Tatsache, daß solche Rohre als Hör- oder Lautsprechertrichter nicht bloß die von dieser Lösung geforderten Töne verstärken. Eine Erweiterung der Theorie ist also nötig. Diese ist neuerdings von verschiedenen Seiten versucht worden. Da diese Frage aber über den Rahmen unseres Gegenstandes hinausgeht, sei nur auf einige Arbeiten hingewiesen. Es haben sich unter andern damit beschäftigt: Hoersch[2]), Stewart[3]), Foley[4]), Hanna und Slepian[5]), Webster[6]). Die Theorie betrachtet dabei auch nichtradiale Bewegungen der Luftteilchen und benutzt zur Beschreibung der Bewegung Kugelfunktionen. Die Versuche, die hauptsächlich zur Aufklärung der praktisch wichtigen Eigenschaften von Lautsprecher- und Hörrohrtrichtern gemacht sind, erstrecken sich auch auf nicht streng konische Rohre, beispielsweise Rohre mit gekrümmten Wänden. Die Grundlagen für die Rechnungen findet man z. B. in Rayleighs Theory of Sound Bd. II § 331.

f) Tonerregung in Flüssigkeits- und Gassäulen.

α) Allgemeines.

92. Einteilung. Nichtresonanztöne, Resonanz- und Koppelungstöne. Im vorigen Abschnitt e) sind die möglichen Eigenschwingungen (Resonanzschwingungen) verschieden geformter Gas- und Flüssigkeitssäulen behandelt worden, ohne Rücksicht auf ihre Erregung. Die Frage der Erzeugung von Schwingungen in

---

[1]) Vgl. z. B. Enzykl. d. math. Wiss. Bd. IV 2 II, Abschn. C, Art. 26, oder A. Kalähne, Math.-physik. Akustik Bd. II, Ziff. 40—42; E. H. Barton, Phil. Mag. (6) Bd. 15, S. 69. 1908.

[2]) V. A. Hoersch, Phys. Rev. (2) Bd. 21, S. 706. 1923; Bd. 25, S. 218 u. 225. 1925.

[3]) G. W. Stewart, Phys. Rev. (2) Bd. 16, S. 313. 1920; Bd. 25, S. 230. 1925.

[4]) A. L. Foley, Phys. Rev. (2) Bd. 20, S. 505. 1922.

[5]) C. R. Hanna u. J. Slepian, Journ. Amer. Inst. Electr. Eng. Bd. 43, S. 250. 1924.

[6]) A. G. Webster, Proc. Nat. Acad. Amer. Bd. 5, S. 275. 1919.

Gasen und Flüssigkeiten überhaupt, also auch von Nichtresonanztönen, erfordert besondere Untersuchungen. Diese sind teils an Musikinstrumenten (Orgelpfeifen, Flöte und anderen Blasinstrumenten, Pfeifen besonderer Form, wie z. B. der Galtonpfeife für hohe Töne usw.) ausgeführt worden, teils an Vorrichtungen ohne resonierende Gassäulen (Zungen, Schneiden, Spalte usw.), deren Bedeutung für die Tonerzeugung im Laufe der Zeit immer mehr hervorgetreten ist. Es hat sich gezeigt, daß der durch diese Vorrichtungen besonders geformte Luftstrom zusammen mit der Gassäule der Pfeife ein gekoppeltes Schwingungssystem ist, für dessen Wirkungsweise die Gesetze der gekoppelten Systeme gelten. Erst durch Erkenntnis dieser Tatsache konnten viele sonst dunkel gebliebene Erscheinungen, wie das sog. „Ziehen", das „Abreißen" und „Umschlagen" der Töne bei stärkerer oder schwächerer Erregung (Winddruck), gegebenenfalls wirkliches oder scheinbares Nebeneinandertönen zweier verschiedener Töne, erklärt werden.

Es handelt sich also, kurz gesagt, um folgende Aufgaben:

1. Untersuchung der Erzeugung von Tönen in Gasen ohne Mitwirkung resonierender Gassäulen (Nichtresonanztöne),

2. Untersuchung der Wirkung, welche die Zufügung resonierender Gassäulen auf so erzeugte Töne ausübt (Resonanz und Koppelung),

3. darauf fußende Untersuchung der Wirkungsweise einzelner Blasinstrumente als fest gegebener Koppelungssysteme unter verschiedenen Bedingungen (Veränderung der Dimensionen und Lage einzelner Teile, Winddruck usw.).

β) Schneidentöne und Spalttöne.

93. Zusammenhang mit den Grenzschichtwirbeln. Periodische Bewegungen in Gasen und Flüssigkeiten können entweder direkt mit Dichteänderungen verbundene Schwingungen sein, — etwa durch schwingende Körper erzwungen — oder es können periodisch einsetzende Dreh- oder Wirbelbewegungen sein, die z. B. bei Strömungsbewegungen an den Rändern von Hindernissen oder begrenzenden Kanälen entstehen. Solche periodische Wirbelbildung und Ablösung ist von PRANDTL[1]) zuerst experimentell genauer studiert, theoretisch besonders von KARMAN[1]) behandelt worden. Zur Erklärung der Tonerzeugung ist sie zuerst von F. KRÜGER[1]) mit Erfolg herangezogen worden, nachdem verschiedene sonstige Theorien von anderen Forschern versucht worden waren.

Die Wirbel bilden sich stets an der Grenze zwischen zwei Flüssigkeits- oder Gasschichten verschiedener Geschwindigkeit aus, also an Gas- oder Flüssigkeitsströmen, z. B. Gaslamellen, die aus Spalten oder Düsen austreten. Ebenso da, wo durch feste Hindernisse (Schneiden, Lippen, Drähte) in einer sonst gleichmäßig strömenden Gas- oder Flüssigkeitsmenge Gebiete verschiedener Geschwindigkeit gebildet werden. Natürlich können beide Ursachen auch vereint vorkommen. Man kann jedenfalls alle in Betracht kommenden Wirbelbildungen auf die beiden Klassen der Spalt- und Schneidenwirbel zurückführen, die auch kombiniert auftreten können. Ihnen entsprechen die beiden Klassen der Spalt- und Schneidentöne; denn die noch besonders aufgeführten Hiebtöne, die entstehen, wenn ein Stab oder Draht schnell die Luft (oder eine Flüssigkeit) durchschneidet, sind nur die Umkehrung der Schneidentöne, indem dabei die Luft ruht und die Schneide bewegt wird.

94. Empirische Gesetze für Schneidentöne. Pendeln und Wirbeln der Luftlamelle. Schon vor Aufstellung der akustischen Wirbelablösungstheorie sind die Schneiden- und die Spalttöne als typische Repräsentanten dieser Arten

[1]) Siehe Anm. zu Ziff. 95.

von Tönen erkannt und untersucht worden. Arbeiten von WACHSMUTH[1]), W. KÖNIG[2]) und ihren Schülern, sowie anderen legen davon Zeugnis ab.

Sieht man von den interessanten und vielseitigen, aber durch die neueren Arbeiten überholten Arbeiten HENSENS[3]) ab, über die z. B. in WINKELMANNS Handb. d. Physik berichtet ist, so kommen zunächst die Untersuchungen der obengenannten beiden Forscher in Betracht. Auch sie sind zum Teil schon in dem angegebenen älteren Handbuch besprochen. Das eigentliche Ergebnis derselben ist die Feststellung der Tatsache, daß bei den Schneidentönen — entstanden beim Gegenblasen eines Luftstromes aus einem Spalt gegen eine Schneide — ein Hin- und Herpendeln der Luftlamelle nach rechts und links von der Schneide, verbunden mit Wirbeln stattfindet. Die Ursache des Pendelns wird in einer Stauung gesucht, die die Lamelle beim Auftreffen auf die Schneide erfährt, eine noch recht unbestimmte Vorstellung, mit der mathematisch nicht viel anzufangen ist. Wesentlich war die durch die Arbeiten von WEERTH[1]) und KREIS[1]) gewonnene Erkenntnis, daß die Form des Keils oder der Schneide für die Ausbildung der Pendelung gar nicht sehr wichtig ist, daß sogar beim Gegenblasen gegen eine senkrecht zum Luftstrom stehende Fläche das Pendeln mit der charakteristischen Auflösung der Luftlamelle in Teilbänder und Wulste erfolgt. Die Arbeiten von GÖLLER[4]) und RIETH[5]) haben dann zahlenmäßige Beziehungen zwischen der Schwingungszahl n, dem Abstand a des Körpers vom Anblasespalt, und der Strömungsgeschwindigkeit v der Lamelle erbracht, nämlich nach GÖLLER

$$a n = k v , \tag{178}$$

wobei k eine Konstante ist. Der Wert dieser Konstante k gilt jedoch nur immer innerhalb eines gewissen Intervalles des Abstandes a.

Der Gang der Erscheinung ist folgender. Bei sehr kleinem Abstand a zwischen Spalt und Schneide wird kein Ton gebildet.

Bei einem gewissen Minimalabstand a_0 setzt ein hoher Ton ein. Mit wachsendem Abstand a wird dieser tiefer bis zu einem Minimum der Schwingungszahl bei etwa $2 a_0$ und springt dann plötzlich wieder auf den ursprünglichen hohen Ton, um bei weiterer Vergrößerung des Abstandes wieder bis zu einer Minimalfrequenz zu sinken und bei $3 a_0$ von neuem auf den ursprünglichen zu springen.

Die Frequenz der zuerst entstehenden Schwingung hat nach der Höhe zu eine scharfe Grenze; diese liegt um so niedriger, je stumpfer der angeblasene Körper (die Schneide) ist. In der Umgebung der Sprungstellen können nebeneinander zwei Töne erklingen.

Das Einsetzen des Tones und plötzliche Emporspringen findet statt bei den Entfernungen a_0, $2 a_0$, $3 a_0$. Innerhalb der dadurch gegebenen Entfernungsintervalle a_0 bis $2 a_0$, $2 a_0$ bis $3 a_0$ und dann darüber hinaus hat k die Werte 0,4 bis 0,5; 1; 1,5. Diese Zahlen, sowie die Intervallgrenzen a_0, $2a_0$, ... sind nur ungefähre Werte, sie stehen aber annähernd im Verhältnis 1:2:3, und die Abweichungen sind nach Ansicht von GÖLLER vielleicht auf Nebeneinflüsse zurückzuführen (Einfluß des Keilwinkels der Schneide, der Länge der Schneide in

[1]) R. WACHSMUTH, Ann. d. Phys. (4) Bd. 14, S. 469. 1904; Verh. d. D. Phys. Ges. Bd. 5, S. 299. 1903; Phys. ZS. Bd. 4, S. 743. 1903; R. WACHSMUTH u. A. KREIS, Verh. d. D. Phys. Ges. Bd. 8, S. 60. 1906; W. FRIEDRICH, Ann. d. Phys. (4) Bd. 7, S. 97. 1902; M. WEERTH, ebenda (4) Bd. 11, S. 1086. 1903; A. KREIS, Dissert. Rostock 1905.

[2]) W. KÖNIG, Wied. Ann. N. F. Bd. 42, S. 553. 1891; Phys. ZS. Bd. 13, S. 1053. 1912.

[3]) V. HENSEN, Ann. d. Phys. (4) Bd. 2, S. 719. 1900; Bd. 4, S. 41. 1901; Bd. 16, S. 838. 1905; Bd. 21, S. 781. 1906.

[4]) H. R GÖLLER, Dissert. Gießen 1912.

[5]) J. RIETH, Dissert. Gießen 1917.

Richtung des Luftstromes usw.). Mit Vernachlässigung dieser Abweichungen läßt sich $i\varkappa$ statt $2k$ schreiben mit $i = 1, 2, 3 \ldots$; also wird Gleichung (178) zu

$$2an = i\varkappa v, \qquad (i = 1, 2, 3 \ldots) \tag{179}$$

wo die Konstante $\varkappa$ nur von den genannten Nebenwirkungen beeinflußt wird und annähernd den Wert 1 hat; i ist die Ordnungszahl des Entfernungsintervalles. Die Strömungsgeschwindigkeit v wurde nach verschiedenen Verfahren direkt gemessen, sie hängt vom Anblasedruck ab.

Die GÖLLERschen Ergebnisse sind von RIETH in der schon angeführten Arbeit noch genauer nachgeprüft und bestätigt worden. Es zeigt sich, daß die Konstante $\varkappa$ mit aufsteigender Ordnungszahl selbst etwas ansteigt (Wirkung der Nebeneinflüsse); in einer Meßreihe z. B. waren die Werte vom 1. bis 4. Intervall 1,0056; 1,068; 1,069; 1,089. Ferner zeigt sich eine regelmäßige Abnahme des Produktes vom höchsten bis zum tiefsten Ton des jeweiligen Intervalls. Und schließlich hängt der Absolutwert der Konstante $\varkappa$ noch von der umgebenden Atmosphäre ab. Ein Wert von annähernd 1 gilt für eine Gaslamelle in einer Atmosphäre desselben Gases, sonst wird der Wert ein anderer; z. B. bei einer Kohlensäurelamelle in Luft 1,30; 1,35; 1,38; 1,39; 1,44 für die fünf dort beobachteten Intervalle; für Leuchtgas 0,687; 0,763; 0,7748 in den drei Intervallen, für welche die Beobachtung möglich war. Die Mittelwerte sind $\varkappa' = 1{,}37$ für Kohlensäure und $\varkappa'' = 0{,}742$ für Leuchtgas, und diese Zahlen sind fast genau das Verhältnis der Schallgeschwindigkeit dieser Gase zu derjenigen der Luft (1,34 bei Kohlensäure, 0,717 für das benutzte Leuchtgas).

95. Theorie der Hieb-, Spalt- und Schneidentöne von F. KRÜGER[1]). Die angeführten Arbeiten, besonders die von GÖLLER, sind die Grundlage für die Theorie, die F. KRÜGER für alle diese Arten von Tönen aufgestellt hat. Sie geht von dem einfachsten Fall der sog. Hiebtöne aus und ist dann auf Lamellen-, Spalt- und Schneidentöne ausgedehnt worden. Nach dieser Theorie handelt es sich in allen Fällen um die von PRANDTL[2]) empirisch bestimmte, von v. KARMÁN[3]) theoretisch behandelte periodische Ausbildung und Ablösung von Wirbeln an der Grenze zwischen verschieden schnell bewegten Gasschichten, also an einer Unstetigkeitsfläche.

Die Bildung solcher Schichten kann verschieden erfolgen, z. B. durch Hemmung eines gleichförmig fließenden Luftstroms an einem festen Hindernis (Draht, Stab, Schneide, Keil, feste Wand usw.), wobei infolge der Wandreibung eine langsamere Grenzschicht entsteht. Es kann auch umgekehrt ein schneller, z. B. aus einer Düse oder einem Spalt austretender Gasstrom durch eine langsamer fließende oder ruhende Atmosphäre hindurchgehen. Im extremen Fall kann solche Strombildung auch ohne Düse in der freien Atmosphäre, etwa durch plötzliche starke Druckschwankungen, entstehen, wodurch vielleicht das Sausen und Heulen des Windes in gewissen Fällen bei Sturm sich erklären läßt, obwohl natürlich dabei die Mitwirkung fester Körper an der Erdoberfläche niemals ganz auszuschließen ist.

Die Beobachtungen und Berechnungen beziehen sich ebenso auf Flüssigkeiten wie auf Gase und bieten im ersteren Falle wegen der geringeren, ins

[1]) F. KRÜGER u. A. LAUTH, Ann. d. Phys. (4) Bd. 44, S. 801. 1914; F. KRÜGER, ebenda (4) Bd. 60, S. 279. 1919; F. KRÜGER u. E. SCHMIDTKE, ebenda (4) Bd. 60, S. 701. 1919; F. KRÜGER, ebenda (4) Bd. 62, S. 673. 1920; F. KRÜGER u. E. MARSCHNER, ebenda (4) Bd. 67, S. 581. 1922; E. SCHMIDTKE, ebenda (4) Bd. 60, S. 715. 1919.

[2]) L. PRANDTL, Handwörterb. d. Naturwiss. Bd. III, Artikel „Flüssigkeitsbewegung", Jena 1913.

[3]) TH. v. KARMÁN, Göttinger Nachr. 1911, S. 509; 1912, S. 547; TH. v. KARMÁN u. H. RUBACH, Phys. ZS. Bd. 13, S. 49. 1912.

Spiel tretenden Geschwindigkeiten bessere Untersuchungsmöglichkeiten. Von entscheidender Bedeutung ist dabei die Tatsache, daß die durch Flüssigkeitsbeobachtungen gewonnenen Konstanten sich ohne weiteres auf die Erscheinungen in Gasen anwenden lassen, und daß man mit ihnen die Frequenzen der entstehenden Schwingungen, d. h. der Töne, richtig berechnen kann.

Der einfachste Fall ist der von STROUHAL[1]) schon 1878 experimentell behandelte Fall der Hiebtöne, die entstehen, wenn ein dünner Körper (Draht, Stab, Gerte) quer zu seiner Längsrichtung schnell die Luft durchschneidet. Der umgekehrte, theoretisch auf dasselbe hinauslaufende Fall liegt vor, wenn ein breiter Luftstrom (Wind) ein dünnes, starres Hindernis (Draht) trifft. Es entstehen schwache Töne, die im Fall der Äolsharfe (Windharfe) durch Eigenresonanz der Saite verstärkt werden. Vgl. auch Ziff. 35.

Der Vorgang ist folgender. Durch den relativ zur umgebenden Luft mit der Geschwindigkeit U fortschreitenden Draht, der als Kreiszylinder angenommen wird, wird Luft mitgerissen; es bildet sich ein hinter dem Draht mit einer gewissen Geschwindigkeit u ($u < U$) herlaufender Luftstreifen, dessen beide Ränder mit entgegengesetzt drehenden Wirbeln besetzt sind. Das bei unendlich langem Draht in allen Ebenen senkrecht zum Draht gleiche, also zweidimensional zu behandelnde Gebilde dieses Wirbelschwanzes hat in einer solchen Schnittebene die Form der schematischen Abb. 33. Nach den Berechnungen v. KARMÁNS ist nur eine solche Anordnung mit abwechselnd rechts und links aufeinanderfolgenden Wirbeln stabil. Die Wirbel jeder Seite rotieren für sich in gleichem Sinne, der Abstand zweier hintereinanderherschreitender Wirbel l ist konstant, ebenso der Abstand h der Mitten der beiden Wirbelreihen, und das Verhältnis h/l hat den konstanten Wert 0,283. Da der Wirbelschwanz langsamer läuft als der Draht, so entfernt sich jeder Wirbel mehr und mehr von diesem. Jedesmal, wenn der Abstand des nächstgelegenen gleich $l/2$ geworden ist, löst sich ein neuer Wirbel auf der anderen Seite ab, beim Abstand l ein Wirbel auf der gleichen Seite, und der Wirbelschwanz hat eine ganze Schwingung ausgeführt. Für die Zahl der Wirbelablösungen in der Zeiteinheit (1 sec) auf einer Seite, also zugleich die Schwingungszahl des Wirbelbandes (Wirbellamelle), gilt offenbar

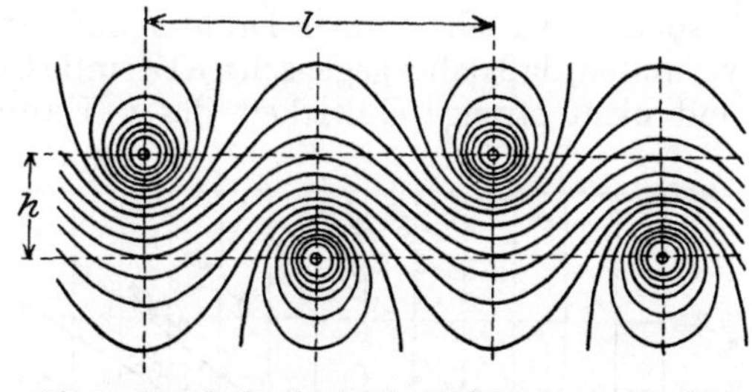

Abb. 33. Fortschreitendes stabiles Wirbelsystem nach V. KARMÁN mit abwechselnd rechts und links drehenden Wirbeln.

$$N \cdot l = U - u. \tag{180}$$

In diesem Ausdruck ist die Geschwindigkeit U des Stabes frei wählbar. Nach den v. KARMÁNschen Rechnungen stehen u und l in ganz bestimmten Beziehungen zu U bzw. zu den Dimensionen und der Form des die Flüssigkeit durchschneidenden Körpers. Ist D ein Bezugsmaß desselben, z. B. bei einem kreiszylindrischen Draht sein Durchmesser, so sind die Verhältnisse $u/U = a$ und $l/D = b$ Konstante, die nicht mehr von der Natur der Flüssigkeit oder des Gases abhängen. Sie sind jedoch nicht theoretisch aus anderen Größen ableitbar und müssen aus Versuchen bestimmt werden. Nach v. KARMÁN und RUBACH a. a. O. ist für einen zylindrischen Stab $a = 0{,}14$ und $b = 4{,}3$. Mit diesen Werten hat KRÜGER, sie auf den Fall eines die Luft durchschneidenden Drahtes anwendend, nach Gleichung (180) die Frequenz der Hiebtöne berechnet und sehr gute Übereinstimmung mit den STROUHALschen Beobachtungen gefunden.

---

[1]) V. STROUHAL, Wied. Ann. Bd. 5, S. 216. 1878; Habilitationsschr. Würzburg 1878.

Die Einführung der konstanten Verhältnisse u/U und l/D in Gleichung (180) formt dieselbe um in

$$N \cdot D = \text{konst.} \cdot U. \tag{181}$$

Sie gilt freilich für sehr dünne Drähte erst bei großen Geschwindigkeiten. Genauer lassen sich die Versuchsergebnisse für alle U darstellen durch

$$N \cdot D = \text{konst.}\,[U - f(U)]\,, \tag{182}$$

wo die Funktion $f(U)$ mit steigender Geschwindigkeit U einem endlichen positiven Grenzwert zustrebt. Die von STROUHAL gefundenen Kurven sind offenbar Asymptotengerade an die eigentlichen N-U-Kurven, und die Gleichung (182a) DN/U = konst. ist zu ersetzen durch die andere allgemeinere

$$D\left(\frac{dN}{dU}\right)_{\lim U = \infty} = \text{konst.} \tag{182a}$$

In der Tat geben die STROUHALschen Beobachtungen für diesen Ausdruck bzw. den einfacheren DN/U nach KRÜGERS Berechnung Werte, die dem theoretischen, d. h. dem von v. KARMÁN aus Messungen an Flüssigkeitsströmungen abgeleiteten Werte 0,20 ganz nahe liegen. Sie sind fast alle etwas kleiner und ergeben einen Mittelwert von 0,194, der aber innerhalb der Fehlergrenzen mit jenem übereinstimmt. Die zweifellos vorhandene Abweichung nach unten, die besonders bei sehr dünnen Drähten auftritt, ist noch nicht aufgeklärt; man kann vermuten, daß dabei gegenseitige Beeinflussung der sehr nahe benachbarten Wirbel und nicht strenge Gültigkeit des v. KARMÁNschen Gesetzes der Konstanz des Verhältnisses l/h eine Rolle spielen.

Für die Stärke der erzeugten Töne ist maßgebend: 1. Die Länge des Stabes oder Drahtes, 2. die Stärke der Stauung an diesem Hindernis, die die Wirbelstärke der Einzelwirbel bedingt und mit der Geschwindigkeit anwächst. Das erklärt die verhältnismäßig große Stärke der hohen Hiebtöne.

Abb. 34, aus der Arbeit von STROUHAL bzw. KRÜGER entnommen, zeigt das Ansteigen der Schwingungsfrequenz/sek (Ordinaten) mit wachsender Geschwindigkeit U in m/sek (Abszissen) bei verschiedenen Drahtdicken, die in Millimeter gemessen sind.

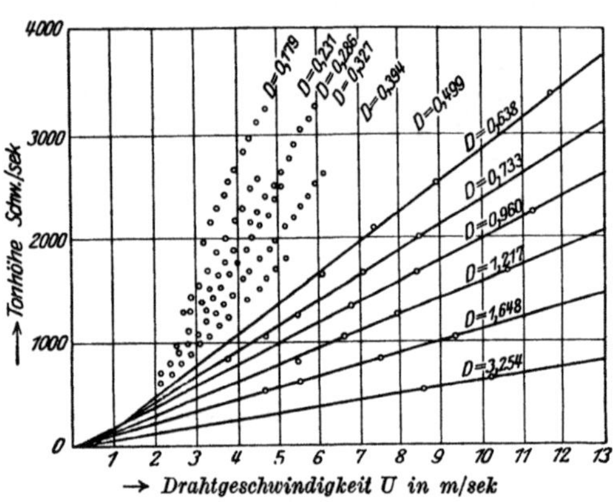

Abb. 34. Tonhöhe der Hiebtöne nach STROUHAL in Abhangigkeit von der Geschwindigkeit U eines Drahtes in Luft bei verschiedener Drahtdicke.

Nach STROUHAL sinkt übrigens die Tonhöhe mit steigender Temperatur; die Konstante von Gl. (181) bzw. (182) muß dabei also abnehmen.

In einem gewissen Gegensatz zu diesen Arbeiten, nach denen eine stetige Folge von Hiebtönen möglich ist, findet E. G. RICHARDSON[1]) nur immer die harmonischen Teiltöne der benutzten Saite und vertritt die Ansicht, daß die periodische Wirbelablösung zwar Schwingungen, also Töne, anregen aber nicht selbständig geben kann. Eine an die KRÜGERsche Arbeit anschließende Veröffentlichung von LORD RAYLEIGH[2]) über „Aeolian Tones" bringt nichts wesentlich Neues. Auch eine kurze Arbeit von RELF[3]), die auf frühere Veröffentlichungen gar nicht Bezug nimmt, ist im Wesentlichen eine Wiederholung der

[1]) E. G. RICHARDSON, Proc. Phys. Soc. London, Bd. 36, S. 153. 1924.
[2]) LORD RAYLEIGH, Phil. Mag. (6) Bd. 29, S. 433. 1915.
[3]) E. F. RELF, Phil. Mag. (6) Bd. 42, S. 173. 1921.

STROUHALschen Versuche; nur betrachtet der Verf. die Ergebnisse unter dem modernen Gesichtswinkel der Wirbelablösung.

96. Theorie der Hieb-, Spalt- und Schneidentöne (Fortsetzung). Für reine Spalttöne, entstanden durch schnelles Ausströmen eines Gases aus einer spaltförmigen Düse in eine freie Gasatmosphäre, gelten dieselben Beziehungen. Nur ist Gleichung (180) zu ersetzen durch

$$N l = u\,, \tag{183}$$

da die Frequenz der Wirbelablösung natürlich nur von der relativen Geschwindigkeit u der Wirbel gegenüber der ruhenden Düse abhängt und damit auch die Tonfrequenz in der ruhenden Gasatmosphäre. Durch entsprechende Beobachtungen an Flüssigkeiten fand KRÜGER hier die Werte $a = u/U = 0{,}224$ und $b = l/D = 4{,}9$. Daraus folgt weiter der hydrodynamische Wert $ND/U = a/b = 0{,}046$. Akustisch ergibt sich aus Messungen von W. KOHLRAUSCH[1]) für die größte benutzte Spaltweite der Wert 0,044 in guter Übereinstimmung damit. Auch hier zeigen sich für sehr enge Spalte Abweichungen wie für sehr dünne Drähte bei den Hiebtönen, und die Anwendung der Gleichung (182a) statt (182) gibt für die Konstante $a/b = k$ den wahrscheinlich richtigeren Wert 0,055.

Dieselben Betrachtungen lassen sich nach KRÜGER auch auf ringförmige Spalte anwenden, wie sie z. B. bei den Galtonpfeifen benutzt werden. Dabei entstehen Ringwirbel, die abwechselnd größeren und kleineren Durchmesser haben als der Spalt und sich abwechselnd entgegengesetzt drehen. Siehe Abb. 35 (aus der Arbeit von KRÜGER und MARSCHNER). Mit gefärbten Flüssigkeiten ergaben sich bei verschiedenen Geschwindigkeiten U der in ungefärbtes Wasser einströmenden Lamelle (U zwischen 54 und 74 mm/sek) konstante Werte a und b, nämlich als Mittel 0,262 und 4,80, woraus $a/b = 0{,}055$ folgt, also derselbe Wert, der bei geraden Spalten als Grenzwert gefunden worden war. Auch bei gekrümmten Spalten gelten daher nach KRÜGER dieselben Gesetze.

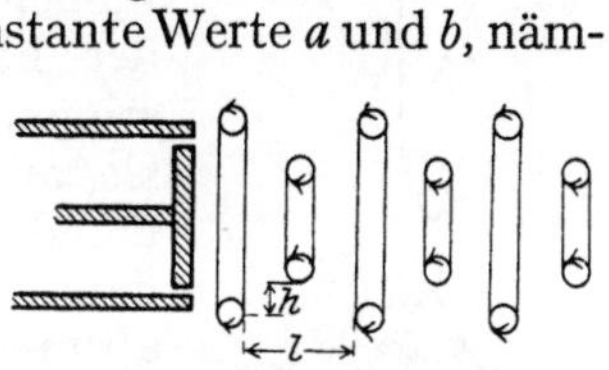

Abb. 35. Entgegengesetzt drehende Ringwirbel in einem aus ringformiger Spalte stromenden Luftstrahl.

Aus den mitgeteilten Zahlen folgt übrigens noch, daß die Frequenz der Hiebtöne etwa 4,5 mal so groß ist wie die der Spalttöne, wenn Drahtdurchmesser und Spaltweite gleich sind.

97. Theorie der Lamellentöne (Schneidentöne) im besonderen. Der nächste Schritt ist die Erweiterung der Theorie auf Schneidentöne, d. h. Töne, die beim Gegenströmen einer aus einem Spalt austretenden Luft- bzw. Flüssigkeitslamelle entstehen. Von den Hiebtönen, die in gewissem Sinne auch als Schneidentöne und zwar reinster Art zu bezeichnen sind, unterscheiden sie sich dadurch, daß für die Wirbelausbildung und Ablösung hier zwei Stellen in Betracht kommen, die Spaltöffnung und die gegenüberstehende Schneide, deren Abstand als neues Bestimmungsstück zu den bisherigen hinzutritt.

In der Tat ist es KRÜGER gelungen, auf Grund wiederum von Beobachtungen an Flüssigkeiten (vgl. die angeführte Arbeit von SCHMIDTKE) zu zeigen, daß hier dieser Abstand f zwischen Spalt und Schneide maßgebend ist und daß die Frequenz der Wirbelablösung gegeben ist durch

$$N f = u\,, \tag{184}$$

wenn man, — was zweifellos erlaubt ist — die fortschreitende Geschwindigkeit der Wirbel u gegen die Schallgeschwindigkeit in dem betreffenden Medium (Gas- oder Flüssigkeit) vernachlässigt. Der Vorgang ist jetzt nach den Beobachtungen folgender. Der aus dem Spalt austretende Strahl sucht zunächst,

[1]) W. KOHLRAUSCH, Wied. Ann., N. F. Bd. 13, S. 545. 1881.

wie vorher beschrieben, seine Spaltwirbel zu bilden. Diese laufen als Wirbelband gegen die Schneide und teilen sich dort, die rechts drehenden Wirbel laufen rechts, die links drehenden links an der Schneide entlang. Infolge des Reibungswiderstandes bilden sich auf beiden Seiten zwischen je zwei gleichsinnig drehenden Wirbeln neue, entgegengesetzt drehende Wirbel, die die unvollkommen gewordene Wirbellamelle wieder zu einem vollständigen v. KARMÁNschen Wirbelsystem ergänzen. Vgl. die schematische Abb. 36.

Die Ankunft jedes Spaltwirbels an der Schneide und seine seitliche Abdrängung bewirkt nun eine Stauung, und diese Stauungswelle pflanzt sich mit Schallgeschwindigkeit durch die Flüssigkeit oder das Gas rückwärts fort bis zum Spalt, d. h. also praktisch mit unendlich großer Geschwindigkeit gegenüber der Laufgeschwindigkeit der Wirbel; der durch die Stauungswelle am Spalt erzeugte Stoß löst dort einen neuen Wirbel aus, praktisch also in dem Augenblick der Ankunft des ersten Wirbels an der Schneide. Daher ist der Wirbelabstand hier gleich dem Abstand f zwischen Spalt und Schneide, woraus sofort die Gleichung (184) folgt.

Es tritt also hier an die Stelle des natürlichen Wirbelabstandes l der freien Spalttöne der wie durch eine Resonanzwirkung erzwungene Abstand f mit entsprechender Frequenz N der Pendelung der Lamelle, d. h. des Tönens. Die Pendelung und der Ton wird also am stärksten sein, wenn f nahezu gleich dem natürlichen Wirbelabstand l ist. Wegen der außerordentlich starken Dämpfung wird aber auch bei erheblicher Abweichung beider die regelmäßige Wirbelbildung stattfinden, wenn auch mit einer durch die Koppelung beider Teile (Spalt und Schneide) veränderten Frequenz. Die ausströmende Lamelle führt gewissermaßen erzwungene Schwingungen mit der hauptsächlich durch den Schneidenabstand f bestimmten Koppelungsfrequenz aus, sie paßt sich dem auf sie ausgeübten Zwange möglichst an. Diese Anpassungsfähigkeit hat aber ihre Grenzen. KRÜGER[1]) stellt dies so dar: „Wird mit wachsendem Schneidenabstand f der Wirbelabstand der erzwungenen Pendelung immer größer und nähert sich dem Doppelten des Wirbelabstandes bei der freiströmenden Lamelle, so wird der „Zwang“ für den erzwungenen Wirbelabstand viel geringer, wenn dieser Wirbelabstand dadurch auf die Hälfte und damit wieder nahe auf den Wert des Wirbelabstandes der frei pendelnden Lamelle gebracht wird, daß in der Mitte zwischen dem Wirbel an der Schneide und dem Spalt ein neuer Spaltwirbel auftritt, so daß jetzt $l = f/2$ wird und somit $N = 2u/f$. Die Tonhöhe ist damit plötzlich um eine Oktave gesprungen. In Übereinstimmung mit dieser Resonanztheorie des Oktavensprunges steht die Tatsache, daß der Schneidenton nach dem Oktavensprung erheblich lauter ist als vor demselben, eben wegen der besseren Resonanz mit dem Spaltton, und mit wachsendem Schneidenabstand und sinkender Tonhöhe stetig in seiner Intensität abnimmt. Mit zunehmendem Schneidenabstand tritt dann wieder eine „erzwungene“ Vergrößerung des Wirbelabstandes und damit umgekehrt proportional ein Sinken der Tonhöhe ein. Wegen der erwähnten starken Dämpfung der Eigenschwingung der frei ausströmenden Lamelle und der damit verbundenen flachen Resonanzkurve findet aber ein teilweises Überdecken der Schwingungsintervalle I und II statt; d. h. es gibt gewisse Werte des Schneidenabstandes, in denen sowohl der Grundton wie seine Oktave auftreten, dies Intervall des Schneidenabstandes erstreckte sich z. B. bei einem Versuch von R. H. GÖLLER[2]) (a. a. O.) von 0,554

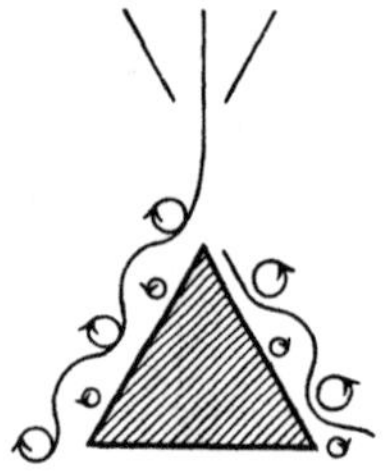

Abb. 36. Teilung und Erganzung (durch Hilfswirbel) des Wirbelsystems einer Luftlamelle auf beiden Seiten eines Keiles.

[1]) F. KRÜGER, Ann. d. Phys. (4) Bd. 62, S. 677—678. 1920. [2]) S. Anm. Ziff. 94.

bis 0,616 cm (Spaltdicke $D = 1$ mm). Man erhält den einen oder den anderen Ton, je nachdem man die Tonhöhe durch Vergrößerung im I. Intervall oder durch Verkleinerung des Schneidenabstandes im II. Intervall ändert. Dieser Oktavensprung wird sich wiederholen, so oft ein ganzzahliger Bruchteil des Schneidenabstandes angenähert gleich dem Wirbelabstand bei der freiausströmenden Lamelle geworden ist. Die Erklärung der Oktavensprünge ergibt sich hier also als unmittelbare Konsequenz der theoretischen Grundvorstellungen."

Damit sind in der Tat die wichtigsten Erscheinungen sehr einfach erklärt, insbesondere auch die eigenartigen Oktavensprünge nach vorherigem allmählichem Absinken der Tonhöhe bei Vergrößerung des Schneidenabstandes.

Da andererseits die Schwingungszahl N der Laufgeschwindigkeit u der Wirbel proportional ist und letztere von der Strömungsgeschwindigkeit U der Lamelle abhängt — ihr proportional ist —, so ist die Entstehung höherer Töne (Umschlagen in die höhere Oktave) durch Verstärkung des Winddruckes bei gleichbleibendem Schneidenabstand (Überblasen) ebenfalls leicht zu verstehen. KRÜGER bestimmt das konstante Verhältnis $u/U = a$ hier ebenfalls wieder durch Flüssigkeitsversuche und berechnet damit die akustischen Frequenzen für Gase. Der Wert von a ist für diese Lamellentöne nach KRÜGER etwa $= 0{,}40$. Weiteres muß in der genannten Arbeit nachgesehen werden.

Eine sorgfältige Experimentaluntersuchung aus neuester Zeit über Schneidentöne stammt von BENTON[1]). Er benutzte eine Luftlamelle, die aus einem Spalt von 10 cm Länge und variabler Breite d (0,01—0,2 cm) gegen eine in Richtung des Strahles und seitlich dazu verschiebbare Schneide, wie bei WACHSMUTH, geblasen wurde. Der Folgeabstand zweier Wirbel, der nach KRÜGER gleich dem Abstand f zwischen Spalt und Schneide sein soll, wird etwas abweichend davon $l = f - \varphi(p, d)$ gefunden (p = Winddruck, φ eine empirische Funktion). Das Verhältnis h/l ist 0,5 bei $d = 0{,}01$ cm und nähert sich mit wachsendem d asymptotisch dem KARMÁNschen Werte 0,28, der für $d > 0{,}15$ erreicht wird. Im ganzen ergibt sich also eine Bestätigung der KRÜGERschen Theorie. Vgl. auch eine Arbeit von RELF und SIMMONS[2]).

γ) Lippenpfeifen.

98. Pfeifen als gekoppelte Systeme. Die in den vorstehenden Ziffern behandelten einfachen Vorrichtungen (Lippen oder Schneiden) zur Tonerzeugung mit Luftströmungen, werden ebenso wie schwingende Zungen für sich allein nur in besonderen Fällen bei einzelnen Musikinstrumenten benutzt. Schneidentöne vielleicht nur bei der bekannten Vogelpfeife, einem ganz flachen Hohlzylinder aus dünnem Blech, dessen beide Endflächen in ihrer Mitte je ein gleich großes kreisförmiges Loch haben, deren beide Ränder als gegenüberstehende Schneiden wirken; im Mund zwischen Lippen und Zähnen gehalten, gibt sie bei stoßweisem Ansaugen oder Ausblasen der Luft hohe, dem Vogelgezwitscher ähnliche Töne; sie erzeugt auch die Quietschtöne bei Spielzeug (Gummipuppen usw.). Freie schwingende Zungen werden bei dem Harmonium (der alten Physharmonika), der Mund- und Ziehharmonika und zum Teil bei der Drehorgel (Leierkasten) benutzt.

Viel verbreiteter und wichtiger sind aber diejenigen Instrumente, bei denen diese tonerzeugenden Vorrichtungen mit tonregelnden verbunden sind, die durch Resonanz zum Mitschwingen erregt werden. Abgesehen von der Aeols- oder Windharfe (vgl. Ziff. 35 u. 95), bei der in Mitschwingung versetzte Saiten diese Rolle spielen, kommen dafür eigentlich nur Gassäulen, meist in Röhren eingeschlossen, in Betracht, welche mit jenen Vorrichtungen zusammen

---

[1]) W. E. BENTON, Proc. Phys. Soc. London Bd. 38, S. 109. 1926.
[2]) E. F. RELF u. F. G. SIMMONS, Phil. Mag. (6) Bd. 49, S. 509. 1925.

Tonwerkzeuge bilden, die allgemein als „Pfeifen“ bezeichnet werden können. Diese Pfeifen sind also gekoppelte Systeme, bestehend aus der schwingungsfähigen Gassäule als sekundärem System und dem primär schwingendem Teilsystem. Letzteres ist entweder die Zunge (bei Zungenpfeifen) oder die schwingende Luftlamelle bei den Lippen- (Labial-)pfeifen. Nach den Ausführungen der Ziff. 95 bis 97 muß man übrigens letztere selbst schon als zusammengesetztes gekoppeltes System ansehen, so daß eine Lippenpfeife streng genommen ein aus mindestens drei Teilsystemen bestehendes Koppelungssystem ist.

Alle diese Systeme sind zur Erzeugung von Dauerschwingungen, also Tönen konstanter Stärke und Höhe, aus einem zunächst stetig, ohne Schwingungen fließenden Luftstrom befähigt und zwar durch Selbststeuerung bei geeigneter Koppelung und Abstimmung der Teilsysteme. Da die Teilsysteme, soweit sie gasförmig sind, im allgemeinen sehr große Eigendämpfung besitzen, so braucht die Abstimmung nicht sehr genau zu sein, d. h. diese Pfeifen sprechen unter sehr verschiedenen Bedingungen an. Man kann erfahrungsgemäß die Länge des Ansatzrohres, d. h. der Pfeife, oder den Eigenton der Zunge, oder die Spaltweite, Form, Stellung und Abstand der Lippe (Maulweite) bei Lippenpfeifen, also Tonhöhe des primären Schneiden- oder Lamellentones weitgehend ändern, ohne daß die Pfeife ganz versagt. Die Gesamtheit der beobachteten Erscheinungen läßt sich aber nur auf Grund der Koppelungstheorie verstehen und umgekehrt auch voraussagen. Die zahlreichen Sonder- und Teiluntersuchungen über das Verhalten von Pfeifen unter gewissen Umständen (z. B. Abhängigkeit der Tongebung von den ebengenannten Faktoren, ferner vom Winddruck bzw. der Windgeschwindigkeit in der Pfeife) können daher, soweit sie nicht von vornherein auf die Koppelungserscheinungen Rücksicht nehmen, wohl empirische Hilfsmittel für die Handhabung dieser Instrumente unter genau einzuhaltenden Bedingungen oder Material für theoretische Behandlung liefern, aber sie geben meist nur ein sehr unvollständiges Bild. Es kann hier nur auf die wichtigsten hingewiesen werden.

99. Versuche mit Lippenpfeifen. Nachweis der Wirbelbildung. Das Verhalten der Lippenpfeifen ist am Schluß der in Ziff. 97 behandelten KRÜGERschen Arbeit über Schneidentöne skizziert. Wie schon WACHSMUTH[1]) a. a. O. gezeigt hat, regelt bei ihnen das Resonanzrohr durch seine Eigenfrequenz ganz ausgesprochenermaßen und in weitem Umfange die Frequenz der zwischen Spalt und Lippe (Schneide) gebildeten Lamellen- oder Schneidentöne. Damit aber maximales Mitschwingen aller Teile stattfindet, müssen offenbar Länge des Resonanzrohrs der Pfeife, Breite des Spaltes und Abstand desselben von der Lippe (Maulweite) aufeinander abgestimmt sein, womit das Problem in seinen Grundzügen erledigt ist. Versuche über den Einfluß dieser verschiedenen Faktoren hat in neuester Zeit Z. CARRIÈRE[2]) an einer eigens dafür konstruierten Riesenpfeife angestellt. Die Pfeife war 15 m lang, 55 cm breit (zugleich Länge des Luftspaltes) und 62 cm tief, in beiden Seitenwänden mit Glasfenstern versehen, um die Vorgänge in der Umgebung der Lippe beobachten zu können. Zur Sichtbarmachung der Luftbewegung wird dem komprimierten Luftstrom vor dem Durchtritt durch den Spalt Wasserdampf beigemischt, der in der entspannten Luftlamelle nach Austritt aus dem Spalt Nebel bildet. Bei stroboskopischer Beobachtung mittels intermittierender Beleuchtung werden die Momentanbilder der Wirbel und ihre langsame Veränderung aufgenommen und durch Zeichnung festgelegt. Einige der am 9. Oberton — der Grundton hat die sekundliche Frequenz 43,3 — aufgenommenen Bilder sind in Abb. 37 wiedergegeben. Man sieht die „Kernspalte“ mit der ausströmenden Lamelle und die

[1]) Siehe Anm. zu Ziff. 94.

[2]) Z. CARRIÈRE, Journ. de phys. et le Radium (6) Bd. 6, S. 52. 1925; Bd. 7, S. 7. 1926.

keilförmige Lippe mit den beiderseits an ihr entlanglaufenden Wirbeln. Die Zahlen auf dem Keil bedeuten die aufeinanderfolgenden Beobachtungszeiten in Bruchteilen der Periode, von einem willkürlichen Zeitanfang an gerechnet.

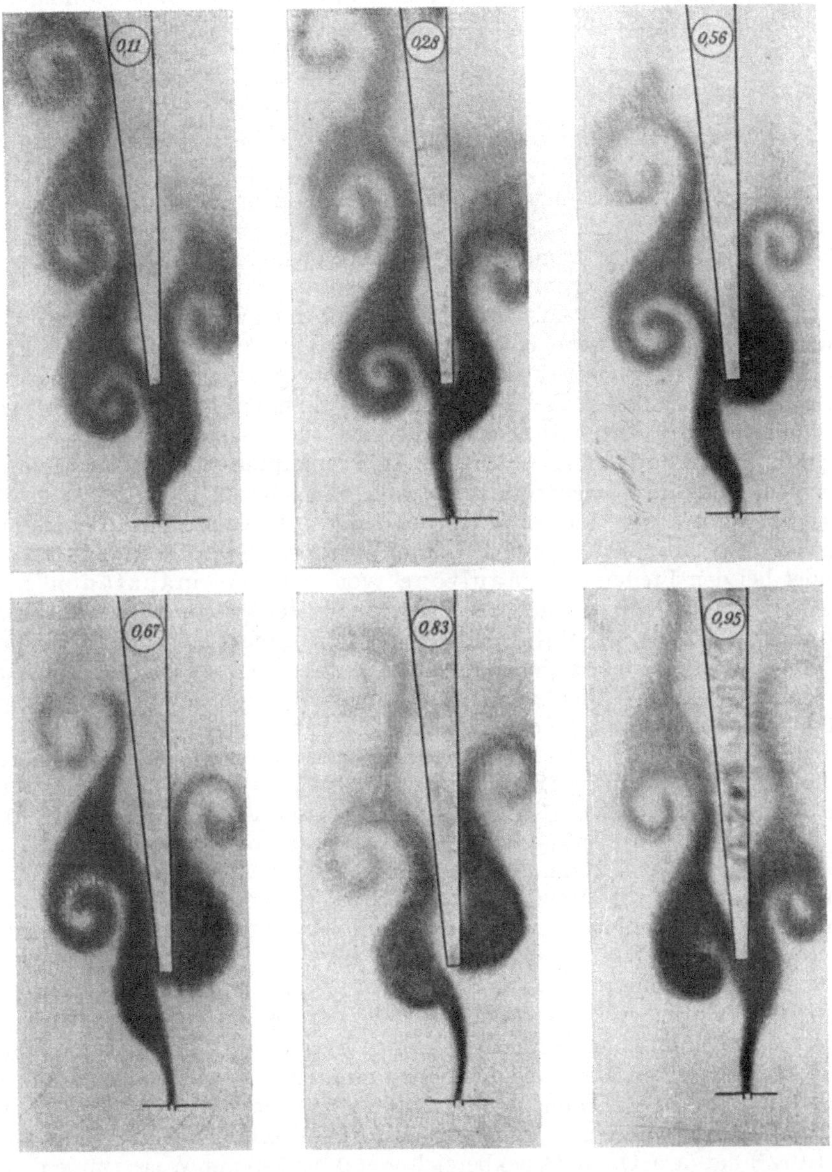

Abb. 37. Wirbelbildung auf beiden Seiten der Lippe einer großen Orgelpfeife nach CARRIÈRE.

Die Ergebnisse bestätigen vollkommen das von WACHSMUTH, KÖNIG und besonders von KRÜGER geschilderte und von diesem vorausgesagte Bild des Schwingungsvorganges in der Lamelle. Auch die von KRÜGER in Flüssigkeiten beobachteten Zusatzwirbel, die sich auf jeder der Keilseiten zur Ergänzung des an der Schneide halbierten Wirbelsystems neu bilden, hat CARRIÈRE beobachtet, wie im Text angegeben ist, wenn sie auch in seinen Zeichnungen wegen zu großer Schwäche nicht mit aufgenommen sind.

Nur in einer Hinsicht weichen seine Ergebnisse von der KRÜGERschen Theorie wesentlich ab. Nach KRÜGER ist das Produkt Nf (Wirbelfrequenz × Schneidenabstand) bei konstanter Wirbelgeschwindigkeit u selbst konstant. Nimmt man mit KRÜGER Proportionalität zwischen Wirbelgeschwindigkeit und Ausströmungs- oder Lamellengeschwindigkeit, sowie zwischen letzterer und dem Winddruck an, so müßte Nf bei konstantem Winddruck konstant sein und proportional der Quadratwurzel aus diesem Drucke wachsen. CARRIÈRE findet aber die Beziehungen $Nf^{\frac{3}{2}}$ = konst. und $Np^{\frac{2}{5}}$ = konst. Weitere Untersuchungen müssen diese Abweichungen aufklären. Es ist immerhin möglich, daß die Versuchsbedingungen bei CARRIÈRE nicht als ganz rein gelten dürfen, da das Pfeifenrohr hierbei nicht weggenommen, sondern nur durch einen Querschieber gegen den unteren Teil abgeschlossen wurde. Vielleicht haben die stehengebliebenen Wände, die immer noch einen Resonanzraum abgrenzen, einen Einfluß, der die Abweichungen bedingt.

CARRIÈRE hat auch die merkwürdige Erscheinung untersucht, daß ganz schwacher Winddruck, wie er beim Anlassen und Abstellen des Gebläses auftritt, ebenfalls die höheren Teiltöne Oktave und Quint der Oktave (Duodezime) erregt. Die Luftwirbel sind dabei ebenfalls vorhanden, haben aber eine weniger bestimmte Gestalt, sind zum Teil gewissermaßen nur angedeutet.

100. Tonbildung und Tonsprünge in Lippenpfeifen. Über die Tonbildung in Lippenpfeifen liegen neuere Untersuchungen auch von K. L. SCHAEFER[1]) und seinen Schülern[2]) vor. Sie schließen an die WACHSMUTHschen Arbeiten an und berücksichtigen die KRÜGERsche Wirbeltheorie noch nicht. SCHAEFER unterscheidet bei den Pfeifen die „Maultöne" von den „Resonanztönen"; erstere ohne Mitwirkung der Luftsäule der Pfeife im Pfeifenaufschnitt (Maul) als Schneidentöne gebildet, letztere durch Mitwirkung der resonierenden Luftsäule in ihrer Tonhöhe bestimmt und wegen ihrer größeren Stärke hauptsächlich musikalisch gebraucht. Das bei einem aus Teilsystemen zusammengesetzten gekoppelten System charakteristische Nebeneinanderbestehen oder gegenseitige Sichausschließen, der Kampf der verschiedenartigen, diesen Tönen zugehörenden Schwingungsformen, der sich durch die Tonsprünge bei bestimmten Konfigurationen kundgibt, tritt in den Versuchsergebnissen deutlich hervor. SCHAEFER hat dabei auch den Einfluß eines zweiten senkrecht zum Hauptpfeifenrohr stehenden Rohres von veränderlicher Länge behandelt, das als Meßröhre (SEEBECKsches oder — von den Ohrenärzten sog. — HEGENERsches Rohr) zur Bestimmung der Wellenlänge mit seiner Mündung vor die Maulöffnung (den Aufschnitt) der Pfeife gesetzt wird. Dadurch entsteht natürlich ein Koppelungssystem mit noch einem Teilsystem mehr. Die Länge eines solchen Rohres zeigt sich ohne wesentlichen Einfluß auf die Höhe der „Maultöne" vermutlich wegen zu loser Koppelung, auch wenn diese Länge so gewählt wird, daß der Eigenton des Rohres mit dem „Maulton" übereinstimmt. Nur wenn die Pfeife einen Resonanzton gibt, wenn also ihre Länge auf den Maulton abgestimmt ist, zeigt sich ein Einfluß des Nebenrohrs. In diesem Fall scheint die Koppelung fester zu sein.

LUTZ[2]) hat (a. a. O.) im Druckbereich von 0 bis 220 mm Wassersäule den Einfluß der Windstärke auf die Tonhöhe einer Reihe offener und gedackter Pfeifen aus Zinn und Holz bestimmt. Bei schwachem Druck entstehen zunächst tiefe, der Maulweite entsprechende „Maultöne", deren Höhe mit steigendem Druck selbst ansteigt, bis der „Resonanzton" (erster Teilton, Grundton der Pfeife)

[1]) K. L. SCHAEFER, Beiträge z. Anat., Physiol. usw. Bd. 11, S. 197. 1918; Bd. 12. S. 255. 1919.

[2]) P. LUTZ, Über die Tonbildung in den Lippenpfeifen. Inaug.-Dissert. Berlin 1921; Beiträge z. Anat., Physiol. Bd. 17, S. 1. 1921.

erreicht ist. Dann bleibt mit steigendem Druck auf eine weite Strecke hin die Tonhöhe konstant oder steigt ganz wenig an, und nur die Tonstärke wächst, bis bei einem bestimmten Druck der Sprung in die höhere Oktave bzw. bei gedackten Pfeifen in die Duodezime stattfindet. (Überblasen.) Das stetige Ansteigen der Tonhöhe bei den schwächeren Drucken wird jedoch schon vorher in bestimmten kleinen Bereichen unterbrochen durch Sprünge in die höhere Oktave oder Duodezime. Das sind nach SCHAEFER und LUTZ die Gebiete des Winddrucks, in denen die höhere Oktave (oder Duodezime) des Maultones mit dem Resonanzgrundton der Pfeife bzw. einem anderen Teilton (immer also mit einem Eigenton der Luftsäule in der Pfeife) zusammenfällt. Jede periodische Bewegung, deren Frequenz in genügender Nähe der Frequenz eines solchen Eigentones liegt, wird nämlich durch die hierbei eintretende Resonanz begünstigt und kommt unter möglichster Anpassung ihrer Frequenz an die Eigentonfrequenz der Pfeife stark zur Geltung, während alle Bewegungen mit anderer Frequenz gestört werden und gegen jene zurücktreten. Offenbar wird die Pendelung (und Wirbelbildung) in der Luftlamelle zwischen Spalt und Lippe von der Eigenschwingung der Pfeife so beeinflußt, daß sie zwar in dem — etwas veränderten — Takte derselben, aber nicht in einem anderen, auch nicht mehr in dem des ursprünglichen Maultones (der tieferen Oktave) erfolgen kann. Erst wenn — bei passendem Drucke — der (tiefere) Maulton genau die tiefere Oktave jenes Eigentons wird, klingt er neben jenem mit. Bei weiterer Veränderung des Druckes verschwindet er aber wieder und nur der höhere Ton steigt weiter an, bis das Resonanzgebiet überschritten ist und der Ton wieder einen Sprung in die Tiefe macht, wo er mit steigendem Druck nun wieder stetig ansteigt.

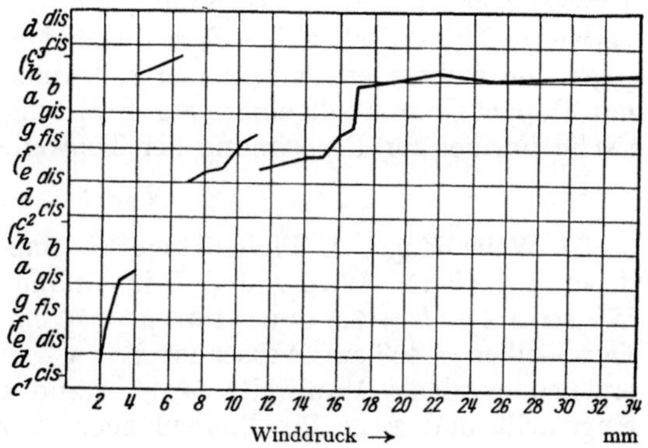

Abb. 38. Tonanstieg und Tonsprunge bei Steigerung des Winddruckes (in mm Wassersaule) nach P. LUTZ.

Abb. 38 (eine Teilwiedergabe der Kurve 2b aus der angeführten Arbeit von LUTZ für eine offene c_3-Pfeife) zeigt den Verlauf bei steigendem Winddruck in Millimeter Wassersäule. Der Tonsprung in dies Frequenzgebiet des „Resonanztons" (Eigentons) der Pfeife c_3 erfolgt hier bei 4 mm Druck, die Rückkehr in die Tiefe bei etwa 7 mm; dann bekommt die Tonkurve — wie auch bei anderen Pfeifen gelegentlich beobachtet wird — nach anfänglichem Ansteigen bei etwa 11 mm nochmals eine Einbuchtung nach unten, die sich erst bei 17 mm wieder ausgleicht, um von da an nahezu auf konstanter Höhe bleibend, den „Resonanzton" c_3 zu ergeben. Bei einem Druck etwas über 6 mm ertönen gleichzeitig der „Resonanzton" c_3 und der „Maulton" c_2 im genauen Oktavenverhältnis. Das „Überblasen" in die Oktave c_4 (2. Teilton der Pfeife) beginnt bei etwa 190 mm Druck.

Über das Ansteigen der Tonhöhe von Lippenpfeifen mit dem Anblasedruck und das Umschlagen in die höhere Oktave beim „Überblasen" haben noch LOUGH[1]), BHARGAVA und GHOSH[2]) sowie JONES[3]) gearbeitet — letzterer mit besonderem Hinweis auf die Lippenpfeife als gekoppeltes System. Er betont,

[1]) V. LOUGH, Phil. Mag. (6) Bd. 43, S. 72. 1922.
[2]) S. BHARGAVA u. R. N. GHOSH, Phys. Rev. (2) Bd. 20, S. 452. 1922.
[3]) A. T. JONES, Phys. Rev. (2) Bd. 18, S. 118. 1921.

daß nach der Koppelungstheorie der tatsächlich zustande kommende Ton eine Frequenz haben muß, die in der Nähe der Eigenfrequenz des schwächer gedämpften Teilsystems liegen wird; im allgemeinen wird dies einer der Eigentöne des Pfeifenrohres sein. Die Ergebnisse dieser Arbeiten stimmen im wesentlichen mit dem vorher mitgeteilten überein. Mit Wasser statt Luft als Pfeifenmedium hat MALLOCK[1]) in einer kurzen Studie gearbeitet, die langsame Schwingungen benutzt und eine Wiederholung und Erweiterung der KRÜGERschen Arbeiten ist. Die Erzeugung von Grund- und Obertönen bei geringerem als dem normalen Druck haben mit ähnlichen Ergebnissen wie LUTZ auch GUNNAIYA und SUBRAHMANIAN[2]) untersucht.

101. Erzeugung sehr hoher Töne. Galtonpfeife (Grenzpfeife). Zu erwähnen sind in diesem Zusammenhange auch noch einige Arbeiten von SCHAEFER[3]) und HEGENER[4]) über die Galtonpfeife, die in der bekannten von EDELMANN in München unter dem Namen „Grenzpfeife" in den Handel gebrachten Form einer kleinen metallenen, gedackten Pfeife veränderlicher Länge mit kreisförmiger Spalte und Lippe (Schneide) zur Gehörprüfung, besonders in den hohen Tonregionen, und zur Bestimmung der oberen Hörgrenze benutzt wird. Die vorwiegend praktischen Zwecken dienenden Arbeiten bringen als Ergebnis eine gegen die frühere etwas veränderte, bequem zu handhabende Form der Pfeife mit Doppel-Gummiballgebläse zur Erzielung konstanten Druckes und die empirische Formel zur Berechnung der Tonwellenlänge aus der Pfeifenlänge:

$$\lambda = 4L + k, \tag{185}$$

λ Wellenlänge, L Pfeifenlänge, k eine Konstante, die mit dem Anblasedruck p variiert. Wird λ und L in Millimeter gemessen, so ist für $p = 30$ cm Wassersäule, $k = 7{,}3$ mm; für $p = 70$ cm Wasser $k = 6{,}2$; für $p = 30$ cm Quecksilber $= 408$ cm Wasser ist $k = 4{,}7$. Um gutes Ansprechen der Pfeife zu erzielen, wird die Maulweite M (Abstand zwischen Spalt und Lippe) passend eingestellt und zwar für Pfeifenlängen L zwischen 2,0 bis 3,5 mm $M = 0{,}7$; von $L = 4{,}0$ bis 9,5 mm $M = 1{,}0$; für größere L wurde $M = 1{,}5$ mm gemacht.

Die sekundlichen Schwingungszahlen, auf die es hauptsächlich ankommt, ergeben sich daraus als

$$N = 331\,800\,(1 + 0{,}00\,367\,t)^{\frac{1}{2}}\,(4L + k)^{-1}, \tag{186}$$

wenn die Wellenlänge λ bei der Temperatur $t°$ C gemessen ist.

Bei den höheren und höchsten Tönen hat übrigens die Pfeife so geringe Länge, daß sie richtiger als kubische Pfeife anzusehen ist, worauf auch SCHAEFER hinweist. Auf Grund von Berechnungen, die ohne Rücksicht auf diese erheblichen Abweichungen vom Charakter der linearen Luftsäulen von den Verfertigern solcher Pfeifen angestellt worden sind, waren früher ganz übertriebene Angaben über die Höhe der erreichten Schwingungszahlen (bis zu 100000/sek hinauf) verbreitet. Neuere Arbeiten, darunter besonders die von F. A. SCHULZE[5]), sowie die obengenannte von HEGENER[6]) haben diese Angaben berichtigt, womit auch die lange strittige Frage der oberen Hörgrenze erledigt worden ist (s. dazu Artikel „Akustische Meßmethoden" Ziff. 9 ds. Bd. Kap. 13 und Artikel „Das Gehör" Ziff. 19 ds. Bd. Kap. 11).

---

[1]) A. MALLOCK, Proc. Roy. Soc. London Bd. 95, S. 99. 1919.

[2]) D. GUNNAIYA u. G. SUBRAHMANIAN, Proc. Phys. Soc. London Bd. 37, S. 15. 1924.

[3]) K. L. SCHAEFER, Beiträge z. Anat., Physiol. usw. Bd. 16, S. 1. 1921; Bd. 20, S. 142. 1923; Bd. 21, S. 191. 1923.

[4]) J. HEGENER, Beiträge z. Anat., Physiol. usw. Bd. 1, S. 321. 1908.

[5]) F. A. SCHULZE, Ann. d. Phys. (4) Bd. 24, S. 785. 1907.

[6]) J. HEGENER, Beiträge z. Anat., Physiol. usw. Bd. 1, S. 321. 1908.

Über den Einfluß des Winddruckes auf Konstanz und obere Grenze des Tones der Galtonpfeife hat auch ERCOLINI[1]) Beobachtungen mitgeteilt.

δ) Zungenpfeifen.

102. Allgemeines. Die Zungenpfeife als einheitliches und als gekoppeltes System. Die Vereinigung von schwingenden Zungen, d. h. dünnen, einseitig befestigten (eingespannten) Stäben, mit fest umgrenzten Gassäulen, die in verschiedenen Musikinstrumenten benutzt wird, und die man zweckmäßig allgemein als Zungenpfeifen bezeichnet, ist mehrfach genau untersucht worden. Teilweise historisches Interesse bieten die Arbeiten von WILHELM WEBER[2]), der die erst jetzt erklärten mehrfachen Tonsprünge bei allmählicher Verlängerung des Pfeifenrohres genau gemessen hat, WILLIS[3]) und von RAPS[4]), der den Schwingungszustand der Luftsäule bestimmte. HELMHOLTZ[5]) stellte als erster eine brauchbare Theorie für das Zusammenwirken von Zunge und Gassäule auf, die die Erscheinungen sowohl für zylindrische als auch für konische und schließlich auch für kubische Ansatzrohre gut wiedergibt. Zwischen der Bewegung der Zunge und derjenigen der Luft im Rohre stellt sich jeweils eine von den besonderen Umständen — Beschaffenheit, Sitz und Befestigung der Zungen, Form der Röhre — abhängige Phasendifferenz ein, die erforderlich ist, damit die Schwingungen, sich selbst steuernd, dauernd unterhalten bleiben. Entsprechend unserer heutigen Anschauung und Ausdrucksweise sind diese besonderen Umstände die Dämpfung der beiden Teilsysteme (Zunge und Gassäule) und ihre Koppelung, beide durch die entsprechenden Koeffizienten dargestellt.

Die Behandlung der Zungenpfeife als gekoppeltes System hat M. WIEN[6]) und sein Schüler VOGEL[7]) durchgeführt in vollkommener Analogie zu den gekoppelten elektrischen Schwingungssystemen, die als Sender wirken. Die Theorie erklärt hier ebenso wie bei den Lippenpfeifen die starke Abhängigkeit der Tonhöhe von der Länge der Luftsäule in der Pfeife, die um so mehr hervortritt, je weicher, also je stärker gedämpft die Zunge ist, wenn sie auch naturgemäß nicht so beträchtlich ist wie bei den Lippenpfeifen mit ihrer ganz weichen schwingenden Luftlamelle. Der gehörte Ton ist immer der schwächer gedämpfte Koppelungston, also ein Ton, hervorgegangen aus dem Widerstreit und Zusammenwirken von Zungen und Gassäule.

Bei den Schwingungen gekoppelter Systeme sind bekanntlich zu unterscheiden die von außen nicht gestörten Eigenschwingungen, die immer als „gedämpfte" Schwingungen verlaufen, da kein Energienachschub erfolgt, und die durch geeigneten Energienachschub erzeugten Dauerschwingungen („ungedämpfte" Schwingungen). In beiden Fällen wird die Schwingungsfrequenz nur durch die inneren Eigenschaften des Gesamtsystems bestimmt. Von den durch äußere periodische Kräfte erzeugten „erzwungenen" Schwingungen, bei denen das System als Empfänger, nicht als Schwingungserzeuger wirkt, sehen wir hier ganz ab[8]).

---

[1]) G. ERCOLINI, N. Cim. (5) Bd. 19, S. 44. 1910.

[2]) W. WEBER, Pogg. Ann. Bd. 14, S. 397. 1828; Bd. 16, S. 193 u. 415. 1829; Bd. 17, S. 193. 1829.

[3]) R. WILLIS, Pogg. Ann. Bd. 24, S. 397. 1832.

[4]) A. RAPS, Wied. Ann. d. Phys. u. Chem Bd. 50, S. 210. 1893.

[5]) H. v. HELMHOLTZ, Pogg. Ann. Bd. 114, S. 321. 1861; Lehre von den Tonempfindungen, 4. Aufl., S. 158 u. 621.

[6]) M. WIEN u. H. VOGEL, Ann. d. Phys. (4) Bd. 62, S. 649. 1920.

[7]) H. VOGEL, Ann. d. Phys. (4) Bd. 62, S. 247. 1920; Inaug.-Dissert. Jena 1920.

[8]) Vgl. hierzu insbesondere auch den Artikel „Schwingungen von Punktsystemen" Ziff. 6—9 (ds. Bd. Kap. 3).

Die Frequenz der Dauerschwingungen ist im allgemeinen nicht genau die der Eigenschwingungen; sie ist durch die Verbindung mit der nichtperiodischen Energiequelle — bei elektrischen Systemen eine Batterie oder andere Gleichstromquelle, bei den hier betrachteten akustischen ein unter konstantem Druck fließender Luftstrom —, insbesondere auch durch die eingeschalteten Steuerorgane zur Selbststeuerung der Schwingungen (z. B. Elektronenröhre, schwingende Zunge, Luftlamelle im Aufschnitt der Lippenpfeifen) verändert. Die Abweichung ist jedoch im allgemeinen nicht sehr groß, ebenso wie beispielsweise auch bei den Dauerschwingungen gestrichener Seiten.

103. HELMHOLTZsche Theorie der Zungenpfeifen. Zur Gewinnung einer Übersicht über die Erscheinungen ist die Behandlung des Schwingungssystems als eines aus zwei Teilsystemen zusammengesetzten mit seinen freien Eigenschwingungen geeignet, auch für die Dauerschwingungen; zur genauen Berechnung dieser letzteren aber ist es zweckmäßiger, das System von vornherein als ein einheitliches anzusehen. Dieser zuletzt genannte Weg ist vor den Arbeiten M. WIENS allein begangen worden. Vgl. dazu die hier in Ziff. 102, Anm. 1 bis 4 angeführten Arbeiten. HELMHOLTZ hat auf diese Weise theoretisch den Schwingungszustand der Luft im Innern einer Zungenpfeife vollständig abgeleitet, insbesondere die Phasenverhältnisse an der Zunge und in den ferneren Teilen des Pfeifenrohrs. Als idealisierte Zunge wird dabei ein das Pfeifenrohr am unteren Ende verschließender beweglicher Stempel angenommen, der von einer elastischen Kraft in die Ruhelage zurückgetrieben und gleichzeitig von den Druckkräften der schwingenden Luft im Pfeifenrohr bewegt wird. In einer gewissen Stellung verschließt der Stempel die Öffnung; in allen anderen ist sie mehr oder weniger weit geöffnet und läßt den Luftstrom aus der Windlade in die Pfeife ein- und austreten.

Bei den durchschlagenden Zungen ist die Verschlußstellung die statische Ruhelage; die Mittellage, um die die Zunge unter der Wirkung des Luftstromes pendelt, weicht davon übrigens etwas ab. Bei den aufschlagenden Zungen, die etwas breiter und länger sind als die Öffnung des Befestigungsrahmens und meist nicht gerade gestreckt, sondern schwach gekrümmt sind, um sich allmählich an diesen anzulegen, liegt die Verschlußstellung nahe bei einer der beiden extremen Außenlagen oder fällt schließlich ganz mit ihr zusammen. HELMHOLTZ unterscheidet bei ihnen weiter „ein-“ und „ausschlagende“ Zungen, je nachdem sie sich gegen den Windstrom gehend oder mit ihm gehend öffnen. Zu den ersteren gehören die Zungen der Holzblasinstrumente Klarinette, Oboe, Fagott und der Zungenpfeifen der Orgel, zu den letzteren die Lippen des Bläsermundes bei den Blechinstrumenten Trompete, Posaune usw.

Die Hauptergebnisse der Theorie sind: Maximale Resonanz der offenen Pfeife ist für diejenigen Frequenzen der Zunge vorhanden, für welche die mit Berücksichtigung der Mündungskorrektion reduzierte Pfeifenlänge ein ungerades Vielfaches der Viertelwellenlänge $\lambda/4$ ist. Das bedeutet: an der Zunge liegt dabei stets ein Knoten der Bewegung und Geschwindigkeit, also ein Bauch der Verdichtung und Druckänderung. Die Zungenpfeife schwingt also bei bester Resonanz nach dieser Theorie wie eine einseitig geschlossene (gedackte) Pfeife.

Durch diese Aussage ist auch die Reihenfolge der (harmonischen) Obertöne festgelegt.

Die Phasendifferenz ε, um welche das Druckmaximum im Grunde der Pfeifenröhre unmittelbar an der Zunge dem Durchgang derselben durch die Mittellage vorauseilt, ist nach HELMHOLTZ gegeben durch

$$\beta^2 L \lambda \operatorname{tg} \varepsilon = L^2 - \lambda^2 . \tag{187}$$

ε Phasendifferenz, L Wellenlänge des Eigentones der freischwingenden Zunge in Luft, λ Wellenlänge des resultierenden Tones in der angeblasenen Pfeife, β^2 eine Konstante, die bei leichten, stark gedämpften Zungen (z. B. Rohrzungen) größer ist als bei schweren Metallzungen.

Auch für die Phasendifferenz δ zwischen Maximaldruck und Maximalgeschwindigkeit der Luft an der Zunge ergeben sich Gleichungen, die aber hier nicht im einzelnen angegeben werden können. Von dieser Phasendifferenz δ, die zu der eben behandelten Differenz ε in naher Beziehung steht, hängt die Möglichkeit des Arbeitens der Pfeife ab, insofern als dadurch der Energiestrom bestimmt wird, der in dem intermittierend zugelassenen Luftstrom Ersatz für die durch Ausstrahlung und sonstige Dämpfungsursachen bewirkten Energieverluste bringt. Näheres findet sich in der in Ziff. 102 angeführten Arbeit von RAPS. Die Energiebilanz hat ganz neuerdings CARRIÈRE[1]) experimentell untersucht. Er findet aus den aufgenommenen Indikatordiagrammen, daß nicht der aus der Windlade kommende Luftstrom unmittelbar die Zunge in Bewegung setzt, sondern erst durch Vermittlung der Luft im Pfeifenrohr, die durch jedesmaliges Hineinpressen von Luft beim Öffnen des Zungenverschlusses zu einem Energiebehälter gemacht wird.

104. Wirkung der Koppelung bei Zungenpfeifen. Behandelt man, wie es in den in Ziff. 102 genannten Arbeiten von M. WIEN sowie von M. WIEN und VOGEL geschieht, die Zungenpfeife als gekoppeltes System, bestehend aus Zunge und Resonanz-(Pfeifen-)rohr, so erklären sich viele Erscheinungen, nämlich:

1. Der beim Anblasen erzeugte Ton ist im allgemeinen nicht der Eigenton der freien Zunge, und auch nicht einer der freien Eigentöne des Rohres, sondern ein anderer und zwar der weniger stark gedämpfte Koppelungston. Seine Höhe wird durch die Eigentonhöhe der Zunge und die Eigentonhöhe des dem Zungenton nächst gelegenen Teiltones des Pfeifenrohres zusammen mit Dämpfung und Koppelung bestimmt.

2. Wegen der starken Dämpfung der freien Teilsysteme (Luftsäule und Zunge) und der im allgemeinen sehr festen Koppelung beschränkt sich die gegenseitige Beeinflussung nicht nur auf die unmittelbare Umgebung der Resonanzstelle (Unisono beider Systeme) sondern erstreckt sich bis zu recht erheblichen gegenseitigen Verstimmungen. Dadurch erklärt sich das stetige Absinken der resultierenden Tonhöhe bei allmählicher Verlängerung des Pfeifenrohres.

3. Jedesmal, wenn die Pfeifenlänge eine solche ist, daß einer ihrer Teiltöne (nacheinander also der 1., 2., 3. usw.) mit dem Eigenton der freien Zunge übereinstimmt, ist der Resonanzfall gegeben. Der Koppelungston, d. h. der resultierende Pfeifenton, der unmittelbar vor Erreichen dieser Länge am tiefsten war, geht bei weiterer geringer Verlängerung (Durchgang durch die Resonanzstelle) sehr schnell in die Höhe (Springen des Tones auf seinen höchsten Wert) Vgl. hierzu die Fig. 7 bis 14 der VOGELschen Arbeit, die hier als Abb. 39 wiedergegeben sind.

4. Ist die Koppelung lose (Koppelungskoeffizient kleiner als der Dämpfungskoeffizient), so erfolgt dieser Sprung in stetigem Übergang (s. Abb. 39 e_1 und e_2). Bei festerer Koppelung (also verhältnismäßig kleinerer Dämpfung) erscheint der Übergang immer als „Sprung" (s. Abb. 39 e_3 bis e_8). Diese Abb. e_1 bis e_8 zeigen in der Umgebung einer Sprung-(Resonanz-)stelle den charakteristischen Verlauf der von M. WIEN[2]) früher theoretisch berechneten Frequenzkurve der Koppelungsschwingungen bei allmählicher Verstimmung beider Teilsysteme. In der gemeinsamen Arbeit von VOGEL und WIEN ist darauf besonders hin-

[1]) Z. CARRIÈRE, Journ. de phys. (6) Bd. 5, S. 338. 1924.
[2]) M. WIEN, Wied. Ann. N. F. Bd. 61, S. 151. 1897.

gewiesen. Abb. 40, der ebengenannten WIENschen Arbeit entnommen, stellt die Frequenzänderung $\Delta\nu$ der weniger gedämpften Koppelungsschwingung bei Verstimmung ε beider Teilsysteme dar (von der Mitte nach links hin ist der Eigenton von System 1 höher als 2, nach rechts hin tiefer). Kurve I gilt, wenn die Dämpfung die Koppelung überwiegt, Kurve III, wenn die Koppelung überwiegt. Man erkennt in letzterem Falle den Frequenzsprung, in ersterem den langsamen Übergang ganz wie in den VOGELschen Abbildungen.

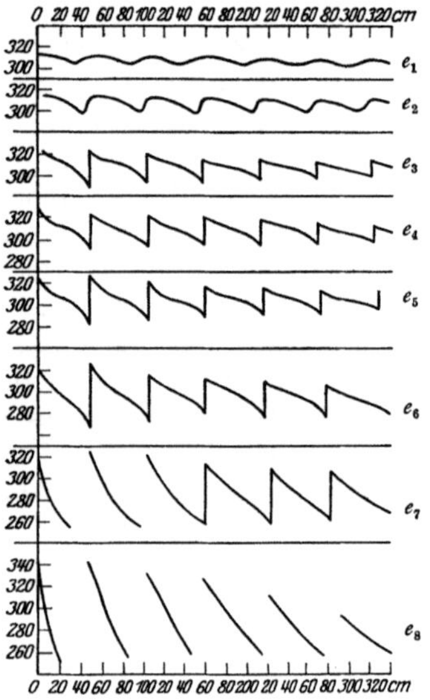

Abb. 39. Tonänderung und Tonsprünge, erzeugt durch Verlangerung des Pfeifenrohres einer Zungenpfeife bei verschiedener Koppelung zwischen Zunge und Rohr; von e_1 bis e_8 zunehmende Koppelung.

5. Bei sehr fester Koppelung (also im Verhältnis dazu schwacher Dämpfung) wird die Energieübertragung zwischen beiden Teilsystemen und damit die Ausstrahlung (Tonstärke der Pfeife) an der Resonanzstelle so groß, daß der sonst zureichende Winddruck nicht mehr zur Deckung des Energiebedarfs genügt, d. h. der Ton setzt in der Umgebung der Resonanzstelle aus (Tonlücken der Pfeifen bei stetiger Änderung ihrer Länge; die Pfeifen sprechen bei gewissen Längen nicht an).

Die aus den Beobachtungen nach der WIENschen Formel von VOGEL berechneten Koppelungskoeffizienten bewegen sich zwischen den Werten 0,130 und 0,082 für offene, zwischen 0,25 und 0,03 für gedackte Zungenpfeifen. Sie sind am größten, wenn die Pfeife in der Grundschwingung schwingt; mit wachsender Ordnungszahl der Teilschwingung, d. h. wachsender Zahl der Knoten in der Röhre werden die Werte kleiner. Die Koppelung wurde durch Anbringung einer mehr oder weniger großen Öffnung in der Wand des Pfeifenfußes geändert, durch welche ein Teil der vom Anblaserohr durch den Zungenspalt gekommenen Luft ins Freie austreten konnte, ohne weiter in das als Ansatzrohr bezeichnete eigentliche Pfeifenrohr einzudringen. Die VOGELschen Kurven (Abb. 39) geben auch eine gute Vorstellung von den tatsächlich stattfindenden Tonänderungen, da die Ordinaten Schwingungszahlen in der Sekunde, die Abszissen Rohrlängen in Zentimeter darstellen.

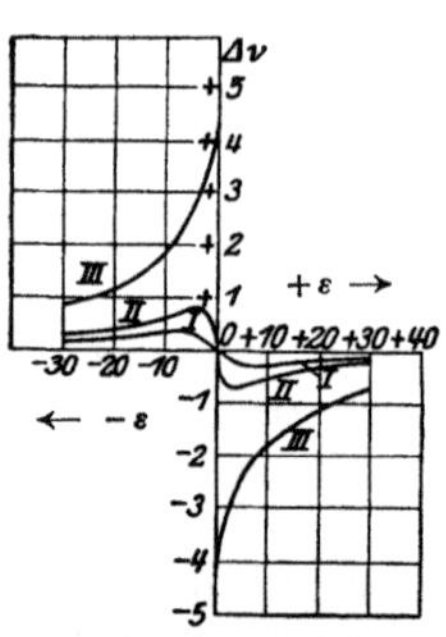

I Dämpfung vorherrschend; *II* Dampfung u. Koppelung gleich; *III* Koppelung vorherrschend.

Abb. 40. Frequenzanderung $\Delta\nu$ der weniger gedampften Koppelungsschwingung durch Verstimmung ε der beiden Teilsysteme gegeneinander bei verschiedenem Verhaltnis zwischen Koppelung und Dampfung.

105. „Ziehen" des Tones. Eine hier noch nicht besprochene, aber bei gekoppelten akustischen wie auch bei elektrischen Systemen stets beobachtete Erscheinung ist das sog. „Ziehen" des Tones bzw. der Schwingungen. Sie besteht darin, daß der Umschlag oder „Tonsprung" bei Änderung der Pfeifenlänge an etwas verschiedenen Stellen erfolgt, je nachdem man verlängert oder verkürzt. Es ergibt sich dabei eine Art Hysteresisschleife (Ziehschleife), indem der Sprung nach oben beim Verlängern später (also bei größerer Länge) erfolgt, als der entgegengesetzte Sprung nach unten beim Wiederverkürzen.

Die VOGELschen Beobachtungen ergeben volle Übereinstimmung mit den bei Dauerschwingungen von elektrischen Kreisen (z. B. Röhrensendern) beobachteten Zieherscheinungen. Insbesondere wird die Ziehschleife um so breiter, je fester die Koppelung ist. Die Beträge, um die sich der Ton ziehen ließ, d. h. die Breite der Ziehschleife in Zentimeter Rohrverlängerung gemessen, war bei verschieden fester Koppelung (Beobachtungsreihe e_3 bis e_6) im Mittel 4,3; 10; 12,8; 21,4 cm, wobei die Koppelung von e_3 bis e_6 anstieg. Der Verlauf der Erscheinung ist in Abb. 41 e_3 bis e_6 dargestellt. (Die Fig. 26 bis 29 von VOGEL. Ann. d. Phys. Bd. 62. 1920. S. 279.)

Ordinaten sind die Tonhöhen, Abszissen die Längen der Pfeife. Die punktierten Linien gelten bei Verlängerung, die ausgezogenen bei Verkürzung. Eine vergleichende Zusammenstellung des Verlaufs der Frequenzänderung bei verschiedenem Typus (für lose, mittlere, feste Koppelung) an der Zungenpfeife und dem elektrischen Röhrensender gibt Abb. 42, die der Arbeit von VOGEL und WIEN entstammt. (Ann. d. Phys. Bd. 62, S. 650, Fig. 1a bis 3b).

Den Einfluß der Länge des Windzuführungs-

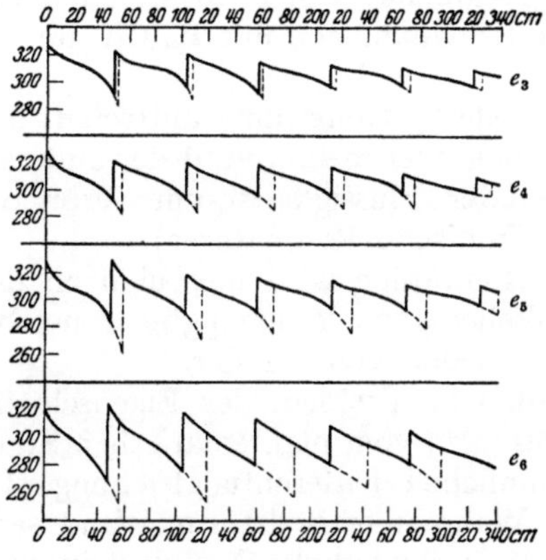

Abb. 41. „Ziehen" des Tones einer Zungenpfeife. Die Tonsprünge aufwärts beim Verlängern des Rohres finden bei größerer Länge statt (punktierte Linien) als die gleichen Sprünge abwärts beim Verkürzen (ausgezogene Linien). Von e_3 bis e_6 zunehmende Koppelung.
Abszissen: Rohrlängen; Ordinaten: Schwingungszahlen in 1 sek.

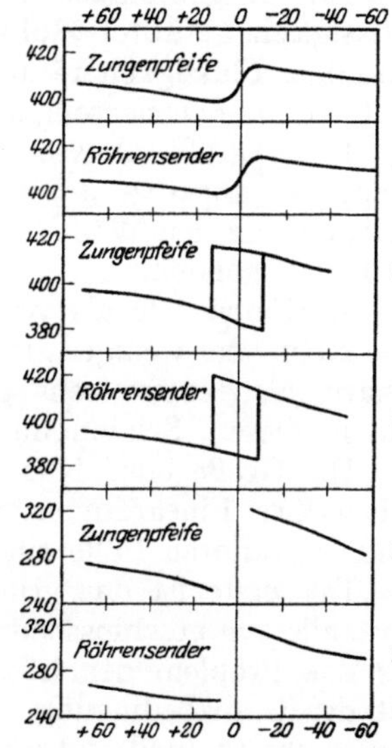

Abb. 42. Vergleich der Frequenzänderungskurven von Zungenpfeife und elektrischem Röhrensender bei verschieden fester Koppelung. Von 1 bis 3 zunehmende Koppelung.
Abszissen: relative Verstimmung der beiden Teilsysteme gegeneinander.

rohres als eines dritten Teilsystems im Gesamtschwingungssystem auf Tonstärke und Tonhöhe einer Zungenpfeife hat R. EWALD[1]) untersucht. Mehr von physiologischen Gesichtspunkten aus, im Zusammenhang mit der Frage nach der Erzeugung der Vokale, hat LULLIES[2]) die Entstehung der Klänge von Zungenpfeifen behandelt.

g) Flüssigkeits- und Gasplatten.

Zweidimensionales Problem.

106. Gase und Flüssigkeiten in Plattenform. Neue Untersuchungen sind auf diesem Gebiete nicht bekannt geworden. Es muß genügen, auf die ältere Literatur hinzuweisen, die in früheren Handbüchern[3]) bereits behandelt ist. Die zwischen zwei feste begrenzende Ebenen eingeschlossenen Gas- oder Flüssigkeitsplatten sind das zweidimensionale Analogon der KUNDTschen Staubfigurenröhre und sind auch in dieser Weise theoretisch behandelt worden. Für Tonerzeugung kommen sie nicht in Betracht. Die Resonanzeigenschaften solcher

[1]) R. EWALD, Ann. d. Phys. (4) Bd. 45, S. 1209. 1914.
[2]) H. LULLIES, Pflügers Arch. f. d. ges. Physiol. Bd. 211, S. 373. 1926.
[3]) Z. B. Winkelmanns Handb. d. Phys. Bd. II (Akustik), S. 462.

Luftplatten können eine Rolle spielen, wenn sie in Gebäuden etwa als Zwischenschichten zwischen Doppelwänden zur Wärmeisolation benutzt werden. Dabei können unerwünschte akustische Nebenerscheinungen auftreten durch zufällige Erregung der Eigenschwingungen dieser Luftschichten. Näheres über diese hier nicht besonders zu behandelnden Erscheinungen folgt aus den angeführten Arbeiten[1]).

h) Kubische Pfeifen.

Dreidimensionales Problem.

107. Allgemeines. Eigenschwingungen abgeschlossener, mit Gas oder Flüssigkeit gefüllter Hohlräume[2]). Nach allen drei Dimensionen ausgedehnte Gas- oder Flüssigkeitsräume spielen in der Akustik in mehrfacher Hinsicht eine Rolle bei der Tonerzeugung. Sie können:

1. als große abgeschlossene Hohlräume auftreten, in denen die Schwingungen — angeregt durch irgendeine Tonquelle — sich ausbreiten und infolge Reflexion an den Wänden als stehende Schwingungen mit Bauch- und Knotenflächen ausbilden.

2. Können sie als verhältnismäßig kleine Hohlräume auftreten, die durch eine mehr oder weniger große Wandöffnung oder mehrere mit der äußeren Atmosphäre, also einem sehr großen Gas- oder Flüssigkeitsraum verbunden sind, und in diesem Schwingungen erregen (kubische Resonatoren).

Die Größe oder Kleinheit dieser Hohlräume wird hierbei nach dem Verhältnis ihrer Lineardimensionen zu der Wellenlänge des erzeugten Tones beurteilt. Beide genannten Fälle sind völlig verschieden voneinander.

Der erste ist das grundsätzlich einfache Problem der Eigenschwingungen eines allseitig geschlossenen Hohlraumes, also vom mathematischen Standpunkt aus das Problem der Lösung der räumlichen Differentialgleichung (1) Ziff. 7 mit der Grenzbedingung, daß an der Wand überall die zur Wand senkrechte Verschiebung (und natürlich auch die Geschwindigkeit) Null sein muß. Die Aufgabe ist für gewisse Formen des Hohlraumes (rechteckiges Parallelepiped, insbesondere Würfel; Kugel) mit verhältnismäßig einfachen Funktionen in geschlossener Form streng lösbar. Bei dem Parallelepiped und Würfel ist es eigentlich nur eine Erweiterung der Eigenschwingungstheorie der linearen Pfeifen nach den beiden anderen Raumdimensionen hin. Die Schwingung stellt sich wieder dar als Produkt einer Sinusfunktion der Zeit (Normalkoordinate) $\sin\omega t$ mit der Eigenfunktion des Raumes. Letztere ist hier selbst ein Produkt von drei gleichgebauten trigonometrischen Funktionen $\sin h\pi x/\alpha$, $\sin i\pi y/\beta$, $\sin k\pi z/\gamma$, wobei x, y, z die CARTESIschen Raumkoordinaten, α, β, γ die drei Kantenlängen des Parallelepipeds in den Richtungen x, y, z und h, i, k drei ganze Zahlen sind.

Die Kreisfrequenz wird

$$\omega_{hik} = 2\pi N_{hik} = \pi c \sqrt{\left(\frac{h}{\alpha}\right)^2 + \left(\frac{i}{\beta}\right)^2 + \left(\frac{k}{\gamma}\right)^2}. \qquad (188)$$

Ähnlich wie bei der rechteckigen Membran gilt: wenn die Kantenlängen α, β, γ inkommensurabel sind, gibt es zu jedem Tone, jeder Frequenz ω_{hik}, nur ein einziges System von Knotenflächen, die sich übrigens rechtwinklig

[1]) A. KUNDT, Pogg. Ann. Bd. 137, S. 456. 1869; Bd. 150, S. 177 u. 337. 1873; F. MELDE, ebenda Bd. 139, S. 485. 1870; G. H. VIERTH, ebenda Bd. 138, S. 560. 1869. Vgl. auch Artikel „Akustische Meßmethoden" Ziff. 11 (ds. Bd. Kap. 13).

[2]) Vgl. hierzu auch Artikel „Schwingungen räumlich ausgedehnter Kontinua" Ziff. 16 (ds. Bd. Kap. 4).

schneiden und den Raum in rechtwinklig parallelepipedische, also quaderförmige, Fächer zerlegen. Bei rationalen Verhältnissen der Kantenlängen sind zu einem Tone verschiedene Knotenflächensysteme und durch Übereinanderlagerung derselben mit verschiedenem Phasenunterschiede außerordentlich mannigfache Systeme von Knotenflächen möglich, die dann im allgemeinen nicht mehr eben, sondern gewölbt sind. Entsprechendes gilt auch für anders geformte Räume.

Jeder der Eigentöne bewirkt Resonanz in dem betreffenden Luftraum, erkennbar an ausgesprochenem Nachhall bei kurzem Erklingen dieser Töne. Die Berechnung dieser Eigentöne ist daher für die Gebäude- und Raumakustik sehr wichtig (vgl. den Artikel „Raumakustik" Ziff. 20ff., Ziff. 30ff., ds. Bd. Kap. 16). Für die Tonerzeugung ist aber der Fall 2 des kubischen Resonators viel wichtiger.

108. Der kubische Resonator als Tonquelle. Pfeifen, Brummkreisel. Flaschentöne usw. Der in Ziff. 107 unter 2 angeführte kubische Resonator ist ein nach allen drei Dimensionen annähernd gleich ausgedehnter Hohlraum, dessen gasgefüllter Innenraum — das ist das Wesentliche — durch eine kleine Öffnung mit der Außenatmosphäre in Verbindung steht. Das Gas innen und außen kann auch durch Flüssigkeit ersetzt werden, obwohl dies praktisch noch nicht ausgeführt ist, und wegen der dann größeren Nachgiebigkeit der Wände, die gegenüber Flüssigkeiten nicht mehr als starr gelten können, Schwierigkeiten macht. Die Form des Hohlraumes (Würfel- oder quaderförmig, Kugel, Zylinder) ist gleichgültig, es kommt nur auf das Volumen und die Größe der Öffnung an. Voraussetzung ist, daß die Lineardimensionen beider (Volumen und Öffnung) klein sind gegen die Wellenlänge des von außen kommenden Tones.

Ein solcher Hohlraum verstärkt einen bestimmten Ton maximal, benachbarte Töne immer schwächer, je mehr ihre Frequenzen von dieser Resonanzfrequenz abweichen. Man erhält, z. B. durch stetige Veränderung des Volumens oder der Öffnung, eine ausgesprochene Resonanzkurve. Theoretisch hat HELMHOLTZ[1]) das Problem im Anschluß an seine Theorie der offenen Pfeifen behandelt unter der Annahme, daß die Lineardimensionen der Öffnung klein gegen die des Hohlraumes und diese wieder klein gegen die Wellenlänge sind.

Auf anderem Wege, mit Benutzung der aus dem elektrischen Gebiete übernommenen Begriffe des „Widerstandes" bzw. der „Impedanz", die hier auf Öffnungen oder sonstige Verbindungswege (Luftkanal usw.) angewandt werden, haben Lord RAYLEIGH[2]) und KIRCHHOFF[3]) das Problem gelöst. Die Grundlagen dieser Behandlungsweise sind in dem Artikel „Musikinstrumente und ihre Klänge" Ziff. 43ff., ds. Bd. Kap. 8 besprochen. Hier sei nur auf die Gleichung hingewiesen, durch welche der „akustische Widerstand" eines Gebietes definiert wird, nämlich

$$\int ds_0 \frac{\partial \psi}{\partial n} = -\int ds_1 \frac{\partial \psi}{\partial n} = \frac{1}{w}(\psi_0 - \psi_1) = a(\psi_0 - \psi_1) \,. \tag{189}$$

Hierin bedeuten ψ die Eigenfunktion, d. h. die von der Zeitfunktion $\cos 2\pi n t$ oder $\sin 2\pi n t$ befreite Raumfunktion der Luftbewegung, ψ_0 und ψ_1 ihre (konstanten) Werte auf den beiden Flächen 0 und 1, welche den Übergangsraum gegen die beiden Räume 1 und 2 abgrenzen, in denen die Bewegung durch ihr Geschwindigkeitspotential von bekannter Form selbst bekannt ist, w den „akustischen Widerstand", a die „akustische Leitfähigkeit"; ds_0 und ds_1 sind Flächenelemente dieser Flächen. Die beiden Integrale stellen die Strömung

[1]) H. v. HELMHOLTZ, Crelles Journ. f. d. Math. Bd. 57, S. 75ff. 1860.

[2]) Lord RAYLEIGH, Theory of Sound Bd. II, Kap. 16, § 303ff.

[3]) G. KIRCHHOFF, Vorlesungen über Mathem. Physik, Bd. I, Mechanik, S. 212 u. 334. 1876 oder 1883.

durch die betreffenden Flächen in allgemeinster, die beiden anderen Ausdrücke dasselbe in spezialisierter Form dar, wobei die Bewegung innerhalb des kurzen mittleren Raumes als gleichförmig angesehen wird, gleichviel, wie die Bewegung in den Räumen 1 und 2 ist. Dadurch ist genau wie bei dem elektrischen Strömungsproblem die Berechnung des „Widerstandes" für den mittleren Raum möglich. Beispielsweise ergibt sich nach RAYLEIGH für eine kreisförmige Öffnung vom Radius R in einer ebenen Wand von der Dicke L der akustische Widerstand

$$w = \frac{1}{2R} + \frac{L}{\pi R^2}, \tag{190}$$

was für verschwindende Wanddicke ($L = 0$) übergeht in

$$w = \frac{1}{2R}. \tag{190a}$$

Das Ergebnis der HELMHOLTZschen sowie dieser Rechnung für die Resonanztonhöhe einer solchen kubischen Pfeife ist die bekannte Formel

$$N = c\, s^{\frac{1}{4}} \pi^{-\frac{3}{4}} (2S)^{-\frac{1}{2}}. \tag{191}$$

N sekundliche Schwingungszahl, c Schallgeschwindigkeit der umgebenden Atmosphäre, S Resonatorvolumen, s Fläche der Öffnung.

Für Luft ($c = 33226$ cm/sec nach HELMHOLTZ Annahme) wird die Formel

$$N = 5617{,}4\, s^{\frac{1}{4}} S^{-\frac{1}{2}} \tag{191a}$$

in naher zahlenmäßiger Übereinstimmung mit der von SONDHAUSS[1]) experimentell gefundenen Formel, deren Zahlenfaktor 5240 ist. Hier sind alle Längen in Zentimeter gemessen; die 10mal größeren Zahlen bei HELMHOLTZ und SONDHAUSS gelten für Messung der Längen in Millimeter.

Für anders geformte Öffnungen sowie für kubische Resonatoren mit längeren Hälsen und für Doppel- und Mehrfachresonatoren, die durch einen engen Kanal verbunden sind usw., lassen sich auf diesem Wege ebenfalls die Resonanz- (Eigen-) frequenzen berechnen. Näheres darüber in den älteren Lehr- und Handbüchern, z. B. Winkelmanns Handb. d. Phys. Bd. II (Akustik), S. 451—462. In einem gewissen Zusammenhang damit stehen die neueren hier unten angeführten Arbeiten[2]). Vgl. auch Anm. 2, Ziff. 88.

Als Tonerzeuger dient der kubische Resonator oder die kubische Pfeife bei einigen Registern der Orgel sowie bei dem unter dem Namen Okarina bekannten Blasinstrument, das übrigens den Übergang zu einer konischen Lippenpfeife mit Seitenlöchern bildet; ferner in der Form des Brummkreisels, bei dem zwei Eigentöne nachweisbar sein sollen, ein kräftiger tieferer bei großer Umdrehungsgeschwindigkeit und ein schwächerer höherer bei geringerer Geschwindigkeit; weiter bei den sog. Flaschentönen, die durch kräftiges Blasen über den Rand von kurzhalsigen, dickbäuchigen Flaschen nach HELMHOLTZS Vorgang erzeugt werden. Mit ihnen hat sich besonders WESENDONCK[3]) befaßt. Bei diesen und ähnlichen Anordnungen beruht die Tonerzeugung wohl ebenso wie bei den in Ziff. 98ff. behandelten Lippenpfeifen auf periodischer Bildung und Ablösung von Wirbeln an den Kanten der Resonatoröffnung beim Vorüberstreichen der Luft gemäß der KRÜGERschen Theorie.

[1]) C. SONDHAUSS, Pogg. Ann. Bd. 81, S. 235. 1850; Bd. 140, S. 53 u. 219. 1870.

[2]) FR. CANAC, Journ. de phys. et le Radium (6) Bd. 7, S. 161. 1926; A. E. KENNELLY u. K. KUROKAWA, Proc. Amer. Acad. Bd. 56, S. 1. 1921; E. E. FOURNIER D'ALBE, Nature Bd. 114, S. 537. 1924; F. R. WATSON, K. H. HUBBARD u. F. H. HUBBARD, Phys. Rev. (2) Bd. 25, S. 117. 1925; A. T. JONES, ebenda Bd. 25, S. 696 u. 705. 1925.

[3]) K. v. WESENDONCK, Verh. d. D. Phys. Ges. Bd. 8, S. 197. 1906.

In besonderer Weise hat neuerdings J. HARTMANN[1]) sehr kleine, teils kubische, teils zylindrische Resonatoren zur Erzeugung außerordentlich hoher unhörbarer Töne bis zu 100000 bzw. sogar 340000 Schw./sec benutzt, indem er sie an bestimmte Stellen (Punkte ansteigenden Druckes) in Luft- oder Wasserstoffstrahlen bringt, die unter sehr hohem Druck mit Bildung von Wirbeln und Schwingungen ausströmen. Die angegebenen, damit erreichten Schwingungen sind mit kleinen KUNDTschen Röhren und Staubfiguren gemessen worden. Auch hier ist vermutlich die periodische Bildung von Wirbeln an den Resonatorkanten Ursache der Schwingungen. Die Wellenlänge bei Zylinderresonatoren von der Länge L und dem Durchmesser d war $\lambda = 4L + 2{,}4d$.

i) Klangkörper vom Charakter des schwingenden Massenpunktes.

109. Klangkörper mit räumlich getrennter Masse und Elastizität. Klangkörper, die nur einen einzigen Eigenton haben, die also dem Schwingungsgesetz des einfachen Massenpunktes unter der Wirkung einer linearen elastischen Kraft gehorchen, sind unter den bisher betrachteten, die alle ein Tonspektrum besitzen, nicht vorhanden. Sie erfordern eine besondere Bauart, bei der genau wie bei dem gedachten idealen schwingenden Massenpunkt und bei dem elektrischen Kondensator-Schwingungskreis mit seiner getrennten Kapazität und Selbstinduktion Trägheit und wirkende Kraft, hier also Masse und Elastizität, nicht über den Klangkörper stetig verteilt, sondern räumlich voneinander getrennt sind. Wenigstens muß diese Forderung im wesentlichen erfüllt sein. Praktisch kann man ihr auf verschiedene Weise genügen, jedoch immer mit Benutzung von irgendwelchen der vorher behandelten Schwingungskörper (Saiten, Stäbe, Membranen, Platten usw.) als Konstruktionselementen, weswegen die Kenntnis der Eigenschaften dieser erforderlich ist.

Die so gebildeten Klangkörper sind, praktisch gesehen, etwas künstliche Gebilde, theoretisch dagegen einfach zu behandeln. Man kann sogar, wie z. B. Lord RAYLEIGH in seiner „Theory of Sound" es tut, den Übergang von der Theorie der Schwingungen einzelner Punkte und endlicher Punktsysteme zu denjenigen stetig ausgedehnter Gebilde wie Saiten, Membranen usw. mit Hilfe solcher Gebilde ausführen. Sehr einfache Formen derselben sind z. B. eine kleine (punktförmige) Masse auf einer beiderseits befestigten Saite oder auf einem Stabe (Blattfeder), wobei der Sitz der Masse noch ziemlich beliebig gewählt werden kann.

110. GERDIENS akustischer Schwinger. Tonpilz und Tonraum nach HAHNEMANN und HECHT. Mit Bau und Theorie derartiger Klangkörper haben sich besonders HAHNEMANN und HECHT[2]), sowie GERDIEN[3]) gemeinsam mit RIEGGER und BOEDEKER beschäftigt. Der theoretisch einfachste Fall des einzelnen Massenpunktes ist nur angenähert zu verwirklichen, z. B. durch eine Masse in der Mitte einer gegen sie sehr leichten Saite. Erzeugung höherer Töne ist dabei aber schon schwierig. Leichter läßt sich ein geeigneter Klangkörper herstellen aus zwei getrennten Massen und einer fast masselosen elastischen Verbindung (Stab, Membran, Platte) zwischen ihnen, also ein System, das zwei durch eine Kraft gekoppelten Massenpunkten entspricht: „akustischer Schwinger" nach GERDIEN, „Tonpilz" von HAHNEMANN und HECHT, nach seiner eigentümlichen Form so genannt. GERDIEN benutzt statt des elastischen, longitudinal

[1]) J. HARTMANN, Phys. Rev. (2) Bd. 20, S. 114 u. 719. 1922.
[2]) W. HAHNEMANN u. H. HECHT, Phys. ZS. Bd. 21, S. 187. 1920.
[3]) H. GERDIEN, Phys. ZS. Bd. 22, S. 679. 1921. Vgl. auch Kap. 12, Ziff. 3.

schwingenden Stabes zwischen den Massen eine dünne elastische Platte, so daß sein „Schwinger" wie eine in der Mitte belastete Platte wirkt, die am Rande fest in eine größere ringförmige Masse eingespannt ist. Die Schwingungsgesetze sind die gleichen. Die Kreisfrequenz ω und Sekundenfrequenz N ist

$$\omega = 2\pi N = \sqrt{C\,(M_1^{-1} + M_2^{-1})}\,, \tag{192}$$

C = elastische rücktreibende Kraft bei Ablenkung 1 aus der Ruhelage (Direktionskraft), M_1 und M_2 die beiden Massen. Bei dem „Tonpilz" mit einem Stab von der Länge l, dem Querschnitt q und dem YOUNGschen Dehnungsmodul E ist $C = q\,E\,l^{-1}$. Auch bei dem GERDIENschen Schwinger läßt sich C angenähert berechnen. Dieser Schwinger ist übrigens praktisch für sekundliche Frequenzen zwischen etwa 30 und einigen 1000 ausgeführt und erprobt worden. Er läßt sich als Rotationskörper sehr genau bearbeiten und abstimmen. Das logarithmische Dekrement wurde zu etwa $5 \cdot 10^{-4}$ gefunden, das einer gleich hohen Stimmgabel auf Resonanzkasten zu etwa $1 \cdot 10^{-4}$.

Ähnlich wie die festen Körper behandeln HAHNEMANN und HECHT[1]) auch gasförmige. Als Grundform, die dem „Tonpilz" entspricht, wird der „Tonraum" eingeführt, bestehend aus zwei gasgefüllten geschlossenen Hohlräumen, die durch einen Kanal verbunden sind. In alter Bezeichnung ist das ein Doppelresonator, der in einen gewöhnlichen einfachen (HELMHOLTZschen) übergeht, wenn der eine Hohlraum unendlich groß wird. In eleganter Weise lassen sich bei diesen Gebilden, ähnlich wie bei der RAYLEIGHschen Methode, die Schwingungsgesetze solcher Hohlräume ableiten.

k) Sonstige mechanische Schallerzeugung.

α) Töne.

111. Allgemeines. Tonquellen nach Art der Sirenen. Außer den bisher betrachteten mechanischen Mitteln zur Schallerzeugung (Klangkörper bestimmter Form unter verschiedenartiger Erregung) gibt es noch einige andere, die sich hier anreihen, aber nicht ohne weiteres einordnen lassen. Sie bringen teils Töne, teils Geräusche hervor und sollen dementsprechend eingeteilt werden, obwohl eine scharfe Grenze zwischen Ton und Geräusch nicht in allen Fällen besteht.

Als Tonquellen besonderer Art sind die Sirenen und sirenenähnlichen Anordnungen zu betrachten. Sie zeichnen sich dadurch aus, daß ihre Tonhöhe willkürlich wählbar und im allgemeinen stetig veränderlich ist. Ihr gemeinsames Merkmal ist die zwangsläufige Erzeugung der Schwingungen und die Festlegung ihrer Zahl in der Sekunde auf rein mechanischem Wege durch einen mit regelbarer Geschwindigkeit sich drehenden Körper, der bei dieser Rotation die verlangte Zahl von Stößen auf das schallübertragende Medium (gewöhnlich die Luft, zuweilen auch Wasser) ausübt. Die Art, wie dies geschieht, kann verschieden sein. Wir sehen hier von allen Anordnungen ab, bei denen z. B. elektrische oder magnetische Wirkungen ins Spiel kommen, also Telephonsirenen usw., und besprechen kurz nur die rein mechanischen Sirenen.

Hauptrepräsentant ist die Lochsirene von CAGNIARD DE LA TOUR, eine rotierende Scheibe mit einer Anzahl von Löchern, die auf einem Kreise um die Achse angeordnet sind. Anzahl und gegenseitige Lage der Löcher bestimmen zusammen mit der Drehgeschwindigkeit die absolute Tonhöhe und die Art der Teiltöne des Klanges, der durch Gegenblasen eines Luftstrahles gegen die Lochreihe erzeugt wird. Über die Anordnung im einzelnen sowie über besondere

[1]) W. HAHNEMANN u. H. HECHT, Phys. ZS. Bd. 22, S. 353. 1921.

Konstruktionen [z. B. die HELMHOLTZsche Doppelsirene[1]) usw.] siehe ältere Handbücher[2]) mit der dort angegebenen Literatur. Die Töne entstehen durch die periodische stoßweise Unterbrechung des Luftstromes und können durch Form und Lage der Löcher weitgehend in ihrem Klangcharakter beeinflußt werden. Zweifellos entstehen in dem Luftstrahl beim Durchgang durch die Löcher auch Wirbel; doch spielen diese wohl hier keine wesentliche Rolle beim Zustandekommen der Töne. Benutzt wurden solche Sirenen besonders bei der Untersuchung der sog. Unterbrechungstöne sowie der Kombinationstöne. Siehe Artikel „Das Gehör", Ziff. 25ff. (ds. Bd., Kap. 11).

Ein weniger vollkommener Vorläufer war die Zahnradsirene von SAVART, bei der ein Kartenblatt gegen den Zahnkranz des umlaufenden Rades gedrückt wird; weiter ausgebaut und vervollkommnet zur Wellensirene von R. KOENIG, bei der der Zahnkranz ganz bestimmte, für jeden Klang charakteristische Form erhielt. In allen diesen Anordnungen ist die Sirene im wesentlichen ein wissenschaftliches Instrument. In neuerer Zeit ist für den technischen Zweck des Unterwasserschallsenders von AIGNER[3]) eine Oszillatorsirene konstruiert worden, bei welcher ein aus einem schmalen Spalt zwischen einer festen Platte und einer beweglichen elastischen Scheibe nach allen Seiten radial austretender Flüssigkeitsstrahl die elastische Scheibe (Platte) zum Schwingen bringt unter Mitwirkung des entstehenden Unterdrucks [hydrostatisches Paradoxon[4])]. Das Instrument ist also eigentlich keine Sirene, sondern eine durch den Flüssigkeitsstrom mit Selbststeuerung in Dauerschwingungen versetzte Platte. Vgl. auch Ziff. 72.

Die Drehung der Sirenenscheibe kann durch eine fremde Kraft erfolgen, am besten einen sehr gut regulierten Elektromotor, oder durch den Luftstrom des Gebläses, der auch den Strahl gegen die Lochscheibe bläst (wie bei HELMHOLTZ).

Erwähnt sei hier noch die auf dem Sirenenprinzip beruhende „Torpedopfeife" oder das Flugrädchen, bei dem sich als einfachste Form der Lochscheibe ein Flügelrädchen unter der Wirkung des vom Munde kommenden Luftstromes dreht und einen mehr oder weniger schrillen Ton erzeugt.

Eine Windturbine, die zum dauernden Antrieb eines schwingenden Klangkörpers dient und von diesem nach Art der Zahnradsteuerung bei der Uhr gesteuert wird, hat CARRIÈRE[5]) für wissenschaftliche Zwecke konstruiert.

Überhaupt kann jeder periodische Vorgang von Tonfrequenz zur Erzeugung, besonders aber zur dauernden Unterhaltung der Schwingungen von tönenden Körpern dienen, indem Steuerung desselben durch den tönenden Körper erfolgt. So läßt sich z. B. der infolge der Oberflächenspannung und der Schwerewirkung eintretende Zerfall eines Flüssigkeitsstrahles in Tropfen benutzen. Vgl. dazu Arbeiten von MASSON, SONDHAUS, neuere von BELAS und TERADA[6]). Lord RAYLEIGH[7]) hat dies auf die Dauerunterhaltung von Stimmgabelschwingungen angewandt.

112. Flugzeugschall. In die Klasse der Sirenentöne gehören auch alle anderen zwangsläufig bei Rotationen entstehenden Töne (Singen der Elektromotoren und Turbinen, der schnellaufenden Rotationsmotoren von Flugzeugen, das Kreischen der Kreissägen usw.). Auch die meist tieferen Töne (Brummen) von stehenden Verbrennungs- und Explosionsmotoren der Automobile und Flug-

---

[1]) H. v. HELMHOLTZ, Lehre von den Tonempfindungen, 5. Ausg., S. 269. 1896.

[2]) z. B. A. WINKELMANN, Handb. d. Phys. Bd. II (Akustik), S. 180ff. 1909.

[3]) F. AIGNER, Unterwasserschalltechnik. S. 157. Berlin: M. Krayn 1922; W. HORT, ZS. f. techn. Phys. Bd. 5, S. 384. 1924.

[4]) Vgl. auch KARR GRANT, Proc. Phys. Soc. London Bd. 34, S. 104. 1922.

[5]) Z. CARRIÈRE, Ann. chim. phys. (9) Bd. 17, S. 123. 1922.

[6]) Literatur in Winkelmanns Handb. d. Phys. Bd. II (Akustik), S. 476. 1909.

[7]) Lord RAYLEIGH, Phil. Mag. (6) Bd. 16, S. 235. 1908.

zeuge gehören dazu, da sie ebenfalls durch periodische mechanische Bewegung, wenn auch keine Drehbewegungen, zwangsläufig erzeugt werden.

Besonderes Interesse erwecken die von Flugzeugen ausgehenden Schallerscheinungen, schon wegen ihrer praktischen Bedeutung für die Feststellung des Herannahens von Luftfahrzeugen. Der „Flugzeugschall" ist mehrfach untersucht worden. Am eingehendsten sind wohl die Veröffentlichungen von WAETZMANN[1]); auch PRANDTL[2]) hat sich damit beschäftigt. Von anderen sei noch DÉVÉ[3]) genannt.

Zu unterscheiden sind 1. der Motorton, 2. der Propellerton (Luftschraubenton), beides Sirenentöne, 3. die an den Spanndrähten und Kanten des Flugzeugs entstehenden Hieb- und Schneidentöne, 4. gewisse Echotöne, die erst durch Reflexion eines Impulses am festen Erdboden entstehen.

Die Töne sind vielfach unrein und haben zuweilen mehr den Charakter von Geräuschen, so daß die Tonhöhe oft schwer festzustellen ist. Der Motorton entsteht im wesentlichen durch die rhythmische Folge der Explosionen mit Auspuff; er ist durch die Umdrehungszahl und die Zahl der Zylinder bestimmt. Da bei dem meist benutzten Viertaktmotor ein voller Arbeitsgang (Kreislauf) eines Zylinders mit einer Explosion bei zwei Umdrehungen der Welle stattfindet, so ist offenbar die sekundliche Frequenz N für einen Zylinder gegeben durch

$$2N = u, \tag{193}$$

u = Umdrehungszahl in der Sekunde. Bei m Zylindern ver-m-facht sich die Zahl der Explosionen und Auspuffe, also wird die sekundliche Frequenz des „Haupttones", d. h. des stärksten Motortones, gegeben durch

$$2N' = mu. \tag{194}$$

Der Ton ist um so reiner, je genauer sich die Explosionen und Auspuffe der verschiedenen Zylinder gleichen; er ist von harmonischen Obertönen begleitet, also ein „Klang". Der tiefere Ton des Einzelzylinders nach Gleichung (193) ist als „Unterton" darin um so stärker hörbar, je weniger sich die Zylinder gleichen und je weniger symmetrisch sie rund um die Welle verteilt sind.

Der Propellerton oder -klang — von WAETZMANN auch Drehklang genannt —, der neben dem immer vorhandenen, besonders nahe am Propeller sehr starken Drehgeräusch zu hören ist, hat für den Grundton die sekundliche Frequenz

$$N = ku, \tag{195}$$

k = Zahl der Propellerflügel. Die Teiltöne von Motor und Propeller sind teilweise dieselben, da k und m ganze Zahlen sind.

Bei der normalen Umdrehungszahl von 1440 in der Minute, also $u = 24$ in 1 Sekunde, fand WAETZMANN z. B. bei einem 6zylindrigen Standmotor für den Motorgrundton Werte von N um 72 herum, für den Propellerton der zweiflügeligen Luftschraube in Oszillogrammen 48, mit Ohr gehört 96 (wegen der Unempfindlichkeit des Ohres für die sehr tiefen Töne wurde 48 nicht herausgehört). Als stärkster Ton (gemeinsamer Hauptton) wurde ein Ton in der Gegend von $144 = 2 \cdot 72 = 3 \cdot 48$ gehört. Bei dem fliegenden Flugzeug ist natürlich der Dopplereffekt zu berücksichtigen, der die wahrgenommene Tonhöhe stark beeinflussen kann.

Der Propellerton (Drehklang) entsteht nach PRANDTL dadurch, daß die Propellerflügel durch Wirbel, also Unstetigkeitsstellen der Dichte und des

---

1) E. WAETZMANN, ZS. f. techn. Phys. Bd. 2, S. 166. 1921.
2) L. PRANDTL, ZS. f. techn. Phys. Bd. 2, S. 244. 1921.
3) CH. DÉVÉ, C. R. Bd. 174, S. 1010. 1922.

Druckes, hindurchschlagen, die in dem angesaugten Luftstrom vorhanden sind. Sie können vorher von dem Propeller selbst erzeugt sein, und sind dann in der umhergeschleuderten Luftmasse enthalten, die zum Teil wieder angesaugt und von neuem durch den Propeller getrieben wird. Ein in einem Windkanal mit ruhiger wirbelfreier Luft laufender Propeller erzeugt nach PRANDTL keinen oder nur sehr geringen Propellerton. Dagegen ist er bei einem im Stand, besonders innerhalb einer Halle laufenden Propeller sehr stark, was PRANDTL als Beweis für seine Deutung der Entstehung des Propellertones anführt.

Über die Hieb- und Schneidentöne des Flugzeugs ist nichts besonderes zu sagen. Dagegen erfordert der beim Herannahen und Wegfliegen eines Flugzeugs von einem auf dem Erdboden befindlichen Beobachter gehörte Ton, dessen Tonhöhe sich mit dem Abstand des Ohres vom Boden ändert, eine Erklärung. PRANDTL deutet ihn als Echo-Ton mit der Schwingungszahl

$$N = \frac{c}{2h\cos\varphi}, \tag{196}$$

entstanden durch Zusammenwirken des direkt und des nach Reflexion vom Erdboden zum Ohr gelangenden Impulses. (c Schallgeschwindigkeit, h Höhe des Ohres über dem Boden, φ Zenithdistanz des Flugzeugs.) Es handelt sich also um etwas dem musikalischen Echo Ähnliches, das z. B. durch einen von einem Lattenzaun oder Eisengitter reflektierten Schallimpuls entsteht. In ähnlicher Weise erklärt DÉVÉ (a. a. O.) diese Töne.

113. Tönende Pulver (Sand). Singen der Teekessel. Summen der Telegraphendrähte. Eine besondere Form der Schallerzeugung findet sich bei gewissen pulverförmigen Körpern. Während solche Körper, wie Sand, Kristallpulver, z. B. Zucker, Schnee, organische Pulver wie Mehl usw., durch Bewegen ihrer einzelnen Teile gegeneinander beim Umrühren, Schütteln usw. knirschende Geräusche ohne bestimmte Tonhöhe geben, ist bei einigen unter gewissen Umständen ein mehr oder weniger ausgesprochenes Tönen mit genau angebbarer Tonhöhe zu erzielen. Z. B. zeigt fein gepulverte Stärke (Kartoffelmehl) diese Erscheinung beim Zusammendrücken, ebenso lockerer Schnee bei tiefer Temperatur. Ganz besonders deutlich tritt sie aber bei gewissen Sorten von Seesand am Meeresstrand auf. Der Sand kreischt, d. h. er tönt kurz auf, wenn man ihn beim Darüberschreiten mit dem Fuß bewegt, oder auch bei ähnlichen mit anderen Mitteln erzeugten Bewegungen. Es handelt sich stets um nicht allzu feinkörnigen lockeren Sand, der aber, wie es scheint, vorher mit Regen oder Seewasser durchtränkt gewesen und wieder getrocknet sein muß. Der Mechanismus des Vorgangs ist noch nicht ganz aufgeklärt. Von Arbeiten darüber, die auch die Literatur ausführlich berücksichtigen, seien angeführt BERENDT[1]), GÜNTHER[2]), DAHMS[3]), erstere geologisch-mineralogisch, letztere physikalisch alles bisher darüber Bekanntgewordene umfassend und zusammenstellend.

Die Höhe des erzeugten Tones hängt ab von der Korngröße und der Geschwindigkeit des Hindurchfahrens durch die Sandfläche. Als ungefähre Tonhöhe bei seinen Versuchen gibt DAHMS an: bei Hindurchstreifen mit dem Fuß a (217,5 Schw./sec), Fingerknöchel fis_2 (731,6), Stockspitze a_3 (1740 Schw./sec). Da Gleichmäßigkeit der Teilchengröße und Reinheit (Freiheit von fremden Beimischungen wie Staub und kleineren Körnern) eine Vorbedingung für das Tönen zu sein scheint, so beruht dasselbe vielleicht auf den beim Hindurchfahren erfolgenden rhythmischen Anstößen, möglicherweise verbunden mit ebenfalls

---

[1]) G. BERENDT, ZS. d. D. geol. Ges. Berlin Bd. 35, S. 864. 1883.

[2]) S. GÜNTHER, Münchener Ber. Bd. 31, S. 15. 1901.

[3]) P. DAHMS, Schriften der naturf. Ges. Danzig N. F. Bd. 12, H. 4, S. 32. 1910.

rhythmischer Bildung und Ablösung von Luftwirbeln. Die Töne würden dann „Sirenentöne" bzw. „Hieb- oder Schneidentöne" sein.

Eine andere eigentümliche Art der Tonerzeugung ist das „Singen" von wassergefüllten Teekesseln und ähnlichen Gefäßen kurz vor dem Sieden. Es scheint sich da um periodisches Entstehen und Wiedervergehen oder um periodische Größenänderungen kleinster Dampfbläschen zu handeln. In etwas anderer Weise erklärt NAGAOKA[1]) dieses beim Sieden des Wassers in gewissen Formen japanischer Kessel auftretende Singen, nämlich durch periodische Füllung und Wiederentleerung von Hohlräumen, die innen am Boden der Kessel angebracht sind.

Als Eigentöne langer schwachgespannter Saiten sind die als „Summen der Telegraphendrähte" bekannten Klänge zu deuten, die meist ein recht verworrenes Tongemisch bilden, aus dem aber einzelne Töne herauszuhören sind. Daß ein Gestänge mit seinen oft sehr zahlreichen Drähten ein recht kompliziertes und umfangreiches Saiteninstrument darstellt, das wohl imstande ist, eine Art „Symphonie" aufzuführen, ist einleuchtend. Für die Erregung der Schwingungen kommen in Betracht: 1. der Wind, so daß man eine Äolsharfe hätte (vgl. Ziff. 35 u. 95), 2. Erschütterungen infolge der Bodenunruhe. Daß zum mindesten der Wind nicht die einzige Ursache zu sein braucht, folgt daraus, daß das Summen in windstillen Zeiten oft besonders deutlich gehört wird, wobei allerdings dann die allgemeine Stille die Hörbarkeit noch erhöht[2]).

β) Geräusche.

114. Dauergeräusche. Bei den Dauergeräuschen, die als Brausen, Rauschen, Sausen, Brummen, Murmeln, Plätschern usw. bezeichnet werden, muß man annehmen, daß sie von Anstößen (Impulsen) gebildet werden, die in nicht ganz regelmäßigen Zeitabständen aufeinanderfolgen, oder bei denen die einzelnen Stöße ungleich sind. Solche Stöße können zwangsläufig durch Berührung fester oder flüssiger Körper erfolgen (z. B. Pferdegetrappel, Trommeln der Regentropfen, Branden der Wellen am Ufer), oder sie können durch gestörte periodische Wirbelablösung in bewegten Luftschichten, die an festen Körpern vorbeistreichen, erzeugt werden (gestörte Hieb-, Spalt-, Schneidentöne).

Auf letztere Weise sind wohl die meisten der oben angeführten Luftgeräusche zu erklären [vgl. dazu auch eine Arbeit von HUMPHREYS[3]), die sich mit dem Rauschen des Waldes und dem „Donnern" der Berge des Hochgebirges (Alpen) beschäftigt]. Weitere Untersuchungen scheinen noch nicht vorzuliegen. Der Zusammenhang mit den Hieb- und Lamellentönen ist aber wohl sichergestellt.

115. Geräusche von kurzer Dauer. Die kurzdauernden Geräusche, die je nach ihrem verschiedenen Charakter mit den Namen Klatsch, Platsch, Plumps, Knall, Krach, Donner usw. belegt werden, haben bis jetzt noch weniger eine physikalische Erklärung gefunden. Gemeinsam ist ihnen die kurze Dauer und das plötzliche Einsetzen. Bei dem Explosionsknall, der in seiner stärksten Ausbildung als Geschützdonner bekannt und bezüglich seiner Ausbreitung und ihrer Geschwindigkeit vielfach untersucht worden ist, hat man es sicher mit einem plötzlichen, aber kurzdauernden Luftstoß zu tun, bei dem in vielen Fällen die Geschwindigkeit der von der Explosion fortgetriebenen Luftteilchen die Schall-

[1]) H. NAGAOKA, Nature Bd. 75, S. 78. 1906.

[2]) Neuere Literatur dazu: W. SCHMIDT, Meteorol. ZS. Bd. 34, S. 84. 1917; Bd. 35, S. 206. 1918; M. ROBITZSCH, ebenda Bd. 34, S. 86. 1917; V. STROUHAL, ebenda Bd. 34, S. 190. 1917.

[3]) W. J. HUMPHREYS, Journ. Washington Acad. Bd. 13, S. 49. 1921; Bespr. in Phys. Ber. Bd. 4, S. 634. 1923.

geschwindigkeit übersteigt, wodurch die Besonderheiten der Fortpflanzung (Geschwindigkeit der Ausbreitung anfangs größer als die gewöhnliche Schallgeschwindigkeit in Luft) sich erklären.

Auch den nicht durch Explosion, sondern durch anderweitige schnelle Bewegung erzeugten Knall (Peitschenknall), hat LUMMER[1]) durch Bewegungen mit Überschallgeschwindigkeit (in diesem Fall des Endes der Peitschenschnur) erklären wollen.

Eine besondere Untersuchung haben neuerdings die Platsch- oder Klatschgeräusche (engl. splashes) erfahren, die beim Hineinfallen fester Körper in Flüssigkeiten entstehen. Nachdem der Vorgang des Hineinfallens von Kugeln in eine Flüssigkeit von WORTHINGTON[2]), MALLOCK[3]), EDWARDS[4]), BELL[5]) rein mechanisch behandelt worden war, haben MALLOCK[3]), RAMAN und ASHUTOSH DEY[6]) die dabei auftretenden Schallerscheinungen genauer untersucht, ebenso NARAYAN[7]). Es gibt ein lautloses Hineingleiten in die Flüssigkeit (besonders bei ganz glatten Körpern möglich) und ein mit dem bekannten Klatsch- oder Plumpsgeräusch verbundenes, bei dem die Rauhigkeit des Körpers eine wichtige Rolle spielt. In letzterem Falle wird immer Luft hinter dem eindringenden Körper in die Flüssigkeit mit hineingerissen. Die dabei und beim Entweichen derselben stattfindenden Luft- und Flüssigkeitsbewegungen scheinen die Ursache des entstehenden Geräusches zu sein.

---

[1]) O. LUMMER, Ber. d. schles. Ges. f. vaterl. Kultur; naturw. Sektion. 5. Juli 1905.

[2]) A. M. WORTHINGTON u. R. S. COLE, Phil. Trans. Bd. 189 A, S. 137. 1897; Bd. 194 A, S. 175. 1900.

[3]) A. MALLOCK, Proc. Roy. Soc. London Bd. 95, S. 138. 1919.

[4]) P. H. EDWARDS, persönl. Mitteilung; s. RAMAN u. ASHUTOSH DEY.

[5]) E. BELL, Phil. Mag. (6) Bd. 48, S. 753. 1924.

[6]) C. V. RAMAN u. ASHUTOSH DEY, Phil. Mag. (6) Bd. 39, S. 145. 1920.

[7]) A. L. NARAYAN, Phil. Mag. (6) Bd. 42, S. 773. 1921.

Kapitel 6.

Elektrische Schallsender.

Von

H. Lichte, Berlin-Lankwitz.

Mit 24 Abbildungen.

1. Definition. Einteilung. Unter elektrischen Schallerzeugern sollen im folgenden solche Apparate verstanden werden, bei denen elektrische Energie vermittels strahlender Flächen (Membranen) direkt in Schall umgesetzt wird, womit nicht gesagt sein soll, daß die dem Apparat zugeführte Energie vollständig in akustische Energie verwandelt wird. Im allgemeinen wird von der gesamten primären Energie nur ein Teil akustisch abgestrahlt, während ein anderer infolge von Reibung in den schwingenden Teilen des Systems in Wärme umgesetzt, und ein weiterer Anteil in dem Kupfer und Eisen des Apparates in Form von Jouleescher Wärme verzehrt wird. Im einzelnen wird auf diese Fragen noch einzugehen sein. Zunächst genüge die Feststellung, daß die dem Apparat zugeführte Energie magnetische oder elektrische Kräfte entwickelt, die die Bewegung des Schwingungssystems aufrecht erhalten. Nach der Art der auf das Schwingungssystem wirkenden Kräfte gibt es demnach zwei Arten von elektrischen Schallsendern:

a) Schallsender, bei denen die Zugkräfte magnetischer Natur sind. Zu ihnen gehören:

1. der elektromagnetische Schallsender,
2. der elektrodynamische Schallsender.

b) Schallsender, bei denen die Zugkräfte elektrischer Natur sind. Zu ihnen gehören:

3. der piezoelektrische Sender,
4. der Kondensatorsender.

2. Akustische Größen. Strahlungswiderstand[1]). Mitschwingende Mediummasse. Allen genannten Sendern gemeinsam ist, daß der Schall mit Hilfe von Membranen[2]) erzeugt wird. Für eine im Vakuum schwingende Membran, die keine Schallenergie abgeben kann, sind neben der Elastizität der Dämpfungswiderstand und die schwingende Masse die charakteristischen Schwingungsgrößen. Die beiden letzteren erfahren, wenn die Membran in einem schalleitenden Medium schwingt, infolge der Rückwirkung des Mediums auf die Membran eine Änderung. Für eine Kolbenmembran, die in einer unendlich ausgedehnten starren Wand

---

[1]) Über akustische Strahler vgl. auch Art. „Schwingungen räumlich ausgedehnter Kontinua" Ziff. 12 (ds. Bd. Kap. 4).

[2]) Über Membranschwingungen vgl. Art. „Schallerzeugung mit mechanischen Mitteln" Ziff. 56ff. (ds. Bd. Kap. 5).

schwingt, ist die Rückwirkung von RAYLEIGH[1]) bestimmt worden. Der Dämpfungswiderstand der Membran erfährt infolge der Strahlung einen Zuwachs

$$r_s = u \varrho \pi R^2 \left(1 - \frac{J_1(2\varkappa R)}{\varkappa R}\right)$$

und die Schwingungsmasse einen Zuwachs

$$m_s = \frac{\pi \varrho}{2\varkappa^3} K_1 (2\varkappa R),$$

wo u die Schallgeschwindigkeit, R der Membranradius, $\varkappa = 2\pi/\lambda$, λ die Wellenlänge, ϱ die Mediumdichte sind. J_1 ist die BESSELsche Funktion erster Ordnung.

Für K_1 (z) gibt RAYLEIGH Reihenentwicklungen an. Bis zu $z = 20$ hat RIEGGER[2]) die Funktion K_1 (z) berechnet. Sie ist eine periodische Funktion, deren Werte um die Gerade $K = 2/\pi\, z$ schwanken. Die relative Abweichung von der Geraden wird mit steigendem z immer kleiner, während der absolute Wert der Abweichung größer wird.

Ist

$$R \ll \frac{\lambda}{2\pi},$$

dann wird

$$r_s = \tfrac{1}{2} u \varrho \pi \varkappa^2 R^4$$

und

$$m_s = \tfrac{8}{3} \varrho R^3 .$$

Ist $R \gg \lambda/2\pi$, dann wird die mitschwingende Mediummasse m_s klein gegen die Membranmasse, und der Strahlungswiderstand wird

$$r_s = u \varrho \pi R^2.$$

Für gewöhnliche Membranen, die durch eine Kapsel auf der Rückseite abgeschlossen sind, und bei denen die starre Wand fehlt, ist[3])

$$m_s = \frac{8}{3\sqrt{2}} \varrho R^3$$

und

$$r_s = \tfrac{1}{4} u \varrho \varkappa^2 R^4 ,$$

wenn

$$R \ll \frac{\lambda}{2\pi} .$$

RIEGGER und BACKHAUS[4]) haben den Strahlungswiderstand und die mitschwingende Mediummasse für rechteckige Membranen mit der großen Seite a und der kleinen Seite b berechnet. Für sehr lange Wellen $\left(\frac{2\pi}{\lambda} \frac{a}{2} < 1\right)$ und sehr kurze Wellen $\left(\frac{2\pi}{\lambda} \frac{b}{2} > 3\right)$ läßt sich die rechteckige Form der strahlenden Fläche mit derjenigen einer gleich großen Kreisfläche identifizieren. Für das Verhalten einer quadratischen Fläche ist auch in dem Zwischengebiet eine größere Abweichung vom flächengleichen Kreise nicht vorhanden.

Die oben angegebenen Formeln für den Strahlungswiderstand gelten, wenn die schallsendende Membran direkt an das schalleitende Medium stößt. Als solches kommen hauptsächlich Wasser und Luft in Frage. Da der Strahlungswiderstand der Dichte des Mediums proportional ist, ist für Wasserschallapparate, auch bei verhältnismäßig großen schwingenden Massen, die Strahlungsdämpfung

[1]) Lord RAYLEIGH, The theory of sound, Bd. II, S. 162ff., London 1896.
[2]) HANS RIEGGER, Wiss. Veröffentl. a. d. Siemens-Konz. Bd. 3, S. 67ff. 1924.
[3]) W. HAHNEMANN u. H. HECHT, Phys. ZS. Bd. 17, S. 601—609. 1916.
[4]) H. RIEGGER, Wiss. Veröffentl. a. d. Siemens-Konz. Bd. 3, S. 70. 1924.

im allgemeinen für die freie Membran genügend groß, bei Luftschallapparaten dagegen nimmt die Dämpfung freier Membranen sehr kleine Werte an. Man muß daher bei Luftschallapparaten entweder die schwingende Masse sehr gering machen oder die Membran mit Schwingungsgebilden starker Strahlungsdämpfung koppeln. Als solche Gebilde kommen HELMHOLTZsche Resonatoren, Pfeifen oder Trichter in Frage[1]).

Für Resonatoren ist unter Berücksichtigung der Energiestrahlung die Schwingungsgleichung von RAYLEIGH[2]) abgeleitet worden. Aus ihr ergibt sich das logarithmische Dekrement

$$\mathfrak{d} = \frac{\omega c}{2u} = \frac{\pi c}{\lambda},$$

worin die Konstante c von der Natur der Resonatoröffnung abhängt. Ist diese kreisförmig ohne Hals, dann ist $c = 2R$ (R = Radius der Öffnung) und das logarithmische Dekrement eines Resonators ohne Hals[3])

$$\mathfrak{d} = \frac{2\pi R}{\lambda}.$$

Für einen Resonator mit einem Hals der Länge l von kreisförmigem Querschnitt ist

$$c = \frac{\pi R^2}{l + \frac{\pi}{2} R}.$$

Für offene zylindrische Pfeifen ist im Anschluß an die HELMHOLTZsche Theorie der Luftschwingungen in Röhren mit offenen Enden die Strahlungsdämpfung von LICHTE[4]) berechnet worden. Sie ist

$$\mathfrak{d} = 8\left(\frac{\pi R}{\lambda}\right)^2,$$

unter der Voraussetzung, daß der Radius der Pfeife klein ist gegen die Wellenlänge.

Bei Trichtern, wie sie sehr häufig für Lautsprecher benutzt werden, kann man für tiefe Schwingungen in erster Annäherung noch mit dieser Formel rechnen. Für höhere Frequenzen sind die Voraussetzungen, an die die Gültigkeit der Formel geknüpft ist, nicht mehr gegeben.

Eine genauere Bestimmung der Dämpfung von Membranen durch Trichter stammt von HANNA und SLEPIAN[5]). Der Trichter wird mit der Membran durch einen Kopplungsraum verbunden, dessen eine Begrenzung die Membran bildet. In der der Membran in kleinem Abstande gegenüberliegenden starren Wand befindet sich die Durchlaßöffnung zu dem Trichter. Der Strahlungswiderstand der Membran wird, wenn sie als Kolben schwingt,

$$r_s = \frac{F_m^2 F_t \varrho u}{F_t^2 + \omega^2 \left(\frac{\varrho u}{p_0}\right)^2 V_0^2},$$

wo F_m die Membranfläche, F_t die Fläche der Durchlaßöffnung zum Trichter, V_0 das Volumen des Kopplungsraumes, p_0 der normale Luftdruck, ϱ die Dichte

---

[1]) Vgl. hierzu auch Art. „Schwingungen räumlich ausgedehnter Kontinua" Ziff. 16 (ds. Bd. Kap. 4); Art. „Schallerzeugung mit mechanischen Mitteln" Ziff. 79f. (ds. Bd. Kap. 5); Art. „Musikinstrumente und ihre Klänge" Ziff. 43ff. (ds. Bd. Kap. 8).

[2]) Lord RAYLEIGH, The theory of sound, Bd. II, S. 194. London 1896.

[3]) S. a. W. HAHNEMANN u. H. HECHT, Phys. ZS. Bd. 22, S. 353–360. 1921.

[4]) H. LICHTE, ZS. f. techn. Phys. Bd. 5, S. 471–473. 1924.

[5]) C. R. HANNA u. J. SLEPIAN, Journ. Amer. Inst. Electr. Eng. Bd. 43, S. 250–256. 1924; s. a. E. W. KELLOGG, Gen. Electr. Rev. Bd. 27, S. 556–562. 1924.

der Luft und u die Schallgeschwindigkeit bedeuten. Die mitschwingende Mediummasse wird

$$m_s = \frac{F_m^2 \frac{(\varrho u)^2}{p_0} V_0}{F_t^2 + \omega^2 \left(\frac{\varrho u}{p_0}\right)^2 V_0^2} .$$

Macht man V_0 sehr klein, dann wird

$$r_s = \frac{F_m^2}{F_t} \varrho u ,$$

und

$$m_s = \left(\frac{F_m}{F_t}\right)^2 (\varrho u)^2 \frac{V_0}{p_0} .$$

Schwingt die Membran nicht als Kolbenmembran, sondern wie die gewöhnliche, am Rande eingespannte Membran, so tritt an die Stelle von F_m der Ausdruck $F_m/3$.

Die abgeleiteten Formeln gelten unter der Voraussetzung, daß der Trichterquerschnitt sich ganz allmählich erweitert und am Ende des Trichters keine nennenswerte Reflexion stattfindet[1]).

SCHOTTKY[2]) führt durch Einführung des „Divergenzradius" die Ausbreitung in Trichtern wie überhaupt die Schallausbreitung von Membranen auf Kugelwellen zurück. In den praktisch wichtigen Fällen ist nämlich für jeden von einem kleinen Teil der Membran ausgehenden Ausbreitungsvorgang ein Ersatz durch einen Ausschnitt aus einer äquivalenten Kugelwelle möglich. Den Radius der äquivalenten Kugelwelle findet man, indem man das über der Oberflächeneinheit der Membran errichtete, von Geschwindigkeitslinien eingeschlossene und bis zu einer „Phasenlänge" $l = \lambda/2\pi$ ausgedehnt gedachte Volumen, das sog. „Phasenvolumen", gleichgesetzt dem entsprechenden Phasenvolumen einer Kugelwelle. Man erhält dann für den Divergenzradius der Welle an der Membranoberfläche

$$R = \frac{2}{3} l \frac{1}{\sqrt{\frac{4}{3} \frac{v}{l} - \frac{1}{3}} - 1} .$$

Ist die Membran von einem Trichter umgeben, so betrachtet man die Wände des Trichters als Begrenzungskurve einer Geschwindigkeitsröhre.

Für den Strahlungswiderstand pro Flächeneinheit einer Kugel erhält man den Ausdruck

$$r_s = \varrho u \frac{1}{1 + \left(\frac{\lambda}{2\pi R}\right)^2}$$

und für die mitschwingende Mediummasse pro Flächeneinheit

$$m_s = \frac{\varrho R}{1 + \left(\frac{2\pi R}{\lambda}\right)^2} .$$

SCHOTTKY[3]) nennt die Größen r_s und ωm_s „Hemmungskräfte", und zwar „Watthemmung" bzw. „wattlose Hemmung". Gelegentlich rechnet er mit den

[1]) Über Trichter vgl. auch „Schwingungen räumlich ausgedehnter Kontinua" Ziff. 11 (ds. Bd. Kap. 4).

[2]) W. SCHOTTKY, ZS. f. techn. Phys. Bd. 5, S. 574–576. 1924; ENT. Bd. 2, S. 157 bis 175. 1925.

[3]) W. SCHOTTKY, ENT. Bd. 2, S. 157–175. 1925.

Ausdrücken r_s/ω und m_s, die er dann als „Wattmasse" m_w und als „wattlose Masse" m_l bezeichnet. Zu diesen tritt noch die Masse der Membran m_m hinzu. Diese Darstellungsweise ist dann von Vorteil, wenn es sich darum handelt, den Einfluß der Membranmasse auf die gestrahlte Leistung zu übersehen.

Die abgegebene Leistung in diesen Größen ausgedrückt ist nämlich

$$L = \frac{1}{2} K^2 \frac{\omega\, m_w}{\omega^2 [m_w^2 + (m_l + m_m)^2]} .$$

(K = erregende Kraft.) Um eine nennenswerte Strahlung zu erzielen, muß $m_w > m_l + m_m$ sein. Diese Bedingung ist nicht erfüllt für sehr hohe und sehr tiefe Frequenzen. Bei hohen Frequenzen ist der Wirkungsgrad eingeschränkt durch die Membranmasse, bei tiefen durch das immer stärkere Überwiegen der wattlosen Luftmasse über die Wattmasse.

a) Schallsender, bei denen die Zugkräfte magnetischer Natur sind. (Magnetomechanische Schallsender.)

3. Allgemeine Theorie. Schwingungsgleichungen. Sämtliche vier Typen der genannten Schallapparate kommen in der Praxis vor. Am meisten verbreitet ist der elektromagnetische Schallapparat, dessen ältester Vertreter das elektromagnetische Telephon ist. Über dieses liegt bereits eine umfangreiche Literatur vor. Die erste allgemeinere Darstellung einer Telephontheorie stammt von POINCARÉ[1]). Einer der Hauptfortschritte dieser Theorie gegenüber älteren besteht in der Berücksichtigung derjenigen elektromotorischen Kräfte, die durch die Membranbewegung in der Hörerwicklung induziert werden. Die Impedanz des Apparates, sowohl die Wattkomponente als auch die wattlose Komponente, erfährt infolgedessen eine Änderung. Die Zusatzglieder der beiden Komponenten sind von der Frequenz abhängig. K. W. WAGNER[2]) hat diese Abhängigkeit an verschiedenen Hörern gemessen. Seine Messungen stimmen qualitativ mit den von POINCARÉ berechneten Ergebnissen überein.

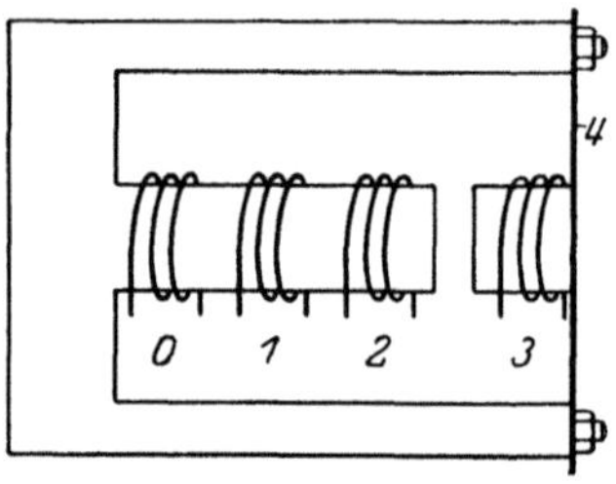

Abb. 1. Schematische Darstellung eines magnetomechanischen Schallsenders.

Eine allgemeine Theorie der magnetomechanischen Schallsender ist von R. L. WEGEL[3]) gegeben worden. Die von ihm angewandte Methode läßt sich auf eine beliebige Anzahl elektrischer Kreise, die magnetisch mit einer beliebigen Anzahl mechanischer Gebilde gekoppelt sind, anwenden. Dabei können die elektrischen Kreise oder mechanischen Systeme voneinander abhängig oder unabhängig sein.

Für die praktischen Fälle genügt es, mit vier Stromkreisen und einem mechanischen Schwingungssystem zu rechnen. Rein schematisch ist ein solcher Sender in Abb. 1 dargestellt. Die gezeichneten Spulen gehören vier Stromkreisen an. Die Spule 3 ist mit der Membran 4 verbunden, so daß sie dieselbe Bewegung ausführt wie die Membran oder eine linear davon abhängige Bewegung. Die Spulen 0, 1 und 2 sind fest auf einem Kern angeordnet und induktiv miteinander gekoppelt. Die Spule 0 führt den Gleichstrom, der den konstanten magnetischen Fluß liefert. Bei einem Sender mit permanentem Magneten ist dies eine fiktive Windung. Die Spule 1 führt den eigentlichen Betriebsstrom. In den Polschuhen und in

[1]) H. POINCARÉ, Eclair. électr. Bd. 50, S. 221. 1907.
[2]) K. W. WAGNER, Elektrot. ZS. Bd. 32, S. 80—83, 110—112. 1911.
[3]) R. L. WEGEL, Journ. Amer. Inst. Electr. Eng. Bd. 40, S. 791—802. 1921.

der Membran des Schallsenders fließen Wirbelströme. Die entsprechenden elektrischen Kreise sind durch die Spulen 2 und 3 dargestellt.

Es mögen L_i und R_i Selbstinduktionskoeffizient und Widerstand des i-ten Kreises bedeuten. L_{ik} möge der Koeffizient der gegenseitigen Induktion zwischen dem i-ten und k-ten Kreise sein. J_i sei der Strom und E_i die elektromotorische Kraft im Kreise i. Das mechanische Schwingungssystem sei charakterisiert durch die Größen: m schwingende Masse, r Dämpfungswiderstand und c Elastizität. x sei die Verrückung des mechanischen Systems aus der Ruhelage und ω die Kreisfrequenz.

Eine Bewegung der Membran 4 ändert die Koeffizienten der Selbstinduktion und der gegenseitigen Induktion aller vier elektrischen Kreise. Für kleine Bewegungen sind die Induktionskoeffizienten von der Form $L(1 + kx)$, und die Produkte kleiner Größen können vernachlässigt werden. Die konstanten Glieder in den Gleichungen interessieren für die Bewegung nicht und fallen fort. Den tatsächlichen Verhältnissen entspricht es, daß nur im Kreise 1 eine EMK liegt. Man erhält dann folgendes Gleichungssystem:

$$R_1 i_1 + L_1 \frac{di_1}{dt} + L_{12}\frac{di_2}{dt} + L_{13}\frac{di_3}{dt} + M_{14}\frac{dx}{dt} = E,$$

$$R_2 i_2 + L_2 \frac{di_2}{dt} + L_{12}\frac{di_1}{dt} + L_{23}\frac{di_3}{dt} + M_{24}\frac{dx}{dt} = 0,$$

$$R_3 i_3 + L_3 \frac{di_3}{dt} + L_{13}\frac{di_1}{dt} + L_{23}\frac{di_2}{dt} + M_{34}\frac{dx}{dt} = 0,$$

$$m\frac{d^2x}{dt^2} + r\frac{dx}{dt} + \frac{1}{c}x - M_{14}i_1 - M_{24}i_2 - M_{34}i_3 = 0.$$

Der Einfachheit halber sei das mechanische Schwingungssystem als System mit einem Freiheitsgrad betrachtet, obwohl das z. B. bei Membranen nicht der Fall ist. Die schwingende Masse m, die Elastizität c und der mechanische Widerstand r können innerhalb des zu untersuchenden Frequenzbereiches als konstant angenommen werden.

Die Koeffizienten M_{14}, M_{24}, M_{34} stellen magnetische Kräfte pro Einheit des Stromes oder elektromotorische Kräfte pro Einheit der Geschwindigkeit dar. Liegt an dem Apparat eine sinusförmige Spannung der Frequenz ω, dann sind auch die Ströme und die Verrückungen sinusförmig. Die Gleichungen lauten dann:

$$\left.\begin{aligned} Z_{11}i_1 + Z_{12}i_2 + Z_{13}i_3 + M_{14}\dot{x} &= E, \\ Z_{12}i_1 + Z_{22}i_2 + Z_{23}i_3 + M_{24}\dot{x} &= 0, \\ Z_{13}i_1 + Z_{23}i_2 + Z_{33}i_3 + M_{34}\dot{x} &= 0, \\ -M_{14}i_1 - M_{24}i_2 - M_{34}i_3 + z_{44}\dot{x} &= 0. \end{aligned}\right\} \quad (1)$$

Die Koeffizienten haben folgende Bedeutungen:

$$Z_{11} = R_1 + j\omega L_1, \qquad Z_{22} = R_2 + j\omega L_2, \qquad Z_{33} = R_3 + j\omega L_3,$$

$$Z_{12} = j\omega L_{12}, \qquad Z_{13} = j\omega L_{13} \qquad \text{usw.}$$

$$z_{44} = r + j\left(\omega m - \frac{1}{\omega c}\right).$$

Ist D die Determinante des Systems und D_{ik} die Determinante, die man aus D erhält, wenn man die i-te Zeile und die k-te Spalte unterdrückt, dann lautet die Lösung der Gleichungen (1)

$$i_1 = E\cdot\frac{D_{11}}{D}, \qquad i_2 = -E\cdot\frac{D_{12}}{D},$$

$$i_3 = E\cdot\frac{D_{13}}{D}, \qquad \dot{x} = -E\cdot\frac{D_{14}}{D}.$$

4. Impedanz des magnetomechanischen Schallsenders bei verschiedenen Betriebsbedingungen. Das Verhältnis der an den Schallsender angelegten elektromotorischen Kraft zu dem in seiner Hauptwicklung fließenden Strom i_1, also die Größe $Z_f = D/D_{11}$ heißt die „freie Impedanz" des Schallsenders — „frei" deshalb, weil das mechanische Schwingungssystem in diesem Zustande frei schwingt.

Im Gegensatz dazu steht die „gedämpfte Impedanz", die man als Quotient aus Spannung und Strom erhält, wenn man das Schwingungssystem festbremst. Die mechanische Impedanz ist dann unendlich groß; d. h. der mechanische Kreis ist „offen". In diesem Fall reduziert sich das Gleichungssystem auf drei Gleichungen für i_1, i_2, i_3, aus denen sich ergibt

$$i_1 = E\,\frac{Z_{22}Z_{33} - Z_{23}^2}{D_{44}} = E\cdot\frac{D_{11}^{44}}{D_{44}}.$$

Die gedämpfte Impedanz ist also

$$Z_d = \frac{D_{44}}{D_{11}^{44}}.$$

Endlich spielt noch der Begriff der „Bewegungsimpedanz" eine Rolle. Sie ist gleich der Differenz zwischen der freien Impedanz und der gedämpften Impedanz.

$$Z_b = Z_f - Z_d,$$

$$= \frac{(D_{14})^2}{D_{11}\cdot D_{11}^{44}}.$$

Eliminiert man aus den Gleichungen (1) i_2 und i_3, so erhält man zwei einfachere Gleichungen, die nur noch i_1 und $\dot{x}$ als Unbekannte enthalten.

$$\frac{D_{44}}{D_{11}^{44}}\,i_1 + \frac{D_{14}}{D_{11}^{44}}\,\dot{x} = E,$$

$$-\frac{D_{14}}{D_{11}^{44}}\,i_1 + \frac{D_{11}}{D_{11}^{44}}\,\dot{x} = 0.$$

In diesen Gleichungen haben die Koeffizienten, die im allgemeinen komplex sind (Phasenverschiebung!), folgende Bedeutung:

$\frac{D_{44}}{D_{11}^{44}} = Z_d$ gedämpfte elektrische Impedanz.

$\frac{D_{14}}{D_{11}^{44}}$ die in der Spule pro Einheit der Geschwindigkeit induzierte EMK oder aus Reziprozitätsgründen die auf die Membran pro Einheit des Stromes wirkende Kraft (Kraftfaktor).

$\frac{D_{11}}{D_{11}^{44}}$ ist die mechanische Impedanz des Schwingungsgebildes bei offener Spule, wobei das Auftreten von Wirbelströmen in den Polen und in der Membran berücksichtigt ist. Sie ist zu unterscheiden von z_{44}, der mechanischen Impedanz des Schwingungsgebildes bei Abwesenheit des Magnetsystems. Die Beziehung zwischen beiden Größen ist

$$\frac{D_{11}}{D_{11}^{44}} = z_{44} - M_{24}\,\frac{D_{11}^{42}}{D_{11}^{44}} + M_{34}\,\frac{D_{11}^{43}}{D_{11}^{44}}.$$

Auf die weitere Behandlung der allgemeinen Gleichungen sei hier verzichtet und die Besprechung spezieller Fälle vorgenommen. Zunächst soll der einfache magneto-mechanische Schallapparat ohne Eisenverluste betrachtet werden.

α) Der elektro-magnetische Schallsender ohne Eisenverluste.

5. Schwingungsgleichungen. Dieser Apparat kommt in der Praxis nicht vor; man kann ihn aber nahezu realisieren, wenn man Magnetpole aus fein unterteiltem legierten Eisen mit einem hohen spezifischen Widerstand benutzt und die Membran mit einem besonderen Anker, der ebenfalls aus solchem hochwertigen Material besteht, versieht. Man sieht hier und da Telephone, bei denen die Polschuhe oder die Membran oder auch beide aus möglichst verlustfreiem Material hergestellt sind[1]). Gewöhnlich sind aber bei diesen Apparaten andere Verlustquellen geblieben, so daß sie von dem Idealfall noch weit entfernt sind. Er soll hier trotzdem besprochen werden, da er dazu dient, einige Punkte bei den später zu behandelnden Vorgängen in Apparaten mit Wirbelstromverlusten klarzustellen.

Die Gleichungen des verlustfreien elektro-magnetischen Apparates gehen aus den allgemeinen Gleichungen (1) hervor, indem man die Einflüsse der Kreise 2 und 3, in denen sich die Wirbelstromvorgänge abspielen, unberücksichtigt läßt. Es sind also die Ströme i_2 und i_3 sowie die Impedanzen, die von den gegenseitigen Induktionen dieser beiden Kreise mit den Kreisen 1 und 4 herrühren, Z_{13}, Z_{23}, M_{24} und M_{34} gleich Null zu setzen. Man behält dann die beiden Gleichungen

$$\left.\begin{aligned} Z_{11} i_1 + M_{14} \dot{x} &= E\,, \\ -M_{14} i_1 + z_{44} \dot{x} &= 0\,. \end{aligned}\right\} \tag{2}$$

Aus ihnen ergeben sich die Größen

$$i_1 = E \frac{z_{44}}{Z_{11} z_{44} + M_{14}^2}$$

und

$$\dot{x} = E \frac{M_{14}}{Z_{11} z_{44} + M_{14}^2}\,.$$

Die elektrische Impedanz des Apparates ist

$$\frac{E}{i_1} = Z_{11} + \frac{M_{14}^2}{z_{44}}$$

und setzt sich aus zwei Anteilen zusammen: der gedämpften Impedanz Z_{11}, die man bei festgebremster Membran erhält und der Bewegungsimpedanz M_{14}^2/z_{44}. Mißt man also die Impedanz einmal bei freier Membran und dann bei festgebremster Membran, so gibt die Differenz zwischen den beiden Größen die Bewegungsimpedanz. Die Bewegungsimpedanz läßt sich auch schreiben

$$\frac{M_{14}^2}{z_{44}} = R_b + j\,\omega\, L_b = \frac{M_{14}^2\, r}{r^2 + \left(\omega\, m - \frac{1}{\omega\, c}\right)^2} - j\,\omega \frac{M_{14}^2\left(m - \frac{1}{\omega^2 c}\right)}{r^2 + \left(\omega\, m - \frac{1}{\omega\, c}\right)^2}\,.$$

Sie setzt sich demnach aus zwei Komponenten zusammen, einer Wattkomponente und einer wattlosen Komponente. Beide Komponenten sind von der Frequenz abhängig. Der Bewegungswiderstand R_b ist weit außerhalb der Frequenz sehr klein. In der Nähe der Resonanz steigt er aber sehr stark an und erreicht für die Resonanzfrequenz $\omega_0 = \frac{1}{\sqrt{m\,c}}$ ein Maximum, das gleich $\frac{M_{14}^2}{r}$ ist.

---

[1]) G. Seibt, Elektrot. ZS. Bd. 43, S. 269–270. 1922; K. W. Wagner, ebenda Bd. 32, S. 80–83, 110–112. 1911.

6. Energieverhältnisse und Wirkungsgrad. Hält man die dem Apparat zugeführte Stromstärke konstant, dann nimmt also die aufgenommene Energie $\frac{1}{2} i_1^2 (R_1 + R_b)$ in der Resonanz stark zu. Die Frage nach dem Verbleib dieser Energie läßt sich ohne weiteres beantworten. Je mehr man sich der Resonanzfrequenz nähert, in um so stärkere Schwingungen gerät die Membran, um so lauter tönt sie. Die von der Membran als Schall abgegebene Energie — Reibungsverluste seien zunächst vernachlässigt — ist gleich $\frac{1}{2} \dot{x}^2 r$, und dieser Betrag ist gleich $\frac{1}{2} i_1^2 R_b$. Das Plus, das der Schallapparat bei schwingender Membran gegenüber der Energie bei festgebremster Membran aufnimmt, wird also in mechanische Energie umgewandelt. Man kann ihn aus diesem Grunde auch als mechanisch-elektrischen Transformator bezeichnen.

Wie bei dem gewöhnlichen elektrischen Transformator ist die Frage nach dem Wirkungsgrad naheliegend. Er ist gleich dem Verhältnis der von dem Apparat mechanisch abgegebenen Leistung zu der gesamten aufgenommenen elektrischen Leistung, also

$$\eta = \frac{\dot{x}^2 r}{i_1^2 (R_1 + R_b)} = \frac{R_b}{R_1 + R_b}.$$

Im Resonanzfalle ist

$$R_b = \frac{M_{14}^2}{r},$$

mithin

$$\eta = \frac{1}{1 + \frac{R_1 r}{M_{14}^2}}.$$

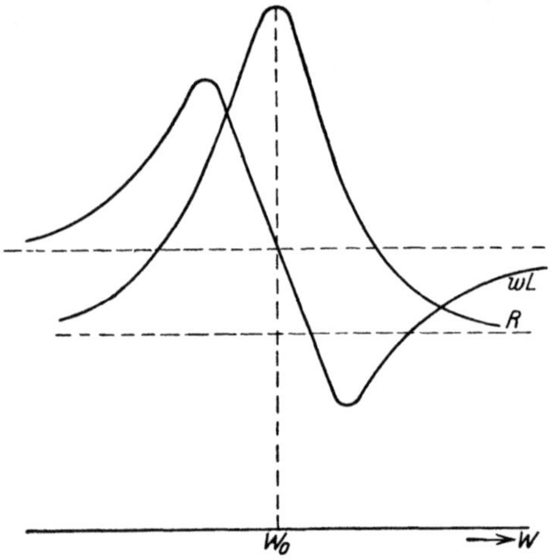

Abb. 2. Impedanz des elektromagnetischen Schallsenders ohne Eisenverluste bei veränderlicher Frequenz.

Arbeitet der Apparat ohne mechanische Verluste, so stellt dieser Ausdruck direkt den akustisch elektrischen Wirkungsgrad dar. Anders, wenn Reibungsverluste vorhanden sind. Im ersten Falle ist r der akustische Bremswiderstand des Apparates, im zweiten dagegen stellt r den gesamten Bremswiderstand dar, der sich zusammensetzt aus dem akustischen Widerstand r_a und dem mechanischen Reibungswiderstand r_v. Um in diesem Falle den akustisch-elektrischen Wirkungsgrad zu finden, ist der obige Ausdruck für η noch mit

$$\frac{r_a}{r_a + r_v} = \frac{\mathfrak{d}_a}{\mathfrak{d}_a + \mathfrak{d}_v}$$

zu multiplizieren, wo die $\mathfrak{d}$ die entsprechenden logarithmischen Dämpfungsdekremente sind. Die experimentelle Bestimmung von $\mathfrak{d}_a$ und $\mathfrak{d}_v$ wird später besprochen.

Wie oben gezeigt worden ist, setzt sich die Bewegungsimpedanz aus zwei Komponenten zusammen. Die Wattkomponente ist bereits betrachtet worden. Ihr Verlauf bei veränderlicher Frequenz ist der einer Resonanzkurve (s. Abb. 2). Infolge der Membranbewegung ändert sich aber nicht nur die Wattkomponente, sondern auch die wattlose Komponente der Impedanz des Apparates. Die Selbstinduktion erfährt eine Änderung

$$L_b = -\frac{M_{14}^2 \left(m - \frac{1}{\omega^2 c}\right)}{r^2 + \left(\omega m - \frac{1}{\omega c}\right)^2}.$$

Bei sehr kleinen und sehr großen Frequenzen ist, wie zu erwarten, $L_b = 0$. Es kann keine Rückwirkung stattfinden, da die Membranamplitude sehr klein ist. Unterhalb der Resonanz $\left[\frac{1}{\omega c} > \omega m\right]$ ist L_b positiv, oberhalb der Resonanz $\left[\frac{1}{\omega c} < \omega m\right]$ dagegen negativ. In der Resonanz selbst ist $L_b = 0$. Aus diesem roh skizzierten Verlauf erkennt man bereits, daß die induktive Komponente ωL_b unterhalb der Resonanz ein Maximum, oberhalb der Resonanz ein Minimum hat (s. Abb. 2). Die entsprechenden Frequenzen sind angenähert

$$\left.\begin{matrix}\omega_1\\ \omega_2\end{matrix}\right\} = \omega_0\left(1 \pm \frac{\mathfrak{d}}{2\pi}\right).$$

Sie stimmen überein mit den Frequenzen, bei denen die Beschleunigung und die Schwingungsamplitude ihr Maximum haben. Der Bewegungswiderstand ist bei diesen Frequenzen gleich der Hälfte des maximalen Bewegungswiderstandes. Ferner ist

$$r = \left(\omega_1 m - \frac{1}{\omega_1 c}\right),$$

d. h. die Wattkomponente der Bewegungsimpedanz ist gleich ihrer wattlosen Komponente und aus diesem Grunde auch

$$R_b = \omega L_b.$$

7. Diagramm des elektromagnetischen Schallsenders ohne Eisenverluste bei konstantem Strom. Die in Frage kommenden Abhängigkeiten übersieht man sehr gut im Diagramm des Senders. Im folgenden sollen die Verhältnisse bei konstantem Strom betrachtet werden (Abb. 3). Es sei O der Nullpunkt des Koordinatensystems. $O i_1$ sei Größe und Richtung des Stromes. Da

$$\dot{x} = \frac{M_{14}}{\sqrt{r^2 + \left(\omega m - \frac{1}{\omega c}\right)^2}}\, i_1$$

ist, wo der Winkel zwischen $\dot{x}$ und i_1 durch

$$\operatorname{tg}\varphi = \frac{\frac{1}{\omega c} - \omega m}{r}$$

gegeben ist, erhält man durch Kombination dieser beiden Ausdrücke

$$\dot{x} = \frac{M_{14}}{r}\cos\varphi \cdot i_1.$$

Das ist die Gleichung eines Kreises, der die Senkrechte auf $O i_1$ in O berührt und den Durchmesser $\frac{M_{14}}{r} i_1$ hat. Der Endpunkt des Vektors der Geschwindigkeit liegt auf diesem Kreise. Der Drehsinn des Vektordiagramms ist dem Uhrzeigersinne entgegengesetzt. Für Frequenzen unterhalb der Resonanz ist φ positiv, oberhalb der Resonanz negativ, der Kreis wird also bei wachsender Frequenz im Sinne des Uhrzeigers durchlaufen. Die auf dem zu Oi_1 senkrechten Durchmesser des Kreises liegenden Punkte entsprechen den Frequenzen $\omega_1 < \omega_0$ und $\omega_2 > \omega_0$,

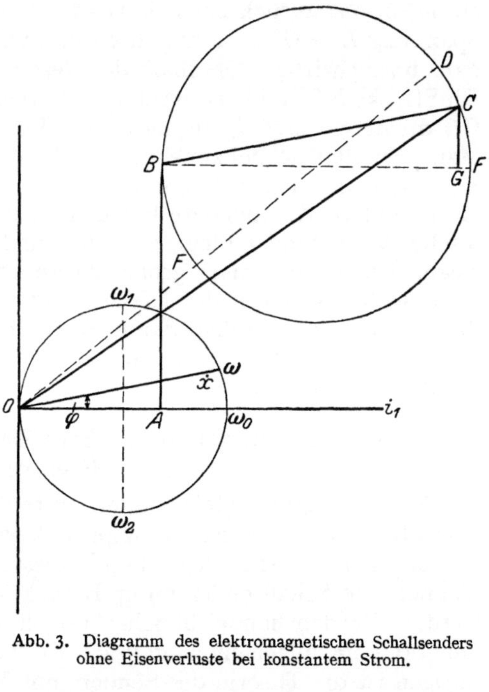

Abb. 3. Diagramm des elektromagnetischen Schallsenders ohne Eisenverluste bei konstantem Strom.

in denen die Wattkomponente der mechanischen Impedanz gleich ihrer wattlosen Komponente ist.

Die an dem Apparat liegende Spannung hat gemäß Gleichung (2), Ziff. 5, den Spannungsabfall über der gedämpften Impedanz und der Bewegungsimpedanz zu überwinden. Die eine Komponente der ersteren fällt in Richtung des Stromes i_1. Sie hat den Betrag $R_1\ i_1$ und wird dargestellt durch die Strecke OA. Senkrecht dazu und um 90° vorauseilend ist die Komponente $\omega L_1 i_1$, die in dem Diagramm durch AB dargestellt ist. Hierzu ist die EMK der Bewegung zu addieren, die in Richtung der Geschwindigkeit fällt und gleich $M_{14}\dot{x}$ ist. Der Endpunkt dieses Vektors liegt ebenfalls auf einem Kreise, dessen Durchmesser gleich M_{14}^2/r ist. Für die gewählte Frequenz hat er die Richtung und Größe BC. Die Summe der Vektoren $OA + AB + BC$ liefert die am Apparat liegende Spannung $E = OC$.

Bei dieser Konstruktion ist die Größe des Vektors AB als konstant angenommen worden. In Wirklichkeit ist das nicht der Fall, da sich ω ändert. Wenn man aber bedenkt, daß die Änderung von ω längs des Kreises zu beiden Seiten der Resonanzfrequenz, insbesondere bei kleiner Dämpfung, nur gering ist, daß die Hauptänderung von ω vielmehr auf einem kleinen Stück des Kreises zu beiden Seiten von O bzw. B erfolgt, dann begeht man keinen merklichen Fehler, wenn man AB in dem Diagramm konstant hält. Denn es interessiert in erster Linie die Nachbarschaft der Resonanz.

Wenn man also den Strom konstant hält, bewegt sich E mit zunehmender Frequenz von B über D, C, F, E zurück nach B. Gleichzeitig läuft $\dot{x}$ von O über ω_1, ω, ω_0, ω_2 zurück nach O. Geht $\dot{x}$ durch die Resonanzfrequenz, dann ist die Spannung $E = OF$, sie hat ihren größten Wert OD schon unterhalb der Resonanz überschritten. Oberhalb der Resonanz, bei E, geht sie durch ein Minimum. Die Strecke BG dividiert durch i_1 stellt den Bewegungswiderstand, und die Strecke GC dividiert durch i_1 die induktive Komponente der Bewegungsimpedanz dar. Man sieht, daß R_b bei zunehmender Frequenz von O zu einem Maximum ansteigt und dann wieder auf O abnimmt, wie weiter oben auseinandergesetzt ist. Auch die induktive Komponente hat den oben geschilderten Verlauf. Ist der mechanische Widerstand r klein, so daß $\dot{x}$ und damit auch der Durchmesser des Bewegungsimpedanzkreises große Werte annimmt, so schneidet der E-Kreis die Strecke Oi_1. Ein Teil des Kreises liegt unterhalb dieser Linie. Das heißt aber, daß der Winkel zwischen E und i_1 in einem gewissen Frequenzbereich oberhalb der Resonanz negativ wird oder der Strom der Spannung vorauseilt, der Apparat wirkt als Kondensator.

β) Der elektromagnetische Schallsender unter Berücksichtigung der Eisenverluste.

8. Schwingungsgleichungen unter Berücksichtigung von Wirbelstromverlusten. Nachdem das prinzipielle Verhalten des elektromagnetischen Schallsenders an dem verlustfreien Typ festgestellt worden ist, soll nunmehr der elektromagnetische Schallsender unter Berücksichtigung der Eisenverluste besprochen werden. Bei dem handelsüblichen Telephon ist der Einfluß der Wirbelströme in der Membran im allgemeinen gering. Er kann daher vernachlässigt werden. Im übrigen ist die Theorie des Senders mit Verlusten in der Membran dieselbe wie die des Senders mit Verlusten in den Polschuhen, wie man ohne weiteres aus den allgemeinen Gleichungen (1), Ziff. 3, ersieht, wenn man in ihnen einmal die Glieder mit dem Index 3 beibehält, das andere Mal die Glieder mit dem Index 2. Auch physikalisch ist das sofort klar. Wenn die Membran nämlich festgebremst ist, hat ein Wirbelstrom in den Polschuhen denselben qualitativen Einfluß wie ein

Wirbelstrom in der Membran, da sie koaxial sind. Öffnet man dagegen die Spule 1 und läßt die Membran sich bewegen, so tritt eine Änderung des magnetischen Flusses in beiden Kreisen auf. Jeder Kreis übt einen dämpfenden Einfluß auf die Membran aus.

Es genügt daher, einen der beiden Fälle, etwa den mit Verlusten in den Polschuhen zu untersuchen. Der elektrische Widerstand gegenüber den Wirbelströmen ist von der Qualität und Dicke des Eisens[1]) sowie von der Frequenz und der Stromstärke[2]) abhängig. Die Selbstinduktion des Wirbelstromkreises ist ebenfalls von diesen Größen abhängig. Sie nähert sich mit zunehmender Frequenz einem konstanten Wert, der in der Größenordnung gleich der Selbstinduktion der Spule 1 (Abb. 1) dividiert durch das Quadrat ihrer Windungszahl ist. Man begeht keinen merklichen Fehler, wenn man die Größen des Kreises 2 als von der Frequenz unabhängig betrachtet.

Nach diesen Festsetzungen reduzieren sich die allgemeinen Gleichungen (1) auf

$$
\begin{aligned}
Z_{11} i_1 + Z_{12} i_2 + M_{14} \dot{x} &= E \\
Z_{12} i_1 + Z_{22} i_2 + M_{24} \dot{x} &= 0 \\
- M_{14} i_1 - M_{24} i_2 + z_{44} \dot{x} &= 0 .
\end{aligned}
$$

Durch Elimination von i_2 aus diesen Gleichungen erhält man

$$
\left.
\begin{aligned}
\left(Z_{11} - \frac{Z_{12}^2}{Z_{22}}\right) i_1 + \left(M_{14} - \frac{M_{24} Z_{12}}{Z_{22}}\right) \dot{x} &= E \\
-\left(M_{14} - \frac{M_{24} Z_{12}}{Z_{22}}\right) i_1 + \left(z_{44} + \frac{M_{24}^2}{Z_{22}}\right) \dot{x} &= 0 .
\end{aligned}
\right\} \tag{3}
$$

Diese Gleichungen entsprechen den Gleichungen (2), Ziff. 5, des verlustfreien Senders. Der Koeffizient von i_1 der ersten Gleichung steht statt Z_{11},

$$\left(M_{14} - \frac{M_{24} Z_{12}}{Z_{22}}\right)$$

steht an Stelle von M_{14}, und z_{44} ist ersetzt durch

$$\left(z_{44} + \frac{M_{24}^2}{Z_{22}}\right).$$

Die elektrische Impedanz bei festgebremster Membran sowie der Kraftfaktor und die mechanische Impedanz der Membran bei offenem Stromkreise erfahren also durch das Auftreten von Wirbelströmen in den Polschuhen eine Änderung.

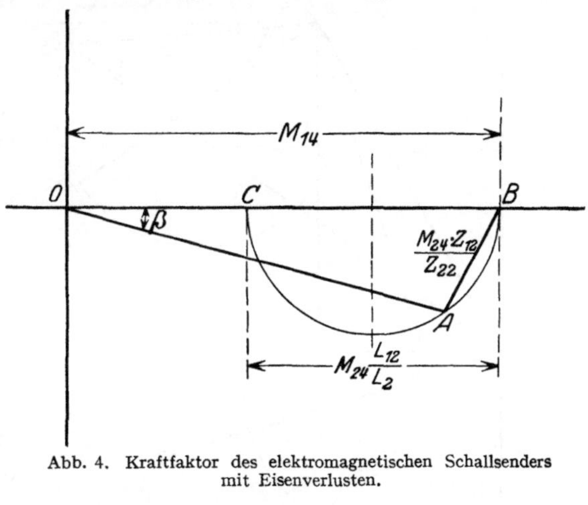

Abb. 4. Kraftfaktor des elektromagnetischen Schallsenders mit Eisenverlusten.

Bei dem verlustfreien Sender ist der Kraftfaktor M_{14} eine konstante Größe. Beim Auftreten von Verlusten ändert er sich mit der Frequenz (s. Abb. 4). Er ist gleich

$$M_{14} - M_{24} \frac{j\omega L_{12}}{R_2 + j\omega L_2}$$

und wird dargestellt durch die Strecke OA, deren Endpunkt auf dem Halbkreis BAC mit dem Durchmesser $M_{24} \cdot \frac{L_{12}}{L_2}$ liegt. Für sehr kleine Frequenzen nimmt er den Wert $OB = M_{14}$ an, für sehr große Frequenzen ist er gleich $M_{14} - M_{24} \frac{L_{12}}{L_2}$.

[1]) K. W. Wagner, Elektrot. ZS. Bd. 32, S. 80. 1911.

[2]) A. S. Curtis, Bell Syst. Techn. Journ. Bd. 4, S. 402–405. 1925.

Die Bewegungsimpedanz, die man erhält, indem man $\dot{x}$ aus der zweiten Gleichung (3) in die erste einsetzt und von dem so erhaltenen Koeffizienten von i_1, der die freie Impedanz des Senders darstellt, die gedämpfte Impedanz subtrahiert, ist

$$Z_b = \frac{\left(M_{14} - \frac{M_{24} Z_{12}}{Z_{22}}\right)^2}{z_{44} + \frac{M_{24}^2}{Z_{22}}}.$$

Die scheinbare mechanische Impedanz des Senders läßt sich schreiben

$$r + R_2 \frac{M_{24}^2}{R_2^2 + (\omega L_2)^2} + j\omega\left(m - L_2 \frac{M_{24}^2}{R_2^2 + (\omega L_2)^2}\right) - \frac{j}{\omega c}.$$

Hieraus geht hervor, daß der Bewegungswiderstand der Membran infolge der Wirbelstromverluste eine Zunahme erfährt, die um so größer ist, je niedriger die Frequenz ist. Für sehr kleine Frequenzen ist sie $\frac{M_{24}^2}{R_2}$. Auch die schwingende Masse der Membran erfährt eine scheinbare Änderung, und zwar eine Abnahme um den Betrag

$$L_2 \frac{M_{24}^2}{R_2^2 + (\omega L)^2}.$$

Für sehr kleine Frequenzen ist die Änderung $L_2 \frac{M_{24}^2}{R_2^2}$, für sehr große Frequenzen verschwindet sie ebenso wie die Änderung des mechanischen Widerstandes. Die Änderung der Masse infolge des Auftretens von Wirbelströmen bewirkt, daß das Maximum der Geschwindigkeit bei einer höheren Frequenz erreicht wird, als dies ohne Verluste der Fall ist.

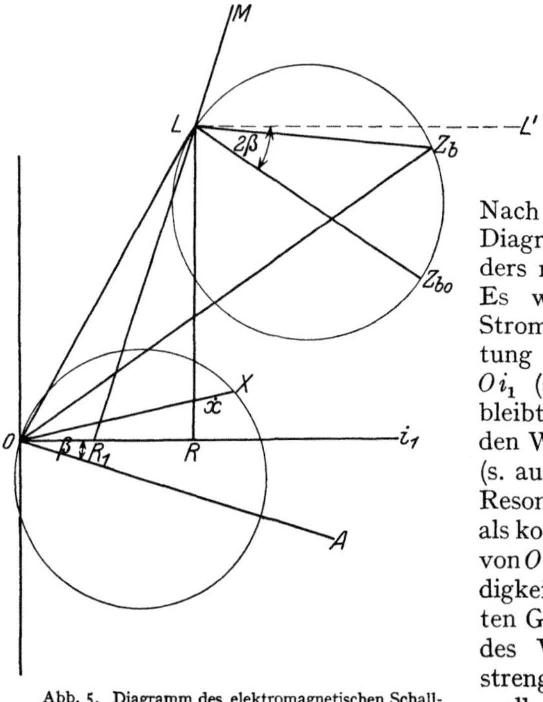

Abb. 5. Diagramm des elektromagnetischen Schallsenders mit Eisenverlusten bei konstantem Strom.

9. Diagramm des elektromagnetischen Senders mit Verlusten bei konstantem Strom. Nach diesen Vorbereitungen kann das Diagramm des elektromagnetischen Senders mit Verlusten entworfen werden[1]). Es werde zunächst bei konstantem Strom i_1 betrachtet. Größe und Richtung des Stromes seien gegeben durch $O i_1$ (s. Abb. 5). Der Kraftfaktor OA bleibt infolge der Wirbelstromverluste um den Winkel β hinter dem Strom zurück (s. auch Abb. 4). Bei Beschränkung auf Resonanznähe kann man den Winkel β als konstant annehmen. In die Richtung von OA fällt das Maximum der Geschwindigkeit. Ihr Wert ergibt sich aus der zweiten Gleichung (3), Ziff. 8. Der Endpunkt des Vektors der Geschwindigkeit ist streng genommen kein Kreis, da sich die reelle Komponente mit der Frequenz ändert. Da diese Änderungen aber klein sind, ist die Abweichung vom Kreise zu vernachlässigen. Die Änderung der imaginären Komponente hat keinen Einfluß auf die Kreisform. Sie bestimmt lediglich die

[1]) A. E. KENNELLY, Electrical Vibration Instruments, S. 80ff. New York 1923. Hier auch weitere Literatur.

Verteilung der Frequenzen längs des Kreisumfanges, die Anlaß zu Fehlern bei der Berechnung der Dämpfung aus den auf dem Kreisumfang aufgetragenen Frequenzwerten gibt. Diese Fehler sind aber klein, solange der Resonanzbereich klein ist. Für eine Frequenz unterhalb der Resonanz ist der Vektor $\dot{x} = OX$ eingetragen. Mit zunehmender Frequenz wird der Kreis im Sinne des Uhrzeigers durchlaufen. Der Drehsinn des Diagramms ist entgegengesetzt dem Sinne des Uhrzeigers.

Die an den Apparat angelegte Spannung hat die gedämpfte Impedanz und die Bewegungsimpedanz des Senders zu überwinden, die durch die beiden Glieder auf der linken Seite der ersten Gleichung (3) dargestellt werden. Die beiden Komponenten der Spannung über der gedämpften Impedanz sind in dem Diagramm durch OR und RL dargestellt. Hierzu ist noch die Bewegungs-EMK zu addieren. Sie ist proportional der Geschwindigkeit. Der Proportionalitätsfaktor ist komplex und von der Größe des Kraftfaktors. Er dreht also den Vektor der Bewegungs-EMK um denselben Winkel β gegen die Geschwindigkeit zurück, um den der Kraftfaktor gegen den Strom verschoben ist. Seine Richtung und Größe ist durch LZ_b dargestellt. Die Strecke OZ_b stellt nach Richtung und Größe die am Sender liegende Spannung dar. Der Endpunkt des Spannungsvektors liegt auf einem Kreise durch L und Z_b. Der Durchmesser dieses Kreises LZ_{b0} stellt das Maximum der EMK der Bewegungsimpedanz dar. Da das Maximum erreicht wird, wenn $\dot{x}$ sein Maximum erreicht, die EMK der Bewegungsimpedanz aber um den Winkel β hinter $\dot{x}$ zurückbleibt, bildet der Durchmesser des Kreises der Bewegungs-EMK mit der zu Oi_1 parallelen Graden LL' den Winkel 2β.

Der Vektor OL ist der Spannungsvektor bei festgebremster Membran. Die Wattkomponente OR hat den OHMschen Spannungsabfall in der Spule OR_1 und den infolge der Eisenverluste hervorgerufenen Spannungsabfall R_1R zu decken. Die wattlose Komponente deckt den induktiven Spannungsabfall über der Spule. Bei dem Entwurf des Diagramms war nur die Resonanznähe betrachtet und daher ω als konstant angenommen worden. Untersucht man aber einen weiteren Frequenzbereich, dann ist der Punkt L nicht mehr fest, sondern er bewegt sich mit veränderlicher Frequenz längs der Graden R_1LM. Der Kreis LZ_bZ_{b0} wird dabei ebenfalls längs der Geraden RLM verschoben, und zwar so, daß sein Durchmesser LZ_{b0} immer dieselbe Größe und Richtung behält.

Dividiert man die Spannungsgrößen in dem Diagramm durch den Strom i_1, so erhält man das entsprechende Impedanzdiagramm. In geeignetem Maßstabe stellt also der Kreis LZ_bZ_{b0} den Bewegungs-Impedanzkreis dar, OR_1 ist in diesem Maßstabe der Kupferwiderstand der Spule, R_1R der Eisenwiderstand, RL der induktive Widerstand.

10. Ersatzkreismethode von HAHNEMANN und HECHT. Die elektrischen Schallsender sind oben als elektromechanische Transformatoren bezeichnet worden, die elektrische Energie in mechanische Energie umformen. In der bisher gegebenen Darstellung sind elektrische und mechanische Größen miteinander verknüpft. Man kann aber, wie HAHNEMANN und HECHT[1]) gezeigt haben, die mechanischen Vorgänge der Ankerbewegung rein elektromagnetisch deuten und damit die Theorie des elektromechanischen Transformators auf die Theorie des rein elektrischen Transformators zurückführen. Zu dem Zweck wird der Anker des Apparates festgehalten und mit einer Wicklung versehen, die gleich der Wicklung ist, der man den Strom zuführt. Der Ersatzwicklung wird nun elektrisch dieselbe Energie entzogen, die dem schwingenden Anker bzw. der Membran mechanisch entnommen wird. Um diesen Zustand zu erreichen, muß die Ersatzwicklung über einen Kreis mit Widerstand, Selbstinduktion und Kapazität

---

[1]) W. HAHNEMANN u. H. HECHT, Phys. ZS. Bd. 20, S. 104—114. 1919.

geschlossen werden (s. Abb. 6). Selbstinduktion und Kapazität werden auf die Frequenz der mechanischen Resonanz abgestimmt. Da einerseits bei schwingendem Anker das durch die Ankerbewegung hervorgerufene Gegenfeld proportional der Ankeramplitude, andererseits bei dem Ersatzkreis das Gegenfeld proportional der sekundär entnommenen Stromstärke ist, vertritt in der elektrischen Substitution die Stromstärke die Stelle der mechanischen Amplitude. Wegen dieser Analogie Stromstärke-Amplitude, im Gegensatz zu der sonst üblichen Stromstärke-Geschwindigkeit, ist das Analogon der Masse die Kapazität, das Analogon der Elastizität die Selbstinduktion. Aus diesem Grunde sind die drei Bestimmungsstücke in dem Ersatzkreise keine Konstanten, sondern hängen in folgender Weise von der Frequenz ab:

$$L = \omega^2 m\,, \qquad C = \frac{c}{\omega^2}\,, \qquad R = \omega^2 r.$$

Da hauptsächlich die Resonanznähe interessiert, kann man in diesen Ausdrücken ω als konstant betrachten. Kupferverluste und Streuung sollen unberücksichtigt bleiben. Legt man an den Sender eine EMK e_1 (s. Abb. 7), so wird in der Sekundärspule der Substitution die Spannung e_2 induziert, die der Primärspannung gleich und entgegengesetzt gerichtet ist. Solange sekundär kein Strom entnommen wird,

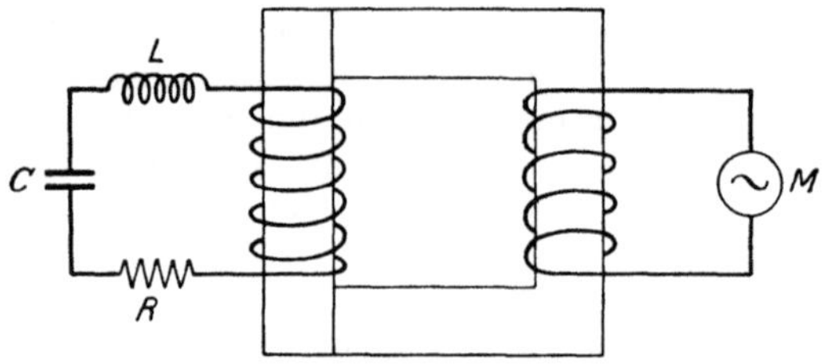

Abb. 6. Elektrischer Ersatzkreis des elektromagnetischen Schallsenders.

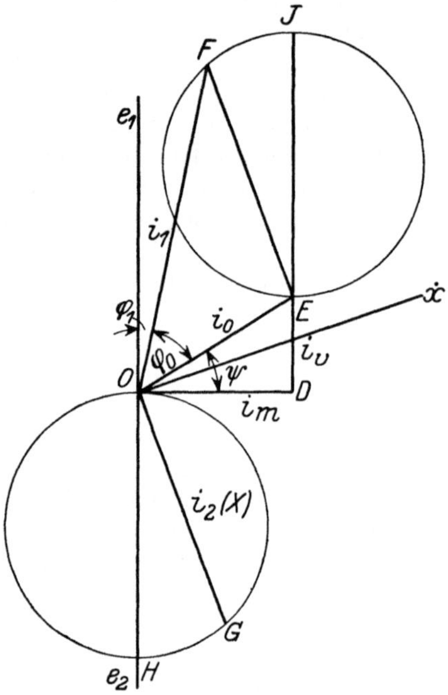

Abb. 7. Ersatzkreisdiagramm des elektromagnetischen Schallsenders.

fließt primär nur der Leerlaufstrom $i_0 = OE$. Dieser zerfällt in zwei Komponenten: $OD = i_m$ senkrecht zur Spannung und $DE = i_v$ parallel zur Spannung. i_m ist der Magnetisierungsstrom und mit dem Kraftfluß gleichphasig, i_v der durch die Eisenverluste bedingte Verluststrom des Senders. Das Dreieck OED ist das Verlustdreieck. Der Winkel $EOD = \psi$ wird Verlustwinkel genannt.

Entnimmt man jetzt sekundär den Strom i_2, so bewegt sich bei veränderlicher Frequenz der Endpunkt des Vektors i_2 auf einem Kreise $OGHO$. Der Sekundärstrom i_2 muß von einer primären Komponente EF, die dem Sekundärstrom gleich und entgegengesetzt gerichtet ist, gedeckt werden. Diese Komponente setzt sich mit dem Leerlaufstrom i_0 zu dem gesamten Primärstrom $OF = i_1$ zusammen. Der Endpunkt von i_1 bewegt sich auf dem Kreise $EFIE$, allerdings unter der Voraussetzung, daß das Verlustdreieck ODE konstant bleibt.

Wie weit diese Voraussetzung zutrifft, ist noch zu prüfen. Es ist $i_m = \frac{e}{\omega L_0}$, wo L_0 die Selbstinduktion des Senders bei ruhendem Anker ist. Ferner ist $i_v = \frac{e}{R_e}$, wo R_e den Eisenwiderstand bedeutet. Innerhalb des in Frage kommenden Frequenzbereiches kann man R_e proportional der Frequenz annehmen, so daß also bei konstantem e der Verluststrom i_v und der Magnetisierungsstrom i_m sich umgekehrt proportional der Frequenz ändern. Innerhalb des kleinen praktisch in Frage kommenden Bereiches bewirkt diese Änderung keine nennenswerte Deformation des Kreises $EFIE$. Hält man aber, wie HAHNEMANN und HECHT es tun, e/ω konstant, dann bleibt das Verlustdreieck zwar unverändert, der Endpunkt des Vektors i_2 und damit auch der Endpunkt des Vektors i_1 liegen aber nicht mehr genau auf einem Kreise. Die Abweichungen von der Kreisform sind aber in allen Fällen gering.

Das Verhalten des Apparates bei veränderlicher Frequenz ist aus dem Diagramm ohne weiteres zu ersehen. Insbesondere ergibt sich die Resonanzkurve, d. h. die Leistung als Funktion der Frequenz. Ferner lassen sich der resultierende Watt- und wattlose Widerstand des Apparates bei verschiedenen Frequenzen angeben, wobei man den resultierenden Widerstand durch eine Serien- oder Parallelkombination der beiden Komponenten darstellen kann[1]). Zur vollkommenen Berechnung dieser Größen genügen die beiden Größen: Mechanisch-elektrischer Wirkungsgrad in der Resonanz und Phasenwinkel φ_0 zwischen Spannung und Strom bei festgebremstem Apparat. Wenn man die Frequenzen nicht im Verstimmungswinkel φ_2, sondern in den prozentualen Verstimmungen x ausdrückt, tritt als dritte Größe die mechanische Dämpfung hinzu.

Hält man e/ω konstant, so ist auch die auf den Anker wirkende Kraft konstant. Diese ist nämlich

$$K = \frac{1}{8\pi} \cdot \frac{\Phi_g^2}{Q},$$

wo Φ_g der gesamte Kraftlinienfluß im Luftspalt und Q dessen Querschnitt ist. Da

$$\Phi_g = \Phi_0 + \Phi,$$

ist

$$K = \frac{1}{8\pi} \frac{\Phi_0^2 + 2\Phi_0\Phi}{Q},$$

solange $\Phi \ll \Phi_0$. Für die Bewegung interessiert nur der veränderliche Teil der Kraft

$$K = \frac{\Phi_0}{4\pi Q}\Phi.$$

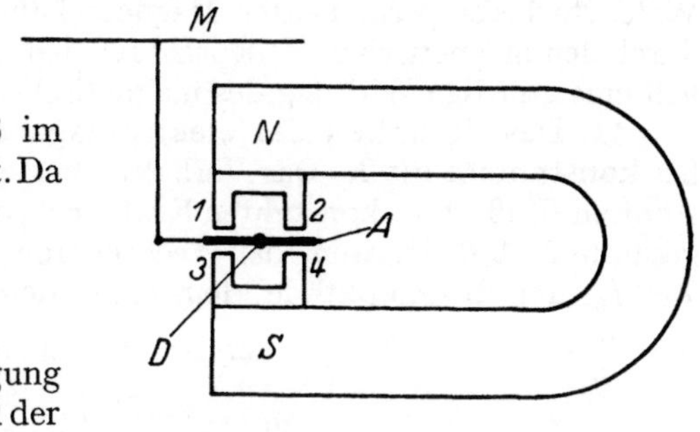

Abb. 8. System für elektromagnetischen Schallsender, bei dem der Anker keinen konstanten Fluß fuhrt.

Diese ist dem Fluß Φ poportional. Da andererseits $e/\omega = N\Phi$ ist (N = Windungszahl), so bedeutet konstantes e/ω konstantes Φ, d. h. konstante Kraft.

Im allgemeinen ist $\Phi \ll \Phi_0$. Wird Φ sehr groß, wie das bei Lautsprechern der Fall sein kann, dann ist Φ^2 nicht mehr gegen $\Phi_0\Phi$ zu vernachlässigen, was das Auftreten von Obertönen und damit eine Sprachverzerrung zur Folge hat. Um auch für große Leistungen Proportionalität zwischen K und Φ zu erzielen, kann man ein Magnetsystem verwenden, wie es bei polarisierten Relais üblich ist[2]) (Abb. 8). Zwischen den Polen N und S eines permanenten Magneten befinden sich die Weicheisenpolschuhe 1, 2 und 3, 4, die den konstanten Fluß über 1 und 3 bzw. 2 und 4 führen. In dem Luftspalt zwischen den Polschuhen kann sich der Anker A um den Punkt D drehen. Der Anker ist in geeigneter Weise mit einer Membran M verbunden. Er führt keinen konstanten Fluß. Die auf den Polschuhen 1 bis 4 befindlichen Spulen werden so geschaltet, daß der Wechselfluß sich auf der einen Seite zu dem konstanten Fluß addiert, auf der anderen Seite subtrahiert. Die Kraft von den Polen 1 und 4 ist dann proportional

[1]) W. HAHNEMANN u. H. HECHT, Phys. ZS. Bd. 23, S. 322—335. 1922.
[2]) C. R. HANNA, Proc. Inst. Rad. Eng. Bd. 13, S. 437ff. 1925.

$(\Phi_0 + \Phi \sin \omega t)^2$, von den Polen 2 und 3 proportional $(\Phi_0 - \Phi \sin \omega t)^2$. Die gesamte Kraft demnach gleich der Differenz dieser beiden

$$K \approx 4 \Phi_0 \Phi \sin \omega t .$$

In diesem Ausdruck fehlen die Glieder, die die doppelte Frequenz enthalten, vollständig.

Es läßt sich also immer Proportionalität zwischen der Kraft K und dem Wechselfluß Φ erreichen.

SEIBT[1]) hat den Vorschlag gemacht, die Empfindlichkeit von Telephonen durch Einschalten eines magnetischen Nebenschlusses zu den Polschuhen zu erhöhen. Für den von dem permanenten Magneten ausgehenden Gleichfluß Φ_0 bedeutet dieser Nebenschluß eine Schwächung. Da aber der veränderliche Kraftfluß hauptsächlich seinen Weg über diesen Nebenschluß nimmt, wird für diesen der magnetische Widerstand herabgesetzt, der Fluß Φ selbst wird größer. SEIBT erwartet im ganzen eine Vergrößerung des Produktes $\Phi_0 \Phi$ und damit eine Erhöhung der Empfindlichkeit.

CARSTEN[2]) hat diese Frage experimentell und rechnerisch untersucht und festgestellt, daß bei den heute allgemein in der Fernhörerfabrikation verwandten Magneten der magnetische Nebenschluß keine Vorteile bringt. Die Güte des SEIBTschen Fernhörers beruht lediglich auf der Verwendung hochlegierten Eisens für Membran und Polschuhe und auf der Lamellierung der Polschuhe. Durch Wahl stärkerer permanenter Magnete kann die Verringerung des Dauerflusses durch den magnetischen Nebenschluß wieder ausgeglichen werden, so daß schließlich eine günstige Wirkung des magnetischen Nebenschlusses herbeigeführt wird.

11. Das Verhalten des elektromagnetischen Senders mit Eisenverlusten bei konstantem Fluß. Das Verhalten des elektromagnetischen Senders bei konstantem Fluß, d. h. konstanter Kraft, ist von LICHTE[3]) untersucht worden. Der gesamte Fluß Φ_g ist, wenn der Wechselstrom klein gegen den fiktiven Gleichstrom, $J \ll J_0$, und die Amplitude klein gegen den gesamten Kraftlinienweg, $x \ll l$, ist $\left(l = \frac{l_e}{\mu_r} + l_l,\ l_e,\ l_l\right.$ Länge der Kraftlinien in Eisen und in Luft$\left.\right)$

$$\Phi_g = \frac{4\pi N Q J_0}{l}\left(1 + \frac{J}{J_0} + \frac{x}{l}\right),$$

so daß sich für den veränderlichen Teil des Flusses ergibt:

$$\Phi = \frac{4\pi N Q}{l} J + \frac{\Phi_0}{l} x . \qquad (4)$$

Die auf den Anker wirkende Kraft setzt sich demnach aus zwei Komponenten zusammen, von denen die eine proportional dem Strom J, die andere proportional der Amplitude x ist. Diese doppelte Abhängigkeit kommt in dem Diagramm von HAHNEMANN und HECHT ohne weiteres zum Ausdruck. Der Sekundärstrom i_2 ersetzt ja die Amplitude.

Der Koeffizient des von dem Strom J abhängigen Gliedes der Kraft, der Kraftfaktor

$$\frac{N\Phi_0}{l} = NQ\frac{B_0}{l} = NQ\frac{B_0 \mu_r}{l_e\left(1 + \frac{l_l}{l_e}\mu_r\right)},$$

ist von dem benutzten Magnetmaterial abhängig. Da die reversible Permeabilität μ_r bei wachsendem B_0 zu- und dann wieder abnimmt, erreicht der Kraftfaktor

[1]) G. SEIBT, Elektrot. ZS. Bd. 43, S. 269—270. 1922.

[2]) H. CARSTEN, Elektrot. ZS. Bd. 44, S. 257—260. 1923.

[3]) H. LICHTE, ENT. Bd. 3, S. 183—189. 1926.

für einen bestimmten Wert B_0 ein Maximum. Untersuchungen über die Abhängigkeit des Kraftfaktors von der Magnetisierung B_0 sind von RAYLEIGH[1]), HOFFMANN[2]), GANS[3]) und KUNZE[4]) gemacht worden.

Bei periodischen Vorgängen ändern sich die veränderlichen Größen wie $e^{j\omega t}$. Eisenverluste sind in Gleichung (4) noch nicht berücksichtigt. Sind diese aber vorhanden, dann bleibt der magnetische Fluß um einen Winkel β_1 hinter dem Strom J zurück, soweit er durch diesen erzeugt wird, und um einen Winkel β_2 hinter der Amplitude x, soweit er durch die Membranbewegung erzeugt wird. Unter der Annahme, daß der magnetomotorischen Kraft des Stromes derselbe magnetische Widerstand entgegengesetzt wird wie der magnetomotoriscden Kraft der Bewegung, ist $\beta_1 = \beta_2 = \beta$. Um das Zurückbleiben des Flusses hinter dem Strom bzw. hinter der Amplitude auszudrücken, multipliziert man in Gleichung (4) Φ mit $e^{j\beta}$. Man erhält also bei periodischen Vorgängen der Frequenz ω

$$-j\frac{\Phi_0}{l\omega}e^{-j\beta}\dot{x} + \frac{4\pi NQ}{l}e^{-j\beta}J = \Phi.$$

Zu dieser Gleichung treten die mechanische Bewegungsgleichung

$$\left[r + j\left(\omega m - \frac{1}{\omega c}\right)\right]\dot{x} = \frac{\Phi_0}{4\pi Q}\Phi$$

und die Gleichung für das elektrische Gleichgewicht

$$\frac{N\Phi_0}{l}e^{-j\beta}\dot{x} + \left(R + j\omega\frac{4\pi N^2}{l}e^{-j\beta}\right)J = E.$$

Die Lösung dieses Systems ist, wenn man

$$r + j\left(\omega m - \frac{1}{\omega c}\right) = Z$$

setzt,

$$\dot{x} = \frac{1}{z}\frac{\Phi_0}{4\pi Q}\Phi,$$

$$J = \left[\frac{l}{4\pi NQ}e^{j\beta} + j\frac{1}{z}\frac{\Phi_0^2}{(4\pi Q)^2 N\omega}\right]\Phi,$$

$$E = \left[j\omega N + j\frac{R\Phi_0^2}{z(4\pi Q)^2\omega N} + \frac{lRe^{j\beta}}{4\pi QN}\right]\Phi.$$

Diese Größen stellen Geschwindigkeit, Strom und Spannung bei konstantem Fluß dar. Die Geschwindigkeit $\dot{x}$ und damit die mechanische Leistung erreichen ihr Maximum für die Frequenz

$$\omega_R = \frac{1}{\sqrt{mc}}.$$

Dann wird $z = r$. Für beliebige Frequenzen ist der Phasenwinkel zwischen Geschwindigkeit und Kraft gegeben durch

$$\operatorname{tg}\varphi = \frac{\frac{1}{\omega c} - \omega m}{r}.$$

---

[1]) Lord RAYLEIGH, Phil. Mag. Bd. 38, S. 295. 1894.

[2]) H. HOFFMANN, Arch. f. Elektrot. Bd. 1, S. 433. 1913.

[3]) R. GANS, Arch. f. Elektrot. Bd. 2, S. 125—130. 1913.

[4]) W. KUNZE, Arch. f. Elektrot. Bd. 2, S. 495—518. 1914.

Das Diagramm des Senders bei konstantem Fluß ist in Abb. 9 dargestellt. Die Strecke $O\Phi$ stellt nach Richtung und Größe den konstanten Fluß dar. Die Geschwindigkeit ist

$$\dot{x} = \frac{1}{r}\frac{\Phi_0}{4\pi Q}\cos\varphi \cdot \Phi .$$

Dies ist die Gleichung eines Kreises, der durch den Punkt O geht und dessen Durchmesser in die Richtung von $O\Phi$ fällt. Die Größe des Durchmessers ist

$$OX = \frac{1}{r}\frac{\Phi_0}{4\pi Q}\Phi$$

entsprechend dem maximalen Wert der Geschwindigkeit in Resonanz. Für eine beliebige Frequenz sei die Geschwindigkeit durch OA dargestellt.

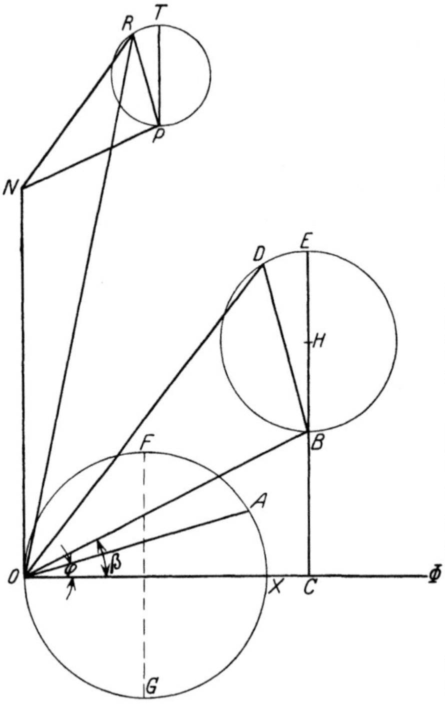

Abb. 9. Diagramm des elektromagnetischen Schallsenders bei konstantem Fluß.

Der Strom J besteht aus zwei Komponenten, dem Leerlaufstrom OB, der dem Fluß um den Winkel β vorauseilt und sich seinerseits in zwei Teilströme, den Magnetisierungsstrom OC und den Verluststrom CB zerlegen läßt, und dem Strom

$$BD = j\frac{1}{z}\frac{\Phi_0^2}{(4\pi Q)^2 N\omega}\Phi ,$$

der der Geschwindigkeit um 90° vorauseilt und dieser proportional ist. Der Gesamtstrom ist OD. Der Endpunkt des Stromvektors durchläuft bei zunehmender Frequenz den Kreis $BDEB$.

Die an den Sender gelegte Maschinenspannung hat die induzierte Spannung $ON = j\omega N\Phi$, die dem Fluß um 90° vorauseilt, und den Spannungsabfall NR, der durch den Strom im Kupferwiderstand verursacht wird, zu überwinden. Die gesamte Spannung ist OR.

Je größer der Kupferwiderstand, um so mehr ist der Verlauf von E dem von J proportional. Bei vernachlässigbarem Kupferwiderstand ist $E = j\omega N\Phi$.

12. Energieverhältnisse. Wirkungsgrad. Apparatkonstante. Im Resonanzfall ist die mechanische Leistung

$$L_m = \frac{1}{2}\dot{x}^2 r = \frac{1}{2}\frac{\Phi_0^2}{r(4\pi Q)^2}\Phi^2$$

und die elektrisch aufgenommene Leistung

$$L_e = \frac{1}{2}\left\{R\left(\frac{l}{4\pi Q N}\right)^2 + 2R\frac{1}{r}\frac{\Phi_0^2 l\sin\beta}{(4\pi Q)^3\omega N^2} + R\frac{1}{r^2}\left(\frac{\Phi_0^2}{(4\pi Q)^2\omega N}\right)^2 + \frac{\omega l\sin\beta}{4\pi Q} + \frac{1}{r}\frac{\Phi_0^2}{(4\pi Q)^2}\right\}\Phi^2 .$$

Mithin erhält man für den Wirkungsgrad

$$\eta = \frac{1}{1 + \frac{r}{\Phi_0^2}4\pi Q\omega l\sin\beta + \frac{R}{N^2}\left[\frac{r}{\Phi_0^2}l^2 + \frac{\Phi_0^2}{r}\frac{1}{(4\pi Q)^2\omega^2} + \frac{2l\sin\beta}{4\pi Q\omega}\right]} .$$

Bei veränderlichem Φ_0 und sonst konstanten Größen erreicht der Wirkungsgrad für ein bestimmtes Φ_0 ein Maximum, was zunächst überraschend erscheint. Der Grund ist folgender: Mit zunehmendem Φ_0 steigt die Geschwindigkeit. Die mechanische Leistung steigt daher wie Φ_0^2. Die von der Bewegung herrührende Komponente des Stromes ist um so größer, je größer die Geschwindigkeit und je größer der konstante Fluß Φ_0 ist. Diese Stromkomponente steigt also wie Φ_0^2, die Verluste im Kupfer wie Φ_0^4. Die Kupferverluste steigen bei zunehmendem Φ_0 erheblich schneller als die mechanische Leistung, so daß bei sehr großem Φ_0 der Wirkungsgrad η des Apparates sehr klein wird. Andererseits ist bei sehr kleinem Φ_0 die mechanische Leistung klein, so daß aus diesem Grunde der Wirkungsgrad sehr klein wird. Es muß also einen optimalen Fluß geben, für den der Wirkungsgrad ein Maximum erreicht. In ähnlicher Weise wirkt eine Änderung des mechanischen Bremswiderstandes r.

Betrachtet man Φ_0^2/r als unabhängige Veränderliche, so wird das Maximum des Wirkungsgrades erreicht für

$$\frac{\Phi_0^2}{r} = 4\pi Q\,\omega\, l \cdot \sqrt{1 + \frac{N^2}{R}\,\frac{4\pi Q\,\omega \sin\beta}{l}}\,.$$

Das Maximum selbst ist

$$\eta_{\max} = \frac{1}{1 + \dfrac{R}{N^2}\,\dfrac{l}{2\pi Q\,\omega}\left(\sin\beta + \sqrt{1 + \dfrac{N^2}{R}\,\dfrac{4\pi Q\,\omega \sin\beta}{l}}\right)}\,.$$

Berücksichtigt man, daß bei festgebremstem Anker ($r = \infty$)

$$J = \frac{l}{4\pi Q N}\, e^{j\beta} \cdot \Phi$$

und

$$E = RJ + j\omega N \Phi\,,$$

so folgt

$$\Re = \frac{E}{J} = R + \frac{4\pi Q\,\omega N^2}{l}\sin\beta + j\,\frac{4\pi Q\,\omega N^2}{l}\cos\beta\,.$$

Hier ist R der Kupferwiderstand,

$$\frac{4\pi Q\,\omega N^2}{l}\sin\beta = R_e$$

der Eisenverlustwiderstand und

$$\frac{4\pi Q N^2}{l}\cos\beta = L$$

die Selbstinduktion bei festgebremstem Anker. Unter Benutzung dieser Ausdrücke ergibt sich für den Wirkungsgrad

$$\eta = \frac{1}{1 + \dfrac{2RR_e}{R_e^2 + \omega^2 L^2} + \dfrac{r}{B_0^2}\,\dfrac{(R + R_e)(2\pi N)^2\omega^2}{R_e^2 + \omega^2 L^2} + \dfrac{B_0^2}{r}\,\dfrac{R}{(2\pi N)^2\omega^2}}\,. \tag{5}$$

Bei veränderlichem B_0^2/r erhält man das Maximum für

$$\frac{B_0^2}{r} = (2\pi N)^2\omega^2 \sqrt{\frac{R + R_e}{R\,(R_e^2 + \omega^2 L^2)}}$$

zu

$$\eta_{\max} = \frac{1}{1 + 2\,\dfrac{RR_e}{R_e^2 + \omega^2 L^2} + 2\sqrt{\dfrac{R(R + R_e)}{R_e^2 + \omega^2 L^2}}}\,.$$

Die von LICHTE abgeleitete Formel (5) für den Wirkungsgrad des elektromagnetischen Schallsenders berücksichtigt neben den Eisen- und Kupferverlusten auch die Streuung, da ja B_0 die Induktion im Luftspalt bedeutet, hat also ganz allgemein Gültigkeit.

In ihrer Ersatzkreismethode lassen HAHNEMANN und HECHT die Kupferverluste und Streuung zunächst unberücksichtigt und führen sie später als Korrektion ein. Berücksichtigt man die Streuung allein, so ergibt sich aus der Ersatzkreismethode die Beziehung[1])

$$\frac{\eta \mathfrak{d}}{1-\eta} = \frac{R_e(1-s)^2 B_0^2}{4\pi\omega^3 m N^2}\left[1+\left(\frac{\omega L}{R_e}\right)^2\right], \tag{6}$$

ein Ausdruck, den man aus der Formel (5) von LICHTE unmittelbar erhält, wenn man dort $R = 0$ und $r = \mathfrak{d}\,\omega\, m/\pi$ setzt. [In Formel (5) ist B_0, in Formel (6) $(1-s)B_0$ die Induktion im Luftspalt.]

Der Ausdruck $\frac{\eta\mathfrak{d}}{1-\eta}$ ist eine Konstante des Schallapparates, die für alle Medien Gültigkeit hat, unter der Voraussetzung, daß Masse und Elastizität unverändert bleiben.

13. Experimentelle Aufnahme von Resonanzkurven. Die experimentelle Untersuchung von elektromagnetischen Schallapparaten läuft im wesentlichen auf eine Aufnahme der Resonanzkurve hinaus, die die Leistung als Funktion der Frequenz darstellt.

Handelt es sich um Apparate für große Leistungen, so kann man direkt mit Hilfe eines Wattmeters die Resonanzkurve aufnehmen. Die Messung von Strom und Spannung liefert in Verbindung mit der Wattmetermessung den Phasenwinkel zwischen diesen beiden Größen. Die Zerlegung des Stromes in seine Teilströme ist dann auch ohne weiteres möglich, wenn man noch die Verlustmessung bei festgebremstem Schwingungsgebilde gemacht hat.

Gestattet der Apparat wegen seiner Kleinheit keine direkte Untersuchung mit Watt-, Volt- und Amperemeter, so muß man zu einer indirekten Methode seine Zuflucht nehmen. Man mißt in einer Brückenanordnung den Watt- und wattlosen Widerstand bei verschiedenen Frequenzen. Aus diesen Größen kann man die Resonanzkurve auf folgende Weise ableiten[2]). Der Wattwiderstand setzt sich aus drei Beträgen zusammen, nämlich dem OHMschen Widerstand der Wicklung, dem Verlustwiderstand und dem mechanisch-akustischen Arbeitswiderstand

$$R = R_\Omega + R_e + R_s.$$

Wenn man nur die Leistung in dem OHMschen und dem Arbeitswiderstand für die Resonanzkurve berücksichtigt, so ist

$$W = i^2(R - R_\Omega) = e^2 \frac{R - R_\Omega}{(R-R_\Omega)^2 + (\omega L)^2}.$$

Bezieht man alle Größen auf die Werte bei Resonanz (Index R), so ergibt sich

$$\frac{W}{W_R} = \left(\frac{e}{e_R}\right)^2 \frac{R - R_\Omega}{R_R - R_\Omega}\,\frac{(R_R - R_\Omega)^2 + (\omega_R L_R)^2}{(R - R_\Omega)^2 + (\omega L)^2}$$

Hält man e/ω, e = induzierte Spannung, konstant (konstante Kraft), so tritt ω/ω_R an die Stelle von e/e_R.

Die so gewonnene Resonanzkurve liefert den Wirkungsgrad η_e nur auf die Eisenverluste bezogen. Es ist zweckmäßig so zu verfahren, weil die Verlustlinie,

---

1) W. HAHNEMANN u. H. HECHT, Ann. d. Phys. (4) Bd. 63, S. 72. 1920.

2) W. HAHNEMANN u. H. HECHT, Ann. d. Phys. (4) Bd. 60, S. 458ff. 1919.

d. i. die Kurve, die die Verluste als Funktion der Frequenz darstellt, dann einen glatten Verlauf hat. Würde man die Kupferverluste von vornherein mit berücksichtigen, so hätte die Verlustlinie einen komplizierteren Verlauf, da der Strom und damit auch die Kupferverluste bei veränderlicher Frequenz eine v-förmige Kurve beschreiben.

Um den auf die Gesamtverluste bezogenen Wirkungsgrad η zu finden, verfährt man folgendermaßen[1]). Es ist, wenn R_{eb} der Eisenverlustwiderstand bei bewegter Membran ist,

$$\eta_e = \frac{i_1^2 R_s}{i_1^2 R_s + i_1^2 R_{eb}} = \frac{R_s}{R_s + R_{eb}}.$$

Unter Berücksichtigung der gesamten Verluste ist

$$\eta = \frac{R_s}{R_s + R_{eb} + R_\Omega} = \eta_e \frac{\frac{R_{eb}}{1-\eta_e}}{R_\Omega + \frac{R_{eb}}{1-\eta_e}}.$$

Benutzt man folgende Beziehungen:

$$i_1^2 R_{eb} = i_0^2 R_e$$

(R_e = Eisenverlustwiderstand bei festgebremster Membran),

$$\frac{i_0}{i_1} = \frac{\sin\varphi_1}{\sin\varphi_0}$$

und

$$1 - \eta_e = \frac{\operatorname{tg}\varphi_1}{\operatorname{tg}\varphi_0}$$

(φ_0, φ_1 = Winkel zwischen Strom und Spannung bei festgebremster und schwingender Membran), so erhält man schließlich

$$\eta = \frac{\eta_e}{1 + \frac{R_\Omega}{R_e}\left(1 + \frac{\cos^2\varphi_0}{1-\eta_e}\right)}$$

oder

$$\eta = \frac{\eta_e}{1 + \frac{R_\Omega}{R_e}\left(1 + \frac{1}{1-\eta_e}\,\frac{R_e^2}{R_e^2 + \omega^2 L^2}\right)}.$$

14. Trennung der Eisenverluste. Wie man bei der Bestimmung des Verlustwiderstandes zweckmäßig verfährt und gleichzeitig eine Trennung der Eisenverluste erreicht, hat CARSTEN[2]) gezeigt.

Ist die Membran festgeklemmt, so wird keine Leistung an die Membran abgegeben, der Bewegungswiderstand ist gleich 0. Man erhält also durch eine Messung die Summe des OHMschen Widerstandes und Eisenverlustwiderstandes: $R_0 = R_\Omega + R_e$. Setzt man den OHMschen Widerstand als bekannt voraus, so kennt man auch die Eisenverluste $W_e = J^2(R_0 - R_\Omega)$, die von der Frequenz und dem Kraftfluß abhängig sind. Da der Kraftfluß proportional $\frac{E}{\omega}$ — E bedeutet die induzierte EMK —, kann man diesen Ansdruck als unabhängige Veränderliche einführen. Es ist

$$\frac{E}{\omega} = \frac{J}{\omega}\sqrt{\omega^2 L_0^2 + (R_0 - R_\Omega)^2}.$$

---

1) W. HAHNEMANN u. H. HECHT, Ann. d. Phys. (4) Bd. 63, S. 81f. 1920.

2) H. CARSTEN, Phys. ZS. Bd. 22, S. 501—506. 1921.

Führt man bei einer bestimmten Frequenz ω_1 bei veränderlichem Strom J Messungen von Widerstand und Induktivität aus, so kann aus den Meßwerten die Abhängigkeit der Eisenverluste W_e von E/ω berechnet werden:

$$W_{e1} = f_1(E/\omega)\,.$$

Genau so verfährt man bei einer zweiten Frequenz ω_2. Diese Messungen liefern

$$W_{e2} = f_2(E/\omega)\,.$$

Die gesamten Eisenverluste kann man zerlegen in Hystereseverluste, die proportional der Frequenz ansteigen, und Wirbelstromverluste, die mit dem Quadrat der Frequenz wachsen

$$W_e = W_h + W_w = \omega \cdot g_1(E/\omega) + \omega^2 \cdot g_2(E/\omega)\,.$$

Führt man die Zerlegung für beide Frequenzen durch, so findet man die beiden Funktionen g_1 und g_2:

$$g_1 = \frac{W_{e1}\,\omega_2^2 - W_{e2}\,\omega_1^2}{(\omega_2 - \omega_1)\,\omega_1\,\omega_2}\,,$$

$$g_2 = \frac{W_{e2}\,\omega_1 - W_{e1}\,\omega_2}{(\omega_2 - \omega_1)\,\omega_1\,\omega_2}\,.$$

Damit ist die Bestimmung der Hysterese- und Wirbelstromverluste bei festgebremster Membran geleistet.

Mittels ihrer kann man die Eisenverluste bei schwingender Membran bestimmen. Für irgendeine Frequenz berechnet man zuerst

$$\frac{E}{\omega} = \frac{J}{\omega}\sqrt{\omega^2 L^2 + (R - R_\Omega)^2}$$

und ermittelt die zugehörigen Werte W_{h1} und W_{w1}, die an der festgebremsten Membran bei der Frequenz ω_1 gewonnen worden sind. Für die Frequenz ω erhält man

$$W_h = W_{h1}\frac{\omega}{\omega_1} \quad \text{und} \quad W_w = W_{w1}\frac{\omega^2}{\omega_1^2}\,.$$

Die gesamten Eisenverluste sind

$$W_e = W_h + W_w$$

und der Eisenverlustwiderstand

$$R_0 - R_\Omega = R_e = \frac{2W_e}{J_0^2}\,.$$

Die an die Membran abgegebene Leistung ist

$$W' = \frac{J_0^2}{2}\,(R - R_0)\,.$$

Auch der konstante Teil der Selbstinduktion läßt sich, wie CARSTEN gezeigt hat, auf ähnliche Weise wie die Eisenverluste bestimmen. Die Abhängigkeit der gemessenen Induktivitäten von E/ω ist nahezu linear:

$$L_0' = k_1' + k_2'\frac{E}{\omega} \quad \text{für} \quad \omega = \omega_1\,,$$

$$L_0'' = k_1'' + k_2''\frac{E}{\omega} \quad \text{für} \quad \omega = \omega_2\,.$$

Die Werte k_1 sind ebenfalls linear abhängig von der Frequenz, die Werte k_2 dagegen Konstante. Demnach erhält man für L_0 eine Beziehung von der Form

$$L_0 = k_0 + k\,\omega + k_2 \cdot \frac{E}{\omega}\,.$$

A. E. CURTIS[1]) hat festgestellt, daß bei elektromagnetischen Hörern gewöhnlicher Größe Widerstand und Selbstinduktion unterhalb einer magnetomotorischen Kraft von 0,01 Amperewindungen konstant sind.

15. Trennung von Strahlungs- und Verlustdämpfung. Der aus der Resonanzkurve eines Schallsenders bestimmte Wirkungsgrad gilt für den jeweiligen Betriebszustand. Er ist das Verhältnis der von der Membran mechanisch aufgenommenen Energie zu der gesamten dem Apparat zugeführten Energie. Von der mechanischen Energie wird nur ein Teil in Form von akustischer Energie abgestrahlt, ein anderer Teil wird infolge Reibung in Wärme umgesetzt. Der akustisch-mechanische Wirkungsgrad, der das Verhältnis der akustisch abgestrahlten Energie zu der gesamten mechanischen Energie angibt, ist

$$\eta = \frac{r_a}{r_a + r_v} = \frac{\mathfrak{d}_a}{\mathfrak{d}_a + \mathfrak{d}_v},$$

wo r_a der akustische Strahlungswiderstand und r_v der mechanische Reibungswiderstand und $\mathfrak{d}_a$ und $\mathfrak{d}_v$ die entsprechenden logarithmischen Dekremente sind. Um die verschiedenen Dämpfungsanteile zu bestimmen, verfährt man so, daß man die Resonanzkurve einmal bei akustischer Strahlung und einmal ohne diese aufnimmt.

Bei Unterwasserschallsendern z. B. nimmt man die Resonanzkurve einmal in Wasser und einmal in Luft auf. Da die Strahlungsdämpfung in Luft sehr klein gegen die in Wasser ist, ergibt die Dämpfung in Luft im wesentlichen die Verlustdämpfung. An elektromagnetischen Unterwasserschallsendern sind solche Messungen von HAHNEMANN und HECHT[2]), von denen dieser Vorschlag stammt, gemacht worden. Für elektrodynamische Sender (Fessendenoszillator) machten BARKHAUSEN und LICHTE[3]) derartige Bestimmungen.

Bei Telephonen besteht die gesamte Dämpfung bei Ohrlage aus Nutzdämpfung, hervorgerufen durch die abbremsende Wirkung des Ohrkanals, und aus schädlicher Dämpfung, hervorgerufen durch Reibung im Membranmaterial und durch Gasreibung in dem zwischen Membran und Hörmuschel liegenden Raum. Die schädliche Dämpfung wird von HAHNEMANN und HECHT[4]) bestimmt, indem sie den Ohrkanal durch einen dem Volumen und der Form nach entsprechenden Kanal mit harten und unnachgiebigen Wänden („hartes Ohr") ersetzen.

Diese Methode ist auch anwendbar auf Luftschallsender großer Leistungen, bei denen die Strahlungsdämpfung durch einen HELMHOLTZschen Resonator erreicht wird, und wurde auf solche Sender von LICHTE[4]) angewandt. Man macht die Strahlungsdämpfung bei diesem Apparatetyp zu Null, wenn man vor die Schallöffnung einen geschlossenen Raum mit harten Wänden setzt, der keine Energie verzehrt. Erforderlich ist dabei, daß der vorgeschaltete Raum vielmals größer als der Resonatorraum ist, um die Abstimmung dieses nicht zu verändern; andererseits muß der künstliche Teilraum in allen seinen Dimensionen klein zur halben Wellenlänge sein, damit keine stehenden Wellen ih ihm entstehen.

Für Lautsprecher mit Trichtern gilt Analoges. Bei trichterlosen Lautsprechern bestimmt man den Verlustwiderstand zweckmäßig, indem man den Lautsprecher in ein evakuiertes Gefäß bringt.

16. Elektromagnetische Schallsender für große Leistungen. Amplitudenübersetzung. Brauchbare Schallsender nach dem elektromagnetischen Prinzip für große Leistungen wurden für Zwecke der Unterwasserschallsignalisierung

---

[1]) A. S. CURTIS, Bell Syst. Techn. Journ. Bd. 4, S. 402–406. 1925.
[2]) W. HAHNEMANN u. H. HECHT, Phys. ZS. Bd. 20, S. 105f. 1919.
[3]) H. BARKHAUSEN u. H. LICHTE, Ann. d. Phys. (4) Bd. 62, S. 488f. 1920.
[4]) W. HAHNEMANN u. H. HECHT, Ann. d. Phys. (4) Bd. 70, S. 283–290. 1923.

von der Signal-Gesellschaft in Kiel hergestellt[1]). Der erste Versuchssender dieser Art bestand im wesentlichen aus einem an einer Membran befestigten Anker und einem dem Anker gegenüberstehenden, am Gehäuse befestigten Felde. Der Wirkungsgrad dieser Anordnung war jedoch noch sehr gering. Da nämlich die von der Membran an das Wasser abgegebene Schallenergie proportional dem Produkt aus Druck und Geschwindigkeit ist, im Wasser aber wegen des hohen akustischen Widerstandes kleinen Geschwindigkeiten bzw. Amplituden große Drucke entsprechen, müssen auf die Membran große Bewegungskräfte wirken. Die auf die Membran ausgeübte Kraft ist aber dem magnetischen Fluß proportional. Große Kräfte bedeuten also großen magnetischen Fluß. Da nun die Eisenverluste mit dem Fluß ansteigen, hat ein Schallsender der angegebenen Konstruktion einen geringen Wirkungsgrad.

Mit dieser Erkenntnis war auch das Mittel gegeben, den Wirkungsgrad zu verbessern. Man muß den magnetischen Fluß und damit die Kraft am Anker verringern und den Weg und die Geschwindigkeit des Ankers entsprechend steigern, mit anderen Worten, zwischen dem Elektromagneten und der Membran ist eine Hebelübersetzung einzuschalten. Die Verhältnisse ähneln denjenigen eines elektrischen Transformators, bei dem von kleiner Spannung und großem Strom auf große Spannung und kleinen Strom übersetzt wird. Man kann in der Verkleinerung des Verhältnisses von Kraft zu Weg am Elektromagneten nur so weit gehen, bis andere Verluste, die mit der Geschwindigkeit verknüpft sind, bestimmend werden und beginnen, die Eisenverluste zu überwiegen. Solche Verluste sind die mit zunehmendem Luftspalt zwischen Anker und Feld anwachsenden Kupferverluste. Da mit zunehmender Übersetzung die leerschwingende Energie zunimmt, bei konstantem Strahlungswiderstand die Dämpfung infolgedessen kleiner wird, eine gewisse Dämpfung aber aus Betriebsgründen nicht unterschritten werden darf, ist der Übersetzung eine obere Grenze gesteckt.

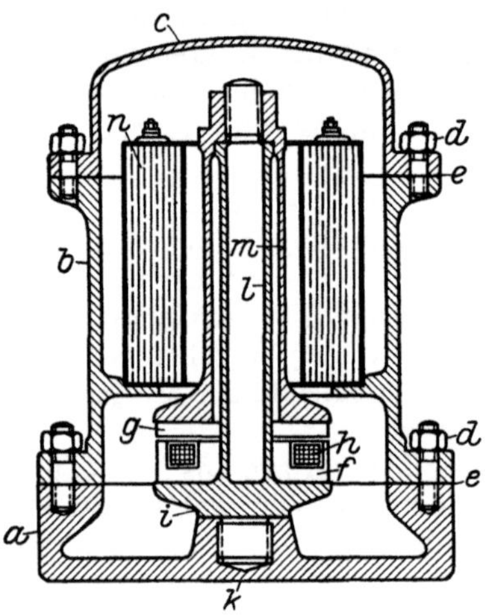

Abb. 10. Elektromagnetischer Unterwasserschallsender der Signalgesellschaft.

Der im allgemeinen in der Mechanik übliche Hebel läßt sich hier aber nicht verwenden, da einmal die Forderung hoher Eigenfrequenz zur Anwendung sehr großer toter Masse führt und sodann die unvermeidliche Lose in den Gelenken oder Drehpunkten zu einem Totlaufen der Energie als Reibungsarbeit in diesen Gelenken Anlaß gibt. Diese Überlegungen führten dazu, die verlangte Übersetzung durch ein Schwingungsgebilde herzustellen. Dieses Schwingungsgebilde besteht aus zwei Massen m_1 und m_2[2]), die durch eine Elastizität c miteinander verbunden sind. Die Amplituden der Massen sind umgekehrt proportional zu den Massen selbst, so daß man durch Wahl des Massenverhältnisses jedes beliebige Amplitudenverhältnis herstellen kann.

Die technische Lösung zeigt Abb. 10. f ist das Feld des Elektromagneten, g der Anker. Beide Massen sind durch eine aus einem Rohr m und Stab l bestehende Elastizität verbunden, die fest miteinander und den Massen verschraubt sind. Nuten im Feld und Anker nehmen die den Gleichstrom und Wechselstrom

[1]) A. DU BOIS-REYMOND, W. HAHNEMANN u. H. HECHT, ZS. f. techn. Phys. Bd. 2, S. 1–8, 33–40. 1921.

[2]) W. HAHNEMANN u. H. HECHT, Phys. ZS. Bd. 21, S. 187. 1920.

führenden Windungen auf. Das elektromagnetische System ist fest mit der Membran verschraubt und das Ganze wasserdicht abgeschlossen.

Die meisten praktisch ausgeführten Sender haben eine Eigenfrequenz von 1000 Perioden pro Sekunde. Ihr Wirkungsgrad beträgt bei einem logarithmischen Dekrement von 0,2 bis 0,3 etwa 50%. Die akustisch abgestrahlte Leistung ist etwa 300 bis 400 Watt. Eine Überlastung bis zu 100% ist vorübergehend zulässig.

17. Unpolarisierter Schallsender. Es sei an dieser Stelle noch erwähnt, daß von der Signal-Gesellschaft Kiel auch Schallsender für große Leistungen gebaut worden sind, die keine besondere konstante Vormagnetisierung haben (unpolarisierter Schallsender). Bei diesem nur mit Wechselstrom erregten Sender erfolgt in jeder Halbperiode eine Magnetisierung mit allerdings von Halbperiode zu Halbperiode wechselnder Richtung. Da jeder Magnetisierung eine Anziehung entspricht, schwingt das System mit doppelter Periodenzahl wie der erregende Wechselstrom.

Eine Theorie des unpolisarisierten elektromagnetischen Schallsenders hat LICHTE[1]) gegeben. Legt man der Betrachtung einen zweipoligen Sender zugrunde (Querschnitt eines Poles Q), dann ist die auf das mechanische Schwingungssystem wirkende Kraft

$$K = \frac{\Phi^2}{4\pi Q}.$$

Ändert sich der Fluß wie $\Phi = \Phi \cos\omega t$, so lautet die Bewegungsgleichung

$$m\frac{d^2x}{dt^2} + r\frac{dx}{dt} + \frac{x}{c} = \frac{\Phi^2}{8\pi Q}\cos 2\omega t,$$

wenn nur das veränderliche Glied der Kraft berücksichtigt wird.

Mithin ist die Amplitude

$$x = \frac{\Phi^2}{16\pi Q\,\omega\, z}\sin(2\omega t - \varphi),$$

wo

$$z = \sqrt{r^2 + \left(2\omega m - \frac{1}{2\omega c}\right)}$$

und

$$\varphi = \operatorname{arctg}\frac{2\omega m - \frac{1}{2\omega c}}{r}.$$

Die am Sender liegende Spannung E hat den OHMschen Spannungsabfall im Widerstand R und die durch Änderung des Kraftlinienflusses erzeugte Gegen-EMK zu überwinden:

$$JR + N\frac{d\Phi}{dt} = E.$$

Die Eisenverluste werden durch Kurzschlußwicklungen um die Pole berücksichtigt. Für den Kurzschlußkreis, dessen Windungszahl N_1 sei, gilt

$$J_1 R_1 + N_1\frac{d\Phi}{dt} = 0.$$

Der magnetische Fluß ist

$$\Phi = \frac{4\pi Q(NJ + N_1 J_1)}{2l}\left(1 + \frac{x}{l}\right)$$

(l = halbe Länge des auf Luft bezogenen Kraftlinienweges, $x \ll l$) oder wenn man aus der vorhergehenden Gleichung J_1 einsetzt

$$\Phi = \frac{2\pi Q}{l}\left(NJ - \frac{N_1^2}{R_1}\frac{d\Phi}{dt}\right)\left(1 + \frac{x}{l}\right).$$

[1]) H. LICHTE, Elektr. Nachr.-Techn. Bd. 3, S. 324—327. 1926.

Hieraus ergibt sich

$$J = \frac{l\Phi}{2\pi QN}\cos\omega t - \frac{\omega N_1^2\Phi}{NR_1}\sin\omega t - \frac{1}{z}\,\frac{\Phi^3}{(8\pi Q)^2 N\omega}\left[\sin(\omega t - \varphi) + \sin(3\omega t - \varphi)\right].$$

In dem Strom tritt also neben der Grundschwingung der Frequenz ω die dritte Harmonische der Frequenz 3ω auf. Dementsprechend auch in der Spannung E. Hierfür erhält man

$$E = JR - \omega N\Phi\sin\omega t.$$

Ist der OHMsche Widerstand des Senders zu vernachlässigen, dann ist die Spannung einfach gleich der induzierten Spannung

$$E = -\omega N\Phi\sin\omega t.$$

Denkt man sich das mechanische Gebilde festgebremst ($r = \infty$) und den Kupferwiderstand $R = 0$, so erhält man den Leerlaufstrom

$$J_0 = \frac{l\Phi}{2\pi QN}\cos\omega t - \frac{\omega N_1^2\Phi}{NR_1}\sin\omega t,$$

dessen eine Komponente, der Verluststrom

$$J_v = -\frac{\omega N_1^2\Phi}{NR_1}\sin\omega t$$

mit der Spannung, dessen andere Komponente, der Magnetisierungsstrom

$$J_m = \frac{l\Phi}{2\pi QN}\cos\omega t$$

mit dem Fluß in Phase ist. Denkt man sich den Sender ersetzt durch eine Kombination: Widerstand parallel zu einer Selbstinduktion, dann ist der entsprechende Widerstand

$$R_v = \frac{N^2 R_1}{N_1^2}$$

und die Selbstinduktion

$$L = \frac{2\pi N^2 Q}{l}.$$

Setzt man diese Werte in den Ausdruck für den Strom und die Spannung ein und berechnet die dem Sender zugeführte elektrische Leistung L_e, so ergibt sich für den Resonanzfall ($z = r$ und $\varphi = 0$)

$$L_e = \frac{(\omega N\Phi)^2}{2}\left(\frac{R + R_v}{R_v^2} + \frac{R}{(\omega L)^2}\right) + \frac{1}{r}\,\frac{\Phi^4 R}{(8\pi Q)^2 R_v} + \frac{1}{r^2}\cdot\frac{\Phi^6 R}{(8\pi Q)^4 (N\omega)^2} + \frac{1}{2r}\,\frac{\Phi^4}{(8\pi Q)^2}.$$

Da die mechanisch abgegebene Leistung

$$L_m = \frac{1}{2}\dot{x}^2 r = \frac{1}{2r}\,\frac{\Phi^4}{(8\pi Q)^2}$$

ist, erhält man für den Wirkungsgrad

$$\eta = \frac{1}{1 + \frac{2R}{R_v} + \frac{r}{\Phi^2}(8\pi Q\omega N)^2\left(\frac{R + R_v}{R_v^2} + \frac{R}{(\omega L)^2}\right) + \frac{\Phi^2}{r}\,\frac{2R}{(8\pi QN\omega)^2}}.$$

Der unpolarisierte Sender zeigt ein dem polarisierten Sender analoges Verhalten, indem der Wirkungsgrad bei veränderlichem erreicht für

$$\frac{\Phi^2}{r} = (8\pi Q\omega N)^2\frac{1}{\sqrt{2R}}\sqrt{\frac{R + R_v}{R_v^2} + \frac{R}{(\omega L)^2}}.$$

Das Maximum selbst ist

$$\eta_{\max} = \frac{1}{1 + \frac{2R}{R_v} + 2\sqrt{2R}\sqrt{\frac{R+R_v}{R_v^2} + \frac{R}{(\omega L)^2}}}.$$

Da sich die Eisenverluste einerseits durch $\frac{1}{2} J_v^2 R_v$, andererseits durch $c_v Q l_e (\omega/2\pi)^2 B^2$ ausdrücken lassen, wenn es sich hauptsächlich um Wirbelstromverluste handelt (l_e = Länge des Eisenweges, c_v = Verlustziffer, B = effektive Induktion), erhält man durch Vergleich der beiden Ausdrücke

$$R_v = \frac{(2\pi N)^2 Q}{c_v l_e}.$$

Bei Abwesenheit von Kupferverlusten ist der Wirkungsgrad

$$\eta = \frac{1}{1 + \frac{16\mathfrak{d}\,\omega^3 m c_v l_e}{B^2 Q \pi}}.$$

Der Ausdruck

$$\frac{\eta\,\mathfrak{d}\,\omega^3 m}{(1-\eta)B^2} = \frac{\pi Q}{16 c_v l_e} = \frac{R_v}{64\pi N^2}$$

ist eine Apparatkonstante.

18. Luftschallsender für große Leistungen. Auch zur Erzeugung von Luftschall sind von der Signal-Gesellschaft Schallsender großer Leistungen gebaut worden (Abb. 11). Die erforderliche Strahlungsdämpfung wird durch einen der Membran M vorgeschalteten HELMHOLTZschen Resonator R oder durch diesen in Verbindung mit einem Trichter T bewirkt[1]). F ist das Feld des Magneten und A der Anker.

Während bei Wasserschallsendern die abgestrahlte Leistung ihre Grenze in der zulässigen Druckschwankung im Wasser findet, ist bei Luftschallsendern die Leistung durch die Zerreißfestigkeit des Membranmaterials bestimmt. A. DU BOIS-REYMOND[2]) hat gezeigt, daß für jede gegebene Frequenz die Größe der noch praktisch erreichbaren Amplituden eine Materialkonstante ist. Wendet man die Überlegungen von DU BOIS-REYMOND auf Membranen an, so erhält man für die zulässige Amplitude

$$a_0 = \frac{0{,}5}{\omega} k_b \sqrt{\frac{5}{\pi E \varrho}} = \frac{\gamma}{\omega},$$

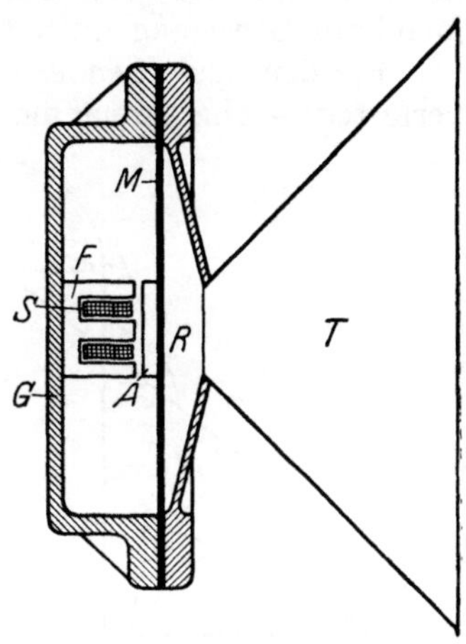

Abb. 11. Elektromagnetischer Luftschallsender.

k_b = zulässige Biegungsspannung des benutzten Materials, E = Elastizitätsmodul, ϱ = Materialdichte. Die zulässige Amplitude ist der Frequenz umgekehrt proportional.

Die maximale Leistung eines Schallsenders mit Rücksicht auf die Membranfestigkeit ist demnach

$$L = \frac{m\mathfrak{d}}{2\pi}\omega^3 a_0^2 = \frac{m\mathfrak{d}\gamma^2 u}{\lambda}.$$

Nun ist

$$m = \frac{1}{5} r_0^2 \pi d \varrho \qquad \text{und} \qquad \omega = 2\pi \cdot 0{,}43 \frac{d}{r_0^2}\sqrt{\frac{E}{\varrho}}.$$

[1]) W. HAHNEMANN, Elektrot. ZS. Bd. 46, S. 408—413. 1925.

[2]) A. DU BOIS-REYMOND, ZS. f. techn. Phys. Bd. 1, S. 165—166. 1920.

Damit die Schallvorgänge bei Benutzung eines HELMHOLTZschen Resonators in diesem quasistationär bleiben, muß $r_0 \ll \lambda$ sein. Wählt man $r_0 = \lambda/2\pi$, so erhält man schließlich unter Benutzung der Ausdrücke für m und ω

$$L = \frac{\mathfrak{d}\,\gamma^2 u^2}{(2\pi)^3\,4{,}3}\sqrt{\frac{\varrho^3}{E}}\,\lambda^2 .$$

Die maximale Leistung nimmt also mit dem Quadrat der Wellenlänge zu. Tiefe Frequenzen sind demnach günstiger als hohe. Allerdings steht der Frequenzerniedrigung die Gewichtszunahme des Senders hindernd im Wege.

γ) Der Spulensender.

19. Schwingungsgleichungen des Spulensenders. Die zweite Klasse der Schallsender, bei denen die Zugkräfte magnetischer Natur sind, bilden die elektrodynamischen Schallsender, bei denen man wieder zwei Gruppen unterscheiden kann.

Bei der ersten Gruppe ist die stromaufnehmende Spule fest mit der Membran verbunden und schwingt in einem konstanten Magnetfeld. Schallerzeuger nach diesem Prinzip, sog. Spulensender, sind in der Unterwasserschalltechnik vorgeschlagen worden, ohne jedoch praktische Anwendung gefunden zu haben. Dagegen werden heute viele Lautsprecher nach diesem Prinzip gebaut.

Bei der zweiten Gruppe der elektrodynamischen Schallsender, deren bekanntester Vertreter der Fessendenoszillator[1]) für Unterwassersignalisierung (siehe Ziff. 25) ist, steht die stromaufnehmende Spule still; sie induziert auf eine mit der Membran fest verbundene Spule (bzw. einen massiven Kupferring), die der Membran Bewegung mitteilt (Induktionssender).

Für den Spulensender erhält man unter Vernachlässigung von Wirbelstromverlusten — eine Annahme, die hier ohne weiteres gestattet ist — aus den allgemeinen Gleichungen (1), Ziff. 3 die beiden Gleichungen

$$Z_{33}\,i_3 + M_{34}\,\dot{x} = E\,,$$
$$-M_{34}\,i_3 + \;z_{44}\,\dot{x} = 0\,.$$

Sie stimmen mit den Gleichungen (2), Ziff. 5 für den elektromagnetischen Schallsender ohne Verluste überein mit dem Unterschied, daß der Index 1 durch den Index 3 ersetzt ist. Es gelten also die für den verlustfreien elektromagnetischen Schallsender abgeleiteten Gesetzmäßigkeiten.

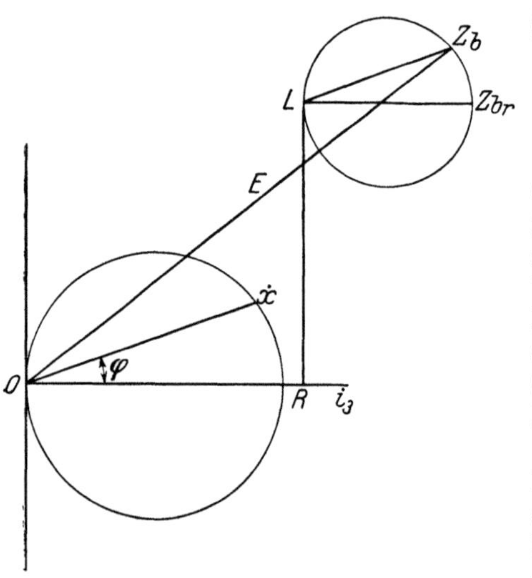

Abb. 12. Diagramm des Spulensenders.

20. Diagramm des Spulensenders. Das Diagramm des Spulensenders gestaltet sich sehr einfach. Ist $O i_3$ der konstant gehaltene Strom (s. Abb. 12), dann ist $O\dot{x}$ die Geschwindigkeit. Die an den Sender angelegte Spannung E hat den OHMschen Spannungsabfall OR, den induktiven Spannungsabfall RL und den Spannungsabfall LZ_b über der Bewegungsimpedanz zu überwinden.

Dividiert man die Spannungsgrößen durch den Strom, so erhält man das Impedanzdiagramm.

[1]) R. A. FESSENDEN, Long-distance submarine signaling by dynamo-electric machinery. Lawrence Scientific Association, 1914.

Der Wirkungsgrad des Senders ist

$$\eta = \frac{L Z_b \cos\varphi}{OR + L Z_b \cos\varphi}.$$

Er wird um so größer, je kleiner der Widerstand der Spule ist. Im übrigen gelten die bereits früher bei Behandlung der elektromagnetischen Sender gemachten Bemerkungen.

21. Blatthaller und Bändchenlautsprecher. Ausführlich ist der Spulensender von RIEGGER[1]) unter besonderer Berücksichtigung der Verhältnisse beim Lautsprecher untersucht worden. Für die Zwecke der naturgetreuen Lautwiedergabe sind selektive Stellen zu vermeiden. Die Eigenfrequenzen müssen also unterhalb oder oberhalb des wiederzugebenden Frequenzbereiches liegen. Wegen der bei großer Schallenergie erforderlichen großen Amplituden kommt praktisch nur eine Lage der Eigenfrequenz unterhalb des Übertragungsbereiches in Betracht.

Ist l die Länge des stromaufnehmenden Leiters im Magnetfeld B, dann ist die auf den Leiter wirkende Kraft BlJ. Durch Vergleich mit den Gleichungen Ziff. 20 ergibt sich $M_{34} = Bl$. In den praktischen Fällen ist die Selbstinduktion des Spulenlautsprechers zu vernachlässigen, demnach ist $Z_{33} = R$. Bei tiefer Eigenfrequenz und vernachlässigbarem mechanischen Verlustwiderstand lauten also die Schwingungsgleichungen für periodische Vorgänge der Frequenz ω

$$RJ + Bl\dot{x} = E,$$

$$(r + j\omega m)\,\dot{x} - BlJ = 0$$

und ihre Lösung bei konstantem J

$$\dot{x} = \frac{BlJ}{r + j\omega m},$$

$$E = \left(R + \frac{B^2 l^2}{r + j\omega m}\right) J.$$

Die mechanische Leistung ist

$$L_m = \frac{1}{2}\dot{x}^2 r = \frac{1}{2}\frac{B^2 l^2 r}{r^2 + \omega^2 m^2} J^2$$

und die elektrisch zugeführte Leistung

$$L_e = \frac{1}{2}\left(R + \frac{r B^2 l^2}{r^2 + \omega^2 m^2}\right) \cdot J^2,$$

somit der Wirkungsgrad

$$\eta = \frac{1}{1 + \frac{R(r^2 + \omega^2 m^2)}{B^2 l^2 r}}.$$

Vielfach gilt $r \ll \omega m$ und $B^2 l^2 r \ll \omega^2 m^2 R$. Wenn dann außerdem die Bedingung erfüllt ist, daß der Membranradius r_0 klein ist gegen $\lambda/2\pi$, der Strahlungswiderstand also

$$r = \frac{\pi \varrho r_0^4 \omega^2}{2u}$$

ist (s. Ziff. 2), wo u die Schallgeschwindigkeit und ϱ die Dichte des Mediums bedeuten, so wird

$$\eta = \frac{B^2 l^2 r}{R\omega^2 m^2} = \frac{B^2 l^2 \pi \varrho r_0^4}{2u m^2 R}.$$

Bei konstantem J ist die Strahlung jetzt unabhängig von der Frequenz.

---

[1]) HANS RIEGGER, Wiss. Veröffentl. a. d. Siemens-Konz. Bd. 3, S. 67ff. 1924.

RIEGGER berechnet auf Grund der entwickelten Formeln zwei elektrodynamische Lautsprecher, deren Dimensionen er fertig gebauten Modellen entnimmt.

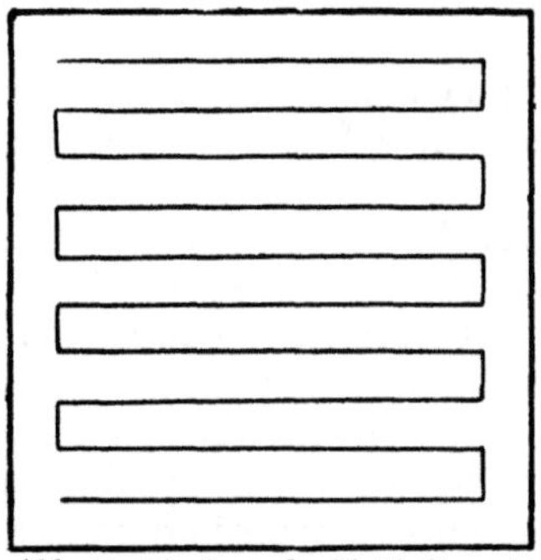

Abb. 13. Membran des Blatthallers mit Kupferleiter.

1. Eine leichte Membran von den Dimensionen 20×20 cm dient als Träger eines in ein Magnetfeld tauchenden Leiters, der möglichst gleichmäßig über die Membran verteilt ist, so daß die an der Membran angreifenden Kräfte gleichmäßig über diese verteilt sind (s. Abb. 13 u. 14) („Blatthaller“ nach RIEGGER)[1].

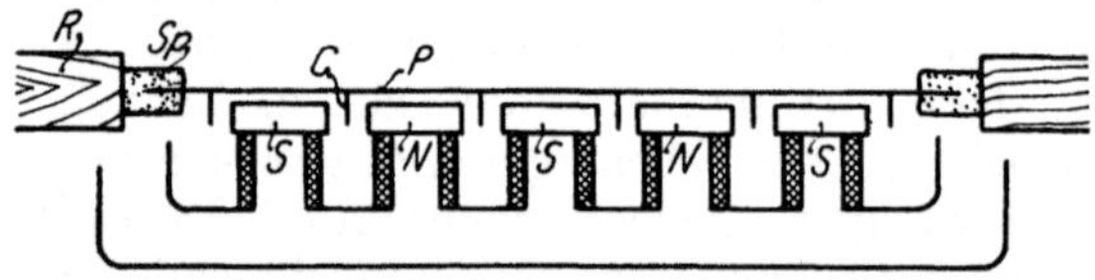

Abb. 14. Blatthaller im Schnitt.

2. Ein stromdurchflossenes Bändchen aus dünner Aluminiumfolie, das in einem Magnetfeld schwingt, dient selber als Membran (s. Abb. 15) („Bändchenlautsprecher“ nach SCHOTTKY und GERLACH)[2].

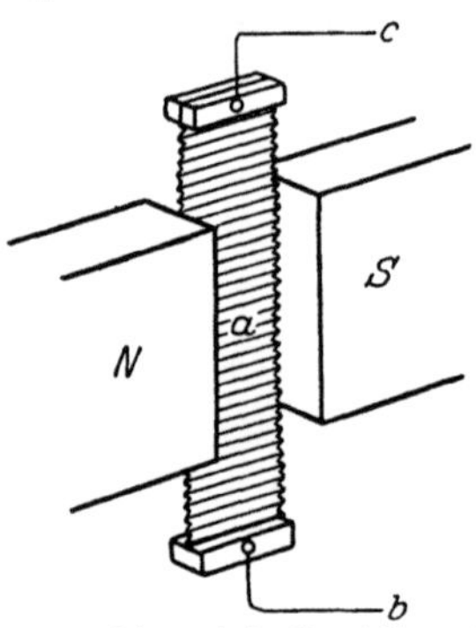

Abb. 15. Schematische Darstellung des Bändchenlautsprechers.

Im besonderen behandelt RIEGGER auch den Einfluß der Verstärkerapparatur und den Einfluß von Korrekturelementen auf die Frequenzabhängigkeit der Wiedergabe. Solche Korrekturelemente können bestehen aus Selbstinduktion und Widerstand in Serie oder parallel, Kondensator und Widerstand in Serie und parallel. Sie können in den Zug der Leitungen oder als Verbindung zwischen den Leitungen eingeschaltet werden. Bei der Kombination dieser Korrekturelemente muß man sehr vorsichtig sein, daß nicht unerwünschte Eigenfrequenzen hereinkommen.

Wegen der Einzelheiten dieser Rechnungen sei auf die RIEGGERsche Arbeit verwiesen.

22. Hochfrequenztelephon. Zu den Spulensendern gehört auch das Hochfrequenztelephon, wie es von R. A. FESSENDEN[3]) zum Empfang hochfrequenter Schwingungen vorgeschlagen und später von W. MEISSNER[4]) verbessert worden ist. Das Telephon in der Ausführung von FESSENDEN besitzt statt des permanenten Magneten einen Kern aus sehr feinen Eisendrähten, um den sich eine Spule herumlegt. An der Membran, die aus Glimmer besteht, ist ebenfalls eine Spule aus feinem Draht befestigt. Die Senderwelle werden durch die Membranspule hindurchgeleitet, während durch die Spule, die den Eisenkern umgibt, ein Hilfsstrom geschickt wird. Die Kraft, die die beiden Spulen aufeinander ausüben, ist dem Quadrat der Summe der beiden Ströme proportional. Ist ω die Frequenz des Empfangsstromes J_a und ω' die Frequenz des Hilfsstromes J_b, dann ist die Kraft proportional

$$\begin{aligned}(J_a \sin\omega t + J_b \sin\omega' t)^2 = J_a^2 \sin^2\omega t + J_b^2 \sin^2\omega' t \\ - J_a J_b \cos(\omega + \omega')\, t \\ + J_a J_b \cos(\omega - \omega')\, t\,.\end{aligned}$$

[1]) Konstruktionseinzelheiten s. a. J. ZENNECK, Jahrb. d. drahtl. Telegr. Bd. 26, S. 177 bis 179. 1925; W. O. SCHUMANN, Elektrot. ZS. Bd. 47, S. 294–295. 1926. F. TRENDELENBURG, Siemens Zeitschr. Bd. 7, S. 141. 1927.

[2]) Konstruktionseinzelheiten s. a. E. GERLACH, ZS. f. techn. Phys. Bd. 5, S. 576–577. 1924.

[3]) R. A. FESSENDEN, Electrician Bd. 59, S. 484. 1907; Electr. Rev. Bd. 60, S. 369. 1907.

[4]) W. MEISSNER, ZS. f. Phys. Bd. 3, S. 111–116. 1920.

Wird ω' so gewählt, daß $\omega - \omega'$ eine Tonfrequenz ergibt, so kommt für die Hörbarmachung nur das letzte Glied in Betracht. Die Lautstärke ist um so größer, je größer $J_a \cdot J_b$. Sie läßt sich also durch den Hilfsstrom prinzipiell beliebig verstärken.

23. Ersatzkreisdiagramm des Spulensenders. Wie den elektromagnetischen Sender haben HAHNEMANN und HECHT[1]) auch den Spulensender nach einer Ersatzkreismethode behandelt. Ein Kreis, der den mechanisch akustischen Arbeitsvorgang der schwingenden Spule durch rein elektrische Vorgänge ersetzt, ist in Abb. 16 dargestellt. An die Klemmen der Maschine *Ma* ist statt der Spule des Apparates ein Widerstand R_v, der dem OHMschen Widerstand der Spule entspricht, und in Serie mit diesem ein Widerstand R, der den Arbeitswiderstand der Spule darstellt, angeschlossen. Ferner liegt mit diesen beiden in Serie die Selbstinduktion L_v der Spule. Parallel zum Widerstand R liegen die Selbstinduktion L und die Kapazität C entsprechend der Membranelastizität und der Schwingungsmasse. Die Größen L, C, R sind konstant, solange an dem Apparat akustisch-mechanisch nichts geändert wird. Da die Kraft

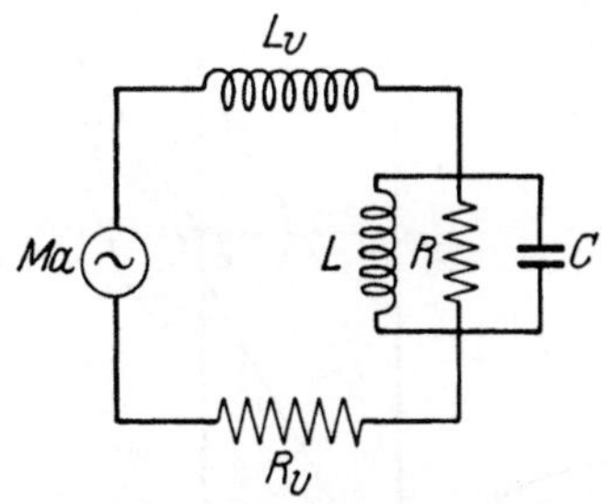

Abb. 16. Elektrischer Ersatzkreis des Spulensenders.

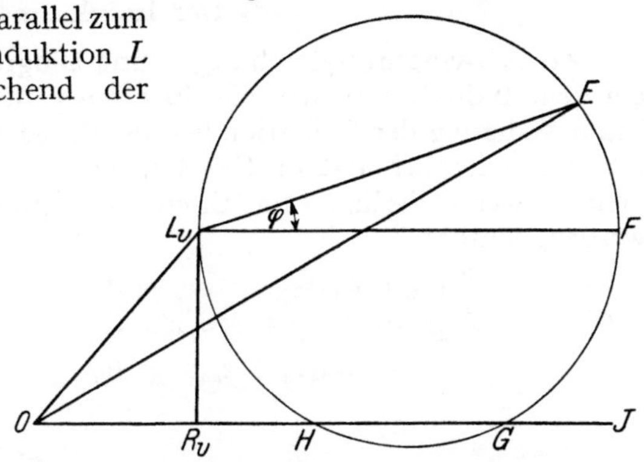

Abb. 17. Ersatzkreisdiagramm des Spulensenders.

$$B\,l \sin \omega t$$

ist, wo B die konstante Induktion im Luftspalt, l die Gesamtdrahtlänge auf der Spule und J der die Spule durchfließende Wechselstrom sind, bedeutet konstantes J konstante Kraft.

Die Spannung am Ersatzkreis ist

$$E = R \cos\varphi \cdot J,$$

wo der Phasenwinkel φ zwischen Strom und Spannung gegeben ist durch

$$\operatorname{tg} \varphi = \left(\frac{1}{\omega L} - \omega C\right) \cdot R .$$

Der Vektor E bewegt sich also auf einem Kreise, dessen Durchmesser RJ ist. In dem Diagramm (Abb. 17) sei der Strom nach Größe und Richtung durch OJ gegeben. Die Spannung der Maschine hat den OHMschen Spannungsabfall OR_v über dem Widerstand R_v und den induktiven Spannungsabfall $R_v L_v$ über L_v zu überwinden. Hierzu kommt noch die Spannung E über dem Ersatzkreis, die in dem Diagramm durch $L_v E$ dargestellt ist. Der Endpunkt E bewegt sich mit zunehmender Frequenz auf dem Kreise $EFGH$. In dem Gebiet von G bis H wirkt der Spulensender als Kapazität.

Da die Dämpfung des Apparates

$$\mathfrak{d} = \pi \frac{\omega L}{R} = \pi \frac{1-\eta}{\eta} \cdot \frac{\omega L}{R_v}$$

[1]) W. HAHNEMANN u. H. HECHT, Phys. ZS. Bd. 21, S. 264–279. 1920.

ist und bei einem gegebenen Apparat L, ω, R_v konstant sind, ist wie beim elektromechanischen Schallsender der Ausdruck

$$K = \frac{\eta \mathfrak{d}}{1 - \eta}$$

eine Konstante. Der gesamte Wattwiderstand des Apparates ist, wie man ohne weiteres aus dem Diagramm entnimmt,

$$R_v + R \cos^2 \varphi \,,$$

der gesamte wattlose Widerstand

$$\omega L_v + R \sin\varphi \cos\varphi = \omega L_v + \frac{\eta}{1 - \eta} R_v \sin\varphi \cos\varphi \,.$$

δ) Der Induktionssender.

24. Schwingungsgleichungen und Diagramm des Induktionssenders. Da bei dem Induktionssender die Bewegung der Membran im Kreise 1 (Abb. 1) keine Änderung der Induktion hervorruft, ist ohne weiteres ersichtlich, daß die Gleichungen für diesen Sender, wenn Verluste im Eisen vernachlässigt werden, lauten:

$$\begin{aligned} Z_{11} i_1 + Z_{13} i_3 \phantom{{}+ M_{34} \dot{x}} &= E \\ Z_{12} i_1 + Z_{33} i_3 + M_{34} \dot{x} &= 0 \\ - M_{34} i_3 + z_{44} \dot{x} &= 0 \,, \end{aligned}$$

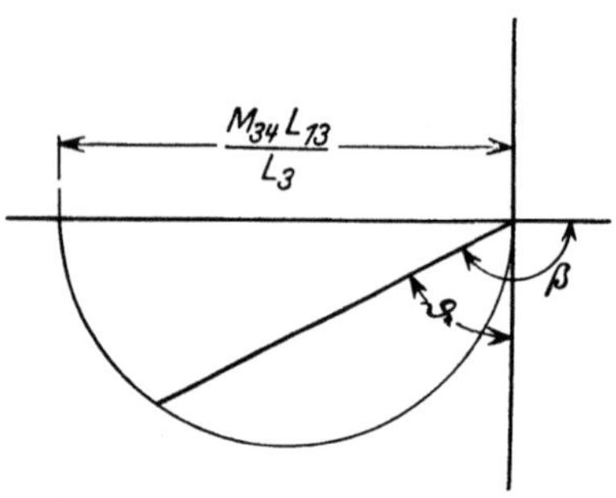

Abb. 18. Kraftfaktor des Induktionssenders.

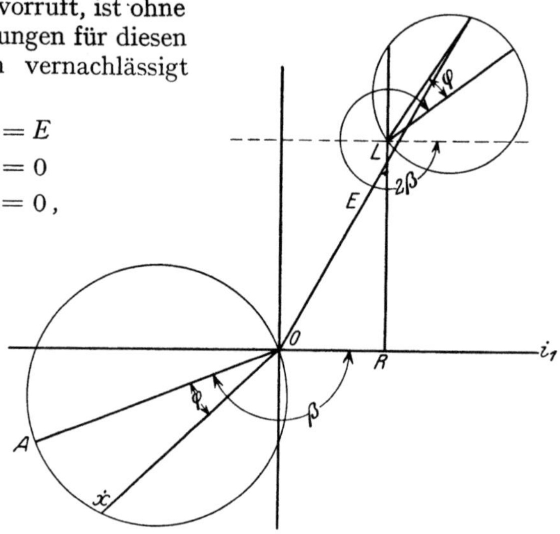

Abb. 19. Diagramm des Induktionssenders.

aus denen man nach Elimination von i_3 erhält

$$\left(Z_{11} - \frac{Z_{13}^2}{Z_{33}}\right) i_1 - \frac{M_{34} Z_{13}}{Z_{33}} \dot{x} = E \,,$$

$$\frac{M_{34} Z_{13}}{Z_{33}} i_1 + \left(z_{44} + \frac{M_{34}^2}{Z_{33}}\right) \dot{x} = 0 \,.$$

Die Bewegungsimpedanz hat hier den Wert

$$\frac{(M_{34} Z_{13}/Z_{33})^2}{z_{44} + M_{34}^2/Z_{33}}$$

und unterscheidet sich ebenso wie der Kraftfaktor von den für die anderen Fälle gefundenen Werten.

Der Kraftfaktor $\quad - \frac{M_{34} Z_{13}}{Z_{33}} = - M_{34} \frac{j \omega L_{13}}{R_3 + j \omega L_3}$

hat bis auf eine additive Konstante (M_{14}) die Form wie der Kraftfaktor des elektromagnetischen Senders ohne Verluste. Sein Endpunkt liegt also auf einem Halbkreis (Abb. 18), dessen Durchmesser mit der reellen Achse zusammenfällt und der die imaginäre Achse im Nullpunkt berührt. Er liegt unterhalb der reellen Achse. Der Kraftfaktor wird um so größer, je größer der Durchmesser des Halbkreises und je größer ϑ, d. h. je kleiner R_3 ist. Die weitere Behandlung dieses Falles bietet nichts grundsätzlich neues.

Das Diagramm des Induktionssenders (Abb. 19) unterscheidet sich von dem des Spulensenders (Ziff. 20) dadurch, daß der Kraftfaktor OA mit dem Strom i_1 einen Winkel β bildet, der größer ist als 90°. Infolgedessen ist der Winkel 2β, den das Maximum der Bewegungs-EMK mit Oi_1 bildet, größer als 180°. Daß der Sender in einem gewissen Bereich oberhalb der Resonanz als Kondensator wirken kann, nämlich bei genügend kleiner Selbstinduktion, ist aus dem Diagramm ersichtlich. Weiteres über das Diagramm hinzuzufügen, erscheint nicht notwendig.

25. Der Fessendenoszillator. Der bekannteste Vertreter des Induktionssenders ist der Fessendenoszillator, der als Unterwasserschallsender benutzt wird. Abb. 20 zeigt einen Schnitt durch den Sender. Im Elektromagneten G wird von der Gleichstromwicklung D ein kräftiges konstantes Magnetfeld erzeugt, dessen Kraftlinien von dem Körper G durch das Kupferrohr K hindurch über den inneren Eisenkern E, wieder über das Kupferrohr K zurück nach G verlaufen. Das konstante Feld, in dem das Kupferrohr K schwingt, durchsetzt dieses also in der oberen nnd unteren Hälfte im entgegengesetzten Sinne (angedeutet durch Pfeile). Dementsprechend ist die den Wechselstrom aufnehmende Wicklung W auf dem Eisenkern E in der einen Hälfte linksgängig, in der anderen Hälfte rechtsgängig gewickelt, so daß auch die in den beiden Hälften des Kupferrohres K induzierten Ströme entgegengesetzten Sinn haben. Infolgedessen addieren sich die auf die beiden Rohrhälften ausgeübten Kräfte. Das Kupferrohr führt in der Frequenz des zugeleiteten Wechselstromes Schwingungen aus, die durch die beiden Scheiben S und den Bolzen L auf die Membran M übertragen werden.

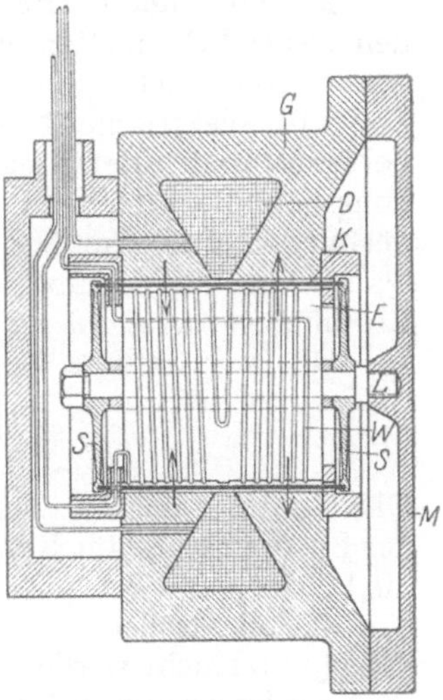

Abb. 20. Fessendenoszillator.

Der Wirkungsgrad des Fessendenoszillators beträgt bei einem logarithmischen Dekrement $\mathfrak{d} = 0{,}2$ bis 0,3 etwa 50%, die gestrahlte Leistung etwa 400 Watt.

26. Der Tonerzeuger von HEWLETT. Eine für Lautsprecher geeignete Konstruktion eines Schallsenders nach dem Induktionsprinzip hat HEWLETT[1]) angegeben. Der Apparat besteht aus einer dünnen nicht magnetischen, metallischen Membran, die zwischen zwei Flachspulen angeordnet ist. Durch die Spulen wird ein konstanter Gleichstrom J_0 so geschickt, daß er zwischen den Spulen ein radiales magnetisches Feld erzeugt. Überlagert man dem Gleichstrom einen Wechselstrom $J \sin \omega t$, so werden in der Membran kreisförmige Ströme induziert. Die Membran erfährt also eine wechselnde elektrodynamische Kraft der Frequenz ω, die proportional $\omega J_0 J \sin \omega t$ ist. Da keine ferromagnetischen Materialien benutzt werden und das radiale magnetische Feld konstant ist, treten Obertöne nicht auf. Zur quantitativen Berechnung teilt man die Membran zweckmäßig in 8 konzentrische Ringe ein. Den Fluß durch jeden Ring kann man experimentell bestimmen, die Ströme lassen sich berechnen. Das Produkt aus Strom in jedem Ring, dem Umfang und der entsprechenden radialen Komponente des

[1]) C. W. HEWLETT, Phys. Rev. (2) Bd. 17, S. 257. 1921; Bd. 19, S. 52–60. 1922; Journ. Opt. Soc. Amer. Bd. 4, S. 1059. 1922.

magnetischen Feldes gilt die Kraft. Die Kräfte sind in den verschiedenen Teilen der Membran nahezu in Phase, die Membran schwingt also als Ganzes. Da sie sich praktisch aperiodisch herstellen läßt, ist die Bewegungsgleichung

$$m\frac{d^2x}{dt^2}+r\frac{dx}{dt}=K,$$

und die Amplitude

$$x=\frac{K}{\omega\sqrt{r^2+\omega^2m^2}}.$$

Ist $r \ll m\omega$, dann ist $x=\frac{K}{m\omega^2}$. Da die Kraft $K \backsim \omega J_0 J$, ist die Geschwindigkeit $\dot{x}$ und damit auch die Schalleistung unabhängig von der Frequenz.

b) Schallsender, bei denen die Zugkräfte elektrischer Natur sind.

27. Allgemeine Theorie der elektrostatischen Schallsender[1]**.** Während bei den bisher behandelten elektrischen Sendern die Zugkräfte magnetischer Natur waren, sollen jetzt die elektrischen Sender betrachtet werden, bei denen die Zugkräfte elektrischer Natur sind („elektrostatische Sender"). Die Kräfte wirken bei ihnen an den Belegungen eines Kondensators, mit denen mechanische Schwingungsgebilde, bestehend aus Masse m und Elastizität c, in geeigneter Weise verbunden sind. Im besonderen kann die eine Platte des Kondensators selbst als schwingende Membran ausgebildet sein. Das Schwingungsgebilde hat einen Strahlungswiderstand r.

Die mechanische Bewegungsgleichung lautet

$$m\frac{d^2x}{dt^2}+r\frac{dx}{dt}+\frac{x}{c}=K.$$

Die Kraft K, mit der sich die Belegungen des Kondensators anziehen, ist von der Spannung V_c am Kondensator und dem Abstand a abhängig. Ferner gehen die Fläche F der Belegungen und die Dielektrizitätskonstante k des Dielektrikums ein. F und k sollen als konstant betrachtet werden. Da nur veränderliche Vorgänge untersucht werden, ist die Kraft K eine Funktion der veränderlichen Anteile der Spannung und des Abstandes, d. h. der Amplitude. Sind diese veränderlichen Anteile V und x, dann ist

$$K=f(V,x).$$

Entwickelt man diesen Ausdruck in eine Reihe, die man bei kleinen Änderungen, die allein betrachtet werden sollen, nach der ersten Potenz abbrechen kann, so erhält man

$$K=c_1V+c_2x.$$

Die Werte der Konstanten werden bei der Behandlung der Sonderfälle bestimmt.

Zu der mechanischen Gleichung tritt eine Gleichung für das elektrische Gleichgewicht. Sind R und L Widerstand und Selbstinduktion der Zuleitungen, so ist die ganze aufzuwendende Spannung E, um den Strom J durch den Kreis zu treiben,

$$V+RJ+L\frac{dJ}{dt}=E.$$

Der Strom J ist gleich dem gesamten dielektrischen Fluß

$$J=F\frac{dD}{dt},$$

[1]) H. LICHTE, ENT. Bd. 3, S. 390—395. 1926.

wo D die Polarisation bedeutet. Die Größe D ist eine Funktion von V und x. Entwickeln in eine Reihe und Abbrechen nach der ersten Potenz liefert

$$D = c_3 V + c_4 x$$

und somit

$$J = d_1 \frac{dV}{dt} + d_2 \frac{dx}{dt}.$$

Die Werte der Konstanten werden bei der Behandlung der Einzelfälle näher bestimmt.

Handelt es sich um periodische Vorgänge der Frequenz ω, so nehmen die Schwingungsgleichungen die Form an

$$\left[r + j\left(\omega m - \frac{1}{\omega c}\right)\right] \dot{x} = c_1 V + c_2 x,$$

$$j \omega d_1 V + d_2 \dot{x} = J,$$

$$V + (R + j \omega L) J = E.$$

Bei der Behandlung der elektromagnetischen Sender ist die Abhängigkeit der Geschwindigkeit des Stromes und der Spannung von der Frequenz unter verschiedenen Bedingungen untersucht worden, nämlich ihr Verhalten bei konstantem Strom und bei konstanter Kraft.

Analog kann man bei dem elektrostatischen Sender die Erregung mit konstanter Spannung und mit konstanter Kraft wählen. Die Kraft besteht aus zwei Komponenten, von denen die eine der Spannung, die andere der Amplitude proportional ist. Erregt man mit konstanter Kraft, so liegt das Maximum der Geschwindigkeit bei der Frequenz

$$\omega = \frac{1}{\sqrt{m c}}.$$

Bei konstanter Spannung dagegen liegt das Maximum der Geschwindigkeit bei der Frequenz

$$\omega = \sqrt{\frac{1}{m}\left(\frac{1}{c} - c_2\right)}.$$

Die Lösung des Gleichungssystems lautet bei konstanter Kraft:

$$\dot{x} = \frac{1}{z} K,$$

$$J = K\left(j\omega \frac{d_1}{c_1} + \frac{1}{z} \frac{c_1 d_2 - c_2 d_1}{c_1}\right),$$

$$V = K\left(\frac{1}{c_1} + j \frac{1}{z} \frac{c_2}{c_1 \omega}\right),$$

$$E = K\left[(R + j\omega L)\left(j\omega \frac{d_1}{c_1} + \frac{1}{z} \frac{c_1 d_2 - c_2 d_1}{c_1}\right) + \frac{1}{c_1} + j \frac{1}{z} \frac{c_2}{c_1 \omega}\right].$$

28. Diagramm des elektrostatischen Schallsenders bei konstanter Kraft. Diese Gleichungen lassen sich am besten im Diagramm übersehen (Abb. 21). Ist OK nach Größe und Richtung die Kraft, dann liegt der Endpunkt des Vektors der Geschwindigkeit auf dem Kreise $OAXO$, wie früher auseinandergesetzt worden ist. Für eine beliebige Frequenz sei die Geschwindigkeit durch OA dargestellt. Der Strom setzt sich aus zwei Komponenten zusammen, von denen die eine der Geschwindigkeit, die andere der Kraft proportional ist, dieser aber um 90° vorauseilt. Die zweite Komponente ist im Diagramm durch OB dargestellt — den Punkt B kann man bei Beschränkung auf Resonanznähe als fest annehmen — die erste Komponente durch BC. Der Gesamtstrom ist OC. Bei veränderlicher Frequenz bewegt sich der Endpunkt des Stromvektors auf dem Kreise $BCBD$. Die Frequenzabhängigkeit ist ohne weiteres ersichtlich.

Die Spannung V am Kondensator setzt sich ebenfalls aus zwei Komponenten zusammen, von denen die eine der Kraft proportional und mit dieser in Phase ist; die andere ist der Geschwindigkeit proportional und eilt ihr um 90° voraus. Die entsprechenden Größen im Diagramm sind OE und EF. Die Spannung V selbst ist durch OF dargestellt. Ihr Endpunkt bewegt sich auf dem Kreise $EFGE$.

Die Maschinenspannung E endlich hat den Spannungsabfall am Widerstand $R + j\omega L$ und die Spannung V zu überwinden. Die entsprechenden Strecken sind OJ und JL. OL ist die gesamte Maschinenspannung E. Ihr Endpunkt bewegt sich auf dem Kreise LMN, dessen Lage durch eine einfache Konstruktion zu ermitteln ist. Ist die Impedanz der Zuleitung klein, dann fällt OL mit OF zusammen. Die Maschinenspannung E ist dann gleich der Spannung V.

Man sieht aus dem Diagramm, daß der Strom der Spannung um einen von der Frequenz abhängigen Winkel, der im allgemeinen von 90° verschieden ist, vorauseilt. Die Anordnung wirkt also wie ein Kondensator mit parallel geschaltetem — oder nach einer anderen Auffassung mit in Serie geschaltetem — Widerstand. Beide Widerstandskomponenten sind von der Frequenz abhängig. Die in dem Wattwiderstand verbrauchte Leistung entspricht der mechanisch abgegebenen Leistung.

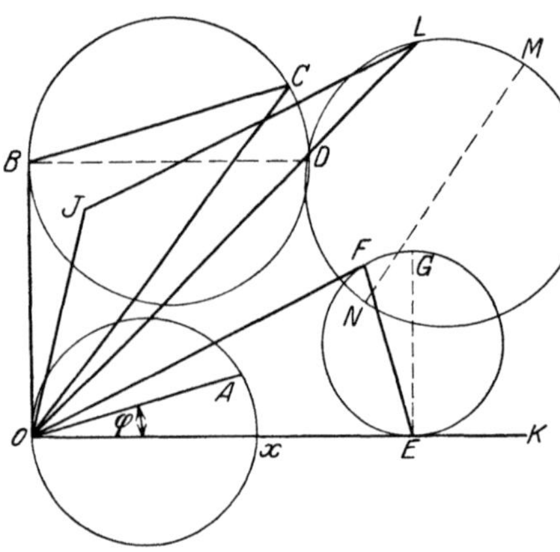

Abb. 21. Diagramm des elektrostatischen Schallsenders bei konstanter Kraft.

Hält man die Spannung V am Sender konstant, dann lautet die Lösung der Schwingungsgleichungen

$$\dot{x} = \frac{c_1 V}{z^*},$$

$$J = d_2 \frac{c_1 V}{z^*} + j\omega d_1 V,$$

$$E = V + (R + j\omega L)\left(\frac{d_2 c_1 V}{z^*} + j\omega d_1 V\right).$$

Hier hat z^* die Bedeutung

$$z^* = r + j\left[\omega m - \left(\frac{1}{\omega c} - \frac{c_2}{\omega}\right)\right].$$

Die Geschwindigkeit $\dot{x}$ erreicht ihr Maximum jetzt bei einer niedrigeren Frequenz als bei konstanter Kraft. Der Strom J setzt sich aus zwei Komponenten zusammen, von denen die eine der Spannung V proportional ist und ihr um 90° vorauseilt. Die andere Komponente ist der Geschwindigkeit proportional. Die Spannung E hat den Spannungsabfall in der Zuleitung und die Spannung V zu überwinden. Auf die Wiedergabe des Diagramms werde hier verzichtet.

α) Der piezoelektrische Sender.

29. Piezoelektrische Grundlagen. Der allgemeine Fall soll hiermit verlassen und die Besprechung zweier Sonderfälle, die praktisch eine Rolle spielen, vorgenommen werden. Es handelt sich um den piezoelektrischen Sender und um das Kondensatortelephon.

Zunächst sollen die piezoelektrischen Grundlagen des ersten Typs besprochen werden.

Bei mechanischer Dehnung eines piezoelektrischen Kristalles entsteht eine dielektrische Polarisation, deren Richtung und Größe von der Kraft und der Größe des Kristalls abhängen. Von den piezoelektrischen Kristallen zeichnet sich Quarz durch hervorragende mechanische Eigenschaften aus, ein Umstand, der ihn als Konstruktionsmaterial für piezoelektrische Schallsender besonders geeignet macht.

Zu dem Zweck schneidet man aus einem Quarzkristall eine Platte so heraus, daß eine Kante von der Länge b parallel zu einer optischen Achse, eine Kante von der Länge a parallel zu einer elektrischen Achse und die dritte Kante l senkrecht zu a ist. Es ist l die Länge, b die Breite und a die Dicke der Platte. Es werde durch den Mittelpunkt der Platte ein Koordinatensystem gelegt, dessen X, Y, Z-Achse parallel zu a, l, b verlaufen. An die Flächen, die senkrecht zur X-Achse stehen, werden zwei metallisch leitende Belegungen gebracht.

Wird die Platte parallel zur X-Achse komprimiert, so werden auf den Belegungen gleiche und entgegengesetzte Ladungen induziert (Longitudinaleffekt). Eine Kompression parallel zur Y-Achse verursacht ebenfalls Ladungen auf den Belegungen (Transversaleffekt).

Dieser Effekt ist umkehrbar. Wird die Platte durch ein äußeres elektrisches Feld in derselben Richtung polarisiert, in der sie durch Kompression längs der X-Achse polarisiert werden würde, so sucht sich die X-Achse zu verkürzen, die Y-Achse zu verlängern. Beide Effekte treten gleichzeitig auf.

Sind die Deformationen gegeben, so bestehen zwischen ihnen und den Komponenten der Polarisation folgende Beziehungen

$$P_x = \varepsilon_{11} x_x + \varepsilon_{12} y_y + \varepsilon_{14} y_z,$$
$$P_y = \varepsilon_{25} z_x + \varepsilon_{26} x_y,$$

wo x_x, y_y die Dehnungen pro Längeneinheit, y_z, z_x, x_y die Scherungskomponenten und die ε die piezoelektrischen Konstanten bedeuten.

Bei gegebenen Spannungen bestehen die Beziehungen

$$-P_x = \delta_{11} X_x + \delta_{12} Y_y + \delta_{14} Y_z$$
$$-P_y = \delta_{25} Z_x + \delta_{26} X_y,$$

wo die δ die piezoelektrischen Moduln bedeuten.

Bei Nichtauftreten von Scherungskomponenten vereinfachen sich die Gleichungen zu

$$P_x = \varepsilon_{11} x_x + \varepsilon_{12} y_y,$$
$$-P_x = \delta_{11} X_x + \delta_{12} Y_y.$$

In diesen Gleichungen stellt der erste Teil rechts den Longitudinaleffekt, der zweite Teil den Transversaleffekt dar.

Für den umgekehrten Effekt braucht man die Spannungsgleichungen

$$-X_x = \varepsilon_{11} E_x \qquad \text{(Longitudinaleffekt)}$$
$$-Y_y = \varepsilon_{12} E_x \qquad \text{(Transversaleffekt)},$$

wo E_x die X-Komponente des elektrischen Feldes bedeutet.

Die entsprechenden Deformationsgleichungen sind

$$x_x = \delta_{11} E_x \qquad \text{(Longitudinaleffekt)}$$
$$y_y = \delta_{12} E_x \qquad \text{(Transversaleffekt)}.$$

Da nach der VOIGTschen Theorie für Quarz $\varepsilon_{12} = -\varepsilon_{11}$ und $\delta_{12} = -\delta_{11}$, erhält man für den Longitudinal- und den Transversaleffekt zwei Werte, die sich nur durch das Vorzeichen unterscheiden. Dem absoluten Betrage nach ist beim Anlegen eines Feldes E parallel zur X-Achse die Spannung

$$X_x = Y_y = X = \varepsilon_{11} E_x$$

und die Deformation

$$x_x = y_y = \delta_{11} E_x.$$

Nach RIECKE und VOIGT haben die Konstanten ε_{11} und δ_{11}, für die jetzt einfach ε und δ geschrieben wird, folgende Werte:

$$\varepsilon = 4{,}77 \cdot 10^4 \qquad \delta = -6{,}45 \cdot 10^{-8}.$$

30. Diagramm des piezoelektrischen Senders. Legt man an die Belegungen eine Spannung V, so ist die auf den Kristall wirkende Kraft

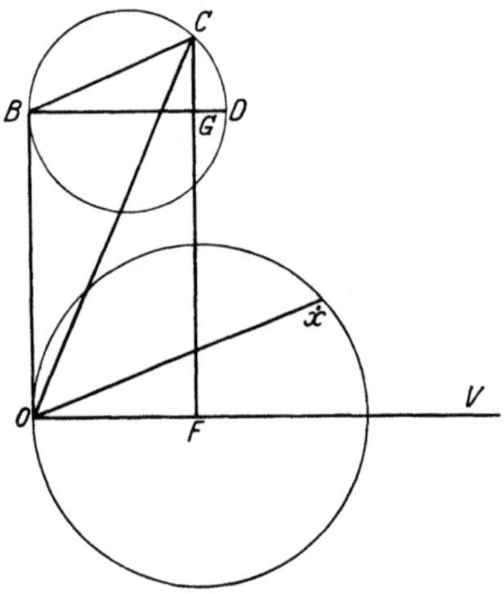

Abb. 22. Diagramm des piezoelektrischen Senders bei konstanter Spannung.

$$K = X l b E_x = \frac{\varepsilon F}{a} V.$$

Ist x die Amplitude der beweglichen Fläche — die eine Fläche sei fest gelagert — dann ist

$$x = a x_x.$$

Die Polarisation setzt sich aus zwei Teilen zusammen $P = P_1 + P_x$, von denen der erste

$$P_1 = \frac{k}{4\pi a} V,$$

der zweite

$$P_x = \frac{2\varepsilon}{a} x$$

ist. k ist die Dielektrizitätskonstante. Mithin ist der gesamte Verschiebungsstrom

$$J = F \frac{dP}{dt} = \frac{kF}{4\pi a} \frac{dV}{dt} + \frac{2\varepsilon F}{a} \frac{dx}{dt}.$$

Er setzt sich aus zwei Komponenten zusammen, von denen die eine der Änderung der Spannung, die andere der Geschwindigkeit proportional ist.

Die Konstanten des allgemeinen Falles (Ziff. 28) nehmen folgende Werte an

$$c_1 = \frac{\varepsilon F}{a}, \qquad c_2 = 0, \qquad d_1 = \frac{kF}{4\pi a}, \qquad d_2 = \frac{2\varepsilon F}{a}.$$

Die Erscheinungen am piezoelektrischen Resonator sind eingehend von CADY[1]) untersucht worden. Er leitet aus dem Diagramm die Frequenzabhängigkeit des Stromes ab und findet eine gute experimentelle Bestätigung der Theorie.

Hält man die Spannung V am Kondensator konstant, so erhält man das Diagramm der Abb. 22, das ohne weiteres verständlich ist. OV ist die Spannung am Kondensator, $O\dot{x}$ die Geschwindigkeit der beweglichen Belegung, OC der Strom, der sich aus den beiden Komponenten OB (90° Voreilung gegen die Spannung) und BC (parallel der Geschwindigkeit) zusammensetzt. Bei vernachlässigbarem Widerstand der Zuleitungen fällt die Maschinenspannung mit der Spannung V zusammen. Den Strom OC kann man in eine wattlose Komponente CF und eine Wattkomponente BG zerlegen. Der Änderung der wattlosen Komponente mit der Frequenz entspricht eine Frequenzabhängigkeit der Kapazität. Die Kapazität steigt von ihrem Ruhewert zu einem Maximum unterhalb der Resonanz, fällt dann wieder auf ihren Ruhewert bei der Resonanzfrequenz und sinkt weiter auf ein Minimum oberhalb der Resonanzfrequenz. Bei sehr kleinen Dämpfungen wird der Durchmesser des Stromkreises sehr groß. Der Kreis selbst schneidet die Spannunglinie OV, d. h. der Kondensator wirkt in einem gewissen Bereich oberhalb der Resonanzfrequenz als Selbstinduktion. Ein analoges Verhalten der wattlosen Komponente (nämlich der induktiven Komponente) des Widerstandes hat man bei den magnetomechanischen Schallsendern.

[1]) W. G. CADY, Proc. Inst. Radio Eng. Bd. 10, S. 83—114. 1922.

Der Änderung der Wattkomponente des Stromes mit der Frequenz entspricht eine Frequenzabhängigkeit des Wattwiderstandes. Bei sehr tiefen und sehr hohen Frequenzen wirkt der Piezoresonator rein kapazitiv. Je mehr man sich der Resonanz nähert, um so größer wird die Wattkomponente des Stromes. Dieser Zunahme der Wattkomponente des Stromes entspricht eine Zunahme der mechanischen Energie, die bei geringer Verkustdämpfung im wesentlichen in Form von Schall abgestrahlt wird.

31. Piezoelektrischer Unterwasserschallsender. LANGÉVIN[1]) hat mit Hilfe von piezoelektrischen Kristallen Unterwasserschallsender für hohe Frequenzen (40000 Per/sek) gebaut. Bei seinen ersten Versuchen benutzte er Quarzplatten von den Querschnittsdimensionen 10×10 cm und der Dicke 1,6 cm. Diese Sender gestatteten, eine Schalleistung von 1 kW zu strahlen. Da solche großen Quarzplatten schwer zu beschaffen sind, setzte sich LANGÉVIN mosaikartige Platten von 10 cm Durchmesser und 0,2 cm Dicke zusammen, die zwischen zwei Stahlplatten von je 3 cm gehalten werden.

Auch Lautsprecher nach diesem Prinzip sind vorgeschlagen worden. Es ist hier aber nicht möglich, die Kristallfläche selbst als strahlende Fläche zu benutzen. Man muß den Kristall vielmehr auf eine Membran wirken lassen, deren Bewegungsimpedanz an dem Verbindungspunkt mit dem Kristall zweckmäßig gleich der Impedanz des Kristalles ist.

β) Das Kondensatortelephon.

32. Schwingungsgleichungen des Kondensatortelephons. Während der piezoelektrische Schallsender eine Erscheinung jüngeren Datums ist, ist das Kondensatortelephon schon länger bekannt[2]). Setzt man die Schaltung der Abb. 23 voraus, in der der Gleichspannung V_0 die veränderliche Spannung E überlagert wird, so ist, wenn $V_c = V_0 + V$ die Spannung am Kondensator bedeutet,

$$V_c + RJ + L\frac{dJ}{dt} = E.$$

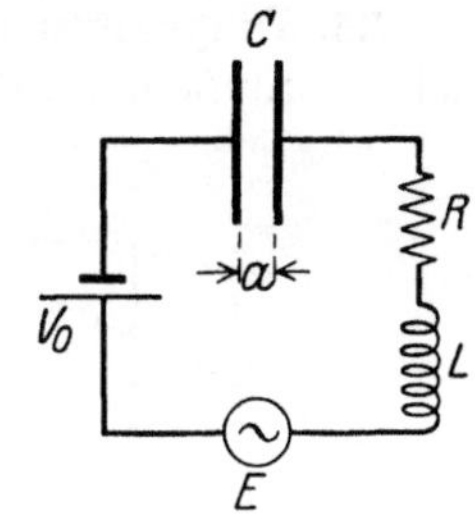

Abb. 23. Schaltung des Kondensatortelephons.

Der Strom J ist gleich

$$\frac{d}{dt}(CV_c) = C\frac{dV}{dt} + V_0\frac{C}{a}\frac{dx}{dt},$$

womit man für die Konstanten der allgemeinen Gleichungen findet

$$d_1 = C \qquad \text{und} \qquad d_2 = V_0\frac{C}{a}.$$

Die auf das mechanische Schwingungssystem wirkende Kraft ist

$$K = \frac{F}{8\pi}\frac{(V_0 + V)^2}{(a-x)^2} = C\frac{V_0}{a}V + C\frac{V_0^2}{a^2}x.$$

Ein Vergleich mit den allgemeinen Gleichungen ergibt

$$c_1 = C\frac{V_0}{a} \qquad \text{und} \qquad c_2 = C\frac{V_0^2}{a^2}.$$

---

1) Bureau hydrograph. internat., Publ. special Nr. 3, Monaco 1924.

2) H. ABRAHAM, C. R. Bd. 144, S. 1154. 1907; W. PEUKERT, Elektrot. ZS. Bd. 30, S. 51. 1909; K. ORT u. J. RIEGER, ebenda Bd. 30, S. 655. 1909; Arch. f. Elektrot. Bd. 1, S. 192 bis 204. 1912.

Für periodische Vorgänge der Frequenz ω lauten demnach die Bewegungsgleichungen

$$\left[r + j\left(\omega m - \frac{1}{\omega c}\right)\right]\dot{x} = C\frac{V_0}{a}V + C\frac{V_0^2}{a^2}x,$$

$$j\omega C V + V_0\frac{C}{a}\dot{x} = J,$$

$$V + (R + j\omega L)J = E.$$

Ihre Lösung bei konstanter Kraft ist

$$\dot{x} = \frac{1}{z}K,$$

$$J = j\frac{\omega a}{V_0}K,$$

$$V = \left(\frac{a}{CV_0} + \frac{j}{z}\frac{V_0}{a\omega}\right)K,$$

$$E = \left[(R + j\omega L)j\frac{\omega a}{V_0} + \frac{a}{CV_0} + \frac{j}{z}\frac{V_0}{a\omega}\right]K$$

und bei konstanter Spannung V am Kondensator

$$\dot{x} = \frac{1}{z^*}\frac{CV_0}{a}V,$$

$$J = \left[\frac{1}{z^*}\left(\frac{CV_0}{a}\right)^2 + j\omega C\right]V,$$

$$E = V + (R + j\omega L)\left[\frac{1}{z^*}\left(\frac{CV_0}{a}\right)^2 + j\omega C\right]V,$$

wo

$$z^* = r + j\left[\omega m - \left(\frac{1}{\omega c} - \frac{CV_0^2}{\omega a^2}\right)\right].$$

33. Diagramm des Kondensatortelephons. Bei konstanter Kraft ändert sich J proportional der Frequenz, was meßtechnisch sehr einfache Bedingungen schafft. Man hat lediglich J/ω konstant zu halten, wenn man die Resonanzkurve bei konstanter Kraft aufnehmen will. Das Diagramm gestaltet sich sehr einfach. Ist OK (Abb. 24) die Kraft, dann ist $O\dot{x}$ die Geschwindigkeit und OB der Strom. Die Spannung V setzt sich aus zwei Komponenten zusammen, von denen die eine dem Strom, die andere der Geschwindigkeit proportional ist, dieser aber um 90° vorauseilt. Die Komponenten sind durch OC und CD, die Gesamtspannung V durch OD dargestellt. Die Maschinenspannung E hat den Spannungsabfall in den Zuleitungen (OE) und die Spannung V zu überwinden. Die Gesamtspannung E ist durch OF dargestellt. Der Endpunkt des Vektors E bewegt sich mit

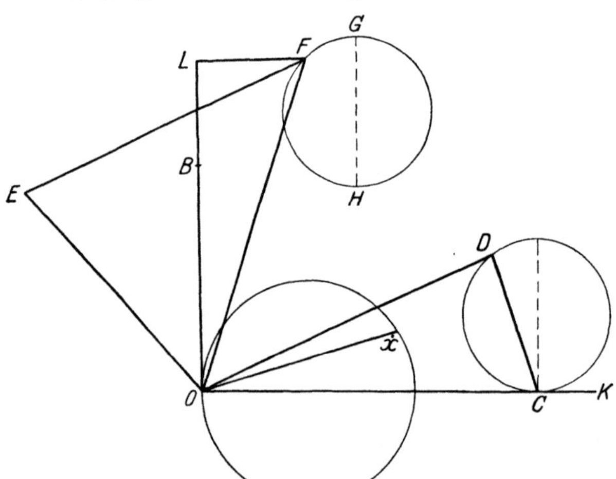

Abb. 24. Diagramm des Kondensatortelephons bei konstanter Kraft.

veränderlicher Frequenz auf dem Kreise $HFGH$. Ist die mechanische Dämpfung des Schwingungssystems klein, dann wird der Durchmesser dieses Kreises sehr groß. Er schneidet schließlich den Stromvektor. Die Anordnung wirkt in einem gewissen Bereich unterhalb der Resonanz induktiv. Die Komponente OL der Spannung ist die Wattkomponente, die Komponente FL die wattlose Komponente der Spannung.

Hält man bei der Aufnahme der Resonanzkurve die Spannung V am Kondensator konstant, dann wird das Maximum der Geschwindigkeit bei einer tieferen Frequenz erreicht als im vorigen Fall. Ist der Ausdruck $\frac{CV_0^2}{a^2} > \frac{1}{c}$, dann legt sich die Membran an die gegenüberliegende Belegung an. Von einer Eigenschwingung ist dann keine Rede mehr. Das Diagramm für konstante Spannung stimmt mit dem Diagramm des piezoelektrischen Senders für konstante Spannung V überein (Abb. 21).

34. Wirkungsgrad des Kondensatortelephons. Im Resonanzfalle ist die mechanische Leistung

$$L_m = \frac{1}{2}\frac{K^2}{r}$$

und die elektrische Leistung

$$L_e = \frac{1}{2} R\left(\frac{\omega a}{V_0}\right)^2 K^2 + \frac{1}{2}\frac{K^2}{r},$$

mithin der Wirkungsgrad

$$\eta = \frac{1}{1 + rR\left(\frac{\omega a}{V_0}\right)^2} = \frac{1}{1 + \frac{R}{\pi}\left(\frac{a}{V_0}\right)^2 \omega^3 m \mathfrak{d}}.$$

Der Ausdruck

$$K_\omega = \frac{\eta\, \omega^3 m \mathfrak{d}}{1 - \eta} = \frac{\pi}{R}\left(\frac{V_0}{a}\right)^2$$

ist demnach eine Apparatkonstante. Die Verluste stecken nur in den Zuleitungen, die als zum Apparat gehörig betrachtet werden. Ist der Widerstand der Zuleitungen Null, dann wird $K_\omega = \infty$ und $\eta = 100\%$.

35. Praktische Anwendungen. Praktische Anwendungen hat das Kondensatortelephon als Lautsprecher gefunden. RIEGGER behandelt den Anschluß an den Verstäker und untersucht die Frage, wie der Verstärker zu konstruieren ist, damit die Sprachübertragung bei gegebenem Kondensatorlautsprecher möglichst frequenzgetreu ist. Literatur s. Ziff. 21.

Von R. A. FESSENDEN und W. MEISSNER wird es zum Empfang hochfrequenter Schwingungen vorgeschlagen. Die Wirkung ist analog der bei dem Hochfrequenzspulentelephon geschilderten[1]).

36. Der Lautsprecher nach JOHNSEN-RAHBECK. Ein Schallerzeuger soll hier noch kurz Erwähnung finden, den man bei oberflächlicher Betrachtung zu den Kondensatortelephonen zu rechnen geneigt ist. Während es sich bei dem Kondensatortelephon aber um einen elektrisch-mechanischen Transformator handelt, der direkt elektrische Energie in mechanisch-akustische umsetzt, liegt bei dem Lautsprecher von JOHNSEN-RAHBECK lediglich ein Relais vor. Diese beiden Ingenieure[2]) haben gefunden, daß ein Halbleiter und ein Leiter bei Stromfluß durch die Berührungsfläche aneinander haften. Die Ursache dieses Effektes ist noch nicht restlos geklärt[3]). Für die praktische Anwendung als Lautsprecher

[1]) Siehe Ziff. 22.

[2]) ALFRED JOHNSEN u. KNUD RAHBECK, Journ. Inst. Electr. Eng. Bd. 61, S. 713—725. 1923; KARL ROTTGARDT, ZS. f. techn. Phys. Bd. 2, S. 315—328. 1921; Jahrb. d. drahtl. Telegr. Bd. 19, S. 299—307. 1922.

[3]) ALBINO ANTINORI, ZS. f. Phys. Bd. 34, S. 705—714. 1925; JÓZEF WASIK, ebenda Bd. 35, S. 720—721. 1926.

wird eine handbremsenartige Anordnung gewählt. Legt man an eine rotierende Halbleiterwalze (Achat) ein Stahlband, das auf der Achatwalze schleift, so wird es entsprechend der angelegten Spannung an die Achatwalze gepreßt und von ihr mitgenommen. Das Stahlband ist mit einer Membran verbunden. Überlagert man einer konstanten Spannung von Sprechströmen herrührende Spannungen, dann wird die Membran im Rhythmus der Sprechschwingungen bewegt. Die Anordnung ist dem EDISONschen Elektromotographen sehr ähnlich. Während WURM[1]) für beide Anordnungen elektrostatische Anziehungen als wahrscheinlich annimmt, erklären JOHNSEN-RAHBECK[2]) die Wirkung ihrer Anordnung durch Änderung der Reibung zwischen Walze und Band durch eine Änderung der elektrostatischen Anziehung, während sie für die EDISONsche Anordnung annehmen, daß bei negativer äußerer Belegung Wasserstoff in der feuchten Oberfläche entwickelt wird, der mit der Oberflächenfeuchtigkeit zusammen einen Schaum bildet und als Schmiermittel wirkt.

37. Signalsender. Bei der praktischen Ausführung elektrischer Schallsender hat man zu unterscheiden, ob es sich um Sender für Signalzwecke, also zur Wiedergabe von Tönen ganz bestimmter konstanter Frequenz, handelt, oder um Sender zur Wiedergabe von Sprache und Musik, d. h. von Klängen, die ein weites Frequenzgebiet überdecken. Im ersteren Falle hat man lediglich sein Augenmerk auf die Wiedergabe der Betriebsfrequenz mit gutem Wirkungsgrad zu richten. Außerhalb dieser Frequenz kann der Sender beliebig unempfindlich sein. Das führt dazu, den Sendern für Signalzwecke eine Abstimmung zu geben, die mit der Signalfrequenz übereinstimmt. Hat man es mit Sendern zu tun, für die der Ausdruck $\frac{\eta \mathfrak{d}}{1-\eta}$ konstant ist (s. Spulensender, Ziff. 23, Elektromechanischer Schallsender ohne Kupferverluste, Ziff. 12 und 17), so kann man durch Verringerung des logarithmischen Dekrements $\mathfrak{d}$ den Wirkungsgrad η beliebig nahe an 100% heranbringen.

Hier stellen sich aber einige Schwierigkeiten in den Weg. Die erste ist durch die Betriebsbedingungen der Sender begründet. Im allgemeinen entnimmt man die zum Betrieb der Sender erforderliche elektrische Energie rotierenden Maschinen, deren Tourenzahl gewissen Schwankungen unterworfen ist. Soll die durch die Tourenänderungen bedingte Lautstärkeschwankung des Senders bestimmte Werte nicht überschreiten, so muß die Dämpfung einen bestimmten Mindestwert haben. In der Unterwasserschalltelegraphie ist z. B. der durch die Tourenschwankungen der Betriebsmaschine bedingte Mindestwert des logarithmischen Dekrements $\mathfrak{d} = 0{,}2$. Bei den normalerweise vorkommenden Schwankungen der Tourenzahl um $\pm 3\%$ sinkt die vom Sender abgestrahlte Leistung auf nicht weniger als die Hälfte der Leistung in Resonanz[3]).

Aber selbst wenn man durch Anbringung von Tourenregulierungen an den Maschinen oder die Benutzung von Wechselstromerzeugern konstanter Frequenz die Tourenschwankungen auf ein sehr geringes Maß herabdrücken würde, hätte es doch keinen Zweck, die Dämpfung wesentlich unter den angegebenen Wert herabzudrücken. In dem Ausdruck $K = \frac{\eta \mathfrak{d}}{1-\eta}$ ist $\mathfrak{d}$ die Summe des Strahlungsdekrements und des schädlichen Dekrements, η der mechanisch-elektrische Wirkungsgrad, während sich für den akustisch-elektrischen Wirkungsgrad ergibt

$$\eta_a = \eta \frac{\mathfrak{d} - \mathfrak{d}_s}{\mathfrak{d}} = K \frac{\mathfrak{d} - \mathfrak{d}_s}{(K + \mathfrak{d})\, \mathfrak{d}}$$

[1]) E. WURM, ZS. f. Fernmeldetechn. Bd. 3, S. 20—22. 1922.

[2]) ALFRED JOHNSEN u. KNUD RAHBECK (s. Fußnote 2 S. 337); KARL ROTTGARDT (s. Fußnote 2 S. 337).

[3]) F. AIGNER, Unterwasserschalltechnik, S. 304. Berlin: M. Krayn 1922. Hier auch Angaben über praktisch ausgeführte Sender für die Zwecke der Unterwasserschalltelegraphie.

($\mathfrak{d}_s$ = Dekrement der schädlichen Dämpfung). Man erkennt, daß η_a für ein bestimmtes $\mathfrak{d}_m$ ein Maximum erreicht. Es ist

$$\mathfrak{d}_m = \mathfrak{d}_s + \sqrt{(K + \mathfrak{d}_s)\,\mathfrak{d}_s}\,.$$

Bei den großen Schallsendern der üblichen Konstruktion ist es bisher ohne große Schwierigkeiten nicht gelungen, den Wert von $\mathfrak{d}_s$ kleiner als 0,06 und den Wert für K größer als 0,2 zu machen. Hieraus ergibt sich für $\mathfrak{d}_m$ der Wert 0,185. Es hat also keinen Zweck, bei den üblichen Sendern für Signalverkehr das Gesamtdekrement wesentlich unter 0,2 herabzusetzen. Auch die Forderung nach einer Mindesttelegraphiergeschwindigkeit läßt keine nennenswerte Verminderung des logarithmischen Dekrementes zu.

38. Lautsprecher. Im Gegensatz zu den Signalsendern verlangt man bei Sendern zur Wiedergabe von Sprache und Musik, den sog. Lautsprechern, eine möglichst weitgehende Frequenzunabhängigkeit. Wie man diese erreichen kann, zeigen RICE und KELLOGG[1]) in übersichtlicher Zusammenstellung. Nach ihren mechanischen Eigenschaften kann man die Membranen einteilen in solche mit überwiegender Trägheits-, Brems- oder elastischer Hemmung.

Bei den Membranen mit überwiegender Trägheitshemmung liegt die Eigenschwingung sehr tief. Die Beziehung zwischen Amplitude und erregender Kraft ist

$$x = \frac{P}{m\,\omega^2}\,.$$

Legt man die Eigenschwingung der Membran sehr hoch (Membran mit überwiegender elastischer Hemmung), so lautet die Beziehung zwischen Amplitude und Kraft

$$x = c\,P\,,$$

wo c die Elastizität der Membran ist.

Bei überwiegender Bremshemmung ist

$$x = \frac{P}{\omega\, r}\,.$$

Diesen Fall führen RICE und KELLOGG der theoretischen Vollständigkeit halber an, obwohl sie keine Möglichkeit der praktischen Realisierung sehen.

Die von einer Membran der Fläche F abgestrahlte Leistung ist

$$L = \tfrac{1}{2}\,\varrho\, u\, F\, \omega^2 x^2\,,$$

wenn die Dimensionen der Membran groß gegen die Wellenlänge sind, und

$$L = \frac{1}{2}\,\varrho\, \frac{F^2\,\omega^4\,x^2}{2\,\beta\, u}$$

(β = Öffnungswinkel), wenn die Dimensionen der Membran klein gegen die Wellenlängen sind. Bei Membranen mittlerer Größe gilt für hohe Frequenzen die erste, für tiefe Frequenzen die zweite Formel. Zwischen den beiden Extremen findet ein allmählicher Übergang statt.

Bei großen Membranen liefert nur eine Membran mit überwiegender Bremshemmung eine Frequenzunabhängigkeit der Lautstärke, bei Membranen mit überwiegender elastischer Hemmung nimmt die gestrahlte Leistung mit dem Quadrat der Frequenz zu, bei Membranen mit überwiegender Trägheitshemmung mit dem Quadrat der Frequenz ab.

Bei kleinen Membranen liefert die Membran mit überwiegender Trägheitshemmung eine von der Frequenz unabhängige Lautstärke. In Befolgung der vorstehend angeführten Gesichtspunkte entwickelten RICE und KELLOGG[1]) bei

[1]) C. W. RICE u. E. W. KELLOGG, Journ. Amer. Inst. Electr. Eng. Bd. 44, S. 982—991. 1925.

der General Electric Co. einen trichterlosen Lautsprecher nach dem elektrodynamischen Prinzip. Die benutzte Kolbenmembran hat eine sehr tiefe Eigenschwingung, so daß der Sender für mittlere Frequenzen eine von der Frequenz unabhängige Energie strahlt. Für hohe Frequenzen nimmt die Energie umgekehrt proportional der Frequenz ab. Diese Abnahme wird teilweise dadurch kompensiert, daß an die Stelle einer Kugelstrahlung bei tiefen Frequenzen eine Schallstrahlung an der Mittelachse bei hohen Frequenzen tritt.

Dieselben Gesichtspunkte wie RICE und KELLOGG hat auch RIEGGER bei der Entwicklung des Blatthallers gehabt (s. Ziff. 21).

In beiden Fällen ist zur Verhinderung eines Druckausgleiches bei tiefen Frequenzen die Membran in einem starren Schallschirm erheblicher Ausdehnung eingebaut.

Membranen großer Fläche mit überwiegender Trägheitshemmung, die trotz ihrer Größe eine genügende Steifigkeit besitzen, um Oberschwingungen zu vermeiden, sind die von GERLACH[1]) angegebenen Faltenmembranen.

Wenn auch die trichterlosen Lautsprecher infolge des Fehlens von Trichterresonanzen in der Wiedergabe der Sprache den Trichterlautsprechern überlegen sind, so erreichen sie doch praktisch im allgemeinen nicht den guten Wirkungsgrad wie diese[2]).

Viele Gesichtspunkte, die außer den oben erwähnten bei dem Bau von Lautsprechern eine Rolle spielen, werden von RANKINE u. a.[3]) mitgeteilt. Diese Gesichtspunkte ergeben sich zum Teil aus der Feststellung der Umstände, die zu Verzerrungen Anlaß geben. Wegen der Einzelheiten sei auf die erwähnten Arbeiten hingewiesen.

Wer sich über die auf dem Markt befindlichen Amateurlautsprecher unterrichten will, findet reichliches Material in den Büchern von NESPER[4]) und MCLACHLAN[5]).

39. Prüfung von Lautsprechern. Eine Methode zur objektiven Prüfung von Lautsprechern, die aus Anlaß von Untersuchungen an dem Blatthaller ausgebildet wurde, sich aber auch auf andere Lautsprecher anwenden läßt, hat TRENDELENBURG[6]) angegeben. Auf ein Kondensatormikrophon[7]), dessen Amplitude im Sprachbereich proportional zur Druckamplitude des auffallenden Schalles ist, fällt das Klangbild des zu untersuchenden Klanges. Mit geeigneten Hochfrequenzschaltungen wird die Amplitude verzerrungsfrei in einen Wechselstrom umgeformt, der einmal unmittelbar einem Oszillographen zugeführt und registriert wird; ein anderer Zweig arbeitet auf den zu untersuchenden Lautsprecher, der seinerseits auf eine mit der ersten Anordnung identische Aufnahmevorrichtung, bestehend aus Kondensatormikrophon mit Verstärker und Oszillographenschleife, wirkt. Aus dem Vergleich der beiden so erhaltenen Klangbilder kann man unmittelbar auf die Güte des Lautsprechers schließen. TRENDELENBURG hat Klangbilder verschiedener Vokale und Konsonanten registriert. Eine

[1]) Fachberichte der 31. Jahresvers. des V. D. E. S. 86. Wiesbaden 1926.

[2]) P. P. ECKERSLERY, Proc. Phys. Soc. Bd. 36, S. 151. 1924; Journ. Inst. Electr. Eng. Bd. 62, S. 284. 1924.

[3]) A. O. RANKINE, Proc. Phys. Soc. Bd. 36, S. 115—119. 1924; Journ. Inst. Electr. Eng. Bd. 62, S. 265—268. 1924. Es schließen sich an Beiträge von L. C. POCOCK, C. L. FORTESCUE, H. L. PORTER, E. K. SANDEMANN, J. T. MAC GREGOR MORRIS u. E. MALLET, G. A. SUTHERLAND, S. G. BROWN, P. P. ECKERSLERY. S. a. die anschließende Diskussion Proc. Phys. Soc. Bd. 36, S. 211—240. 1924.

[4]) E. NESPER, Lautsprecher. Berlin 1925.

[5]) N. W. MCLACHLAN, Wireless Loud Speakers. London 1927.

[6]) F. TRENDELENBURG, Wiss. Veröffentl. a. d. Siemens-Konz. Bd. 4, H. 2, S. 200—204. 1925.

[7]) S. Artikel „Umwandlung des Schalls in andere Energieformen“, Ziff. 8 (ds. Bd. Kap. 12).

Bestimmung der Fourierkoeffizienten des primären und sekundären Klangbildes zeigt bei Verwendung des Blatthallers eine gute Übereinstimmung zwischen dem primären und sekundären Klangbild, während ein gewöhnlicher elektromagnetischer Trichterlautsprecher eine starke Verzerrung, die auch subjektiv erkennbar ist, gibt.

Lautsprecher mit Membranen, deren Dimensionen groß zur Wellenlänge sind, geben ausgesprochene Richtwirkung. TRENDELENBURG[1]) hat Messungen über die Druckverteilung im Schallfeld vor und seitlich von großen Membranen durchgeführt. Die gewonnenen Kurven zeigen besonders für hohe Frequenzen ausgesprochene Interferenzerscheinungen (vgl. Kap. 15, Ziff. 3).

Ausgehend von dem Ausdruck für das Potential einer Kolbenmembran im Halbraum[2]) hat STENZEL[3]) rein rechnerisch den Potentialverlauf in der Umgebung einer Membran, deren Dimensionen nicht mehr klein zur Wellenlänge sind, untersucht.

Sehr geeignet zur Untersuchung von Lautsprechern ist das RAYLEIGHsche Scheibchen[4]), das E. MEYER[5]) zur Prüfung von Lautsprechern verwendet. Später wurde von MEYER[6]) das Kondensatormikrophon unter Benutzung des von GERLACH[7]) zu Schallmeßzwecken eingeführten Kompensationsprinzips verwendet. Mit dem RAYLEIGHschen Scheibchen mißt man die Geschwindigkeitsamplitude, mit dem Kondensatormikrophon die Druckamplitude des Schallfeldes (vgl. hierzu insbesondere auch Artikel „Akustische Meßmethoden", Ziff. 1—7, 15ff. ds. Bd. Kap. 13).

GRÜTZMACHER und MEYER[8]) haben eine Schallregistriervorrichtung zur Aufnahme der Frequenzkurven von Lautsprechern angegeben. Ein Überlagerungssender speist den zu untersuchenden Lautsprecher, der auf ein Kondensatormikrophon wirkt. Die Ströme des Kondensatormikrophons werden nach Gleichrichtung einem Spiegelgalvanometer zugeführt. Der Lichtstrahl des Spiegelgalvanometers erfährt eine zweite Ablenkung durch einen auf der Kondensatorachse der Überlagerung befindlichen Spiegel. Die beiden Spiegelachsen stehen senkrecht zueinander, so daß der Lichtzeiger bei Änderung des Überlagerungskondensators auf einer gleichzeitig mitgedrehten Filmtrommel eine Kurve beschreibt, deren Abszissen Kondensatorgrade bzw. Frequenzen, deren Ordinaten Druckamplituden darstellen. Eine ähnliche Einrichtung mit registrierendem Galvanometer haben WOLFF und RINGEL[9]) benutzt.

Bei der subjektiven Beurteilung[10]) von Lautsprechern ist der Einfluß der Raumakustik des Musikaufnahmeraumes und des Wiedergaberaumes zu beachten. Für eine naturgetreue Klangübertragung muß auch eine der natürlichen Stärke entsprechende Schallintensität gefordert werden.

---

[1]) F. TRENDELENBURG, Wiss. Veröffentl. a. d. Siemens-Konz. Bd. 5, H. 2, S. 120—134. 1926. — Die Naturw. Bd. 15, S. 297—304. 1927. Vgl. auch Kap. 15, Ziff. 3 ds. Bd.

[2]) Lord RAYLEIGH, Bd. 2, S. 162. London 1896.

[3]) H. STENZEL, Elektr. Nachr.-Techn. Bd. 4, S. 239. 1927.

[4]) Siehe Artikel „Akustische Meßmethoden" Ziff. 3, ds. Bd. Kap. 13.

[5]) E. MEYER, Elektr. Nachr.-Techn. Bd. 3, S. 290—296. 1926.

[6]) E. MEYER, ZS. f. techn. Phys. Bd. 7, S. 609. 1926; Elektr. Nachr.-Techn. Bd. 4, S. 86—90. 1927.

[7]) E. GERLACH, Wiss. Veröffentl. a. d. Siemens-Konz. Bd. 3, S. 139. 1923.

[8]) M. GRÜTZMACHER und E. MEYER, Elektr. Nachr.-Techn. Bd. 4, S. 203. 1927.

[9]) L. WOLFF und A. RINGEL, Proc. Inst. Rad. Eng. Bd. 15, S. 363—376, 1927.

[10]) H. BACKHAUS u. F. TRENDELENBURG, Wiss. Veröffentl. a. d. Siemens-Konz. Bd. 4, H. 2, S. 205—208. 1925; H. GERDIEN, Telef.-Ztg. Bd. 8, S. 28—38 u. 44—57. 1926.

Kapitel 7.

Thermische Schallerzeugung.

Von

J. FRIESE, Breslau.

Mit 2 Abbildungen.

a) Thermophon, tönender Lichtbogen, Funkenschallwellen.

1. Thermophon. Als Thermophon wird eine Vorrichtung bezeichnet, durch welche die von einem Wechselstrom in einem metallischen Leiter erzeugte JOULEsche Wärme in akustische Energie umgeformt wird. Diese Umwandlung kann auf zwei Wegen bewirkt werden: durch Kopplung des Leiters mit einem mechanischen System, das durch die periodischen Längenänderungen des Leiters zu erzwungenen Schwingungen erregt wird, oder durch direkte Übertragung der Temperaturschwankungen des Leiters auf das umgebende gasförmige Medium, wodurch in diesem Druckschwankungen entstehen.

Eine Anordnung der zuerst genannten Art ist von PREECE[1]) angegeben worden. Der Leiter besteht aus einem gespannten Draht, der mit einem Ende an einer Membran befestigt ist. Infolge der Längenänderungen, die durch die Schwankungen der JOULEschen Wärme bewirkt werden, führt der Draht Transversalschwingungen von der Frequenz des hindurchgeschickten Wechselstromes aus und erregt die Membran zu erzwungenen Schwingungen. Praktische Anwendung hat diese Schallquelle kaum gefunden.

Bei der zweiten Art von Thermophonen ist der Vorgang der Schallerzeugung folgender: Fließt in dem Leiter ein Gleichstrom I_0, dem ein Wechselstrom $I_1 \sin\omega t$ überlagert ist, so ist die momentane elektrische Leistung

$$Q = R(I_0 + I_1 \sin\omega t)^2 = R\left(I_0^2 + \frac{I_1^2}{2}\right) + 2R\, I_0 I_1 \sin\omega t - \frac{R I_1^2}{2} \cos 2\omega t\,.$$

Die JOULEsche Wärme setzt sich also zusammen aus einem zeitlich unveränderlichen Teil, der eine Erhöhung der mittleren Temperatur des Leiters bewirkt, und einem periodischen Anteil. Dieser wird zur periodischen Erwärmung und Abkühlung des Leiters verbraucht und bewirkt einen durch die Oberfläche des Leiters in das umgebende gasförmige Medium fließenden Wärmestrom, der sich in diesem in Gestalt von räumlich stark gedämpften Temperaturwellen ausbreitet. Infolgedessen entstehen in der dem Leiter anliegenden Gasschicht Druckschwankungen und somit Schallwellen. Der durch den Strom $I = I_0 + I_1 \sin\omega t$ bedingte Wärmefluß und die dadurch erzeugte Schallwelle enthalten im allgemeinen

[1]) W. PREECE, Proc. Roy. Soc. London Bd. 30, S. 408. 1880; vgl. auch C. R. CROSS, Proc. Amer. Acad. Bd. 21, S. 257. 1885; M. KALLMANN, Exners Rep. Bd. 25, S. 416. 1889; vgl. ferner Artikel „Musikinstrumente u. ihre Klänge“ Ziff. 41 (ds. Bd. Kap. 8).

die Frequenzen ω und 2ω. Ist $I_0 > I_1$, so ist in der Schallwelle praktisch nur die Frequenz ω vorhanden; ist der Strom ein reiner Wechselstrom ($I_0 = 0$), so hat die Schallwelle die Frequenz 2ω.

Als Leiter werden zweckmäßig, um die Wärmekapazität gering zu halten und damit den Wirkungsgrad des Thermophons zu steigern, möglichst dünne Metallfolien oder Drähte (Wollastondrähte) verwendet. Da die von einem im freien Raum befindlichen Thermophon erzeugte Schallenergie sehr gering ist, schließt man den Leiter zusammen mit dem Schallempfänger in einen Hohlraum mit starren Wänden ein, dessen Abmessungen klein gegen die Länge der Schallwelle sind. Der vom Leiter ausgehende Wärmestrom erzeugt alsdann im Hohlraum eine stationäre Druckschwankung, deren Amplitude aus der zugeführten elektrischen Energie, dem Volumen des Hohlraumes und den thermischen Konstanten von Leiter und Gas berechenbar ist. In der angegebenen Form stellt das Thermophon eine absolute, leicht reproduzierbare Schallquelle dar, die sich besonders für solche akustischen Messungen eignet, für die nur geringe Energie benötigt wird, z. B. Eichung elektrischer Schallempfänger, Messung der Ohrempfindlichkeit usw. (vgl. Kap. 11, Ziff. 17 und Kap. 13, Ziff. 16 ds. Bd.).

2. Theorie des Thermophons. Die Berechnung der von einem Thermophon ausgestrahlten Schallenergie bzw. der in einem Hohlraum erzeugten Druckamplitude erfolgt auf Grund der Theorie der Wärmeleitung und ist zuerst von ARNOLD und CRANDALL[1]) durchgeführt worden. Jedoch sind die Ergebnisse mit der Erfahrung nicht in Übereinstimmung, da bei der Berechnung der Wärmeströmung im Gase die Volumenänderungsarbeit nicht berücksichtigt worden ist. Die Rechnung ist für ein in einem Hohlraum befindliches Thermophon von WENTE[2]) berichtigt worden.

Die durch die Temperaturschwankungen des Leiters im Gase erzeugte Wärmeströmung wird durch die Differentialgleichung der Wärmeleitung beschrieben, die unter Berücksichtigung der Volumenänderungsarbeit des Gases lautet:

$$c_p \varepsilon \frac{\partial u}{\partial t} - \frac{1}{J} \frac{\partial p}{\partial t} - \lambda \Delta u = 0 \tag{1}$$

(u Temperatur, p Druck, ε Dichte, c_p spez. Wärme bei konstantem Druck, λ Wärmeleitvermögen, J mechanisches Wärmeäquivalent in erg/cal).

Ist die Temperatur im Leiter $\Theta = \Theta_0 + \Theta_1 e^{i\omega t}$ und setzt man für das Gas an

$$u = u_0 + u_1 e^{i\omega t},$$

$$p = p_0 + p_1 e^{i\omega t},$$

$$\varepsilon = \varepsilon_0 + \varepsilon_1 e^{i\omega t},$$

wobei die Amplituden der periodischen Schwankungen klein sein sollen, so lautet (1)

$$c_p \varepsilon_0 i \omega u_1 - \frac{1}{J} i \omega p_1 - \lambda \Delta u_1 = 0. \tag{2}$$

Im folgenden soll die Rechnung für ein aus einer ebenen Metallfolie bestehendes Thermophon durchgeführt werden. Zur Vereinfachung wird die Folie als unendlich ausgedehnte Ebene angenommen. Die Wärmebewegung erfolgt daher nur senkrecht zur Oberfläche der Folie. Gleichung (2) lautet dann:

$$c_p \varepsilon_0 i \omega u_1 - \frac{1}{J} i \omega p_1 - \lambda \frac{\partial^2 u_1}{\partial x^2} = 0. \tag{3}$$

---

[1]) H. D. ARNOLD u. I. B. CRANDALL, Phys. Rev. (2) Bd. 10, S. 22. 1917.

[2]) E. C. WENTE, Phys. Rev. (2) Bd. 19, S. 333. 1922.

Die Lösung von (3), die zugleich den Randbedingungen des Problems, daß u_1 für $x = \infty$ endlich sein muß, und daß u_1 für die Grenzfläche Metall-Gas ($x = 0$) in die Temperaturamplitude der Folie übergeht, genügt, ist

$$u_1 = \left(\Theta_1 - \frac{\varkappa - 1}{\varkappa}\frac{\Theta_0}{p_0} p_1\right) e^{-\alpha' x} + \frac{\varkappa - 1}{\varkappa}\frac{\Theta_0}{p_0} p_1, \tag{4}$$

wo $\alpha' = \sqrt{\varepsilon_0 c_p i \omega/\lambda}$ ist. Diese Lösung stellt eine von der Folie ausgehende, gedämpfte Temperaturwelle dar. Definiert man eine mittlere Temperaturamplitude

$$\bar{u}_1 = \frac{2a}{V_0}\int\limits_0^{V_0/2a} u_1\, dx, \tag{5}$$

(V_0 Volumen des Hohlraums, $2a$ gesamte Oberfläche der Folie), so ist die erzeugte Druckamplitude

$$p_1 = p_0 \bar{u}_1/T_a, \tag{6}$$

wenn T_a die mittlere Temperatur im Hohlraum ist. Aus (4), (5) und (6) folgt für den Zusammenhang zwischen p_1 und Θ_1, wenn $\alpha = \sqrt{\varepsilon_0 c_p \omega/2\lambda}$ gesetzt wird,

$$\Theta_1 = \frac{\varkappa - 1}{\varkappa}\frac{\Theta_0}{p_0}\left[1 - \left(1 - \frac{\varkappa}{\varkappa - 1}\frac{T_a}{\Theta_0}\right)\frac{V_0}{2a}\alpha(1 + i)\right] p_1. \tag{7}$$

Die Temperaturamplitude der Folie ist dadurch bestimmt, daß in jedem Zeitelement die zugeführte elektrische Energie gleich sein muß der Summe aus der zur Temperaturänderung des Leiters verbrauchten Wärmemenge und der durch Leitung und Strahlung nach außen abgegebenen. Ist der Strom im Leiter $I = I_0 + I_1 e^{i\omega t}$, $(I_0 \gg I_1)$, so lautet diese Beziehung für den periodischen Teil der Energie

$$2ARI_0 I_1 = 8a\sigma\Theta_0^3\Theta_1 - 2a\lambda\left(\frac{\partial u_1}{\partial x}\right)_{x=0} + a\gamma i\omega\Theta_1 \tag{8}$$

(A elektr. Wärmeäquivalent $= 0{,}239$ cal/Joule, σ Strahlungskonstante des Leiters, γ Wärmekapazität der Folie pro Oberflächeneinheit). Mit (4) und (7) ergibt sich hieraus für die Druckamplitude

$$|p_1| = 2ARI_0 I_1\left[\left(GP - QF - \frac{a\omega}{J\alpha}\right)^2 + \left(FP + QG - \frac{a\omega}{J\alpha}\right)^2\right]^{-\frac{1}{2}}, \tag{9}$$

wo

$$F = \frac{V_0\alpha T_a}{2a p_0}\left(1 - \frac{\varkappa - 1}{\varkappa}\frac{\Theta_0}{T_a}\right); \qquad G = \frac{V_0\alpha T_a}{2a p_0}\left[1 - \frac{\varkappa - 1}{\varkappa}\frac{\Theta_0}{T_a}\left(1 - \frac{2a}{\alpha V_0}\right)\right];$$

$$P = 2a\alpha\lambda + 8a\sigma\Theta_0^3; \qquad Q = \alpha\gamma\omega + 2a\alpha\lambda.$$

Für den Fall, daß der Heizkörper aus einem Draht vom Radius a und der Länge l besteht, verläuft die Rechnung ganz analog. Die erzeugte Druckamplitude ist

$$\left.\begin{aligned} |p_1| = {} & \frac{4ARI_0 I_1 \pi a p_0}{\left(T_a - \frac{\varkappa - 1}{\varkappa}\Theta_0\right)\alpha V_0\omega\gamma'}\Bigg[(M - N)^2 \\ & + \left\{\frac{\varkappa}{\varkappa - 1}\frac{2\pi a p_0}{J\alpha\Theta_0\gamma'} + \frac{2\pi a l}{V_0\alpha\left(\frac{\varkappa}{\varkappa - 1}\frac{T_a}{\Theta_0} - 1\right)} - (M + N)\right\}^2\Bigg]^{-\frac{1}{2}} \end{aligned}\right\} \tag{10}$$

wo γ' die Wärmekapazität des Drahtes pro Längeneinheit bedeutet und

$$M + iN = \frac{H_0^{(2)}(\sqrt{-2i}\,\alpha a)}{H_1^{(2)}(\sqrt{-2i}\,\alpha a)}$$

ist. H_0 und H_1 sind HANKELsche Funktionen von der Ordnung null bzw. eins[1]). Für kleine Werte des Argumentes kann gesetzt werden

$$M + N = -\frac{\pi \alpha a}{2}; \quad M - N = -2\alpha a \left[\ln \frac{\alpha a}{\sqrt{2}} + 0{,}577\right].$$

Die im vorstehenden wiedergegebene Theorie des Thermophons ist durch Messungen von WENTE[2]) und TRENDELENBURG[3]) geprüft und bestätigt worden. WENTE mißt in einem Frequenzbereich von 60 bis 4000 Hertz die relativen Druckamplituden, die durch Thermophone aus Gold- oder Platinfolie in Hohlräumen mit Luft- bzw. Wasserstoffüllung erzeugt werden; ferner wird in einem Intervall von 10 bis 200 Hertz die Druckamplitude eines Thermophons (Goldfolie in Wasserstoff) direkt gemessen. TRENDELENBURG untersucht den Einfluß verschiedener Leitermaterialien und Gase auf die erzeugte Druckamplitude.

3. Tönender Lichtbogen. Überlagert man einem Gleichstromlichtbogen einen Wechselstrom, so sendet der Lichtbogen eine Schallwelle aus, deren Frequenz mit der Frequenz des überlagerten Wechselstromes übereinstimmt. Eine von DUDDELL angegebene Anordnung des tönenden Lichtbogens ist in Abb. 1 schematisch dargestellt. Der Lichtbogen LB wird von der Gleichstromquelle A gespeist; parallel zum Lichtbogen liegt der Wechselstromgenerator W, z. B. ein Mikrophon, wenn der Lichtbogen zur Wiedergabe von Sprachklängen dienen soll. Die Kapazität C versperrt dem Gleichstrom den Weg über W; die Drossel L verhindert den Eintritt des Wechselstromes in den Gleichstromkreis.

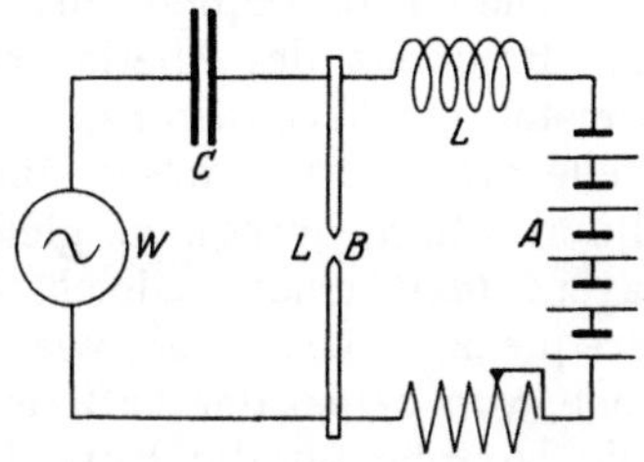

Abb. 1. Schaltung des tonenden Lichtbogens.

Die akustische Wirkung des Lichtbogens bei Überlagerung eines Wechselstromes beruht nach SIMON[4]), von dem die Erscheinung zuerst beobachtet worden ist, darauf, daß durch die Schwankungen der im Lichtbogen erzeugten Stromwärme periodische Dichteänderungen der Lichtbogengase und dadurch Schallwellen hervorgerufen werden. Nach einer anderen, ebenfalls von SIMON angegebenen Erklärung sind periodische Änderungen in der Verdampfung des Elektrodenmaterials und die dadurch bedingten Schwankungen des Lichtbogenvolumens die Ursache des Tönens.

Über die Abhängigkeit der Schallintensität des tönenden Lichtbogens von den Betriebsbedingungen sind durch RIHL[5]) und LICHTE[6]) eingehende Untersuchungen ausgeführt worden. Die benutzte Versuchsanordnung war im wesentlichen die in Abb. 1 dargestellte. Um sinusförmigen Verlauf des überlagerten Wechselstromes zu erzielen, wurde der den Wechselstromgenerator W enthaltende Kreis auf Resonanz abgestimmt. Zur Messung der Schallintensität diente eine RAYLEIGHsche Scheibe. RIHL mißt bei einer Frequenz des überlagerten Wechselstromes von 360 Hertz die Abhängigkeit der Schallintensität von der Bogenlänge, der Wechselstromstärke und der Gleichstromstärke und erhält folgende Ergebnisse: 1. Bei konstant gehaltener Stärke des Gleichstroms und des Wechselstroms wächst die Schallintensität S mit dem Quadrat der Bogenlänge l, $S = A l^2$. 2. Bei konstanter Bogenlänge und konstanter Gleichstromstärke ist die Schall-

[1]) Vgl. JAHNKE-EMDE, Funktionentafeln, S. 94. 1923.
[2]) E. C. WENTE, Phys. Rev. (2) Bd. 19, S. 333. 1922.
[3]) F. TRENDELENBURG, Wiss. Veröffentl. a. d. Siemens-Konz. Bd. 3, H. 1, S. 212. 1923.
[4]) H. TH. SIMON, Wied. Ann. Bd. 64, S. 223. 1898; Phys. ZS. Bd. 2, S. 253. 1901.
[5]) W. RIHL, Dissert. Göttingen 1911; Ann. d. Phys. (4) Bd. 36, S. 647. 1911.
[6]) H. LICHTE, Dissert. Göttingen 1913; Ann. d. Phys. (4) Bd. 42, S. 843. 1913.

intensität dem Quadrat des Wechselstroms J proportional, $S = BJ^2$. 3. Bei konstanter Bogenlänge und Wechselstromstärke ist für kleine Wechselstromamplituden die Schallintensität angenähert der am Bogen anliegenden Gleichspannung proportional, d. h. die Kurven, welche die Schallintensität in Abhängigkeit von der Gleichstromstärke darstellen, zeigen den gleichen Verlauf wie die statischen Charakteristiken des Lichtbogens. — LICHTE hat die Ergebnisse der RIHLschen Arbeit bestätigt und die Messungen auf die Abhängigkeit der Schallintensität von der Frequenz n ausgedehnt. In dem untersuchten Intervall von 220 bis 846 Hertz läßt sich diese Abhängigkeit darstellen durch die Beziehung $S = an^2 + bn^4$. Hinsichtlich der Erklärung der akustischen Wirkung des tönenden Lichtbogens zieht LICHTE aus den angeführten Ergebnissen, insbesondere aus dem Anstieg der Schallintensität mit der Frequenz, folgenden Schluß. Die Tonerzeugung beruht auf periodischen Änderungen des Lichtbogenvolumens, die durch Schwankungen der Wärmeentwicklung in der Leitungsbahn oder durch Schwankungen der Dissoziation der Elektrodengase hervorgerufen sein können.

Die Grundfrequenz der vom Lichtbogen erzeugten Klangwelle stimmt mit der Frequenz des überlagerten Wechselstromes überein. Verringert man bei konstantem Wechselstrom die Stärke des Gleichstroms, so tritt in der Schallwelle die Oktave immer stärker hervor, bis bei verschwindendem Gleichstrom die akustische Frequenz gleich der doppelten Wechselstromfrequenz ist. Überlagert man einem Gleichstromlichtbogen zwei Wechselströme verschiedener Frequenz, so entstehen, wie WAETZMANN[1]) gezeigt hat, objektive Kombinationstöne, von denen der Differenzton erster Ordnung die größte Intensität besitzt. Die Ursache für die Entstehung von Kombinationstönen am tönenden Lichtbogen liegt in dem für große Wechselstromamplituden nicht linearen Zusammenhang zwischen Strom und Spannung.

Anstatt den überlagerten Wechselstrom einem besonderen Generator zu entnehmen, kann man ihn durch den als Schallquelle dienenden Lichtbogen selbst erzeugen, indem man nach dem bekannten Verfahren von DUDDELL einen aus Kapazität und Selbstinduktion bestehenden Schwingungskreis dem Bogen parallel schaltet. Mit Hilfe einer derartigen Anordnung, bei der zur Verringerung der Hysteresis ein wassergekühlter Kupfer-Kohlebogen in einer Leuchtgasatmosphäre verwendet wurde, hat DIECKMANN[2]) ungedämpfte Schallwellen von einer in Leuchtgas gemessenen Wellenlänge von 5,60 bis 0,59 mm hergestellt. Die Wellenlänge von 0,59 mm entspricht einer Wellenlänge in Luft von 0,43 mm und einer Schwingungszahl von $7{,}8 \cdot 10^5$ Hertz. Noch kürzere Wellen hat PALAIOLOGOS[3]) hergestellt, indem er dem Lichtbogen die Schwingungen eines Röhrengenerators überlagerte. Die kleinste erreichte Wellenlänge betrug 0,17 mm, entsprechend einer Frequenz von $2 \cdot 10^6$ Hertz.

4. Funkenschallwellen. Eine in die Strombahn eines elektrischen Schwingungskreises eingeschaltete Funkenstrecke sendet infolge der im Funken stattfindenden periodischen Erwärmung eine gedämpfte Schallwelle aus, deren Frequenz doppelt so groß ist wie die der elektrischen Schwingung. Nach M. TOEPLER[4]) ist der Vorgang bei der Entstehung einer Funkenwelle folgender. Sobald die Potentialdifferenz an der Funkenstrecke genügend groß geworden ist, setzt die Entladung mit dem Initialfunken ein, durch den der Funkenkanal gebildet wird, und in dem sich im wesentlichen die in unmittelbarer Nähe der Elektroden sitzenden Elektrizitätsmengen ausgleichen. Durch den so gebildeten Funkenkanal

[1]) E. WAETZMANN, Phys. ZS. Bd. 8, S. 346. 1907.
[2]) E. DIECKMANN, Ann. d. Phys. (4) Bd. 27, S. 1066. 1908.
[3]) K. PALAIOLOGOS, ZS. f. Phys. Bd. 12, S. 375. 1923.
[4]) M. TOEPLER, Ann. d. Phys. (4) Bd. 27, S. 1051. 1908.

hindurch erfolgt dann der oszillatorische Ausgleich der auf der Kapazität des Schwingungskreises sitzenden Ladung, wobei die Frequenz durch die THOMSONsche Formel $n = 1/2\pi \sqrt{LC}$ (L Selbstinduktion, C Kapazität) bestimmt ist. Beim Einsetzen des Initialfunkens findet in der Funkenstrecke infolge der Ionisierung eine starke Wärmeentwicklung und damit eine starke Drucksteigerung statt, wodurch die an der Oberfläche des Funkenkanals befindlichen Luftteilchen mit großer Geschwindigkeit senkrecht fortbewegt werden. Beim Erlöschen des Funkens hört die Verbreiterung des Funkenkanals auf, und es löst sich von ihm eine Verdichtungswelle ab. Der gleiche Vorgang findet bei der dem Initialfunken folgenden oszillatorischen Entladung statt, indem in jeder Halbperiode der Schwingung ein Stromdurchgang durch die Funkenstrecke und damit die ruckweise Erweiterung des Funkenkanals und die Ablösung einer Welle erfolgt. Die Frequenz der durch die oszillatorische Entladung erzeugten Schallwelle ist also doppelt so groß wie die Eigenfrequenz des Schwingungskreises; mithin ist die Wellenlänge $\lambda = \pi c \sqrt{LC}$, wo c die Ausbreitungsgeschwindigkeit der Wellen bedeutet.

Die Funkenwellen zeigen hinsichtlich ihrer Ausbreitungsgeschwindigkeit Anomalien, deren Ursache in den großen Geschwindigkeiten liegt, mit denen die Luftteilchen von der Oberfläche des Funkenkanals fortgeschleudert werden. Von älteren Messungen der Ausbreitungsgeschwindigkeit seien die von E. MACH und seinen Mitarbeitern[1]) erwähnt, welche die Geschwindigkeit der Kopfwelle einer Funkenentladung bestimmt haben. Die Messungen zeigen, daß die mittlere Geschwindigkeit einer Funkenwelle in kleinen Entfernungen von der Funkenstrecke die normale Schallgeschwindigkeit beträchtlich übersteigt und mit Zunahme des durchlaufenen Weges rasch auf den normalen Wert absinkt; ferner wächst die Geschwindigkeit mit der Stärke der Entladung. Als Beispiel für die Abnahme der Geschwindigkeit mit dem durchlaufenen Weg seien die Werte angeführt, die an einer in einem engen Kanal ablaufenden Welle gemessen wurden:

Weg in mm	80	137	254	400	977
Geschw. in m/sec . . .	756	540	453	416	373

M. TOEPLER[2]) hat die mittlere Ausbreitungsgeschwindigkeit von Funkenwellen oszillatorischer Entladungen aus dem auf Schlierenaufnahmen bestimmten Abstand zweier Schwingungen und der Frequenz des Schwingungskreises ermittelt und die von E. MACH gefundene Abhängigkeit der Geschwindigkeit von der durchlaufenen Wegstrecke und der Stärke der Entladung bestätigt. Die bei freier Ausbreitung der Funkenwellen erhaltenen Werte der Geschwindigkeit liegen zwischen 462 und 363 m/sec.

Die oben angegebene Beziehung für die Wellenlänge $\lambda = \pi c \sqrt{LC}$ ist für kurze Wellen von ALTBERG[3]), STOCKMANN[4]) und CAMPBELL und DYE[5]) experimentell geprüft worden. ALTBERG mißt die Wellenlänge mit einem Beugungsgitter in der in Abb. 2 dargestellten Anordnung. Die Kapazität C wird durch ein Induktorium aufgeladen und entlädt sich über die Selbstinduktion L und die

[1]) E. MACH, O. TUMLIRZ u. C. KÖGLER, Wiener Ber. (2) Bd. 77, S. 7. 1878; vgl. auch Artikel „Schallgeschwindigkeit" Ziff. 14 (ds. Bd. Kap. 14).

[2]) M. TOEPLER, Ann. d. Phys. (4) Bd. 27, S. 1051. 1908; vgl. auch Artikel „Akustische Meßmethoden" Ziff. 19 (ds. Bd. Kap. 13).

[3]) W. ALTBERG, Ann. d. Phys. (4) Bd. 23, S. 267. 1907; vgl. auch Artikel „Akustische Meßmethoden" Ziff. 12 (ds. Bd. Kap. 13).

[4]) W. STOCKMANN, Dissert. Breslau 1911.

[5]) A. CAMPBELL u. D. W. DYE, Electrician Bd. 66, S. 862. 1911; vgl. hierzu J. WERTHEIM-SALOMONSOHN, ebenda Bd. 66, S. 959. 1911.

Funkenstrecke F, deren Länge 0,5 bis 1 mm beträgt. Die Funkenstrecke befindet sich im Brennpunkt eines Hohlspiegel S_1, der die Schallstrahlen parallel macht und auf das aus Glas- bzw. Stahlstäben gebildete Gitter G wirft. Die vom Gitter durchgelassenen und abgebeugten Strahlen werden durch einen zweiten Hohlspiegel S_2 auf den zur Messung der Intensitätsverteilung im Beugungsspektrum dienenden ALTBERGschen Schalldruckapparat[1]) D konzentriert. Die Eigenfrequenz des Schwingungskreises wurde zwischen 36000 und 210000 Hertz variiert. Die gemessenen Wellenlängen stimmen mit den aus der obigen Formel unter Zugrundelegung der normalen Schallgeschwindigkeit berechneten für Wellen von 5,0 bis 1,8 mm Länge bis auf 10% überein. STOCKMANN benutzt zur Messung der Wellenlänge eine interferometrische Methode, die zugleich auch eine Bestimmung der Dämpfung der Funkenwellen gestattet. Die von der Funkenstrecke ausgehenden, durch einen Hohlspiegel parallel gemachten Strahlen fallen auf einen aus zwei Hälften bestehenden ebenen Spiegel, dessen eine Hälfte parallel zur anderen meßbar verschoben werden kann, so daß die beiden reflektierten Wellenzüge einen bekannten Gangunterschied erhalten. Durch einen zweiten Hohlspiegel werden die beiden Wellenzüge auf den ALTBERGschen Schalldruckapparat konzentriert und zur Interferenz gebracht. Die mit dieser Methode gemessenen Wellenlängen liegen zwischen 3,59 und 2,18 mm und stimmen mit den berechneten auf 1% überein. Die entsprechenden Eigenfrequenzen des Schwingungskreises betragen rund 48000 bis 80000 Hertz. Für Wellen höherer Schwingungszahlen tritt eine schon bei ALTBERG angedeutete Abweichung auf, indem die gemessenen Wellenlängen den berechneten gegenüber verdoppelt erscheinen. Der Grund hierfür liegt nach STOCKMANN darin, daß bei höheren Frequenzen in der Funkenstrecke wahrscheinlich eine Überlagerung des vom Induktorium gelieferten Gleichstroms mit dem Wechselstrom der oszillatorischen Entladung stattfindet, so daß in jeder vollen Periode der elektrischen Schwingung die Stromwärme nur einmal ein Maximum erreicht. Hinsichtlich der Dämpfung gestatten die beobachteten Interferenzkurven keine sichere Entscheidung, ob das zeitliche Abklingen der Amplituden nach einem exponentiellen Gesetz oder nach einem Gesetz von der Form

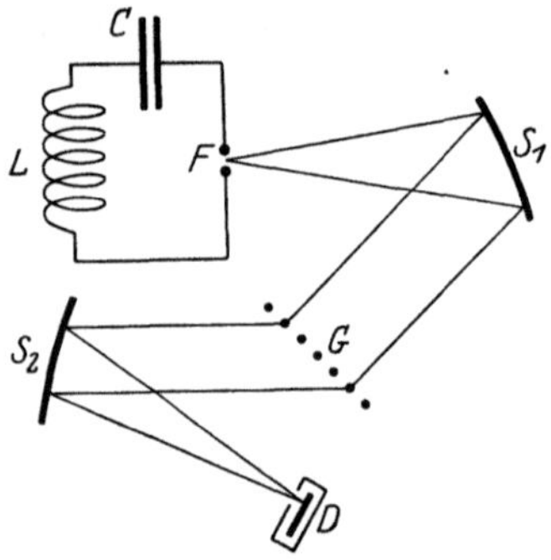

Abb. 2. Messung der Wellenlänge von Funkenschallwellen.

$$\left(\sqrt{A_n} - \sqrt{A_{n+1}}\right)/\sqrt{A_0} = \text{konst.}$$

erfolgt; ein derartiges Abklingungsgesetz ergibt sich aus der HEYDWEILLERschen Theorie der Funkendämpfung unter der Annahme, daß die Elongationen in der Schallwelle dem Quadrat der Stromstärke proportional sind. — CAMPBELL und DYE haben die Wellenlänge nach der Methode der KUNDTschen Staubfiguren gemessen und für Schwingungszahlen von 140000 bis 800000 Hertz die oben angegebene Formel bestätigt gefunden; bei höheren Frequenzen macht sich die oben erwähnte Verdoppelung der Wellenlänge bemerkbar.

b) Singende Flammen und verwandte Erscheinungen; Trevelyaneffekt.

5. Singende Flammen. Experimentelles. Als singende Flamme bezeichnet man die von HIGGINS (1777) entdeckte Erscheinung, daß die in einem vertikalen, beiderseits offenen Rohr enthaltene Luftsäule durch eine in das Rohr eingeführte

[1]) Vgl. Artikel „Akustische Meßmethoden" Ziff. 6 (ds. Bd. Kap. 13).

Wasserstoffflamme zum Tönen erregt wird. Die Natur des verbrennenden Gases ist für das Zustandekommen des Tones unwesentlich; Flammen von Leuchtgas, Kohlenoxyd, Schwefelwasserstoff usw., selbst die Flammen gewisser Flüssigkeiten und fester Körper bringen das Klangrohr zum Ansprechen. Dagegen ist das Einsetzen des Tones vom Gasdruck, von der Stellung der Flamme im Rohr und von den Abmessungen des Klangrohres und des Gaszuleitungsrohres abhängig.

Der Ton der singenden Flamme ist, wie CHLADNI bemerkt hat, einer der Eigentöne des Klangrohres; jedoch ist er höher als der entsprechende Eigenton, den man bei Abwesenheit der Flamme durch Anblasen des Rohres erhält. Entgegen der früher üblichen Auffassung, daß diese Abweichung lediglich durch die von der Flamme hervorgebrachte Temperatursteigerung bewirkt ist, hat WÜRSCHMIDT[1]) nachgewiesen, daß die unter Umständen beträchtliche Tonerhöhung in der Hauptsache auf die Anwesenheit der Verbrennungsprodukte im Klangrohr und die dadurch bedingte Vergrößerung der Schallgeschwindigkeit zurückzuführen ist. Welcher der Eigentöne des Resonators angeregt wird, ist von der Stellung der Flamme, die sich in der Nähe eines Schwingungsknotens befinden muß, und von ihrer Größe abhängig. Unter geeigneten Bedingungen werden mehrere Eigenschwingungen des Rohres gleichzeitig angeregt. BANERJI[2]) hat die Entstehung von komplizierten Klängen beobachtet, in denen periodische Schwankungen der Amplituden der Obertöne auftreten.

SONDHAUSS[3]) hat den Einfluß der Länge des Gaszuführungsrohres auf die Tonentstehung untersucht und gezeigt, daß mit einem Ausflußrohr von gegebener Länge keine kontinuierliche Tonreihe erhalten werden kann, sondern daß immer nur diskrete Gruppen von Klangröhren angeregt werden. Bei Veränderung der Länge des Zuleitungsrohres sind die mittleren Längen der ansprechenden Klangröhren den Längen des Zuführungsrohres proportional. Ferner verhalten sich bei Verwendung verschiedener Gase die mittleren Längen der ansprechenden Klangröhren wie die Quadratwurzeln aus den Gasdichten. SONDHAUSS schließt aus diesen Beobachtungen, daß das Ansprechen des Klangrohres nur dann erfolgt, wenn auch im Zuleitungsrohre die Ausbildung stationärer Schwingungen möglich ist. RICHARDSON[4]) hat diese Schwingungen mit Hilfe einer manometrischen Flamme direkt nachgewiesen und zwei verschiedene Schwingungsformen, entsprechend den Längenverhältnissen von Klangrohr und Ausflußrohr, festgestellt. Im ersten Falle, in dem das Klangrohr leicht anspricht und zu kräftigen Schwingungen erregt wird, bildet sich im Gasrohr eine stehende Schwingung mit ausgeprägten Knoten und Bäuchen aus, während im zweiten Falle, wo das Klangrohr nur schwer anspricht, im Zuleitungsrohr eine gleichmäßige Verteilung der Schwingungsamplitude vorhanden ist.

Graf SCHAFFGOTSCH[5]) und TYNDALL[6]) haben die Beeinflussung der singenden Flamme durch äußere Töne nachgewiesen. Ein in der Nähe einer singenden Flamme angegebener Ton, der mit dem Eigenton der Flamme nahezu im Einklang ist, veranlaßt heftige Zuckungen der Flamme im Tempo der Schwebungen zwischen den beiden Tönen. Zwischen den Stellen im Klangrohr, an denen das Tönen von selbst einsetzt bzw. keine Anregung durch die Flamme mehr erfolgt, liegt ein Gebiet, in dem das Ansprechen durch äußere Töne eingeleitet wird. Die anregenden Töne brauchen hierbei mit dem Eigenton nicht übereinzustimmen, sondern

---

[1]) J. WÜRSCHMIDT, Verh. d. D. Phys. Ges. Bd. 18, S. 444. 1916.

[2]) D. BANERJI, Proc. Indian Ass. for the Cultiv. of Sc. Bd. 7, S. 47. 1921.

[3]) C. SONDHAUSS, Pogg. Ann. Bd. 109, S. 1 u. 426. 1860; vgl. auch M. NEYRENEUF, Ann. chim. phys. (6) Bd. 18, S. 351. 1889.

[4]) E. G. RICHARDSON, Proc. Phys. Soc. Bd. 35, S. 47. 1923.

[5]) F. SCHAFFGOTSCH, Pogg. Ann. Bd. 101, S. 471. 1857.

[6]) J. TYNDALL, Phil. Mag. (4) Bd. 13, S. 473. 1857.

können, je nach der Stellung der Flamme bis zu einer Oktave abweichen; auch Geräusche vermögen das Tönen anzuregen. Auf Grund dieser Tatsachen kommt WÜRSCHMIDT in der vorerwähnten Arbeit zu der Auffassung, daß es sich bei der Anregung der Flamme durch äußere Töne nicht um eine Resonanzerscheinung, sondern um einen Auslösungsvorgang handelt. — Lord RAYLEIGH[1]) hat eine gegenseitige Beeinflussung zweier tönender Flammen, analog der gegenseitigen Beeinflussung zweier nahezu gleichgestimmter Pfeifen, beobachtet. Werden die Klangröhren der beiden auf Einklang abgestimmten Flammen dicht nebeneinander aufgestellt, so tritt durch Interferenz eine beträchtliche Schwächung der Schallintensität ein, ein Zeichen, daß die Schwingungen in entgegengesetzter Phase erfolgen.

Die tönende Flamme zeigt in ihrer Gestalt Unterschiede gegenüber der ruhig brennenden Flamme; sie ist länger und schmaler als diese und weist Einschnürungen auf. Betrachtet man die Flamme im rotierenden Spiegel, so bemerkt man periodische Schwankungen der Größe und der Helligkeit. A. TOEPLER[2]) hat mit Hilfe des Stroboskops eine eingehende Analyse der Flammenschwingungen ausgeführt und seine Beobachtungen in Zeichnungen dargestellt. Die Flamme zeigt periodische Änderungen in der Form und Größe der einzelnen Flammenzonen und löst sich während gewisser Phasen der Schwingung vollkommen vom Brennerrohr ab oder schlägt in dieses zurück; ein vollkommenes Erlöschen der Flamme, wie es von anderen Beobachtern benauptet worden ist, konnte jedoch nicht festgestellt werden. Gelegentlich findet auch ein Zerreißen der Flamme in mehrere horizontale, schwingende Schichten statt.

6. Theorie der singenden Flamme. Die lückenlose Erklärung der Tonerzeugung durch die singende Flamme stößt auf Schwierigkeiten, da die Erscheinung durch die Mitwirkung einer Reihe von Nebenumständen außerordentlich kompliziert ist und der für das Zustandekommen und die Unterhaltung des Tones wichtigste Faktor, die Wechselwirkung zwischen der Flamme und den Schwingungen der Luftsäule, nur unvollkommen geklärt ist. FARADAY nimmt an, daß das Tönen durch regelmäßig aufeinanderfolgende Explosionen des an der Brenneröffnung gebildeten Gas-Luftgemisches verursacht wird. Indessen zeigen die in Ziff. 5 erwähnten Beobachtungen von TOEPLER, daß ein vollständiges Erlöschen der Flamme nicht stattfindet. GRAILICH und WEISS[3]) sehen als Ursache des Tönens die durch die Verbrennung im Rohr erzeugte Luftströmung an, die eine ähnliche Wirkung habe wie das Anblasen des Rohres. SONDHAUSS[4]) und ZOCH[5]) setzen die Tonentstehung bei der singenden Flamme in Analogie zur Tonbildung bei der Zungenpfeife. Nach SCHRÖTTER[6]) und TERQUEM[7]) kommt der Ton dadurch zustande, daß der durch die Flamme erzeugte Konvektionsstrom unregelmäßige Änderungen in der Größe der Flamme bewirkt, die Schwankungen im Eintritt der Luft am unteren Rohrende zur Folge haben. Aus diesen unregelmäßigen Schwankungen der Luftbewegung wählt das Rohr die seiner Eigenfrequenz entsprechenden aus und verstärkt sie. Diese zunächst noch schwachen, regelmäßigen Luftschwingungen regeln ihrerseits die Schwankungen der Flamme, so daß durch die gegenseitige Verstärkung der Flammen- und Luftschwingungen rasch ein geordneter Schwingungszustand des Klangrohres herbeigeführt wird.

[1]) Lord RAYLEIGH, Phil. Mag. (6) Bd. 13, S. 323. 1907.
[2]) A. TOEPLER, Pogg. Ann. Bd. 128, S. 126. 1866.
[3]) J. GRAILICH u. E. WEISS, Wiener Ber. Bd. 29, S. 271. 1858.
[4]) C. SONDHAUSS, Pogg. Ann. Bd. 109, S. 1 u. 426. 1860.
[5]) J. B. ZOCH, Pogg. Ann. Bd. 127, S. 580. 1866.
[6]) A. SCHRÖTTER, Wiener Ber. Bd. 24, S. 18. 1857.
[7]) A. TERQUEM, Pogg. Ann. Bd. 134, S. 468. 1868.

Lord Rayleigh[1]) hat eine Theorie der singenden Flammen und der in den Ziff. 7 und 8 zu besprechenden Netz- und Erhitzungstöne unter dem gemeinsamen Gesichtspunkt gegeben, daß bei diesen Erscheinungen die Unterhaltung der Schwingungen durch periodische Zufuhr von Wärmeenergie bewirkt wird. Die Wirkung einer periodischen Wärmezufuhr auf die Schwingungen eines mechanischen Systems, etwa einer Gassäule, die in einem Zylinder mit verschiebbarem Stempel enthalten ist, hängt von der Phase ab, in der die Wärmeaufnahme durch das System erfolgt. Wird der Gassäule Wärme in der Phase der größten Verdichtung zugeführt oder in der Phase der größten Verdünnung entzogen, so wird die Amplitude der Schwingung aufrechterhalten bzw. vergrößert. Wärmezufuhr in der Phase maximaler Verdünnung oder Abfuhr in der Phase maximaler Verdichtung bewirkt eine Dämpfung der Schwingungen, während Wärmeaufnahme oder Abgabe in der Phase normaler Dichte ohne Einfluß auf die Schwingungsamplitude ist und lediglich eine Änderung der Frequenz zur Folge hat.

Überträgt man diese Überlegungen auf den Fall der singenden Flamme, so ergibt sich, daß die Schwankungen in der Gaszufuhr nicht durch die Druckänderungen im Resonator allein bedingt sein können, da alsdann die maximale Wärmezufuhr in dem für die Unterhaltung der Schwingungen ungünstigen Augenblick der größten Verdünnung erfolgen würde. Nach den in Ziff. 5 erwähnten Beobachtungen von Sondhauss bilden sich aber auch im Gaszuführungsrohr stationäre Schwingungen aus, die eine von dessen Länge abhängige Phasenverschiebung gegenüber den Schwingungen des Klangrohres besitzen. Infolgedessen findet bei einer Länge des Ausflußrohres $l < \frac{\lambda}{4}$, $\frac{\lambda}{2} < l < \frac{3\lambda}{4}$ usf. die maximale Gaszufuhr eine Viertelperiode vor dem Druckmaximum im Klangrohr statt, so daß die größte Wärmeentwicklung infolge der Verzögerung durch die nicht momentan vor sich gehende Verbrennung in der für die Unterhaltung der Schwingungen günstigen Phase der größten Verdichtung erfolgt. Ist die Länge des Zuleitungsrohres $\frac{\lambda}{4} < l < \frac{\lambda}{2}$, $\frac{3\lambda}{4} < l < \lambda$ usf., so erfolgt die maximale Wärmezufuhr etwa eine Viertelperiode nach dieser Phase, so daß in diesem Falle kein Ansprechen stattfinden kann.

Richardson[2]) hat die Rayleighsche Theorie experimentell geprüft und nachgewiesen, daß die Flamme gleichzeitig mit dem Druck im Resonator ihr Maximum ereicht. Hinsichtlich der Länge des Gaszuführungsrohres zeigen sich die Folgerungen der Theorie nur angenähert erfüllt, indem die Längenbereiche, in denen keine Anregung stattfindet, gegenüber den für das Ansprechen günstigen Intervallen stark eingeschränkt sind. Diese Abweichung ist wahrscheinlich dadurch zu erklären, daß in der Rayleighschen Theorie der Einfluß der Größe und der Stellung der Flamme nicht berücksichtigt ist.

Gill[3]) hat bei einer Wiederholung der Versuche von Sondhauss unter geänderten Bedingungen den Einfluß der Länge des Gaszuführungsrohres nicht bestätigt gefunden, sondern mit dem gleichen Zuleitungsrohr Töne von beliebiger Höhe durch geeignete Regulierung des Gasdrucks und der Stellung der Flamme erhalten. Gill nimmt daher zur Erklärung der Tonentstehung an, daß die Periodizität der Gaszufuhr lediglich durch die Druckschwankungen im Klangrohr hervorgerufen wird. Da die Druckamplitude im Klangrohr größer ist als der konstante Überdruck des Gases, so wird im Druckmaximum die Gaszufuhr

---

[1]) Lord Rayleigh, Nature Bd. 18, S. 319. 1878; Theory of sound 2. Aufl., Bd. II, S. 226ff. 1896 (1926); vgl. E. H. Barton, A textbook on sound S. 349ff. 1914.

[2]) E. G. Richardson, Proc. Phys. Soc. Bd. 35, S. 47. 1923.

[3]) H. V. Gill, Sill. Journ. (4) Bd. 4, S. 177. 1897.

unterbrochen und die Flamme in das Gasrohr zurückgedrängt. Indem mit zunehmender Verdünnung die Flamme wieder aus dem Rohr heraustritt und eine gesteigerte Verbrennung einsetzt, erhalten die schwingenden Luftteilchen einen ihre momentane Bewegung unterstützenden Impuls.

LISSAJOUS hat eine Modifikation der singenden Flamme angegeben, bei der ein Gasstrom über einem an der unteren Öffnung des Klangrohres angebrachten Drahtnetz entzündet wird. Bezüglich der Erklärung der Tonentstehung vom Standpunkt der RAYLEIGHschen Theorie wird auf eine Arbeit von RICHARDSON[1]) verwiesen.

7. Netztöne. In engem Zusammenhang mit den singenden Flammen stehen die von RIJKE[2]) entdeckten Netztöne. Bringt man in ein beiderseits offenes, vertikal stehendes Klangrohr ein Drahtnetz in einer Entfernung von einem Viertel der Rohrlänge vom unteren Ende und erwärmt das Netz stark durch eine Flamme, so erhält man nach Fortnahme der Flamme einen kurzdauernden Ton, der mit dem Grundton des Rohres übereinstimmt. BOSSCHA und RIESS[3]) haben eine Modifikation dieser Anordnung beschrieben, bei der dem in der oberen Hälfte des Rohres angebrachten Netz von unten her eine Flamme genähert wird; bei geeignetem Abstand zwischen Netz und Flamme wird gleichfalls der Grundton des Rohres angeregt. PFLAUM[4]) hat eine „elektrische Pfeife" angegeben, bei der durch einen elektrisch geheizten Drahtrost eine dauernde Anregung des Klangrohres erzielt wird, und die Bedingungen für das Einsetzen des Tones, das Auftreten von Obertönen, die Lage der Knoten und Bäuche und den Einfluß des Konvektionsstromes eingehend untersucht.

Nach der Theorie von Lord RAYLEIGH (vgl. Ziff. 6) wird der Ton in der Weise unterhalten, daß im Verlaufe einer Schwingung die in der Umgebung des Netzes befindliche Luftschicht mit diesem in Berührung kommt. Durch die Wirkung des Konvektionsstromes verschiebt sich gleichzeitig diese Luftschicht nach oben, so daß in der für die Unterhaltung der Schwingungen günstigen Phase neue Luftteilchen an das Netz gelangen und von diesem erwärmt bzw. abgekühlt werden. Bei der Anordnung von RIJKE kommt die aufsteigende Luft mit dem heißen Netz in der Phase der maximalen Verdichtung in Berührung, während bei der Anordnung, bei der sich das Netz in der oberen Hälfte des Rohres befindet, die von der Flamme erwärmte Luft in der Phase der größten Verdünnung durch das Netz abgekühlt wird. Für die Unterhaltung der Schwingungen ist es erforderlich, daß die Erwärmung bzw. Abkühlung der schwingenden Luftsäule an einer Stelle geschieht, an der Druckschwankungen stattfinden; da andererseits die Periodizität der Wärmezufuhr durch die schwingende Bewegung der Luftteilchen verursacht wird, liegt die für die Anregung des Klangrohres günstigste Netzstellung zwischen einem Knoten und einem Bauch der Schwingung.

8. Erhitzungstöne. Nach Beobachtungen von PINAUD entsteht ein Ton, wenn eine Hohlkugel, an die ein enges Rohr von geeigneter Länge angesetzt ist, stark erhitzt wird. Das Tönen beruht, wie SONDHAUSS[5]) nachgewiesen hat, auf Schwingungen der in dem Rohr enthaltenen Luftsäule. Infolge der nach der Kugel zu ansteigenden Temperatur der Rohrwandungen wird die schwingende Luftmasse in der Phase der größten Verdichtung erwärmt bzw. in der Phase der maximalen Verdünnung abgekühlt, so daß die von RAYLEIGH (vgl. Ziff. 6) aufgestellte Bedingung für die Unterhaltung der Schwingungen erfüllt ist. SOND-

---

[1]) E. G. RICHARDSON, Sill. Journ. (5) Bd. 6, S. 11. 1923.
[2]) P. L. RIJKE, Pogg. Ann. Bd. 107, S. 339. 1859.
[3]) P. RIESS, Pogg. Ann. Bd. 108, S. 653. 1859; Bd. 109, S. 145. 1860.
[4]) H. PFLAUM, Dissert. Rostock 1909.
[5]) C. SONDHAUSS, Pogg. Ann. Bd. 79, S. 1. 1850; Bd. 140, S. 50 u. 219. 1870.

HAUSS hat die Abhängigkeit der Schwingungszahl von den Abmessungen der Kugel und des Rohres empirisch ermittelt und durch die Formel $n = C\sqrt{S/VL}$ dargestellt (V Volumen der Kugel, L Länge, S Querschnitt des Rohres); für die Konstante C ergab sich der Wert 5220. BOURGET[1]) hat die Formel theoretisch begründet und die empirische Konstante durch die Größe $a/2\pi$ ersetzt (a Schallgeschwindigkeit). KNIPP[2]) hat neuerdings eine auf der beschriebenen Erscheinung beruhende Schallquelle angegeben.

9. Trevelyaneffekt. Hierunter versteht man die zuerst von TREVELYAN systematisch untersuchte Erscheinung der Tonerzeugung durch zwei sich berührende Metalle von verschiedener Temperatur. Gewöhnlich benutzt man ein mit einem Stiel versehenes dreiseitiges Metallprisma, dessen eine Kante aus zwei parallelen, durch eine schmale Furche getrennten Schneiden besteht. Erhitzt man diesen sog. Wackler oder Wieger und legt ihn mit den Schneiden gegen die Kante einer kalten Metallplatte, so erhält man nach leichten Anstoßen des Wacklers einen Ton. Dieser entsteht nach FARADAY dadurch, daß der Wackler unter der Wirkung seines Gewichtes in rascher Folge abwechselnd um die beiden Schneiden schwingt und durch die an der jeweiligen Berührungsstelle stattfindende Erwärmung und vertikale Ausdehnung der Unterlage in Bewegung erhalten wird. Neben dieser Bewegungsform des Wacklers ist noch eine andere beobachtet worden, bei der nur eine Schneide mit der Unterlage in Berührung kommt, und bei der ein hoher schriller Ton erzeugt wird. TYNDALL, SONDHAUSS, SCHNEIDER u. a.[3]) haben die Erscheinung eingehend experimentell untersucht und die Abhängigkeit der Höhe und Stärke des Tones von der Größe der Temperaturdifferenz und den Eigenschaften der sich berührenden Körper festzustellen versucht.

CHUCKERBUTTI[4]) hat die Schwingungsform des Wacklers photographisch registriert und festgestellt, daß nur bei großen Amplituden die Bewegung des Wacklers in einem einfachen Kippen um die beiden Schneiden besteht. Bei kleinen Amplituden indessen führen Prisma und Stiel Schwingungen von sehr kompliziertem Charakter und ungleicher Amplitude aus. Gleichzeitig zeigt sich die aus einer von DAVIS[5]) gegebenen mathematischen Formulierung der FARADAYschen Annahme folgende Beziehung für die Schwingungsdauer $T^2 = 16RK^2/a^2g$ (R Amplitude der Schneiden, mK^2 Trägheitsmoment des Wacklers von der Masse m bezogen auf eine Schneide als Achse, $2a$ doppelter Schneidenabstand, g Schwerebeschleunigung) nicht erfüllt. Diese Beobachtungen deuten darauf hin, daß den elastischen Schwingungen des Wacklers bei der Tonerzeugung eine wichtige Rolle zukommt. Für große Amplituden hat RICHARDSON[6]) jedoch die angegebene Beziehung hinreichend bestätigt gefunden.

---

1) J. BOURGET, C. R. Bd. 76, S. 428. 1873.
2) CH. T. KNIPP, Phys. Rev. Bd. 17, S. 532. 1921.
3) J. TYNDALL, Pogg. Ann. Bd. 94, S. 613. 1855; C. SONDHAUSS, ebenda Bd. 115, S. 71 u. 177. 1862; J. SCHNEIDER, ebenda Bd. 117, S. 622. 1862; Bd. 120, S. 654. 1863.
4) B. N. CHUCKERBUTTI, Proc. Indian Ass. for the Cultiv. of Sc. Bd. 6, S. 143. 1921.
5) A. S. DAVIS, Phil. Mag. (4) Bd. 45, S. 296. 1873.
6) E. G. RICHARDSON, Phil. Mag. (6) Bd. 45, S. 976. 1923.

Kapitel 8.

Musikinstrumente und ihre Klänge.

Von

C. V. Raman, Kalkutta.

Ins Deutsche übertragen durch Cl. v. Simson, Berlin.

Mit 10 Abbildungen.

a) Physikalische Eigenschaften musikalischer Klänge.

1. Kennzeichen musikalischer Klänge. Das physikalische Studium der Musikinstrumente als Klangerzeuger umfaßt notwendigerweise eine Untersuchung der Eigenschaften musikalischer Klänge. Die große Mehrzahl der Orchesterinstrumente kann Klänge hervorbringen, die sich durch ihre Dauer auszeichnen und die wir musikalische Klänge nennen wollen. Um sie allein soll es sich in dem allgemeinen Teile handeln. In gewissen Spezialfällen werden wir auch die Eigenschaften von Klängen untersuchen müssen, die zwar ebenfalls musikalisch sind, aber nicht zu der eben genannten Art gehören. Diese Klänge lassen sich am besten im Zusammenhang mit den einzelnen Instrumenten, die sie hervorbringen, untersuchen. Ebenso werden wir in unserer allgemeinen Betrachtung nicht die Geräusche berücksichtigen, die gelegentlich das Entstehen musikalischer Klänge begleiten.

Musikalische Klänge, wie sie durch das Ohr wahrgenommen werden, besitzen gewisse charakteristische Merkmale, die zu ihrer Unterscheidung dienen. Das sind Höhe, Klangfarbe und Stärke. Die objektiven Merkmale, denen die beiden ersten entsprechen, sind die Schwingungszahl oder Frequenz bzw. die Gestalt der Luftschwingungen. Die Stärke hängt von mehreren Faktoren ab; für Klänge gegebener Höhe und Farbe wird sie durch die Intensität der Luftschwingungen bestimmt. Die physikalische Untersuchung der Klänge beschäftigt sich mit der qualitativen und quantitativen Bestimmung dieser charakteristischen Eigenschaften.

2. Tonhöhenwahrnehmung. Die Höhenempfindung ist nicht ausschließlich den musikalischen Klängen vorbehalten. Eine roh angebbare Höhe können selbst reine Geräusche haben, wie sie bei der plötzlichen Bewegungsumkehr fester durch Luft bewegter Körper entstehen, z. B. beim Zurückprallen zweier zusammenstoßender Billardkugeln[1]). Dagegen gibt eine wiederkehrende Periodizität der Schwingung, wie sie dem musikalischen Tone eigen ist, eine außerordentlich deutliche Empfindung der Höhe, solange die Schwingung innerhalb gewisser Grenzen ber Frequenz und der Intensität bleibt. Die obere und untere Grenze, zwischen denen die Zahl der Schwingungen liegen muß, damit diese vom Ohr als musikalischer Ton wahrgenommen werden, sind im neunzehnten

---

[1]) S. K. Banerji, Phil. Mag. Bd. 32, S. 96. 1916.

Jahrhundert von vielen Physikern untersucht worden. Man ist aber erst vor nicht allzulanger Zeit zu der Erkenntnis gekommen, daß diese Grenzen der Frequenz solange unbestimmt bleiben müssen, als man nicht gleichzeitig die Intensität der Schwingung festlegt. Denn bei Annäherung an die untere und obere Grenze der Höhenwahrnehmung nimmt die Empfindlichkeit des Ohres sehr rasch ab, und wenn die Intensität des Tones nicht einen gewissen Minimal- oder Schwellenwert übersteigt, nimmt das Ohr überhaupt keine Empfindung wahr. Die Grenzen schwanken außerdem noch beträchtlich mit dem Individuum und seinem Alter. Bei der Untersuchung der Musikinstrumente genügt es gewöhnlich, Schwingungen zu untersuchen, deren Zahl zwischen 30 und 10000 pro Sekunde liegt, obgleich unter günstigen Umständen noch Klänge bis zu 16 Schwingungen einerseits und etwa 20000 Schwingungen pro Sekunde andererseits gehört werden können.

Das Vermögen, kleine Höhendifferenzen zu unterscheiden, wenn zwei Klänge nacheinander dem Ohre dargeboten werden, ändert sich beträchtlich mit der Schwingungszahl und der Intensität des Klanges. Der kleinste wahrnehmbare Frequenzunterschied, in Bruchteilen der Frequenz ausgedrückt, beträgt etwa 1% für tiefe Klänge, wird dann kleiner und erreicht einen ziemlich gleichbleibenden Wert von 0,3% zwischen 400 und 4000 Schwingungen pro Sekunde, um schließlich bei hohen Schwingungszahlen wieder zu steigen. Er ist ziemlich groß (1% und mehr) für Intensitäten, die nur wenig über dem Schwellenwert liegen, wird aber kleiner und bleibt für Intensitäten, die größer als das 10^4-fache der Schwellenintensität sind, ziemlich gleich. Ausführliche Zahlenangaben und Diagramme, ebenso wie ein Verzeichnis früherer Arbeiten finden sich in einem Aufsatz von V. O. Knudsen[1]). Im Artikel „Gehör", Ziff. 23 (ds. Bd. Kap. 11), sind die in Frage stehenden Probleme gleichfalls ausführlich behandelt.

Ein geübtes musikalisches Ohr kann nicht nur kleine Höhenunterschiede wahrnehmen, sondern auch die Reinheit oder Unreinheit musikalischer Intervalle, etwa der Oktave oder der Quinte schätzen, wenn ihm beide Noten nacheinander zu Gehör gebracht werden.

3. Tonhöhenmessung. Die Bestimmung von Schwingungszahlen stellt ein Gebiet physikalischen Messens selbst dar. Wir brauchen uns hier nicht in seine Einzelheiten — diese sind im Artikel „Akustische Meßmethoden", Ziff. 9 u. 10 (ds. Bd. Kap. 13), beschrieben — zu vertiefen, sondern können uns auf das praktische Problem der Höhenbestimmung musikalischer Töne beschränken. Der beste Weg ist der Vergleich mit einer oder der anderen aus einer Reihe sorgfältig geeichter Stimmgabeln. Der Vergleich wird am einfachsten subjektiv durchgeführt, indem man die Schwebungen pro Sekunde zwischen dem Ton und der ihm am nächsten liegenden Stimmgabel zählt; die Schwebungsfrequenz wird je nachdem zu der bekannten Schwingungszahl der Stimmgabel hinzugefügt oder von ihr abgezogen.

Die Schwingungszahlen musikalischer Töne lassen sich auch durch oszillographische Methoden bestimmen: die Klangschwingungen werden mit Hilfe besonderer später zu beschreibender Hilfsmittel auf einen bewegten photographischen Film zusammen mit chronographischen Zeitsignalen aufgezeichnet. Das sind Lichtblitze, die durch zwei enge, an den Zinken einer schwingenden Stimmgabel befestigte Schlitze hindurchgehen. Die Signale erscheinen auf dem Film als scharf begrenzte Linien. Durch Bestimmung der Zahl der während einer gegebenen Zeit ausgeführten Schwingungen läßt sich die Frequenz mit großer Genauigkeit ermitteln[2]).

[1]) V. O. Knudsen, Phys. Rev. Bd. 21, S. 84. 1923.

[2]) D. C. Miller, Science of Musical Sounds. 1916; E. A. Eckhardt, Journ. Frankl. Inst. Bd. 194, S. 49. 1922.

Man kann auch die stroboskopische Methode in einer oder der anderen Modifikation zur Bestimmung der Höhe musikalischer Töne verwenden; z. B. kann man durch den Ton eine manometrische Flamme erregen und in dieser periodischen Beleuchtung eine rotierende stroboskopische Karte betrachten. Diese Methoden können jedoch weder an Bequemlichkeit noch an Einfachheit mit der subjektiven Methode der Schwebungszählung mit geeichten Stimmgabeln konkurrieren.

4. Klangfarbe. Wie schon oben angedeutet wurde, entspricht der Klangfarbe als objektive Eigenschaft die Gestalt der Luftschwingungen. Diese Gestalt kann graphisch durch eine Kurve ausgedrückt werden, die die Druckänderungen in der Schallwelle mit der Zeit verknüpft und sie so dem Auge sichtbar macht. Vielerlei experimentelle Methoden sind angegeben worden, durch die man solche Klangoszillogramme oder deren Annäherungen erhalten kann. Andererseits kann man die Schwingungsform auch durch Zahlenangaben für die Amplituden und Phasen der Fourierkomponenten darstellen, in die sich die periodischen Druckänderungen zerlegen lassen. Diese Darstellungsweise hat den Vorzug, numerisch und quantitativ zu sein; quadriert man die Amplituden der Fourierkomponenten, so sind die entstehenden Zahlen proportional den Energien der Partialschwingungen, in welche die Gesamtschwingung durch die Fourieranalyse zerlegt wird. Die Bestimmung der relativen Partialschwingungsenergien nennt man die Analyse des musikalischen Klanges. Sie hat nicht nur rein mathematische Bedeutung. Denn nach dem OHMschen Gesetz entsprechen die Partialschwingungen den einfachen Tönen, aus denen der musikalische Klang zusammengesetzt ist und die man unter günstigen Umständen auch einzeln mit dem Ohre wahrnehmen kann. Die Farbe eines musikalischen Klanges ist nach diesem Gesetz durch die Intensitäten der Partialtöne, aus denen er zusammengesetzt ist, bestimmt und ist nichts anderes, als eben die unanalysierte Wirkung ihres Vorhandenseins.

5. Subjektive Klangfarbenwahrnehmung. Die Frage nach dem Mechanismus, durch den das Ohr sich der verschiedenen Formen der Luftschwingungen bewußt wird und sie in gewissen Fällen in einfachere Empfindungen zu zerlegen vermag, ist von außerordentlicher Wichtigkeit und großem Interesse. Wir können hier nicht darauf eingehen, da wir es nur mit den physikalischen Eigenschaften musikalischer Klänge zu tun haben. Es mag genügen, die wesentlichsten Betrachtungsergebnisse über die Wahrnehmung der Klangfarbe anzuführen. Die Untersuchung durch Instrumente und die menschliche Stimme hervorgebrachter musikalischer Klänge zeigt sehr deutlich die große Verschiedenheit der in den verschiedenen Fällen auftretenden akustischen Schwingungen. Auch zeigt sich ihr Zusammenhang mit der durch das Ohr wahrgenommenen Klangfarbe, die sich qualitativ als voll oder dürftig, weich oder durchdringend usw. beschreiben läßt. Eine einfache Pendelschwingung der Luft, wie man sie erhält, wenn man eine Stimmgabel leicht anschlägt und sie dann über eine Flaschenöffnung hält, oder wenn man leicht über die Öffnung eines Resonanzkastens bläst, wird durch das Ohr als ein weicher, einfacher, farbloser Ton empfunden. Luftschwingungen nicht so einfacher Art werden als Klänge von bestimmter Farbe wahrgenommen; die Erfahrung lehrt, daß dies subjektive Merkmal, das hauptsächlich durch die Gestalt der Luftschwingungen bestimmt wird, sich auch dann beträchtlich ändert, wenn die Intensität vom Schwellenwert bis zu großen Werten gesteigert wird.

Von großer Wichtigkeit für das Studium der Klänge ist ferner, daß das Ohr unter günstigen Bedingungen in musikalischen Klängen das Vorhandensein von Partialtönen einfacherer Art wahrnehmen und ihre Höhe relativ zum Gesamtton erkennen kann. Das Hören der Partialtöne in zusammengesetzten musikalischen Klängen wird, wie HELMHOLTZ bemerkte, wesentlich erleichtert, wenn man zunächst einen Ton von derselben Höhe wie der zu untersuchende Partialton erzeugt, wodurch die Aufmerksamkeit des Ohres besonders auf ihn gelenkt wird. Auf diese Art lassen sich manchmal sogar Obertöne hoher Ordnung entdecken. Wir wollen diese Beobachtungsmethode die subjektive Klanganalyse nennen. Sie ist beim Aufsuchen vorhandener Partialtöne nicht immer erfolgreich, besonders wenn im Klange tiefere Partialtöne von größerer Stärke vorhanden sind. Die Schwierigkeiten, die sich der subjektiven Klanganalyse entgegenstellen, sind von HELMHOLTZ dadurch erklärt worden, daß der Beobachter das Bestreben zeigt, seine Aufmerksamkeit mehr auf den synthetischen als auf den analytischen Eindruck einer komplexen Empfindung zu richten. Um seine Ansicht zu stützen, hat er Versuche beschrieben, die dieses Bestreben überzeugend zum Ausdruck bringen. Ein anderer Umstand, der auch von HELMHOLTZ selbst erwähnt wird, nämlich die leichtere Erkennbarkeit der ungeraden Obertöne gegenüber den geraden, zeigt, daß dies Gebiet weiterer Untersuchungen wert ist. Große Bedeutung kommt in diesem Zusammenhange den Beobachtungen von A. M. MAYER zu, der entdeckte, daß höhere Töne geschwächt und selbst aus der Empfindung ausgelöscht werden, wenn tiefere Töne von genügender Stärke vorhanden sind. MAYERS ursprüngliche Beobachtungen[1]) sind kürzlich von WEGEL und LANE[2]) bestätigt und erweitert worden. Wir haben also guten Grund anzunehmen, daß, wenn die tieferen Teiltöne eines Klanges in genügender Stärke vorhanden sind, sie eine Schwächung oder völlige Unhörbarkeit der höheren Teiltöne bewirken und so verhindern, daß diese einzeln wahrgenommen werden können[3]). Verfasser fand, daß sich das auf einem gewöhnlichen Monochord zeigen läßt, wenn man es nahe dem Ende zupft und dann an einem Knoten eines der höheren Teiltöne berührt. Der im Anfang unhörbare oder in der Gesamtmenge der Töne nur schwach hörbare Teilton scheint wesentlich an Energie zu gewinnen, wenn die tieferen Töne unterdrückt werden.

6. Qualitative Klanganalyse. Wir verlassen das Gebiet rein subjektiver Tonempfindung, wenn wir uns, wie HELMHOLTZ es tat, bei der Untersuchung der musikalischen Klänge eines mitschwingenden Luftvolumens bedienen. Der Resonator kann irgendeine passende Gestalt haben, eine Kugel, ein Zylinder oder noch besser ein von einer Halbkugel abgeschlossener Zylinder sein; auch ist es vorteilhaft, ihn aus zwei Teilen herzustellen, von denen der eine zylindrisch ist und im anderen gleiten kann, wodurch man das Volumen der eingeschlossenen Luft variieren kann. Die Vorderseite des Resonators hat eine kreisförmige Öffnung, durch die er mit der äußeren Luft in Verbindung steht; auf der anderen Seite hat er einen mit einer kleinen Öffnung versehenen trichterförmigen Ansatz, der in das Ohr des Beobachters paßt. Der Resonator wird auf die Höhe des gesuchten Teiltones abgestimmt, und dieser wird, wenn er in dem untersuchten Klange vorhanden ist, mit wesentlich gesteigerter Intensität über der Menge der übrigen Töne gehört werden. Wenn die Verstärkung durch den Resonator eintritt, so ist das ein deutliches Zeichen für das objektive Vorhandensein des fraglichen Teiltones, der dann also nicht nur ein subjektives Phänomen ist.

Man kann das Vorhandensein von Teiltönen in musikalischen Klängen auch rein objektiv nachweisen. Zu diesem Zwecke ist es nur nötig, das Ansprechen eines Resonators dem Auditorium in irgendeiner Weise sichtbar zu machen, z. B. indem man an der Öffnung des Resonators eine RAYLEIGHsche Scheibe aufhängt und ihre Drehung auf optischem Wege auf einem Schirm abbildet.

[1]) A. M. MAYER, Phil. Mag. Bd. 11, S. 500. 1876.
[2]) R. L. WEGEL u. C. E. LANE, Phys. Rev. Bd. 23, S. 266. 1924.
[3]) Vgl. hierzu im einzelnen Artikel „Gehör", Ziff. 24 (ds. Bd. Kap. 11).

Die von R. KÖNIG gefundene Methode der manometrischen Flamme läßt sich auch gut zur qualitativen Darstellung des komplexen Charakters musikalischer Klänge verwenden. Bekanntlich ändert bei dieser Methode die auf eine Membran auftreffende Schallwelle den Druck in einer Kapsel, durch die einer leuchtenden Flamme das Gas geliefert; und die Bewegungen dieser letzteren werden durch einen drehenden Spiegel sichtbar gemacht. NICHOLS und MERRIT[1]) und BROWN[2]) haben die Methode dahin verbessert, daß die Wellenform deutlicher erscheint und photographiert werden kann.

Es sind auch Versuche unternommen worden, die Luftbewegungen in Schallwellen durch Beobachtung feiner Rauch-[3]) oder Staubteilchen[4]) oder kleiner Flüssigkeitströpfchen[5]), die in der Luft suspendiert waren oder durch sie fielen, zu verfolgen. Die Methode ist aber in jeder Form nur für relativ starke Klänge anwendbar, und wenn man nicht äußerst feine Teilchen benutzt, hindert sie ihre Trägheit daran, den höher frequenten Komponenten der Luftschwingung zu folgen. Der Verwendung feinster Teilchen setzt aber schon die BROWNsche Bewegung eine Grenze.

7. Quantitative Klanganalyse[6]). Die zu quantitativen Untersuchungen auf diesem Gebiet benutzten Methoden lassen sich in drei Gruppen zusammenfassen. Die Methoden der ersten Gruppe sind rein akustischer Art. Die Schallwellen werden von einer Reihe regulierbarer Resonatoren empfangen, die selektiv auf die einzelnen Partialschwingungen des Klanges ansprechen können, und die Schwingungen der Resonatoren werden quantitativ durch irgendeine besondere Vorrichtung gemessen. Bei der zweiten Gruppe, den oszillographischen Methoden, wird der Schall durch einen Apparat empfangen, in dem mittels mechanischer oder optischer Übertragung die Schallwellen graphisch aufgetragen werden; diese Diagramme werden dann in ihre Fourierkomponenten entweder durch direktes Ausmessen und Berechnen oder besser mit Hilfe einer Integriermaschine zerlegt. In der dritten Gruppe, zu der wir die elektrischen Methoden zusammenfassen, werden die Klangschwingungen in Schwingungen eines elektrischen Stromes umgesetzt, deren harmonische Komponenten entweder durch oszillographische Analyse oder durch rein galvanometrische Methoden ermittelt werden.

Als Beispiel für eine rein akustische Methode möge die Arbeit von EDWARDS[7]) erwähnt werden, in der eine Reihe regulierbarer Resonatoren verwendet wird, die auf die Partialtöne des untersuchten Klanges abgestimmt sind. Das Ansprechen der Resonatoren wurde durch RAYLEIGHsche Scheiben gemessen — die Methode ist im einzelnen im Abschnitt „Akustische Meßmethoden", Ziff. 3, beschrieben und abgebildet. Die HELMHOLTZsche Formel für den multiplizierenden Faktor eines Resonators ist $dp/dP = \sqrt{2R^3/\pi^2 S}$, wo dp die Druckänderung der äußeren Luft, dP die im Resonator, R den Radius der Öffnung und S das Volumen des Resonators darstellt. Diese Formel wurde mit dem von KÖNIG[8]) gegebenen Ausdruck für das Moment des Kräftepaares an der aufgehängten Scheibe kombiniert:

$$M = \tfrac{4}{3}\varrho\, a^3 W^2 \sin 2\Theta\,,$$

---

1) E. L. NICHOLS u. E. MERRITT, Phys. Rev. Bd. 7, S. 93. 1898.
2) J. G. BROWN, Phys. Rev. Bd. 33, S. 442. 1911.
3) MACH, Optisch-akustische Versuche.
4) E. P. LEWIS u. L. P. FARRIS, Phys. Rev. Bd. 6, S. 491. 1915.
5) K. GEHLHOFF, ZS. f. Phys. Bd. 3, S. 330. 1920.
6) Vgl. hierzu insbesondere Artikel „Akustische Meßmethoden", Ziff. 1—3 und 15 u. ff. (ds. Bd. Kap. 13).
7) P. H. EDWARDS, Phys. Rev. Bd. 32, S. 23. 1911.
8) W. KÖNIG, Wied. Ann. Bd. 43, S. 51. 1891.

wo ϱ die Dichte der Luft, W^2 das mittlere Quadrat der Luftgeschwindigkeit, a der Scheibenradius und Θ der Winkel ist, den die Scheibennnormale mit der Richtung des ungestörten Stromes einschließt. Aus der Größe der Ablenkungen und den Torsionskonstanten der Aufhängung lassen sich die absoluten Energien der Partialschwingungen in Erg pro cm^3 berechnen. Die größte Schwierigkeit bot die Reflektion des Schalles an den Zimmerwänden. Sie wurde nach Möglichkeit dadurch verkleinert, daß absorbierendes Material vor den Wänden aufgehängt wurde. Statt der RAYLEIGHschen Scheibe lassen sich auch andere Indikatoren verwenden, derart, wie sie im WEBSTERschen Phonometer[1]) ausgebildet sind. In diesem Instrument erregt das Ansprechen des Resonators die Schwingungen eines abgestimmten, dicht vor seiner Öffnung aufgehängten Systems, und die Amplitude dieser Schwingung wird mit Spiegel, Lampe und Skala abgelesen.

Das Instrument muß natürlich auf die gerade zu untersuchende Partialschwingung abgestimmt sein und mit Hilfe eines reinen Tones derselben Höhe geeicht werden.

Im Falle niedriger Frequenzen ist auch die Widerstandsänderung eines heißen, vor der Öffnung des Resonators angebrachten Drahtes ein Maß für sein Ansprechen. Das ist das Prinzip des von TUCKER[2]) angegebenen Hitzdrahtmikrophons.

Diese Methoden der Klanganalyse sind natürlich nur für Töne konstanter Höhe und Intensität anwendbar. Das unbequeme Abstimmen der Resonatoren auf die gerade zu untersuchende Höhe läßt sich durch eine Anordnung vermeiden, bei der die Höhe des Resonators kontinuierlich über ein beträchtliches Gebiet variiert und sein Ansprechen gleichfalls automatisch durch irgendein Meßverfahren verfolgt wird. S. GARTEN[3]) hat auf diese Art Schallspektren aufgenommen.

8. Oszillographische Klanguntersuchung[4]). Mit Ausnahme einer optischen, später beschriebenen Interferenzmethode, die RAPS benutzte, benutzen alle zur Erlangung akustischer Oszillogramme verwendeten Methoden in einer oder der anderen Form als empfindlichen Schallempfänger eine Membran. Dies ist ein dünnes Plättchen, das meist rund und am äußeren Rande mehr oder weniger starr befestigt ist. Unter der Wirkung der periodischen Druckschwankungen der Schallwellen führt es erzwungene Schwingungen aus, die auf verschiedene Weisen sichtbar gemacht werden können. Die Form der erzwungenen Schwingungen hängt von der Bewegungsart der einfallenden Wellen und von der Beziehung der Eigenschwingungen der Membran zu den einfallenden Wellen ab. Es ist klar, daß die Bewegung der Membran am genauesten den Druckänderungen der Schallwellen folgen wird, wenn ihre Eigenfrequenz unendlich hoch ist. Aber gerade unter dieser Bedingung ist es auch am unempfindlichsten.

Verschiedene Anordnungen sind von Zeit zu Zeit benutzt worden, um ein Bild von den Bewegungen der Membran zu erhalten, die meist dadurch verstärkt werden, daß man einen Schalltrichter vor sie setzt. Der SCOTT-KÖNIGsche Phonautograph, in dem die Bewegung mechanisch durch einen Stift auf Rauchpapier aufgezeichnet wird, hat hauptsächlich Interesse als Wegmacher für die Erfindung des EDISONschen Phonographen. Nach dieser Erfindung war die Vergrößerung von Phonographen- oder Grammophonschrift ein beliebtes Mittel, sich Schallkurven zur Untersuchung und Analyse zu verschaffen

[1]) A. G. WEBSTER, Nature Bd. 110, S. 42. 1922.
[2]) A. TUCKER, Phil. Trans. Bd. 221, S. 389. 1921.
[3]) S. GARTEN, Abhandlgn. Sächs. Akad. 1921.
[4]) Vgl. Anmerkung zu Ziff. 7.

und ist ausgiebig von HERMANN, BEVIER u. a. benutzt worden. Unter den neueren Anordnungen zur Ausführung solcher Vergrößerungen mögen die von Mc KENDRICK[1]), SCRIPTURE[2]) und LIORET[3]) erwähnt werden. Allgemein wird die Platte oder der Zylinder der Sprechmaschine sehr langsam gedreht, während eine Nadel sehr leicht längs der Rille fährt, die das Klangbild enthält. Die seitlichen Nadelbewegungen werden durch ein Hebelsystem vergrößert und auf einen bewegten Rußpapierstreifen aufgezeichnet; statt dessen kann man auch optische Hebel und photographische Registrierung verwenden.

Der nächste Schritt in der Entwicklung akustischer Oszillographen war die Befreiung von den Zwischengliedern, indem die durch die Schallwelle veranlaßte Bewegung der Membran durch feine mechanische oder optische Hebelanordnungen direkt vergrößert und zur Analyse auf einen bewegten photographischen Film abgebildet wurde. Eine Verbesserung der bis dahin vorhandenen Apparate dieser Art stellt das D. C. MILLERsche[4]) „Phonodeik" dar, das er zu ausgedehnten Studien über die Klangfarbe musikalischer Töne verwandte. Das Phonodeik ist im Artikel „Akustische Meßmethoden", Ziff. 15 (ds. Bd. Kap. 13), beschrieben und abgebildet. Ein einfacheres Phonodeik derselben Art ist von RAMAN[5]) und DEY beschrieben worden. In diesem, ebenfalls Kap. 13, Ziff. 15, abgebildeten Apparat wird durch die Bewegung eines in der Mitte der Membran befestigten Stahldrahtes eine auf zwei Stützen ruhende feine Nadel hin und her gerollt. Diese trägt einen kleinen Spiegel, und die Schwingungen werden optisch registriert. Es sei noch auf Arbeiten von TWYMAN und DOWELL[6]) und von ANDERSON[7]) hingewiesen. Ein Oszillograph mit einem kleinen Seifenhäutchen, das ein winziges Eisenteilchen trägt, ist von S. GARTEN[8]) beschrieben worden.

Die grundlegende Schwierigkeit bei allen diesen Apparaten ist, daß die aufgenommenen Kurven nicht die Schallwelle selbst darstellen, sondern das Mitschwingen des Oszillographen, wie es durch die Resonanz des Schalltrichters und der Membran bedingt wird. D. C. MILLER hat diese Schwierigkeit dadurch zu überwinden versucht, daß er seinen Apparat für verschiedene Höhen geeicht hat. Hierzu benutzte er eine Reihe gedackter Orgelpfeifen, die besonders gestimmt und auf gleiche Tonstärke gebracht waren. Die Methode hat zweifellos etwas Willkürliches. Über die Eichung von Schallempfängern vgl. Artikel „Akustische Meßmethoden", Ziff. 16 (ds. Bd. Kap. 13).

9. Harmonische Analyse auf elektrischem Wege[9]). Man kann die Schwingungen, die eine Membran unter der Wirkung von Schallwellen ausführt, dazu verwenden, periodische elektrische Ströme zu erregen, die sich dann analysieren lassen. In einigen auf diesem Prinzip beruhenden Untersuchungen wird das gewöhnliche Telephon oder Mikrophon benutzt, und die entstehenden periodischen Ströme werden durch den Oszillographen verstärkt und aufgezeichnet. Die Ergebnisse leiden natürlich unter Verzerrungen durch die mechanischen und elektromagnetischen Apparatkonstanten. Bessere Ergebnisse lieferte eine Anordnung mit einem Mikrophon, das auf dem Kondensatorprinzip beruht[10]). Die mit dieser Anordnung durch die Schallwellen erregten periodischen Ströme

[1]) J. G. McKENDRICK, Nature Bd. 80, S. 188. 1909.
[2]) E. W. SCRIPTURE, Experimental Phonetics. Washington 1906.
[3]) LIORET, C. R. Bd. 150, S. 1440. 1910.
[4]) D. C. MILLER, Science of Musical Sounds 1916.
[5]) C. V. RAMAN u. A. DEY, Phil. Mag. Bd. 39, S. 145. 1920.
[6]) F. TWYMAN u. T. H. DOWELL, Journ. Scient. Instr. Bd. 1, S. 12. 1923.
[7]) S. A. ANDERSON, Journ. Opt. Soc. Amer. Bd. 11, S. 31. 1925.
[8]) S. GARTEN, Ann. d. Phys. (IV) Bd. 48, S. 273. 1915.
[9]) Vgl. Anmerkung zu Ziff. 7.
[10]) E. C. WENTE, Phys. Rev. Bd. 10, S. 39. 1917; I. B. CRANDALL, ebenda Bd. 11, S. 449. 1918.

können durch Elektronenröhren verstärkt und dann durch den Oszillographen oder durch den moderneren und sehr brauchbaren Kathodenstrahl-Oszillographen mit Glühelektrode aufgezeichnet werden. Statt einen Oszillographen zu benutzen, kann man die periodischen Ströme des Mikrophons auch durch rein elektrische Methoden messen und analysieren.

In der Arbeit von KEENE und BARLOW[1]) wird durch den Mikrophonstrom, der durch den untersuchten Schall in einem Hilfskreis erzeugt wird, ein Transformator erregt. Der Sekundärstrom des Transformators wird durch einen mechanischen Unterbrecher, der mit verschiedenen bekannten Geschwindigkeiten rotieren kann, gleichgerichtet. Der entstehende Strom wird in einem einfachen Galvanometer gemessen. Die Methode hat verschiedene Mängel, hat sich aber zur Messung der harmonischen Komponenten des Mikrophonstromes für mäßige oder niedrige Schwingungszahlen als ziemlich brauchbar erwiesen.

Eleganter und allgemeiner anwendbar ist die Methode von WEGEL und MOORE[2]), in der der zu analysierende Schall durch ein Mikrophon aufgenommen wird, das die Schallwelle in ihr getreues elektrisches Abbild verwandelt. Dies elektrische Abbild der Schallwelle wird dann verstärkt und zur Analyse in den elektrischen harmonischen Analysator geschickt. Der Analysator besteht im wesentlichen aus einem Resonanzkreis, dessen Eigenschwingung von 80 bis 6000 in Schritten von nur wenigen Einheiten variiert werden kann. Die diesen Kreis für jeden Wert der Resonanzfrequenz nacheinander durchfließenden Ströme werden photographisch registriert. Die Bedienung ist völlig automatisch, so daß man der Kamera ein vollständiges Bild des Schallspektrums schon fünf Minuten nach Inbetriebsetzen des Apparates entnehmen kann.

Kurz sei noch eine photomechanische Methode zur Klanganalyse erwähnt, bei der eine Selenzelle[3]) verwendet wird und der von ihr gelieferte elektrische Strom ebenso wie bei WEGEL und MOORE analysiert wird.

10. Musikalische Klangsynthese. Die Analyse musikalischer Klänge durch die eben beschriebenen Methoden ist für das Studium der Musikinstrumente sehr wichtig. Vor allen Dingen liefern diese Analysen, wie wir später noch deutlicher sehen werden, Material zum Vergleich der Beobachtungen mit der physikalischen Theorie der Musikinstrumente; außerdem sind wir nur durch solche Analysen imstande, quantitativ die großen Klangfarbenunterschiede, die wir bei den von den verschiedenen Musikinstrumenten stammenden Tönen hören, auszudrücken. Daß die Farbe eines musikalischen Tones durch die Stärke seiner Obertöne bestimmt wird, wird ganz klar, wenn man auf die schon angegebene Art verschiedene Klänge untersucht. Eindrucksvoller aber wirkt es, wenn wir die relative Stärke der einzelnen Partialtöne eines gegebenen Klanges willkürlich verändern können und dabei die entsprechenden Änderungen der Klangfarbenempfindung verfolgen. Es ist wohl bekannt, daß HELMHOLTZ[4]) Versuche dieser Art ausgeführt hat, indem er eine Reihe einfacher Töne, die in harmonischen Beziehungen zueinander standen und verschiedene Intensität hatten, kombinierte. Zu diesem Zwecke benutzte er eine Reihe von Stimmgabeln mit entsprechenden Resonatoren, die durch eine Hauptstimmgabel erregt wurden, wobei die Intensität der Partialtöne durch Verschieben der Resonatoren variiert wurde. Erfolgreiche Versuche dieser Art sind auch mit gedackten Orgelpfeifen besonderer Form ausgeführt worden, die praktisch einfache Töne gaben und deren Tonstärke sich

[1]) G. BARLOW u. H. B. KEENE, Phil. Trans. (A) Bd. 222, S. 131. 1922.
[2]) R. E. WEGEL u. C. R. MOORE, Bell. System Tech. Journ. Bd. 3, S. 299. 1924.
[3]) C. F. SACIA, Phys. Rev. Bd. 23, S. 309. 1924.
[4]) H. v. HELMHOLTZ, Die Lehre von den Tonempfindungen, S. 629.

durch Änderung der Windzufuhr variieren läßt[1]). Andere Experimentatoren haben sich ihre Töne so erzeugt, daß sie die sinusförmigen elektrischen Ströme einer Gruppe von Röhrensendern in einen passend eingerichteten Telephonempfänger schickten[2]).

Eine andere Methode der Klangsynthese baut den Klang nicht durch Überlagerung einer Reihe einfacher Töne auf, sondern beobachtet die Farbänderung eines auf gewöhnlichem Wege entstandenen Klanges, wenn einige der Obertöne durch besondere Methoden geschwächt oder völlig unterdrückt werden. Das QUINCKEsche Interferenzrohr und die Schwebungsmethode sind zu diesem Zwecke verwendet worden. Akustische Filter ganz anderer Art, mit denen sich eine größere Mannigfaltigkeit der Effekte erzielen läßt, sind von G. W. STEWART[3]) entwickelt worden. Überraschende Resultate lassen sich auch erzielen, wenn man zunächst durch ein Kondensatormikrophon die Schallwelle in periodische elektrische Ströme verwandelt und dann mit besonderen Filtern für elektrische Wellen den Grundton oder irgendeinen Oberton oder auch je nach Wunsch Gruppen von Obertönen unterdrückt[4]). Verfasser war bei einer Vorführung dieser Art im Laboratorium der Western Electric Company in New York zugegen. Die Klänge eines Klaviers zeigten bemerkenswerte Farbänderungen, je nachdem die Filter ein- oder ausgeschaltet waren, wobei besonders auffiel, daß das Verschwinden des Grundtones und der ersten Obertöne die Höhenempfindung nicht beeinflußte.

11. Einfluß der Phase auf die Klangfarbe. Von einiger Wichtigkeit in diesem Zusammenhang ist die Frage, ob eine relative Phasenverschiebung der Obertöne eines musikalischen Klanges die wahrgenommene Klangfarbe zu ändern vermag. Seinerzeit haben Meinungsverschiedenheiten über diese Frage geherrscht. Als erster hat HELMHOLTZ darüber Untersuchungen mit seinem Apparat zur Klangsynthese angestellt, indem er die Phasen der Obertöne dadurch verschob, daß er die Resonatoren verstimmte oder die Stimmgabeln belastete, wobei gleichzeitig durch geeignete Vorrichtungen die Intensitäten konstant gehalten wurden. Er kam zu dem Schluß, daß die Phasenbeziehungen keinen Einfluß haben, der dem der Intensitätsbeziehungen vergleichbar wäre. R. KÖNIG[5]) untersuchte diese Frage mit seiner Wellensirene und vertrat die Ansicht, daß die Phasenbeziehungen die Klangfarbe in deutlich wahrnehmbarem Maße beeinflussen. Jedoch sind seine Ergebnisse mit der Begründung angegriffen worden, daß seine Wellensirenen Klänge mit fremden Obertönen gaben. LASAREFF[6]) behauptet, daß bei Verwendung von Wellensirenen, die einfache Töne geben, die HELMHOLTZschen Resultate bestätigt werden. LINDIG[7]) und LLOYD und AGNEW[8]) haben für derartige Untersuchungen das Telephon benutzt. LINDIG bemerkt, daß, wenn zwei Klänge einen oder mehrere Obertöne gemeinsam haben, bei der Überlagerung nach dem Interferenzprinzip die Phasenbeziehungen zwischen diesen Obertönen die entstehenden Amplituden und damit auch die Klangfarbe beeinflussen müssen. Aber in anderen Fällen hat nach ihm die Phasenbeziehung keinen Einfluß auf die Klangfarbe. Die Ansichten von HELMHOLTZ werden also durch LINDIG bestätigt, ebenso wie durch die eben zitierte

[1]) D. C. MILLER, Science of Musical Sounds, 1916; ähnliche Versuche führte auch C. STUMPF durch. (vgl. Ziff. 72).

[2]) H. FLETCHER, Phys. Rev. Bd. 23, S. 432. 1924.

[3]) G. W. STEWART, Phys. Rev. Bd. 20, S. 528. 1922 u. auch Bd. 23, S. 520. 1924.

[4]) H. FLETCHER, Phys. Rev. Bd. 23, S. 432. 1924.

[5]) R. KÖNIG, Wied. Ann. Bd. 57, S. 555. 1896.

[6]) P. LASAREFF, ZS. f. Sinnesphysiol. Bd. 45, S. 57. 1912.

[7]) F. LINDIG, Ann. d. Phys. Bd. 10, S. 242. 1903.

[8]) M. G. LLOYD u. P. G. AGNEW, Bull. Bur. Stand. Bd. 6, S. 255. 1909.

Arbeit von LLOYD und AGNEW. Angesichts dieser Ergebnisse scheint der Schluß gerechtfertigt, daß die Phasenbeziehung unter gewöhnlichen Umständen nur wenig Einfluß auf die Klangfarbe hat. Allerdings scheint es möglich, daß für Töne mittlerer oder großer Intensität dieser Schluß noch modifiziert werden muß; denn da bekanntlich unter diesen Bedingungen subjektive Kombinationstöne entstehen, kann möglicherweise die vom Ohr empfundene Klangfarbe noch durch Interferenzeffekte beeinflußt werden, die von den Phasenbeziehungen zwischen objektiv vorhandenen und subjektiv hervorgebrachten Obertönen abhängen. Sollte dies der Fall sein, so müßten wir einen beobachtbaren Effekt dieser Phasenbeziehungen erwarten, wenn die Intensitäten genügend groß sind, der aber bei Verminderung der Intensitäten verschwinden müßte. Bemerkenswerterweise sind solche Effekte in der Arbeit von LLOYD und AGNEW gefunden und beschrieben worden; aber die Verfasser scheinen die Bedeutung ihrer Beobachtungen in dieser Hinsicht nicht erkannt zu haben. Weitere Untersuchungen dieser Frage mit Tönen aus Röhrensendern und festlegbarer Energie würden daher großes Interesse haben.

Diese Frage ist eng verbunden mit der nach der Hörbarkeit der Schwebungen zweier einfacher Töne, die ein unreines musikalisches Intervall bilden, z. B. eine unreine Oktave oder Quinte. Wir werden später hierauf noch zurückkommen.

12. Intensität und Stärke musikalischer Klänge. Der Wirkungsgrad eines Musikinstrumentes, wenn man es als Schallquelle betrachtet, wird durch die akustische Energie bestimmt, die es in der Zeiteinheit ausstrahlt. Stellen wir uns eine in genügendem Abstande um die Quelle gelegte Kugeloberfläche vor, so ist der Energiefluß pro Flächen- und Zeiteinheit an jedem Punkt der Oberfläche ein geeignetes physikalisches Maß für die Intensität des musikalischen Klanges an der betreffenden Stelle, und sein über die ganze Kugeloberfläche erstrecktes Integral gibt die gesamte akustische Leistung. Wird die Druckänderung in einer Schallwelle analysiert und als Fourierreihe dargestellt:

$$P = P_0 + \sum_1^n P_n \sin(n\,\omega\,A + \varphi_n)\,,$$

so ist die pro Zeiteinheit durch die Flächeneinheit transportierte Energie einfach $\sum_1^n P_n^2/2\varrho\,u$, wo ϱ die Dichte der Luft und u die Schallgeschwindigkeit bedeutet. Die Komponenten der Druckänderung mögen in Dyn/qcm und die Schallintensität in Erg/qcm · sek gegeben sein.

Wir müssen sorgfältig zwischen der physikalischen oder objektiven Eigenschaft der Intensität eines musikalischen Klanges, wie sie im Vorstehenden definiert wurde, und der Größe der subjektiven Empfindung unterscheiden, die wir Klangstärke nennen wollen. Für den Fall eines einfachen Tones gegebener Schwingungszahl können wir den Zusammenhang zwischen Intensität und Stärke dadurch herstellen, daß wir das WEBER-FECHNERsche psychophysische Gesetz wenigstens als Näherung gelten lassen: Danach ist der Logarithmus der Intensität eines einfachen Tones das richtige Maß seiner Stärke. FLETCHER[1]) hat eine bequeme Skala für den praktischen Gebrauch vorgeschlagen: Die Stärkedifferenzen werden durch das Zehnfache des gewöhnlichen Logarithmus für das entsprechende physikalische Intensitätsverhältnis ausgedrückt. Um in dieser Skala die Stärke einfacher Töne verschiedener Schwingungszahlen zu vergleichen, müssen wir bedenken, daß die Empfindlichkeit des Ohres für Töne verschiedener

---

[1]) H. FLETCHER, Journ. Frankl. Inst. Bd. 196, S. 289. 1923. Diese Arbeit enthält eine sehr beachtenswerte Bibliographie über die Physik des Hörens.

Höhe verschieden ist; ein passendes Maß für diese Empfindlichkeit ist die Minimal- oder Schwellenenergie, die das Ohr braucht, um den Ton zu hören. Der Ton mit der Schwellenenergie für die vorgegebene Höhe ist der passende Nullpunkt der Stärkeskala für diese Höhe. So liegt z. B. ein Ton mit dem 1000-fachen der Schwellenintensität bei 30 Einheiten der Stärkeskala. Man kann auch statt der absoluten eine relative Stärkeskala aufstellen. Man nimmt dann einen einfachen Ton bestimmter Schwingungszahl, sagen wir 700 pro Sekunde, als Standardwert und gibt jedem Ton die Stärkenummer, die der gleichlaut scheinende Standardton trägt. Man findet, daß beide Skalen für einfache Töne innerhalb der gewöhnlichen Intensitäts- und Höhenbereiche praktisch identisch sind. Dagegen findet man für zusammengesetzte Klänge ein deutliches Abweichen der beiden Skalen voneinander[1]).

13. Intensitätsvergleich und -messung. Werden dem Ohr zwei Klänge nacheinander dargeboten, so kann es mit einiger Genauigkeit angeben, ob sie gleich stark sind oder nicht. Der mit solchen subjektiven Vergleichen erreichbare Grad der Genauigkeit ist von Psychologen und Physikern vielfach untersucht worden. Für musikalische Klänge, deren Energie weit genug über dem Schwellenwert liegt, ist ein Intensitätsunterschied von 10% gewöhnlich dem Ohr als Stärkeunterschied wahrnehmbar. Der erreichbare Genauigkeitsgrad nimmt bedeutend ab, wenn ein Zeitraum von einigen Sekunden zwischen den beiden zu vergleichenden Tönen liegt[2]). In einer Methode, die Intensität des einen der beiden Töne kontinuierlich um bekannte Bruchteile zu ändern, bis beide gleich laut erscheinen, haben wir eine Methode der vergleichenden Phonometrie, die analog der optischen Photometrie von Lichtern ist. Beim Schall ist die bequemste und genaueste subjektive Vergleichsmethode die dem „Flimmerphotometer" für das Licht analoge. Die beiden zu vergleichenden Klänge werden dem Ohr abwechselnd periodisch vorgeführt, und das Gleichheitskriterium besteht darin, daß die beiden miteinander abwechselnden Phasen gleichwertig erscheinen müssen. Solche „Wechselphonometer" können mechanisch oder elektrisch betrieben werden und sind von D. MACKENZIE[3]) u. a. verwendet worden. Man kann sie auch zum Stärkevergleich für Töne verschiedener Höhe und Klangfarbe benutzen[1]).

Noch eine andere, ebenfalls subjektive Methode ist zum Klangvergleich ausgearbeitet worden. Sie benutzt die akustischen Eigenschaften eines Raumes und das Vorhandensein eines Intensitätsschwellenwertes der Wahrnehmung. Bei dieser Methode, die wir W. C. SABINE[4]) verdanken, werden die Beobachtungen in einem Raum angestellt, für den die absolute Abklingzeit des Nachhalles durch vorhergehende Untersuchungen bestimmt ist. Wenn ein Schall erzeugt und dann abgebrochen wird, so hallt er im Raum für eine gewisse Zeit nach, die mit der Stoppuhr gemessen wird. Je lauter der Schall war, desto länger bleibt der Nachhall wahrnehmbar[5]). Es können so die relativen Intensitäten zweier Klänge derselben Höhe verglichen werden, und wenn der Intensitätsschwellenwert für den Beobachter bekannt ist, kann die akustische Leistung der Quelle absolut berechnet werden. P. E. SABINE hat auf diese Art die absolute akustische Leistung einiger Musikinstrumente und der menschlichen Stimme geschätzt[6]).

---

[1]) Vgl. hierzu Artikel „Gehör", Ziff. 12 u. 13. (ds. Bd. Kap. 11).
[2]) V. O. KNUDSEN, Phys. Rev. Bd. 21, S. 84. 1923.
[3]) DONALD MACKENZIE, Phys. Rev. Bd. 20, S. 331. 1922.
[4]) W. C. SABINE, Collected Papers on Acoustics. Harvard Univ. Press 1922.
[5]) Vgl. hierzu Artikel „Raumakustik", Ziff. 32 (ds. Bd. Kap. 16).
[6]) PAUL E. SABINE, Phys. Rev. Bd. 22, S. 303. 1923.

Bei allen subjektiven Vergleichen der Schallintensität entsteht von selbst die Frage nach dem relativen Einfluß des Grundtones und der verschiedenen Obertöne eines komplexen musikalischen Klanges und danach, wie die vom Ohr vernommene Stärke eines solchen Klanges durch die Intensitäten der Teiltöne bestimmt wird. Dies ist eine ziemlich schwierige Frage, die bis jetzt noch nicht völlig gelöst erscheint. Die Untersuchungen von FLETCHER und STEINBERG[1]) scheinen anzudeuten, daß sich für mittlere Intensitäten die Stärke eines komplexen Klanges additiv bestimmt, wobei jeder Teilton entsprechend seiner durch den Schwellenwert der betreffenden Schwingungszahl dividierten Energie zur Gesamtstärke beiträgt. Für größere Intensitäten ist der Zusammenhang zwischen Stärke und Intensität eines komplexen Klanges weniger einfach.

Objektiv lassen sich die Intensitäten musikalischer Klänge von gleicher Höhe nach der einen oder anderen der für die Tonanalyse in Ziff. 6 bis 9 beschriebenen Methoden vergleichen. In diesen Fällen werden die Intensitäten der Teiltöne gleicher Frequenz in den beiden Klängen verglichen. Die Gesamtintensitäten können ebenfalls verglichen werden, wenn die Empfindlichkeit des Apparates für die verschiedenen Höhen bekannt ist oder experimentell mit Hilfe von Standard-Tonquellen bestimmt worden ist.

Wir wollen hier auf die Frage der absoluten Messung von Schallintensitäten nicht eingehen, da sie mehr in die allgemeine Theorie akustischen Messens[2]) als zu den physikalischen Eigenschaften musikalischer Töne gehört. Wir wollen nur bemerken, daß solche absolute Messungen gewöhnlich dreierlei bedingen. Erstens Herstellung und Verwendung einer Standardquelle oder eines Telephons, die einen Ton von genau bekannter Höhe und Intensität hervorbringen. Zweitens die absolute Bestimmung der akustischen Leistung dieser Quelle und ihrer Verteilung im Raum. Das kann entweder durch theoretische Berechnung oder durch Beobachtung geschehen, z. B. durch Messung der ponderomotorischen Wirkungen der Schallwellen. Der dritte Teil ist der Vergleich des zu untersuchenden Schalles nach einer subjektiven oder objektiven Methode mit dem der Standardquelle, und dieser Teil ist schon beschrieben worden.

14. Schwebungen und intermittierende Töne[3]). Eine wichtige Ausnahme vom OHMschen Gesetz ist die folgende: Läßt man zwei einfache Töne von fast gleicher Höhe gleichzeitig klingen, so nimmt das Ohr nicht ihr einzelnes Vorhandensein wahr, sondern es vernimmt einen einzigen fluktuierenden Ton, den man als resultierenden Ton beschreiben kann. Haben die beiden Töne nicht gleiche Intensität, so findet man, daß sich sowohl Intensität wie Höhe des resultierenden Tones periodisch ändern, entsprechend der Schwingungsform, die man erhält, wenn man zwei einfache Schwingungen von fast gleicher Frequenz, aber von verschiedener Amplitude mathematisch addiert. Haben die Töne gleiche Intensität, so liegt die Höhe des resultierenden Tones in der Mitte zwischen den beiden Tönen und nur die Intensität schwankt; man kann durch die Formel leicht zeigen, daß sich die Phase der resultierenden Schwingung bei jedem Verschwinden umkehrt. Daraus folgt, daß man bei Schwebungen nicht genau denselben akustischen Effekt bekommt, wie wenn man einen Ton mechanisch dadurch intermittierend macht, daß man die Tonquelle in periodischen Intervallen schweigen läßt. Ein intermittierender Ton läßt sich akustisch in wenigstens drei Töne zerlegen, von denen der eine ebenso hoch wie der intermittierende ist, wogegen echte Schwebungen sich in nur zwei Töne auflösen lassen. Der

---

[1]) H. FLETCHER u. J. C. STEINBERG, Phys. Rev. Bd. 24, S. 306. 1924.

[2]) Die Methoden sind im einzelnen im Artikel „Akustische Meßmethoden", Ziff. 1—7 u. 13—17 (ds. Bd. Kap. 13) behandelt.

[3]) Vgl. hierzu Artikel „Gehör", Ziff. 25 (ds. Bd. Kap. 11).

Schwebungseffekt läßt sich jedoch an einer beliebigen Stelle des Raumes dadurch mechanisch zusammensetzen, daß man eine akustische Doppelquelle langsam um eine in ihrer Äquatorialebene liegende Achse rotieren läßt. In diesem Falle stellt sich die notwendige Phasenumkehr automatisch ein[1]).

Klingen zwei musikalische Klänge zusammen, so kann man immer dann Schwebungen hören, wenn der eine Klang einen Oberton hat, dessen Höhe sich nur wenig von der Höhe eines Obertones des zweiten unterscheidet. Zuweilen — wenn z. B. die beiden Klänge fast gleich hoch sind — können auch mehrere solcher Paare von Obertönen auftreten, deren Schwebungen verschieden schnell erfolgen. In solchen Fällen ist die Wirkung auf das Ohr ein kompliziertes Schwanken von Intensität, Höhe und Klangfarbe, das sich jedoch bei besonderer Aufmerksamkeit in eine Reihe von Schwebungen zerlegen läßt; einfacher geschieht dies durch Resonatoren, die ungefähr auf die Höhe der beiden Töne abgestimmt sind, die die Schwebung verursachen.

Der Einfluß von Schwebungen und intermittierenden Tönen auf ein resonanzfähiges Gebilde hängt von der Geschwindigkeit der Schwankungen ab und von der Resonanzbreite des betreffenden Gebildes. Eine auf einem Resonanzboden befestigte Stimmgabel spricht für gewöhnlich nur an, wenn ihre Frequenz sehr genau mit der eines der Töne zusammenfällt, die die Erscheinung bilden. Aber schwingungsfähige Gebilde, wie Membranen oder schwingende Luftsäulen, die wegen ihrer größeren Dämpfung eine größere Resonanzbreite haben, können gleichzeitig auf mehrere Frequenzen ansprechen und auf diese Art auch Schwebungen wiedergeben. Die Langsamkeit der Schwebungen, die ein Empfänger noch in periodische Komponenten verschiedener Frequenz aufzulösen vermag, ist also ein Maß für seine Resonanzschärfe. In der Theorie der Wahrnehmung von Schwebungen durch den Gehörsmechanismus findet dies eine wichtige Anwendung.

15. (Physiologische) Kombinationstöne[2]). Wenn zwei einfache Töne genügender Intensität, die völlig unabhängig voneinander hervorgebracht sind, gleichzeitig zum Ohre dringen, kann man gewisse zusätzliche Töne wahrnehmen, die ihren Ursprung in der Hauptsache, wenn nicht vollständig, im Gehörsmechanismus zu haben scheinen. Am stärksten tritt unter den Erscheinungen dieser Art der Differenzton auf, dessen Schwingungszahl gleich der Differenz der Schwingungszahlen der beiden primären Töne ist, und der sich sehr leicht beobachten läßt, wenn diese beiden ein etwas kleineres Intervall als eine Oktave bilden. Dann ist der Differenzton tiefer als die beiden ursprünglichen Töne und kann durch sie nicht leicht verdeckt werden. Weniger leicht läßt sich der Summationston beobachten, dessen Frequenz gleich der Summe der Frequenzen der beiden Primärtöne ist. Zu seiner Beobachtung braucht man ebenso wie für die Kombinationstöne höherer Ordnung Primärtöne großer Intensität, und selbst in diesem Falle lassen sich die in Frage stehenden Kombinationstöne nur schwer durch das Ohr aus der Gesamtempfindung herauslösen. Die Erscheinung des Verdeckens, die wir schon erwähnt haben, steht der Wahrnehmung von Kombinationstönen, die höher sind als die primären Töne, hindernd im Wege.

Die HELMHOLTZsche Theorie schreibt das Entstehen dieser Kombinationstöne der Unsymmetrie der Schwingungen im mittleren Ohre zu und verlangt, daß sie bei schwachen primären Tönen unhörbar werden sollen. Daher sind die neuen Untersuchungen von WEGEL und LANE[3]) von großem Interesse, die die durch zwei gleichzeitig erklingende reine Töne im Ohr hervorgebrachte Empfin-

---

[1]) C. V. RAMAN, Ind. Assoc. Sci. Bull. 8, S. 17. 1913.

[2]) Vgl. hierzu Artikel „Gehör", Ziff. 27—30 (ds. Bd. Kap. 11).

[3]) R. L. WEGEL u. C. E. LANE, Phys. Rev. Bd. 23, S. 272. 1924.

dung in Abhängigkeit von ihrer relativen Frequenz und Intensität verfolgen. Die Arbeit ist im Artikel „Gehör" ausführlich besprochen; die Resultate der Untersuchungen sind dort in einem Diagramm anschaulich dargestellt.

Auf den verschiedenen Teilen des erwähnten Diagrammes sind die entsprechenden Gehörsempfindungen vermerkt. In den mit „Tonmischung" bezeichneten Gebieten war die Empfindung sehr komplex; sie konnte durch Einführung eines dritten Tones von bekannter variabler Frequenz analysiert werden, indem die Frequenzen, bei denen Schwebungen auftraten, bestimmt wurden. Auf diese Weise konnte festgestellt werden, daß die Tonmischung aus verschiedenen Tönen bestand, deren Schwingungszahl durch die allgemeine Formel $n_1 f_1$ oder $n_2 f_2$ oder $n_1 f_1 \pm n_2 f_2$ darstellbar ist, wo n_1 und n_2 positive ganze Zahlen bedeuten.

Im Zusammenhang mit den Kombinationstönen interessiert auch die Frage nach der Erklärung der Schwebungen, die beim Zusammenklingen zweier einfacher Töne, die ein unreines musikalisches Intervall — z. B. eine verstimmte Oktave — bilden, gehört werden. Es seien zwei mögliche Erklärungen gegeben. Erstens kann ein subjektiver Oberton des tieferen primären mit dem höheren Schwebungen verursachen. Sie können aber auch durch den tieferen Primärton und den Differenzton entstehen. Die Geschwindigkeit der Schwebungen würde in beiden Fällen gleich sein, aber die Frequenz des schwankenden Tones ist nach den beiden Erklärungen verschieden. Dagegen würden nach beiden Theorien die Schwebungen nur bei genügender Intensität der Primärtöne zu hören sein. In diesem Fall scheinen beide Effekte gleichzeitig möglich zu sein. Da eine ungenaue harmonische Beziehung einem periodischen Phasenwechsel des einen der beiden ein genaues harmonisches Intervall bildenden Töne gleichwertig ist, so läßt sich aus der Tatsache, daß das Ohr Schwebungen zwischen zwei einfachen, eine unreine Konsonanz bildenden Tönen wahrnehmen kann, schließen, daß die Phasenbeziehungen zwischen den verschiedenen Obertönen eines musikalischen Klanges nicht ohne Wirkung auf die vom Ohr wahrgenommene Klangfarbe sind, solange die Intensität groß genug ist. Tatsächlich ist die Beobachtung von Schwebungen bei unreinen Konsonanzen die empfindlichste Methode zur Entscheidung der in Ziff. 11 gestellten Frage.

Da die physiologischen Kombinationstöne bezüglich des inneren Ohres real sind, können sie mit anderen subjektiven oder objektiven Tönen von annähernd gleicher Höhe ebenso Schwebungen hervorrufen, wie Töne, die eine objektive äußere Existenz haben. Daher sind sie für die physikalische Theorie der musikalischen Konsonanz von Bedeutung.

16. (Physikalisch-objektive) Kombinationstöne[1]. Differenz- und Summationstöne lassen sich auch in gewissen Fällen durch Beobachtungsmethoden nachweisen, die vom Gehörsmechanismus des Ohres unabhängig sind, indem man z. B. einen abgestimmten Resonator zum Tonempfang benutzt und sein Ansprechen auf irgendeine Weise anzeigen läßt. Die Kombinationstöne können in solchen Fällen von der Tonquelle selber stammen, wenn nämlich die Primärtöne in ihrer Entstehung voneinander abhängen. Wenn aber die Quellen der Primärtöne völlig unabhängig voneinander sind und dennoch Kombinationstöne beobachtet werden, so muß man annehmen, daß sie im Tonempfänger entstehen, außer wenn wir die Möglichkeit in Betracht ziehen wollen, daß sie bei der Fortpflanzung in der freien Atmosphäre entstehen.

Der Mechanismus, durch den eine zwei einfache Töne aussendende Tonquelle objektive Kombinationstöne hervorbringt, ist nicht in allen Fällen derselbe. Wirkt die Hervorbringung des einen Primärtones so auf die Entstehung des

[1]) Vgl. Anmerkung zu Ziff. 15.

anderen, daß dieser periodisch schwächer wird oder intermittiert und auch umgekehrt, so entsteht ein Kombinationston. In der Doppelsirene von HELMHOLTZ, im Harmonium und der Pfeifenorgel dient eine gemeinsame Windkammer zum Hervorbringen beider Primärtöne, und ihre Druckschwankungen liefern den Mechanismus zu solcher gegenseitigen Beeinflussung. Die Doppelpfeife, bei der ein mächtiger tiefer Ton durch gleichzeitiges Tönen zweier hoher Töne entsteht, ist ein anderes Beispiel derselben Art. Differenz- und Summationstöne entstehen auch, wenn in der Quelle unsymmetrische Oszillatoren mit großer Amplitude schwingen. Auf eine weitere Entstehungsmöglichkeit von Kombinationstönen ist vom Verfasser hingewiesen worden[1]). Wenn man die Spannung einer Seite durch longitudinale Bewegung ihres Endes periodisch mit zwei verschiedenen Frequenzen variiert, so findet man, daß ihre Schwingungen auch Kombinationsfrequenzen enthalten. Wie weit die verschiedenen hier erwähnten Mechanismen das Entstehen objektiver Kombinationstöne auf der Violine, dem Klavier[2]) und anderen Saiteninstrumenten zu erklären vermögen, muß durch weitere Untersuchungen entschieden werden. Bekannt ist, daß in Saiteninstrumenten periodische Spannungsänderungen und longitudinale Bewegungen auftreten[3]). Andererseits ist auch nicht unwahrscheinlich, daß die Schwingungen der gekrümmten Resonanzböden dieser Instrumente erheblich unsymmetrisch sind.

Schallempfänger, deren Schwingungen asymmetrisch sind, rufen beim eigenen Ansprechen Kombinationstöne hervor. Das beste Beispiel hierfür ist das menschliche Ohr. Der Effekt wird auch durch die Experimente von WAETZMANN und MOSER[4]) glänzend illustriert, ebenso wie durch die von B. N. BANERJI[5]) ausgearbeiteten mechanischen Modelle; er untersuchte das Ansprechen eines auf die Kombinationsfrequenzen besonders abgestimmten unsymmetrischen schwingungsfähigen Gebildes. WAETZMANN[6]) hat gezeigt, daß Kombinationstöne im Kohlekontaktmikrophon entstehen, weil die Beziehung zwischen Druck und elektrischem Widerstand nicht linear ist. Auch eine frühere Arbeit von WAETZMANN[7]) muß hier erwähnt werden, in der ein über die Öffnung eines Resonators gespanntes empfindliches Seifenhäutchen zur Beobachtung von Kombinationstönen in der freien Atmosphäre benutzt wird. KÜSTNER[8]) hat den Zusammenhang zwischen der Entstehung von Kombinationstönen und dem Druck von Schallwellen endlicher Amplitude untersucht.

17. Physikalische Grundlagen der Konsonanz[9]). Die von HELMHOLTZ entwickelte Theorie der Konsonanz und Dissonanz stützt sich auf die beobachtete Tatsache, daß, wenn zwei oder mehr musikalische Klänge verschiedener Höhe gleichzeitig klingen, die im Gesamtklang enthaltenen Ober- und Kombinationstöne in gewissen Fällen Schwebungen erzeugen können, die vom Ohr als unangenehme Rauheit empfunden werden. Will man auf diese Theorie näher eingehen, so muß man die Fälle betrachten, in denen solche Schwebungen entstehen, und die Grenzen, innerhalb deren sie wahrnehmbar sind und unangenehme Empfindungen hervorrufen. Uns muß es für unseren Zweck genügen, einige in diesem Zusammenhang beobachtete Tatsachen wiederzugeben: a) Wenn zwei einfache Töne von fast gleicher Frequenz Schwebungen erzeugen, so bleiben die

---

1) C. V. RAMAN, Phys. Rev. Bd. 5, S. 1. 1915.
2) E. H. BARTON, Text Book of Sound, 1914, S. 387.
3) C. V. RAMAN, Phil. Mag. Bd. 21, S. 615. 1911.
4) E. WAETZMANN u. W. MOSER, Verh. d. D. Phys. Ges. Bd. 19, S. 13. 1917.
5) B. N. BANERJI, Proc. Ind. Assoc. Bd. 6, S. 37. 1920.
6) E. WAETZMANN, Ann. d. Phys. (IV) Bd. 42, S. 729. 1913.
7) E. WAETZMANN, Ann. d. Phys. (IV) Bd. 20, S. 837. 1906.
8) F. KÜSTNER, Ann. d. Phys. (IV) Bd. 50, S. 941. 1916.
9) Vgl. hierzu Artikel „Gehör", Ziff. 26 (ds. Bd. Kap. 11).

Intensitätsschwankungen unhörbar, solange sie weniger als 10% der mittleren Intensität betragen. b) Die Schallschwankungen werden vom Ohr erst dann nicht mehr empfunden, wenn die Schwebungszahl pro Sekunde größer ist als etwa 20 für die tiefsten Töne bis zu 132 und sogar mehr für hohe Töne. Mißt man aber diese Zahlen durch das musikalische Intervall zwischen den die Schwebungen hervorrufenden Tönen, so nehmen sie mit steigender Höhe ab. c) Das Minimum der unangenehmen Empfindungen liegt bei sehr langsamen Schwebungen; sie erreichen dann ein Maximum, um bei weiterer Steigerung der Schwebungsgeschwindigkeit wieder abzunehmen.

Es folgt aus diesen Tatsachen, daß, wenn wir nur einfache Töne betrachten und Obertöne und Kombinationstöne vernachlässigen, alle musikalischen Intervalle, die größer als einige Halbtöne sind, konsonant sein würden, und daß Klänge ohne Obertöne für harmonische Musik nicht zu gebrauchen wären. Der Unterschied zwischen verschiedenen musikalischen Intervallen bezüglich ihrer Konsonanz und Dissonanz hängt also weitgehend von der Stärke der Obertöne ab und in geringerem Maße auch von den Kombinationstönen, die sie begleiten. Ist die Stärke der Obertöne bekannt, so läßt sich der Grad der Konsonanz oder Dissonanz jedes gegebenen musikalischen Intervalles berechnen. HELMHOLTZ hat solche Berechnungen angestellt und Diagramme gezeichnet, die in seiner Lehre von den Tonempfindungen veröffentlicht sind. Dabei wirkt sehr auffallend, daß die am schärfsten dissonierenden Intervalle diejenigen sind, die dicht bei den besten Konsonanzen liegen, also dem Einklang, der Oktave und der Quinte. Das läßt sich leicht daraus verstehen, daß in solchen konsonenten Intervallen wichtige Obertöne beider Klänge gleiche Höhe haben. Daher muß eine kleine Änderung des Intervalles zwischen den beiden musikalischen Klängen in solchen Fällen Anlaß zu unangenehmen Schwebungen und Dissonanz geben.

HELMHOLTZ verwandte dieselben Gedanken, die seiner Theorie der Konsonanz zugrunde liegen, auch zur Erklärung der Annehmlichkeit oder Unannehmlichkeit der Klangfarbe einzelner Musikinstrumente. Wenn die höheren Obertöne eines Klanges stark genug sind, so können sie unter Umständen miteinander dissonieren und so den Klang durchdringend oder schrill machen. Er hat auch ausführlich die Brauchbarkeit oder Unbrauchbarkeit spezieller Klangfarben für die Zwecke der harmonischen Musik auf Grund der schon angedeuteten Gedanken diskutiert.

WEGEL und LANE haben gefunden, daß zwei Töne, die Schwebungen erzeugen, durch tiefere Töne weniger leicht in der Empfindung verdeckt werden, als ein einzelner Ton derselben Höhe. Nach dieser und anderen Überlegungen scheint es wahrscheinlich, daß wir in einer vollständigeren Theorie der musikalischen Konsonanz den Einfluß des Verdeckungseffektes nicht vernachlässigen dürfen.

b) Gestrichene Saiteninstrumente[1]).

18. Allgemeine Beschreibung. Die direkte akustische Energieausstrahlung einer transversal schwingenden Saite in die Atmosphäre ist für gewöhnlich so schwach, daß sie in der musikalischen Anwendung der Theorie vernachlässigt werden kann. Wir finden bei allen Saiteninstrumenten, daß die Tonerzeugung von der Übertragung der Saitenschwingungen durch einen Steg oder eine Stütze abhängt, über die die Saite an ihrem einen Ende läuft und die bis zu einem gewissen Grade nachgeben können. Der Steg ist fest mit dem Körper des Instrumentes verbunden, und dieser ist die wahre Tonquelle. Manchmal besteht der Körper

[1]) Vgl. hierzu auch Artikel „Schallerzeugung mit mechanischen Mitteln", Ziff. 30—33 (ds. Bd. Kap. 5).

nur aus einer gespannten Membran oder einer elastischen Platte, die erzwungene Schwingungen ausführt. Manchmal aber wird dieser Resonanzboden noch mit einem Resonator verbunden, einem eingeschlossenen Luftvolumen, das durch eine oder mehrere Öffnungen mit der äußeren Atmosphäre in Verbindung steht. Diese eingeschlossene Luft wird zum Mitschwingen gebracht und verstärkt die Töne des Instrumentes.

Die Saiteninstrumente lassen sich am ungezwungensten nach der Art einteilen, wie ihre Schwingungen erregt werden. Die physikalischen Theorien der Instrumente einerseits, in denen die Schwingungen auf irgendeine Art unterhalten werden, und der Instrumente andererseits, in denen die Schwingungen plötzlich erzeugt werden und dann abklingen, sind von Grund aus verschieden. In der ersten Gruppe sind die Schwingungen wirklich periodisch; die Klänge sind ausgehalten und können in Teiltöne zerlegt werden, die eine streng harmonische Folge bilden. In der zweiten Gruppe sind dagegen die Schwingungen nur quasiperiodisch; wegen des Nachgebens des Steges, der Dämpfung der Schwingungen und auch aus anderen Ursachen weisen die der Saite charakteristischen Töne nur angenäherte harmonische Beziehungen auf und sind außerdem häufig von Tönen vollständig unharmonischer Frequenzen begleitet, die den gleichzeitig erregten Eigenschwingungen des Steges und des Bodens zuzuschreiben sind. Bei den meisten Instrumenten der ersten Art werden die Saitenschwingungen durch Bogenstrich erzeugt. Von denen der zweiten Art müssen wir diejenigen besprechen, deren Saiten durch Stoß erregt werden und jene, in denen die Saite durch Zupfen zum Schwingen kommt.

19. Mechanik der Saite und des Steges. Es wird nützlich sein, hier einige allgemeine Betrachtungen einzufügen. Der periodische Teil der von der Saite auf den Steg ausgeübten Kraft kann in zwei Komponenten zerlegt werden, eine transversale und eine longitudinale. Der transversale Teil ist $T_0\Theta$, wo T_0 die Spannung der Saite und Θ ihre Neigung am Ende ist. Der longitudinale Teil ist $(-Y\cdot\delta l/l+\frac{1}{2}T_0\Theta^2)$, wo Y den Elastizitätsmodul der Saite bedeutet, l ihre Länge und δl die Dehnung, die durch eine endliche transversale Verschiebung hervorgerufen wird. Der zweite Ausdruck kann neben dem ersten vernachlässigt werden. Dann ist die longitudinale Kraft $-Y\cdot\delta l/l$; man kann leicht zeigen, daß sie periodisch ist, und zwar mit der doppelten Frequenz der Saite. Mit endlichen Schwingungsamplituden würden daher die longitudinalen Kräfte Töne doppelter Frequenz erzeugen. Dies läßt sich in der Tat bei einigen primitiven Instrumenten beobachten, bei denen kein Steg vorhanden ist und die Saite quer über einer gespannten Membran befestigt ist[1]). Für gewöhnlich sind jedoch die longitudinalen Bewegungen des Steges, wenn sie auch auftreten, nicht sehr bedeutend. Bei Betrachtung kleiner Schwingungsamplituden ist es jedenfalls eine berechtigte Vereinfachung, die auf den Steg ausgeübten longitudinalen Kräfte völlig zu vernachlässigen. Wir wollen annehmen, daß das Ende $x=0$ der Saite befestigt ist, und daß das andere Ende $x=l$ über den Steg läuft.

Das Nachgeben des Steges bedingt eine Änderung der Eigenschwingungen der Saite. Wir können die Frequenzen des kombinierten Systems folgendermaßen finden. Wir wollen annehmen, daß die Saite eine Schwingung ausführt, bei der die transversale Verschiebung y an dem befestigten Ende Null ist und an allen anderen Stellen $A\sin px\cos mt$, wo $\mu m^2=T_0p^2$. μ ist die lineare Dichte der Saite. An dem anderen Ende ist dann die transversale Schwingung der Saite $A\sin pl\cos mt$, und dies soll der transversalen Schwingung des Steges gleich sein. Es mögen die kinetische und potentielle Energie des Systems Steg-Resonanz-

[1]) C. V. RAMAN, Journ. Ind. Math. Soc. Bd. 1, S. 170. 1909.

körper durch die Veränderungen der Normalkoordinaten ausgedrückt, folgendermaßen lauten:

$$\left.\begin{aligned} T &= \tfrac{1}{2} a_1 \dot{\varphi}_1^2 + \tfrac{1}{2} a_2 \dot{\varphi}_2^2 + \cdots \\ V &= \tfrac{1}{2} a_1 n_1^2 \varphi_1^2 + \tfrac{1}{2} a_2 n_2^2 \varphi_2^2 + \cdots \end{aligned}\right\} \tag{1}$$

Die transversale Bewegungskomponente des Steges ist

$$A \sin p\, l \cos m\, t = r_1 \varphi_1 + r_2 \varphi_2 + \cdots$$

In diesem Ausdruck können φ_1, φ_2 usw. aus den Gleichungen

$$\ddot{\varphi}_1 + n_1^2 \varphi_1 = \Phi_1/a_1; \qquad \ddot{\varphi}_2 + n_2^2 \varphi_2 = \Phi_2/a_2 \quad \text{usw.}$$

gefunden werden, wo Φ_1, Φ_2 usw. die verallgemeinerten Kraftkomponenten sind. Die transversale Spannungskomponente der Saite am Stege ist $-A\,T_0 p \cos p\, l \cos m t$. Berechnen wir die Werte von φ_1, φ_2 usw. und setzen sie in obige Gleichung ein, so erhalten wir

$$\operatorname{tg} p\, l = -\, T_0\, p \left[\frac{r_1^2/a_1}{n_1^2 - m^2} + \frac{r_2^2/a_2}{n_2^2 - m^2} + \cdots\right]. \tag{2}$$

Dies läßt sich als Gleichung für die Eigenschwingungen des kombinierten Systems auffassen. Wird sie numerisch oder graphisch gelöst, so findet man, daß die Eigenschwingungen der Saite merklich beeinflußt werden; die Größe des Effektes hängt davon ab, wie groß n_1, n_2 usw. relativ zu m sind. Die Änderungen der Eigenschwingungen sind am größten, wenn m fast mit n_1 oder n_2 usw. übereinstimmt, d. h. wenn die Saitenfrequenz fast mit einer oder der anderen Eigenschwingung des Steges übereinstimmt.

20. Erzwungene Schwingungen von Saite und Steg. Im Vorhergehenden haben wir die unvermeidliche Energiezerstreuung vernachlässigt, die teils durch die Übertragung von Schallenergie an die Atmosphäre und teils durch andere Ursachen bedingt wird. Die durch das Nachgeben des Steges modifizierten Eigenschwingungen der Saite werden auch bei Berücksichtigung der Zerstreuung für gewöhnlich nicht viel von den durch (2) gegebenen Werten abweichen. Die durch eine äußere periodische Kraft von fast gleicher Frequenz erzeugte Schwingung wird dagegen durch die Zerstreuung stark beeinflußt. Wegen der Zerstreuung werden die verschiedenen Teile des Systems nicht alle in Phase schwingen.

Die durch eine im Punkte $x = x_0$ auf die Saite wirkende Kraft $E \cos m t$ verursachte Bewegung läßt sich folgendermaßen berechnen.

Die Schwingung der Saite möge gegeben sein durch den Ausdruck

$$\left.\begin{aligned} & y = A \sin p x \cos m t + B \sin p x \sin m t && \text{für } 0 < x < x_0 \\ \text{und}\quad & y = C \sin p\,(l - x) \cos m t + D \sin p\,(l - x) \sin m t && \\ & \quad + G \cos p\,(l - x) \cos m t + H \cos p\,(l - x) \sin m t && \text{für } x_0 < x < l \end{aligned}\right\} \tag{3}$$

Aus (3) finden wir, daß die auf den Steg wirkende transversale Kraft $T_0 p$ $(C \cos m t + D \sin m t)$ ist, und daß die daraus entstehende Schwingung des Steges gegeben ist durch $y = G \cos m t + H \sin m t$. Da Kraft und entstehende Schwingung einander proportional sein müssen, erhalten wir die beiden Beziehungen

$$\left.\begin{aligned} G &= \alpha C - \beta D \\ \text{und} \qquad H &= \beta C + \alpha D \end{aligned}\right\} \tag{4}$$

aus denen wir durch Quadrieren und Addieren erhalten

$$G^2 + H^2 = (\alpha^2 + \beta^2)\,(C^2 + D^2).$$

Die Stetigkeit der Verschiebungen bei x_0 liefert uns die Beziehungen

$$\left.\begin{aligned} A\sin p x_0 - C\sin p(l-x_0) - G\cos p(l-x_0) &= 0\\ B\sin p x_0 - D\sin p(l-x_0) - H\cos p(l-x_0) &= 0\end{aligned}\right\}. \tag{5}$$

Da die äußere Kraft $E\cos mt$ der Resultierenden der Spannungen in x_0 entgegengesetzt gleich ist, folgt

$$\left.\begin{aligned} A\cos p x_0 + C\cos p(l-x_0) - G\sin p(l-x_0) &= E/T_0 p\\ B\cos p x_0 + D\cos p(l-x_0) - H\sin p(l-x_0) &= 0\end{aligned}\right\}. \tag{6}$$

Eliminiert man A, B, G und H aus (4), (5) und (6) und löst nach C und D auf und schreibt $\alpha = \operatorname{tg}\delta$, so erhält man

$$\left.\begin{aligned} (C^2+D^2)^{\frac{1}{2}} &= E\cos\delta\sin p x_0/T_0 p[\sin^2(pl+\delta) + \beta^2\cos^2\delta\cos^2 pl]^{\frac{1}{2}}\\ D/C &= -\beta\cos\delta\cos pl/\sin(pl+\delta)\end{aligned}\right\} \tag{7}$$

Die Gleichungen (7) geben Amplitude bzw. Phase des wesentlichen Teiles der erzwungenen Saitenschwingung.

Die in (4) eingeführten Größen α und β sind so bemessen, daß $(\alpha^2+\beta^2)^{\frac{1}{2}}/T_0 p$ die Amplitude und β/α die Phase der erzwungenen Schwingungen des Steges messen, die erzeugt werden, wenn eine periodische Kraft mit der Amplitude eins auf ihn wirkt. Ohne Zerstreuung ist $\beta = 0$ und $-\alpha$ identisch mit der rechten Seite der Gleichung (2) der vorigen Ziffer. Wenn die Form der Zerstreuungsfunktion für Steg und Körper in Abhängigkeit von den Normalkoordinaten des Systems bekannt ist, lassen sich der Wert von β und der modifizierte Wert von α bestimmen. Näherungsweise nehmen wir an, daß die Zerstreuung die normalen Schwingungsbewegungen von Steg und Boden nicht merklich beeinflußt, und daß sie nur ein Abklingen der Eigenschwingungen mit der Zeit verursacht, mit einer Schnelligkeit, die durch $e^{-\frac{1}{2}k_1 t}$, $e^{-\frac{1}{2}k_2 t}$ usw. für die entsprechenden Koordinaten gegeben ist. Unter dieser Annahme sieht man leicht, daß bei Beibehaltung der Bezeichnungen der vorigen Ziffer

$$\left.\begin{aligned} \alpha &= T_0 p\left[\frac{r_1^2}{a_1}\,\frac{n_1^2-m^2}{(n_1^2-m^2)^2+k_1^2 m^2} + \frac{r_2^2}{a_2}\,\frac{n_2^2-m^2}{(n_2^2-m^2)^2+k_2^2 m^2} + \cdots\right],\\ \beta &= T_0 p\left[\frac{r_1^2}{a_1}\,\frac{k_1 m}{(n_1^2-m^2)^2+k_1^2 m^2} + \frac{r_2^2}{a_2}\,\frac{k_2 m}{(n_2^2-m^2)^2+k_2^2 m^2} + \cdots\right].\end{aligned}\right\} \tag{8}$$

Aus Gleichung (7) sieht man, daß, solange β klein ist, die Saite am stärksten auf eine äußere Kraft anspricht, wenn $pl + \delta = n\pi$. Da $\alpha = \operatorname{tg}\delta$ ist, sehen wir aus den Gleichungen (2) und (8), daß dies dem Falle entspricht, daß die Periode der äußeren Kraft gleich einer der durch das Nachgeben des Steges modifizierten Eigenschwingungen der Saite ist. Außerdem sieht man aus (7), daß für $\sin p x_0 = 0$, $(C^2+D^2)^{\frac{1}{2}}$ verschwindet. Dies bedeutet, daß, wenn die Kraft an einem Knoten der Saite angreift, die Schwingungen nicht erregt werden. Aus Gleichung (8) folgt noch, daß, wenn m fast gleich n_1 oder n_2 usw. wird, β nicht mehr klein bleibt. Mit anderen Worten, die Schwingung der Saite wird scharf gedämpft, wenn ihre Eigenschwingung fast gleich einer der Eigenschwingungen des Steges wird und braucht daher eine entsprechend größere äußere Kraft zu ihrer Erhaltung.

21. Mechanik des Streichens. Wir wollen nun zu der Theorie der wichtigen Gruppe von Saiteninstrumenten übergehen, die durch Bogenstrich erregt werden und ausgehaltene musikalische Klänge erzeugen. Der erste Schritt der Theorie ist offensichtlich die Betrachtung der mechanischen Wirksamkeit des Bogens.

Wir wollen die Geschwindigkeit des Bogens mit v bezeichnen und die Transversalgeschwindigkeit der Saite am Angriffspunkt des Bogens mit

$$\dot{y} = \dot{\psi}_1 u_1 + \dot{\psi}_2 u_2 + \cdots \tag{9}$$

wo ψ_1, ψ_2 usw. die Normalkoordinaten sind und u_1, u_2 usw. die Normalfunktionen. Die Gleichungen der erzwungenen Schwingungen haben die Form

$$a_1 \ddot{\psi}_1 + b_1 \dot{\psi}_1 + c_1 \psi_1 = F u_1\,, \tag{10}$$

wo F die Reibung zwischen Saite und Bogen ist. Nehmen wir an, daß die Relativgeschwindigkeit $(v - \dot{y})$ nicht Null wird und ihr Vorzeichen nicht wechselt, so können wir F in eine Potenzreihe entwickeln und schreiben

$$F = F_0(P) + F_1(P)(v - \dot{y}) + F_2(P)(v - \dot{y})^2 + \cdots \tag{11}$$

wo $F_0(P)$, $F_1(P)$ usw. Funktionen des Druckes P sind. Wir setzen den Wert für $\dot{y}$ aus (9) in Gleichung (11) ein und ersetzen dann F in (10) durch die entwickelte Reihe. Die Größen auf der rechten Seite der Gleichung (10) stellen dann periodische Kräfte verschiedener Frequenzen dar. Wir wollen zunächst unsere Aufmerksamkeit auf die Ausdrücke beschränken, die proportional $F_1(P)$ sind und von der ersten Potenz der relativen Geschwindigkeit abhängen. Unter diesen Ausdrücken wird offenbar derjenige der wichtigste sein, der eine periodische Kraft derselben Frequenz darstellt, wie die betrachtete Normalkoordinate. Dieser Ausdruck hat die Form $-F_1(P)\,u_1^2\,\dot{\psi}_1$. Bringt man ihn auf die linke Seite der Gleichung (10) und vernachlässigt man alle übrigen Ausdrücke, so geht die Gleichung der erzwungenen Schwingung über in

$$a_1 \ddot{\psi}_1 + \{b_1 + F_1(P)\,u_1^2\}\,\dot{\psi}_1 + c_1 \psi_1 = 0\,. \tag{12}$$

Die Erfahrung lehrt, daß die dynamische Reibung kleiner ist als die maximale statische Reibung, $F_1(P)$ ist daher negativ. Ferner kann bei wachsendem Druck der Absolutwert von $F_1(\mathrm{P})$ über alle Grenzen wachsen. So können wir durch Anwendung genügenden Druckes immer erreichen, daß der zweite Ausdruck in (12) negativ ist. Die Lösung der Gleichung (12) zeigt, daß die Schwingung ψ_1 dann exponentiell mit der Zeit zunehmen muß, und unter gleichen Umständen würden alle anderen Normalkoordinaten sich ebenso benehmen. Es folgt daraus, daß, wenn der Bogen mit genügendem Druck aufgesetzt wird, die Schwingungen der Seite weiter wachsen, bis die Gültigkeitsgrenze von (11) erreicht ist, d. h. bis die Geschwindigkeit des gestrichenen Punktes in seiner Vorwärtsbewegung gleich der des Bogens geworden ist, wonach keine weitere Vergrößerung der Schwingung eintreten kann.

Betrachtet man die Komponenten der Reibungskraft, die höheren Potenzen der Relativgeschwindigkeit proportional sind, so findet man, daß einige von ihnen Frequenzen haben, die gleich ganzen Vielfachen derjenigen der Normalkoordinaten sind oder gleich ihren Differential- oder Summationsfrequenzen. Sie würden bewirken, daß bei genügendem Bogendruck die hauptsächlichsten Obertöne der Schwingung die anderen in streng harmonische Beziehung zu sich zwingen würden. Obgleich also die freien Schwingungen der Saite wegen des Nachgebens des Steges und aus anderen Ursachen nicht in genau harmonischer Beziehung stehen, sind in der Regel die durch den Bogen verursachten erzwungenen Schwingungen periodisch.

22. Bewegung am Ansatzpunkt des Bogens. Wenn die Geschwindigkeit des gestrichenen Punktes während irgendeines Teiles seiner Vorwärtsbewegung gleich der des Bogens wird, so stellt, wie schon oben erklärt wurde, Gleichung (11) nicht mehr die Reibung für diesen Teil dar, da sie jeden Wert, der kleiner als die maximale statische Reibung ist, annehmen kann. Für andere Teile jeder Schwingungsperiode wird jedoch Gleichung (11) gültig bleiben und wir können für sie den periodischen Teil der Reibungskraft in ihre einfachen Komponenten zerlegen und diese in die rechte Seite der Gleichung (10) einsetzen. Solange $\dot{y}$ in irgendeinem Teil der Vorwärtsbewegung des gestrichenen Punktes kleiner als v ist, kann eine gleichmäßige Schwingung nicht erreicht werden, da der Unterschied zwischen der Reibung bei den Vor- und Rückwärtsbewegungen beträchtlich sein würde und harmonische Komponenten verursachen würde, die die zur Schwingungserhaltung notwendigen übertreffen würden. Wir schließen daraus, daß eine gleichmäßige Schwingung unter den angenommenen Bedingungen nur möglich ist, wenn die Vorwärtsgeschwindigkeit vollständig gleichmäßig und gleich der des Bogens ist.

Dieselben Überlegungen weisen darauf hin, daß der gestrichene Punkt auch bei der rückläufigen Bewegung einer gleichförmigen Geschwindigkeit zustrebt, deren Größe durch den gegebenen Fall bestimmt wird. Denn wäre die Rückkehrgeschwindigkeit veränderlich, so könnten die dadurch entstehenden periodischen Reibungskräfte die zur Erhaltung der Bewegung durch (10) geforderten übertreffen. Jedoch soll bemerkt werden, daß eine solche Konstanz der Geschwindigkeit bei der rückläufigen Bewegung nur einen Idealfall darstellt, dem man zwar in gewissen Fällen sehr nahekommen mag, der aber in der Praxis nicht immer realisiert werden kann. Bei dieser Überlegung haben wir vorausgesetzt, daß der periodische Teil der Reibungskraft gegenüber dem konstanten Teil vernachlässigbar ist, was nur für den Grenzfall richtig sein kann, daß die Schwingungen der Saite völlig ungedämpft sind und eine streng harmonische Folge bilden. In diesem Grenzfall würde die Reibung in beiden Bewegungsstadien genau den gleichen Wert haben und würde tatsächlich während der ganzen Bewegung konstant sein.

Setzen wir diese beiden Forderungen voraus, daß nämlich der gestrichene Punkt bei der Vorwärts- und Rückwärtsbewegung diskontinuierlich von einer Geschwindigkeit zur anderen übergeht, so können wir alle die möglichen Schwingungsarten der Saite untersuchen, die mit dieser Bedingung verträglich sind, und feststellen, welche von ihnen stabil sind und bei welchen Geschwindigkeiten und Drucken. Die Frage ist sehr ausführlich und sorgfältig durch den Verfasser in einer Monographie[1]) behandelt worden, auf die der Leser verwiesen werden möge. Wir müssen uns hier mit einer kurzen Zusammenfassung der allgemeinen Methode und der Ergebnisse begnügen unter besonderer Berücksichtigung der musiktheoretisch interessierenden Fälle. Zunächst müssen wir einige einleitende Bemerkungen über die Kinematik diskontinuierlicher Wellenbewegungen vorausschicken, ein Gebiet, das zuerst von CHRISTOFFEL und später von HARNACK erforscht worden ist.

23. Geometrie diskontinuierlicher Wellenbewegung. Es steht uns frei, die Transversalgeschwindigkeit $\dot{y}$ an irgendeiner Stelle einer unendlichen Saite durch einen Ausdruck der Form

$$\dot{y} = \Theta(x - a t) + X(x + a t)$$

darzustellen, wo Θ und X willkürliche Funktionen sind, die eine oder mehrere Unstetigkeitsstellen haben sollen. Derselbe Ausdruck läßt sich auch für den Fall der endlichen Saite verwenden, nur daß sich die Funktionen Θ und X dann so zueinander verhalten müssen, daß an den Enden der Saite $\dot{y} = 0$ wird, und daß an anderen Punkten sein Wert sich periodisch in Zeitintervallen $2\,l/a$ wiederholen muß. Werden Θ und X graphisch dargestellt, so geben sie uns die Form der Geschwindigkeitswellen der Saite, und die durch ihre Superposition entstehende Kurve liefert die Transversalgeschwindigkeit an den verschiedenen

[1]) C. V. RAMAN, Ind. Assoc. Sci. Bull. 15, S. 1—158. 1918.

Stellen der Saite zu jeder vorgegebenen Zeit. Dies Geschwindigkeitsdiagramm würde sich von Augenblick zu Augenblick ändern und nach dem Verlauf einer vollständigen Schwingungsperiode wieder die ursprüngliche Gestalt annehmen. Im folgenden wollen wir unsere Aufmerksamkeit auf die Fälle beschränken, in denen die Geschwindigkeitswellen durch parallele gerade Linien dargestellt werden, die alle gleiche Neigung gegen die x-Achse besitzen und durch Unstetigkeitsstellen voneinander getrennt sind. Es ist klar, daß das durch ihre Überlagerung entstehende Geschwindigkeitsdiagramm denkbar einfach wird. Es würde aus ebenfalls parallelen Geraden von doppelter Neigung bestehen, die durch Unstetigkeitsstellen getrennt sind, die sich mit gleichförmiger Geschwindigkeit vor- und rückwärts auf der Saite bewegen. Die Transversalgeschwindigkeit bleibt an jeder beliebigen Stelle der Saite konstant, außer wenn eine Unstetigkeit über sie hinwegläuft; dann ändert sich die Geschwindigkeit plötzlich um den Betrag der Unstetigkeit. Wenn die Unstetigkeit nach Reflexion am Ende zurückkehrt und über dieselbe Stelle in umgekehrter Richtung hinweggeht, kehrt die Transversalgeschwindigkeit auf ihren ursprünglichen Wert zurück, wobei natürlich die Fälle eine Ausnahme bilden, in denen in der Zwischenzeit noch andere Unstetigkeiten die Stelle passiert haben.

In solchen Fällen ist es ein Leichtes, aus der anfänglichen Gestalt des Geschwindigkeitsdiagramms für jede Stelle der Saite in jedem Schwingungsstadium die Entfernung aus der Ruhelage anzugeben. Wir brauchen nur die Transversalgeschwindigkeiten der aufeinander folgenden Schwingungsstadien aufzufinden und sie mit den Zeitintervallen zu multiplizieren, während deren sie konstant bleiben; die so berechneten Ausbiegungen werden einfach addiert. Die resultierenden Ausbiegungen sind natürlich periodisch, und wenn man sie graphisch als Zeitfunktion aufträgt, so geben sie die „Schwingungskurve" der Saite an der vorgegebenen Stelle. Die „Kurve" besteht in Wirklichkeit aus einer Zahl gerader Linien, die zu einem kontinuierlichen Linienzuge zusammengesetzt sind.

Ähnlich läßt sich die Gestalt der ganzen Saite zu jedem vorgegebenen Schwingungsstadium finden. Sie besteht aus einer Anzahl von Geraden, die unter spitzen Winkeln oder Knicken aufeinandertreffen, wobei jeder solche Knick einer diskontinuierlichen Geschwindigkeitsänderung entspricht und, wie schon beschrieben wurde, auf der Saite vor- und rückwärts wandert. Die plötzliche Geschwindigkeitsänderung und der plötzliche Richtungswechsel an den Knicken sind physikalisch gegenseitig bedingt, worauf zuerst durch CHRISTOFFEL hingewiesen wurde.

24. Analyse diskontinuierlicher Schwingungen. Die Fourieranalyse jeder Art von Schwingungen einer gespannten Saite mit nur diskontinuierlichen Geschwindigkeitsänderungen läßt sich, wie zuerst HARNACK[1]) angegeben hat, in aller Kürze entwickeln. Wir wollen annehmen, daß die Transversalgeschwindigkeit $\dot{y}$, zu einer gegebenen Zeit t graphisch in Abhängigkeit von x dargestellt, ein Diagramm liefert, das aus einem System paralleler gegen die x-Achse geneigter Geraden besteht, die durch die Unstetigkeiten α_1, α_2, α_3 usw. an Stellen getrennt sind, die von einem Ende die Entfernungen l_1, l_2, l_3 usw. haben. Ist

$$\dot{y} = \sum_n Q_n \sin\frac{n\pi x}{l},$$

so ist

$$Q_n = \frac{2}{l}\int_0^l \dot{y}\sin\frac{n\pi x}{l}\cdot dx.$$

[1]) A. HARNACK, Math. Ann. Bd. 29, S. 486. 1887.

Die ausgeführte Integration liefert

$$Q_n = -\frac{2}{n\pi}\left[\alpha_1 \cos\frac{n\pi l_1}{l} + \alpha_2 \cos\frac{n\pi l_2}{l} + \cdots\right].$$

Die Lagen l_1, l_2 usw. der Unstetigkeiten ändern sich mit der Zeit. Wir können schreiben $l_r = L_r + at$, wenn l_r zur positiven Welle gehört, und $l_r = 2l - (L_r + at)$, wenn es zur negativen Welle gehört, wobei L_r eine Konstante ist. Entwickeln wir den so erhaltenen Wert für Q_n und setzen ihn in die allgemeine Fourierentwicklung ein, so leiten wir für die Ausbiegung an jeder beliebigen Stelle den Ausdruck ab

$$y = \sum_n \sin\frac{n\pi x}{l}\left[A_n \sin\frac{2n\pi t}{T} + B_n \cos\frac{2n\pi t}{T}\right], \tag{13}$$

wo

$$A_n = -\frac{T}{n^2\pi^2}\left[\alpha_1 \cos\frac{n\pi L_1}{l} + \alpha_2 \cos\frac{n\pi L_2}{l} + \cdots\right],$$

$$B_n = -\frac{T}{n^2\pi^2}\left[\alpha_1 \sin\frac{n\pi L_1}{l} + \alpha_2 \sin\frac{n\pi L_2}{l} + \cdots\right].$$

Ist nur eine Unstetigkeit d vorhanden, die anfangs am Ende $L = 0$ liegt, so vereinfacht sich dies Resultat zu der wohlbekannten Formel

$$y = -\sum_n \frac{T\alpha}{n^2\pi^2} \sin\frac{2n\pi t}{T} \sin\frac{n\pi x}{l}.$$

Man sieht, daß die Fourierkomponenten der Schwingung ausschließlich von den Lagen und Beträgen der Unstetigkeiten abhängen. Der Ausdruck zeigt, wenn für jede Unstetigkeit der positiven Welle eine ebenso große von umgekehrtem Vorzeichen der negativen Welle in derselben Anfangslage vorhanden ist, so verschwinden alle Koeffizienten A_n, aber nicht die B_n. Enthalten dagegen die beiden Wellen Unstetigkeiten gleicher Größe und gleichen Vorzeichens in gleichen Anfangslagen, so verschwinden alle B_n, aber nicht die A_n. Diese Folgerungen hätten sich auch aus der Bedingung ableiten lassen, daß die Schwingung nur von den anfänglichen Ausbiegungen allein oder nur von den Anfangsgeschwindigkeiten allein abhängen soll. Sie sind recht wichtig.

25. Kinematik gestrichener Saiten. Die Bedingung, daß die Bewegung der gestrichenen Stelle mit gleichförmiger Geschwindigkeit vor- und rückwärts ausgeführt werden soll, schränkt die möglichen Bewegungstypen stark ein. Die Frage nach der Auffindung aller dieser Typen ist vom Verfasser in der bereits zitierten Monographie diskutiert worden und hat eine überraschend einfache Lösung gefunden, die sich leicht verifizieren läßt. Es fand sich, daß die möglichen Arten identisch oder ableitbar aus einem Typ diskontinuierlicher Wellenbewegung waren, bei der auf der Saite ein, zwei, drei oder mehr plötzliche Geschwindigkeitsänderungen vorkommen, die alle gleiche Größe und gleiches Vorzeichen haben. Ist nur eine solche Unstetigkeit vorhanden, so haben wir den Haupttyp oder HELMHOLTZschen Schwingungstyp. Sind es n gleiche Unstetigkeiten, so haben wir den n-ten Typ, in dem das Geschwindigkeitsdiagramm im allgemeinen aus $(n + 1)$ parallelen Geraden besteht, die gegen die x-Achse alle gleich geneigt sind und durch die n Unstetigkeitsstellen voneinander getrennt werden. Aus der Gleichheit aller Unstetigkeiten folgt, daß die Geraden des Geschwindigkeitsdiagramms die Saite in n gleiche Teile teilen (oder teilen würden, wenn sie auf die Saite projiziert würden), und daß das Verhältnis der möglichen Geschwindigkeiten an der gestrichenen Stelle gleich dem Verhältnis der Abstände ist, die diese Stelle von den beiden nächsten der Punkte hat, die die Saite in n gleiche Teile zerlegen.

Den einfachsten oder HELMHOLTZschen Typ mit nur einer Unstetigkeit zeigt Abb. 1. Im Anfang wird das Geschwindigkeitsdiagramm der Saite AB durch die geneigte Gerade AC mit der Unstetigkeit CB am Ende dargestellt. Da die Unstetigkeit hin und her schwingt, besteht die Geschwindigkeitskurve in jedem Augenblick aus zwei parallelen Geraden, die durch die Saitenenden gehen und durch die Unstetigkeit voneinander getrennt sind, wie z. B. AE und GB, wenn die Unstetigkeit an der Stelle F der Saite liegt. Die Transversalgeschwindigkeit im Punkte F geht von EF in FG über, wenn die Unstetigkeit den Punkt passiert, wobei das Verhältnis $EF:FG$ gleich dem Verhältnis $AF:FB$ ist, in dem der Beobachtungspunkt die Saite teilt.

Die Kinematik der verwickelteren Fälle, in denen wir es mit zwei, drei oder mehr gleichen Unstetigkeiten auf der Saite zu tun haben, läßt sich ähnlich behandeln. Die Analyse deutet an, daß, wenn der gestrichene Punkt nahe dem Ende der Saite liegt, seine Bewegung ziemlich kompliziert wird, wobei in jeder Periode mehrere Hin- und Herbewegungen auftreten. Der Haupttyp oder HELMHOLTZsche Typ kann als einzigei eine einfache Zickzacklinie als Schwingungskurve des gestrichenen Punktes ergeben, wenn dieser nahe einem Saitenende liegt. Sind im allgemeinen n Unstetigkeiten vorhanden, und ist n eine ganze Primzahl, so ist die einfachste Bewegungsart immer am gestrichenen Punkt möglich, wenn er nicht zu nahe am Saitenende liegt. Ist aber n keine Primzahl und enthält es die andere ganze Zahl s als Teiler, so ist die einfache Bewegungsform am gestrichenen Punkt nur dann möglich, wenn dieser nicht in der Nähe eines der Punkte liegt, die die Saite in s gleiche Teile teilen.

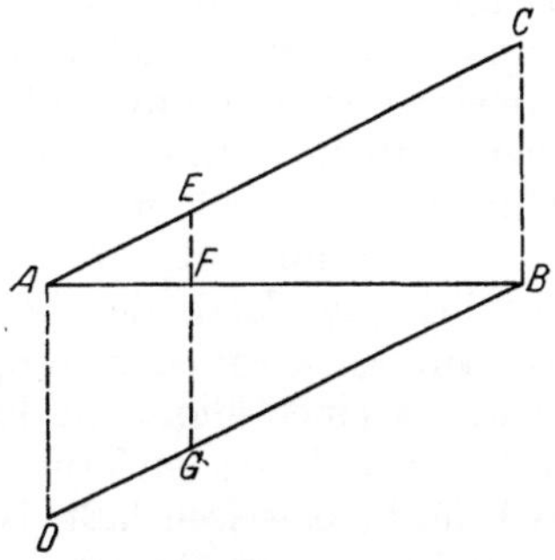

Abb. 1. Geschwindigkeitsdiagramm.

26. Partialtöne gestrichener Saiten. Aus physikalischen Überlegungen wissen wir, daß, wenn der Bogen genau am Knoten eines Obertones angesetzt wird, dieser nicht erregt wird und aus der Bewegung ausfällt, ohne die Bewegung der gestrichenen Stelle selbst zu beeinflussen. Wenn man die in voriger Ziffer behandelten Schwingungstypen mit ein, zwei oder mehr Unstetigkeiten nach der Methode der Ziff. 24 analysiert, so findet man, daß sie die vollständige Serie der Obertöne enthalten; ihr relatives Hervortreten wird durch Zahl und Lage der Unstetigkeiten bestimmt. Im ersten oder HELMHOLTZschen Typ ist der wesentlichste der Grundton. Im zweiten Typ überwiegt die Oktave, im dritten ist es der dritte harmonische Oberton usw. Wir müssen jetzt überlegen, wie diese verschiedenen Schwingungsarten durch das Auslassen derjenigen Obertöne beeinflußt werden, die an der gestrichenen Stelle einen Knoten haben.

Hier ist wiederum die Methode des Geschwindigkeitsdiagramms sehr nützlich. In der Formel der Ziff. 24 setzen wir

$$d_1 = d_2 = d_3 = \cdots = d$$

und erhalten

$$\dot{y} = \sum_n \sin\frac{n\pi x}{l}\left[A'_n \cos\frac{2n\pi t}{T} - B'_n \sin\frac{2n\pi t}{T}\right],$$

wo

$$A'_n = -\frac{2d}{n\pi}\left[\cos\frac{n\pi L_1}{l} + \cos\frac{n\pi L_2}{l} + \cdots\right],$$

$$B'_n = -\frac{2d}{n\pi}\left[\sin\frac{n\pi L_1}{l} + \sin\frac{n\pi L_2}{l} + \cdots\right].$$

Wenn wir nun in diesem Ausdruck die s-te, $(2s)$-te, $(n\,s)$-te Partialschwingung heraussuchen und sie addieren, so können wir das so schreiben

$$\dot{\eta} = \sum_n \sin\frac{n\pi x}{l/s}\left[A'_{ns}\cos\frac{2n\pi t}{T/s} - B'_{ns}\sin\frac{2n\pi t}{T/s}\right],$$

wo

$$A'_{ns} = -\frac{2d/s}{n\pi}\left[\cos\frac{n\pi L_1}{l/s} + \cos\frac{n\pi L_2}{l/s} + \cdots\right],$$

$$B'_{ns} = -\frac{2d/s}{n\pi}\left[\sin\frac{n\pi L_1}{l/s} + \sin\frac{n\pi L_2}{l/s} + \cdots\right].$$

Zeitperiode, Wellenlänge und Unstetigkeiten der Diagramme für $\dot{\eta}$ und $\dot{y}$ verhalten sich alle wie $1:s$. Daraus folgt, daß die Neigung der Linien in beiden Diagrammen identisch ist; das Diagramm für $(\dot{y} - \dot{\eta})$ würde treppenartig werden, nämlich aus zur x-Achse parallelen Geraden bestehen, die durch Unstetigkeiten voneinander getrennt sind, von denen einige vom umgekehrten Vorzeichen und kleiner als die übrigen sind. Aus einem so gezeichneten Geschwindigkeitsdiagramm läßt sich die Bewegung vollständig ablesen.

27. Modifikationen des HELMHOLTZschen Typs. Die in voriger Ziffer beschriebene Methode eignet sich gut zum Auffinden der Modifikationen des HELMHOLTZschen oder Haupttyps, die entstehen, wenn der Bogen genau an Teilpunkten einer aliquoten Einteilung, z. B. um $^1/_5$ oder $^1/_6$ oder $^1/_7$ der Länge von einem Ende entfernt, angreift. Nach einem sehr allgemeinen Prinzip, das sich leicht beweisen läßt, ist die Form der Schwingungskurven für Punkte nahe dem Ende sehr ähnlich der der Geschwindigkeitswellen auf der Saite. Demzufolge würden sie in diesen Fällen eine charakteristische Treppenform haben, wobei die Zahl der horizontalen Stufen gleich der Ordnungszahl der aus der Bewegung ausgeschlossenen hauptsächlichsten Komponente wäre. Es fragt sich nun, ob, wenn man den Bogen aus einer solchen Knotenlage verschiebt, der fehlende Teilton sofort erscheint? Physikalische Überlegungen deuten darauf hin, daß er allmählich entsteht und nicht unendlich schnell, wie die bisher entwickelte kinematische Theorie verlangt. Der Ausweg aus dieser Schwierigkeit ist, daß die gewöhnliche Annahme, daß die Geschwindigkeit der Rückbewegung des gestrichenen Punktes gleichförmig sein soll, in solchen Fällen nicht genau der Wirklichkeit entsprechen kann. Fälle, in denen der gestrichene Punkt mit ungleichförmiger Geschwindigkeit zurückkehrt, sind vom Verfasser untersucht worden und von ihm „Übergangsarten" der Schwingung genannt worden[1]). Ihre kinematischen Eigenschaften lassen sich mit Hilfe von Geschwindigkeitsdiagrammen derselben allgemeinen Form, wie die in der vorigen Ziffer besprochenen, untersuchen. Die dabei auftretenden Größen und Lagen der Unstetigkeiten bewirken, daß in der Bewegung des gestrichenen Punktes einem gleichförmigen Hin ein ungleichförmiges Her folgt. Die Methode setzt uns in den Stand, das allmähliche Verschwinden eines Obertones zu verfolgen, wenn der Bogen sich seinem Knoten nähert, und sein Wiederentstehen, wenn der Bogen den Knoten passiert hat und auf der anderen Seite entfernt wird. Abb. 2 stammt aus einer Arbeit des Verfassers[2]) und stellt dar, wie sich Amplitude und Phase des siebenten Obertones mit der Lage des gestrichenen Punktes ändern; die Analysen wurden mit den Formeln der Ziff. 24 ausgeführt. Man sieht, wie sich der allen Obertönen gemeinsamen stetigen Amplitudenzunahme, die von der Annäherung des gestrichenen Punktes an den Steg herrührt, Schwankungen

---

[1]) C. V. RAMAN, Ind. Assoc. Sci. Bull. 15, S. 95–111. 1918.
[2]) C. V. RAMAN, Phil. Mag. Bd. 38, S. 580. 1919.

überlagern. Es tritt auch eine sehr deutliche Phasenänderung auf, wenn der gestrichene Punkt durch den Knoten wandert. Diese Phasenänderung zeigt an, daß die Schwingung unsymmetrisch ist, und sowohl Sinus- wie Kosinusfunktionen der Zeit enthält. Möglicherweise ist sie physikalisch mit der Phasenänderung verwandt, die bei kleiner Bewegung an den Knoten einer schwingenden Saite auftritt[1]).

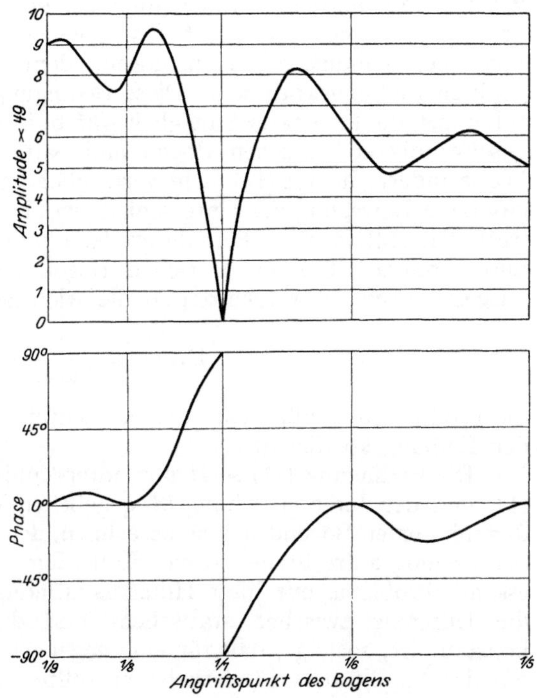

Abb. 2. Amplitude und Phase des siebenten Obertones.

Verfasser hat auch die Übergangstypen zwischen dem HELMHOLTZschen und den Typen höherer Ordnung untersucht, etwa dem fünften, sechsten und siebenten, in denen die entsprechenden Obertöne, statt hinter dem Grundton zurückzutreten, vorherrschen. Auch Übergangsformen anderer Art, in denen die Bewegung des gestrichenen Punktes von einfachen zu ziemlich komplizierten Formen übergeht, sind diskutiert worden. Für Einzelheiten muß hier auf die Originalmonographie verwiesen werden.

28. Beziehungen zwischen Bogendruck und Geschwindigkeit. Aus unseren Betrachtungen der Ziff. 21 und 22 über den Vorgang des Streichens mit dem Bogen geht klar hervor, daß der Bogen mit einem gewissen Mindestdruck aufgesetzt werden muß, um eine bestimmte Schwingungsart aufrechtzuerhalten. Die Größe dieses Druckes wird durch die Überlegung bestimmt, daß der periodische Teil der Reibung ausreichen muß, um die Partialschwingungen der Saite in genaue harmonische Beziehung zu bringen und in jeder vollständigen Periode genügend Arbeit leisten muß, um die durch Übertragung auf den Körper des Instrumentes zerstreute Energie zu ersetzen.

Wir wollen annehmen, daß die Frequenz der erzwungenen Schwingung gleich der freien Schwingung der Saite bei starr befestigten Enden ist. Dann gibt die Untersuchung der Ziff. 20 die periodische Kraft jeder Frequenz, die zur Erhaltung der entsprechenden Partialschwingung nötig ist, in sehr einfacher Form. Ist die erzwungene Schwingung der Saite

$$y = \sum_n \sin\frac{n\pi x}{l}\left[A_n \sin\frac{2n\pi t}{T} + B_n \cos\frac{2n\pi t}{T}\right],$$

so ist die an der Stelle $x = x_0$ notwendige periodische Kraft

$$F = \sum_n T_0 \frac{n\pi/l}{\sin n\pi x_0/l}\left[\mathfrak{A}_n \sin\frac{2n\pi t}{T} + \mathfrak{B}_n \cos\frac{2n\pi t}{T}\right]. \tag{14}$$

---

[1]) C. V. RAMAN, Ind. Assoc. Sci. Bull. 6, S. 7. 1912; A. KALÄHNE, Verh. d. D. Phys. Ges. Bd. 16, S. 934. 1914.

Die Größen $\mathfrak{A}_n$ und $\mathfrak{B}_n$ sind definiert durch die Beziehungen

$$\mathfrak{A}_n = \alpha_n A_n - \beta_n B_n \qquad \text{und} \qquad \mathfrak{B}_n = \beta_n A_n + \alpha_n B_n$$

wo α_n und β_n Größen sind, die durch Gleichung (8) der Ziff. 20 ausgewertet wurden und die den Komponenten der erzwungenen Schwingungen des Steges proportional sind. Die durch (14) gegebene periodische Kraft muß, abgesehen von einer willkürlichen Konstanten, identisch mit der durch den Bogen ausgeübten Reibungskraft sein. Diese Bedingung schließt sofort viele Schwingungsarten aus, die kinematisch möglich wären, in denen sich aber die aus der Relativgeschwindigkeit zwischen Bogen und Saite bestimmte Reibungskraft in einer Weise ändert, die mit (14) nicht verträglich ist. Ist nämlich in irgendeiner vorausgesetzten Bewegung der Unterschied zwischen dem Maximal- und dem Minimalwert von (14) in einer Periode größer als der Unterschied zwischen maximaler und minimaler Reibung zwischen Bogen und Saite, so wird diese Bewegung ausgeschlossen. Wir erhalten so die wichtige Bedingung

$$\text{Druck} > \frac{F_{\max} - F_{\min}}{\zeta_{\text{statisch}} - \zeta_{\text{dynamisch}}} \tag{15}$$

die erfüllt sein muß, wenn die betrachtete Bewegung möglich sein soll. ζ ist der Reibungskoeffizient.

Die Bedingung (15) setzt uns unter Zuhilfenahme der Gleichungen (13) und (14) und der durch Gleichung (8) gegebenen Werte von α_n und β_n in den Stand, den minimalen Bogendruck zu berechnen, der notwendig ist, um eine vorgegebene Schwingung aufrechtzuerhalten. Außerdem lassen sich noch verschiedene interessante Probleme mit ihrer Hilfe diskutieren. Wenn wir z. B. annehmen, daß die Differenz zwischen statischem und dynamischem Reibungskoeffizienten konstant ist, so folgt, daß für eine gegebene Schwingungsform der Bogendruck mit der Amplitude veränderlich sein sollte und daher der Bogengeschwindigkeit direkt proportional. In Wirklichkeit nimmt der dynamische Koeffizient zuerst schnell und dann langsamer mit wachsender Relativgeschwindigkeit ab[1]). Daraus folgt, daß selbst für kleine Geschwindigkeiten ein endlicher Bogendruck notwendig ist, und daß man erst bei größeren Geschwindigkeiten angenähert Proportionalität zwischen Druck und Geschwindigkeit erreicht.

Ähnlich lassen sich (14) und (15) verwenden, um festzustellen, wie sich bei Annäherung des gestrichenen Punktes x_0 an den Steg der für eine gewisse Geschwindigkeit notwendige Bogendruck ändert. Aus Abb. 1 in Ziff. 25 sieht man, daß die Schwingungsamplitude umgekehrt proportional der Entfernung des gestrichenen Punktes vom Stege wächst, und da auch $\sin n\pi x_0/l$ kleiner wird, muß der Bogendruck sehr stark ansteigen.

Wir müssen noch besonders darauf hinweisen, daß (15) zwar eine notwendige, aber keine hinreichende Bedingung dafür ist, daß eine gegebene Schwingungsform möglich ist. Denn die Reibungskraft ist abgesehen von einer willkürlichen Konstanten vollständig durch (14) gegeben, und sie muß sich daher von Augenblick zu Augenblick genau so ändern, wie es durch die hiervon völlig unabhängige Beziehung zwischen Reibung und Relativgeschwindigkeit für die Zeiten, in denen die Relativgeschwindigkeit nicht Null ist, vorgeschrieben wird. Dies ist eine sehr einengende Bedingung, die außer in besonderen Ausnahmefällen alle Schwingungen ausschließt, in denen sich der gestrichene Punkt länger als einen kleinen Bruchteil der Periode mit streng gleichförmiger Geschwindigkeit zurückbewegt. Eine eingehende Untersuchung zeigt, daß, wenn die Ungleichung (15)

[1]) F. LIPPICH, Wiener Ber. Bd. 123, S. 1071. 1914.

durch mehr als eine Schwingungsform für bestimmten Angriffspunkt, Druck und Geschwindigkeit des Bogens befriedigt wird, die den größeren Bogendruck erfordernde Schwingungsform an Stelle der anderen tritt.

29. Das Auftreten von „Wölfen". Es geht aus dem Vorhergehenden klar hervor, daß die Kraft, mit der der Bogen auf die Saite wirken muß, von der Schwingung des Steges abhängt und so mit der Resonanzfähigkeit des Instrumentes selbst in Zusammenhang steht. Die Gleichungen zeigen an, daß, wenn eine der wichtigen Partialschwingungen der Saite, besonders der Grundton mit dem Instrumentboden in Resonanz steht, zum Hervorrufen der Schwingung eine starke Steigerung des Bogendruckes notwendig ist. Denn wir sehen aus (14), daß diese besondere Kraftkomponente proportional $(\alpha^2 + \beta^2)^{\frac{1}{2}}$ ist, und aus Gleichung (8) in Ziff. 20 geht hervor, daß der Wert von $(\alpha^2 + \beta^2)^{\frac{1}{2}}$ ein Maximum erreicht, wenn die Frequenz der erzwungenen Schwingung des Resonanzkastens gleich einer seiner Eigenschwingungen ist. Daher muß die Kurve, die den Bogendruck als Funktion der Höhe darstellt, an dieser Stelle eine Spitze aufweisen.

Wenn der Bogendruck etwas kleiner ist als der große an der Resonanzstelle geforderte Wert, so läßt sich manchmal eine sehr merkwürdige Erscheinung, die als „Wolf" bekannt ist, beobachten. Es läßt sich dann nur sehr schwierig ein stetiger Ton erzeugen; meist pulsiert oder vibriert er. Eine Erklärung dieses Effektes auf Grund der Theorie des Bogeneinflusses wurde vom Verfasser gegeben[1]) und sei hier in aller Kürze zitiert.

„In dem besonderen Falle, in dem die Frequenz der Eigenschwingung der Saite nahe mit der des Steges und der mit ihm verbundenen Massen der Violine zusammenfällt, stellt die Saitenschwingung im Anfang den wohlbekannten Typ dar, in dem der Grundton vorherrscht. Aber die Saitenschwingungen erregen die des Instrumentes und in dem Maße, in dem dessen Amplitude zunimmt, wird auch die Zerstreuung der Energie immer größer, bis sie die kritische Grenze überschreitet, jenseits derer der Bogen die gewöhnliche Schwingungsform nicht mehr zu erhalten vermag. Infolgedessen geht die Saitenschwingung nach und nach in einen Typ über, bei dem der Grundton der Oktave an Wichtigkeit nachsteht. Dann beginnt die Schwingungsamplitude des Instrumentkörpers abzunehmen, folgt aber der Schwingungsänderung der Saite, wie man auch erwarten sollte, erst nach beträchtlicher Zeit. Die Amplitudenabnahme der Körperschwingung ergibt eine Verkleinerung der Energiezerstreuung; wenn nun diese wieder unterhalb der kritischen Grenze angelangt ist, geht die Saite wieder in ihre ursprüngliche Schwingungsform über, indem sie nacheinander ähnliche Stadien aber in umgekehrter Reihenfolge durchläuft. Hieraufolgt dann wieder eine Schwingungsvermehrung des Körpers, und so wiederholt sich der Kreislauf ad infinitum."

Die hier zitierte Erklärung der „Wölfe" sei durch die Bemerkung ergänzt, daß ein zyklischer Vorgang der betrachteten Art unter Wirkung des Bogens nicht notwendig in allen Fällen herstellbar sein muß, in denen Resonanz auftritt. Er wird nur möglich, wenn der zur Aufrechterhaltung einer solchen Kreisfolge von Änderungen erforderliche Minimaldruck wesentlich kleiner ist als der für den gewöhnlichen Bewegungstyp, in dem der Grundton vorherrscht, und gleichzeitig wesentlich größer, als jeder, der für irgendeine andere stetige Schwingungsart mit nur den oberen Partialtönen genügt. Zuweilen sind diese Bedingungen nicht erfüllt, z. B. wenn die Resonanz des Instruments wesentlich der eingeschlossenen Luft und nicht den schweren Massen des Körpers zuzuschreiben sind. Ebenso wirkt es auf das Entstehen des zyklischen Prozesses ungünstig, wenn die Saiten sehr dünn sind oder die Schwingungen des Steges ungewöhnlich stark gedämpft.

[1]) C. V. Raman, Phil. Mag. Bd. 32, S. 391. 1916.

Andererseits können zyklische Vorgänge auch in vielen Fällen möglich sein, in denen es sich nicht um genaue Resonanz handelt, wenn nämlich die Frequenzänderungen des Grundtons oder der Oktave, die durch das Nachgeben des Steges entstehen, groß genug sind.

Es sei darauf hingewiesen, daß im Zusammenhang mit der Theorie des „Wolfs" verschiedene interessante Fragen existieren, die untersucht zu werden verdienen, z. B. die nach der Periode des Kreislaufes, nach der Größe der Verzögerung zwischen Kastenschwingungen und Saitenschwingungen, nach der Art, wie sich diese Größe mit der Genauigkeit der Abstimmung ändert und auch nach der Beziehung der gesamten Erscheinung zur Theorie der gekoppelten Schwingungen von Saite und Steg. Weitere Untersuchungen und Beobachtungen hierüber findet der Leser in der Monographie des Verfassers[1]) und in einer neueren Arbeit von MORTON und CHAMBERS[2]).

30. Einfluß des Dämpfers. Die wohlbekannten und merkwürdigen Beeinflussungen der Klangfarbe, die durch Befestigung einer Last von wenigen Gramm am Steg eines Streichinstrumentes hervorgerufen werden, sind vom Verfasser untersucht und theoretisch erklärt worden[3]). Sie lassen sich am passendsten an dieser Stelle betrachten. Die Theorie beruht im wesentlichen darauf, daß durch das Hinzufügen der Belastung die Normalkoordinaten des aus Steg und Boden bestehenden Systems geändert werden und damit auch ihre Reaktion auf die von der Saite erregten Kräfte. Wegen der Belastung muß die durch Gleichung (1) in Ziff. 19 gegebene kinetische Energie des Systems durch Hinzufügen eines oder mehrerer der Last proportionaler Ausdrücke modifiziert werden. Zur Vereinfachung wollen wir nur Ausdrücke hinzufügen, die von der transversalen Bewegung des Steges abhängen. Der Zusatz zur kinetischen Energie ist dann $\frac{1}{2} M (r_1 \dot{\varphi}_1 + r_2 \dot{\varphi}_2 + \dots)^2$, wo M die Masse des Dämpfers darstellt. Stellen wir die modifizierten Gleichungen in Ausdrücken der Veränderungen der φ_1, φ_2 usw. auf, die nun aber nicht mehr Normalkoordinaten des Systems sind, so erhalten wir Ausdrücke für die erzwungenen Schwingungen des Systems. Der wesentlichste Einfluß der Belastung läßt sich auch erkennen, wenn die Zerstreuungsglieder in den Gleichungen vernachlässigt werden. Wir finden, daß eine transversal angreifende periodische Kraft $E \cos mt$ eine Schwingung des belasteten Steges erzeugt, die durch den sehr einfachen Ausdruck

$$E \cos mt \cdot \Omega / (1 - M m^2 \Omega)$$

gegeben wird, wo mit Ω die Größe bezeichnet ist, die in der Gleichung (2) der Ziff. 19 in der eckigen Klammer steht. Dasselbe Ergebnis erhält man auch direkt, wenn man die vorhandene Belastung als das Äquivalent einer am Stege angreifenden zusätzlichen Kraft ansieht, die gleich der mit einem Minuszeichen versehenen Massenreaktion der Last ist. Die Wirkung der Last hängt also davon ab, ob $\Omega M m^2 >$ oder < 1 ist. Ist Ω positiv, so wachsen bei allmählich steigender Belastung die erzwungenen Schwingungen des Systems, bis $M m^2 \Omega$ gleich 1 wird. Dann wird die Schwingung sehr groß und man kann dann in der Theorie die Zerstreuung nicht länger vernachlässigen. Steigert man M weiter, so kehrt sich die Phase der Schwingung um, ihre Amplitude wird kleiner und verschwindet schließlich ganz, wenn M groß genug geworden ist. Ist dagegen Ω negativ, und läßt man M von kleinen Werten an größer werden, so wird die erzwungene Schwingung immer kleiner, um schließlich für große M ebenfalls zu verschwinden.

---

[1]) C. V. RAMAN, Ind. Assoc. Sci. Bull. 15, S. 119. 1918.

[2]) W. B. MORTON u. F. M. CHAMBERS, Phil. Mag. Bd. 50, S. 570. 1925.

[3]) C. V. RAMAN, Phil. Mag. Bd. 35, S. 493. 1918.

Die physikalische Bedeutung des auffallenden Unterschiedes zwischen den beiden Fällen, in denen Ω negativ bzw. positiv ist, wird klar, wenn wir uns vor Augen halten, daß die Lösung der Gleichung $1 - Mm^2\Omega = 0$ die Eigenschwingungen des belasteten, aus Steg und Boden zusammengesetzten Systems gibt. Da

$$\Omega = \left[\frac{r_1^2/a_1}{n_1^2 - m^2} + \frac{r_2^2/a_2}{n_2^2 - m^2} + \cdots\right]$$

ist, hängt das Vorzeichen von Ω davon ab, wie sich der Wert von m zu den n_1, n_2 usw. verhält. Die Belastung bewirkt, daß alle Eigenschwingungen tiefer werden; aber nach einem wohlbekannten Theorem[1]) kann die Höhe in keinem Falle geringer werden als die ursprüngliche Höhe der nächsttieferen Eigenschwingung, und für große Belastung muß die Höhe jeder Schwingungsart einen Grenzwert erreichen, der völliger Festlegung des Punktes entspricht, an dem die Last befestigt ist. Wir sehen daher, daß wir die Wirkung des Dämpfers auch so auffassen können, als ob sie durch die von ihm veranlaßte Änderung der natürlichen Frequenzen des Systems hervorgebracht wäre. Eine erzwungene Schwingung, die etwas tiefer liegt als eine der Eigenschwingungen, würde durch eine kleine Belastung verstärkt werden, wogegen eine etwas höhere abgeschwächt werden würde. Im ersten Fall würde eine große Last zunächst zu einer Verstärkung führen, der eine Schwächung folgt, wogegen im zweiten Fall mit wachsender Last eine ständige Schwächung der erzwungenen Schwingung eintreten würde.

Es bietet keine Schwierigkeit, diese Theorie derart zu erweitern, daß die Zerstreuung berücksichtigt wird und auch die Fälle, in denen die Belastung wo anders erfolgt als an der Stelle, an der die Saite über den Steg läuft.

31. Klangfarbe der Streichinstrumente. Die Schwingungen des Körpers und der eingeschlossenen Luft bestimmen die Farbe des vom Instrument ausgesandten Tones. Diese erzwungenen Schwingungen lassen sich durch die Änderungen der Normalkoordinaten ausdrücken, und es ist daher sehr wichtig, die normalen Formen und Perioden der Eigenschwingungen des Systems zu bestimmen, und für jede dieser Schwingungsarten die Geschwindigkeit, mit der die Energie durch Abgabe an die Atmosphäre oder anderweitig zerstreut wird, kennenzulernen. Die Konstruktion des Instruments ist meist so kompliziert, daß jeder Versuch, diese Größen durch theoretische Berechnung ermitteln zu wollen, nur roh und unsicher sein kann, und in jedem Stadium durch die Beobachtung geprüft werden muß. Nehmen wir aber an, daß diese Größen bekannt sind, und daß die Saite nach dem Helmholtzschen Typ schwingt, so können wir überschlagsmäßig angeben, wie sich die Klangfarbe mit der Höhe ändert. Man sieht leicht ein, daß für das tiefe Gebiet, in dem der Grundton viel tiefer ist als alle Eigenschwingungen des Instrumentes, praktisch die gesamte Klangenergie in den Obertönen liegt. Läßt man den Ton allmählich höher werden, vorbei an den Resonanzgebieten sämtlicher Eigenschwingungen des Instrumentes, so nimmt die Intensität des Grundtones erst zu und wird dann wieder kleiner. Jeder obere Partialton ändert sich in derselben Weise. Da sich aber in der durch den Steg ausgeübten Kraft die Stärke der Partialschwingungen mit $1/n$ ändert, ist es klar, daß mit steigender Höhe der Grundton sowohl absolut wie auch relativ zu den oberen Teiltönen stärker wird. Außerdem hängt dann das Auftreten der höheren Teiltöne davon ab, daß sich der Resonanzboden in seiner Schwingungsform in eine große Zahl von Segmenten aufteilt und er dementsprechend wenig Energie in die Atmosphäre ausstrahlt. Daher haben die oberen Teiltöne hoher

[1]) Routh, Advanced Rigid Dynamics, Art. 76.

Töne sehr wenig Energie. Selbstverständlich müssen auch Bereich und Schärfe der Resonanz des Körpers in jeder seiner natürlichen Schwingungsarten die Klangfarbe des Instrumentes weitgehend beeinflussen.

Aus den Untersuchungen dieser und der vorigen Ziffer sehen wir, daß die Dämpfung eines Streichinstrumentes im allgemeinen tiefe Töne und Partialtöne verstärkt, hohe dagegen schwächt.

Wir fügen noch einige Bemerkungen darüber an, wie die Klangfarbe durch passendes Spiel beherrscht werden kann. Der Violinist hat Geschwindigkeit und Angriffsstelle des Bogens sowie den Druck, mit dem er den Bogen aufsetzt, in der Hand; außerdem auch die Breite des Berührungsgebietes zwischen Bogen und Saite. Der Einfluß der drei ersten Faktoren ist schon ziemlich ausführlich besprochen worden. Es muß aber noch betont werden, daß, obgleich unter musikalischen Bedingungen die Schwingung angenähert eine HELMHOLTZsche ist, sie doch beträchtlicher Änderungen fähig ist, die, wie schon in Ziff. 27 erwähnt wurde, von Art und Angriffsstelle des Bogenstriches abhängen. Die Änderungen betreffen hauptsächlich die höheren Obertöne, besonders diejenigen, deren Knoten nahe dem gestrichenen Punkte liegen.

Wir wollen am Schluß unseres Überblickes über die Theorie noch roh andeuten, wie sich die Klangfarbe eines wirklichen Musikinstrumentes theoretisch berechnen läßt. In der Praxis verlangt die Herstellung von Resonanzkästen die Verwendung ungleichförmiger und gekrümmter Platten, merkwürdig gestalteter Querhölzer und von Luftsäulen mit ungewöhnlich geformten Öffnungen, die als Resonatoren dienen. Die Berechnung der Eigenfrequenzen läßt sich in solchen Fällen nach einer Näherungsmethode durchführen, indem man eine vernünftige Schwingungsart voraussetzt und ihre potentielle und kinetische Energie schätzt. Einfacher lassen sie sich jedoch experimentell bestimmen. Bezüglich der Berechnung der von der Schwingung der Resonanzböden herrührenden akustischen Leistung wäre eine Methode brauchbar, ähnlich der von LAMB[1]) in einer neueren Arbeit beschriebenen. Hier wird jedes Flächenelement eines Resonanzbodens als eine seiner Normalgeschwindigkeit proportionale Kraftquelle betrachtet, und das Geschwindigkeitspotential wird durch Integration des Effektes über das ganze Bereich des Resonanzbodens ermittelt. Der Verstärkereffekt eines einen Resonator bildenden Resonanzkastens ließe sich vielleicht aus der Annahme berechnen, daß die Schwingungen seiner Wände einer im Resonator liegenden Quelle äquivalent sind. Ob solche Berechnungen Resultate liefern, die mit der Beobachtung leidlich übereinstimmen, ist Sache künftiger Untersuchungen.

32. Methoden der Experimentaluntersuchung[2]). In den letzten Jahren sind viele Experimentaluntersuchungen über die Schwingungen der verschiedenen Teile der Streichinstrumente ausgeführt worden, um Licht auf ungelöste theoretische Probleme zu werfen.

Es ist bekannt, daß HELMHOLTZ die Schwingungen gestrichener Saiten durch subjektive Beobachtung der mikroskopischen Schwingungsfiguren untersuchte. Mit gewissen Änderungen der Apparatur lassen diese sich auch objektiv demonstrieren und photographieren. Später erhielten KRIGAR-MENZEL und RAPS[3]) photographische Schwingungskurven von Saiten, indem sie einen beleuchteten Schlitz benutzten, über den die Saite lief; ein Bild des Schlitzes wurde auf eine photographische Platte projiziert, die senkrecht zur Schlitzrichtung bewegt wurde. Die Methode läßt sich vereinfachen, indem man Schlitz, Saite und photo-

---

[1]) H. LAMB, Proc. Roy. Soc. London Bd. 98, S. 205. 1921.

[2]) Vgl. hierzu auch Artikel „Akustische Meßmethoden" Ziff. 15 (ds. Bd. Kap. 13).

[3]) O. KRIGAR-MENZEL u. A. RAPS, Berl. Ber. 1891, S. 613.

graphische Platte sehr nahe zusammen bringt und eine kleine helle entfernte Lichtquelle benutzt. Man kann dann sehr gute Bilder ohne jedes optische Linsensystem erhalten. Man kann auch die photographische Platte festhalten und den Schlitz längs der Saite bewegen. Man erhält dann interessante Bilder, die die Änderung des Schwingungscharakters von Punkt zu Punkt der Saite zeigen.

Zur quantitativen Untersuchung der Frage, ob an der Kontaktstelle Bogen und Saite gleiche Geschwindigkeit haben, hat Verfasser die einfache Anordnung[1]) benutzt, daß er senkrecht am Bogen eine Nadel befestigt hat, deren Bewegung er gleichzeitig mit der des gestrichenen Punktes photographisch verfolgte. Das Bewegungsbild des Bogens erscheint als gerade Linie, die das der Saite schräg schneidet und parallel einer ihrer Zickzackäste ist. K. C. Kar[2]) verwandte die Methode zur Untersuchung des Falles, in dem sich Bogen und Saite in einem endlichen Gebiet berühren.

Einige der einer gestrichenen Saite charakteristischen Schwingungsformen kann man auf völlig anderem Wege erhalten. Verfasser hat gezeigt[3]), daß man den Helmholtzschen Typ und auch noch einige der komplizierteren Typen reproduzieren kann, wenn man der Saite nur eine gleichförmige Winkelgeschwindigkeit verleiht und plötzlich eines oder beide Enden festhält. H. N. Davis[4]) und A. Clark[5]) haben die Analogien zwischen den longitudinalen und transversalen durch Reibung erzeugten Schwingungen von Saiten untersucht.

Ein kürzlich erschienenes Buch von W. Trendelenburg „Die natürlichen Grundlagen der Kunst des Streichinstrumentspiels" (Berlin 1925, Verlag von Julius Springer) beschreibt die Ergebnisse von Untersuchungen über die Spieltechnik des Künstlers; das Buch enthält viel Material, das für den an der Akustik der Musikinstrumente interessierten Physiker von Wert ist. Besonders hervorzuheben sind die sehr schönen experimentellen Studien, die über die Änderung der Schwingungen während der Bogenumkehr bei den verschiedenen Arten des Spielens durchgeführt wurden.

Unter den früheren Untersuchungen der Schwingungen der Resonanzkästen von Streichinstrumenten mögen besonders diejenigen von Savart erwähnt werden, der die Methode der Chladnischen Abbildungen benutzte und die Arbeit von Huggins[6]), der die Schwingungen von Steg und Stimmbalken einer Violine untersuchte, indem er sie einfach abtastete. Als wichtiger Fortschritt ist die Anordnung von Barton[7]) anzusehen, die es gestattet, die Schwingungskurve eines beliebigen Teiles des Instrumentes gleichzeitig photographisch mit der Kurve der Saite aufzunehmen. Bei dieser Methode ruht ein Arm eines winzigen Hebels auf dem zu untersuchenden Teil; seine Vibrationen werden optisch vergrößert und auf derselben Platte aufgenommen wie die Saitenschwingungen. Solche gleichzeitige Beobachtung ist unter Umständen sehr wertvoll; sie ist auch vom Verfasser zu seinen Untersuchungen benutzt worden. Der Benutzung dieser Methode stehen aber große Schwierigkeiten im Wege, da man, ehe sich die Kurven quantitativ interpretieren lassen, eine große Zahl herstellen und harmonisch analysieren muß. Vom Verfasser ist daher eine neue Methode vorgeschlagen und benutzt worden, die viel einfacher ist und quantitative Daten

[1]) C. V. Raman, Ind. Assoc. Sci. Bull. 11, S. 43. 1914.
[2]) K. C. Kar, Phys. Rev. Bd. 20, S. 148. 1922.
[3]) C. V. Raman, Phil. Mag. Bd. 31, S. 47. 1916 u. Bd. 33, S. 352. 1917.
[4]) H. N. Davis, Proc. Amer. Acad. Bd. 32, S. 693. 1906.
[5]) A. Clark, Phys. Rev. Bd. 7, S. 561. 1916.
[6]) A. W. Huggins, Proc. Roy. Soc. London Bd. 35, S. 241. 1883.
[7]) E. H. Barton u. T. Penzer, Phil. Mag. Bd. 13, S. 446. 1907; E. H. Barton u. T. J. Richmond, ebenda Bd. 18, S. 233. 1909; E. H. Barton u. T. F. Ebblewkite, ebenda Bd. 20, S. 456. 1910; E. H. Barton u. W. B. Kilby, ebenda Bd. 23, S. 885. 1912.

für die normalen Schwingungsarten der verschiedenen Teile liefert. Sie besteht darin, daß man die Erniedrigung der Resonanzfrequenz des Instrumentes untersucht, die eintritt, wenn der Steg oder der Instrumentkörper an irgendeiner beliebigen Stelle durch ein kleines Gewicht belastet werden. Die schon in Ziff. 30 entwickelte Theorie der Dämpfung zeigt, daß eine solche Höhenänderung in einfacher Weise von der entsprechenden Normalfunktion am Befestigungspunkte abhängt. Durch Messen der Frequenzänderung hat man also eine Methode, jede normale Schwingungsart ohne Störung durch die übrigen untersuchen zu können. In der Praxis stellt sich die Methode als sehr empfindlich heraus, da sich die verschiedenen Höhenänderungen der „Wölfe", die durch Belastung verschiedener Teile des Steges entstehen, sehr deutlich voneinander unterscheiden. Mit dieser Methode sind (noch nicht veröffentlichte) Untersuchungen über den Einfluß besonderer Formen des Violinsteges und des Stimmbalkens auf die Schwingung des Instrumentes ausgeführt worden.

33. Benutzung mechanischer Spieler. Um die auf den letzten Seiten entwickelte Theorie der Streichinstrumente zu prüfen, hat Verfasser Versuche mit mechanischen Spielern[1]) gemacht, die für die akustischen Experimente besonders entworfen waren, und zwar so, daß die Bedingungen denen des Violinspielens mit der Hand so ähnlich wie möglich waren. Es wurden eine Violine und ein gewöhnlicher Roßhaarbogen benutzt, die Saiten sollten aber mit genau einstellbaren und meßbaren Drucken und Geschwindigkeiten gestrichen werden. Zu diesem Zweck wurde die gewöhnliche Anordnung umgekehrt, der Bogen wurde festgehalten und die Violine mit gleichförmiger Geschwindigkeit auf einem Schlitten hin und her bewegt, der leicht über eine gutgeölte Schiene lief. Der Bogen war horizontal auf einem langen Hebelarm ausbalanciert und passend gedämpft, und der Druck, den er auf die Saite ausüben konnte, ließ sich zwischen 2 g und 100 g oder mehr variieren. Die Geschwindigkeit der Violine ließ sich von 1 oder 2 cm pro Sekunde bis zu einem halben Meter pro Sekunde oder mehr steigern. Es war möglich, die Angriffstelle des Bogens zu verlegen und die Bogenstellung ließ sich so ändern, daß je nach Wunsch eine größere oder kleinere Zahl von Haaren die Saite berührte. Am Griffbrett waren leichte Klammern angebracht, um die schwingende Länge nach Belieben verkürzen zu können. Mit diesem Instrument sind vier verschiedene Untersuchungen ausgeführt worden[2]), deren Ergebnisse unten zusammengefaßt werden sollen.

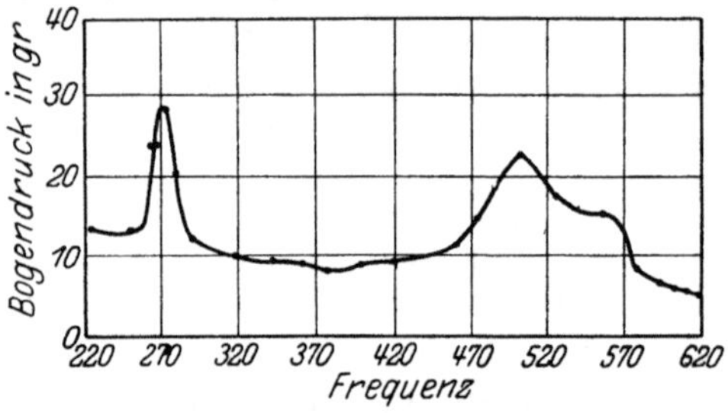

Abb. 3. Änderung des notwendigen Bogendruckes mit der Frequenz (ohne Dämpfer).

a) Einfluß der Lage der gestrichenen Stelle auf den Bogendruck: Ist die Bogengeschwindigkeit nicht allzu klein, so ändert sich innerhalb der gewöhnlichen musikalischen Grenzen der notwendige Bogendruck umgekehrt proportional dem Quadrat der Entfernung des Bogens vom Stege. b) Beziehung zwischen Bogengeschwindigkeit und Bogendruck: Für sehr kleine Bogengeschwindigkeiten strebt der notwendige Bogendruck einem endlichen Minimalwert zu; der Anstieg des Bogendruckes mit der Geschwindigkeit erfolgt zuerst ziemlich langsam, um später steiler zu werden. c) Änderung des Bogendruckes mit der Höhe: Die Kurve des Bogendruckes in Abhängigkeit von

[1]) C. V. RAMAN, Phil. Mag. Bd. 39, S. 535. 1920.
[2]) C. V. RAMAN, Proc. Ind. Assoc. Sci. Bd. 6, S. 19. 1925.

der Frequenz weist mehrere Maxima auf, deren Lage annähernd mit den Resonanzfrequenzen des Instrumentes zusammenfällt (vgl. Abb. 3). d) Einfluß der Dämpfung auf den Bogendruck: Die Dämpfung verursacht tiefgreifende Änderungen in der Gestalt der Kurve. Der notwendige Bogendruck wird im Gebiet tieferer Töne größer und in den höheren Gebieten kleiner. Die Spitzen der Kurve (vgl. Abb. 4) verschieben sich nach tieferen Frequenzen infolge der durch die Belastung verursachten Änderungen der natürlichen Resonanzfrequenzen der Violine; die Änderung der Kurvenform folgt eng der durch die Dämpfung verursachten Intensitätsänderung des Grundtones des Instrumentes.

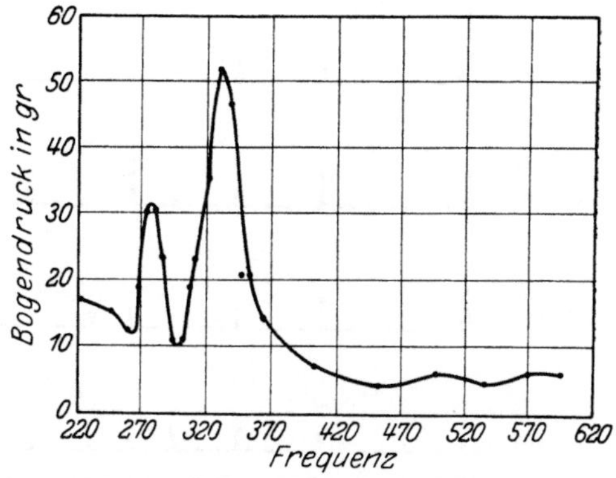

Abb. 4. Änderung des notwendigen Bogendruckes mit der Frequenz (mit Dampfer).

Die Angaben der Theorie finden durch diese Ergebnisse eine so auffallende Bestätigung, daß man an der Richtigkeit ihrer Grundlagen nicht zweifeln kann.

34. Untersuchung des Geigenklanges. Wir haben gesehen, daß der Einfluß des Baues des Instrumentes auf seine Klangfarbe mit Hilfe der angegebenen Methoden der theoretischen Forschung wohl zugänglich ist. Da aber so viele und so komplizierte Faktoren in die Rechnung eingehen, läßt sich der Zusammenhang zwischen diesen Faktoren in vielen Fällen wesentlich leichter durch vergleichende experimentelle Untersuchung bestimmen. Eine sehr wertvolle Untersuchung dieser Art ist von Hewlett ausgeführt worden, der nicht weniger als 30 Instrumente von verschiedenem, durch musikalische Sachverständige angegebenem Wert prüfte. Zur Untersuchung benutzte er die in Ziff. 7 beschriebene Methode mit Resonator und Rayleighscher Scheibe zur Schallwellenanalyse. Hewlett[1]) fand, daß bei den besten Violinen auf den tiefsten Teilton viel mehr Energie konzentriert war als bei den gewöhnlichen und billigen. Die G-Saite hatte auf allen Geigen keinen oder nur einen sehr schwachen Grundton. Auf allen höheren Saiten war in den besten Instrumenten drei Viertel und in manchen Fällen sogar fast die gesamte Energie auf den Grundton konzentriert, wogegen auf gewöhnlichen und billigen Geigen der Bruchteil viel kleiner ist. Ein anderes unterscheidendes Merkmal der besten Geigen war, daß auf keiner der Saiten ein Oberton jenseits des sechsten mit meßbarer Energie auftrat, wogegen bei gewöhnlichen und billigen Geigen in einigen Fällen sogar der dreizehnte Oberton festgestellt werden konnte. Hewlett fand auch, daß es unter allen Umständen leicht war, auf den besten Geigen einen Ton zu erzeugen, der während des ganzen Striches ziemlich konstante Energie hatte, was bei billigen Geigen schwierig war. Eine Verschiebung des Stimmbalkens von einer Stellung direkt unter dem Steg zu seiner richtigen Lage hinter demselben verursacht eine merkliche Änderung der Klangfarbe; einige sehr hohe Teiltöne werden dadurch unterdrückt, der Grundton verstärkt und die Gesamtintensität um etwa 36% vermehrt. Edwards[2]) hat vergleichende Messungen der Klangfarbe einer Geige vor und nach dem Lackieren gegeben und auch den Einfluß der Dämpfung untersucht; seine Ergebnisse stimmen mit der in Ziff. 30 entwickelten Theorie gut überein.

[1]) C. W. Hewlett, Phys. Rev. Bd. 35, S. 359. 1912.
[2]) P. H. Edwards, Phys. Rev. Bd. 32, S. 34. 1911.

Auch D. C. MILLER[1]) hat Analysen des Geigentones veröffentlicht und findet, grob ausgedrückt, daß beim Aufwärtsgehen in der Tonskala der Grundton immer stärker und die Obertöne immer schwächer werden. Er bemerkt, daß, da die tiefsten Töne einer Violine nach der Analyse keinen Grundton haben, der vom Ohr wahrgenommene Grundton ein Differenzton sein muß.

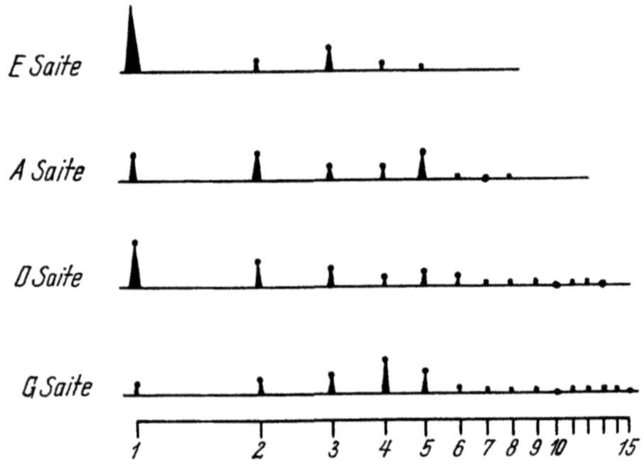

Abb. 5. „Violine" nach D. C. MILLER.

Die aus D. C. MILLERS Buch entnommene Abb. 5 zeigt graphisch das Ergebnis der Analysen lauter Klänge der 4 Violinsaiten; es ist hier jeweils die Ordnungszahl der Partialtöne als Abszisse und die Intensität als Ordinate aufgetragen. Die Bilder zeigen sehr deutlich die Übereinstimmung zwischen dem Beobachtungsmaterial und den theoretischen, in Ziffer 31 durchgeführten Überlegungen.

Hiermit schließen wir unsere Übersicht über die Streichinstrumente, die im Orchester eine besonders wichtige Rolle spielen und daher eine vollständigere Behandlung ihrer Theorie verdienen, als man sie ihnen bisher eingeräumt hat.

c) Andere Saiteninstrumente[2]).

35. Das Klavier. Bekanntlich werden in diesem Instrument die Saiten dadurch in Schwingungen versetzt, daß elastische Hämmer gegen sie anschlagen und dann zurückprallen. Die bei einem solchen Zusammenstoß entstehenden Schwingungen lassen sich völlig bestimmen, wenn die während der Berührung vom Hammer ausgeübte Kraft als Zeitfunktion bekannt ist. Nur zur Erläuterung wollen wir den Fall betrachten, daß die Kraft im Punkte $x = x_0$ angreift und durch die Formel gegeben ist

$$F = F_0 e^{-\frac{\xi}{T} t'} \cdot \sin \frac{\lambda t'}{T} .$$

Zur Zeit $t' = 0$ ist die Kraft null, steigt zu einem Maximum an, um dann zur Zeit $t' = \pi T/\lambda$ wieder null zu werden; in diesem Augenblick möge der Hammer die Saite wieder verlassen. Die durch Einwirkung dieser Kraft entstehende Schwingung läßt sich leicht nach der Methode der Normalkoordinaten bestimmen. Wir denken uns die gesamte Wirkung des Hammers durch eine Folge infinitesimaler Impulse $F dt'$ ersetzt, die im System Geschwindigkeiten hervorbringen. Die der n-ten Normalkoordinate der Saite in der Zeit dt' mitgeteilte Geschwindigkeit $\delta \dot{\psi}_n$ ist gleich der n-ten generalisierten Impulskomponente $F \sin \frac{n \pi x_0}{l} dt'$, dividiert durch die halbe Saitenmasse. Eine so zur Zeit t' mitgeteilte Geschwindigkeit $\delta \dot{\psi}$ liefert für die Koordinate ψ_n zur Zeit t den Wert $\frac{T}{2\pi n} \delta \dot{\psi}_n \sin \frac{2\pi n}{T} (t - t')$.

[1]) D. C. MILLER, Science of Musical Sounds, 1916.

[2]) Vgl. hierzu auch Artikel „Schallerzeugung mit mechanischen Mitteln" Ziff. 19—29 u. 34—35 (ds. Bd. Kap. 5).

Summiert man die Wirkungen der ganzen Folge von Impulsen über die gesamte Zeit der Berührung, so ergibt sich

$$\psi_n = \frac{T}{2\pi n} \cdot \frac{2F_0}{\mu l} \cdot \sin \frac{n\pi x_0}{l} \int_0^{\frac{\pi T}{\lambda}} e^{-\frac{\xi t'}{T}} \cdot \sin \frac{\lambda t'}{T} \sin \frac{2\pi n}{T}(t-t')\,dt', \tag{17}$$

wobei μl die Masse der Saite bedeutet.

Die aus dem Zusammenstoß resultierende Verschiebung aus der Ruhelage ist für jeden Punkt der Saite gegeben durch den Ausdruck

$$\left.\begin{aligned} y &= \sum_n \sin \frac{n\pi x_0}{l}\left[A_n \sin \frac{2n\pi t}{T} + B_n \cos \frac{2n\pi t}{T}\right], \\ &\text{wo} \\ A_n &= \frac{F_0 T}{n\pi\mu l} \sin \frac{n\pi x_0}{l} \int_0^{\frac{\pi T}{\lambda}} + e^{-\frac{\xi t'}{T}} \sin \frac{\lambda t'}{T} \cos \frac{2n\pi t'}{T}\,dt' \\ B_n &= \frac{F_0 T}{n\pi\mu l} \sin \frac{n\pi x_0}{l} \int_0^{\frac{\pi T}{\lambda}} - e^{-\frac{\xi t'}{T}} \sin \frac{\lambda t'}{T} \sin \frac{2n\pi t'}{T}\,dt'. \end{aligned}\right\} \tag{18}$$

Die in (18) auftretenden Integrale lassen sich vollständig auswerten.

Zur Bestimmung der Stärke der Partialschwingungen ist die hier angegebene Methode am geeignetsten. Zur Bestimmung der geometrischen Schwingungsform verwendet man dagegen besser eine Methode, die die funktionalen Lösungen der Gleichung für die Wellenfortpflanzung auf einer unendlichen Saite benutzt. Die Transversalgeschwindigkeit $\dot{y}$ läßt sich für jeden Punkt in der Form schreiben

$$\dot{y} = \Theta(at + x) + X(at - x)$$

wo die Funktionen Θ und X die längs der Saite wandernden Geschwindigkeitswellen darstellen. Die Form dieser Funktionen läßt sich folgendermaßen bestimmen: Wenn im Punkte x_0 eine veränderliche Kraft F angreift, so hat sie in diesem Punkte in jedem Augenblick die Transversalgeschwindigkeit $F/2\mu a$ zur Folge, die sich von diesem Punkt aus nach beiden Seiten als transversale Welle fortpflanzt. Stellen wir uns nun vor, daß gleichzeitig in jedem der Punkte $x_0 \pm 2l$ dieselbe Kraft F, und in jedem der Punkte $-x_0 \pm 2l$ die Kraft $-F$ wirken und Wellen von gleicher Form längs der unendlich gedachten Saite aussenden. Das so entstehende Wellensystem würde bei der Überlagerung in jedem Augenblick der Bedingung genügen, daß in den Punkten $x = 0$ und $x = l$, $\dot{y} = 0$ ist. Die Funktionen $\Theta(at + x)$ und $X(at - x)$ stellen dann die vorwärts und rückwärts laufenden Teile dieser Transversalgeschwindigkeitsverteilung dar. Sie werden offenbar periodisch sein und bei ihrer Überlagerung den vollständigen Kreislauf der Geschwindigkeitsänderungen für jeden Punkt der Saite liefern. Die transversalen Verschiebungen erhält man, wenn man die Geschwindigkeit $\dot{y}$ nach der Zeit integriert. Die Analyse der so gewonnenen Resultate liefert identisch dasselbe wie die erste Methode.

Es ist zu bemerken, daß in beiden Fällen die Saitenbewegung während der Berührung von Hammer und Saite von der darauffolgenden periodischen Schwingung verschieden ist.

36. Dynamik des Klavierhammers. Bisher ist noch keine völlig befriedigende Theorie der Hammerwirkung gefunden worden, die den beobachteten Tatsachen entspräche. Wir wollen uns daher damit zufrieden geben, einige der vorgeschlagenen Kraftgesetze, die sich theoretisch begründen lassen, anzugeben. HELMHOLTZ nahm an, daß

$$F = F_0 \sin\frac{\lambda t'}{T}, \tag{19}$$

wobei die Dauer der Berührung gleich $\pi T/\lambda$ ist. Multipliziert man diesen Wert noch mit einem Exponentialfaktor, der andeutet, daß der Hammer während der Stoßdauer einen Teil seiner Energie abgibt, so erhält man

$$F = F_0 e^{-\frac{\xi t'}{T}} \sin\frac{\lambda t'}{T}, \tag{20}$$

also das in Ziff. 35 als Beispiel angeführte Gesetz. HELMHOLTZ meinte, daß die von dem elastischen Hammer ausgeübte Kraft praktisch dieselbe ist, als wenn die Saite nicht nachgäbe. In Wirklichkeit haben jedoch Saite und Hammer vergleichbare Massen, und die Saite kann die Bewegung des Hammers nicht aufhalten und umkehren, ohne selbst über beträchtliche Strecken bewegt zu werden. Die entgegengesetzte Annahme, daß nämlich Saite und Hammer sich während des Stoßes praktisch so zusammen bewegen, als ob der Hammer inkompressibel wäre, kommt dem wahren Tatbestand wahrscheinlich näher; sie liegt einer Untersuchung von KAUFMANN[1]) zugrunde. Das in dieser Arbeit für den praktisch interessierenden Fall, daß der Berührungspunkt nicht weit von einem Saitenende liegt, entwickelte Kraftgesetz lautet

$$F = e^{-\frac{\xi t'}{T}} \left[F_1 \sin\frac{\lambda t'}{T} + F_2 \cos\frac{\lambda t'}{T}\right]. \tag{21}$$

Sind M und v die effektive Masse bzw. Geschwindigkeit des Hammers, so ist in dieser Gleichung

$$\xi = \mu l/(M + \tfrac{1}{3}\mu x_0), \qquad \lambda = \sqrt{\xi \cdot 4l/x_0 - \xi^2},$$
$$F_1 = \mu a v (2l/x_0 - \xi)/\lambda, \qquad F_2 = \mu a v.$$

Abgesehen davon, daß die KAUFMANNsche Theorie die Elastizität des Hammers vernachlässigt, macht sie auch die nicht zu rechtfertigende Annahme, daß während der Bewegungen, die zum Zurückprallen des Hammers führen, der kürzere Teil der Saite zwar ausgebogen, aber nicht in Schwingungen versetzt wird.

Die von einem inkompressiblen Hammer, der an einem beliebigen Punkte an die Saite schlägt, ausgeübte Kraft ist vom Verfasser[2]) streng untersucht worden. Die Bewegung während des Zusammenstoßes wurde dabei als die einer durch einen Impuls in Schwingungen versetzten belasteten Saite angenommen. Die Ergebnisse stimmen mit den auf anderem Wege von PANCHANAN DAS[3]) gefundenen überein, der die exakten Funktionallösungen der auf das Problem anzuwendenden Wellengleichung untersuchte. Die Folgerungen aus der strengen mathematischen Behandlung sind vom Verfasser und seinen Schülern und auch neuerdings von W. H. GEORGE[4]) experimentell geprüft worden. Um Raum zu sparen, wollen wir die Formeln für die vom Hammer ausgeübte Kraft nicht

[1]) W. KAUFMANN, Ann. d. Phys. Bd. 54, S. 675. 1895.
[2]) C. V. RAMAN u. B. N. BANERJI, Proc. Roy. Soc. London (A) Bd. 97, S. 99. 1920.
[3]) P. DAS, Proc. Ind. Assoc. Sci. Bd. 7, S. 13. 1921.
[4]) W. H. GEORGE, Proc. Roy. Soc. London (A) Bd. 108, S. 284. 1925.

angeben; es genügt zu bemerken, daß diese sich als unstetige Zeitfunktion ergibt. Die Unstetigkeiten entsprechen den Zeitpunkten, in denen die plötzliche Geschwindigkeitsänderung, die zu Beginn des Zusammenstoßes als Welle ausgesandt wurde, nach Reflexionen an den Saitenenden und am Hammer zum Berührungspunkt zurückkehrt. Dies wird in Abb. 6, die aus der DASschen Arbeit stammt, dargestellt. Die Berührungsdauer zwischen Saite und Hammer wird ebenfalls als unstetige Funktion der Lage des Berührungspunktes gefunden; es treten nämlich bei allmählich wachsender Entfernung vom Ende außer dem durch die KAUFMANNsche Theorie angezeigten kontinuierlichen Anwachsen noch diskontinuierliche Schwankungen auf. Die Untersuchungsmethoden des Verfassers und von DAS sind auch auf den elastischen Hammer erfolgreich angewendet worden; dabei wurde als Beziehung zwischen elastischer Kompression und Kraft das HOOKEsche Gesetz angenommen. Aus der gerade im Druck befindlichen Veröffentlichung[1]) ergibt sich, daß beim elastischen Hammer die im Falle des inkompressiblen Hammers auftretenden diskontinuierlichen Schwankungen durch weniger heftige Druckänderungen ersetzt werden. Jedoch muß darauf hingewiesen werden, daß die Zugrundelegung des HOOKEschen Gesetzes sehr wahrscheinlich nicht berechtigt ist. Der Wirklichkeit entspricht das HERTZsche Gesetz besser, nach dem die elastische Kraft proportional der 3/2-ten Potenz der Kompression ist. Die Anwendung des HERTZschen Gesetzes und die Berücksichtigung des evtl. vorhandenen Einflusses der mangelhaften Elastizität des Hammers und der endlichen Ausdehnung seiner Berührungsstelle mit der Saite bleiben künftigen Untersuchungen vorbehalten.

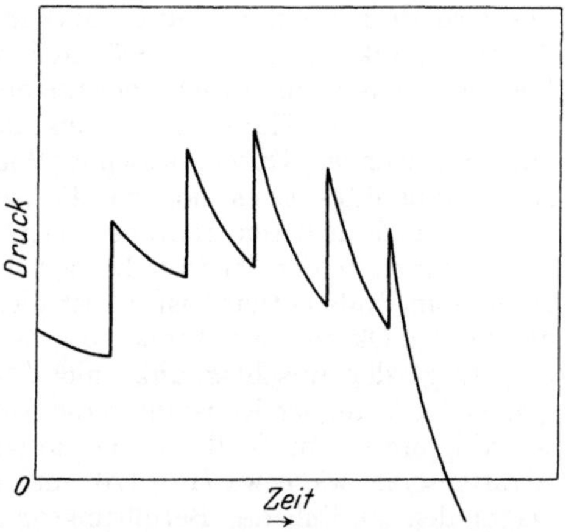

Abb. 6. Druck-Zeit-Diagramm fur einen harten Hammer.

37. Partialschwingungen angeschlagener Saiten. Um aus den in der letzten Ziffer behandelten genaueren Untersuchungen die Berührungsdauer zwischen Hammer und Saite zu finden, muß man für gewöhnlich die vom Hammer ausgeübte Kraft graphisch als Zeitfunktion darstellen und den Augenblick bestimmen, in dem die Kurve die Zeitachse schneidet. Die Stärke der erregten Partialschwingungen läßt sich nach den in Ziff. 35 angegebenen Methoden finden. Am einfachsten wertet man die über die Berührungsdauer erstreckten Integrale

$$\int_0 F \cos\frac{2n\pi t'}{T}\,dt' \quad \text{und} \quad \int_0 F \sin\frac{2n\pi t'}{T}\,dt'$$

mit einem Planimeter graphisch aus. Eine derartige systematische Untersuchung der durch den Anschlag eines inkompressiblen Hammers erregten Partialschwingungen ist von S. K. DATTA[2]) ausgeführt worden; sie ergab eine befriedigende Übereinstimmung mit den Beobachtungen. Die Amplitude jeder Partialschwingung ist natürlich der Anschlaggeschwindigkeit des Hammers direkt proportional. Da sowohl die Kraft des Hammers wie die Dauer seiner Berührung vom Anschlagspunkte abhängen, hängt die Stärke der Partial-

[1]) P. DAS, Proc. Ind. Assoc. Sci. Bd. 9, S. 297. 1926.
[2]) S. K. DATTA, Proc. Ind. Assoc. Sci. Bd. 8, S. 107. 1923.

schwingung von der Lage dieses Punktes in ziemlich komplizierter Weise ab. Selbstverständlich gilt aber für jede Partialschwingung, daß sie verschwindet, wenn der Anschlagpunkt genau mit einem ihrer Knoten zusammenfällt. Verläßt der Berührungspunkt den Knoten, so nimmt für gewöhnlich die betreffende Partialschwingung sehr rasch wieder zu. Stellt man die Stärke einer Partialschwingung in Abhängigkeit von der Lage des Anschlagpunktes dar, so zeigt sie eine Reihe von Maximis und Minimis, deren Zahl, Lage und Größe von der Partialschwingung abhängen und mit dem Massenverhältnis von Hammer und Saite variieren. Bei einem Hammer bestimmter Masse gibt es eine gewisse Lage des Anschlagpunktes — meist nicht sehr weit vom Ende — für die die Amplitude des Grundtones ein absolutes Maximum ist. Für gewisse andere Lagen des Anschlagpunktes, die für gewöhnlich noch näher dem Ende liegen, zeigen die höheren Teilschwingungen nacheinander ausgesprochene Maxima. Vergrößert man die Masse des Hammers, so rückt der Anschlagspunkt für diese Maxima näher zum Saitenende. Durch passende Wahl der Hammermasse und der Lage des Anschlagpunktes ist es möglich, die Saite so zu erregen, daß der Grundton sehr stark und die höheren Teiltöne relativ schwach werden. Wenn z. B. die Masse des Hammers $^5/_3$ der der Saite beträgt und der Anschlagspunkt etwa um $^1/_7$ Saitenlänge vom Ende entfernt ist, so ist die Amplitude des Grundtones 40mal größer als die der Oktave und 30mal so groß wie die des dritten Obertones.

Liegt der Anschlagpunkt nicht weit von einem Ende, so lassen sich bei passender Wahl der Konstanten die Amplituden der ersten zwei oder drei Partialschwingungen mit leidlicher Genauigkeit schon mit Hilfe ziemlich einfacher Kraftgesetze, wie etwa (19), (20) und (21) in Ziff. 36, darstellen, und man kann daher den Einfluß der Berührungsdauer auf ihre Größe verfolgen. Zur Untersuchung der höheren Teilschwingungen, insbesondere derjenigen, deren Periode den Eigenschwingungen des kürzeren Saitenstückes naheliegen, sind diese Kraftgesetze jedoch unbrauchbar. Schon eine einfache Beobachtung zeigt, daß elastische Hämmer, wie sie im Klavier wirklich verwendet werden, diese hohen Teiltöne schwächen, und daß die Stoßgeschwindigkeit solcher Hämmer einen merkbaren Einfluß auf die Klangfarbe hat. Es ist sehr unwahrscheinlich, daß sich diese Effekte ohne eine strenge Untersuchung der Dynamik des Stoßes zwischen Hammer und Saite, die auf den Mangel an Proportionalität zwischen elastischer Kraft und lokaler Kompression des Hammers im Bereich der Berührung Rücksicht nimmt, befriedigend erklären lassen werden.

38. Gekoppelte Schwingungen von Saite und Resonanzboden. Erregt der fallende Hammer die Saite, so wird auch der mit ihr durch den beweglichen Steg verbundene Resonanzboden in Schwingungen versetzt. Der musikalische Effekt hängt von dem Teil der Bewegung ab, der dieselbe Frequenz wie die (durch das Nachgeben des Steges modifizierte) Saitenschwingung hat und kann daher als erzwungene Schwingung angesehen werden. Man darf aber nicht vergessen, daß in gewissem Maße auch die Eigenschwingungen des Resonanzbodens erregt werden; die Verlegung des Anschlagpunktes des Hammers in die Nähe des von dem beweglichen Stege entfernten Saitenendes dient in der Praxis zur Verminderung ihres Einflusses. Die durch den Fall des Hammers auf die Saite entstehende Schwingung des Resonanzbodens findet man, indem man auf das aus Saite und Boden zusammengesetzte System dieselbe Methode anwendet, die in Ziff. 35 zur Bestimmung der Saitenbewegung allein angegeben wurde. Zu diesem Zweck müßten zuerst die Normalkoordinaten und Normalfunktionen des kombinierten Systems bestimmt werden. Wir können uns aber auch, ohne uns auf eine solche vollständige Untersuchung einzulassen, folgendermaßen ein allgemeines Bild von den zu erwartenden Ergebnissen machen.

Betrachten wir eine einzelne Partialschwingung der Saite: es ist klar, daß der Boden nur schwach mitschwingen wird, wenn die Frequenz dieser Partialschwingung nicht fast oder genau mit einer Eigenschwingung des Bodens zusammenfällt. Dementsprechend wird auch der dem Boden mitgeteilte und durch ihn zerstreute Betrag an Schwingungsenergie der betreffenden Partialschwingung nur gering sein. Wird der Resonanzboden erregt, so verschwinden seine Eigenschwingungen schnell, wogegen die erzwungenen Schwingungen bestehen bleiben und einen musikalischen Ton von beträchtlicher Dauer liefern. Der Abfall der erzwungenen Schwingungen läßt sich wie folgt bestimmen. Wir benutzen die in Ziff. 20 für den Fall einer stetig angeregten Schwingung gegebene Entwicklung, um festzustellen, wieviel Energie von der Saite über den Steg abwandert und nehmen in erster Näherung an, daß die Größe des Energieverlustes von der Saite bei dem hier vorliegenden Problem dieselbe ist. Auf diese Weise läßt sich leicht zeigen, daß die Schwingung mit der Zeit mit dem Faktor $e^{-2t\beta/T}$ abfällt, wobei T die langsamste Periode der Saite ist und β die Größe, die durch Gleichung (8) der Ziff. 20 definiert ist und für die verschiedenen Partialschwingungen der Saite verschiedene Werte annimmt. Daher klingen die verschiedenen Teiltöne des Klanges verschieden schnell ab. Die Formeln zeigen, daß β sehr rasch zunimmt, wenn sich die Frequenz der erzwungenen Schwingung einer der Eigenfrequenzen des Resonanzbodens nähert. Daraus folgt, daß die Partialtöne, deren Frequenzen den Eigentönen des Resonanzbodens nahe liegen, stärker sein werden als die übrigen Teiltöne, aber auch schneller abklingen werden.

Die Fälle, in denen die Frequenz einer Partialschwingung einer Eigenfrequenz des Resonanzbodens sehr nahe liegt, müssen noch besonders betrachtet werden. Die erzwungene Schwingung des Bodens wird sehr groß sein, und auch die Eigenschwingung von fast gleicher Frequenz muß berücksichtigt werden. Hier wird tatsächlich der wechselseitige Einfluß von Saite und Resonanzboden auf die gegenseitigen Frequenzen beträchtlich sein und der Unterschied zwischen freier und erzwungener Schwingung, den man für gewöhnlich macht, ist hier nicht mehr anwendbar. In solchen Fällen muß man so vorgehen, daß man beide Schwingungsarten von fast gleicher Frequenz, deren das gekoppelte System fähig ist, betrachtet. Sie werden beide gleichzeitig mit vergleichbaren Amplituden durch den Fall des Hammers erregt werden. Wegen ihrer Überlagerung vergeht eine merkliche Zeit, ehe die Schwingung des Bodens ihren größten Wert erreicht; sie kann sogar periodische Schwankungen zeigen. Das System als Ganzes wird seine Energie mit ziemlich großer Geschwindigkeit abgeben, und der Ton wird dementsprechend kürzer anhalten. Das natürliche Dekrement der gekoppelten Schwingungen läßt sich durch einen speziellen Ansatz bestimmen[1]).

39. Klang des Klaviers. Die Voraussagen der in voriger Ziffer auseinandergesetzten Theorie lassen sich durch experimentelle Untersuchungen der Bodenschwingungen in auffallender Weise bestätigen. Hierzu ist die empfindlichste und einfachste Anordnung wahrscheinlich die folgende. Eine kleine Holz- oder Ebonitklammer wird dort, wo man die Schwingungen des Resonanzbodens untersuchen will, an einer seiner Rippen befestigt. An dieser Klammer (*AB* in Abb. 7) sitzt ein dünner Stahlstreifen *CD*. Eine feine Nadel, die einen Spiegel *M* trägt, wird zwischen diesem Stahlstreifen und einer metallischen Unterlage *S*, die mit dem Rahmen des Instrumentes fest verbunden ist, gehalten. Wenn der Resonanzboden schwingt, rollt die Nadel auf der Oberfläche von *S*, und ihre Bewegung läßt sich optisch registrieren. Abb. 8 gibt drei so erhaltene Kurven, die für die Schwingungen des Resonanzbodens im tiefen, mittleren und hohen Tonbereich charakteristisch sind.

[1]) C. V. Raman, Ind. Assoc. Sci. Bull. 15, S. 123. 1918.

Die Eigenheiten der Resonanzbodenschwingungen zeigen sich auch (etwas modifiziert) in der Form der mit dem Klavierklang verbundenen Luftschwingungen und lassen sich im Lichte der Theorie leicht verstehen. Im Gebiet der tiefen Töne ist die Grundfrequenz der Saite wesentlich kleiner als irgendeine der Eigenschwingungen des Bodens. Daher haben die tiefen Klänge des Klaviers nur einen sehr schwachen Grundton und bestehen hauptsächlich aus Obertönen. Die erzwungenen Schwingungen klingen mit $e^{-2\beta t/T}$ ab, wo T die Grundperiode der Saite ist; daher sind gewöhnlich die oberen Teiltöne der tiefen Klavierklänge länger zu hören als die Grundtöne gleicher Frequenz im hohen Gebiet. Geht man in der Tonskala nach oben, so nehmen die tieferen Teiltöne auf Kosten der oberen an Intensität zu und die Töne klingen schneller ab. Auch tritt der Einfluß der Eigenschwingungen des Resonanzbodens, die sich den erzwungenen Schwingungen überlagern, mehr hervor und verursacht Intensitätsschwankungen der Obertöne. Im höchsten Tongebiet wird sich der Grundton der Saite sehr nahe bei einer oder der anderen der höheren Schwingungsfrequenzen des Bodens befinden. Daher bestehen die hohen Klaviertöne in der Hauptsache aus dem Grundton mit wenigen Obertönen, und sie klingen sehr rasch ab. Diese Folgerungen aus der Theorie stimmen in ihren Grundzügen mit den Versuchen überein.

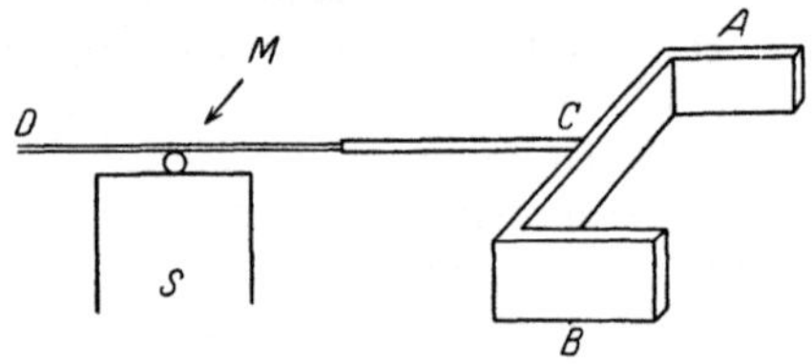

Abb. 7. Schwingungsmesser fur Resonanzboden.

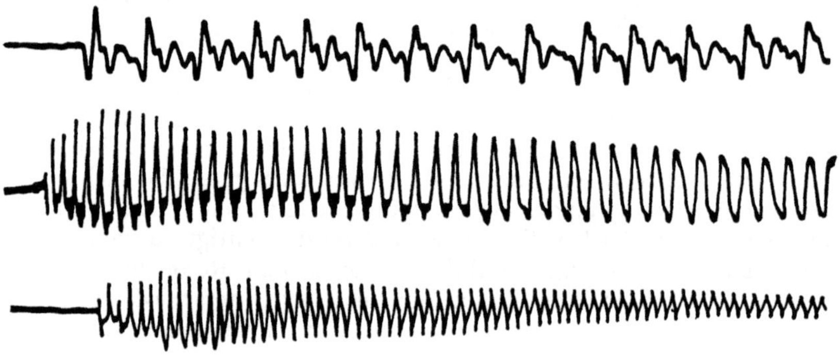
Abb. 8. Schwingungslinien des Klavierresonanzbodens.

40. Gezupfte Saiteninstrumente. Der Ausdruck für die Schwingung einer Saite, die gezupft und losgelassen wird, läßt sich unmittelbar auf Grund der in Ziff. 24 gegebenen allgemeinen Analyse der unstetigen Wellenbewegung hinschreiben. Wenn die transversale Kraft F, die im Punkte x_0 der Saite angreift und sie um den Abstand h aus ihrer Ruhelage ablenkt, entfernt wird, so wandern unstetige Geschwindigkeitsänderungen von der Größe $F/2\mu a$, also

$$\frac{T_0}{2\mu a}\left(\frac{h}{l-x_0}+\frac{h}{x_0}\right) \quad \text{oder} \quad \frac{h l^2}{T x_0 (l-x_0)}$$

auf beiden Seiten des gezupften Punktes nach außen. Wendet man Gleichung (13) aus Ziff. 24 hierauf an, so folgt sofort, daß in der entstehenden Bewegung

$$y = \frac{2 h l^2}{\pi^2 x_0 (l-x_0)} \sum_n \frac{1}{n^2} \sin\frac{n\pi x}{l} \sin\frac{n\pi x_0}{l} \cos\frac{2n\pi t}{T} \tag{22}$$

ist.

Der gleiche Ausdruck läßt sich natürlich auch dadurch ableiten, daß man die anfängliche Ausbiegung der Saite in ihre Fourierkomponenten zerlegt.

Dabei darf man nur annehmen, daß Gleichung (22) die Bewegung der gezupften Saite für sehr kurze Zeit nach dem Loslassen richtig wiedergibt. Steg und Resonanzboden des Instrumentes werden in Schwingung geraten und die dadurch bedingte Änderung der Eigenschwingungen und der Energieverlust rufen eine fortschreitende Änderung der Schwingungsformen hervor. Die erzwungenen Schwingungen des Resonanzbodens werden ebenfalls entsprechende Änderungen erleiden. Da wir den Fall der angeschlagenen Saite beim Klavier ausführlich diskutiert haben, ist es kaum nötig, die Erklärung der allmählichen Klangfarbenänderungen und Intensitätsänderungen, die auch beim gezupften Saiteninstrument auftreten, sehr ausführlich zu besprechen. Diese Änderungen gehen sehr schnell vor sich, wenn die Eigenschwingungen der Saite und die des Resonanzbodens des Instrumentes annähernd übereinstimmen, und lassen sich sehr gut nachweisen, wenn man auf einer Geige oder einem Cello in der Nähe eines „Wolftons" pizzicato spielt[1]).

In der Regel klingen die Obertöne eines gezupften Instrumentes schneller ab als der Grundton; deswegen wird die Klangfarbe dumpfer. Dies tritt besonders dann ein, wenn die Saiten statt mit einem scharfen Stifte, der die ganze Serie der Obertöne gibt, mit den weichen Teilen der Hand gezupft werden, wodurch die höheren Teiltöne schon im Beginn des Tones geschwächt werden.

Im Zusammenhang mit dem Vorangehenden hat der Hinweis auf eine merkwürdige Form des Steges Interesse, die sich bei einigen bekannten indischen Saiteninstrumenten, die mit der Hand gespielt werden, findet, z. B. in der „Vina", der „Tanbura" und dem „Sitar". Bei diesen Instrumenten ist die obere Fläche des Steges gewölbt und die Saiten verlassen ihn tangential und nicht unter einem scharfen Winkel. Man hat gefunden, daß bei dieser Form des Steges die Obertöne nicht schneller abklingen als der Grundton, sondern im Gegenteil relativ an Stärke stetig zunehmen. Außerdem werden sogar die Obertöne, die am gezupften Punkt einen Knoten haben und daher im Beginn des Tones nach Gleichung (22) gar nicht existieren, kräftig hörbar. Diese merkwürdigen Effekte scheinen sich dadurch erklären zu lassen, daß zwischen der gekrümmten Stegoberfläche und der Saite ein periodischer Kontakt besteht, und daß die dadurch übermittelte regelmäßige Folge von Impulsen die Obertöne auf Kosten des Grundtones verstärkt. In der „Vina" ist die obere gekrümmte Stegfläche aus gehärtetem Stahl, und wenn diese richtig konstruiert ist, gibt das Instrument einen hellen und angenehmen Ton[2]).

41. Elektrisch aufrechterhaltene Schwingungen. Um mit den mit Tasten versehenen Saiteninstrumenten dauernde Töne zu erreichen, ist oft vorgeschlagen worden, die Schwingungen der Stahldrähte, wie sie beim Klavier verwendet werden, durch die Anziehung eines Elektromagneten, der mit intermittierendem Strom gespeist wird, aufrechtzuerhalten. Daher ist hier der Hinweis auf einige Untersuchungen über den Gegenstand wohl am Platze. KLINKERT[3]) hat den Fall untersucht, daß die Schwingungen sich dadurch erhalten, daß der Draht selbst als Unterbrecher des elektrischen Stromes dient und auch den anderen Fall, daß der intermittierende Strom durch einen besonderen Unterbrecher geliefert wird. Im zweiten Falle hängt natürlich Größe und Gestalt der Drahtschwingung von der Beziehung zwischen seiner Eigenfrequenz und der Frequenz des erregenden Stromes ab. KLINKERT bemerkte, daß die Drahtschwingung bei großen Ausschlägen der einer gezupften Saite einigermaßen ähnlich wurde.

---

[1]) C. V. RAMAN, Nature Bd. 101, S. 264. 1918.

[2]) C. V. RAMAN, Proc. Ind. Assoc. Sci. Bd. 7, S. 29. 1922.

[3]) G. KLINKERT, Wied. Ann. Bd. 65, S. 849. 1898.

Der Verfasser[1]) hat dann gefunden, daß man, um für die KLINKERTschen Ergebnisse eine befriedigende Erklärung zu finden, beachten muß, daß die vom Elektromagneten ausgeübte Kraft gleichzeitig eine Funktion der Zeit und des Abstandes des Poles vom nächsten Drahtpunkt ist. Wenn man große Schwingungsamplituden erreicht hat, muß man auch ihren Einfluß auf die Eigenschwingungen des Drahtes berücksichtigen. Eine bemerkenswerte experimentell beobachtete Tatsache, die sich in diesem Zusammenhang erklären läßt, ist die Möglichkeit, daß die periodische Anziehung des Elektromagneten eine Drahtschwingung niedrigerer Frequenz erregen kann, die zur Frequenz des erregenden Stromes in einfachen Verhältnissen, wie etwa $^1/_2$, $^1/_3$, $^1/_4$ usw. steht.

Man kann die Drahtschwingungen elektrisch auch auf andere Weisen aufrechterhalten, die aber hier, da sie für musikalische Zwecke nicht gut brauchbar sind, nicht besprochen zu werden brauchen[2]). Jedoch sei kurz darauf hingewiesen, daß ein metallischer Draht, durch den Wechselstrom geeigneter Frequenz fließt, spontan zu schwingen beginnt; der Effekt rührt von den periodischen Spannungsänderungen her, die durch die Wärmewirkung des Stromes entstehen. N. C. KRISHNAIYAR[3]) hat Amplitude und Phase der auf diese Art erzeugten Schwingungen quantitativ untersucht.

42. Die Äolsharfe. Bei diesem Instrument wird eine Reihe gespannter Saiten verschiedenen Durchmessers durch das Vorbeiströmen des Windes zum Schwingen in einer oder der anderen ihrer Eigenschwingungen gebracht. Lord RAYLEIGH hat zuerst darauf hingewiesen, daß die Schwingungen der Saiten bemerkenswerterweise senkrecht auf der Windrichtung stehen. Damit eine Saite durch den Wind in Schwingungen versetzt werden kann, muß eine ihrer Eigenfrequenzen ungefähr einen Wert haben, der durch das Verhältnis der Windgeschwindigkeit V zum Drahtdurchmesser D bestimmt wird. Die Töne der Saite werden am klarsten, wenn die Schwingungsfrequenz N die der STROUHALschen Gleichung ist:

$$N = KV/D,$$

wo K eine Zahl ist (gleich 0,185), die durch mehrere Forscher bestimmt wurde, zuerst durch STROUHAL selbst. Die theoretische Grundlage der Formel ist kürzlich von KRÜGER und LAUTH[4]) diskutiert worden. Sie haben gezeigt, daß sie mit der Frequenz der unsymmetrischen Wirbelfolge zusammenhängt, die durch die Bewegung der Saite durch die Flüssigkeit entstehen. Die so gebildeten Wirbelreihen sind von BENARD[5]), KÁRMÁN[6]) u. a. untersucht worden, und auf Grund dieser Arbeiten ist es möglich, die Frequenz der Wirbelaussendung für jede Seite der Saite zu berechnen. Die so erhaltenen Resultate stimmen mit der STROUHALschen Formel recht gut überein. Unter neueren Arbeiten über dies Gebiet sei noch besonders auf die Untersuchungen Lord RAYLEIGHS[7]) hingewiesen, in denen er eine Behauptung, die er Jahre zuvor aufgestellt hatte, experimentell beweist; daß nämlich ein mit passender Geschwindigkeit durch eine Flüssigkeit bewegtes Pendel anfängt, transversale Schwingungen auszuführen. Auch einige interessante Beobachtungen von E. F. RICHARDSON[8]) über die Hiebtöne von Saiten verschiedenen Querschnitts seien erwähnt.

[1]) C. V. RAMAN u. A. DEY, Phil. Mag. Bd. 34, S. 129. 1917.
[2]) Die Methoden sind im Artikel „Thermische Schallerzeugung" (ds. Bd. Kap. 7) besprochen.
[3]) N. C. KRISHNAIYAR, Phys. Rev. Bd. 14, S. 490. 1919.
[4]) F. KRÜGER u. A. LAUTH, Ann. d. Phys. Bd. 44, S. 801. 1914.
[5]) H. BENARD, C. R. Bd. 147, S. 839. 1908.
[6]) TH. D. KÁRMÁN u. H. RUBACH, Phys. ZS. Bd. 13, S. 54. 1912.
[7]) RAYLEIGH, Phil. Mag. Bd. 29, S. 433. 1915.
[8]) E. F. RICHARDSON, Proc. Phys. Soc. Lond. Bd. 36, S. 153. 1924.

Obgleich die erwähnten Untersuchungen schon viel Aufklärung gebracht haben, bleiben manche Punkte in der Theorie der Äolsharfe noch dunkel. Nicht aufgeklärt worden ist die genaue Beziehung zwischen der Transversalschwingung der Saiten und der Bildung der unsymmetrischen Wirbelreihe. Außerdem ist nicht klar, ob zur Erregung der Saitenschwingungen die Windgeschwindigkeit wirklich die kritische Geschwindigkeit übersteigen muß, die ohne transversale Schwingung zur Entstehung einer Wirbelreihe notwendig ist. Nach gewissen bei RICHARDSON angegebenen Beobachtungen und den gedruckten Diskussionsbemerkungen über seine Arbeit scheint das unsicher zu sein. Bisher ist auch noch nichts darüber bekannt, ob die Temperatur einen tatsächlichen Einfluß auf den Wert der Konstanten in der STROUHALschen Formel hat.

d) Blasinstrumente[1]).

43. Luftströmung durch Öffnungen. In der Theorie der Musikinstrumente begegnet uns häufig das Problem des Ausströmens von Luft aus Öffnungen. Wir betrachten hier den idealisierten Fall einer Öffnung beliebigen Querschnitts in einer unendlichen dünnen Platte, durch die die Luft infolge einer unendlich kleinen Druckdifferenz zwischen den beiden Seiten oder nach Ausgleich dieser Druckdifferenz infolge ihrer eigenen Trägheit hindurchströmt. Eine kurze Überlegung zeigt, daß die kinetische Strömungsenergie vornehmlich in der Nähe der Öffnung bemerkbar sein wird. Diese kinetische Energie wird offenbar proportional sein der Dichte ϱ und dem Quadrat der Strömungsgeschwindigkeit der Luft. Wir können sie in der Form schreiben

$$T = \frac{1}{2}\frac{\varrho}{c}\left(\frac{dX}{dt}\right)^2, \tag{23}$$

wo dX/dt das pro Sekunde durch die Öffnung fließende Volumen und c eine für die Öffnung charakteristische Größe ist, für die sich aus der Gleichung ergibt, daß sie die Dimension einer Länge haben muß. Wenn wir für die Bewegung in der Nähe der Öffnung die einer idealen inkompressiblen Flüssigkeit annehmen, so wird die Bestimmung des Wertes von c mathematisch identisch mit der Frage nach dem elektrischen Widerstand zwischen den beiden Seiten eines leitenden Mediums, die durch eine eine Öffnung tragende isolierende Wand getrennt sind. Um das zu zeigen, stellen wir fest, daß sich die Bewegung der Flüssigkeit aus einem Geschwindigkeitspotential φ ableiten läßt. Drückt man die kinetische Energie durch seine Ableitungen aus und wendet man auf diesen Ausdruck den GREENschen Satz an, so erhält man

$$T = \frac{1}{2}\varrho\iiint\left[\left(\frac{\partial\varphi}{\partial x}\right)^2 + \left(\frac{\partial\varphi}{\partial y}\right)^2 + \left(\frac{\partial\varphi}{\partial z}\right)^2\right] dx\,dy\,dz = \frac{1}{2}\varrho\iint\varphi\left(\frac{\partial\varphi}{\partial n}\right)dS\,, \tag{24}$$

wobei die Integration über eine Fläche zu erstrecken ist, die das ganze Gebiet einschließt, in dem eine merkliche Bewegung vorhanden ist. In genügender Entfernung auf beiden Seiten der Öffnung kann man für φ konstante Werte ansetzen, etwa φ_1 und φ_2, und man hat dann

$$T = \frac{1}{2}\varrho(\varphi_1 - \varphi_2)\iint\frac{\partial\varphi}{\partial n}\,dS\,,$$

wobei die Integration nun nur noch über eine Seite der Platte zu erstrecken ist; also

$$= \frac{1}{2}\varrho(\varphi_1 - \varphi_2)\frac{dX}{dt}\,. \tag{25}$$

[1]) Vgl. hierzu auch Artikel „Schallerzeugung mit mechanischen Mitteln" Ziff. 79 u. ff. (ds. Bd. Kap. 5).

Der Vergleich von (23) und (25) ergibt

$$\frac{dX}{dt} = c(\varphi_1 - \varphi_2)\,.$$

In dem analogen elektrischen Problem stellt dX/dt den gesamten Strom dar und $\varphi_1 - \varphi_2$ die elektrische Potentialdifferenz. Daher ist c dann die Seite des Würfels, dessen Widerstand zwischen gegenüberliegenden Flächen gleich dem des Kanales ist. Die Bestimmung eines solchen Widerstandes wird in den Lehrbüchern der Elektrizität behandelt, und man findet dort, daß sie auf das elektrostatische Problem hinausläuft, die Kapazität einer vollkommen leitenden, im Raum isolierten Scheibe zu finden. Für den Fall einer kreisförmigen Öffnung vom Radius R findet sich $c = 2R$. Eine elliptische Öffnung von der Exzentrizität e ergibt $c = \pi R_1/F(e)$, wo F die vollständige elliptische Funktion erster Ordnung bedeutet und R_1 die große Halbachse. Für mäßige Werte der Exzentrizität ist die Leitfähigkeit einer elliptischen Öffnung praktisch gleich der einer kreisförmigen Öffnung von gleichem Querschnitt. Ist dagegen die Exzentrizität nahe gleich eins, so ist $F(e) = \log 4\, R_1/R_2$, wo R_2 die kleine Halbachse bedeutet; dann wird bei gegebener großer Achse die Leitfähigkeit verhältnismäßig unabhängig von der kleinen Achse der Ellipse.

44. Energieausstrahlung aus Öffnungen. Wir wollen jetzt die akustische Energie betrachten, die von einer in einer unendlichen dünnen Platte angebrachten Öffnung beliebiger Form ausstrahlt, wenn die Luft periodisch ausströmt. Wenn die Größe der Öffnung klein gegen die Wellenlänge ist, so können wir die Öffnung praktisch einfach als Schallquelle betrachten, die sich dicht neben einer unendlichen Ebene befindet. Der Ausdruck für das Geschwindigkeitspotential auf einer Seite der Platte ist der reelle Teil von

$$\varphi = -\frac{1}{2\pi}\iint \frac{\partial\varphi}{\partial x}\cdot\frac{e^{-ikr}}{r}\,d\sigma\,, \tag{26}$$

wo das Integral über den Querschnitt der Öffnung zu nehmen ist und r die Entfernung des Oberflächenelementes $d\sigma$ vom Aufpunkt bedeutet. $\frac{\partial\varphi}{\partial x}$ ist die Normalgeschwindigkeit der Luft an jeder Stelle der Öffnung. Ist die Öffnung klein gegen die Wellenlänge, so können wir in genügender Entfernung r über die ganze Öffnung konstant setzen und schreiben

$$\begin{aligned}\varphi &= -\frac{1}{2\pi}\,\frac{e^{-ikr}}{r}\iint\frac{\partial\varphi}{\partial x}\,d\sigma\\ &= -\frac{1}{2\pi}\,\frac{dX}{dt}\cdot\frac{e^{-ikr}}{r}.\end{aligned} \tag{27}$$

Die durch die Oberfläche einer die Öffnung einschließenden Halbkugel pro Zeiteinheit gestrahlte Energie läßt sich durch das Geschwindigkeitspotential auf die gewöhnliche Weise ausdrücken und ergibt sich zu

$$\frac{\varrho\, n^2}{4\pi a}\left(\frac{dX}{dt}\right)_0^2$$

wo $(dX/dt)_0$ die maximale Strömungsgeschwindigkeit der Luft während jeder Periode bedeutet; $n/2\pi$ ist die Höhe und a die Schallgeschwindigkeit.

Derselbe Ausdruck läßt sich auch auf anderem Wege ableiten. Betrachten wir irgendeinen Punkt A der Öffnung selbst. Wir können dann, da in diesem Falle kr klein ist, näherungsweise $e^{-ikr} = 1 - ikr$ setzen und das Geschwindigkeitspotential in A folgendermaßen ausdrücken

$$\varphi_A = -\frac{1}{2\pi}\left(\iint\frac{\partial\varphi}{\partial x}\cdot\frac{d\sigma}{r} - ik\iint\frac{\partial\varphi}{\partial x}\,d\sigma\right). \tag{28}$$

Die Druckänderung δp im Punkte A ist gegeben durch

$$\delta p = -\varrho \frac{d\varphi_A}{dt} = -i\varrho n \varphi_A .$$

Der Teil dieser Druckänderung, der in seiner Phase um $\pi/2$ von der Normalgeschwindigkeit $\partial\varphi/\partial x$ an der Öffnung abweicht, kann in einer vollständigen Periode keine Arbeit leisten und stellt nur den Druck dar, der nötig ist, um die Trägheit der Luft gerade außerhalb der Öffnung zu überwinden. Dagegen leistet der Teil, der mit der Normalgeschwindigkeit in Phase ist, Arbeit, die die von der Öffnung ausgestrahlte Energie darstellt. Diese Arbeit beträgt

$$\frac{kn\varrho}{2\pi}\int\left(\frac{dX}{dt}\right)^2 dt ,$$

also für die ganze Periode pro Zeiteinheit

$$\frac{\varrho n^2}{4\pi a}\left(\frac{dX}{dt}\right)_0^2$$

entsprechend dem obigen Ergebnis. Die ausgestrahlte Energie läßt sich also als Wirkung eines Druckes $\frac{\varrho n^2}{2\pi a}\left(\frac{dX}{dt}\right)$ pro Flächeneinheit auffassen, der in Phase mit der Luftgeschwindigkeit auf die Öffnung ausgeübt wird.

45. Akustische Impedanz. Es existiert eine enge mathematische Analogie zwischen der Theorie solcher schwingenden Systeme, wie wir sie in der Akustik finden und der Theorie der elektrischen Schwingungen in Wechselstromkreisen, die Kapazität und Selbstinduktion enthalten. Daher hat A. G. WEBSTER auch für die Akustik den Gebrauch des Ausdruckes „Impedanz" vorgeschlagen[1]), aber in einem etwas anderen Sinne als der, in dem er durch OLIVER HEAVISIDE in die Theorie der Elektrizität eingeführt wurde. Nach der vorgeschlagenen Definition ist die akustische Impedanz irgendeines schwingenden Systems, in dem ein Luftvolumen X periodisch unter einem Überdruck p fließt, p/X; diese Größe kann komplex sein und wird mit Z bezeichnet. Wenn wir Luft in einen Raum vom Volumen V pressen, so besteht zwischen der Kompression $s = X/V$ und dem Überdruck p die Beziehung $p = es$, wo e die Elastizität der Luft bedeutet und gleich ϱa^2 ist. Die so verursachte akustische Impedanz ist

$$Z_1 = \frac{e}{V} = \frac{\varrho a^2}{V} . \tag{29}$$

Eine zweite Art akustischer Impedanz tritt auf, wenn wir Luft durch eine Öffnung entweichen lassen. Aus den beiden vorhergehenden Ziffern ergibt sich, daß die der Öffnung zuzuschreibende akustische Impedanz aus zwei Teilen besteht, die verschiedene Phase haben. Wird die Luft in der Nähe der Öffnung in Bewegung gesetzt, so ist ihre kinetische Energie gleich $\frac{1}{2}\frac{\varrho}{c}\left(\frac{dX}{dt}\right)^2$. Da X proportional e^{int} angenommen wurde, ist die von der Trägheit der Luft in der Öffnung herrührende akustische Impedanz negativ und gleich $-\varrho n^2/c$, wo c die Leitfähigkeit der Öffnung darstellt. Die der Strahlung aus der Öffnung entsprechende akustische Impedanz ist $\frac{\varrho n^3}{2\pi a} i$. Die gesamte der Öffnung entsprechende akustische Impedanz ist

$$Z_2 = -\frac{\varrho n^2}{c} + \frac{\varrho n^3}{2\pi a} i = e k^2 \left\{\frac{k i}{2\pi} - \frac{1}{c}\right\} . \tag{30}$$

Noch eine dritte Art akustischer Impedanz findet sich häufig bei Musikinstrumenten, wenn nämlich zu dem schwingenden System eine schwingende

[1]) A. G. WEBSTER, Proc. Nat. Acad. Amer. Bd. 5, S. 275. 1919.

elastische Platte gehört, die die an ihrer Oberfläche befindliche Luft in Bewegung setzt. Beispiele dieser Art sind die Schalldose des Grammophons, die Telephonmembran und andere mehr. Um die einer solchen Platte entsprechende Impedanz zu finden, schreiben wir ihre Bewegungsgleichung auf:

$$m\frac{d^2\xi}{dt^2} + K\frac{d\xi}{dt} + f\xi = Ap,$$
$$Z_3 = A\xi,$$

m ist die Masse der Platte, K ihre Dämpfung, f die Direktionskraft, A ihre effektive Oberfläche und ξ ihre Verschiebung. Durch Lösung der Gleichung ergibt sich die akustische Impedanz $p/X = Z_3$ mit

$$Z_3 = \frac{f - mn^2 + iKn}{A^2}. \tag{31}$$

Diese drei Arten der Impedanz sind typisch und werden in der Akustik fortwährend benutzt. (Über Messung der Impedanz vgl. Kap. 13 Ziff. 2.)

46. Der Resonator als Schallquelle. In Anwendung der im Vorangehenden gegebenen Überlegungen wollen wir den Fall des HELMHOLTZschen Resonators betrachten, seine Eigenschwingung und Dämpfung bestimmen und feststellen, wann ein solcher Resonator durch die Wirkung einer in ihm befindlichen Quelle selbst zur Schallquelle wird. Die Eigenschwingungen eines Systems erhält man, wenn man die Summe seiner Impedanzen gleich Null setzt. Wir haben also für einen Resonator vom Volumen V und einer Öffnung mit der Leitfähigkeit c in einer seiner Wände

$$\frac{\varrho a^2}{V} - \frac{\varrho n^2}{c} - \frac{\varrho n^3}{2\pi a} i = 0.$$

Diese Gleichung läßt sich lösen, indem man $n = \alpha + \beta i$ setzt, entwickelt und den reellen und den imaginären Teil einzeln gleich Null setzt. Wir finden in erster Näherung $n/2\pi = a/2\pi\sqrt{c/V}$, die gewöhnliche Formel für die Eigenschwingung eines Resonators und den Abfall der Schwingungen proportional $e^{-\beta t}$ für $\beta = ac^2/4\pi V$. Setzt man c gleich dem doppelten Radius der Öffnung, so stimmt der so gefundene Wert für die Abklingungsgeschwindigkeit mit dem gewöhnlich gegebenen überein, ist aber doppelt so groß wie der in einer eingehenderen Untersuchung Lord RAYLEIGHS[1]) für den Fall eines kugelförmigen Resonators mit einer kleinen Öffnung gefundene Wert. Diese Abweichung läßt sich aber leicht verstehen, da wir in Ziff. 44 den Betrag der Energieausstrahlung unter der Annahme berechnet haben, daß sich die Öffnung in einer unendlichen ebenen Platte befindet. Dort ist die Energieausstrahlung größer als bei dem hier vorliegenden Problem des kugelförmigen Resonators.

Wir betrachten jetzt den Fall, daß sich in dem Resonator eine periodische Schallquelle befindet. Dies mag z. B. dadurch zustande kommen, daß an einem Ende ein Stempel bewegt wird, oder daß auf irgendeinem anderen Wege periodisch Luft zu- und abgeführt wird. Es sei X_1 das auf diesem Wege zugeführte Luftvolumen und X_2 das durch die Öffnung in den Resonator eindringende Volumen. Dann ist

$$p = Z_1(X_1 + X_2) = -Z_2 X_2.$$

Lösen wir nach X auf und setzen die Werte für Z_1 und Z_2 ein, so ergibt sich

$$X_2 = -\frac{X_1}{1 + Vk^2\left(\frac{ki}{2\pi} - \frac{1}{c}\right)}.$$

---

[1]) RAYLEIGH, Proc. Roy. Soc. London (A) Bd. 92, S. 265. 1915; Scient. Papers Bd. VI, S. 365.

Abgesehen von den Phasenbeziehungen, die durch Einführung des Moduls eliminiert sind, ergibt sich als Formel für die Stärke P der entstandenen Schallquelle

$$P = \left|\frac{d X_2}{dt}\right| = \Psi |X_1|$$

mit

$$\Psi = \frac{n}{\left[\left(1 - \frac{V k^2}{c}\right)^2 + \frac{V^2 k^6}{4\pi^2}\right]^{\frac{1}{2}}}. \tag{32}$$

Für $k^2 = \sqrt{c/V}$ verschwindet das erste Glied des Nenners in (32); in diesem Falle ist die Periode der im Resonator vorhandenen Quelle gleich der Eigenschwingungsperiode des Resonators, weswegen der Ton sehr verstärkt wird. Die Formel (32) gibt wenigstens näherungsweise die Theorie derjenigen Musikinstrumente, in denen mit der äußeren Atmosphäre in Verbindung stehende Resonanzräume zur Verstärkung der akustischen Wirkung periodischer Luftstöße verwendet werden, die mit Hilfe vibrierender Zungen oder auf irgendeine andere Weise hervorgebracht werden. Zum Beispiel erklären die Formeln im Prinzip, wie bei den durch die menschliche Stimme hervorgebrachten Vokalklängen diejenigen Teiltöne verstärkt werden, deren Frequenzen den Eigenfrequenzen der Mundhöhle nahe liegen.

Es mag noch darauf hingewiesen werden, daß wir ebenso wie bei den analogen elektrischen Fällen bei mehreren in Serie gegebenen akustischen Systemen ihre Impedanzen addieren müssen, dagegen für parallel geschaltete Systeme deren reziproke Werte. Mit Hilfe dieses Satzes lassen sich auch die oben gegebenen Überlegungen leicht auf Fälle anwenden, in denen zwei oder mehrere Resonanzkörper hintereinander gebracht und miteinander durch Kanäle oder Öffnungen bekannter akustischer Impedanz verbunden werden.

47. Luftschwingungen in Rohren. Die soeben abgeleiteten Resultate ermöglichen es uns, unmittelbar den wohlbekannten, von HELMHOLTZ stammenden Ausdruck für die stationäre Schwingung einer Luftsäule in einem Rohr von konstantem Querschnitt σ anzugeben. Wir setzen voraus, daß die Bewegung der Luft annähernd eindimensional und periodisch ist, so daß das Geschwindigkeitspotential in einer stationären Welle gleich dem reellen Teil von $\varphi = (A \sin kx + B \cos kx) e^{int}$ ist, wo A und B bestimmt werden müssen. Am offenen Ende des Rohres, das als Anfangspunkt $x = 0$ gewählt wird, ist die Druckänderung gleich

$$\delta p = -\varrho n i B \cdot e^{int}$$

und die Strömungsgeschwindigkeit der Luft dX/dt ist $\sigma k A e^{int}$. Setzen wir $\delta p/X$ gleich der Impedanz der Öffnung, deren Leitfähigkeit c sein möge, so ergibt sich

$$\varrho a^2 k^2 \left\{\frac{k i}{2\pi} - \frac{1}{c}\right\} = \frac{B \varrho n^2}{\sigma A k}.$$

Durch Einsetzen des so bestimmten Wertes von B ergibt sich dann

$$\varphi = A \left[\sin kx + \sigma k \left\{\frac{k i}{2\pi} - \frac{1}{c}\right\} \cos kx\right] e^{int}.$$

Der reelle Teil hiervon ist proportional

$$\left\{\sin kx - \frac{\sigma k}{c} \cos kx\right\} \cos nt - \frac{k^2 \sigma}{2\pi} \cos kx \sin nt,$$

was sich in der Form schreiben läßt

$$\frac{\sin k(x-\alpha)}{\cos k\alpha}\cos nt - \frac{k^2\sigma}{2\pi}\cos kx \sin nt \tag{33}$$

mit

$$\operatorname{tg}\alpha = \frac{k\sigma}{c}.$$

Das entsprechende Potential außerhalb des offenen Endes ist

$$-\frac{\sigma k}{2\pi r}\cos(nt - kr). \tag{34}$$

Der richtige Wert der Leitfähigkeit c muß natürlich durch eine besondere Untersuchung bestimmt werden. Für ein offenes Ende mit einem Flansch kann man die Impedanz der Trägheit gleich der Hälfte derjenigen annehmen, die einer Öffnung einer nach beiden Seiten offenen unendlichen Platte entspricht. Hier gilt also näherungsweise $\sigma/c = \pi R/4$. Für ein offenes Ende ohne Flansch ist dieser Wert bedeutend kleiner, experimentell ist er (nach BLAIKLEY) zu $0{,}576\,R$ bestimmt.

48. Konische Rohre und Trichter. Wir wollen jetzt zu der Betrachtung stationärer Schwingungen übergehen, die in einem konischen Rohr aufrechterhalten werden, dessen eines Ende frei in die äußere Atmosphäre führt, während das andere mit irgendeiner passenden Vorrichtung verbunden ist. Unter der Voraussetzung, daß die Schwingungen rein radial sind und das Geschwindigkeitspotential proportional e^{int}, lautet die innerhalb des Rohres geltende Gleichung

$$\frac{\partial^2\varphi}{\partial r^2} + \frac{2}{r}\frac{\partial\varphi}{\partial r} + k^2\varphi = 0.$$

Die einer stationären Wellenbewegung in der Röhre entsprechende allgemeine Lösung ist der reelle Teil von

$$kr\varphi = (A\cos kr + B\sin kr)\,e^{int}.$$

Die Überdrucke p_1 und p_2 an den beiden Enden r_1 und r_2 werden durch

$$\left.\begin{aligned} p_1 &= -\varrho\, n\, i[A\,u_1 + B\,v_1]\,e^{int},\\ p_2 &= -\varrho\, n\, i[A\,u_2 + B\,v_2]\,e^{int},\end{aligned}\right\} \tag{35}$$

und die entsprechenden Verschiebungen q_1 und q_2 durch

$$\left.\begin{aligned} q_1 &= \frac{k}{n\,i}[A\,u_1' + B\,v_1']\,e^{int},\\ q_2 &= \frac{k}{n\,i}[A\,u_2' + B\,v_2']\,e^{int}\end{aligned}\right\} \tag{36}$$

gegeben, wo u und v und ihre beiden Ableitungen u' und v' für die folgenden Ausdrücke stehen

$$u = \frac{\cos kr}{kr}, \qquad v = \frac{\sin kr}{kr},$$

$$u' = -\left(\frac{\sin kr}{kr} + \frac{\cos kr}{k^2r^2}\right), \qquad v' = \left(\frac{\cos kr}{kr} - \frac{\sin kr}{k^2r^2}\right).$$

Die an den Enden ausströmenden Luftvolumina betragen $X_1 = \sigma_1 q_1$ und $X_2 = \sigma_2 q_2$; σ_1 und σ_2 sind die Querschnitte an den beiden Enden. Die Impedanzen an den beiden Enden Z_1 und Z_2 sind $p_1/\sigma_1 q_1$ bzw. $p_2/\sigma_2 q_2$. Nun bestimmen die Bedingungen an jedem Ende auch die dort geltende Impedanz und damit, wie wir es im Falle des zylindrischen Rohres schon oben fanden, auch das Verhältnis A/B der stationären Schwingung. Da die so für A/B abgeleiteten Werte aber identisch sein müssen, folgt, daß, wenn stationäre Schwingungen möglich sein sollen, zwischen den Impedanzen an den beiden Enden gewisse Beziehungen bestehen müssen. Um diese aufzufinden, müssen wir nur die Gleichungen für p_2 und q_2 nach A und B auflösen und in die Gleichungen für p_1 und q_1 einsetzen oder umgekehrt. Wir wollen hier diese einfachen algebraischen Operationen nicht wiedergeben, sondern nur die Ergebnisse:

$$\left.\begin{aligned} Z_2 &= -\frac{\beta}{\sigma_2}\,\frac{Z_1\dfrac{\sin k(l-\varepsilon_1)}{\sin k\,\varepsilon_1}+\dfrac{\beta}{\sigma_1}\sin k\,l}{Z_1\dfrac{\sin k(l-\varepsilon_1+\varepsilon_2)}{\sin k\,\varepsilon_1\cdot\sin k\,\varepsilon_2}+\dfrac{\beta}{\sigma_1}\,\dfrac{\sin k(l+\varepsilon_2)}{\sin k\,\varepsilon_2}},\\ Z_1 &= -\frac{\beta}{\sigma_1}\,\frac{Z_2\dfrac{\sin k(l+\varepsilon_2)}{\sin k\,\varepsilon_2}+\dfrac{\beta}{\sigma_2}\sin k\,l}{Z_2\dfrac{\sin k(l-\varepsilon_1+\varepsilon_2)}{\sin k\,\varepsilon_1\cdot\sin k\,\varepsilon_2}+\dfrac{\beta}{\sigma_2}\,\dfrac{\sin k(l-\varepsilon_1)}{\sin k\,\varepsilon_1}}. \end{aligned}\right\} \tag{37}$$

In diesen Gleichungen bedeutet:

$$l = r_2 - r_1;\ \beta = \varrho a^2 k \qquad \text{und} \qquad \operatorname{tg} k\varepsilon_1 = k r_1;\ \operatorname{tg} k\varepsilon_2 = k r_2.$$

Die hier angedeutete Theorie ist von G. W. STEWART[1]) und V. A. HOERSCH[2]) erfolgreich benutzt worden, um das Verhalten konischer Hörner als Schallempfänger zu erklären, da sie die Möglichkeit gibt, das Verhältnis der Überdrucke an den beiden Enden auszurechnen. Die Formeln lassen sich ebensogut zur Diskussion der Fälle verwenden, in denen konische Rohre oder Trichter zum Aussenden oder Wiedergeben des Schalles benutzt werden.

49. Hyperbolische Rohre. Bei den Blasistrumenten des Orchesters haben wir es häufig mit Rohren zu tun, deren Querschnitt nach dem offenen Ende zu sehr rasch zunimmt. Man kann zur Darstellung der Form dieser Instrumente verschiedene Formeln ansetzen, z. B.

$$\sigma = \sigma_0 x^m, \qquad \sigma = \sigma_0 e^{-mx}, \qquad \sigma = \sigma_0 e^{-mx^2}.$$

Setzen wir in der Formel $\sigma = \sigma_0 x^m$, $m = 0$, so haben wir das zylindrische Rohr, $m = 2$ gibt das konische Rohr, $m = -2$ das rein hyperbolische Horn. Solange der Querschnitt klein genug gegen die Wellenlänge bleibt, genügt das im folgenden gegebene angenäherte Verfahren zur Darstellung der Theorie dieser Pfeifen. p und q mögen wie oben Überdruck bzw. Verschiebung der Luft für jeden Querschnitt der Röhre bedeuten. Dann sind die Gleichungen für Druck und Bewegung

$$p = -\frac{\varrho a^2}{\sigma}\cdot\frac{\partial(q\sigma)}{\partial x}$$

und

$$\frac{\partial^2 q}{\partial t^2} = -\frac{1}{\varrho}\,\frac{\partial p}{\partial x}. \tag{38}$$

Aus (38) ergibt sich durch entsprechendes Einsetzen für p und q

$$\frac{\partial^2 q}{\partial t^2} = a^2\left[\frac{\partial^2 q}{\partial x^2} + \frac{\partial q}{\partial x}\cdot\frac{\partial \ln\sigma}{\partial x} + q\,\frac{\partial^2 \ln\sigma}{\partial x^2}\right]$$

$$\begin{aligned}\frac{\partial^2 p}{\partial t^2} &= -\frac{\varrho a^2}{\sigma}\,\frac{\partial^2}{\partial t^2}\left(\frac{\partial(q\sigma)}{\partial x}\right)\\ &= a^2\left[\frac{\partial^2 p}{\partial x^2} + \frac{\partial p}{\partial x}\cdot\frac{\partial \ln\sigma}{\partial x}\right].\end{aligned}$$

---

[1]) G. W. STEWART, Phys. Rev. Bd. 16, S. 313. 1920.
[2]) V. A. HOERSCH, Phys. Rev. Bd. 25, S. 225. 1925.

Für eine einfache periodische Bewegung setzen wir p und q proportional e^{int} und finden

$$\left.\begin{aligned} &\frac{d^2 p}{dx^2} + \frac{d\ln\sigma}{dx}\cdot\frac{dp}{dx} + k^2 p = 0 \\ &\frac{d^2 q}{dx^2} + \frac{d\ln\sigma}{dx}\cdot\frac{dq}{dx} + \frac{d^2\ln\sigma}{dx^2}\cdot q + k^2 q = 0. \end{aligned}\right\} \tag{39}$$

1. Fall. Ist $\sigma = \sigma_0 x^m$, so gehen die Gleichungen (39) über in

$$\left.\begin{aligned} &\frac{d^2 p}{dx^2} + \frac{m}{x}\frac{dp}{dx} + k^2 p = 0 \\ &\frac{d^2(\sigma q)}{dx^2} - \frac{m}{x}\frac{d(\sigma q)}{dx} + k^2(\sigma q) = 0. \end{aligned}\right\} \tag{40}$$

Für $m = 0$ (zylindrisches Rohr) und $m = 2$ (konisches Rohr) nehmen die Gleichungen die schon oben diskutierten Formen an. Im allgemeinen Fall lassen sich die Gleichungen (39) leicht mit Hilfe von BESSELschen Funktionen der Ordnung $n + \frac{1}{2}$ lösen. In der Tat haben die Lösungen von (39) die Form

$$p = \frac{J_{\pm\frac{m-1}{2}}(kx)}{(kx)^{\frac{m-1}{2}}}; \qquad \sigma q = J_{\pm\frac{m+1}{2}}(kx)\cdot(kx)^{\frac{m+1}{2}}.$$

Zur Verwendung dieser Formeln für praktische Berechnungen machen wir Gebrauch davon, daß sich die BESSELschen Funktionen der Ordnung $n + \frac{1}{2}$ in geschlossener Form durch trigonometrische Funktionen darstellen lassen. Für $m = -2$ (hyperbolisches Rohr) reduzieren sich die Ausdrücke für Druck und Verschiebung auf die einfache Form

$$\left.\begin{aligned} p &= A[kx\sin kx + \cos kx] + B[\sin kx - kx\cos kx], \\ q &= \frac{x}{\varrho a^2}[A\cos kx + B\sin kx]. \end{aligned}\right\} \tag{41}$$

Durch Einsetzen kann man leicht verifizieren, daß diese Ausdrücke für den Fall $m = -2$ die Gleichungen (40) befriedigen.

Ist die akustische Impedanz für das eine Ende bekannt, so ist damit das Verhältnis A zu B festgelegt; wenn man dann noch die Impedanz am anderen Ende kennt, so läßt sich die Frequenz der Schwingung leicht berechnen.

2. Fall. Für $\sigma = \sigma_0 e^{-mx}$ lautet die Gleichung für p

$$\frac{d^2 p}{dx^2} - m\frac{dp}{dx} + k^2 p = 0$$

mit der Lösung

$$p = e^{\frac{mx}{2}}\left\{A\cos kx\sqrt{1 - \left(\frac{m}{2k}\right)^2} + B\sin kx\sqrt{1 - \left(\frac{m}{2k}\right)^2}\right\}. \tag{42}$$

Der Ausdruck für q hat ganz ähnliche Form.

Es ist klar, daß bei diesen Rohren, bei denen die Öffnung zur äußeren Atmosphäre sehr weit wird, der genaue Wert der akustischen Impedanz an diesem Ende zur Bestimmung der Schwingungsfrequenz besonders wichtig ist.

50. Pfeifen mit Seitenlöchern. Bei vielen Blasinstrumenten (Flöte, Oboe, Klarinette usw.) wird die Tonhöhe der Pfeife durch das Öffnen und Schließen von Seitenlöchern abgestuft; dies geschieht mit den Fingern oder durch einen Klappenmechanismus. Daher ist die Frage nach dem Einfluß von Seitenlöchern auf die Schwingungen in einer Röhre von beträchtlichem Interesse.

Wir können auf sie die schon auf den vorhergehenden Seiten betrachteten Sätze anwenden.

Wir können annehmen, daß die stationären Schwingungen in der Röhre beiderseits des Loches in einiger Entfernung von ihm näherungsweise in Richtung der Röhre vor sich gehen. Daher läßt sich das Geschwindigkeitspotential auf beiden Seiten des Loches in die Form bringen

$$\varphi_1 = (A_1 \sin kx + B_1 \cos kx)\, e^{int},$$
$$\varphi_2 = (A_2 \sin kx + B_2 \cos kx)\, e^{int}.$$

Die aus φ_1 und φ_2 abgeleiteten Druckgrößen können für Punkte, die sich dicht genug am Loche befinden, nicht wesentlich verschieden sein, und wenn das Loch nicht zu groß ist, können wir sie gleichsetzen. Wählt man die Mitte des Loches als Koordinatenursprung, so ist also der Druck an der Öffnung

$$-\varrho\, n i B_1 = -\varrho\, n i B_2 = p\,.$$

Ist σ der Querschnitt des Rohres, so ist die Strömungsgeschwindigkeit der Luft dX/dt durch das Loch

$$\sigma\left(\frac{\partial \varphi_1}{\partial x} - \frac{\partial \varphi_2}{\partial x}\right)_{x=0} = \sigma k (A_1 - A_2)\,.$$

Daher ist die Impedanz p/X

$$\frac{\varrho\, n^2 B_1}{\sigma k (A_1 - A_2)} = \frac{\varrho\, n^2 B_2}{\sigma k (A_1 - A_2)} = \varrho\, n^2 \left\{\frac{k i}{2\pi} - \frac{1}{c}\right\},$$

wo c die Leitfähigkeit des Seitenloches der Röhre bedeutet. Im Falle eines kleinen Loches können wir $ki/2\pi$ neben $1/c$ vernachlässigen und schreiben

$$B_1 = B_2 = \frac{\sigma k}{c}(A_2 - A_1)\,. \tag{43}$$

Sind die Impedanzen an den beiden Enden des Rohres bekannt, so haben wir zwei weitere Beziehungen, durch die die Verhältnisse A_1/B_1 und A_2/B_2 bestimmt und eliminiert werden können, wodurch wir schließlich imstande sind, den Wert von k, der die Tonhöhe bestimmt, anzugeben.

Die Gleichung (43) ist von STEINHAUSEN[1]) abgeleitet und von ihm und RATZ[2]) zum Vergleich mit Experimenten herangezogen worden, die sie über den stationären Schwingungszustand in einem zylindrischen Rohr mit einem oder mehreren Löchern angestellt haben. Es ist hier kein Raum für eine ausführlichere Diskussion dieser Frage; wir verweisen den Leser auf die zitierten Arbeiten.

51. Anblasen von Pfeifen. Nach Ziff. 47 finden wir durch Differentiation des für die stationäre Schwingung in einem zylindrischen Rohr gegebenen Ausdruckes (33), daß die Strömungsgeschwindigkeit in jedem Punkte proportional

$$k\left\{\frac{\cos k(x-\alpha)}{\cos k\alpha} \cos nt - \frac{k^2 \sigma}{2\pi} \sin kx \cdot \sin nt\right\}$$

ist. Setzen wir nun $(x - \alpha) = \lambda/4$, was einem Knoten entspricht, so sehen wir, daß das erste Glied in der Klammer verschwindet und nur das zweite übrigbleibt, das, da es $k^2\sigma$ proportional ist, verhältnismäßig klein ist. Wenn wir also durch eine entsprechende Vorrichtung im Punkte $(x - \alpha) = \lambda/4$ der Luft eine periodische Bewegung mit fester Amplitude aufzwingen, so wird die entstehende Schwingung in anderen Teilen des Rohres der absoluten Größe nach sehr groß sein, wird aber gegen die aufgezwungene Bewegung am Knoten eine Viertel-

1) W. STEINHAUSEN, Ann. d. Phys. Bd. 48, S. 693. 1915.
2) E. RATZ, Ann. d. Phys. Bd. 77, S. 195. 1925.

wellenlänge Phasendifferenz zeigen. Würde dagegen eine solche Bewegung im Punkte $(x - \alpha) = \lambda/2$, der einem Schwingungsbauch entspricht, aufgezwungen werden, so würde die im Rohr entstehende stationäre Schwingung gleiche Amplitude und gleiche Phase wie die aufgezwungene Bewegung haben. Die durch Anblasen über eine offene Mündung erregten Schwingungen von Orgelpfeifen, Flöten usw. entsprechen eher dem zweiten Falle als dem ersten. Denn obgleich das Mundstück einer Orgelpfeife oder einer Flöte nicht genau mit einem Bauch oder der Stelle minimaler Druckänderung zusammenfällt, liegt es nicht sehr weit davon. Daher muß der periodische Zu- und Abfluß am Mundstück nicht genau, aber fast die gleiche Amplitude und Phase haben wie die Schwingung in der Pfeife selbst. Der Vorgang, durch den diese periodische Luftströmung am Mundstück aufrechterhalten wird, ist der Gegenstand vieler Experimentaluntersuchungen gewesen. Zunächst liegen Untersuchungen über den Einfluß des Über-[1]) oder Unterblasens[2]) von Orgelpfeifen vor, d. h. den Einfluß einer allmählichen Steigerung der Windgeschwindigkeit vom kleinstmöglichen zu sehr großen Werten auf Höhe und Farbe[3]) des in den verschiedenen Stadien erregten Klanges. Zweitens gibt es Beobachtungen und photographische Untersuchungen über das tatsächliche Verhalten des Luftstrahles am Mundstück; dies wird sichtbar gemacht durch Benutzung von Dämpfen mit hoher Refraktion[4]) oder durch Einführen von Phosphorpentoxydrauch[5]). Drittens gibt es Untersuchungen über das Verhalten von Strahlen[6]), die im freien Raum auf Kanten treffen. Untersuchungen dieser Art zeigen deutlich, daß das akustische Verhalten der Pfeife eng mit der Frequenz zusammenhängt, mit der im Luftstrahl Wirbel erzeugt werden, die dann in das Rohr eintreten. In dieser Beziehung sind die letzten Untersuchungen von CARRIÈRE[7]) ganz besonders interessant und eindrucksvoll. Dennoch muß noch viel getan werden, ehe wir die Faktoren völlig verstehen lernen, die Amplitude und Phase der verschiedenen Teilschwingungen in der Pfeife bestimmen.

52. Zungen und Zungenpfeifen. Metallzungen, wie sie beim Harmonium und den Zungenregistern der Orgel benutzt werden, unterscheiden sich von den Rohrzungen, die die elastischen Lamellen der Klarinette, der Oboe, des Fagotts bilden, dadurch, daß sie massiver und weniger gedämpft sind und daher ungehinderter in ihrer Eigenperiode schwingen können. Sie werden durch den Unterschied des Luftdruckes an ihren beiden Seiten in Schwingung versetzt; infolgedessen strömt die Luft periodisch durch die Öffnungen, in denen sie montiert sind, in Richtung geringeren Druckes. Beim Harmonium wird direkt der akustische Effekt dieses Ein- und Ausströmens benutzt. Bei den Zungenregistern der Orgel wird dieser akustische Effekt noch durch ein Ansatzrohr mit Resonanzhöhlung modifiziert. Alle Einzelheiten der mechanischen Herstellung der Zunge sowie ihrer Befestigung an der Öffnung, über der sie montiert ist, sind von größter Wichtigkeit für ihre Klangfarbe und sind durch praktische Erfahrung weitgehend festgelegt. Nach der Art der Montierung unterscheidet man „durchschlagende" (anche libre) und „aufschlagende" Zungen. Bei den Zungenregistern der Orgel schlagen die Zungen nach innen; d. h. daß der in der Kammer herrschende Druck bestrebt ist, die Öffnung zu schließen, über der die Zunge montiert ist.

[1]) Lord RAYLEIGH, Phil. Mag. Bd. 13, S. 340. 1882.
[2]) D. GUNNAYYA u. G. SUBRAHMANYAM, Proc. Phys. Soc. Lond. Bd. 37, S. 15. 1924.
[3]) V. LOUGH, Phil. Mag. Bd. 43, S. 72. 1922.
[4]) R. WACHSMUTH, Ann. d. Phys. Bd. 14, S. 469. 1904.
[5]) Z. CARRIÈRE, Journ. de phys. Bd. 6, S. 52. 1925.
[6]) F. KRUGER u. E. SCHMIDTKE, Ann. d. Phys. Bd. 60, S. 701. 1919.
[7]) Z. CARRIÈRE, Journ. de phys. Bd. 7, S. 7. 1926.

Obgleich wir oben bemerkten, daß Metallzungen bestrebt sind, in ihrer Eigenperiode zu schwingen, können diese Perioden doch merklich durch die Rückwirkung der Luftkammer oder anderer mit ihnen in Verbindung stehender Resonanzräume beeinflußt werden. Dies haben schon die Untersuchungen von W. WEBER deutlich gezeigt. Die Frage ist dann in neuerer Zeit von E. HOPPE[1]) und besonders von EWALD[2]) und VOGEL[3]) aufgegriffen worden; sie haben sehr interessante Kurven gegeben, die zeigen, wie sich Tonhöhe und Intensität des kombinierten Systems ändern, wenn man das über der Zunge angebrachte Rohr allmählich verlängert. Die experimentellen Ergebnisse zeigen deutlich, daß sich die Zunge mit dem Ansatzrohr wie ein gekoppeltes System verhält; mit fortschreitender Verlängerung des Rohres sinkt die Tonhöhe der Zunge und springt dann wieder auf ihren ursprünglichen Wert zurück, und zwar mehr oder weniger plötzlich, je nach dem Grad der Dämpfung des Systems. Z. CARRIÈRE[4]) hat die Phasenbeziehungen zwischen der Schwingung der freien Zunge und den zwischen ihren beiden Seiten vorhandenen Druckdifferenzen experimentell untersucht.

53. Klänge von Orgelpfeifen. Die Klangfarbe einer Pfeife wird durch ihre Form und die Art ihrer Erregung bestimmt. Der Einfluß der Form geht schon deutlich aus der Mannigfaltigkeit der wirklich verwendeten Pfeifenformen hervor, von denen jede ihre eigene Klangfarbe gibt. So unterscheiden sich die Klänge der offenen und gedeckten Pfeifen weitgehend, da den letzteren die geradzahligen Obertöne fehlen. Andererseits ist die Größe des Querschnittes von Bedeutung, da weite Pfeifen fast reine Töne geben, wogegen enge Pfeifen den Grundton mit einem ganzen Gefolge von Teiltönen liefern. Ferner hat sich auch herausgestellt, daß eine Änderung des Querschnittes in Richtung der Länge von Einfluß auf die Klangfarbe ist. Im Salicional- und Spitzflötenregister der Orgel verengen sich die Pfeifen konisch gegen ihr Ende, und im Rohrflöten- oder „flûte-à-cheminée"-Register ist ein kurzes, an beiden Enden offenes Rohr in die Decke einer gedackten Pfeife eingefügt. Diese Formen lassen gewisse, den Grundton begleitende Partialtöne besonders hervortreten.

Die Art der Erregung ist durch den verwendeten Anblasedruck, die Weite der Öffnung, durch die die Luft strömt, und den Weg gegeben, den sie vor dem Zusammenstoß mit der Lippe der Pfeife zurücklegen muß. In der Praxis werden diese Faktoren einander so angepaßt, daß die Pfeife leicht anspricht und einen Klang von gewünschter Farbe und Intensität gibt. Die Untersuchungen, auf die in Ziff. 51 hingewiesen wurde, ermöglichen es uns, den Einfluß dieser Faktoren wenigstens zum Teil zu verstehen. Wenn die Pfeife ertönt und dabei selbst den Grundton oder irgendeinen der Obertöne stark erzeugt, so findet man, daß sich der auf die Lippe auftreffende Luftstrahl in eine Folge periodischer Wirbel auflöst, die sich beiderseits der Lippe bilden und mit einer Geschwindigkeit aufwärts bewegen, die beträchtlich kleiner ist als die des Luftstrahles selbst. Die Wirbel dieser Folge sind auf den beiden Seiten der Lippe rechts- bzw. linksdrehend, und die außen gebildeten liegen mitten zwischen zwei innen gebildeten und umgekehrt. Der Abstand zwischen zwei aufeinanderfolgenden Wirbeln in der Pfeife ist annähernd gleich dem Abstand von Öffnung und Lippe, und ihre Geschwindigkeit ist gleich dem Produkt dieses Abstandes mit der Frequenz. Auch ein im freien Raum auf eine scharfe Kante auftreffender Strahl löst sich in Wirbel auf; ihre Frequenz ändert sich weitgehend mit dem Winddruck, der

[1]) E. HOPPE, Ann. d. Phys. Bd. 39, S. 677. 1912.
[2]) J. R. EWALD, Ann. d. Phys. Bd. 45, S. 1209. 1914.
[3]) H. VOGEL, Ann. d. Phys. Bd. 62, S. 247. 1920.
[4]) Z. CARRIÈRE, Journ. de phys. Bd. 5, S. 338. 1924.

Größe der Öffnung und ihrem Abstande von der Kante. In einer gut klingenden Pfeife beeinflußt der Winddruck dagegen die Höhe in viel kleinerem Maße. Hieraus läßt sich schließen, daß der Strahl einer Pfeife durch die in ihr schwingende Luftsäule selbst stark beeinflußt wird.

Wenn man das am Mundstück der Pfeife auftretende Ein- und Ausströmen der Luft in seine Fourierkomponenten analysiert, so müssen sich unter diesen natürlich einige finden, deren Frequenzen den Obertönen der Pfeife nahe liegen. Die Stärke dieser Partialtöne wird teilweise durch die Genauigkeit bestimmt, mit der sich die Eigenschwingungen der Pfeife einer harmonischen Reihe nähern, und anderenteils durch das Verhalten des Luftstrahles. Daß auch dieser von Einfluß ist, ergibt sich schon daraus, daß eine Verstärkung des Blasdruckes die Klangfarbe verändert und schließlich ein Springen der Höhe auf den nächsthöheren Teilton zur Folge hat. Diese Änderungen zeigen sich deutlich in den von RAPS[1]) mit einer Interferenzmethode aufgenommenen photographischen Aufzeichnungen der Luftschwingung innerhalb von Orgelpfeifen.

Es sei noch erwähnt, daß bei einigen modernen Orgeln zur Erzielung größerer Kraft Winddrucke bis zu 25, 50 oder selbst 75 cm Wasser benutzt werden. Zur Verhütung einer ungünstigen Beeinflussung der Klangfarbe durch so hohen Druck werden dann die Lippen der Pfeifen durch einen Lederbelag abgerundet.

54. Theorie der Flöte. Wir wollen hier auf einige akustisch interessante Punkte hinweisen, die sich auf die Klasse von Instrumenten beziehen, zu der die Querpfeife, die Flöte und die Pikkoloflöte gehören.

Die Form der Flötenbohrung ist ziemlich wichtig. Es hat sich in der Praxis ergeben, daß eine Flöte von rein zylindrischer Bohrung nicht in ihrem ganzen Tonumfang rein gestimmt ist, sondern daß die Töne der zweiten Oktave gegen die der ersten vertieft erscheinen und ebenso die der dritten gegen die der zweiten. Bei einigen Flötenarten wird dieser Übelstand dadurch vermieden, daß das oberste Drittel zylindrisch und die beiden anderen Drittel konisch geformt sind, so daß der Durchmesser des unteren Endes etwa das 0,7fache des Durchmessers an der zylindrischen Stelle beträgt. In der zylindrischen Boehmflöte ist durch eine Verengung der Bohrung in dem oberen Teil der Flöte Abhilfe geschaffen, so daß sich das Bohrloch allmählich von seiner vollen Größe im letzten Viertel der Flöte auf neun Zehntel beim Mundstück verringert.

In Ziff. 50 haben wir schon ganz kurz den Einfluß von Seitenlöchern auf die Schwingungen der Luftsäule betrachtet; die Untersuchung zeigte deutlich, daß sowohl Lage wie Größe des Loches von Wichtigkeit sind. Die Wirkung eines Loches muß offenbar mit seiner Größe wachsen, und wenn das Loch groß ist, so ist sein Einfluß auf die Tonhöhe gleich dem eines offenen Endes. Um die richtige Höhe herauszubekommen, hat es sich oft als zweckmäßig erwiesen, die obersten Löcher der Flöte kleiner als die übrigen zu machen.

Ein geübter Flötenspieler kann die Höhe eines Tons konstant halten, auch wenn er verschieden kräftig bläst, indem er beim leisen Spiel seine Lippen vorschiebt, sie dagegen einzieht und mehr nach unten bläst, wenn er stärker spielt. Ebenso kann er die Obertöne des Rohres je nach Wunsch laut oder leise erzeugen.

Die Grifftechnik, mit anderen Worten die zur Erzeugung der einzelnen Töne notwendige Auswahl der Löcher, die gedeckt werden müssen, ist von praktischem Interesse. Für die unterste und einen Teil der mittleren Oktave ist es nur nötig, das klingende Loch und zum Luftaustausch ein oder zwei Löcher darunter offen zu lassen, um einen freien Ton zu erzeugen. Theoretisch lassen sich höhere Töne dadurch erzeugen, daß man zwei oder mehr Löcher öffnet, die an Stellen liegen, die Bäuchen der gewünschten Schwingung entsprechen. Dies

[1]) A. RAPS, Wied. Ann. Bd. 50, S. 193. 1893.

theoretische Greifsystem muß jedoch aus praktischen Gründen oft geändert oder vereinfacht werden[1]).

Die Farbe des Flötenklanges in verschiedenen Höhenbereichen und der Einfluß des Materials, aus dem das Rohr hergestellt ist, sind von D. C. MILLER[2]) sehr eingehend untersucht worden. Er findet, daß beim Pianissimospiel die Töne der tiefen, mehr noch die der mittleren Lage nahezu einfach sind. Wenn die tiefe Lage forte gespielt wird, so ist sie tatsächlich überblasen, und der erste Oberton wird zum bedeutendsten Teilton, während der Grundton gerade laut genug ist, um die Höhe zu bestimmen; er tritt in Begleitung von sechs bis acht Partialtönen auf. Dagegen sind die Töne der mittleren und oberen Lage auch beim Fortespiel praktisch einfache Töne. Diese Ergebnisse sind in Abb. 9 graphisch dargestellt.

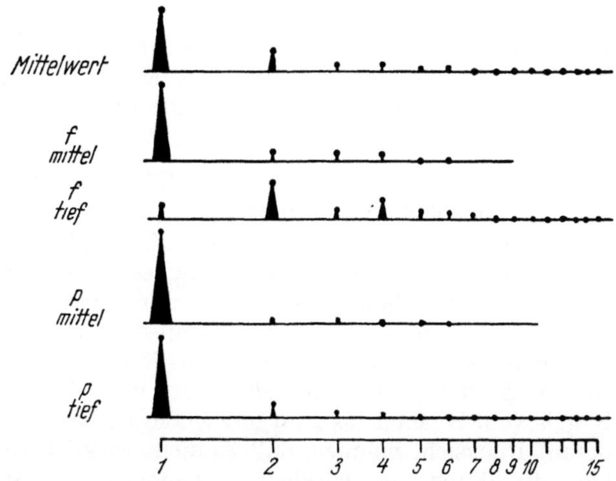

Abb. 9. Intensitatverteilung der Flöte relativ zum Grundton.

55. Die Oboe. Oboe und Fagott sind konische Pfeifen, die sich an ihrem weiteren Ende leicht glockenförmig ausweiten und am engen Ende ein Mundstück mit einem Doppelrohrblatt tragen, das der Spieler zwischen den Lippen hält und in das er hineinbläst. Bei der Bewegung öffnet und schließt sich der enge Spalt zwischen den beiden Zungen, die so einen periodischen Luftstrom in das Rohr eindringen lassen und dadurch die Schwingungen der Luftsäule aufrechterhalten. Der Spieler richtet den Druck der Lippen, die Form der Mundhöhle und die Blasstärke nach den Tönen, die er hervorbringen will. Ein System von Grifflöchern und Klappen ermöglichen das Hervorbringen der Tonleiter.

Der Klang der Oboe ist von verschiedenen Beobachtern analysiert worden (neuerdings von D. C. MILLER mit seinem Phonodeik). Er zeigt eine große Reihe von Partialtönen (zwölf oder mehr), von denen aber besonders die höheren, wie der vierte, fünfte und sechste, die meiste Energie haben. Diese Eigenart steht offenbar mit dem besonders stoßartigen Einströmen der Luft in das Rohr in Zusammenhang. Charakteristisch für die Oboe ist, daß sie sehr wenig Luft braucht, so daß der Spieler praktisch beim Spielen einer langen Note nicht Atem holt. Abb. 10 der folgenden Ziffer stellt die Analysenergebnisse des Oboen- und des Klarinettenklanges graphisch dar.

Die akustischen Eigenschaften der Oboe lassen sich in großen Zügen auf Grund der in Ziff. 48 betrachteten Theorie der konischen Pfeifen erklären. Wir sehen, daß sich das Geschwindigkeitspotential für irgendeine Partialschwingung in der Form schreiben läßt

$$\varphi = \frac{C}{k r} \sin k (r + R) e^{i n t},$$

wo k, C und R bestimmt werden müssen. Die Impedanzen Z_1 und Z_2 an den beiden Enden einer konischen Röhre, deren Abstände vom Kegelscheitel r_1

[1]) G. T. WALKER, Proc. Indian Ass. for the Cultiv. of Sc. Bd. 6, S. 113. 1920.
[2]) D. C. MILLER, Science of Musical Sounds. Macmillan & Co. 1916.

und r_2 sein mögen, lassen sich angeben. Ist ω der räumliche Winkel des Kegels, so gilt

$$Z_1 = \frac{\varrho\, n^2}{\omega\, r_1} \cdot \frac{\sin k(r_1 + R)}{k\, r_1 \cos k(r_1 + R) - \sin k(r_1 + R)},$$

$$Z_2 = \frac{\varrho\, n^2}{\omega\, r_2} \cdot \frac{\sin k(r_2 + R)}{k\, r_2 \cos k(r_2 + R) - \sin k(r_2 + R)}.$$

Vernachlässigen wir nun die Impedanz Z_2 an dem offenen Ende, so gilt $\sin k(r_2 + R) = 0$ und infolgedessen $R = -r_2$. Setzen wir dies in den Ausdruck für Z_1 ein, so nimmt er folgende Form an

$$Z_1 = \frac{\varrho\, n^2}{r_1} \frac{1}{k\, r_1 \operatorname{ctg} k(r_1 - r_2) - 1}.$$

Z_1 wird unendlich, wenn $\operatorname{tg} k(r_1 - r_2) = k r_1$. Ist $k r_1$ klein genug, so ist die Bedingung dafür, daß Z_1 unendlich wird, daß $k\, r_2$ ein ganzes Vielfaches von π wird, d. h. also, r_2 ist ein ganzes Vielfaches von $\lambda/2$, wo λ die Wellenlänge bedeutet. Nun haben wir schon bemerkt, daß durch das Mundstück sehr wenig Luft eintritt, und wir können daher seine Impedanz praktisch als unendlich betrachten. Wir finden so, daß die ausgehaltenen Töne eine harmonische Folge bilden, deren Grundton eine Wellenlänge gleich der doppelten Seitenlänge des vollständigen Kegels vom Scheitel bis zum offenen Ende besitzt. Eine genauere Theorie muß darauf Rücksicht nehmen, daß Z_2 nicht wirklich Null ist, und daß Z_1 den Wert hat, der durch den wirklich vorhandenen Luftstrom durch das Mundstück bestimmt wird.

Der Grund dafür, daß die Impedanz am Mundstück so groß ist, ist nicht schwer einzusehen. Da die Zungen leicht und steif sind, schwingen sie in annähernd derselben Phase wie die Druckänderung nahe dem Scheitel des Rohres. Ferner schlagen die Zungen nach innen; sie können sich daher nur oder fast nur in der Phase größter Verdichtung im Rohre öffnen und damit Luft einlassen. Daraus folgt offenbar, daß nur sehr wenig Luft durch die Öffnung des Mundstückes strömen kann.

56. Die Klarinette. Dies Instrument hat besonderes wissenschaftliches Interesse und wird mit Recht vom Musiker wegen seiner schönen Klangfarbe geschätzt. Das Rohr ist, von der trichterförmigen Erweiterung am Ende und von einem kleinen Teil am Mundstück abgesehen, zylindrisch; das Mundstück trägt nur ein aufschlagendes Rohrblatt. Die Klarinette gibt beim Überblasen nicht die Oktave des Grundtones wie Flöte und Oboe, sondern die Duodezime. Deswegen muß sie, um die chromatische Tonleiter zu geben, mehr Seitenlöcher haben als die Flöte oder Oboe, und daher ist auch die Handhabung etwas komplizierter. In der Nähe des Mundstückes ist ein kleines Loch, das „Überblasloch", angebracht; man öffnet es, wenn man die höheren Töne der Klarinette durch Überblasen erzeugen will, da dadurch das Hervorbringen dieser Töne wesentlich erleichtert wird.

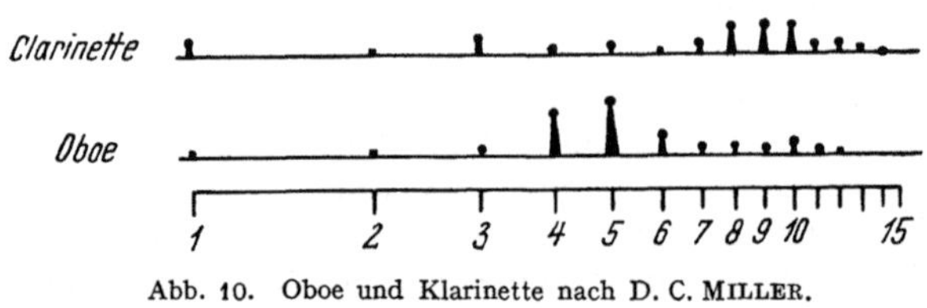

Abb. 10. Oboe und Klarinette nach D. C. MILLER.

Die Zunge der Klarinette ist sehr leicht und starr und ihre akustische Impedanz daher sehr groß, wie sich aus der Gleichung (31) der Ziff. 45 ergibt. Ferner muß die akustische Impedanz der engen Öffnung zwischen Mundstück und Zunge ebenfalls groß sein. Es ist daher berechtigt, das Mundstück praktisch als geschlossenes Rohrende für die Frequenzen zu betrachten, die wesentlich tiefer als die Eigenschwingungen der Zunge liegen. Daher schwingt die Zunge praktisch in gleicher Phase mit der Druckänderung im Mundstück, öffnet sich zur Luftzufuhr in das Rohr, wenn der Druck groß ist, und schließt sich bei niedrigem Druck. Nehmen wir an, daß die Bewegung der Luft im Mundstück, die von der Schwingung der Zunge und dem Luftstrom durch die sich periodisch öffnende und schließende Öffnung herrührt, bekannt ist, so brauchen wir sie nur in ihre harmonischen Komponenten zu zerlegen und diese nacheinander in den Ausdruck für die Schwingung in einem zylindrischen Rohre, der in Ziff. 47 gegeben wurde, einzusetzen, um den entstehenden Klang zu finden.

Daraus, daß das Mundstück einem geschlossenen Ende entspricht, versteht man auch leicht, daß die Klarinette beim Überblasen die Duodezime und nicht die Oktave liefert. Dabei ist die Feststellung von Blaikley recht interessant, daß der zweite und vierte Oberton, wenn auch sehr schwach, doch im Klarinettenklang vorhanden sind. Die neueren Untersuchungen von D. C. Miller haben ergeben, daß der Klarinettenklang zwanzig oder mehr Teiltöne umfassen kann. Das Mittel aus mehreren Analysen gibt zwölf wichtige Partialtöne, von denen der siebente, achte, neunte und zehnte am meisten ins Gewicht fallen. Die Stärke des siebenten Obertones beträgt 8% der Gesamtstärke, die des achten, neunten und zehnten 18, 15 bzw. 18%. Dieses sehr starke Hervortreten der hohen Obertöne ist für Zungeninstrumente charakteristisch, und es ist auch gar nicht so sehr überraschend, daß sich unter ihnen einige geradzahlige Obertöne des Grundtones finden. Man muß bedenken, daß der in Fourierkomponenten zerlegte periodische Luftstrom, der durch die Öffnung des Mundstückes in das Rohr dringt, sowohl gerade wie ungerade harmonische Komponenten haben muß. Nun mag das Rohr einige der tieferen geraden Obertöne nicht verstärken, aber für die schnelleren Luftschwingungen, die stark gedämpft sind, kann die Verstärkung weniger selektiv sein und kann sich auch auf die geraden Obertöne erstrecken. Außerdem ist es auch nur eine Näherung, wenn man das Rohr mit seinem Mundstück als einen an dem einen Ende geschlossenen Zylinder betrachtet, und die Eigenfrequenzen der Schwingung weichen wahrscheinlich beträchtlich von einer einfachen arithmetischen Folge ab.

57. Das Horn. Das Waldhorn ist ein außerordentlich einfaches Blechinstrument; es besteht aus einem manchmal bis zu 6 m langen schlanken Rohr, dessen Querschnitt vom einen Ende zum anderen allmählich zunimmt. Das enge Ende trägt ein konisches becherförmiges Mundstück, und das weite Ende hat eine große trichterförmige Öffnung. Um irgendeinen gewünschten Ton, der sich überhaupt bei der Länge des benutzten Rohres hervorbringen läßt, zu erzeugen, setzt man die Lippen in der richtigen Spannung an das Mundstück an, zieht die Zunge plötzlich von ihnen zurück und stößt einen Laut aus, der etwa wie tuuh klingt. Das Rohr hält die Höhe dieses Klanges fest und verstärkt ihn sehr.

Ebenso wie alle anderen Blechinstrumente hat auch das Waldhorn die gesamte Reihe der Obertöne. Dies kommt daher, daß ein am Scheitel geschlossener Kegel diese ganze Folge gibt, und daß sich alle Blechinstrumente in ihrem akustischen Verhalten dem Falle eines am Scheitel geschlossenen Kegels nähern. Durch einen entsprechenden Lippendruck kann der Spieler diese einzelnen Teiltöne nacheinander als Naturtöne des Instruments hervorbringen; dabei werden die tieferen Töne unterdrückt. Auf diese Art lassen sich die verschiedenen möglichen Frequenzen, die eine arithmetische Folge von 1 bis 16 bilden, blasen. Moderne Hornarten haben Klappenventile, durch deren Benutzung sich die Rohrlänge vergrößern läßt und die dadurch die Tonhöhe erniedrigen.

Bei der Erregung des Hornes spielen die Lippen des Spielers die Rolle einer nach außen ausschlagenden Doppelzunge. Die Lippen vibrieren nicht in ihrer ganzen Länge, sondern nur über ein gewisses Stück, das durch den Durchmesser des Mundstückes und wahrscheinlich auch durch ihre Spannung bestimmt wird. Es ist anzunehmen, daß die Eigenschwingung des wirklich in Bewegung befindlichen Lippenbereiches mit der des erregten Tones vergleichbar, wenn auch in Wirklichkeit etwas kleiner ist. Die erzwungene Schwingung der Lippen würde dann bestrebt sein, mit den Druckänderungen im Mundstück in ungefähr entgegengesetzter Phase zu schwingen, und die Lippen würden sich öffnen und Luft in das Mundstück nahezu zu den Zeitpunkten einlassen, in denen maximaler Druck herrscht. Damit wäre die zur Aufrechterhaltung der Schwingung der Luftsäule notwendige Bedingung erfüllt.

D. C. MILLER hat die Klänge des Hornes untersucht und je nach den Umständen Klänge der verschiedensten Zusammensetzung gefunden, von Klängen so zart und weich wie der feinste Flötenton bis zu einem „aufgesplitterten" Klang, der völlig von starken höheren Teiltönen zerrissen ist. Die tiefen Klänge des Horns sind sehr reich an Obertönen; sie enthalten die größte Zahl von Teiltönen, die bisher überhaupt in einem musikalischen Klang gefunden wurde. Die Analyse der Welle für den Ton mit der Frequenz 162 pro Sekunde ergab das Vorhandensein der vollständigen Obertonserie bis zum dreißigsten, und zwar waren die Töne vom zweiten bis zum sechzehnten gleich laut. Ein „gestopfter" Klang ergibt sich, wenn der Spieler den Schall dadurch mehr oder weniger dämpft, daß er seine Hand in den Trichter des Hornes steckt. Ein solcher Klang ist fast einfach.

58. Andere Blechinstrumente. Der Spieler eines Blechinstrumentes kann einen Ton erzwingen, der sich etwas von der Eigenschwingung der Luftsäule unterscheidet und so jeden Fehler in der musikalischen Stimmung der Eigentöne korrigieren. Diese Möglichkeiten sind aber eng begrenzt, und daher gibt es in der Praxis besondere Vorrichtungen zum Stimmen, die auf den Blechinstrumenten ein reines Spielen der Tonleiter ermöglichen. Sie können aus einem einfachen Zug bestehen, wie bei der Posaune und gewissen Arten der Trompete, oder aus besonderen Systemen von Klappenkompensationsventilen, wie beim Kornett, Baßhorn und Bombardon. Von diesen Instrumenten hat jedes seinen eigenen Klang und Ausdruck, wie auch einen etwas anderen Umfang, und jedes hat seinen bestimmten Platz im Orchester auszufüllen. Als Soloinstrument wird das Kornett besonders geschätzt, nächst ihm das Baßhorn. Durch die Technik des doppelten Zungenschlages, die ursprünglich dem Flötisten nachgemacht wurde, sind auch sehr schnelle Tonwiederholungen auf dem Kornett ganz leicht. Auch kann der Einsatz alle Stufen von geradezu idealer Weichheit bis zu dem anderen Extrem der dramatischen Plötzlichkeit durchlaufen und der Klang läßt sich dem anpassen. Ein guter Spieler hat ein weites Intensitätsgebiet vom Fortissimo bis zum Pianissimo zu seiner Verfügung.

Die bei Blasinstrumenten benutzten Winddrucke sind von W. H. STONE und neuerdings von C. W. H. FOORD[1]) und von BARTON und LAWS[2]) untersucht worden. Besonderes Interesse beansprucht der Befund, daß bei der Klarinette die höheren Töne mit dem geringeren Blasedruck erhalten werden. Für Posaune, Kornett und Trompete fanden BARTON und LAWS, daß der Druck mit Stärke und Höhe zunimmt, und zwar ungefähr proportional dem Logarithmus der Höhe. Jedoch können die für laute tiefe Töne benutzten Drucke größer sein, als die für leise hohe. Auch hat sich ergeben, daß der zur Erzeugung eines Tones auf einem bestimmten Instrument erforderliche Druck derselbe ist, ob der Ton nun als dritter harmonischer Oberton eines kurzen Rohres oder als vierter eines

---

[1]) C. W. H. FOORD, Phil. Mag. Bd. 27, S. 271. 1914.

[2]) E. H. BARTON u. S. C. LAWS, Phil. Mag. Bd. 3, S. 325. 1902.

langen Rohres usw. hervorgebracht wird. In der Tat fand BLAIKLEY, daß der geringste, zum Hervorbringen eines bestimmten Tones notwendige Druck beim Kornett und Baßhorn praktisch der gleiche ist, obgleich sich diese Instrumente in allen anderen Beziehungen verschieden verhalten.

e) Schlaginstrumente.

59. Schwingungserregung durch Stoß. Bei der Besprechung der Dynamik des Klavierhammers (Ziff. 35 und 36) hatten wir schon Gelegenheit, das Problem der Schwingungserregung eines stetig ausgedehnten Körpers durch Stoß für einen einfachen Fall zu betrachten.

Wenn das Gesetz der von dem stoßenden Körper ausgeübten Kraft bekannt ist, so läßt sich die entstehende Schwingung des gestoßenen Körpers ebenso wie in dem dort betrachteten Falle auch in anderen Fällen nach der Methode der Normalkoordinaten ableiten. Es möge für den Fall irgendeines stetig ausgedehnten Gebildes, das transversaler Schwingungen fähig ist, die Verschiebung ζ gegeben sein durch den Ausdruck

$$\zeta = \varphi_1 u_1 + \varphi_2 u_2 + \varphi_3 u_3 + \cdots, \tag{44}$$

wo die Normalkoordinaten Gleichungen der folgenden Form erfüllen:

$$a_r \ddot{\varphi}_r + c_r \varphi_r = \Phi_r.$$

Wird das System durch einen einzigen, an der Stelle Q angreifenden Impuls Z_1 aus der Ruhe gebracht, so ist im Anfang

$$a_r \dot{\varphi}_r = \int \Phi_r \, dt = u_r(Q) \, Z_1,$$

woraus sich für die Zeit t

$$\varphi_r = \frac{\sin n_r t}{a_r n_r} \cdot u_r(Q) \, Z_1$$

ergibt. Wenn an Stelle eines einzelnen Impulses eine Folge von Impulsen $Z(t') \, dt'$ während einer Zeit τ wirkt, so ist für jede spätere Zeit t die entstandene Bewegung durch den Ausdruck

$$\varphi_r = \frac{u_r(Q)}{a_r n_r} \int Z(t') \sin n_r (t - t') \, dt' \tag{45}$$

gegeben. Aus ihm läßt sich mit Hilfe von (44) die Verschiebung für jeden Zeitpunkt finden. Im allgemeinen wird es jedoch schwer sein, die Form der Kraftfunktion $Z(t')$ zu bestimmen, weil sie nicht nur von der Masse, dem Material und der Geschwindigkeit des Hammers, sondern auch von dem angeschlagenen Körper und der Lage der Berührungsstelle abhängt. Immerhin lassen sich einige allgemeine Grundsätze aufstellen. Ist u_r (Q) Null, so verschwindet die entsprechende Koordinate. Mit anderen Worten werden Schwingungen, die im Anschlagspunkt einen Knoten haben, nicht erregt. Um die fehlenden Obertöne wieder hervorzubringen, kann es indessen genügen, den Berührungspunkt eine Kleinigkeit zu verschieben. Mit einem weichen und mäßig schweren Hammer bewirken Art und Dauer der ausgeübten Kräfte eine bevorzugte Erregung der tieferen und Zurückdrängung der höheren Töne. Mit einem leichten harten Hammer ist dagegen das Umgekehrte der Fall.

60. Kesselpauke. Da die Eigenschwingungen einer gespannten kreisförmigen Membran von gleichförmiger Dicke keine harmonische Folge bilden, sind die durch Schlag erregten Klänge eines Trommelfelles notwendigerweise musikalisch mangelhaft, und in der Tat ist es für gewöhnlich nicht einmal einfach, solchen Klängen eine bestimmte Höhe zuzuschreiben. Eine wichtige Ausnahme dieser Regel bildet jedoch die im Orchester benutzte Kesselpauke, die eine ganz bestimmte Höhe hat. Bei diesem Instrument ist ein kreisförmiges Trommelfell gleichmäßig über die Öffnung eines halbkugelförmigen Metallkessels gespannt und wird durch den Schlag eines mäßig weichen Hammers an einer Stelle erregt, die ungefähr um ein Viertel des Durchmessers vom Rande entfernt ist. Nach den Beobachtungen von Lord RAYLEIGH gehören die so erregten Schwingungen zur unsymmetrischen Klasse. Der Grundton entspricht der Schwingung des Trommelfelles mit einem Knotendurchmesser. Er wird von anderen Tönen begleitet, unter denen sich wenigstens zwei finden lassen, die in annähernd harmonischer Beziehung zum Grundton stehen. Der einer Schwingung mit zwei Knotendurchmessern entsprechende Ton ist um ungefähr eine Quinte höher, und die Schwingung, die einen Knotendurchmesser und einen Knotenkreis hat, bildet mit dem Grundton eine unreine Oktave. Es ist nicht überraschend, daß nach dem Befund von RAYLEIGH diese relativen Schwingungsfrequenzen merklich von denen abweichen, die theoretisch dem Falle einer im Vakuum schwingenden Membran entsprechen. Wahrscheinlich tragen die hier erwähnten harmonischen Beziehungen dazu bei, daß die Klänge der Kesselpauke als musikalische empfunden werden.

Bei anderen Trommelarten, wie der Großen und der Kleinen Trommel, die jedoch auf keine bestimmte musikalische Klanghöhe gestimmt sind, werden zwei Membranen benutzt, die über die einander gegenüberliegenden Enden eines Hohlzylinders gespannt sind, und von denen eine angeschlagen wird. Da sich die beiden Membranen sehr stark vermittels der verbindenden Luftsäule beeinflussen, ist es klar, daß sie beide in Schwingungen versetzt werden. Bei der Militärtrommel wird die der angeschlagenen Membran gegenüberliegende durch Darmsaiten gedämpft, die längs eines Durchmessers in Berührung mit der Membran gespannt sind. Die Saiten verursachen ein sehr schnelles Abklingen der Schwingungen der symmetrischen Klasse und geben so der Trommel ihren charakteristischen Klang. Die Trommeln dieser Art sind nicht eigentlich Musikinstrumente, sondern nur dazu da, den Rhythmus der Musik, die sie begleiten, zu markieren.

61. Trommeln mit harmonischen Obertönen. Eine bemerkenswerte Art musikalischer Trommel wird noch bis zum heutigen Tage in Indien benutzt und ist von ganz besonderem akustischen Interesse. Bei diesem Instrument[1]) ist das Trommelfell über das offene Ende eines schweren Metall- oder Holzzylinders gespannt und trägt eine symmetrisch über einen Teil ihrer Oberfläche in fünf aufeinanderfolgenden Schichten verteilte Belastung, deren Flächendichte von der Mitte nach außen abnimmt. Die Belastung besteht aus einer biegsamen und fest anhaftenden Mischung, die feingepulvertes Eisen enthält. Sie bewirkt eine Vermehrung der Flächendichte der Membran, die proportional der Dicke der aufgebrachten Schicht ist. Es ist noch eine zweite Membran vorhanden, die in Form eines Ringes längs dem Rande auf dem Trommelfell angebracht ist. Ein System von 16 Spannschnüren erlaubt, das Trommelfell sehr genau nach allen Richtungen gleich zu spannen, was für das Justieren der Höhe sehr wichtig ist. Die so konstruierte inhomogene Membran hat bemerkenswerte akustische Eigenschaften. Der tiefste Ton und der erste Oberton des Trommelfelles stammen von den Schwingungen ohne innere Knotenlinie bzw. mit einem Knotendurchmesser. Diese beiden Töne stehen mehr oder weniger genau in dem Verhältnis eines Grundtones zu seiner Oktave. Die Schwingung mit zwei Knotendurchmessern hat identisch dieselbe Höhe wie die Schwingung mit einem Knotenkreis,

---

[1]) C. V. RAMAN, Nature Bd. 104, S. 500. 1920.

und zwar ist das genau die Quinte des ersten Obertones. Die Höhen der beiden nächst höheren Schwingungsarten mit drei Knotendurchmessern bzw. einem Knotendurchmesser und einem Knotenkreis sind wiederum identisch und liegen eine Oktave höher als der erste Oberton. Ähnlich kombinieren sich drei höhere Schwingungsarten zum fünften harmonischen Oberton. Diese Ergebnisse werden durch die sorgfältige Anordnung der Belastung bei der Herstellung des Trommelfelles erreicht.

Da, wie erwähnt, einige der verschiedenen Schwingungsarten gleiche Höhe haben, können sie als Eigenschwingungen in jedem Verhältnis zusammen auftreten und Anlaß für Superpositionsfiguren geben. Die durch diese Überlagerung entstehenden inneren Knotenlinien können die verschiedensten geometrischen Formen annehmen, je nach dem Amplitudenverhältnis. Zum Beispiel können für den dritten harmonischen Oberton die Knotenlinien folgende Gestalten haben: ein Kreis, eine Ellipse, zwei parallele Geraden, zwei Hyperbelbögen oder zwei aufeinander senkrecht stehende Durchmesser. Der vierte und fünfte harmonische Oberton können auf ähnliche Weise andere Superpositionsfiguren entstehen lassen, durch die die Höhengleichheit der verschiedenen Schwingungsarten experimentell nachweisbar ist. Unter diesen besteht die interessanteste Superpositionsfigur für den vierten Oberton aus drei parallelen Geraden, für den fünften aus vier parallelen Geraden. Wenn also die Membran als Ganzes schwingt, entsteht der Grundton; schwingt sie in zwei Abschnitten, entsteht die Oktave; bei drei Abschnitten, die durch parallele Knotenlinien getrennt sind, entsteht der dritte harmonische Ton; bei vier Abschnitten entsteht der vierte, bei fünf Abschnitten der fünfte Ton der harmonischen Folge. Es zeigt sich hier eine bemerkenswerte Analogie zum Schwingungsgesetz der homogenen Saite.

62. Schwingungen inhomogener Membranen. Da es sich also gezeigt hat, daß kreisförmige Membranen variabler Dichte experimentelles und akustisches Interesse haben, mag hier die mathematische Theorie der Schwingungen symmetrisch belasteter kreisförmiger Membranen kurz dargestellt werden.

Ist ϱ die Dichte für jeden Punkt der Membran und T_1 ihre Oberflächenspannung, so lautet die Bewegungsgleichung genau wie im Falle einer gleichförmigen Membran

$$\varrho \frac{\partial^2 w}{\partial t^2} = T_1 \left[\frac{\partial^2 w}{\partial x^2} + \frac{\partial^2 w}{\partial y^2}\right].$$

Im Falle radialer Symmetrie läßt sie sich, wenn man die Mitte als Koordinatenursprung wählt, auf die folgende Form transformieren:

$$\frac{\partial^2 w}{\partial r^2} + \frac{1}{r}\frac{\partial w}{\partial r} + \frac{1}{r^2}\frac{\partial^2 w}{\partial \Theta^2} = \frac{\varrho}{T_1}\frac{\partial^2 w}{\partial t^2}.$$

Ist w proportional $\cos(pt - \varepsilon)$ mit der Amplitude $R \cos n\Theta$, wo n die Anzahl innerer Knotendurchmesser bedeutet, so ergibt sich

$$\frac{\partial^2 R}{\partial r^2} + \frac{1}{r}\frac{\partial R}{\partial r} + \left(\varkappa^2 \varrho - \frac{n^2}{r^2}\right) R = 0, \tag{46}$$

wo

$$\varkappa^2 = \frac{p^2}{T_1}.$$

Setzt man ϱ proportional irgendeiner Potenz von r, etwa r^{2m-2}, so läßt sich Gleichung (46) mit Hilfe Besselscher Funktionen lösen, in denen die unabhängige Variable gleich r^m gesetzt ist. Die Lösung der Gleichung lautet dann

$$R = A\, J_{n/m}\left(\frac{\varkappa}{m} r^m\right) \cos n\,\Theta \cos(pt - \varepsilon).$$

Ist $m = 1$, haben wir den Fall der gleichmäßigen Membran. $m = \frac{1}{2}$ gibt den Fall einer Membran, in der die Dichte sich umgekehrt proportional der Entfernung vom Ursprung ändert. Die Grenzbedingung $R = 0$ für $r = a$ gibt uns die Möglichkeit, $\varkappa$ zu berechnen und so die Eigenschwingungsfrequenzen für diesen und andere Fälle zu bestimmen. Berechnungen zeigen jedoch, daß keine Belastung, in der die Dichte sich wie der reziproke Wert irgendeiner Potenz von r verhält, genügt, um die Obertöne in harmonische Beziehungen zu bringen. Die zur Erreichung dieses Zieles in der Praxis wirklich benutzte Verteilung ist von ganz anderer Art, und die theoretische Berechnung der Schwingungsfrequenzen würde für diesen Fall völlig andere mathematische Methoden erfordern. Wahrscheinlich wird die zur Berechnung der Frequenzen einer inhomogenen Membran brauchbare Methode analog der von RITZ[1]) in seiner Diskussion der Schwingungstheorie von Platten verwendeten sein.

63. Schallaussendung von Membranen und Platten[2]). Die Einflüsse der umgebenden Atmosphäre auf die Schwingung einer Membran oder Platte sind zweifacher Art. Zunächst wird, da die Bewegung der Membran die angrenzende Flüssigkeit in derselben Schwingungsphase in Bewegung setzt, die kinetische Energie vermehrt, woraus eine Erniedrigung der Eigenschwingungen der Membran folgt. Zweitens werden die Schwingungen wegen der in Form von Schallwellen fortgeführten Energie gedämpft. Die Größe dieser Effekte ist von LAMB[3]) für den Fall berechnet worden, daß eine elastische Platte die Öffnung einer ebenen Wand ausfüllt, die auf der einen Seite mit einer sonst unbegrenzten Flüssigkeitsatmosphäre in Kontakt steht; seine Methode läßt sich offenbar ebensogut zu einer angenäherten Abschätzung dieser Effekte für den Fall einer gespannten Membran verwenden. Wir wollen im Anschluß an LAMBS Darstellung nur seine Methode andeuten.

Wenn wir die Wellenlängen groß im Vergleich zum Plattendurchmesser wählen, so ist der Trägheitseffekt praktisch der gleiche, wie wenn die Flüssigkeit inkompressibel wäre. Unter dieser Voraussetzung ist das Geschwindigkeitspotential an jeder Stelle der Flüssigkeit

$$\varphi = -\frac{1}{2\pi}\iint \frac{\partial \varphi}{\partial n} \cdot \frac{dS}{r'} = \frac{1}{2\pi}\iint \frac{\partial w}{\partial t} \cdot \frac{dS}{r'}, \tag{47}$$

wo w die Normalverschiebung der Platte oder Membran in der Entfernung r von der Mitte ist; dS ist ein Oberflächenelement der Platte und r' die Entfernung des Aufpunktes von diesem Element. Die kinetische Energie der Flüssigkeit ist

$$T_2 = -\frac{1}{2}\varrho\iint \varphi \frac{\partial \varphi}{\partial n} \cdot dS = \frac{1}{2}\varrho \iint \varphi \frac{\partial w}{\partial t} dS. \tag{48}$$

LAMB wertet die Integrale (47) und (48) aus, indem er als Näherung für die tiefste Schwingungsform

$$w = C\left(1 - \frac{r^2}{a^2}\right)^2$$

und für die Schwingung mit einem Knotendurchmesser

$$w = C\left(1 - \frac{r^2}{a^2}\right)^2 \cdot r\cos\Theta$$

setzt. Er findet

$$T_2 = 0{,}21 \cdot \varrho\, a^3 \left(\frac{dC}{dt}\right)^2$$

---

1) W. RITZ, Ann. d. Phys. Bd. 28, S. 737. 1909.

2) Vgl. hierzu Artikel „Schallerzeugung mit mechanischen Mitteln" Ziff. 52—71 (ds. Bd. Kap. 5) und Artikel „Schwingungen räumlich ausgedehnter Kontinua" Ziff. 12 (ds. Bd. Kap. 4).

3) H. LAMB, Proc. Roy. Soc. London (A) Bd. 98, S. 205. 1921.

für die tiefste Schwingung und

$$T_2 = 0{,}008 \cdot \varrho a^5 \left(\frac{dC}{dt}\right)^2$$

für die zweite Art. Durch den von der Flüssigkeit stammenden Zuwachs an kinetischer Energie läßt sich ihr Einfluß auf die Höhe der Eigenschwingung berechnen.

Der Wert des Geschwindigkeitspotentials in einiger Entfernung von der Membran ist

$$\varphi = \frac{1}{2\pi} \iint \frac{e^{-ikr'}}{r'} \cdot \frac{\partial w}{\partial t} \cdot dS. \tag{49}$$

Für die tiefste Schwingungsart ist die Schallaussendung praktisch gleich der einer einfachen Quelle, deren Stärke gleich der doppelten über die Oberfläche S integrierten Normalgeschwindigkeit ist. Für die Schwingung mit einem Knotendurchmesser läßt sich die Integration in (49) dadurch ausführen, daß man r' durch r und die sphärischen Polarkoordinaten R, χ, ψ des Aufpunktes ausdrückt, wobei die Mitte der Membran als Koordinatenursprung gewählt wird. Man kommt dann schließlich zu dem Ergebnis

$$\varphi = -\frac{\varkappa a^4}{48R} \cdot A \cdot \sin k(ct - R) \sin\chi \cos\psi, \tag{50}$$

was der Normalgeschwindigkeit

$$\frac{\partial w}{\partial t} = \left(1 - \frac{r^2}{a^2}\right)^2 r \cos\Theta \cdot A \cos kct$$

entspricht.

Man sieht, daß der Schall in einer Ebene, die den Knotendurchmesser enthält, verschwindet, was sich durch Beobachtung bestätigen ließ. Der Dämpfungskoeffizient läßt sich finden, indem man den gesamten Energiefluß pro Zeiteinheit berechnet und diesen als Bruchteil der mittleren Schwingungsenergie darstellt.

64. Stimmgabeln[1]). Die Konstruktion von Stimmgabeln beruht darauf, daß sich die beiden Hälften eines symmetrischen Systems in entgegengesetzter Phase bewegen, sich dabei gegenseitig im Gleichgewicht halten und auf diese Art lange Zeit mit Schwingen fortfahren können, wobei der Einfluß der Stützen und der Energieverlust nur sehr gering sind. Der Wert von Stimmgabeln als akustische Instrumente wird dadurch gesteigert, daß sie für jede gewünschte Höhe, also etwa von 16 bis 90000 Schwingungen pro Sekunde herstellbar und genau auf sie einjustierbar sind und daß sie diese Höhe mit großer Konstanz innehalten, wenn man sie vor übermäßiger Abnutzung und vor Rost schützt. Der Temperaturkoeffizient der Frequenz ist sehr klein; für Stahlgabeln liegt er bei etwa 0,00010 pro 1 °C. Sie stellen daher sehr praktische, tragbare und leicht zu handhabende Normalmaße für die Tonhöhe dar.

Aus Dimensionsbetrachtungen folgt, daß sich die Schwingungsfrequenzen von Stimmgabeln gleichen Materials und gleicher Form wie ihre linearen Ausmaße ändern. Betrachten wir eine Stimmgabel in roher Annäherung als ein Paar Stäbe, die an dem einen Ende fest und am anderen frei sind, so ist die Frequenz annähernd unabhängig von der Dicke senkrecht zur Schwingungsebene, ändert sich proportional der Dicke in der Schwingungsebene und umgekehrt proportional dem Quadrat der Länge. Die im Gebrauch vorkommenden Gabelformen sind etwas verschieden; sie sind das Ergebnis praktischer Erfahrungen und Unter-

[1]) Vgl. hierzu Artikel „Schallerzeugung mit mechanischen Mitteln" Ziff. 46—49 (ds. Bd. Kap. 5).

suchungen. Besonders erwähnt mag noch werden, daß in der speziellen von KOENIG entwickelten Gabelform für hohe Töne das Joch sehr dick im Verhältnis zu den Zinken ist.

Die Symmetrie einer Stimmgabel (wenn sie vollkommen ist) ermöglicht ein völlig ausbalanciertes Schwingen der Zinken, soweit es sich um die Bewegung senkrecht zum Stiele handelt. Aber wegen der Krümmung des Joches verursacht eine Beugung der Zinken für gewöhnlich eine periodische longitudinale Schwingung des Stieles. Eine longitudinale Stielbewegung von doppelter Frequenz kann auch durch die Krümmung des Zinkenweges und die daraus entstehenden Zentrifugalkräfte verursacht werden, wenn die Amplitude groß ist; dies ist ein Effekt zweiter Ordnung, der unter günstigen Bedingungen tatsächlich einen Oktavensprung der der Stütze mitgeteilten Schwingungen zur Folge haben kann. Lord RAYLEIGH, dem wir diese Beobachtungen zu verdanken haben, wies darauf hin, daß man für kleine Schwingungen sowohl longitudinales wie transversales Gleichgewicht dadurch erreichen kann, daß man die Zinken nach innen biegt oder sie an geeigneten Stellen belastet; man kann so die Stimmgabel vollständig von ihrer Stütze isolieren[1]). Im allgemeinen schwingen jedoch die Stützen einer Stimmgabel in merklichem Maße mit und beeinflussen ihre Höhe. KOENIG fand, daß der Resonanzkasten, auf dem die Stimmgabeln meist angebracht werden, ihre Höhe ein wenig beeinflußt; die Höhe steigt, wenn sie ursprünglich über der des Resonators lag und sinkt, wenn sie unter der des Resonators war. Der Effekt hat ein Maximum, wenn Stimmgabel und Resonator nicht sehr verschiedene Höhe haben, verschwindet aber wieder, wenn sie genau den Einklang bilden.

HARTMANN-KEMPF[2]) hat eine sehr ausführliche Untersuchung über Höhe und logarithmisches Dekrement freischwingender Stimmgabeln angestellt, sowie darüber, wie diese Größen sich mit der Schwingungsamplitude ändern. Er fand, daß in allen Fällen mit wachsender Amplitude das Dekrement größer wird, die Frequenz dagegen abnimmt.

65. Obertöne der Stimmgabel. Außer der Hauptschwingungsart, die die Höhe der Stimmgabel bestimmt, gibt es andere symmetrische Schwingungsarten von viel größerer Höhe, die man durch einen scharfen Schlag mit einem harten Hammer erregen kann. Diese Obertöne stehen zum Grundton in keiner harmonischen Beziehung; die Frequenz des ersten Obertones beträgt für eine gewöhnliche KOENIGsche Stimmgabel etwa das 6,25fache des Grundtones. Die Zinken teilen sich ungefähr ebenso in Knoten und Bäuche auf wie ein an einem Ende freier Stab bei seiner Schwingung.

Unter den Tönen, die eine auf einem Resonator befestigte Stimmgabel liefert, läßt sich häufig ganz deutlich die Oktave neben dem Grundton hören. In der Tat fand RAYLEIGH, daß, wenn man eine Stimmgabel auf einem Resonator von der doppelten Frequenz befestigt und sie stark anstreicht, praktisch nur die Oktave zu hören ist. Die Erklärung dieser Erscheinung ist schon in voriger Ziffer gegeben worden.

Werden die Zinken einer Stimmgabel vor die Öffnung einer Luftsäule mit der doppelten Eigenschwingung gebracht, so läßt sich die Oktave hörbar verstärken. Die so vernehmbare Oktave hat aber einen anderen Ursprung als die obenerwähnte. F. LINDIG[3]) hat die in den Stimmgabelklängen auftretende Oktave untersucht und erklärt ihre Entstehung aus dem unsymmetrischen Charakter der Luftbewegung in unmittelbarer Nähe der Gabelzinken.

---

[1]) Lord RAYLEIGH, Phil. Mag. Bd. 13, S. 316. 1907.
[2]) R. HARTMANN-KEMPF, Ann. d. Phys. Bd. 13, S. 124. 1904.
[3]) F. LINDIG, Ann. d. Phys. Bd. 11, S. 31. 1903.

Wird der Stiel einer Stimmgabel leicht gegen eine harte Oberfläche gepreßt, so kann man oft Töne hören, die tiefer sind als der Hauptton der Stimmgabel, und zwar liegen sie subharmonisch zu ihm (die Frequenz ist $^1/_2$, $^1/_3$ oder $^1/_4$ der Gabelschwingung). Die Erscheinung ist seit den Zeiten CHLADNIS bekannt. Es läßt sich leicht nachweisen, daß der Effekt der periodischen Berührung von Stiel und Unterlage sein Entstehen verdankt, die einmal in jeder zweiten, dritten oder vierten Gabelschwingung stattfindet[1]).

66. Antrieb von Stimmgabeln. Obgleich wir die Stimmgabeln unter die Schlaginstrumente eingereiht haben, können sie aber auch auf verschiedene andere Weisen erregt oder in Schwingung erhalten werden, z. B. durch Zupfen, durch Streichen, durch Resonanz, durch die Wirkung des Windes wie bei einer Äolsharfe[2]), durch periodische Impulse, die durch Flüssigkeitsstrahlen vermittelt werden[3]) und schließlich durch elektrische Methoden. Bei der Betrachtung elektrischer Erregung müssen wir den Fall, daß eine Stimmgabel ihre Schwingung selbst aufrechterhält, von dem anderen unterscheiden, daß sie durch einen Elektromagneten betrieben wird, der durch intermittierenden Strom oder Wechselstrom aus einer völlig unabhängigen Quelle gespeist wird. In den älteren Arten der Stimmgabeln mit Selbstantrieb wird ein zwischen den Zinken der Stimmgabel befindlicher Elektromagnet durch einen Strom erregt, der durch eine Feder periodisch intermittierend gemacht wird. Diese Feder ist an einer der Gabelzinken befestigt und stellt den Kontakt durch einen Platinstift oder einen Draht her, der in ein Quecksilbernäpfchen taucht. Die Eigenschaften elektrisch erregter Stimmgabeln sind von R. HARTMANN-KEMPF[4]) und neuerlicher von DADOURIAN[5]) untersucht worden. Dieser Forscher arbeitete mit Stimmgabeln, bei denen die Unterbrechungen des elektrischen Stromes zwischen platinierten Stahlfedern und Platinspitzen vor sich gehen. Er fand, daß die Periode der Stimmgabel linear mit der Länge des Abstandes der Kontakte im Unterbrecher wächst. Er fand auch, daß für eine vorgegebene Stimmgabel eine Schwingungsamplitude existiert, bei der die Periode einen stationären Wert bekommt, der je nach den Umständen ein Maximum oder Minimum sein kann. Oszillographische Untersuchungen[6]) des intermittierenden Stromes zeigen jedoch, daß dieser aus festen Körpern bestehende Unterbrecher sehr unregelmäßige Unterbrechungen gibt, und daß der Quecksilberunterbrecher viel befriedigender arbeitet.

Eine neue Art elektrisch betriebener Stimmgabeln hat W. H. ECCLES[7]) eingeführt, der anstatt eines mechanischen Unterbrechers eine Elektronenröhre zur Gewinnung des periodischen elektrischen Stromes benutzte. Das allgemeine Prinzip der Anordnung besteht darin, daß auf jede der beiden Gabelzinken ein Elektromagnet wirkt. Die Windungen des einen Magneten liegen im Gitterstromkreis der Röhre, und die des anderen im Plattenkreis. Wenn die Stimmgabel in Bewegung ist, steuert die im Gittermagneten induzierte elektromotorische Kraft den im Plattenkreis fließenden Strom und seinen Magneten, mit dem Erfolg, daß die Bewegung aufrechterhalten wird. Manchmal wird, um die Schwingungen leichter aufrechterhalten zu können, ein Kondensator parallel zur Anoden- oder Gitterspule geschaltet. S. BUTTERWORTH[8]) hat die Theorie dieser Schaltung

[1]) W. N. BOND, Phil. Mag. Bd. 49, S. 236. 1925.
[2]) Lord RAYLEIGH, Phil. Mag. Bd. 13, S. 316. 1907.
[3]) Lord RAYLEIGH, Phil. Mag. Bd. 16, S. 235. 1908.
[4]) R. HARTMANN-KEMPF, Ann. d. Phys. Bd. 13, S. 271. 1904.
[5]) H. M. DADOURIAN, Phys. Rev. Bd. 13, S. 337. 1919.
[6]) V. H. L. SEARLE, Phil. Mag. Bd. 1, S. 738. 1926.
[7]) W. H. ECCLES, Proc. Phys. Soc. Bd. 21, S. 269. 1919.
[8]) S. BUTTERWORTH, Proc. Phys. Soc. Bd. 32, S. 345. 1920.

diskutiert. Eine andere Methode verwendet keine Kondensatoren, sondern benutzt eine Anordnung[1]), in der zwischen den Röhrenelektroden und den Magnetwicklungen der Stimmgabel Umformer eingeschaltet sind. Dies hat sich als besonders vorteilhaft für niedrig frequente Stimmgabeln erwiesen. D. W. DYE[2]) hat das Verhalten solcher mit Elektronenröhren betriebener Stimmgabeln hinsichtlich der Konstanz ihrer Höhe untersucht und es als höchst befriedigend bezeichnet.

67. Verwendung der Stimmgabeln. Obgleich zuweilen Stimmgabeln nach ihrer Höhe geordnet durch Anschlag eines mit Filz überzogenen Hammers nach Art eines Klaviers tatsächlich als Musikinstrumente benutzt worden sind, werden doch die Stimmgabeln auch von den Musikern im wesentlichen als Normalmaße für die Höhe benutzt, mit denen andere Schallquellen verglichen werden können. Wir haben schon in Teil 3 einige der Methoden betrachtet, nach denen ein solcher Vergleich vorgenommen werden kann. Auch finden Stimmgabeln im Verein mit passenden Resonatoren eine wichtige Verwendung in der Akustik als Quellen reiner Töne. Ebenso werden sie sehr weitgehend zu physikalischen Untersuchungen im allgemeinen immer dann verwendet, wenn es sich um genaue chronographische Messungen oder Frequenzbestimmungen handelt. Die Frequenz der Stimmgabel selbst läßt sich mit großer Genauigkeit nach verschiedenen Methoden bestimmen, von denen die wahrscheinlich interessanteste die Methode der Uhrgabel ist, die von NIAUDET eingeführt und von KOENIG entwickelt wurde; hier spielt die Stimmgabel wirklich die Rolle eines Chronometers. Wir wollen hier nur kurz auf zwei neuere Untersuchungen hinweisen, in denen eine Stimmgabel von ins akustische Gebiet fallender Höhe benutzt wird, um vergleichsweise gegen sie sehr hohe oder sehr niedrige Frequenzen zu prüfen und zu bestimmen. In der neuen Arbeit von D. W. DYE[3]) kontrolliert eine durch eine Elektronenröhre betriebene Stimmgabel von 1000 Schwingungen pro Sekunde eine Anordnung aus Dreielektrodenröhren (als Multivibrator bekannt, von H. ABRAHAM und E. BLOCH erfunden), die periodische elektrische Impulse der gleichen Frequenz gibt. Ein zweiter Multivibrator mit der Frequenz 20000 pro Sekunde wird mit dem ersten Multivibrator der Frequenz 1000 pro Sekunde mit Hilfe des verstärkten zwanzigsten harmonischen Obertones des letzteren synchron gehalten. Man kann die Impulse von beiden Multivibratoren auf besondere Stromkreise wirken lassen; diese enthalten einen variablen Kondensator und Selbstinduktionen, durch die jede ihrer harmonischen Oberschwingungen ausgewählt und dann verstärkt werden kann, wodurch sich Frequenzen zwischen 10000 und 1200000 erreichen lassen. Diese bilden dann Eichmasse, gegen die Radiofrequenzen genau verglichen werden können.

Von C. V. RAMAN und A. DEY ist eine Methode[4]) entwickelt worden, nach der mit einer elektrisch erregten Stimmgabel von sagen wir 126 Schwingungen pro Sekunde ein Pendel in Schwingung erhalten werden kann, dessen Frequenz genau ein ganzzahliger Bruchteil der Gabelfrequenz, etwa $^1/_{124}$, $^1/_{126}$, $^1/_{128}$ ist, wobei der Nenner des das Verhältnis ausdrückenden Bruches meist eine gerade Zahl ist. Dies läßt sich dadurch erreichen, daß man eine eiserne Pendelstange mit einem verschiebbaren Messinggewicht benutzt, die in ihrer Gleichgewichtslage vertikal über dem Pol eines Elektromagneten hängt, der durch den intermittierenden Strom von der Stimmgabel gespeist wird. Wenn das Pendel über den Polen mit der richtigen Frequenz schwingt, wird die Schwingung durch die

[1]) T. G. HODGKINSON, Proc. Phys. Soc. Bd. 38, S. 24. 1925.
[2]) D. W. DYE, Proc. Roy. Soc. London Bd. 103, S. 240. 1923.
[3]) D. W. DYE, Phil. Trans. Bd. 224, S. 259. 1924.
[4]) C. V. RAMAN u. A. DEY, Proc. Roy. Soc. London Bd. 95, S. 533. 1919.

aufgenommenen Impulse mit endlicher Amplitude aufrechterhalten. Die Frequenz des subsynchronen Pendels kann mit der einer Pendeluhr nach der wohlbekannten Methode der Koinzidenzen sehr genau verglichen werden.

68. Glockenschwingungen[1]). Glockenspiele mit 30 bis 40 oder mehr Glocken und einer Tastatur zur Bewegung der Klöppel sind im Gebrauch wohlbekannte Musikinstrumente. Daher ist die Theorie der Glocken in der Akustik von beträchtlicher Wichtigkeit. Die vorkommenden Glocken sind massive Metallschalen, die von Rotationsflächen begrenzt werden; Dicke und Durchmesser sind beide variabel und erreichen ihre Maximalwerte nahe dem offenen Ende. Das dicke Ende der Glocke ist als Anschlag bekannt; es ist das Gebiet, das vom Klöppel getroffen wird. Die Schwingungstheorie solcher Schalen stellt einen schwierigen Teil der Elastizitätslehre dar[2]) und läßt sich kaum in dem hier zur Verfügung stehenden Raum behandeln. Wir müssen uns mit einem kurzen Hinweis auf eine von Lord RAYLEIGH stammende angenäherte Behandlung begnügen; er nimmt an, daß die elastische Schale dünn ist (was bei wirklichen Glocken nicht im mindesten der Fall ist), und daß sie so schwingt, daß die mittlere Schalenfläche überall konstante Größe behält. Unter diesen Voraussetzungen stammt die potentielle Deformationsenergie nur von der Biegung der Schale und ist der dritten Potenz der Dicke proportional. Die Bedingung, daß die Fläche sich nicht dehnt, fordert, daß jedes auf der mittleren Oberfläche gezogene Bogenelement seine Länge behält; diese Bedingung beschränkt die möglichen Deformationstypen für jeden einzelnen Fall in sehr großem Maße. In der Tat bestimmt diese Bedingung die Form der Normalfunktionen für die elastische Schwingung der Platte praktisch vollständig. Berechnet man unter diesen Annahmen die Biegungsenergie und die kinetische Energie der Platte, so lassen sich die Schwingungsfrequenzen sofort bestimmen. Lord RAYLEIGH hat auf diese Art verschiedene Fälle diskutiert, 1. eine zylindrische Schale, die am einen Ende offen, am anderen geschlossen ist, 2. eine konische Schale und 3. eine halbkugelförmige Schale; später dann noch 4. den Fall einer hyperboloidischen Schale, die am einen Ende durch eine Platte geschlossen ist[3]). In jedem dieser Fälle fand sich, daß die elastische Schale solcher Schwingungen fähig ist, in denen 4, 6, 8 oder mehr Meridianlinien auf der Schalenoberfläche Knoten der zur Schale senkrechten Bewegung darstellen, und eine gleiche Zahl von Meridianen in der Mitte zwischen den ersten Knoten für die Bewegung tangentiell zur Schale sind. In keinem der ersten drei Fälle ist die Möglichkeit, daß Breitenkreise als Knotenlinien auftreten könnten, durch Theorie oder Experiment angedeutet. Für die hyperboloidische Schale wurde eine Schwingungsart mit einem Knotenkreis und sechs Knotenmeridianen als möglich gefunden, aber keine mit einem Knotenkreis und vier Meridianen. Legt man Experimenten und Berechnungen eine aus verschiedenen Formen zusammengesetzte elastische Schale zugrunde, die den wirklichen Glocken an Gestalt näher kommt, indem man sie aus einem Zylinder und einem oder zwei Kegeln aufbaut, so zeigen sich Schwingungsmöglichkeiten sowohl um Knotenkreise wie um Knotenmeridiane. Auf Grund dieser Beobachtungen meinte RAYLEIGH, daß bei den Kirchenglocken durch die gewählte Form der Anschlag sehr steif wird, und dadurch der tiefste Ton der Glocke unter den vom Klöppel erregten Tönen weniger hervortritt als die höheren Töne.

---

1) Vgl. hierzu Artikel „Schallerzeugung mit mechanischen Mitteln" Ziff. 73—77 (ds. Bd. Kap. 5).

2) Vgl. A. E. H. LOVE, Math. Theory of Elasticity, 3. Aufl. 1920, 22. bis 24. Kap.

3) Lord RAYLEIGH, Scient. Pap. Bd. 1, S. 551 u. Bd. 3, S. 318. (Proc. Lond. Math. Soc. Bd. 13, S. 4. 1881; u. Phil. Mag. Bd. 29, S. 1. 1890.)

69. Einiges über Glocken. Die Akustik der Kirchenglocken ist sehr ausführlich von RAYLEIGH[1]), A. B. SIMPSON, P. J. BLESSING[2]), J. BIEHLE[3]) und A. T. JONES[4]) untersucht worden. Das folgende allgemeine Schema gibt nach BIEHLE die Teiltöne von Glocken und die entsprechenden Schwingungsarten wieder.

Knotenkreise	4	6	8	10	Knotenmeridiane
0	1	3	5	7	Partialtöne
1	2	4	6	8	Partialtöne

Das Schema zeigt mit den Beobachtungen von JONES über eine Reihe von 12 Glocken für die beiden ersten Partialtöne gute Übereinstimmung, weicht aber für die höheren Töne von ihnen ab; daraus läßt sich schließen, daß viel von der speziellen Gestalt der Glocke abhängt.

Die Höhe einer Glocke wird durch den sog. „Anschlagton" bestimmt, der sofort nach dem Zusammenstoß erklingt. Dies ist aber nicht die Höhe der tiefsten Schwingungsart und scheint sogar im allgemeinen keiner der wirklich auftretenden Schwingungsarten zu entsprechen. Nach den Beobachtungen von RAYLEIGH und JONES liegt der Anschlagton eine Oktave unter dem fünften Partialton der Glocke; man hat vermutet, daß es nur eine verkannte Oktave sei. Der Eindruck, daß dieser Ton eine Oktave unter dem fünften Partialton liegt, scheint durch die Anwesenheit anderer tieferer Töne verursacht zu sein, besonders durch den zweiten Teilton, der ihm in der Regel am nächsten liegt. Es scheint auch wirklich das Ziel der Glockengießer zu sein, es so einzurichten, daß der zweite Partialton so genau wie möglich eine Oktave unter dem fünften Teilton liegt und auf diese Art ebenso hoch wie der „Anschlagton" wird. Es zeigt sich aber, daß merkliche Abweichungen von dieser genauen Beziehung ziemlich allgemein in der einen Richtung wie in der anderen vorkommen.

Es scheint, daß bei den besten Glocken der erste Teilton mehr oder weniger genau eine Oktave unter dem zweiten Partialton liegt, und daß auch versucht wird, den dritten und vierten Partialton so zu stimmen, daß sie mit dem zweiten eine kleine Terz bzw. eine Quinte bilden.

Wegen weiterer Einzelheiten sei der Leser auf die zitierten Arbeiten und insbesondere auf die Arbeit von BIEHLE verwiesen, der mehrere Hunderte von Glocken untersucht hat.

70. Glasharmonika. Zuweilen trifft man auf eine Art Schlaginstrumente, die aus Glasschalen bestehen und dadurch auf eine chromatische Skala abgestimmt sind, daß sie teilweise mit Wasser gefüllt werden; sie werden durch den Schlag eines leichten Holzstabes oder Hammers erregt. Das Interesse konzentriert sich in der Theorie dieses Instrumentes auf den Einfluß der Flüssigkeit auf die Schwingung der elastischen Schale. Das zugrunde liegende hydrodynamische Problem wurde zuerst für den zweidimensionalen Fall einer mit Flüssigkeit gefüllten zylindrischen Schale von Lord RAYLEIGH[5]) untersucht. Im praktischen Gebrauche sind die Schalen nur zum Teil gefüllt; das Problem ist hier also nicht mehr zweidimensional. Die Theorie der Glasglocken ist ausführlicher von S. K. BANERJI[6]) für die Fälle untersucht worden, daß der schwingende elastische Glockenmantel eine zylindrische, kegelförmige oder halbkugelförmige Schale darstellt; die Ergebnisse wurden mit Beobachtungen bei verschiedenem Flüssigkeitsstande in den Gefäßen verglichen. Eine gewisse

[1]) Lord RAYLEIGH, Scient. Pap. Bd. 3, S. 318. (Phil. Mag. Bd. 29, S. 1. 1890.)
[2]) P. J. BLESSING, Phys. ZS. Bd. 12, S. 597. 1911.
[3]) J. BIEHLE, Phys. ZS. Bd. 20, S. 429. 1919 u. Bd. 22, S. 337. 1921.
[4]) A. T. JONES, Phys. Rev. Bd. 16, S. 247. 1920.
[5]) Lord RAYLEIGH, Scient. Pap. Bd. 2, S. 208. (Phil. Mag. Bd. 15, S. 385. 1883.)
[6]) S. K. BANERJI, Phys. Rev. Bd. 13, S. 171. 1919.

Vereinfachung erfährt das Problem, wenn man bedenkt, daß die Form der Normalfunktionen der schwingenden Schale durch die Bedingung bestimmt wird, daß ihre mittlere Oberfläche konstant bleibt und daher von dem Vorhandensein der Flüssigkeit nicht beeinflußt wird. Die Flüssigkeit wirkt nur dadurch, daß sie die Trägheit des schwingenden Systems vergrößert; diese Vergrößerung läßt sich berechnen, indem man eine Bewegung der Flüssigkeit annimmt, die der Kontinuitätsgleichung genügt und die richtigen Normalgeschwindigkeiten an der Schalenoberfläche liefert. Irgendwie muß auch die Bewegung an der freien Oberfläche der Flüssigkeit berücksichtigt werden. Vernachlässigt man diese Korrektion, so lassen sich die Formeln für den Fall der zylindrischen und konischen Schale in der einfachen Form $p^2 = 1/(A + B\,h^n/l^n)$ ausdrücken, wo p die Schwingungszahl, h die Höhe des Wassers, l die Gesamthöhe des Gefäßes und A und B Konstanten für das betreffende Gefäß sind. Es wird gezeigt, daß n gleich 3 für den Zylinder und gleich 5 für die konische Schale ist. Die Formel zeigt, daß die Vertiefung des Tones mit steigender Flüssigkeitsmenge zuerst sehr klein ist, um dann sehr viel schneller zuzunehmen. Das entspricht den Beobachtungen. Die Bewegung der Flüssigkeit ist nur in unmittelbarer Nachbarschaft der Schale merkbar und verschwindet schnell, wenn man weiter ins Innere geht.

Es mag erwähnt werden, daß die Schwingungen von Glasglocken auch oft durch tangentiale Reibung mit bewegtem Finger oder einem nassen Bausch erregt werden. Hier ist natürlich der Berührungspunkt von Bausch oder Finger ein Bauch der tangentiellen und ein Knoten der transversalen Bewegung. Während der Finger sich herumbewegt, folgt ihm das ganze System von Bäuchen und Knoten, das von dem entsprechenden System von Knotenlinien sowohl im Innern der Flüssigkeit wie in der äußeren Atmosphäre begleitet wird.

71. Xylophone, Glockenspiele und Gongs. Die in diesem Abschnitte zusammengestellten Instrumente bestehen aus elastischen Stäben, Röhren oder Platten, die durch Schlag erregt werden. Ihnen allen ist gemeinsam, daß die Obertöne des angeschlagenen Körpers in keiner harmonischen Beziehung zum Grundton stehen. In praxi werden jedoch die Obertöne weitgehend durch geeignete Unterstützung der schwingenden Stäbe oder Platten sowie durch die Wahl eines Hammers von geeigneter Masse und Härte unterdrückt. Bei einigen Xylophonen wird die musikalische Wirkung noch dadurch verbessert, daß man unter den schwingenden Stäben auf den Grundton abgestimmte Luftsäulen mitschwingen läßt. Die unharmonischen Obertöne haben so meist im Verhältnis zum Grundton nur geringe Stärke und geben dem Klang des Instrumentes seine besondere Farbe, ohne ihn unangenehm zu machen. Andere Mittel, um den tiefsten Ton des schwingungsfähigen Gebildes besonders hervortreten zu lassen, finden sich im Orient bei gewissen speziellen Formen des Gongs. Bei einer Art Gong trägt die elastische, im übrigen ebene Platte einen hervorspringenden halbkugelförmigen Buckel in der Mitte; bei einer anderen Art ist die Dicke der Platte ungleichmäßig. Die Anschlagstelle des Hammers wird in beiden Fällen so gewählt, daß der tiefste Ton mit weit größerer Stärke als irgendeiner der Obertöne erregt wird, und der akustische Effekt wird auf diese Weise weitgehend von der unangenehmen Klangwirkung unharmonischer Partialtöne befreit.

Hier sei eine Arbeit[1]) erwähnt, in der der Verfasser versucht hat, die wohlbekannte HERTZsche Theorie des Zusammenstoßes auf den Fall des senkrechten Zusammenstoßes eines kugelförmigen Körpers mit einem schwingungsfähigen elastischen Stabe oder einer elastischen Platte auszudehnen, und so eine exaktere Theorie der Erregung von Schlaginstrumenten zu entwickeln, als sie zur Zeit vorliegt. In der Theorie von HERTZ wird angenommen, daß die örtlichen Kom-

[1]) C. V. RAMAN, Phys. Rev. Bd. 15, S. 277. 1920.

pressionen im Berührungsgebiet beim Zusammenstoß zweier fester Körper auf dieselbe Weise mit den örtlichen Spannungen zusammenhängen wie im statischen Falle. Die gleiche Voraussetzung ist annähernd sogar dann erfüllt, wenn der Zusammenstoß in einem der beiden Körper elastische Wellenbewegungen hervorbringt; sie ermöglicht, sowohl die Berührungsdauer wie auch die in Schwingungen umgesetzte Energie erfolgreich zu berechnen.

f) Schlußbemerkungen.

72. Das Werk C. STUMPFS. Wir haben in den vorangehenden Ziffern die physikalischen Eigenschaften der verschiedenen Musikinstrumente betrachtet und die Klangfarben so diskutiert, wie sie sich zahlenmäßig durch die Intensitäten der die Klänge formenden Teiltöne ausdrücken. Jede Klasse von Instrumenten hat ihre besondere Klangbeschaffenheit, die sie von anderen unterscheidet und ihren Platz im Schema der Orchestermusik bestimmt. So sind z. B. die Saiteninstrumente vom Typus der Violinen — die das Rückgrat des Orchesters bilden — dadurch ausgezeichnet, daß sie eine besonders ausdrucksvolle und das Gehör nicht ermüdende Klangfarbe besitzen, die in bemerkenswertem Maße den verschiedenen musikalischen Stimmungen angepaßt werden kann. Die Klasse der Flöten hingegen ist durch eine milde, sanft fließende Klangfarbe ausgezeichnet. Die große Mannigfaltigkeit in der Klangmalerei moderner Komponisten erfordert Instrumente mit noch größeren Klangfarbenunterschieden; so finden andere Instrumentenklassen mit stark abweichendem Klangcharakter, wie Holzblas- und Blechinstrumente, vielfache Anwendung. Den höchsten Grad von Individualität unter allen Instrumenten schreiben wir natürlich der menschlichen Stimme zu. Sie ist in diesem Kapitel nicht betrachtet worden, weil über sie im Artikel Physik der Sprachlaute (ds. Band, Kap. 10) berichtet wird. Eine sehr interessante Diskussion der Klangfarben der Musikinstrumente und der diese Klangfarben bestimmenden Faktoren gibt — unter Vergleich mit der menschlichen Stimme — C. STUMPF im 15. Kapitel seines kürzlich erschienenen Buches[1]). Die Untersuchungen von C. STUMPF sind von großer Wichtigkeit; wir müssen uns aber, da der Verfasser dieses Artikels erst nach Niederschrift und Satz der vorhergehenden Ziffern mit den STUMPFschen in dieses Gebiet schlagenden Arbeiten bekannt wurde, hier mit einem kurzen Überblick begnügen.

C. STUMPF führte sorgfältige Analysen und Synthesen musikalischer Klänge durch — zur Analyse verwendete er eine große Anzahl von Stimmgabeln als Resonatoren oder auch eine Interferenzröhrenmethode. Durch die Arbeiten HELMHOLTZS ist es wohlbekannt, daß die am stärksten auftretenden Teiltöne gesungener Vokale einen oder mehrere Tonbereiche („Formantbereiche") bilden, wobei die größte Intensität diejenigen Teiltöne besitzen, die den Eigenfrequenzen der Mundhöhle am nächsten liegen. STUMPF fand, daß in den Klängen verschiedener Musikinstrumente ebenfalls solche Maxima vorhanden sind; unsere Betrachtungen über die Klangfarbe der Musikinstrumente vom Typus der Violine lassen uns natürlich ebenfalls ein solches Ergebnis erwarten. Die Annahme, daß es die Verschiedenheit der absoluten Tonhöhe dieser „Formant"-bereiche ist, welche die Klänge eines Cello von denjenigen einer Violine unterscheidet, wird so völlig verständlich. Für ein weiteres Eindringen in diese Fragen müssen wir den Leser auf das Buch von C. STUMPF verweisen. Zweifellos liegen dort wertvolle Gedanken vor, die versprechen, zu einem besseren Verständnis der Eigenheiten der musikalischen Klangfarben der verschiedenen Instrumente zu führen.

[1]) C. STUMPF, Die Sprachlaute. Experimentell-Phonetische Untersuchungen nebst einem Anhang über Instrumentalklänge. Berlin: Julius Springer 1926; ZS. f. Phys. Bd. 38, S. 745. 1926.

Kapitel 9.

Musikalische Tonsysteme.

Von

E. M. v. HORNBOSTEL, Berlin.

a) Einleitung.

1. Aufgabe und Methode. Musikalische Tonsysteme sind Mannigfaltigkeiten von Tönen, die musikalisch gebrauchte Intervalle bilden. Die gehörten Intervalle sind abhängig vom Frequenzverhältnis der physikalischen Schwingungen. Gegenüber der unendlichen Zahl der physikalischen ist die der phänomenalen Intervalle beschränkt. Erstens umfaßt der Bereich der überhaupt hörbaren Frequenzen nur etwa $10^1/_2$ Oktaven (16 bis 20000 v. d.), der Bereich der musikalisch verwendbaren Frequenzen nur etwa 7 Oktaven (32 bis 4100 v. d.). Zweitens hat die Unterscheidbarkeit der gehörten Töne und Intervalle eine psychophysisch bedingte Grenze, die auch unter günstigsten Umständen nicht überschritten werden kann (Unterschiedschwelle); selbstverständlich liegt die Schwelle für Intervalle, die in der praktischen Musik als verschieden wirken, sehr viel höher (Ziff. 2). Drittens erscheinen ein Intervall und seine Oktavenerweiterungen einander so ähnlich, daß man sie musikalisch meist gleichsetzt. Immerhin bleibt die Zahl der praktisch möglichen Intervalle sehr groß, und es fragt sich, welche Intervalle in der Musik tatsächlich gebraucht und warum diese vor den andern bevorzugt werden. Die erste Frage ist von der Völkerkunde, Musikgeschichte und — bei freier Intonation — vom Experiment zu beantworten, die zweite von der Psychologie. Mit der Physik dagegen hängt die Lehre von den Tonsystemen nur lose zusammen. Zwar stellen die Tonerzeugung auf Instrumenten, die Technik ihrer Abstimmung hinsichtlich der Faktoren, von denen die Frequenzen und folglich auch die Intervalle abhängen, rein physikalische Probleme, die sogar für die Entstehungsgeschichte von Tonsystemen belangreicher sind, als man geglaubt hat. Andrerseits ist die Lehre von den Tonsystemen meist einseitig auf das Konsonanzprinzip aufgebaut worden und hat durch HELMHOLTZ und seine Konsonanztheorie den Anschluß an die Physik und von nun an Aufnahme in allen Lehrbüchern gefunden. Diese Darstellungen[1]) um eine gleichartige zu vermehren, erschien überflüssig; nützlicher, die Tatsachen und Anschauungen zusammenzustellen, die sich aus völkerkundlichen und psychologischen Forschungen der neueren Zeit ergeben haben, gerade weil sie dem Physiker weniger leicht zugänglich und deshalb meist unbekannt sind.

---

[1]) Gemeinverständliche Zusammenfassungen bei A. JONQUIÈRES, Grundriß d. mus. Akustik, Leipzig 1898; K. E. SCHUMANN, Akustik, Breslau 1925.

Diese Forschungen sind freilich erst durch die Einführung physikalischer Meßmethoden über tatsachenfernes Theoretisieren hinausgekommen. Es mußten zunächst die wirklich vorkommenden Tonreihen an fest abgestimmten Instrumenten und phonographisch fixierten Melodien genau festgestellt werden. Zur Bestimmung der Schwingungszahlen dienen dabei geeichte Meßinstrumente, vorzüglich solche mit kontinuierlich veränderlicher Frequenz: Stimmgabeln mit Laufgewichten, Monochord, Stempelpfeifen (Tonvariator nach W. STERN), Stimmpfeifen (Durchschlagzungen) mit verschieblicher Stimmkrücke [Reisetonometer nach HORNBOSTEL][1]). Mit dieser Methode untersuchte zuerst A. J. ELLIS in vorbildlicher Weise die Tonsysteme der orientalischen Kulturvölker[2]) und verglich sie untereinander und mit den abendländischen. Seither ist das Tatsachenmaterial vermehrt, manche Einsicht vertieft, manche Annahme berichtigt worden — das Endergebnis von ELLIS' grundlegender Arbeit ist auch heute noch und wohl für alle Zukunft vollgültig: „Es gibt nicht nur eine, nicht nur eine „natürliche" Leiter, ja nicht einmal bloß Leitern, die notwendig auf den von HELMHOLTZ so schön ausgearbeiteten Gesetzen des Klangbaus beruhen — sondern sehr verschiedene, sehr künstliche, sehr eigenwillige"[3]).

2. Intervallmaß. Töne sind physikalisch durch ihre Schwingungszahl — Ganzschwingungen pro Sek., „v. d." (vibrations doubles) oder „Hertz" —, Intervalle durch das Verhältnis der Schwingungszahlen der sie begrenzenden Töne bestimmt. Sofern für Tonsysteme die absolute Tonhöhe ohne Belang ist[4]), lassen sie sich durch die Intervalle allein darstellen. Hierfür sind aber Verhältniszahlen, erst recht wenn sie in Dezimalbrüche umgewandelt sind, sehr unanschaulich und rechnerisch unbequem; z. B. erhält man für das Intervall, um das sich 12 aneinandergereihte reine Quinten von 7 Oktaven unterscheiden, das pythagoreische Komma: $(3/2)^{12} : 2^7 = 531\,441/524\,288 = 1{,}0136$. Man pflegt daher die Intervalle durch Logarithmen auszudrücken und für diese die Basis 2, als größte Maßeinheit also die Oktave zu wählen. Das Oktavenintervall wird in gleiche Teile zerlegt, und man gewinnt so einen Maßstab, der sich nach Bedarf verfeinern läßt. Die von vielen bevorzugte dezimale Teilung — in „Millioktaven", $1\ \mathrm{MO} = \log 2^{\frac{1}{1000}}$ — hat den schweren Nachteil, daß sie der uns geläufigen Oktaventeilung widerspricht und daher für unsere Intervalle keine anschaulichen Zahlen ergibt. Dagegen hat man an unsrer 12stufigen temperierten Leiter einen anschaulichen Maßstab stets bereit, wenn nach dem Vorschlage von ELLIS[5]) der Halbton in Hundertstel, „Cents (C)", geteilt wird: $1\ \mathrm{C} = \log 2^{\frac{1}{1200}}$. Unsere temperierten Intervalle sind dann durch die Vielfachen von 100 C ausgedrückt, und man sieht der Centszahl irgendeines Intervalls die Intervallgröße unmittelbar an, z. B. der reinen Quinte, 702 C, daß sie um $^1/_{100}$ Ton (Schisma) größer ist als die temperierte. Für die meisten Zwecke sind Cents genügend genau auch ohne Dezimalen; Millioktaven dagegen nicht immer. Z. B. kann für das Schisma, 1,628 MO = 1,953 C, unbedenklich 2 C, nicht aber 2 MO gesetzt werden. Das Umrechnen von Zahlenverhältnissen in Cents kann man sich durch eine Tafel erleichtern, in der die Centszahlen für alle ganzzahligen Verhältnisse von $n:n$ bis $2n:n$ (oder mehr) angegeben sind. Kennt man die Schwingungszahlen zweier Töne, so braucht man sie nur, wo nötig, in die Oktavlage der

[1]) Vgl. hierzu den Artikel „Akustische Meßmethoden" Ziff. 8ff. (ds. Bd. Kap. 13).

[2]) Proc. Roy. Soc. London 1884; Journ. Soc. of Arts Bd. 33. 1885 [übers. Sammelbde. f. vgl. Musikwiss. Bd. 1, S. 1—75. 1922]; Appendix XX K in HELMHOLTZ, Sensations of Tone[2], London 1885.

[3]) Sammelbde. f. vgl. Musikwiss. Bd. 1, S. 75. 1922.

[4]) Vgl. aber Ziff. 6, S. 431, Anm. 4.

[5]) A. J. ELLIS, Proc. Roy. Soc. London Bd. 37, S. 368. 1884.

Tabelle zu bringen und kann dieser die Centszahlen entnehmen, deren Differenz das gesuchte Intervall ergibt[1]).

Sind Cents für die Theorie hinreichend, so sind sie für das in der musikalischen Praxis Erreichbare oft überflüssig genau. Die Unterschiedsempfindlichkeit für Tonhöhen in der Aufeinanderfolge beträgt unter günstigsten Umständen, im Laboratoriumsversuch, 0,3 bis 0,5 v. d. in mittlerer Lage, also etwa 1 bis 1,5 C[2]). Dies ist also die äußerste Genauigkeit, die beim Stimmen eines Instruments nach einem andern im Einklang allenfalls erreichbar wäre, wenn man nicht Schwebungen zu Hilfe nimmt. Größere Fehler werden gemacht bei der Aufgabe, zwei Tonschritte — von verschiedenen Ausgangstönen — einander gleichzumachen; der durchschnittliche Fehler im Laboratoriumsversuch betrug hier 3,5% der Intervallgröße, also 7 C für Ganzton-, 25 C für Quintenschritte[3]). Dies gilt freilich nur für Intervalle, für die sich nicht schon in der musikalischen Praxis eine feste Norm herausgebildet hat, die sich dann dem Gedächtnis des Musikers einprägt. Bei solchen können geringe Abweichungen schon merklich sein, z. B. bei unsrer Großterz 5 C im Nacheinander, 13 C im Zusammenklang[4]).

3. Tonschritt und Zusammenklang. Von Jugend an in Musik mit Terzen- und Dreiklangharmonien eingelebt, ist der Abendländer der Neuzeit meist außerstande, reine, frei von harmonischen Bindungen erwachsene Melodien in ihrer Eigenart zu erfassen. Er hört auch sie im Sinne der harmonischen Struktur, die unsere Melodik beherrscht, und kann sich schwer von der Meinung befreien, daß diese Auffassung die einzig mögliche, für alle Menschen notwendige und natürliche sei. Was so als allgemeine, vor aller Entwicklung naturgegebene Grundlage der Musik vorausgesetzt wurde, hat erweiterte Tatsachenkenntnis als eine späte und auf bestimmte Kulturgebiete beschränkte Sonderbildung erwiesen: die meisten außereuropäischen Völker kennen keine oder doch keine harmonische Mehrstimmigkeit. Dennoch betrachtete man Tonfolgen als zeitlich aufgelöste Zusammenklänge und wie solche als konsonant oder dissonant. Freilich klingt auch uns nicht ein chromatischer Lauf wie eine Kette von Dissonanzen oder gar wie ein einziger Mißklang. Aber ebensowenig darf man unterstellen, daß das Motiv g—e—c im Gesang eines Indianers, der nie Akkorde gehört hat, als „zerlegter Dreiklang" gemeint sei. Erst die Erfassung des psychologischen Unterschieds von Tonschritt und Zusammenklang ermöglicht ein richtiges Verständnis der musikalischen Tatsachen — auch der Tonsysteme — und ihrer Entwicklung. Die primitivsten Gesänge bewegen sich innerhalb eines ganz engen Umfangs und ausschließlich in kleinen Schritten (Ziff. 5). Aber in dem Maße als der Tonumfang wächst, werden nacheinander Quarten, Quinten und Oktaven für die Melodiestruktur bestimmend[5]). Der Auszeichnung dieser Intervalle schon in der einstimmigen Musik muß offenbar etwas der Konsonanz der Zusammenklänge Analoges zugrunde liegen: in abnehmendem Grade sind Oktav-, Quint- und Quarttöne einander ähnlich; und daher erscheint der Übergang von einem Ton zu seiner Oktave oder auch zur Quint oder Quart mehr wie ein Umkippen, ein Farbenumschlag, nicht als Rückung wie ein Sekundschritt. Diese Eigenschaft von Sukzessivintervallen, die wir „Tonverwandtschaft" nennen wollen, ist indessen viel weniger stark ausgeprägt als die Konsonanz von Zusammenklängen[6]). (Weder Tonverwandtschaft noch Konsonanz lassen sich auf gemein-

[1]) E. M. v. Hornbostel, ZS. f. Phys. Bd. 6, S. 29. 1921.
[2]) M. Meyer, ZS. f. Psychol. Bd. 16, S. 352. 1898.
[3]) O. Abraham u. E. M. v. Hornbostel, ZS. f. Psychol. Bd. 98, S. 231. 1925.
[4]) C. Stumpf u. M. Meyer, ZS. f. Psychol. Bd. 18, S. 84. 1898.
[5]) E. M. v. Hornbostel, Jahrb. Musikbibl. Peters Bd. 19, S. 21ff. 1913.
[6]) E. M. v. Hornbostel, Handb. d. Physiol., herausgeg. von Bethe u. a. Bd. 11, S. 727. 1926.

same Teiltöne der intervallbildenden Klänge — „Klangverwandtschaft" nach HELMHOLTZ — zurückführen.) Zwar ist Tonverwandtschaft, wie Konsonanz, eine Eigenschaft eines einheitlichen Ganzen, des Intervalls, und nicht zurückführbar auf Eigenschaften von Teilen, hier der Töne; aber die Einheitlichkeit des Ganzen und folglich die Prägnanz der Ganzeigenschaften, sind größer im Simultanen als in der Sukzession. Darum erscheinen in der einstimmigen Musik nur die Intervalle höchsten Verwandtschaftsgrades ausgezeichnet — Oktav, Quint, Quart —, alle übrigen gleichermaßen nichtverwandt, so daß Terzen ebenso wie Sekunden als eigentliche melodische Schritte funktionieren. [Diese Auffassung spiegelt sich auch in den Bemerkungen und Fachausdrücken der chinesischen, indischen und ältesten griechischen Schriftsteller; sie beziehen sich auf wesentlich melodische Musik und daher zunächst nur auf die Tonverwandtschaft und strukturbildende Funktion der Quarte, Quinte und Oktave, nicht — oder erst bei Späteren — auf die Konsonanz von Zusammenklängen[1]).]

4. Distanz und Intervallfarbe. An einem Intervall können zwei Eigenschaften unterschieden werden: Die eine — Distanz oder Weite — ist insofern quantitativ, als sie ein Mehr oder Minder, ein Größer oder Kleiner zuläßt: ein Halbtonschritt erscheint eng, ein Nonensprung weit. In einer andern Hinsicht erscheint aber der Halbton gerade der (kleinen) None ähnlich, ebenso jedes Intervall allen seinen Oktavenerweiterungen. Die dieser Ähnlichkeit zugrunde liegende Eigenschaft — „Intervallfarbe" — ist eine reine Qualität, bei der es kein Mehr oder Minder, nur ein So oder Anders gibt. Beide Momente hängen vom Frequenzverhältnis der Intervalltöne ab und sind in der normalen Wahrnehmung zusammen gegeben als „Intervallcharakter"[2]). Sie sind vollkommen analog den beiden Eigenschaften von Tönen, die, früher als „Tonhöhe" zusammengefaßt, in der neueren Psychologie unterschieden und zweckmäßig „Helligkeit" und „Tonigkeit" benannt werden[3]). Die Helligkeit nimmt zu und ab mit der Frequenz wie die Distanz mit dem Frequenzverhältnis; auf der Tonigkeit beruht Oktavenähnlichkeit, Tonverwandtschaft und Konsonanz. Intervallfarbe wie Tonigkeit fehlen den meisten natürlichen Schallarten — den Geräuschen —, sie fallen bei extrem Unmusikalischen, gewissen Nervenkranken und wahrscheinlich bei allen Tieren überhaupt aus. Nicht so Helligkeit und Distanz, die überdies nicht nur den akustischen, sondern auch den Erscheinungen andrer Sinnesgebiete zukommen und sich somit als die stabileren, kräftigeren und entwicklungsgeschichtlich älteren Eigenschaften erweisen[4]). Man muß erwarten, daß auch in der Musik und bei der Bildung von Tonsystemen anfänglich der Distanz größere Bedeutung zukommt als der Intervallfarbe.

Die engen, eigentlich melodischen Schritte sind zwar durch ihre Distanz gekennzeichnet, aber auch bei dieser kommt es musikalisch nur auf die Größenordnung, nicht auf genau bestimmte und etwa natürlich ausgezeichnete Größen an. So mag an derselben Melodiestelle einmal ein Ganzton, ein andermal ein Halbton oder eine Terz stehen. Erst die fortschreitende Entwicklung der Melodik bringt die Unterscheidung „großer" und „kleiner" Schritte mit sich, aber jede der beiden Arten umfaßt zunächst noch ein sehr großes Gebiet von Distanzen und ist von der andern nicht durch eine scharfe Grenze geschieden. Auch kann derselbe Schritt, z. B. von Ganztongröße, als „großer" oder „kleiner" wirken, je nachdem er in der Melodie neben einem viel kleineren oder viel größeren

[1]) C. STUMPF, Abh. d. Bayr. Akad. d. Wiss., 1. Kl., Bd. 21, S. 7ff. 1897.
[2]) O. ABRAHAM u. E. M. v. HORNBOSTEL, ZS. f. Psychol. Bd. 98, S. 233ff. 1925.
[3]) Literatur bei C. STUMPF, Beitr. z. Akustik d. Musikwiss. Bd. 8, S. 17f., 21f.
[4]) E. M. v. HORNBOSTEL, BETHES Handb. d. Physiol. Bd. 11, S. 716.

steht. Erst wenn auf Instrumenten bestimmte Schrittgrößen fixiert und ausschließlich in Gebrauch sind, kann ihnen im Bewußtsein der Hörer auch ein bestimmter absoluter Intervallcharakter zuwachsen[1]).

5. Gesang-Tonschritte. Nichts scheint so einleuchtend, ja selbstverständlich, als daß die in der harmonischen Teiltonreihe enthaltenen Intervalle die „natürlichen" seien, die, dem musikalischen Bewußtsein eingeboren, vom Sänger immer gemeint, wenn auch von ungeschulten Kehlen nicht immer fehlerlos getroffen werden. Diese auch heute noch fast allgemein akzeptierte Ansicht wurde exakt prüfbar durch Tonmessung an phonographisch aufgenommenen Gesängen[2]); und zwar mußten Gesänge von Völkern untersucht werden, die weder Mehrstimmigkeit noch Begleitung durch festabgestimmte Instrumente kennen, deren Intonation also weder durch Zwei- oder Mehrklänge noch durch den Einklang mit Tönen eines schon anderweitig festgelegten Systems bestimmt ist. Solche Messungen haben nun gezeigt, daß die Intonation nicht nur bei verschiedenen Personen, sondern schon beim selben Sänger und innerhalb einer Melodie in solchem Grade schwankt, daß überhaupt keine genauer bestimmten Intervalle, geschweige denn reine als angestrebt vorausgesetzt werden können. Von einem natürlichen Tonsystem in diesem Sinne kann keine Rede sein[3]).

Musikalisches und gesangtechnisches Unvermögen können die große Veränderlichkeit der Intervalle allein nicht erklären: Messungen an Gesangphonogrammen von Europäern, selbst sehr musikalischen und geschulten Sängern, ergaben, bei unbegleitetem Gesang und an simultanharmonisch nicht gebundenen Melodiestellen, dasselbe Bild[4]). Dennoch ist die Intonation auch im unbegleiteten reinmelodischen Gesang keineswegs regellos. Auch unsere Intervallcharaktere (Ziff. 4) sind nur der Größenordnung nach festgelegt, die wirkliche Schrittgröße wird jeweils durch die Melodiegestalt bestimmt: der Leittonschritt wird verengert, große Sprünge — besonders aufwärts — schießen übers Ziel hinaus, in gleicher Richtung gereihte Schritte tendieren zu Größengleichheit usw.

Untersuchungen der neuesten Zeit haben noch eine andre gesetzmäßige Beziehung der Intervallgrößen aufgedeckt und zu überraschenden Folgerungen geführt. Melodien lassen sich bekanntlich in ihrer Höhenlage verschieben wie optische Figuren im Raum, ohne Änderung ihrer Gestalt; sie lassen sich aber auch wie Raumfiguren ohne Gestaltänderung vergrößern oder verkleinern, wenn nur die relativen Intervallgrößen erhalten bleiben. Dabei behalten die strukturbildenden Intervalle, wie die Quinte und Oktave, auch in dem neuen Maßstab diese Funktion[5]). Die Beziehungen der melodischen Schwerpunkte, die die Melodiestruktur bestimmen — z. B. Grundton, Quint, Oktav — sind also nicht an bestimmte, etwa durch Tonverwandtschaft ausgezeichnete Intervalle — wie 2:3, 3:4; 702 C, 498 C—, sondern nur an bestimmte Verhältnisse der Intervallgrößen — wie 7:5 — gebunden. Diese Folgerung wird durch die (schon früher, also unabhängig von ihr) tonometrisch ermittelten Gesang-Tonschritte quantitativ bestätigt. An den Messungen läßt sich zeigen, daß zwar die absolute Intervallgröße von Fall zu Fall in weiten Grenzen wechselt, ihre relative Größe aber strukturgesetzlich bestimmt ist. An Melodiestellen wo ein — beliebig großes — Intervall durch einen Durchgangston geteilt wird, stehen die Größen der Teilintervalle (Schritte) meist im Verhältnis 12:7 oder 7:5 oder 5:2, also in denselben Verhältnissen wie Oktave:Quinte, Quinte:Quarte, Quarte:Ganzton. Es ist also so, als

[1]) E. M. v. Hornbostel, Bethes Handb. d. Physiol. Bd. 11. S. 722.
[2]) Zuerst B. I. Gilman, Journ. of Amer. Archaeol. a. Ethnol. Bd. 1. 1891.
[3]) B. I. Gilman, Journ. of Amer. Archaeol. a. Ethnol. Bd. 5. 1908.
[4]) O. Abraham, Psychol. Forsch. Bd. 4, S. 1ff. 1923.
[5]) H. Werner, ZS. f. Psychol. Bd. 98, S. 74ff. 1925.

ob Tonfolgen von den Frequenzverhältnissen 1:2:3, 2:3:4 oder 6:8:9 in einen verkleinerten Maßstab übertragen wären.

Ein paar Beispiele mögen zeigen, wie genau die gesungenen Intervalle der Theorie entsprechen. Die ersten stammen von den sehr primitiven Wedda auf Ceylon, deren Melodien sich auf 3 Töne im Umfang etwa einer Kleinterz beschränken[1]), die andern von einem geschulten europäischen Sänger und von solchen Stellen eines deutschen Volksliedes, an welchen eine Terz durch einen unbetonten Zwischenton geteilt ist[2]). (Intervalle in Cents.)

Wedda.	1.	2.	3.	4
gemessen	103 + 168 (= 271)	140 + 197 (= 337)	84 + 202 (= 286)	63 + 151 (= 214)
berechnet	100 + 171 (7:12)	140,5 + 196,5 (5:7)	82 + 205 (2:5)	61 + 153 (2:5)

Dr. G.	5.	6.	7.	8.
gemessen	227 + 137 (= 364)	226 + 162 (= 388)	131 + 182 (= 313)	87 + 226 (= 313)
berechnet	230 + 134 (12:7)	226,5 + 161,5 (7:5)	130 + 182 (5:7)	89,5 + 223,5 (2:5)

Die Abweichungen bleiben innerhalb der Messungsfehler, die Innervation der Kehlkopfmuskeln regelt sich offenbar unwillkürlich. Dabei kommt auf die absoluten Intervallgrößen nichts an. Bei den Wedda variieren auch die Ganzintervalle regellos in weiten Grenzen. Aber auch der Europäer singt, wenn man isolierte Einzelintervalle betrachtet, entsetzlich unrein. Die „neutrale" Terz 364 C im Beispiel 5 steht für die kleine 316 C, an einer andern Stelle für die große 386 C; die reine Intonation der Ganzintervalle in Beispiel 6 bis 8 ist Zufall, ebenso die der Teilintervalle 182 C (9:10), 231 C (7:8)[3]).

Es gibt also natürliche, schon im Physiologischen ausgezeichnete Distanzverhältnisse, aber zunächst keine in diesem Sinne natürlichen Intervalle. Wenn später auch Tonverwandtschaft sich geltend macht, so schreibt sie doch nur für die Strukturintervalle ein Format von bestimmter Größenordnung — Quarten, Quinten usw. — vor, vermag aber nicht die Intonation des Sängers auf bestimmte Frequenzverhältnisse — 3:4, 2:3 usw. — festzulegen. Erst auf den Instrumenten kommen feste Töne, bestimmte Intervalle und damit Tonsysteme zustande; aber sie sind, wie sich zeigen wird, nicht von der menschlichen Natur gefordert, sondern in erster Linie durch außermusikalische Faktoren bestimmt.

b) Tonsysteme.

6. Der Blasquintenzirkel[4]). Zu den ältesten melodietragenden Instrumenten gehört die Panpfeife: Reihen verschieden langer, meist einseitig geschlossener Rohre, die durch einen bandförmigen, gegen den Öffnungsrand als Schneide gerichteten Luftstrom angeblasen werden. Von der Panpfeife leiten die altchinesischen Theoretiker ihr Tonsystem ab: ausgehend von einem Rohr, dessen Länge durch die Maßeinheit (1 Fuß = 230 mm) normiert ist und das den Grundton (366 v. d.) gibt, schneidet man ein zweites Rohr von $^2/_3$ dieser Länge, dann ein drittes von $^4/_3$ der Länge des zweiten usf., schreitet also abwechselnd eine

[1]) CH. S. MYERS in C. G. u. B. Z. SELIGMANN, The Veddas, S. 341ff., Cambridge 1911; M. WERTHEIMER, Sammelb. d. Intern. Musik-Ges. Bd. 11, S. 300ff. 1909.

[2]) O. ABRAHAM, ungedruckte Versuchsprotokolle zu: Psychol. Forsch. Bd. 4, S. 1ff. 1923.

[3]) Aus der Gesamtheit der Messungsdaten, denen die Beispiele entnommen sind, geht das unzweideutig hervor.

[4]) Es können hier nur die Ergebnisse vergleichender tonometrischer und metrologischer Untersuchungen kurz zusammengefaßt werden, soweit sie die Tonsysteme als solche betreffen. Die ethnologischen und kulturhistorischen Grundlagen und Folgerungen werden an anderer Stelle mitgeteilt.

Quinte auf- und eine Quarte abwärts[1]). Dieser Quintenzirkel ist indes nicht, wie man geglaubt hat, der bekannte „pythagoreische“ mit reinen Quinten. Die Untersuchung nordwestbrasilischer Panpfeifen[2]) hat ergeben, daß die Abstimmung mit Hilfe des Überblasens erfolgt: man schneidet jedes folgende Rohr so, daß es als Grundton die Doppeloktave unter dem Ton gibt, den man durch Überblasen des vorhergehenden Rohrs erhält. Dieser Ton ist nun nicht die reine Duodezime (3:1) des Grundtons, sondern tiefer. Der Grad der Vertiefung wächst bei gleichem Durchmesser mit der Rohrlänge; bei den tatsächlich verwendeten Ausmaßen der meisten Panpfeifenrohre ist er indes ziemlich konstant, und zwar beträgt er durchschnittlich etwa einen Achtelton (24 C = pythagor. Komma), die „Blasquinte“ (Duodezime minus Oktave) also 702 — 24 = 678 C[3]). Reiht man solche Quinten aneinander, so gelangt man nach 23 Schritten fast genau zur 13. Oktave des Ausgangstons: 678×23 = (1200×13)—6 C, der Zirkel ist (praktisch) geschlossen. Von diesem System von 23 Tönen leitet sich eine ganze Reihe von Tonleitern ab, die ursprünglich auf Panpfeifen, dann von diesen übertragen auf südostasiatischen und indonesischen Orchesterinstrumenten — Holzstab-, Metallplatten- und Gongspielen — in Gebrauch kamen[4]).

7. Halbquartenleiter. Die erwähnten brasilischen Panpfeifen — und mit ihnen Ton für Ton übereinstimmende melanesische[5]) — bilden ihre Tonleiter aus zwei ineinandergeschobenen Reihen von je 5 absteigenden Blasquinten. Wir nennen den Ausgangston des Blasquintenzirkels (366 v. d.) O = XXIII und beziffern die Töne nach dem aufsteigenden Zirkel: zwischen die Tonziffern schreiben wir die Intervalle in Cents, darunter die Intervalle vom tiefsten Leiterton aus (unter Abzug von 1200 oder 2400 in den höheren Oktaven). Die Leiter enthält 12 Töne und erstreckt sich ohne Oktavwiederholungen über fast $2^1/_2$ Oktaven:

XVIII	264	VI	258	XVII	264	V	258	XVI	264	IV	258	XV	264	III	258	XIV	264	II	258	XIII	264	I
0		264		522		786		1044		108		366		630		888		1152		210		474
I		XII		XXIII		XI		XXII		X		XXI		IX		XX		VIII		XIX		VII

Durch die — praktisch genaue — Halbierung der Blasquarten (1200 — 678 = 522 C) ergibt sich eine gleichstufige Leiter von — etwas großen — Fünfvierteltönen. Den Ausgangston der eingeschalteten Quartenreihe (XIII) könnte man durch distanzgleiche Teilung der Quarte II—I gewonnen haben. Da aber Panpfeifen ursprünglich stets paarweis auftreten, ist es wahrscheinlicher, daß man die Reihe auf einem Zwillingsinstrument fortgesetzt hat. Dieses müßte die in der untersten Zeile angegebene Tonfolge geben. (Sie hat sich — wenn auch nicht vollständig — auf altperuanischen Panpfeifen tatsächlich gefunden.) Der tiefste Ton des zweiten Instruments wird dem höchsten des ersten gleich: der Zirkel ist geschlossen. Seine sämtlichen Töne sind verwendet und so angeordnet, daß sie eine den Bedürfnissen altertümlicher Melodik ausgezeichnet entsprechende Folge geben: gleich große und reichlich weite Schritte, und als Motivrahmen und Strukturintervalle Quarten.

---

[1]) M. Courant, Encyclopédie de la musique, ed. Lavignac, Bd. 1, S. 77ff., Paris 1913. (Bisher die gründlichste Darstellung der chinesischen Musiktheorie.)

[2]) E. M. v. Hornbostel, in Koch-Grünberg, Zwei Jahre unter den Indianern Bd. II, S. 378. 1910.

[3]) Dieses physikalische Problem ist m. W. experimentell und theoretisch noch nicht durchgearbeitet. Vgl. den Artikel „Musikinstrumente und ihre Klänge“ Ziff. 51ff. (ds. Bd. Kap. 8).

[4]) Den Beweis der Abhängigkeit all dieser Leitern von demselben Ursystem liefert die Übereinstimmung der auf den Instrumenten festgestellten absoluten Tonhöhen mit denen des von 366 v. d., dem altchinesischen Normalton, aus berechneten Blasquintenzirkels. Vgl. ZS. f. Ethnol. Bd. 43, S. 601ff. 1911.

[5]) ZS. f. Ethnol. Bd. 43, S. 613. 1911.

8. Umschichtreihe. Noch ein andres, im Prinzip ähnliches Verfahren führt bei Panpfeifenpaaren zu musikalisch brauchbaren Leitern: man teilt die Töne des Blasquintenzirkels abwechselnd dem einen und andern Instrument zu: das eine erhält nur ungradzahlige — nach chinesischer Anschauung männliche —, das andre gradzahlige — weibliche — Töne. Wieder entstehen zwei gleichstufige Leitern von je 12 Tönen, und wieder ist der Zirkel dadurch geschlossen, daß der höchste Ton des einen Paarlings dem tiefsten des andern gleich ist. Aber die Schritte betragen hier nur einen Dreivierteltonn —(2×678)—1200 = 156 C —, der Leiterumfang nur eine Oktave plus (Blas-)Quarte.

I	156	III	156	V	156	VII	156	IX	156	XI	156	XIII	156	XV	156	XVII	156	XIX	156	XXI	156	0
0		156		312		468		624		780		936		1092		48		204		360		516
II		IV		VI		VIII		X		XII		XIV		XVI		XVIII		XX		XXII		I

Spuren der vollständigen „Umschichtreihe" finden sich noch auf hinterindischen Xylophonen, häufiger und weitverbreitet sind 7tönige Ausschnitte. Diese Umschichtleitern teilen mit dem Halbquartensystem (Ziff. 7) den Vorzug gleich und genügend großer Schritte und praktisch als Quarten wirkender Intervalle (468 C), die sich freilich von der reinen Quarte (498 C) noch weiter entfernen als die Blasquarte (522 C). Zwei verbundene Quarten, z. B. I—VII—XIII, geben hier eine 7stufige wie dort eine 5stufige Leiter, mit der man sich ohne Oktavverdopplung begnügen kann, solange der Melodieumfang beschränkt ist und die Melodiestruktur allein auf der Quarte ruht.

9. Pelog. Die 7stufige Umschichtleiter kann aber, sobald die Melodiestruktur es verlangt, leicht so umgeformt werden, daß auch Quinten entstehen: man braucht nur die vier höchsten Töne um eine Oktave hinunter (oder die vier tiefsten hinauf) zu verlegen, also die beiden Quartengruppen zu vertauschen, z. B.

VIII	156	X	156	XII	156	XIV	264	II	156	IV	156	VI	(156 VIII')
0		156		312		468		732		888		1044	(1200)
I		III		V		VII	156	IX		XI		XIII	(264 I')
0								624		780		936	

Die Halbquarte (264 C), die die 7stufige Umschichtleiter zur Oktave ergänzt, kommt durch die Umstellung in die Mitte, und infolgedessen treten an die Stelle der Tritonusintervalle (I—IX, III—XI, V—XIII in der unteren, unveränderten Reihe) von 624 C sehr große Quinten von 732 C (VIII—II, X—IV, XII—VI in der oberen Reihe). Der neuen Leiter fehlt es aber nun wieder an Quarten — nur VIII—XIV ist erhalten geblieben (bei Oktavverdopplung auch II—VIII') —, und auch die schöne Gleichstufigkeit ist unterbrochen. All diesen Mängeln wird zugleich abgeholfen, wenn man in dem Paar zusammengehöriger Instrumente homologe Töne austauscht. Werden in unserm Beispiel die Töne XIV und VII vertauscht, so treten an die Stelle des Tritonus (576 C) XIV—VI und der engen Quarten VIII—XIV und VII—XIII (468 C) die — besseren — Blasquarten VII—VI, VIII—VII und XIV—XIII; an die Stelle der Schrittfolge XII 156 XIV 264 II die gleichmäßige XII 210 VII 210 II. Der nächste Austausch — XII gegen V — ersetzt den Tritonus XII—IV und die enge Quarte V—XI durch Blasquarten, zugleich den Tritonus V—XIII und die weite Quinte XII—VI durch Blasquinten (678 C) usf. Schließlich werden aus den reinen Umschichtleitern reine Ausschnitte des Blasquintenzirkels,

I	156	III	156	V	156	VII	210	II	156	IV	156	VI	(210 I')
0		156		312		468		678		834		990	(1200)
VIII		X		XII		XIV		IX		XI		XIII	(VIII'),

in denen kein Tritonus mehr vorkommt. Das Endergebnis: aus 4 Tönen der einen und 3 Tönen der andern Umschichtreihe zusammengesetzte Leitern, hätte man einfacher erzielen können. Aber der geschilderte Übergang läßt sich tatsächlich in allen Stadien an den Instrumenten belegen, die in Java und Bali zum Gamelan (Orchester) Pelog gehören[1]). Mit pelog — wahrscheinlich = „auswechseln" — werden sowohl diese Leitern, als auch die Stufe bezeichnet, die in den Umschichtleitern zuerst verändert wird: in unserm Beispiel VII und XIV.

10. Siebenstufige Temperatur. Die Vereinigung (und Verbesserung) der Quarten und Quinten wird in den Pelogleitern durch den Verlust der durchgängigen Gleichstufigkeit der Umschichtreihe erkauft. In den Zwischenstadien tritt ein Halbton auf, z. B. V 102 XIV, der im Endstadium wieder verschwindet; aber zwei Ganztöne (210 C) bleiben neben den Dreivierteltönen (156 C) bestehen. Abermals macht sich das Bedürfnis nach distanzgleichen Schritten geltend, vielleicht auch schon verstärkt durch Forderungen einer entwickelteren Melodik, die Motive transponieren will ohne Änderung der Intervallfolge und damit des Ethos. So ist man auf dem südostasiatischen Festland — in Siam, Birma und Kambodscha — dazu fortgeschritten, die aus 7 aufeinanderfolgenden Tönen des Blasquintenzirkels (Pelog-Endstadium) gebildeten Leitern zu temperieren[2]). Das konnte man ganz gut durch Angleichung der Distanzen nach dem Gehör (Ziff. 2). Zuerst wird man den störenden Unterschied der engen Quarte 468 C und der Blasquarte 522 C beseitigt und dann allmählich alle Quarten ausgeglichen haben. Das — praktisch oft erreichte — Ideal ist eine Folge von Oktavensiebenteln (1200:7 = 171,4 C). Als Nebenerfolg ergibt sich eine (unwesentliche) Annäherung der Quarten und Quinten an die reinen (498 und 702 C), während Terzen und Sexten sich von den reinen (316 und 814C) noch weiter entfernen. Vom tiefsten Ton aus betragen die Intervalle in Cents:

	Prim	Sekund	Terz	Quart	Quint	Sext	Sept	Oktav
untemperiert[3])	0	156	312	522	678	834	990	1200
temperiert	0	171	343	514	686	857	1028	1200

11. Fünfstufige Temperatur. Slendro. Alle ältere Melodik ist „5stufig". Das heißt zunächst nur, die Schritte sind so weit, daß zwei eine Quarte füllen, sechs über die Oktave hinausgehen würden. Wo die Systeme eine größere Anzahl von Stufen liefern, werden nicht alle innerhalb einer Melodie benutzt. Auch in den Pelogmelodien fallen jeweils 2 Töne, die untereinander eine Quarte bilden, z. B. die 4. und 7. Stufe, aus, oder treten doch an Bedeutung vor den übrigen zurück. Durch solchen Ausfall wird ein Hauptvorzug der Leitern, ihre Gleichstufigkeit, zunichte. Die Leiter aus halben Blasquarten (Ziff. 7) genügte allen Ansprüchen, die Umschichtleiter (Ziff. 8) tut es nicht mehr. Der pentatonischen Melodik liefert sie große Schritte (312 C) neben kleinen (156 C). Um den Mangel zu beseitigen, brauchte man nur die Quarte (468 C) zu halbieren. So wird aus einer 7stufigen Umschichtleiter, indem 3 Töne erhalten bleiben und 4 Töne durch 2 neue ersetzt werden, eine 5stufige Leiter, z. B.

I 156 III 156 V 156 VII 156 IX 156 XI 156 XIII (264 I')

I 234 $(\mathrm{III}\times\mathrm{V})^{\frac{1}{2}}$ 234 VII 234 $(\mathrm{IX}\times\mathrm{XI})^{\frac{1}{2}}$ 234 XIII (264 I')

Dieses System, das in Java Slendro[4]) heißt, ist ursprünglich nicht auf eine Oktave beschränkt. Durch die Ausdehnung über 4 verbundene Quarten (=Blas-

[1]) J. u. C. J. A. KUNST, De Toonkunst van Bali, Bd. I/II, Batavia 1925. Wir verdanken dieser sorgfältigen Arbeit u. a. ein sehr umfangreiches tonometrisches Material aus allen Teilen der beiden Inseln.

[2]) A. J. ELLIS, Sammelb. f. vgl. Musikwiss. Bd. 1, S. 40f.; C. STUMPF, ebenda S. 136ff.

[3]) Die Leiter entspricht dem Pelog-Endstadium (Ziff. 9), jedoch nicht mit I, sondern mit III als Grundton. Beide Oktavgattungen sind im Gebrauch.

[4]) J. P. N. LAND. Vierteljahrsschr. f. Musikwiss. Bd. 5, S. 193. 1889; A. J. ELLIS, Sammelb. f. vgl. Musikwiss. Bd. 1, S. 45; C. STUMPF, ebenda S. 138ff.; J. u. C. J. A. KUNST, De Toonkunst van Bali Bd. II, S. 369ff., 453, Tab. I—IV.

duodezime), die auf sehr alten Instrumenten belegt ist, würde sich auf einem Instrumentenpaar das vollständige System mit Benutzung aller Töne des Blasquintenzirkels (bzw. der aus ihnen hervorgegangenen Zwischenstufen) ergeben:

I	$(\mathrm{III} \times \mathrm{V})^{\frac{1}{2}}$	VII	$(\mathrm{IX} \times \mathrm{XI})^{\frac{1}{2}}$	XIII	$(\mathrm{XV} \times \mathrm{XVII})^{\frac{1}{2}}$	XIX	$(\mathrm{XXI} \times \mathrm{XXIII})^{\frac{1}{2}}$	II
II	$(\mathrm{IV} \times \mathrm{VI})^{\frac{1}{2}}$	VIII	$(\mathrm{X} \times \mathrm{XII})^{\frac{1}{2}}$	XIV	$(\mathrm{XVI} \times \mathrm{XVIII})^{\frac{1}{2}}$	XX	$(\mathrm{XXII} \times \mathrm{I})^{\frac{1}{2}}$	III

Später wurde der 5 stufigen Leiter die Oktave des Grundtons zugefügt, nun störte aber das zu große Restintervall 264 C die Gleichstufigkeit. Wieder zeigt sich das Bestreben, diesen Mangel zu beseitigen und die Stimmung einer idealen 5 stufigen Temperatur anzunähern:

	Prim	Sekund	Quart	Quint	Sept	Oktav
untemperiert	0	234	468	702	936	1200
temperiert	0	240	480	720	960	1200

Im ursprünglichen Slendro ist die Quinte (theoretisch) rein (702 C). Das ist aber nur eine Folge davon, daß wir als durchschnittlichen Unterschied der Blasquinte von der reinen grade ein pythagoreisches Komma, 24 C, angenommen haben (Ziff. 6). Es ist ganz ausgeschlossen, daß im Slendrosystem die reine Quinte beabsichtigt und die Gleichstufigkeit nur ein Nebenerfolg gewesen wäre. Denn es wäre unbegreiflich, daß man neben der reinen Quinte die (um 30 C!) zu enge Quarte (468 C) geduldet und dann bei der Temperatur auch auf die Reinheit der Quinte wieder verzichtet hätte. Im Gegenteil zeigt gerade die Entwicklung von Slendro aufs deutlichste, wie viel empfindlicher das Gehör gegen Distanzunterschiede ist als gegen Verstimmungen „konsonanter" Sukzessivintervalle.

12. Saitenteilung. Eine zweite, wahrscheinlich jüngere Klasse von Tonsystemen hat „reine" Intervalle zur Grundlage, d. h. solche mit einfachen Verhältnissen der Schwingungszahlen:

1:2	1200	Oktave			
2:3	702	Quinte	3:4	498	Quarte
4:5	386	gr. Terz	5:8	814	kl. Sext
5:6	316	kl. Terz	3:5	884	gr. Sext
6:7	267	sept. Terz	7:12	933	sept. Sext
7:8	231	sept. Ganzton	4:7	969	sept. Septime
8:9	204	gr. Ganzton	9:16	996	(kl.) kl. Septime
9:10	182	kl. Ganzton	5:9	1018	(gr.) kl. Septime
15:16	112	Halbton	8:15	1088	gr. Septime

Die grundlegende akustische Entdeckung des Zusammenhanges musikalischer Intervalle mit einfachen Zahlenverhältnissen, die gewöhnlich dem PYTHAGORAS (6. Jh. v. Chr.) zugeschrieben wird, ist zweifellos an Saiten gemacht worden: verkürzte der Fingerdruck die schwingende Saite auf $^3/_4$ ihrer Länge, so ertönte die Oberquarte des Grundtons. Schon in früher Zeit erleichtert sich der Lautenspieler das Greifen durch Tastmarken („Bünde") auf dem Hals des Instruments. Aber der einstimmigen musikalischen Praxis genügen irgendwelche Sekunden, Quarten, Quinten, das Ohr verlangt für die Melodie keine „reinen" Intervalle, und die Einstellung der Bünde nach dem Gehör konnte nicht zu ihnen führen. Dagegen lag es, wo Maß und Zahl mit tiefer kosmischer Bedeutung beladen waren, nahe, das Griffbrett nach ihnen zu ordnen und damit die Töne und ihre Verhältnisse dem Weltlauf einzugliedern. So kamen die den einfachen Zahlenverhältnissen entsprechenden Intervalle in Gebrauch, lange bevor sie für das Bewußtsein des Hörers als reine ausgezeichnet sein konnten. Sie waren „natürlich" nur in einem philosophischen Sinn, „harmonisch" nur als Abbilder der Sphärenharmonie. Und wirklich rein nur in der Theorie: in der Praxis des Lauten- oder Zitherspielers, ebenso beim Experiment mit dem Monochord, erhöht sich die Spannung der Saite, wenn sie auf den Bund oder Steg niedergedrückt wird, und damit steigt die Frequenz oft sehr beträchtlich. Nur wenn man, dies berücksichtigend, den Quartenbund nicht genau in $^3/_4$ der Saitenlänge, sondern etwas oberhalb des Teilungspunktes einstellt, kann man das akustisch reine Intervall erhalten[1]).

13. Langhalslaute. Die Saitenteilung nach dem Maßstab ist aber viel älter als PYTHAGORAS. Eine Darstellung des beginnenden 15. Jh. v. Chr.[2]) belegt nicht nur das Eindringen der vorderasiatischen langhalsigen Laute (Pandura) in Ägypten, sondern gestattet durch die ungewöhnlich sorgfältige und naturgetreue Zeichnung die Stellung der Bünde und die relativen Saitenlängen zu messen. Mit sehr geringen Fehlern — durchschnittlich 0,64% — ergibt sich die folgende Bundordnung.

Altägyptisches Pandura-Griffbrett.

Bünde	0	I	II	III	IV	V	VI	VII	VIII	IX
Stufen (Cents) gemessen	0	74	196	304	512	650	844	1082	164	497
„ „ angenommen	0	54	170	294	498	649	857	1094	170	498
Intervalle (Cents) ..		54	116	124	204	151	208	237	276	328
Saitenteile	$^1/_1$	$^{31}/_{32}$	$^{29}/_{32}$	$^{27}/_{32}$	$^3/_4$	$^{11}/_{16}$	$^{39}/_{64}$	$^{17}/_{32}$	$^{29}/_{64}$	$^3/_8$
Saitenlängen	64	62	58	54	48	44	39	34	29	24
Bundabstände		2	4	4	6	4	5	5	5	5

Die Bundordnung ist also offenbar durch Saitenteilung entstanden, wahrscheinlich durch folgendes Verfahren: Man nimmt $^3/_4$ und $^3/_8$ der ganzen Saite (Bund IV und IX); man teilt die Griffbrettlänge (O—IX) in 4 gleiche Teile (O—III—V—VII—IX), viertelt die untere Hälfte abermals (V—VI—VII—VIII—IX); man teilt die Strecke O—III nach dem Muster von III—V, wodurch die Saitenlängen II : VIII = IV : IX = 2:1 werden; endlich macht man I—II (annähernd) gleich II—III. Mit der Saitenteilung nach einfachen Verhältnissen kombiniert sich hier die Herstellung gleicher Abstände. Nur nach dem ersten Prinzip entstehen reine Intervalle: die Quarte O—IV und die Oktave IV—IX; das zweite Prinzip liefert „Sekundschritte" aller möglichen Größen vom Viertelton bis zur Kleinterz, reine Intervalle — wie den Ganzton 8:9 (III—IV) und die Oktave (II—IX) — nur sozusagen als Nebeneffekt. Praktisch geben auch VIII—V (gemessen 714 C) und VIII—VI (520 C) eine brauchbare Quint und Quart. Danach ist die auffallende Tatsache, daß man VIII und nicht die leere Saite in der Oktave verdoppelt, wohl durch melodische Bedürfnisse zu erklären.

Die relativen und auch die — nach der Körpergröße der Spielerin geschätzten — absoluten Saitenlängen weisen nach der Kultur, der alle andern ihre metrischen Normen zu verdanken haben: der altbabylonischen (vgl. auch Ziff. 19). Daher kam auch das Instrument selbst, das in genau gleicher Form und Handhabung von den Sumerern schon um 2500 v. Chr. dargestellt wird[3]). Man darf also wohl die Einteilung der Saiten nach dem Maßstab bis in diese Zeit zurückverlegen.

Wie die Langhalslaute hat sich auch die Maßstabteilung in Vorderasien erhalten. Der Araber AL-FARABI (10. Jh. n. Chr.) beschreibt einen Ṭanbur aus Bagdad mit 5 Bünden in gleichen (!) Abständen (vgl. Ziff. 17) und schreibt diese Anordnung ausdrücklich den Heiden früherer Zeiten zu[4]). Sie ergibt, solange die Abstände klein sind, praktisch distanzgleiche Intervalle: hier, bei $^1/_{40}$ der Saitenlänge, Vierteltöne (44 bis 49 C); bei $^1/_{20}$ der Saitenlänge ergäben sich Halbtöne (89 bis 112 C). Vermutlich hat dieses Prinzip der Saitenteilung die griechischen

[1]) A. J. ELLIS, Sammelb. f. vgl. Musikwiss. Bd. 1, S. 10. 1923.

[2]) N. DE GARIS DAVIES, The Tomb of Nakht at Thebes, New York 1917; C. SACHS, Die Musikinstrumente im alten Ägypten, S. 56. Berlin 1921.

[3]) H. V. HILPRECHT, Ausgrabungen im Bel-Tempel von Nippur, Leipzig 1908, Abb. 32, 33; C. SACHS, Musik des Altertums, S. 91. Leipzig 1924.

[4]) J. P. N. LAND, Recherches sur l'histoire de la gamme arabe, 6. Orient. Congr. Leyden Bd. 2. 1884; S.-A. 78.

Theoretiker zu der Lehre von den überteiligen Verhältnissen und dem enharmonischen und chromatischen Tetrachord geführt (Ziff. 18).

14. Chinesische Zither. Die alten asiatischen Zithern haben wie der Ṭanbur ein etwa 1 m langes Griffbrett, aber eine Mehrzahl verschieden gestimmter Saiten. Ursprünglich wurde, wie in Indien heute noch, wohl auch in China nur eine Saite zum Greifen der Melodie, die andern, leer angerissen, zur Begleitung gebraucht, denn die Griffe sind nur unter einer Saite durch Marken bezeichnet. Die älteste chinesische Zither (K'in) hatte 5 Saiten, die in einer aufsteigenden Folge reiner Quinten von der zweiten Saite (II) aus gestimmt wurden, wie noch heute mit Hilfe der Griffmarke (5) in $^2/_3$ Saitenlänge[1]). Auch die Anordnung der 13 Griffmarken ist unverändert geblieben, sie ist durch Bronze-K'ins (Ausgrabungen) schon für die Chouzeit (vor dem 3. Jh. v. Chr.) belegt.

K'in-Griffbrett.

Griffmarken .		0	1	2	3	4	5	6	7	8	9	10	11	12	13
Saitenteile . .		$^1/_1$	$^7/_8$	$^5/_6$	$^4/_5$	$^3/_4$	$^2/_3$	$^3/_5$	$^1/_2$	$^2/_5$	$^1/_3$	$^1/_4$	$^1/_5$	$^1/_6$	$^1/_8$
Intervalle . .			231	85	70	112	204	182	316	386	316	498	386	316	498
Saiten	V	0	231	316	386	498	702	884	1200	386	702	1200	386	702	1200
	294														
	IV	906													
	204														
	III	702													
	204														
	II	498													
	294														
	I	204													

Neu gegenüber der Langhalslaute ist die Fünftelung der Saite, typisch für die chinesische Zither die bilateralsymmetrische Anordnung der Marken[2]). Die Marken 8 bis 13 geben die Oktaven und Doppeloktaven von Großterz, Quint und Oktave des Grundtons, wurden aber wahrscheinlich nicht benutzt. Nur die Symmetrie der Anordnung bedingt ferner die Stellung der ersten Marke bei $^7/_8$ und der zweiten bei $^5/_6$ der Saitenlänge (als Spiegelbilder von 13 und 12). Der sonst ungebräuchliche septimale Ganzton (231 C) tut zwar melodisch seine Dienste so gut wie irgend ein andrer, aber die Kleinterz, deren Quarte und Quinte in der K'in-Leiter fehlt, ist — in chinesischer Musik wenigstens — unbrauchbar. Auch mit der Saitenstimmung steht das Griffbrett in Widerstreit: der septimale Ganzton von Bund 1 mit dem reinen der leeren Saite I, die reine Großsext von Bund 6 mit der pythagoreischen von Saite IV. Man sieht: die Einrichtung des altehrwürdigen Lieblingsinstruments der Dichter und Gelehrten ist viel mehr durch ihre Weltanschauung bestimmt als durch ihr musikalisches Bedürfnis.

15. Indische Zither. Šrutisystem. Die Einrichtung der alten vorderindischen Zither (Vīṇā) können wir nur aus der Theorie erschließen, die im Nāṭya-Šāstra des BHARATA (etwa 5. Jh. n. Chr.) überliefert ist[3]). Die wichtigsten Angaben dieser ältesten Quelle sind: Die Oktave zerfällt in 22 kleine Intervalle (Šrutis);

[1]) Auch die literarisch überlieferte Theorie kennt nur den Zirkel mit reinen Quinten, obwohl die Legende ihn von der Panpfeife herstammen läßt. Man wußte, daß der 12. Quintenschritt aufwärts die Oktave des Ausgangstons überschreitet.

[2]) O. ABRAHAM u. E. M. v. HORNBOSTEL, Sammelb. f. vgl. Musikwiss. Bd. 1, S. 190ff.; M. COURANT, Encyclopédie de la musique, ed. LAVIGNAC, Bd. 1, S. 163ff.

[3]) J. GROSSET, Contribution à l'étude de la musique hindoue, Biblioth. de la Faculté d. Lettres de Lyon, Bd. VI, Paris 1888; E. CLEMENTS, Introduction to the Study of Indian Music, London 1913; A. H. FOX-STRANGWAYS, The Music of Hindostan, Oxford 1914; B. BRELOER, Die Grundelemente der altind. Musik, Dissert. Bonn 1922.

13 und 9 Šrutis bilden „konsonante" Intervalle. Die beiden grundlegenden Tongeschlechter (grāmas) haben die Formeln

ma-grāma: (*ni*) 4 *sa* 3 *ri* 2 *ga* 4 *ma* 3 *pa* 4 *dha* 2 *ni*,
sa-grāma: (*ni*) 4 *sa* 3 *ri* 2 *ga* 4 *ma* 4 *pa* 3 *dha* 2 *ni*,

in denen die Töne durch die zu Solmisationssilben abgekürzten Namen, die Intervalle durch die Šrutizahl ausgedrückt sind. Die zweite Reihe entsteht aus der ersten durch Erhöhung des Tones *pa* um eine — die „maßgebende" — Šruti, wodurch *sa—pa* konsonant wird statt *ri—pa*.

Die Theorie ist aus der Praxis der Vīṇā mit beweglichen Bundstegen hervorgegangen und wird auch an dieser erläutert. Fragt man sich, wie das Instrument eingerichtet sein mußte, um sämtliche Angaben BHARATAs verständlich zu machen, so erweisen sich folgende Annahmen[1]) als die passendsten: Die Bundstege teilen, wie die Bünde der Pandura und die Marken des K'in, die Saite in einfachen Verhältnissen; BHARATAs konsonante Intervalle sind die reine Quinte (13 Šrutis = 702 C) und Quarte (9 Šrutis = 498 C), ihre Differenz folglich der große Ganzton (4 Šrutis = 204 C). Die leere Saite = *ni* gesetzt, ergeben sich die Bünde für *sa, ga, ma* (und die Oktave der leeren Saite). Die Fünftelung der Saite ergibt *ri* mit seiner Quarte *pa* und Quinte *dha*; *ri* teilt das Intervall *sa—ga* in den kleinen Ganzton (3 Šrutis = 182 C) und den Halbton (2 Šrutis = 112 C). Diese 7 Bünde geben auf der einzigen Spielsaite den *ma*-grāma.

Vīṇā-Griffbrett*[2]).

			0	1	2	3	4	5	6	7	8	9	10
Bünde			0	1	2	3	4	5	6	7	8	9	10
Saitenteile			1/1	15/16	8/9	4/5	3/4	2/3	5/8	3/5	9/16	8/15	1/2
Intervalle				112	92	182	112	204	112	70	112	92	112
Bordunsaiten	*sa*	I	204	316	408	590	702	906	1018	1088	1200	92	204
			294										
	ga	II	498	610	702	884	996	1200	112	182	294	386	498
			204										
	ma	III	702	814	906	1088	1200	204	316	386	498	590	702
			204										
	pa♯	IV	906	1018	1110	92	204	408	520	590	702	794	906
			294										
Spielsaite	*ni*	*V*	1200	112	204	386	498	702	814	884	996	1088	1200
ma-grāma			*ni*	—	*sa*	*ri*	*ga*	<u>*ma*</u>	—	*pa*♮	—	*dha*	*ni*
sa-grāma			*ma*	—	*pa*♯	*dha*	*ni*	<u>*sa*</u>	—	*ri*	*ga*	—	*ma*

Die Fünfzahl der Saiten und ihre Stimmung — in aufsteigenden reinen Quinten von II an — sind der Vīṇā und dem K'in gemein; so auch der Widerspruch der pythagoreischen Großsext (906 C, leere Bordunsaite IV) und der reinen (*pa*♮, 884 C, Bund 7 auf der Spielsaite). Um ihn zu beseitigen, mußte man das *pa* auf der Spielsaite als Oktave der leeren *pa*-Saite einstimmen, d. h. um die „maßgebende" Šruti (22 C) erhöhen: aus dem *ma*-grāma wird der *sa*-grāma. Die Griffe auf den Bordunsaiten werden nicht beim Spielen, wohl aber beim Stimmen benutzt; die Gesamtzahl der Töne, die durch alle Bünde auf allen Saiten gegeben sind, beträgt — abgesehen von Oktavwiederholungen — 22, nämlich von der leeren Spielsaite aus:

1	2	3	4	5	6	7	8	9	10	11	12	13	14	15	16	17	18	19	20	21	22
92	112	182	204	294	316	386	408	498	520	590	610	702	794	814	884	906	996	1018	1088	1110	1200
	4		*sa*		3	*ri*	2	*ga*		4		*ma*		3	*pa*♮	*pa*♯	3		*dha*	2	*ni*

[1]) Nach einer noch unveröffentlichten, gemeinsam mit R. LACHMANN durchgeführten Untersuchung.

[2]) Die rekonstruierten Griffbretter sind durch * gekennzeichnet.

In diesem System entsprechen auch die Šrutizahlen der Intervalle und ihre Ordnung den BHARATAschen Formeln. Um das zu ermöglichen, mußten außer den 7 *ma*-grāma-Bünden noch 3 angenommen werden: Bund 8, der, an Stelle von 9 gebraucht, eine (transponierte) *sa*-grāma-Leiter gibt; und 1 und 6, die vermutlich einem älteren Griffbrett angehörten und zu BHARATAs Zeit nicht mehr gebraucht wurden.

Die eine der Grundlagen des indischen Tonsystems, die Saitenteilung, ist offenbar uralt. Jünger ist die Hinzufügung der Bordunsaiten, deren Stimmung neben den reinen pythagoreische Intervalle entstehen läßt. Dies führt endlich dazu, einen Bund (7, *pa*♮ = 3/5), der auf der Spielsaite eine reines Intervall gibt, so zu verschieben, daß er mit einer Bordunsaite (IV) übereinstimmt, also ein pythagoreisches Intervall (*pa*♯ = 16/27) auf die Spielsaite überträgt. Hier deutet sich ein gänzlich neues Prinzip der Griffbretteinrichtung an, das später die Saitenteilung nahezu ganz verdrängt (Ziff. 16).

16. Kurzhalslaute. „Pythagoreisches" System. Die Ausbildung dieses neuen Verfahrens ist an die Handhabung der jüngeren, kurzhalsigen Laute, wie der chinesischen P'ip'a[1]) und des arabischen 'Ud[2]), gebunden. Den Anlaß gab die Vermehrung der Spielsaiten — zunächst auf 2 —: die Hand konnte, ohne ihre Lage zu ändern, die auf einer Saite gegriffene Tonreihe auf der nächsten Saite fortsetzen. Durch Saitenteilung wird jetzt nur noch der Bund für den Kleinfinger, die Quarte ($^3/_4$) der leeren Saite festgelegt. Er wird aber nicht mehr bloß zur Stimmung der Saiten in einer Quartenreihe, sondern auch zur Einstellung andrer Bünde benutzt. Man begnügt sich zunächst mit 4 Saiten und 4 Bünden.

P'ip'a- und 'Ud-Griffbrett.

Bünde			0	1	2	3	4	5	6	7	8	
Oktavbünde			9	10	11	12	13	14	15	16	17	
Saitenteile			$^1/_1$	$^8/_9$	$^{27}/_{32}$	$^{64}/_{81}$	$^3/_4$	$^2/_3$	$^{81}/_{128}$	$^{16}/_{27}$	$^9/_{16}$	
Intervalle				204	90	114	90	204	90	114	90	(204)
Bordunsaiten	I		204	(408)	(498)	—	(702)					
		498										
	II		702	—	—	—	(0)					
		498										
Spielsaiten	III		0	204	294	408	498	702	792	906	996	
		498										
	IV		498	702	792	906	996	1200	90	204	294	

Der Zeigefinger erhält einen Bund (1), der auf der tieferen Spielsaite (III) die Oktave der leeren tiefsten Saite (I) gibt (Ganzton, 204 C). Nun aber wird dieser Bund auf der tiefen Bordunsaite (I) gegriffen[3]) und der entstehende „Ditonos" (408 C) auf die Spielsaite (III) übertragen: er ergibt den Ringfingerbund (3). Auf der höheren Spielsaite (IV) fortgesetzt ergibt diese Tonreihe eine diatonische Leiter in „pythagoreischer" Stimmung (die jonische Leiter der Griechen), aber wohlgemerkt ohne Oktave. Um endlich den Bund für den Mittelfinger (2) einzurichten, greift man auf der tiefsten Bordunsaite (I) die (Unter-) Oktave der leeren höchsten Saite (IV). Man erhält auf den Spielsaiten die pythagoreische kleine Terz und Sexte (294 und 792 C), die natürlich nicht neben, sondern nur an Stelle der großen Terz und Sext gebraucht werden (äolische Leiter der Griechen). Auf der P'ip'a wird später die Zahl der Bünde vermehrt, indem man die Töne der höheren Spielsaite (IV) auf der tieferen (III) greift (Bund 5 bis 8); endlich fügt man noch (6, 8 oder 9) Oktavbünde hinzu.

---

1) M. COURANT, Encyclopédie de la musique, ed. LAVIGNAC, Bd. 1, S. 176f.

2) J. P. N. LAND, 6. Orient. Congr. Leyden, Bd. 2, S.-A. S. 25ff.

3) Die nur zum Stimmen benutzten Töne sind in der Tabelle eingeklammert.

Auf dem ‘Ud wurde, immer nach demselben Verfahren, das Tonsystem im Innern noch weiter ausgebaut: neue Bünde wurden nach den Tönen eingestellt, die die alten Bünde auf den Bordunsaiten gaben, Bordunsaiten wurden auch als Spielsaiten benutzt, die Saitenzahl wurde auf 5 vermehrt. Aus der Vielzahl der Stufen wurden aber jeweils nur die ausgewählt, die für die charakteristischen Intervallfolgen der verschiedenen Melodietypen (maqamat) nötig waren. Erst die Theorie faßt alle Gebrauchsleitern zu einer einzigen Materialleiter zusammen. So anerkennen die arabischen Theoretiker des 13. Jahrhunderts außer den 9 alten Stufen (Grundton plus 4 auf- und 4 absteigende Quarten) noch 8 weitere (aufsteigende Quarten). In dieser 17stufigen Materialleiter unterscheiden sich 12 Stufen von ihren Nachbarn um ein Limma (90 C), 5 nur um ein Komma (24 C), das aber nicht etwa als Vierteltonschritt gebraucht wurde. Das System ist also nichts andres als der „pythagoreische Zirkel“ mit reinen Quarten (oder Quinten):

Quarten . . .	0	1	2	3	4	5	6	7	8	9	10	11	12
aufsteigend . .	0	498	996	294	792	90	588	1086	384	882	180	678	1176
absteigend . .	0	702	204	906	408	1110	612	114	816	318	1020	522	1224

17. Gemischte Systeme. Noch andere Systeme entstanden auf den persisch-arabischen Lauten dadurch, daß sich das Prinzip der Quartenketten, vermutlich noch ehe es zur Alleinherrschaft gelangt war, dem Prinzip der Saitenteilung überlagerte. Um den Ganzton (204 C, s. ‘Ud-Griffbrett, Ziff. 16) zu unterteilen, hatte man dem Zeigefingerbund einen „Nachbarn“ gegeben. Im durchgeführten pythagoreischen System ergab er das Limma (90 C) und zusammen mit Mittel- und Kleinfinger die Intervallfolge 90—204—204 C, das dorische Tetrachord der Griechen, auf der zweiten Spielsaite wiederholt die dorische Leiter. Aber in Persien benutzte man neben den Quartenketten noch immer den Maßstab. Wie auf der Langhalslaute (Ṭanbur von Bagdad, Ziff. 13) 40, mag man auf dem ‘Ud ursprünglich 24 Einheiten für die ganze Saite, 22, 21, 20, 19 und 18 für die Bünde abgetragen und das folgende Griffbrett erhalten haben.

Altpersisches Lautengriffbrett*.

Bünde			0		1		2		3		4		5
Maßeinheiten			24		22		21		20		19		18
Saitenteile			$^1/_1$		$^{11}/_{12}$		$^7/_8$		$^5/_6$		$^{19}/_{24}$		$^3/_4$
Intervalle				151		80		85		88		94	
Bordunsaiten	I		204		(355)								
		498											
	II		702		(853)								
		498											
Spielsaiten	III		0		151		231		316		404		498
		498											
	IV		498		649		729		814		902		996

Für die Melodien genügte diese Leiter vollkommen. Aber die Töne von Bund 2 auf den Spielsaiten (231, 729 C) stimmten nicht zu den Bordunen (204, 702 C) — wie auf dem chinesischen K’in (Ziff. 14) —; dieser Bund mußte, entgegen der Maßstabteilung, nach den Bordunsaiten eingerichtet werden (in $^8/_9$ statt in $^7/_8$). Damit war das alte Prinzip durchbrochen und die späteren Praktiker behielten von ihm nur die bequeme Regel, einen neuen Bund in die genaue Mitte zwischen zwei schon vorhandene zu rücken. So wurde denn zu AL-FARABIS Zeit auch Bund 4 nach dem neuen Verfahren eingerichtet (Ditonos, Ziff. 16), der „persische Mittelfinger“ aber in die Mitte zwischen Bund 2 und 4, dann der „persische Nachbar“ zwischen den Mittelfingerbund und das Saitenende gesetzt. Auch so ergeben sich Intervalle, die sich praktisch von den alten Maßstabintervallen nicht unterscheiden.

Persisches Griffbrett nach AL-FARABI.

		0		1		2		3		4		5
Bünde		0		1		2		3		4		5
Saitenteile		1/1		149/162		8/9		68/81		64/81		3/4
Intervalle			145		59		99		105		90	
Spielsaiten	III	0		145		204		303		408		498
	498											
	IV	498		643		702		801		906		996

Eine ähnliche Regel galt für die Einstellung der nach dem arabischen Lautenvirtuosen ZALZAL (8. Jh.) benannten Bünde: der „Mittelfinger" sollte zwischen den „persischen" und den „Ringfinger", der „Nachbar" wieder zwischen den (ZALZALschen) „Mittelfinger" und das Saitenende kommen: aus der Kleinterz (303 C) wurde die neutrale (355 C), der Nachbar kam dem Zeigefinger noch näher (36 statt 59 C)[1]). Aber ZALZAL, der 200 Jahre vor AL-FARABI und in Bagdad lebte, konnte sein Ziel viel einfacher erreichen, wenn er vom ursprünglichen persischen Griffbrett ausging: er konnte Bund 1 beibehalten und brauchte nur Bund 2 und 3 nach den Tönen einzustimmen, die die leere Saite und Bund 1 auf den Bordunsaiten gaben. Was er wollte, war offenbar die (akustisch) distanzgleiche Teilung des Intervalls zwischen Bund 2 und 5 (294 C); je nachdem man Bund 2 oder 1 benutzte, ergaben sich dann die Tetrachorde 204—151—143 und 151—204—143 C und die entsprechenden 7stufigen Leitern.

ZALZALS Griffbrett*.

		0		1		2		3		4		5
Bünde		0		1		2		3		4		5
Saitenteile		1/1		11/12		8/9		22/27		64/81		3/4
Intervalle			151		53		151		53		90	
Spielsaiten	III	0		151		204		355		408		498
	498											
	IV	498		649		702		853		906		996

Die neutralen Terzen und Sexten, die hier die älteren reinen verdrängt haben (!), haben sich auf den arabischen Lauten und Sackpfeifen — auf diesen auch in Schottland — bis heute erhalten[2]). Sie haben zu der Legende von arabischer „Vierteltonmusik" Anlaß gegeben. Aber wenn auch später in den Melodien neben dem Dreiviertelton gelegentlich der Fünfviertelton und — selten — auch die neutrale Terz als Tonschritt auftreten; wenn der Viertel- statt des Halbtons als Mordent benutzt wird; wenn schließlich ein Theoretiker des 19. Jahrhunderts, MICHAEL MEŠAQA, ein 24stufiges temperiertes Tonsystem annimmt, so blieben doch Folgen von Vierteltönen und erst recht neutrale Zweiklänge, wie Chromatik und Harmonik überhaupt, dem Orient dauernd fremd.

18. Theoretische Ausläufer. So verhält es sich auch mit der Chromatik und Enharmonik der Griechen. Das einzige erhaltene Beispiel von Enharmonik, das Euripidesfragment, zeigt, daß der Halbton nur durch einen unbetonten Durchgangston noch geteilt wurde — offenbar eine gesangliche Nuance, der der Kitharode durch Fingeraufsatz auf die Saite folgte. Wie C. SACHS[3]) überzeugend dargelegt hat, wurden nicht nur die Vierteltöne des enharmonischen und die Halbtöne des chromatischen Tetrachords, sondern sogar die Halbtöne, welche die 5stufige Leiter zur diatonischen ergänzen, auf der Leier durch Griffe hergestellt. Die Größe dieser Intervalle muß in der Praxis sehr unbestimmt gewesen

[1]) J. P. N. LAND (s. Fußnote 2 S. 438).

[2]) A. J. ELLIS, Sammelb. f. vgl. Musikwiss. Bd. 1, S. 24f.; E. M. v. HORNBOSTEL, ebenda S. 343.

[3]) C. SACHS, ZS. f. Musikwiss. Bd. 6, S. 289. 1924.

sein und auch die theoretischen Bestimmungen konnten nicht von der Leier, sondern nur von einem Instrument mit Griffbrett ausgehn. Aber die literarischen Angaben zeigen deutlich, daß die griechische Theorie schon früh rein mathematische Spekulation geworden war und jeden Zusammenhang mit der Praxis verloren hatte. Schon die älteste Teilung der Quarte, das dorische Tetrachord: $8/9 \times 8/9 \times 243/256$ (204+204+90 C) ist durch Saitenteilung unerklärlich; es ergibt sich bei der Einrichtung der Kurzhalslaute (Ziff. 16, z. B. mit Bund 5, 4, 2, 1); aber von PLATO wird es lediglich berechnet[1]). Auch wenn ARCHYTAS die drei Geschlechter des (absteigenden) Tetrachords so bestimmt:

Enharmonisch	$4/5 \times 35/36 \times 27/28 = 3/4$	$(386 + 49 + 63 = 498\ \mathrm{C})$
Chromatisch	$27/32 \times 224/243 \times 27/28 = 3/4$	$(294 + 141 + 63 = 498\ \mathrm{C})$
Diatonisch	$8/9 \times 7/8 \times 27/28 = 3/4$	$(204 + 231 + 63 = 498\ \mathrm{C})$,

so sieht man auf den ersten Blick, daß diese Teilungen weder durchs Gehör noch mit dem Maßstab, sondern nur rechnerisch gefunden werden konnten; und daß die reine Terz 4/5 ebenso wie die Vierteltöne 35/36, 27/28 nur deshalb gewählt wurden, weil sie der mathematischen Konsonanzdefinition der „Pythagoreer", dem überteiligen Verhältnis $n/(n+1)$ entsprechen[2]). Auf dieses Prinzip war man durch eine außermusikalische Verallgemeinerung von den Verhältnissen 1/2, 2/3, 3/4 her gekommen, die die Grundlage der griechischen Theorie bildeten. In der Lehre von den überteiligen Verhältnissen spürt man andrerseits den Nachklang der alten Praxis, den Maßstab auf dem Hals der Pandura (Ziff. 13 Ṭanbur von Bagdad, Ziff. 17 Altpersisches Griffbrett) und dem Pfeifenrohr (Ziff. 19) abzutragen, auf die offenbar auch Tetrachorde wie 40:39:38:30, 20:19:18:15 (Enharmonion und Chromatikon des ERATOSTHENES) oder 12:11:10:9 (Diatonon homalòn des PTOLEMAIOS) zurückgehn.

19. Grifflochpfeifen. Die große Gruppe der Grifflochpfeifen — Flöten und Schalmeien — liefert Tonreihen, deren Gesamtheit kaum ein „System" genannt werden kann. Die Tonhöhe hängt außer von der Rohrlänge — vom Oberende bis zum Griffloch — noch von einer sehr großen Zahl von Faktoren ab: der Rohrweite, der Größe und Form des Grifflochs, der Wanddicke, bei Schalmeien ferner von Größe, Beschaffenheit und Stellung der Zunge usw. Die Grifflöcher so zu bohren, daß eine musikalische Absicht verwirklicht wird, ist heute noch für den Instrumentenbauer schwierig und nur durch die angereicherte praktische Erfahrung möglich, in älteren Kulturen wäre es eine ganz unlösbare Aufgabe gewesen. Kein Wunder, daß man das Auge entscheiden ließ, zumal das Ohr noch keine genau bestimmten Intervalle verlangte. Dem Streben nach gleicher Stufengröße wird optisch Genüge getan: man macht die Abstände zwischen den Grifflöchern gleich weit[3]). Sobald man einen Maßstab von geheiligter Norm besaß, lag es nahe, ihn wie an das Lautengriffbrett (Ziff. 13) auch an das Pfeifenrohr anzulegen und die Grifflöcher nach ihm anzuordnen. Daß dies tatsächlich geschah, lehren die in altägyptischen Gräbern gefundenen Flöten, Klarinetten und Oboen[4]), deren Abmessungen den antiken Längenmaßen mit der Genauigkeit, die man von Handwerkern verlangen kann, entsprechen. (Wie die metrischen Normen und die Schalmeien selbst wird auch das Prinzip ihrer Einrichtung auf altbabylonischen Ursprung zurückzuführen sein.) Aus den Maßverhältnissen lassen sich,

[1]) Timäus. Vgl. E. FRANK, Plato und die sog. Pythagoreer, S. 264ff., Halle 1923.
[2]) L. LALOY, Aristoxène de Tarente, S. 63, 354ff., Paris 1904.
[3]) CH. K. WEAD, Smithsonian Inst. Rep. f. 1900, S. 417—462, Washington 1902.
[4]) V. LORET, Journ. asiat. (8) Bd. 14, S. 197ff. 1889; Encyclopédie de la musique, ed. LAVIGNAC, Bd. 1, S. 17ff., Paris 1913; C. SACHS, Die Musikinstrumente der alten Ägypter, S. 82ff., Berlin 1922.

Tabelle 1. Altägyptische Grifflochpfeifen.

Maßeinheiten	24	21	20	19	18	17	16	15	14	27/2	13	12	11	10	9	8	15/2	7	6	5	9/2	4	15/4	3
Intervalle		231	85	88	94	99	105	112	119	63	65	139	151	165	182	204	112	119	267	316	182	204	112	386
Nr. 5	×	0	—	173	267																			
„ 1		×	0	—	182	281	386	498																
„ 15				×	—	—	0	112	—	294	—	498	649	814	996	—	112							
„ 2			×	—	—	—	—	0	119	—	247	386												
„ 9							×	—	0	—	128	267	418											
„ 13								×	—	0	—	204	355	520										
„ 27									×	—	—	0	151	316	498	702	—	933						
„ 20										×	—	—	0	165	347	551	—	782	1049					
„ 28													×	0	182	386	—	617	884	1200				
„ 21												×	—	—	0	204	—	435	702					
„ 30															×	0	—	231	498	814	—	1200		
„ 29																×	—	0	267	583	765	—	1081	
„ 33																		×	0	316	—	702	—	1200

wenn auch nicht die wirklichen Tonhöhen, so doch annäherungsweise die Intervallgrößen und damit Umfang und Gliederung der Tonleitern entnehmen. Wenn die Grifflöcher gleich weit voneinander abstehen (meist um eine Einheit des Maßstabs), nimmt die Intervallgröße mit steigender Tonhöhe zu. Die kleinsten — bei den längsten Rohren — vorkommenden Intervalle gehen nicht unter einen Halbton (21 : 20, 85 C), die größten — bei den kürzesten Pfeifen — nicht über die Quarte. Aber augenscheinlich wird nicht einmal die Größenordnung der Schritte durch musikalische Rücksichten, sondern lediglich durch die Maße bestimmt. Das natürliche Empfinden würde in der Tiefe größere, in der Höhe kleinere Schritte verlangen; tatsächlich weisen aber, dem abgetragenen Zollstock entsprechend, gerade die Baßpfeifen „chromatische", die Piccolos weitmaschige, fanfarenähnliche Tonreihen auf. Die ganze Rohrlänge[1]) entspricht selten einem ausgezeichneten, oder auch nur einigermaßen genau irgendeinem Vielfachen der Maßeinheit; offenbar sollte nicht sie, sondern das unterste Griffloch den Grundton der Leiter liefern (wie auf der Laute nicht die leere Saite, sondern der oberste Bund). Am häufigsten kommen Grundtonlängen von 10 oder 12 Einheiten vor, daneben aber auch viele andre. (Die Funde entstammen verschiedenen Zeiten, bei manchen wird die Tradition schon gelockert, die Arbeit unsorgfältig gewesen sein.) Aber das metrische Prinzip der Grifflochordnung, das auch heute noch alle außereuropäischen Pfeifen zu beherrschen scheint, wird an den antiken Rohren vollkommen deutlich, von denen die nebenstehende Tabelle Beispiele gibt.

20. Trompeten. Das Tonsystem, das die überblasenen grifflochlosen Hörner und Trompeten (und Spaltflöten) liefern, ist die Teiltonreihe. „Natürlich" ist es zunächst nur in dem physikalischen Sinn, daß die Teiltöne dem Instrument eigene, nicht erzwungene Schwingungen sind, dann in dem technischen Sinn, daß Vorrichtungen für willkürliche Änderung der Rohrlänge fehlen („Naturtrompeten"). Das Instrument diktiert hier die Melodik und Intonation. Ist das Rohr weit, wie bei den urtümlichen Meeresschnecken und großen Bambusrohren, so gibt es nur die tiefsten Teiltöne. Anfänglich begnügt man sich denn auch mit einem

[1]) In der Tabelle mit × bezeichnet. Die links angegebenen Nummern LORETS ordnen die Rohre nach der absoluten Länge; da verschiedene Maßstäbe im Gebrauch waren, besagt die Zahl der (jeweiligen) Einheiten (nach der die Beispiele in der Tabelle geordnet sind) nichts für die absolute Länge.

einzigen Ton, später mit Fanfaren in weiten Intervallen, und diese Spielweise erhält sich noch lange nachdem engere Mensuren die höheren Überblastöne begünstigen und Melodien in Sekundenschritten ermöglichen würden. Wird diese Möglichkeit endlich ausgenutzt, so müssen die Mängel des „natürlichen" Tonsystems mit in Kauf genommen werden: die — umgekehrt wie bei den Grifflochreihen — nach der Höhe zu abnehmenden Intervallgrößen bedingen ungleichstufige Leitern und neben den reinen Intervallen sehr „unreine", wie die Quarten 10:13 (455 C) und 8:11 (551 C), die Terzen 9:11 (347 C), 11:13 (290 C) usw.

Trompetenleitern.

Teiltöne	6	7	8	9	10	11	12	13	14	15	16
Intervalle . . .	267	231	204	182	165	151	139	128	119	112	
6stufige Leiter	0	267	498	702	884	1049	1200				
8stufige Leiter			0	204	386	551	702	841	969	1088	1200

Hier endlich werden dem Menschen von der Natur reine Intervalle — auch Terzen — geliefert, aber er empfindet sie nicht als ausgezeichnet vor den andern. Nichts könnte die geringe Bedeutung der „Sukzessivkonsonanz" deutlicher machen als die Tatsache, daß bei der vokalen Nachahmung von Alphornmelodien in den Jodelgesängen auch das charakteristische Intervall 8:11, die übermäßige an Stelle der reinen Quarte, mit übernommen wird[1]).

21. Reinstimmung[2]). Eine geradezu kopernikanische Umwälzung bedeutete für das musikalische Empfinden das Aufkommen der harmonischen Mehrstimmigkeit und die Entdeckung der Konsonanz der Terzen und Dreiklänge in Europa. (Denn außerhalb Europas blieb die Musik im wesentlichen melodisch und damit alles beim alten.) In den lang ausgehaltenen Zusammenklängen verlangt das Ohr genauer bestimmte, durch den Wohlklang ausgezeichnete Intervalle, und diesem neuen Bedürfnis muß nunmehr die bis dahin selbstherrliche Stimmung des Instruments gehorchen. So hebt ein Kampf an, der durch die Jahrhunderte bis heute andauert: der Kampf um die reine Stimmung. Auch in der mehrstimmigen Musik genügte, solange es nur auf die Reinheit der Quinten und Quarten ankam, das aus dem Altertum überkommene pythagoreische System (Ziff. 16); man hatte keinen Grund, den Ditonos (408 C) und die Kleinterz (294 C) durch die reinen Terzen (386 und 316 C) zu ersetzen. Erst die Modulationen der Dreiklangharmonik machten auch dies wünschenswert. Aber es ergab sich eine Schwierigkeit, die zu Kompromissen zwang: bei der praktisch notwendigen Beschränkung der Tonzahl auf fest abgestimmten Instrumenten konnten nicht alle Quinten und zugleich alle Terzen rein sein. Zwar war inzwischen die 7stufige diatonische zur 12stufigen chromatischen Leiter erweitert worden, die sich bis heute in der Praxis behauptet hat. (Ihr frühester Beleg[3]) ist die Klaviatur der Halberstädter Domorgel — 1361 —, die mit 5 Obertasten schon ganz der unsrigen entspricht[4]). Die — nicht überlieferte — Stimmung dürfte noch pythagoreisch gewesen sein, wodurch sich auch die Stufenzahl erklären würde.) Aber erst ein 27stufiges pythagoreisches System würde für einfache Modulationen genügend viele praktisch reine — nämlich nur um 2 C abweichende — Terzen liefern. Das gleiche gilt von der „Mitteltontemperatur", die von allen Kompromißbildungen am längsten im Gebrauch war (A. Schlick 1511; auf der Orgel noch Mitte des

[1]) C. Stumpf, Die Anfänge der Musik, S. 88ff., Leipzig 1911; E. M. v. Hornbostel, Musikwiss. Kongr. Basel 1924, S. 206.

[2]) A. J. Ellis, Appendix XX, E, F zu H. Helmholtz, Sensations of Tone[2], London 1885.

[3]) Für Europa: für China bei Lü Pu Wei (gest. 235 v. Chr.), also 1700 Jahre früher.

[4]) M. Praetorius, Syntagma II, 7. 1618; C. Sachs, Handb. d. Musikinstrumentenkde. S. 369f. 1920.

Tabelle 2. Ausschnitt aus dem Reinstimmungssystem[1]).

dis - 3 252	ais - 3 954	eis - 3 456	his - 3 1158	fisis - 3 660	cisis - 3 162	gisis - 3 864	disis - 3 366
h - 2 1066	fis - 2 568	cis - 2 70	gis - 2 772	dis - 2 274	ais - 2 976	eis - 2 478	his - 2 1180
g - 1 680	d - 1 182	a - 1 884	e - 1 386	h - 1 1088	fis - 1 590	cis - 1 92	gis - 1 794
es^0 294	b^0 996	f^0 498	c^0 0	g^0 702	d^0 204	a^0 906	e^0 408
ces + 1 1108	ges + 1 610	des + 1 112	as + 1 814	es + 1 316	b + 1 1018	f + 1 520	c + 1 22
ases + 2 722	eses + 2 224	bes + 2 926	fes + 2 428	ces + 2 1130	ges + 2 632	des + 2 134	as + 2 836
feses + 3 336	ceses + 3 1038	geses + 3 540	deses + 3 42	ases + 3 744	eses + 3 246	bes + 3 948	fes + 3 450

19. Jahrhunderts). Man nahm die Terzen rein (386 C), die Quinten um ein Viertel des syntonischen Kommas — des Unterschiedes zwischen reiner und pythagoreischer Terz — zu eng (702—22/4 = 696,5 C); infolge der Beschränkung auf 12 Stufen wurden manche Dreiklänge abscheulich unrein („Orgelwolf", z. B. gis-c-es: 427 + 310 = 737 C). Das kompromißfreie, theoretisch unbegrenzte System der reinen Stimmung — ELLIS „Duodenarium", v. OETTINGENS „harmonisches Tongewebe" — entsteht durch übereinandergeschichtete Quintenreihen, die sich um ein syntonisches Komma (22 C) unterscheiden (Tab. 2). Verschiedene Ausschnitte aus diesem System sind auf Instrumenten (Harmonium nach HELMHOLTZ, TANAKA, STEINER, EITZ u. a.) verwirklicht worden, kamen aber für die musikalische Praxis zu spät.

[Die Tabelle 3 (S. 446f.) gibt eine 24stufige enharmonische Leiter mit den Schwingungszahlen der Töne von C_2 = 16 Hertz bis his_6. Die nach STUMPFS Vorschlag in der experimentellen Akustik, namentlich für Stimmgabeln, viel verwendeten Töne, deren Schwingungszahlen Vielfache von 100 (oder 50) sind, finden sich bei Gis, Dis und His; auch C, D, E, G, H und Fis sind ganzzahlig (außer Fis_2). Diese sogenannte physikalische Stimmung ist daher fürs Rechnen besonders bequem. Die Tabelle ist der Sammlung von C. STUMPF und K. L. SCHAEFER[2]) entnommen und nur unwesentlich verändert: die Septime $\frac{7}{4}$ ist weggelassen, die Ableitungen mit Hilfe der Sexten sind durch Terzenableitungen ersetzt, die Intervalle in Cents und die Intervallnamen sind zugefügt.]

[1]) Die 12 mit — umzogenen Töne entsprechen ELLIS' „Duodene", die 24 mit — umzogenen Töne entsprechen STUMPFS enharmonischer Leiter (Tab. 3). Die Indizes bei den Tonnamen bezeichnen Richtung und Betrag der Komma-Abweichungen, die Zahlen geben die Intervalle in Cents, bezogen auf c^0.

[2]) Beitr. z. Akustik u. Musikw., hrsg. von STUMPF, Heft 3, 1901 (auch separat).

22. Zwölf- und mehrstufige Temperaturen[1]). Seit etwa 1700 hatte sich ein System durchgesetzt, das einen wesentlichen Fortschritt bedeutete: die „gleichschwebende" 12stufige Temperatur (A. WERCKMEISTER 1691, J. G. NEIDHARDT 1706). Sie geht aus der 12stufigen pythagoreischen Leiter hervor durch Verteilung des pythagoreischen Kommas (24 C) auf die 12 Quinten, die dadurch um etwa ein Schisma, also unmerklich, enger werden. [In China wurde dieser Ausgleich schon im 5. Jh. n. Chr. theoretisch gefordert und mit guter Annäherung berechnet[2]), also mehr als ein Jahrtausend bevor im Abendland das Bedürfnis aufdämmert (FOGLIANI 1529, ZARLINO 1588[3]).] [Tab. 4, S. 448[4]).] Die temperierte Stimmung hat der Entwicklung der harmonischen Musik seit BACH den Weg frei gemacht: Modulation, Transposition, Chromatik erlangten eine in reiner Stimmung nicht denkbare Freiheit, „enharmonische Umdeutungen" (cis = des) ermöglichten einen ungeahnten Reichtum neuer Akkordbewegungen. Dabei sichert die Geschlossenheit des Systems ein gleichbleibendes tonales Niveau, während in der reinen Stimmung infolge der Kommarückungen schon bescheidenste Modulationen zu empfindlichem Sinken oder Steigen der absoluten Tonhöhe führen[5]). Für manche Stellen älterer Musik mag der sinnliche Reiz reiner Dreiklänge wünschenswert sein — für neuere, aus der Temperatur erwachsene Musik verbietet sich die Anwendung der reinen Stimmung von selbst; und die gegenwärtige musikalische Entwicklung, die wieder von der Dreiklangharmonik, ja der Harmonik überhaupt, weg und einer mehr melodischen Polyphonie zuzustreben scheint, läßt das Reinheitsbedürfnis fürs erste noch mehr zurücktreten. Daher können die mehr als 12stufigen Temperaturen, die vorgeschlagen worden sind, um die Unreinheit unsrer Terzen (400—386 = 14 C) zu verbessern, nur theoretisches Interesse beanspruchen. Die folgende Zusammenstellung zeigt, daß erst die 53stufige Temperatur — von NIC. MERCATOR als Annäherung an die *pythagoreische* Stimmung erdacht — dem Ideal der Reinheit wirklich nahekommt;

Temperaturen.

	Stufenzahl	Stufengröße (C)	gr. Terz	Terzenfehler	Quint	Quintenfehler
Reine Stimmung	z	1200/z	386	0	702	0
Java (Slendro)	5	240	—	—	720	+18
Hinterindien	7	171,4	343	−43	686	−16
A. WERCKMEISTER 1691, J. G. NEIDHARD 1706	12	100	400	+14	700	−2
WOOLHOUSE 1835	19	63	379	−7	695	−7
CHEVÉ 1846	29	41	372	−14	703,5	+1,5
HUYGHENS († 1695)	31	39	387	+1	697	−5
v. JANKÓ 1906	41	29	380	−6	701	−1
SAUVEUR 1707	43	28	390,4	+4,4	698	−4
HEUFLING 1710	50	24	384	−2	696	−6
NIC. MERCATOR cc. 1675, BOSANQUET 1875	53	22,6	385	−1	702	0
SAUVEUR u. ESTÈVE 1755	55	22	392,4	+6,4	698	−4
pythagoreisch	27	23,5	384	−2	702	0
„Mitteltontemperatur"	27	76	386	0	697	−5

[1]) A. J. ELLIS (s. Fußnote 2 S. 443), Appendix XX, A.

[2]) M. COURANT (s. Fußnote 1 S. 436) S. 90.

[3]) H. RIEMANN, Geschichte der Musiktheorie, S. 327. 1898.

[4]) C. STUMPF u. K. L. SCHAEFER, Beitr. z. Akustik u. Musikw., hrsg. von C. STUMPF, Heft 3, 1901. Die Einrichtung entspricht der von Tab. 3, s. S. 446f.

[5]) M. PLANCK, Vierteljahrsschr. f. Musikwiss. Bd. 9, S. 434. 1893.

Tabelle 3 (nach C. STUMPF und K. L. SCHAEFER). Enharmonische

Töne	**C**	*Cis*	*Des*	*D̲*	***D***	*Dis*	***Es***	***E***	*Fes*	*Eis*
Ableitung[1]	—	$\frac{T}{t}$	$\frac{q}{T}$	$\frac{q}{t}$	$\frac{Q}{q}$	$\frac{TT}{q}$	t	T	$\frac{1}{TT}$	$\frac{TT}{t}$
Verhältnisse zu *C*	1	$\frac{25}{24}$	$\frac{16}{15}$	$\frac{10}{9}$	$\frac{9}{8}$	$\frac{75}{64}$	$\frac{6}{5}$	$\frac{5}{4}$	$\frac{32}{25}$	$\frac{125}{96}$
	1,0000	1,0417	1,0667	1,1111	**1,1250**	1,1719	**1,2000**	**1,2500**	1,2800	1,3021
Intervalle zu *C* in Cents	0	70	112	182	204	274	316	386	428	456
Intervallnamen	Prime	Kleiner Halbton	Diatonischer Halbton	Kleiner Ganzton	Großer Ganzton	Übermäßige Sekunde	Kleine Terz	Große Terz	Verminderte Quarte	Übermaßige Terz
Subkontra-Oktave . C_2	**16**	$16\frac{2}{3}$	$17\frac{1}{15}$	$17\frac{7}{9}$	**18**	$18\frac{3}{4}$	**$19\frac{1}{5}$**	**20**	$20\frac{12}{25}$	$20\frac{5}{6}$
Kontra-Oktave . . C_1	**32**	$33\frac{1}{3}$	$34\frac{2}{15}$	$35\frac{5}{9}$	**36**	$37\frac{1}{2}$	**$38\frac{2}{5}$**	**40**	$40\frac{24}{25}$	$41\frac{2}{3}$
Große Oktave . . . C	**64**	$66\frac{2}{3}$	$68\frac{4}{15}$	$71\frac{1}{9}$	**72**	75	**$76\frac{4}{5}$**	**80**	$81\frac{23}{25}$	$83\frac{1}{3}$
Kleine Oktave . . . c	**128**	$133\frac{1}{3}$	$136\frac{8}{15}$	$142\frac{2}{9}$	**144**	150	**$153\frac{3}{5}$**	**160**	$163\frac{21}{25}$	$166\frac{2}{3}$
1-gestrichene Oktave c^1	**256**	$266\frac{2}{3}$	$273\frac{1}{15}$	$284\frac{4}{9}$	**288**	300	**$307\frac{1}{5}$**	**320**	$327\frac{17}{25}$	$333\frac{1}{3}$
2-gestrichene Oktave c^2	**512**	$533\frac{1}{3}$	$546\frac{2}{15}$	$568\frac{8}{9}$	**576**	600	**$614\frac{2}{5}$**	**640**	$655\frac{9}{25}$	$666\frac{2}{3}$
3-gestrichene Oktave c^3	**1024**	$1066\frac{2}{3}$	$1092\frac{4}{15}$	$1137\frac{7}{9}$	**1152**	1200	**$1228\frac{4}{5}$**	**1280**	$1310\frac{18}{25}$	$1333\frac{1}{3}$
4-gestrichene Oktave c^4	**2048**	$2133\frac{1}{3}$	$2184\frac{8}{15}$	$2275\frac{5}{9}$	**2304**	2400	**$2457\frac{3}{5}$**	**2560**	$2621\frac{11}{25}$	$2666\frac{2}{3}$
5-gestrichene Oktave c^5	**4096**	$4266\frac{2}{3}$	$4369\frac{1}{15}$	$4551\frac{1}{9}$	**4608**	4800	**$4915\frac{1}{5}$**	**5120**	$5242\frac{22}{25}$	$5333\frac{1}{3}$
6-gestrichene Oktave c^6	**8192**	$8533\frac{1}{3}$	$8738\frac{2}{15}$	$9102\frac{2}{9}$	**9216**	9600	**$9830\frac{2}{5}$**	**10240**	$10485\frac{19}{25}$	$10666\frac{2}{3}$

eine weitere Verbesserung würden erst 347 Stufen bringen. Dagegen würde die (praktisch allenfalls durchführbare) 19stufige Temperatur, die neuerdings wieder befürwortet wird[2], die Verbesserung der Terzen durch eine Verschlechterung der Quinten bezahlen.

Neuerdings wird von manchen Musikern eine Vermehrung der Stufenzahl innerhalb unseres Tonsystems angestrebt, um neue melodische und harmonische Möglichkeiten zu gewinnen. Vorgeschlagen wurde die Drittelung des Ganztons, also ein System von 36 Sechsteltönen[3] (33 C), und die Halbierung des Halbtons (50 C). Das Vierteltonsystem[4], das mit dem modern-arabischen übereinkommt (Ziff. 17), ist auch mehrfach praktisch erprobt worden. Ob es bei Versuchen bleiben, oder ob diese oder eine andere Differenzierung des Tonsystems sich durchsetzen wird, wird von den großen schöpferischen Musikern der Zukunft abhängen.

23. Rückblick. Überblickt man die Vielfalt der musikalischen Tonsysteme, die bisher mit exakten Methoden festgestellt werden konnten, und versucht man, ihr Wesen psychologisch zu begreifen, so treten gewisse allgemeine Züge deutlich hervor. Die Ansprüche des Ohres sind weit bescheidener als man früher angenommen hat. Konsonanz und Zusammenklänge, an denen allein die Konsonanz auffällig wird, stehen am Ende, nicht am Anfang der Entwicklung. Tonverwandtschaft (Sukzessivkonsonanz) ist außerstande, die Intonation der Intervalle zu bestimmen.

[1] t = kleine Terz = $\frac{6}{5}$, T = große Terz = $\frac{5}{4}$, q = Quarte = $\frac{4}{3}$, Q = Quinte = $\frac{3}{2}$.

[2] J. WÜRSCHMIDT, Neue Musikztg. Bd. 42, S. 215. 1921; ARIEL, Das Relativitätsprinzip der musikal. Harmonie, Bd. I. 1925.

[3] F. BUSONI, Entwurf einer neuen Ästhetik der Tonkunst, Bd. II, S. 42.

[4] S. BAGLIONI, Arch. intern. de physiol. Bd. 18. 1921; Udito e voce, S. 412ff. 1925.

Leiter für $C_2 = 16$, $a^1 = 426\frac{2}{3}$ (sog. physikalische Stimmung).

F	*Fis*	$\overline{Fis}$	*Ges*	**G**	*Gis*	**As**	**A**	*Ais*	*B*	**B**	**H**	*Ces*	*His*
q	$\frac{1}{tt}$	$\frac{QT}{q}$	tt	Q	TT	$\frac{1}{T}$	$\frac{1}{t}$	$\frac{T}{tt}$	qq	Qt	QT	$\frac{t}{T}$	TTT
$\frac{4}{3}$	$\frac{25}{18}$	$\frac{45}{32}$	$\frac{36}{25}$	$\frac{3}{2}$	$\frac{25}{16}$	$\frac{8}{5}$	$\frac{5}{3}$	$\frac{125}{72}$	$\frac{16}{9}$	$\frac{9}{5}$	$\frac{15}{8}$	$\frac{48}{25}$	$\frac{125}{64}$
1,3333	1,3889	1,4063	1,4400	**1,5000**	1,5625	**1,6000**	**1,6667**	1,7361	1,7778	**1,8000**	**1,8750**	1,9200	1,9531
498	568	590	632	702	772	814	884	954	996	1018	1088	1129	1158
Quarte	Übermäßige Quarte	Tritonus	Verminderte Quinte	Quinte	Übermäßige Quinte	Kleine Sexte	Große Sexte	Übermäßige Sexte	Verminderte Septime	Kleine Septime	Große Septime	Verminderte Oktave	Übermäßige Septime
$21\frac{1}{3}$	$22\frac{2}{9}$	$22\frac{1}{2}$	$23\frac{1}{25}$	**24**	25	**$25\frac{3}{5}$**	**$26\frac{2}{3}$**	$27\frac{7}{9}$	$28\frac{4}{9}$	**$28\frac{4}{5}$**	**30**	$30\frac{18}{25}$	$31\frac{1}{4}$
$42\frac{2}{3}$	$44\frac{4}{9}$	45	$46\frac{2}{25}$	**48**	50	**$51\frac{1}{5}$**	**$53\frac{1}{3}$**	$55\frac{5}{9}$	$56\frac{8}{9}$	**$57\frac{3}{5}$**	**60**	$61\frac{11}{25}$	$62\frac{1}{2}$
$85\frac{1}{3}$	$88\frac{8}{9}$	90	$92\frac{4}{25}$	**96**	100	**$102\frac{2}{5}$**	**$106\frac{2}{3}$**	$111\frac{1}{9}$	$113\frac{7}{9}$	**$115\frac{1}{5}$**	**120**	$122\frac{22}{25}$	125
$170\frac{2}{3}$	$177\frac{7}{9}$	180	$184\frac{8}{25}$	**192**	200	**$204\frac{4}{5}$**	**$213\frac{1}{3}$**	$222\frac{2}{9}$	$227\frac{5}{9}$	**$230\frac{2}{5}$**	**240**	$245\frac{19}{25}$	250
$341\frac{1}{3}$	$355\frac{5}{9}$	360	$368\frac{16}{25}$	**384**	400	**$409\frac{3}{5}$**	**$426\frac{2}{3}$**	$444\frac{4}{9}$	$455\frac{1}{9}$	**$460\frac{4}{5}$**	**480**	$491\frac{13}{25}$	500
$682\frac{2}{3}$	$711\frac{1}{9}$	720	$737\frac{7}{25}$	**768**	800	**$819\frac{1}{5}$**	**$853\frac{1}{3}$**	$888\frac{8}{9}$	$910\frac{2}{9}$	**$921\frac{3}{5}$**	**960**	$983\frac{1}{25}$	1000
$1365\frac{1}{3}$	$1422\frac{2}{9}$	1440	$1474\frac{14}{25}$	**1536**	1600	**$1638\frac{2}{5}$**	**$1706\frac{2}{3}$**	$1777\frac{7}{9}$	$1820\frac{4}{9}$	**$1843\frac{1}{5}$**	**1920**	$1966\frac{2}{25}$	2000
$2730\frac{2}{3}$	$2844\frac{4}{9}$	2880	$2949\frac{3}{25}$	**3072**	3200	**$3276\frac{4}{5}$**	**$3413\frac{1}{3}$**	$3555\frac{5}{9}$	$3640\frac{8}{9}$	**$3686\frac{2}{5}$**	**3840**	$3932\frac{4}{25}$	4000
$5461\frac{1}{3}$	$5688\frac{8}{9}$	5760	$5898\frac{6}{25}$	**6144**	6400	**$6553\frac{3}{5}$**	**$6826\frac{2}{3}$**	$7111\frac{1}{9}$	$7281\frac{7}{9}$	**$7372\frac{4}{5}$**	**7680**	$7864\frac{8}{25}$	8000
$10922\frac{2}{3}$	$11377\frac{7}{9}$	11520	$11796\frac{12}{25}$	**12288**	12800	**$13107\frac{1}{5}$**	**$13653\frac{1}{3}$**	$14222\frac{2}{9}$	$14563\frac{5}{9}$	**$14745\frac{3}{5}$**	**15360**	$15728\frac{16}{25}$	16000

Im Nacheinander hat ein andres, entwicklungspsychologisch älteres Moment, die Intervallgröße, das Übergewicht. Aber es gibt keine absoluten Distanzen, sondern nur Distanzverhältnisse, die von Natur ausgezeichnet sind. Die natürliche Intonation des Sängers, nur durch die Strukturgesetze der Melodiegestalt gebunden, hat keine Möglichkeit, ihr Gesetz dem toten Instrument vorzuschreiben, noch für die feste Abstimmung der Töne und Intervalle die Systemgrundlage zu bieten. Daher kommen Tonsysteme nur auf Instrumenten zustande und verdanken ihre Gesetzlichkeit ursprünglich den physikalischen Bedingungen, die das Instrument stellt. Auf lange hinaus begnügt sich das Ohr mit den Intervallen, wie sie eben durch außermusikalische Umstände entstehen. Die reinmelodische Praxis verlangt nur Tonschritte, die weder zu eng noch zu weit sind, nicht als bloße Abschattierungen desselben Tons, noch als Sprünge wirken; und später strukturbildende Verhältnisse, die nur ungefähr den höchsten Verwandtschaftsgraden, der Quinte und Quarte, entsprechen. Sogar die Oktave ist entbehrlich: gerade die Systeme, die als die ältesten angesehen werden müssen, liefern sie nicht, die Tonreihen gehen über sie hinaus, ohne sie zu berühren. Aber bei der Abstimmung wird sie wie der Einklang benutzt, und beider Reinheit wird freilich vom Gehör strenge überwacht. Sonst greift musikalische Absicht bei der Bildung und Umbildung der Leitern nur ein, um ungleiche Distanzen — die einzige wirklich empfindliche Störung — zu beseitigen oder um (angenäherte) Quarten und Quinten zu schaffen, wenn sie fehlen, aber die Melodik sie verlangt. Vielleicht wurden auch die griffbrettlosen Harfen und Leiern, die durch sumerische Denkmäler schon für das 3. Jahrtausend v. Chr. bezeugt sind, in Quintenketten gestimmt. Die Intervalle mußten sehr schwankend, von einem „System“ konnte noch kaum die Rede sein!

Tabelle 4 (nach C. STUMPF u. K. L. SCHAEFER). Schwingungszahlen der temperierten 12stufigen Leiter für $C_2 = 16$, $a^1 = 430{,}54$ (sog. physikalische Stimmung).

Töne	**C**	*Cis* *Des*	**D**	*Dis* *Es*	**E**	**F**	*Fis* *Ges*	**G**	*Gis* *As*	**A**	*Ais* *B*	**H**
Ableitung $\sqrt[12]{2}$ =	$\frac{cis}{(c=)1}$ =	$\frac{d}{cis}$ =	$\frac{dis}{d}$ =	$\frac{e}{dis}$ =	$\frac{f}{e}$ =	$\frac{fis}{f}$ =	$\frac{g}{fis}$ =	$\frac{gis}{g}$ =	$\frac{a}{gis}$ =	$\frac{ais}{a}$ =	$\frac{h}{ais}$ =	$\frac{(c=)2}{h}$
Verhältnisse zu *C*	1	$\sqrt[12]{2}$	$\sqrt[12]{2^2}$	$\sqrt[12]{2^3}$	$\sqrt[12]{2^4}$	$\sqrt[12]{2^5}$	$\sqrt[12]{2^6}$	$\sqrt[12]{2^7}$	$\sqrt[12]{2^8}$	$\sqrt[12]{2^9}$	$\sqrt[12]{2^{10}}$	$\sqrt[12]{2^{11}}$
	1,00000	1,05946	**1,12246**	1,18921	**1,25992**	**1,33484**	1,41421	**1,49831**	1,58740	**1,68179**	1,78180	**1,88775**
Intervalle zu *C* in Cents	0	100	200	300	400	500	600	700	800	900	1000	1100
Intervallnamen	Prime	Kleine Sekunde	Große Sekunde	Kleine Terz	Große Terz	Quarte	Tritonus	Quinte	Kleine Sexte	Große Sexte	Kleine Septime	Große Septime
Subkontra-Oktave . . . C_2	**16**	16,95	**17,96**	19,03	**20,16**	**21,36**	22,63	**23,97**	25,40	**26,91**	28,51	**30,20**
Kontra-Oktave . . . . C_1	**32**	33,90	**35,92**	38,05	**40,32**	**42,71**	45,25	**47,95**	50,80	**53,82**	57,02	**60,41**
Große Oktave . . . . *C*	**64**	67,81	**71,84**	76,11	**80,63**	**85,43**	90,51	**95,89**	101,59	**107,63**	114,04	**120,82**
Kleine Oktave . . . . *c*	**128**	135,61	**143,68**	152,22	**161,27**	**170,86**	181,02	**191,78**	203,19	**215,27**	228,07	**241,63**
1-gestrichene Oktave . c^1	**256**	271,22	**287,35**	304,44	**322,54**	**341,72**	362,04	**383,57**	406,37	**430,54**	456,14	**483,26**
2-gestrichene Oktave . c^2	**512**	542,45	**574,70**	608,87	**645,08**	**683,44**	724,08	**767,13**	812,75	**861,08**	912,28	**966,53**
3-gestrichene Oktave . c^3	**1024**	1084,89	**1149,40**	1217,75	**1290,16**	**1366,88**	1448,15	**1534,27**	1625,50	**1722,16**	1824,56	**1933,05**
4-gestrichene Oktave . c^4	**2048**	2169,78	**2298,80**	2435,50	**2580,32**	**2733,75**	2896,31	**3068,53**	3251,00	**3444,31**	3649,12	**3866,11**
5-gestrichene Oktave . c^5	**4096**	4339,56	**4597,60**	4870,99	**5160,64**	**5467,50**	5792,62	**6137,07**	6501,99	**6888,62**	7298,24	**7732,22**
6-gestrichene Oktave . c^6	**8192**	8679,12	**9195,21**	9741,98	**10321,27**	**10935,01**	11585,24	**12274,13**	13003,99	**13777,25**	14596,48	**15464,44**

In der Hauptsache aber sind bei der Bildung der Tonsysteme außermusikalische Faktoren am Werk. Das Überblasen gedackter Rohre liefert aus physikalischen Ursachen zu enge Quinten, von denen 23 verkettet werden müssen, um zum Ausgangston zurückzuführen („Blasquintenzirkel"). Während dieses, wohl älteste, System sich mit der Panpfeife fast über die ganze Welt verbreitet und in mannigfaltigen abgeleiteten Systemen durch die Jahrtausende erhalten hat, wird sein Gegenstück, die Naturtonreihe der Trompeten, erst spät — und durchaus nicht überall — musikalisch ausgenutzt, trotz der reinen Intervalle. Das Prinzip aber, dem die gewaltigste Herrschaft über die Tonsysteme beschieden sein sollte, war seinem Ursprung und Wesen nach nicht einmal ein akustisches: Zahl und Maß, durch kosmische Bezüge geheiligt, entschieden, wie über die Länge des Grundrohrs der Panpfeife, so über die Ordnung der Grifflöcher, die Einteilung des Griffbretts. War der Maßstab dem Flötenmacher, der ein akustisch begründetes System technisch gar nicht hätte verwirklichen können, Helfer in der Not, so wurde er für den Lautenspieler ein Tyrann: die äquidistanten Bünde ergaben für das Ohr ungleiche Tondistanzen. Zugleich aber hatte das Meßband zu einer folgenschweren Entdeckung geführt: den einfachsten Verhältnissen der Saitenlängen entsprachen die Intervalle, die der Melodie als Gerüst dienten. Damit war der Physik und Naturphilosophie eine tiefe Erkenntnis, aber noch nicht der Musik eine neue Schönheit erobert. Auf der Laute und Zither griff der Spieler die Bünde, die das Meßband ihm eingerichtet hatte, benutzte auch die Töne, die sie gaben, zum Stimmen — daß die Intervalle rein waren[1]), mußte er erst an der Konsonanz der Zweiklänge entdecken. Und nun erst, für die Harmonie des Mehrklangs, werden genauer bestimmte Intervalle erfordert. Damit tritt, wie in der Entwicklung der Musik, auch in der der Tonsysteme die entscheidende Wendung ein: das System muß sich von den Bindungen an das Instrument und seine Handhabung mehr und mehr befreien, um den wachsenden Ansprüchen des Ohres zu genügen.

[1]) Vgl. aber Ziff. 12 (Schluß) und A. J. Ellis, l. c. App. 9, Art. 1.

Kapitel 10.

Physik der Sprachlaute.

Von

Ferdinand Trendelenburg, Berlin-Nikolassee.

Mit 10 Abbildungen.

a) Die Aufgaben und die Methoden der physikalischen Sprachforschung.

1. Einleitung. Zwischen den Vorgängen physiologischer und psychologischer Natur, welche an der Betätigung der Sprachwerkzeuge einerseits und dem Arbeiten des Gehörorganes andererseits beteiligt sind, liegt ein Vorgang rein physikalischer Natur: die Übertragung der Sprache vom Mund des Sprechers zum Ohr des Hörers in Form akustischer Wellen. Es ist eine wesentliche Aufgabe der physikalischen Sprachforschung, die Eigenschaften dieser akustischen Schwingungen im Schallfeld zu untersuchen, aus den Feststellungen im Schallfeld lassen sich auf Grund mathematischer und physikalischer Gesetze Folgerungen ziehen, welche sich auf die Art der Erzeugung dieser akustischen Vorgänge im Sprachorgan beziehen. Die unmittelbare Beobachtung des Sprachorganes an der lebenden Versuchsperson ist schwierig, die meisten Aufschlüsse über die Physik der Sprachklänge wurden daher durch Beobachtungen im Schallfeld gefunden.

Die grundlegenden Beziehungen der akustischen Größen des Schallfeldes sind im Artikel akustische Meßmethoden, Ziff. 1 u. ff. (ds. Bd. Kap. 13) ausführlich besprochen, die dort entwickelten allgemeinen Gesichtspunkte gelten in vollem Umfang auch für die Messungen im Schallfeld der menschlichen Stimme. Auf einen Punkt sei aber auch hier noch ausdrücklich verwiesen, es ist dies der Begriff des Klangbildes, hierunter ist die Abhängigkeit des Druckes im Schallfeld von der Zeit verstanden, als eine besonders praktische Darstellungsform wählen wir (vgl. hierzu den Artikel „Elementare Schwingungslehre“ Ziff. 3, ds. Bd. Kap. 2) die Fourierreihe, indem wir schreiben

$$p = p_o + \sum_1^n p_n \sin(n\omega t + \varphi_n)\,. \qquad (1)$$

Jeder beliebige zeitliche Verlauf des Druckes ist durch eine Fourierreihe darstellbar, für nicht periodische Vorgänge muß die Periode der Grundfrequenz so lang gewählt werden, daß sie die gesamte Zeitdauer des betrachteten akustischen Vorganges umfaßt, es sei aber schon hier bemerkt, daß bestimmte Klangbilder einfacher zu diskutieren sind, wenn sie in anderer mathematischer Form, insbesondere z. B. in einer Summe mehrerer Fourierreihen, mit verschiedenen voneinander unabhängigen Grundfrequenzen dargestellt werden.

Erwähnt sei noch, daß die physikalische Sprachklangforschung im allgemeinen nur die Ermittlung der Amplituden der einzelnen Teiltöne vornimmt. Die Ermittlung der Phasenwinkel ist von geringerer Bedeutung.

2. Methoden zur Untersuchung des Schallfeldes der menschlichen Stimme. Die Methoden der Schallfelduntersuchung sind im Artikel „Akustische Meßmethoden" (ds. Bd. Kap. 13) ausführlich besprochen und hinsichtlich ihrer Brauchbarkeit kritisch beleuchtet worden. Hier sei dieserhalb lediglich kurz erwähnt, welche Methoden für die Sprachklangforschung mit Erfolg Verwendung fanden.

Zu Untersuchungen von Sprachklängen wurde meist einer der drei folgenden Wege beschritten:

a) Verwendung von Resonatoren, mit deren Hilfe das Ohr bestimmte Teiltöne isoliert wahrnehmen und nach ihrer Stärke einschätzen kann.

b) Subjektive Beobachtung der Veränderungen, welche die Klangfarbe eines Tones erfährt, wenn bestimmte Teiltonbereiche durch Interferenzsysteme ausgelöscht werden.

c) Objektive Aufzeichnung des Klangbildes mittels eines mechanischen oder elektrischen Empfängers.

Als Vertreter der zuerst genannten Richtung sind besonders HELMHOLTZ[1]) (Ohrresonatoren) und STUMPF[2]) (Stimmgabelresonatoren) zu nennen; STUMPF[3]) war es auch, welcher in systematischer Weise die subjektiven Veränderungen der Klangfarbe durch Interferenzsysteme studierte. Hierzu verwendete STUMPF ein Rohr, welches seitlich Ansatzstutzen trägt, diese Ansatzstutzen sind am Ende geschlossen. Durch das Rohr wird der Schall geleitet. Alle Frequenzen, für welche $l = \frac{\lambda}{4}(1 + 2n)$ ist, werden durch Interferenz ausgelöscht. Auch mittels elektrischer Filter (Siebkreise) können bestimmte Teiltongebiete ausgelöscht werden. Ein elektrischer Schallempfänger wandelt die akustischen Schwingungen in entsprechende elektrische Schwingungsvorgänge um, die elektrischen Schwingungen werden verstärkt, im Zuge des Verstärkers liegt die Siebkette, welche die gewünschten Frequenzgebiete abschneidet. FLETCHER[4]) untersuchte die Klänge der Sprache mittels einer derartigen Anordnung nach einer statistischen Methode: er bestimmte die Sprachverständlichkeit („articulation"). Als Verständlichkeit definiert er die Prozentzahl der bei einer bestimmten Einstellung des Siebes (also beispielsweise beim Abschneiden aller Frequenzen, die höher sind als eine bestimmte Grenzfrequenz) noch richtig verstandenen Sprachsilben (vgl. Ziff. 5). WAGNER[5]) benutzte ähnliche Anordnungen zu Versuchen über Sprach- und Musikklänge.

Die Methoden der objektiven Klangaufzeichnung sind im Artikel „Akustische Meßmethoden" (Ziff. 15) ausführlich besprochen, hier sei kurz erwähnt, welche Methoden besonders zur Aufzeichnung der Sprachklänge verwendet wurden:

Beim Phonautograph von SCOTT[6]) wurde die Schwingungsform einer Membranschwingung, welche von den Sprachklängen erzwungen wurde, mit Hilfe

---

[1]) H. v. HELMHOLTZ, Die Lehre von den Tonempfindungen. 6. Aufl., S. 73ff. Braunschweig 1913.

[2]) C. STUMPF, Wied. Ann. Bd. 57, S. 660ff. 1896; Berl. Ber. 1918, S. 333.

[3]) C. STUMPF, Berl. Ber. 1918. S. 333; vgl. auch C. STUMPF u. G. v. ALLESCH, Beitr. z. Anat. usw. Bd. 17, S. 143. 1921. Über Interferenzversuche s. weiterhin auch: E. SAUBERSCHWARZ, Pflügers Arch. f. d. ges. Physiol. Bd. 61. 1895; W. KÖHLER, ZS. f. Psychol. u. Physiol. d. Sinnesorg. Bd. 58, S. 59. 1911; E. TH. v. BRÜCKE u. S. GARTEN, Pflügers Arch. f. d. ges. Physiol. Bd. 167, S. 159. 1917; S. GARTEN, Leipziger Abhandlgn. Bd. 38, S. 19. 1921; K. LEWIN, Psychol. Forsch. Bd. 2, S. 327. 1922.

[4]) H. FLETCHER, Bell Syst. Techn. Journ. Bd. 1, Heft 1, S. 129. 1922.

[5]) K. W. WAGNER, Elektrot. ZS. Bd. 45, S. 451. 1924,

[6]) E. SCOTT, Kosmos Bd. 14, S. 314. 1859.

eines mit der Membran gekoppelten Schreibstiftes auf eine rotierende Trommel aufgezeichnet. Die Membran des HENSENschen[1]) Sprachzeichners steuert einen Diamantstift, welcher die Schwingungsform auf einer berußten Glasplatte aufzeichnet. HERMANN[2]) benutzt den Edisonphonographen, der auch von SCRIPTURE[3]) verwendet wurde. WEISS[4]) setzte eine Seifenblasenmembran als Registriersystem ein, eine Anordnung, wie sie GARTEN[5]) in seinem Seifenblasenschallschreiber zu verbesserter Form weiterentwickelte. Das MILLERsche[6]) Phonodeik besitzt eine Glasmembran. EINTHOVEN[7]) und HOOGERWERF registrieren die erzwungene Schwingung einer hoch abgestimmten Saite — es sei auch hier darauf verwiesen, daß dieser Saitenphonograph nicht ohne weiteres das Klangbild liefert, er spricht nicht auf die Druckschwankung, sondern auf die Elongation der Luftteilchen an, die Umrechnung der vom Saitenphonograph aufgezeichneten Kurvenbilder auf die Kurve des Klangbildes müßte nach den im Artikel „Akustische Meßmethoden" (ds. Bd, Kap. 13, Ziff. 2) gegebenen Gesichtspunkten erfolgen.

Quantitativ brauchbare, im gesamten für die Sprachübertragung wichtigen Bereich richtige und stets reproduzierbare Resultate ergeben die elektrischen Methoden der Klangaufzeichnung. So wurde in Deutschland das Kondensatormikrophon nach RIEGGER[8]) in Verbindung mit Hochfrequenzverstärkerschaltungen, in Amerika das Kondensatormikrophon nach WENTE[9]) als Schallempfänger eingesetzt. Die zur Verwendung derartig hochqualifizierter elektrischer Schallempfänger ausgearbeiteten Methoden stellen zur Zeit sowohl hinsichtlich der praktisch unumschränkten Einsatzmöglichkeit als auch hinsichtlich der Genauigkeit der Meßergebnisse und der Möglichkeit, die Meßresultate auch in absolutem Maß anzugeben, die besten Anordnungen zu Sprachklanguntersuchungen dar.

Eine Reihe anderer Methoden sind in Einsatzmöglichkeit und Auflösungsfähigkeit zu beschränkt, als daß sie für umfassendere Untersuchungen noch verwendet werden könnten, erwähnt sei hier nur noch das Verfahren von GEHLHOFF[10]), das Mitschwingen von Öltröpfchen im Schallfeld der Stimme zu photographieren und das Verfahren von RAPS[11]) zu unmittelbarer optischer Registrierung der Dichteschwankungen des Schallfeldes durch Interferenzeffekte.

3. Die Synthese von Sprachlauten. Die Ergebnisse der Analyse können durch Synthese von Sprachklängen aus künstlich erzeugten Teilklängen überprüft werden. HELMHOLTZ[12]) benutzte zur Nachbildung der Vokale ein System von Stimmgabeln, welches auf einen Grundton und die entsprechenden Obertöne abgestimmt ist, die Stimmgabeln werden elektromagnetisch erregt und arbeiten auf entsprechende Resonatoren, welche die Schallabstrahlung an die

---

1) V. HENSEN, ZS. f. Biol. Bd. 23, S. 299. 1887.

2) L. HERMANN, Pflügers Arch. f. d. ges. Physiol. Bd. 45. 1889; Bd. 47. 1890; Bd. 48. 1890; Bd. 53. 1893; Bd. 56. 1894; Bd. 58. 1894; Bd. 61. 1895; Bd. 83. 1901; Bd. 91. 1902; Bd. 141. 1911; Bd. 150. 1913.

3) E. W. SCRIPTURE, Researches in experimental phonetics. The study of speech curves. Washington 1906, Publ. by the Carnegie Inst.

4) O. WEISS, ZS. f. biol. Meth. Bd. 1, S. 49. 1908.

5) S. GARTEN, Ann. d. Phys. (4) Bd. 48, S. 273. 1915. (Hier weitere Literatur.)

6) D. C. MILLER, The science of musical sounds, 1916.

7) W. EINTHOVEN u. S. HOOGERWERF, Pflügers Arch. f. d. ges. Physiol. Bd. 204, S. 275. 1924.

8) Vgl. hierzu F. TRENDELENBURG, Wiss. Veröffentl. a. d. Siemens-Konz. Bd. III/2, S. 43. 1924; Bd. IV/1, S. 1. 1925; Bd. IV/2, S. 200. 1925; Bd. V/2, S. 120. 1926.

9) E. C. WENTE, Phys. Rev. (2) Bd. 10, S. 39. 1917.

10) K. GEHLHOFF, ZS. f. Phys. Bd. 3, S. 330. 1920.

11) A. RAPS, Wied. Ann. Bd. 50, S. 193. 1893.

12) H. v. HELMHOLTZ, Lehre von den Tonempfindungen. 6. Aufl., S. 629. 1913.

Luft vermitteln. Systematische Studien auf dem Gebiet der Schallsynthese führten STUMPF[1]) und MILLER[2]) nahezu gleichzeitig und unabhängig voneinander mit Systemen von Pfeifen durch.

KÖNIG[3]) schuf die Wellensirene, bei der an einer Öffnung, durch welche ein Luftstrom durchtritt, eine entsprechend der erwünschten Schwingungsform ausgeschnittene Schablone vorbeiläuft, so daß der Luftstrom in der Kurvenform der Schablone gedrosselt wird und so einen Klang erzeugt. JAENSCH[4]) arbeitete mit der WEISSschen[5]) Selensirene — eine Anordnung, welche auch LACHMUND[6]) zu seinen Untersuchungen verwendet. STEWART[7]) stellt Vokale und Halbvokale dadurch zusammen, daß er einen periodisch unterbrochenen elektrischen Strom über abstimmbare Kreise zu einem Telephon führt. PAGET[8]) erzeugte Vokale mittels eines durch einen künstlichen Kehlkopf geblasenen Luftstromes; vor den Kehlkopf ist ein gekoppeltes System von zwei Resonatoren geschaltet. Ähnlich arbeitete CRANDALL[9]), noch bessere Resultate wurden von ihm allerdings dadurch erhalten, daß er statt des künstlichen Kehlkopfes einen Telephonsender verwendete. Der Telephonsender wurde im Versuchsfall mit einem Strom der Grundfrequenz 100 Hertz und sehr zahlreichen Obertönen (Kurvenform ähnlich einer Säge) erregt.

4. Methoden zur unmittelbaren Untersuchung der Sprachwerkzeuge. Hier seien zunächst die Methoden genannt, welche die Eigenschaften der Mundhöhle als schwingungsfähiges Gebilde zu erschließen trachten. DONDERS[10]) bläst die Mundhöhle dadurch an, daß er einen Luftstrom durch die dauernd offen gehaltene Stimmritze treiben läßt, er kann so die den betreffenden Mundhöhlenstellungen entsprechenden Eigentöne bestimmen. WEISS[11]) zeichnet die auf diese Weise erzeugten Schwingungen der Mundhöhle mittels seines Seifenblasenphonoskopes auf, Versuche, welche von GARTEN[12]) erweitert wurden. Auch mit mechanischen Mitteln wurde die Eigenschwingung der Mundhöhle angeregt: HELMHOLTZ[13]) verwendet Stimmgabeln, welche vor die Mundhöhle gehalten werden, GUTZMANN[14]) benutzt in ähnlicher Weise Pfeifen, AUERBACH[15]) verwendet die Methode der Perkussion des Schildknorpels, ABRAHAM[16]) erregt die Eigenschwingung durch Beklopfen der Backen und auch durch Anblasen von außen her durch einen Luftstrom, GARTEN[12]) regt die Eigenschwingung durch Funkenknall und auch durch eine Schlitzsirene an.

Die unmittelbare Beobachtung der Tätigkeit des Kehlkopfes und insbesondere der Stimmbänder kann mittels des von dem spanischen Gesangslehrer GARZIA[17])

[1]) C. STUMPF, Berl. Ber. 1918, S. 333.

[2]) D. C. MILLER, Science of musical sounds.

[3]) R. KÖNIG, Wied. Ann. Bd. 57, S. 339. 1896.

[4]) E. R. JAENSCH, ZS. f. Sinnesphysiol. Bd. 47, S. 264. 1913.

[5]) O. WEISS, ZS. f. biol. Techn. u. Method. Bd. 1, S. 121. 1908.

[6]) H. LACHMUND, ZS. f. Psychol. Bd. 88, S. 1. 1921.

[7]) JOHN Q. STEWART, Nature Bd. 110, S. 311—312. 1922. Über Vokalsynthese vgl. insbes. auch K. v. WESENDONK, Phys. ZS. Bd. 10, S. 313. 1909; Verh. d. D. Phys. Ges. Bd. 19, S. 95. 1917; Verh. d. D. Phys. Ges. Bd. 20, S. 180. 1918; C. STUMPF, Berl. Ber. 1918, S. 333; H. GUTZMANN, Verh. d. Ver. d. Laryngol. 1911, S. 1—13 u. 1912, S. 1—4.

[8]) Sir R. A. S. PAGET, Proc. Roy. Soc. (A) Bd. 102, S. 752. 1923; Bd. 106, S. 150. 1924.

[9]) I. B. CRANDALL, The Bell Syst. Techn. Journ. Bd. 6, S. 100. 1927; hier auch weitere Literatur.

[10]) F. C. DONDERS, Arch. f. Holl. Beitr. zur Natur- u. Heil-kde. Bd. 1, S. 157. 1858.

[11]) O. WEISS, Pflügers Arch. f. d. ges. Physiol. Bd. 142, S. 567. 1911.

[12]) S. GARTEN, Leipziger Abhandlungen Bd. 38, S. 5. 1921.

[13]) H. v. HELMHOLTZ, Lehre von den Tonempfindungen, S. 177.

[14]) H. GUTZMANN, Verh. d. Ver. D. Laryngol. 1911, S. 476; Physiologie der Stimme und Sprache, S. 124. Braunschweig 1909.

[15]) F. AUERBACH, Wied. Ann. Bd. 3, S. 152. 1878.

[16]) O. ABRAHAM, ZS. f. Psychol. Bd. 74, 1916.

[17]) M. GARZIA, Proc. Roy. Soc. London 1855, Bd. 7, S. 399.

1854 erfundenen Kehlkopfspiegels durchgeführt werden. In Verbindung mit stroboskopischen Methoden kann hierbei die Stimmbandschwingung im einzelnen untersucht werden, eine Methode, deren sich RÉTHI[1]) und MUSEHOLD[2]) mit Erfolg bedienten.

Die Größe des zur Stimmgebung benötigten Luftdruckes kann an Personen bestimmt werden, welche eine Luftröhrenfistel tragen, an der luftdicht eingesetzten Trachealkanüle wird ein Manometer angeschlossen[3]).

Die unmittelbare Untersuchung der Sprachwerkzeuge erfordert neben dem Einsatz physikalischer Methoden die Vertrautheit mit physiologischen Arbeitsweisen, es sei dieserhalb auf die einschlägige Literatur[4]) verwiesen.

b) Die physikalischen Eigenschaften der Sprachklänge.

5. Die Formanten der einzelnen Sprachlaute. Das wichtigste Ergebnis der physikalischen Untersuchungen der Sprachklänge liegt in der Erkenntnis, daß einem jeden Sprachklang bestimmte und in ihrer absoluten Höhe feste Tonbereiche zugeordnet sind, die Teiltöne dieser Tonbereiche treten in dem betreffenden Klang mit hervorragender Intensität auf. WILLIS[5]) (1832), WHEATSTONE[6]) (1837), GRASSMANN[7]) (1854) und insbesondere HELMHOLTZ[8]) (1859) sind als diejenigen zu nennen, welche die genannte Tatsache in vollem Umfang belegten.

HERMANN[9]) war der Ansicht, daß für die Charakterisierung eines jeden Sprachlautes nur ein einzelner bestimmter Teilton maßgebend sei. Für diesen Teilton prägte er den treffenden Namen Formant. Nach neueren Forschungen ist nicht ein einzelner Ton, sondern ein gewisser Teiltonbereich maßgebend: für diesen charakteristischen Tonbereich gebraucht man in erweitertem Sinne den HERMANNschen Ausdruck „Formant".

Der Grund zum Auftreten der Formanten liegt darin, daß jedem Sprachlaut eine bestimmte Einstellung der natürlichen Hohlräume der Mundhöhle, des Rachens und der Nase entspricht. Der geometrischen Anordnung jeder Sprachorganeinstellung entsprechen nun wieder bestimmte Eigenschwingungen der eingeschlossenen Hohlräume; die diesen Eigenschwingungen naheliegenden Obertöne des Stimmbandklanges werden bei den stimmhaften Sprachlauten durch Resonanz hervorgehoben und in das Schallfeld verstärkt abgegeben. Bei der Erzeugung stimmloser Sprachlaute werden die natürlichen Hohlräume in ihrer Eigenfrequenz selbst angeblasen, so daß auf diese Weise der Sprachformant

---

[1]) L. RÉTHI, Wiener Ber. Math. Naturw.-Kl. Abt. III Bd. 105. 1896; Bd. 106. 1897.

[2]) H. MUSEHOLD, Arch. f. Laryngol. u. Rhinol. Bd. 7, S. 1. 1898.

[3]) Vgl. hierzu P. v. GRÜTZNER, Stimme und Sprache. Handwörterb. d. Naturwiss. Bd. 9, S. 642. Jena 1913.

[4]) Vgl. hierzu insbesondere „Die Physiologie der Luftwege" von E. v. SKRAMLIK im Handb. d. norm. u. pathol. Physiol. Bd. 2; Berlin: Julius Springer; ferner Handb. d. Hals-, Nasen- u. Ohrenheilk.; Bd I., Berlin: Julius Springer. Dort ausführliche Behandlung der Methodik zur Untersuchung des Mundes, der Nase, des Kehlkopfes, der Luftröhre, der Bronchien usw. Es sei hier auch auf den oben in Anm. 3 erwähnten Artikel verwiesen.

[5]) R. WILLIS, Pogg. Ann. Bd. 24, S. 397. 1832.

[6]) Vgl. hierzu CH. WHEATSTONE, London and Westminster Review 1837, Oktober.

[7]) H. GRASSMANN, Programm des Stettiner Gymnasiums 1854; vgl. auch Wied. Ann. Bd. 1, S. 606. 1877.

[8]) H. v. HELMHOLTZ, Gelehrte Anz. d. k. bayer. Akad. d. Wiss. 18. Juni 1859. Lehre von den Tonempfindungen VI. Aufl. S. 168.

[9]) L. HERMANN, Literatur unter Ziff. 2.

in dem Klangbild auftritt — schließlich kommen Sprachlaute vor, welche eine Superposition beider Arten der Klangerzeugung darstellen. Wir werden diese Fragen im einzelnen in Ziff. 11 besprechen. Über die Lage der Formantbereiche stimmloser Sprachlaute gibt Abb. 1 Auskunft, welche von STUMPF[1]) auf Grund seiner Untersuchungen nach der Methode des Ab- und Aufbaues von Klängen durch Interferenzsysteme aufgestellt wurde. STUMPF beobachtete subjektiv die Entstellungen der Klangfarbe, welche ein Sprachklang durch Abschneidung bestimmter Teiltonbereiche erfährt; diese Beobachtungen gestatten Schlüsse auf die Wichtigkeit der betreffenden Tonbereiche für die Charakterisierung der einzelnen Sprachlaute. Die stark ausgezogenen Linien der Abb. 1 bedeuten die Formanten, die schwächeren die Unterformanten,

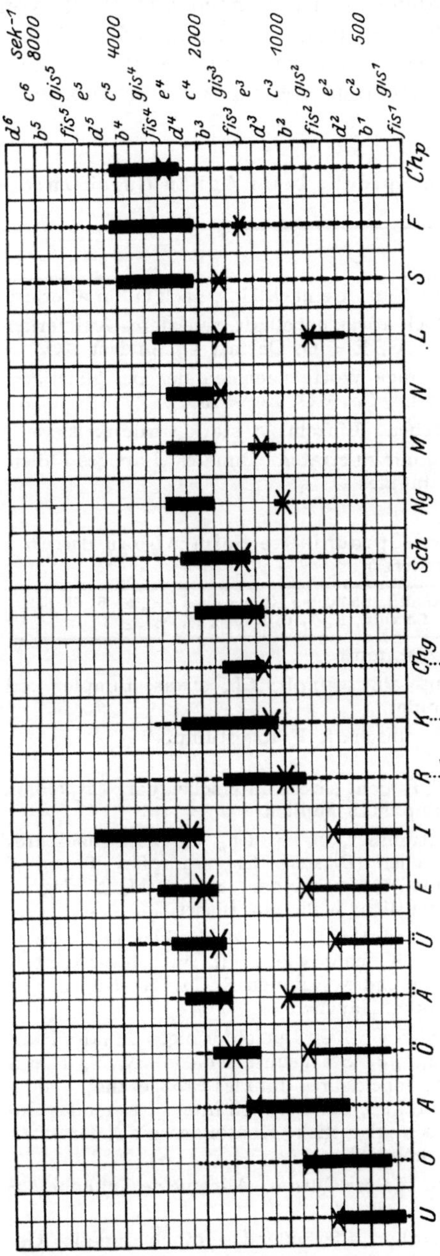

Abb. 1. Vergleichende Übersicht des Aufbaues stimmloser Vokale und Konsonanten nach C. STUMPF.

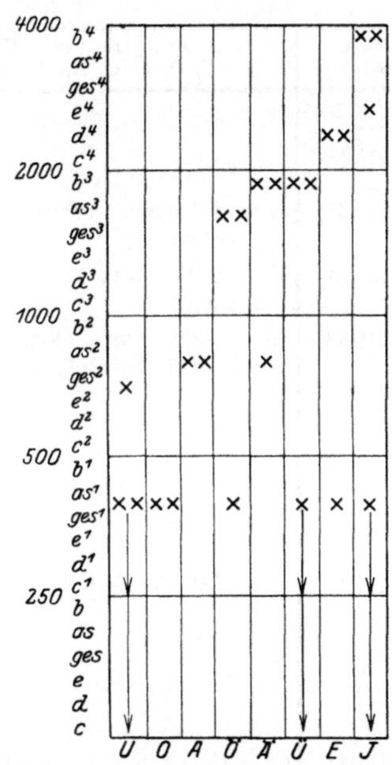

Abb. 2. Die Formantlage gesungener Vokale nach C. STUMPF.

die gestrichelten und punktierten Linien weniger wesentliche Abschnitte des Gesamtumfanges. Ähnlich ist in Abb. 2 die Formantlage gesungener Vokale dargestellt[2]).

1) C. STUMPF, Beiträge z. Anat. usw. Bd. 17, S. 181. 1921.
2) Entnommen C. STUMPF, Berl. Ber. 1918, S. 351.

Neben der unmittelbaren Bedeutung, welche diese Versuche für die Kenntnis der Formanten haben, sind derartige Untersuchungen von besonderer Bedeutung für alle diejenigen Probleme, welche mit der Frage der klanggetreuen Schallübertragung und Wiedergabe zusammenhängen — ist es doch von Wert, von vornherein beurteilen zu können, welche Entstellungen die Klangfarbe erfährt, wenn bei der Übertragung oder Wiedergabe bestimmte Tonbereiche ausfallen. Die folgenden Tabellen, welche ebenfalls Arbeiten von STUMPF[1]) entnommen wurden, geben hierüber Auskunft.

Tabelle 1. Veränderungen der stimmhaften Sprache beim Abbau durch Interferenzröhren.

Obere Tongrenze	
es^4 (2461)	Noch ganz gut verständlich. Einzeln: I und Ue nach U, E nach O hin alteriert.
as^3 (1642)	Ebenfalls noch alles verständlich, doch etwas nebelhaft, schärferes Aufmerken erforderlich. Einzeln: I und Ue ≐ U, E = O, Oe fast O, Ae fast AO.
es^3 (1230)	Vieles unverständlich, doch öfters einige Worte nacheinander bei günstigem Zusammenhang verstanden. Einzeln: Oe = O, Ae = AO.
a^2 (870)	Nur selten noch ein Wort zu verstehen. Einzeln: A stark verdunkelt.
e^2 (652)	Alles unverständlich, kein Wort auch nur zu erraten. Dunkles U-artiges Lallen. Einzeln alle Vokale wie U oder dunkles O.

Tabelle 2. Veränderungen der stimmlosen Sprachlaute beim Abbau durch Interferenzröhren.

Obere Tongrenze	1. bei den geflusterten Vokalen U, O, A, Ö, Ä, Ü, E, J	2. bei den stimmlosen Konsonanten Sch, S, F, Ch pal., Ch gutt., K, T, P, R ling., M, N, Ng, L, H
g^5 (6020)	—	S abgestumpft
d^5 (4645)	—	S stark abgestumpft, Ch_p etwas stumpfer und dunkler
b^4 (3687)	E und I etwas verdunkelt und geschwächt	S sehr unscharf, F abgestumpft
e^4 (2607)	E und I etwas heiser und blasend	S und F nicht sicher unterscheidbar, Ch_p einem stumpfen S ähnlich
h^3 (1953)	Ae = AOä, Oe = Oeo, Ue = Uü E = Oö dunkel; I = U	Sch stumpfer, S, F, Ch_p ununterscheidbares Hauchen (Blasen), Ch_g stumpfer, T und P kaum unterscheidbar; ebenso M, N, Ng, L undeutlich, mehr ein Blasen
f^3 (1381)	A verdunkelt, Oe fast = O, Ae = AO, Ue = leises U, E = Ou	Sch unkenntlich, Ch_p viel dunkler und schwächer, K mehr wie T, R ein schwach intermittierendes Gaumen-R, M, N, Ng, L nur dunkles Hauchen
h^2 (977)	A = Ao, Ae = Oa	Sch, S, F, Ch_p, Ch_g gleichförmiges dunkles Hauchen, nur Stärkeunterschiede, K, T, P ununterscheidbares dunkles Stoßgeräusch; auch R dunkles, nur schwach intermittierendes Geräusch. Sämtliche Konsonanten auf derselben Tonhöhe b^2
f^2 (691)	O = Ou, A fast = O, Oe = Ou, Ae = O, Ue u. I = ganz leises U	R ganz mattes Gurren. Allgemeine Tonhöhe fis^2
c^2 (517)	U schwach, O = Ou, A = U, Oe = Ou, Ae = Uo; Ue, E, I = U	Wie vorher, alle äußerst schwach dumpfes Geräusch, höchstens noch R erratbar. Allgemeine Tonhöhe c^2
fis^1 (366)	U, O, A höchstens minimales dumpfes Geräusch. Die übrigen unhörbar	Alle nahezu oder ganz unhörbar

[1]) C. STUMPF, Beitr. z. Anat. usw. Bd. 17, S. 182. 1921.

Es war bereits erwähnt, daß FLETCHER[1]) Untersuchungen über die Verständlichkeit der Sprache beim Abschneiden bestimmter Frequenzbereiche anstellte. Abb. 3 bezieht sich auf die Verständlichkeit fortlaufenden Sprachtextes; in dem Diagramm bezeichnet N diejenige Kurve, welche man erhält, wenn ein System alle niederen Frequenzen als die den Abszissen entsprechenden Grenzfrequenzen durchläßt, während H die Verständlichkeit darstellt, wenn alle höheren Frequenzen durchgelassen werden. Auf die in der gleichen Abbildung dargestellte Energieverteilung wird später eingegangen werden. Abb. 4 zeigt in analoger Darstellung die Verständlichkeit einzelner Laute der amerikanischen Sprache.

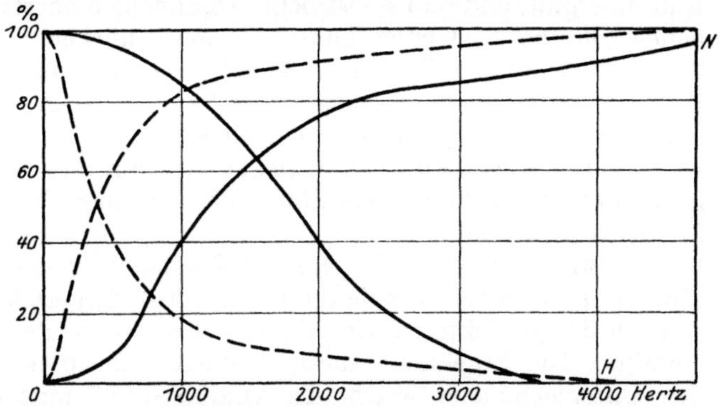

Abb. 3. Sprachverstandlichkeit und prozentuelle Sprachenergie beim Abschneiden von Tonbereichen nach H. FLETCHER.
—— Sprachverstandlichkeit; – – – – Sprachenergie.

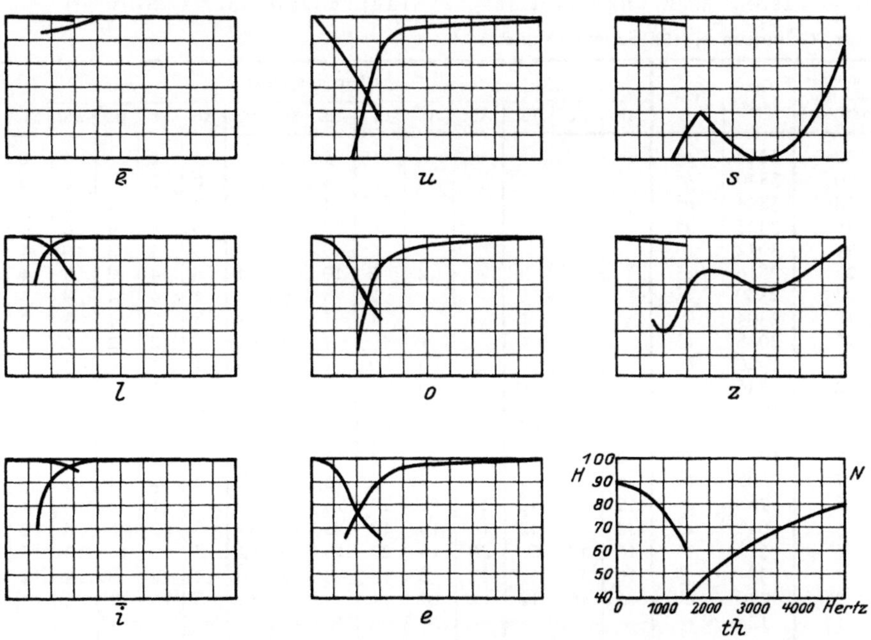

Abb. 4. Verstandlichkeit einzelner Sprachlaute nach H. FLETCHER.

Es sei hier noch auf Untersuchungen WAGNERS[2]) verwiesen, die den Frequenzbereich von Sprache und Musik betreffen; faßt man die dort gewonnenen Ergebnisse mit den erwähnten Untersuchungen zusammen, so kann man sagen,

[1]) H. FLETCHER, The nature of speech and its interpretation. Bell Syst. Techn. Journ. Bd. 1, G. 1, S. 129. 1922. Ebendort finden sich Angaben für die Verstandlichkeit der Sprache bei verschiedener Intensität.

[2]) K. W. WAGNER, Elektrot. ZS. Bd. 45, S. 451. 1924.

daß eine obere Grenzfrequenz von etwa 10000 Hertz für alle praktischen Zwecke ausreicht, daß ein Abschneiden oberhalb 8000 Hertz noch einen kaum merkbaren Einfluß ergibt, und daß selbst beim Abschneiden oberhalb 5000 Hertz im wesentlichen nur die schärfsten Laute der menschlichen Stimme — wie s und f — beeinflußt werden, während die Vokale — und insbesondere auch die persönliche Klangfarbe der Vokale — noch voll erhalten bleiben; unterhalb etwa 5000 Hertz tritt dann rasch beginnender Verfall ein.

Die bisherigen Angaben beziehen sich auf die allgemeine Lage der Sprachformanten. Über die relative Stärke der einzelnen Teilkomponenten ist folgendes festgestellt worden:

STUMPF[1]) ermittelte durch seine Resonanzgabelmethode (Ziff. 2) für die Teiltöne der gesungenen Vokale die in Tabelle 3 dargestellten Stärkeklassen, welche er nach der subjektiven Empfindung der Stärke des Mitschwingens der Gabel einteilte. Die Ergebnisse dieser Untersuchungen decken sich weitgehend mit den Untersuchungen, welche TRENDELENBURG[2]) mittels des Kondensatormikrophons nach RIEGGER durchführte. Die Klangbilder einer Reihe von Sprachlauten, welche mit diesem Schallempfänger aufgezeichnet wurde, zeigt Tafel I. Auf diesen Klangbildern ist erstmalig auch die feinere Struktur der Sprachklänge bis über 5000 Hertz aufgelöst, insbesondere wurde auch festgestellt, daß für die Vokale U O A typische Teiltöne in Gegend von 3000 Hertz auftreten, welche für die

Tabelle 3. Klangverteilung der Hauptvokale nach C. STUMPF[3]).

1. Grundton c, 128 Schwingungen s^{-1}.

Ordnungszahl des Partialtones	Tonhöhe	Note	Versuchsperson														
			Ab.	St.	Bl.	Ab.	St.	Bl.	Ab.	St.	Bl.	Ab.	St.	Bl.	Ab.	St.	Bl.
32	4096	c^5							4	2		4	2		4	2	
30	3840	h^4							4	3		6	2		8	2	
28	3854	$\bar{b}^4$							4	3	1	8	6	1	8	3	1
26	3328	$\bar{a}^4$							8	3	2	6	4	4	8	4	2
24	3072	g^4						1	8	4	3	8	4	3	10	4	3
22	2816	fis^4			1		2	2	10	6	4	8	4	2	8	4	3
20	2560	e^4			2		1	2	8	6	4	4	4	4	8	4	3
18	2304	d^4			0		1	1	4	4	2	8	2	1	8	2	3
16	2048	c^4			0		1	0	4	2	1/2	8	2	2	4	2	2
15	1920	h^3			0		0	0	4	3	0	4	1	0	3	1	0
12	1536	g^3			0		0	0	8	4	6	6	2	1	4	2	1/2
10	1280	e^3			1/2		1	1/2	10	6	8	6	0	1	3	0	1
9	1152	d^3			1/2	2	0	1/2	12	6	8	4	0	1	2	0	1
8	1024	c^3	2		2	4	1/2	2	12	4	4	4	0	1	3	0	1
7	896	$\bar{b}^2$	6	3	4	8	4	8	16	8	8	2	1/2	4	8	1/2	4
6	768	g^2	12	10	16	20	12	20	16	16	20	10	1	4	6	1	4
5	640	e^2	12	8	12	16	10	12	8	14	20	3	2	8	8	2	8
4	512	c^2	16	12	20	20	16	20	10	10	12	8	6	14	12	6	12
3	384	g^1	16	16	16	12	8	18	8	12	6	12	12	8	12	12	4
2	256	c^1	16	16	12	12	16	14	8	6	12	6	14	12	12	14	12
1	128	c	—	—	—	—	—	—	—	—	—	—	—	—	—	—	—
				U			O			A			E			I	

[1]) C. STUMPF, Die Sprachlaute. S. 23ff. Berlin 1926 (umfassendes modernes Werk über die Sprachlaute, enthält auch ein ausführliches Literaturverzeichnis).

[2]) F. TRENDELENBURG, Wiss. Veröffentl. a. d. Siemens-Konz. Bd. III/2, S. 43. 1924; Bd. IV/1, S. 1. 1925; Bd. IV/2, S. 200. 1925; Naturwissensch. Bd. 12, S. 661. 1924; Bd. 13, S. 772. 1925; Bd. 15, S. 297. 1927.

[3]) Die Tabelle ist eine Veröffentlichung von F. TRENDELENBURG, Wiss. Veröffentl. a. d. Siemens-Konz. Bd. IV/1, S. 1. 1925 entnommen. In dem nach Niederschrift dieses Artikels erschienenen Buch von C. STUMPF, „Die Sprachlaute", sind noch ausführlichere Angaben.

2. Grundton c^1, 256 Schwingungen s^{-1}.

Ordnungszahl des Partialtones	Tonhöhe	Note	Versuchsperson														
			Ab.	St.	Kr.	Ab.	St.	Kr.	Ab.	St.	Kr.	Ab.	St.	Kr.	Ab.	St.	Kr.
16	4096	c^5				$^1/_2$	2		3	3	1	4	4		2	2	
15	3840	h^4				2	4		6	4	0	3	3		4	3	1
14	3584	$\bar{b}^4$	1			6	5		8	4	4	6	8		4	4	2
13	3328	$\bar{a}^4$	1	1		6	5	2	10	8	6	10	10	2	10	6	1
12	3072	$\bar{g}^4$	1	2	4	3	6	12	12	10	12	10	12	4	12	8	8
11	2816	$\overline{fis}^4$	2	2	2	4	10	14	14	14	16	7	4	12	10	8	10
10	2560	e^4	2	2	12	8	4	16	14	8	16	16	12	16	18	10	8
9	2304	d^4	2	3	8	2	4	12	8	6	8	12	10	20	14	12	12
8	2048	c^4	1	3	8	2	3	4	8	3	6	14	8	10	8	6	8
6	1536	g^3	3	2	2	3	4	4	12	10	12	10	8	12	8	4	8
5	1280	e^3	2	4	4	4	4	8	16	12	12	6	6	12	4	4	4
4	1024	c^3	4	4	6	4	8	12	16	12	16	6	6	16	4	4	4
3	768	g^2	20	20	16	20	16	20	22	22	22	10	8	22	8	4	12
2	512	c^2	16	10	12	24	20	22	16	12	16	14	16	16	14	4	16
1	256	c^1	22	22	20	16	16	12	12	12	16	16	16	8	18	18	20
				U			O			A			E			I	

3. Grundton c^2, 512 Schwingungen s^{-1}.

Ordnungszahl des Partialtones	Tonhohe	Note	Versuchsperson														
			Be.	Oh.	Pl.	Be.	Oh.	Pl.	Be.	Oh.	Pl.	Be.	Oh.	Pl.	Be.	Oh.	Pl.
8	4096	c^5				$^1/_2$			2	4	8	1	2	4	$^1/_2$	0	8
7	3584	$\bar{b}^4$	6		4	8	4	4	8	6	8	12	4	4	12	4	10
6	3072	g^4	4		2	8	4	8	14	4	8	16	4	10	16	4	10
5	2560	e^4	2	3	2	2	6	4	4	4	2	8	8	12	8	12	16
4	2048	c^4	$^1/_2$	4	0	3	3	4	8	6	4	4	16	14	2	18	14
3	1536	g^3	6	4	4	6	6	4	16	12	6	6	10	10	6	10	10
2	1024	c^3	14	12	8	14	20	12	12	16	10	8	12	4	8	12	4
1	512	c^2	16	24	16	24	20	18	16	18	18	16	22	18	20	24	20
				U			O			A			E			I	

Anm.: Die überstrichenen Noten bedeuten, daß sich die betreffende physikalisch definierte Schwingungszahl nicht ganz streng mit derjenigen der angegebenen Note deckt.

persönliche Klangfarbe von ausschlaggebender Bedeutung sind. Starke Teiltöne in diesem Gebiet verleihen dem Klang einen metallisch harten Klangcharakter, treten diese Teiltöne zurück, so nimmt der Klang einen weicheren Charakter an.

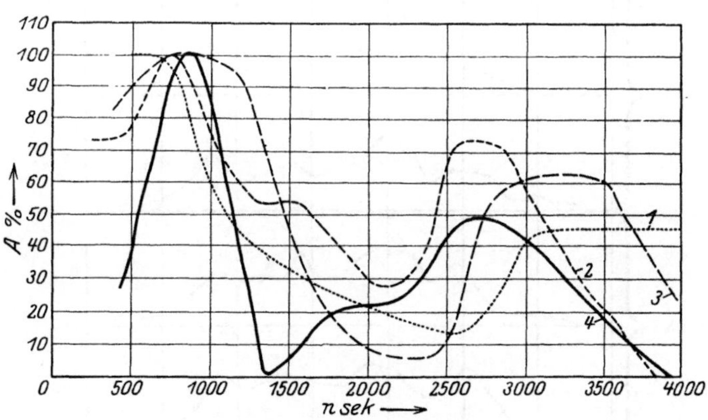

Abb 5. Klangverteilung des Vokales A.

1. Nach C. STUMPF (Tabelle 3/3, Versuchsperson Pl.);
2. Nach C. STUMPF (Tabelle 3/2, Versuchsperson Kr.);
3. Fourieranalyse nach F. TRENDELENBURG, Klangbild 9 } Wiss. Veröff. a. d. Siemens-
4. Fourieranalyse nach F. TRENDELENBURG, Klangbild 10 } Konz. Bd. III/2, S. 43. 1924.

Die aufgezeichneten Klangbilder sind auch quantitativ wertbar. Kondensatormikrophon und Verstärkerschaltung arbeiten praktisch verzerrungsfrei, so daß die abgebildeten Kurven tatsächlich mit großer Annäherung die als Klangbild definierte Funktion darstellen. Der Empfänger und der Verstärker wurden überdies durch TRENDELENBURG[1]) nach einer im Kapitel „Akustische Meßmethoden" Ziff. 16 (ds. Bd. Kap. 13) besprochenen Methode geeicht, so daß auch kleine Abweichungen vom theoretisch geforderten Verlauf eliminiert werden können.

Die erwähnte Arbeit enthält auch Fourieranalysen der Klangkurven, die Ergebnisse der Analysen decken sich in vollkommener Weise mit den Ergebnissen der Arbeiten STUMPFS. Abb. 5 zeigt die Übereinstimmung in anschaulicher Weise, es sind Klangverteilungen des Vokal A dargestellt, so wie sie von STUMPF[2]) und TRENDELENBURG[3]) bestimmt wurden.

Mit dem Kondensatormikrophon nach WENTE wurden in Amerika Untersuchungen über die Klangbilder gesprochener Laute durchgeführt[4]). Über die hierbei gewonnenen Resultate gibt Abb. 6 Auskunft,

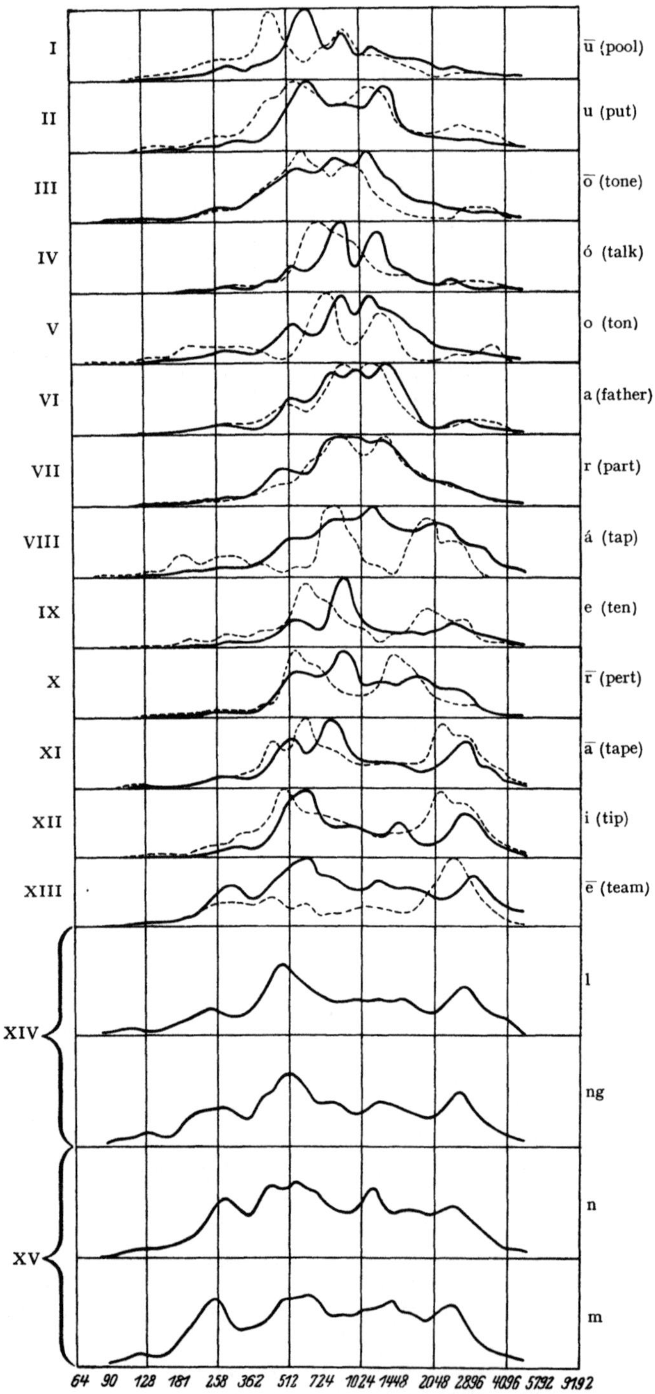

Abb. 6. Klangverteilung nach I. B. CRANDALL. Die Kurven stellen den „wirksamen" Druck dar. Bild I—XIII: ..... mannliche Stimme, —— weibliche Stimme; Bild XIV und XV mannliche Stimme.

[1]) F. TRENDELENBURG, Wiss. Veröffentl. a. d. Siemens-Konz. Bd. V/2, S. 120. 1926.

[2]) C. STUMPF, vgl. Tab. 3.

[3]) F. TRENDELENBURG, Wiss. Veröffentl. a. d. Siemens-Konz. Bd. III/2, S. 43. 1924.

[4]) Vgl. I. B. CRANDALL u. C. F. SACIA, A dynamical study of the vowel sounds. Bell Syst. Techn. Journ. Bd. 3, S. 232. 1924; I. B. CRANDALL, The sounds of speech. Ebenda Bd. 4, S. 586. 1925 (umfassende Arbeit über die Sprachklänge).

hier sind als Abszissen die Frequenzen angegeben, als Ordinaten ist der „wirksame" Druck verzeichnet. Unter dem „wirksamen" Druck wird der Druck in physikalischem Maß multipliziert mit der Gehörempfindlichkeit bei der betreffenden Frequenz verstanden, ein Begriff, der für die Beurteilung mancher akustischer, physiologischer und psychologischer Vorgänge von Vorteil sein kann, für die physikalische Betrachtung bringt er ein fremdes Moment hinein, für die physikalische Definition der Sprachlaute ist allein die tatsächliche Druckamplitude maßgebend. Die Tabelle gibt nach Umrechnung auf Druck in physikalischem Maß eine auch

Tafel I. Klangbilder nach F. Trendelenburg.
Entnommen Wiss. Veröffentl. a. d. Siemens-Konz. Bd. III/2, S. 43, 1924 und Bd. IV/1, S. 1, 1925.

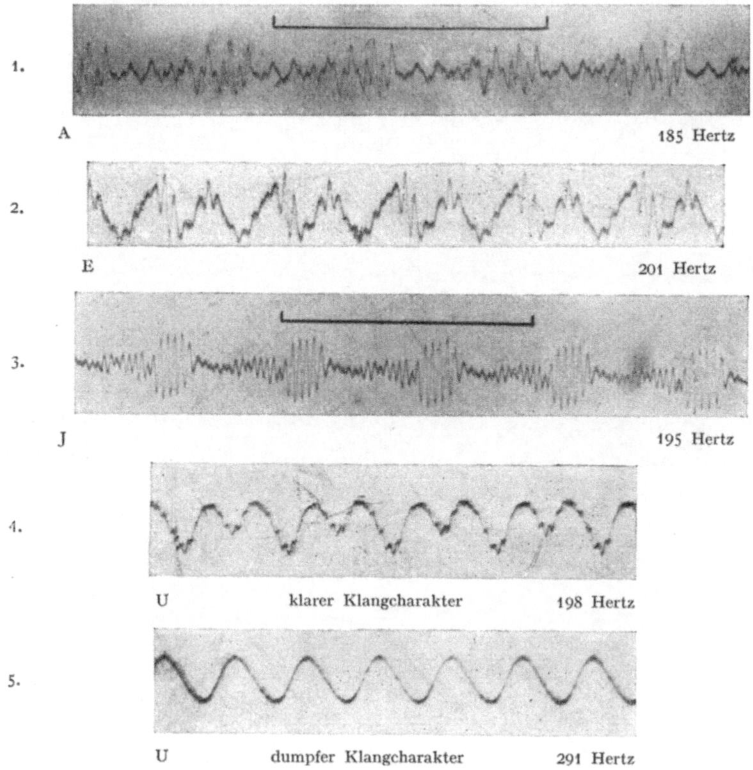

Bemerkungen: Der zeitliche Anfang aller Klangbilder befindet sich rechts, das Ende links. — Fur die stimmhaften Laute ist die Frequenz des Stimmbandklanges angegeben. In Bild 1, 3 und 6—12 ist auch als Zeitmaß von $^1/_{100}$ Sek. eingetragen.

quantitativ weitgehende Übereinstimmung mit den Ergebnissen der Aufzeichnung mittels des Hochfrequenzkondensatormikrophons nach Riegger, so daß hierdurch die mit diesem Schallempfänger gefundenen Resultate ebenso bestätigt werden wie die Ergebnisse der Forschungen von Stumpf. Auf die subjektive Prüfung der Formantgesetze durch Synthese künstlicher Klänge kann hier nur kurz verwiesen werden, es sind besonders die synthetischen Versuche von Stumpf und von Miller zu nennen, die Literatur ist in Ziff. 3 genannt.

6. Klangbildtypen[1]) einzelner Sprachlaute. Die Zuordnung bestimmter Formantbereiche für die einzelnen Sprachlaute wird durch weitere Differenzierungs-

[1]) Neben den auf Tafel I und II abgebildeten Klangbildern sei noch besonders auf Klangbilder gesprochener Sprachlaute hingewiesen, die C. F. Sacia aufnahm, diese sind in der Arbeit „Speech power and energy", Bell. Syst. Techn. Journ. Bd. 4, S. 627. 1925 abgedruckt.

merkmale ergänzt, welche sich physikalisch als bestimmte Typen der Kurvenform des Klangbildes bemerkbar machen. So sind die gesungenen Vokale streng periodische akustische Vorgänge, jede Periode — deren Grundton die Tonhöhe des musikalisch definierten gesungenen Tones besitzt — ist der folgenden Periode

Tafel II. Klangbilder nach F. TRENDELENBURG.
Entnommen Wiss. Veroffentl. a. d. Siemens-Konz. Bd. III/2, S. 43, 1924 und Bd. IV/1. S. 1, 1925.

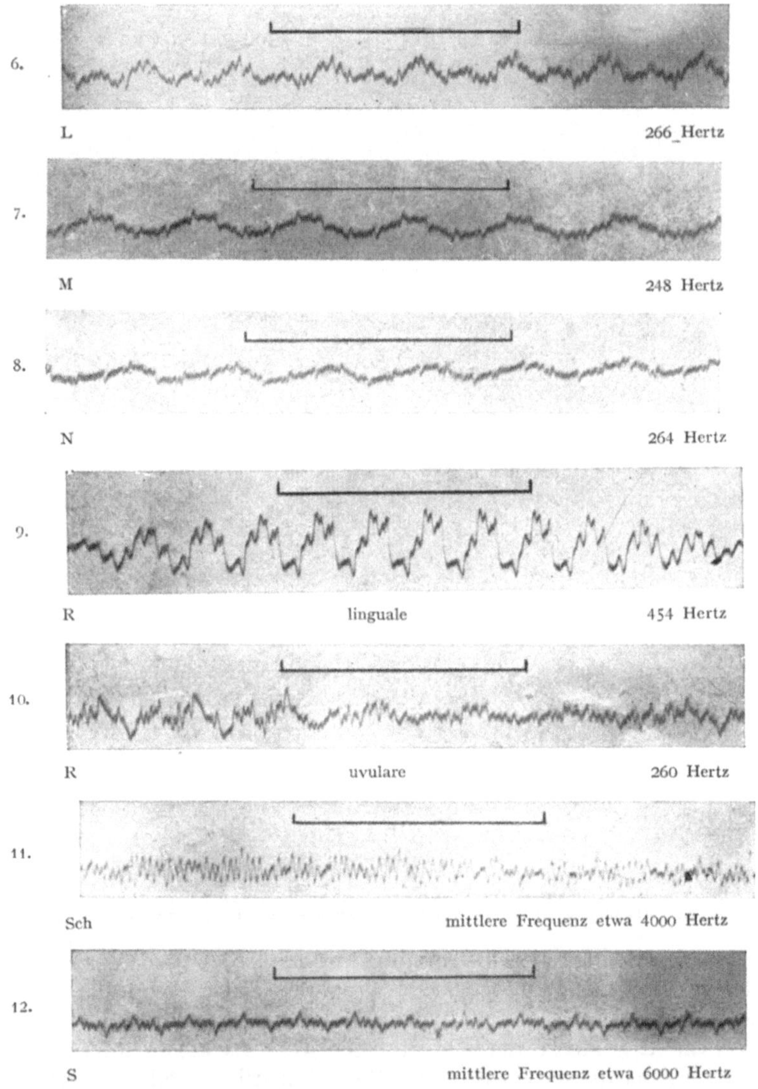

auch in ihrer feinsten Struktur identisch (vgl. Klangbilder 1—5, Tafel I). Die stimmhaften Konsonanten weisen zwar eine gewisse Periodizität auf, doch sind bei ihnen im allgemeinen Teilschwingungen objektiv merkbarer Amplitude überlagert, deren Periode von derjenigen des Grundtones völlig unabhängig ist: die strenge Periodizität der Klangbilder in der Periode der musikalisch definierten Tonhöhe geht verloren (vgl. Klangbilder 6—8, Tafel II). Andere

Sprachlaute wieder zeichnen sich durch eine periodisch schwankende Größe der Amplitude aus (Klangbild 9, Tafel II). Schließlich treten Sprachlaute auf, welche jede Periodizität vermissen lassen (Klangbild 11, Tafel II), ein letzter Typus ist dadurch gekennzeichnet, daß er nicht kontinuierlich gegeben werden kann, das Klangbild dieser Explosions- oder Verschlußlaute stellt im wesentlichen einen an- oder abklingenden Wellenzug dar (im einzelnen noch nicht untersucht).

Die Feststellung dieser mit objektiven und quantitativ auswertbaren Methoden durch Untersuchungen im Schallfeld gewonnenen Tatsachen erlaubt Rückschlüsse auf die physikalischen Vorgänge bei der Bildung der Sprachlaute, diese Fragen werden in Ziff. 11 behandelt.

7. Fortlaufender Sprachtext. Die physikalischen Eigentümlichkeiten der einzelnen Sprachlaute haben wir in Ziff. 5 und 6 besprochen. Im fortlaufenden Sprachtext kann die Lautgruppe der Vokalklänge eine gesonderte Stellung beanspruchen, die Vokale sind die eigentlichen Träger der Sprache, auf ihnen ruht die Stimme gewisse kurze Zeitperioden, auch die verstärkte Stimme: der Akzent liegt auf den Vokalen. Gegenüber schädigenden Einflüssen behalten die Vokale am längsten ihren Charakter bei, so bleiben z. B. von dem Sprachtext am längsten die Vokale erhalten, wenn sich der Hörer allmählich vom Sprecher entfernt. Beobachtungen hierüber stellte FETZER[1]) an.

Die Dauer der gesprochenen Vokale in der deutschen Sprache schwankt zwischen 0,038 und 0,549 Sekunden, im Mittel beträgt sie 0,182 Sekunden[2]). CRANDALL und SACIA[3]) ermittelten die Vokaldauer der amerikanischen Sprache im Mittel zu 0,3 Sekunden, und zwar wächst die Amplitude etwa 0,04 Sekunde rasch an, während 0,17 Sekunden bleibt sie dann praktisch konstant und klingt dann etwa 0,09 Sekunden lang ab. Die Tonhöhe des Stimmbandklanges beträgt für die männliche Stimme im Mittel etwa 125 Hertz, die Frauenstimme liegt etwa eine Oktave höher in Gegend 244 Hertz, bemerkenswert ist, daß die Tonhöhe während des Verlaufes eines gesprochenen Vokales nicht völlig konstant gehalten wird, sie ist gewissen Schwankungen unterworfen, welche in ihrer Art individuell verschieden sind [hierüber liegen Untersuchungen von CRANDALL[4]) vor].

Die Verbindung der Vokale erfolgt durch diejenigen Sprachlaute, welche man als Konsonanten bezeichnet, die Arten der gebräuchlichen Bindungen sind in den Sprachen verschieden, sie im einzelnen zu untersuchen, schlägt in das Gebiet der Phonetik, hier soll nur allgemein bemerkt werden, daß im Verlauf der Sprache diejenigen Verbindungen bevorzugt werden, welche den einen Sprachlaut in den anderen unter möglichst geringem Arbeitsaufwand für die Umstellung der Sprachwerkzeuge überführen. Nach Ablauf mehrerer aneinander gereihter Sprachlaute verschwindet das Klangbild kurzzeitig vollständig, die Spracherzeugung hat durch momentane Abdrosselung des die Stimmquellen speisenden Luftstromes ausgesetzt, die zwischen zwei derartigen Unterbrechungen liegende Gruppe von Sprachlauten wird eine Silbe genannt.

An fortlaufendem Sprachtext wurden Versuche über die mittlere Energieverteilung in Abhängigkeit von der Frequenz angestellt. Untersuchungen über die Energieverteilung verschiedener Versuchspersonen, insbesondere auch über Männer- und Frauenstimmen, führten CRANDALL und MAC KENZIE[5]) durch. Den

---

[1]) M. FETZER, Pflügers Arch. f. d. ges. Physiol. Bd. 100, S. 298. 1903.

[2]) Vgl. P. v. GRÜTZNER, Artikel „Stimme und Sprache" im Handwörterb. d. Naturwiss. Bd. 9, S. 667. 1913.

[3]) I. B. CRANDALL u. C. F. SACIA, Bell Syst. Techn. Journ. Bd. 3, S. 232. 1924.

[4]) I. B. CRANDALL, Bell Syst. Techn. Journ. Bd. 4, S. 586. 1925.

[5]) I. B. CRANDALL u. D. MAC KENZIE, Phys. Rev. (N. S.) Bd. 19, Nr. 3, S. 221. 1922; Bell Syst. Techn. Journ. Bd. 1, Heft 1, S. 116. 1922.

Mittelwert aller Messungen zeigt Abb. 7. Auf den ersten Blick wirkt die starke Konzentration der Energie in den tieferen Frequenzgebieten, die aller subjektiven Erfahrung zu widersprechen scheint, befremdend, der Widerspruch ist aber nur ein scheinbarer, die Empfindlichkeit des Ohres für diese tiefen Frequenzen ist so gering, daß der Anstieg der Energie subjektiv hierdurch kompensiert ist.

Von FLETCHER[1]) wurde bestimmt, wieviel Prozent der Gesamtenergie der Sprache bestehen bleibt, wenn oberhalb oder unterhalb einer bestimmten Grenzfrequenz abgeschnitten wird. Das Ergebnis ist in Abb. 3, Ziff. 5 mit dargestellt.

Neben der Energieverteilung auf die verschiedenen Frequenzbereiche wurde in der erwähnten Arbeit auch die mittlere Leistung der Stimme gemessen. Hierzu wurde ein auf Druckamplituden in absolutem Maß geeichtes Kondensatormikrophon in 2,5 cm Entfernung vom Mund des Sprechers angebracht, der quadratische Mittelwert der Druckamplitude am Empfänger betrug dann 11,3 Dyn/cm², dies entspricht einem Energiefluß von 3,2 Erg/cm² sec. Nimmt man an, daß dieser Energiefluß gleichmäßig über die Halbkugel von 2,5 cm Radius verteilt ist, so folgt hieraus eine mittlere abgegebene Sprachleistung von 12,5 Mikrowatt. SACIA[2]) gibt später für die lang andauernde Sprache als Mittel aus 16 Beobachtungen (acht an männlichen, acht an weiblichen Stimmen) 7,4 Mikrowatt an. Ebendort finden sich auch Messungen für die mittlere Sprachleistung während einer akzenturierten Silbe und für die momentane Spitzenleistung. Diese wurden wie folgt bestimmt:

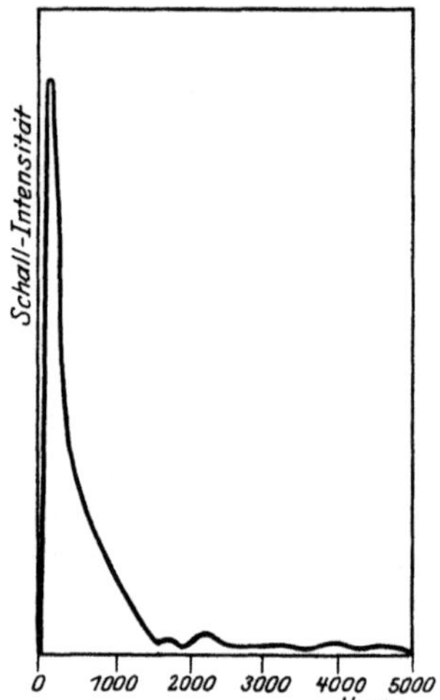

Abb. 7. Intensitätsverteilung im Sprachspektrum nach I. B. CRANDALL und MAC KENZIE.

Momentane Spitzenleistung 1000 bis 2000 Mikrowatt, mittlere Leistung für eine akzentuierte Silbe 60 bis 120 Mikrowatt.

Das Verhältnis der mittleren Leistung zur Spitzenleistung für einzelne Sprachlaute, für Silben und für die Gesamtsprache ist für alle Versuchspersonen individuell verschieden, aus den Messungen lassen sich bestimmte individuell charakteristische Werte gewinnen, z. B. der Spitzenfaktor (peakfactor) $s = \sqrt{\frac{P_h}{P_m}}$, wobei P_m die mittlere Leistung und P_h die Höchstleistung bedeutet. Der Wert des Spitzenfaktors ist, wie betont, individuell etwas verschieden, man kann ihn für praktische Zwecke mit hinreichender Genauigkeit gleich 5 setzen.

c) Spracherzeugung.

8. Der Bau der Sprachwerkzeuge. Die Energiequelle der menschlichen Stimme ist die Lunge, die in der Lunge komprimierte Luft wird der Außenluft zugepreßt, an dem Wege, den sie zu nehmen gezwungen ist, sind die Sprachorgane angeordnet, in denen das Druckgefälle des Luftstroms zur Hergabe akustischer Leistung ausgenutzt wird. Abb. 8 skizziert die Lage der Sprachorgane. Das erste zur Spracherzeugung sehr wesentliche Organ, welches an dem Luftwege liegt, ist der Kehlkopf (*K* der Abb. 8). Im Kehlkopf sind die Stimmlippen eingebaut, zwischen denen sich der Luftstrom hindurchpreßt. Die prinzipielle

[1]) H. FLETCHER, Bell Syst. Techn. Journ. Bd. 1, H. 1, S. 129. 1922.

[2]) C. F. SACIA, Speech power and energy. Bell Syst. Techn. Journ. Bd. 4, S. 627. 1925.

Anordnung der Stimmlippen zeigt Abb. 9, beim ruhigen Atmen ist die Stimmritze oder Glottis (*G* der Abb. 9) weit geöffnet, zur Stimmgebung werden sie einander genähert, bis der Luftstrom die schwingungsfähigen Stimmbänder in ihrer Eigenschwingung erregt, wir werden den Mechanismus der Stimmbandschwingung vom physikalischen Standpunkt aus in Ziff. 9 beleuchten. Über den „wahren" Stimmbändern sind die (in der Abbildung nicht gezeichneten) „falschen" Stimmbänder oder Taschenbänder angeordnet – ihnen ist vom akustischen Standpunkt aus geringere Bedeutung, jedenfalls nicht die einer selbständigen Schallquelle, wie die wahren Stimmbänder sie bilden, beizumessen. Folgen wir dem Luftstrom weiter auf seinem Wege zur Außenluft, so durchläuft er nun zunächst ein senkrecht stehendes Rohr (den Rachen *R*, Abb. 8), dieses teilt sich dann in zwei übereinandergelegene, durch eine Scheidewand getrennte Hohlräume – die Mundhöhle *M* und die Nasenhöhle *N*. Das Gaumensegel *G* (Abb. 8) ermöglicht, die Nasenhöhle von der Mundhöhle abzuschließen, ein Vorgang, der für die Strömungsverhältnisse des Luftstromes von ausschlaggebender Bedeutung ist. Man findet auch die Ansicht vertreten, daß in diesem Falle der „tönende Kehlkopf nur die Luft in der Mundhöhle erschüttern könne"[1]), demgegenüber muß die Ansicht vertreten werden, daß auch bei geschlossenem Gaumensegel die Kopplung zwischen Nasenhöhle und Mundhöhle so eng ist, daß die Nasenhöhle auf die resonatorischen Eigenschaften des Ansatzrohres, worunter man alle oberhalb des Stimmbandes liegenden Sprachorgane versteht, Einfluß behält.

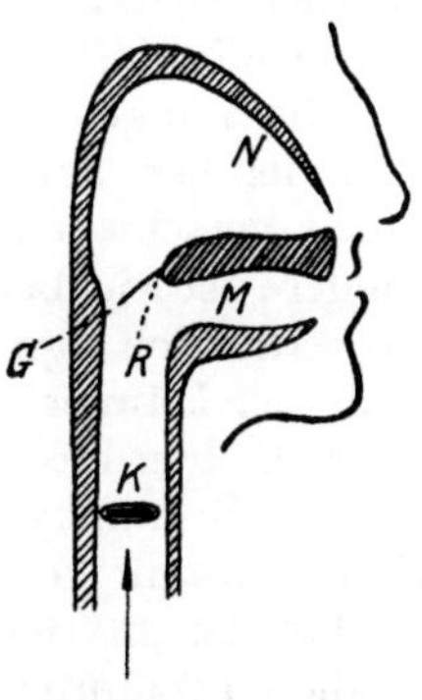

Abb. 8. Schema der Sprachorgane. Entnommen P. v. Grutzner, Artikel „Stimme und Sprache" im Handwörterb. d. Naturwiss. Bd. 9.

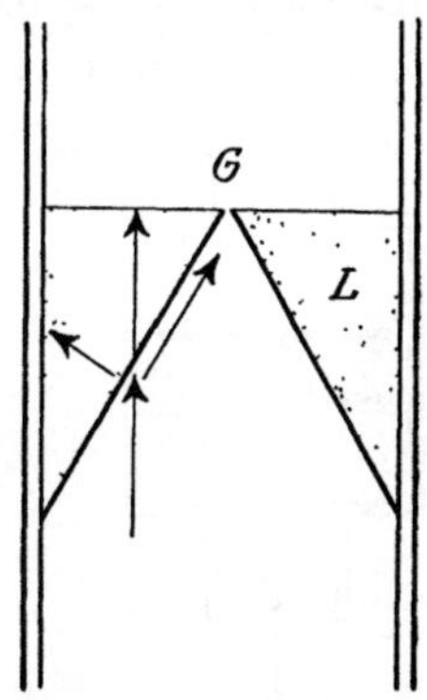

Abb. 9. Stimmritze und Stimmlippen (schematisch), entnommen E. v. Skramlik, „Physiologie des Kehlkopfes" im Handb. d. Hals-, Nasen- u. Ohrenheilk. v. A. Denker u. O. Kahler S. 614. Berlin u. Munchen 1925.

9. Die Stimmbandschwingung. Bei der Erzeugung stimmhafter Sprachlaute und insbesondere bei der Erzeugung gesungener Vokale finden die Stimmbänder als schallerzeugendes Organ Verwendung. Die Stimmbänder, auch Stimmlippen genannt, werden von dem durchtretenden Luftstrom in Art einer Pfeife angeblasen, in früherer Zeit verglich man den Kehlkopf mit einer Zungenpfeife, dieser Vergleich ist aber nur ein sehr unvollkommener, bei einer gewöhnlichen Zungenpfeife liegt die Schwingungsrichtung des schwingungsfähigen Elementes in Richtung des durchtretenden Luftstromes bzw. entgegengesetzt, während in Wirklichkeit die Schwingungsrichtung der Stimmbänder (wenigstens bei der Bruststimme, worauf wir noch zu sprechen kommen) nahezu senkrecht zur Strömungsrichtung der Luft liegt, wie Abb. 9, in welcher die an den Stimmlippen angreifenden Kraftkomponenten dargestellt sind, schematisch zeigt. Auf diesen Umstand wurde besonders von Ewald[2]) hingewiesen. So faßt man jetzt den Stimmbandmechanismus als denjenigen einer Polsterpfeife auf. Das Prinzip der Polsterpfeife[3]) zeigt die Abb. 10. In der vom Luftstrom durch-

[1]) P. v. Grützner, Stimme und Sprache, S. 643.

[2]) I. R. Ewald, Die Physiologie des Kehlkopfes und der Luftröhre. Stimmbildung. In P. Heymanns Handb. d. Laryngol. u. Rhinol. Bd. I, S. 165. Wien 1898.

[3]) Vgl. hierzu I. R. Ewald, Pflügers Arch. f. d. ges. Physiol. Bd. 152, S. 171. 1913. Über Pfeifen vgl. weiterhin Artikel „Schallerzeugung mit mechanischen Mitteln" (ds. Bd. Kap. 5) Ziff. 102ff.

flossenen Pfeifenröhre sind zwei Polster einander gegenüber gelagert; bestehen die Polster aus elastischem Material und sind ihre Stirnflächen nach der Seite des anblasenden Luftstromes hin keilförmig geöffnet (*a*), so zwängt die Luft die Polster auseinander und bei geeigneten Bedingungen der Massenverhältnisse, der Direktionskraft, der Dämpfung und des Anblasedrucks kommen kontinuierliche Schwingungen der Polster zustande. Auch können die abschließenden Polster selbst unelastisch sein, aber auf einer elastischen Wand aufliegen, auch diese Form (*b*) ist ein schwingungsfähiges Gebilde, das zur Schallerzeugung dienen kann. Die Schwingungen von Polsterpfeifen wurden insbesondere von WETHLO[1]) an Modellen studiert. Die Tonhöhe der Stimmbandschwingung kann willkürlich geregelt werden, sie hängt im wesentlichen von zwei Faktoren ab, einmal kann die Spannung der Stimmbänder — also die rückwirkende Kraft in der Schwingungsgleichung — verändert werden, anderseits kann in gewissen Grenzen auch die Länge des schwingungsfähigen Teiles der Stimmbänder eingestellt werden, so daß die Massenkräfte beeinflußt werden. Die Länge der Stimmbänder ist auch individuell verschieden, insbesondere ist sie bei Frauen erheblich geringer als bei Männern, so daß sich hierdurch die höhere Stimmlage der Frauenstimme erklärt. Man ist in der Lage, die genannten Faktoren außerordentlich fein einzustellen, der mittlere Fehler, einen vorgegebenen Ton zu treffen, variiert je nach Schulung zwischen sehr kleinen Werten und etwa 3%. Untersuchungen hierüber führten insbesondere SOKOLOWSKY[2]), KERPOLLA und WALLE[3]) durch. Über den Stimmumfang der verschiedenen Stimmlagen gibt eine Tabelle Auskunft, welche WAETZMANN[4]) entnommen wurde.

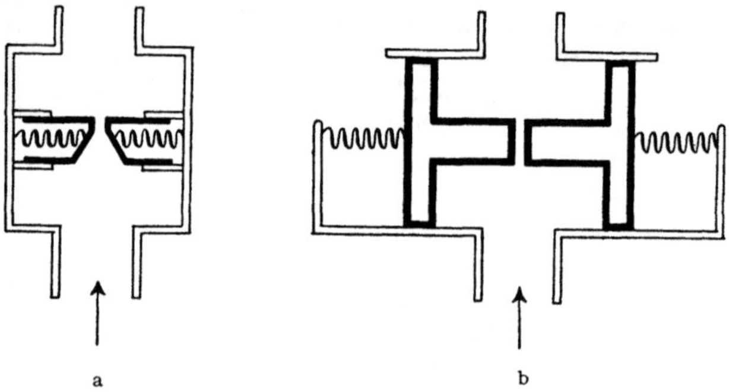

Abb. 10a u. b. Prinzipien von Polsterpfeifen. Entnommen E. v. SKRAMLIK, a. a O. S. 605.

Baß	$F-e^1$	(etwa 85—320 Hertz)
Tenor	$c-a^1$	(„ 128—435 „)
Alt	$f-e^2$	(„ 170—640 „)
Sopran	c_1-a^2	(„ 256—853 „)

Über eine Versuchsperson abnorm großen Stimmumfangs berichten RÉTHI und FRÖSCHELS[5]), der betreffende Sänger besaß einen Stimmumfang von fünf Oktaven.

Die bisherigen Betrachtungen beziehen sich lediglich auf den allgemeinen Mechanismus der Stimmbandschwingung und auf die Art der Einstellung der Tonhöhe des Grundtones — jetzt sollen die besonderen Eigenarten verschiedener typischer Formen der Stimmbandschwingung besprochen

[1]) F. WETHLO, Beitr. z. Anat. usw. Bd. 6, H. 3, S. 268ff. 1913.
[2]) R. SOKOLOWSKY, Beitr. z. Anat. usw. Bd. 5, S. 204. 1911.
[3]) WILLIAM KERPOLLA u. D. F. WALLE, Skandinav. Arch. f. Physiol. Bd. 33, S. 1ff. 1915.
[4]) E. WAETZMANN, Die Resonanztheorie des Hörens S. 25. Braunschweig 1912.
[5]) L. RÉTHI u. E. FRÖSCHELS, Pflügers Arch. f. d. ges. Physiol. Bd. 195, S. 333. 1922.

werden[1]). Man kennt drei Typen der Stimmbandschwingung, jeder Typus bedingt eine auch in ihrer physikalischen Eigenart unterscheidbare Form der Schallerzeugung, welche sich selbstverständlich auch in besonderen Eigenschaften der durch diese Arten der schallerzeugenden Stimmbandschwingung hervorgerufenen Klangbilder bemerkbar macht. Die drei Arten der Klangerzeugung werden als Gesangsregister bezeichnet. Man unterscheidet gewöhnlich drei Register: Brust-, Mittel- und Kopf- (oder Falsett-) Register. Die Form der Stimmbandschwingung beim Brustregister kommt derjenigen einer Polsterpfeife, als welche wir die Stimmbandschwingung oben idealisiert hatten, am nächsten. Als Hauptmerkmal der Stimmbandschwingung im Brustregister kann angegeben werden, daß während eines kurzen Zeitmomentes jeder Schwingungsperiode die Stimmbänder aufeinander liegen, so daß der Kehlkopf während eines Teiles jeder Periode vollständig verschlossen ist. Auf die Wirkungen dieses Vorganges für die Eigenschaften der vom Munde abgestrahlten Klänge kommen wir in Ziff. 11 (Theorien der Klangerzeugung) zu sprechen. Völlig anders verhält sich die Schwingungsform der Stimmbänder im Falsettregister, hier bleibt der Kehlkopf während des gesamten Schwingungsvorganges geöffnet, nur wird die Weite der Öffnung durch die Stimmbandschwingung periodisch zwischen einem Minimal- und einem Maximalwert variiert. Auch besitzt die Richtung der Stimmbandschwingung im Falsettregister eine ausgesprochene Komponente in Richtung der durchströmenden Luft bzw. entgegengesetzt zu dieser, also einen Schwingungsmechanismus, welcher teilweise dem einer Zungenpfeife nahekommt. Ferner schwingt beim Falsettregister nur ein geringer Anteil der Stimmbandbreite, während an der Erzeugung der Bruststimme ein verhältnismäßig breiter Anteil des Stimmbandes beteiligt ist. Das Mittelregister nimmt eine Stellung an, die zwischen diesen beiden Arten der Stimmgebung liegt. Bemerkt sei noch, daß bei der Flüsterstimme im wesentlichen die Hohlräume in ihrer Eigenschwingung angeblasen werden, es findet in der Stimmritze lediglich eine Geräuschbildung durch Randeffekte statt.

10. Das Ansatzrohr — insbesondere die Mundhöhle — als schwingungsfähiges Gebilde. In den Hohlräumen des Ansatzrohres und insbesondere in der Mundhöhle erfährt der Stimmklang, welcher vom stimmbildenden Kehlkopf der Außenluft zuläuft, eine weitgehende Beeinflussung seiner physikalischen Eigenschaften, welche sich im wesentlichen in einer völligen Veränderung der relativen Amplituden seiner Teilklänge äußert, bestimmte Teiltongebiete werden durch Resonanz hervorgehoben, so daß dem Klang der Formant eines bestimmten Sprachlautes aufgezwungen wird. Auch kann die Mundhöhle unter bestimmten Bedingungen der Sitz einer neuen selbständigen Schallquelle werden, sie kann von der hindurchströmenden Luft in einer ihrer Eigenfrequenzen selbst angeblasen werden.

[1]) Über die Beobachtung der Stimmbandschwingung in den verschiedenen Registern vgl. man: M. J. Oertel, Über den Mechanismus des Brust- und Falsettregisters. Stuttgart 1882; A. Musehold, Stroboskopische und photographische Studien über die Stellung der Stimmlippen im Brust- und Falsettregister. Arch. f. Laryngol. Bd. 7, H. 1; J. Katzenstein, Über Brust- und Falsettstimme. Zeitschr. f. klin. Med. Bd. 62; L. Réthi, Experimentelle Untersuchungen über den Schwingungstypus und den Mechanismus der Stimmbänder bei der Falsettstimme. Wiener Ber. Bd. 105, Abt. III. Juli 1896; Die Stimmbandschwingung experimentell geprüft. Ebenda Bd. 106, Abt. III. Juni 1897; Untersuchungen über die Schwingungsform der Stimmbänder bei den verschiedenen Gesangsregistern. Ebenda Bd. 106, Abt. III. Febr. 1897; J. Katzenstein, Über Probleme und Fortschritte in der Erkenntnis der Vorgänge bei der menschlichen Lautgebung nebst Mitteilung einer Untersuchung über den Stimmlippenton und die Beteiligung der verschiedenen Räume des Ansatzrohres an dem Aufbau der Vokalklänge. Beitr. z. Anat., Physiol. usw. Bd. 3, H. 4, S. 291ff. 1909; R. Sokolowsky, Analytisches zur Registerfrage. Ebenda Bd. 6, H. 1, S. 75. 1912.

Die Eigenschaften der Mundhöhle als schwingungsfähiges Gebilde hängen unmittelbar von der — in gewissen Grenzen willkürlich regelbaren — geometrischen Anordnung der Begrenzungsflächen — also des Gaumens, der Zunge, der Zähne — und von der Größe der Öffnung des Mundes ab; mittelbar sind sie auch durch die Einstellung der übrigen Teile des Ansatzrohres — Rachen, Nasenhöhle, Kehlkopf — beeinflußt, mit denen die Mundhöhle ein verhältnismäßig eng gekoppeltes Schwingungssystem bildet[1]).

Als erstes sei die Mundhöhlenstellung der Vokale behandelt. Es zeigt sich, daß man von einer bestimmten Grundstellung der Mundhöhle aus sämtliche Vokale durch stetige Änderung der Mundhöhlenstellung erreichen kann, wobei man drei verschiedene Wege der Variation der Mundhöhleneinstellung wählen muß. Die erwähnte Grundstellung nimmt der Vokal A ein, dieser Vokal geht in der durch das folgende Schema zu ersehenden Weise in die anderen Vokale über:

			A			
		Ä		Å		
	E		Ö		O	
I			Ü			U

Für den Vokal A bildet nämlich die Mundhöhle einen verhältnismäßig weit geöffneten Trichter, nur ganz wenig ist sie am Mund verengert. Schließt man den Mund nun allmählich, so geht das A über ein Å in das O und schließlich in das U über.

Um vom A über das Ä zum E zu gelangen, hebt sich die Zunge mehr und mehr in die Höhe und nähert sich dem harten Gaumen, so entsteht eine lange und schmale Spalte, die für I am engsten wird. Die mittlere Reihe A Ö Ü besitzt als charakteristische Mundhöhlenstellung eine Kombination beider eben angegebenen Vokalreihen, so daß z. B. die Ü-Einstellung dann vorhanden ist, wenn der Mund wie beim U nahezu geschlossen, die Zunge aber wie beim I dem harten Gaumen dicht genähert ist.

In jeder dieser räumlichen Anordnungen besitzt die Mundhöhle als schwingungsfähiges Gebilde bestimmte Eigenschaften, die sich im wesentlichen in der Tonlage ihrer Eigenresonanzen bemerkbar machen. Auch die Dämpfungsverhältnisse sind verschieden, hierüber macht GARTEN[2]) einige Angaben; er findet für die A-Stellung 1,19, für O 1,15, für U 1,10 als Dämpfungsverhältnis zweier unmittelbar aufeinanderfolgender, also entgegengesetzt gerichteter Amplituden. Die Angaben beziehen sich lediglich auf die Formantschwingung und sagen über die Dämpfungsverhältnisse höherer Resonanzmöglichkeiten, wie sie gerade auch bei diesen Vokalen vorhanden sind, nichts aus; hierüber existieren noch keine Untersuchungen.

Die Tonhöhe der Eigenresonanzen wurde ebenfalls von GARTEN[2]) eingehend untersucht, und zwar nach drei Methoden: Anblasen der Mundhöhle von der Lunge aus durch die geöffnete Stimmritze (Flüstersprache), Anblasen

[1]) Vgl. hierzu besonders H. ZWAARDEMAKER, Nederl. Tijdschr. v. Geneesk. 1913, II. H., Nr. 9, S. 640. Die aus den Versuchen hinsichtlich der Entstehung unharmonischer Teiltöne gezogenen Folgerungen sind physikalisch unhaltbar. Vgl. hierzu Ziff. 11. Die während des Druckes erschienene Arbeit von I. B. CRANDALL: Dynamical theory of the vowel someds, Teil II (Bell Syst. Techn. Journ. Bd. 6, S. 110. 1927) enthält wertvolles Material über die gekoppelten Systeme des Ansatzrohres. So stellt CRANDALL fest, daß zur Deutung der Vokale ein System von zwei Freiheitsgraden (Rachen-Mundhöhle) ausreicht, für die Halbvokale treten bereits weitere Freiheitsgrade auf.

[2]) S. GARTEN, Leipziger Abhandlgn. Bd. 38, S. 7. 1921.

von außen her durch die Schlitzsirene und Erregung der Eigentöne durch Funkenknall. Einige von GARTEN bestimmte Werte zeigt die folgende Tabelle:

	A	E	I	O	U
Funkenknall	1066,3	2156	2738	805	727
Schlitzsirene	1025	—	—	710	607
Flüstern	947	—	—	772	689

Die Tabelle zeigt, daß er die Eigentöne der Mundhöhle bei diesen Versuchen durchweg höher liegend fand, als sie bei anderen Untersuchungen mittels Analyse der Klangbilder gesungener Vokale bestimmt wurden. Die Erklärung hierfür liegt in der Tatsache, daß die genannten Versuche bei geöffneter Stimmritze durchgeführt wurden, während die Stimmritze beim Singen — und dies gilt, wie wir in Ziff. 9 sahen, ganz besonders für das Brustregister — nahezu geschlossen ist bzw. in einem Teil der Periode völlig abschließt, so daß die Kopplung der Mundhöhle mit den unterhalb des Kehlkopfes liegenden Hohlräumen verändert wird.

Wird die Mundöffnung noch weiter geschlossen, als es bei der tiefsten Reihe der Vokale des obenstehenden Schemas der Fall war, so kommt man zu denjenigen Mundhöhleneinstellungen, welche für die Lautgruppe der Konsonanten charakteristisch sind. So geht z. B. das U in das Lippen-W, das I durch Anlegen der vorderen Zunge an den Gaumen in das vordere Ch über. Der fortschreitende Verschluß der Mundöffnung engt den Luftstrom weitgehend ein, er wird dann teilweise (wie beim L) oder ganz (wie beim M und N) durch die Nase der Außenluft zugeführt. Die verschiedenen Möglichkeiten, den Luftstrom durch die Organe der Mundhöhle (Zunge, Gaumen, Zähne) einzuengen, ist für die Erzeugung der Konsonanten von besonderer Bedeutung, an den Einengungen bilden sich neue vom Stimmband unabhängige Schallquellen, welche vom durchtretenden Luftstrom durch Anblasen der benachbarten Hohlräume in ihrer Eigenfrequenz betätigt werden. Hierauf kommen wir in Ziff. 11 zu sprechen, hier sei lediglich im Zusammenhang die für einzelne Konsonanten charakteristische Einengung des Luftstromes angegeben [nach FLETCHER[1])]:

Reibelaute.

Stimmhaft	Stimmlos	Luftaustritt
v	f	Lippe gegen Zähne
z	s	Zähne gegen Zähne
th (then)	th (thin)	Zunge gegen Zähne
zh (azure)	sh	Zunge gegen harten Gaumen

Verschluß- oder Explosionslaute.

Stimmhaft	Stimmlos	Nasallaute	Verschlußart
b	p	m	Lippe gegen Lippe
d	t	n	Zunge gegen Zähne
j	ch		Zunge gegen harten Gaumen
g	k	ng	Zunge gegen weichen Gaumen

Als besondere Art der Einstellung der Mundhöhlenorgane ist noch diejenige für die Zitterlaute zu nennen, bei denen in den Luftstrom ein Körper eingeschaltet wird, welcher mechanische Schwingungen ausführt. So erzittert beim R alveolare der vordere Teil der Zunge, beim R uvulare schwingt das Zäpfchen, welches sich in eine kleine Rinne der Zunge legt.

1) H. FLETCHER, The nature of speech and its interpretation. Bell Syst. Techn. Journ. Bd. 1, Nr. 1, S. 129ff. 1922.

11. Das Zusammenwirken der Sprachorgane. Physikalische Theorien der Spracherzeugung. Die Wechselwirkungen der verschiedenen schwingungsfähigen Gebilde, wie Stimmbänder, Kehlkopf, Rachen, Mund- und Nasenhöhlen, und die verschiedenen Möglichkeiten, das Druckgefälle des der Lunge entnommenen Luftstromes zur Schallerzeugung heranzuziehen, führen zu solch mannigfaltig differenzierten physikalischen Eigenschaften der Sprachlaute, wie wir diese in den Ziff. 5 und 6 kennengelernt hatten. Eine Gruppe von Sprachlauten fällt auf Grund ihres Klangbildtypes aus den anderen Sprachlauten heraus, es ist dies eine Gruppe, welche auch phonetisch eine Sonderstellung einnimmt: die Vokale. Während nämlich der gesungene Vokal ein auch in der feinsten Struktur von Periode zu Periode identisch wiederkehrendes Kurvenbild aufweist, ist dies bereits beim stimmhaft gegebenen Konsonanten nicht mehr der Fall, das Klangbild hat den rein periodischen Typus verloren, die feinere Struktur sitzt zum Grundton unharmonisch. Diese mit objektiven Mitteln im Schallfeld festgestellte Tatsache läßt zwingende Rückschlüsse auf die Gesetze der Klangerzeugung für diese beiden Lautgruppen zu.

Eine Deutung der streng periodischen Klangbilder ist nur dann möglich, wenn man eine einzige Schallquelle annimmt, weitere selbständige Schallquellen können nicht vorhanden sein, diese müßten ja sonst im Klangbild durch Superposition einer selbständigen Schwingung, deren Frequenz von der Frequenz des Grundtones unabhängig ist, bemerkbar werden, die strenge Periodizität ginge verloren.

Den Ansatz zur allgemein richtigen und strengen Theorie der Klangbildung gesungener Vokale brachte bereits v. HELMHOLTZ. Die Schallquelle bei der Erzeugung gesungener Vokale ist die Stimmbandschwingung. Die Stimmbandschwingung enthält zahlreiche Obertöne. Die den Eigenschwingungen der Mundhöhle nahe liegenden Obertöne werden durch Resonanz verstärkt und mit besonderer Intensität in die Umgebung abgestrahlt, auf diese Weise wird dem Stimmbandklang der Formant aufgeprägt.

Die Anwesenheit der Obertöne im Stimmbandklang folgt nach dem Gesagten aus der strengen Periodizität des Klangbildes gesungener Vokale, sie folgt aber auch (wenigstens für das Brustregister) aus der unmittelbaren Beobachtung der Stimmbandschwingungen. MUSEHOLD[1]) hat festgestellt, daß im Brustregister die Stimmbänder während eines merklichen Zeitteiles einer Periode so fest aneinandergelegt sind, daß die gesamte Stimmritze geschlossen bleibt (bemerkt sei, daß die HERMANNsche weiter unten zu besprechende Theorie diesen vollständigen Verschluß als Ausgangspunkt nimmt). Würde man einen solchen Vorgang — bei dem der Funktionswert eine meßbare Zeit konstant bleibt — nach FOURIER zerlegen, so würde man zahlreiche und starke Obertöne berücksichtigen müssen, um genügende Annäherung zu erzielen.

Die der HELMHOLTZschen Vokaltheorie zugrunde liegende Anschauung mag ein kurzer rechnerischer Ansatz beleuchten:

Von der Lunge strömt die Luft durch die Stimmritze in den Kehlkopf, die Stimmbänder steuern auf Grund des in Ziff. 9 geschilderten Schwingungsmechanismus den Luftstrom in der Art einer Selbstunterbrechung. Im Kehlkopf wird auf Grund dieser Vorgänge ein Druckzustand P_k herrschen, dessen Abhängigkeit von der Zeit sich in folgender Weise darstellen läßt:

$$P_k = P_m + P_1 \sin(\omega t + \varphi_1) + P_2 \sin(2\omega t + \varphi_2) + \cdots, \tag{1}$$

hierbei ist P_m ein gewisser mittlerer Überdruck gegenüber dem äußeren Luftdruck, dessen Größe u. a. von dem Strömungswiderstand, den der Luftstrom auf seinem weiteren Wege zur Außenluft erfährt, abhängt. Für die Vokaltheorie

[1]) A. MUSEHOLD, Arch. f. Laryngologie Bd. 7, H. 1, S. 12.

ist er zunächst bedeutungslos. Die Fourierreihe auf der rechten Seite der Gleichung ist als Störungsfunktion in die Differentialgleichung der erzwungenen Schwingung für das Schwingungssystem des Ansatzrohres einzuführen, aus den betreffenden Eigenschwingungen und den Dämpfungsverhältnissen folgt die Amplitude und die Phase der erzwungenen Schwingung und damit das Klangbild des vom Mund abgestrahlten Klanges, welches sich also durch einen Ansatz von der Form

$$p = k_1 P_1 \sin(\omega t + \psi_1) + k_2 P_2 \sin(2\omega t + \psi_2) + \cdots \tag{2}$$

darstellen läßt. Hierbei sind k_1, k_2 usw. konstante Faktoren, deren Größe sich aus der Lösung der Gleichung der erzwungenen Schwingung berechnen läßt, die Lösung lehrt ebenfalls den Zusammenhang zwischen den ursprünglichen Phasenwinkeln φ_n und den Phasen ψ_n der Teilschwingungen, aus denen sich die erzwungene Schwingung zusammensetzt[1]). Das Wesentliche der Gleichung (2) besteht darin, daß die Frequenzen der erzwungenen Schwingung genau die gleichen wie diejenigen der erzwingenden Schwingung sind: Im Klangbild des vom Mund abgestrahlten Vokalklanges treten keinerlei Frequenzen auf, die nicht ursprünglich im Stimmbandklang enthalten sind; unharmonische Teiltöne sind ausgeschlossen, das Klangbild kehrt von Periode zu Periode in seiner feinsten Struktur identisch wieder, eine Voraussage, wie sie experimentell in vollem Umfang bestätigt wurde.

Eine andere Theorie der Erzeugung gesungener Vokale hat Hermann[2]) aufgestellt, eine Theorie, welche von Scripture[3]) und Broemser[4]) rechnerisch erweitert wurde. Die Hermannsche Theorie betrachtet zunächst nicht den gesamten kontinuierlich ablaufenden Vorgang der Stimmbandschwingung, sondern greift eine Einzelperiode heraus; auf Grund der in Ziff. 9 besprochenen Ergebnisse der Untersuchungen der Schwingungsform der Stimmbandschwingung im Brustregister faßt die Hermannsche Theorie den Verlauf einer Einzelperiode dahingehend zusammen, daß die Stimmritze nur während eines kleinen Zeitteilchens geöffnet wird, um sich dann wieder schnell zu schließen. Im Augenblick der Öffnung tritt ein Luftvolumen puffartig durch die Stimmritze in den Kehlkopf und stößt dann die Mundhöhle in ihrer Eigenschwingung selbst an, diese Eigenschwingung klingt gedämpft ab. Die nächste Stimmritzenöffnung wiederholt das gleiche Spiel, die Stimmritzenöffnung selbst kehrt periodisch wieder, so daß eine periodische Folge gedämpft abklingender Wellenzüge in die Umgebung abgestrahlt wird.

Die Hermannsche Theorie erscheint mit der Theorie von Helmholtz unvereinbar; während hier nur zum Grundton harmonische Teilklänge auftreten, fordert jene die von der Tonhöhe des Stimmbandklanges völlig unabhängige und daher im allgemeinen zu diesem unharmonische Eigenschwingung der Mundhöhle. Bereits Lord Rayleigh[5]) hat darauf hingewiesen, daß der Widerspruch

---

[1]) Vgl. hierzu insbesondere den Artikel „Schwingungen von Punktsystemen" Ziff. 3ff. und Ziff. 7ff. (ds. Bd. Kap. 3).

[2]) L. Hermann, Literatur vgl. Ziff. 2. Besonders ist die Arbeit in Pflügers Arch. f. d. ges. Physiol. Bd. 47, S. 351. 1890 zu nennen.

[3]) E. W. Scripture, Researches in experimental phonetics. The study of speech curves. Publ. by the Carnegie Inst. Washington, Nov. 1906.

[4]) Ph. Broemser, Die Bedeutung der Lehre von der erzwungenen Schwingung in der Physiologie. Habilitationsschr. München 1918.

[5]) Lord Rayleigh, Theory of sound Bd. II, S. 473 (in der früheren deutschen Übersetzung sind die betreffenden Betrachtungen noch nicht enthalten). Bei Diskussion einer Reihe von Klangbildern, welche mittels des Kondensatormikrophons aufgezeichnet wurden, führte F. Trendelenburg Betrachtungen durch, welche zu dem gleichen Schlusse führten wie die Folgerungen Lord Rayleighs. Wiss. Veröffentl. a. d. Siemens-Konz. Bd. III/2, S. 43. 1924 u. Bd. IV/1, S. 1. 1925. Vgl. zu diesen Fragen auch: I. B. Crandall, Bell Syst. Techn. Journ. Bd. 4, S. 586. 1925; J. Q. Stewart, Nature, Bd. 110, S. 311. 1922.

der beiden Vokaltheorien nur ein scheinbarer ist: Beide Theorien benutzen zur Berechnung der erzwungenen Schwingung der Mundhöhle und damit des von dem Mund abgestrahlten Klangbildes die gleichen physikalischen Bestimmungsstücke: die Eigenfrequenz und die Dämpfung des angestoßenen bzw. des resonierenden Systems. Verschiedenartig bei beiden Theorien ist lediglich die Art des Ansatzes des durch den periodischen Drosselvorgang im Kehlkopf bewirkten Druckverlaufes. Die HELMHOLTZsche Theorie wählt hierfür die allgemeinste Form der Darstellung durch eine Fourierreihe, ein Ansatz, welcher neben dem Vorteil, bei geeigneter Wahl der Grundperiode jede beliebige zeitliche Veränderung des Druckes mathematisch erfassen zu können, für das hier in Frage stehende Problem noch den Vorteil bietet, ohne weiteres die periodische Wiederholung des Drosselvorganges in der Periode der Stimmbandschwingung zu berücksichtigen. Die HERMANNsche Theorie setzt mit einem anderen Gedanken ein; die ihr zugrunde liegende Vorstellung gründet sich darauf, daß während der Öffnung der Stimmritze die Luft momentan eine zeitlich eng begrenzte Druckerhöhung erfährt, welche bei Abschließung der Stimmritze erlischt; auf das Ansatzrohr wirkt also während eines kleinen Teiles der Periode ein kurzer Impuls. Gegenüber der HELMHOLTZschen Theorie bedingt die HERMANNsche Theorie eine auf einen Spezialfall zugeschnittene Einschränkung, welche allerdings für das Brustregister (bei welchem — wie wir in Ziff. 9 sahen — tatsächlich eine stoßähnliche Erregung vorliegt) die Voraussage leistet, daß bei diesem Register die Klangbilder an- und abklingende Wellenzüge aufweisen müssen, eine Voraussage, welche aber auch die HELMHOLTZsche Theorie leistet, wenn man dem Fourieransatz der Stimmbandschwingung die gleichen einschränkenden Bedingungen zugrunde legt, wie dies in der HERMANNschen Anschauung des durch die Stimmritze tretenden zeitlich begrenzten Stoßes geschieht. Die HELMHOLTZsche Theorie würde in diesem Falle durch Superposition der den Eigenfrequenzen des Resonators am nächsten benachbarten Harmonischen nach Art der Schwebungen den gleichen Kurvencharakter ergeben, wie dies durch die HERMANNsche richtig erklärten Klangbilder tatsächlich aufweisen. Zusammenfassend kann man sagen: Die Helmholtzsche Theorie der Vokalklänge ist allgemein richtig, die Hermannsche Theorie bildet eine Spezialisierung für diejenigen Fälle, bei denen der Kehlkopfklang eine periodische Folge impulsähnlicher Anstöße bildet, und kann so bestimmte Eigentümlichkeiten — abklingende Wellenzüge — leicht deuten.

Die Frage nach der Theorie der Klangerzeugung der Vokale ist somit nicht — wie in älteren Arbeiten fast stets geschehen — so zu formulieren, ob die HELMHOLTZsche oder die HERMANNsche Theorie die richtige sei, denn beide Theorien müssen bei gleichem Ansatz der Grundbedingungen das gleiche ergeben, die wesentliche Frage der Klangtheorie ist hingegen diejenige, ob die Vokalklänge von Periode zu Periode identisch wiederkehren, diese Frage ist aber durch den experimentellen Befund und insbesondere durch die objektive Aufzeichnung der Klangbilder eindeutig geklärt, bei den gesungenen Vokalen ist eine Periode der anderen auch in ihrer feinsten Struktur identisch gleich[1]).

Mit den eben durchgeführten Betrachtungen in scharfem Widerspruch stehen die Folgerungen, welche GARTEN[2]) aus Messungen an den Klängen gesungener Vokale mittels seines variablen Resonators gezogen hat.

---

[1]) Vgl. hierzu F. TRENDELENBURG, Objektive Klangaufzeichnung mittels des Kondensatormikrophons. Wiss. Veröffentl. a. d. Siemens-Konz. Bd. III/2, S. 43. 1924; Bd. IV/1, S. 1. 1925; vgl. ferner insbesondere Ziff. 6 und Kap. 3, Ziff. 3 ds. Bd.

[2]) S. GARTEN, Leipziger Abhandlgn. Bd. 38, H. 7, 8, 9. 1921; insbesondere auch S. GARTEN u. H. KLEINKNECHT, ebenda H. 9, S. 22ff.

Garten benutzt zur automatischen Analyse einen Resonator, dessen Abstimmung in bestimmten Grenzen zeitlich rasch veränderlich ist, er bringt den Resonator in das Schallfeld der menschlichen Stimme und schaltet hinter den Resonator seinen Seifenblasenschallschreiber, welcher die Momentanamplitude des Resonators aufzeichnet. Den Resonator bildet ein lufterfüllter Hohlraum innerhalb einer Gummihülle, welche allseits von Wasser umgeben ist, durch eine sinnreiche Vorrichtung gelingt es, daß der Resonator in einem Zeitraum von weniger als einer Sekunde von einem Volumen, welches eine Eigenfrequenz von etwa 200 Hertz besitzt, auf ein Volumen zusammenfällt, dessen Eigenton etwa 2000 Hertz entspricht. Die Auswertung der auf diese Weise registrierten erzwungenen Schwingungen des Resonators ergibt nun Maxima der Amplitude an Stellen, an denen kein harmonischer Oberton des betreffenden Klanges liegt; so fand Garten beispielsweise in einem Fall eine ausgesprochen große Amplitude bei der $9^1/_2$fachen Frequenz der Grundschwingung. Garten nimmt daher an, daß in dem betreffenden Vokalklang unharmonische Teilklänge objektiv vorhanden sind. Dieser Befund steht in direktem Widerspruch zu allen anderen Ergebnissen der objektiven Klangaufzeichnung, welche stets die identische Wiederkehr gesungener Vokale von Periode zu Periode ergaben. Die Gartensche Methode, so bestechend einfach sie auf den ersten Blick erscheint, um eine automatische Analyse der tatsächlichen Teilkomponenten eines Klanges durchzuführen, bedarf eingehender theoretischer Kritik bei Auswertung der Meßergebnisse; zu berücksichtigen sind nämlich zwei wichtige Faktoren: Die Verstimmung des Resonators erfolgt nicht unendlich langsam, sondern im Gegenteil so schnell, daß bei dem Übergang der Abstimmung von einer Teilschwingung zur folgenden die Einschwingzeiten des Systems eine merkliche Rolle spielen, der Verlauf der Ein- und Ausschwingvorgänge muß berücksichtigt werden, durch diese Vorgänge werden Teilschwingungen an Stellen vorgetäuscht, an denen sie in Wirklichkeit gar nicht vorhanden sind. Die Dämpfung seines Resonators, welche für die Ein- und Ausschwingvorgänge maßgebend ist, hat Garten aber nicht berücksichtigt. Auch eine weitere Eigentümlichkeit der von Garten registrierten erzwungenen Schwingungen seines Resonators zur automatischen Analyse wird durch Ein- und Ausschwingvorgänge erklärt: Garten fand nämlich zwischen einzelnen Teiltönen eine enge Folge von Maximen und Minimen der erzwungenen Schwingung. In diesen sah er gewissermaßen ein ganzes Spektrum eng benachbarter unharmonischer Teiltöne. Ein derartiger Kurvenverlauf tritt nun aber stets auf, wenn es sich um Ein- und Ausschwingvorgänge enggekoppelter Systeme von mehr als einem Freiheitsgrad handelt, ein derartiges System stellt aber gerade der von Garten zur harmonischen Analyse verwendete Resonator dar; Garten gibt an, daß der Resonator von Kugelform am Anfang zu der Form eines Ellipsoids am Ende des Zusammensinkens übergeht, diese letzte Form stellt ein System von mehr als einem Freiheitsgrad dar; bei ihr wurde gerade die dichte Folge von Amplitudenschwankungen[1]) gefunden. Die Folgerungen, welche Garten aus seinen Messungen am harmonischen Analysator zog, sind daher ohne Berücksichtigung der eben erwähnten Gesichtspunkte zur Beurteilung der Vokaltheorie nicht zu verwenden.

Auch eine andere Arbeit — welche häufig als Beweis des Vorhandenseins der unharmonischen Komponenten in den Klängen gesungener Vokale heran-

---

[1]) Die in Frage stehenden Verhältnisse wurden an analogen elektrischen Schwingungen (gekoppelte elektrische Kreise) bereits theoretisch und experimentell untersucht, vgl. z. B. H. Backhaus, Wiss. Veröff. a. d. Siemens-Konzern IV, Heft 2, S. 209, 1925, dort weitere Literatur.

gezogen wird — muß hier noch behandelt werden. ZWAARDEMAKER[1]) bestimmte die Resonanzkurven eines Systems von mehreren gekoppelten Resonatoren, er fand eine ausgesprochene Verschiebung der Resonanzmaximen, ein Befund, der sich mit der Theorie, wie sie von WIEN[2]) durchgebildet wurde, in Übereinstimmung befindet. Wenn aber ZWAARDEMAKER aus diesen experimentellen Ergebnissen den Schluß zieht, daß in den Vokalklängen unharmonische Komponenten enthalten sein müßten, so ist dieser Schluß physikalisch unhaltbar, da er auf einer unberechtigten Übertragung der Verhältnisse, wie sie bei freien Schwingungen vorherrschen, auf die Verhältnisse bei erzwungenen Schwingungen beruht. Die Theorie der linearen Differentialgleichung lehrt ganz allgemein, daß selbst bei Systemen von beliebig vielen Freiheitsgraden bei beliebiger Abstimmung und bei beliebiger Kopplung im eingeschwungenen Zustand stets nur diejenigen Frequenzen auftreten können, die in der ursprünglichen erregenden Schwingung vorhanden waren.

Die eben erwähnte Arbeit von WIEN[2]): „Über die Rückwirkung eines resonierenden Systems", ist in vielen Arbeiten auf dem hier in Frage stehenden Gebiet nicht ihrer grundlegenden Bedeutung entsprechend berücksichtigt worden, welche sie gerade für diese Fragen besitzt. Die Arbeit von WIEN ist als umfassende Ergänzung der HELMHOLTZschen Theorie zu benutzen. Die Ansicht von LULLIES[3]), daß die HELMHOLTZsche Theorie die Rückwirkung des resonierenden Systems auf die Schallquelle nicht berücksichtigen könne, daß diese Rückwirkung vielmehr allein durch die HERMANNsche Theorie der Stoßerregung zu erfassen sei, ist hiernach unhaltbar.

Schließlich muß im Zusammenhang mit der Klärung des Streites HELMHOLTZsche-HERMANNsche Theorie noch kurz die Anschauung gestreift werden, welche JAENSCH[4]) vertritt, er hält die Vokalklänge darin begründet, daß einem Klang sinusförmige Einzelschwingungen von etwas verschiedenen, aber um einen Mittelwert schwankender Längen einander folgen. Die Grundlagen dieser Anschauung bilden seine Versuche mit der WEISSschen Selensirene (Ziff. 3). JAENSCH schaltete zwischen Lichtquelle und Selenzelle rotierende Kreisscheiben, auf deren äußeren Umfang die Sinuswellen geschnitten waren. Waren die Wellenlängen untereinander gleich, so war (wie ja auch nicht anders zu erwarten), ein reiner Ton zu hören, in dem einen Versuchsfall betrug die Länge einer Sinuswelle 24 Grad, so daß 15 volle Sinuswellen auf dem Umfang lagen, bei etwa 70 Umdrehungen pro Sekunde der Scheibe war also etwa der Ton 1050 zu hören. Nun wurde eine Scheibe eingesetzt, auf welcher Sinuswellen von beispielsweise 20, 24, 22, 28, 26 usw. Grad Länge einander folgten (die also um den Mittelwert 24 schwankten), in diesem Fall war bei der genannten Umlaufgeschwindigkeit ein „A" zu hören.

Das Ergebnis dieses Versuches ist eine physikalische Selbstverständlichkeit, ergibt doch die Fourieranalyse einer derartigen Kurvenform neben der Grund-

---

[1]) H. ZWAARDEMAKER, Nederl. Tijdschr. v. Geneesk. 1913, II. Hälfte, Nr. 9, S. 640.

[2]) M. WIEN, Wied. Ann. Bd. 61, S. 151. 1897.

[3]) H. LULLIES, Pflügers Arch. f. d. ges. Physiol. Bd. 211, S. 373. 1926. Die in der Arbeit von H. LULLIES gegebenen Ausführungen über die Vokaltheorien können die in Ziff. 11 ausgeführten prinzipiellen Erwägungen nicht umstoßen, zuzugeben ist lediglich, daß der ursprüngliche HELMHOLTZsche Ansatz im Laufe der Zeit — insbesondere im Sinne der Arbeit M. WIENS — erweitert worden ist. Auch die Arbeit von O. FRANK: „Über gekoppelte Schwingungen", Zeitschr. f. Biol. Bd. 79, S. 191. 1923 ist, als hier einschlägig, zu erwähnen.

[4]) E. R. JAENSCH, ZS. f. Psychol. u. Physiol. d. Sinnesorg., Abt. II f. Sinnesphysiol. Bd. 47, S. 221. 1913; vgl. auch H. LACHMUND, ebenda Abt. I f. Psychol. Bd. 88, S. 1. 1921.

frequenz von 70 Hertz in besonders starkem Maße das Vorhandensein des 15. und der ihm benachbarten Teiltöne, also des Gebietes um 1050 Hertz, des A-Formantbereiches[1]). Weitere Teiltöne sind erst in sehr viel höheren Gebieten zu erwarten.

Der Versuch von JAENSCH sagt daher nur übereinstimmend mit den anderen Forschungen über das Wesen der Vokale erneut aus, daß die Vokale bestimmte Formantbereiche aufweisen, die in diesen Bereichen liegenden Teiltöne treten mit besonderer Stärke auf.

Zusammenfassend kann vom physikalischen Standpunkt aus über die Vokalfrage geurteilt werden:

Die HELMHOLTZsche Anschauung muß als die richtige Grundlage der Vokaltheorie auch heute noch gewertet werden, sie bietet überdies den Vorteil, weiterer Verallgemeinerung, insbesondere im Sinne der Arbeiten WIENS, fähig zu sein. Die HERMANNsche Theorie führt zu denselben Resultaten, unrichtig ist jedoch die Folgerung HERMANNS, daß erregende Schwingungen bestimmter Frequenz andere Frequenzen in einem linearen System erregen könnten.

Wir haben gesehen, daß zur theoretischen Deutung der rein periodischen Klangbilder gesungener Vokale die eine Grundannahme ausreicht, daß sich die zeitliche Änderung des Kehlkopfdruckes durch eine Fourierreihe darstellen läßt, deren Grundperiode die Frequenz des als musikalische Tonhöhe definierten Stimmbandklanges besitzt. Insbesondere brauchten wir in keiner Weise das etwaige Vorhandensein eines konstanten Gliedes (also eines mittleren Überdruckes im Kehlkopf gegenüber der Außenluft) zu berücksichtigen, für die Theorie der Vokale muß also dies konstante Glied ohne wesentliche Bedeutung und jedenfalls ohne objektiv nachweisbaren Einfluß sein.

Zu welchen Veränderungen des Klangbildtypus ein Anwachsen des Kehlkopfüberdruckes Veranlassung geben kann, zeigen folgende Betrachtungen. Besteht im Kehlkopf ein Überdruck, so kann das Druckgefälle des Luftstromes an geeigneten Stellen des Luftweges zur Betätigung selbständiger Schallquellen ausgenutzt werden. Zwei physikalisch verschiedene Möglichkeiten liegen hier vor: Einmal kann die Luftströmung beim Vorbeistreichen an den dem Luftweg angelagerten Hohlräumen diese durch Anblasen in ihrer Eigenfrequenz selbst betätigen, das andere Mal kann die Luftströmung durch Vorbeistreichen an scharfkantigen Hindernissen (wie beispielsweise den Zähnen) Schneidentöne erregen, deren Frequenz selbstverständlich von der Tonhöhe der Stimmbandschwingung ebenfalls völlig unabhängig ist, und daher zu dieser im allgemeinen unharmonisch liegt.

Bei der Klangbildung stimmhafter Konsonanten liegen nun tatsächlich Verhältnisse vor, unter denen das mittlere Druckgefälle vom Kehlkopf zur Außenluft die Veranlassung zur Betätigung vom Kehlkopfklang unabhängiger Schallquellen werden kann. Die Mundhöhle besitzt bei den für die Erzeugung stimmhafter Konsonanten eigentümlichen Stellungen eine verhältnismäßig enge Öffnung, so daß eine Geschwindigkeitserhöhung und somit ein das Anblasen bewirkender radialer Druckgradient auftritt. Hierdurch treten in den Klangbildern der stimmhaften Konsonanten Komponenten auf, deren Schwingungszahl von der Frequenz der Stimmbandschwingung völlig unabhängig ist; die Klangbilder stimmhafter Konsonanten sind nicht mehr rein periodisch, die feinere

[1]) Hierauf wurde von F. TRENDELENBURG hingewiesen (briefliche Mitteilung an C. STUMPF, vgl. C. STUMPF, Die Sprachlaute, S. 224). Die Kurven von JAENSCH wurden überdies berechnet von PHILIPPS und von W. KÖHLER, vgl. C. STUMPF, Die Sprachlaute, S. 224 u. 411; C. STUMPF, ZS. f. Sinnesphysiol. Bd. 57, S. 305. 1926; H. PHILIPPS, ebenda S. 307ff.; vgl. hierzu ferner H. JUNG: „Die neueren Vokaltheorien", Phys. ZS. Bd. 27, S. 716. 1926.

Struktur liegt zum Grundton unharmonisch, die feinen Kräuselungen gehen in der Welle der Grundschwingung nicht mehr auf (Tafel II). Entsprechend der Art der Klangbildung stimmhafter Konsonanten durch mehrere selbständige Schallquellen wählt man zu ihrer analytischen Darstellung vorteilhaft einen Ansatz in der Form mehrerer Fourierreihen

$$
\begin{aligned}
p = p_0 &+ \sum_1^n p_n \sin(n\,\omega_1 t + \varphi_n)\,, \\
&+ \sum_1^m p_m \sin(m\,\omega_2 t + \varphi_m)\,, \\
&+ \sum_1^p p_p \sin(p\,\omega_3 t + \varphi_p)\,.
\end{aligned}
$$

Für einen derartigen Ansatz durch eine begrenzte Anzahl von Fourierreihen, deren Grundschwingungen im akustischen Gebiet liegen, aber voneinander unabhängig sind, wurde von TRENDELENBURG[1]) der Name Klanggemisch vorgeschlagen, das Klanggemisch ist der Klangbildtypus der Konsonanten; im Gegensatz hierzu steht der rein periodische Klangbildtypus der gesungenen Vokale; in diesen beiden Klangbildtypen liegt, wie TRENDELENBURG[2]) feststellte, der physikalische Unterschied phonetisch so nahestehender Lautgruppen wie der gesungenen Vokale und der stimmhaften Konsonanten. Schließlich ist als letzter Typus derjenige zu nennen, welcher keinerlei äußerlich sichtbare Periodizitäten mehr zeigt (Geräusch); solche Klangbilder können beispielsweise durch die zahlreichen eng benachbarten Schallquellen an den Zähnen bei Zischlauten entstehen (vgl. z. B. Klangbild 11 Tafel II).

---

[1]) F. TRENDELENBURG, Wiss. Veröffentl. a. d. Siemens-Konz. Bd. IV/1, S. 1. 1925.

[2]) F. TRENDELENBURG, a. a. O. S. 7.

III. Empfang, Messung und Umformung akustischer Energie.

Kapitel 11.

Das Gehör.

Von

ERWIN MEYER, Berlin.

Mit 25 Abbildungen.

a) Bau des menschlichen Gehörorgans.

1. Allgemeines. Man pflegt die Akustik in drei große Gruppen einzuteilen, in die physikalische, die physiologische und die psychologische Akustik. Nach diesem Aufbau fallen in das Gebiet der physikalischen Akustik alle diejenigen Schallerscheinungen, die sich außerhalb des menschlichen Ohres abspielen; hierzu gehören die Schallerzeugung, die Schallausbreitung und die Schallaufnahme. Die physiologische Akustik beschäftigt sich mit den Vorgängen im menschlichen bzw. tierischen Gehörorgan oder, anders ausgedrückt, mit der Schallaufnahme und der Schallübertragung in den peripheren Gehörorganen. Die Umsetzung der akustischen Nervenreizung in die Hörempfindung geht in dem Zentralorgan vor sich; diese Vorgänge beschreibt die psychologische Akustik. Im einzelnen ist indessen eine scharfe Trennung der drei genannten Gebiete schwer möglich. Der vorliegende Abschnitt gehört in der Hauptsache der physiologischen, zum Teil auch der psychologischen Akustik an.

Das Ohr ist das Sinnesorgan zur Aufnahme der physikalisch akustischen Vorgänge und infolgedessen für deren Beschreibung von großer Bedeutung. Das Ohr ist ferner, dank seiner außerordentlich hohen Empfindlichkeit, ein sehr wichtiges Meßgerät, insbesondere für akustische und elektrische Messungen aller Art; es sei hier nur auf die zahlreichen Methoden der WHEATSTONEschen Brückenschaltungen hingewiesen, die als Nullinstrument das Telephon und das Ohr verwenden. Auch für die Entwicklung der elektrischen Nachrichtentechnik, für die Telephonie mit und ohne Draht, sind die Eigenschaften des menschlichen Ohres von großer Wichtigkeit. Hand in Hand mit den in den letzten zwei Jahrzehnten erfolgten technischen Fortschritten auf diesem Gebiet sind auch zahlreiche wissenschaftliche Untersuchungen über die physikalisch-physiologischen Eigenschaften des Gehörorgans ausgeführt worden.

Als Einleitung hat dem Kapitel „Das Gehör" ein kurzer anatomischer Überblick über die einzelnen Teile des Gehörorgans vorauszugehen, der zugleich die Grundlage der physiologischen Akustik bildet. Außerdem kommt ihm besondere Wichtigkeit zu, weil gerade verschiedene der anatomischen Fragen in dem Streit um die Resonanztheorie des Hörens von wesentlicher Bedeutung geworden sind. Abschnitt a behandelt also den Aufbau des Gehörorgans. Die einfachsten akustischen Gehörsempfindungen sind Ton und Klang, mit deren Eigenschaften sich Abschnitt b befaßt. Abschnitt c enthält die Schwelleneigenschaften des Ohres und Abschnitt d die sekundären Klangerscheinungen, worunter nach K. L. SCHAEFER die Schwebungen, Kombinationstöne und Variationstöne fallen. Auf dem Vorhergehenden aufbauend, bringt der Abschnitt e eine Übersicht über die Hörtheorien, insbesondere wird auf die Resonanztheorie, welche zur Zeit wohl als die umfassendste Hörtheorie zu nennen ist, näher eingegangen. Abschnitt f beschäftigt sich mit dem Zusammenwirken der beiden Ohren in dem sog. „stereoakustischen Hören".

2. Anatomie des Ohres mit Ausschluß der Schnecke[1]**.** Im menschlichen Gehörorgan unterscheidet man drei Hauptteile: das Außen-, das Mittel- und das Innenrohr. Abb. 1 zeigt in schematischer Form den Aufbau. Das Außenohr reicht von der Ohrmuschel (*1*) bis an das Trommelfell (*3*); zwischen diesem, einem Teil des Felsenbeins (*23*) und der Knochenwand (*6*), liegt das Mittelohr. Die übrigen Organe gehören dem Innenohr an. Von der Ohrmuschel (*1*) zieht sich bis zum Trommelfell (*3*) der äußere Gehörgang (*2*) hin, der zum Teil in Knorpel (*22*), zum Teil in Felsenbein (*23*) eingelagert ist; er besitzt in der Mitte den kleinsten Querschnitt. Von ihm werden durch das Trommelfell die Paukenhöhle (*4*) und die EUSTACHIsche Röhre (*5*) getrennt; die letztere führt zum Nasen-Rachenraum und ist durch eine sehnige Membran verschlossen. In der Paukenhöhle befinden sich die Gehörknöchelchen, Hammer (*8*), Amboß (*9*) und Steigbügel (*10*); sie bilden die Verbindung zwischen dem Trommelfell und dem ovalen Fenster (*11*), dem Zugang zum Innenohr. Außenohr und Mittelohr enthalten in allen Teilen Luft.

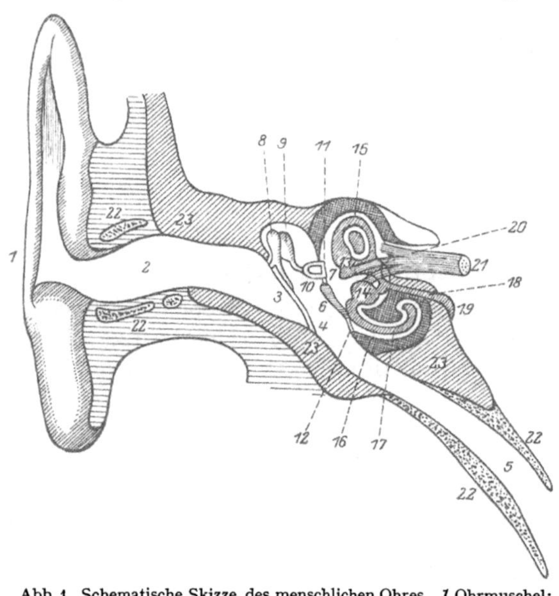

Abb. 1. Schematische Skizze des menschlichen Ohres. *1* Ohrmuschel; *2* äußerer Gehörgang; *3* Trommelfell; *4* Paukenhohle; *5* EUSTACHIsche Röhre; *6* Knochenwand; *7* Labyrinth (perilymphatischer Raum); *8* Hammer; *9* Amboß; *10* Steigbugel; *11* ovales Fenster; *12* rundes Fenster; *13* Utriculus; *14* Sacculus (*13*—*14* Vorhof); *15* Bogengang; *16* knöcherne Schnecke; *17* hautige Schnecke; *18*—*19* Ductus und Saccus endolymphaticus; *20* innerer Gehörgang; *21* Hörnerv; *22* Knorpel; *23* Felsenbein.

Die Teile des Innenohres, das auch den Namen Labyrinth trägt, sind: Der Vorhof, die Bogengänge und die Schnecke. Der Vorhof des Labyrinthes (*13, 14*), in welchen das ovale Fenster führt, liegt in der Mitte. An ihn schließen sich nach

[1]) Der vorliegende Abschnitt enthält nur die wichtigsten anatomisch-physiologischen Eigenschaften des Ohres. Bezüglich einer ausführlicheren Darstellung sei auf den Artikel von K. L. SCHAEFER und M. GIESSWEIN: „Physiologie des äußeren und mittleren Ohres und der Schnecke" im Handbuch der Hals-, Nasen-, Ohrenheilkunde, herausgegeben von A. DENKER und O. KAHLER, Bd. 6, Berlin 1926, verwiesen.

oben und hinten als fast kreisförmige Seitenkanäle die drei Bogengänge (*15*) an, von denen nur der horizontale Bogengang in der Zeichenebene der Abb. 1 liegt. Jeder von den drei Bogengängen weist am Ende eine flaschenartige Erweiterung auf, die sog. Ampulle. Nach der vorderen und unteren Richtung liegt, von dem Vorhof aus gesehen, die Schnecke (*16, 17*), der für die Entstehung der Hörempfindung wichtigste Teil unseres Gehörorganes. Das knöcherne Labyrinth, das ein Volumen von etwa 200 mm^3 hat, ist, im Gegensatz zum Mittel- und Außenohr, mit einer Flüssigkeit, der Lymphe, gefüllt. Es besitzt nach der Paukenhöhle zu zwei Öffnungen, das schon erwähnte ovale Fenster (*11*) und das runde Fenster (*12*). Innerhalb des knöchernen Labyrinthes liegt das häutige Labyrinth, welches etwa die gleiche Form wie das knöcherne hat und aus den feinen häutigen Gebilden der Endigungen des Gehörnerven besteht. Das häutige Labyrinth ist aus dem Utriculus (*13*) und dem Sacculus (*14*), den häutigen Bogengängen sowie dem häutigen Schneckenkanal (*17*) zusammengesetzt. Die genannten Teile bilden ein System von Hohlräumen, das von der Endolymphe erfüllt ist; es nimmt nicht den gesamten Raum der knöchernen Schnecke ein, sondern ist teilweise auch von einer Flüssigkeit, der Perilymphe, umgeben. Durch den sog. inneren Gehörgang (*20*) tritt der als Nervus acusticus (*21*) bezeichnete 8. Gehirnnerv in das Labyrinth ein und verzweigt sich in zwei Äste. Der eine endet in den beiden eben genannten Säckchen, dem Utriculus und dem Sacculus, sowie in den Ampullen der Bogengänge; der andere Zweig führt nach der Schnecke (s. die folgende Ziffer).

Die Bogengänge haben ebenso wie der Utriculus und der Sacculus mit dem Gehör nichts zu tun; diese Organe dienen vielmehr dem „statischen Sinn". Die Ampullen der Bogengänge sind mit sehr feinen, elastischen Härchen besetzt, welche ganz denjenigen in den Haarzellen der Schnecke ähneln und welche mit den Nervenenden des obengenannten Stranges des Nervus acusticus in Zusammenhang stehen. Ähnliches gilt vom Utriculus und Sacculus, in denen sich die sog. Hörsteine, die Otolithen, kleine kristalline Körperchen aus Kalziumkarbonat, befinden. Der Bogengangapparat dient der Wahrnehmung von Rotationsbewegungen, wobei die Relativbewegung der Flüssigkeit gegen die Härchen eine Rolle spielt. Der Otolithenapparat dagegen läßt die progressive Beschleunigung erkennen, indem die Hörsteinchen durch ihre Bewegung gegen die Umgebung Druck- oder Zugwirkungen ausüben.

3. Anatomie der Schnecke. Dieser Teil des Gehörorgans hat den Namen von seiner Form erhalten, welche der einer Weinbergschnecke ähnelt. Die Schnecke besitzt $2^1/_2$ bis $2^3/_4$ Umwindungen, die Basal-, die Mittel- und die Spitzenwindung, und ist durch eine zum Teil knöcherne, zum Teil häutige Scheidewand in zwei Kanäle gespalten. Abb. 2 zeigt einen Querschnitt durch die Basalwindung nach HENLE. Der obere Kanal, Scala vestibuli genannt, hängt mit dem Vorhofe zusammen; die untere Scala tympani führt nach dem runden Fenster. Beide Gänge sind nur durch eine enge Öffnung an der Spitze der Schnecke (Helikotrema) verbunden. Der knöcherne Teil der Scheidewand, die Lamina spiralis ossea, reicht bis etwa in die Mitte des Kanals; hieran setzt sich der häutige Teil an, der aus zwei Membranen, der Membrana vestibuli (REISSNERsche Membran) und der Membrana basilaris besteht; die letztere ist als Fortsetzung der knöchernen Scheidewand zu bezeichnen. Zwischen beiden Membranen liegt ein im Querschnitt dreieckiger Hohlraum, der Ductus cochlearis, welcher am unteren und oberen Ende der Schnecke blind endet; seine dritte Begrenzung bildet die Schneckenwand mit einer dicht davorliegenden häutigen Membran. Die REISSNERsche Membran, die äußerst fein ist und nur eine Dicke von 30 μ besitzt, ist die Berührungsfläche für die im Ductus cochlearis vorhandene Endolymphe und für die in den beiden Skalen befindliche Perilymphe.

Auf der Basilarmembran selbst befindet sich das CORTIsche Organ, dessen Hauptteile die CORTIschen Bögen sind. Abb. 3 stellt in vergrößertem Maßstab den „akustischen Endapparat" nach RETZIUS dar. Die CORTIschen Bögen werden von

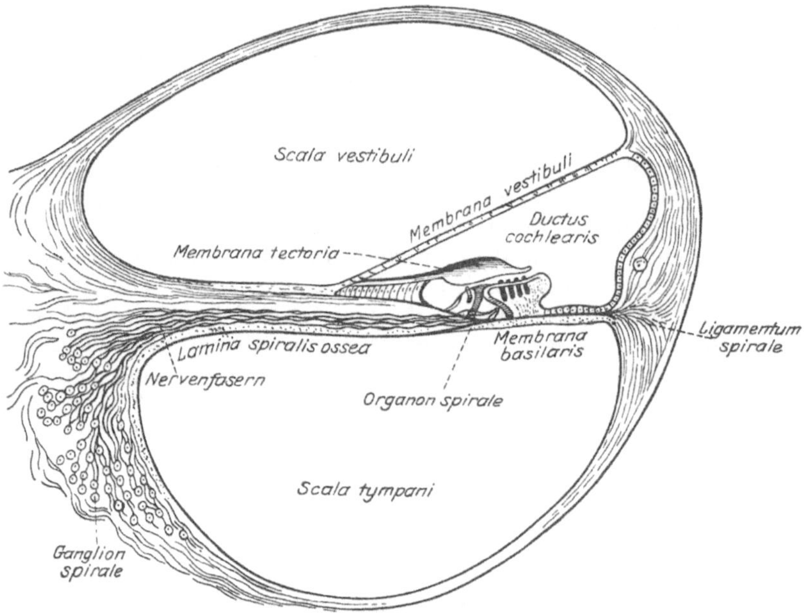

Abb. 2. Querschnitt durch die Basalwindung der Schnecke.

zwei Pfeilergruppen, den sog. CORTIschen Bogenpfeilern, gebildet. Die inneren Pfeiler sitzen teilweise noch auf der knöchernen Scheidewand, teilweise aber auch auf dem nach innen zu gelegenen Teil der Basilarmembran, der Zona arcuata. Die andere Pfeilergruppe hingegen befindet sich weiter nach außen; sie scheidet die

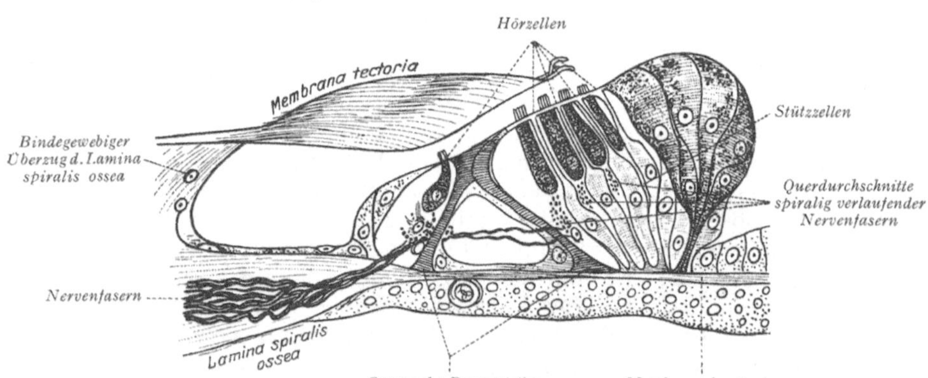

Abb. 3. Akustischer Endapparat.

Basilarmembran in zwei Teile, die eben erwähnte Zona arcuata und die Zona pectinata. Die inneren Stäbchen oder Pfeiler, welche schwach S-förmig gekrümmt sind, besitzen unten eine Verdickung und oben einen gelenkartigen Teil, der den Zusammenhalt mit den äußeren Stäbchen herstellt. Untereinander sind die inneren Stäbchen verhältnismäßig fest verbunden, so daß ihre Beweglichkeit im Gegensatz zu den äußeren Stäbchen gering ist. Ihnen fällt wahrscheinlich auch die Aufgabe zu, die Basilarmembran in der Querrichtung zu spannen. Die Basilarmembran besteht aus sehr vielen Einzelfasern, die in radialer Richtung (Querrichtung) liegen und welche auch in dieser Richtung stark gespannt sind; in der Längsrichtung ist dagegen der Zusammenhang ein loser. Diese Eigenschaften der Basilarmembran sind für die Resonanztheorie des Hörens (s. Ziff. 33) von grundlegender Bedeutung.

Den Pfeilern schließen sich nach beiden Seiten Zellen an, die Endigungen des Nervus acusticus, und zwar nach innen die mit feinen Härchen versehenen Hör- oder Haarzellen, nach außen gleichfalls ein System von Haarzellen (CORTIsche Zellen) und, unter ihnen liegend, die sog. Stützzellen oder die DEITERSchen Zellen. Ihnen gegenüber befindet sich etwa parallel zur Basilarmembran, jedoch von ihr getrennt, die Membrana tectoria (CORTIsche Membran), die sich ebenso wie jene an die Lamina spiralis ossea ansetzt und in den Ductus cochlearis hineinzieht. Ihre Dicke beträgt nur 0,024—0,025 mm[1]).

4. Bedeutung von Gehörgang und Trommelfell. Für die Zuleitung des Schalles zu den schallperzipierenden Organen in der Schnecke kommen zwei Wege in Betracht. Der eine Weg ist die Luftleitung des Schalles durch den Gehörgang bis zum Trommelfell, wobei die weitere Fortleitung durch die Gehörknöchelchen übernommen wird. Zweitens kann der Schall direkt von den Schädelknochen aufgenommen werden und durch Knochenleitung[2]) bis zum Trommelfell bzw. sogar bis zur Schnecke selbst gelangen; als besonders guter Schalleiter wird der Knorpel der Ohrmuschel und des Gehörganges hervorgehoben. Für die verschiedenen Frequenzen liegen die Verhältnisse zwar verschieden, doch überwiegt normalerweise der auf dem ersteren Wege übertragene Schall.

Wenn wir uns der Luftleitung des Schalles näher zuwenden, so entsteht zunächst die Frage nach der Funktion der Ohrmuscheln. Man hat vielfach geglaubt, daß ihr Vorhandensein eine gewisse Schallkonzentration durch die Reflexion an ihren Wänden verursacht. Diese Ansicht erscheint aus zwei Gründen unzutreffend. Einmal sind nämlich die Ohrmuscheln so unregelmäßig geformt, daß eine geordnete Reflexion des Schalles nach dem Gehörgang nicht in Frage kommt; außerdem sind die Dimensionen im Verhältnis zur Wellenlänge der meisten Töne viel zu klein. Aus diesem Grunde ist eine Wirksamkeit der Ohrmuscheln nur für sehr hohe Töne zu erwarten. Als Beweis läßt sich die Beobachtung anführen, daß durch Anlegen der Hände an die Ohrmuscheln, d. h. also erst durch Vergrößerung und geeignete Gestaltung der reflektierenden Flächen, eine merkliche Zunahme des Schalles eintritt.

Der Gehörgang, durch welchen die weitere Schalleitung erfolgt, stellt einen einseitig offenen Resonator vor. Seine Wände, insbesondere die durch das Trommelfell abgeschlossene Seite, sind nicht starr; infolgedessen dürfte die Dämpfung verhältnismäßig groß sein. Da die Länge des Gehörganges gering ist, liegt seine Eigenperiode hoch, etwa in der Gegend von 2800 Hertz. RINNE gibt z. B. den Eigenton zu f^4, HELMHOLTZ zu f^4 und c^4 für rechtes bzw. linkes Ohr an und HANSEN zu d^4 bzw. a^4.

Durch den in den Gehörgang eindringenden Schall wird das Trommelfell in Schwingungen versetzt. Ob für die Hörempfindung die Druckamplitude vor dem Gehörgang bzw. am Ort des Trommelfelles oder ob das Produkt Druckamplitude mal Geschwindigkeitsamplitude gleich Schalleistung am Eingang des Ohres maßgebend ist, wurde erst in neuerer Zeit erörtert. Im allgemeinen sieht man die Druckamplitude vor dem Trommelfell als den objektiven Reiz an.

[1]) Zum Aufbau des CORTIschen Organs vgl. auch die Untersuchungen von H. HELD, z. B. ZS. f. Hals-, Nasen- u. Ohrenheilk. Bd. 9. 1924.

[2]) Siehe hierzu z. B. H. BANISTER, Phil. Mag. Bd. 2, S. 144. 1926.

WEINBERGER[1]) indessen neigt auf Grund von Erfahrungen, welche bei der Schallaufnahme mit Mikrophonen gemacht worden sind, der Ansicht zu, daß das Ohr im Gegensatz zu den fast immer als Druckempfänger wirkenden Mikrophonen einen energetischen Empfänger darstellt. Dem steht freilich die Tatsache entgegen, daß Knoten und Bäuche in stehenden Schallwellen ebenso wie die Schallinterferenzerscheinungen in einem Raum gut mit dem Ohr wahrnehmbar sind.

Die Maße des Gehörganges betragen: Länge 2,1 bis 2,6 cm, Volumen 1 cm^3, Fläche der Eingangsöffnung 0,33 bis 0,50 cm^2.

Das Trommelfell ist eine beinahe kreisförmige, nach innen zu trichterartig gestaltete Membran, die nur wenig gespannt ist. Die Frage nach der Eigenperiode und nach der Dämpfung des Trommelfells ist eingehenden Erörterungen unterzogen worden. Dabei ist aber zu berücksichtigen, daß man nicht das Trommelfell für sich allein, sondern gemeinsam mit den Gehörknöchelchen als Gesamtsystem zu betrachten hat (s. Ziff. 6). Denn auf dieses Gesamtsystem kommt es bei der Übertragung der Schallschwingungen nach dem inneren Ohr an. Man hat vielfach geglaubt, daß der Tensor tympani oder der Trommelfellspanner, ein Muskel, durch dessen Kontraktion der Mittelpunkt des Trommelfells nach der Paukenhöhle zu verschoben wird, die Fähigkeit besitzt, der Höhe des auffallenden Tones entsprechend die Spannung des Trommelfells und damit die Eigenperiode des Übertragungssystems so zu ändern, daß durch Resonanz die Empfindlichkeit gesteigert wird. Wie Versuche von KOEHLER[2]) ergeben haben, tritt wohl beim Auffallen von Tönen auf das Trommelfell eine Vergrößerung der Spannung ein; sie hängt jedoch von der Tonstärke, nicht von der Tonhöhe ab. Diese Versuchsergebnisse stehen auch mit früher ausgesprochenen Ansichten in Übereinstimmung, daß der Tensor tympani als Schutzapparat anzusehen ist, der besonders bei intensiven Geräuschen durch seine Reflexbewegung die Hörempfindlichkeit vermindert.

Daß man das Trommelfell auch auf anderem Wege als durch Luftschall erregen kann, zeigen Versuche von KOEHLER[3]). KOEHLER „armiert" es hierzu, indem er kleine Eisenfeilspäne aufträgt. Die dadurch erfolgende Belastung ist so gering, daß die Empfindlichkeit bei gewöhnlichem Hören nicht beeinträchtigt wird. Erregt man nun das Trommelfell durch ein Wechselstrommagnetfeld, so entsteht eine Tonempfindung, die in keiner Weise von normalen Tönen zu unterscheiden ist.

Die Abmessungen des Trommelfells sind: die ganze Fläche hat etwa 0,85 cm^2 Inhalt; der horizontale Durchmesser beträgt 1,00 cm und der vertikale 0,85 cm; die Dicke ist ungefähr 0,1 mm. Nach WEGEL und LANE[4]) beträgt der mechanische Widerstand des Trommelfells, d. h. das Verhältnis von angreifender Kraft zu erzeugter Geschwindigkeit 20 bis 30 mechanische Ohm (CGS-Einheiten) im Frequenzbereich 200 bis 4000 Hertz.

5. Schalleitung durch die Gehörknöchelchen. Die Gehörknöchelchen (Abb. 4) haben die Aufgabe, die Schwingungen des Trommelfells auf das ovale Fenster und damit auf die Flüssigkeit in der Schnecke zu übertragen. Die Art und Weise, in welcher diese Fortleitung vor sich geht, ist viel umstritten worden und ist auch jetzt noch nicht geklärt. Man hat sich den Übertragungsprozeß bisher etwa folgendermaßen vorgestellt: Das Trommelfell nimmt bei seinen Schwingungen den in ihm fest eingefügten Hammerstiel mit. Bewegt sich beispielsweise das Trommelfell mit dem Hammerstiel nach innen, so geht

[1]) I. WEINBERGER, Proc. Inst. Radio Eng. Bd. 12, S. 745. 1924 u. auch Elektr. Nachr.-Techn. Bd. 2, S. 145. 1925.

[2]) W. KOEHLER, ZS. f. Psychol. u. Physiol. d. Sinnesorg. Bd. 54, S. 241. 1909.

[3]) W. KOEHLER, Elster u. Geitel-Festschrift 1915, S. 225.

[4]) Siehe hierzu H. FLETCHER, Bell Syst. Journ. Bd. 4, S. 375. 1925.

infolge der Drehung des Hammers um das hintere und vordere Hammerband als Achse der Hammerkopf auswärts und führt hierbei in der gleichen Richtung den Amboßkopf mit sich. Ferner ist der Amboß um den kurzen Amboßfortsatz als Achse drehbar; bei einer Auswärtsbewegung des Amboßkopfes wird also der lange Stiel des Amboß gehoben, wobei der Steigbügel gleichphasig mit dem Trommelfell in das ovale Fenster einwärts gedrängt wird. Schwingt das Trommelfell nach außen, so erfolgen die eben genannten Bewegungen in der entgegengesetzten Richtung. Neuerdings[1]) nimmt man für die Hauptbewegung des Hammeramboßkörpers eine Drehachse an, die in der Verbindungslinie Ligamentum anterius — Hammerhals — kurzer Amboßfortsatz liegt; die Existenz von mehreren Nebendrehungsachsen ist wahrscheinlich.

Die Bewegung der Gehörknöchelchen ist in der geschilderten Form eine Massenbewegung. Es sei hier noch kurz erwähnt, daß man früher auch eine Molekularbewegung für möglich hielt, wobei der Schall als longitudinale Verdichtung bzw. Verdünnung auf das ovale Fenster übertragen wird. Diesen Vorgang könnte man ebenfalls eine Massenbewegung nennen, wenn auch in ganz anderem Sinne als vorher; die Gehörknöchelchen würden ja wegen ihrer geringen Länge im Verhältnis zur Schallwellenlänge in festen Körpern an allen Stellen gleichphasig schwingen.

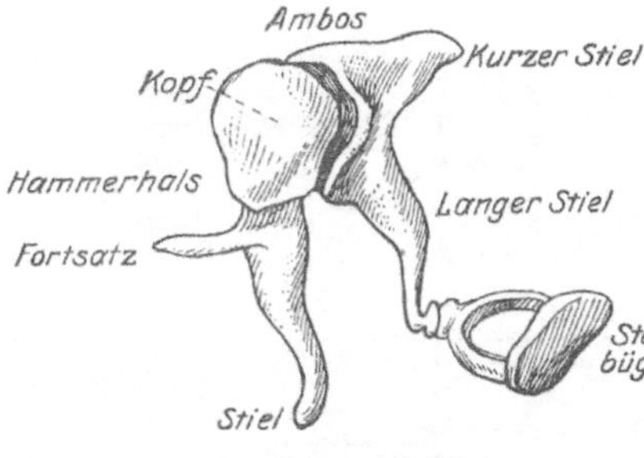

Abb. 4. Gehörknöchelchen.

Nach HELMHOLTZ stellen die Gehörknöchelchen ein Hebelsystem dar, das die mit geringer Kraft ausgeführten großen Amplituden des Trommelfells als kleinere Amplituden, jedoch mit größerer Kraft auf das innere Ohr, d. h. auf die Lymphe, überträgt. In der von HAHNEMANN und HECHT[2]) eingeführten Ausdrucksweise dienen also die Gehörknöchelchen dazu, eine Anpassung zwischen den Schallhärten der Luft und der Flüssigkeit herbeizuführen. Dies wird einmal durch die verschiedene Länge der oben erwähnten Hebelarme bewirkt. Demselben Zweck der Verringerung der Amplitude dienen nach HELMHOLTZ auch die trichterförmige Form des Trommelfells und die Art der Einfügung des Hammerstiels. Ferner muß man, worauf WRIGHTSON[3]) mit Nachdruck hinweist, die Größenverhältnisse von Trommelfell und ovalem Fenster in Betracht ziehen, deren Flächen sich etwa wie 20:1 verhalten. Unter gewissen Voraussetzungen berechnet WRIGHTSON auf Grund der Hebelwirkung und aus der eben erwähnten Flächenbeziehung eine theoretische Gesamtübersetzung von etwa 1:60; hiernach ist der Gesamtdruck am ovalen Fenster 60mal größer als derjenige auf das Trommelfell.

Die Gewichte der Gehörknöchelchen[4]) sind: Hammer 23 mg, Amboß 25 mg, Steigbügel 3 mg.

6. Mathematische Behandlung der Schalleitung. Die Schalleitung im Ohr hat zum ersten Male in ausführlicher Form FRANK[5]) im Anschluß an die Theorie der Registrierinstrumente behandelt. Er befaßt sich in seinen Arbeiten mit Modellen, welche dem wirklichen Aufbau des Ohres sehr nahekommen und welche

[1]) K. L. SCHAEFER u. M. GIESSWEIN, Physiologie des äußeren und mittleren Ohres und der Schnecke, in Handb. d. Hals-, Nasen- u. Ohrenheilk., S. 407.

[2]) A. DU BOIS-REYMOND, W. HAHNEMANN u. H. HECHT, ZS. f. techn. Phys. Bd. 2, S. 1. 1921.

[3]) T. WRIGHTSON, The analytical mechanism of the internal ear, London 1918.

[4]) Entnommen aus H. FLETCHER, Bell Syst. Journ. Bd. 4, S. 375. 1925.

[5]) O. FRANK, Münchener Ber. 1923, S. 11.

für mathematische Zwecke übersichtlich sind; sie sind in Abb. 5 dargestellt. In dem einfachsten Modell *I* liegt zwischen Labyrinthflüssigkeit und Trommelfell eine Kolbeneinrichtung, die luftdicht im Gehörgang eingefügt und mit einer Feder versehen ist; dies ist der einfachste, in der Natur freilich unmögliche Fall. Kompliziertere Formen haben die Modelle *II* und *III*, bei denen der in der Membran (Trommelfell) eingesetzte Körper eine rein fortschreitende bzw. eine drehende Bewegung ausführt. Das erstere Modell ähnelt dem Vogelohr, das letztere dem menschlichen Ohr, welchem es nach FRANK an Güte der Übertragung nicht nachstehen würde. Ebenso wie in der Theorie der Registrierapparate dienen zur Beschreibung der Leistung der Gehörknöchelchen zwei Angaben, die Empfindlichkeit — die Verrückung eines Teiles des Apparates bzw. des Endapparates dividiert durch den wirkenden Druck — sowie die Eigenschwingungszahl des Systems. Die erste Größe gibt ein Maß für die Stärke, die zweite ein Maß für den Frequenzumfang der übertragenen Schallschwingungen.

Analog dem in der technischen Akustik viel angewandten Verfahren setzt FRANK für die einzelnen schwingungsfähigen Körper äquivalente Gebilde ein, bei denen die Masse und die Elastizität örtlich voneinander getrennt sind. In dieser schematischen Darstellung zeigt Abb. 6 die Gehörknöchelchenkette. Die

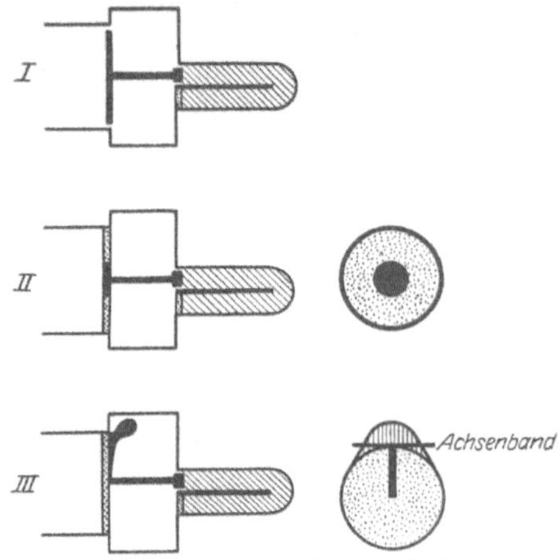

Abb. 5. Modelle fur die Schalleitung im Ohr nach O. FRANK.

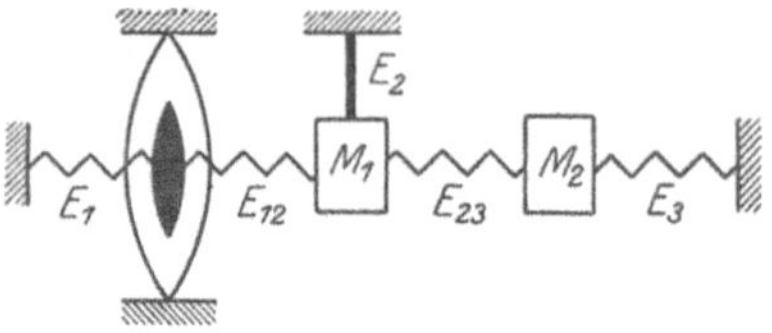

Abb. 6. Schematische Darstellung der Massen und der Elastizitäten in dem Gehörknöchelchensystem.

schwarz ausgezogene Scheibe stellt das Trommelfell und den Hammer dar, M_1 und M_2 den Amboß und den Steigbügel, E_1 das Achsenband, E_2 die elastische Verbindung des Amboß mit der Wand der Paukenhöhle und E_3 die elastische Wirkung der Membran des ovalen Fensters; E_{12} und E_{23} endlich sind die verbindenden Elastizitäten zwischen den Gehörknöchelchen. Die Ergebnisse der Theorie und ihrer teilweisen experimentellen Prüfung — die Versuchsanordnungen selbst sind nicht näher beschrieben — lassen sich folgendermaßen kurz zusammenfassen: In Ergänzung der von HELMHOLTZ gemachten Annahmen über die Hebelwirkung der Gehörknöchelchen ergibt die Rechnung, daß eine optimale Wirkung nur für eine bestimmte Hebellänge, d. h. für einen gewissen Übersetzungsgrad, vorhanden ist; zur genauen Berechnung müssen die verschiedenen mechanischen Konstanten bekannt sein, erst dann läßt sich ein Urteil über die Zweckmäßigkeit abgeben. Die Eigenschwingungszahl des Gesamtsystems liegt im Mittel bei 1200 Hertz; an drei Leichenohren hat FRANK die Werte 1110, 1092 und 1340 festgestellt. Am lebenden Menschen ist das Verhältnis des einwirkenden Druckes zum Deformationsvolumen der Membran gemessen; größere Abweichungen gegenüber dem Leichenohr zeigen sich nicht. Die Dämpfungszahl, eine Größe, welche bei aperiodischer Bewegung = 1 ist, wird für das Ohr zu 0,3 angegeben. Der Form des Trommelfelles weist FRANK im Gegensatz zu HELMHOLTZ und HERMANN, welche hierauf großen Wert legen, eine wesentlich geringere Bedeutung zu; Rechnung und Experiment ergeben, daß die Trägheit des Trommelfells gegenüber derjenigen der Gehörknöchelchen sehr klein ist.

Ausführlich erörtert FRANK die Frage, warum die Gehörknöchelchen überhaupt in den Übertragungsapparat eingeschaltet sind. Bei ihrem Fehlen oder auch bei Verlust des Trommelfells trifft der in die Paukenhöhle eindringende Schall gleichzeitig das ovale und das runde Fenster und würde, wenn an beiden Stellen die gleiche Druckamplitude herrscht, auch bei verschiedener Größe und Spannung der Membranen keine Bewegung der Flüssigkeit in der Schnecke hervorrufen; Voraussetzungen dabei sind die Starrheit der Wände und die Inkompressibilität der Flüssigkeit. Bezeichnet man nämlich mit p_i den Druck in der Flüssigkeit und mit p_1 und p_2 die auf die beiden Membranen wirkenden Drucke, so gelten die beiden Gleichungen

$$p_1 - p_i = E_1 V_1 \quad \text{und} \quad p_i - p_2 = E_2 V_2 .$$

Dabei bedeuten E_1 und E_2 die Volumenelastizitätskoeffizienten der Membranen und V_1 bzw. V_2 ihre Deformationsvolumina, welche wegen der Inkompressibilitätsbedingungen gleich groß sind und gleich V gesetzt werden sollen. Aus beiden Gleichungen folgt

$$p_1 - p_2 = V(E_1 + E_2) .$$

Eine Flüssigkeitsbewegung ($V \neq 0$) tritt also nur dann ein, wenn $p_1 \neq p_2$ ist, was beispielsweise der Fall ist, wenn bei Fehlen der Gehörknöchelchen das runde Fenster in einem Schallschatten liegt; ein solcher soll nach FRANK durch das Promontorium, einem Wulst zwischen den beiden Fenstern vor der Fossula fenestrae cochleae, in welcher das runde Fenster liegt, bedingt sein. Jedoch ist zu bemerken, daß dieser Vorsprung außerordentlich klein ist, so daß eigentlich ein wirksamer Schallschatten nur für die ganz hohen Frequenzen entstehen kann. FRANK[1]) versucht hiermit die Beobachtung zu erklären, daß bei völligem Verlust des Trommelfells, jedoch bei Erhaltung des Steigbügels, die Hörfähigkeit in der Hauptsache für die tiefen Frequenzen vermindert wird; der Schall gelangt in diesem Falle durch Luftleitung bis an das innere Ohr und wirkt in der besprochenen Art und Weise auf die beiden Fenster. In diesem Zusammenhange sei auch der Versuch von BÁRÁNY[2]) erwähnt. Sperrt man durch einen Tropfen Quecksilber den Zugang zum runden Fenster ab und läßt so die Schallwellen nur auf das ovale Fenster wirken, so kann man hierdurch bei Personen mit fehlendem Mittelohrapparat eine wesentliche Verbesserung des Gehörs erzielen.

7. Schutzvorrichtungen des Ohres. Zum Schluß dieses Abschnittes wollen wir noch auf die Schutzvorrichtungen des Ohres eingehen. Über die Bedeutung des Tensor tympani, der eine zu große Einwärtsbewegung des Trommelfells verhindert, ist bereits oben gesprochen worden (s. Ziff. 4). Eine weitere Schutzvorrichtung stellt die Verbindung Hammer-Amboß dar. Wie HELMHOLTZ angegeben hat, überträgt sie nach Art eines Sperrgelenkes zwar unbeschränkt die Einwärtsbewegung des Trommelfells auf das ovale Fenster, verkleinert dagegen in der umgekehrten Richtung die Bewegung und drosselt übermäßig große Amplituden ab. So kann bei starken Luftverdünnungen im Gehörgang der Steigbügel nicht aus dem ovalen Fenster herausgerissen werden. Es sei gleich erwähnt, daß die Verbindung Hammer-Amboß infolge ihrer Kopplung nichtlinear arbeitet, und daß hierdurch eine Entstehungsursache für Kombinationstöne gegeben ist. Die Ansicht von HELMHOLTZ über die Eigenschaften des Hammer-Amboßgelenkes ist nicht unwidersprochen geblieben. Nach FRANK[3]) erfüllt der Amboß

[1]) Vgl. hierzu K. L. SCHAEFER u. M. GIESSWEIN, Physiologie des äußeren und mittleren Ohres und der Schnecke, im Handb. d. Hals-, Nasen-, Ohrenheilk., S. 428ff., Berlin 1926.

[2]) BÁRÁNY, Monatsschr. f. Ohrenheilk. Bd. 44. 1910.

[3]) O. FRANK, Münchener Ber. 1923, S. 71.

eine andere Aufgabe; durch seine lose Einfügung, welche an sich nur die Güte der Schallübertragung verschlechtert, wird die Unabhängigkeit zweier antagonistisch wirkenden Muskeln gewährleistet, und zwar sind diese Muskeln der oben erwähnte Tensor tympani und der Stapedius, welche das Trommelfell bzw. das ovale Fenster spannen.

Eine dritte Schutzvorrichtung ist die EUSTACHIsche Röhre, welche außer der Ventilation der Paukenhöhle noch den Luftdruckausgleich zwischen dieser und dem Gehörgange übernimmt. Im allgemeinen ist die EUSTACHIsche Röhre verschlossen; dies ist erforderlich, weil sonst neben dem Gehörgang eventuell eine zweite Schallzuführung zum Mittelohr existiert und unter Umständen eine Schallschwächung resultieren kann. Nur bei Ausführung von Schlingbewegungen öffnet sich die EUSTACHIsche Röhre, wobei der Druckausgleich vor sich geht. Bei offenstehender EUSTACHIscher Röhre tritt die sehr lästige Erscheinung der Autophonie, d. h. der direkten Zuleitung der eigenen Sprache von der Mundhöhle zum Trommelfell ein.

Es bleibt noch übrig, die physikalischen Erscheinungen in der Schnecke, die Bewegung der Labyrinthflüssigkeit und der Basilarmembran, zu erörtern. Die Besprechung dieser Vorgänge geschieht in dem Abschnitt „Hörtheorien".

b) Ton, Klang und Geräusch.

8. Der Ton. Die einfachste Schallempfindung ist ein Ton, welchen man häufig noch durch die Zusatzworte „rein" oder „einfach" zu charakterisieren pflegt; der objektive Reiz hierfür wird durch eine sinusförmige Schallschwingung gegeben, die gleichfalls Ton genannt wird. Der Begriff „Ton" kommt also in zweierlei Bedeutung vor, im physikalischen Sinne, um den objektiven Reiz zu bezeichnen, im psychologischen Sinne, um die ausgelöste Empfindung zu benennen.

Mathematisch-physikalisch läßt sich ein Ton darstellen in der Form $p = A \sin(2\pi n t - \varphi)$, wo p den objektiven Reiz, etwa die Druckamplitude am Trommelfell, bedeutet. Hiernach ist ein Ton bestimmt, wenn der Scheitelwert A seiner Druckamplitude, seine Schwingungszahl n und seine Phase φ bekannt sind. Die Druckamplitude A legt die Empfindung der Tonstärke, die Schwingungszahl n diejenige der Tonhöhe fest. Die Phase φ ist für einen reinen Ton belanglos; sie interessiert nur bei mehreren gleichzeitig erklingenden Tönen.

Die genannten drei Größen reichen zur eindeutigen physikalischen Bestimmung eines Tones hin. Um die Unterschiede der einzelnen Töne hinsichtlich der Empfindung zu charakterisieren, hat STUMPF[1]) noch den Begriff der „Tonfarbe" in das Gebiet der Tonpsychologie eingeführt. Vergleicht man nämlich die hohen Töne mit den tiefen hinsichtlich ihrer Empfindungen, die sie auslösen, so kann man die tiefen Töne als dunkel und massig, die hohen dagegen als hell und spitz bezeichnen; dazu kommt, daß bei gleicher objektiver Energie die Lautstärke mit der Tonhöhe außerordentlich stark wächst. Diese drei Eigenschaften, die Helligkeit, die Größe und die Stärke der Empfindung, die voneinander nicht unabhängig sind, faßt STUMPF unter dem Begriff „Tonfarbe" zusammen. Bei der Besprechung der Hörtheorien wird sich zeigen, daß die Resonanztheorie des Hörens (s. Ziff. 41) auch für die Tonfarbe ein gewisses physiologisches Äquivalent angeben kann.

---

[1]) C. STUMPF, Tonpsychologie Bd. II, S. 525, Leipzig 1890; vgl. hierzu auch C. STUMPF, ZS. f. Phys. Bd. 38, S. 754. 1926, sowie E. WAETZMANN, Die Resonanztheorie des Hörens, S. 86ff., Braunschweig 1912.

9. Der Klang. Der „reine Ton" ist ein Idealfall, den man im Experiment mit ziemlich großer Annäherung erreichen kann. Unter den Schallquellen, die in verhältnismäßig einfacher Weise gestatten, einen möglichst reinen Ton herzustellen, sind die Stimmgabel, der Tonpilz (s. Kap. 5, Ziff. 110) und einige elektrische Apparate, welche sich elektrischer Filter und besonders konstruierter Telephone bedienen, zu nennen.

Alle anderen Schallquellen, vor allem die Musikinstrumente, liefern sog. „Klänge". Ein Klang wird durch eine komplizierte Schwingungsform irgendeines elastischen Körpers erzeugt. Diese Schwingungsform läßt sich mathematisch nach dem FOURIERschen Theorem in eine Summe von sinusförmigen Einzelschwingungen verschiedener Amplitude zerlegen, und zwar besteht ein Klang, der einer auf irgendeinem Musikinstrument gespielten Note entspricht, aus dem Grundton, dem tiefsten Ton, und aus den Obertönen, deren Schwingungszahlen ganzzahlige Vielfache des Grundtones sind. Von den bei dem Zusammenspiel mehrerer Noten entstehenden Klängen sehen wir zunächst ab. Die Zerlegung eines Klanges in seine Teiltöne ist nicht nur mathematisch begründet; das menschliche Gehörorgan besitzt die Fähigkeit, unter geeigneten Bedingungen die Obertöne eines Klanges, besonders durch Konzentration der Aufmerksamkeit auf sie, herauszuhören. Dies hat zuerst G. S. OHM[1]) 1843 erkannt. Das nach ihm benannte Gesetz, welches man als ein Grundgesetz der physiologischen Akustik bezeichnen kann, sagt aus, daß das Ohr nur sinusförmige Schwingungen als reine Töne empfindet, und daß es jede andere komplizierte Schwingung in die entsprechende Reihe von sinusförmigen Komponenten auflöst und als Summe von reinen Tönen wahrnimmt.

10. Klangfarbe. Zahl, Verteilung und Stärke der einzelnen Obertöne eines Klanges bestimmen seine Klangfarbe, die Phasenunterschiede zwischen den einzelnen Komponenten sind nicht wahrnehmbar (s. Ziff. 39). Bezüglich des Zusammenhanges zwischen Klangfarbe und Teiltonzusammensetzung seien die schon von HELMHOLTZ[2]) aufgestellten Regeln genannt.

1. „Einfache Töne, wie die der Stimmgabeln mit Resonanzröhren, der weiten gedackten Orgelpfeifen, klingen sehr weich und angenehm, ohne alle Rauhigkeit, aber unkräftig und in der Tiefe dumpf.

2. Klänge, welche von einer Reihe ihrer niederen Obertöne bis etwa zum sechsten hinauf in mäßiger Stärke begleitet sind, sind klangvoller, musikalischer. Sie haben, mit den einfachen Tönen verglichen, etwas Reicheres und Prächtigeres, sind aber vollkommen wohllautend und weich, solange die höheren Obertöne fehlen. Hierher gehören die Klänge des Klaviers, der offenen Orgelpfeifen, die weicheren Pianotöne der menschlichen Stimme und des Hornes, welche letzteren den Übergang zu den Klängen mit hohen Obertönen bilden, während die Flöten und schwach angeblasenen Flötenregister der Orgel sich den einfachen Tönen nähern.

3. Wenn nur die ungeradzahligen Obertöne da sind, wie bei den engen gedackten Orgelpfeifen, den in der Mitte angeschlagenen Klaviersaiten und der Klarinette, so bekommt der Klang einen hohlen oder bei einer größeren Zahl von Obertönen einen näselnden Charakter. Wenn der Grundton an Stärke überwiegt, ist der Klang voll; leer dagegen, wenn jener an Stärke den Obertönen nicht hinreichend überlegen ist. So ist der Klang weiter offener Orgelpfeifen voller als der von engeren, der Klang der Saiten voller, wenn sie mit den Hämmern des Pianoforte angeschlagen werden, als wenn es mit einem Stöckchen geschieht oder wenn sie mit den Fingern gerissen werden, der Ton von Zungenpfeifen mit passendem Ansatz voller als von solchen ohne Ansatzrohr.

---

[1]) G. S. OHM, Pogg. Ann. Bd. 59, S. 513. 1843 u. Bd. 62, S. 1. 1844.

[2]) H. v. HELMHOLTZ, Lehre v. d. Tonempfindungen, 6. Aufl., S. 192 u. 193. Braunschweig 1913.

4. Wenn die höheren Obertöne jenseits des sechsten oder siebenten sehr deutlich sind, wird der Klang scharf und rauh. Den Grund davon werden wir später in den Dissonanzen nachweisen, welche die höheren Obertöne miteinander bilden. Der Grad der Schärfe kann verschieden sein; bei geringerer Stärke beeinträchtigen die hohen Obertöne die musikalische Brauchbarkeit nicht wesentlich, sind im Gegenteil günstig für die Charakteristik und Ausdrucksfähigkeit der Musik. Von dieser Art sind besonders wichtig die Klänge der Streichinstrumente, ferner die meisten Zungenpfeifen, Oboe, Fagott, Physharmonika, menschliche Stimme. Die rauheren, schmetternden Klänge der Blechinstrumente sind außerordentlich durchdringend und machen deshalb mehr den Eindruck großer Kraft als ähnliche Klänge von weicherer Klangfarbe. Sie sind deshalb für sich allein wenig geeignet zur künstlerischen Musik, aber von großer Wirkung im Orchester."

Die Klangfarbe ändert sich stark bei dem Abbau von Teiltönen. Beispiele für diese Änderungen zeigt bei einigen Klängen Tabelle 1[1]). Spalte 1 bis 4 geben der Reihe nach die Art des Klanges, den zugehörigen Grundton (g) sowie die ausgelöschten Teiltöne nach Ordnungszahl und Frequenz an; die entstehende Änderung der Klangfarbe ist in Spalte 5 kurz charakterisiert. Diese Resultate sind mit einem hochwertigen Telephonieübertragungssystem, bestehend aus einem Kondensatormikrophon (Kap. 12, Ziff. 8) als Schallaufnahmeapparat,

Tabelle 1. Änderung von Klangfarbe und Tonhöhe eines Klanges durch Auslöschung von Teiltönen.

Art des Schalles	Grundton	Ausgelöschte Teiltöne		Änderung der Klangfarbe	Änderung der Tonhöhe
		Ordnungszahl	Frequenz		
Klavier . .	c (129 Htz)	g	0—250	Kleine Änderung	Keine Änderung
		g, 1, 2	0—500	Metallischer Klang	,, ,,
		g, 1—4	0—750	Klirrt	,, ,,
		5—∞	750—∞	Stumpfe Klangfarbe	,, ,,
Klavier . .	c'' (517 Htz)	g	0—750	Kleine Änderung	Keine Änderung
		g, 1	0—1250	Metallischer Klang	,, ,,
		1—∞	750—∞	Reiner Ton	,, ,,
Violine . .	g' (388 Htz)	g	0—500	Große Änderung	Keine Änderung
		g, 1	0—1000	Sehr große Änderung	,, ,,
		g, 1, 2	0—1500	Klingt nicht musikalisch	Beurteil. unsich.
		2—∞	1000—∞	Verlust der charakteristischen Klangfarbe	Keine Änderung
Klarinette .	c' (259 Htz)	g	0—500	Große Änderung	Keine Änderung
		g, 1, 2	0—1000	Sehr große Änderung	,, ,,
		g, 1—4	0—1500	Klingt nicht musikalisch	,, ,,
		7—∞	2000—∞	Große Änderung	,, ,,
		2—∞	750—∞	Reiner Ton (keine Klarinettenklangfarbe)	,, ,,
Orgelpfeife	c (129 Htz)	g	0—250	Kleine Änderung	Keine Änderung
		g, 1, 2	0—500	Große Änderung	,, ,,
		g, 1—4	0—750	Geräusch	Beurteil. unsich.
		15—∞	2000—∞	Sehr kleine Änderung	Keine Änderung
		6—∞	750—∞	Kleine Änderung	,, ,,
Orgelpfeife	c' (259 Htz)	g	0—500	Große Änderung	Keine Änderung
		g, 1, 2	0—1000	Klingt nicht musikalisch	Beurteil. unsich.
		7—∞	2000—∞	Kleine Änderung	Keine Änderung
		2—∞	750—∞	Stumpfe Klangfarbe	,, ,,

[1]) Entnommen aus H. FLETCHER, Phys. Rev. Bd. 23, S. 430. 1924. Über Veränderung der Vokalklänge beim Abbau von Teiltönen vgl. z. B. C. STUMPF, Die Sprachlaute, S. 55ff., Berlin 1926 und K. W. WAGNER, Elektrot. ZS. 1924, Heft 19 (Funksonderheft), S. 451.

einem Verstärker und einem Telephon als Schallwiedergabeapparat erhalten; das System arbeitet hinreichend verzerrungsfrei. Durch Einschaltung von Spulen- bzw. Kondensatorleitungen (Kap. 13, Ziff. 14) wurden die jeweils gewünschten Frequenzgebiete unterdrückt. Die Änderung der Klangfarbe ist für die einzelnen Klänge sehr verschieden und wird in den meisten Fällen schon bei kleinen Abweichungen in der Zusammensetzung merkbar.

Die Klangfarbe wird nicht nur durch das relative Stärkeverhältnis der Obertöne bestimmt; auch die absolute Stärke des Gesamtklanges spielt wegen der Nichtlinearität des Ohres eine wesentliche Rolle. Wie Versuche an Großlautsprechern[1]) gezeigt haben, wird die Klangfarbe von Sprache oder Musik bei sehr starker Intensität der Wiedergabe merklich dumpfer, obwohl objektiv die Stärken der einzelnen Teiltöne in gleichem Verhältnis gesteigert sind. Die Ursache hierfür liegt in der subjektiven Entstehung von starken Differenztönen; vermindert man, etwa durch Zustopfen des Gehörganges, die auf das Trommelfell auftreffende Druckamplitude, so erhält der betreffende Klang wieder seinen normalen Charakter. Dieser Erscheinung wegen ist für klanggetreue Schallwiedergabe der Rundfunk- und Grammophontechnik auch die Forderung zu erheben, daß die Lautstärke der Wiedergabe ungefähr gleich derjenigen des Originales ist.

11. Tonhöhe eines Klanges. Außer der Klangfarbe besitzt jeder Klang noch eine gewisse Tonhöhe, welche man bisher im allgemeinen durch den Grundton als bestimmt ansah. Die obige Tabelle, welche der genannten Arbeit von Fletcher entnommen ist, zeigt jedoch (Spalte 6), daß die Tonhöhe sich nicht ändert, wenn bei einem Klang der Grundton und verschiedene Obertöne entfernt werden. Diese Erscheinung erklärt sich durch die nichtlineare Wirkungsweise des Ohres; durch Kombinationstonbildung nämlich entstehen subjektiv im Gehörorgan die entfernten Töne wieder, so daß die Tonhöhe gewahrt bleibt. Allerdings sind hierzu größere Lautstärken erforderlich, da das Ohr bei kleinen Energien annähernd linear arbeitet; die obigen Versuche sind deswegen mit einer Intensität ausgeführt worden, die etwa der 10^7—10^8fachen Schwellenintensität entspricht.

Die gleichen Resultate hat Fletcher[2]) in noch übersichtlicherer Form bei einem künstlich erzeugten Versuchsklang erhalten. Er leitet dazu in ein Telephon aus zehn Röhrensummern Wechselströme von den Frequenzen 100, 200, 300 usw. bis 1000 Hertz, wobei die einzelnen Stromstärken so gewählt sind, daß die objektiven, am künstlichen harten Ohr gemessenen Schalldruckamplituden für alle Frequenzen die gleiche Größe haben. Die Tonhöhe des Versuchsklanges entspricht dem Grundton 100 Hertz. Die Eliminierung des Grundtones bewirkt keinerlei Änderung der Tonhöhe; diese bleibt auch fernerhin erhalten, wenn die ersten sechs Obertöne entfernt werden. Wie bei den obigen Versuchen, muß auch hier die Lautstärke eine gewisse Grenze überschreiten. Daß die Tonhöhendifferenz zweier aufeinander folgenden Komponenten, d. h. also der im allgemeinen mit großer Stärke auftretende Differenzton erster Ordnung wesentlich ist, geht aus einem Versuchsklang hervor, welcher die Töne 300, 500, 700 und 900 Hertz enthält; hier stimmen Grundton und erster Differenzton nicht mehr überein. Dieser Klang besitzt keine definierte Tonhöhe, sondern soll wie ein Geräusch wirken[3]).

---

[1]) H. Riegger u. F. Trendelenburg, ZS. f. techn. Phys. Bd. 7, S. 187. 1926.

[2]) H. Fletcher, Phys. Rev. Bd. 23, S. 432. 1924.

[3]) Die erwähnten Versuchsergebnisse von H. Fletcher sind nicht in Übereinstimmung mit Beobachtungen von C. Stumpf (vgl. hierzu C. Stumpf, Sprachlaute, S. 186 u. 187). Es erscheint als möglich, daß die Unterschiede durch die Größe der absoluten Intensität bestimmt sind.

Wie man sich das Zustandekommen der Grundtonempfindung bei Abdrosselung der unteren Teiltöne eines Klanges vorzustellen hat, zeigt Abb. 7[1]). In Abb. 7a sind die objektiven Druckamplituden für die einzelnen Frequenzen, die bei dem eben genannten Versuchsklange sämtlich die gleiche Größe besitzen, aufgetragen; mit der Frequenzempfindlichkeit des Gehörs (s. Ziff. 17) multipliziert (Abb. 7b), stellen sie das Schallspektrum im inneren Ohr dar. Macht man die Annahme, daß die Empfindlichkeitskurve des Gehörorgans im wesentlichen die Frequenzkurve des Schallleitungsapparates vom Trommelfell bis zur Basilarmembran ist, so sind die Ordinaten in Abb. 7b ein Maß für die auf die Nerven wirkenden Schwingungsamplituden. In Abb. 7b ist die wichtige Voraussetzung gemacht, daß das Ohr linear arbeitet. Berücksichtigt man die Nichtlinearität des Gehörorgans, so erhält man bei der in den Versuchen verwandten Lautstärke ein ganz anderes Schallspektrum, das Abb. 7c darstellt. Die tiefen Frequenzen bekommen auf Grund der zahlreichen Differenztöne eine wesentlich größere Stärke. Außerdem treten in den hohen Frequenzen neue Teiltöne als Obertöne und Kombinationstöne auf. Entfernt man von den zehn einwirkenden Teiltönen die ersten vier, so ergibt sich unter Berücksichtigung der Nichtlinearität Abb. 7d. Die Eliminierung der genannten Teiltöne ist kaum wahrnehmbar; der Grund hierfür liegt darin, daß die subjektiv entstehenden tiefen Töne in der Hauptsache durch die höheren Teiltöne bedingt sind; infolgedessen ist die Entfernung der tiefen Frequenzen von kleinem Einfluß. Hieraus erklärt sich die Tatsache, daß nach Aussonderung einzelner Teiltöne überhaupt keine Tonhöhenänderung und nur eine ganz unwesentliche Klangfarbenveränderung eintreten kann. Die für die Berechnung der Abb. 7 notwendigen Kenntnisse über die Nichtlinearität des Ohres sind Versuchen über die Verdeckung reiner Töne entnommen (Ziff. 24).

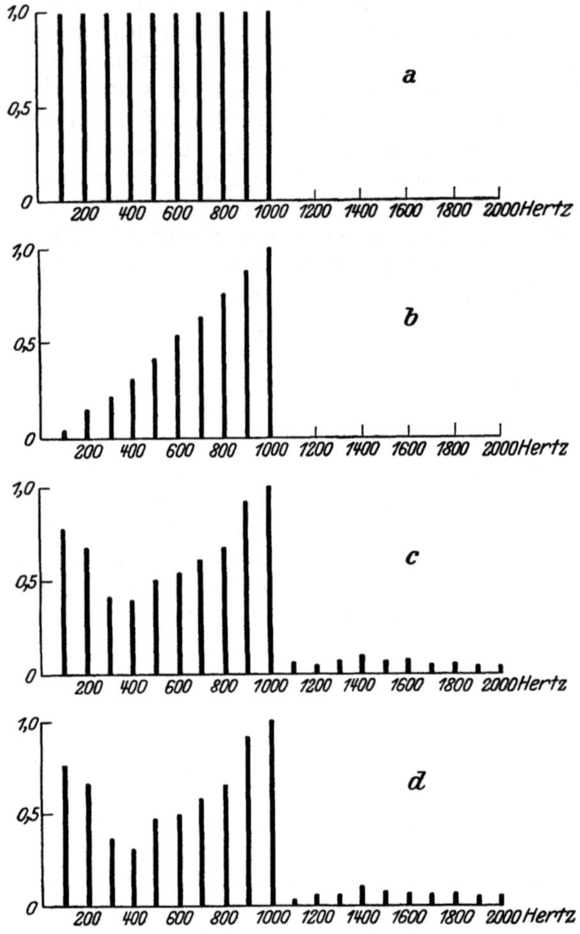

Abb. 7. Änderung von Tonhöhe und Klangfarbe eines Versuchsklanges bei Eliminierung des Grundtones und mehrerer Obertöne.

12. WEBER-FECHNERsches Gesetz; STEINBERGsche Lautstärkeformel. Der Größe des von außen einwirkenden objektiven Schallreizes (Schalldruckamplitude

[1]) Entnommen aus H. FLETCHER, Phys. Rev. Bd. 23, S. 436. 1924.

bzw. Schallenergie) entspricht eine gewisse Stärke der Schallempfindung (Lautstärke). Der Zusammenhang zwischen beiden Größen wird in ähnlicher Weise wie bei den übrigen Sinnesorganen durch das psychophysische WEBER-FECHNERsche Grundgesetz gegeben. Je nach der Formulierung unterscheidet man das Differential- oder das Integralgesetz. In seiner ersten Form, dem WEBERschen Gesetz, sagt es aus, daß der eben merkliche Reizzuwachs in einem konstanten Verhältnis zu der schon vorhandenen Reizstärke steht. Bezeichnen δL die eben merkliche Lautstärkeänderung eines Schalles, die sog. Unterschiedsschwelle, E die vorhandene Reizstärke, d. h. die Schallenergie, und dE den zugehörigen Reizzuwachs, so lautet das WEBERsche Gesetz

$$\delta L = C \frac{dE}{E}. \tag{1}$$

In dieser Gleichung wird weiter die wichtige Annahme der Gleichheit aller eben merklichen Lautstärkeunterschiede gemacht, eine Annahme, die sich nicht beweisen läßt. Unter dieser Voraussetzung erhält man dann das eigentliche WEBERsche Gesetz:

$$\frac{dE}{E} = \text{konst.} \tag{2}$$

Das WEBERsche Gesetz, das in neuerer Zeit für alle Sinnesorgane in seiner Allgemeingültigkeit angezweifelt wird, gilt auch auf akustischem Gebiete nur in einem gewissen Reizstärkebereich. Auf die Messungen der Unterschiedsschwelle sowie auf die hierbei gefundene Abhängigkeit der Konstanten von Schwingungszahl und Intensität des erregenden Schalles wird noch näher in dem Abschnitt „Schwellenwerte" einzugehen sein (s. Ziff. 22).

FECHNER hat das WEBERsche Gesetz dahin verallgemeinert, daß es nicht bloß an der Grenze der Merkbarkeit, sondern überhaupt für kleine Reizzuwüchse gelten soll. In seiner Ausdrucksweise lautet also das Gesetz: Gleichen absoluten Zunahmen der Empfindungsstärke entsprechen gleiche relative Zunahmen der Reizstärke, bezogen auf deren Ausgangswerte. Nach dieser Formulierung erhält man durch Integration aus Gleichung (1)

$$L = \text{konst.} \log E, \tag{3}$$

d. h. die Lautstärke ist proportional dem Logarithmus der Schallstärke. Auch diese Gleichung, die bei den einzelnen Sinnesempfindungen umstritten ist und vielfach Ablehnung begegnet, gilt auf akustischem Gebiet nur in einem kleinen Bereich.

In neuerer Zeit sind eine Reihe von Experimentaluntersuchungen ausgeführt worden, die sich mit der Frage der Abhängigkeit der subjektiven Lautstärke eines Schalles von seiner physikalischen Schallstärke, d. h. mit der Frage der Gültigkeit von Gleichung (3) befassen und welche zeigen, daß der Zusammenhang wesentlich komplizierter ist, als diese Gleichung angibt. Die Versuche sind von STEINBERG[1]) an Sprache und künstlich zusammengesetzten Versuchsklängen unter Benutzung eines möglichst verzerrungsfreien Telephonwiedergabesystems durchgeführt worden. Mittels elektrischer Kettenleiter konnten bestimmte Frequenzgebiete entfernt werden; durch Vergleich der Lautstärken des ursprünglichen und des abgeänderten Schalles wurde der Einfluß der Frequenzzusammensetzung des Schalles auf die Lautstärke untersucht. Die Messungen erfolgten auch bei verschieden großen Schallstärken, was wegen der nichtlinearen Eigenschaften des Gehörorgans und wegen des Verdeckungseffektes (s. Ziff. 24) von Wichtigkeit ist. Die in den Versuchen verwendete Lautstärkeskala ist eine

[1]) J. C. STEINBERG, Phys. Rev. Bd. 26, S. 507. 1925.

willkürliche, jedoch natürlich so, daß irgend zwei Schalle, die die gleiche Lautstärkeziffer haben, auch dem normalen Ohr gleich laut erscheinen. Die Skala ist ferner so eingerichtet, daß für die in einem mittleren Lautstärkebereich gelegenen Töne der Frequenz 700 Hertz Lautstärkeziffer und „Empfindungsniveau" übereinstimmen; unter Empfindungsniveau eines Schalles wird dabei diejenige Zahl verstanden, ausgedrückt in den in der amerikanischen Telephontechnik üblichen Übertragungseinheiten (transmission units), um welche der in Frage stehende Schall geschwächt werden muß, damit er gerade noch hörbar ist. Die Definitionsgleichung für das Empfindungsniveau S lautet:

$$S = 20 \log_{10} \frac{P}{P_0}, \tag{4}$$

darin bedeuten P die Druckamplitude der auf das Trommelfell auftreffenden Schallwelle und P_0 die Schwellendruckamplitude dieses Schalles; beide Größen sind Effektivwerte. Als Zahlenbeispiel zur Charakterisierung von S sei erwähnt, daß Unterhaltungssprache auf dem Empfindungsniveau 60 bis 80 geführt wird, was einer ungefähren Druckamplitude von 1 bis 10 Dyn/cm² (Bar) entspricht. Das Empfindungsniveau erscheint zunächst selbst geeignet, ein Maß für die Lautstärke zu sein. Wie jedoch die Untersuchungen gezeigt haben, ist dies, entgegen den früheren Annahmen¹), im allgemeinen nicht der Fall. Für die Lautstärke eines Schalles ist außer seinem Empfindungsniveau noch sein Druckspektrum von Wichtigkeit, das Zahl und Stärke der Druckamplituden P_i der einzelnen Komponenten, gemessen in Bar, angibt.

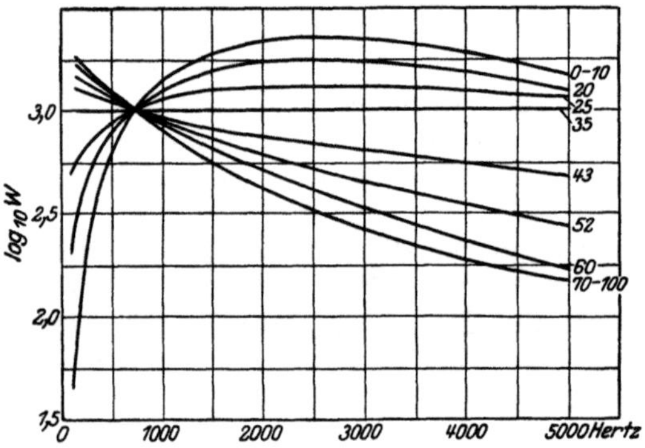

Abb. 8. Abhängigkeit des Gewichtsfaktors W der STEINBERGschen Lautstärkeformel [Gl. (4)] von Frequenz und Empfindungsniveau.

Das Ergebnis seiner Messungen stellt STEINBERG versuchsweise in der folgenden Gleichung dar:

$$L = \frac{10}{3} r^2 \log \sum_{i=1}^{i=k} (W_i P_i)^{\frac{2}{r}}. \tag{5}$$

In dieser Gleichung bedeutet W_i einen Gewichtsfaktor für die $i$te Frequenzkomponente, deren Druckamplitude P_i ist. W_i hängt sowohl von der Frequenz wie von dem Empfindungsniveau ab. Die experimentell ermittelte Abhängigkeit von beiden Größen zeigt Abb. 8; die Frequenz ist als Abszisse, das Empfindungsniveau als Parameter aufgetragen. Hat das Empfindungsniveau kleine Werte ($S = 0$ bis 10), so wird der Gewichtsfaktor für jede Frequenz $W_i = 1/P_{0i}$, wobei P_{0i} die Schwellendruckamplitude der $i$ten Komponente ist, mit anderen Worten, der Verlauf des Gewichtsfaktors für kleine Lautstärken entspricht der Empfindlichkeitskurve des Ohres. Dies ist auch ohne weiteres einleuchtend, da bei den kleinen Lautstärken die Erscheinungen des Verdeckungseffektes und der Nichtlinearität nur eine geringe Rolle spielen. Die Kurven, welche den Gewichtsfaktor bei den höheren Empfindungsniveaus darstellen, lassen erkennen, daß die tiefen Frequenzen mit wachsender Lautstärke immer stärkeren Einfluß erhalten. Der Gewichtsfaktor für die Frequenz 700 ist entsprechend der oben gemachten Annahme über die Lautstärkeskala gleich dem reziproken Wert seiner Schwellendruckamplitude gesetzt worden; die gleiche Annahme bestimmt auch den Faktor 10/3 der STEINBERGschen Formel. Die Summation in Gleichung (5) darf

¹) H. FLETCHER u. J. C. STEINBERG, Phys. Rev. Bd. 24, S. 306. 1924.

nur über diejenigen Komponenten erstreckt werden, deren Druckamplitude oberhalb des Schwellenwertes der betreffenden Frequenz liegt. Gleichung (5) erfüllt die Bedingung, daß die Lautstärke für den Schwellenwert des Schalles, d. h. also für noch endliche Druckamplituden, gleich Null wird. Schwächt man nämlich den durch (5) dargestellten Schall, ohne an dem relativen Stärkeverhältnis der einzelnen Komponenten etwas zu ändern, so bleibt unter der Voraussetzung eines diskontinuierlichen Schallspektrums mit genügend großem Abstand der Komponenten (etwa 60 Hertz) zuletzt nur eine Frequenz übrig, deren Anteil auf Grund der Gleichung $W_i = 1/P_{0i}$ zu Null wird. Die Größe r in der STEINBERGschen Lautstärkeformel [Gleichung (5)] hängt sehr wenig von der Frequenz, dagegen wesentlich von der Schallstärke ab; der Zusammenhang geht aus Abb. 9 hervor, die gleichfalls aus den oben genannten Filterversuchen gewonnen ist. r läßt sich auch aus Messungen der Unterschiedsschwelle der Intensität (s. Ziff. 22) bestimmen; die Übereinstimmung der nach beiden Methoden erhaltenen Ergebnisse ist gut. In den beiden Abb. 8 und 9 ist unter Empfindungsniveau stets dasjenige für den gesamten Klang verstanden. Liegt anstatt des bisher angenommenen diskontinuierlichen Schallspektrums ein kontinuierliches Spektrum, z. B. Sprache, vor, so ist eine Umformung der Summe in ein Integral erforderlich.

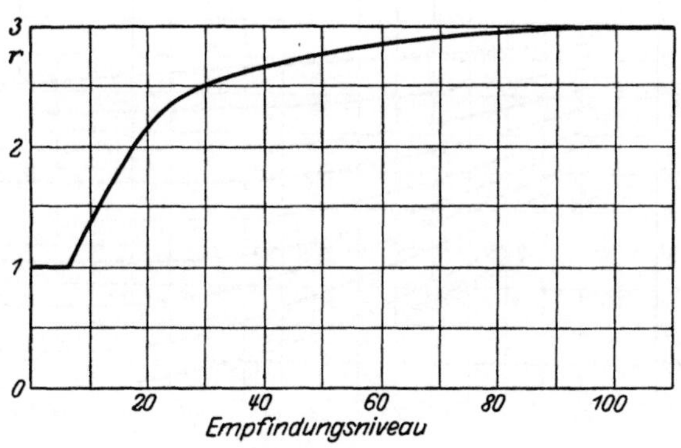

Abb. 9. Abhangigkeit des Exponenten r der STEINBERGschen Lautstarkeformel vom Empfindungsniveau.

Die STEINBERGsche Lautstärkeformel gestattet, die subjektive Lautstärke eines Schalles zu berechnen, wenn sein Empfindungsniveau, d. h. nach Gleichung (4) seine Druckamplitude und seine Schwellendruckamplitude sowie die Druckamplituden der einzelnen Teiltöne bekannt sind. Die Formel ist an einer Reihe von Versuchsklängen bestätigt worden. Trotzdem ist anzunehmen, daß sie keineswegs erschöpfend und immer richtig die Beziehungen zwischen objektiver Schallstärke und subjektiver Lautstärke wiedergibt (s. weiter unten, vgl. auch die nächste Ziffer). Die STEINBERGsche Formel ist wahrscheinlich nur als ein vorläufiger Ansatz zu betrachten; es wird noch eingehender Untersuchungen bedürfen, um die in Frage stehenden komplizierten Erscheinungen zu klären.

Lautstärken von zusammengesetzten Klängen hat neuerdings BARKHAUSEN in sehr eingehender Weise untersucht, und zwar sowohl an der Hörschwelle[1]) als auch für größere Lautstärken[2]). Die von ihm benutzten komplexen Klänge werden durch Beschicken eines Telephons mit zerhacktem Gleichstrom oder zerhacktem Wechselstrom erzeugt. BARKHAUSEN findet, daß die Lautstärke eines Klanges gleich der des physiologisch lautesten Obertones ist und daß alle übrigen Teiltöne, soweit sie mehr als 20% in der Frequenz abweichen, nichts zur Erhöhung der Lautstärke beitragen, ein Ergebnis, das auch in Übereinstimmung mit Beobachtungen von C. STUMPF[3]) steht, dagegen mit der STEINBERGschen Lautstärkeformel schwer zu vereinigen ist.

---

[1]) H. BARKHAUSEN u. G. LEWICKI, Phys. ZS. Bd. 25, S. 537. 1924.
[2]) H. BARKHAUSEN u. H. TISCHNER, ZS. f. techn. Phys. Bd. 8, S. 215. 1927.
[3]) C. STUMPF, Die Sprachlaute, S. 305 ff. 1926.

13. Vergleich von Lautstärken. Für akustische und elektrische Meßzwecke ist vielfach ein Vergleich der Lautstärken von Tönen, Klängen oder Geräuschen erforderlich. Dieser Vergleich wird meist so ausgeführt, daß man sehr schnell nacheinander oder gegebenenfalls gleichzeitig die beiden zu vergleichenden Klänge abhört und die Schallstärke des einen Klanges so lange ändert, bis die Lautstärken einander gleich geworden sind. Die Abgleichung gestaltet sich verhältnismäßig einfach, wenn die beiden Schalle die gleiche oder wenigstens eine ähnliche Frequenzzusammensetzung besitzen; dagegen ist die Frage des Lautstärkevergleiches von Tönen oder Klängen verschiedener Tonhöhe schwieriger; sie entspricht dem optischen Problem der heterochromaren Photometrie. Das hierfür in der Optik benutzte Flickerprinzip hat MAC KENZIE[1]) auch auf die Akustik übertragen und beim Lautstärkevergleich reiner Töne benutzt. In seinen Versuchen werden die beiden zu vergleichenden Töne durch ein Telephon oder ein Thermophon (Kap. 7, Ziff. 1) erzeugt und mittels eines in den Stromkreis gelegten, schnell arbeitenden Relais (Umlegzeit 2 Millisekunden) als Triller abwechselnd etwa 12 mal in der Sekunde dem Ohre dargeboten. Solange ein Ton lautstärker ist, verschmilzt der Triller nicht zu einem einheitlichen Ganzen. Man hört die Unterbrechungen des lautstärkeren Tones; der schwächere Ton tritt zurück. Die eben angedeutete Einstellung auf Verschmelzung der beiden Töne soll ziemlich genau sein; die Genauigkeit wird für ungeübte Beobachter zu etwa 4% angegeben. Das beschriebene Flickerphonometer verlangt eine bestimmte optimale Trillergeschwindigkeit, die etwa die obengenannte Größe haben muß. Es scheint, daß für diese Geschwindigkeit die Dämpfung der Ohrresonatoren von Wichtigkeit ist; inwieweit hierdurch der Lautstärkeabgleich beeinflußt wird, ist nicht bekannt (s. Ziff. 41).

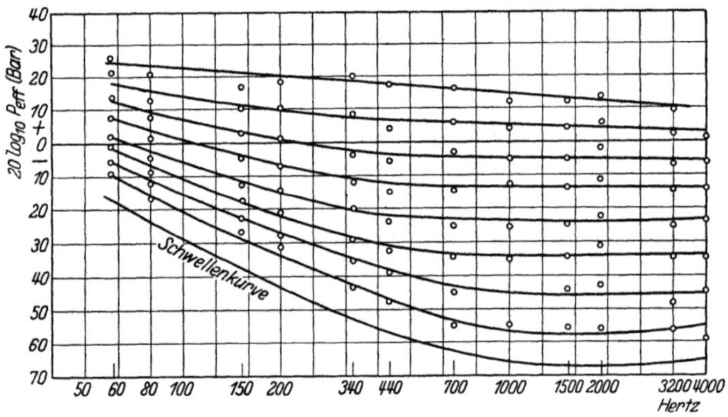

Abb. 10. Kurven gleicher Lautstärke reiner Töne.

Ähnliche Untersuchungen wie MAC KENZIE hat neuerdings auch KINGSBURY[2]) ausgeführt. Er vergleicht bei einer Reihe von Intensitätsstufen die Lautstärken reiner Töne verschiedener Tonhöhe; als Vergleichston wählt er dabei ebenso wie MAC KENZIE die Frequenz 700 Hertz, die eine bestimmte Intensität besitzt, und verändert die Druckamplitude des zu vergleichenden Tones so lange, bis beide Töne dem normalen Ohr gleich laut erscheinen. Führt man dies für eine Anzahl von Frequenzen und Intensitäten aus, so erhält man Kurven gleicher Lautstärke von reinen Tönen. Abb. 10 stellt eine so gemessene Kurvenschar als Mittelwerte einer großen Zahl von Beobachtern und Beobachtungen dar; als Ordinaten sind die Druckamplituden in logarithmischem Maß aufgetragen. Die unterste Kurve ist die Schwellenkurve des Gehörs, die ja auch eine Linie konstanter Lautstärke (nämlich der eben merklichen Hörempfindung) bedeutet. Die Kurven in Abb. 10 zeigen, die Richtigkeit der Messungen vorausgesetzt, die wichtige Tatsache, daß Töne verschiedener Höhe, deren Druck-

[1]) D. MAC KENZIE, Phys. Rev. Bd. 20, S. 331. 1922.
[2]) B. A. KINGSBURY, Phys. Rev. Bd. 29, S. 588. 1927.

amplituden gleiche Vielfache der jeweiligen Schwellendruckamplitude sind, die also den gleichen Wert des Empfindungsniveaus besitzen, keineswegs gleich lautstark sind; vielmehr nimmt die Lautstärke der tiefen Frequenzen bei entsprechender Steigerung der Druckamplitude wesentlich stärker zu als diejenige der höheren Frequenzen[1]. Auf diese Erscheinung hat bereits STEINBERG als Folgerung aus seiner Lautstärkeformel (s. vorige Ziffer) hingewiesen, ohne sie indes experimentell zu prüfen. Die Messungen von KINGSBURY bestätigen nun in einem gewissen Bereich die STEINBERGsche Formel, lassen jedoch in anderen Gebieten noch systematische Abweichungen erkennen.

Die Untersuchungen von MAC KENZIE und KINGSBURY beschäftigen sich nur mit den Beziehungen, die zwischen den Lautstärken reiner Töne bestehen. Praktisch liegt vielfach die Aufgabe vor, die Lautstärke irgendeines Schalles, meist eines Geräusches zu bestimmen. Hierzu bedarf es eines Normalschalles, dessen Intensität in meßbarer Weise variiert werden kann; der zu messende Klang oder das zu messende Geräusch wird dann hinsichtlich der Lautstärke mit dem Normalschall verglichen und in gewissen Einheiten desselben angegeben. Für den Normalschall sind mehrere Vorschläge gemacht worden. An sich ist hierfür ein reiner Ton[2] am besten geeignet, da seine physikalischen Eigenschaften (Frequenz und Druckamplitude) am einfachsten festgelegt werden können. Der reine Ton hat jedoch den Nachteil, daß der Lautstärkevergleich selbst infolge der verschiedenen Klangfarbe des Normalschalles und des zu messenden Schalles Schwierigkeiten bereitet. In dieser Beziehung eignet sich besser ein obertonreicher Klang als Normalschall. So verwendet E. E. FREE[3] für Straßengeräuschmessung einen Schall, wie ihn ein Summerunterbrecher im Telephon erzeugt; FREE stellt dabei nicht auf Lautstärkegleichheit, sondern auf Verdeckung des Straßengeräusches durch das Normalgeräusch ein. In ähnlicher Weise geht BARKHAUSEN[4] vor; er benutzt bei seinen Lautstärkemessungen auch einen Geräuschsummer; der Summer besteht aus zwei Trockenelementen, einem Summerunterbrecher und einem Widerstand, von dem der Summerstrom in genau meßbarer Weise einem Telephon zugeführt wird. Man verändert die Stromstärke im Telephon so lange, bis der auf das eine Ohr auftreffende und zu messende Schall mit dem Normalgeräusch auf dem anderen Ohr gleich laut erscheinen. Im ungünstigsten Fall ist noch eine Genauigkeit von etwa 50% zu erreichen.

Eine Lautstärkeeinheit existiert noch nicht; Vorschläge für die Wahl einer Einheit finden sich in den genannten Arbeiten von BARKHAUSEN und KINGSBURY.

14. Das Geräusch. Eine scharfe Grenze zwischen Klang und Geräusch gibt es nicht, vielmehr sind beide Schallempfindungen wesensgleich und gehen ineinander über, worauf besonders SCHAEFER[5] hingewiesen hat. Während der Klang durch die Harmonie seiner Bestandteile im allgemeinen eine angenehme Empfindung erzeugt, besitzt das Geräusch in seiner extremen Form einen unharmonischen, schnell in Intensität und Frequenz variierenden Aufbau und ruft infolgedessen vielfach ein Unbehagen der Empfindung hervor. Es gibt

---

[1] Daß die tiefen Töne bei gleich gesteigerten Druckamplituden lautstärker als die hohen Töne werden, findet sich andeutungsweise bereits in der Arbeit von D. MAC KENZIE (l. c. Abb. 9, S. 347); im übrigen muß jedoch darauf hingewiesen werden, daß die in dieser Arbeit enthaltenen Kurven gleicher Lautstärke nicht mit den Messungen von KINGSBURY übereinstimmen; der Grund hierfür ist nicht ersichtlich. Vgl. hierzu auch Abb. 2 bis 4 der Arbeit H. BARKHAUSEN u. H. TISCHNER, ZS. f. techn. Phys. Bd. 8, S. 215. 1927.

[2] K. KÜPFMÜLLER, Wiss. Veröffentl. a. d. Siemens-Konz. Bd. III, Heft 2, S. 153. 1924.

[3] E. E. FREE, Phys. Rev. Bd. 27, S. 518. 1926.

[4] H. BARKHAUSEN, ZS. f. techn. Phys. Bd. 7, S. 599. 1926. Vgl. auch H. FASSBENDER und K. KRÜGER, ZS. f. techn. Phys. Bd. 8, S. 277. 1927.

[5] K. L. SCHAEFER, Verh. d. D. Otol. Ges. 1909.

außerordentlich mannigfaltige Geräusche, wie schon der Reichtum jeder Sprache an Ausdrücken dafür beweist; das Geräusch ist diejenige Schallart, die in der Natur am weitaus häufigsten vorkommt, eine Tatsache, durch welche vielleicht auch das bessere Lokalisationsvermögen für Geräusche bedingt ist (s. Ziff. 45).

Durch photographische Registrierung und Analyse verschiedener Geräusche[1]) hat sich ergeben, daß zwei Momente für sie maßgebend sind, der fortwährende Wechsel der Amplitude und der Frequenz; das schwerer wiegende Moment ist der Wechsel in der Schwingungszahl. Je regelmäßiger die Periode eines Geräusches ist, um so mehr hat es Toncharakter. In dem Knall einer Pistole und dem Geräusch einer Kinderknarre beispielsweise variiert stark die Periodendauer, worunter hier die Zeit zwischen zwei Maxima in der registrierten Kurve verstanden sei; diese beiden Schalle sind auch ausgesprochene Geräusche. Dagegen ist bei dem Zusammenschlagen von Orchesterschellen, Holzklötzen od. dgl., d. h. bei den tonartigen Geräuschen, eine wesentlich geringere Änderung in der Periodendauer festzustellen.

In noch klarerer Weise als die Analyse zeigt die Synthese von Geräuschen die Bedeutung von Amplituden- und Frequenzwechsel; für die Synthese ist eine Anordnung erwünscht, mit der bei konstanter Amplitude die Frequenzen, bzw. bei konstanter Frequenz die Amplituden eines Schalles willkürlich variiert werden können. WEISS und SOKOLOWSKI[1]) verwenden hierzu die Selensirene; vor einer Selenzelle rotiert eine Scheibe, in deren Peripherie die Geräuschkurve eingeschnitten ist. Ein Lichtstreifen fällt durch die Randausschnitte der Scheibe auf eine Selenzelle und wird entsprechend der Randkurve in seiner Länge verändert; die hierdurch entstehenden Widerstandsänderungen der Selenzelle lassen sich in Wechselströme umsetzen, die einem Telephon zugeführt werden. Sind Amplitude und Periode der Randkurve konstant, so entsteht ein Klang, dessen Tonhöhe mit der Rotationsgeschwindigkeit der Scheibe steigt. Läßt man die Periode konstant und ändert unregelmäßig die Amplitude, so hört man ein Geräusch mit Toncharakter; seine Höhe variiert mit der Rotationsgeschwindigkeit. Ist die Randkurve so beschaffen, daß zwar die Amplituden gleich sind, daß aber die Periodendauer sich unregelmäßig ändert, so erhält man ein Geräusch ohne tonale Färbung.

Die Geräusche haben in der heutigen Zeit in einer Großstadt eine außerordentliche Stärke und damit leider auch eine außerordentliche Bedeutung erreicht. Als Beispiel sei erwähnt, daß E. E. FREE[2]) für Neuyork Druckamplituden von Straßengeräuschen bis zu 20 Bar festgestellt hat. Man hat auch bereits eine ganze Reihe von Forderungen und Maßnahmen besprochen, welche die Verminderung der Großstadtgeräusche zum Ziel haben[3]).

In neuerer Zeit haben auch auf dem Gebiete der Fernmeldetechnik die Geräusche ein erhebliches Interesse gewonnen; es handelt sich hierbei um die durch Starkstrom oder andere Störungsquellen hervorgerufenen Störströme, welche sich der elektrischen Sprach- und Musikübertragung überlagern und als Störgeräusche bei der Wiedergabe recht unangenehm bemerkbar werden. Zu Untersuchungen auf diesem Gebiete sind verschiedene Geräuschmesser konstruiert worden. Sie benutzen gewisse Normalschalle[4]), mit denen das zu messende Geräusch hinsichtlich der Lautstärke subjektiv verglichen wird (s. vorige Ziffer). Die Angabe der Geräuschstärke erfolgt hier in bestimmten elektrischen Einheiten, z. B. Spannungen, des Normalgeräusches oder des Normaltones.

[1]) O. WEISS u. R. SOKOLOWSKY, Pflügers Arch. f. d. ges. Physiol. Bd. 180, S. 96. 1920.
[2]) E. E. FREE, Phys. Rev. Bd. 27, S. 518. 1926.
[3]) Vgl. hierzu H. REIHER, ZS. d. Ver. d. Ing. Bd. 69, S. 475. 1925.
[4]) K. KÜPFMÜLLER, Wiss. Veröffentl. a. d. Siemens-Konz. Bd. III, Heft 2, S. 153. 1924.

Über die Geräuschperzeption selbst geht die allgemeine Ansicht jetzt dahin, daß sie ebenso wie die der Töne und Klänge in der Schnecke stattfindet, und daß die Annahme eines besonderen Geräuschperzeptionsorgans keineswegs notwendig ist.

15. Der Knall. Unter Knall wird ein Schall verstanden, der nur sehr kurze Zeit andauert. Über seine physikalischen Eigenschaften ist ebenso wie über die durch ihn hervorgerufenen physiologischen Vorgänge wenig bekannt. Allen Erfahrungen nach erscheint ein Knall um so lautstärker, je steiler die Wellenfront ist, mit welcher die Schallwelle das Ohr erreicht; selbstverständlich spielt auch die Intensität, die Höhe der Wellenfront, eine wichtige Rolle. Die Klangfärbung des Knalles wird in vielen Fällen durch die Umgebung, durch Reflexionen an Zimmerwänden usw. bestimmt; so ist ein Pistolenknall in einem stark schallabsorbierenden Raum dumpf und von kurzer Dauer, während der gleiche Schuß, in einem Beobachtungsraum von größerer Nachhallzeit abgegeben, sehr hell klingt und wesentlich längere Zeit dauert[1]).

Abraham[2]) hat sich mit dem beim Anblasen weniger Löcher einer Lochsirene entstehenden Knall eingehender beschäftigt. Bei den Untersuchungen über die Wahrnehmung kürzester Töne und Geräusche (s. Ziff. 21) zeigt sich nämlich, daß ein Ton auf der Lochsirene, der nur aus wenigen Schwingungen, z. B. aus fünf oder sechs Perioden, besteht, von einem kurzen knallartigen Nebengeräusch von tieferer Tonhöhe als der „Frequenzton" begleitet ist; das gleiche gilt, wenn an Stelle des Tones durch Anblasen von einigen, verschieden großen Löchern der Sirene ein kurzes Geräusch erzeugt wird. Verringert man in beiden Fällen die Zahl der angeblasenen Löcher, so verschwindet mehr und mehr die eigentliche Ton- bzw. Geräuschempfindung. Beim Anblasen eines einzigen Loches bleibt nur ein Knall übrig, dem noch eine, allerdings sehr schwer bestimmbare Tonhöhe zukommt. Die Knallhöhe hängt nicht von der Schwingungszahl des eigentlichen „Frequenztones" ab, welcher durch die Rotationsgeschwindigkeit der Scheibe und den Lochabstand gegeben ist, sondern in allen erwähnten Fällen, dem Ton-, dem Geräusch- und dem Einlochknall, wird die Tonhöhe des Knalles durch die absolute Zeitdauer des Schallvorganges bestimmt. Für den Tonknall beispielsweise ist diese Zeit das Produkt der Periodendauer und der Periodenanzahl des Frequenztones. Die Bedingung für das Entstehen eines Knalles ist, daß die absolute Zeitdauer höchstens $^1/_{150}$ Sekunde beträgt. Wird dieser Wert überschritten, so geht der Knall in ein Stoß- oder Blasegeräusch über. Alle drei Knallarten sind objektiv physikalisch nachweisbar.

Nach Abraham ist die Ursache für das knallartige Nebengeräusch eines kurzdauernden Schalles die einheitliche Gleichgewichtsstörung der Luft, welche durch den abgebrochenen Schallwellenzug verursacht wird; die Dauer dieser Gleichgewichtsstörung, unter der man sich evtl. den Schalldruck vorstellen kann, ergibt ungefähr eine halbe Periode der dem Knall anhaftenden Tonhöhe, was sich auch experimentell bestätigen läßt.

c) Hörschwellen[3]).

16. Allgemeines. In gleicher Weise wie die übrigen Sinnesempfindungen ist auch die Hörempfindung an bestimmte Grenzen der Intensität und der Frequenz gebunden; auch auf akustischem Gebiete gibt es gewisse Schwellen. Man unterscheidet Reiz- und Unterschiedsschwellen. Unter Reizschwelle ver-

---

1) Erwin Meyer, ZS. f. techn. Phys. Bd. 7, S. 614. 1926; Elektr. Nachr.-Techn. Bd. 4, S. 135. 1927.

2) O. Abraham, Ann. d. Phys. Bd. 60, S. 55. 1919.

3) Vgl. hierzu M. Gildemeister, Hörgrenzen u. Schwellenwerte, im Handb. d. Physiol. v. Bethe, Berlin 1926.

steht man dabei diejenige Stärke eines objektiven Reizes, die eben noch eine Empfindung hervorruft; die Unterschiedsschwelle ist als diejenige Änderung eines schon bestehenden Reizes definiert, welche gerade eine von der vorhandenen Empfindung abweichende Empfindung verursacht. Auf akustischem Gebiete existieren folgende Schwellen:

1. Reizschwellen: a) Die Reizschwelle der Intensität wird durch die physikalische Schallstärke gegeben, die eben noch eine Hörempfindung auslöst.

b) Die Reizschwelle des Schmerzes ist die Schallstärke, bei der gerade die Hörempfindung in eine Schmerzempfindung übergeht.

c) Auch bezüglich der Tonhöhe existieren Schwellen, die sog. obere und untere Hörgrenze, welche den Frequenzumfang der wahrnehmbaren Töne bestimmen. Obere und untere Hörgrenze hängen mit der unter a) genanntenSchwelle zusammen.

d) Ein Schall muß eine gewisse Zeitdauer einwirken können, damit er eine Empfindung hervorruft. Zu den bisher genannten Reizschwellen tritt also noch die Dauerschwelle der Hörempfindung.

2. Unterschiedsschwellen: Man unterscheidet die Unterschiedsschwellen der Intensität und der Tonhöhe; sie geben an, um welche Werte die Intensität bzw. die Frequenz eines Tones variiert werden müssen, damit ein eben merklicher Unterschied vorhanden ist.

17. Reizschwelle der Hörempfindung. Das Verfahren, die Reizschwelle der Hörempfindung festzustellen, ist verhältnismäßig einfach; es besteht darin, entweder einen hörbaren Schall objektiv so weit zu schwächen, daß er nicht mehr wahrnehmbar ist, oder umgekehrt einen unhörbaren Schall so weit zu verstärken, daß er gerade wahrnehmbar wird. Die Schwierigkeit liegt hauptsächlich in den Messungen der Schallstärke, die auf den verschiedensten Wegen versucht worden sind. Die Untersuchungen erfolgten fast durchweg mit reinen Tönen. Die ältesten Messungen rühren von TOEPLER und BOLTZMANN[1]) her; sie maßen in einer bestimmten Entfernung die Schallstärke einer Lippenpfeife mit Hilfe ihrer Interferenzmethode und berechneten hieraus sowie aus dem Abstand von der Schallquelle, in dem der Ton eben noch gehört wurde, nach dem quadratischen Abnahmegesetz den Schwellenwert der Hörbarkeit. Weitere Messungen sind von RAYLEIGH, WEAD, WEBSTER und ABRAHAM[2]) ausgeführt worden. Die ersten systematischen Untersuchungen auf diesem Gebiet rühren von M. WIEN[3]) her. WIEN verwendete bei seinen Messungen ähnlich wie RAYLEIGH ein Telephon, welches mit sinusförmigem Wechselstrom beschickt wurde und entweder dicht am Ohr der Versuchsperson lag oder in kleiner Entfernung freistrahlend angebracht wurde. In beiden Fällen ist die erzeugte Schallenergie proportional dem Quadrat der Amplitude der Telephonmembran; die Membranamplitude, die an der Hörschwelle außerordentlich klein ist, läßt sich nur durch Extrapolation aus dem Erregungsstrom errechnen, wenn bei stärkerer Erregung des Telephons der Zusammenhang zwischen Amplitude und Strom, beispielsweise durch eine mikroskopische Ablesung, bekannt ist. In dem Fall der freistrahlenden Membran hat WIEN auch die absolute Größe des Schwellenwertes der Schallenergie in Erg $cm^{-2} sec^{-1}$ berechnet. Verändert man die Frequenz des erregenden Stromes, so erhält man die Schwellenenergie des Ohres für die einzelnen Schwingungszahlen. Voraussetzung für die Messungen

---

[1]) A. I TOEPLER u. L. BOLTZMANN, Ann. d. Phys. Bd. 141, S. 321. 1870.

[2]) Lord RAYLEIGH, Proc. Roy. Soc. London Bd. 26, S. 248. 1877; Phil. Mag. Bd. 14, S. 596. 1907; C. K. WEAD, Amer. Journ. of Science Bd. 26, S. 177. 1883; A. G. WEBSTER, Boltzmann-Festschrift, S. 866. Leipzig 1904; H. ABRAHAM, C. R. Bd. 144, S. 1099. 1907.

[3]) M. WIEN, Pflügers Arch. f. d. ges. Physiol. Bd. 97, S. 1. 1903. Vgl. auch M. GUERNSEY, Amer. Journ. of Psychol. Bd. 33, S. 554. 1922.

ist ein möglichst sinusförmiger Wechselstrom, besonders für die tiefen Frequenzen, bei denen infolge der starken Steigerung der Hörempfindlichkeit mit wachsender Frequenz schon eine geringe Unreinheit des Stromes zu großen Fehlern Anlaß gibt. Ferner ist der Einfluß der Eigenperioden der Telephone in sorgfältiger Weise zu eliminieren.

In neuerer Zeit sind die Reizschwellenuntersuchungen, vor allem in amerikanischen Arbeiten[1]), wieder aufgenommen worden. Diese Untersuchungen konnten infolge der bedeutenden meßtechnischen Fortschritte auf elektrischem und akustischem Gebiet mit einer wesentlich verbesserten Apparatur ausgeführt werden, als deren Bestandteile namentlich Röhrensummer, Drosselketten, Thermophon, luftgedämpftes Telephon und Kondensatormikrophon genannt seien. Gerade der oben erwähnten Schwierigkeiten wegen war es wichtig, scharf wirkende Drosselketten zur Stromreinigung und extrem gedämpfte Telephone als Schallquelle zu verwenden. Die Messungen erfolgten in ähnlicher Weise wie bei M. Wien, wobei allerdings das Telephon stets am Ohr des Beobachters lag; infolgedessen wurde nicht die Schallenergie, sondern die in dem Hohlraum zwischen Telephonmembran und Trommelfell erzeugte Schalldruckamplitude in absolutem Maß bestimmt. Dies geschah entweder durch optische Messung der Membranamplitude und Berechnung des Deformationsvolumens der Membran oder durch direkte Messung der Schalldruckamplitude am „Harten Ohr" mit Hilfe eines geeichten Kondensatormikrophons (s. Kap. 13, Ziff. 16). Als „Hartes Ohr" wird dabei eine mit völlig schallreflektierenden Wänden versehene Nachbildung des menschlichen Ohres benutzt; die Membran des Kondensatormikrophons vertritt die Stelle des Trommelfells. Die Druckamplitude an der Reizschwelle läßt sich nach beiden Verfahren ebenso wie bei den Wienschen Messungen nur durch Extrapolation aus der Stromstärke im Telephon berechnen. Die Schwierigkeiten der Extrapolation fallen durch Benutzung des Thermophons weg. Das Thermophon[2]) wird in derselben Weise wie das Telephon ans Ohr gehalten; es befindet sich in einem abgeschlossenen Hohlraum, der einerseits von dem Gehörgang, andererseits von einer das Thermophon enthaltenden Kapsel gebildet ist. Man kann aus den geometrischen Dimensionen des Hohlraumes, aus den elektrischen und thermischen Konstanten des verwendeten Leitermaterials sowie aus der leicht meßbaren Stromstärke, die infolge der Unwirksamkeit des Thermophons selbst bei den kleinsten Schallstärken noch relativ groß ist, direkt die Schalldruckamplitude berechnen. Hierzu kommt als weiterer Vorteil, daß das Thermophon auf Grund seiner Frequenzabhängigkeit — die Schallenergie ist c. p. proportional $1/n^3$ — etwaige noch im Wechselstrom vorhandene Obertöne schwächt.

Eine von den bisher besprochenen Verfahren ganz verschiedene Methode benutzt Swan[3]); er bestimmt die Schwellenenergie nach der Sabineschen Formel aus der Anfangsintensität und der Nachhalldauer (s. Kap. 16 Ziff. 32) eines Tones in einem geschlossenen Raum.

Es ist neuerdings üblich geworden, die Schwellenkurve der Hörempfindung in zweifacher Darstellung anzugeben. Die eine geht von der Schallenergie, die andere von der Schalldruckamplitude aus. In Abb. 11[4]) sind in logarithmischer Skala als Abszissen die Frequenzen, als Ordinaten die reziproken Werte der Schwellenintensität aufgetragen, wobei die letztere in $\text{Erg/cm}^2 \cdot \text{sec}$ ge-

[1]) H. Fletcher u. R. Wegel, Phys. Rev. Bd. 19, S. 553. 1922; F. W. Kranz, ebenda Bd. 21, S. 573. 1923.

[2]) Über Thermophon vgl. Art. „Thermische Schallerzeugung" Ziff. 1 ff., ds. Bd., Kap. 7.

[3]) C. M. Swan, Proc. Nat. Acad. Amer. Bd. 58, S. 425. 1923.

[4]) Entnommen aus E. Waetzmann, Phys. ZS. Bd. 21, S. 740. 1925.

messen ist; der reziproke Wert der Schwellenintensität wird als Empfindlichkeit des Ohres (Hörempfindlichkeit) bezeichnet. Die obere Kurve in dieser Abbildung ist von WIEN gemessen, die untere Kurve gibt etwa den Mittelwert aus den amerikanischen Untersuchungen an. Abb. 12[1]) zeigt die andere Art der Darstellung; die Ordinaten sind die Effektivwerte der gerade noch hörbaren Druckamplituden, welche, nach oben zu abnehmend, in logarithmischem Maßstab aufgetragen sind. Die obere Kurve stellt wiederum die WIENschen Messungen, die untere ausgezogene Kurve die Resultate von FLETCHER und WEGEL dar. Außerdem sind noch verschiedene andere der oben erwähnten Meßergebnisse eingetragen. Wie beide Darstellungen, Abb. 11 und 12, erkennen lassen, steigt die Empfindlichkeit von den tiefen Frequenzen an sehr stark bis in die Gegend von 2000 Hertz und bleibt bis etwa 4000 Hertz konstant, um dann wieder langsam abzunehmen.

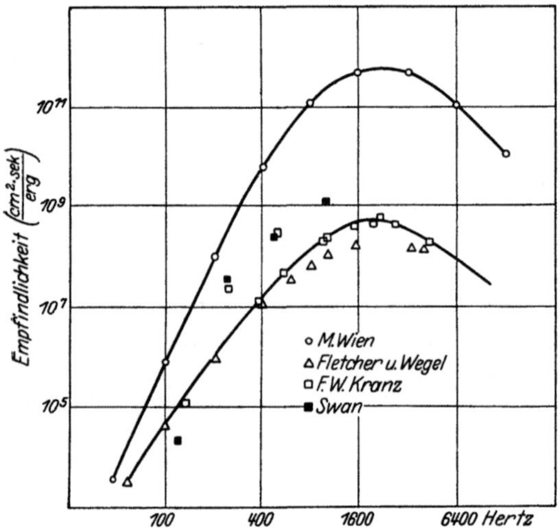

Abb. 11. Empfindlichkeitskurve des menschlichen Ohres in energetischem Maße.

Nach WIEN ist die Empfindlichkeit (gemessen in energetischem Maß) für den Ton 2000 etwa eine Million mal so groß wie für 100 Hertz, nach den amerikanischen Messungen beträgt der Unterschied nur das 10000 fache.

Die Schwellenintensität ist, wie man sieht, außerordentlich klein; aus ihrer Größe läßt sich auch die zugehörige Amplitude der schwingenden Luftteilchen berechnen. Diese Amplitude ergibt sich im günstigsten Fall zu rund 10^{-9} cm, d. h. etwa zu dem 30. Teil eines Moleküldurchmessers und dem 10000. Teil der mittleren freien Weglänge der Moleküle bei Atmosphärendruck.

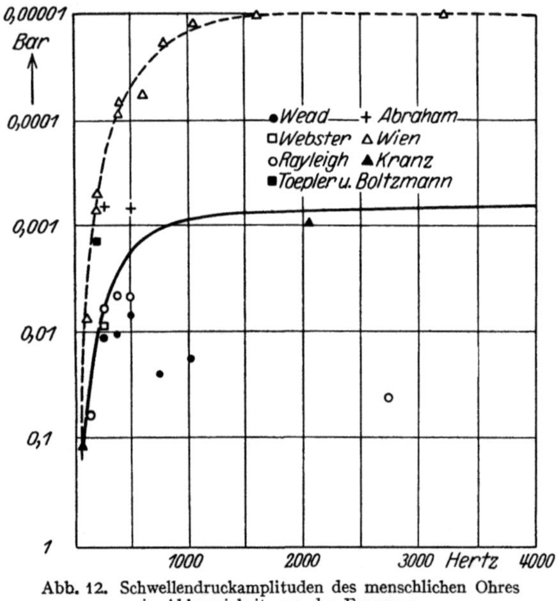

Abb. 12. Schwellendruckamplituden des menschlichen Ohres in Abhangigkeit von der Frequenz.

Woher die starke Zunahme der Hörempfindlichkeit mit wachsender Frequenz rührt, ist eine noch nicht entschiedene Frage. Einen gewissen, wenn auch kleinen Anteil hieran werden die Eigenresonanzen des Gehörganges und des Schalleitungsapparates haben; der erstere besitzt eine

[1]) Entnommen aus H. FLETCHER u. R. WEGEL, Proc. Nat. Acad. Amer. Bd. 8, S. 5. 1922; in dieser Abb. sind nur die Resultate der ersten Arbeit von KRANZ (Phys. Rev. Bd. 17, S. 384. 1921) berücksichtigt.

Eigenschwingung von 2000 bis 3000 Hertz (s. Ziff. 4); die Eigenperiode des letzteren ist von FRANK und BROEMSER zu 1200 Hertz bestimmt worden (s. Ziff. 6).

Die Unterschiede zwischen den WIENschen und den amerikanischen Messungen sind nicht geklärt. Zum Teil liegen die Differenzen wohl daran, daß die Definition des Schwellenwertes und die hierauf gegründeten Messungen verschieden sind. WIEN mißt die Absolutwerte der Schwellenenergie bei freistrahlendem Telephon, d. h. also bei offenliegendem Ohr, und gibt diese Werte in Erg/cm^2 · sec an. In den wichtigsten amerikanischen Untersuchungen hingegen ist der Gehörgang durch das Telephon oder das Thermophon abgeschlossen; hierbei fällt die Eigenperiode weg, bei welcher der Gehörgang ein einseitig offener Resonator von einer Viertelwellenlänge wird; ferner läßt sich hierbei nur die Druckamplitude berechnen, da eine Wellenausbreitung nicht stattfindet. Um dennoch die nach beiden Methoden erhaltenen Werte miteinander vergleichen zu können, werden die Beziehungen benutzt, die zwischen Druck und Energie in einer fortschreitenden Schallwelle bestehen, und zwar wird dabei die Voraussetzung gemacht, daß die Schallausbreitung völlig frei, ohne Reflexion und Beugung am Kopf des Beobachters, erfolgt.

Als weitere Erklärung für die Unstimmigkeiten zwischen den WIENschen und den amerikanischen Messungen kann man auch die starken Unterschiede heranziehen, die in den Schwellenwerten für einzelne Personen vorhanden sind. Die in den amerikanischen Kurven angegebenen Resultate sind nämlich Mittelwerte über eine sehr große Zahl von Beobachtern; für einzelne Beobachter, welche in dem üblichen Sprachgebrauch als durchaus normal hörend bezeichnet werden können, sollen Schwankungen im Verhältnis 1:1000 in den Schwellenenergien vorkommen. Die WIENschen Messungen sind nur an zwei sehr geübten Personen ausgeführt worden.

Der Frequenzverlauf der Empfindlichkeitskurve ist keineswegs so gleichmäßig, wie es die obigen Abb. 11 und 12 als Mittelwerte zeigen. Nach KRANZ[1]), der für diese Art von Untersuchungen ein besonderes Meßverfahren mit kontinuierlicher Frequenzänderung bei konstanter Intensität ausgebildet hat, können im Bereich eines Halbtones Sprünge in der Empfindlichkeit (energetisches Maß) im Verhältnis 1:200 und sogar 1:1000 vorkommen. Diese starken Änderungen im Schwellenwert bei normalem Gehör sind wohl durch physiologische Veränderungen der Basilarmembran oder der Gehörnerven bedingt. Es liegen auch Versuche[2]) vor, die Sprünge in der Empfindlichkeit den Eigenschaften des Trommelfells zuzuschreiben; sie sind jedoch keineswegs beweisend.

Als eine der Hauptbedingungen für die Aufnahme der Empfindlichkeitskurven ist die völlige Freiheit von äußeren störenden Geräuschen zu nennen. Die Untersuchungen erfolgen darum meist in schallgedämpften Räumen und bei Nacht. Sehr lautschwache Störgeräusche können den Schwellenwert schon ganz erheblich hinaufsetzen.

Die Messung der Empfindlichkeit des Ohres über den in den obigen Abbildungen vorhandenen Frequenzumfang hinaus bereitet große Schwierigkeiten, einmal wegen der in diesem Frequenzbereich sehr diffizilen Bestimmung der Schallenergie, andererseits wegen der bei den ganz kleinen Wellenlängen sehr störenden Interferenzerscheinungen; dementsprechend sind auch die erhaltenen Resultate noch recht unsicher. Nach WIEN nimmt die Empfindlichkeit oberhalb von 4000 Hertz wieder ab. LANE[3]), der seine Messungen im Freien mit

[1]) F. W. KRANZ, Phys. Rev. Bd. 22, S. 66. 1923.

[2]) W. L. LEWSCHIN, ZS. f. Phys. Bd. 33, S. 155. 1925; E. WAETZMANN, Phys. ZS. Bd. 27, S. 455. 1926.

[3]) C. E. LANE, Phys. Rev. Bd. 19, S. 492. 1922.

dem HEWLETTschen Tongenerator (s. Kap. 6, Ziff. 26) ausführt, findet, daß die Schwellenenergie zwischen 2000 und 14000 Hertz praktisch konstant ist und etwa $7 \cdot 10^{-8}$ Erg/cm² · sec beträgt, ein Wert, der sich mehr der unteren Kurve in Abb. 11 nähert; oberhalb von 14000 Hertz nimmt der Schwellenwert sehr rasch zu; im Gebiet von 16000 bis 18000 Hertz ist erst eine Energie von etwa 0,1 Erg/cm² sec gerade hörbar. Die Schwellenwerte bei hohen Frequenzen variieren übrigens stark mit dem Alter (s. Ziff. 19).

Erwähnt sei noch, daß man auch die Empfindlichkeit des Ohres für Geräusche durch sog. Fallphonometer[1]) zu bestimmen versucht hat. Bei der Schwierigkeit, ein Geräusch hinsichtlich seiner Energie und besonders seiner Frequenzzusammensetzung festzulegen, kommt diesen Versuchen geringere Bedeutung zu.

18. Reizschwelle der Schmerzempfindung. Steigert man die Lautstärke eines Tones, so erreicht man eine zweite Reizschwelle[2]), an welcher der Schall fühlbar wird, oder anders ausgedrückt eine Schwelle, an der die Hörempfindung in eine „Kitzel"- und bei kleinster weiterer Verstärkung in eine Schmerzempfindung übergeht. Das Maximum für diese obere Hörschwelle liegt etwa bei 700 Hertz, ist also gegen die maximale Empfindlichkeit etwas verschoben. Es ist interessant, daß die Intensität an der oberen Hörschwelle gerade hinreicht, um auch eine Tastempfindung in den Fingerspitzen auszulösen. Die Reizschwelle der Schmerzempfindung soll etwa mit der gleichen Genauigkeit meßbar sein wie diejenige der Hörempfindung; die Meßanordnungen sind ähnlich den oben beschriebenen.

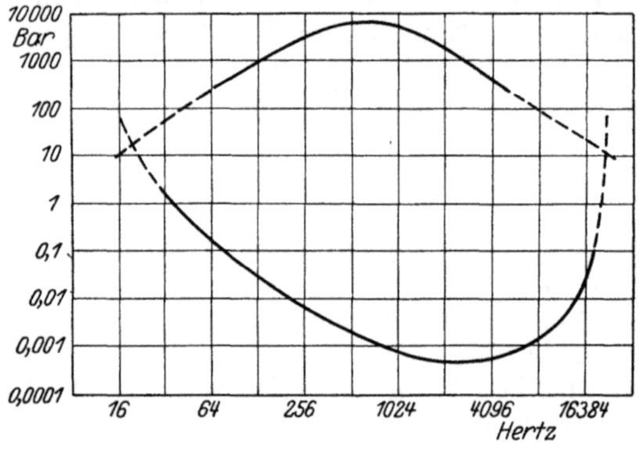

Abb. 13. Schwellenkurven der Hör- und der Schmerzempfindung; Hörflache.

In Abb. 13 stellt die obere Kurve die Schmerzkurve dar, die untere gibt nochmals die Schwellenwerte der Hörempfindung. Im unteren und oberen Frequenzbereich sind beide Kurven nur durch Extrapolation erhalten. Wichtig ist, daß die Reizschwelle der Schmerzempfindung anders als die Reizschwelle der Hörempfindung für Schwerhörige und Normalhörende die gleiche sein soll.

19. Untere und obere Hörgrenze. Die Punkte, an denen sich die beiden Kurven in Abb. 13 schneiden, sind die obere und die untere Hörgrenze; hier fühlt und hört das Ohr den Ton. Aus der Darstellung ersieht man, daß die untere und die obere Hörgrenze ganz wesentlich von der Intensität abhängen, ein Faktor, der bei den meisten Untersuchungen über die beiden Grenzfrequenzen wenig berücksichtigt worden ist. Nach Abb. 13 liegt die untere Hörgrenze bei 16, die obere Hörgrenze bei etwa 20000 Hertz; könnte man nur Töne bis zur maximalen Druckamplitude 0,1 Bar erzeugen, so würden sich entsprechend die beiden Frequenzen nach 64 bzw. 17000 Hertz verschieben.

Die Messung der unteren Hörgrenze ist mit verschiedenen Tonquellen versucht worden, unter denen an erster Stelle belastete Saiten (HELMHOLTZ) und Laufgewichtgabeln von EDELMANN genannt seien[3]). Die Schwierigkeit bei

[1]) Vgl. hierzu z. B. K. L. SCHAEFER, Untersuchungsmethodik der akustischen Funktionen des Ohres, im Handb. d. physiol. Methodik von R. TIGERSTEDT, Bd. III, S. 364ff.

[2]) H. FLETCHER, Journ. Frankl. Inst. 1923, S. 289.

[3]) Vgl. hierzu K. L. SCHAEFER, Untersuchungsmethodik der akustischen Funktionen des Ohres, im Handb. d. physiol. Methodik von R. TIGERSTEDT, S. 331ff.

diesen Messungen besteht wiederum wie bei den Empfindlichkeitsuntersuchungen für tiefe Töne darin, daß keine Tonquelle völlig obertonfrei ist. Gerade für die Bestimmung der unteren Hörgrenze stören die Obertöne besonders, weil sie auch bei sehr geringer objektiver Stärke infolge der starken Zunahme der Empfindlichkeit des Ohres subjektiv eine wesentlich größere Lautstärke als der Grundton besitzen. Verdeckungseffekte und Verschmelzung der einzelnen Obertöne mit dem Grundtone erschweren weiterhin dessen Heraushören. Das Resultat der Untersuchungen ist oben bereits genannt; etwa die Frequenz 16 Hertz ist unter günstigen Umständen gerade noch wahrnehmbar. Allerdings drückt man sich strenger so aus, daß, beispielsweise bei Verwendung von Stimmgabeln, die untere Grenze der Tonwahrnehmung nicht durch den Ton C_2 (16 Hertz), sondern durch den Stimmgabel„klang" C_2 gebildet wird.

Für die Messung der oberen Hörgrenze stört zwar das Vorhandensein von Obertönen weniger, dagegen war es bis in die neueste Zeit schwierig, die Schwingungszahl der zur Prüfung verwendeten Töne zu messen. Die früher allgemein verbreitete Ansicht, daß die obere Grenzfrequenz in der Gegend von 50 000 Hertz liege, ist durch Frequenzeichfehler hervorgerufen worden. Neuere zuverlässige Messungen haben gezeigt, daß die obere Hörgrenze wesentlich tiefer zu suchen ist. SCHULZE[1]) benutzt zur Feststellung der oberen Hörgrenze Longitudinalschwingungen dünner Drähte, deren Schwingungszahl nur von dem Elastizitätsmodul, der Dichte und der Länge der Saite abhängt, dagegen durch die Spannung und die Temperatur praktisch nicht beeinflußt wird; die Frequenz ist umgekehrt proportional der Saitenlänge. Die Eichung geschieht bei einer Saitenlänge, z. B. derjenigen, die dem tiefsten Tone entspricht. Auch die Galtonpfeife[2]) wird viel zur Bestimmung der oberen Hörgrenze benutzt, wobei die Frequenz mittels der KUNDTschen Staubfiguren oder noch besser mittels der SEEBECKschen Röhre in Verbindung mit der empfindlichen Flamme gemessen wird.

GILDEMEISTER[3]) verwendet als Tonquelle ein Telephon, zu dessen Betrieb ein POULSENscher Lichtbogengenerator dient. Das Telephon wird entweder lose vor das zu untersuchende Ohr gehalten oder bei zugestopften Ohren mit der metallenen Rückseite stark gegen den Warzenfortsatz gepreßt. Die Schwingungszahl läßt sich in einer WHEATSTONEschen Frequenzmeßbrücke bestimmen. Die Resultate GILDEMEISTERS sind, als Mittelwerte für eine große Zahl normal hörender Personen ausgedrückt, die folgenden: „Für Luftleitung liegt die Grenze im Kindesalter bei etwa 20000 Hertz. Dann sinkt sie bis zum Abschluß der Pubertät langsam etwa um 1000 Schwingungen. Von diesem Alter bis zur Mitte der Vierziger ist das Sinken wieder etwas langsamer; mit 47 Jahren werden im Mittel 13000 Schwingungen erreicht. Die Werte der Knochenleitung sind im allgemeinen bei der benutzten Methode um einige hundert Schwingungen niedriger. — Durch Ermüdung sinkt die Grenze beträchtlich; ein fördernder Einfluß der Übung ist nicht zu erkennen. — Der Einfluß der Tonintensität ist deutlich, und zwar steigert die Vermehrung derselben auf das 25fache die Grenze um etwa einen halben Ton."

20. Hörfläche und Schwerhörigkeit. Die von den Schwellenkurven der Hör- und Schmerzempfindung eingeschlossene Fläche, die man als Hörfläche[4]) zu bezeichnen pflegt (Abb. 13), enthält alle hörbaren Töne jeder Frequenz

---

[1]) F. A. SCHULZE, ZS. f. Ohrenheilk. Bd. 56, S. 167. 1908.
[2]) W. DÖDERLEIN, Beitr. z. Anat. usw. Bd. 17, S. 91. 1921.
[3]) M. GILDEMEISTER, ZS. f. Sinnesphysiol., Abt. II, Bd. 50, S. 161. 1918. Vgl. auch M. GILDEMEISTER, Beiträge z. Anat., Physiol. usw. Bd. 13. 1919.
[4]) H. FLETCHER, Journ. Frankl. Inst. 1923, S. 289.

und Intensität. Um die Zahl dieser „Töne" berechnen zu können, ist die Kenntnis der Unterschiedsschwellen der Lautstärke und der Tonhöhe (s. Ziff. 22 und 23) erforderlich. Bezeichnen dE den eben merkbaren Zuwachs der Intensität und dN denjenigen der Frequenz, so stellt innerhalb der Hörfläche ein kleines Rechteck mit den Seitenflächen dE und dN nur einen einzigen wahrnehmbaren „Ton" dar. Die Anzahl dieser in der Hörfläche enthaltenen Rechtecke beträgt etwa 300000.

Es ist von FLETCHER[1]) vorgeschlagen worden, die Hörfläche für eine quantitative Festlegung der Schwerhörigkeit zu benutzen. Hierzu nimmt man die Hörfläche der betreffenden schwerhörigen Person auf und vergleicht sie mit der eines normalhörenden Menschen. Die Versuche haben, wie schon erwähnt, das interessante Resultat gehabt, daß die obere Kurve, die Schwellenkurve der Schmerzempfindung, für alle Menschen ungefähr die gleiche ist; nur die untere Schwellenkurve ändert sich, und zwar

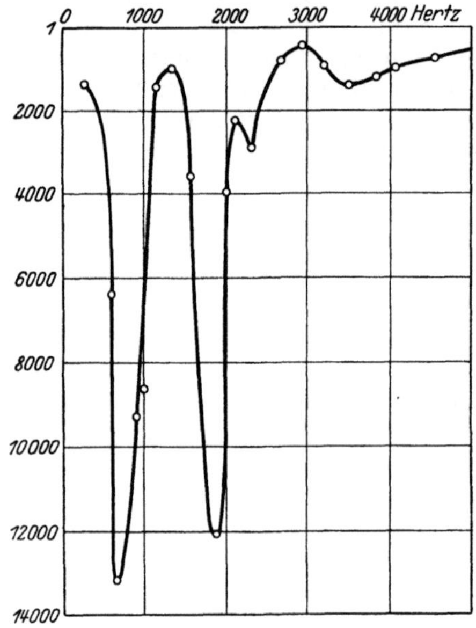

Abb. 14. Mittelohrschwerhörigkeit.

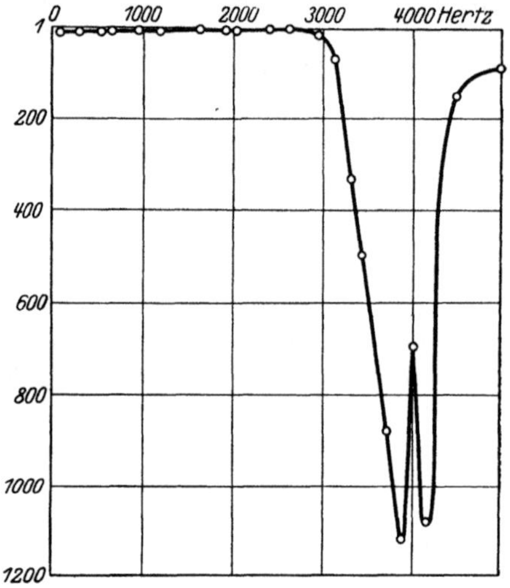

Abb. 15. Labyrinthschwerhörigkeit.

werden bei Schwerhörigkeit die Schwellendruckamplituden wesentlich größer, d. h. die Hörfläche wird kleiner. Als Maß für die Schwerhörigkeit kann man nun den Quotienten aus den Flächeninhalten der Hörflächen des Normalhörenden und des Schwerhörigen betrachten.

Die pathologischen Erscheinungen des Hörens sind von jeher, besonders für die Fragen der Hörtheorien, ein Gegenstand lebhaften Interesses gewesen. Von den vielen Fällen der Schwerhörigkeit seien hier nur zwei große Gruppen erwähnt, die immer wiederkehren. Es sind dies in kurzer Ausdrucksweise die Fälle der „Mittelohrschwerhörigkeit" und der „Labyrinthschwerhörigkeit". Das Kennzeichen für die erste Erkrankung (Otosklerose) bildet die verminderte Hörfähigkeit für die tiefen Frequenzen; der Schalleitungsapparat des mittleren Ohres, welcher für die Übertragung der tiefen Frequenzen (s. Ziff. 6) nach dem inneren Ohr in der Hauptsache in Frage kommt, ist defekt. Im zweiten Falle (Nerventaubheit) fehlen gewöhnlich die hohen Frequenzen. Zwei typische Beispiele zeigen Abb. 14 und 15, die einer Arbeit von MINTON[2]) entnommen

[1]) H. FLETCHER, Journ. Frankl. Inst. 1923, S. 289.
[2]) J. P. MINTON, Phys. Rev. Bd. 19, S. 80. 1922.

sind. Die Ordinaten geben für die einzelnen Frequenzen das Verhältnis der Schwellendruckamplitude eines Schwerhörigen zu der Schwellendruckamplitude eines normalhörenden Menschen an; in dieser Darstellung sind übrigens die Resonanzstellen des Ohres, die nach den Untersuchungen von MINTON auch bei normalem Gehör vorhandenen sein sollen, berücksichtigt. Abb. 14 ist ein Fall von Mittelohrschwerhörigkeit, Abb. 15 hat die Labyrinthschwerhörigkeit zur Ursache.

Schwerhörigkeitskurven wie in Abb. 14 und 15 weisen auch den Weg, auf welchem die Schwerhörigkeit behoben oder wenigstens gemildert werden kann. Eine für alle Frequenzen konstante Erhöhung der Schallstärke, welche im allgemeinen durch die Schwerhörigenapparate bewirkt wird, ist unangebracht. Es müßte vielmehr, worauf besonders BRÜNINGS[1]) hingewiesen hat, der Frequenzgang der einzelnen Geräte genau der individuellen Hörkurve angepaßt sein, denn nur auf diese Weise können Frequenzverzerrungen für den Schwerhörigen vermieden werden.

Die ohrenärztliche Untersuchung der Schwerhörigkeit, die sog. Hörschärfebestimmung, benutzt, soweit einzelne Frequenzen in Frage kommen, meistens Stimmgabeln. Aus der Anfangsamplitude und der Dämpfung der Stimmgabel sowie aus der Hördauer, d. h. aus derjenigen Zeit, während der die abklingende Stimmgabel das Ohr noch erregt, kann die Schwellenamplitude der Stimmgabel bestimmt und so ein Vergleich zwischen normalem und schwerhörigem Gehör gezogen werden. Die Amplituden der Stimmgabeln lassen sich auch nach dem GRADENIGO-STRUYCKENschen Verfahren[2]) direkt bis zu 1 μ herunter messen. Voraussetzung für die Hörschärfebestimmung mittels Stimmgabeln ist eine genau definierte Lage der Tonquelle vor dem Ohre des Beobachters.

Auch Interferenzmethoden[3]) sind zur Hörschärfebestimmung vorgeschlagen worden. In neuerer Zeit hat man verschiedene elektrische Hörprüfungsapparate[4]) angegeben, die im wesentlichen aus Telephon und Röhrensummer bestehen.

21. Schwelle der Reizdauer. Jede Tonempfindung braucht eine gewisse Zeit, bis die endgültige Lautstärke und die Klarheit in der Beurteilung der Tonhöhe erreicht sind. Man nennt diese Zeit die „Dauerschwelle"; man gibt dazu die Anzahl der Schwingungen an, die notwendig sind, um die Tonhöhe zu erkennen, und bekommt natürlich verschieden große Werte, je nachdem es sich um eine andeutungsweise oder um eine klare Bestimmung der Tonhöhe handelt. Messungen der Dauerschwelle sind von SAVART[5]), PFAUNDLER[6]), KOHLRAUSCH[7]), ABRAHAM und BRÜHL[8]) u. a. ausgeführt worden. Die experimentellen Schwierigkeiten liegen in der Herstellung der kurzdauernden Töne, welche, ohne anzuklingen, sofort mit der vollen physikalischen Intensität einsetzen müssen. Zu den Versuchen sind Zahnrad- oder Lochsirenen sowie mannigfache Unterbrechungsvorrichtungen für kontinuierliche Stimmgabel- oder Telephontöne benutzt worden; bei der letztgenannten Anordnung ist wichtig, daß das verwendete Telephon stark gedämpft ist und sofort reagiert.

Je kürzer die Töne werden, um so stärker sind sie von Nebengeräuschen begleitet, die schließlich in eine Knallempfindung übergehen (s. Ziff. 15). Geübte

[1]) W. BRÜNINGS, Vortrag auf dem Deutschen Otologenkongreß zu Hamburg 1926.

[2]) Siehe hierzu K. L. SCHAEFER, Psychologische Akustik, im Handb. d. biol. Arbeitsmethoden von E. ABDERHALDEN, S. 569ff.

[3]) E. WAETZMANN, ZS. f. Ohrenheilk. Bd. 63, S. 145. 1911.

[4]) Vgl. z. B. K. L. SCHAEFER u. G. GRUSCHKE, Beiträge zur Anat., Physiol. usw. Bd. 16. 1921.

[5]) F. SAVART, Ann. de chim. et phys. Bd. 44, S. 337. 1830.

[6]) L. PFAUNDLER, Wiener Ber. Bd. 76, S. 561. 1877 (1878).

[7]) F. KOHLRAUSCH, Wied. Ann. Bd. 10, S. 1. 1880.

[8]) O. ABRAHAM u. L. J. BRÜHL, ZS. f. Psychol. u. Physiol. d. Sinnesorg. Bd. 18, S. 177. 1898.

Beobachter, wie ABRAHAM, können auch dann noch die Tonhöhe erkennen; ABRAHAM und BRÜHL[1]) haben an der Lochsirene gefunden, daß etwa zwei Schwingungen in dem sehr weiten Bereich von der Kontraoktave (40 Hertz) bis zur Mitte der viergestrichenen Oktave (3000 Hertz) hinreichend sind. Für höhere Frequenzen nahm die Zahl der erforderlichen Schwingungen zu; in der Mitte der fünfgestrichenen Oktave (6000 Hertz) waren fünf, am Ende dieser Oktave (8000 Hertz) zehn Schwingungen erforderlich. Ein absolutes Zeitminimum für die Tonempfindung hatte ein Ton von ungefähr 3000 Hertz; es betrug 0,63 Millisekunden. LÜBCKE[2]) fand mit einem Telephon als Schallquelle, daß ein „guter Toneindruck" für 500 Perioden bei fünf, für 1000 Perioden bei neun und für 2000 Perioden bei fünfzehn Schwingungen entsteht. LEIMBACH[3]) gibt an, daß bei 30 Schwingungen der Ton gut hörbar sei, daß bei noch kürzeren Tönen die Geräusche stark stören und daß bei Erreichung der Knallempfindung nur eine tonale Färbung des Knalles ohne Bestimmung der Tonhöhe feststellbar sei. Die große Streuung der einzelnen Meßergebnisse darf nicht wundernehmen; sie wird durch die experimentellen Schwierigkeiten und vor allem durch die individuellen Verschiedenheiten verursacht. Es sei hier noch kurz darauf hingewiesen, daß die Dauerschwelle, welche auch mit dem Anklingen der schwingungsfähigen, schallperzipierenden Teile des Gehörorgans zusammenhängen muß, für die Resonanztheorie des Hörens von Interesse ist (s. Ziff. 41).

22. Unterschiedsempfindlichkeit für Lautstärken. Das WEBERsche Gesetz sagt aus, daß der eben merkliche Zuwachs der Reizstärke dE in einem konstanten Verhältnis zu der schon vorhandenen Reizstärke E steht. Hieraus folgt unter gewissen Verallgemeinerungen (s. Ziff. 12) das FECHNERsche Gesetz, welches besagt, daß die Empfindungsstärke (Lautstärke) proportional dem Logarithmus der Reizstärke (Schallstärke) ist. Die Untersuchungen von STEINBERG (s. Ziff. 12) zeigen, daß das FECHNERsche Gesetz keine strenge Gültigkeit hat. Ähnlich steht es mit dem WEBERschen Gesetz; daß dieses Gesetz auch nicht allgemein gültig ist, kann man aus der STEINBERGschen Lautstärkeformel herleiten. Aus ihr ergibt sich nämlich für die Lautstärke eines reinen Tones die folgende Beziehung, in der K eine Konstante, E die Schallstärke, W einen Gewichtsfaktor und r einen Exponentialfaktor (vgl. hierzu Abb. 8 und 9) bedeuten:

$$L = K \log W^{2r} E^r. \tag{1}$$

Durch Differentiation folgt $\delta L = \text{konst.} \cdot r \frac{dE}{E}$, vorausgesetzt, daß W und r gegenüber kleinen Änderungen von E als konstant angesehen werden; δL bezeichnet den eben merklichen Lautstärkeunterschied. Unter der üblichen Annahme eines für alle Intensitätsstufen konstanten δL variiert also dE/E wie $1/r$, d. h. nach Abb. 9 im Verhältnis 3 : 1 in dem in Frage kommenden Lautstärkebereich, was mit den gleich zu nennenden Versuchsergebnissen übereinstimmt.

Die ersten zuverlässigen Messungen der Unterschiedsschwelle der Intensität stammen von WIEN[4]). In neuerer Zeit sind ausführliche Versuche von KNUDSEN[5]) angestellt worden. Er verwendet als Schallquelle ein dicht am Ohr liegendes, von einem Röhrensummer betriebenes Telephon; die beiden zu vergleichenden Töne von den Intensitäten E und $E + dE$ werden durch einen automatischen Umschalter abwechselnd etwa 50 mal in der Minute dem Ohre dargeboten, und

[1]) O. ABRAHAM u. L. J. BRÜHL, ZS. f. Psychol. u. Physiol. d. Sinnesorg. Bd. 18, S. 177. 1898.

[2]) E. LÜBCKE, ZS. f. techn. Phys. Bd. 2, S. 51. 1921.

[3]) G. LEIMBACH, Ann. d. Phys. Bd. 39, S. 251. 1912.

[4]) M. WIEN, Wied. Ann. Bd. 36, S. 834. 1888.

[5]) V. O. KNUDSEN, Phys. Rev. Bd. 21, S. 84. 1923.

dabei wird durch Veränderung von Widerständen dE so lange vergrößert oder vermindert, bis eben ein bzw. kein Unterschied zwischen den Intensitäten E und $E + dE$ wahrnehmbar ist. Das Verhältnis dE/E läßt sich in einfacher Weise aus den im Telephonkreise liegenden Widerständen berechnen. Abb. 16 zeigt als Mittelwert für eine größere Zahl von Beobachtern die Abhängigkeit der Unterschiedsschwelle von der absoluten Druckamplitude (Effektivwert) bei verschiedenen Frequenzen. dE/E variiert demnach ungefähr im Verhältnis 3:1 (s. oben) und wird mit wachsender Intensität konstant (etwa gleich 0,1). Trägt man in Abb. 16 auf der Abszissenskala die Druckamplituden nicht als Absolutwerte, sondern als Vielfache der Schwellendruckamplitude der betreffenden Schwingungszahl auf, d. h. also, verwendet man als Abszissen die Empfindungsniveaus (s. Ziff. 12), so fallen die Kurven für die einzelnen Frequenzen fast zusammen; der konstante Endwert 0,1 tritt für eine Schallstärke ein, die etwa der 10^5- bis 10^6fachen Schwellenintensität entspricht. In der Darstellungsweise der Abb. 16 verschieben sich die Kurven jedoch mit wachsender Frequenz nach kleineren Druckwerten. Einen ganz ähnlichen Verlauf zeigen übrigens die NUTTINGschen Kurven[1]) der Unterschiedsempfindlichkeit des Auges; der konstante Grenzwert ist hier nicht 0,1, sondern wesentlich kleiner gleich 0,015. Die gleichen Resultate erhielt KNUDSEN auch, wenn an Stelle eines Kopffernhörers ein Doppelkopffernhörer oder ein Lautsprecher zur Tonerzeugung benutzt wurde, d. h. wenn anstatt monotischer eine diotische Darbietung der Töne eintrat.

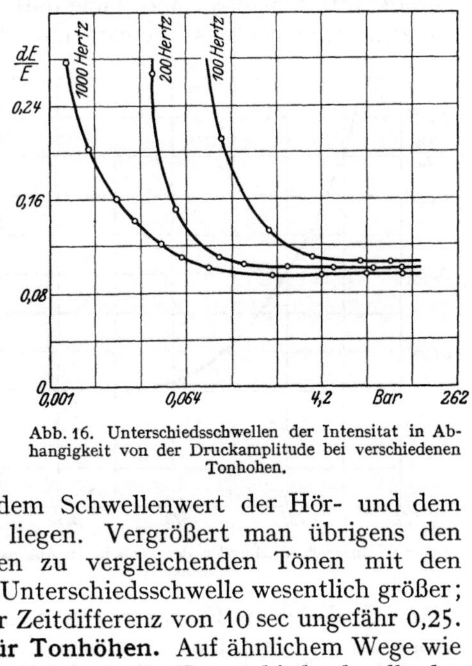

Abb. 16. Unterschiedsschwellen der Intensitat in Abhangigkeit von der Druckamplitude bei verschiedenen Tonhohen.

Aus den obigen Werten für die Unterschiedsschwellen der Intensität läßt sich berechnen, daß beispielsweise für den Ton 1000 Hertz etwa 400 unterscheidbare Lautstärkestufen zwischen dem Schwellenwert der Hör- und dem Schwellenwert der Schmerzempfindung liegen. Vergrößert man übrigens den zeitlichen Abstand zwischen den beiden zu vergleichenden Tönen mit den Intensitäten E und $E + dE$, so wird die Unterschiedsschwelle wesentlich größer; sie beträgt nach KNUDSEN z. B. bei einer Zeitdifferenz von 10 sec ungefähr 0,25.

23. Unterschiedsempfindlichkeit für Tonhöhen. Auf ähnlichem Wege wie die Unterschiedsschwelle der Lautstärke wird auch die Unterschiedsschwelle der Tonhöhe, d. h. das Verhältnis dn/n bestimmt, wo n die betreffende Schwingungszahl und dn den eben merklichen Zuwachs bezeichnen. n/dn kann man in Anlehnung an die optische Definition das Auflösungsvermögen des Ohres nennen.

Die Tonhöhenunterschiedsschwelle besitzt, wie die ausführlichen, mit Telephon und Röhrensummer ausgeführten Messungen von KNUDSEN[2]) zeigen, an der Schwelle der Hörempfindung den größten Wert; mit wachsender Lautstärke wird sie geringer; der Verlauf der Kurven ähnelt denjenigen in Abb. 16. Interessant ist, daß diotisches Hören mit Doppelkopffernhörer eine kleinere Unterschiedsschwelle als monotisches Hören mit einem Fernhörer ergibt. Eine noch kleinere Unterschiedsschwelle erhält man bei Wiedergabe der beiden zu vergleichenden Töne durch einen Lautsprecher im geschlossenen Raum, doch liegt

[1]) Vgl. hierzu P. C. NUTTING, Scient Pap. Bureau of Stand. Bd. 5, S. 261.
[2]) V. O. KNUDSEN, Phys. Rev. Bd. 21, S. 84. 1923.

die Ursache hierfür in der Hauptsache in einer Intensitätsänderung, welche gleichzeitig mit der Tonhöhenänderung erfolgt, und welche auf eine Veränderung der Schallwelleninterferenzen im Beobachtungsraum zurückzuführen ist.

Was die Frequenzabhängigkeit anbelangt, so nimmt die Unterschiedsschwelle der Tonhöhe bei einer mittleren Lautstärke mit wachsender Frequenz ab. Abb. 17[1]) zeigt als Mittelwertskurve aus einer größeren Zahl von Beobachtungen (monotisches Hören) den Verlauf der Unterschiedsschwelle der Tonhöhe in Abhängigkeit von der Frequenz; gemessen sind nur die Werte bis zu 3200 Hertz. Die aus den relativen Werten von Abb. 17 berechneten absoluten Größen dn der gerade noch wahrnehmbaren Tonhöhenänderung sind für verschiedene Frequenzen in Tabelle 2 enthalten.

Tabelle 2.

n	50	100	500	1000	3000
dn	0,5	0,66	1,6	3,0	9

Die vorstehenden Zahlen bedeuten, daß für ein normales Gehör und für das beschriebene Verfahren zwei Töne n und $n + dn$ von den angegebenen Werten gerade unterscheidbar sind, ohne daß immer ein Urteil, welcher Ton höher oder tiefer liegt, möglich ist. Selbstverständlich spielen bei diesen Fragen Übung und musikalische Veranlagung eine ganz wesentliche Rolle[2]).

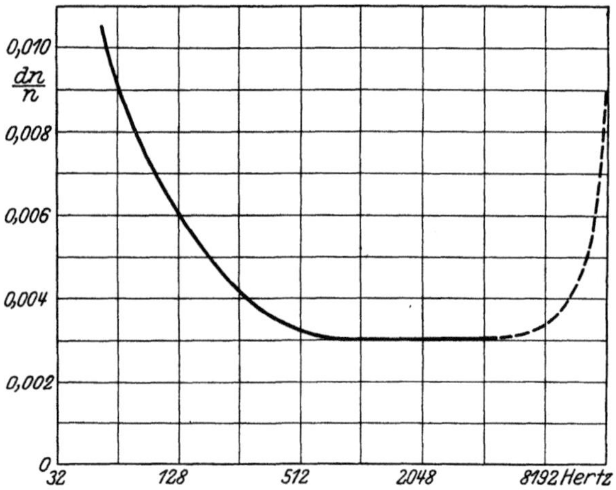

Abb. 17. Unterschiedsschwellen der Tonhöhe in Abhängigkeit von der Schwingungszahl.

Neben der Tonhöhenunterschiedsempfindlichkeit für aufeinanderfolgende Töne gibt es noch eine Unterschiedsempfindlichkeit für gleichzeitige Töne, die K. L. SCHAEFER[3]) untersucht hat. Es handelt sich hierbei um die Frage, bei welchem Intervall gerade die beiden Töne eines Zweiklanges neben ihren Schwebungen getrennt hörbar sind. Mit wachsendem Frequenzunterschied der beiden Komponenten eines Zusammenklanges geht nämlich das zunächst als Einklang erscheinende Klanggemisch über ein Gebiet der Unreinheit in einen ausgesprochenen Zweiklang über. Die Zweiheitsgrenze, die etwas mit der absoluten Tonhöhe variiert, liegt bei einer Tonhöhendifferenz von 10 bis 20 Schwingungen; die Unterschiedsempfindlichkeit für gleichzeitige Töne ist also erheblich schlechter als diejenige für aufeinanderfolgende Töne (s. Ziff. 41).

24. Verdeckung reiner Töne. Wie ändert sich der Schwellenwert einer Tonempfindung, wenn ihr ein zweiter, lautstärkerer Ton überlagert wird? Schon A. M. MAYER[4]) hatte bemerkt, daß ein leiser Ton bei gleichzeitiger Anwesenheit eines lautstarken Tones unhörbar werden kann; insbesondere konnten nach ihm tiefe Frequenzen hohe Töne verdecken, während das Umgekehrte nicht der Fall war. Quantitative Messungen des Verdeckungsgrades sind in neuerer Zeit

[1]) Entnommen aus H. FLETCHER, Journ. Frankl. Inst. 1923, S. 295.
[2]) Vgl. hierzu auch C. STUMPF, Die Sprachlaute, S. 295. Berlin 1926.
[3]) K. L. SCHAEFER u. A. GUTTMANN, ZS. f. Psychol. u. Physiol. d. Sinnesorg. Bd. 32, S. 87. 1903.
[4]) A. M. MAYER, Phil. Mag. Bd. 11, S. 500. 1876.

von WEGEL und LANE[1]) ausgeführt worden. Sie benutzten als Schallquelle ein luftgedämpftes Telephon, das an einem Ohre des Beobachters anlag und das in den beiden zu prüfenden Frequenzen erregt wurde. Die erste Frequenz (F_1) erzeugt dabei eine beliebige und variable Lautstärke, die zweite (F_2) ruft bei alleinigem Vorhandensein gerade eben eine Tonempfindung hervor, d. h. ihre

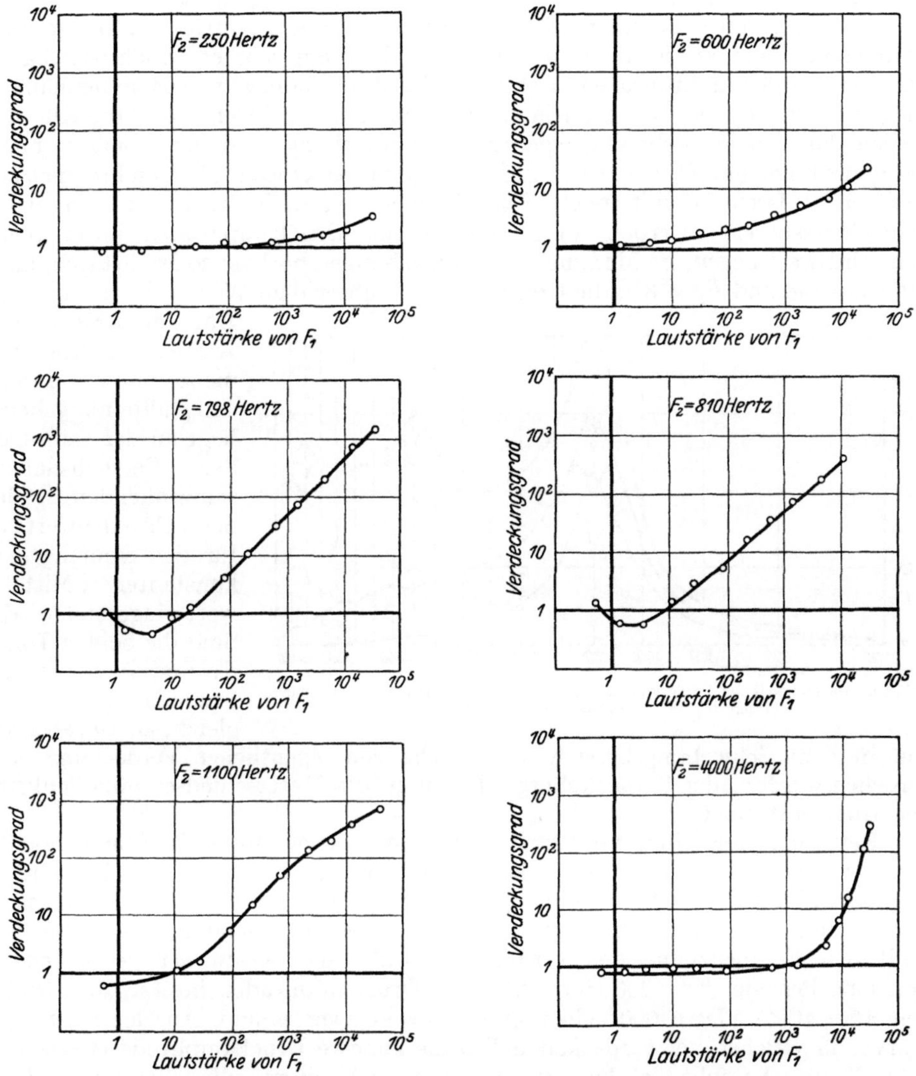

Abb. 18. Verdeckung reiner Töne. Verdeckender Ton F_1 (800 Hertz); verdeckter Ton F_2.

Druckamplitude am Trommelfell ist der Schwellenwert P. Damit der Ton F_2 in Gegenwart des verdeckenden Tones F_1 auch hörbar ist, muß im allgemeinen seine Druckamplitude von P auf $\overline{P}$ erhöht werden. Das Verhältnis $\overline{P}/P$ wird als Verdeckungsgrad bezeichnet. Abb. 18 zeigt den Verdeckungsgrad in Abhängigkeit von der Intensität des verdeckenden Tones F_1 (800 Hertz); F_2 wird dabei von 250 bis 4000 Hertz variiert. Die Abszissen sind die jeweiligen Druck-

[1]) R. L. WEGEL u. C. E. LANE, Phys. Rev. Bd. 23, S. 266. 1924.

amplituden des Tones 800, bezogen auf seine Schwellendruckamplitude, die Ordinaten geben den Verdeckungsgrad an. Liegt der verdeckte Ton weit unterhalb des verdeckenden Tones, so bleibt der letztere auch bei großer Lautstärke ohne Einfluß; der Verdeckungseffekt ist gering. Je kleiner der Frequenzabstand der beiden Töne ist, um so größer wird der Verdeckungseffekt; dies gilt auch, wenn der verdeckte Ton die höhere Schwingungszahl besitzt. Ist der verdeckte Ton wesentlich höher als der verdeckende, so tritt nur bei großen Lautstärken eine Verdeckung ein, die dann allerdings sehr erheblich sein kann und die mit der nichtlinearen Wirkungsweise des Gehörorgans zusammenhängt. Liegen F_1 und F_2 sehr dicht beieinander, so entstehen Schwebungen; die Kurven stellen dann nicht mehr den eigentlichen Verdeckungsgrad dar, sondern man kann aus ihnen entnehmen, welchen Intensitätsunterschied die beiden Frequenzen besitzen müssen, damit noch Schwebungen wahrnehmbar sind. In dem Schwebungsbereich werden auch Töne, deren Druckamplituden unter dem Schwellenwert liegen, im Maximum der Schwebungen hörbar; so erklärt sich, daß für $F_2 = 798$ und $F_2 = 810$ die Ordinaten auch unter dem Wert 1 liegen können. Daß im übrigen die Kurven in Abb. 18 nicht immer durch den Nullpunkt gehen, liegt an der während der Versuchsdauer schwankenden Größe des Schwellenwertes, für den einmalig ein konstanter Mittelwert eingesetzt wird. Sind die beiden Töne F_1 und F_2 in ihren Frequenzen genau gleich, so kann ebenso wie in dem Schwebungsbereich nicht mehr von eigentlicher Verdeckung gesprochen werden; der Verdeckungsgrad geht in die Unterschiedsempfindlichkeit der Intensität über.

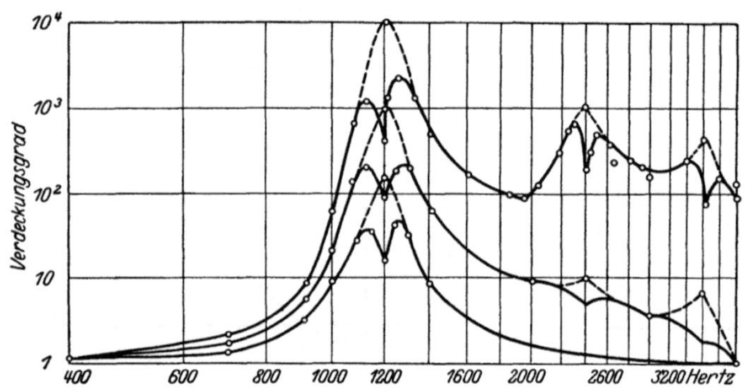

Abb. 19. Abhängigkeit des Verdeckungsgrades von der Frequenz bei verschiedenen Stärken des verdeckenden Tones (1200 Hertz).

Betrachtet man den Verdeckungsgrad eines Tones nicht in Abhängigkeit von der Intensität des verdeckenden Tones, sondern bei gegebener Intensität des verdeckenden Tones in Abhängigkeit von der Frequenz, so erhält man interessante Aufschlüsse über die Nichtlinearität des Gehörorgans. Abb. 19 stellt den Frequenzgang des Verdeckungsgrades dar, wenn der verdeckende Ton eine Periode von 1200 Hertz hat und Druckamplituden besitzt, die gleich dem 160-, 1000- oder 10000fachen seines Schwellenwertes sind. Aus der untersten Kurve, in welcher der verdeckende Ton die kleinste Druckamplitude (160fache Schwellendruckamplitude) hat, ersieht man noch einmal die allmähliche Zu- und Abnahme des Verdeckungsgrades mit wachsender Frequenz; im Schwebungsbereich selbst tritt das oben erklärte abweichende Verhalten ein. Für größere Lautstärken des verdeckenden Tones (1000fache und 10000fache Schwellendruckamplitude) sieht der Kurvenverlauf jedoch ganz anders aus, und zwar so, als wenn mehrere maskierende Töne vorhanden wären, nämlich außer der Frequenz 1200 noch die Frequenzen 2400 und 3600 Hertz. Eine Analyse des verdeckenden Tones 1200 Hertz, bei der zur Schallaufnahme ein Kondensatormikrophon verwandt wurde, zeigte, daß die Komponenten 2400 und 3600 objektiv nicht vorhanden waren; ihr Entstehen beruht auf der Nichtlinearität des Gehörorgans[1]). Mittels der Methode des schwebenden Hilfstones (s. Ziff. 25) läßt sich auch die Stärke der neu entstandenen Töne ungefähr abschätzen; sie wird durch die objektive Druckamplitude des Hilfstones, bei welcher die Schwebungen am deutlichsten ausgeprägt sind, bestimmt. Diese „Ersatz“-Druckamplituden im Verhältnis zu den betreffenden Schwellenamplituden sind ebenso wie diejenigen des Tones 1200 durch die punktierten Linien in Abb. 19 angedeutet; das Stärkeverhältnis der drei Töne 1200, 2400 und 3600 Hertz ist im Falle der obersten Kurve 1:0, 1:0,025. Auf die Entstehung der Obertöne ist auch die oben genannte, von MAYER gemachte Beobachtung zurückzuführen, daß die tieferen Töne die höheren leichter verdecken als umgekehrt; die Erscheinung tritt nur für größere Lautstärken des verdeckenden Tones auf.

Zur Klärung der Frage, ob die Verdeckung im Zentralorgan oder in den peripheren Organen vor sich geht, kann man die beiden Töne F_1 und F_2 getrennt je einem Ohre zuleiten. Man erhält dann ähnliche Kurven wie in Abb. 18, doch besitzen die verdeckenden Töne F_1 für gleichen Verdeckungsgrad eine wesentlich größere Schallstärke als vorher. Die Kurven sind in Richtung der Abszisse nach größeren Werten zu, und zwar um 10^2 bis 10^3 Einheiten verschoben. Dies bedeutet, daß die Verdeckung in der Hauptsache peripherer Natur ist; der verdeckende Ton F_1 muß sehr viel lauter als bei monauraler Darbietung werden, damit sein durch Knochenleitung nach dem anderen Ohr gelangender Schallanteil immer noch groß genug ist, um den hier zugeführten Ton F_2 zu verdecken. Der Unterschied in der Schallstärke des verdeckenden Tones bei ein- und zweiohriger Darbietung gibt zugleich das Maß für die Druckamplituden, die direkt am Ohr der Zuführung und mittelbar durch Knochenleitung am anderen Ohr vorhanden sind. Der hieraus gebildete Quotient ist, wie bereits erwähnt wurde, 10^2 bis 10^3; er stimmt gut mit den nach anderen Methoden (s. Ziff. 47) gemessenen Werten der Knochenleitung überein. Es sei hier noch erwähnt, daß wahrscheinlich auch eine zentrale Verdeckung existiert, die allerdings nur sehr gering ist.

d) Sekundäre Klangerscheinungen.

Nach K. L. SCHAEFER[2]) faßt man unter dem Begriff „Sekundäre Klangerscheinungen“ die Schwebungen, die Kombinationstöne und die Variationstöne zusammen, d. h. also die Erscheinungen, die entweder beim Zusammenklang von zwei oder mehr reinen Tönen oder bei Amplitudenmodulation e i n e s reinen Tones auftreten.

25. Schwebungen[3]). Bei den Schwebungen ist scharf zu unterscheiden zwischen dem physikalischen und dem physiologischen Vorgange. Schwebungen entstehen aus zwei Tönen, deren Schwingungszahlen n_1 und n_2 verhältnismäßig dicht beieinander liegen. Physikalisch-mathematisch kann man eine Schwebungskurve als Resultierende aus den Schwingungen $p_1 = a \sin 2\pi n_1 t$ und $p_2 = a \sin 2\pi n_2 t$ unter der Voraussetzung der ungestörten Superposition folgendermaßen darstellen:

$$p = p_1 + p_2 = 2a \cos 2\pi \frac{n_1 - n_2}{2} t \cdot \sin 2\pi \frac{n_1 + n_2}{2} t .$$

Eine Diskussion dieser Formel — hierauf hat E. WAETZMANN[4]) mit Nachdruck hingewiesen — zeigt, daß es nicht angängig ist, die zusammengesetzte Schwingung

[1]) Vgl. hierzu auch C. STUMPF, Die Sprachlaute, S. 296. Berlin 1926.
[2]) K. L. SCHAEFER, Der Gehörssinn, in Nagels Handb. d. Physiol. d. Menschen Bd. III, S. 476ff. Braunschweig 1905.
[3]) Vgl. hierzu auch Artikel „Elementare Schwingungslehre“ Ziff. 2, ds. Bd. Kap. 2.
[4]) E. WAETZMANN, Phys. ZS. Bd. 18, S. 560. 1917.

p als einen Ton von einer bestimmten Schwingungszahl, nämlich $\frac{n_1 + n_2}{2}$, aufzufassen; denn es können je nach dem Schwingungszahlverhältnis n_1 zu n_2 Frequenzverdopplungen oder noch kompliziertere Frequenzänderungen im Verlaufe der Schwebungskurve auftreten. Als Frequenz ist hierbei der reziproke Wert der Zeitdauer von einem Durchgang durch die Ruhelage bis zum übernächsten Durchgang verstanden. Sind außerdem die Amplituden der Primärtöne verschieden, so ändert sich die Schwingungszahl in jedem Augenblick. Physikalisch kann also von einer irgendwie definierten Tonhöhe der zusammengesetzten Schwingung nicht gesprochen werden.

Physiologisch hat man sich — vom Standpunkte der Resonanztheorie des Hörens aus — das Zustandekommen der Schwebungen folgendermaßen vorzustellen. Im Resonatorenapparat wird die durch das Mittelohr übertragene Schwebungsschwingung in ihre Komponenten zerlegt. Würde die Dämpfung der Ohrresonatoren extrem klein sein, d. h. würde auf jeden Ton nur ein einziger Resonator ansprechen, so wäre wenigstens physiologisch das Zustandekommen der Schwebungen nicht erklärbar. In Wirklichkeit schwingt jedoch infolge der relativ starken Dämpfung der Ohrresonatoren auf jeden Ton ein breiterer Bereich der Basilarmembran mit; infolgedessen überdecken sich bei nicht zu großem Abstand der Primärtöne die beiden mitschwingenden Fasergebiete. In diesem gemeinsamen Bereich entsteht von neuem eine schwebende Schwingung, wobei bemerkt werden muß, daß die relative Stärke ihrer beiden Komponenten infolge der Frequenzabhängigkeit des Schalleitungsapparates, infolge der verschiedenen Dämpfung der Ohrresonatoren und infolge des verschiedenen Abstandes der auffallenden Primärtöne von den Eigentönen des Schwebungsgebietes eine ganz andere sein kann als objektiv in der auftreffenden Schallwelle.

Für die Zahl der hörbaren Schwebungen existieren eine untere und eine obere Grenze. Die untere Grenze ist wohl hauptsächlich durch die Art der verwendeten Schallquellen bedingt. RAYLEIGH gibt beispielsweise an, Schwebungen von 24 Sekunden Dauer gehört zu haben; LINDIG[1]) hat noch größere Schwebungsdauern beobachtet. Es ist anzunehmen, daß bei hinreichender Konstanz der Tonquellen außerordentlich langsame Schwebungen mit dem Ohr zu verfolgen sind. Je schneller die Schwebung wird, um so weniger hört man das An- und Abschwellen der Intensität; bei schnellen Schwebungen treten überhaupt nur die Maxima hervor, die durch Pausen getrennt zu sein scheinen. Bei noch weiterer Steigerung der Schwebungszahl entsteht der Eindruck eines Rollens oder eines Rasselns; eine gewisse „Rauhigkeit“ endlich ist das letzte noch wahrnehmbare Anzeichen von Schwebungen. Die obere Frequenzgrenze für die Hörbarkeit von Schwebungen ist für die einzelnen Oktaven verschieden groß; so sind nach STUMPF die Grenzintervalle, welche noch Schwebungen geben, in der fünfgestrichenen Oktave (6000 Hertz) die kleine Sekunde, in der dreigestrichenen Oktave (1500 Hertz) die große Terz und in der großen Oktave (100 Hertz) etwa die Quinte.

Bezüglich der subjektiv empfundenen Tonhöhe der Schwebungen gehen die Angaben in der Literatur stark auseinander. Zum Teil sind Tonhöhenschwankungen vom Maximum zum Minimum hin beobachtet worden; meist wird jedoch ein fest zwischen den beiden Primärtönen liegender Ton, nach STUMPF der sog. „Zwischenton“, gehört. Er ist zugleich der Träger der Schwebungen; seine Höhenlage scheint von dem Stärkeverhältnis der Primärtöne abzuhängen und wird ebenfalls von verschiedenen Autoren[2]) verschieden angegeben.

---

[1]) F. LINDIG, Ann. d. Phys. Bd. 11, S. 43. 1903.

[2]) Vgl. hierzu M. EBERHARDT, Psychol. Forsch. Bd. 2, S. 336. 1922.

Was die Empfindungsstärke der Schwebungen anbelangt, so ist sie bei gleicher Amplitude der Komponenten am größten. Diese Erfahrung ist übrigens in Übereinstimmung mit der Theorie der erzwungenen Schwingungen bei Einwirkung einer Schwebungsschwingung.

Ein Vergleich der überaus verwickelten Erscheinungen mit der Theorie ist zur Zeit noch nicht möglich. Die Theorie behandelt die Erregung eines Resonators, auf den eine Schwebungswelle auftrifft; in Wirklichkeit lautet aber, wiederum vom Standpunkt der Resonanztheorie aus gesehen, die Aufgabe, in einem System von Resonatoren bestimmter Anzahl und bestimmter Dämpfung, das von zwei Frequenzen erregt wird, die Lage des Schwingungsmaximums oder der Schwingungsmaxima zu suchen. Erst nach Lösung dieses Problems ist ein experimenteller Vergleich durchführbar.

Man unterscheidet zwischen monotischer und dichotischer[1]) Darbietung der Schwebungen. Im ersteren Falle werden die beiden Primärtöne gemeinsam einem einzigen Ohr, im zweiten Falle getrennt je einem Ohr zugeführt. Wir kommen hierauf ausführlicher in dem Abschnitt „Stereoakustisches Hören" (Ziff. 47) zurück.

Die Schwebungen sind meßtechnisch von großer Bedeutung. So verwendet man sehr häufig, um lautschwache Töne in irgendeinem Klang nachzuweisen, die Methode des „schwebenden Hilfstones", d. h. es wird zu dem zu untersuchenden Klang, meist mit Hilfe einer Stimmgabel, ein schwacher Ton von einer zu der vermuteten Tonhöhe benachbarten Frequenz hinzugefügt; durch die entstehenden Schwebungen wird die Aufmerksamkeit auf den gesuchten Ton gelenkt. Die Druckamplitude des Hilfstones, bei der die Schwebungen am deutlichsten werden, gibt zugleich ein Maß für die Schallstärke des zu prüfenden Tones; bisweilen dient auch der Hilfston dazu, überhaupt erst in der Maximalamplitude der Schwebungen den gesuchten Ton über die Hörschwelle zu heben. Zu berücksichtigen ist, daß bei der Methode des schwebenden Hilfstones gewisse Vorsichtsmaßregeln[2]) notwendig sind, um vor Fehlschüssen sicher zu sein. Eine andere Anwendung der Schwebungen, die WAETZMANN[3]) angegeben hat, beruht auf ihrem gesetzmäßigen und sehr übersichtlichen Amplitudenwechsel. Hierdurch sind sie sehr geeignet, Amplitudenverzerrungen in nichtlinearen Systemen festzustellen; insbesondere kommt die Schwebungsmethode zur Prüfung von Mikrophonen in Betracht (s. Ziff. 29).

26. Konsonanz und Dissonanz[4]). In Zusammenhang mit den Schwebungen sei hier kurz die Frage der Konsonanz oder der Dissonanz eines Zusammenklanges (s. a. Kap. 8 Ziff. 17) gestreift. Nach HELMHOLTZ[5]) hängt die Dissonanz von dem Grade der Rauhigkeit ab, welche durch die Schwebungen zwischen den einzelnen Teiltönen der den Akkord zusammensetzenden Klänge hervorgerufen wird. Ein Intervall, beispielsweise ein Zweiklang, ist konsonant, wenn bestimmte Teiltöne zusammenfallen, und zwar sind die beiden Klänge um so konsonanter, oder sie besitzen eine um so größere Klangverwandtschaft, je mehr und je kräftigere Teiltöne ihnen gemeinsam sind; außerdem muß die Ordnungszahl der zusammenfallenden Komponenten möglichst niedrig sein. An der Spitze stehen in dieser Beziehung, abgesehen von dem trivialen Fall des Einklanges, zwei Klänge, deren Grundtöne im Oktavenverhältnis zu-

---

[1]) „Diotisch" bedeutet: Jedes Ohr erhält den gleichen Ton. „Dichotisch" heißt: Jedes Ohr erhält einen anderen Ton.

[2]) K. L. SCHAEFER, Untersuchungsmethodik der akustischen Funktionen des Ohres, in Tigerstedts Handb. d. physiol. Methodik Bd. III, S. 386f.

[3]) E. WAETZMANN, Phys. ZS. Bd. 15, S. 638. 1914.

[4]) Vgl. zu dieser Ziffer auch: J. PETERS, Die Grundlagen der Musik, S. 125ff. Leipzig 1927.

[5]) H. v. HELMHOLTZ, Lehre von den Tonempfindungen, 6. Ausgabe, S. 299. Braunschweig 1913.

einander stehen. Konsonanz ist also nach HELMHOLTZ durch das Fehlen von Schwebungen charakterisiert, während Dissonanz in positiver Weise durch ihr Vorhandensein festgelegt ist. Die Schwebungen können auch durch das Auftreten von Kombinationstönen veranlaßt werden, was besonders bei Klängen mit schwachen Obertönen von Bedeutung ist.

STUMPF[1]) hat in seiner Verschmelzungstheorie eine wichtige Ergänzung zur HELMHOLTZschen Theorie gegeben. Er geht von dem Fall der Konsonanz aus und führt als neu den Begriff der Verschmelzung ein. Dieser Begriff stellt nicht einen Prozeß, sondern das Verhältnis der beim Zusammenklang entstehenden Empfindungskomplexe dar. Je höher die Verschmelzungsstufe, um so einheitlicher, um so konsonanter ist die Klangempfindung. Wodurch die Verschmelzung zweier Klänge zustande kommt, ist nicht bekannt; STUMPF verlegt den Vorgang in das Zentralorgan. Wichtig ist die STUMPFsche Theorie z. B. für die Frage der Konsonanz von gewissen sehr weiten Intervallen, bei welchen die HELMHOLTZsche Theorie allein versagt.

In dem vorliegenden Zusammenhang sei noch kurz auf die beiden von C. STUMPF eingeführten Begriffe Konkordanz und Diskordanz[2]) hingewiesen, die sich im Gegensatz zu Konsonanz und Dissonanz nicht auf die direkte sinnliche Wahrnehmung, sondern auf die musikalische Auffassung des betreffenden Zusammenhanges beziehen.

27. Beobachtungen an Kombinationstönen[3]). Wie verschiedentlich in den vorhergehenden Abschnitten erwähnt wurde, arbeitet das Ohr nichtlinear, d. h. die auf das innere Ohr übertragenen und hier wirksamen Schwingungsamplituden stehen in keinem linearen Zusammenhang mit den am Trommelfell vorhandenen Druckamplituden. Infolgedessen hört man unter gewissen Bedingungen beim gleichzeitigen Erklingen von zwei reinen Tönen der Frequenzen p und q noch mehrere andere Töne, die sog. Kombinationstöne. Ihre Schwingungszahlen lassen sich in der Form $ap \pm bq$ darstellen, wo a und b die Reihe der ganzen Zahlen durchlaufen; je nach dem Vorzeichen unterscheidet man Differenz- und Summationstöne. Beide Gruppen werden zusammenfassend nach HELMHOLTZ als Kombinationstöne bezeichnet. a oder b können übrigens auch einzeln gleich Null sein, man erhält dann die Obertöne der Primärtöne (vgl. Ziff. 24). Auf die Differenztöne, insbesondere auf den Differenzton erster Ordnung $p - q$, ist schon früh aufmerksam gemacht worden. Im Jahre 1795 gab der Hamburger Organist G. SORGE an, daß er bei der reinen Quinte $c_2 g_2$ noch einen dritten Ton c_1 höre. Ähnliche Beobachtungen stammen von ROMIEU 1752 und TARTINI 1754, in ausführlicher Form allerdings erst von HÄLLSTRÖM[4]) 1832 und TH. YOUNG. HELMHOLTZ fand noch den Summationston $p + q$.

Bevor wir auf die Entstehung der Kombinationstöne eingehen, seien die wichtigsten Beobachtungsergebnisse zusammengestellt, die in der Hauptsache einer Arbeit von C. STUMPF[5]) entnommen sind. Bei sorgsamster Ausschaltung der Obertöne durch ein Interferenzrohrsystem hörte STUMPF zugleich mit den Primärtönen p und q die folgenden Töne: $p - q$, $2q - p$, $2p - q$, $3q - 2p$,

---

[1]) C. STUMPF, Konsonanz u. Dissonanz, Beitr. z. Akust. u. Musikwissenschaft, Leipzig 1898, Heft 1, s. auch C. STUMPF, Die Sprachlaute, S. 281, Berlin 1926.

[2]) Vgl. hierzu K. E. SCHUMANN, Akustik, Breslau 1925, S. 107ff.

[3]) Eine umfassende und kritische Zusammenstellung aller hierhergehörigen Erscheinungen findet sich in dem Artikel: E. WAETZMANN, Ton, Klang und sekundäre Klangerscheinungen, im Handb. d. Physiol. v. BETHE, Berlin 1926, der teilweise auch dem vorliegenden Abschnitt zugrunde gelegt ist. Über Kombinationstöne vgl. ferner auch Artikel „Schwingungen von Punktsystemen" Ziff. 4, ds. Bd. Kap. 3.

[4]) G. HÄLLSTRÖM, Ann. d. Phys. u. Chem. Bd. 24, S. 438. 1832.

[5]) C. STUMPF, ZS. f. Psychol. u. Physiol. d. Sinnesorg. Bd. 55, S. 1. 1910.

$3p - 2q$ und $p + q$; das Vorhandensein von $4q - 3p$ und $4p - 3q$ war wahrscheinlich. Nun sind alle diese Töne nicht gleich lautstark; eine wesentliche Stärke besitzen überhaupt nur die Töne $p - q$ und $2q - p$, wo $p < q$ gewählt ist. Die übrigen Töne sind hinsichtlich der Empfindungsstärke, wie STUMPF sich ausdrückt, „durch eine Kluft" von den Differenztönen erster und zweiter Ordnung getrennt. Auch die letzteren treten stärker nur innerhalb eines gewissen Intervalls der Primärtöne hervor, das etwa eine Oktave umfaßt. Innerhalb dieser Grenzen hört man, außer in der unmittelbaren Nähe des Einklanges, der Quinte und der Oktave, mit Leichtigkeit die beiden Differenztöne $p - q$ und $2q - p$. Überhaupt gilt allgemein, daß die meisten Kombinationstöne für eine mittlere Tonlage der Primärtöne bei kleinen Intervallen, unterhalb der kleinen Terz, hörbar sind. Von der kleinen Terz aufwärts sind Kombinationstöne, die unterhalb der Primärtöne liegen, außer $p - q$ und $2q - p$ nicht mehr auffindbar. Oberhalb der großen Sexte fällt auch der oberhalb der Primärtöne liegende Kombinationston $2p - q$ fort, jenseits der Oktave sind nur noch $p - q$ und $p + q$, beide sehr schwach, wahrnehmbar, jenseits des Intervalls 8:1 nur noch der Summationston $p + q$, jenseits 12:1 auch dieser nicht mehr. Zwischenliegende Differenztöne, d. h. Töne, deren Schwingungszahlen zwischen p und q liegen, konnten bei Intervallen unterhalb einer Oktave nicht festgestellt werden, ebensowenig irgendwelche Summationstöne von höherer als der ersten Ordnung. Bei Intervallen oberhalb einer Oktave sind die Kombinationstöne außerordentlich schwach.

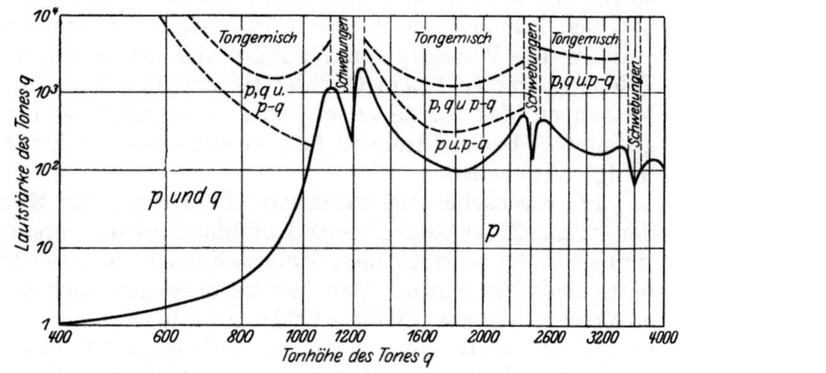

Abb. 20. Zusammenklang von zwei Tonen p und q; Tonhohe von p: 1200 Hertz; Druckamplitude von p: 10^4 fache Schwellendruckamplitude.

Außer dem Intervall der Primärtöne spielt auch ihre absolute Höhe eine wesentliche Rolle, und zwar nimmt die Lautstärke der Differenztöne meist mit steigender Schwingungszahl der Primärtöne zu.

In ähnlicher Weise wie das Frequenzverhältnis und die absolute Frequenz sind auch die Intensitäten der Primärtöne von großem Einfluß auf die Stärke der Kombinationstöne. Was zunächst die absolute Intensität anbelangt, so treten die Differenztöne, wie es bei nichtlinearen Gebilden wohl die Regel ist, um so stärker hervor, je größer die Intensität der Primärtöne ist; es muß allerdings hinzugefügt werden, daß eine zu große Stärke der Primärtöne auch das Heraushören der Differenztöne erschweren kann. Für die relativen Intensitäten gilt etwas Ähnliches wie für die relativen Schwingungszahlen der Primärtöne. Starke Differenztöne bekommt man im allgemeinen nur, wenn die Intensitäten der ursprünglichen Töne etwa gleich groß sind. Gerade die verhältnismäßig engen Frequenz- und Intensitätsintervalle, die zum guten Hören der Differenztöne erforderlich sind, muß in erster Linie eine Theorie der Kombinationstöne erklären können[1]).

Zur Vervollständigung des experimentellen Materials seien an dieser Stelle noch Messungen von WEGEL und LANE[2]) erwähnt, ohne sie im einzelnen zu den

[1]) Siehe hierzu E. WAETZMANN, ZS. f. Phys. Bd. 1, S. 416. 1920.
[2]) R. L. WEGEL u. C. E. LANE, Phys. Rev. Bd. 23, S. 272. 1924.

vorher genannten Beobachtungen in Beziehung zu setzen. Die aus ihrer Arbeit entnommene Abb. 20 ist die einzige bisher vorhandene quantitative Darstellung der verschiedenen Tonempfindungen, die bei dem Zusammenklang zweier reinen Töne p und q von verschieden großen Lautstärken entstehen. Als der eine Primärton p ist ein konstanter Ton von der Frequenz 1200 Hertz und von der 10^4 fachen Schwellendruckamplitude gewählt. Der zweite Primärton q ist veränderlich; er durchläuft das Frequenzgebiet von 400 bis 4000 Hertz (Abszisse) und den gesamten Druckamplitudenbereich bis zur 10^4 fachen Schwellenamplitude (Ordinate). Die einzelnen Zonen geben an, welche Töne der Zusammenklang enthält, wenn Frequenz und Druckamplitude des Tones q die in dem betreffenden Gebiete vorkommenden Werte besitzt. Die ausgezogene Kurve, unterhalb deren der Primärton p allein hörbar ist, gibt die Stärke des Verdeckungsgrades an (s. Ziff. 24, Abb. 19). Zur weiteren Erläuterung der Abb. 20 diene als Beispiel ein Ton q von der Frequenz 800 Hertz. Erhöht man seine Druckamplitude vom Schwellenwert an, so ist zunächst nur $p = 1200$ hörbar; bei etwa der 5 fachen Schwellendruckamplitude wird auch q wahrnehmbar. Steigt die Druckamplitude auf den 10^3 fachen Wert, so tritt noch der Differenzton erster Ordnung hinzu. Bei noch weiterer Zunahme der Lautstärke erhält man ein Tongemisch, das außer dem Differenzton erster Ordnung und den Primärtönen die verschiedensten Kombinationstöne höherer Ordnung enthält. Die Versuche von WEGEL und LANE sind mit einem stark gedämpften Telephon, das an einem Ohr des Beobachters liegt, in ähnlicher Weise wie die Messungen des Verdeckungsgrades ausgeführt worden, während die vorher genannten Beobachtungen fast ausschließlich Stimmgabeln, Pfeifen, Sirenen o. dgl. verwenden.

28. KÖNIGsche und HELMHOLTZsche Theorie der Kombinationstöne. Die in der vorigen Ziffer besprochenen Kombinationstöne entstehen im Ohr; physikalisch sind sie in der auftreffenden Schallwelle nicht nachweisbar, ihr Ursprung ist also physiologischer Natur. Man hat sie deswegen auch vielfach als physiologisch-objektiv bezeichnet. Zu ihrer Erklärung gibt es zwei mögliche Wege: Entweder gilt für sie nicht das Grundgesetz der Akustik, das OHMsche Gesetz (s. Ziff. 9), nach dem eine Tonempfindung nur durch eine objektiv vorhandene sinusförmige Schwingung erregt wird, oder die betreffenden Schwingungskomponenten werden im Mechanismus des Gehörapparates neu gebildet. Unter den Vertretern der ersteren Anschauung sind vor allem R. KÖNIG[1]) und W. VOIGT[2]) zu nennen. KÖNIG geht von den Schwebungen aus, die zwei verhältnismäßig dicht beieinanderliegende Primärtöne bilden, und nimmt an, daß bei genügend großer Schwebungszahl die Maxima (Stöße) als neue Stoßtöne wahrnehmbar werden. Er unterscheidet „primäre" und „sekundäre" Stöße, wobei die ersteren wieder in „untere" und „obere" Stöße eingeteilt werden. Bei zwei Primärtönen p und q ist die Zahl der unteren Stöße $p - nq$ und die der oberen Stöße $(n + 1)q - p$, wenn p größer als q ist und zwischen nq und $(n + 1)q$ liegt. Im Widerspruch zum OHMschen Gesetz macht KÖNIG also die Annahme, daß periodische Intensitätsschwankungen eine Tonempfindung von der Frequenz der Schwankung auslösen. Seine Ausführungen sind infolgedessen auch mit der Resonanztheorie des Hörens unvereinbar. Wie WAETZMANN[3]) gezeigt hat, scheitert die KÖNIGsche Theorie vor allem an der Existenz der Kombinationstöne höherer Ordnung. Doch ist auch schon für den Differenzton erster Ordnung der Einwand zu machen, daß bei geeignetem Primärtonintervall Differenzton und Schwebungen zugleich hörbar sind, was nach den KÖNIGschen Anschauungen nicht recht verständlich ist.

[1]) R. KÖNIG, Pogg. Ann. Bd. 157, S. 177. 1876.
[2]) W. VOIGT, Wied. Ann. Bd. 40, S. 652. 1890.
[3]) E. WAETZMANN, Die Resonanztheorie des Hörens, S. 115ff. Braunschweig 1912.

Helmholtz[1]) beschritt als erster den anderen angegebenen Weg; nach ihm entstehen die Kombinationstöne durch eine gestörte Superposition der Primärtöne in dem Schalleitungsapparat des Ohres. Er zeigte zum ersten Male (vgl. hierzu Art. „Schwingungen von Punktsystemen", Ziff. 4 ds. Bd., Kap. 3), daß eine Abweichung von den gewöhnlichen linearen Differentialgleichungen eines elastischen Massenpunktes neue Schwingungskomponenten in Gestalt der harmonischen Obertöne und der Kombinationstöne hervorruft. Helmholtz selbst nahm an, daß die zurücktreibende elastische Kraft nichtlinear[2]) ist, daß sie also nicht in der Form $a^2 x$ darstellbar ist, sondern gleich $a^2 x + b x^2$ gesetzt werden muß. Dieser quadratische Kraftansatz enthält auch gleichzeitig eine Unsymmetrie, da für gleich große, aber entgegengesetzt gerichtete Elongationen die rücktreibenden Kräfte verschieden groß sind. In dem Gedankengange der Helmholtzschen Theorie liegt es, die Kombinationstöne als einen Störungseffekt aufzufassen; dementsprechend besitzen sie nach dieser Theorie nur eine geringe Stärke gegenüber den Primärtönen. Dies ist im Experiment im allgemeinen für die Kombinationstöne höherer Ordnung erfüllt, jedoch nicht für den Differenzton erster Ordnung, der eine außerordentlich große Lautstärke annehmen, ja in geeigneten Höhenlagen die Primärtöne fast völlig verdecken kann. Nun ist freilich bei subjektiver Beurteilung der Lautstärke eines Tones eine gewisse Vorsicht bezüglich der Rückschlüsse auf seine „objektive Energie" am Platze; trotzdem ist aus allen Versuchen wohl einwandfrei zu folgern, daß der Differenzton erster Ordnung in seiner Stärke nicht der Helmholtzschen Theorie entspricht. Überhaupt erklärt diese nur qualitativ die auftretenden Töne, quantitativ stimmt sie schlecht mit den Beobachtungen überein. So geht aus ihr beispielsweise nicht hervor, daß starke Differenztöne nur bei einem kleinen Primärtonintervall auftreten. Sie gibt ferner nicht wieder, daß für den Differenzton erster Ordnung etwa gleiche Intensitäten der Ausgangstöne erforderlich sind; im Gegenteil, nach ihr ist nur das Produkt der Amplituden maßgebend, gleichviel, in welchem relativen Verhältnis diese zueinander stehen. Endlich enthält sie auch nichts darüber, daß mit wachsender Höhenlage der Primärtöne die Differenztöne an Stärke zunehmen. Dagegen sei als eine theoretische Folgerung, die mit dem Experiment im Einklang steht, erwähnt, daß das Stärkeverhältnis der ersten beiden Differenztöne sich zugunsten des Differenztones zweiter Ordnung verschiebt, wenn die Intensität des tieferen Primärtones erhöht wird.

In der Folgezeit hat man es unternommen, die Helmholtzsche Theorie zu erweitern und verschiedene andere Ansätze in der Differentialgleichung eines Massenpunktes versucht. So verwendete Rayleigh[3]) den symmetrischen Kraftansatz $a^2 x + c x^3$, dessen Durchrechnung freilich das Fehlen des ersten Obertones und des Kombinationstones erster Ordnung ergibt. Auch der symmetrische Kraftansatz $a^2 x \pm b x^2$[4]) wurde vorgeschlagen. Cl. Schaefer[5]) zeigte als erster, daß allgemein jede Differentialgleichung von der Form

$$m \ddot{x} + a^2 x + \sum b_{ik} x^{(i)} x^{(k)} = F$$

[1]) H. v. Helmholtz, Ges. Abhandlungen Bd. 1, S. 261. Lehre v. d. Tonempfindungen, Beilage XII.

[2]) Nichtlinearität bei Helmholtz bedeutet Abweichung vom linearen Kraftgesetz in der Differentialgleichung für die erzwungenen Schwingungen eines elastischen Körpers; Nichtlinearität eines Systems in dem jetzt gebräuchlichen Sinne heißt ganz allgemein, daß in ihm die übertragenen oder erregten Schwingungs-, Strom- usw. Amplituden in irgendeiner anderen als der linearen Form mit den erregenden Kräften, Spannungen usw. zusammenhängen.

[3]) Lord Rayleigh, Theory of sound (deutsche Ausgabe v. F. Neesen, Braunschweig 1879) Bd. I, S. 89.

[4]) F. A. Schulze, Ann. d. Phys. Bd. 34, S. 817. 1911.

[5]) Cl. Schaefer, Ann. d. Phys. Bd. 33, S. 1216. 1910.

Obertöne bzw. Kombinationstöne liefert. Das Summenzeichen bedeutet in der vorstehenden Gleichung eine endliche Summation über die $i$te und $k$te Ableitung von x nach der Zeit; F stellt die erregende Kraft dar. Für $i = k = 0$ erhält man den HELMHOLTZschen Ansatz. Im besonderen behandelt SCHAEFER noch den Fall $i = k = 1$, d. h. also den Fall, daß die rücktreibende Kraft linear ist, daß aber ein quadratisches Dämpfungsglied mit alternierendem Vorzeichen $\pm b\dot{x}^2$ vorliegt. Hier ergeben sich ohne Unsymmetrie und ohne das Vorhandensein großer Amplituden die Kombinationstöne. Durch diese oder ähnliche Ansätze erhält man aber nur in einem Punkte eine bessere Übereinstimmung mit den Beobachtungstatsachen, insofern nämlich, als sich eine Zunahme der Stärke der Kombinationstöne mit wachsender Höhenlage der Primärtöne herausstellt. Im übrigen weisen auch die Erweiterungen der HELMHOLTZschen Theorie die gleichen Unstimmigkeiten mit dem Beobachtungsmaterial auf, wie diese selbst.

Durch Einfügung quadratischer Glieder in die Differentialgleichung der erzwungenen Schwingungen eines Massenpunktes erhält man die Obertöne bzw. die Kombinationstöne. Das gleiche leisten die hydrodynamischen Gleichungen für die Schallausbreitung, wenn in ihnen, im Gegensatz zu der üblichen Behandlung, die Glieder höheren Grades berücksichtigt werden. Wie WAETZMANN[1]) in dem Fall der Reflexion von Schallwellen an einer starren Wand gezeigt hat, treten hierbei unter Berücksichtigung der quadratischen Glieder gleichzeitig mit einem konstanten Überdruck, dem RAYLEIGHschen Schalldruck, Druckschwankungen von der Periodenzahl der Obertöne und der Kombinationstöne auf. Übertragen auf das Ohr würde diese Tatsache bedeuten, daß man sich das Zustandekommen der Kombinationstöne an dem Trommelfell zu denken hätte. Die Intensität der so entstehenden Töne ist freilich entsprechend einem Störungseffekt ähnlich demjenigen in der HELMHOLTZschen Theorie nur sehr gering und reicht in keiner Weise zur Erklärung der beobachteten Erscheinungen hin, ganz abgesehen davon, daß jeder Membranempfänger diese Art von Kombinationstönen zeigen müßte.

29. Physikalisch-objektive Kombinationstöne. Eine quantitative theoretische Behandlung der Nichtlinearität des Gehörorgans und der aus ihr folgenden Kombinationstöne liegt bis jetzt nicht vor; dagegen hat E. WAETZMANN[2]) in qualitativer Form die Grundlagen zu einer verbesserten Theorie angegeben, welche die Hauptgedanken der KÖNIGschen mit der HELMHOLTZschen Anschauung verbindet. Zu ihrem Verständnis ist es notwendig, zunächst einige Entstehungsweisen von physikalisch-objektiven Kombinationstönen, d. h. also von Kombinationstönen, die außerhalb des Ohres auftreten, zu betrachten.

Man unterscheidet zwei Gruppen von physikalisch-objektiven Kombinationstönen. Die Kombinationstöne erster Art entstehen durch besondere Kopplungsverhältnisse bereits in der Primärtonquelle, beispielsweise in einer Doppelsirene oder in einem Harmonium; sie lassen sich infolgedessen in der verschiedensten Weise objektiv nachweisen. Mit den bisher betrachteten Kombinationstönen im Ohr, die zu den Kombinationstönen zweiter Art gehören, haben sie nichts zu tun; sie sind besser ihrer Entstehung nach zu den Variationstönen (s. Ziff. 31) zu rechnen.

Die Kombinationstöne zweiter Art entstehen in einem schallerregten Körper, der analog dem menschlichen Ohr einem nichtlinearen Gesetz unterworfen sein muß. So fand N. SCHMIDT[3]) bei Versuchen mit der empfindlichen Flamme, daß diese bei Erregung durch zwei Primärtöne den Differenzton

[1]) E. WAETZMANN, Phys. ZS. Bd. 21, S. 122. 1920.
[2]) E. WAETZMANN, ZS. f. Phys. Bd. 1, S. 271—282. 1920.
[3]) N. SCHMIDT, Dissert. München 1902.

ertönen läßt, welchen man dann auch objektiv, z. B. durch einen Resonator, nachweisen kann. Analoge Versuche sind von BELAS[1]) an einem Wasserstrahl angestellt worden, dessen Tropfenfolge sowohl durch die Primärtöne als auch durch den Differenzton bedingt wurde. WAETZMANN[2]) zeigte die Entstehung des Differenztones erster Ordnung an einer horizontal liegenden, aus Glyzerinseifenlösung bestehenden Lamelle, welche über einen Resonator gespannt wurde. Erregt man den Resonator bzw. die Membran durch zwei Primärtöne p und q und läßt außerdem noch einen schwachen Ton von der Schwingungszahl $p - q \pm \delta$ einwirken, so bewegt sich die Membran im Takte der Schwebungen (δ), ein Beweis, daß in ihrer Schwingung auch die Komponente $p - q$ enthalten ist. Nach BROEMSER[3]) entstehen an der schmalen Seite eines rechteckigen Brettes, das sehr lang und dünn ist, Oberton und Kombinationston, wenn auf dem Brett selbst zwei Stimmgabeln befestigt sind. BROEMSER führt die Erscheinung darauf zurück, daß stehende Transversalschwingungen eines elastischen Körpers in der senkrechten Richtung longitudinale Schwingungen von der Periodenzahl der Oktave bzw. der Kombinationstöne erster Ordnung erzeugen können.

Grundlegend für die Theorie der Kombinationstöne sind die Versuche, welche E. WAETZMANN bezüglich der nichtlinearen Vorgänge eines Kohlemikrophon-Telephonkreises[4]) und einer einseitig belasteten Gummimembran[5]) ausgeführt hat. Schon K. L. SCHAEFER[6]) beobachtete, daß eine Kohlemikrophon-Telephonanordnung objektive Kombinationstöne liefert, deren Erzeugung

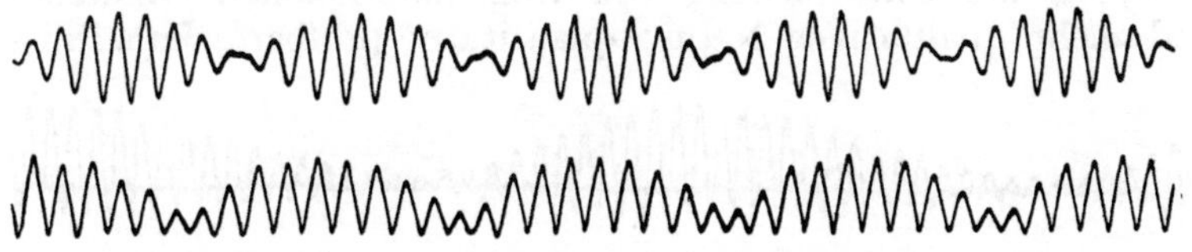

Abb. 21. Gleichrichtung einer Schwebungskurve durch ein Kohlemikrophon.

er in der Telephonmembran wegen ihrer einseitigen Beeinflussung durch den permanenten Magneten suchte. WAETZMANN zeigte in der eben genannten Arbeit, daß weder Mikrophon- noch Telephonmembran als Entstehungsorte in Frage kommen, daß vielmehr der mittlere Schwingungswiderstand des Kohlemikrophons eine wesentliche Rolle spielt. Der mittlere Widerstand eines Mikrophons während der Schallerregung ist nämlich nicht gleich dem Ruhewiderstand, sondern höher, und zwar ist die Widerstandszunahme um so stärker, je größer die auffallende Schalldruckamplitude wird. Hat diese also die Form einer Schwebung, so schwankt der mittlere Widerstand im Tempo der Schwebungsfrequenz. Man erhält dann ungefähr die gleiche Wirkung, die ein Gleichrichter in der Hochfrequenztechnik zeigt. Die beiden Oszillogramme (Abb. 21) stellen die Schwingung einer Mikrophon- (obere Kurve) und einer Telephonmembran (untere Kurve) dar, wenn auf die erstere zwei Töne von den Frequenzen 700 Hertz und 630 Hertz auffallen. Die Gleichrichterwirkung tritt dabei in der Schwingungskurve der Telephonmembran so deutlich hervor, daß man ohne Fourieranalyse das Vorhandensein einer Komponente von der Frequenz $700 - 630 = 70$ Hertz erkennt. Die Versuchsergebnisse im Mikrophon-Telephon-

---

1) BELAS, Proc. Dublin Soc., N. S., 1904.
2) E. WAETZMANN, Ann. d. Phys. Bd. 20, S. 837. 1906.
3) PH. BROEMSER, ZS. f. Biol. Bd. 71, S. 273. 1920.
4) E. WAETZMANN, Ann. d. Phys. Bd. 42, S. 729. 1913.
5) E. WAETZMANN, Ann. d. Phys. Bd. 62, S. 371. 1920.
6) K. L. SCHAEFER, Ann. d. Phys. Bd. 17, S. 572. 1905.

kreis haben in bezug auf die Stärke des Differenztones erster Ordnung, in bezug auf die relativen Intensitäts- und Frequenzverhältnisse der Primärtöne sowie in bezug auf deren absolute Höhenlage und absolute Lautstärke große Ähnlichkeit mit den Resultaten, die wir weiter oben für die subjektiven Kombinationstöne gefunden haben.

Es gibt übrigens noch eine zweite Entstehungsart[1]) von Kombinationstönen in einem Kohlemikrophonkreis; sie beruht darauf, daß die Stromänderungen nach dem OHMschen Gesetz in der Form E/W erfolgen, wobei E die angelegte Gleichspannung bedeutet und der Widerstand W aus zwei Teilen, aus einem konstanten Kreiswiderstand — von dem Unterschied zwischen Ruhe- und Schwingungswiderstand wird bei dieser Überlegung abgesehen — und aus einem infolge der auftreffenden Schallwelle variierenden Widerstand, zusammengesetzt ist. Die Entwicklung von E/W ergibt in höherer Ordnung Obertöne und Kombinationstöne, doch sind diese im Vergleich zu dem vorher behandelten Effekt außerordentlich schwach.

Erwähnt sei hier noch, daß für eine klanggetreue Schallaufnahme die nichtlinearen Verzerrungen eines Mikrophons eine ebenso wichtige Rolle wie die Frequenzcharakteristik spielen. Die nichtlinearen Verzerrungen von Kohlemikrophonen können übrigens durch besondere Konstruktionen, wie sie in dem Doppelmikrophon oder in dem REISSschen Mikrophon ausgeführt sind, stark herabgesetzt werden.

Die durch die Untersuchung von Kohlemikrophonen erhaltenen Ergebnisse sind mehr qualitativer Natur; quantitativ prüfbare Verhältnisse erhielt

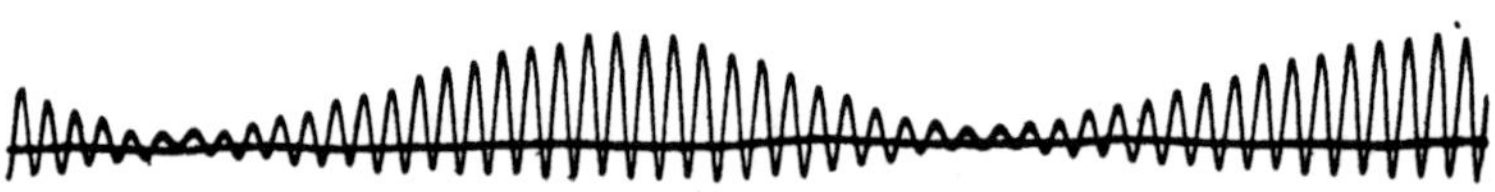

Abb. 22. Schwebungskurve einer einseitig belasteten Gummimembran.

WAETZMANN[2]) an einseitig belasteten Gummihäuten, d. h. also an unsymmetrischen Membranen. Die Gummihäute wurden durch Wachskügelchen o. dgl. einseitig beschwert und vertikalstehend befestigt; ihre Ausschläge ließen sich durch aufgeklebte Spiegelchen photographisch registrieren. Die Erregung durch einen Primärton ergab, daß die Membranschwingungen bei geringen Amplituden und bei tiefen, in der Gegend der Eigenperiode gelegenen Frequenzen symmetrisch zur Ruhelage erfolgten, daß sie jedoch mit wachsender Amplitude und mit steigender Tonhöhe stark einseitig wurden. Dies hat zur Folge, daß bei einer schwebenden Schwingung die Mittellinie in den Maxima und Minima verschieden ist, was wiederum zu einer Gleichrichtung (Audioneffekt) führt. Abb. 22 zeigt den Differenzton an einer belasteten Gummimembran, die durch zwei Primärtöne erregt wird. Fällt der Differenzton außerdem mit einer der Eigenperioden der Membran zusammen, so kann er eine außerordentliche Stärke annehmen; beispielsweise stellte WAETZMANN für zwei Primärtöne $q = 600$ und $p = 700$ Hertz, die auf eine unsymmetrische Gummimembran von der Eigenschwingungszahl 100 Hertz auftrafen, eine Amplitudenbeziehung $p:q:p-q = 0{,}5:1{,}4:13{,}0$ fest.

30. WAETZMANNsche Auffassung der Kombinationstöne. WAETZMANN[3]) übertrug die an den physikalisch-objektiven Kombinationstönen gewonnenen Erkenntnisse (s. vorige Ziffer) auf die Vorgänge im menschlichen Ohr. Die

[1]) E. WAETZMANN, Phys. ZS. Bd. 15, S. 638. 1914.
[2]) E. WAETZMANN, Ann. d. Phys. Bd. 62, S. 371. 1920.
[3]) E. WAETZMANN, ZS. f. Phys. Bd. 1, S. 271 u. S. 416. 1920.

HELMHOLTZsche Theorie und ihre Erweiterungen behandeln in verschiedener Form nur die Störungseffekte eines elastischen Massenpunktes, wenn in dessen Differentialgleichung quadratische Glieder auftreten; dementsprechend sind die hieraus sich ergebenden — und wahrscheinlich auch im Experiment vorhandenen — Kombinationstöne sehr schwach. Man muß nach WAETZMANN davon ausgehen, daß in dem Schallübertragungsapparat nach dem inneren Ohr hin Teile existieren, welche, ganz allgemein gesagt, eine stark ausgeprägte Nichtlinearität, im besonderen z. B. eine Unsymmetrie der Schwingungsamplituden infolge einer Art Gleichrichterwirkung, aufweisen. Diese Unsymmetrie, die zwar auch im HELMHOLTZschen Ansatze da ist, aber hier nur eine untergeordnete Rolle spielt, kann verschiedenartige Ursachen haben; sie dürfte sich einheitlich kaum darstellen lassen. Zu fordern ist, daß sie mit wachsender Amplitude und mit wachsender Tonhöhe zunimmt in der Art, wie dies im Mikrophon-Telephonkreis oder an einseitig belasteten Gummimembranen nachgewiesen ist. In Übereinstimmung mit den Beobachtungen treten dann starke Differenztöne, vor allem der Differenzton erster Ordnung, bei einem kleinen Frequenz- und Amplitudenunterschied der beiden Primärtöne auf; dies ist der Fall, wenn die erregende Schallwelle die Form einer Schwebungswelle besitzt.

WAETZMANN[1]) weist mit Recht darauf hin, daß auf diesem Wege eine Versöhnung der KÖNIGschen Theorie mit der HELMHOLTZschen Theorie (s. Ziff. 28) möglich ist: „Der KÖNIGsche Grundgedanke, daß zwischen den Schwebungen und dem Differenzton erster Ordnung ein innerer Zusammenhang da sein muß, würde also wieder zu Ehren kommen, wenn auch in ganz anderer Ausgestaltung als bei KÖNIG. Daneben spielt der HELMHOLTZsche Gedanke der Unsymmetrie eine ausschlaggebende Rolle, wenn auch vielfach in anderer Form und in ganz anderem Ausmaße als bei HELMHOLTZ".

Es bleibt noch übrig, kurz zu erörtern, in welchen Teilen des Schalleitungsapparates die Abweichung von der Linearität, die Unsymmetrie, eintritt. Man kann sich hierbei freilich nur auf Vermutungen beschränken. Schon HELMHOLTZ hat darauf hingewiesen, daß das Trommelfell infolge seines eigenartigen Baues ein Entstehungsort der Kombinationstöne sein kann. Es müssen jedoch noch andere nichtlineare Gebilde vorhanden sein, denn, wie K. L. SCHAEFER[2]) festgestellt hat, sind die Kombinationstöne auch bei partiellem oder totalem Defekt des Trommelfells wahrnehmbar. Eine direkte Gleichrichterwirkung kann auch durch die einseitige Kopplung des Hammer-Amboßgelenkes in der Gehörknöchelchenkette (s. Ziff. 7) hervorgerufen werden. Abgesehen hiervon gibt es auch im Innenohr noch Teile (z. B. das ovale Fenster), die nichtlinearen Gesetzen unterworfen sein können.

31. Variationstöne. Ein reiner Ton ist dadurch definiert, daß er neben der konstanten Schwingungszahl auch eine konstante Amplitude besitzt. Ändert man in irgendeiner Weise periodisch die Amplitude, so hört auch die Existenz des reinen Tones auf; es entstehen neue Töne, die man als Variationstöne zu bezeichnen pflegt. Geht man von dem ursprünglich gegebenen reinen Ton der Frequenz n und der Amplitude A_0 aus und moduliert die letztere in der Form $A_0 + A_1 \sin 2\pi u t$, so erhält man als resultierende Druckamplitude

$$\begin{aligned} p &= (A_0 + A_1 \sin 2\pi u t) \cdot \sin 2\pi n t \\ &= A_0 \sin 2\pi n t + A_1/2 \cos 2\pi (n-u) t - A_1/2 \cos 2\pi (n+u) t. \end{aligned}$$

Es treten also zu dem einen Ton n noch objektiv die neuen Komponenten $n-u$ und $n+u$ hinzu. Die analoge Erscheinung ist aus der Hochfrequenztelephonie

[1]) Zitiert aus E. WAETZMANN, Ton, Klang und sekundäre Klangerscheinungen, Bd. XI, Handb. d. Physiol. von BETHE, Berlin 1926.

[2]) K. L. SCHAEFER, Schaefer u. Passows Beitr. Bd. 6, S. 207. 1913.

bekannt; auch hier entstehen aus der einen hochfrequenten Trägerfrequenz h durch Amplitudenmodulation mit einem niederfrequenten reinen Ton n die beiden Seitenbandfrequenzen $h - n$ und $h + n$. Ist die Amplitudenmodulation nicht, wie bisher angenommen, sinusförmig, sondern erfolgt sie nach einer komplizierteren Funktion

$$A_0 + \sum_{k=1}^{\infty} A_k \sin(2\pi k u t + \varphi_k),$$

so entstehen die „Variationstöne höherer Ordnung" mit den Schwingungszahlen $n \pm a u$, wo $a = 1, 2, 3$ usw. ist[1]). Ist $n = a u$, so befindet sich unter den Variationstönen auch ein Ton von der Schwingungszahl $n - (a - 1) u = u$. Man pflegt diesen Ton als „Unterbrechungston" oder „Intermittenzton"[2]) besonders hervorzuheben. Wie die vorstehende Ableitung gezeigt hat, tritt er in dem Fall $n = a u$ objektiv auf. Außerdem ist stets bei beliebigem Verhältnis von $n : u$ die Möglichkeit vorhanden, daß der Unterbrechungston u subjektiv als Kombinationston von den einzelnen objektiven Variationstönen erzeugt wird. In einer einfacheren — bisher wohl nicht beachteten — Weise kann man sich diesen subjektiven Unterbrechungston u auch auf dem gleichen Wege entstanden denken, auf dem in der Hochfrequenztelephonie die niederfrequente Sprache oder Musik von der Hochfrequenz getrennt wird; ebenso wie hier nämlich die Modulationsfrequenz von der Trägerfrequenz durch einen Gleichrichtervorgang geschieden wird, so kann der Unterbrechungston u im Ohr durch eine Gleichrichtung der mit u modulierten Frequenz n entstehen; diese Gleichrichtung beruht dabei auf denselben Erscheinungen, die zu dem Auftreten des Differenztones erster Ordnung bei einer Schwebungskurve Anlaß geben.

Die Variationstöne, insbesondere der Unterbrechungston u, waren in dem Streit um die Resonanztheorie des Hörens von großer Bedeutung. KÖNIG[3]) und HERMANN[4]) zogen aus ihrer Existenz den mit dem OHMschen Gesetz und der HELMHOLTZschen Resonanztheorie unvereinbaren Schluß, daß „das Ohr periodische Unterbrechungen eines Tones, wenn dieselben eine genügende Frequenz haben, als besonderen, und zwar in der Stärke überwiegenden, Ton wahrnimmt". Diese Folgerung muß als widerlegt gelten, denn in Übereinstimmung mit dem Experiment entsteht der Unterbrechungston u entweder objektiv, oder er tritt als Differenzton auf und ist dann, wie das Experiment erweist, mit allen charakteristischen Eigenschaften eines solchen behaftet.

Die experimentellen Anordnungen, mit denen die Variationstöne hergestellt werden, sind sowohl rein mechanische als auch elektrische. HELMHOLTZ hat Kombinationstöne erster Art an der Doppelsirene beobachtet; es ist bereits erwähnt worden (s. vorige Ziffer), daß diese Kombinationstöne eigentlich zur Klasse der Variationstöne gehören. Bei der Doppelsirene können nämlich zwei Lochkreise aus einem gemeinsamen Windkasten angeblasen werden. Wird zunächst nur ein Lochkreis erregt, so kann man den Anblasedruck im Windkasten als ungefähr konstant annehmen. Für einen weiteren Lochkreis dagegen schwankt der Anblasedruck bereits etwas entsprechend der schon angeblasenen Lochreihe; umgekehrt gilt das gleiche für den ersten Lochkreis. Es ist verständlich, daß diese gegenseitige Druckbeeinflussung zur Bildung von Variationstönen führen muß. Eine weitere Beobachtung von HELMHOLTZ[5]) über wirk-

[1]) F. A. SCHULZE, Ann. d. Phys. Bd. 26, S. 217. 1908.

[2]) Besteht die Amplitudenmodulation in einer einfachen periodischen Unterbrechung des Tones n, so stellt bei geeigneten Annahmen über die Art der Unterbrechung u, die Grundfrequenz der obigen FOURIERschen Reihe, zugleich die „Unterbrechungsfrequenz" dar.

[3]) R. KÖNIG, Pogg. Ann. Bd. 157, S. 177. 1876.

[4]) L. HERMANN, Pflügers Arch. f. d. ges. Physiol. Bd. 47, S. 347. 1890.

[5]) H. v. HELMHOLTZ, Lehre v. d. Tonempfindungen, Beilage XVI.

liche Variationstöne ist gleichfalls an einer Doppelsirene gemacht worden, deren unterer Windkasten zufällig mit dem Ton $n = 435$ Hertz in Resonanz stand; allerdings trat diese Resonanz nur dann ein, wenn alle Löcher der Sirene gedeckt waren. Rotiert also die Sirenenscheibe mit einer eingeschalteten Lochreihe und hält man die Stimmgabel $n = 435$ Hertz vor die Öffnung des Windkastens, so bekommt man eine periodisch wechselnde Resonanz der Stimmgabel. Die Amplitude des Stimmgabeltones läßt sich näherungsweise in der Form $(A_0 - A_1 \sin 2\pi u t)$ darstellen, wobei u sich aus der Lochzahl und der Umdrehungsgeschwindigkeit der Sirene bestimmt; damit wird die resultierende Schalldruckamplitude von der Form $p = (A_0 - A_1 \sin 2\pi u t) \cdot \sin 2\pi n t$, d. h. es treten zu dem Tone $n = 435$ noch die Töne $n - u$ und $n + u$ hinzu. Ähnliche Verhältnisse ergeben sich bei einer genügend schnell um die Längsachse rotierenden Stimmgabel[1]; infolge der Rotation der Interferenzflächen der Stimmgabel wechselt für einen Beobachter 4mal bei jeder Umdrehung die Intensität; bei $n/2$ Rotationen pro Sekunde entstehen in erster Näherung die Variationstöne erster Ordnung $n - u$ und $n + u$.

Ein weiteres Verfahren, Variationstöne zu erzeugen, besteht darin, zwischen Tonquelle und Ohr des Beobachters eine rotierende Lochscheibe einzuschalten. An Stelle dieser mechanischen Unterbrechungsvorrichtung kann man auch einen elektrischen Unterbrecher in einem Mikrophon-Telephonkreis verwenden. Mit einer solchen Anordnung fanden K. L. SCHAEFER und ABRAHAM[2]) zum ersten Male die Variationstöne höherer Ordnung, auf deren theoretische Herleitung F. A. SCHULZE in der oben zitierten Arbeit aufmerksam machte. Gleichfalls nach einer elektrischen Methode arbeitete W. MOSER[3]), der sowohl periodische plötzliche Unterbrechungen als auch kontinuierliche Amplitudenschwankungen eines im Telephon abgehörten Tones untersuchte. Unter seinen Schaltungen zur Erzeugung von Variationstönen sei hier nur eine WHEATSTONEsche Brückenanordnung hervorgehoben, in deren einem Zweig sich ein Kohlemikrophon befindet. Sie wird mit Wechselstrom von der Frequenz des zu modulierenden Tones beschickt; die Amplitudenmodulation dieses Tones geschieht durch Erregung des Mikrophons mit einem Schall der gewünschten Amplitudenform. Der Vorteil der beschriebenen Anordnung besteht darin, daß der Primärton durch mehr oder minder genaue Abgleichung der Brückenwiderstände beliebig geschwächt werden kann.

Erwähnt seien hier noch Versuche von K. L. SCHAEFER und ABRAHAM[4]), welche nach der vorher genannten mechanischen Unterbrechungsmethode eines Tones n die Variationstöne $n - u$ und $n + u$ erzeugten. Durch ein Interferenzrohrsystem wurden dann diese beiden Seitenbandfrequenzen $n - u$ und $n + u$ vernichtet. Nach dem Vorhergehenden ist ohne weiteres einleuchtend, daß infolgedessen auch, wie das Experiment mit voller Deutlichkeit ergeben hat, der Unterbrechungston u verschwindet.

Zu den bisher besprochenen Erscheinungen tritt noch eine weitere Gruppe von Variationstönen. Zu ihrer theoretischen Herleitung geht man praktischerweise nicht von dem fertig gebildeten Primärton n aus und moduliert dessen Amplitude, sondern faßt den gesamten, bereits amplitudenmodulierten Schwingungsvorgang als Ganzes auf und zerlegt ihn nach Aufsuchen der Grundperiode nach FOURIER in eine Summe von Sinusfunktionen. Diese Art des Vorgehens ist beispielsweise zu empfehlen, wenn Variationstöne mit rotierenden Sirenen- oder Zahnrad-

[1]) E. MACH, Wien. akad. Anzeiger 1865 Nr. 9 und 1866 Nr. 14; E. BEETZ, Pogg. Ann. Bd. 130, S. 313. 1867.

[2]) K. L. SCHAEFER u. O. ABRAHAM, Ann. d. Phys. Bd. 13, S. 996. 1904.

[3]) W. MOSER, Dissert. Breslau 1919.

[4]) K. L. SCHAEFER, Stumpfs Beiträge zur Akustik u. Musikwiss., Heft 6, S. 83. 1911.

scheiben hergestellt werden, bei denen jedoch in periodischer Weise Löcher oder Zahnräder ausfallen. Die hierbei auftretenden Variationstöne erklären sich entweder als objektive, in dem Gesamtklang enthaltene Teiltöne oder als subjektive Differenztöne zwischen objektiv vorhandenen Komponenten.

Endlich gehören noch zu der Gruppe der Variationstöne die sog. „Phasenwechseltöne", deren Existenz von HERMANN behauptet worden ist. HERMANN[1]) machte Versuche an einer Zahnradsirene, deren Zähne so angeordnet waren, daß periodische Phasenwechsel des Sirenentones auftraten; er glaubte hierbei beweisen zu können, daß das Ohr derartige Phasenwechsel bei genügend schneller Aufeinanderfolge als einen neuen Ton hört. Auch hier zeigen Theorie und Experiment[2]), daß die Phasenwechseltöne entweder objektiv auftreten oder subjektiv als Differenztöne aus entsprechenden objektiven Komponenten des Gesamtklanges entstehen können. Die bei den periodischen Phasenwechseln eines Tones vorhandenen sehr komplizierten Klangerscheinungen ordnen sich vollständig der Resonanztheorie unter. Zusammenfassend kann man das gleiche von dem Gesamtgebiet der Variationstöne sagen; man muß allerdings hinzufügen, daß im einzelnen auch hier, ebenso wie bei den Kombinationstönen, verschiedene Fragen der Intensitätsverteilung der einzelnen Teiltöne außerordentliche Schwierigkeiten bereiten und noch eingehender zu bearbeiten sind[3]).

e) Hörtheorien.

32. Ziele einer Hörtheorie. Eine alle Erscheinungen des Hörens umfassende Theorie muß gewisse physikalische, physiologisch-anatomische und psychologische Elemente enthalten, entsprechend den verschiedenen Stadien der Schallumwandlung, die vom physikalischen Schwingungsvorgang bis zur Hörempfindung durchlaufen werden. Zur Zeit liegen die Verhältnisse so, daß man über den psychologischen Anteil an dem Hörvorgang, d. h. also in der Hauptsache über die Tätigkeit des nervösen Zentralorgans, nichts aussagen kann. Damit scheiden für eine naturwissenschaftliche Erklärung die rein „zentralen" Theorien des Hörens vollkommen aus, da sie alles auf die uns unbekannte Wirksamkeit des Zentralorgans zurückführen wollen. Die andere Gruppe der Hörtheorien umfaßt die sog. „peripheren" Theorien. Das sind diejenigen Theorien, welche die peripher gelegenen Teile des Gehörorgans in den Mittelpunkt ihrer physikalisch-physiologischen Betrachtungen stellen; sämtlichen peripheren Theorien haftet, wie aus dem eben Gesagten hervorgeht, der Mangel an, daß sie auf die verschiedenen, der Tonpsychologie angehörigen Fragen nicht eingehen oder, besser gesagt, wegen der mangelnden Unterlagen nicht eingehen können. Es muß die Aufgabe der Zukunft sein, die peripheren Hörtheorien nach der psychologischen Seite hin zu erweitern.

Die peripheren Hörtheorien kann man ihrem Wesen nach in zwei Gruppen einteilen. Die eine Gruppe, zu der die HELMHOLTZsche Resonanztheorie gehört, nimmt eine Klanganalyse durch abgestimmte resonanzfähige Gebilde des inneren Ohres an; nach den Anschauungen der anderen Gruppe werden gewisse Organe des inneren Ohres — bei den verschiedenen Theorien in verschiedener Weise — in Schwingungen versetzt, deren Abbild nach dem Zentralorgan, der Stelle der eigentlichen Klangzerlegung, weitergeleitet wird.

Aus der Tatsache, daß zwei so grundverschiedene Arten von Theorien nebeneinander mit dem Anspruch der Gültigkeit aufgestellt werden können,

---

[1]) L. HERMANN, Pflügers Arch. f. d. ges. Physiol. Bd. 146, S. 249. 1912.

[2]) F. A. SCHULZE, Ann. d. Phys. Bd. 45, S. 285. 1914.

[3]) Vgl. hierzu E. WAETZMANN, Ton, Klang und sekundäre Klangerscheinungen, im Handb. d. Physiol. von BETHE, Berlin 1926. Abschnitt C (Variationstöne).

erhellt sofort, daß die anatomischen, ebenso wie die physikalisch-physiologischen Grundlagen des Hörens noch wenig geklärt sind. Man hat auf jedem der genannten Gebiete noch eine große Reihe von Fragen zu lösen, bevor eine Hörtheorie geschaffen werden kann, die allen Tatsachen des Hörens und zugleich allen anatomisch-physiologischen Eigenschaften des Ohres gerecht wird. Vergleicht man bei dem augenblicklichen Stande die Leistungen der Resonanztheorie des Hörens mit denen der übrigen Theorien, so zeigt sich, daß der ersteren Anschauung eine überragende Stellung zukommt. Die beiden zur Zeit bestehenden Resonanzhypothesen, die man ohne besondere Schwierigkeiten zu einer einheitlichen Theorie zusammenfassen kann, vermögen, jedenfalls qualitativ, fast alle Tatsachen des Hörens befriedigend zu erklären, eine Behauptung, welche auf die anderen Theorien keineswegs zutrifft.

Wir wenden uns zunächst der Darstellung der Resonanztheorie zu, die von HELMHOLTZ begründet und besonders durch WAETZMANN[1]) fortgeführt und ausgestaltet worden ist.

33. HELMHOLTZsche Resonanztheorie des Hörens. Die HELMHOLTZsche Resonanztheorie des Hörens setzt voraus, daß in der Schnecke des inneren Ohres ein System verschieden abgestimmter Resonatoren vorhanden ist. Der Schall, welcher durch das Mittelohr nach dem ovalen Fenster übertragen wird, versetzt die Flüssigkeit in der Schnecke in Bewegung; hierdurch werden die einzelnen Resonatoren entsprechend ihren Eigenperioden zum Mitschwingen auf die in dem ankommenden Schall enthaltenen Teiltöne gebracht. Auf einen reinen Ton spricht nur eine, je nach der Dämpfung größere oder kleinere Gruppe von Resonatoren an; durch einen Klang dagegen werden entsprechend der Anzahl der Teiltöne mehrere Gruppen erregt.

HELMHOLTZ vermutete anfangs die abgestimmten Gebilde in den CORTIschen Pfeilern, später verließ er jedoch diese Ansicht auf Grund der HENSENschen[2]) Messungen der Breite der Basilarmembran und auf Grund des von HASSE[3]) geführten Nachweises, daß die CORTIschen Pfeiler bei Vögeln und Amphibien fehlen, und sah in Übereinstimmung mit HENSEN die Radialfasern der Basilarmembran als die Resonatoren an (s. Ziff. 3).

Über den Bau und über die Bedeutung der Basilarmembran herrscht noch in vielen Beziehungen Unklarheit. Die Basilarmembran besitzt drei Schichten, die nach der Scala tympani zu gelegene tympanale Belegschicht, die eigentliche Faserschicht und die obere vestibuläre Gewebsplatte; die letztere trägt eine Reihe von Zellen, die CORTIschen Pfeiler sowie die DEITERSchen, HENSENschen und CLAUDIUSschen Zellen. Die Basilarmembran wird durch den Fuß des äußeren CORTIschen Pfeilers in zwei Zonen geschieden. In der äußeren Zone, der Zona pectinata, sind die Fasern gröber und leichter trennbar; die Fasern der inneren Zone, der Zona arcuata, die zugleich die Grundfläche der CORTIschen Bögen ist, sind dagegen sehr fein und sehr dicht gelagert, so daß man sie kaum voneinander isolieren kann. Man sieht die Fasern der erstgenannten Zone als die Gehörsaiten an. Ihre Zahl wird verschieden angegeben; nach HENSEN beträgt sie 13000, nach RETZIUS 24000. Ebenso finden sich sehr verschiedene Angaben über die Breite der Basilarmembran und über die Länge der Gehörfasern.

[1]) E. WAETZMANN, Die Resonanztheorie des Hörens. Braunschweig 1912; E. WAETZMANN, Die Resonanztheorie des Hörens, ihre Entwicklung und ihr gegenwärtiger Stand, Naturwissensch. Bd. 10, S. 544. 1922 und E. WAETZMANN, Hörtheorien. Handb. d. Physiol. von BETHE, Bd. XI, Berlin 1926. Vgl. auch G. WILKINSON u. A. A. GRAY, The mechanism of the Cochlea. London 1924.

[2]) V. HENSEN, ZS. f. wiss. Zool. Bd. 13, S. 481. 1863.

[3]) C. HASSE, ZS. f. wiss. Zool. Bd. 17, S. 56. 1866.

Die Breite der Basilarmembran nimmt von der Basalwindung der Schnecke bis zu deren Spitze allmählich zu; dasselbe gilt infolgedessen von den Hörfasern der Zona pectinata, und zwar sind die in der Spitze der Schnecke gelegenen Fasern etwa achtmal so groß wie diejenigen am Anfang der Basalwindung; ihre Längen steigen, als ungefähre Mittelwerte aus verschiedenen Messungen angegeben, von 60 bis 500 μ.

Die genannten Unterschiede in den Faserlängen reichen nur hin, um Variationen in den Eigenperioden der Radialfasern um etwa 3 Oktaven zu erklären. Man hat außerdem noch ihre verschiedene Spannung in Betracht zu ziehen; die Spannung soll mit zunehmender Faserlänge beträchtlich kleiner werden[1]. Bei dieser Gelegenheit sei erwähnt, daß nach E. TER KUILE[2] der Pfeilerapparat als Spannvorrichtung für die Radialfasern dient; nach WILKINSON[3] übernimmt diese Aufgabe das Ligamentum spirale (s. a. Ziff. 40). Schließlich kommt noch — im Schwingungszustande — eine verschiedene Belastung der Fasern durch die verschieden langen Flüssigkeitsdoppelsäulen der Scala tympani und der Scala vestibuli in Betracht; bei den kurzen Fasern schwingt eine kleine, bei den langen Fasern eine große Flüssigkeitssäule mit (s. Ziff. 36). Berücksichtigt man die drei genannten Umstände, so erscheint es als möglich, daß die Radialfasern der Basilarmembran ein Resonatorensystem von dem in Frage kommenden großen Frequenzbereich (etwa 10 Oktaven) darstellen. Es ist zunächst befremdend, daß so kleine Gebilde wie die Radialfasern Eigenperioden in der tiefen und in der mittleren Tonlage besitzen sollen; jedoch haben HENSEN[4] an Hörhaaren von Krebstieren und A. M. MAYER[5] an Fühlern von Insekten experimentell gezeigt, daß derartig kleine Gebilde aus organischem Gewebe tatsächlich auf Töne der mittleren Tonskala abgestimmt sein können.

34. Nervenerregung; Prinzip der spezifischen Sinnesenergien. In welcher Weise die Schwingungen der Basilarmembran die Haarzellen und damit den Gehörnerven erregen, ist nicht sicher bekannt. Man glaubt im allgemeinen, daß die Haarzellen die eigentlichen Sinneszellen sind, eine Anschauung, die allerdings von WITTMAACK[6] und MINTON[7] nicht geteilt wird. Nach diesen beiden Autoren dienen die Sinneszellen des CORTIschen Organs bzw. der gesamte feine Apparat des Innenohres weniger der Umwandlung der Schallschwingungen in die Schallempfindung als der Vergrößerung der Hörempfindlichkeit, d. h. der Herabsetzung des Schwellenwertes. Nach MINTON fällt die Aufgabe der Tonhöhenunterscheidung den Nervenfasern zu. HELMHOLTZ sprach, ohne im einzelnen nähere Angaben zu machen, die Vermutung aus, daß bei den Schwingungen der Basilarmembran die Hörhaare gegen die CORTIsche Membran (Membrana tectoria) stoßen, und daß dadurch der Nervenreiz entsteht. Da wohl beide Membranen, die Basilarmembran und die CORTIsche Membran, etwa gleichstark den Flüssigkeitsbewegungen folgen, können nur diejenigen Hörhärchen die CORTIsche Membran erreichen, welche durch Resonanz stärker schwingen.

HELMHOLTZ hat auf akustischem Gebiete das Prinzip der spezifischen Sinnesenergien enger gefaßt. In der allgemeinen Form, die von J. MÜLLER herrührt, sagt es aus, daß die zu einem bestimmten Sinn gehörigen Nerven, unabhängig von der Art der Reizung, nur eine bestimmte Empfindungsart liefern. Nach

---

[1] G. WILKINSON, Nature Bd 110, S. 560. 1922.
[2] E. TER KUILE, Pflügers Arch. f. d. ges. Physiol. Bd. 79, S. 484. 1900.
[3] G. WILKINSON, Phil. Mag. Bd. 43, S. 349. 1922.
[4] V. HENSEN, ZS. f. wiss. Zool. Bd. 13, S. 319. 1863.
[5] A. M. MAYER, Sill. Journ. Bd. 8, S. 81. 1874.
[6] K. WITTMAACK, Klin. Wochenschr. Bd. 1, S. 2220. 1922.
[7] I. P. MINTON, Proc. Nat. Acad. Amer. Bd. 8, S. 274. 1922.

HELMHOLTZ erzeugt dagegen innerhalb eines Sinnes jede Nervenfaser, die irgendwie erregt wird, eine einzige, ganz bestimmte Empfindung, die sich von der durch eine andere Nervenfaser desselben Sinnes vermittelten Empfindung unterscheidet. In der vorigen Ziffer ist ausgeführt, daß nach der HELMHOLTZschen Theorie auf einen Ton ein kleiner Bereich der Basilarmembran mitschwingt, wodurch im Sinne dieser Theorie mehrere Nervenfasern erregt werden. Es entsteht also in der HELMHOLTZschen Auffassung des Prinzipes der spezifischen Sinnesenergien die Schwierigkeit, daß ein objektiv reiner Ton keine einfache Empfindung hervorruft, sondern aus zahlreichen Tonhöhenempfindungen zusammengesetzt ist. Um diese Schwierigkeit zu vermeiden, muß man das starre HELMHOLTZsche Prinzip verlassen und mit STUMPF[1]) annehmen, daß sich eine Gruppe von Nervenfasern zu einer spezifischen Energie vereinigen kann. FISCHER und BUDDE[2]) glauben, daß nur der maximal mitschwingende Resonator die Tonempfindung hervorruft. WAETZMANN[3]) weist darauf hin, daß man vom physikalischen Standpunkt aus den Sitz der spezifischen Energien nicht in die Nervenfasern oder in die zentralen Endgebilde, sondern bereits in die Radialfasern der Basilarmembran selbst zu verlegen geneigt ist. Den einzelnen Nervenfasern wird dann nur in dem Sinne spezifische Energie zugeschrieben, als sie indirekt mit einer oder mit einigen wenigen Radialfasern in Verbindung stehen, die ihrerseits nur auf Töne ganz bestimmter Tonhöhe reagieren.

35. ROAF-FLETCHERsche Resonanzhypothese. ROAF[4]) und späterhin FLETCHER[5]) gehen von der Ansicht aus, daß infolge der anatomischen Struktur der Schnecke eine voneinander unabhängige Abstimmung der einzelnen Radialfasern der Basilarmembran nicht anzunehmen sei; ein Element könne nicht schwingen, ohne die anderen Elemente zu erregen. Sie verlegen den Resonanzvorgang in die Flüssigkeitsbewegung der Schnecke; die Basilarmembran schwingt nach ihrer Auffassung bei Erregung durch einen reinen Ton in ihrer ganzen Ausdehnung, wobei allerdings eine Stelle maximaler Amplitude vorhanden ist. Wie in Ziff. 2 beschrieben ist, enthält das ganze innere Ohr, der Vorhof, die drei Bogengänge und die Schnecke, eine Flüssigkeit, die wir praktisch als inkompressibel betrachten können. Führen der Steigbügel und damit die Membran des ovalen Fensters Schwingungen aus, so muß eine Stelle vorhanden sein, die dem in der Flüssigkeit entstehenden Über- oder Unterdruck nachgeben kann; das ist die Membran des runden Fensters. Zwischen beiden Membranen, und zwar nur in der Schnecke, findet die Flüssigkeitsbewegung statt. Die Flüssigkeit in den Bogengängen nimmt an der Bewegung keinen Anteil, da Anfang und Ende eines Bogenganges dicht beieinander liegen und da infolgedessen an diesen beiden Stellen die erregenden Druckamplituden in Größe und Phase gleich sind. Ebenso schwingen nur kleine Teile der Vorhofflüssigkeit mit, nämlich diejenigen, welche in der Nähe des ovalen Fensters liegen. Innerhalb der Schnecke ist bei Bewegung des ovalen Fensters ein unmittelbarer Druckausgleich nach dem runden Fenster hin nicht ohne weiteres möglich, da die Schnecke durch eine Scheidewand, den Ductus cochlearis, in zwei Teile gespalten wird, die schon oben genannten Scala vestibuli und Scala tympani, welche nur an der Spitze der Schnecke im Helikotrema zusammenhängen. Über diese Öffnung müßte der Druckausgleich erfolgen, wenn die Zwischenwand vollkommen

---

1) C. STUMPF, Tonpsychologie. Leipzig 1883 u. 1890.

2) E. BUDDE, Abderhaldens Handb. d. biol. Arbeitsmeth., Abt. V, Teil 7, Heft 1, S. 175. 1920.

3) E. WAETZMANN, Resonanztheorie des Hörens, S. 76.

4) H. E. ROAF, Phil. Mag. Bd. 43, S. 349. 1922.

5) H. FLETCHER, Journ. Frankl. Inst. 1923, S. 312ff.

starr wäre. Das letztere ist jedoch nicht der Fall, sondern die Scheidewand besteht zum Teil aus den membranösen Gebilden der häutigen Schnecke, welche sehr nachgiebig sind. So kann sich beispielsweise bei einer Einwärtsbewegung des Steigbügels die membranöse Scheidewand nach der Seite des runden Fensters zu ausbauchen, das hierdurch nach außen gedrückt wird, ohne daß ein Druckausgleich über das Helikotrema zu erfolgen braucht. Je höher die Frequenz der Schallschwingungen ist, um so näher liegt infolge des Trägheitswiderstandes der Flüssigkeit die Stelle der Ausbauchung, d. i. die Stelle der maximalen Amplitude, am ovalen bzw. runden Fenster; für sehr tiefe Frequenzen dagegen erfolgen die Schwingungen der Flüssigkeit durch das Helikotrema oder durch die hieran anstoßenden Teile der membranösen Scheidewand hindurch. Diese Frequenzverteilung wird dadurch unterstützt, daß die Elastizität der Scheidewand von der Basis der Schnecke nach der Spitze zu allmählich abnimmt. Etwas Ähnliches haben wir in der HELMHOLTZschen Resonanztheorie kennengelernt; auch hier (s. Ziff. 33) wird man zu der Annahme geführt, daß die Spannung der Radialfasern der Basilarmembran in der Basalwindung am stärksten ist und nach der Spitze der Schnecke zu kleiner wird.

Die ROAF-FLETCHERsche Theorie ist, wie eben dargelegt, eine Resonanz-

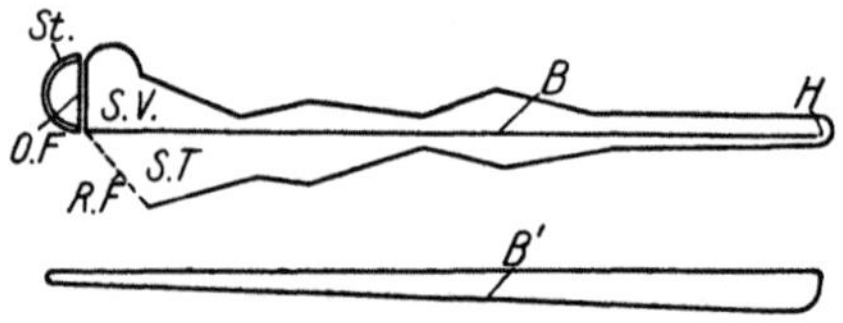

Abb. 23a. Schematische Darstellung der aufgerollten Schnecke. *St.* Steigbügel, *O. F.* ovales Fenster, *R. F.* rundes Fenster, *S. V.* Scala vestibuli, *S. T.* Scala tympani, *H* Helikotrema, *B* Basilarmembran, *B'* Aufsicht auf die Basilarmembran.

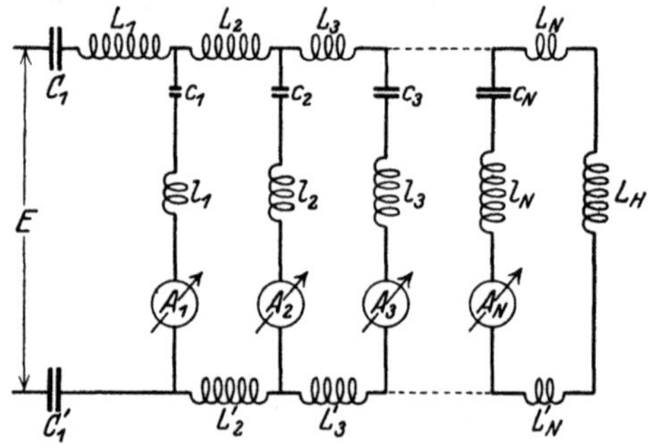

Abb. 23b. Elektrische Ersatzschaltung der Schnecke.

theorie, deren schwingungsfähige Gebilde sich aus den Massen sowie den Elastizitäten der Schneckenflüssigkeit und der häutigen Scheidewand zusammensetzen. Um die Wirkungsweise dieser Schwingungsgebilde besser übersehen zu können, ist es vorteilhaft, die ganze Anordnung nach dem neuerdings üblich gewordenen Verfahren durch ein elektrisches Schaltschema zu veranschaulichen, wobei die mechanische Masse gleich einer Induktivität und die mechanische Elastizität gleich einer Kapazität bzw. gleich ihrem reziproken Wert gesetzt wird. Abb. 23a[1]) zeigt in schematischer Darstellung die Schnecke (s. auch Ziff. 3), die man sich aufgerollt vorzustellen hat. Als Hauptbestandteil der häutigen Schnecke ist die Basilarmembran eingezeichnet. Abb. 23b[1]) ist das im Sinne der ROAF-FLETCHERschen Resonanzhypothese zugehörige elektrische Schaltbild, welches die Massen und Elastizitäten punktförmig anordnet. C_1 und L_1 sind die Elastizität und die Masse des Steigbügels und des ovalen Fensters; C_1' ist die Elastizität des runden Fensters, dessen Masse vernachlässigt wird. $L_2, L_3 \ldots L_N$ und L_2', $L_3' \ldots L_N'$ bezeichnen die Flüssigkeitselemente der Scala vestibuli und der Scala tympani; L_H entspricht der Flüssigkeitsmasse im Helikotrema. l_1 bis l_N und c_1 bis c_N stellen die nach dem Helikotrema zu steigenden Massen bzw. abnehmenden Elastizitäten der einzelnen Elemente der Basilarmembran dar; in den Größen l_1 bis l_N ist auch die mitschwingende Mediummasse berücksichtigt. $A_1 \ldots A_N$ versinnbildlichen als Amperemeter die Nervenfasern. Die Längsinduktivitäten L_2 bis L_N und L_2' bis L_N' nehmen nach dem Helikotrema zu ab, da der Querschnitt

[1]) Entnommen aus R. L. WEGEL u. C. E. LANE, Phys. Rev. Bd. 23, S. 266. 1924.

der beiden Skalen sich verringert; die Querinduktivitäten und Querkapazitäten dagegen steigen entsprechend der Tatsache, daß die Breite der Basilarmembran größer und die Spannung kleiner wird. Je nach der Frequenz der erregenden Wechselspannung E sprechen gewisse Gruppen von Amperemetern als Stellen maximaler Amplituden an; für die hohen Frequenzen sind es die am Eingang liegenden Instrumente, je tiefer die Frequenz wird, um so weiter rückt die Erregungszone nach dem Helikotrema zu. Die Dämpfungswiderstände sind in dem Schaltbild (Abb. 23b) vernachlässigt, weil sie ebensowenig wie die absoluten Größen der einzelnen Massen und Elastizitäten bekannt sind.

36. Modellversuche zur Darstellung der Flüssigkeitsbewegung in der Schnecke. Der in der ROAF-FLETCHERschen Hörtheorie verwendete Gedanke, die Frequenztrennung des aufgenommenen Schalles in der Flüssigkeitsbewegung der Schnecke zu suchen, ist wohl zum ersten Male von F. LUX[1]) entwickelt und durch Modellversuche belegt worden. LUX geht von einem kommunizierenden Rohrsystem u_1, u_2, u_3 usf. [s. Abb. 24a[2])] aus, das bis zur Höhe $O\,O'$ mit Wasser gefüllt ist. Erregt man dieses System von A her durch einen periodischen Druck, so kommen die einzelnen Flüssigkeitssäulen je nach ihrer Abstimmung

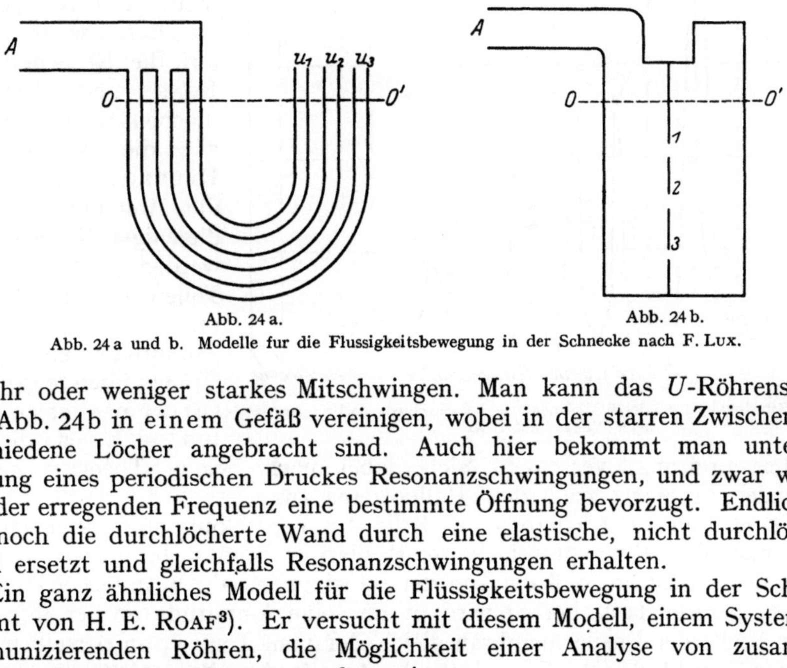

Abb. 24a. Abb. 24b.

Abb. 24a und b. Modelle fur die Flussigkeitsbewegung in der Schnecke nach F. LUX.

in mehr oder weniger starkes Mitschwingen. Man kann das U-Röhrensystem nach Abb. 24b in einem Gefäß vereinigen, wobei in der starren Zwischenwand verschiedene Löcher angebracht sind. Auch hier bekommt man unter der Wirkung eines periodischen Druckes Resonanzschwingungen, und zwar wird je nach der erregenden Frequenz eine bestimmte Öffnung bevorzugt. Endlich hat LUX noch die durchlöcherte Wand durch eine elastische, nicht durchlöcherte Wand ersetzt und gleichfalls Resonanzschwingungen erhalten.

Ein ganz ähnliches Modell für die Flüssigkeitsbewegung in der Schnecke stammt von H. E. ROAF[3]). Er versucht mit diesem Modell, einem System von kommunizierenden Röhren, die Möglichkeit einer Analyse von zusammengesetzten Druckschwankungen nachzuweisen.

Als rücktreibende Kraft wird sowohl in dem LUXschen wie in dem ROAFschen Modell die Schwerkraft benutzt, welche bei den Schwingungen der Flüssigkeit in der Schnecke natürlich keine Rolle spielen darf; an ihre Stelle müssen elastische Kräfte treten. Die Abstimmung der einzelnen Flüssigkeitssäulen in der Schnecke beruht auf der verschiedenen Größe der bewegten Flüssigkeitsmassen und der elastischen Kräfte der Basilarmembran, wie dies in der elektrischen Ersatzschaltung (Abb. 23b) auch zum Ausdruck kommt.

[1]) Siehe E. BUDDE, Resonanztheorie des Hörens. Phys. ZS. Bd. 18, S. 225 u. 249. 1917.

[2]) Abb. 24a u. 24b sind dem Artikel E. WAETZMANN, Hörtheorien (Handb. d. Physiol. v. Bethe, Bd. XI) entnommen.

[3]) H. E. ROAF, Phil. Mag. Bd. 43, S. 349. 1922.

Bisher wurde für die membranöse Schneckenscheidewand, d. h. für den Ductus cochlearis, der Einfachheit wegen die Basilarmembran gesetzt, was nur als eine Näherung zu betrachten ist; in Wirklichkeit liegen die Verhältnisse infolge des verwickelten Aufbaues der häutigen Schnecke wesentlich komplizierter. Irgendwelche Einzelheiten sind nicht bekannt; gerade auf diesem Gebiete sind noch eingehende anatomisch-physiologische Untersuchungen erforderlich.

37. Schwingungsform der Basilarmembran. Nach Roaf und Fletcher schwingt bei Erregung durch einen reinen Ton die ganze Basilarmembran, jedoch gibt es, wie oben gezeigt ist, eine Stelle, welche besonders starke Amplituden ausführt. In dieser Anschauung liegt übrigens eine Fortführung der Theorie der maximalen Amplituden, welche bereits von Gray[1]) aufgestellt worden ist. Wird bei Erregung durch einen starken Ton die Linearitätsgrenze des Schallübertragungsapparates im Mittelohr überschritten, so schwingen infolge der Entstehung der Obertöne mehrere Stellen der Basilarmembran; das letztere wird ja in gleicher Weise auch in der Helmholtzschen Theorie angenommen. Die Analogie erstreckt sich weiterhin noch auf die Nervenerregung. Roaf und Fletcher machen nämlich ähnlich wie die Vertreter der Helmholtzschen Theorie die Annahme, daß nur diejenigen Nerven gereizt werden, welche sich in Teilen der Basilarmembran befinden, deren Amplituden eine gewisse Größe übersteigen; der Ort der maximalen Amplitude, d. h. also die Stelle der Nervenreizung, verschiebt sich dabei nach beiden Theorien mit abnehmender Frequenz nach dem Helikotrema zu.

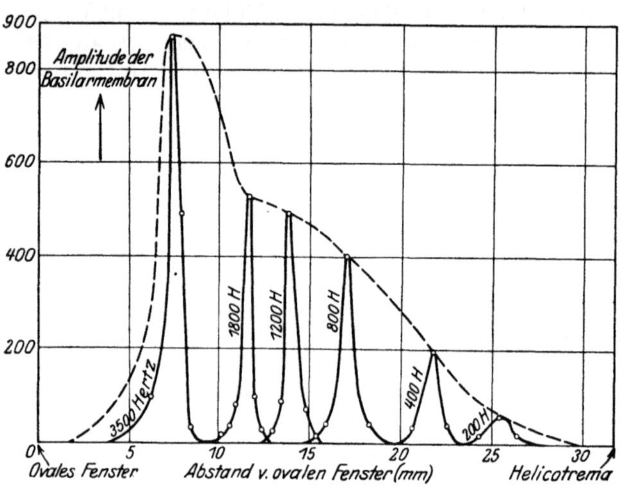

Abb. 25. Schwingungsform der Basilarmembran bei verschiedenen Frequenzen nach Wegel und Lane.

Wegel und Lane[2]) haben mit Hilfe des Verdeckungseffektes reiner Töne (s. Ziffer 24) die Schwingungsform der Basilarmembran zu bestimmen versucht. Sie nehmen hierzu an, daß ein Ton der Schwingungszahl n_2 in Gegenwart eines Tones n_1 gerade dann hörbar wird, wenn seine Amplitude an der ihm zugehörigen Stelle der Basilarmembran gleich der vom Tone n_1 an derselben Stelle erzeugten Amplitude ist. Diese kritische Amplitude soll unmittelbar durch die Größe des Verdeckungseffektes gegeben sein. Hält man also den Ton n_1 fest, verändert kontinuierlich die Frequenz n_2 und bestimmt jedesmal den zugehörigen Verdeckungsgrad, so erhält man nach der Annahme von Wegel und Lane die Schwingungsform der Basilarmembran für den Ton n_1. Außerdem kann man unter gewissen Voraussetzungen die örtliche Verteilung der einzelnen Frequenzen über die Basilarmembran hin aus der Unterschiedsempfindlichkeit für Tonhöhen (s. Ziff. 23) herleiten. Auf diesem Wege haben Wegel und Lane die Schwingungsform der Basilarmembran bei verschiedenen Tonhöhen bestimmt. Das Ergebnis ihrer Untersuchungen zeigt Abb. 25; für jede der benutzten Fre-

[1]) A. A. Gray, Journ. Anat. Physiol. Bd. 34, S. 324. 1900.

[2]) R. L. Wegel u. C. E. Lane, Phys. Rev. Bd. 23, S. 266. 1924.

quenzen ist eine konstante Druckamplitude von 0,5 Bar am Trommelfell gewählt, die noch innerhalb des Linearitätsbereiches liegt. Die Ordinate ist die jeweilige Schwingungsamplitude der Basilarmembran, wobei als Einheit die Membranamplitude an der Hörschwelle fungiert; diese „Schwellenamplitude" wird versuchsweise für alle Frequenzen als gleich angenommen. Die Abszisse stellt direkt die Länge der Basilarmembran dar. Die gestrichelt gezeichnete Kurve verbindet die Orte maximaler Amplitude. Bezüglich der Folgerungen aus Abb. 25 über Resonanzschärfe der Ohrresonatoren sei auf Ziff. 41 verwiesen.

38. Zusammenhang zwischen der Helmholtzschen und der Roaf-Fletcherschen Resonanzhypothese. Die Helmholtzsche und die Roaf-Fletchersche Hörtheorie ergänzen sich in gewissem Sinne; gemeinsam ist beiden der Grundgedanke der Resonanz. Die Helmholtzsche Theorie legt, wenigstens in ihrer älteren Form, den Hauptwert auf die gesonderte Abstimmung der einzelnen Teile (Radialfasern) der Basilarmembran und sieht in ihnen allein die resonierenden Gebilde. Man kann nun ohne weiteres die Helmholtzsche Vorstellung durch die Lux-Roafsche Annahme der verschieden abgestimmten Flüssigkeitsdoppelsäulen in der Schnecke erweitern. Auf diese Weise erklärt sich dann auch die merkwürdige Faseranordnung; die kürzesten Fasern liegen an der Schneckenbasis und die längsten an der Schneckenspitze, da den ersteren die kleinen, den letzteren die großen Flüssigkeitsdoppelsäulen zugeordnet sein müssen. Modellversuche in diesem Sinne hat Wilkinson[1]) ausgeführt; er bildet die Basilarmembran durch dünne Messingdrähte nach, die nebeneinander angeordnet und mit imprägniertem Papier überklebt sind; die künstliche Membran befindet sich als Scheidewand in der Mitte einer Flüssigkeitskammer, welche zwei mit Gummihäuten verschlossene Öffnungen in Analogie zum ovalen und zum runden Fenster besitzt. Setzt man auf die eine Membran unter Vermittlung eines kurzen Holzstempels (Steigbügel) den Stiel einer Stimmgabel auf, so erhält man nach Wilkinsons Angaben ein Mitschwingen bestimmter Teile der künstlichen Membran.

In der Roaf-Fletcherschen Theorie bewegt sich die Basilarmembran als Ganzes, wobei je nach der Frequenz gewisse Zonen infolge der Abstimmung der Flüssigkeitssäulen in der Schnecke wesentlich stärkere Amplituden ausführen. Um diese Abstimmung zu ermöglichen, ist Voraussetzung, daß die elastischen Kräfte der Membran nach der Schneckenspitze zu abnehmen, während die Breite und damit die Masse der Membran pro Längeneinheit zunehmen. Man wird mithin auf die gleichen Verhältnisse wie in der Helmholtzschen Theorie geführt, nur fehlt die Voraussetzung der Faserstruktur der Basilarmembran. Die beiden Resonanztheorien, die Helmholtzsche und die Roaf-Fletchersche Theorie, hängen demnach eng zusammen; eine Entscheidung zugunsten der einen oder der anderen Auffassung ist nur auf Grund von genaueren anatomisch-physiologischen Kenntnissen, als wir sie zur Zeit besitzen, möglich. Wir werden darum im folgenden ganz allgemein von den physikalischen Folgerungen der Resonanztheorie des Hörens sprechen, ohne im einzelnen den einen oder den anderen Resonanzmechanismus zu bevorzugen.

39. Leistungen der Resonanztheorie des Hörens. Die Resonanztheorie des Hörens vermag in eleganter Weise die Klanganalyse verständlich zu machen, d. h. die Tatsache zu erklären, daß gleichzeitig einwirkende Schalle unterschieden, insbesondere die Teiltöne irgendeines Zusammenklanges herausgehört werden können. Die Fähigkeit des Ohres zur Klanganalyse ist zweifellos in hohem Maße vorhanden, wenn es auch zahlreiche Fälle gibt, in denen ein Heraus-

---

[1]) G. Wilkinson, Journ. of Physiol. Bd. 56, S. II. 1922.

hören bestimmter Töne außerordentlich erschwert oder gar unmöglich ist; in dem Verdeckungseffekt (s. Ziff. 24) liegt beispielsweise eine Ursache für das qualitative Versagen der Klanganalyse. Noch schwieriger ist es, irgendwelche quantitative Angaben über die Lautstärke einzelner Komponenten zu machen. Immerhin kann man in gewissem Umfang die Möglichkeit einer Klangzerlegung durch das Ohr als gesichert betrachten. Die Klanganalyse erklärt sich nun sofort physikalisch aus einer Resonanztheorie: die „Ohrresonatoren" nehmen durch ihr verschieden starkes Mitschwingen eine Fourierzerlegung der Schwingungskurve vor.

Eine Klangkurve hat je nach den Phasenunterschieden der einzelnen Teiltöne ein sehr verschiedenes Aussehen; trotzdem ist in allen Fällen für das Ohr die Klangfarbe die gleiche. Die Phasenunterschiede spielen keine Rolle. In einfacher Weise hat dies L. HERMANN dadurch gezeigt, daß er eine Phonographenwalze rückwärts laufen ließ, wobei trotz des anderen Phaseneinsatzes der einzelnen Teiltöne im Vergleich zum normalen Vorwärtslaufen der Walze keine Änderung der Klangfarbe eintrat. Ausführliche Versuche sind von F. LINDIG[1]) mit der Telephonsirene angestellt worden, einem Apparat, mit dem man leicht meßbare Veränderungen von Amplitude und Phase einzelner elektrisch erzeugten Töne ausführen kann. Unter den neueren Beobachtungen seien diejenigen von COSENS und HARTRIDGE[2]) erwähnt; sie beziehen sich auf Phasenänderungen in der Leitungstelephonie sowie auf Phasenänderungen von Klängen, die aus mehreren elektromagnetisch erregten Stimmgabeltönen zusammengesetzt sind[3]). Auch die Unabhängigkeit der Klangfarbe von der Phase folgt ebenso wie die Fähigkeit der Klanganalyse zwanglos aus einer Resonanztheorie. Umgekehrt bildet sie das stärkste Argument zugunsten einer Resonanztheorie.

Die verwickelten Erscheinungen der Kombinationstöne, der Schwebungen und der Variationstöne, welche man früher häufig zu Einwänden benutzte, ordnen sich, wie in dem vorhergehenden Abschnitt gezeigt wurde, ohne weiteres der Resonanztheorie ein.

40. Anatomisch-physiologische Untersuchungen zur Resonanztheorie. Zur Prüfung der Hörtheorien hat man in großem Umfange auch die pathologischen Hörstörungen herangezogen, auf die im einzelnen an dieser Stelle einzugehen zu weit führen würde. Es sei nur so viel gesagt, daß die hierhergehörigen Fälle im großen und ganzen vom Standpunkt der Resonanztheorie aus verständlich sind; dies gilt insbesondere auch für das Doppelthören, bei dem auf einem Ohr gewisse Töne und sogar gewisse Tonbereiche zu hoch oder zu tief gehört werden.

Als wichtig für eine Resonanztheorie muß in dem augenblicklichen Zusammenhange auch die Feststellung[4]) erwähnt werden, daß das knöcherne Labyrinth und die Basilarmembran beim neugeborenen Kind etwa dieselbe Größe wie beim erwachsenen Menschen besitzen. Wäre dies nicht der Fall, so müßte während der Entwicklungsjahre eine Änderung der Abstimmung der Resonatoren und damit eine Änderung der Tonhöhenempfindung eintreten.

An Versuchstieren war man durch Experimente in der Lage, bestimmte Hörstörungen hervorzurufen und an ihnen die Resonanztheorie zu prüfen. Es lassen sich dabei zwei Arten von Versuchen unterscheiden. Die Hörstörungen können einmal durch operativen Eingriff in der Schnecke erzeugt werden. Man

---

[1]) F. LINDIG, Ann. d. Phys. Bd. 10, S. 242. 1903.

[2]) C. R. G. COSENS u. H. HARTRIDGE, Nature Bd. 109, S. 11. 1922.

[3]) Über eine in gewissen Fällen vielleicht vorhandene Abhängigkeit der Klangfarbe von der Phase vgl. L. C. POCOCK, IEE. Bd. 62, S. 791. 1925.

[4]) Siehe hierzu K. L. SCHAEFER u. M. GIESSWEIN, Physiologie des äußeren und mittleren Ohres und der Schnecke, in Handb. d. Hals-, Nasen- u. Ohrenheilk. (Herausgegeben v. A. DENKER u. O. KEHLER) Bd. VI, S. 472.

prüft nach der Operation das Gehör, d. h. den noch gehörten Frequenzbereich, und stellt dann durch Sektion die Art und den Umfang der Schädigung fest. Zu dieser Gruppe von Versuchen gehören die ausführlichen Untersuchungen von HELD und KLEINKNECHT[1]). Sie durchstießen an lebenden Meerschweinchen mit einem feinen Bohrer (0,1 mm) das Ligamentum spirale, an dem die Basilarmembran angeheftet ist. Dadurch tritt eine lokale Entspannung der Basilarmembran ein; die Tiere, die zuvor mit dem PREYERschen Ohrmuschelreflex auf alle Töne antworteten, wiesen nach der Operation Tonlücken auf, die etwa die Breite eines Ganztones besaßen. Nach Regeneration der bindegewebigen Anheftung verschwand die Tonlücke. Sie wanderte nach höheren Frequenzen, wenn das Bohrloch nach der Basis zu lag, und nach tieferen Frequenzen, wenn es nach der Spitze der Schnecke zu verschoben wurde. Ein Vergleich mit den noch zu erwähnenden Schallschädigungsversuchen ergab ungefähr die gleiche Lage des Degenerationsbezirkes und des Bohrloches, wenn der Schädigungston und die experimentell gefundene Tonlücke in demselben Frequenzgebiet sich befanden. Die beschriebenen Versuche von HELD und KLEINKNECHT sprechen mit starker Beweiskraft für eine Resonanztheorie.

Bei der zweiten Gruppe von Experimenten werden die Versuchstiere, die zunächst normales Gehör besitzen, einer längeren Einwirkung sehr starker Töne von bestimmter Tonhöhe ausgesetzt. Danach stellt man durch Sektion die Art der Schädigung fest. Im allgemeinen zeigt sich dabei, daß die Beschädigungen größere Gebiete umfassen, als es nach der Resonanztheorie, welche nur die Verletzung einer schmalen Zone der Schnecke verlangt, der Fall sein sollte. Ob dies eine Folge der zu großen Lautstärke oder der selbsttätigen Ausbreitung eines Entzündungsprozesses ist, muß dahingestellt bleiben. K. WITTMAAK[2]) hebt hervor, daß bei geringen Intensitäten und kurzen Erregungszeiten nur kleine Zonen beschädigt werden. WAETZMANN[3]) faßt das Ergebnis der mannigfachen und in ihrer Deutung sehr schwierigen Versuche dahin zusammen, daß die Tierexperimente im ganzen genommen eher für als gegen die Resonanztheorie sprechen.

41. Dämpfung der Ohrresonatoren[4]). Von wesentlicher Bedeutung für eine Resonanztheorie ist die Frage nach der Resonanzschärfe der abgestimmten Schwingungsgebilde. Ob diese durch die Radialfasern der Basilarmembran oder durch die schwingenden Flüssigkeitssäulen in den beiden Skalen dargestellt werden, ist für den augenblicklichen Zweck belanglos. Es sei hier daran erinnert, daß mit der Resonanzschärfe oder — in anderer Ausdrucksweise — mit der Dämpfung der Ohrresonatoren auch die Dauer ihrer Ein- und Ausschwingvorgänge eng zusammenhängt. Besonders interessiert die Frage nach den relativen Dämpfungswerten für die verschiedenen Tonhöhen; man muß sich hiermit zunächst auch begnügen, da es erheblich schwieriger ist, über die absoluten Werte zuverlässige Aussagen zu machen. HELMHOLTZ hat die Vermutung ausgesprochen, daß das logarithmische Dekrement in der mittleren Tonskala für die einzelnen Resonatoren ungefähr konstant $= 0{,}1$ ist. Das logarithmische Dekrement läßt sich in der Form $\Delta = 1/s \cdot \ln \varrho$ darstellen, worin s die Zahl von Schwingungen (Abklingzahl) ist, welche der Resonator ausführt,

---

[1]) H. HELD u. F. KLEINKNECHT, Leipziger Abhandlgn. Bd. 77, S. 137. 1925; Pflügers Arch. f. d. ges. Physiol. Bd. 216, S. 1. 1927.

[2]) K. WITTMAAK, Beiträge z. Anat., Physiol. usw. Bd. 9, S. 1. 1917.

[3]) E. WAETZMANN, Resonanztheorie des Hörens, S. 85. Braunschweig 1912.

[4]) In der vorliegenden Ziffer folgen wir, teilweise wörtlich, der Arbeit: E. MEYER u. E. WAETZMANN, Über den Grad der Dämpfung der Ohrresonatoren. Naturwissensch. Bd. 13, S. 268. 1925.

während seine Amplitude auf den ϱten Teil ihres Anfangswertes abklingt. Gleiche Abklingungs**zahl** für alle Frequenzen heißt also gleiches logarithmisches Dekrement und damit gleiche Resonanzschärfe, während gleiche Abklingungs**zeit** geringere Dämpfung und damit größere Resonanzschärfe der höher abgestimmten Resonatoren gegenüber den tiefer liegenden bedeutet. Im Gegensatz zu HELMHOLTZ hat E. WAETZMANN[1]), an Versuche von O. ABRAHAM und K. L. SCHAEFER[2]) anknüpfend, aus weiteren Experimenten und Überlegungen den Schluß gezogen, daß die Abklingungs**zeit** für alle Tonhöhen etwa die gleiche sei. Man kann dieses Ergebnis, das allerdings noch nicht in allen Punkten gesichert feststeht, durch drei Gruppen von Beobachtungen belegen.

Die erste Gruppe umfaßt die Interferenzschwebungen (s. Ziff. 25), welche dadurch zustande kommen, daß auf die beiden Primärtöne p und q nicht bloß die auf sie abgestimmten Ohrresonatoren, sondern infolge der Dämpfung auch noch die benachbarten, zwischen p und q befindlichen Resonatoren reagieren. F. KRUEGER[3]) fand als „charakteristischen Unterschied" der Höhenlagen, daß das Intervall, bei welchem die Primärtöne p und q zu einem Zwischenton verschmelzen, um so kleiner ist, je größer die Frequenz wird. Dies bedeutet aber, daß in höheren Lagen die Resonanzschärfe zunimmt. Rücken p und q immer weiter auseinander, so hört man zwei Töne, was nach der Resonanztheorie des Hörens so zu deuten ist, daß die Resonanzkurve der Ohrresonatoren zwei ausgeprägte Maxima besitzt. Untersuchungen von K. L. SCHAEFER und GUTTMANN[4]) zeigen nun, daß das Intervall, bei welchem p und q einzeln wahrnehmbar sind, in höheren Lagen viel enger als in tieferen ist; hieraus ergibt sich wiederum eine Abnahme der relativen Dämpfungswerte, die so stark ist, daß etwa die Abklingezeit für alle Resonatoren als gleich betrachtet werden kann. Eine geringere Abnahme des Dekrementes mit wachsender Tonhöhe ergibt sich aus der Größe der Grenzintervalle, bei denen noch Schwebungen zu erkennen sind.

Die zweite Gruppe von Beobachtungen beschäftigt sich mit den Unterbrechungsschwebungen. Die Zahl der Unterbrechungen eines Tones, welche das Ohr noch als solche empfindet, bildet ein Maß für die Dauer der Ausgleichsvorgänge und damit für das Dekrement der Ohrresonatoren. Aus Versuchen von A. M. MAYER[5]) über eben merkliche Unterbrechungsschwebungen folgt eine Abnahme des logarithmischen Dekrementes mit wachsender Tonhöhe (von 128 bis 1024 Hertz um etwa 80%); doch ist diese Abnahme nur sehr gering, so daß sie sich der Annahme gleicher Abkling**zahlen** für die verschiedenen Ohrresonatoren unvergleichlich viel mehr nähert als der Annahme gleicher Abkling**zeiten**. Es ist möglich, daß man aus diesen Versuchen über die Grenzen der Schnelligkeit der Unterbrechungsschwebungen ebenso wie aus den eben erwähnten Beobachtungen über die Schnelligkeitsgrenzen der Interferenzschwebungen, die auch nur eine geringe Abnahme des logarithmischen Dekrements mit steigender Frequenz ergeben, überhaupt nicht auf die Abklingzeit der Resonatoren schließen darf, sondern aus ihnen in der Hauptsache entnehmen muß, bei welcher Zahl von Reizen pro Sekunde die zu den einzelnen Ohrresonatoren gehörigen Nerven der Reizschwankung nicht mehr zu folgen ver-

---

1) E. WAETZMANN, Resonanztheorie des Hörens, S. 55ff. Braunschweig 1912.

2) O. ABRAHAM u. K. L. SCHAEFER, ZS. f. Psychol. u. Physiol. d. Sinnesorg. Bd. 20, S. 408 u. 417. 1899.

3) F. KRUEGER, Wundts philos. Studien Bd. 16, S. 658. 1900.

4) K. L. SCHAEFER u. A. GUTTMANN, ZS. f. Psychol. u. Physiol. d. Sinnesorg. Bd. 32, S. 87. 1903.

5) A. M. MAYER, Phil. Mag. Bd. 37, S. 259. 1894; H. HARTRIDGE, Journ. of Psychol. Bd. 13, S. 185. 1921.

mögen; in diesem Falle dürfen dann die erwähnten Beobachtungen nicht mehr zur Erörterung des Dämpfungsproblems herangezogen werden.

Die dritte Gruppe von Versuchen bezieht sich auf die Deutlichkeit schneller Triller zwischen zwei Tönen. Diese Versuche, die von O. ABRAHAM und K. L. SCHAEFER[1]) sowie von E. WAETZMANN[2]) ausgeführt wurden, ergaben das Resultat, daß in den verschiedenen Höhenlagen etwa gleich schnell getrillert werden kann, bevor der Triller verwaschen wird, d. h. bevor er nicht mehr als Triller, sondern als intermittierender Akkord gehört wird. Ein ähnliches Ergebnis fand D. MAC KENZIE (s. Ziff. 13) bei seinen Versuchen, nach dem Flickerprinzip, d. h. also auch aus Trillerbeobachtungen, die relativen Lautstärken zweier Töne verschiedener Tonhöhe zu messen; er gibt für den Tonbereich 100 bis 4000 Hertz eine Dauer von 0,04 Sekunden für jeden der beiden zu vergleichenden Töne als passend an. Aus der konstanten Trillergeschwindigkeit folgt, daß für alle Frequenzen angenähert gleiche Abklingzeiten vorhanden sind.

Außer den bisher genannten Methoden gibt es noch einige andere Verfahren, die Resonanzschärfe von Ohrresonatoren zu bestimmen. So können hierzu die Anklingzeiten von Tönen (s. Ziff. 21) benutzt werden, doch sind die hieraus zu ziehenden Schlüsse infolge der komplizierten Versuchsbedingungen sehr unsicher. Eine andere Methode ist die experimentelle Aufnahme der Schwingungsform der Basilarmembran unter Zuhilfenahme des Verdeckungseffektes. Aus den nach diesem Verfahren von WEGEL und LANE aufgenommenen Kurven (s. Ziff. 37) kann man entnehmen, daß mit steigender Frequenz das logarithmische Dekrement abnimmt. Ein weiteres Verfahren stammt von BARKHAUSEN[3]); er bestimmt die Größe des Intervalles, bei welchem zwei Töne noch aufeinander einwirken. Das Intervall der beiden Töne, die gleiche Hörbarkeit (Lautstärke) besitzen, wird vom Einklange ausgehend mehr und mehr vergrößert, bis durch Hinzufügen des zweiten Tones an der Hörbarkeit des ersten nichts mehr geändert wird. BARKHAUSEN findet das gleiche logarithmische Dekrement $\Delta = 0{,}12$ für die Tonhöhen 500 und 1500 Hertz. Für die Tonlage von 1500 Hertz stimmt dieses Resultat mit Schwebungsbeobachtungen von STUMPF gut überein, für 500 Schwingungen dagegen nicht.

Zusammenfassend kann man über die bisher vorliegenden Dämpfungsmessungen sagen, daß eine Zunahme der Resonanzschärfe der Ohrresonatoren mit wachsender Höhenlage sehr wahrscheinlich ist. Die Beobachtungen reichen jedoch nicht hin, um einigermaßen sichere Schlüsse über die absoluten Werte der logarithmischen Dekremente zu rechtfertigen.

Durch die von WAETZMANN begründete Annahme, daß die Resonanzschärfe der Ohrresonatoren mit wachsender Frequenz zunimmt, erhält man auch ein physiologisches Äquivalent für die von STUMPF eingeführte Tonfarbe[4]) (s. Ziff. 8). Hohe Töne erscheinen infolge der schmalen Erregungszone der Basilarmembran spitz und dünn, während tiefe Töne wegen der relativ breiten Erregungsgebiete breit und massig klingen.

Auf Grund der großen Unterschiede in der Schwellenempfindlichkeit des Ohres bei den verschiedenen Frequenzen (s. Ziff. 17) hat M. WIEN[5]) ein schwerwiegendes Bedenken gegen die Resonanztheorie erhoben. Dieselben Einwände macht neuerdings auch MINTON[6]) auf Grund von Audiogrammen, die an Schwer-

[1]) O. ABRAHAM u. K. L. SCHAEFER, ZS. f. Psychol. u. Physiol. d. Sinnesorg. Bd. 20, S. 408 u. 417. 1899.

[2]) E. WAETZMANN, Resonanztheorie des Hörens, S. 55ff. 1912.

[3]) H. BARKHAUSEN u. G. LEWICKI, Phys. ZS. Bd. 25, S. 537. 1924.

[4]) E. WAETZMANN, Folia neurobiol. Bd. 4, S. 116. 1910; Phys. ZS. Bd. 26, S. 744. 1925.

[5]) M. WIEN, Wüllner-Festschrift S. 28. Leipzig 1905.

[6]) J. P. MINTON, Proc. Nat. Acad. Amer. Bd. 7, S. 221. 1921 und Bd. 8, S. 274. 1922.

hörigen aufgenommen sind. Zieht man nämlich den Dämpfungsgrad der Ohrresonatoren in Betracht, etwa in der Größe, die HELMHOLTZ angegeben hat (logarithmisches Dekrement gleich 0,1), so ergibt sich, daß die hoch abgestimmten Resonatoren auch bei Erregung durch tiefe Frequenzen in beträchtlicher Stärke mitschwingen müssen. Nimmt man beispielsweise für eine hohe und für eine tiefe Frequenz gleiche Lautstärke an, so folgt aus dem Dämpfungsgrad und der Empfindlichkeitskurve des Ohres, daß der hochabgestimmte Resonator im Falle des tiefen, objektiv sehr starken Tones noch etwa den 30. Teil seiner Maximalamplitude, d. h. seiner Amplitude bei Erregung durch die Eigenfrequenz, besitzt. Es scheint, daß zur Vermeidung dieser Schwierigkeit tiefe Töne schon bei wesentlich kleineren Energien, als tatsächlich die Empfindlichkeitskurve angibt, hörbar sein müßten. Der WIEN-MINTONsche Einwand beruht aber einmal auf der Annahme, daß die Schallkräfte, welche auf das Trommelfell ausgeübt werden, frequenzunabhängig durch den Schalleitungsapparat des Mittelohres und des inneren Ohres nach der Basilarmembran übertragen werden, eine Anschauung, die sicherlich nicht richtig sein dürfte. Andererseits kann die Vorstellung von O. FISCHER (Ziff. 34), daß die Nervenreizung nur durch die jeweils am stärksten mitschwingenden Resonatoren erfolgt, herangezogen werden, um das genannte Bedenken von WIEN weiterhin zu entkräften.

42. Nichtresonanztheorien. Außer den Resonanztheorien gibt es eine größere Zahl von Hörtheorien, die nicht auf Resonanz beruhen. Die gemeinsame Schwierigkeit für sie liegt darin, daß sie in dem Sinne einer peripheren Theorie (Ziff. 32) weder die Klanganalyse noch die Unabhängigkeit der Klangfarbe von der Phase der Teiltöne zu erklären vermögen. Hierin spiegelt sich eben die Tatsache wider, daß eine physikalische Klangzerlegung zur Zeit nur durch Resonanz denkbar ist. Solange man auf eine Zentraltheorie verzichtet, solange man also versucht, die Tatsachen des Hörens auf physikalischem Wege und auf Grund der physiologischen Kenntnisse von den peripheren Gehörorganen verständlich zu machen, muß man die Nichtresonanztheorien ablehnen. Hierzu kommt noch, daß sie in den meisten Punkten sehr viel weniger ausgearbeitet sind als die Resonanztheorien.

Die wichtigste unter den Nichtresonanztheorien ist wohl die EWALDsche Schallbildertheorie. EWALD[1]) geht davon aus, daß die Basilarmembran vermöge ihrer anatomisch-physiologischen Eigenschaften kein System abgestimmter Resonatoren sein kann. Bei Erregung durch einen reinen Ton schwingt nach seiner Ansicht nicht eine einzige Zone mit, sondern die gesamte Basilarmembran wird in Schwingungen versetzt und unterteilt sich in ihrer ganzen Länge in eine Reihe stehender Wellen. Das auf der Basilarmembran entstehende „Schallbild“ wird durch die Nervenfasern gewissermaßen abgetastet, nach dem Gehirn weitergeleitet und erzeugt hier die betreffende Tonempfindung. Je komplizierter der auftreffende Klang ist, um so komplizierter ist auch das Schallbild, zu dem sich die einzelnen Komponenten zusammensetzen. Eine Klanganalyse nach der EWALDschen Schallbildertheorie ist also physikalisch gar nicht zu verstehen. Ebenso bleibt unverständlich, warum die Klangfarbe von der Phase unabhängig ist, da das Schallbild sich stark mit den Phasenunterschieden zwischen den einzelnen Komponenten ändert. EWALD fügt seiner Theorie noch besondere Betrachtungen über Konsonanz und Dissonanz, über Differenztöne sowie über Geräuschperzeption an, auf die hier nicht näher eingegangen werden kann.

---

[1]) J. R. EWALD, Pflügers Arch. f. d. ges. Physiol. Bd. 76, S. 147. 1899; Bd. 93, S. 485. 1903; Bd. 131, S. 188. 1910.

EWALD hat auch versucht, seine Anschauungen experimentell zu stützen. Es ist ihm gelungen, Membranen von so kleinen Dimensionen wie die Basilarmembran herzustellen und in stehende Längsschwingungen, in sog. Bandwellen, zu versetzen. Die Membran wurde aus einer Gummilösung hergestellt; ihre Breite betrug etwa 0,55 mm und ihre Länge 8 mm; ihre Dicke war so gering, daß sie bisweilen NEWTONsche Farben zeigte. Wichtig und besonders von EWALD hervorgehoben ist die Gleichmäßigkeit der Membran, ohne die keine guten Schallbilder zu erhalten sind. Dies steht in Widerspruch zu der Beschaffenheit der Basilarmembran, welche man keineswegs als homogen ansprechen darf. Auch ein Modell des inneren Ohres, eine sog. Camera acustica, hat EWALD[1]) konstruiert; sie wird jedoch den Verhältnissen in der Schnecke nicht gerecht. Die Nachbildung des inneren Ohres durch das WILKINSONsche Modell (s. Ziff. 38) ist besser. WILKINSON hat nun eine Schwingungsform der Basilarmembran beobachtet, die nicht den EWALDschen, sondern den resonanztheoretischen Anschauungen entspricht.

Außer der EWALDschen Schallbildertheorie sind noch einige andere Ansätze gemacht worden, welche jedoch im Verhältnis zur EWALDschen Theorie nur geringe Bedeutung erlangt haben und welche hier nur kurz erwähnt werden können. C. H. HURST[2]) glaubt, daß die Resonanztheorie des Hörens das Anklingen der Tonempfindung, d. h. die Tatsache, daß im günstigsten Falle zwei Schwingungen eine Tonempfindung erzeugen können, nicht erklären kann (s. dazu Ziff. 41). Seine Theorie baut deswegen in der Hauptsache darauf auf, daß eine einzige Schwingung keine Tonempfindung hervorrufen darf, während zwei Schwingungen hinreichen sollen. Der HURSTsche Grundgedanke ist, daß eine Einwärtsbewegung des Steigbügels eine Ausbuchtung der Basilarmembran bewirkt, die zunächst nach der Spitze der Schnecke abläuft und dann längs der REISSNERschen Membran zurückkehrt. Durch geeignete Annahmen über die Reizung der Nerven folgt dann tatsächlich aus der HURSTschen Vorstellung, daß mindestens zwei Schwingungen notwendig sind, um eine Tonempfindung auszulösen.

Die Theorien von BONNIER[3]), E. TER KUILE[4]) und MAX MEYER[5]) haben den gleichen Grundgedanken der kontinuierlichen Ausbuchtung der Basilarmembran bei einer Einwärtsbewegung des Steigbügels. Nach BONNIER ist der akustische Endapparat kein Resonanz-, sondern ein Registriergerät. Während bei HURST die durch die Einwärtsbewegung des Steigbügels hervorgerufene Ausbuchtung der Basilarmembran bis zur Spitze der Schnecke sich fortpflanzt und dann auf der REISSNERschen Membran zur Basis zurückkehrt, sollen nach BONNIER die Oszillationen längs der Basilarmembran nur bis zur Schneckenspitze ablaufen und dabei einen Wellenzug erzeugen. Noch anders liegen die Verhältnisse nach E. TER KUILE. Er nimmt an, daß die Ausbuchtung der Basilarmembran nach einer Periode, d. h. nach einem Hin- und Rückgange des Steigbügels, wieder verschwindet; je tiefer der auftreffende Ton ist, um so weiter soll sich die Ausbuchtung auf der Basilarmembran ausbreiten. MAX MEYER endlich setzt voraus, daß eine Wellenausbreitung in der Schnecke überhaupt nicht stattfindet, sondern daß die Basilarmembran erzwungene Schwingungen ausführt. Die Breite der Erregungszone steht dabei mit der Intensität des auftreffenden Tones, nicht mit dessen Frequenz wie bei E. TER KUILE, in

[1]) J. R. EWALD, Pflügers Arch. f. d. ges. Physiol. Bd. 93, S. 488. 1903.
[2]) C. H. HURST, Proc. a. Transact. of the Liverpool biol. Soc. Bd. 9, S. 321. 1894/95.
[3]) E. BONNIER, Bull. scientif. de la France et de la Belgique Bd. 25, S. 367. 1893.
[4]) E. TER KUILE, Pflügers Arch. f. d. ges. Physiol. Bd. 79, S. 484. 1900.
[5]) MAX MEYER, Pflügers Arch. f. d. ges. Physiol. Bd. 78, S. 346. 1899; Bd. 81, S. 61. 1900; Bd. 153, S. 370. 1913.

Zusammenhang; die empfundene Tonhöhe wird durch die Anzahl der Reize, die eine Nervenzelle pro Sekunde erfährt, bestimmt, während die Lautstärke von der Anzahl der erregten Zellen abhängt.

Wie man sieht, beschäftigen sich die letztgenannten Theorien eingehend mit den Bewegungsvorgängen der Schneckenflüssigkeit und der Basilarmembran. Daß über diese Bewegungsformen so verschiedene Anschauungen nebeneinander existieren, zeigt wiederum, daß die physiologisch-anatomischen Grundlagen des Bewegungsmechanismus in der Schnecke und besonders die Eigenschaften der Basilarmembran noch eingehender Klärung bedürfen.

f) Stereoakustisches Hören[1].

43. Allgemeines zum stereoakustischen Hören. Ebenso wie das stereoskopische Sehen durch das Zusammenwirken der beiden Augen entsteht, so sind zum stereoakustischen Hören eines Schalles die beiden Gehörorgane des Menschen erforderlich. Diese Tatsache, welche seit langem bekannt ist und welche die Grundlage für alle stereoakustischen Apparate bildet, wird dadurch bewiesen, daß man mit einem Ohr im allgemeinen nur in unvollkommener Weise die Richtung, in welcher eine Schallquelle liegt, feststellen kann. Hierzu gehört vielmehr „diotisches" oder „binaurales" Hören, kein „monotisches" Hören.

Die physikalische Erklärung für das diotische Hören und für den stereoakustischen Effekt liegt in einer verschiedenartigen Reizung der beiden Gehörorgane. Die Schallfelder an den beiden Ohren des Beobachters müssen irgendwie verschieden sein; sie können sich, sofern sie stationär sind, wie beispielsweise bei einem reinen Dauerton, in der Intensität und in der Phase unterscheiden. Bei nichtstationären, also plötzlich entstehenden und verschwindenden Schallfeldern tritt hierzu noch die Zeitdifferenz, die zwischen dem Eintreffen der Schallwelle an dem einen und an dem anderen Ohre vorhanden ist. Zeit- und Phasendifferenz hängen übrigens miteinander zusammen. Im Laufe der Entwicklung sind tatsächlich alle drei Wege, welche durch die Begriffe Intensitäts-, Phasen- und Zeitdifferenz gekennzeichnet sind, zur Erklärung des Richtungshörens eingeschlagen worden.

44. Intensitätstheorie und ältere Phasentheorie. Man suchte zu Beginn der Entwicklung die Ursache für das Richtungshören in dem Unterschiede der Schallintensitäten an den beiden Ohren, welcher beim Auftreffen einer Schallwelle auf den Kopf des Beobachters entsteht. Für die hohen Töne, deren Wellenlängen ungefähr gleich dem Kopfdurchmesser oder noch kleiner sind, trifft dies zu, da eine Beugung der Schallwelle am Kopf eintritt und das eine Ohr mehr oder minder im Schallschatten liegt. Auch heute vertritt man noch die Ansicht, daß diese durch Beugung hervorgerufenen Intensitätsunterschiede der hohen Töne auf die Lokalisation der Schallquelle von Einfluß sind[2]. Für tiefe Töne kann die Intensitätstheorie unmöglich richtig sein, da dann die Intensitätsunterschiede an beiden Ohren nur gering sind und daher kaum wahrnehmbar sein dürften. Versuche im Laboratorium, bei welchen zwei, je an einem Ohr liegende Telephone mit Wechselströmen verschiedener Stromstärke, aber gleicher Phase beschickt wurden, sprachen auch gegen die Intensitätstheorie.

An Stelle der Intensitätstheorie trat die von Lord RAYLEIGH[3] im Jahre 1907 begründete Phasentheorie. Bei der weiteren Ausgestaltung dieser Theorie

[1] Eine Zusammenstellung der hierher gehörigen Tatsachen findet sich in der Arbeit: E. MEYER, Elektrot. ZS. Bd. 46, S. 805. 1925, der wir in dem vorliegenden Abschnitt — teilweise wörtlich — folgen.

[2] H. HECHT, Naturwissensch. Bd. 10, S. 107. 1922.

[3] Lord RAYLEIGH, Phil. Mag. Bd. 13, S. 214. 1907.

wurde von ihren Anhängern behauptet, daß der Phasenunterschied der Schalldruckamplituden an beiden Ohren für die Richtungsbestimmung entscheidend sei. Für alle Frequenzen — hierin liegt der Fehler — sollte ein Ton auf der Seite des einen Ohres in Winkeln von 0° (Mittelebene) bis 90° Seitlichkeit lokalisiert werden, wenn bei Voreilen der Phase in diesem Ohr der Phasenunterschied 0 bis $\pi/2$ beträgt. Wächst er von $\pi/2$ bis π, so nimmt der Lokalisationswinkel wiederum von 90° bis 0° ab. In dem Gebiet π bis 2π erfolgt die Lokalisation in der gleichen Weise wie zuvor, jedoch auf dem anderen Ohr. Der Lokalisationswinkel 90° entsteht also ohne Rücksicht auf die jeweilige Frequenz stets bei einem Phasenunterschied von $\pi/2$ bzw. $3/2 \cdot \pi$. Es stellte sich bald heraus, daß die eben skizzierte Phasentheorie der Erfahrung widersprach; zwar spielt der Phasenunterschied, wenigstens für die stationären Schallfelder, eine große Rolle; man muß ihn aber als zeitlichen Unterschied der an den beiden Ohren herrschenden Schwingungszustände deuten.

45. Zeitdifferenzentheorie von v. HORNBOSTEL und WERTHEIMER[1]. Die von v. HORNBOSTEL und WERTHEIMER ausgebildete Zeitdifferenzentheorie, welche zur Zeit wohl die Tatsachen des Richtungshörens am besten wiedergibt, geht von einem nichtstationären Schallfelde, z. B. von einem plötzlich entstehenden und verschwindenden Geräusch, aus. Hierbei befindet man sich auch mit der Erfahrung in Übereinstimmung, nach der sich plötzlich einsetzende Geräusche wesentlich besser als lange Zeit dauernde Töne oder Klänge lokalisieren lassen (s. Ziff. 14); für die bisher erwähnten Theorien dagegen ist charakteristisch, daß sie selbst ebenso wie die zu ihrer Prüfung angestellten Experimente fast nur auf reine Dauertöne sich beziehen.

Befindet sich die Schallquelle in der Mittelebene, so ist der Zeitunterschied zwischen dem Eintreffen des Schallimpulses an dem rechten und an dem linken Ohr gleich Null. Wandert der Schallort aus der Mittelebene heraus, so tritt ein endlicher Zeitunterschied auf, der sein Maximum erreicht, wenn die Schallquelle 90° Seitlichkeit besitzt, d. h. wenn sie in der Verbindungslinie der beiden Ohren steht. Lokalisiert wird natürlich auf der Seite des zuerst von dem Schall getroffenen Ohres. Wie immer bei den Sinnesorganen, so gibt es auch hier eine Schwelle. Den eben seitlichen Eindruck hat man erst, wenn die Schallquelle 3° nach links oder rechts aus der Mittelebene heraustritt; zahlreiche Versuche haben gezeigt, daß dieser Winkel einem Zeitunterschied von etwa $3 \cdot 10^{-5}$ sec entspricht. Die Zeitdifferenz im Falle maximaler Seitlichkeit (90°) beträgt $63 \cdot 10^{-5}$ sec. Alle in der Natur wahrnehmbaren Zeitunterschiede, die zu einer scharfen Richtungsbestimmung von Geräuschen führen, liegen also zwischen $3 \cdot 10^{-5}$ und $63 \cdot 10^{-5}$ sec. Der Anschaulichkeit halber wollen wir die genannten Zeitdifferenzen auch in Wegunterschiede umrechnen. Der Wert $3 \cdot 10^{-5}$ sec entspricht einer Wegdifferenz von 1 cm, d. h. wir empfinden eine Schallquelle als eben seitlich, wenn die Entfernungen zwischen ihr und den beiden Ohren sich gerade um 1 cm unterscheiden. Die Schallquelle erscheint in 90° Seitlichkeit, wenn der Zeitunterschied $63 \cdot 10^{-5}$ sec beträgt; dies entspricht einem Wegunterschied von 21 cm. Die Größe 21 cm ist nun nicht, wie man glauben könnte, der Ohrabstand oder irgendein anthropologisches Maß, sondern eine Konstante (k), über deren Bedeutung HORNBOSTEL und WERTHEIMER weiter keine Aussagen machen können. Innerhalb des Gebietes von 1 bis 21 cm sind die Wertepaare, Richtungswinkel φ und Wegunterschied d, durch die Gleichung $d = k \sin\varphi$ verbunden; hierbei werden die Schallstrahlen als parallel vorausgesetzt, eine Annahme, die schon bei geringem Abstand der Schallquelle vom Beobachter erlaubt ist.

---

[1]) E. M. v. HORNBOSTEL u. M. WERTHEIMER, Berl. Ber. Bd. 20, S. 388. 1920.

Bisher haben wir nur von der Lokalisation einer wirklichen, im Freien stehenden Schallquelle gesprochen; man kann nun auch in Laboratoriumsversuchen künstlich dadurch Zeitdifferenzen erzeugen, daß man einen Schall durch verschieden lange Leitungen oder durch zeitlich verschieden erregte Telephone den beiden Ohren zuführt. Auch hier erhält man Resultate, die mit der Zeitdifferenzentheorie in Übereinstimmung stehen. Hierbei ist es sogar möglich, größere Zeitdifferenzen als $63 \cdot 10^{-5}$ sec zu erzeugen. In diesem sog. „Überwinkelgebiet" tritt gleichfalls ein Richtungseindruck auf, der allerdings mit zunehmendem Zeitunterschied immer unschärfer wird. Bei einer Zeitdifferenz von $120 \cdot 10^{-5}$ sec kommt es zu einer getrennten Wahrnehmung der Schallimpulse durch die beiden Ohren.

Die Erklärung der Richtungsbestimmung durch den Zeitunterschied ist nicht eindeutig, da ja Schallquellen, die beispielsweise in der Mittelebene vor oder hinter dem Beobachter liegen, die gleiche Zeitdifferenz Null erzeugen. Tatsache ist aber, daß man in den meisten Fällen gut diesen Unterschied feststellen kann. Der Grund hierfür dürfte in sekundären Erscheinungen, wie in der Beugung der Schallwellen an den Ohrmuscheln od. dgl., zu suchen sein[1]. Derartige Ursachen fallen bei der Beobachtung mit künstlichen Aufnahme- und Wiedergabeapparaten weg. In diesem Falle hat man, was auch für die stereoakustische Wiedergabe von Sprache und Musik von Wichtigkeit ist, merkwürdigerweise sehr häufig den Eindruck, daß die Schallquelle sich hinter dem Beobachter befindet.

Schwieriger liegen die Verhältnisse bei der Lokalisation reiner Töne. Für die Dauerreizung der beiden Ohren durch reine Töne verliert der Begriff der Ankunftzeit seinen Sinn; es können im stationären Zustand nur die Phasenunterschiede in der Erregung der beiden Ohren in Betracht kommen. Dabei werden die Phasendifferenzen nicht als dimensionslose Konstanten $\pi/2$, π usw., wie in der oben erwähnten älteren Phasentheorie, sondern als Zeitdifferenzen verstanden. Drei Beispiele mögen die Vorgänge bei der Lokalisation reiner Töne erläutern. Die Versuche erfolgen in der Weise, daß man durch zwei gleiche Telephone, die an je einem Ohr des Beobachters liegen, Wechselströme gleicher Stärke, aber verschiedener Phase schickt; durch diese Anordnung schaltet man die sonst bei Freiohrbeobachtung gleichzeitig vorhandenen Intensitätsunterschiede aus. Wählt man die Frequenz des Tones so, daß der natürliche maximale Zeitunterschied von $63 \cdot 10^{-5}$ sec ein Viertel der Periodendauer beträgt, d. h. also der Phasendifferenz $\pi/2$ entspricht, so erhält man eine Schwingungszahl von etwa 400 Hertz ($\lambda/4 = 21$ cm); dementsprechend bekommt man für diese Frequenz bei Phasendifferenzen von 0 bis $\pi/2$ zwischen den beiden Telephonströmen Lokalisationswinkel von 0° bis 90°; der Winkel 0° bezeichnet dabei die Mittelebene. Erhöht man die Phasendifferenz weiter, so gelangt man in das schon erwähnte Überwinkelgebiet, in welchem die Lokalisationswinkel 90° bis 0°, aber weniger scharf ausgeprägt, durchlaufen werden; der Phasenunterschied steigt dabei von $\pi/2$ bis π. Für das Intervall π bis 2π ergeben sich die gleichen Erscheinungen, nur wird auf dem anderen Ohre lokalisiert. Das zweite Beispiel bilde der Ton 800 Hertz ($\lambda/2 = 21$ cm), bei welchem der Zeitunterschied $63 \cdot 10^{-5}$ sec der Phasendifferenz π entspricht. Man erhält für den Ton 800 Hertz bei Phasenunterschieden von 0 bis π Lokalisationswinkel von 0° bis 90°; in dem Intervall π bis 2π findet die entsprechende Lokalisation auf dem anderen Ohre statt. Ein Überwinkelgebiet kommt für die Frequenz 800 nicht mehr in Frage. Erhöhen wir die Schwingungszahl des Versuchstones auf

[1] H. Carsten u. H. Salinger, Naturwissensch. Bd. 10, S. 329. 1922.

ungefähr 1600 Hertz ($\lambda = 21$ cm), so treten auch für die größten Phasendifferenzen kleinere Zeitunterschiede als $63 \cdot 10^{-5}$ sec auf, d. h. der Eindruck größter Seitlichkeit wird überhaupt nicht mehr erhalten. Ferner können an Stelle eines einzigen Richtungseindruckes zwei oder sogar mehrere sog. „Schallbilder" einer Schallquelle erscheinen. Bei Freiohrbeobachtung von reinen Tönen sind wir gleichzeitig in demjenigen Frequenzgebiet, in welchem der oben erwähnte Intensitätsunterschied an den beiden Ohren eine bedeutsame Rolle spielen kann[1]).

Aus dem Vorstehenden geht zur Genüge hervor, daß die Erklärung der Lokalisation reiner, insbesondere hoher Töne große Schwierigkeiten bereitet. Dem kann man als experimentelle Tatsache, welche von HORNBOSTEL[2]) u. a. beobachtet worden ist, zur Seite stellen, daß hohe Töne häufig auch falsch lokalisiert werden; in diesem Falle stimmt nicht mehr wie bei den tiefen Tönen und Geräuschen der subjektiv empfundene Winkel mit der objektiven Einfallsrichtung des Schalles überein.

46. Phasentheorie von HARTLEY und FRY. Während die HORNBOSTEL-WERTHEIMERsche Theorie des Richtungshörens auf den Zeitunterschieden allein aufgebaut ist, beruhen die in den letzten Jahren in Amerika von HARTLEY und FRY[3]) entwickelten Anschauungen sowohl auf den Intensitäts- wie auf den zeitlich aufzufassenden Phasendifferenzen. Der Grundgedanke ihrer Theorie, welche von reinen Tönen ausgeht, ist folgender: Bei einer wirklichen Tonquelle im freien Raum herrschen an beiden Ohren gewisse Werte der Intensität und der Phase, die fest miteinander verknüpft sind. Beide Größen, welche bei gegebenem Kopfdurchmesser und bei gegebener Stellung der Ohren am Kopf von der Frequenz, von der Entfernung und von der Richtung der Schallquelle abhängen, sind für den Richtungseindruck und zugleich für eine ungefähre Schätzung der Entfernung maßgebend. Infolge Übung und Gewohnheit ist der Mensch in der Lage, bei jeder Schwingungszahl den verschiedenen, zusammengehörigen Wertepaaren der Phase und der Intensität die zugehörigen Schallrichtungen zuzuordnen. Werden bei Experimenten im Laboratorium die Werte der Phase und Intensität derartig gewählt, daß ihre Kombination durch keine wirkliche Schallquelle hervorgerufen werden kann, so soll der Mensch die weitere Fähigkeit besitzen, die Werte so zu korrigieren, daß den geänderten Werten eine bestimmte Schallrichtung einer wirklichen Schallquelle entspricht. Um die Verhältnisse im einzelnen übersehen zu können, berechnen HARTLEY und FRY unter gewissen Voraussetzungen für eine Anzahl von Frequenzen Phase und Intensität an den beiden Ohren in Abhängigkeit von der Richtung und von der Entfernung der Schallquelle. Folgt man den Anschauungen von HARTLEY und FRY, so ergeben sich für die Lokalisation von zusammengesetzten Klängen und von Geräuschen erhebliche Schwierigkeiten[4]). Man wird daher, solange eingehende experimentelle Bestätigungen nicht vorliegen, dieser neuen Phasentheorie ablehnend gegenüberstehen. Aus ihr folgt übrigens eine Erklärung der Hornbostel-Wertheimer-Konstante[5]), nach der sich die Größe 21 cm als ein Grenzwert der Gangunterschiede der Schallwellen für die hohen Frequenzen darstellt; neuere Versuche von HORNBOSTEL[6]) bestätigen diese Folgerung nicht.

---

[1]) H. HECHT, Naturwissensch. Bd. 10, S. 107, 330. 1922; H. CARSTEN u. H. SALINGER, ebenda S. 329.

[2]) E. M. v. HORNBOSTEL, Jahresber. üb. d. ges. Physiol. 1922, S. 392.

[3]) R. V. L. HARTLEY, Phys. Rev. Bd. 13, S. 373. 1919; R. V. L. HARTLEY u. TH. C. FRY, ebenda Bd. 18, S. 431. 1921; R. V. L. HARTLEY u. TH. C. FRY, Bell Syst. Techn. Journ. Bd. 1. 1922; Electrical Communication Bd. 1. 1922.

[4]) R. V. L. HARTLEY u. TH. C. FRY, Bell Syst. Techn. Journ. Bd. 1. 1922.

[5]) TH. C. FRY, Phys. ZS. Bd. 23, S. 276. 1922.

[6]) E. M. v. HORNBOSTEL, Jahresber. üb. d. ges. Physiol. 1922, S. 392.

47. Binaurale Schwebungen. Unter die Erscheinungen des stereoakustischen Hörens fallen auch die binauralen oder die dichotischen Schwebungen; sie entstehen, wenn beispielsweise durch zwei Telephone zwei Töne wenig verschiedener Tonhöhe je einem Ohr zugeführt werden. Nach LANE[1]) hat man hierbei zwei Gruppen von Schwebungen zu unterscheiden. Die „objektiven" binauralen Schwebungen, welche mit dem Richtungshören nichts zu tun haben, kommen dadurch zustande, daß der auf das eine Ohr wirkende Ton durch Knochenleitung zu dem anderen Ohr gelangt; für diese, eigentlich monotisch entstehenden Schwebungen muß die eine Komponente wesentlich lautstärker sein, damit sie nach der Übertragung durch den Kopf am anderen Ohre noch eine Amplitude besitzt, die etwa von der gleichen Größe wie diejenige des zweiten Tones ist; im Falle gleicher Druckamplitude der Primärtöne sind ja die Schwebungen am stärksten ausgeprägt (s. Ziff. 25). In diesen objektiven binauralen Schwebungen hat man also, ähnlich wie in dem Verdeckungseffekt (Ziff. 24), eine Methode, Daten über die Schalleitung im Kopfe zu gewinnen. Es zeigt sich dabei in Übereinstimmung mit den Messungen der binauralen Verdeckung, daß ein Schall bei der Knochenleitung durch den Kopf auf etwa den 500. bis 600. Teil geschwächt wird.

Die andere Art der binauralen Schwebungen, von LANE als „subjektive" binaurale Schwebungen bezeichnet, entsteht im Zentralorgan. Diese Schwebungen, welche einen reinen Lokalisationsvorgang darstellen, sind für etwa gleiche Lautstärke der beiden Komponenten am besten wahrnehmbar. Innerhalb einer Schwebungsperiode durchläuft der Phasenunterschied zwischen den beiden Primärtönen alle Werte von 0 bis 2π; dementsprechend muß auch der Richtungseindruck variieren. Im allgemeinen lassen sich die hierbei auftretenden verwickelten Erscheinungen gut der Zeitdifferenzentheorie, angewendet auf reine Töne, einfügen[2]). Damit während einer Schwebungsdauer eine gute Lokalisation in den einzelnen Zeitpunkten möglich ist, muß die Schwebungsperiode gering sein; sie darf nicht mehr als eine Sekunde betragen. Werden die Schwebungen schneller, so empfindet man nicht mehr Richtungsänderungen, sondern meist nur Intensitätsschwankungen. Außerdem muß die Frequenz der beiden Primärtöne unterhalb von 800 Hertz liegen, da oberhalb dieser Frequenz (s. Ziff. 45) die Lokalisation nicht mehr eindeutig ist.

48. Anwendungen des stereoakustischen Hörens[3]). Das Richtungshören ist für militärische Zwecke verwendet worden, um den Ort von Flugzeugen, Geschützen usw. festzustellen. Dazu genügte häufig nicht die Genauigkeit der Richtungsfestlegung mit bloßem Ohr; man erhält jedoch, wie man auf Grund der Zeittheorie sofort einsieht, eine größere Genauigkeit, wenn durch Verlängerung der Ohrbasis eine Vergrößerung des Zeitunterschiedes bewirkt wird. Zu diesem Zweck verwendet man beispielsweise nach HORNBOSTEL und WERTHEIMER zwei Trichter, die in etwa 2 m Abstand auf einem drehbaren Gestell befestigt und durch Schlauchleitungen mit je einem Ohr verbunden sind. Bei diesem Apparat ist natürlich nicht mehr der subjektiv empfundene Richtungswinkel α mit der objektiven Schallrichtung φ identisch; zwischen beiden besteht vielmehr die Beziehung $k \sin\alpha = b \sin\varphi$, wobei b den Abstand der Trichter und k die HORNBOSTEL-WERTHEIMERsche Konstante (s. Ziff. 45) bezeichnen. Man findet die Schallrichtung durch „Einpendeln", d. h. durch Überführen des Schallbildes in die Mittelebene; dabei besteht der Vorteil, daß die Winkelbestimmung in der Nähe

---

[1]) C. E. LANE, Phys. Rev. Bd. 26, S. 401. 1925.

[2]) Vgl. hierzu auch E. M. v. HORNBOSTEL u. M. WERTHEIMER, Berl. Ber. Bd. 20, S. 388. 1920.

[3]) Vgl. hierzu auch Artikel „Akustische Meßmethoden" Ziff. 19 (ds. Bd. Kap. 13).

der Mittelebene am genauesten ist, eine Tatsache, von der jeder Mensch unbewußt durch Drehen des Kopfes nach der Schallquelle hin Gebrauch macht. Auch von WAETZMANN und GRUSCHKE ist im Jahre 1915 das Richtungshören zum Abhören von Miniergeräuschen eingeführt worden; hierbei wurden zwei besonders für die Aufnahme von Bodenschall konstruierte Mikrophone im Abstand von 1 bis 2 m benutzt. Die genannten Apparate, die zwei Trichter oder zwei Mikrophone in größerer Entfernung als die „Ohrbasis" verwenden, entsprechen auf optischem Gebiete den Prismendoppelgläsern oder den Scherenfernrohren.

Auch für Unterwasserschall sind Richtungsbestimmungen durchgeführt worden; da die Schallgeschwindigkeit im Wasser etwa 4,3mal größer als in Luft ist, muß der Abstand der Schallaufnahmeapparate — als solche werden meist Mikrophone benutzt — etwa 4,3mal größer sein als die Ohrbasis 21 cm, damit der subjektiv festgestellte Winkel mit dem objektiven Einfallswinkel übereinstimmt. Die Beschreibung derartiger Geräte, der sog. „Wasserschädel", findet sich schon in einem von BOWLKER angemeldeten Patent[1]).

Eine weitere interessante Anwendung des Richtungshörens ist seine Benutzung als Kurzzeitmesser, wobei eine Zeitdifferenz als Lokalisationswinkel gemessen wird; beispielsweise kann man auf diesem Wege Ansprechzeiten elektromagnetischer Relais, Schallgeschwindigkeiten in Gasen und Strömungsgeschwindigkeiten eines schalleitenden Mediums bestimmen[2]).

In neuerer Zeit hat das stereoakustische Hören, für das sich auch die Bezeichnung „Plastisches Hören" findet, besondere Bedeutung in der elektrischen Übertragung von Sprache oder Musik erlangt[3]). Um das „Plastische Hören" zu ermöglichen, ist eine zweifache Schallaufnahme und Schallwiedergabe erforderlich. Die durch zwei Mikrophone aufgenommenen Klangbilder müssen über zwei getrennte Leitungen oder über zwei verschiedene drahtlose Sender und Empfänger vermittels zweier Telephone je einem Ohr übermittelt werden. Aus praktischen Gründen verwendet man jedoch bisher nicht zwei in größerer Entfernung von der Schallquelle stehende Mikrophone mit einem Abstand von etwa 21 cm, sondern man benutzt eine größere Zahl von verschieden verteilten und nahe der Schallquelle aufgestellten Aufnahmeapparaten, die willkürlich zu zwei Gruppen zusammengefaßt werden. Diese Anordnung, bei der ein eigentliches Richtungshören unmöglich ist, liefert trotzdem eine eigentümliche Plastik der Wiedergabe, welche sich in einer Zunahme der Klangfülle der übertragenen Musik äußert. Das stereoakustische Hören spielt wahrscheinlich auch bei der Frage der elektroakustischen Übertragung der Nachhallwirkung eines Raumes eine gewisse Rolle[4]). Es scheint, daß der Eindruck des Nachhallens, abgesehen von der absoluten Zeitdauer, nicht bloß durch die verschiedenen Stärken, sondern wesentlich auch durch die verschiedenen Richtungen der direkten und der den Nachhall bildenden reflektierten (indirekten) Schallstrahlen bedingt ist.

---

[1]) T. J. BOWLKER, Brit. Pat. 15102. 1910.

[2]) W. KUNZE, Phys. ZS. Bd. 22, S. 649. 1921; ZS. f. techn. Phys. Bd. 3, S. 48. 1922; M. REICH, Verh. d. D. Phys. Ges. Bd. 4, S. 24. 1923.

[3]) H. C. STEIDLE, Elektr. Nachr.-Techn. Bd. 2, S. 309. 1925.

[4]) E. MEYER, Elektr. Nachr.-Techn. Bd. 4, S. 137. 1927 und H. E. HOLLMANN, Elektr. Nachr.-Techn. Bd. 4, S. 180. 1927.

Kapitel 12.

Umwandlung des Schalls in andere Energieformen.

Von

H. Sell, Berlin-Siemensstadt.

Mit 11 Abbildungen.

Von den Energieformen, in die eine Umwandlung des Schalles möglich ist, steht die Elektrizität an erster Stelle sowohl hinsichtlich der Zahl der Möglichkeiten, als auch der technischen Bedeutung nach. Demgegenüber treten die Methoden zur Umwandlung von Schall in Wärme zurück. Hier sind sowohl die Möglichkeiten beschränkt als auch die technische Bedeutung gering. Überdies spielt bei diesen Methoden die Wärme lediglich eine vermittelnde Rolle zwischen Schall und Elektrizität.

Im folgenden sollen die Methoden und Apparate beschrieben werden, die eine Umwandlung des Schalles in andere Energieformen ermöglichen. Die unmittelbaren Wechselbeziehungen der verschiedenen Energieformen, z. B. die thermischen Vorgänge im Schallfeld, werden an anderer Stelle erörtert. Die Apparate, die zur Energieumwandlung dienen, nennen wir kurzerhand Empfänger.

a) Allgemeine Beziehungen.

1. Zurückführung des Empfängersystems auf einen Massenpunkt mit einem Freiheitsgrad. Jeder Schallempfänger, gleichgültig nach welchem Prinzip er arbeitet, ist, physikalisch betrachtet, ein schwingungsfähiges Gebilde mit gegebener Masse und Direktionskraft. Im Schallfelde führt dieses Gebilde erzwungene Schwingungen aus. Für diesen Schwingungsvorgang sind neben Masse und Direktionskraft der Nutz- und Verlustwiderstand im Empfänger sowie der Strahlungswiderstand gegen das betreffende Medium maßgebend. Der Nutzwiderstand entsteht im Empfänger durch die Energieumsetzung und äußert sich in einer Hemmung, die beispielsweise bei elektrodynamischen Empfängern durch Induktionsströme hervorgerufen wird.

In den wichtigsten Fällen lassen die Empfänger sich theoretisch als Strahler nullter Ordnung auffassen[1]). Von Spezialfällen abgesehen, sind die Schallempfänger nämlich meistens nur nach einer Seite hin wirksam und kommen in bezug auf ihr Diaphragma mehr oder weniger der Rayleighschen Kolbenmembran nahe. Auch bei elastischen, am Rande eingespannten Membranen gelingt eine Umrechnung der Empfängerfläche auf die Fläche einer entsprechenden Kolbenmembran sowie auch eine Umrechnung der verteilten Masse und Elastizität auf zentralen Angriff.

[1]) Über die Theorie akustischer Strahler und Empfänger vgl. auch den Artikel „Schwingungen räumlich ausgedehnter Kontinua" Ziff. 12 u. 13 (ds. Bd. Kap. 4).

Man kann also die wichtigsten Beziehungen aus der Gleichung der erzwungenen Schwingung eines Massenpunktes mit einem Freiheitsgrad herleiten. Diese lautet:

$$M\ddot{x} + r\dot{x} + Dx = K. \tag{1}$$

Hierin bedeutet M die gesamte schwingende Masse, worin noch ein bestimmter Betrag der mitschwingenden Mediummasse enthalten ist, x die Verschiebung der Empfängerfläche F, r den Absorptionswiderstand, D die Direktionskraft und K die eingeprägte Kraft. Der Absorptionswiderstand r setzt sich normalerweise aus drei Größen zusammen: dem Strahlungswiderstand r_s, dem Nutzwiderstand r_n und dem Verlustwiderstand $_v$. Ist der Empfänger klein zur Wellenlänge, dann ist unabhängig von der Frequenz $K = F \cdot P$, wenn P die Druckschwankung bedeutet. Für diesen Fall ist auch der Strahlungswiderstand unabhängig von der Form der Fläche nur von deren Größe abhängig. Die Eigenfrequenz ω ist in bekannter Weise gegeben durch $\omega^2 = \frac{D}{M}$ sowie die Dämpfungskonstante $\delta = \frac{r}{2M}$. Vernachlässigen wir die Verlustdämpfung, dann haben wir folgende drei maßgebende Leistungsgrößen[1]):

$$\text{die eingestrahlte Leistung: } L_e = \tfrac{1}{2} K \dot{x} \max, \tag{2}$$

$$\text{die absorbierte Leistung: } L_n = \tfrac{1}{2} r_n \cdot \dot{x}^2_{\max}, \tag{3}$$

$$\text{die reflektierte Leistung: } L_r = \tfrac{1}{2} r_s \cdot \dot{x}^2_{\max}. \tag{4}$$

Diese Größen sind durch folgende Beziehung für die innere Energie E des Systems verknüpft:

$$\frac{\partial E}{\partial t} = L_e - (L_n + L_r). \tag{5}$$

Die wirksame Empfängerfläche. Ein Schallempfänger kann im Resonanzfall aus dem Schallfeld mehr Leistung aufnehmen, als dem durch seine Fläche gegebenen Ausschnitt aus dem Schallfeld entspricht; er wirkt also als Schallsenke.

Berechnung. Die Nutzleistung ist gegeben durch das Produkt der tatsächlich wirksamen Fläche F und der im Schallfeld herrschenden Intensität:

$$L_n = JF, \qquad \text{wobei} \qquad J = \frac{P^2}{2cs},$$

c Fortpflanzungsgeschwindigkeit, s Mediumdichte. Nehmen wir nun an, daß im Schallfeld eine ungedämpfte Sinusschwingung herrsche, dann ist[2]):

$$x = A \sin(\omega t - \varphi),$$

wobei

$$\varphi = \operatorname{arctg} \frac{2\delta\omega}{\omega_0^2 - \omega^2}.$$

Unter Berücksichtigung der Abstimmung des Systems relativ zur aufgedrückten Schwingung und der Dämpfung ergibt sich:

$$x = \frac{K}{M \cdot \sqrt{(\omega_0^2 - \omega^2)^2 + 4\delta^2\omega^2}} \sin(\omega t - \varphi), \tag{6}$$

$$\dot{x} = -\frac{\omega K}{M \cdot \sqrt{(\omega_0^2 - \omega^2)^2 + 4\delta^2\omega^2}} \cos(\omega t - \varphi), \tag{7}$$

$$\dot{x}^2_{\max} = \frac{\omega^2 K^2}{M^2 [(\omega_0^2 - \omega^2)^2 + 4\delta^2\omega^2]}, \tag{8}$$

---

1) Vgl. hierzu F. Aigner, Unterwasserschalltechnik, S. 138ff. Berlin 1922.

2) Vgl. hierzu den Artikel „Schwingungen von Punktsystemen“ Ziff. 3 (ds. Bd. Kap. 3).

durch Einsetzen erhält man:

$$F = \frac{L_n 2 c s}{P^2} = \frac{r_n \dot{x}^2_{\max} c s}{P^2} = \frac{r_n \omega^2 K^2 c s}{P^2 M^2 [(\omega_0^2 - \omega^2)^2 + 4\delta^2 \omega^2]}$$

und im Resonanzfall:

$$F = \frac{c s K^2 r_n}{4 P^2 M^2 \delta^2},$$

nun ist aber $\delta = \frac{r_n + r_s}{2M}$, also

$$F = \frac{c s K^2 r_n}{P^2 (r_n + r_s)^2}.$$

Hieraus leitet sich eine wichtige allgemeine Beziehung ab, die die Frage beantwortet, wann ein Empfänger die maximale Leistung absorbiert. Das ist offenbar dann der Fall, wenn F maximal ist. Diesen Wert für F erhält man durch Differentiation der obigen Beziehung für F nach r_n und Nullsetzen zu:

$$F_{\max} = \frac{c s K^2}{4 P^2 r_s}. \tag{9}$$

Hieraus erhält man die maximale Nutzleistung zu:

$$L_{n\,\max} = \frac{F^2 P^2}{8 r_s}. \tag{10}$$

Ein Empfänger nimmt also dann die maximale Energie aus einem Schallfeld auf, wenn er ebensoviel Leistung absorbiert, wie er durch Reflexion an das Schallfeld zurückgibt. In der Praxis unterscheidet man nach ihrem Verhalten im Schallfeld Druck- und Bewegungsempfänger. Der exakte Druckempfänger ist unendlich schallhart. Er läßt nur Druckzustände zu $P/A = \infty$. Der exakte Bewegungsempfänger dagegen folgt der Mediumbewegung im vollen Betrage, so daß durch ihn das Schallfeld nicht gestört wird. Abgesehen von der Möglichkeit der Realisierung ist sowohl der reine Druckempfänger als auch der reine Bewegungsempfänger für die Praxis unbrauchbar, da beide keine Energie aus dem Schallfeld umsetzen können. Der extrem schallharte Empfänger reflektiert die Schallenergie in vollem Betrage; der reine Bewegungsempfänger läßt die Schallenergie ungestört durch sich hindurchtreten, nimmt also selbst ebenfalls keine Energie auf. Obwohl weder reine Druck- noch reine Bewegungsempfänger in der Praxis vorkommen, ist die Unterscheidung zwischen den beiden Typen doch wichtig, z. B. wenn es sich um Energiemessungen handelt. Bei einem Druckempfänger ist die Membranamplitude bei konstanter Energie frequenzunabhängig, während sie bei Bewegungsempfängern wie $1/\omega^2$ abnimmt. Ob ein Empfänger Druck- oder Bewegungsempfänger ist, hängt nicht nur von seinen Konstanten, sondern auch von der Schallhärte des Mediums ab. Derselbe Empfänger, der z. B. in Luft ein Druckempfänger ist, kann in einem schallharten Medium, z. B. Wasser, ein Bewegungsempfänger sein. Da die Schallhärte des Mediums frequenzabhängig ist:

$$\frac{P}{A} = 2\pi N c s, \tag{11}$$

so hängt das Verhalten des Empfängers auch von der Frequenz ab. Für jeden Schallempfänger gibt es eine bestimmte Frequenz, bei der Medium und Empfänger gleich schallhart sind; unterhalb dieser Frequenz wirkt der Empfänger als Druckempfänger, oberhalb derselben als Bewegungsempfänger.

Nachdem wir die vom Empfänger aus dem Schallfeld aufgenommene Energie bestimmt haben, können wir nun ohne weiteres den Wirkungsgrad des Empfängers angeben. Dieser setzt sich aus zwei Teilbeträgen zusammen, dem äußeren und dem inneren Wirkungsgrad. Der äußere Wirkungsgrad ist das Verhältnis der tatsächlich aufgenommenen Leistung zur maximal aufnehmbaren. Die maximal aufnehmbare Energie ist im Resonanzfall

$$L_{\max} = \frac{F^2 P^2}{8 r_s}, \tag{12}$$

so daß sich als äußerer Wirkungsgrad ergibt

$$\eta_a = \frac{4\,\delta_s \delta_n}{(\delta_s + \delta_n)^2}\,^{1)}, \tag{13}$$

Demgemäß ist der innere Wirkungsgrad gegeben durch das Verhältnis der Nutzenergie des Empfängers zur insgesamt aufgenommenen Energie und berechnet sich zu

$$\eta_i = \frac{\delta_n}{\delta_n + \delta_v}. \tag{14}$$

Hier sind die entsprechenden Widerstände durch die Dämpfungen ersetzt, die diesen proportional sind, was sich deswegen empfiehlt, weil diese in der Regel den Messungen am besten zugänglich sind. Der Gesamtwirkungsgrad des Empfängers ergibt sich als Produkt aus dem äußeren und dem inneren Wirkungsgrad zu

$$\eta = \frac{4\,\delta_s \cdot \delta_n}{(\delta_s + \delta_n + \delta_v)^2}, \tag{15}$$

wobei ebenfalls die Widerstände durch die entsprechenden Dämpfungen ersetzt sind.

2. Der Einfluß der Frequenz. Durch Festlegung der den Schwingungsvorgang gemäß der Schwingungsgleichung beeinflussenden Größen sind nicht nur die Energieverhältnisse bestimmt, sondern es ist auch damit die Abhängigkeit der Amplitude der erzwungenen Schwingung von der Frequenz gegeben. Man wird diese Größen, soweit man sie in der Hand hat, je nach dem Verwendungszweck des Empfängers wählen. Für die Schallempfänger kommen im wesentlichen zwei Aufgaben in Frage, die Aufnahme von Signalen, d. h. einzelnen Frequenzen, und die Aufnahme eines Frequenzgemisches. Im Falle der Signalempfänger handelt es sich darum, möglichst große Empfindlichkeit zu erzielen; man wird daher den Empfänger auf die aufzunehmende Frequenz abstimmen. Der Empfänger darf jedoch nicht zu ungedämpft sein, da sonst Nachhallen (Klingeln) eintritt, wodurch die mögliche Zeichengeschwindigkeit herabgesetzt wird. Das zulässige Grenzdekrement beträgt etwa 0,2.

Soll ein Frequenzgemisch aufgenommen werden, so handelt es sich normalerweise um die Verwendung zu Wiedergabezwecken (Sprach- bzw. Musikübertragung). Man wird daher nach Möglichkeit Frequenzunabhängigkeit anstreben, während die Empfindlichkeit erst in zweiter Linie in Betracht kommt. Die Forderung der Frequenzunabhängigkeit kann sich sowohl auf die ganze Apparatur in bezug auf ihren Endeffekt, d. h. den etwa von einem Telephon unter Vermittlung des Empfängers und etwaiger Zwischenglieder, wie Transformatoren, Verstärker usw., reproduzierten Schall beziehen oder aber nur auf einzelne Glieder der Apparatur. Im ersten Fall brauchen die einzelnen Glieder der Apparatur nicht notwendig frequenzunabhängig zu sein. Es kann auch Frequenzunabhängigkeit der Übertragung im Endeffekt mit einer Apparatur erreicht werden, deren einzelne Glieder frequenzabhängig sind, aber derart, daß die Abhängigkeit gerade kompensiert wird.

Es soll hier nicht der gesamte Energiewandlungsvorgang einschließlich der Reproduktion betrachtet werden, sondern nur insoweit, als er sich auf den Emp-

---

[1]) Vgl. W. HAHNEMANN u. H. HECHT, Artikel Akustik im Lehrb. d. techn. Physik, herausgeg. von G. GEHLHOFF, Bd. 1, S. 167ff. Leipzig 1924.

fänger selbst bezieht. Es kann daher willkürlich eine bestimmte Abhängigkeit einer Amplitudengröße im Empfängerstromkreis von der Druckamplitude mit der Frequenz festgesetzt werden, indem vorausgesetzt wird, daß das angeschlossene Telephon in Verbindung mit sonstigen Elementen der Schaltung so wirkt, daß dann die gesamte Apparatur verzerrungsfrei arbeitet. Der Einfachheit halber empfiehlt es sich, das obengenannte Verhältnis als frequenzunabhängig anzunehmen.

Betrachten wir nun unter dieser Voraussetzung den Empfänger allein, so sieht man, daß an zwei Stellen der Einfluß der Frequenz in Frage kommt, einmal auf der mechanischen Seite und dann auf der elektrischen Seite des Empfängers. Die Art der Abhängigkeit der Bewegungsamplitude des Empfängerdiaphragmas von der Frequenz bei gleicher Schallamplitude hängt von der Art der Hemmungskraft ab, die auf das Diaphragma wirkt. Für nachstehende Grundformen der Hemmungskräfte ergeben sich besonders einfache Beziehungen:

1. reine Massenhemmung (Elastizität und Reibung zu vernachlässigen)

$$x = \frac{K}{\omega^2 M}. \tag{16}$$

2. reine Elastizität, wo D die Steifigkeit des Diaphragmas in Dyn/cm bedeutet;

$$x = \frac{K}{D}, \tag{17}$$

3. reine Reibung

$$x = \frac{K}{\omega R}, \tag{18}$$

wo R den Bewegungswiderstand in Dyn bedeutet, bezogen auf die Einheit der Geschwindigkeit.

Die oben angegebenen Fälle sind nicht realisierbare Grenzfälle. Meistens besitzt der Empfänger eine Resonanz im betrachteten Frequenzgebiet. Unterhalb der Resonanz wirkt mit zunehmendem Abstand von derselben die Membranhemmung immer mehr als reine Elastizität, dagegen oberhalb derselben mit wachsender Frequenz als Massenhemmung. Unterhalb der Resonanzfrequenz ist daher in genügendem Abstand von derselben die Amplitude des Diaphragmas frequenzunabhängig, während sie oberhalb derselben im Verhältnis $1/\omega^2$ abnimmt[1]). Um die tatsächliche Frequenzabhängigkeit des Empfängers zu erfassen, muß noch die Art der Energieumsetzung in Rechnung gezogen werden. Man hat in dieser Hinsicht zwei Arten von Empfängern zu unterscheiden, Elongations- und Geschwindigkeitsempfänger. Bei den Elongationsempfängern entsteht im Empfängerstromkreis eine der Bewegung des Diaphragmas proportionale Spannungsamplitude; im Falle der Geschwindigkeitsempfänger ist diese Spannungsamplitude der Geschwindigkeitsamplitude des Diaphragmas proportional, wodurch sich ein Gang der Spannung proportional ω ergibt. Wird Frequenzunabhängigkeit angestrebt, so ist zu jeder Art der Membranhemmung ein bestimmtes Empfängerprinzip zu wählen. Hat man z. B. eine Membran, deren Restitutionskraft groß gegenüber ihrer Masse ist, d. h. eine hoch abgestimmte Membran, dann ist in jedem Augenblick die Bewegungsamplitude dem auf die Membran wirkenden Druck proportional. In diesem Falle ist ein Empfängerprinzip zu benutzen, bei dem die Spannungsamplitude der Bewegungsamplitude proportional ist, d. h. ein Elongationsempfänger. Wählt man dagegen einen Geschwindigkeitsempfänger, so ergibt sich bei einer hoch abgestimmten Membran ein Frequenzgang proportional ω. Für den Geschwindigkeitsempfänger ist eine reibungsgedämpfte Membran zur Erzielung von Frequenzunabhängigkeit

---

[1]) Vgl. hierzu den Artikel „Schwingungen von Punktsystemen", Ziff. 3 (ds. Bd. Kap. 3).

erforderlich, bei der also die Reibung beherrschend ist gegenüber Masse und Direktionskraft. Unter Umständen läßt sich auch keine Kombination zur Erzielung von Frequenzunabhängigkeit finden, so bei der trägheitsgehemmten Membran, bei der die Momentanbeschleunigung dem Momentandruck proportional ist. In diesem Fall ist ein Energiewandlungsprinzip, bei dem die erzeugte Spannungsamplitude der Geschwindigkeitsamplitude proportional ist, noch am günstigsten.

b) Das mechanische Schwingungselement der Empfänger.

Jeder Schallempfänger besitzt zwei Hauptelemente, das schwingende System und das Energiewandlungselement. Es sollen im folgenden einige Gesichtspunkte für das schwingende System angegeben werden, während das Energiewandlungselement weiter unten ausführlich behandelt wird. Für die Ausbildung des schwingenden Systems, das wir kurz als Membran bezeichnen wollen, spielt das Medium, in welchem der Empfänger arbeitet, eine ausschlaggebende Rolle.

3. Die Membranen für Unterwasserschallempfänger. Bei Unterwasserschallempfängern, die in erster Linie zu Signalzwecken verwendet werden, muß die Membrankonstruktion eine genaue Resonanzabstimmung zulassen. Nach Möglichkeit soll diese Abstimmung sowie alle Konstanten, insbesondere das Dekrement, im Interesse einer leichten Reproduzierung im voraus berechenbar sein. In dieser Beziehung sind Membrankonstruktionen, bei denen Masse und Elastizität getrennt sind, besonders geeignet (Abb. 1). Bei besonders hochgestellten Ansprüchen bezüglich Obertonfreiheit ist eine Konstruktion nach Gerdien und Riegger[1]) nach Abb. 2 sehr zweckmäßig, bei der durch die starre Verbindung der Massen zweier Membranen Kippschwingungen durch die zwangsläufige Parallelführung vermieden sind. Derartige Membranen können sowohl für Empfänger nullter, als auch erster Ordnung Verwendung finden. Bei Empfängern nullter Ordnung wird eine Membranseite dem Schallfeld ausgesetzt, während die andere durch ein schalldichtes Gehäuse der Einwirkung des Schallfeldes entzogen ist. Dieses Gehäuse enthält gleichzeitig das mit der Membran gekoppelte Energiewandlungselement.

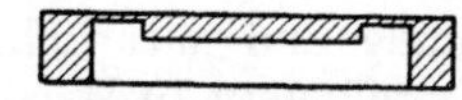
Abb. 1. Einfaches Schwingungsgebilde mit getrennter Masse und Elastizität.

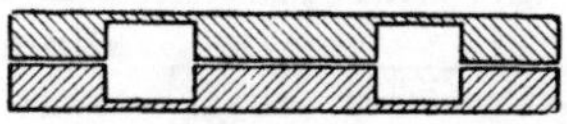
Abb. 2. Schwingungsgebilde mit getrennter Masse und Elastizität nach Gerdien und Riegger.

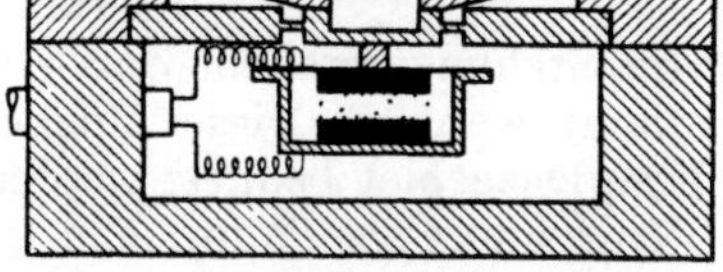
Abb. 3. Unterwasserschallempfänger mit Schuttelmikrophon.

Bei Empfängern erster Ordnung, die insbesondere für Richtungsbestimmungen Anwendung finden, werden zwei Membranen, z. B. die beiden Membranen des Gerdienschen Schwingers, dem Medium dargeboten. In diesem Fall wird der Rand besonders schwer ausgebildet. Eine mögliche Art der Kopplung einer solchen Membran mit einem Mikrophon zeigt Abb. 3. Diese in der Unterwasserschalltechnik viel benutzte Anordnung des Mikrophons wird als die Methode des Schüttelmikrophons[2]) bezeichnet. Hierbei führt die mit der Empfängermembran starr verbundene Mikrophonmembran bei Erregung relativ zum Mikrophongehäuse Schwingungen aus, da das Mikrophongehäuse infolge seiner Trägheit als Widerlager wirkt. Bei solchen Anordnungen lassen sich die auftretenden

---

[1]) H. Gerdien u. H. Riegger, Wiss. Veröffentl. a. d. Siemens-Konz. Bd. I, S. 137. 1920; vgl. auch K. Boedeker u. H. Riegger, ebenda S. 141, dort auch weitere Literatur.

[2]) Vgl. F. Aigner, Unterwasserschalltechnik, S. 226ff.

Eigenfrequenzen sowie der Kopplungsgrad nach der von HAHNEMANN und HECHT[1]) gegebenen Theorie des Tonpilzes leicht berechnen. Wichtig ist übrigens der Gesichtspunkt, daß man den Einfluß des eigentlichen Empfängers auf die Eigenschwingung des Systems, sofern er unkontrollierbar ist, nach Möglichkeit eliminiert. Das geschieht dadurch, daß man die durch den Empfänger bewirkten zusätzlichen Faktoren zur Masse, Elastizität und Dämpfung klein, macht im Vergleich zu den entsprechenden Bestimmungsstücken der Membran. Das ist besonders notwendig bei Verwendung von Kohlemikrophonen, da die Kohlefüllung infolge einer Reihe nicht beherrschbarer Einflüsse stark schwankende zusätzliche Faktoren zu Masse, Elastizität und Dämpfung bewirkt.

4. Membranen für Luftschallempfänger. Während in der Unterwasserschalltechnik mit Rücksicht auf die hohen Drucke und auf die Schallhärte des Mediums sehr schwere Membrankonstruktionen Verwendung finden, sind im Gegensatz hierzu bei Empfängern für Luftschall die Membranen sehr leicht bzw. extrem leicht. Die Anwendung zu Signalzwecken tritt hier gegenüber der Anwendung zu Wiedergabezwecken zurück. Dementsprechend wird normalerweise kein Gewicht auf die Trennung von Elastizität und Masse gelegt. Bezüglich der Elastizität werden zwei Prinzipien benutzt: künstliche Elastizität durch Spannung und natürliche Elastizität durch Steifigkeit des Membranmaterials. Bei Empfängern zu Wiedergabezwecken sollen die Eigenschwingungen möglichst gedämpft sein. Eine gute Dämpfung bei großer Empfindlichkeit wird durch weitgehende Massenreduktion ermöglicht. Derartige Membranen können aus dünnster Metallfolie von hoher Elastizität hergestellt werden. Als Material sind unter anderem geeignet Phosphorbronze und Stahl. Bei Foliemembranen ist eine variable Spannung durch einen mit Gewinde versehenen Spannring in einfachster Weise möglich (Abb. 4 u. 7). Hierbei kann der Eigenton, besonders bei Verwendung von Stahlmembranen, durch starkes Spannen bis zu 10000 Hertz und darüber erhöht werden. Diese Möglichkeit ist für Empfänger, die in einem breiten Frequenzgebiet benutzt werden sollen, besonders wichtig. Bei genügend kleinen Membranmassen kann eine gute Dämpfung unter Umständen schon als Nutzdämpfung oder aber durch eine geringe zusätzliche Verlustdämpfung erzielt werden. Als solche kann eine Luftreibungsdämpfung benutzt werden, indem unter der Membran ein schmaler Hohlraum vorgesehen wird, der mit der Außenluft durch eine enge Öffnung kommuniziert (vgl. Abb. 4). Die Membran ist dann beim Schwingen gezwungen, durch diese Öffnung Luft zu verschieben, wodurch eine sehr wirksame Dämpfung erzielt wird. Es ist möglich, leichte Membranen lediglich durch eine solche Dämpfung nahezu aperiodisch zu dämpfen. Bei einem Spezialtelephon der Siemens & Halske A.-G.[2]) wird dieses Prinzip in Verbindung mit einer stark gespannten Foliemembran von $^1/_{100}$ mm Stärke benutzt. Durch die geringe Masse der Membran ist ganz allgemein eine Möglichkeit der leichten Beeinflussung der für die Schwingung maßgebenden Konstanten gegeben. So kann durch ein abgeschlossenes Luftpolster infolge der dadurch bewirkten zusätzlichen Elastizität der Eigenton der Membran sehr erhöht werden. Bei einer weiter unten zu besprechenden Empfängerkonstruktion, dem RIEGGERschen Kondensatormikrophon, bei welchem eine besonders dünne Folie verwendet wird, ist der Einfluß des Luftpolsters beherrschend.

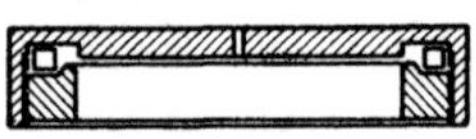

Abb. 4. Gespannte Foliemembran mit Luftpolster und Luftreibungsdämpfung.

[1]) W. HAHNEMANN u. H. HECHT, Phys. ZS. Bd. 21, S. 187. 1920; vgl. auch den Artikel Akustik der genannten Autoren in K. GEHLHOFF, Lehrb. d. techn. Physik, Bd. 1, S. 140ff.

[2]) D. R. P. Nr. 443966. Vergl. auch H. SELL, ZS. f. techn. Physik. Nr. 6, S. 222ff. 1927.

Ist eine ausgesprochene Eigenschwingung erwünscht, so kann diese durch Aufsetzen eines zentralen scheibenförmigen Ankers leicht erzielt werden. Der Eigenton läßt sich in diesem Fall durch Wahl der Masse und der Spannung in weitesten Grenzen variieren. Man kann bei einer solchen Anordnung bei geeigneter Dimensionierung auch eine sehr gute Obertonfreiheit erzielen. Zur Ausbildung von Obertönen, bei denen, von Kippschwingungen abgesehen, konzentrische Knotenlinien auftreten, ist es notwendig, daß ein dynamisches Gleichgewicht in bezug auf die Knotenlinie besteht. Bei verhältnismäßig großer zentraler Masse und nicht zu großem Membrandurchmesser können sich daher keine Knotenlinien ausbilden, da sie in den Anker hineinfallen würden, wo ihre Ausbildung durch dessen Steifigkeit verhindert wird.

Membranen mit natürlicher Elastizität. Zur Herstellung von Membranen mit natürlicher Elastizität können eine große Zahl von Stoffen benutzt werden. Die Beherrschung der Schwingungskonstanten ist leicht durch Wahl des Materials, der Materialstärke sowie des Membrandurchmessers möglich. Gegebenenfalls kann auch eine zentrale Masse aufgesetzt werden. Es ist erwähnenswert, daß man bei solchen Membranen eine gute Dämpfung durch Wahl von Materialien erzielen kann, die eine große innere Reibung besitzen. Kohle ist in dieser Beziehung ein vorzügliches Material, da es nicht nur eine verhältnismäßig große innere Reibung besitzt, sondern auch sehr leicht ist.

Trägheitsgehemmte Membranen. Es finden endlich bei Empfängern auch Membranen Verwendung, bei denen die Elastizität klein im Vergleich zur Masse ist. Bei solchen Anordnungen trennt man gewöhnlich Masse und Elastizität in der Weise, daß man ein leichtes, aber möglichst starres Diaphragma, das zur Versteifung geeignet profiliert und auch sonst in der verschiedensten Weise geformt sein kann, elastisch aufhängt, z. B. mittels eines Gummiringes oder eines Wattepolsters.

c) Unmittelbare Umwandlung der Schallenergie in elektrische Energie.

5. Die elektromagnetischen Empfänger. Der einfachste und älteste Empfänger dieser Art ist das gewöhnliche elektromagnetische Telephon. Dieses besitzt eine Membran, gewöhnlich aus mehrere Zehntel Millimeter starkem Eisenblech, die sich vor den Polen eines mit Erregerwicklung versehenen Magnetsystems befindet. Durch Schall erregte Schwingungen der Membran induzieren in der Wicklung durch Änderung des magnetischen Kraftflusses Ströme, die der Änderungsgeschwindigkeit des Kraftflusses proportional sind.

Diese Anordnung ist für Resonanzempfänger, wie sie in der akustischen Signaltechnik gebraucht werden, gut geeignet. Die bei Sprachübermittlung erzielbaren Resultate sind dagegen wenig befriedigend, insbesondere bei Telephonen der normalen Bauart. Der Grund hierfür liegt in erster Linie in der Membran. Infolge ihrer relativ großen Masse hat die Membran verhältnismäßig stark ausgesprochene Eigenschwingungen [Grundton nebst unharmonischen Oberschwingungen][1]). Eine Nutzdämpfung infolge elektromagnetischer Rückwirkung kommt bei dem schlechten Wirkungsgrad der Telephone normalerweise nicht in Frage. Eine Steigerung des Wirkungsgrades durch Verkleinerung des Luftspalts erhöht die Selbstinduktion und bedingt dadurch einen Frequenzgang. Hinzu kommen Eisenverluste, die proportional ω^2 eingehen. Besonders dieser Umstand im Zusammenhang mit Hysteresiserscheinungen stellt ein

[1]) Vgl. auch J. T. MAC GREGOR-MORRIS u. E. MALLET, Proc. Phys. Soc. Bd. 36, S. 139. 1924; Journ. Inst. Electr. Eng. Bd. 62, S. 284. 1924; M. MALLET, La revue des téléphones et télégraphes S. 597 u. 665. 1924.

unüberwindliches Hindernis dar, wenn eine möglichst gleichbleibende Empfindlichkeit bis zu etwa 10000 Hertz verlangt wird.

Eine ausführliche Theorie des elektromagnetischen Empfängers besonders auch unter Berücksichtigung der induktiven Rückwirkung der Membran auf das Magnetsystem hat WEGEL[1]) gegeben.

Eine wesentliche Verbesserung der Übertragungsqualität läßt sich auf der Seite des schwingenden Systems durch weitgehende Reduktion der Membranmasse erzielen, und zwar in der unter b) (Ziff. 2) angegebenen Weise durch Verwendung stark gespannter Metallfolien mit aufgesetztem Eisenanker. Es gelingt auf diese Weise die Masse so zu reduzieren, daß die Nutzdämpfung allein schon eine starke Abflachung der Resonanzen ergibt. Eine weitere Verbesserung läßt sich durch eine zusätzliche Luftreibungsdämpfung (vgl. b), Ziff. 2 sowie Abb. 4) erzielen. Im Interesse einer guten Übertragungsqualität wird man auf einen guten Wirkungsgrad verzichten, was sich durch Vergrößerung des Luftspalts bewirken läßt und die Einbuße an Nutzdämpfung durch stärkere Verlustdämpfung kompensieren.

Einer noch weitergehenden Massenreduktion steht die anziehende Kraft des Magnetsystems hindernd im Wege, welche eine gewisse Steifigkeit der Membran bedingt, die um so größer sein muß, je kleiner der Luftspalt ist. Es sind als Abhilfe Systeme mit doppelseitiger Anregung vorgeschlagen worden, jedoch haben sie keine Bedeutung erlangt, da die elektromagnetischen Empfänger auf der ganzen Linie durch bessere Prinzipien verdrängt worden sind.

6. Die elektrodynamischen Empfänger. Von den oben angegebenen Mängeln sind in weitgehendem Maße die nach dem elektrodynamischen Prinzip arbeitenden Empfänger frei. Bei diesen bewegt sich ein Leiter in einem zeitlich konstanten magnetischen Feld. Der Leiter kann entweder mit der Membran gekoppelt sein oder selbst als schwingendes System ausgebildet werden. Das letztere ist gewöhnlich der Fall.

Der einfachste Vertreter dieses Typus ist das Bandmikrophon von GERLACH und SCHOTTKY[2]). Bei diesem besteht das durch die Schallwellen erregte schwingungsfähige Gebilde aus einem äußerst dünnen ca. $3\,\mu$ starkem Band aus Aluminium oder einer Aluminiumlegierung. Das Band ist nur wenige Millimeter breit und befindet sich ohne wesentliche Spannung in einem langen spaltförmigen, möglichst kräftigen Magnetfeld. Das Band ist gerippt zur Vermeidung undefinierter Schwingungen. Führt das Band durch akustische Erregung Schwingungen aus, so werden in ihm Ströme induziert. Zur Erzielung brauchbarer Empfindlichkeiten ist ein sehr starkes Magnetfeld erforderlich, was einige technische Schwierigkeiten bereitet, da der Luftspalt für die Erzielung kräftiger Felder reichlich breit ist. Man ist daher kaum in der Lage, das Magnetfeld so stark zu machen, daß die Nutzdämpfung optimal wird. Sehr schmale Bänder sind ungünstig, da sie mehr zu Torsionsschwingungen neigen und außerdem die Randzonen offenbar einen störenden Einfluß ausüben. Für die meisten Verwendungszwecke ist eine sehr hohe Verstärkung notwendig, die anfänglich durch den besonderen Umstand Schwierigkeiten bereitete, daß hierfür, um auf die Röhren günstig anzupassen, eine sehr hohe Spannungstransformation erforderlich ist, bei der leicht eine durch den Übertrager hervorgerufene Resonanz auftritt. Heute scheinen diese Schwierigkeiten einigermaßen überwunden zu sein, jedoch bleibt der sehr geringe innere Widerstand immer eine gewisse Unbequemlichkeit, die gern umgangen wird.

Ein weiterer Vertreter des elektrodynamischen Mikrophonprinzips ist der Empfänger von HEWLETT. Bei diesem befindet sich eine kreisförmige, sehr

---

[1]) R. H. WEGEL, Journ. Amer. Inst. Electr. Eng. Bd. 40, S. 791. 1921.

[2]) E. GERLACH, Phys. ZS. Bd. 25, S. 675. 1924; W. SCHOTTKY, ebenda S. 672.

dünne Foliemembran zwischen zwei Flachspulen, die ein radiales Magnetfeld erzeugen. Hier wird durch Bewegung der Membran in den feststehenden Spulen der Strom induziert. Dieser Empfänger ist eine Umkehr des entsprechenden Senders[1]), vgl. hierzu den Artikel „Elektrische Schallsender" Ziff. 26 (ds. Bd. Kap. 6).

Eine andere Form des elektrodynamischen Mikrophons hat SYKES[2]) angegeben, in dieser bildet wieder der Leiter das schwingende System. Der Leiter ist als Flachspule ausgebildet, die sich im radialen Feld eines Topfmagneten befindet und durch ein Wattepolster gedämpft ist.

Zusammenfassend ist über die elektrodynamischen Empfänger folgendes zu bemerken:

Der besondere Vorteil des elektrodynamischen Prinzips in bezug auf das schwingende System liegt in dem Fortfall einer auf das System in der Ruhelage ausgeübten Kraft. Demzufolge können die Membranen ganz besonders leicht ausgebildet und lose befestigt werden. Dieser Umstand ermöglicht es auch, die durch Resonanzen im Sprachgebiet bedingte selektive Empfindlichkeit der elektromagnetischen Empfänger in bezug auf das schwingende System durch einen Frequenzgang zu ersetzen, indem die Membran z. B. tief abgestimmt wird, also im wesentlichen Trägheitskräften unterworfen ist. Auf der elektrischen Seite besteht ein großer Vorteil gegenüber dem elektromagnetischen Prinzip darin, daß alle Schwierigkeiten fortfallen, die sich bei Verwendung von Eisen ergeben, wenn dasselbe zeitlich schnell veränderlichen Feldern ausgesetzt wird. Das elektrodynamische Prinzip gestattet daher die Übertragung höchster Frequenzen, wie sie für Qualitätsübertragungen gefordert werden muß. Nur durch eine annähernd intensitätsrichtige Wiedergabe auch der höchsten Frequenzen bis zu etwa 10000 Hertz ist z. B. eine gute Übermittlung der persönlichen Klangfarbe eines Sprechers möglich.

Im Sinne der Ausführungen unter a) (Ziff. 2) sind die elektrodynamischen Empfänger Geschwindigkeitsempfänger. Nach dem oben Gesagten erfordert dieses Prinzip für den Druckempfänger eine reibungsgehemmte Membran, wenn frequenzunabhängige Wiedergabe verlangt wird. Eine Membranhemmung, die einer Reibung entspricht, ergibt sich im übrigen schon durch elektromagnetische Rückwirkung auf den im Magnetfeld bewegten Leiter. Diese kommt aber normalerweise nur bei sehr kleinem Membrangewicht zur Geltung.

In jedem Fall wird man, wenn man eine Reibungshemmung nicht realisieren kann, wenigstens eine tief abgestimmte Membran benutzen, die einen Frequenzgang proportional $1/\omega$ ergibt, da eine genügend hoch abgestimmte Membran, welche viel schwieriger zu realisieren ist, ebenfalls einen Frequenzgang ergeben würde, nämlich proportional ω.

Außer den angeführten Formen der elektrodynamischen Empfänger gibt es noch zahlreiche andere Möglichkeiten, die sich von ersteren z. B. durch die Form des Stromleiters unterscheiden. Unter anderem braucht der Leiter nicht als Membran ausgebildet zu sein, sondern kann an einer besonderen Membran befestigt sein.

d) Mittelbare Umsetzung der Schallenergie in elektrische Energie durch Relaisempfänger.

Das Wesen der Relaisempfänger besteht darin, daß die Schallenergie nicht unmittelbar in elektrische Energie umgesetzt wird, sondern lediglich einen elektrischen Vorgang steuert. In diesem Fall besteht naturgemäß keine unmittel-

---

[1]) C. W. HEWLETT, Phys. Rev. Bd. 17, Nr. 2, S. 257. 1921.
[2]) A. F. SYKES, D. R. P. Nr. 435847, 74d, Gr. 6.

bare Beziehung zwischen der Schallenergie und der elektrischen Energie. Die ausgelösten Wirkungen können im Prinzip beliebig groß sein.

7. Kohlemikrophone. Der wichtigste und älteste Repräsentant der Relaisempfänger ist das Kohlemikrophon in seinen verschiedenen Ausführungen. Obwohl das Kohlemikrophon in bezug auf die Qualität der Wiedergabe durch jeden der oben angegebenen Empfänger, bei denen eine direkte Umwandlung der Schallenergie in elektrische Energie stattfindet, bei geeigneter Anordnung übertroffen werden kann, ist doch die hohe Empfindlichkeit und die Einfachheit der Anordnung von so ausschlaggebender Bedeutung, daß es nicht wahrscheinlich erscheint, daß das Kohlemikrophon durch andere Empfänger aus dem breitesten Anwendungsgebiet der Schallempfänger überhaupt, nämlich der Telephonie, völlig verdrängt werden wird.

Die dem Kohlemikrophon zugrunde liegenden physikalischen Vorgänge sind leider nur schwer der theoretischen Behandlung zugänglich. Es handelt sich um eine Zusammenwirkung einer größeren Zahl von Einzeleffekten, die sich dadurch der systematischen Untersuchung entziehen, daß sie schwer oder gar nicht reproduzierbar sind. Die verhältnismäßig spärlichen experimentellen Untersuchungen zur Klärung der Wirkungen der Kohlemikrophone befassen sich fast ausschließlich mit den Vorgängen bei statischen Drucken. Eine ausführliche Theorie des Verhaltens von Kohlemikrophonen gegenüber statischen Drucken hat RAGNAR HOLM[1]) gegeben.

Im folgenden seien in großen Zügen die maßgebenden Gesichtspunkte dieser Theorie angegeben. Zunächst ist die Art der Stromleitung durch das Kohlekontaktmaterial hindurch offenbar rein metallischer Art. Das geht daraus hervor, daß der Temperaturgang des Widerstandes einer beliebigen Kontaktanordnung bei Kohle der gleiche wie der des spezifischen Widerstandes des betreffenden Kohlematerials in fester Form ohne mikrophonische Berührungsstellen ist. Ferner üben umgebende Flüssigkeiten oder Gase keinen Einfluß auf den Widerstand und dessen Stromabhängigkeit aus. Es liegt nahe, für die einfachste Form des Kontaktes, Kugel gegen Platte, den theoretisch bestimmbaren Wert des Widerstandes mit dem experimentell gefundenen Wert zu vergleichen. Nimmt man die Kugel als deformierbar an, so ist die Größe der Berührungsfläche (die sog. HERTZsche Berührungsfläche), aus der sich der Widerstand berechnen läßt, gegeben durch

$$F = 1{,}11 \sqrt[3]{\frac{P \cdot R}{E}},$$

hierbei ist F der Halbmesser einer makroskopischen Berührungsfläche, P die ganze Belastung des Kontaktes in g, R der Krümmungsradius einer Kontaktfläche in cm, E das Elastizitätsmodul in g/cm². Ferner ist der Druck in einem beliebigen Punkt vom Abstand x vom Zentrum dieser Fläche

$$p = \frac{3P}{2\pi F^2}\sqrt{F^2 - x^2}.$$

Nun findet man den Widerstand einer solchen Kontaktanordnung immer größer als den theoretischen Wert des Ausbreitungswiderstandes von der durch Deformation entstandenen Fläche aus. Da der zusätzliche Widerstand auch metallischer Art ist, nimmt die HOLMsche Theorie an, daß die Berührung in einer größeren Anzahl kleinerer Berührungsflächen stattfindet, deren Radius ca. 35 bis 140 mal kleiner als der Radius der theoretischen Berührungsfläche einer Kugel gegen eine

[1]) Über Kontaktwiderstände, besonders bei Kohlekontakten: RAGNAR HOLM, ZS. f. techn. Phys. Bd. 3, S. 290, 320, 349. 1922; ebenda Bd. 6, S. 166. 1925; ebenda Bd. 8, S. 141. 1927.

Platte ist. Es wird ferner angenommen, daß die Summe aller Flächen höchstens den 250. bis 1000. Teil der theoretischen Berührungsfläche beträgt. Zur Erklärung des Verhaltens von Mikrophonkontakten gegenüber zusätzlichen Drucken wird angenommen, daß die Zahl der Berührungsflächen bei sehr kleinem absolutem Druck proportional zum Druck wächst, während bei größerem Druck die Berührungsflächen wie die Hertzsche Berührungsfläche proportional zur theoretischen Berührungsfläche wachsen. Ferner sollen bei kleinem Druck die kleinen Partialflächen im wesentlichen konstant bleiben. Bei größeren Drucken können sich diese Flächen etwas vergrößern. Endlich wird angenommen, daß die Partialflächen spärlicher und weiter auseinander auftreten, je größer der Krümmungsradius der Kugel ist. Diese Annahme erklärt die experimentelle Beobachtung, daß der Kontaktwiderstand im wesentlichen unabhängig von dem Krümmungsradius der Kugel ist. Diese Unabhängigkeit geht so weit, daß selbst zwei aufeinander gelegte Kohleplatten, die zuvor sorgfältig gereinigt wurden, nur unwesentlich kleinere Übergangswiderstände ergeben als die Kontaktkombination Platte gegen Kugel. Allerdings lassen sich durch Reiben der Platten gegeneinander besondere Lagen finden, bei denen der Übergangswiderstand wesentlich kleiner ist. Diese Vorgänge können so gedeutet werden, daß sich der Druck die Berührungsflächen schafft, und daß ein bestimmter Druck im allgemeinen nur eine gewisse, vom jeweiligen Krümmungsradius der Kugel unabhängige Zahl von Berührungsflächen hervorzubringen vermag. Für die praktisch häufig vorkommende Anordnung zweier Kohlekontaktflächen mit dazwischen befindlichen Kohlekörnern ergeben die Messungen, daß der Widerstand der Anordnung bei kleinem Strom im wesentlichen unabhängig von der Zahl der berührenden Körner bei konstantem Druck ist. Im Sinne der Theorie wird die Verbesserung der Leitung durch mehrere parallele Kontaktstellen offenbar kompensiert durch den Umstand, daß sich der Druck jetzt gegen mehrere Kontaktflächen abstützt.

Eine interessante Folgerung ergibt die Theorie bezüglich der bei Stromdurchgang auftretenden Erwärmung. Es läßt sich ausrechnen, daß fast der ganze Ausbreitungswiderstand einer kleinen Partialfläche in einem Volumen seinen Sitz hat, das einer Kugel entspricht, deren Radius dreimal so groß ist wie der Radius der Kontaktfläche. Da außerdem die Wärmeleitfähigkeit des Materials bekannt ist, sind alle Daten gegeben, um sowohl die auftretenden Temperaturen als auch die Zeiten zu berechnen, die nötig sind, damit das Kontaktmaterial die betreffende Höchsttemperatur erhält. So ergibt sich z. B., daß der Endwert der Temperatur bei Annahme von Flächen von einem Radius von $3 \cdot 10^{-5}$ schon nach $0{,}67 \cdot 10^{-5}$ Sekunden erreicht wird. Auf diese Annahme stützt HOLM eine entsprechende Theorie der Kontaktdetektoren. Eine gewisse Schwierigkeit der Theorie liegt darin, daß in den Partialberührungsflächen sehr hohe Drucke bis zu $\frac{3 \cdot 10^8\,\mathrm{g}}{\mathrm{cm}^2}$ auftreten, da die Gesamtberührungsfläche der Theorie nach nur etwa $^1/_{1000}$ der HERTZschen Berührungsfläche beträgt. Dieser Druck ist mindestens 30 mal so groß wie der Druck, den das Kohlematerial makroskopisch im Maximum vertragen kann. Die HOLMsche Theorie nimmt zur Erklärung an, daß der größte Teil des Druckes von einer Flüssigkeitshaut, der sog. Rohmannhaut, getragen wird, die große Teile der HERTZschen Berührungsfläche bedeckt; nur an einzelnen Stellen veranlassen Ausbuchtungen so große Drucke, daß die Haut reißt und einen metallischen Kontakt zuläßt.

Durch die HOLMsche Theorie werden die in der Praxis beim Mikrophon auftretenden statischen Verhältnisse gut wiedergegeben. Wesentlich komplizierter liegen die Verhältnisse bei Erregung solcher Kontaktwiderstände durch Schall, d. h. periodisch rasch schwankende Drucke. Man nimmt allgemein an, daß das Mikrophon bei kleinen Amplituden ein reiner Elongationsempfänger ist, d. h. daß die Widerstandsänderungen den Bewegungsamplituden proportional sind. Nimmt man dementsprechend bei Erregung durch einen sinusförmigen Ton an, daß die Widerstandsänderung ebenfalls sinusförmig ist, so gilt für einen das Mikrophon enthaltenden Stromkreis die Beziehung

$$J = \frac{E}{R + r \sin \omega t}, \tag{19}$$

wo R den Ruhewiderstand des Mikrophons und r das Maximum der Widerstandsänderung bedeuten. Nimmt man an, daß der Widerstand symmetrisch um R als Ruhewiderstand schwankt[1]), so ergibt sich für den Strom die Beziehung:

$$\left.\begin{aligned} J &= J_0 + J_1 \cdot \sin \omega t + J_2 \cos 2\,\omega t + \cdots \qquad \text{worin} \qquad J_0 = \frac{E}{\sqrt{R^2 - r^2}} \\ J_1 &= \frac{2E}{\sqrt{R^2 - r^2}} \left(\frac{\sqrt{R^2 - r^2} - R}{r}\right) \\ J_2 &= \frac{-2E}{\sqrt{R^2 - r^2}} \cdot \left(\frac{\sqrt{R^2 - r^2} - R^2}{r}\right). \end{aligned}\right\} \tag{20}$$

Hieraus ergibt sich, daß der Ruhegleichstrom $i_0 = E/R$ kleiner ist als der Gleichstrom, wenn die Membran schwingt. Dieser ist nämlich gleich $\frac{E}{\sqrt{R^2 - r^2}}$. Man sieht, daß die Stromschwankungen unabhängig von den Membraneigenschaften nur dann obertonfrei sind, wenn r klein gegen R ist, d. h. wenn das Mikrophon unempfindlich ist bzw. nur schwach erregt wird. Die oben angegebene Beziehung steht allerdings im Widerspruch mit der Erfahrung, da nämlich normalerweise der Widerstand von Mikrophonen bei Erregung durch Schall zunimmt. Diese Erscheinung legt die Annahme einer gewissen Reizschwelle des Mikrophons nahe. Die Vorgänge können nämlich so gedeutet werden, daß die einzelnen Kohleteile ursprünglich nicht frei um irgendwelche Gleichgewichtslagen schwingen können, sondern mechanisch entweder durch spezielle Beschaffenheit der Oberfläche oder durch die zufällige räumliche Anordnung festgelegt sind. Diese mechanischen Bindungen werden nun durch die Schallerregung zerstört, stellen sich aber bei Abnahme bzw. nach Aufhören der Erregung von selbst wieder ein. Es ist nun verständlich, daß bei vorhandenen mechanischen Bindungen der Widerstand kleiner ist, als wenn im Falle der Erregung diese Bindungen nicht vorhanden sind. Mit dem Vorhandensein einer Reizschwelle steht die speziell dem Kohlemikrophon eigentümliche Eigenschaft in Zusammenhang, daß normalerweise seine Empfindlichkeit stark intensitätsabhängig ist, und zwar in dem Sinne, daß die Empfindlichkeit mit wachsender erregender Intensität ansteigt. Einen solchen Anstieg zeigt die Kurve 1 (Abb. 5)[2]), die durch Mittelung einer großen Anzahl von Beobachtungen gewonnen wurde. Die Kurve wurde in der Weise gewonnen, daß das Mikrophon mit einer konstanten Frequenz veränderlicher Intensität akustisch erregt wurde. Die Kurve zeigt die Abhängigkeit der Lautstärke eines im Stromkreis des Mikrophons liegenden Telephons von der erregenden Schallintensität. Bei Aufnahme der Kurve 2 wurde das Mikrophon periodisch erschüttert.

Es ist übrigens nicht völlig sicher, ob das Kohlemikrophon überhaupt eine definierte Reizschwelle besitzt. Man findet nämlich, daß zwar mit abnehmender Erregung entsprechend der Kurve die Empfindlichkeit stark abnimmt, jedoch werden auch sehr kleine Erregungen noch zuverlässig übertragen. Die Fest-

[1]) Vgl. E. WAETZMANN, Phys. ZS. Bd. 15, S. 638. 1914; vgl. auch E. WAETZMANN, ZS. f. Phys. Bd. 1, S. 271. 1920.

[2]) Vgl. H. SELL, ZS. f. Hals-, Nasen- u. Ohrenheilk. Bd. 12, II. 1925.

stellung des Vorhandenseins einer Reizschwelle wird bei kleinsten Intensitäten durch ein den Mikrophonkontakten eigentümliches Rauschen überdeckt. Die Annahme einer Reizschwelle ist wahrscheinlich richtig, jedoch liegt dieselbe zweifellos niedriger als allgemein angenommen wird. Mit Zunahme der Erregung werden nach und nach immer mehr mechanische Bindungen zerstört, so daß die Kurve wahrscheinlich einen treppenartigen Verlauf hat, jedoch sind die Stufen sicher sehr klein. Durch geeignete Vorerregung, z. B. durch periodische Erschütterung des Mikrophons, läßt sich die Reizschwelle wesentlich erniedrigen; s. Abb. 5, Kurve 2. Für den Gang der Empfindlichkeit eines Mikrophons geben unter Umständen schon statische Messungen bei verschiedenen Drucken einen gewissen Anhalt. Man erhält auf diese Weise Mikrophoncharakteristiken, die Verstärkerröhrencharakteristiken sehr ähnlich sind[1]).

Für die wichtigste Leistung des Kohlemikrophons, nämlich die Sprachübertragung, hat die Intensitätsabhängigkeit der Mikrophonempfindlichkeit eine besondere Bedeutung. Hierdurch werden nämlich unabhängig von den Membraneigenschaften Teiltöne der Sprache, die mit geringer Intensität ver-

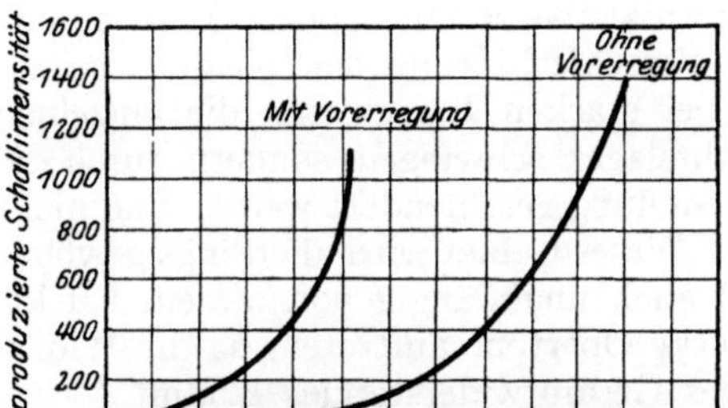

Abb. 5. Abhängigkeit der von einem Kohlemikrophon erzeugten Wechselspannung von der erregenden Schallintensität mit und ohne Vorerregung bei konstanter Frequenz.

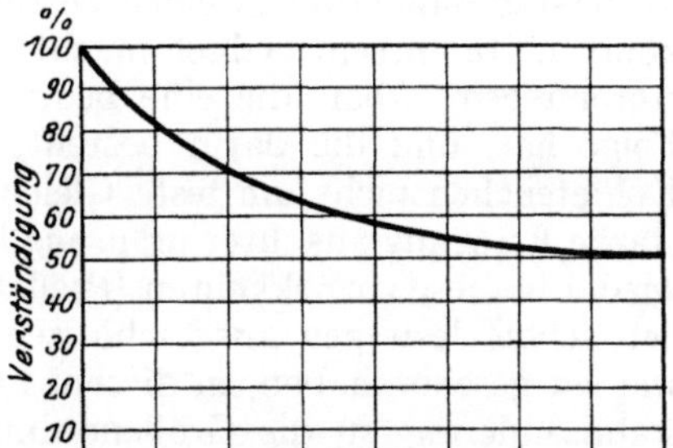

Abb. 6. Verständlichkeit einer Sprachubertragung durch ein Kohlemikrophon in Abhängigkeit von der Entfernung.

treten sind, unnatürlich benachteiligt. Diese Erscheinung zeigt sich besonders stark, wenn der Sprecher sich weiter vom Mikrophon entfernt. Mit zunehmender Entfernung verschwinden in bestimmter Reihenfolge die Konsonanten aus dem Sprachbild, die Sprache wird dadurch hallend und unverständlich (vgl. Abb. 6). Ferner treten aus demselben Grunde vorhandene Eigenfrequenzen mit abnehmender erregender Intensität immer stärker hervor, bis schließlich nur bei den Resonanzfrequenzen die Reizschwelle des Mikrophons überschritten wird. Diese durch die Amplitudenabhängigkeit bedingten Erscheinungen sind für das bekannte Hallen bei Mikrophonübertragungen besonders aus großen Räumen verantwortlich zu machen. Neuere Versuche haben jedoch gezeigt, daß sich auch mit Kohlemikrophonen ganz ausgezeichnete Übertragungsresultate erzielen lassen, die denen der besten Schallempfänger nach anderen Prinzipien nahekommen. Bei diesen verbesserten Empfängern, beispielsweise dem Mikrophon von REISS, scheint die hohe Abstimmung im wesentlichen durch das Kohlematerial bedingt zu sein; die Membranelastizität spielt eine geringere Rolle. Abgesehen davon aber dürfte der Hauptgrund für die gute Wiedergabe darin liegen, daß diese Mikrophone im wesentlichen in dem unteren, fast geradlinigen Teil der Kurve (Abb. 5) arbeiten, während normalerweise gleichzeitig in beiden Gebieten

[1]) Vgl. R. KELCH, Zur Theorie d. Mikrophons. Elektrotechn. u. Maschinenbau Bd. 43, S. 239. 1925.

gearbeitet wird, so daß sich starke Verzerrungen der relativen Intensitäten der Teiltöne ergeben. Diese besondere Art der Mikrophone hat übrigens im Gegensatz zu den normalen Mikrophonen die Eigenschaft, auch eine gute Übertragung aus größerer Entfernung zu gestatten. Der Grund hierfür ist der gleiche, nämlich der, daß von vornherein im unteren Teil der Kurve gearbeitet wird. Bei einem normalen Mikrophon, das aus der Nähe besprochen eine Empfindlichkeit besitzt, die dem oberen steilen Teil seiner Amplitudenkurve entspricht, muß sich natürlich eine sehr starke Abnahme der Empfindlichkeit mit der Entfernung zeigen. Man kann also sagen, daß das gewöhnliche Kohlemikrophon die Abnahme der Intensität mit der Entfernung unnatürlich übertreibt. Dieser Gesichtspunkt ist z. B. bei Schwerhörigenapparaten wichtig und erklärt die Tatsache, daß die normalen Apparate dem Schwerhörigen in der Regel wohl eine Verständigung von Person zu Person ermöglichen, bei größeren Entfernungen, Vorträgen usw. aber versagen.

Die Empfindlichkeit der Kohlemikrophone nimmt übrigens bei sehr großen erregenden Intensitäten wieder ab, was ohne weiteres verständlich ist, da die Widerstandsänderungen einen bestimmten oberen Grenzwert nicht überschreiten können. In diesem Gebiet macht sich normalerweise eine andere Erscheinung störend bemerkbar, die eine bedeutende Verschlechterung der Wiedergabe zur Folge hat, und die darin besteht, daß bei starken Erregungen die einzelnen Kohleteilchen nicht um feste Gleichgewichtslagen schwingen, sondern durch die starke Erregung aus ihrer ursprünglichen Stellung geschleudert werden und nicht wieder in diese zurückkehren (Prelleffekt). Dieses Gebiet wird allerdings gewöhnlich schon deswegen ausgeschlossen, weil auch unabhängig von diesem Effekt, wie wir gesehen haben, in diesem Fall starke Obertöne auftreten, da die Widerstandsänderung in die Größenordnung des Gesamtwiderstandes kommt.

Bezüglich der speziellen Ausführungsform müssen noch einige Angaben folgen. Es gibt im wesentlichen zwei Konstruktionen, nämlich Kugel- bzw. Körnermikrophone und Grießmikrophone. Die Kugelmikrophone besitzen in der Regel eine Kohlemembran, hinter der sich ein Kohleklotz mit einer Mehrzahl pfannenartiger Vertiefungen in geringem Abstande von der Membran befindet. In den Pfannen befinden sich Kohlekugeln bzw. Körner von solcher Größe, daß sie nicht aus den Pfannen durch den zwischen Kohleklotz und Membran befindlichen Spalt fallen können. Es hat sich gezeigt, daß die Sprachqualität dieser Mikrophone um so höher ist, je größer die Zahl der Kohleteilchen ist. Es ist ohne weiteres klar, daß durch Vergrößerung der Zahl der beeinflußten Kontaktwiderstände die Statistik des Mikrophons verbessert wird; andererseits steigt mit abnehmender Kontaktzahl die Empfindlichkeit. Die größten Stromschwankungen erhält man bei Verwendung weniger grober Kugeln bzw. Körner. Ein für die Sprachübertragung günstiger Umstand besteht darin, daß die Membran durch die Kohlekörner verhältnismäßig stark gedämpft ist. Hier liegen normalerweise die Verhältnisse wesentlich günstiger als bei elektromagnetischen Empfängern, deren Membranen infolge der sehr kleinen Nutzdämpfung in der Regel stark ausgesprochene Eigenschwingungen besitzen. Wie im einzelnen die Rückwirkung der Kohlekörner auf die Membran ist, läßt sich schwer übersehen. Es kommt hierfür in Frage eine zusätzliche, mitgeführte Masse, eine zusätzliche Elastizität und Reibung.

Erheblich bessere Resultate können bei Verwendung von Grieß als Kontaktmaterial erzielt werden. Diese Mikrophone besitzen wegen der großen Zahl der Kohlepartikelchen und somit der beeinflußten Kontakte eine sehr gute Statistik, sind aber unempfindlich. Sie sind ohne besondere Verstärkung nur verwendbar, wenn sie, wie im Postbetrieb, unmittelbar besprochen werden, während mit Körner- bzw. Kugelmikrophonen oder Spezialmikrophonen mit nur einem Kontaktpaar eine direkte Übertragung bis auf mehrere Meter Sprechdistanz möglich ist. Zu den erwähnten Eigenschaften, die für Kohlekontakte charakteristisch sind, kommt noch eine Reihe weniger in die Erscheinung tretender Mängel. Hierher gehören unsystematische zeitliche Inkonstanz, sowie Abhängigkeit der Empfindlichkeit von der Dauer des Einschaltens infolge Erwärmung. In besonderen Fällen kann die Empfindlichkeit regelmäßig periodisch schwanken. Ferner sprunghafte, meist wieder langsam abklingende Empfindlichkeitssteigerung nach stärkerer Erregung. Einen Überblick über diese Erscheinungen bei technischen Mikrophonen geben Messungen von G. SCHUBERT[1]). Die Membraneigenschaften lassen sich übrigens, wie schon oben angedeutet, fast völlig eliminieren durch Verwendung sehr dünner Folien, z. B. aus Gummi oder Metall, hinter denen sich unmittelbar ein feinkörniger Kohlegrieß befindet. Bei diesen Mikrophonen scheint die Rückwirkung des Kontaktmaterials lediglich elastischer Art zu sein. Da Mikrophone Elongationsempfänger sind, so ergibt sich hieraus für den Empfang Frequenzunabhängigkeit (vgl. Ziff. 2). In der Tat können mit solchen Mikrophonen noch Frequenzen an der oberen Hörgrenze gut aufgenommen werden.

8. Kondensatormikrophone. Eine andere Methode der Auslösung von Relaiswirkungen durch Schall ist die Methode des Kondensatormikrophons.

Diese besteht darin, daß durch Schallerregung die Kapazität eines Kondensators geändert wird, dessen eine oder beide Belegungen als Membranen ausgebildet sind.

Im einfachsten Fall wird eine Elektrode durch eine Membran gebildet, die in geringem Abstand einer festen zweiten Belegung gegenübersteht. Ein solches Mikrophon ist z. B. von WENTE[2]) entwickelt worden (Abb. 7). Es besitzt eine außerordentlich stark gespannte Stahlmembran, die eine Dicke von 0,05 bis 0,07 mm hat (Abb. 7). Der Eigenton der Membran kann bis auf 17000 Schwingungen pro Sekunde erhöht werden, so daß er praktisch außerhalb des normalen Frequenzgebietes liegt.

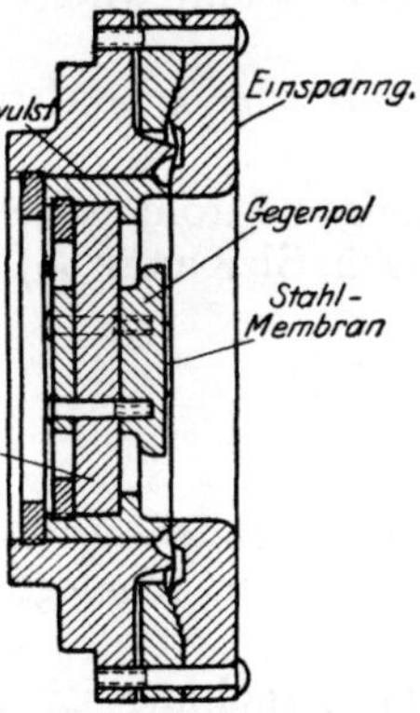

Abb. 7. Kondensatormikrophon nach WENTE.

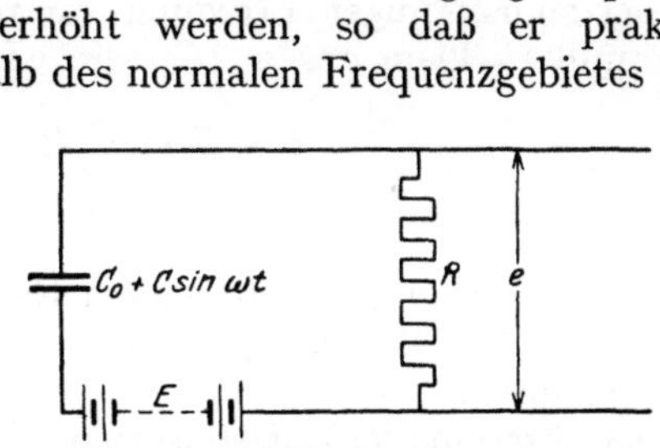

Abb. 8. Prinzipschaltbild des Kondensatormikrophons in Niederfrequenzschaltung.

Die Membran befindet sich in einem Abstand von ca. 0,02 mm gegenüber einer festen, kreisförmigen Elektrode, die die zweite Belegung darstellt. Bei diesem Abstand läßt sich die angelegte Spannung bis auf 400 Volt erhöhen, ohne daß ein Stromübergang durch Sprühen stattfindet. Für die Ableitung der mathematischen Beziehungen benutzen wir das Schaltbild (Abb. 8). Wir nehmen dabei an, daß die Erregung des Mikrophons durch einen sinusförmigen Ton

[1]) G. SCHUBERT, Elektr. Nachr.-Techn. Bd. 4, S. 139. 1927.

[2]) E. C. WENTE, Phys. Rev. (2) Bd. 19, S. 498. 1922; (2) Bd. 10, S. 39. 1917; vgl. auch W. H. MARTIN u. H. FLETCHER, Journ. Amer. Inst. Electr. Eng. Bd. 43, S. 230. 1924.

erfolgt, und daß die Kapazität C_0 sinusförmig sich ändert, und zwar sei die Amplitude der Änderung C_1, so daß wir für die Kapazität setzen können:

$$C = C_0 + C_1 \sin \omega t. \tag{21}$$

Für den Stromkreis gilt dann die Beziehung (KIRCHHOFFsche Regel)

$$E - R \cdot i = \frac{1}{C} \cdot \int i\, dt, \tag{22}$$

setzen wir in diese Gleichung den obigen Wert für C ein und differenzieren, so erhalten wir die Gleichung:

$$(C_0 + C_1 \sin \omega t) R \frac{di}{dt} + (1 + R C_1 \omega \cos \omega t) i - E C_1 \omega \cos \omega t = 0.$$

Setzen wir als Lösung des Integrals für den Strom eine Summe von n Wechselströmen mit beliebiger Phase, also

$$i = \sum J_n \sin(n \omega t + \Phi_n) \tag{23}$$

und bestimmen die Koeffizienten, so erhalten wir eine Beziehung, die sich unter Vernachlässigung höherer Glieder in C_1/C_0 in folgender Form schreiben läßt:

$$\left.\begin{aligned} i = {} & \frac{E C_1}{C_0 \sqrt{\left(\frac{1}{C_0 \omega}\right)^2 + R^2}} \cdot \sin(\omega t + \varphi_1) \\ & - \frac{E C_1^2 R}{C_0^2 \sqrt{\left[\left(\frac{1}{C_0 \omega}\right)^2 + 4R^2\right] \cdot \left[\left(\frac{1}{C_0 \omega}\right)^2 + R^2\right]}} \cdot \sin(2\omega t + \varphi_1 - \varphi_2). \end{aligned}\right\} \tag{24}$$

Zweckmäßig wird R groß gegen $1/C_0 \omega$ gemacht. Dann wird:

$$e = R \cdot i = \frac{E C_1}{C_0} \cdot \sin(\omega t + \varphi) - \frac{E C_1^2}{2 C_0^2} \sin(2\omega t + \varphi_1 - \varphi_2). \tag{25}$$

Soll bei sinusförmiger Erregung ein rein sinusförmiger Strom erzielt werden, dann muß C_1 klein gegen $2C_0$ sein. Dann wird nach Gleichung (5)

$$e = R \cdot i = R \cdot \frac{E C_1}{C_0 \sqrt{\left(\frac{1}{C_0 \omega}\right)^2 + R^2}}; \tag{26}$$

aus dieser Gleichung ist deutlich der Relaischarakter des Kondensatormikrophons ersichtlich. Die Wechselspannung wächst proportional der angelegten Gleichstromspannung.

Der Empfindlichkeitssteigerung durch Spannungserhöhung ist durch das Auftreten von Entladungen, die durch Staubteilchen und Feuchtigkeit begünstigt werden, eine Grenze gesetzt. Nach Angabe von WENTE arbeitet ein Kondensatormikrophon bei 0,02 mm Plattenabstand bis zu einer Spannung von 400 Volt betriebssicher.

Die Empfindlichkeit des Kondensatormikrophons läßt sich für tiefe Frequenzen unmittelbar durch statische Messungen bestimmen.

Es läßt sich zeigen, daß die Durchbiegungsform der Membran bei kleinen Drucken mit großer Annäherung der Durchbiegung einer idealen Membran entspricht. Unter dieser Annahme ergibt sich die Empfindlichkeit bei statischen Drucken und mit genügender Genauigkeit auch für tiefe Frequenzen zu

$$\frac{E C_1}{P \cdot C_0} = \frac{E}{C_0} \frac{R^2}{32 T d'^2} \cdot [2a^2 - R^2], \tag{27}$$

worin T die Spannung der Membran, C_1 die Änderung der Kapazität und d' den effektiven Plattenabstand bedeuten. d' ist der auf ebene Platten umgerechnete Abstand. R ist der Durchmesser der festen Belegung und a der Membranradius.

Bei dem WENTEschen Kondensatormikrophon beträgt diese Empfindlichkeit $\frac{0{,}2 \cdot 10^{-3}}{\mathrm{dyn/cm^2}}$ Volt, für höhere Frequenzen ergibt sich eine größere Empfindlichkeit, die bis zum Resonanzmaximum der Membran ansteigt. Die Empfindlichkeit für höhere Frequenzen läßt sich nur experimentell, z. B. mit Hilfe eines Thermotelephons, bestimmen. Die Eichkurve ist im Artikel „Akustische Meßmethoden" Ziff. 16 (ds. Bd. Kap. 13) abgebildet.

Der Gang der Empfindlichkeit mit der Frequenz läßt sich in weiten Grenzen durch zusätzliche Elastizität und Dämpfung beeinflussen. Bei einer neueren Form des WENTEschen Mikrophons besitzt die feste Belegung ringförmige Nuten. Diese Anordnung geht auf einen Vorschlag von CRANDALL[1]) zurück und ergibt die Möglichkeit einer starken Beeinflussung des Eigentons, indem sowohl eine zusätzliche Elastizität durch das Luftpolster als auch eine zusätzliche Dämpfung durch die durch Luftverschiebung geleistete Arbeit in Frage kommt. Besonders die durch das Luftpolster erzielbare zusätzliche Elastizität ist wertvoll, da man dadurch in die Lage versetzt ist, den Eigenton sehr weit nach oben zu verschieben, wodurch der Empfänger in einem breiten Frequenzgebiet als reiner Druckempfänger arbeitet. Hierbei ist es von besonderer Bedeutung, daß man, da der reine Membraneigenton nicht so hoch zu liegen braucht, dünnere Folien verwenden kann. Die geringere Systemmasse hat den Vorzug, daß das System stärker gedämpft ist. Auch bei sehr hohem Eigenton können sich nämlich Einschwingvorgänge, wenn der Eigenton wenig gedämpft ist, störend bemerkbar machen.

Da für ein zuverlässiges Arbeiten des Kondensatormikrophons trockene und staubfreie Luft ein Haupterfordernis ist, wird das Mikrophon zweckmäßig gegen die Außenluft abgeschlossen. Hierbei muß für einen Druckausgleich durch eine Gummimembran oder durch ein Kapillarrohr Sorge getragen werden. In dieser Form zeichnet sich das WENTEsche Mikrophon durch große Konstanz der Empfindlichkeit aus und wird daher in amerikanischen Arbeiten für Meßzwecke vielfach verwendet (vgl. Artikel „Akustische Meßmethoden Ziff. 15; ds. Bd. Kap. 13).

Grundsätzlich kann ein Kondensatormikrophon an Stelle von Luft auch ein festes Dielektrikum besitzen. Ein solches Mikrophon ist natürlich sehr schallhart und ist für die Aufnahmen von Luftschall nicht geeignet. Günstiger liegen die Verhältnisse bei einem schallharten Medium wie Wasser. Die Eignung einer derartigen Anordnung zur Aufnahme von Wasserschall hat LOHAUS[2]) untersucht.

An Stelle von Gleichstrom kann man auch ein Kondensatormikrophon mit hochfrequentem Wechselstrom betreiben, der dann durch einen Detektor bzw. ein Audionrohr gleichgerichtet wird.

Bei dieser Anordnung kommen aber nicht die weiter unten zu erwähnenden besonderen Vorteile, die sich beim Betrieb mit Hochfrequenzströmen erzielen lassen, zur Geltung, so daß der höhere Aufwand nicht gerechtfertigt erscheint. Der Betrieb mit Hochfrequenz hat insofern jedoch ein gewisses Interesse, als bei dieser Anordnung eine weitgehende Analogie zum Kohlenmikrophon besteht.

Eine besonders gesteigerte Relaiswirkung ergibt sich jedoch bei Verwendung von Hochfrequenzströmen in Verbindung mit Schwingungskreisen, wie sie

---

[1]) Vgl. E. C. WENTE, Phys. Rev. (2), Bd. 21, S. 450. 1918.
[2]) O. LOHAUS, Jahrb. Math. Naturw. Fak. Göttingen 1923, S. 36.

H. RIEGGER[1]) für sein Kondensatormikrophon geschaffen hat. Das RIEGGERsche Kondensatormikrophon, das sich übrigens in bezug auf seine Konstruktion in weiter unten zu beschreibender Weise wesentlich von dem WENTEschen unterscheidet, wird als wirksame Kapazität in einen Hochfrequenzröhrengenerator eingeschaltet (Abb. 9).

Durch akustische Erregung entsteht eine, der Erregung entsprechend, frequenzmodulierte Hochfrequenz. Die Frequenzmodulation wird nun dadurch in eine Intensitätsmodulation umgesetzt, daß ein zweiter Schwingungskreis in der Weise auf den ersten abgestimmt wird, daß er sich etwa auf halber Höhe seiner Resonanzkurve befindet (Abb. 10).

Bei Änderung der erregenden Frequenz ergibt sich dann entsprechend der Steilheit der Resonanzkurve des Empfängers eine relativ starke Änderung der Intensität. Den Übergang von Hochfrequenz zu Niederfrequenz vermittelt ein Audionrohr in bekannter Schaltung.

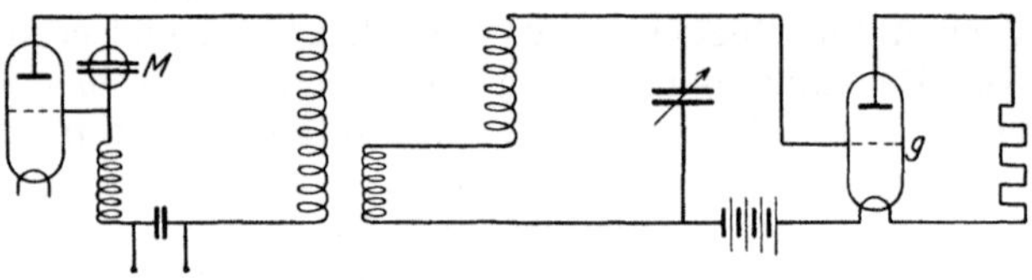

Abb. 9. Prinzipschaltbild des RIEGGERschen Kondensatormikrophons.

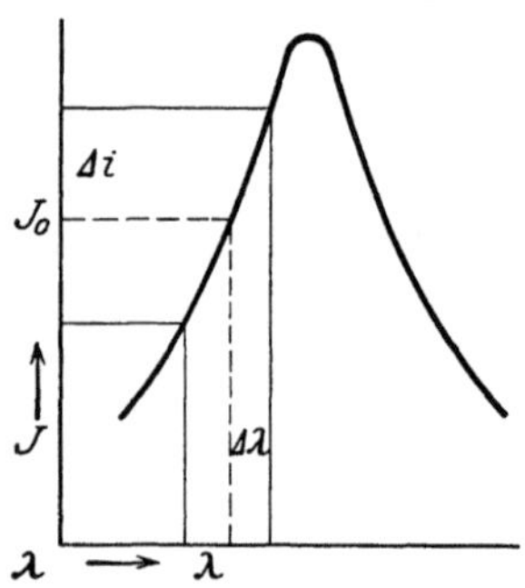

Abb. 10. Methode der halben Resonanzkurve.

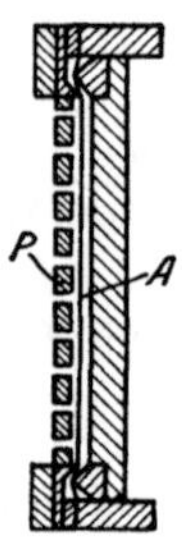

Abb. 11. Schema des Kondensatormikrophons nach H. RIEGGER. *A* Membran; *P* durchbrochene Elektrode.

Die Empfindlichkeit des Prinzips ist so groß, daß die am Audion ohne weitere Verstärkung mit einem Telephon abgehörte Lautstärke der eines Qualitätskohlemikrophons in entsprechender Anordnung nahekommt.

Die spezielle Ausführung des RIEGGERschen Kondensatormikrophons stellt eine besonders elegante Lösung des Membran- sowie Abstandsproblems dar. Es wird auf einen natürlichen Eigenton des Systems vollkommen verzichtet. Das schwingende System (*A*) besteht aus dünnster Metallfolie, die sich zwischen zwei Seidehäuten befindet. Der Eigenton wird ausschließlich durch die Polsterwirkung der eingeschlossenen Lufträume bestimmt und liegt sehr hoch, da die Systemmasse äußerst gering ist. Die zwischen Seide befindliche Metallfolie, welche die eine Belegung bildet, befindet sich zwischen zwei festen Platten, von denen die eine (*P*) durchbrochen ist (vgl. Abb. 11). Eine Eichung des Kondensatormikrophons nach RIEGGER wurde von F. TRENDELENBURG[2]) durchgeführt, die erhaltenen Kurven sind im Artikel „Akustische Meßmethoden" Ziff. 16 (ds. Bd. Kap. 13) abgedruckt.

Ein besonderer Vorteil der mit Hochfrequenz betriebenen Mikrophone besteht in der Möglichkeit der Verwendung kleiner Spannungen am Mikrophon, darüber hinaus ist die Aufgabe der betriebssicheren Einhaltung kleinster Elektrodenabstände beim RIEGGERschen Mikrophon durch die Anordnung einer Folie zwischen Seide mit einfachsten Hilfsmitteln in besonders eleganter Weise gelöst.

[1]) H. RIEGGER, Wiss. Veröffentl. a. d. Siemens-Konz. Bd. 3, H 2, S. 67. 1924; F. TRENDELENBURG, ebenda S. 43.

[2]) F TRENDELENBURG, Wiss. Veröffentl. a. d. Siemens-Konz. Bd. 5, H. 2, S. 120. 1926.

9. Thermische Empfänger. Die Umsetzung akustischer Energie in elektrische ist auch auf dem Umwege über die Wärme möglich. Während aber die entsprechende Umkehrung, das Thermotelephon, wegen seines berechenbaren Frequenzganges und der Abwesenheit von Resonanzen zum mindesten für die Meßtechnik eine gewisse Bedeutung besitzt, kommt ein thermisches Mikrophon für die Praxis zur Zeit nicht in Frage.

Möglichkeiten zur Erregung thermischer Wirkungen durch Schallwellen. Die Frage der Umsetzung akustischer Energie in elektrische unter Vermittlung der Wärme hat A. v. HIPPEL[1]) grundsätzlich theoretisch wie experimentell untersucht.

Es bieten sich drei Möglichkeiten:

1. Der Knoteneffekt. Im Schallfeld sind Wellenknoten und Wellenbäuche zu unterscheiden. In den jeweiligen Knoten befinden sich die Mediumteilchen in Ruhe, haben aber eine gegen die Umgebung verschobene Temperatur. Der hohen Frequenz der periodischen Temperaturschwankungen wegen kann die Wärme nicht an die Umgebung abgegeben werden, wohl aber an einen Leiter, in dem wegen seiner besseren Leitfähigkeit ein Wärmefluß eintreten wird. Dieser Effekt, den v. HIPPEL als Knoteneffekt bezeichnet, ist eine direkte Umkehrung des Thermophoneffektes.

2. Der Schwingungseffekt. In den Wellenbäuchen besitzen die Mediumteilchen eine gegen die Umgebung ungeänderte Temperatur, aber eine gerichtete Zusatzgeschwindigkeit. Eine unmittelbare Wärmewirkung ist hier nicht möglich, jedoch können die Mediumschwingungen die Wärmeabgabe eines erhitzten Leiters an das Medium beeinflussen.

3. Konvektionsstromeffekt. Durch einen erhitzten Körper wird ein Konvektionsstrom im Medium erzeugt, der auf den Körper abkühlend wirkt. Eine Möglichkeit der Beeinflussung der Temperatur eines Leiters ist nun dadurch gegeben, daß die Schallschwingungen, sofern sie eine mit dem Konvektionsstrom gemeinsame Richtungskomponente aufweisen, durch vektorielle Addition der Geschwindigkeiten in einer Halbperiode den Konvektionsstrom in seiner abkühlenden Wirkung unterstützen, in der anderen Halbperiode schwächen. Bei diesem Effekt haben wir es also mit einer ausgesprochenen Relaiswirkung zu tun.

Für den Knoteneffekt berechnete v. HIPPEL die Temperaturschwankung eines schallbeeinflußten zylindrischen Leiters unter Abnahme nicht zu hoher Temperaturen und sehr dünner Drähte bei Vernachlässigung der Wärmestrahlung zu

$$U_1 = \frac{B p}{c_{p_g} \cdot \varrho_g + c_f \cdot \varrho_f} e^{i\omega t} = \frac{T_1}{1 + \frac{c_f \cdot \varrho_f}{c_{p_g} \cdot \varrho_g}}, \tag{28}$$

wo B = mechanisches Wärmeäquivalent, c_{p_g} bzw. c_{p_f} spezifische Wärme des Gases bei konstantem Druck bzw. spez. Wärme des Drahtes, ϱ_g bzw. ϱ_f Dichte des Gases bzw. des Drahtes, T_1 die allein durch die Druckschwankung im Gas hervorgerufene Temperaturschwankung. Diese ist:

$$T_1 = \frac{B}{\varrho_g \cdot c_{p_g}} p_1 \cdot e^{i\omega t}. \tag{29}$$

[1]) A. v. HIPPEL, Die Theorie des Thermomikrophons. Ann. d. Phys. (4) Bd. 75, S. 521. 1924; Experimentelle Untersuchung des Thermomikrophons. Ebenda (4) Bd. 76, S. 590. 1925; vgl. hierzu auch J. FRIESE u. E. WAETZMANN, Ann. d Phys. (4) Bd. 76, S. 39. 1925; ZS. f. Phys. Bd. 29, S. 110. 1924; Bd. 31, S. 50. 1925; Bd. 34, S. 131. 1925; A. v. HIPPEL, ZS. f. Phys. Bd. 31, S. 716. 1925; ferner Artikel „Akustische Meßmethoden" Ziff. 5 (ds. Bd. Kap. 13).

Wie die Formel zeigt, gibt der Knoteneffekt unter den gemachten Voraussetzungen weder eine Phasenverschiebung zwischen den periodischen Druckschwankungen des Mediums und den Temperaturschwankungen des Leiters, noch eine Frequenzabhängigkeit; insofern wäre eine naturgetreue elektrische Abbildung des Schallvorgangs gewährleistet. Der praktischen Anwendung steht aber der Umstand entgegen, daß die Temperaturschwankungen, die der Knoteneffekt liefert, äußerst gering sind. Man erhält z. B. unter Annahme eines 5 μ dicken Platindrahtes bei Erregung mit der Frequenz 100 bei einer Druckamplitude von 10^{-4} Atm. eine Temperaturamplitude im Draht von $3{,}5 \cdot 10^{-6}$ ° C. Selbst bei den stärksten Schalldrucken übersteigt die Temperaturänderung kaum einige tausendstel Grad.

Der Schwingungseffekt. Eine mathematische Formulierung für den Schwingungseffekt kann nicht ohne weiteres dadurch gewonnen werden, daß man in voller Allgemeinheit von den Gleichungen ausgeht, die die Wärmeleitungsvorgänge beherrschen. Um eine entsprechende Beziehung abzuleiten, geht v. HIPPEL so vor, daß er einmal den Leiter unter dem Einfluß einer senkrecht gerichteten Strömung konstanter Geschwindigkeit betrachtet, das andere Mal das zeitliche Abklingen der Drahttemperatur in ruhender Luft untersucht und beide Fälle kombiniert.

Ein Leiter von der Temperatur U_0 wird durch einen Luftstrom von der konstanten Geschwindigkeit v auf die Temperatur U_0' abgekühlt. Hierfür gilt die Beziehung

$$U_0 - U_0' = D \cdot (1 - e^{-b v^2}), \tag{30}$$

wo

$$D = U_0 - T_g + \Delta T .$$

Die Drahttemperatur strebt also einem Grenzwert zu, der durch die Gasruhetemperatur T_g und die zugeführte JOULsche Wärme, die in ΔT zum Ausdruck kommt, bestimmt ist. ΔT bedeutet die Überhöhung der Gastemperatur für $v = \infty$.

Das zeitliche Abklingen der Drahttemperatur. Hierfür gilt die Beziehung:

$$\Delta U = A \cdot \left(1 - e^{\frac{-2h}{c_f \cdot \varrho_f a} t}\right) \tag{31}$$

wo

$$\Delta U = \text{Abfall von } U_0 .$$

Die Beziehung für die Abkühlung des Drahtes wird durch Annahme einer erzwungenen Luftbewegung nicht geändert, wenn man die Momentantemperatur, die das Wärmefeld jeweils deformiert, durch einen Korrektionsfaktor c_2 im Exponenten berücksichtigt. Da es sich um periodische Vorgänge handeln soll, muß die Zeit als Bruchteil einer Periode eingeführt werden, also $t = \frac{1}{c_1^1 \cdot n}$. Für den ganzen Vorgang bestehen folgende Grenzbedingungen:

Für	$n = 0$	Abkühlung	konstant entsprechend dem Wert von v.
,,	$n = \infty$	,,	$= 0$
,,	$v = 0$	,,	$= 0$
,,	$v = \infty$	,,	maximal.

Durch Kombination der beiden Formeln gelangt man zu folgender Beziehung, die den Grenzbedingungen genügt

$$U_2 = (U_0 - T_g + \Delta T) \cdot \left(1 - e^{-\frac{2h\, v^2 c_2}{c_f \cdot \varrho_f a \cdot (1 + c_1 n)}}\right), \tag{32}$$

wo

$$c_2 = f \cdot (U_2) .$$

Gute Wärmeleitfähigkeit des Drahtes und geringer Durchmesser desselben wirken günstig auf die Temperaturamplitude. Aus der Formel ergibt sich, daß sowohl die Temperaturschwankung mit steigender Frequenz abnimmt als auch Frequenzverdopplung auftritt. Diese beiden Tatsachen, die sich aus der Formel ergeben, sind übrigens unmittelbar einzusehen, da einerseits zweifellos mit wachsender Frequenz die Einstellzeiten für das thermische Gleichgewicht zu groß werden im Vergleich zu der Geschwindigkeit der Schwankungen, andererseits aber die Richtung der Bewegung für die thermische Beeinflussung gleichgültig ist. Übrigens schwankt die Temperatur nicht periodisch um einen konstanten Ruhewert U, sondern der Ruhepunkt verlagert sich gemäß der oben angegebenen Abhängigkeit von der Geschwindigkeit in Richtung abnehmender Temperatur. Wird die Frequenz so groß, daß die Temperaturschwankungen nicht mehr folgen können, dann tritt eine statische Abkühlung ein, die sich mit wachsender Frequenz wieder vermindert, um für $n = \infty$ ganz zu verschwinden.

In bezug auf die thermische Reproduktion der Schallwellen wirken sich die angegebenen Umstände so aus, daß mit abnehmendem Drahtradius besonders die Amplitude höherer Frequenzen wächst. Zusammenfassend ist zu sagen, daß der Schwingungseffekt für eine thermische Reproduktion akustischer Schwingungen völlig ungeeignet ist.

Der Konvektionsstromeffekt. Wir haben als Ursache der Frequenzverdopplung den Umstand erkannt, daß die Beeinflussung der thermischen Vorgänge durch Luftbewegung normalerweise richtungsunabhängig ist. Es ist der analoge Fall wie bei einem Telephon, das im Gegensatz zur normalen Ausführung an Stelle eines Permanentmagneten lediglich elektromagnetische Anregung besitzt. Auch hier würde Frequenzverdopplung auftreten, da die Wirkung des vom Strom erzeugten magnetischen Feldes unabhängig von der Richtung für beide Halbwellen eine auf die Membran anziehende ist. Erst durch Polarisierung des Magnetsystems wird die Wirkung der beiden Halbwellen in bezug auf die Bewegung der Membran entgegengesetzt. Eine Polarisierung des thermischen Effekts läßt sich nun nach v. Hippel durch Ausnutzung des Konvektionsstroms, der durch den erhitzten Leiter entsteht, erreichen; durch den Konvektionsstrom wird der Leiter abgekühlt. Bei geeigneter Richtung des auffallenden Schalles kann nun dieser Strom für eine Halbwelle gehemmt, für die andere beschleunigt werden. Bei kleineren Schallamplituden wird daher die Drahttemperatur um eine Ruhetemperatur schwanken, die infolge des Konvektionsstroms gegenüber der Ruhetemperatur bei der Konvektionsstromgeschwindigkeit Null erniedrigt ist. Wird die Schallamplitude vergrößert, so kann diese Temperatur als Maximalwert erreicht, jedoch nicht überschritten werden. Wird die Amplitude weiter gesteigert, so müssen notwendig Obertöne auftreten.

In einer experimentellen Arbeit hat v. Hippel die Brauchbarkeit eines solchen Mikrophontyps nachgeprüft. In einer Versuchsausführung konnte die Empfindlichkeit, wenn die Temperatur der Drähte bis dicht unter Rotglut gesteigert wurde, soweit erhöht werden, daß sich stärkere Schallerregungen ohne Verstärkung mit einem Telephon abhören ließen. Nach v. Hippel kann der Frequenzgang durch Wahl sehr dünner Drähte in weiten Gebieten unschädlich gemacht und darüber hinaus elektrisch kompensiert werden.

Die thermischen Empfänger haben vor anderen Empfängern den Vorzug, daß sie keine selektive Empfindlichkeit besitzen, da ein schwingungsfähiges Gebilde überhaupt nicht vorhanden ist. In erster Linie aus demselben Grund ist ihre Empfindlichkeit konstant und leicht reproduzierbar. Die thermischen Empfänger sind daher wiederholt für Meßzwecke vorgeschlagen worden[1]), auch ist schon vor v. Hippel

[1]) J. Heindlhofer, Ann. d. Phys. (IV) Bd. 37, S. 247. 1912; Bd. 45, S. 249. 1914.

wiederholt die Umkehrung des Thermotelephons theoretisch, allerdings nicht in so allgemeiner Form, behandelt worden[1]). Im Laufe der Entwicklung, die eine theoretische Klarlegung der Wirkungsweise der Empfänger überhaupt, sowie eine Lösung des Membranproblems gebracht hat, haben jedoch die thermischen Empfänger an Bedeutung immer mehr verloren, von Spezialgebieten abgesehen. Für die Aufnahme von Geschützknallen zur Bestimmung des Ortes der Geschütze sind im Weltkrieg, besonders auf englischerSeite, Thermomikrophone in breitem Umfang benutzt worden. Diese Mikrophone wurden von TUCKER angegeben[2]). Sie stellen lediglich einen Indikator für Druckwellen dar, so daß man bei ihnen von einer Schall umwandlung im Sinne unserer bisherigen Ausführungen nicht sprechen kann. Das Tuckermikrophon besteht gewöhnlich aus einem mit Platindraht bewickelten Rähmchen, das sich vor der zumeist kreisförmigen Öffnung einer großen Blechtonne befindet, die als Luftresonator auf den Grundton des Geschützknalles abgestimmt ist, jedenfalls in dem in Frage kommenden Frequenzgebiet eine mehr oder weniger ausgesprochene Resonanz besitzt.

Beim Auftreffen von Knallwellen wird der Luftresonator in Resonanz erregt, wodurch eine Luftbewegung von beträchtlicher Amplitude entsteht, die über das Bolometer hinstreicht und den durch Strom erhitzten Platindraht abkühlt. Das Bolometer ist so wärmeträge, daß das in der Brücke befindliche Indikatorinstrument, meistens ein Oszillograph oder registrierendes Saitengalvanometer, nicht die tieffrequenten Schwingungen selbst aufzeichnet, sondern lediglich eine Stromzacke, die der mittleren Abkühlung entspricht[3]).

Mit großer Wahrscheinlichkeit treten bei der Anordnung auch Strömungseffekte auf, so daß das Bolometer einer einseitig gerichteten Strömung ausgesetzt ist, die durch räumliche Trennung von Druck und Saugphase [Schalldüsenwirkung[4])] entsteht.

Der besondere Vorteil des Tuckermikrophons für die Aufnahme von Geschützknallen besteht in der völligen Unempfindlichkeit gegen Nebengeräusche. Bei Verwendung normaler Mikrophone, die in einem breiten Frequenzgebiet empfindlich sind, bereitete die Beseitigung von Störgeräuschen, insbesondere Windgeräuschen, außerordentliche Schwierigkeiten. Für militärische Zwecke ist auch der Umstand wichtig, daß das Hitzdrahtmikrophon unempfindlich gegen Erschütterungen ist.

Obwohl ein wärmeträges Thermomikrophon für die Zwecke der elektrischen Schallreproduktion völlig ungeeignet ist, kann es doch für Meßzwecke[5]) ausgezeichnete Dienste leisten, und zwar für Intensitätsmessungen von rein sinusförmigen Tönen, wo also Kurvenform und Frequenz gegeben sind. Die meisten akustischen Messungen, wie die Aufnahme von Resonanzkurven, Bestimmung von Dekrementen u. dgl. lassen sich auf solche Messungen zurückführen, die mit sinusförmigen Tönen verschiedener Frequenz nacheinander ausgeführt werden.

Eine besonders empfindliche Methode ist durch die Kombination der Schalldüsenwirkung mit einem wärmeträgen Bolometer[6]) gegeben. Beim Durchtreten von Schallwellen durch eine enge Öffnung, z. B. eine kreisförmige Blende von 1 mm Durchmesser und darunter, tritt eine räumliche Trennung von Druck- und Saugphase auf, die auf der Unsymmetrie der Düse in bezug auf die Richtung der Luftbewegung beruht. Es resultiert ein feiner aus der Düse austretender

[1]) E. C. WENTE, Phys. Rev. Bd. 19, S. 333. 1922.
[2]) W. S. TUCKER u. E. T. PARIS, Phil. Trans. Bd. 221, S. 389. 1921; E. T. PARIS, Proc. Roy. Soc. London (A) Bd. 101, S. 391. 1922.
[3]) Vgl. auch W. SPÄTH, ZS. f. techn. Phys. Bd. 6, S. 372. 1925.
[4]) H. SELL, ZS. f. techn. Phys. Bd. 5, S. 573. 1924.
[5]) Vgl. den Artikel „Akustische Meßmethoden" Ziff. 5 (ds. Bd. Kap. 13).
[6]) H. SELL, ZS. f. techn. Phys. Bd. 8, S. 223. 1927. Vgl. auch Kap. 13, Ziff. 7.

Luftstrom, der bei geeigneter Ausbildung des Bolometers durch seine Blaswirkung einen sehr großen Effekt gibt. Im Gegensatz zu den gewöhnlichen Thermomikrophonen, die sehr unempfindlich sind, besitzt das „Schalldüsenbolometer" eine gute Empfindlichkeit, die für viele Meßzwecke die Benutzung technischer Zeigerinstrumente als Brückeninstrumente ohne jede Verstärkung möglich macht. Hierdurch ist eine besonders leichte und vollkommene Reproduzierung der Empfindlichkeit gegeben.

10. Der piezoelektrische Empfänger. Eine Möglichkeit der Umsetzung von Schallschwingungen in Strom- bzw. Spannungsschwankungen ist auch durch den piezoelektrischen Effekt gegeben. Es ist bekannt, daß gewisse asymmetrische Kristalle bei in bestimmter Richtung wirkenden Drucken an bestimmten Stellen Potentialdifferenzen aufweisen. Diese Erscheinung zeigen gut ausgeprägt die Kristalle von Quarz, Turmalin, Feldspat, Zucker, Kampfer, Weinsäure und rechtsdrehendem Rochellesalz u. a. m.

Es ist ohne weiteres klar, daß sich mit derartigen Kristallen mikrophonische Effekte erzielen lassen, indem man sie z. B. mit einer Membran koppelt. Durch Erregung der Membran werden dann auf den Kristall periodisch schwankende Drucke ausgeübt, die ein schwankendes piezoelektrisches Potential erzeugen, das an geeigneter Stelle abgenommen werden kann.

Russel und Cotton[1]) ist es gelungen, für diesen Zweck besonders geeignete Kristalle künstlich zu erzeugen. Es haben sich in erster Linie Seignettenkristalle als geeignet erwiesen, die unter besonderen Bedingungen auskristallisiert wurden. Für den mikrophcnischen Effekt hat es sich als besonders günstig herausgestellt, die Kristalle unter einen konstanten Druck von bestimmtem Betrage zu setzen.

Zu diesem Zweck werden die Kristalle zwischen Metallbacken eingespannt. Gleichzeitig werden an wirksamen Stellen Elektroden angeschlossen, die unmittelbar an das Gitter bzw. die Kathode der ersten Röhre einer Verstärkerschaltung mit angeschlossenem Telephon gelegt werden. Bei fortlaufend gesteigertem Druck hört man neben prasselnden Nebengeräuschen bei einem bestimmten, für jeden Kristall verschiedenen Druck ein charakteristisches krachendes Geräusch im Telephon. Nach Angabe der Experimentatoren besitzen die unter diesem konstant belassenen Druck befindlichen Kristalle höchste mikrophonische Empfindlichkeit. Die Empfindlichkeit soll übrigens zunächst über Wochen veränderlich sein, schließlich jedoch konstant werden.

In bezug auf die günstigste Art der Einwirkung der Schallwellen hat es sich herausgestellt, daß zweckmäßig jedes übertragende Glied vermieden wird und die Kristalle mit der wirksamen Fläche direkt den Schallwellen ausgesetzt werden. Obwohl unter dieser Bedingung die Kopplung sehr lose ist, da sicher der größte Energiebetrag reflektiert wird, soll die Empfindlichkeit immerhin so groß sein, daß sich bei Verstärkung mit zwei Röhren Sprache bzw. Geräusche mit Leichtigkeit abhören lassen. Um die Kopplung zu erhöhen, haben Russel und Cotton angeblich eine zelluloidartige Masse gefunden, die den Schall in erheblichem Betrag absorbiert und gleichzeitig eine für den Kristall günstige Drucktransformation hervorbringen soll. Diese wird als Zwischenmedium unmittelbar auf den Kristall aufgebracht.

Im Sinne unserer Ausführungen ist das Piezomikrophon ein sehr hoch abgestimmter Bewegungsempfänger, so daß die Voraussetzungen für verzerrungsfreie Wiedergabe gegeben sind, da man annehmen kann, daß die erzeugten Spannungsamplituden in dem in Frage kommenden Gebiet den Druckamplituden proportional sind.

Für die praktische Brauchbarkeit des Piezomikrophons ist der Umstand besonders wichtig, daß es frei von jeglichen Nebengeräuschen ist, so daß eine

[1]) E. W. C. Russel u. A. F. R. Cotton, Electr. Rev. Bd. 92. 1923.

sehr hohe Verstärkung benutzt werden kann. Wegen seiner sehr hohen Abstimmung ist das Piezomikrophon auch für die Aufnahme von hochfrequenten Schallschwingungen jenseits der Hörgrenze wertvoll.

11. Mikrophone mit ionisierten Gasstrecken. Es liegt nahe, von der Idee des Kohlemikrophons ausgehend, nach mechanisch beeinflußbaren elektrischen Stromleitern zu suchen, die frei von den Mängeln der grobmechanischen Kohlewiderstände sind. Hier kommen in erster Linie ionisierte Gasstrecken in Frage. Eine solche benutzen die Erfinder VOIGT, ENGL und MASOLLE[1]) in ihrem Kathodophon, dem bekanntesten Vertreter dieser Mikrophongattung. Das Kathodophon besitzt eine keilförmige Oxydkathode, die einer als Düse ausgebildeten Anode gegenübersteht. Die Glühkathode erzeugt bei geeignetem Potential zwischen Kathode und Anode in freier Luft einen Ionenstrom, der durch Schallwellen, die von einem an die Düse angesetzten Trichter aufgenommen werden, beeinflußt wird.

Die Ursache des Effekts ist nicht völlig klar, da die Beeinflussung der freien Weglänge der Ionen durch Schallwellen allein einen zu kleinen Effekt ergeben würde, jedoch ist es nicht ausgeschlossen, daß in unmittelbarer Nähe der Kathode im Stoßionisationsgebiet eine wesentlich gesteigerte Empfindlichkeit vorhanden ist, die zur Erklärung des Effektes herangezogen werden könnte. Das Kathodophon nimmt insofern eine Sonderstellung ein, als bei ihm kein übertragendes schwingendes Organ vorhanden ist, sondern der Idee nach die schwingende Luft selbst durch den Kunstgriff der Ionisation wirksam ist. Diesem Vorteil stehen aber verschiedene Nachteile gegenüber. Die Empfindlichkeit ist gering. Es muß daher eine ziemlich erhebliche Verstärkung angewandt werden.

Ferner erscheint das Prinzip der unmittelbaren Benutzung der schwingenden Luft durch die Anwendung eines Trichters mit Düse überhaupt in Frage gestellt zu sein. Es ist bekannt, daß bei dem Durchtritt von Schall durch Düsen eine räumliche Trennung von positiven und negativen Druckphasen auftritt, so daß also an einem festen Ort entweder der positive oder der negative Druck überwiegt. Diese Vorgänge sind außerdem frequenz- und intensitätsabhängig. Hierzu kommen noch eine Reihe von möglichen anderen Störungen, wie Wirbelablösung und Verzerrung durch den Trichter überhaupt.

Diese Schwierigkeiten können bis zu einem gewissen Grade durch Vergrößerung der Trichteröffnung und durch besondere Ausbildung des Trichters (kurz, großen Öffnungswinkel) vermieden werden, jedoch gehen diese Maßnahmen auf Kosten der Empfindlichkeit.

Eine grundsätzliche Schwierigkeit scheint dagegen die Erzeugung eines konstanten Ionisationsstromes in freier Luft zu bieten. Hier würde nur ein Abschluß gegen die Außenluft Erfolg versprechen, wodurch die Anwendung von Membranen unumgänglich wird. Damit würde aber der besondere Vorteil des Kathodophons aufgegeben werden.

Das Kathodophon ist nicht der einzige Versuch der Lösung des Mikrophonproblems in der oben angegebenen Richtung; es ist wiederholt versucht worden, durch Umkehrung des Prinzips des sprechenden Lichtbogens ein brauchbares Mikrophonprinzip zu schaffen, ferner auch an Stelle einer künstlich ionisierten Gasstrecke die natürliche Leitfähigkeit von Flammen in sonst ähnlicher Weise wie beim Kathodophon zu benutzen[2]).

Abgesehen vom Kathodophon haben alle diese Versuche aber zu keinem praktisch brauchbaren Resultat geführt, und zwar von der geringen Empfindlichkeit abgesehenin erster Linie wegen der Unzuverlässigkeit der Ionisationsvorgänge in freier Luft.

---

[1]) Vgl. D. R. P. Nr. 350 500, 351 955, 366 266.

[2]) LEE DE FOREST, Microphonic flames. Nature Bd. 111, S. 739, 1923.

Kapitel 13.

Akustische Meßmethoden.

a–e von **F. Trendelenburg**, Berlin-Nikolassee,

f von **E. Lübcke**, Berlin-Siemensstadt.

Mit 33 Abbildungen.

a) Einleitung.

1. Vorbemerkungen zu Schallfeldmessungen. Die Probleme der Schallfeldmessung, also der Messung von akustischen Vorgängen, welche in einem Medium durch eine Schallquelle erregt werden, erfordern gewisse Vorsichtsmaßregeln, um die Rückwirkung[1]) der Meßvorrichtung auf die Vorgänge im Medium selbst auszuschließen. Einige Bemerkungen hierüber seien der Besprechung der akustischen Meßmethoden vorgeschaltet, um eine kritische Wertung der einzelnen Methoden hinsichtlich dieser Eigenschaften zu ermöglichen, fast alle akustischen Messungen werden ja im Schallfeld selbst durchgeführt.

Eine Rückwirkung eines Meßorgans auf das Schallfeld, welche als besonders störend bezeichnet werden kann, ist die Rückwirkung durch Reflexion der Schallwellen an der Oberfläche der Meßvorrichtung. Ist nämlich die räumliche Ausdehnung der Meßvorrichtung von der Größenordnung der Wellenlänge, so wird die Schallwelle reflektiert, es bilden sich stehende Wellen: das Schallfeld wird verzerrt und die beispielsweise für die Intensität gemessenen Werte werden größer, als sie dem ungestörten Schallfeld entsprechen würden. Bei allen Messungen, welche hinsichtlich der Amplitudenwerte oder der Energiegrößen eines Schallvorgangs durchgeführt werden, ist demnach darauf zu achten, daß die räumliche Ausdehnung des Meßorgans klein gegen die kürzeste in dem betreffenden akustischen Vorgang enthaltene Wellenlänge ist.

Eine zweite Möglichkeit der Rückwirkung liegt darin, daß ein Schallempfänger das Schallfeld durch Absorption verzerrt. Die Störungen durch Absorption können nur dann vernachlässigt werden, wenn der Schallempfänger (ganz besonders ist hier auf den vielfach verwendeten Membranempfänger zu achten) keinerlei schwach gedämpfte Selektivstellen besitzt, welche durch entsprechende, im Schallfeld vorhandene Teilfrequenzen angeregt werden. Ist nämlich eine derartige Selektivität vorhanden, so stellt der Empfänger für die betreffende Frequenz eine Schallsenke dar, in deren Umgebung das Schallfeld verzerrt ist. Es soll auch darauf hingewiesen werden, daß es besonders gefährlich ist, einen solchen Schallempfänger in der Nähe der Schallquelle selbst einzusetzen; ist nämlich die Kopplung eines schwingungsfähigen Empfängers mit der Schallquelle zu

[1]) Vgl. hierzu H. Sell, Wiss. Veröffentl. a. d. Siemens-Konz. Bd. II, S. 353. 1922.

eng, so findet eine Rückwirkung des Empfängers auf die Schallquelle selbst statt. Diese Rückwirkung macht sich sowohl hinsichtlich der Amplituden des Schwingungsvorgangs, als auch hinsichtlich der Frequenz (Kopplungsschwingungen, Zieherscheinungen) bemerkbar.

2. Beziehungen der akustischen Größen[1]**) untereinander. Intensität. Schallhärte. Schallwiderstand. Impedanz.** Ein akustischer Vorgang ist definiert, wenn für jeden Zeitmoment seines Verlaufes eine der folgenden Größen: Elongation des schwingenden Teilchens, Geschwindigkeit des Teilchens oder Druck im Medium bekannt ist. Trägt man in einem Diagramm als Abszisse die Zeit und als Ordinate den jeweiligen Wert der betreffenden Größe auf, so erhält man einen Kurvenzug, welchen man als die „Schwingungsform" eines akustischen Vorganges bezeichnet. Die Schwingungsform stellt man vorteilhaft als Fourieransatz dar, indem man schreibt:

$$\xi(t) = \xi_0 + \sum_1^n \xi_n \sin(n\,\omega\,t + \varphi_n)\,, \tag{1}$$

wobei ξ die betrachtete akustische Größe bedeutet. Das Schallfeld φ in seiner Gesamtheit ist definiert, wenn wir den Verlauf der Schwingungsform an jeder Stelle des Schallfeldes kennen:

$$\varphi = \xi(x, y, z, t)\,. \tag{2}$$

Den weiteren Betrachtungen sei zunächst die Vereinfachung zugrunde gelegt, daß der akustische Vorgang ein einfach harmonischer sei — ein Fall, der sich unter Vermittlung der Fourierreihe 1 jederzeit verallgemeinern läßt.

Der Behandlung der akustischen Meßmethoden muß eine kurze Besprechung der Beziehungen der akustischen Größen untereinander vorausgestellt werden, ist es doch mit Hilfe dieser Beziehungen möglich, beispielsweise aus dem Ergebnis der Messung der Amplitude eines schwingenden Luftteilchens rechnerisch die Intensität zu bestimmen, die Kenntnis dieser Beziehungen wird es somit ermöglichen, Meßmethoden, welche unmittelbar eine bestimmte akustische Größe messen, zur mittelbaren Bestimmung der anderen Werte heranzuziehen.

Es sei $a = a' \sin\omega t$ die Bewegung eines schwingenden Teilchens, dann wird die Geschwindigkeitsamplitude $v' = \omega a'$ und die Druckamplitude $p' = s\,c\,\omega\,a'$, wobei s die Dichte und c die Schallgeschwindigkeit bedeutet. a', p' oder v' können zur Berechnung der Schallintensität J in folgender Weise herangezogen werden:

$$J = \frac{s \cdot c}{2}(\omega a')^2 = \frac{s \cdot c\,v'^2}{2} = \frac{p'^2}{2\,s \cdot c}\,. \tag{3}$$

Die Beziehungen (3) gelten für fortschreitende ebene Wellen, oder auch mit großer Annäherung für Kugelwellen in einer Entfernung r vom Erregungszentrum, welche groß ist gegen $\lambda/2\pi$, wobei λ die Wellenlänge bedeutet. In der Nähe der Schallquelle tritt zu den Beziehungen (3) noch ein Korrekturfaktor hinzu: HAHNEMANN und HECHT[2]) haben die dort gültigen Beziehungen berechnet.

Aus dem Gesagten folgt die Beziehung:

$$\frac{p'}{a'} = s \cdot c \cdot \omega\,, \tag{4}$$

---

[1]) Über die Definition der akustischen Größen und ihre Beziehung zum CGS-System vgl. Kap. 1, Ziff. 2.

[2]) W. HAHNEMANN u. H. HECHT, Phys. ZS. Bd. 17, S. 601. 1916. Vgl. über Schallfeldmessungen insbesondere auch E. MEYER, Elektr. Nachr.-Techn. Bd. 3, S. 290. 1926; H. SELL, Wiss. Veröffentl. a. d. Siemens-Konz. Bd. II, S. 353. 1922; F. TRENDELENBURG, ebenda Bd. 5, H. 2, S. 120. 1926.

ein Ausdruck, für welchen HAHNEMANN und HECHT[1]) die Bezeichnung Schallhärte prägten, sowie

$$\frac{p'}{v'} = s \cdot c, \tag{5}$$

ein Ausdruck, den man mit Schallwiderstand bezeichnet.

Diese eben besprochenen einfachen Beziehungen gelten ebenfalls streng nur für die ideal einfachen Verhältnisse bei fortlaufenden ebenen Wellen. Bei komplizierteren Schallfeldkonfigurationen können die Beziehungen zwischen Druck und Elongation und damit auch zwischen Druck und Geschwindigkeit recht verwickelt werden[2]).

Die zeitliche Phase zwischen den akustischen Größen hatten wir bisher außer acht gelassen — sie interessiert im freien Schallfeld im allgemeinen weniger. Von Bedeutung ist die zeitliche Phase aber zur Erfassung der Vorgänge in geschlossenen akustischen Systemen, also beispielsweise in Hohlräumen, wie Filtern u. dgl.

Man kann dann ansetzen:

$$\frac{p}{v} = \mathfrak{S}, \tag{6}$$

wobei p bzw. v die Momentanwerte des Druckes bzw. der Geschwindigkeit bedeuten, $\mathfrak{S}$ also im allgemeinen komplexer Natur ist. Im Fall des Kugelresonators betrachtet man häufig das Verhältnis Druck/Volumenströmung. Die Volumenströmung ist hierbei gegeben durch $V^{\cdot} = dV/dt$, wobei V die Volumenverschiebung (Querschnitt $\times$ Verschiebung) bedeutet.

Es ist dann

$$\frac{p}{V^{\cdot}} = \mathfrak{Z}, \tag{7}$$

ein Ausdruck, welchen man aus Gründen der Analogie zur Theorie der elektrischen Schwingungssysteme mit Impedanz bezeichnet[3]).

Eine Bestimmung der akustischen Impedanz eines Systems ist möglich durch elektrische Bestimmung der Rückwirkung des akustischen Systems auf ein elektrisches — zur Erregung des akustischen Systems verwendetes — System. A. E. KENNELLY[4]) hat ein solches Verfahren angegeben. Es ist aber auch möglich, die Impedanz eines akustischen Systems durch eine akustische Meßmethode zu bestimmen, ein Verfahren, welches G. W. STEWART[5]) zur Untersuchung von Resonatoren und von Filtern verwendete.

Ein Schallsender (Telephon) sendet durch eine lange, von Reflexionen freie Röhre fortlaufende Schallwellen, an einer Stelle des Rohres sitzt ein Hörschlauch an, der zum Ohr des Beobachters führt. Ein zweites (Hilfs-) Telephon gestattet, den im Hörschlauch eintreffenden Schallvorgang akustisch auf Null zu kompensieren. Öffnet man nun eine Abzweigung der Röhre zu dem zu messenden System, so geht die Kompensation verloren. Durch Änderung der Erregung des Hilfstelephons und durch Änderung der gegenseitigen Phase wird die Kompensation

---

[1]) W. HAHNEMANN und H. HECHT (Fußnote 2, S. 570).

[2]) H. BACKHAUS u. F. TRENDELENBURG, ZS. f. techn. Phys. Bd. 7, S. 630. 1926.

[3]) Diese Bezeichnungsart ist in der Literatur nicht ganz einheitlich, so schlug A. G. WEBSTER (Proc. Nat. Acad. Amer. Bd. 5, S. 275. 1919) diese Bezeichnung für den Ausdruck P/V vor. A. E. KENNELLY und K. KUROKAWA (Proc. Amer. Acad. Bd. 56, S. 3. 1921) setzen für die Impedanz eines in einem Zylinder hin und her bewegten Systems an: $\mathfrak{Z} = F/x^{\cdot}$, wobei F die angreifende Kraft (Druck $\times$ Fläche) und $x^{\cdot}$ die Geschwindigkeit bedeutet, eine Bezeichnungsart, welche formal mit unserer oben gegebenen Definition übereinstimmt.

[4]) A. E. KENNELLY, The measurement of acoustic impedance with the aid of the tele phone receiver. Journ. Frankl. Inst. Bd. 200, S. 467. 1925.

[5]) G. W. STEWART, Direct absolute measurement of acoustical impedance. Phys. Rev. (2) Bd. 28, S. 1038. 1926. Dort auch weitere Literatur.

wiederhergestellt: Aus dem Verhältnis der Erregungen und der Phasen vor und nach dem Anschluß des zu messenden Systems folgt dann die Impedanz. Wegen Einzelheiten muß auf die Originalarbeit verwiesen werden.

Im folgenden sollen zunächst diejenigen Methoden besprochen werden, welche sich auf die Bestimmung der Schallintensität beziehen, also die mittlere sekundliche Energie des Schwingungsvorgangs messen. Die späteren Abschnitte werden dann die Wellenlänge und Frequenz und die Bestimmung der Schwingungsform behandeln.

b) Die Messung der Schallintensität[1].

3. Die RAYLEIGHsche Scheibe. Lord RAYLEIGH[2] machte die Beobachtung, daß eine schräg zur Schallrichtung gestellte Scheibe sich senkrecht zur Schallrichtung einzustellen bemüht. Das auf die Scheibe von den Schallwellen ausgeübte Drehmoment ist dem Quadrat der Geschwindigkeitsamplitude, also bei ebenen Wellen[3] der Schallintensität proportional; die RAYLEIGHsche Scheibe stellt somit ein Mittel dar, die Schallintensität unmittelbar zu messen, insbesondere ist es nicht erforderlich, die Frequenz des akustischen Vorgangs oder seine Schwingungsform zu kennen.

W. KÖNIG[4] hat das Problem theoretisch behandelt, er berechnete das Moment, welches von einer strömenden Flüssigkeit auf ein Rotationsellipsoid ausgeübt wird, wenn die Rotationsachse einen Winkel ϑ mit der Strömungsrichtung bildet. Die Theorie W. KÖNIGS wurde von ZERNOV[5] erweitert und insbesondere auch experimentell geprüft. ZERNOV befestigte an der Zinke einer Stimmgabel einen kleinen Kasten; die in den Kasten eingeschlossene Luft macht die Schwingungen des Kastens und somit die Stimmgabelschwingungen mit. Die Amplitude der Luftteilchen relativ zu einer von außen her in das Luftvolumen gehängten RAYLEIGHschen Scheibe konnte er durch Messung der Stimmgabelamplitude bestimmen. Es ergab sich eine sehr gute Übereinstimmung der Theorie mit dem experimentellen Befund.

---

[1]) Über die Definition des Begriffes Schallintensität vgl. Kap. 1, Ziff. 2. Es ist an dieser Stelle nur die Messung der physikalischen Intensität behandelt. Über subjektive Intensitätsvergleiche s. Artikel „Musikinstrumente und ihre Klänge" Ziff. 13 (ds. Bd. Kap. 8) sowie Artikel „Das Gehör" Ziff. 13 (ds. Bd. Kap. 11).

Es sei hier bemerkt, daß man für die Intensität auch logarithmische Einheiten vorgeschlagen hat. So benutzt man in Amerika in Analogie zu den Begriffen der Leitungstheorie insbesondere zu vergleichenden Angaben als Maß die T. U. (transmission unit, ein logarithmisches Maß im dekadischen System). Vgl. hierzu z. B. R. V. L. HARTLEY, Electric. Communic. Bd. 3, Nr. 1. Juli 1924; L. J. SIVIAN, ebenda Oktober 1924; W. H. MARTIN, Journ. Amer. Inst. Electr. Eng. 1924, S. 504. In Deutschland verwendet man zu vergleichenden Angaben das Dämpfungsmaß, und zwar in Analogie zum elektrischen Strom für die Druckamplitude (vgl. C. A. HARTMANN, Elektr. Nachr.-Techn. Bd. 3, S. 458. 1926). Internationale Verhandlungen zwecks Verständigung über diese Maßeinheiten sind im Gange. Ein anderes logarithmisches Maß wurde von H. FLETCHER (Bell Syst. Techn. Journ. Bd. 1, Heft 1, S. 122. 1922) bei Sprachuntersuchungen verwendet, es ist dies das Napier; hierunter wird der natürliche Logarithmus des Verhältnisses der betreffenden Druckamplitude zur mittleren Druckamplitude in $^1/_2$ Zoll Entfernung vom Mund einer sprechenden Person verstanden.

Es ist schließlich noch auf einen Vorschlag von BARKHAUSEN zur Verwendung einer logarithmischen Einheit hinzuweisen, der in einer im Artikel „Das Gehör" Ziff. 13 (ds. Bd. Kap. 11) besprochenen Arbeit gegeben wurde.

Es sei hier aber ausdrücklich betont, daß einer physikalischen Kritik nur solche Maßsysteme standhalten, die in leicht übersehbarer und jederzeit einwandfrei reproduzierbarer Weise an das absolute Maßsystem angeschlossen sind.

[2]) Lord RAYLEIGH, Theory of Sound. 2. Aufl. Bd. II, S. 44, 1926. Dort auch weitere Literatur.

[3]) Vgl. Gleichung 3.

[4]) W. KÖNIG, Wied. Ann. d. Phys. Bd. 43, S. 43. 1891.

[5]) W. ZERNOV, Ann. d. Phys. (4) Bd. 26, S. 79. 1908.

Die Beziehung zwischen Schallintensität und Drehmoment läßt sich nach W. KÖNIG[1]) in folgender Weise ausdrücken:

$$M = \tfrac{2}{3} s \cdot v'^2 r^3 \sin 2\vartheta . \tag{8}$$

Hierbei ist r der Scheibenradius und ϑ der Winkel zwischen Scheibe und Schallrichtung. Die Beziehung gilt nur dann, wenn die Scheibendicke gegen den Radius vernachlässigt werden kann, sonst kommt ein Korrekturglied hinzu; es sei dieserhalb auf die Originalarbeit verwiesen. Vgl. auch Kap. 4 Ziff. 17.

Es ist ersichtlich, daß die Empfindlichkeit der Scheibe mit der dritten Potenz des Radius ansteigt, der Vergrößerung des Scheibenradius ist aber dadurch eine Grenze gesetzt, daß die Beziehung nur solange gilt, als $r < \lambda/2\pi$ (die Phasenlänge) ist, wobei λ die kürzeste in dem Schallfeld noch zu messende Wellenlänge bedeutet[2]); überdies wird auch das Schallfeld für größere Scheibenausdehnung verzerrt.

Um die Scheibe hinsichtlich ihrer Absolutempfindlichkeit berechnen zu können, ist es nach Gleichung (9) erforderlich, das auf die Scheibe ausgeübte Drehmoment in absolutem Maß zu kennen. Das Drehmoment wird $M = D\alpha$; D ist die Direktionskraft und α der Drehwinkel. Man muß also zunächst die Direktionskraft bestimmen. Zu diesem Zwecke mißt man die ganze Schwingungsdauer T der Scheibe, diese führt man durch Einführung des ebenfalls zu messenden Dekrements auf die ungedämpfte Schwingungsdauer zurück[3]). Alsdann berechnet man das Trägheitsmoment K der Scheibe. Aus Schwingungsdauer T und Trägheitsmoment K folgt die Direktionskraft nach der Beziehung:

$$D = \frac{4\pi^2}{T^2} K \tag{10}$$

und hieraus unter Berücksichtigung von (8) und (9) die Schallintensität in absolutem Maß.

Neben der bereits erwähnten experimentellen Bestätigung, die ZERNOV hinsichtlich der Absolutempfindlichkeit für eine Frequenz gewonnen hat, fand E. MEYER[4]), daß die mit der RAYLEIGHschen Scheibe bestimmten Werte auch n größeren Frequenzbereichen gut mit Messungen übereinstimmten, welche mit einem mittels Thermophon geeichten Kondensatormikrophon durchgeführt wurden. In einer späteren Arbeit vergleicht E. MEYER[5]) die Empfindlichkeit der Rayleigh-Scheibe mit der Empfindlichkeit eines nach einer absoluten Methode geeichten Kondensatormikrophons; er fand auch hier sehr gute Übereinstimmung. MALLETT und DUTTON[6]) eichten eine Rayleigh-Scheibe in einem gleichgerichteten Luftstrom und benutzten sie dann zur Bestimmung des Wirkungsgrades von Telephonen sowie zur Aufnahme von Resonanzkurven. STEWART und STILES[7]) eichten die RAYLEIGHsche Scheibe hinsichtlich ihrer Relativempfindlichkeit dadurch, daß sie die Scheibe an verschiedene Punkte eines Schallfeldes bestimmter Intensitätsverteilung brachten (Schallquelle in der Oberfläche einer großen Kugel, Intensitätsverteilung durch G. W. STEWART berechnet).

---

[1]) W. KÖNIG, Wied. Ann. Bd. 43, S. 43. 1891.

[2]) Über anormales Verhalten der Rayleigh-Scheibe bei Frequenzen, deren Wellenlänge an die Ausdehnung der Scheibe heranreichen, vgl. CH. H. SKINNER, Phys. Rev. Bd. 27, S. 346. 1926.

[3]) F. KOHLRAUSCH, Lehrb. d. prakt. Phys., 13. Aufl., S. 703. 1921.

[4]) E. MEYER, Elektr. Nachr.-Techn. Bd. 3, S. 290. 1926.

[5]) E. MEYER, Elektr. Nachr.-Techn. Bd. 4, S. 86. 1927.

[6]) E. MALLETT u. G. F. DUTTON, Journ. Inst. Electr. Eng. Bd. 63, S. 502. 1925.

[7]) G. W. STEWART u. H. STILES, Phys. Rev. (2) Bd. 1, S. 309. 1913; vgl. auch G. W. STEWART, Phys. Rev. Bd. 32, S. 248. 1911; Bd. 33, S. 467. 1911.

Als Material für Scheibe und Faden wurden in den Untersuchungen, welche mit der Rayleighscheibe durchgeführt wurden, verschiedene Materialien gewählt. Hier sei die Anordnung beschrieben, welche E. MEYER[1]) zur Prüfung von Lautsprechern verwendete. Die Scheibe (*S*) bestand aus einem Glimmerblättchen von 5 mm Durchmesser und 0,05 mm Dicke, in der Mitte des Glimmerblattes war ein sehr dünner rechteckiger Spiegel von etwa 6 mm² Fläche angebracht, sein Beitrag zum Trägheitsmoment der Scheibe konnte wegen seiner Lage dicht an der Drehachse vernachlässigt werden. Die Scheibe ist an einem Torsionsfaden (*F*) aufgehängt, als Material für den Faden wurde Wollastondraht verwendet (vorteilhaft bewährte sich besonders ein solcher mit einer Goldseele von etwa 3 bis 5 μ Durchmesser). Die Länge des Fadens betrug 10 cm, der Faden ist durch ein zylindrisches Rohr (*R*) geschützt, am oberen Ende ist der Faden in einem Torsionkopf gelagert, welcher die Einstellung der Scheibe in der gewünschten Richtung erleichtert, am unteren Ende ist zum Schutz der Scheibe gegen Luftströmungen ein kleines Kästchen von $3{,}5 \times 2{,}2 \times 2{,}6$ cm angebracht, die beiden Seitenflächen sind mit dünnem, gazeartigem Stoff bedeckt. Die ganze Anordnung hängt in der Art eines JULIUSschen Gestänges an einer an der Decke befestigten schweren Masse. Die Ablesung erfolgt mit Spiegel und Skala.

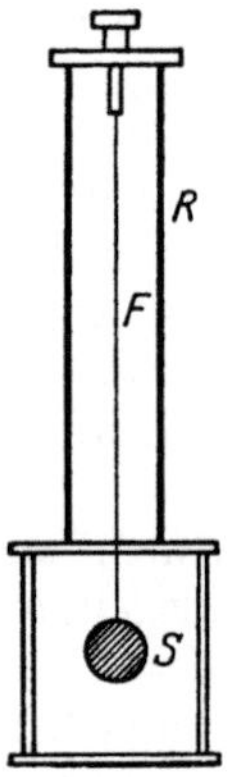

Abb. 1. Die RAYLEIGHsche Scheibe.

Der RAYLEIGHschen Scheibe ist hinsichtlich ihrer Absolutempfindlichkeit neben der obenerwähnten — in der Art ihrer Wirkungsweise begründeten — Grenze auch dadurch eine Grenze gesetzt, daß sie trotz Schutzmaßnahmen gegen äußere Störungen, wie Luftzug, empfindlich bleibt; man hat sie daher früher und insbesondere dort, wo es sich darum handelte, Schallintensitäten verhältnismäßig geringer Größe relativ zu messen, in Verbindung mit einem Resonator benutzt. GRIMSEHL[2]) konstruierte ein Phonometer, indem er eine RAYLEIGHsche Scheibe in ein Resonanzrohr einbaute. Untersuchungen mit RAYLEIGHschen Scheiben führten auch LEBEDEW[3]), RIHL[4]), LICHTE[5]), ZWAARDEMAKER[6]) und WATSON[7]) durch. Mittels einer Reihe verschieden abgestimmter Resonatoren, welche jeweils auf eine RAYLEIGHsche Scheibe wirkten, unternahm EDWARDS[8]) quantitative Klanganalysen (vgl. Ziff. 17). Das prinzipielle Bild einer derartigen Anordnung zeigt Abb. 2; *S* ist die am Faden *F* hängende Scheibe, *R* ist der abstimmbare Resonator, *G* ist ein Gefäß mit einer Dämpfungsflüssigkeit. Über die Drucktransformation

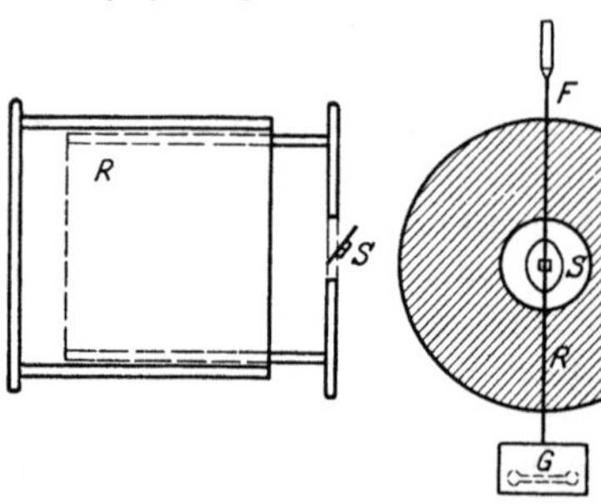

Abb. 2. RAYLEIGH-Scheibe und Resonator.

[1]) E. MEYER, Elektr. Nachr.-Techn. Bd. 3, S. 290. 1926.
[2]) E. GRIMSEHL, Wied. Ann. Bd. 34, S. 1028. 1888.
[3]) P. LEBEDEW, Wied. Ann. Bd. 62, S. 163. 1897; Journ. d. russ. Phys.-Chem. Ges. Bd. 41, Physik. Teil, S. 370—372. 1909.
[4]) W. RIHL, Ann. d. Phys. (4) Bd. 36, S. 647. 1911.
[5]) H. LICHTE, Dissert. Göttingen 1913; Ann. d. Phys. (4) Bd. 42, S. 843. 1913.
[6]) H. ZWAARDEMAKER, Proc. Amsterdam Bd. 18, S. 165. 1915; vgl. auch H. ZWAARDEMAKER, Nederl. Tijdschr. voor Geneeskunde 1913, S. 640; H. ZWAARDEMAKER u. S. OHMA, ZS. f. Psychol. u. Physiol. d. Sinnesorg., II. Abt., Bd. 54, S. 79. 1922; A. MICHOTTE, Arch. néerland. de physiol. de l'homme et des anim. Bd. 7, S. 579. 1922.
[7]) F. R. WATSON, Phys. Rev. (2) Bd. 17, S. 380. 1921; Bd. 25, S. 117. 1925.
[8]) P. H. EDWARDS, Phys. Rev. Bd. 32, S. 23. 1911; vgl. auch C. W. HEWLETT, ebenda Bd. 35, S. 359. 1912.

durch einen Resonator vgl. Kap. „Musikinstrumente und ihre Klänge“ Ziff. 7 (ds. Bd. Kap. 8).

Zu Messungen im freien Schallfeld ohne Zuhilfenahme von Resonatoren eignet sich die RAYLEIGHsche Scheibe nur dann, wenn die vorhandene Schallintensität nicht allzu klein ist. E. MEYER[1]) machte in seiner bereits erwähnten Arbeit von der RAYLEIGHschen Scheibe Gebrauch, um Frequenz- und Amplitudenabhängigkeit von Lautsprechern zu bestimmen, F. TRENDELENBURG[2]) eichte einen Schallempfänger durch Vergleich mit der RAYLEIGHschen Scheibe (vgl. Ziff. 16).

4. Intensitätsmessungen durch Bestimmung der Druckschwankung oder der Dichteschwankung. Die in Ziff. 2 besprochenen Beziehungen der akustischen Größen des Schallfeldes gestatten eine mittelbare Bestimmung der Intensität durch Messung der Amplituden der periodisch veränderlichen akustischen Größen.

KUNDT[3]) untersuchte die Druckverhältnisse in tönenden Gassäulen mittels eines einseitig arbeitenden Membranventils: eine Kautschukmembran ist über einen in eine Platte geschnittenen Schlitz derart angespannt, daß ihr Eigenton beim Anblasen ungefähr mit der Frequenz der zu untersuchenden Schwingung zusammenfällt, auf der anderen Seite des Schlitzes ist ein Manometer angeschlossen. In der einen Schwingungsphase (bei der geschilderten Anordnung während der Phase des Überdrucks) legt sich das Membranventil gegen den Schlitz, so daß keinerlei Beeinflussung des Manometers stattfindet, in der anderen Phase wird das Ventil geöffnet und die Unterdrucke wirken auf das Manometer, welches somit eine mittlere einseitige Druckwirkung anzeigt. Die Methode ist nur zu relativen Messungen geeignet und arbeitet auch dann wegen der unübersichtlichen resonatorischen Eigenschaften der Kautschukmembran mit nicht sehr großer Genauigkeit. RAPS[4]) ersetzte dieserhalb die durch die Schallkräfte selbst gesteuerten Ventile durch zwangläufig gesteuerte solide Metallventile.

M. WIEN[5]) mißt die Amplitude der Druckschwankungen vermittels eines Kugelresonators. Die Öffnung des Resonators, welche sonst in das Ohr gesteckt wird, wurde erweitert und dann wurde die obere Hälfte der Kapsel eines Aneroidbarometers luftdicht angelötet, so daß diese gewissermaßen die Stelle des Trommelfells einnahm. Membrankapsel und Resonator sind auf eben die gleiche Frequenz abgestimmt, welche auch der zu untersuchende Vorgang besitzt. Die Membranamplitude wird vermittels einer empfindlichen Spiegelanordnung gemessen (vgl. hierzu Ziff. 15), zur Eichung auf absolutes Maß dient ein geometrisch gleicher Resonator, dessen Membran jedoch eine Abstimmung weit oberhalb der zu untersuchenden Frequenz besitzt. Das Ergebnis der mit einseitigem statischen Druck durchgeführten Eichung gilt dann mit großer Annäherung auch noch für die zu untersuchende Frequenz. Die WIENsche Methode liefert also — ebenso wie die in Ziff. 3 besprochene Methode der RAYLEIGHschen Scheibe — Resultate, welche in absolutem Maß ausgedrückt werden können. ALTBERG und ZERNOV[7]) verglichen die WIENsche Methode in verschiedenen Anordnungen mit einem in Ziff. 6 zu besprechenden Verfahren, die Intensität durch den „Schalldruck“,

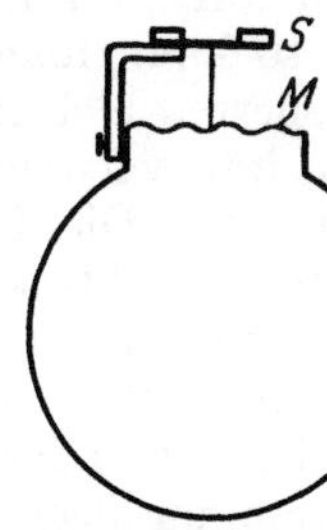

Abb. 3. Membranresonator nach M. WIEN[6]).

[1]) E. MEYER, Elektr. Nachr.-Techn. Bd. 3, S. 290. 1926.
[2]) F. TRENDELENBURG, Wiss. Veröffentl. a. d. Siemens-Konz. Bd. V/2, S. 120. 1926.
[3]) A. KUNDT, Pogg. Ann. Bd. 134, S. 563. 1868.
[4]) A. RAPS, Wied. Ann. Bd. 36, S. 273. 1889.
[5]) M. WIEN, Wied. Ann. Bd. 36, S. 834. 1889.
[6]) Entnommen M. WIEN, a. a. O. Die Eintrittsöffnung für den Schall ist nicht gezeichnet.
[7]) Literatur unter Ziff. 6.

welcher bei Reflexion einer Schallwelle an einer Wand auftritt, zu bestimmen, es fand sich ausgezeichnete Übereinstimmung der Ergebnisse; es sei dieserhalb auf die genannte Ziff. 6 verwiesen.

FRIESE und WAETZMANN[1]) verglichen Absolutmessungen, welche sie mittels Widerstandsthermometers durchführten, mit Messungen, zu denen sie den WIENschen Membranresonator verwendeten, und fanden auch hierbei befriedigende Übereinstimmung.

LEWIN[2]) führte Intensitätsmessungen durch Bestimmung der Amplitude der erzwungenen Schwingung, einer scharf abgestimmten Messingmembran, WEBSTER[3]) in ähnlicher Weise unter Verwendung einer von stark gespannten Stahldrähten gehaltenen Scheibe als schwingendes System aus. Mit Hilfe einer sehr empfindlichen Spiegelanordnung kann noch eine Amplitude der Scheibe von $^1/_{24000}$ mm beobachtet werden.

Auch ist hier eine Methode von SABINE[4]) zu nennen, bei welcher das menschliche Ohr als Schallempfänger zu subjektiven Intensitätsbestimmungen eingesetzt wird. Man mißt die Nachhalldauer des betreffenden Schallvorganges in einem Raum, dessen Absorptionsverhältnisse bekannt sind. Aus der gemessenen Nachhalldauer einerseits, der Absorption und dem Schwellenwert der Gehörempfindung andererseits folgt die Intensität. Das Verfahren besitzt keine große Genauigkeit, insbesondere weil die Schwellenwerte der Gehörempfindung individuell verschieden sind.

Zur Beobachtung der Dichteschwankungen benutzte RAPS die Interferenzerscheinungen zweier Lichtstrahlen; die Methode ist in Ziff. 15 beschrieben.

Die Methoden zur Messung der „Schwingungsform" eines akustischen Vorgangs sind ebenfalls unter Ziff. 15 beschrieben. Eine Reihe der dort behandelten Methoden kann unter Benutzung der Gleichungen (3) gleichfalls zur Bestimmung der Schallintensität ausgenutzt werden; es sei dieserhalb hier ausdrücklich auf diese Ziffer verwiesen.

5. Elektrische und thermische Methoden zur Bestimmung der Schallintensität. Formt man die Schallschwingungen in elektrische Schwingungen um, so kann man die von den betreffenden Schallempfängern erzeugten oder gesteuerten elektrischen Leistungen als Maß für Absolutmessungen der Schallintensität verwenden, wenn der akustisch-elektrische Umformungsprozeß bekannt ist. Die Behandlung der theoretischen und praktischen Probleme des akustisch-elektrischen Umformungsprozesses findet sich in Kapitel 12, man vergleiche hierzu auch noch die Ziffern „Aufzeichnung der Schwingungsform" und „Eichung von Schallempfängern" (Ziff. 15 und Ziff. 16).

Ein besonderer Vorteil der elektrischen Methoden der Schallintensitätsbestimmung liegt darin, daß man in der Lage ist, zwischen den Schallempfänger und das elektrische Meßinstrument Verstärker einzuschalten, welche die geringen. dem Schallempfänger zu entnehmenden Leistungen so weit verstärken, bis ihre Messung möglich wird. Bei geeigneter Anordnung arbeitet der Verstärker auch quantitativ richtig. Es können somit mit großer Genauigkeit auch Schallschwingungen meßtechnisch erfaßt werden, welche an sich nur geringe Intensität besitzen. Ein weiterer Vorteil besteht darin, daß man den Schallempfänger klein bauen kann, so daß er das Schallfeld nicht verzerrt, auch gegen fremde Störungen, z. B. durch Luftzug, sind die elektrischen Schallempfänger ziemlich unempfindlich.

---

[1]) J. FRIESE u. E. WAETZMANN, ZS. f. Phys. Bd. 34, S. 131. 1925 (vgl. auch Ziff. 5).

[2]) K. LEWIN, Psychol. Forsch. Bd. 2, S. 317. 1922.

[3]) A. G. WEBSTER, Proc. Nat. Acad. Amer. Bd. 5, S. 173. 1919; vgl. auch Science (N. S.) Bd. 58, S. 149. 1923.

[4]) P. E. SABINE, Phys. Rev. (2) Bd. 22, S. 303. 1923.

Handelt es sich darum, Relativmessungen geringer Genauigkeit durchzuführen, so kann man häufig auf den Einsatz von Verstärkern verzichten und sich statt dessen höchstempfindlicher Schallempfänger geringer Meßgenauigkeit, wie gewöhnlicher Kohlekörnermikrophone, bedienen. So gebrauchte OBERBECK[1]) ein Kohlekörnermikrophon; in den Stromkreis des Mikrophons wurde ein Gleichstromgalvanometer eingeschaltet, welches auf den Gleichrichteffekt des Mikrophons ansprach. STERN[2]) maß die im Mikrophonkreis auftretenden Wechselströme mittels eines Dynamometers.

Messungen mittels der gewöhnlichen Kohlekörnermikrophone besitzen wegen der Schwellenwerts- und anderer Eigenschaften keine sehr große Genauigkeit, auch ist die Konstanz der Messungen im allgemeinen nicht sehr groß; ein ebeträchtliche Verbesserung kann man erlangen, wenn man Telephone als Schallempfänger einsetzt. PIERCE[3]) bediente sich einer einfachen und empfindlichen Vorrichtung: Telephon als Empfänger und Detektor mit Galvanometer als Meßvorrichtung, eine Anordnung, welche auch KARCHER[4]) verwendete. WATSON[5]) benutzt statt des Detektors ein Thermogalvanometer, BOEHM[6]) ein Vibrationsgalvanometer. SELL[7]) läßt ein Telephon auf einen Röhienverstärker arbeiten, dessen letztes Rohr als Gleichrichter geschaltet ist. Zur Messung der Wechselströme, die von einem elektroakustischen Empfänger gesteuert werden, kann auch die Parallel-Ohmmethode[8]) verwendet werden. Man schickt die Ströme durch ein Abhörtelephon, parallel zu diesem ist ein regelbarer Widerstand geschaltet, der so bemessen wird, daß der Telephonton gerade verschwindet; je kleiner der Widerstand ist, desto größer ist der Strom und desto stärker die Wirkung der akustischen Vorgänge im Schallfeld auf den Empfänger. Messungen nach dieser Methode beschreibt PETZOLD[9]).

Als Schallempfänger zu Intensitätsmessungen wurden ferner in Amerika das Kondensatormikrophon nach WENTE und in Deutschland das Kondensatormikrophon nach RIEGGER verwendet (vgl. Ziff. 15 und Ziff. 16, ferner Artikel „Umwandlung des Schalles in andere Energieformen" Ziff. 8; ds. Bd. Kap. 12). Hier sei besonders noch auf die Anordnung von CRANDALL und MAC KENZIE[10]) hingewiesen; ein Kondensatormikrophon (Abb. 4) steuert einen Verstärker, der Verstärker arbeitet das eine Mal unmittelbar auf ein Thermokreuz und das andere Mal über einen Resonanzkreis auf eine gleiche Meßvorrichtung, man kann somit gleichzeitig die Gesamtintensität eines periodischen Schallvorgangs wie auch

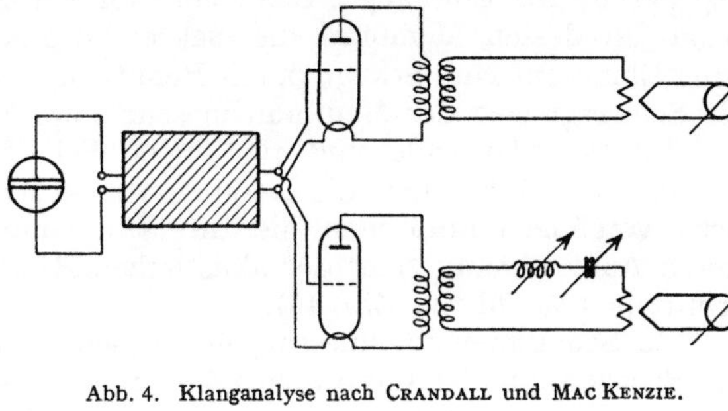

Abb. 4. Klanganalyse nach CRANDALL und MAC KENZIE.

[1]) A. OBERBECK, Wied. Ann. Bd. 13, S. 222. 1881.

[2]) G. STERN, Wied. Ann. Bd. 42, S. 622. 1891.

[3]) G. W. PIERCE, Proc. Amer. Acad. Bd. 43, S. 375. 1908.

[4]) J. C. KARCHER, Phys. Rev. (2) Bd. 17, S. 382. 1921; Scient. Pap. Bureau of Stand. Bd. 19, S. 105. 1923.

[5]) F. R. WATSON, Phys. Rev. Bd. 31, S. 128 u. 471. 1910.

[6]) W. M. BOEHM, Phys. Rev. Bd. 31, S. 329. 1910.

[7]) H. SELL, Wiss. Veröffentl. a. d. Siemens-Konz. Bd. II, S. 353. 1922; ähnlich auch eine Anordnung bei E. MALLETT u. G. F. DUTTON, Journ. Inst. Electr. Eng. Bd. 63, S. 902. 1925.

[8]) Vgl. z. B. J. ZENNECK u. H. RUKOP, Lehrb. d. drahtl. Telegr., 5. Aufl., S. 94, Stuttgart 1925. Dort auch weitere Angaben über die Messung sehr schwacher Wechselströme.

[9]) E. PETZOLD, Elementare Raumakustik, S. 42, Berlin 1927.

[10]) I. B. CRANDALL u. D. MAC KENZIE, Bell Syst. Techn. Journ. Bd. 1, H. 1, S. 116. 1922.

durch Vermittlung des Resonanzkreises diejenige Intensität ermitteln, welche einem Teilklang, auf den der Resonanzkreis abgestimmt wird, entspricht.

Ein Meßverfahren, welches zur Intensitätsbestimmung für einfach harmonische Schwingungsvorgänge unmittelbar Verwendung finden kann, ist die Schalldruckkompensationsmethode von E. GERLACH[1]). Der Schall trifft auf einen Empfänger, welcher nach dem Prinzip des Bändchenmikrophons arbeitet. Durch das Bändchen (*B*, Abb. 5) wird ein Strom geleitet, welcher dieselbe Frequenz besitzt, wie der zu untersuchende Schallvorgang, Stromamplitude und Phase werden so gewählt, daß die elektrodynamischen Kräfte des Stromes die von den Druckschwankungen des Schallfeldes auf das Bändchen ausgeübten Kräfte kompensieren, die Einstellung auf Null erfolgt entweder mittels des Gehörs und eines in den Raum hinter das Bändchen eingeführten Hörschlauches oder mittels einer Brückenschaltung und Verstärker; besonders der letzte Fall der geschilderten Anordnung ist hochempfindlich, es besitzt hinsichtlich der Amplitudenrichtigkeit der Messung erhebliche Genauigkeit. Erfordert es die Aufgabe, einen aus mehreren harmonischen Teiltönen zusammengesetzten akustischen Vorgang meßtechnisch zu erfassen, so kann die Kompensationsmethode nacheinander für jeden einzelnen Teilton angewendet werden.

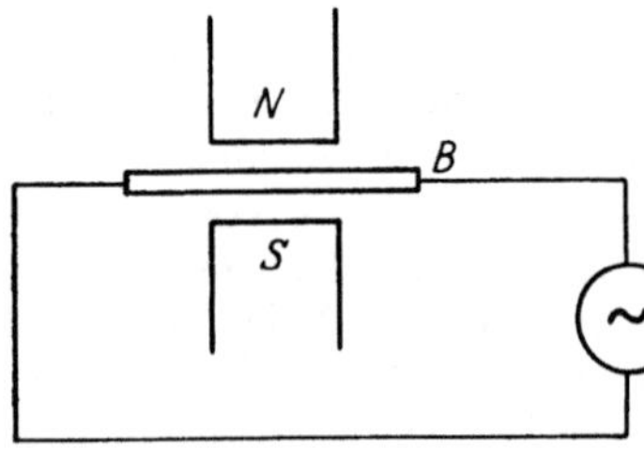

Abb. 5. Schalldruckkompensation nach GERLACH.

Eine Kompensationsmethode durch elektrostatische Kräfte hat E. MEYER[2]) angegeben: Als Empfänger dient ein räumlich sehr kleines Kondensatormikrophon, an dessen Membran die elektrostatischen Gegenkräfte angreifen. Die Einstellung auf Null erfolgt durch Benutzung einer Hochfrequenzschaltung, die die Schwingungen der Membran in sehr empfindlicher Weise nachweist.

Für kurzdauernde und für solche Schallvorgänge, welche nicht streng periodisch sind, kommen die Kompensationsverfahren nicht in Frage, bei diesen Schallvorgängen muß man die Intensität unmittelbar, und zwar vorteilhaft durch Aufzeichnung einer der akustischen Bestimmungsgrößen des Schallfeldes ermitteln (vgl. hierzu Ziff. 15).

Zu Schallintensitätsmessungen wurden auch Methoden verwendet, welche die Beobachtung der thermischen Vorgänge in Schallschwingungen ermöglichen. So hat NEUSCHELER[3]) die Temperaturschwankungen in den Knoten stehender Schallwellen untersucht. Die geringe Wärmeleitfähigkeit der Luft und die hohe Frequenz der Vorgänge führt dazu, daß Schallfeldvorgänge im allgemeinen adiabatisch verlaufen. Bringt man nun in die Schwingungsknoten einer stehenden Welle ein Bolometer, so dringen die Temperaturschwankungen in das Bolometer ein, die Widerstandsschwankungen des Bolometers hat NEUSCHELER zum Steuern eines Saitengalvanometers benutzt, das Saitengalvanometer kann so zum Aufzeichnen der Temperaturschwankungen verwandt werden und damit auf Grund der Gasgesetze zur Bestimmung der Druckschwankung dienen.

NEUSCHELER führte seine Messungen bei 100 Hertz aus. HEINDLHOFER[4]) schlug eine ähnliche Einrichtung, deren Verhalten er auch für Frequenzen zwischen

[1]) E. GERLACH, Wiss. Veröffentl. a. d. Siemens-Konz. Bd. III/1, S. 139. 1923; vgl. auch C. A. HARTMANN, V.D.E.-Fachberichte d. 31. Jahresversammlg. Wiesbaden 1926. Elektr. Nachr.-Techn. Bd. 3, S. 458. 1926.

[2]) E. MEYER, ZS. f. techn. Phys. Bd. 7, S. 609. 1926; Elektr. Nachr.-Techn. Bd. 4, S. 86. 1927.

[3]) K. NEUSCHELER, Ann. d. Phys. (4) Bd. 34, S. 131. 1911.

[4]) K. HEINDLHOFER, Ann. d. Phys. (4) Bd. 37, S. 247. 1912; Bd. 45, S. 249. 1914.

5 und 32 Hertz experimentell prüfte, vor. FRIESE und WAETZMANN[1]) führten relative Messungen in stehenden Wellen bis zu einer Frequenz von 1000 Hertz durch, in einer späteren Arbeit wurden auch absolute Messungen zwischen 400 und 1000 Hertz vorgenommen. Ein Vergleich der Meßresultate des Widerstandsthermometers und solcher, die mittels eines WIENschen Membranresonators gewonnen wurden, ergab befriedigende Übereinstimmung. Es sei hier auch noch auf die Arbeiten v. HIPPELS[2]) hingewiesen, diese sind im Artikel „Umwandlung des Schalles in andere Energieformen", Ziff. 9 (ds. Bd. Kap. 12), ausführlich besprochen. In den Arbeiten v. HIPPELS findet sich auch weitere Literatur. Hier sei nur noch eine Arbeit von SPÄTH[3]) genannt, in welcher Schallfeldmessungen vermittelst eines Thermokreuzes durchgeführt wurden. Das Thermokreuz wurde elektrisch vorgeheizt; wird nun die Luft an der Kreuzungsstelle der Drähte in Schwingungen versetzt, so kühlt sich das Thermokreuz durch das Vorbeistreichen der schwingenden Teilchen ab, und es tritt eine meßbare Änderung des Thermostromes ein. Die Anordnung wurde in gleichgerichtetem Luftstrom geeicht.

6. Intensitätsbestimmung durch den Schalldruck, Ponderomotorische Kräfte. DVOŘÁK[4]) hat festgestellt, daß im Knoten einer stehenden Schallwelle ein konstanter Überdruck herrscht und daß eine von einer ebenen Wand reflektierte Schallwelle einen Druck auf die Wand ausübt.

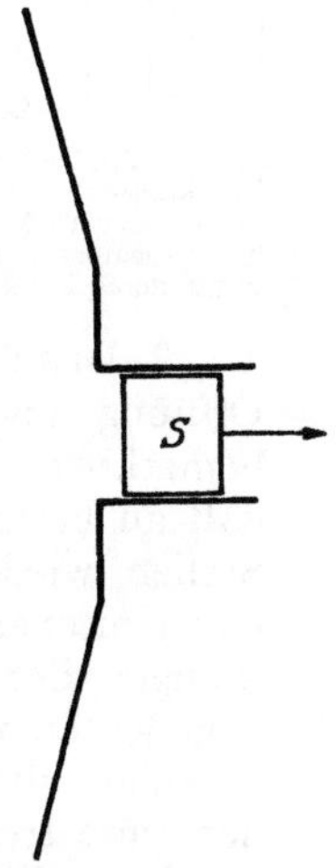

Abb. 6. Druckmesser nach ALTBERG.

Lord RAYLEIGH[5]) berechnete die Beziehung zwischen Schalldruck D und Schallintensität I zu

$$D = \frac{1}{2}(\gamma + 1)\frac{I}{c},$$

wobei γ das Verhältnis der spezifischen Wärmen und c die Schallgeschwindigkeit bedeutet. ALTBERG[6]) konstruierte eine Anordnung, mit deren Hilfe der Schalldruck bestimmt werden kann. In einem flachen Schirm ist ein zylindrischer Ansatz angebracht, in welchem ein leichter Kolben frei verschiebbar ist (Abb. 6); der Kolben ist an dem einen Arm einer Torsionswage befestigt, der andere Arm trägt ein Gegengewicht, die Wage selbst besitzt eine Flüssigkeitsdämpfung. Hinsichtlich der Amplitudenabhängigkeit wurde die Richtigkeit der Formel durch gleichzeitige Messung der Intensität mittels eines Membranresonators nach WIEN (Ziff. 4) geprüft. ZERNOV[7]) prüfte die Richtigkeit auch absolut, indem er (Abb. 7) in dem Boden eines Resonanzrohres die Anordnung nach WIEN und den Druckmesser nach ALTBERG anbrachte, die Resultate stimmen innerhalb weniger

---

[1]) J. FRIESE u. E. WAETZMANN, ZS. f. Phys. Bd. 29, S. 110. 1924; Bd. 31, S. 150. 1925; Bd. 34, S. 131. 1925.

[2]) A. v. HIPPEL, Ann. d. Phys. (4) Bd. 75, S. 521. 1925.

[3]) W. SPÄTH, ZS. f. techn. Phys. Bd. 6, S. 372. 1925. Über einen Hitzdrahtschallempfänger vgl. auch O. TUGMAN, Phys. Rev. (2) Bd. 23, S. 16. 1924.

[4]) V. DVOŘÁK, Pogg. Ann. Bd. 157, S. 42. 1876.

[5]) Lord RAYLEIGH, Phil. Mag. (6) Bd. 10, S. 366. 1905. Zum Schalldruck vgl. auch E. WAETZMANN, Phys. ZS. Bd. 21, S. 122 u. 449. 1920; F. KÜSTNER, Ann. d. Phys. (4) Bd. 50, S. 941. 1916.

[6]) W. ALTBERG, Ann. d. Phys. (4) Bd. 11, S. 405. 1903; vgl. auch A. HALBIG, Dissert. Erlangen 1912. Die bei ALTBERG verwendete Formel bezieht sich auf ältere Berechnungen Lord RAYLEIGHS, in welcher der isotherme Prozeß zugrunde gelegt ist, c_p/c_v also gleich 1 gesetzt ist (Lord RAYLEIGH, Phil. Mag. (6) Bd. 3, S. 338. 1902). Die Messungen ZERNOVS[7]) sind nach der späteren für den adiabatischen Prozeß gültigen Formel ausgewertet.

[7]) W. ZERNOV, Ann. d. Phys. (4) Bd. 21, S. 131. 1906.

Prozent überein. Es sei hier erwähnt, daß DVOŘÁK[1]) noch einen nach ähnlichen Prinzipien arbeitenden Apparat — das Schallradiometer — beschrieben hat. Dieser ist aber zu eigentlichen Messungen nicht verwendbar, da seine Arbeitsweise nicht hinreichend genau definierbar ist.

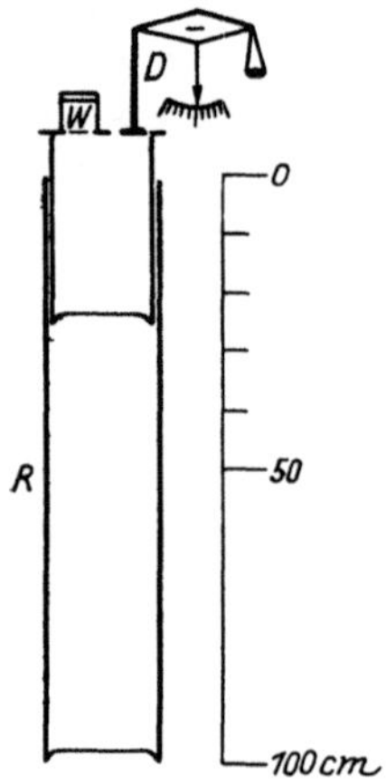

Abb. 7. Vergleich des Druckmessers nach ALTBERG und des Membranresonators nach WIEN durch ZERNOV.

Ponderomotorische Kräfte, deren Größe in einer Beziehung zur Schallintensität steht, treten auch dann auf, wenn Schallwellen auf Resonatoren treffen. DVOŘÁK[2]) beobachtete derartige Kräfte beim Auftreten von Schallwellen auf einseitig offene Resonatoren, auch fand er den Effekt einer Anziehung bzw. Abstoßung einer abgestimmten Membran durch eine tönende Stimmgabel, je nachdem die Frequenz der erregenden Schwingung über bzw. unter der Abstimmungsfrequenz der Membran liegt[1]). Zur weiteren Klärung dieses Problems hat neben einer Arbeit von LEBEDEW[3]) die eingehende Arbeit von E. MEYER[4]) beigetragen. Diese Arbeit gibt die zur Beurteilung der Frage notwendigen theoretischen und experimentellen Aufschlüsse. Die letztgenannten Methoden wurden praktisch zur Bestimmung der Schallintensität noch nicht verwendet, sie wurden jedoch hier kurz gestreift, da sie prinzipiell ein Mittel zur Bestimmung der Schallintensität darstellen. (Vgl. auch Kap. 4, Ziff. 17.)

7. Das Schalldüsenprinzip. Tritt Schall aus einer engen düsenartig geformten Öffnung aus, so macht sich in dem Raum jenseits der Düse folgender Effekt bemerkbar: Die beiden Schwingungsphasen werden räumlich derartig getrennt, daß an bestimmten Stellen des Raumes im Mittel ein Überdruck, an anderen Stellen wiederum ein Unterdruck auftritt. Diese Druckeffekte können mit mechanischen Mitteln bestimmt werden, und auf diese Weise relative Bestimmungen der Schallintensität durchgeführt werden. SELL[5]) führte nach dem angedeuteten Prinzip Intensitätsbestimmungen an Telephonen durch; auf dem Telephon sitzt ein kurzer Rohrstutzen, welcher in einer Düse endigt. Der aus der Düse tretende Schall arbeitet in der angedeuteten Weise auf einen kleinen an einem Wagearm befestigten Aluminiumteller. Besonders empfindlich ist eine andere, ebenfalls von SELL geschaffene Anwendung des Düsenprinzips, bei welcher nicht die Zerlegung der Druckphasen, sondern diejenige der Bewegungsphasen beobachtet wird. Bei dieser Anordnung arbeitet die Düse auf ein Bolometer, die Wärmeabgabe des beheizten Bolometers steigt beim Einsetzen der durch die Schallschwingung verursachten einseitig gerichteten Luftströmung. Der Ausschlag des vom Bolometer beeinflußten Galvanometers ist annähernd proportional der Geschwindigkeitsamplitude — die Anordnung erfordert jedoch beim Einsatz zu absoluten Messungen der Eichung (Ziff. 16), ihre theoretische Wirkungsweise ist noch nicht ausreichend geklärt.

BARUS[6]) macht in ähnlicher Weise von einer Düse Gebrauch: er verschloß die eine Öffnung eines Resonanzrohres mit einem Loch, das sich konisch bis zu

---

[1]) V. DVOŘÁK, Wiener Ber. Bd. 84, II. Abt., S. 702. 1881.

[2]) V. DVOŘÁK, Wied. Ann. Bd. 3, S. 328. 1878. Über ähnliche Fragen vgl. auch C. BARUS, Proc. Nat. Acad. Amer. Bd. 10, S. 96. 1924.

[3]) P. LEBEDEW, Wied. Ann. Bd. 62, S. 158. 1897.

[4]) E. MEYER, Ann. d. Phys. (4) Bd. 71, S. 567. 1923.

[5]) H. SELL, ZS. f. techn. Phys. Bd. 5, S. 573. 1924; Bd. 8, S. 222. 1927; vgl. hierzu auch Artikel „Umwandlung des Schalles in andere Energieformen" Ziff. 9 (ds. Bd. Kap. 12).

[6]) C. BARUS, Proc. Nat. Acad. Amer. Bd. 8, S. 66 u. 163. 1922; Science (N. S.) Bd. 60, S. 137. 1927.

Nadellochgröße verengte. Wurde der Resonator erregt, so bildet sich jenseits der Düse ein Unter- bzw. Überdruck aus, je nachdem die Düse konkav oder konvex zuläuft. Dieser „pinhole resonator" nach BARUS wurde auch von SABINE[1]) zu Messungen eingesetzt; eine unmittelbare quantitative Brauchbarkeit besteht nicht, da das Problem theoretisch unübersichtlich ist.

c) Messung der Frequenz.

8. Unmittelbare Frequenzbestimmung. Zunächst sei eine kurze Bemerkung vorausgeschickt, die sich auf die Definition der Einheit der Frequenz bezieht. Hierunter versteht man jetzt die Zahl der vollen Schwingungen pro Sekunde, während man früher und namentlich auch in französischen Arbeiten unter der Frequenz die Zahl der Halbschwingungen (vibrations simples, v_s, bzw. vibrations doubles, v_d) wobei entsprechend dem Gesagten also $v_s = 2v_d$) verstand. Man gebraucht jetzt für die Einheit der Frequenz (v_d) meist die aus der Elektrotechnik herrührende Bezeichnung Hertz [s^{-1}].

Über die musikalischen Tonsysteme und insbesondere auch über die Zusammenhänge zwischen der musikalischen Einteilung der Tonskala und die physikalischen Schwingungszahlen vgl. Artikel „Musikalische Tonsysteme" Ziff. 22 (ds. Bd. Kap. 9).

Die einfachste Vorrichtung zur Bestimmung der Frequenz einer akustischen Schwingung besteht in der Aufzeichnung eines von der betreffenden Schwingung erzwungenen Vorgangs, zu diesem Zweck können alle beliebigen Arten von schallempfindlichen Systemen eingesetzt werden, welche nach irgendeinem Gesetz auf den Momentanwert der Amplituden der zu registrierenden Schwingung ansprechen. So kann man zur absoluten Frequenzbestimmung einen Membranempfänger benutzen, welcher mittels einer Hebelübersetzung einen Schreibstift betätigt, der einen dem akustischen Schwingungsvorgang entsprechenden Wellenzug auf ein mit gleichbleibender Geschwindigkeit vorbeigezogenen Papierstreifen zeichnet[2]). Auf dem gleichen Streifen werden Zeitmarken, beispielsweise durch Kopplung eines zweiten Schreibstiftes mit einem Sekundenpendel markiert, die Auszählung der zwischen zwei Marken liegenden Wellenzüge ergibt die Frequenz. Insbesondere kommen zur Frequenzbestimmung nach dem eben gekennzeichneten Prinzip alle diejenigen Empfänger in Frage, welche wir in Ziff. 15 „Die Aufzeichnung der Schwingungsform" besprechen werden; die dort aufzustellenden Gesichtspunkte weisen gleichzeitig auch auf die Eignung der betreffenden Empfänger zur Frequenzmessung in bestimmten Sonderfällen, wie den Fällen sehr geringer Energie oder den Fällen sehr hoher Schwingungszahlen, hin. Die absolute Schwingungszahl hoher Töne (etwa über 5000 Hertz) auf diesem Wege wird sich vorteilhaft mittels elektrischer Schallempfänger festlegen lassen; stehen solche nicht zur Verfügung, so kann man die absolute Messung durch vergleichende Messung (Ziff. 10) ersetzen, oder statt unmittelbar die Frequenz zunächst die Wellenlänge bestimmen (Ziff. 11 u. 12) und aus dieser die Frequenz rechnerisch ermitteln. Anstatt eine zweite Schallquelle als Frequenznormale zu Hilfe zu nehmen, kann man sich auch solcher Resonatoren bedienen, deren Eigenfrequenz theoretisch berechenbar ist, das Ansprechen der Resonatoren wird beobachtet.

---

[1]) P. E. SABINE, Phys. Rev. (2) Bd. 23, S. 116. 1924.

[2]) F. MELDE, Wied. Ann. Bd. 51, S. 661. 1894; Bd. 52, S. 238. 1894; Bd. 66, S. 767. 1898. Über die photographische Registrierung der erzwungenen Schwingungen einer mit Spiegelchen versehenen Membran zwecks Frequenzbestimmung berichtete K. L. SCHAEFER, Verh. d. D. Otolog. Ges., 20. Vers. 1911. Jena: G. Fischer.

F. A. SCHULZE[1]) bediente sich dieses Verfahrens zur Bestimmung der Frequenz von Tönen dicht unterhalb und sogar auch oberhalb der Hörbarkeitsgrenze. Als Resonatoren benutzt er schwingungsfähige Platten, deren Eigenfrequenzen berechnet wurden.

Eine Art von Schallempfängern ist hier noch zu nennen: die schallempfindlichen Flammen; diese können zur Bestimmung der Frequenz von Luftschwingungen vorteilhaft dienen, während sie zur Bestimmung der „Schwingungsform" einer modernen Kritik nicht mehr standhalten. Die schallempfindlichen Flammen wurden von R. KÖNIG[2]) angegeben; eine Kapsel (Abb. 8), durch welche das die Flammen speisende Gas geleitet wird, ist durch eine Membran abgeschlossen, die durch den Schallvorgang erzwungenen Membranschwingungen bezeichnen Druckschwankungen in der Kapsel, die Flamme ändert entsprechend dem Druck ihre Höhe. Die Schwankungen der Flammenhöhe können photographisch registriert werden. MARBE[3]) erhielt die photographische Registrierung dadurch, daß er über eine rußende Flamme einen Papierstreifen zog, auf dem sich bei jeder Schwingung ein Rußring abscheidet, auch gelang es MARBE, den Schallvorgang unmittelbar und ohne Zwischenschaltung einer Membran auf die Flamme einwirken zu lassen.

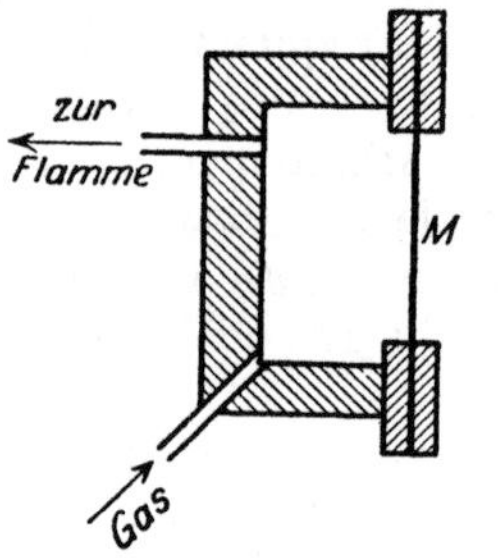

Abb. 8. Schallempfindliche Flamme.

9. Schallquellen bestimmter Frequenz. In denjenigen Fällen, in denen eine absolute Frequenzbestimmung Schwierigkeiten bereitet, können statt dieser vergleichenden Messungen mit der Tonhöhe eines von einer Schallquelle bestimmter Frequenz herrührenden Tones durchgeführt werden.

Als Schallquelle bestimmter Frequenz eignet sich insbesondere die Stimmgabel, welche sich neben der Einfachheit der Bedienung und der Konstruktion noch durch zwei Vorteile auszeichnet: Die Tonhöhe der Stimmgabel besitzt nur eine geringe Abhängigkeit von der Temperatur, ihr Klang ist bei richtiger Betätigung verhältnismäßig frei von Oberschwingungen, die relative Intensität der Grundschwingungen läßt sich überdies durch Aufsetzen auf einen Resonanzkasten verstärken, so daß Verwechslungen der Teiltöne vermieden werden können.

Die Frequenz einer Stimmgabelstimmung kann durch die Registrierung der Tonhöhe des Stimmgabelklanges nach einer in Ziff. 8 verzeichneten Methode bestimmt werden; erwähnt sei hier noch besonders eine photographische Registrierung, die MOON und CURTIS[4]) in der Weise durchführten, daß die Stimm-

---

[1]) F. A. SCHULZE, Ann. d. Phys. (4) Bd. 24, S. 785. 1907, zusammenfassende Arbeit über eine Reihe von Methoden zur Berechnung der Wellenlänge und der Frequenz höchster Töne. Enthält auch die ältere Literatur, vgl. auch insbesondere F. A. SCHULZE, Wied. Ann. Bd. 68, S. 99. 1899. Über die Berechnung von Plattenschwingungen vgl. auch P. DEBYE, Ann. d. Phys. (4) Bd. 25, S. 819. 1908.

[2]) R. KÖNIG, Pogg. Ann. Bd. 146, S. 161. 1872.

[3]) K. MARBE, Phys. ZS. Bd. 7, S. 543. 1906; Bd. 8, S. 92. 1907; vgl. auch K. MARBE u. M. SEDDIG, Ann. d. Phys. (4) Bd. 30, S. 579. 1909; dort auch weitere Literatur; F. WETHLO, Beitr. z. Anat. usw. Bd. 20, S. 259. 1924.

Weitere Literatur über schallempfindliche Flammen: E. MACH, Opt.-akust. Versuche. Prag 1873; B. BROWN, Phys. Rev. Bd. 33, S. 442. 1911; K. L. SCHAEFER, Ann. d. Phys. (4) Bd. 48, S. 109. 1915; J. WÜRSCHMIDT, Verh. d. D. Phys. Ges. Bd. 18, S. 444. 1916; H. MACHE, Phys. ZS. Bd. 20, S. 467. 1919; W. S. ALT, Prometheus Bd. 31, S. 127. 1920; H. KOST, Phys. ZS. Bd. 21, S. 233. 1920; G. A. SUTHERLAND, Nature Bd. 108, S. 532. 1921; W. GROSCH, ZS. f. Unters. Bd. 24, S. 27. 1921; K. L. SCHAEFER, Untersuchungsmethodik der akustischen Funktionen des Ohres, Kapitel „Schwingungszahlenbestimmung" in Tigerstedts Handb. d. physiol. Method. Bd. III/1, Abt. 3, S. 304 u. 316.

[4]) C. MOON u. H. L. CURTIS, Phys. Rev. (2) Bd. 27, S. 818. 1926; vgl. auch I. B. SETH, Nature Bd. 115, S. 641. 1925.

gabelschwingung zugleich mit den Schwingungen eines Pendels photographiert wurde.

Man kann sie zur Regelung des Ganges eines Uhrwerks [R. KÖNIGS Stimmgabeluhr[1])] oder unter Zuhilfenahme eines elektrischen, durch ihre Schwingungen gesteuerten Vorgangs zur Regelung der Laufgeschwindigkeit eines Zählwerkes benutzen [phonisches Rad LACOUR, RAYLEIGH[2])]. Bei dieser letztgenannten Methode läßt man die Stimmgabel in jeder Schwingungsperiode einen elektrischen Stromkreis öffnen und schließen (Abb. 9). Im Stromkreis liegt ein Elektromagnet, an dessen Polen eine Trommel vorüberläuft, deren Umfang mit einem Kranz von eisernen Polschuhen versehen ist. Gibt man der Trommel einen Anstoß, so wird die Umdrehung der Trommel durch die Stromstöße im Elektromagneten aufrecht erhalten; die Stimmgabelschwingung regelt auf diese Weise die Umlaufsgeschwindigkeit der Trommel. Die Trommel ist mit einer Zählvorrichtung verbunden, die Zeit der in einer bestimmten Zeit erfolgten Trommelumdrehungen ergibt dann die Frequenz der Stimmgabelschwingung.

FERGUSON[3]) synchronisierte eine 50-Perioden-Stimmgabel auf elektrischem Wege mit einer Normaluhr und erzielte so eine Frequenzgenauigkeit von $^1/_{50000}$.

Es sei an dieser Stelle erwähnt, daß als Bezugstonhöhe („als Kammerton") durch die internationale Stimmkonferenz in Wien für das sog. eingestrichene *a* der Tonleiter die Schwingungszahl von 435 Schw./sec festgelegt wurde. Zur Darstellung dieser Tonhöhe sind nach den Vorschriften der Stimmkonferenz Normalstimmgabeln zu konstruieren, welche bei 15° C einen Klang von 435 Hertz abgeben. Die Eichung solcher Stimmgabeln erfolgt in Deutschland in der Physikalisch-Technischen Reichsanstalt, welche auch Normalstimmgabeln[4]) abgibt.

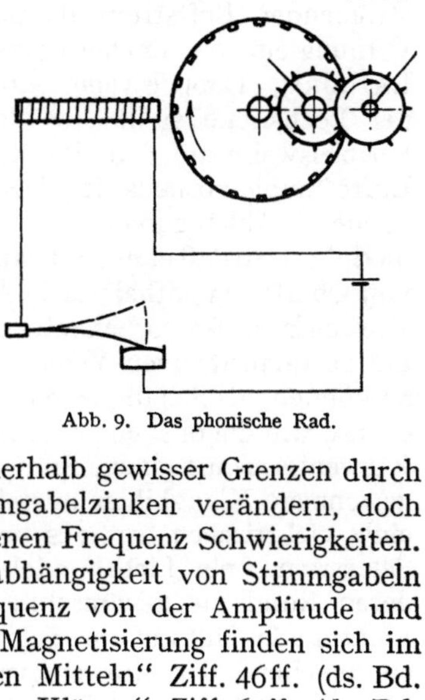

Abb. 9. Das phonische Rad.

Man kann die Tonhöhe einer Stimmgabel innerhalb gewisser Grenzen durch Verschieben von Laufgewichten längs der Stimmgabelzinken verändern, doch bietet die genaue Einstellung einer vorgeschriebenen Frequenz Schwierigkeiten.

Ausführliche Angaben über die Temperaturabhängigkeit von Stimmgabeln sowie über die Abhängigkeit der Stimmgabelfrequenz von der Amplitude und (bei elektromagnetischen) Stimmgabeln von der Magnetisierung finden sich im Artikel „Schwingungserzeugung mit mechanischen Mitteln" Ziff. 46ff. (ds. Bd. Kap. 5), im Artikel „Musikinstrumente und ihre Klänge" Ziff. 64ff. (ds. Bd. Kap. 8) und im Artikel „Methoden der Zeitregistrierung" Ziff. 84ff. (ds. Handb. Bd. II, Kap. 6ff.). Dort auch weitere Angaben über Eichungen von Stimmgabeln und Vergleich der Frequenzen von Stimmgabeln.

Durch geeignete elektrische Anordnungen ist es möglich, die Stimmgabeln kontinuierlich zu erregen, ein Verfahren, wie dies z. B. v. HELMHOLTZ[5]) zur Erzeugung künstlicher Vokale benutzte.

---

[1]) R. KÖNIG, Untersuchungen über die Schwingungen einer Normalstimmgabel. Wied. Ann. Bd. 9, S. 394. 1880.

[2]) P. LACOUR, La rone phonique, Kopenhagen 1878; Das phonische Rad, deutsch von KAREIS, Leipzig 1880; Lord RAYLEIGH, Phil. Mag. Bd. 13, S. 316. 1907.

[3]) J. G. FERGUSON, Bell Syst. Techn. Journ. Bd. 3, Nr. 1. 1924.

[4]) Vgl. auch A. LEMAN, Über die Normalstimmgabeln der PTR und die absolute Zählung ihrer Schwingungen. ZS. f. Instrkde. Bd. 10, S. 77, 170, 197. 1890; Verh. d. D. Phys. Ges., Berlin 1890, Nr. 2.

[5]) H. v. HELMHOLTZ, Lehre von den Tonempfindungen, 6. Aufl., S. 629. 1913.

In neuester Zeit hat die elektrische Stimmgabelerregung noch größere Bedeutung gewonnen: Durch Koppelung mit einer Röhre kann man die Stimmgabel zur Erzeugung ungedämpften Wechselstromes benutzen. Über diese Röhrenstimmgabeln berichtete kürzlich SCHEIBE[1]) in einer Arbeit „Normalfrequenzen und absolute Frequenzmessung". Wegen Einzelheiten sei auf diesen zusammenfassenden Bericht verwiesen. Ausdrücklich erwähnt sei hier, daß es möglich ist, mit Hilfe solcher Stimmgabeln durch besondere Kunstgriffe in der Röhrenschaltung auch die höheren Harmonischen in sehr kräftiger Weise zu erregen. ABRAHAM und BLOCH[2]) haben ein derartiges Verfahren (Multivibrator) angegeben, das außerordentlich viele und kräftige Obertöne liefert. Es gelingt so, von einer bei etwa 1000 Hertz liegenden — durch die Röhrenstimmgabel definierten — Grundfrequenz bis zu den für elektrische Wellen benötigten Frequenzen heraufzukommen.

Will man mit ein und derselben Schallquelle hinsichtlich ihrer Frequenz definierte Töne verschiedener Tonhöhe produzieren, so kommen hierzu Sirenen, Pfeifen, schwingende Saiten und elektrische Schallsender in Frage.

Der Grundgedanke der Sirene liegt darin, daß ein aus einer Öffnung ausströmender Luftstrom dadurch periodisch unterbrochen wird, daß vor der Öffnung eine mit Löchern versehene Scheibe vorbeirotiert [Lochsirene, CAGNIARD LATOUR[3]), Doppelsirene von H. v. HELMHOLTZ[4])]. Erweiterung des Prinzips der Lochsirene stellt die Wellensirene von R. KÖNIG[5]) dar, bei welcher ein beispielsweise auf dem Rande einer Scheibe eingeschnittener Wellenzug an der Luftöffnung vorbeiläuft. Der austretende Luftstrom wird also in der Wellensirene in Abhängigkeit von der Kurvenform des vorbeilaufenden Wellenzuges moduliert, so daß er einen Klang ergibt, der neben dem Grundton eine große Folge von Obertönen enthält. Die Abhängigkeit des abgegebenen Klangbildes von der Kurvenform des vorbeilaufenden Streifens ist jedoch nicht hinreichend definiert, um zu quantitativen Versuchen hinsichtlich der Intensität Verwendung finden zu können, als Schallquelle für Klänge bestimmter Frequenzen kommt sie jedoch ebenso wie die obengenannten Sirenentypen in Frage. LIFSCHITZ[6]) schneidet die Kurvenform aus einem Film aus, er kann auf diese Weise durch Aufzeichnung gewonnene Klangbilder mittels der Wellensirene reproduzieren. Zur Erzeugung eines elektrischen Stromes bestimmter Schwingungsform benutzt WEISS[7]) eine Selensirene: ein Lichtbündel wird teilweise durch eine rotierende Scheibe, in deren Rand die gewünschte Kurvenform eingeschnitten ist, abgedeckt. Das Lichtbündel fällt auf eine Selenzelle, die dadurch einer Beleuchtung, deren Stärke entsprechend der Kurvenform moduliert ist, ausgesetzt ist. Auf diese Weise können elektrische Ströme gesteuert, also mit Hilfe elektrischer Schallsender auch Klänge bestimmter Schwingungsform hergestellt werden.

Eine Erzeugung von Tönen bestimmter Frequenz mittels einer Pfeife ermöglicht in einfacher Weise der Tonvariator von STERN[8]). Das Grundprinzip des Apparates liegt darin, daß ein zylindrischer Hohlraum H (Abb. 10) in seiner Eigen-

---

1) A. SCHEIBE, Jahrb. d. drahtl. Telegr. Bd. 29, S. 120. 1927; dort auch weitere Literatur.

2) H. ABRAHAM u. E. BLOCH, Ann. d. phys. Bd. 12, S. 237. 1919.

3) CH. CAGNIARD LATOUR, Pogg. Ann. Bd. 8, S. 456. 1826,

4) H. v. HELMHOLTZ, Die Lehre von den Tonempfindungen, 6. Aufl., S. 270ff. Braunschweig: Vieweg & Sohn 1913. Hier insbesondere auch Konstruktionsangaben verschiedener Sirenentypen.

5) R. KÖNIG, Wied. Ann. Bd. 12, S. 345. 1881.

6) S. LIFSCHITZ, Soc. Franç. de phys. Nr. 5, S. 4. 1911; C. R. Bd. 152, S. 401. 1911; Journ. d. russ. Phys.-Chem. Ges. Bd. 42, phys. Teil, S. 210. 1910.

7) O. WEISS, ZS. f. biol. Techn. u. Method. Bd. 1, S. 121. 1908.

8) W. STERN, Verh. d. D. Phys. Ges. 1904, S. 302.

frequenz angeblasen wird; die Abstimmung des Hohlraums kann durch Veränderung der Stellung eines Kolbens bestimmt werden. Die Einstellung des Kolbens erfolgt durch Drehung einer Scheibe, auf der die Eichmarken angebracht sind, die Kopplung zwischen Einstellscheibe und Kolben erfolgt unter Zwischenschalten einer auf der Achse der Einstellung befestigten Scheibe, deren Begrenzung spiralförmig ausgebildet ist und am Umfang ein mit dem Kolben verbundenes Röllchen (*R*) trägt; hierdurch ist erreicht, daß die Teilung der Einstellscheibe eine Proportionalteilung ist, trotzdem sich die Tonhöhe der Pfeife nur mit der Wurzel aus der Pfeifenlänge ändert. Über die Abhängigkeit der Intensität vom Anblasedruck stellten LOVE und DAWSON[1]) Untersuchungen an. Für sehr hohe Frequenzen, bei welchen Stimmgabeln und der Tonvariator nicht ausreichen, kann man die Galtonpfeife[2]) als Frequenznormale brauchen. Durch das Mundstück (*A*) (Abb. 11) wird die Luft einem ringförmigen Schlitz (*C*) zugeführt, aus welchem sie auf eine messerscharfe kreisförmige Schneide bei (*D*) ausströmt. Hierbei kommt das von der darunter befindlichen Pfeife umschlossene Luftvolumen zum Tönen. Mit Hilfe der Trommel (*E*) kann durch einen Stempel die Größe des Pfeifenvolumens und durch eine zweite Trommel bei *B* die Größe der Maulweite zwischen *C* und *D* passend eingestellt werden. Das Arbeiten mit der Galtonpfeife erfordert gewisse Vorsicht, da namentlich bei ungenügendem oder ungleichmäßigem Anblasedruck Töne tieferer Frequenz auftreten, die bei subjektiven Beobachtungen leicht zu Fehlern Anlaß bieten; bei sorgfältigem Arbeiten stellen die Galtonpfeifen jedoch gute Frequenznormale für hohe Frequenzen dar.

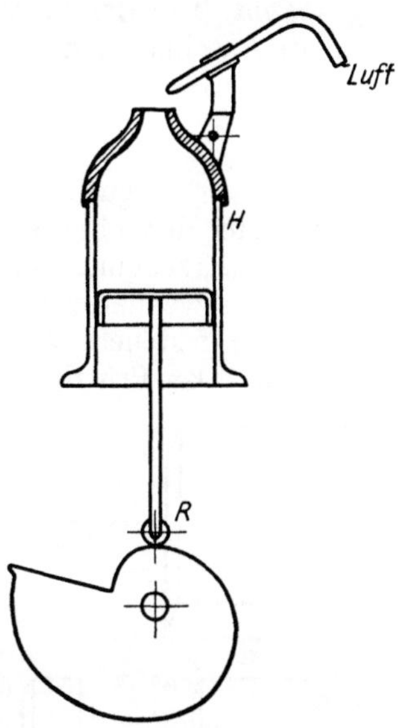

Abb. 10. Tonvariator nach STERN.

Ähnlich wie die Galtonpfeife arbeitet ein Verfahren von J. HARTMANN[3]). Kleine Resonatoren werden in ihrer Eigenfrequenz angeblasen. In Luft konnten Schwingungen bis 100000 Hertz — in Wasserstoff noch sehr viel höhere — angeregt werden.

Hohe Töne bestimmter Frequenz können vorteilhaft auch durch longitudinal angeriebene Stäbe erregt werden. So beschreibt HOLTZMANN[4]) eine Schallquelle, die bis $\lambda = 1$ cm herunter sehr kräftige Schallwirkungen liefert.

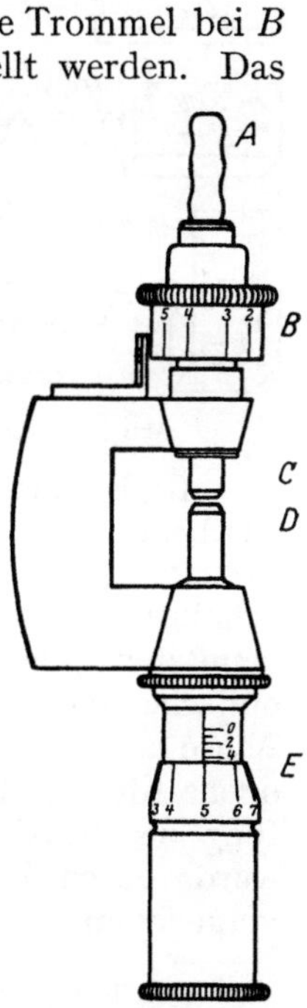

Abb. 11. Die Galtonpfeife.

[1]) B. F. LOVE u. M. K. DAWSON, Phys. Rev. (2) Bd. 14, S. 49. 1919.

[2]) Literatur über Galtonpfeifen: M. TH. EDELMANN, Ann. d. Phys. (4) Bd. 2, S. 469. 1900; W. HELMHOLTZ, Dissert. Berlin 1910; W. DÖDERLEIN, Beitr. z. Anat. usw. Bd. 17, S. 81. 1921; K. L. SCHAEFER, ebenda Bd. 20, S. 142. 1923; F. A. SCHULZE, Ann. d. Phys (4) Bd. 24, S. 785. 1907. Über Frequenzbestimmungen der von Galtonpfeifen erzeugten Töne vgl. C. STUMPF u. M. MEYER, Wied. Ann. Bd. 61, S. 760. 1897, dort hierzu weitere Literatur. Die Galtonpfeife wird hergestellt von Fa. Edelmann, München. Über Galtonpfeifen vgl. ferner Artikel „Schallerzeugung mit mechanischen Mitteln" Ziff. 101 (ds. Bd. Kap. 5).

[3]) J. HARTMANN, Phys. Rev. (2) Bd. 20, S. 719. 1922; vgl. auch J. HARTMANN u. B. TROLLE, Medd. Kopenhagen Bd. 7, Nr. 2. 1925.

[4]) M. HOLTZMANN, Phys. ZS. Bd. 26, S. 147. 1925. Ähnlich auch W. ALTBERG, Ann. d. Phys. (4) Bd. 11, S. 405. 1903.

Zur Erzeugung eines Tones bestimmter Frequenz kann ferner das Monochord verwendet werden. Eine Saite von der Länge l m sei durch ein Gewicht P gespannt, 1 m der Saite besitze das Eigengewicht p, dann wird bei transversalem Anschlagen der Saite die sekundliche Schwingungszahl:

$$N = \frac{1}{2l}\sqrt{\frac{9{,}81\,P}{p}}\,.$$

Zur Hervorbringung sehr hoher Töne benutzte F. A. SCHULZE[1]) eine longitudinal angeregte Monochordsaite.

Zur Erzeugung von Tönen bestimmter Frequenz können elektrische Schallsender verwendet werden, welche durch Wechselspannungen der gewünschten Frequenz gesteuert werden. Diese können z. B. Wechselstromsirenen entnommen werden. Das Prinzip dieser Stromerzeuger liegt darin, daß ein eiserner Anker, dessen Umfang in Form einer Wellenlinie geformt ist, an einem Elektromagnet vorbeirotiert. Auf diese Weise werden in der festen Wicklung Ströme induziert. In ähnlicher Weise arbeitet die in der Fernmeldetechnik viel benutzte FRANKEsche[2]) Maschine, welche praktisch sinusförmigen Strom innerhalb etwa 100 und 2000 Hertz liefert. Bemerkt sei, daß die FRANKEsche Maschine an zwei getrennten Wicklungen nach Amplitude und nach Phase regelbare Spannungen gleicher Frequenz liefert, ein Vorteil, der insbesondere auch bei solchen akustischen Messungen, für die der Phasenwinkel eine Rolle spielt (z. B. bei Messung der Impedanz, Ziff. 2) ausgenutzt werden kann.

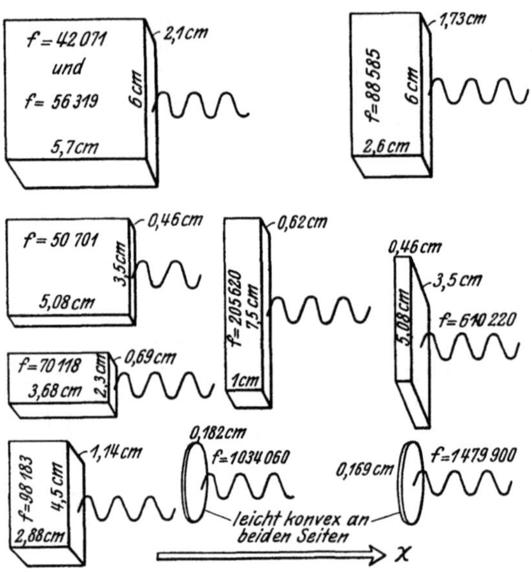

Abb. 12. Piezoquarze als Frequenznormale.

Als Frequenznormale für sehr hohe Frequenzen kann auch ein auf elektrischem Wege in seiner Eigenschwingung angeregter Piezoquarz dienen. PIERCE[3]) stellte mit solchen Piezoquarzen als Schallquelle Messungen über die Schallgeschwindigkeit bei sehr hohen Frequenzen an. Die Maße der von ihm benutzten Quarze zeigt Abb. 12. Zu bemerken ist, daß in den Bildern die optische Achse in der Zeichenebene, und zwar senkrecht liegt, die elektrische Achse ist in der Normalen zu Zeichenebene, nur für die Kristalle von der Frequenz 610220, 1034060 und 1479900 liegt die elektrische Achse in der Richtung der Schallstrahlung (nach rechts in der Skizze). Die Frequenzeichung wurde durch Vergleich mit den höheren Obertönen einer Normalstimmgabel vorgenommen.

[1]) A. F. SCHULZE, Ann. d. Phys. (4) Bd. 24, S. 785. 1907; Beitr. z. Anat. usw. Bd. 1, S. 134. 1908; ZS. f. Ohrenheilk. S. 167. 1908; vgl. auch W. HELMHOLTZ, Dissert. Berlin 1910 und den Artikel „Schallerzeugung mit mechanischen Mitteln" Ziff. 36 (ds. Bd. Kap. 5).

[2]) A. FRANKE, Elektrot. ZS. Bd. 12, S. 447. 1891. Die moderne Ausführungsform der von Siemens & Halske hergestellten Maschine beschreibt A. EBELING, Elektrot. ZS. Bd. 34, S. 433. 1913.

[3]) G. W. PIERCE, Proc. Amer. Acad. Bd. 60, S. 271. 1925. Dort auch weitere Literatur über Piezofrequenznormale (vgl. auch Ziff. 11).

Durch besondere Vielseitigkeit zeichnet sich die Verwendung elektrischer Schallsender zur Erzeugung von Tönen bestimmter Frequenz aus, wenn die Schallsender durch abstimmbare elektrische Sendekreise erregt werden.

Die Eigenschwingung eines Kreises ermittelt sich nach der Beziehung:

$$n = \frac{1}{2\pi} \frac{1}{\sqrt{LC}},$$

wobei L die Selbstinduktion und C die Kapazität eines Kreises sind; beide sind mit elektrischen Mitteln meßbar, so daß man einerseits Kreise bestimmter Eigenfrequenz herstellen und andererseits durch Variation einer der Größen (praktisch meist der Kapazität mit Hilfe eines Drehkondensators) die Eigenfrequenz leicht verändern kann. Zur Erregung des Kreises benutzen K. L. SCHAEFER und G. GRUSCHKE[1]) die Elektronenröhre, GILDEMEISTER[2]) einen Lichtbogengenerator, hinsichtlich der Konstanz der abgegebenen Energie und der Einfachheit der Bedienung verdient jedoch der Röhrensender den Vorzug. Die Frequenzkonstanz der Röhrensender ist hervorragend gut, bei geeignetem Einbau und genauer Konstanthaltung von Heiz-Anoden- und Gitter-Spannung bleiben die Frequenzschwankungen unterhalb etwa 10^{-4} [3]).

Erfordert es die Eigenart der zu lösenden Aufgabe, daß die Frequenz eines elektrischen Schallsenders innerhalb sehr weiter Grenzen in vollkommen kontinuierlicher Weise geändert wird, so bedient man sich vorteilhaft zur Erregung des Senders nicht einer einzigen niederfrequent schwingenden Röhre, sondern zweier Hochfrequenzrohre, deren Schwebung die gewünschte akustische Frequenz liefert. Ändert man nämlich die Frequenz des einen dieser Hochfrequenzsender nur um ein weniges (beispielsweise durch Kapazitätsänderung), so ändert sich die Schwebungsfrequenz sehr stark, es ist auf diese Weise möglich, durch Drehung eines einzigen, verhältnismäßig kleinen Drehkondensators den gesamten akustischen Bereich zu umfassen. Das Verfahren wurde von COHEN, ALRIDGE und WEST[4]) sowie von GRÜTZMACHER und E. MEYER[5]) mit gutem Erfolg benutzt (vgl. auch Ziffer 16).

10. Vergleichende Frequenzmessung. Handelt es sich darum, die unkannte Frequenz eines akustischen Vorgangs durch Vergleich mit einem hinsichtlich seiner Frequenz bekannten Ton zu bestimmen, so kann man hierzu die unter Ziff. 8 genannten Methoden benutzen, indem man die Wellenzüge beider Schallwirkungen gleichzeitig aufzeichnet und durch Auszählen die Frequenzdifferenz ermittelt.

Sind die zu vergleichenden Tonhöhen nur unwesentlich voneinander verschieden, so kann man sich vorteilhaft solcher Prinzipien bedienen, welche die unmittelbare Beobachtung der Frequenzdifferenz gestatten. Von besonderem Wert sind derartige Methoden dann, wenn die zu messende Frequenz hoch liegt, so daß eben wegen der großen Tonhöhe die unmittelbare Bestimmung der Frequenz selbst Schwierigkeiten bereitet, besitzt man dann eine in der Nähe liegende Vergleichsfrequenz, so ist die Frequenzdifferenz klein und unter Umständen leicht zu beobachten. Sehr kleine Frequenzdifferenzen (bis zu etwa 3/sec) kann man bereits subjektiv dadurch feststellen, daß man die Zahl der

---

[1]) K. L. SCHAEFER u. G. GRUSCHKE, Beitr. z. Anat. usw. Bd. 16, S. 1. 1921.

[2]) M. GILDEMEISTER, ZS. f. Sinnesphysiol. Bd. 50, S. 161. 1918; Elektrot. ZS. Bd. 40, S. 616. 1919.

[3]) Vgl. hierzu insbesondere E. GRÜNEISEN u. E. MERKEL, ZS. f. Phys. Bd. 2, S. 277. 1920 (betr. Röhrensender von 700 bis 46000 Hertz, Frequenzgenauigkeit $^1/_{10000}$ bis $^2/_{10000}$, Temperaturkoeffizient $1 \cdot 10^{-4}$/Grad); ferner auch E. GIEBE u. E. ALBERTI, ZS. f. techn. Phys. Bd. 6, S. 92 u. 135. 1925.

[4]) B. S. COHEN, A. J. ALRIDGE u. W. WEST, Journ. Inst. Electr. Eng. Bd. 64, S. 1023. 1926.

[5]) M. GRÜTZMACHER u. E. MEYER, Elektr. Nachr.-Techn. Bd. 4, S. 203. 1927.

sekundlichen Schwebungen[1]) mittels des Gehörs bestimmt. Diese Zahl ergibt die Frequenzdifferenz der beiden Töne. Weiß man nicht, welcher der beiden Töne der höhere ist, so kann man die Tonhöhe des einen ein wenig vertiefen (bei Stimmgabeln beispielsweise durch Beschweren einer Zinke mit etwas Wachs), wächst dann die Schwebungsfrequenz, so war dieser Ton der tiefere und umgekehrt. Beim Vergleich zweier sehr tiefer Stimmgabelschwingungen kann man die Schwebungen, wenn man die beiden Stimmgabeln kreuzt, auch mittels des Auges beobachten.

SCHEIBLER benutzt für sein Tonometer[2]) die Schwebungsmethode zur genauen Bestimmung der Frequenzen seiner Normalgabeln. Zwei Gabeln wurden zunächst in einer Oktave gestimmt, dann eine Anzahl weiterer Gabeln zur schrittweisen Überbrückung des Oktavenintervalls so dazwischengeschaltet, daß die Schwebungen zwischen den einzelnen Gabeln leicht ausgezählt werden konnten. Die Summe der Frequenzdifferenzen der einzelnen Teilintervalle ergibt dann gleichzeitig auch die Frequenz des Grundtones.

Das Schwebungsverfahren hat DÉGUISNE[3]) vorteilhaft zur Bestimmung der Frequenzdifferenz mittels schallempfindlicher Flammen (Ziff. 8) angewendet: auf den so hervorgerufenen Rußbildern zeigen sich in deutlich ausgeprägter Weise diejenigen Zeitmomente ab, in denen sich die Amplituden der beiden Schwingungsvorgänge im gleichen Sinne superponieren.

Ein dem Schwebungsprinzip sehr ähnliches Verfahren stellen die stroboskopischen Beobachtungsmittel[4]) dar, hierbei betrachtet man entweder das schwingende System durch eine rotierende mit Spalten versehene Trommel, oder man beleuchtet das System durch eine periodisch intermittierende Lichtquelle.

Hat im ersten Falle die Scheibe n Spalte und ist k die Umdrehungszahl in Sekunden, so ist $N = n\,k$ die gesuchte Frequenz, wenn k so gewählt ist, daß die durch die Spalte beobachteten Bilder still zu stehen scheinen. Erblickt man mehrere ruhende Bilder, so ist die Frequenz durch deren Anzahl zu dividieren. In gleicher Weise kann man die Frequenz durch intermittierende Beleuchtung ermitteln. Mit besonderem Vorteil hat man sich das stroboskopische Prinzip zur Beobachtung von Saitenschwingungen[5]) und Stimmgabelschwingungen[6]), sowie der Schwingungen schallempfindlicher Flammen[7]) zunutze gemacht. Hier gelingt es sogar, neben Aufschlüssen über die Frequenz der Schwingung noch Aufschlüsse über die Schwingungsform zu erhalten. Es sei dieserhalb auf Ziff. 15 verwiesen.

Die akustischen und die optischen Schwebungsmethoden versagen für sehr hohe Frequenzen, geringe prozentuelle Unterschiede in der Tonhöhe bedingen

---

[1]) Über Schwebungen vgl. Artikel „Elementare Schwingungslehre" Ziff. 2 (ds. Bd, Kap. 2).

[2]) Vgl. Lord RAYLEIGH, Theory of sound Bd. I, § 60, 2. Aufl. 1926; vgl. auch Artikel „Schallerzeugung mit mechanischen Mitteln" Ziff. 42 (ds. Bd. Kap. 5).

[3]) K. DÉGUISNE, Ann. d. Phys. (4) Bd. 23, S. 308. 1907; vgl. auch F. WETHLO, Beitr. z. Anat. usw. Bd. 20, S. 259. 1924.

[4]) Über stroboskopische Methoden vgl. S. STAMPFER, Pogg. Ann. Bd. 32, S. 646. 1839; J. PLATEAU, ebenda Bd. 32, S. 647. 1834; weitere Literatur im Handwörterb. d. Naturwiss. Bd. IX, S. 822, Jena 1913, sowie besonders im Artikel „Methoden der Zeitregistrierung" Ziff. 90ff. (ds. Hdb. Bd. II, Kap. 6 H), ferner in einer Arbeit von L. E. DODD, Journ. Opt. Soc. Amer. Bd. 12, S. 119. 1926.

[5]) Vibrationsmikroskop. H. v. HELMHOLTZ, Tonempfindungen, S. 138, 13. Aufl. 1913; vgl. auch Artikel „Elementare Schwingungslehre" Ziff. 5 (ds. Bd. Kap. 5).

[6]) Vgl. A. E. KENNELLY u. S. F. WHITING, Proc. Amer. Inst. Electr. Eng. Bd. 27, S. 727. 1908.

[7]) A. SAMOJLOFF, ZS. f. Psychol. u. Physiol. d. Sinnesorg. Bd. 36, S. 440. 1904.

bereits große Absolutwerte der Frequenzdifferenzen, so daß es praktisch nicht mehr möglich ist, die Vergleichsfrequenz so zu wählen, daß das Ohr die Schwebungen auszählen kann oder daß es möglich ist, für die optischen Methoden den Synchronismus zu erzielen.

C. STUMPF und M. MEYER[1]) führten vergleichende Frequenzmessungen in sehr hohen Frequenzgebieten mittels der Methode der Differenztonbeobachtung durch. Hierbei wird der im Ohr selbst entstehende Differenzton (vgl. hierzu den Artikel „Gehör" Ziff. 27; ds. Bd. Kap. 11) der beiden Töne mit einer weiteren Vergleichsfrequenz verglichen; es ist darauf zu achten, daß der Differenzton erster Ordnung und nicht etwa Differenztöne höherer Ordnung beobachtet werden und daß die Oktave des Differenztones richtig erfaßt wird.

d) Die Messung der Wellenlänge[2]).

11. Messungen an stehenden Wellen. Die einfachste Form der Wellenlängenmessung ist die Beobachtung des Abstandes der Schwingungsbäuche einer stehenden Welle, so ließ F. A. SCHULZE[3]) den von einer Tonquelle abgestrahlten Schall an einer wagerechten Tischplatte reflektieren. Die Bäuche der Schallschwingung wurden durch das an diesen Stellen auftretende Mitschwingen von sandbestreuten Glimmerplättchen, welche langsam auf dem von der Schallquelle auf die Platte gefällten Lot entlanggeführt wurden, bestimmt. Es war auf diese Weise möglich, Wellenlängen bis herunter zu 1 cm zu messen. Die Bestimmung hoher Schwingungszahlen durch absolute Messungen der Frequenz bietet Schwierigkeiten. Auf diese wurde in Ziff. 9 hingewiesen. Für sehr hohe Töne bestimmt man die Wellenlänge vorteilhaft nach der genannten Methode, aus welcher sich nach der Beziehung $N = c/\lambda$ die Frequenz ergibt.

Geht man von Messungen an stehenden Wellen, welche sich an der Begrenzungsebene eines freien Raumes ausbilden, zu Messungen an stehenden Wellen innerhalb von Röhren über, so lassen sich eine Reihe von Methoden zur Ausmessung der Wellenlänge angeben, welche den Messungsmethoden im freien Raum an Einfachheit überlegen sind; die Meßergebnisse müssen aber insofern kritisch gewertet werden, als die Wellenlänge in einer Röhre, deren Durchmesser nicht groß gegen diese ist, von der Wellenlänge im freien Raum verschieden ist. Die Wärmeabgabe an die Röhrenwandung bewirkt, daß der Schallvorgang vom adiabatischen Prozeß des freien Raumes zum isothermen Prozeß übergeht. Im gleichen Sinne energieentnehmend macht sich die (insbesondere überdies vom Röhrenmaterial abhängige) Schallabsorption der Wandung bemerkbar: die Schallgeschwindigkeit und somit die Wellenlänge verringert sich gegenüber den Werten für den freien Raum. Quantitative Angaben über die Schallgeschwindigkeit in engen Röhren vgl. Artikel „Schallgeschwindigkeit" Ziff. 9 (ds. Bd. Kap. 14).

Die stehenden Wellen in Röhren lassen sich mit der Methode der KUNDTschen[4]) Staubfiguren objektiv leicht sichtbar machen. Ein wagerechtes Rohr von etwa 1 bis $1^1/_2$ m Länge und mehr als 30 mm Durchmesser enthält dünn verteilten Lykopodiumsamen oder Korkpulver. Wird die Luft im Rohr zu stehenden Wellen angeregt, so sammelt sich das Pulver an den Knotenstellen der Schallschwingung, deren Entfernung in einfacher Weise die Wellenlänge auszumessen gestattet. Die Erregung der Röhre erfolgt vorteilhaft durch einen

---

1) C. STUMPF u. M. MEYER, Wied. Ann. Bd. 61, S. 760. 1897; Bd. 65, S. 641. 1898; C. STUMPF, ebenda Bd. 68, S. 105. 1899.

2) Vgl. hierzu auch Ziff. 20.

3) F. A. SCHULZE, Ann. d. Phys. (4) Bd. 24, S. 785. 1907.

4) A. KUNDT, Pogg. Ann. Bd. 128, S. 337 u. 496. 1866.

longitudinal angetriebenen Stab, dessen Eigenton der Röhre übermittelt wird. Schließt man die Röhre am anderen Ende durch einen dicht schließenden verschiebbaren Stempel, S, so kann man durch geeignete Wahl der Einstellung erreichen, daß der Staub heftig aufwirbelt. Es bilden sich dann eigentümliche, von Welle zu Welle wiederkehrende Figuren. In den Knoten der Schallschwingung ist der Staub zu kleinen Ringen angeordnet, während er in den Bäuchen

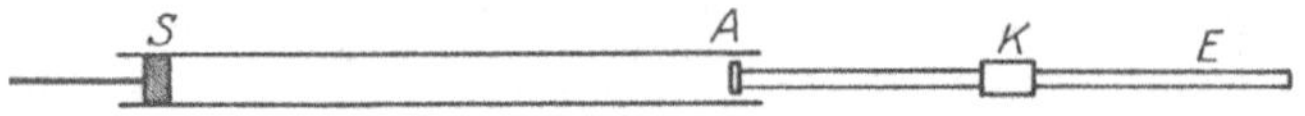

Abb. 13. Die KUNDTsche Rohre.

in Form von Rippen quer zur Röhrenachse angeordnet ist (vgl. hierzu auch Ziff. 20). W. KÖNIG[1]) hat die Theorie dieser Erscheinungen auf Grund hydrodynamischer Überlegungen gegeben. DOERSING[2]) erzeugte KUNDTsche Staubfiguren in Flüssigkeiten.

Beobachtungen an stehenden Wellen einer Röhre lassen sich auch mittels der Flammenröhre von H. RUBENS und KRIGAR-MENZEL[3]) durchführen. Auf einer Röhre sind eine Reihe von kleinen Löchern angebracht, durch die Röhre wird Gas geleitet, so daß aus den Löchern kleine Flammen herausbrennen, Knoten und Bäuche der Schwingung sind durch die verschiedene Höhe der Flammen markiert: die Wellenlänge in einem brennbaren Gas kann auf diese Weise bestimmt werden.

Stehende Wellen in Röhren können auch mit subjektiver Beobachtung zu Wellenlängenmessungen ausgenutzt werden.

Bei der Resonanzröhre von QUINCKE[4]) wird in einem an der einen Seite offenen Rohr ein Stempel verschoben (Abb. 14), die Intensität des Mitschwingens

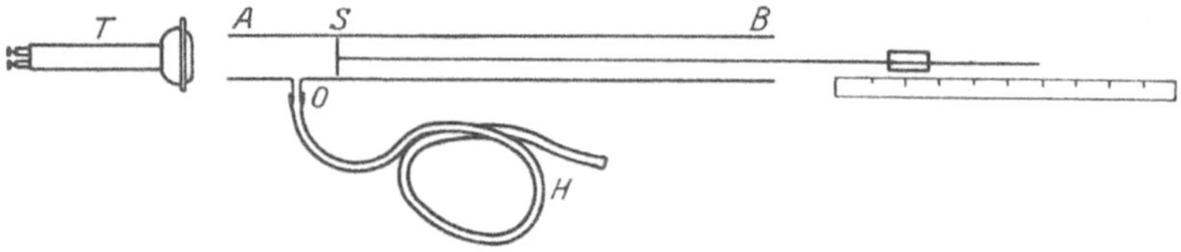

Abb. 14. Die Resonanzröhre von QUINCKE.

der Resonanzröhre wird subjektiv durch einen an einem seitlichen Stutzen angebrachten Schlauch abgehört, der Abstand zweier Maxima beim Verschieben des Stempels ergibt die halbe Wellenlänge. Die Methode läßt sich auch so variieren, daß man ein bewegliches Hörrohr von der Öffnung aus einschiebt und die Lage der Maxima und Minima vor einem festen Rohrabschluß beobachtet.

[1]) W. KÖNIG, Wied. Ann. Bd. 42, S. 353 u. 549. 1891; Bd. 43, S. 43. 1891; Phys. ZS. Bd. 12, S. 991. 1911. Vgl. auch die Bemerkungen zu KÖNIGS Theorie: J. ROBINSON, Phys. ZS. Bd. 9, S. 807. 1908; Proc. Phys. Soc. London Bd. 25, S. 256. 1913; Phil. Mag. (6) Bd. 19, S. 476. 1910; vgl. ferner F. A. SCHULZE, Ann. d. Phys. (4) Bd. 13, S. 1067. 1904; dort weitere Literatur.

[2]) K. DOERSING, Ann. d. Phys. (4) Bd. 25, S. 227. 1908; vgl. auch W. BUSSE, ebenda Bd. 75, S. 657. 1924.

[3]) H. RUBENS u. O. KRIGAR-MENZEL, Ann. d. Phys. (4) Bd. 17, S. 149. 1905.

[4]) G. QUINCKE, Pogg. Ann. Bd. 128, S. 177. 1866; Wied. Ann. Bd. 63, S. 66. 1897. Vgl. auch E. H. STEVENS, Ann. d. Phys. (4) Bd. 7, S. 285. 1902; A. KALÄHNE, ebenda (4) Bd. 20, S. 398. 1906 (dort weitere Literatur); F. A. SCHULZE, ebenda (4) Bd. 24, S. 785. 1907; W. KÜPPER, ebenda (4) Bd. 43, S. 905. 1914. Vgl. auch F. BORRINI, Arch. sc. phys. et nat. (5) Bd. 1, S. 541. 1919.

Schließlich kann man ein an beiden Enden verschlossenes Rohr zu Resonanzschwingungen anregen, wenn die halbe Wellenlänge mit der Röhrenlänge übereinstimmt, eine Anordnung, die THIESEN[1]) zu Messungen benutzte.

Die sehr kurzen Wellenlängen seiner in Ziff. 9 besprochenen und abgebildeten Piezoschallsender maß PIERCE[2]) dadurch, daß er die Rückwirkungen einer gegen die Sender verschiebbaren reflektierenden Fläche auf die Sender selbst bestimmte.

12. Messungen an fortlaufenden Wellen. Die Wellenlängenbestimmung an fortlaufenden Wellen läßt sich nach zwei Methoden durchführen, welche ebenfalls auf Interferenzerscheinungen bestehen. Hier ist zunächst das QUINCKEsche[3]) Interferenzverzweigungsrohr zu nennen. Dem Schall wurden zwei getrennte Wege vorgeschrieben, von denen der eine in seiner Länge verändert werden kann (Abb. 15). Die beiden geteilten Wellenzüge kommen bei der Wiedervereinigung zur Interferenz, welche mittels des Gehörs beobachtet werden kann. Für sehr kurze Wellen an oder über der Hörgrenze kann das Ohr durch ein optisches Anzeigeinstrument vorteilhaft ersetzt werden, ein kleines sandbestreutes Glimmerplättchen zeigt die Stellen maximalen Zusammenwirkens beider Wellenzüge an, ein Verfahren, welches F. A. SCHULZE[4]) verwendet.

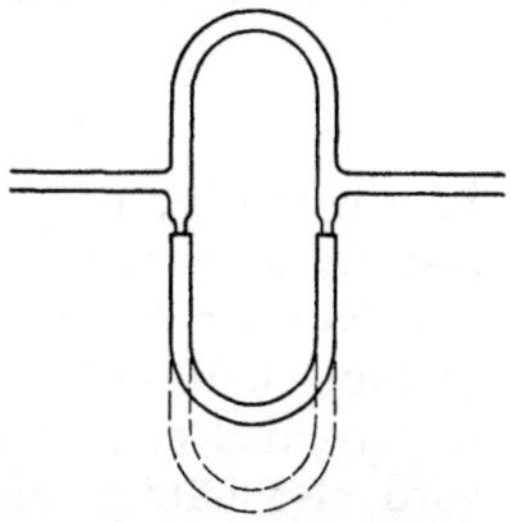

Abb. 15. Das Interferenzverzweigungsrohr von QUINCKE.

Eine weitere Möglichkeit, die ALTBERG[5]) angegeben hat, um die fortlaufenden Wellen zu bestimmen, liegt in der Anwendung eines Beugungsgitters. Die Maxima und Minima im Beugungsspektrum können mittels eines Druckmessers (Ziff. 6) bestimmt werden. Für kurze Wellen wurde diese Methode vorteilhaft von F. A. SCHULZE[6]) benutzt; zur Aufsuchung der Maxima und Minima bedient er sich wieder der sandbestreuten Glimmerplättchen.

e) Die Messung der Schwingungsform.

13. Schwingungsform. Klangbild. In Ziff. 2 wurde als die Schwingungsform der folgende Fourieransatz bezeichnet:

$$\xi(t) = \xi_0 + \sum_1^n \xi_n \sin(n\,\omega t + \varphi_n)\,. \tag{11}$$

Hierbei ist ξ eine der akustischen Größen: Elongation des schwingenden Teilchens, Teilchengeschwindigkeit oder auch Druck im Medium.

Die äußere Gestaltung der die Schwingungsform kennzeichnenden Kurve hängt wesentlich davon ab, welche Variable man betrachtet, eine Tatsache, welche dazu zwingt, bei Aufnahme der Schwingungsform kritisch festzustellen, welche Größe experimentell gemessen wird. Wir werden hierauf bei Diskussion der einzelnen Meßmethoden eingehen (vgl. hierzu auch insbesondere Artikel „Umwandlung des Schalles in andere Energieformen“ Ziff. 1; ds. Bd. Kap. 12.

[1]) M. THIESEN, Ann. d. Phys. (4) Bd. 25, S. 506. 1908 (dort weitere Literatur).

[2]) G. W. PIERCE, Proc. Amer. Acad. Bd. 60, S. 271. 1925.

[3]) G. QUINCKE, Pogg. Ann. Bd. 128, S. 177. 1866; F. A. SCHULZE, Ann. d. Phys. (4) Bd. 13, S. 1060. 1904; vgl. auch F. HANDKE u. F. F. MARTENS, Verh. d. D. Phys. Ges. 1907, S. 121.

[4]) F. A. SCHULZE, Wied. Ann. Bd. 68, S. 869. 1899.

[5]) W. ALTBERG, Ann. d. Phys. (4) Bd. 23, S. 267. 1907; auch von K. PALAIOLOGOS (ZS. f. Phys. Bd. 12, S. 375. 1923) für Wellen bis zu 0,17 mm benutzt. Vgl. hierzu auch den Artikel „Thermische Schallerzeugung“ Ziff. 4 (ds. Bd. Kap. 7), dort ist die Anordnung auch abgebildet.

[6]) F. A. SCHULZE, Ann. d. Phys. (4) Bd. 24, S. 785. 1907.

„Druckempfänger“, „Bewegungsempfänger“). Es sei hier jedoch bereits bemerkt, daß unter den in Frage stehenden Variablen, durch welche die Schwingungsform gekennzeichnet werden kann, eine Variable für praktische Zwecke besonders geeignet ist, es ist dies der Druck. Der Druck spielt für die meisten Schallempfänger die vermittelnde Rolle. Druck × Fläche ist die an dem Schallempfänger nullter Ordnung angreifende Kraft[1]), welche die erzwungenen Schwingungen des Empfängers hervorruft; auch der verbreitetste Schallempfänger, das menschliche Trommelfell, wird durch den Druck im Schallfeld betätigt. So hat man für die Schwingungsform des Druckes einen besonderen und nur für diesen benutzten Ausdruck geprägt: Der zeitliche Verlauf des Druckes an einer Stelle des Schallfeldes wird als das Klangbild bezeichnet. Das Klangbild wollen wir nach (11) analytisch ansetzen zu

$$p(t) = p_0 + \sum_1^n p_n \sin(n\,\omega\,t + \varphi_n)\,. \tag{12}$$

Hierbei ist p_0 der mittlere Druck an der betreffenden Stelle des Schallfeldes, also im allgemeinen der Atmosphärendruck.

Es sei hier noch bemerkt, daß für eine große Zahl von akustischen Untersuchungen die Größe der Phasenwinkel ohne Bedeutung ist, da das Gehör keinerlei Unterschied empfindet, wenn die Phasenwinkel willkürlich geändert werden; es wird also häufig ausreichen, die Teiltonamplituden zu ermitteln, so daß vereinfachte Methoden verwendet werden können gegenüber denjenigen, welche das Kurvenbild der Schwingungsform auch hinsichtlich der Phasenverhältnisse richtig liefern.

14. Die Bestimmung der Schwingungsform mittels des Gehörs. Zur Bestimmung der Schwingungsform mittels des Gehörs können Resonatoren gebraucht werden, mit deren Hilfe das Ohr bestimmte Teiltöne isoliert wahrnehmen und nach ihrer Stärke einschätzen kann. Eine Bestimmung des Phasenwinkels ist jedoch auf diesem Wege nicht möglich. H. v. HELMHOLTZ hat zahlreiche Untersuchungen mittels Luftresonatoren angestellt. Ein an beiden Seiten mit einer Öffnung versehener kugelförmiger oder zylindrischer Hohlraum wird mit der einen Öffnung fest in den Gehörgang gesteckt, die andere Öffnung dient zur Schallaufnahme. Es sei bemerkt, daß die Kugelform den Vorzug verdient, da Kugelresonatoren im Gegensatz zu Zylinderresonatoren auf Obertöne praktisch nicht ansprechen. HELMHOLTZ hat die Eigenschwingung kugelförmiger Resonatoren berechnet zu

$$n = c\sqrt{\frac{3r}{8\pi^3 R^3}}\,, \tag{13}$$

hierbei ist c die Schallgeschwindigkeit, r der Radius der Öffnung und R der Kugelradius. Die Maße einiger von HELMHOLTZ benutzter Glasresonatoren zeigt die nebenstehende Tabelle[2]).

Tonhöhe	Durchmesser der Kugel mm	Durchmesser der Öffnung mm	Volumen des Hohlraumes ccm	Bemerkungen
g	154	35,5	1773	Hals trichterförmig
b	131	28,5	1092	Hals trichterförmig
c'	130	30,2	1053	Hals trichterförmig
e'	115	30	546	Hals trichterförmig
g'	79	18,5	235	Hals trichterförmig
b'	76	22	214	Hals trichterförmig
c''	70	20,5	162	Hals trichterförmig
b'	53,5	8	74	Hals zylindrisch
b''	46	15	49	ebenso; Öffnung seitlich
d'''	43	15	37	Hals zylindrisch

[1]) Die Beziehung gilt selbstverständlich nur solange der Druck auf der ganzen Fläche gleichphasig ist, der Empfänger also klein gegen die kürzeste noch vorkommende Wellenlänge ist.

[2]) H. v. HELMHOLTZ, Die Lehre von den Tonempfindungen, 6. Aufl., S. 73. Beilage II, S. 600. Braunschweig 1913.

Die Theorie der Resonatoren ist im Artikel „Schwingungen räumlich ausgedehnter Kontinua" Ziff. 16 (ds. Bd. Kap. 4) behandelt. Hier sei nur noch bemerkt, daß man auch Resonatoren gebaut hat, die auf die verschiedensten Teiltöne abstimmbar sind; einen solchen beschreibt Lord RAYLEIGH[1]). K. L. SCHAEFER[2]) baute einen Resonator mit kontinuierlich verschiebbarer Abstimmung.

Eine andere Untersuchungsmethode stammt von C. STUMPF[3]). Er beobachtet das Mitschwingen von Stimmgabeln; die subjektiv geschätzte Stärke des Mitschwingens ergibt eine Stärkeklasseneinteilung der beobachteten Teiltöne.

Den unmittelbaren Feststellungen über die Schwingungsform mittels Resonatoren stehen mittelbare Untersuchungen gegenüber, deren Ergebnisse Schlüsse auf die Zusammensetzung der Klänge zulassen. Diese Methoden arbeiten in der Weise, daß durch akustische oder elektrische Filter bestimmte Teiltongebiete ausgelöscht werden, aus den Veränderungen, welche die zu untersuchenden Klänge auf diese Weise erfahren, kann auf die relative Wichtigkeit der einzelnen Teiltongebiete geschlossen werden. Neben SAUBERSCHWARZ[4]), W. KÖHLER[5]), BRÜCKE und GARTEN[6]) war es vor allen Dingen C. STUMPF[7]), der mittels akustischer Interferenzsysteme systematische Untersuchungen durchführte. Einen solchen akustischen Filter zeigt Abb. 16; eine Röhre, durch die der Schall geleitet wird, trägt seitlich Ansatzstutzen, alle Frequenzen, deren Wellenlänge $l = \frac{\lambda}{4}(1 + 2n)$ ist (wobei l die Länge des Ansatzrohres und n eine ganze Zahl bedeutet), werden ausgelöscht. Abb. 16 stellt ein verhältnismäßig einfaches akustisches System dar. Durch besondere Kunstgriffe ist die Erreichung besonderer Wirkungen, also beispielsweise die Aussiebung eines Frequenzbandes, möglich. Die ausführliche Theorie der akustischen Filter sowie Bauvorschriften für die praktische Herstellung solcher Systeme hat G. W. STEWART[8]) gegeben.

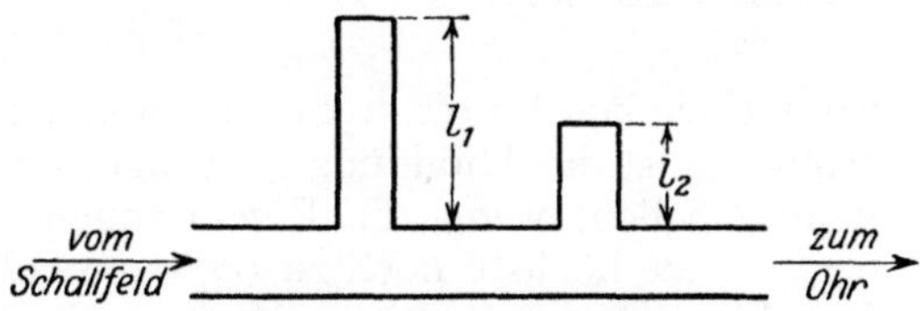

Abb. 16. Interferenzfilter.

Mit elektrischen Siebketten arbeiteten H. FLETCHER[9]) und K. W. WAGNER[10]).

15. Die Aufzeichnung der Schwingungsform. Die Methoden zur objektiven Aufzeichnung der Schwingungsform arbeiten meist in der Weise, daß die erzwungenen Schwingungen eines mechanischen Schwingungssystems (z. B.

---

[1]) Lord RAYLEIGH, Phil. Mag. (6) Bd. 13, S. 316. 1907.

[2]) K. L. SCHAEFER, Beitr. z. Anat. usw. Bd. 3, S. 132. 1910.

[3]) C. STUMPF, Berl. Ber. Bd. 17, S. 333ff. 1918; Wied. Ann. d. Phys. (N. F.) Bd. 57, S. 660ff. 1896.

[4]) E. SAUBERSCHWARZ, Pflügers Arch. f. d. ges. Physiol. Bd. 61, S. 1. 1895.

[5]) W. KÖHLER, ZS. f. Psychol. u. Physiol. d. Sinnesorg. Bd. 58, S. 59. 1911; Bd. 72, S. 74. 1915.

[6]) E. TH. v. BRÜCKE u. S. GARTEN, Pflügers Arch. f. d. ges. Physiol. Bd. 167, S. 159. 1917; S. GARTEN, Leipziger Abhandlgn. Bd. 38, S. 1. 1921.

[7]) C. STUMPF, Berl. Ber. Bd. 17, S. 333. 1918; C. STUMPF u. G. v. ALLESCH, Beitr. z. Anat. usw. Bd. 17, S. 143. 1921.

[8]) G. W. STEWART, Phys. Rev. (2) Bd. 17, S. 382. 1921; Bd. 19, S. 401. 1922; Bd. 20, S. 528. 1922 (eingehende Arbeit, ausführliche Bauvorschriften für verschiedene Filtertypen, Meßmethode zum Prüfen der Filter); Bd. 22, S. 502. 1923; Bd. 23, S. 520. 1924; Bd. 25, S. 90. 1925 (praktische Angaben über Filter); Bd. 26, S. 688. 1925; Bd. 28, S. 1038. 1926 (betr. Impedanzmessungen an verschiedenen akustischen Systemen); Bd. 29, S. 220. 1927; Journ. Opt. Soc. Amer. Bd. 9, S. 583. 1924. Vgl. auch H. B. PEACOCK, Phys. Rev. (2) Bd. 23, S. 525. 1924. W. P MASON, Bell Syst. Techn. Journ. Bd. 6, S. 258. 1927.

[9]) H. FLETCHER, Bell Syst. Techn. Journ. Bd. 1, Heft 1, S. 129. 1922.

[10]) K. W. WAGNER, Elektrot. ZS. Bd. 45, S. 451. 1924.

einer Saite oder einer Membran) registriert werden. Hierbei kann die Registrierung entweder unmittelbar mechanisch oder unter Zuhilfenahme optischer oder elektrischer Einrichtungen erfolgen. Für alle diese Methoden ist es erforderlich, einerseits kritisch zu bewerten, in welcher Weise die Schwingungsform des mechanischen Systems von der Schwingungsform des akustischen Vorgangs abhängt, andererseits müssen die Fehlermöglichkeiten diskutiert werden, welche bei der erwähnten Aufzeichnung der erzwungenen Schwingungen auftreten können.

Die Gesetze der erzwungenen Schwingung sind im Artikel „Schwingungen von Punktsystemen" Ziff. 3ff. (ds. Bd. Kap. 3) ausführlich besprochen. Auf die wichtigsten Gesichtspunkte sei hier vom Standpunkt der getreuen Klangaufzeichnung kurz hingewiesen. Es sei

$$M\frac{d^2x}{dt^2} + R\frac{dx}{dt} + Dx = k(t) \tag{14}$$

die Bewegungsgleichung des schwingenden Systems.

$$k(t) = \sum_1^n k_n \sin(n\omega t + \varphi_n) \tag{15}$$

sei die am System angreifende Kraft. Unsere Forderung ist, daß $x(t)$ dann dargestellt wird durch

$$x(t) = C\,k(t)\,, \tag{16}$$

wobei C ein konstanter, frequenzunabhängiger Faktor ist. Ist diese Beziehung (16) erfüllt, so ist die Abbildung kurvengetreu. Eine genähert richtige Abbildung ist dann möglich, wenn die Eigenfrequenz ω_0 des schwingenden Systems höher liegt als die höchste noch zu registrierende Frequenz $n\omega$, und wenn die Dämpfung hinreichend groß ist. Diese genähert richtige Abbildung ist aber auch nur dann möglich, wenn die Bewegungsgleichung sich tatsächlich in der Form (14) darstellen läßt — sind aber beispielsweise Koeffizienten in der Gleichung, die selbst noch von x oder dx/dt abhängen, so ist die Forderung (16) überhaupt nicht mehr erfüllbar, die erzwungene Schwingung enthält dann Frequenzen, welche in dem ursprünglichen Klang überhaupt nicht vorhanden waren (objektive Kombinationstöne)[1]). Die Benutzung derartiger Systeme (wie sie z. B. bei unsymmetrischer Lagerung einer Membran oder durch andere Fehler des Gesamtsystems, wie Übersteuerung von Verstärkerröhren, von Kohlemikrophonen od. dgl. auftreten) zu vermeiden, ist eine der ersten Forderungen der kurvengetreuen Aufzeichnung. Verhältnismäßig gering ist die Bedeutung der Phase, da diese zwar für das äußere Kurvenbild, nicht aber für seine innere Qualität von Bedeutung ist.

Die Forderung einer hohen Abstimmung des Registriersystems ist seit langem bekannt, für die praktisch ausgeführten Konstruktionen von Schallempfängern mußten jedoch meist Kompromisse zugunsten einer höheren Empfindlichkeit geschlossen werden, da es nicht mehr gelang, die sehr geringen Amplituden der erzwungenen Schwingungen eines genügend hoch abgestimmten Systems einwandfrei zu registrieren. Erst in neuerer Zeit konnten Schallempfänger nutzbar gemacht werden, deren Abstimmung an der oberen Grenze des akustisch wichtigeren Bereichs bzw. oberhalb desselben liegt, und deren physikalische Bestimmungsstücke (Masse, Elastizität und Dämpfung) so genau definiert sind, daß die mit ihrer Hilfe durchgeführten Messungen stets reproduzierbare, quantitativ richtige Resultate ergaben. Es handelt sich um elektrische Schallempfänger, auf die wir weiter unten zu sprechen kommen.

---

[1]) Vgl. hierzu Kap. 3, Ziff. 4. Fernerhin auch die Arbeiten von E. WAETZMANN, Ann. d. Phys. (4) Bd. 42, S. 743. 1913; Phys. ZS. Bd. 15, S. 638. 1914 und die entsprechenden Betrachtungen in seinem Buch: Die Resonanztheorie des Hörens, S. 112ff. Braunschweig 1912.

Die älteste Vorrichtung, mit Hilfe einer Membran die Schwingungsform akustischer Vorgänge aufzuzeichnen, ist der Phonautograph von E. SCOTT[1]), dort werden die erzwungenen Schwingungen mit Hilfe eines mit ihr gekoppelten Schreibstiftes auf eine rotierende Trommel aufgezeichnet. In ähnlicher Weise wurde später der Sprachzeichner von HENSEN[2]) konstruiert. Die Schwingungen einer Goldschlägerhautmembran werden durch eine Hebelübersetzung auf einen Diamanten übertragen, welcher die Schwingungskurven in eine Glasplatte einritzt. Die Leistungen des Phonautographen als Hilfsmittel zur Bestimmung der Schwingungsform übertrifft der im Jahre 1877 von Th. A. EDISON[3]) erfundene Phonograph, welcher neben einer Verbesserung der Güte der Registrierung den Vorteil bietet, die Leistungen der Membran durch Reproduktion des akustischen Vorgangs subjektiv überprüfen zu können. Den eigentlichen Empfänger bildet eine Membran aus Glimmer, Holz oder Glas, welche einen Stift (meist einen Saphir) trägt, der die Membranschwingung in Form einer Furche, deren Tiefe entsprechend der Elongation der Membran M variiert, in eine Wachswalze W eingräbt (Abb. 17). Die Bewegung des Schreibstiftes des Phonographen erfolgt also senkrecht zur Tangentialebene der Wachswalze. Die Tiefenschrift auf der Wachswalze kann dann mittels optischer Verfahren [Fühler mit Spiegelchen und Lichtzeiger, L. HERMANN[4])] oder mechanischer Hebelübertrager [SCRIPTURE[5]), HAUSER[6])] in das Kurvendiagramm der Schwingungsform umgeschrieben werden.

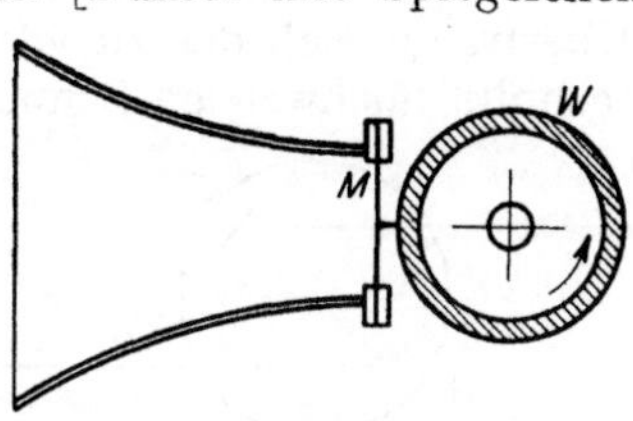

Abb. 17. Der Phonograph.

Über die Konstruktion der Phonographen existieren nur wenige Angaben, da die ausführenden Firmen insbesondere die Konstruktion der Aufnahmeschalldosen geheimzuhalten bemüht sind. Einige Ausführungen über die konstruktiven Eigenschaften von Phonographen und über die Gewinnung der Klangbilderkurven aus den in die Wachswalze eingegrabenen Phonogrammen enthalten die im Wiener Phonogramm-Archiv durchgeführten Arbeiten von HAUSER[7]), PÖCH[8]) und HAJEK[9]).

Eine andere Type zur Aufzeichnung der Schwingungsform und zur späteren Reproduktion stellt das von E. BERLINER[10]) angegebene Grammophon dar; die Anordnung ist hier so getroffen, daß die Bewegung des Schreibstiftes nicht senkrecht zur Schreibfläche, sondern parallel zu ihr erfolgt, die Schreibfläche des Grammophons ist eine wagerechte Platte. Die dem Phonographen und dem Grammophon eigenen Schwierigkeiten liegen zunächst hauptsächlich in den durch die Membranen und durch die Trichter bedingten Selektivitäten. Für die Aufnahme haben sich diese Schwierigkeiten dadurch umgehen lassen, daß man statt der früher allein üblichen, rein mechanischen Verfahren elektrische Aufnahmeverfahren, z. B. mittels der noch zu besprechenden Kondensatormikrophone verwendet. In ganz besonderem Maße besserte dies die Aufnahme großer Orchester und Chöre; ist es doch möglich, zur Aufnahme einen einzigen solchen

[1]) E. SCOTT: Kosmos Bd. 14, S. 314. 1859.
[2]) V. HENSEN, ZS. f. Biol. Bd. 23, S. 299ff. 1887.
[3]) Scient. Amer. 1877, S. 595. Vgl. auch Beibl. z. d. Annal. Bd. 2, S. 551ff., S. 691. 1878.
[4]) L. HERMANN, Pflügers Arch. f. d. ges. Physiol. Bd. 45. 1889.
[5]) E. W. SCRIPTURE, Researches in experimental phonetics. The study of speech curves. Washington 1906. Publ. by the Carnegie Inst.
[6]) F. HAUSER, Wiener Ber. Math.-naturw. Kl. (2a) Bd. 117. 1908; siehe auch H. BENNDORF u. R. PÖCH, ebenda (2a) Bd. 120. Dez. 1911.
[7]) F. HAUSER, Wiener Ber. (2a) Bd. 112. Dez. 1903.
[8]) R. PÖCH, Wiener Ber. (2a) Bd. 121. 1912; Bd. 122. 1913.
[9]) L. HAJEK, Jahresber. d. österr. Ges. f. exp. Phonetik V. u. VI. Vereinsjahr, S. 76. Wien 1920.
[10]) E. BERLINER, Elektrot. ZS. Bd. 19, S. 614. 1898.

Schallempfänger verhältnismäßig weit entfernt von den Schallquellen einzusetzen, so daß ein sehr gleichmäßiges Bild entsteht. Hinsichtlich Frequenz oder Amplitudenwiedergabe sind derartig hochqualifizierte elektrische Schallempfänger praktisch einwandfrei.

Auch die Wiedergabeapparatur konnte wesentlich verbessert werden, seit es gelang, den Einfluß der einzelnen Teile der Apparatur (z. B. Membran, Luftraum-Hebelübertragung-Schalltrichter) theoretisch zu erfassen. Es ist hier eine Arbeit von MAXFIELD und HARRISON[1]) zu nennen, die diese Fragen behandelt. Bemerkt sei, daß es gelungen ist, eine praktisch gleichmäßige Übertragung von etwa 100 bis 4000 Hertz sicherzustellen. Eine weitere Verbesserungsmöglichkeit besteht darin, auch die Abnahme von der Schallplatte auf elektromagnetischem Wege vorzunehmen und dann zur akustischen Wiedergabe einen hochwertigen Lautsprecher einzusetzen[2]).

Den bisher beschriebenen Apparaten gemeinsam sind die Schwierigkeiten der Kopplung des Schreibstiftes mit der schwingenden Membran durch eine Hebelübertragung. Neben den zusätzlichen Massen, welche in den Übertragungsgliedern mitbewegt werden müssen, besteht ein weiterer Nachteil darin, daß es außerordentlich schwer ist, einen toten Gang in der Lagerung der beweglichen Übertragungsglieder zu vermeiden, wenn man nicht, wie in der Phonographentechnik, hochwertige Schneidenlagerungen einführt. Das Bestreben ging daher in der Richtung, die Hebelübertragung zu umgehen und eine unmittelbare Aufzeichnung beispielsweise mittels eines durch die Membran gesteuerten Lichtzeigers zu ermöglichen. Hierzu befestigt MARTENS[3]) an der schallempfangenden Membran zwei Spiegelchen in der durch Abb. 18 angedeuteten Weise.

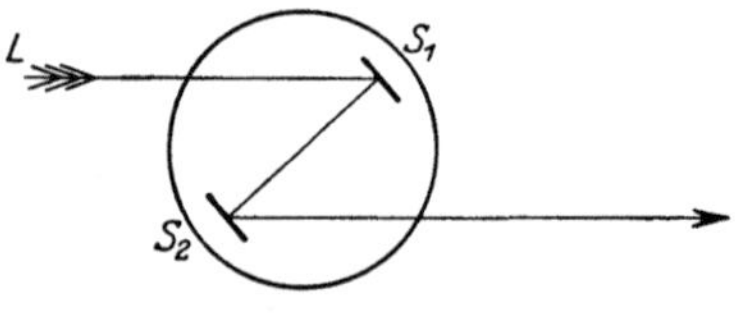

Abb. 18. Spiegelmembran nach MARTENS.

Wird die am Rande eingespannte Membran zu erzwungenen Schwingungen angeregt, so erfolgen Drehungen der Spiegelchen. Ein Lichtzeiger wird durch die Drehung der Spiegelchen abgelenkt, so daß er zur objektiven photographischen Aufzeichnung oder auch zur subjektiven Beobachtung mittels eines rotierenden Spiegels benutzt werden kann. Der rotierende Spiegel stellt ein wichtiges Hilfsmittel zur subjektiven Beobachtung bzw. Demonstration des Kurvenbildes der Schwingungsform dar. Wird durch die Schwingung ein Lichtstrahl bestimmter Achsenrichtung hin und her geworfen, so kann man ihn durch einen rotierenden Spiegel in einer dazu senkrechten Richtung auseinanderziehen. Wählt man die Umlaufgeschwindigkeit der Frequenz des zu beobachtenden akustischen Vorgangs entsprechend, so erhält man einen scheinbar stillstehenden Kurvenzug: die Schwingungsform.

Das Phonodeik von D. C. MILLER[4]) besitzt einen auf einer Achse befestigten Spiegel, um die Achse ist ein mit Hilfe einer Feder gespannter Draht geschlungen, welcher seinerseits an der zum Schallempfang verwendeten Glasmembran festgelegt ist (Abb. 19). RAMAN und DEY[5]) beschreiben eine noch einfachere Form eines Phonodeiks: Durch die Bewegung eines in der Mitte der Membran be-

[1]) J. P. MAXFIELD u. H. C. HARRISON, Bell Syst. Techn. Journ. Bd. 5, S. 493. 1926. Über Schallaufzeichnung und Wiedergabe vgl. ferner auch I. F. WILLIAMS, Journ. Frankl. Inst. Bd 202, S. 413. 1926.

[2]) Vgl. hierzu K. NORDEN, Neue Systeme elektrischer Sprechmaschinen und Lautsprecher. Elektrot. ZS. Bd. 48, S. 261. 1927.

[3]) F. F. MARTENS, Verh. d. D. Phys. Ges. 7. Jahrg., S. 63. 1909.

[4]) D. C. MILLER, The Science of Musical sounds. 1916.

[5]) C. V. RAMAN u. A. DEY, Phil. Mag. Bd. 39, S. 145. 1920. Ähnlich auch ein Phonodeik von S. H. ANDERSON, Journ. Opt. Soc. Amer. Bd. 11, S. 31. 1925.

festigten Stahldrahtes wird eine auf zwei Stützen gelagerte Nadel hin und her gerollt, die Nadel trägt einen Spiegel (Abb. 20).

GARTEN[1]) gelang es, die erzwungenen Schwingungen einer Seifenblasenmembran zu registrieren, ohne eine Hebelübertragung dazwischen zu schalten, wie dies z. B. bei dem Seifenblasenphonoskop von WEISS[2]) der Fall war. GARTEN legte auf die Mitte der nur 2,5 mm Durchmesser messenden Seifenblasenmembran ein winziges Stäubchen Eisenfeilicht, welches er dort durch das Feld eines Magneten zentrierte. Die Eigenschwingungen der von GARTEN verwendeten Seifenblasenmembranen lagen in der Gegend von etwa 2000 Hertz, also nicht hoch genug, um quantitativ richtige Resultate im gesamten akustisch wichtigen Bereich zu liefern.

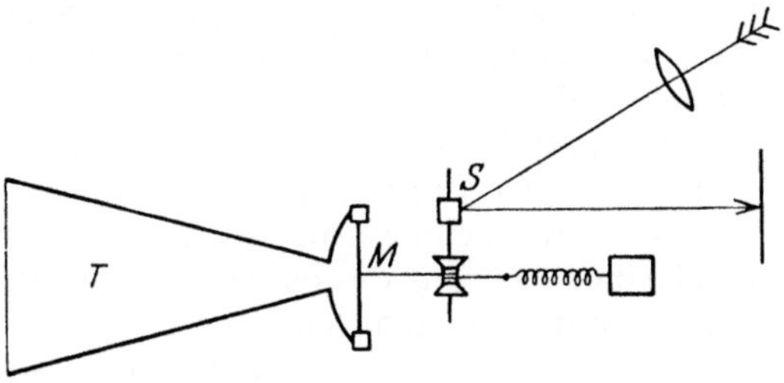

Abb. 19. Phonodeik nach MILLER.

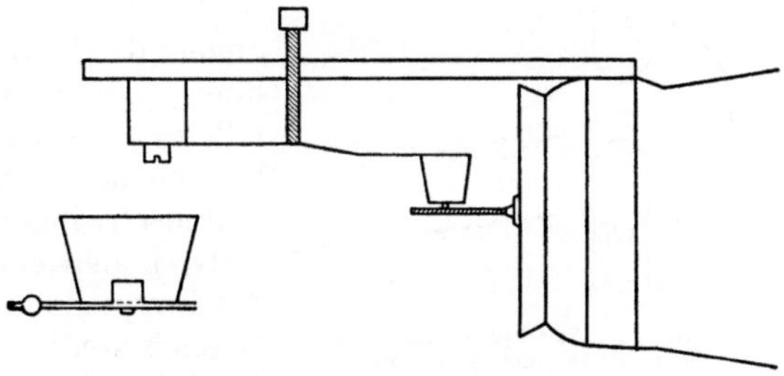

Abb. 20. Phonodeik nach RAMAN und DEY.

Die durch die geringe absolute Empfindlichkeit bedingten Nachteile der hoch abgestimmten Empfänger ist für eine bestimmte Empfängertype von unwesentlicher Bedeutung: Die elektrischen Schallempfänger rufen zwar an sich nur sehr geringfügige elektrische Wirkungen hervor, die durch die Schallempfänger gesteuerten elektrischen Schwingungen können aber mit Hilfe von Elektronenröhrenverstärkern so verstärkt werden, daß die Registrierung auch akustischer Vorgänge geringer Intensität leicht erfolgen kann; Verstärkung und Registrierung der elektrischen Vorgänge erfolgen überdies bei geeigneter Anlage der Schaltung verzerrungsfrei, so daß die elektrischen Methoden der Klangaufzeichnung quantitativ die besten Resultate ergaben.

Als elektrische Schallempfänger zur Aufzeichnung der Schwingungsform werden (wenn man von älteren überholten Arbeiten mit gewöhnlichen Kohlekörnermikrophonen absieht) das Kondensatormikrophon nach E. C. WENTE[3]) und das Kondensatormikrophon nach H. RIEGGER[4]) verwendet. Die Wirkungsweise dieser Empfänger ist hinreichend definiert, um auch quantitativ brauchbare Resultate zu ergeben. Zur Aufzeichnung der Kurvenform des Ausgangsstromes des Verstärkers und somit also zur Aufzeichnung des Klangbildes werden Oszillographen[5]) eingesetzt. Klangbilder, welche mittels des Riegger-Kondensatormikrophons und des Siemens-Oszillographen aufgezeichnet wurden, sind

[1]) S. GARTEN, Ann. d. Phys. (4) Bd. 48, S. 273. 1915.

[2]) O. WEISS, ZS. f. biol. Methodik Bd. 1. 1908.

[3]) E. C. WENTE, Phys. Rev. Bd. 10, S. 39. 1917; Bd. 19, S. 498. 1922. Es sei ferner auf die zahlreichen Experimentaluntersuchungen verwiesen, die mittels des Wente-Mikrophons durchgeführt wurden; die Literatur findet sich im Artikel „Physik der Sprachklänge" Ziff. 5ff. (ds. Bd. Kap. 10). Mit dem Wente-Mikrophon arbeiteten auch JÛICHI OBATA und YAHEI YOSHIDA (Report Aeronaut. Research Inst. Tôkôy Imp. Univ. Bd. 1, Nr. 11, S. 305. 1925). Vgl. ferner JÛICHI OBATA, Journ. Frankl.-Inst. 1927, S. 647.

[4]) H. RIEGGER, Wiss. Veröffentl. a. d. Siemens-Konz. Bd. III/2, S. 67. 1924; s. auch F. TRENDELENBURG, ebenda Bd. III/2, S. 43. 1924; Bd. IV/1, S. 1. 1925; Bd. IV/2, S. 200. 1925; Bd. V/2, S. 120. 1926; Bd. V/3, S. 175. 1927.

[5]) Über Oszillographen vgl. insbesondere das Buch I. T. IRWINS „Oscillographs", London 1925.

auf den Tafeln 1 und 2 im Artikel „Physik der Sprachlaute“ (ds. Bd. Kap. 10) abgedruckt. Die Konstruktion der Empfänger ist im Artikel „Umwandlung des Schalls in andere Energieformen“ Ziff. 8 (ds. Bd. Kap. 12) beschrieben, die Resultate mit diesen Empfängern sind im Artikel „Physik der Sprachlaute“ (ds. Bd. Kap. 10) besprochen, die Eichkurven der Empfänger bringt Ziff. 16.

Mit Hilfe elektrischer Schallempfänger wurden auch Untersuchungen über solche Schallvorgänge durchgeführt, die mit anderen Beobachtungsmitteln nur schwer oder nur ungenau erfaßt werden können. So wurden mit dem RIEGGERschen Kondensatormikrophon auch Herztöne und Atemgeräusche[1]) aufgenommen. Über elektrische Schallempfänger für Spezialzwecke, z. B. für Bodenschall (also als „Geophone“) oder für Flugzeugschall usw. findet sich Literatur bei J. B. CRANDALL[2]).

Eine andere Type eines hoch abgestimmten Empfängers stellt der Saitenphonograph von EINTHOVEN und HOOGERWERF[3]) dar (Abb. 21). Ein dünner Quarzfaden ist ähnlich wie beim Saitengalvanometer zwischen zwei Mikroskopen (M), durch welche die Bewegung des Fadens (S) photographisch registriert werden kann, straff ausgespannt. Treten durch einen Trichter (T) Schallwellen in die kugelförmige, die Saite umhüllende Kammer ein, so wird die gespannte Saite durch die Reibungskopplung mit den benachbarten Luftteilchen zu erzwungenen Schwingungen angeregt. Durch geeignete Bemessung der Saitenlänge, der Spannung und des Gewichtes der Saite läßt es sich erzielen, daß für einen gewissen Frequenzbereich das Verhältnis der Amplitude der erzwungenen Saitenschwingung zur Amplitude der Elongation der Luftteilchen einen konstanten und insbesondere von der Frequenz unabhängigen Wert besitzt. In diesem Bereich stellt dann die registrierte Schwingungsform der Saite ein genähertes Abbild der Schwingungsform der Luftteilchen dar. Es sei aber ausdrücklich darauf hingewiesen, daß der Bereich guter Annäherung nach tiefen und nach hohen Teiltönen hin begrenzt ist und daß nicht etwa wie bei dem hoch abgestimmten Druckempfänger alle Teiltöne unterhalb der tiefsten Eigenfrequenz richtig abgebildet werden. Wie bereits erwähnt, zeichnet der Saitenphonograph die Elongation der Luftteilchen und nicht das „Klangbild“ auf.

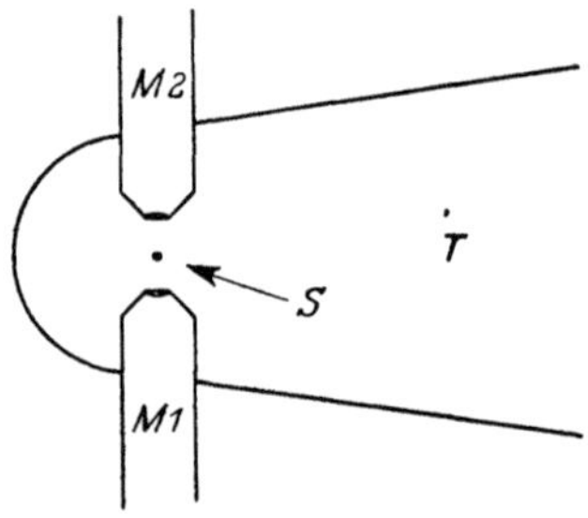

Abb. 21. Saitenphonograph nach EINTHOVEN und HOOGERWERF.

Bedenken bestehen hinsichtlich der Verwendung eines Schalltrichters, einmal stören die schwer vermeidlichen Eigenresonanzen solcher Gebilde und andererseits verzerrt ein räumlich derartig ausgedehntes Gebilde wie ein Trichter das Schallfeld durch Reflexion und durch Absorption in erheblicher Weise; die elektrischen Schallempfänger sind in dieser Hinsicht überlegen, da sie nur sehr geringe räumliche Ausdehnung besitzen. Die Empfindlichkeitssteigerung durch

---

[1]) F. TRENDELENBURG, Über Aufzeichnung und Wiedergabe von Herztönen und Atemgeräuschen. Wiss. Veröffentl. a. d. Siemens-Konz. Bd. V/3, S. 176. 1927. Dort weitere Literatur, von der hier insbesondere noch auf H. A. FREDERICK u. H. F. DODGE, Bell Syst. Techn. Journ. Bd. 3, Nr. 4, Okt. 1924 verwiesen sei (in der Arbeit sind auch Angaben über den Frequenzgang von Stethoskopen u. ähnl.).

[2]) J. B. CRANDALL, Theory of vibrating systems and sound. New York 1926 [Anl. B: Neueste Entwicklung der angewandten Akustik], S. 242ff. Über einen Bodenschallempfänger vgl. ferner: E. WAETZMANN, Naturwissensch. Bd. 15, S. 401. 1927. Erwähnt sei noch ein elektrischer Empfänger zum Untersuchen von Erschütterungserscheinungen an Brücken u. dgl., dessen druckempfindliches System aus einer Reihe von in Serie geschalteten Kohlekontakten besteht. Vgl. hierüber MC COLLEM-PETERS, Department of Commerce Bureau of Standards 4. 1. 1924.

[3]) W. EINTHOVEN u. S. HOOGERWERF, Pflügers Arch. f. d. ges. Physiol. Bd. 204, S. 275. 1924.

einen Trichter kann überdies durch entsprechende Verstärkung ersetzt werden und auch noch übertroffen werden.

Es wurden auch Verfahren angegeben, die erzwungenen Schwingungen sehr leichter, den Schallwellen ausgesetzter frei schwebender Masseteilchen zur Registrierung der Schwingungsform von Luftschwingungen zu verwenden. So ließen LEWIS und FARRIS[1]) Lykopodiumsamen in einem Schallfeld herabsinken, die Bewegungen der Teilchen wurden durch ein seitlich angebrachtes Mikroskop photographiert. W. KÖNIG[2]) wies darauf hin, daß sich Lykopodiumsamen zu diesem Zweck wenig eignet, da bei diesem Stoff Abweichungen vom STOKESschen Gesetz auftreten; dieses bildet aber gerade die Grundlage der quantitativen Folgerungen aus den gewonnenen Kurvenbildern. K. GEHLHOFF[3]) wandte dieserhalb bei seinen Versuchen Öltröpfchen an, welche er von einer Düse in das Schallfeld hinabsinken läßt und dann mikroskopisch photographiert.

Ein Verfahren, welches das mechanische Mitschwingen von Massenteilchen oder die Zuhilfenahme eines mechanischen oder elektrischen Schallempfängers vollständig umgeht, ist (auf ältere Arbeiten von BOLTZMANN, TOEPLER und MACH aufbauend) von RAPS[4]) ausgebaut worden. Ein durch geeignete Blenden ausgeblendeter Lichtstrahl wird durch einen Interferentialrefraktor in zwei Teilstrahlen zerlegt (S_1 und S_2, Abb. 22); einer dieser Teilstrahlen durchläuft eine Bahn, welche vom Schall in ihren optischen Eigenschaften beeinflußt wird: Der Brechungsindex ändert seinen Wert entsprechend der jeweiligen Momentandichte. Der andere Teilstrahl bleibt unbeeinflußt. Durch einen zweiten Interferentialrefraktor werden die beiden Teilstrahlen zusammengefaßt. Die photographische Registrierung der Interferenzbilder auf einer Trommel T ergibt das Klangbild. Diese Methode, so bestechend ihre prinzipielle Anordnung ist, kann an Empfindlichkeit nicht mit den genannten elektrischen Methoden verglichen werden, diese stellen zur Zeit das einwandfreieste und empfindlichste Mittel zur Registrierung der Schwingungsform dar.

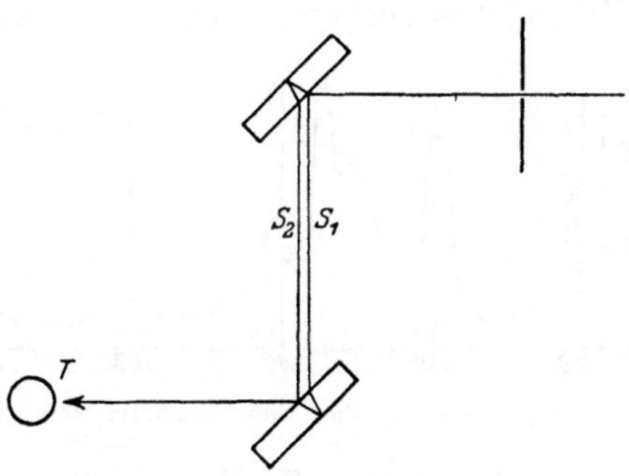

Abb. 22. Interferenzmethode nach RAPS

Die bisherigen Betrachtungen beziehen sich auf die Bestimmung der Schwingungsform akustischer Vorgänge im Luftschallfeld. Für einzelne Probleme ist auch die Bestimmung der Schwingungsform solcher mechanischer Schwingungen, die nicht durch Luftschwingungen erzwungen werden, von Interesse, wie z. B. Schwingungen von Telephonmembranen oder Saiten von Instrumenten. Hierzu können die Registriermethoden verwendet werden, welche oben besprochen wurden wurden, für spezielle Zwecke wurden aber auch Anordnungen ausgearbeitet, welche für diese Aufgaben besonders geeignet erscheinen, während für die außerordentlich kleinen Amplituden der durch Luftschall erzwungenen Schwingungen die Empfindlichkeit nicht ausreicht.

KRIGAR-MENZEL[5]) und RAPS spannen die zu untersuchende Saite vor einem Spalt aus; das objektive Bild des Spaltes, welches den betreffenden

[1]) E. P. LEWIS u. L. P. FARRIS, Phys. Rev. (2) Bd. 6. S. 491. 1915.
[2]) W. KÖNIG, Ann. d. Phys. (4) Bd. 49, S. 648. 1916.
[3]) K. GEHLHOFF, ZS. f. Phys. Bd. 3, S. 330. 1920.
[4]) A. RAPS, Wied. Ann. Bd. 50. S. 193, 1893 (dort auch ältere Literatur).
[5]) O. KRIGAR-MENZEL u. A. RAPS, Wied. Ann. d. Phys. (N. F.) Bd. 44, S. 623. 1891; Bd. 50, S. 444. 1893. Vgl. G. KLINKERT, ebenda Bd. 65, S. 849. 1898 und W. KAUFMANN, ebenda Bd. 54, S. 675. 1895.

Saitenpunkt enthält, wird auf der photographischen Registriertrommel abgebildet.

W. TRENDELENBURG[1]) photographiert in einfacher Weise die Saitenschwingungen am Cello folgendermaßen: Ein unter der Saite am Griffbrett befestigter Spiegel wirft einen von einer Lichtquelle ausgehenden Lichtkegel auf den vor der Registriertrommel befindlichen Spalt. Die Saite fängt das auf sie fallende Licht ab und erzeugt so einen schmalen Schatten auf dem Spalt. Dies Schattenbild eines schwingenden Punktes der Saite liefert die Schwingungskurve.

Eine Spiegelanordnung zur Messung der Amplituden einer Telephonmembran hat M. WIEN[2]) angegeben, auch LICHTE[3]) benutzt eine ähnliche Anordnung; bei dieser Apparatur ist das Spiegelchen auf einem Eisenplättchen befestigt, welches durch einen Magneten gegen eine Schneidenlagerung gezogen wird, auf der es mittels eines an der Membran befestigten Stiftes entsprechend den Elongationen der Membran gedreht wird. KEMPF-HARTMANN photographierte die Ein- und Ausschwingvorgänge von Telephonmembranen und die erzwungenen Schwingungen solcher Schallsender[4]).

16. Die Eichung von Schallempfängern. Benutzt man, wie in vielen in der Ziff. 15 besprochenen Fällen, ein schwingungsfähiges mechanisches Gebilde als Schallempfänger, so kann man ein gewisses Urteil über die physikalische Wirkungsweise eines solchen Empfängers dadurch gewinnen, daß man die Eigenschwingungen des Empfängers ermittelt. Ein ganz oberflächliches Bild bietet die Feststellung, ob der betreffende Empfänger auf einen gewissen Frequenzbereich, also z. B. auf die Töne einer Galtonpfeife überhaupt noch anspricht. Eine gewisse Erweiterung bedeutete das Vorgehen D. C. MILLERS[5]), welcher einen großen Satz von Orgelpfeifen aufstellte und diese durch geeignete Luftzufuhr auf gleiche subjektive Lautstärke brachte. MILLER untersuchte auf diese Weise die Empfindlichkeit seines Phonodeiks (Abb. 23), eine genaue Eichung im physikalischen Sinne ist aber dadurch nicht möglich. In anderer Weise bestimmte GARTEN[6]) die Eigenschwingung und auch die Dämpfung seines Seifenblasenschallschreibers; er gab der Membran durch elektrostatische Anziehung eine Elongation, unterbrach er

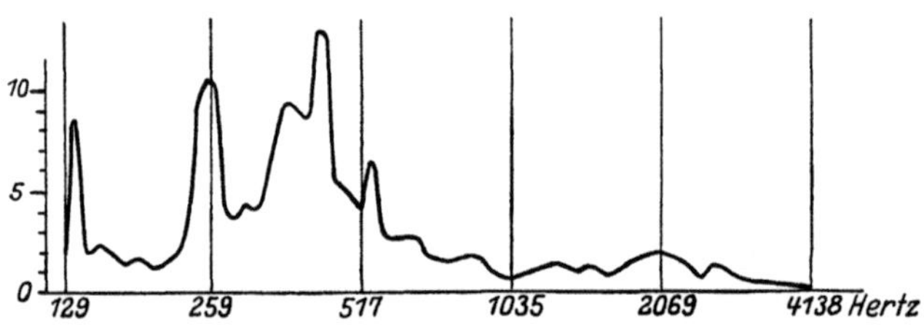

Abb. 23. Empfindlichkeitskurve eines Phonodeiks.

[1]) W. TRENDELENBURG, Die natürlichen Grundlagen der Kunst des Streichinstrumentenspiels. Berlin: Julius Springer 1925 (dort auch weitere Literatur). Über die Beobachtung von Saitenschwingungen vgl. auch E. H. BARTON u. C. A. B. GARRETT, Phil. Mag. (6) Bd. 10, S. 149. 1905; E. H. BARTON u. J. PENZER, ebenda (6) Bd. 12, S. 576. 1906; Bd. 13, S. 446. 1907; HARVEY N. DAVIS, Phys. Rev. Bd. 22, S. 121. 1906; E. H. BARTON u. T. J. RICHMOND, Phil. Mag. (6) Bd. 18, S. 233. 1909; s. Artikel „Musikinstrumente und ihre Klänge" Ziff. 32 (ds. Bd. Kap. 8); C. V. RAMAN, Phil. Mag. (6) Bd. 21, S. 615. 1911.

[2]) M. WIEN, Wied. Ann. d. Phys. Bd. 42, S. 593. 1891; Bd. 44, S. 681. 1891.

[3]) H. LICHTE, Dissert. Göttingen 1913; Ann. d. Phys. (4) Bd. 42, S. 843. 1913.

[4]) R. KEMPF-HARTMANN, Ann. d. Phys. (4) Bd. 8, S. 481. 1902. Ein anderes Verfahren zur Registrierung von Membranschwingungen verwendete M. SIEGBAHN [Ann. d. Phys. (4) Bd. 42, S. 689. 1913]. Durch die Membranschwingung wird die Breite eines beleuchteten Spaltes oszillatorisch geändert, die Spaltbreite wird in einer Schwärzungskurve registriert, die Schwingungskurve wird dann mit einer Thermosäule ausgewertet.

[5]) D. C. MILLER, Science of musical sounds. 1916. Ähnlich auch eine Empfindlichkeitsbestimmung mit Hilfe von Stimmgabeln bei S. H. ANDERSON, Journ. Opt. Soc. Amer. Bd. 11, S. 31. 1925.

[6]) S. GARTEN, Ann. d. Phys. (4) Bd. 48, S. 273. 1915.

nun die elektrostatische Kraftwirkung, so geht die Membran in ihrer Eigenschwingung in die Ruhelage zurück. Es gelang GARTEN auch, die Absolutempfindlichkeit seiner Seifenblasenmembran dadurch genähert zu bestimmen, daß er auf die Membran einen kleinen meßbaren Überdruck einseitig wirken ließ. Die aus den geschilderten Messungen gewonnenen Resultate lassen sich, selbst wenn es gelingt, die absoluten Beträge der Werte mit großer Genauigkeit festzustellen, nur dann für die Berechnung der Empfängerempfindlichkeit auch für andere Frequenzgebiete heranziehen, wenn die Koeffizienten der Differentialgleichung der freien gedämpften Schwingung (wie Direktionskraft, Masse und das Reibungsglied) keinerlei Abhängigkeit von der Frequenz selbst besitzen.

Die bisher besprochenen Methoden kommen nur noch für orientierende Versuche in Frage, Eichungen von Schallempfängern, hinsichtlich ihrer Empfindlichkeit in großen Frequenzbereichen wurden zuerst mittels Thermophon[1]) als Schallquelle durchgeführt. Das Thermophon gestattet es, eine aus den elektrischen und thermischen Daten (elektrische Leistung, Wärmekapazität des Leiters usf.) berechenbare Schalleistung abzugeben, somit also auch am Empfänger eine in absolutem Maß definierte Druckamplitude herzustellen. Die Theorie des Thermophons ist im Artikel „Thermische Schallerzeugung" Ziff. 2 (ds. Bd. Kap. 7) ausführlich behandelt; hier sei bemerkt, daß sich die Abhängigkeit der Druckschwankung p' in einem engen, das Thermophon umgebenden Hohlraum mit starren Wänden von der dem Thermophon zugeführten elektrischen Leistung näherungsweise durch folgende Beziehung darstellen läßt:

$$p' = k_{Th} \frac{R\,i^2}{\omega^{\frac{3}{2}}} .$$

Hierbei ist k_{Th} eine Konstante, die von den thermischen Größen usw. abhängig ist.

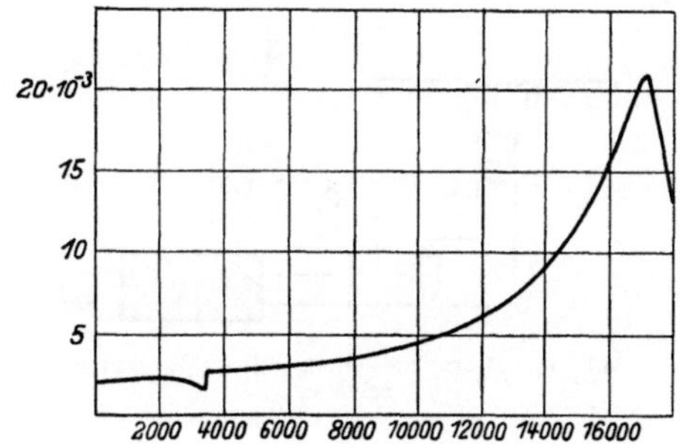

Abb. 24 Eichkurve des WENTE-Mikrophons.

Diese Formel gilt für dünne Metallfolien als Stromleiter und für Frequenzen bis herab zu etwa 400 Hertz und reicht für qualitative Messungen aus, für quantitative Messungen sei auf Kapitel 7, Ziff. 2, und insbesondere auf die Originalarbeiten verwiesen.

Als Schallquelle zu Messungen im freien Schallfeld kommt das Thermophon wegen seiner geringen Höchstleistung im allgemeinen nicht in Frage, trotzdem es sich wegen seiner geringen räumlichen Ausdehnung — es stellt für alle in Betracht kommenden Frequenzen eine praktisch punktförmige Schallquelle dar — hierfür besonders eignen würde. Es ist somit auch nicht möglich, Eichungen mittels des Thermophons unter eben denselben Bedingungen durchzuführen, denen der Empfänger beim Einsatz in das Schallfeld unterworfen ist. Es gibt zur Zeit noch keine Schallquelle, welche einerseits räumlich so angeordnet ist, daß die Abstrahlung in einer einfach definierten Wellenform (also am vorteilhaftesten derjenigen der Kugelwelle) erfolgt und dessen Wirkungsgrad andererseits im gesamten akustischen Bereich so definiert ist, daß die abgestrahlte Schalleistung aus mechanischen oder elektrischen Daten des Schallsenders berechenbar ist. Eichungen im freien Schallfeld erfordern daher einen Umweg: Man erregt ein Schallfeld durch eine Schallquelle, deren Frequenz willkürlich eingestellt werden

[1]) Vgl. hierzu E. C. WENTE, Phys. Rev. Bd. 10, S. 39. 1917; H. D. ARNOLD u. J. B. CRANDALL, ebenda S. 22; E. C. WENTE, ebenda Bd. 19, S. 333. 1922; F. TRENDELENBURG, Wiss. Veröffentl. a. d. Siemens-Konz. Bd. III/1, S. 212. 1923.

kann; man mißt die Intensität des Schallfeldes an einer Stelle: unmittelbar daneben bringt man den zu eichenden Schallempfänger an, dessen Empfindlichkeit man nun durch Vergleich findet. F. TRENDELENBURG[1]) führte auf diese Weise die Eichung eines Kondensatormikrophons im Schallfeld durch. Die von ihm benutzte Anordnung zeigt Abb. 25. Als Schallsender diente der Blatthaller (Kap. 6, Ziff. 21)[2]), der durch einen Röhrensender erregt wurde; zur Bestimmung der Intensität diente die RAYLEIGHsche Scheibe (Ziff. 3). Als vorteilhaft zur Vermeidung von störenden Einflüssen durch bestehende Wellen erwies sich die Anordnung von E. MEYER[3]), bei welcher schräg zur Schallrichtung ein stark absorbierender Vorhang ausgespannt ist, etwa noch reflektierte Restwellen werden auf diese Weise schräg aus dem Schallfeld herausgeworfen.

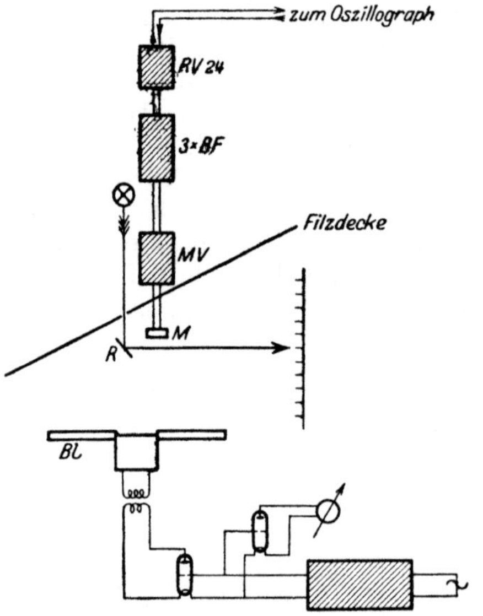

Abb. 25. Mikrophoneichung mittels RAYLEIGH-Scheibe.

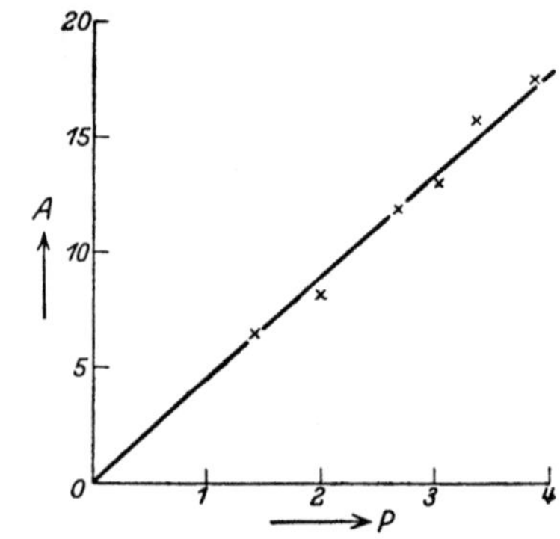

Abb. 26. Amplitudenkurve des RIEGGER-Kondensatormikrophons.

Der Meßraum war überdies mit schallabsorbierenden Decken ausgekleidet. Das zu eichende Kondensatormikrophon arbeitete auf genau gemessene Verstärker, welche ihrerseits eine hinsichtlich ihrer Empfindlichkeit geeichte Oszillographenschleife steuerten. Gewisse Schwierigkeiten liegen in der Konfiguration des Schallfeldes selbst, das für tiefe Frequenzen genähert die Form der Kugelwelle, für hohe die einer ebenen Welle besitzt und überdies in der Nähe der strahlenden Membran ausgesprochene Interferenzstellen, wie diese durch die erhebliche räumliche Ausdehnung der Membran bedingt sind, aufweist. Gewisse hierdurch verursachte Schwankungen der Meßergebnisse lassen sich aber dadurch eliminieren, daß man mehrere Meßreihen nach jedesmaliger geringer Veränderung der räumlichen Anordnung durchführt. Das Ergebnis der Eichungen zeigen die Abb. 26 und 27. Über die Interferenzeffekte im Schallfeld großer Membranen gibt eine Arbeit von H. BACKHAUS[4]) und F. TRENDELENBURG Auskunft.

Eine absolute Methode zur Eichung von Kondensatormikrophonen arbeiteten GRÜTZMACHER und MEYER[5]) aus:

[1]) F. TRENDELENBURG, Wiss. Veröffentl. a. d. Siemens-Konz. Bd. V/2, S. 120. 1926.

[2]) Der Blatthaller eignet sich wegen seines großen Frequenzumfanges gut als Schallquelle zu akustischen Messungen, er gestattet von sehr tiefen Frequenzen bis hinauf zu uber 8000 Hertz zu arbeiten. Wegen genauer Eichkurven des Blatthallers sei auf die Originalarbeit[1]) verwiesen.

[3]) E. MEYER, Elektr. Nachr.-Techn. Bd. 3, S. 290. 1926.

[4]) H. BACKHAUS u. F. TRENDELENBURG, ZS. f. techn. Phys. Bd. 7, S. 630. 1926.

[5]) M. GRÜTZMACHER u. E. MEYER, Elektr. Nachr.-Techn. Bd. 4, S. 203. 1927.

Das Kondensatormikrophon wird als Kondensator in die von RIEGGER[1]) angegebene Hochfrequenzschaltung eingesetzt. Zur Erregung des Mikrophons werden nun die elektrostatischen Kräfte benutzt, die auftreten, wenn man an die beiden Belegungen des Kondensatormikrophons zusäztliche elektrische Wechselspannungen anlegt; es ist auf diese Weise möglich, die Empfindlichkeit des Empfängers in absolutem Maß für alle Frequenzen zu messen.

Besonders einfach gestalten sich akustische Messungen, bei denen die Amplitude eines Bestimmungsstückes des Schallfeldes, beispielsweise des Druckes in Abhängigkeit von der Frequenz gemessen werden soll, dann, wenn man hierfür ein automatisches Registrierverfahren verwendet, bei welchem auf photographischem Papier der zu messende Wert als Ordinate, die Frequenz als Abszisse aufgetragen wird; das photographische Papier befindet sich auf einer Trommel, welche mit dem Drehkondensator eines Schwebungstonsenders (vgl. Ziff. 9) zwangsläufig gekoppelt ist, der zu messende Vorgang wirkt auf einen elektrischen Schallempfänger, der seinerseits über einen Verstärker und Röhrengleichrichter ein Spiegelgalvanometer steuert; der Galvanometerausschlag wird photographisch registriert. Der Schwebungstonsender wird durch ein Uhrwerk oder einen Elektromotor mit Getriebe kontinuierlich „durchgedreht". Das Verfahren kann sowohl zur Bestimmung der Frequenzkurve von Schallsendern (bei Verwendung

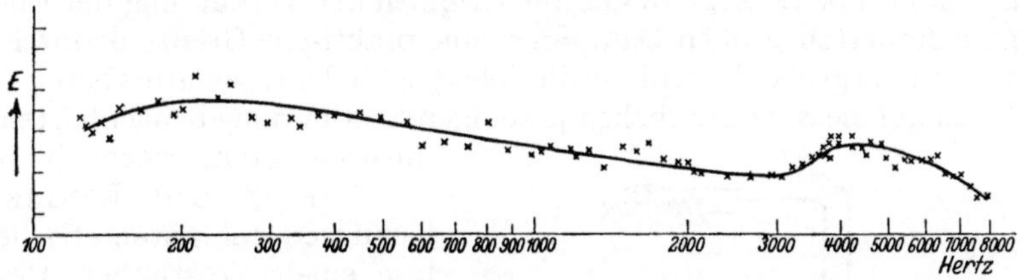

Abb. 27. Frequenzkurve des RIEGGER-Kondensatormikrophons.

eines nach einer der obenerwähnten Methoden geeichten Schallempfängers) wie auch zu vergleichenden Frequenzkurvenmessungen an verschiedenen Schallempfängern benutzt werden. Messungen mit solchen Registriervorrichtungen führten COHEN, ALRIDGE und WEST[2]) sowie GRÜTZMACHER und MEYER[3]) durch.

17. Die Analyse der Kurvenbilder. Selbsttätige Analyse. Zur rechnerischen oder graphischen Analyse der gewonnenen Kurvenbilder können alle diejenigen Verfahren gebraucht werden, welche im Kapitel 2, Ziff. 3 behandelt worden sind. Beispiele durchgeführter Analysen und einige praktische Fingerzeige finden sich vor allen Dingen in den Arbeiten von HERMANN und von SCRIPTURE[4]).

Kontinuierliche Schwingungsvorgänge können dadurch selbsttätig analysiert werden, daß man sie auf einen Resonator einwirken läßt, dessen Abstimmung innerhalb derjenigen Teilfrequenzen, deren Amplitude man festzustellen beabsichtigt, willkürlich gewählt werden kann. (Die Feststellung der Phasenwinkel der verschiedenen Teilfrequenzen kann auf diesem Wege nicht ohne weiteres erfolgen.)

Ändert man die Abstimmung des Resonators während des Verlaufes der zu untersuchenden Schwingung in stetiger Weise über den zu untersuchenden Frequenzbereich, und zeichnet man die jeweilige Amplitude der erzwungenen Resonatorschwingung in einem Diagramm auf, dessen Abszisse die Resonator-

---

[1]) Vgl. Artikel „Umwandlung des Schalls in andere Energieformen" Ziff. 8, ds. Bd Kap. 12.

[2]) B. S. COHEN, A. J. ALRIDGE u. W. WEST, Journ. Inst. Electr. Eng. Bd. 64, S. 1023. 1926.

[3]) M. GRÜTZMACHER u. E. MEYER, Elektr. Nachr. Techn. Bd. 4, S. 203. 1927.

[4]) Vgl. Artikel „Physik der Sprachlaute" Ziff. 2 (ds. Bd. Kap. 10).

abstimmung ist, so kann man unter Heranziehung der Gesetze der erzwungenen Schwingung Rückschlüsse auf die Amplitude der erregenden Kraft, also z. B. auf die Druckamplitude der entsprechenden Teilfrequenz des betreffenden Klanges ziehen. Es sei aber besonders darauf hingewiese, daß es unstatthaft ist, ohne weiteres für alle Zeitmomente des Ablaufs der Untersuchung die Proportionalität der Momentanamplitude der Resonatorschwingung mit der Momentamplitude der erregenden Schwingung anzunehmen. In dieser Beziehung treten im Gegenteil infolge der Ein- und Ausschwingvorgänge erhebliche Abweichungen von der Proportionalität auf. Diese sog. Ausgleichsvorgänge sind bei den entsprechenden elektrischen Systemen ausführlich untersucht worden[1]). Hier sei daran erinnert, daß für ihren Verlauf die Dämpfung des resonierenden Systems von ausschlaggebender Bedeutung ist, je größer die Dämpfung, desto schneller klingen die Ausgleichsvorgänge ab; es muß gefordert werden, daß die Zeiten, während deren die Ausgleichsvorgänge noch einen wesentlichen Einfluß besitzen, klein sind gegen diejenigen Zeiten, welche zwischen der Umstimmung des Resonators von einer auf die nächst benachbarte Teilfrequenz liegen. Eine streng richtige Registrierung der den Klang formenden Teilfrequenzen ist sowohl hinsichtlich der Lage der Maxima in der Tonskala wie auch hinsichtlich der Stärke der Maxima nur möglich, wenn die Verstimmung des Resonators unendlich langsam erfolgt. Es sei noch bemerkt, daß der aus Gründen der Verkürzung der Ausgleichsvorgänge geforderten großen Dämpfung eine praktische Grenze dadurch gesetzt wird, daß bei allzu großer Dämpfung die Selektivität des Resonators bereits derartig leidet, daß er auf die der eigentlichen jeweiligen Abstimmung benachbarten Teilfrequenzen bereits erheblich anspricht.

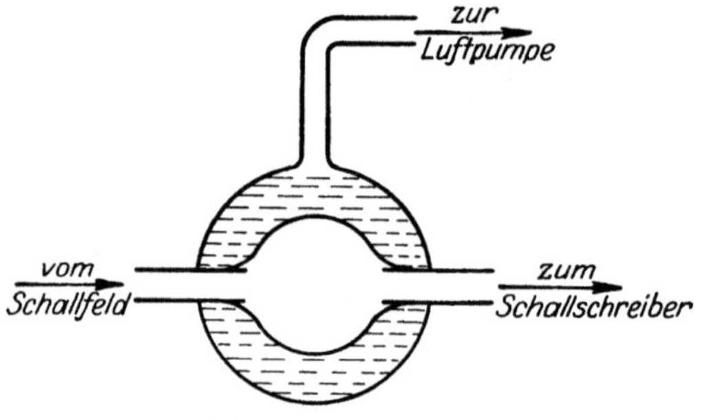

Abb. 28. Automatischer Analysator nach GARTEN und KLEINKNECHT.

GARTEN und KLEINKNECHT[2]) benutzten zur automatischen Analyse einen akustischen Resonator: ein lufterfüllter Hohlraum mit zwei Öffnungen innerhalb einer Gummihülle, welche allseits von Wasser umgeben ist, wird dadurch aufrechterhalten, daß die Luft oberhalb des die Hülle umgebenden Wassers abgepumpt wird, so daß der äußere Luftdruck die Hülle gegen das Wasser spannt. Läßt man Luft in den evakuierten Raum oberhalb des Wassers einströmen, so schwindet der Hohlraum in sich zusammen und erhöht dementsprechend stetig seine Eigenresonanz; die Gesamtdauer des Vorganges beträgt etwa eine Sekunde, wie z. B. die Auszählung der Kurve 9a der angeführten Arbeit[2]) zeigt.

Die zu analysierende Luftschwingung wird der einen Öffnung des Resonators zugeführt, die erzwungenen Resonatorschwingungen werden durch einen an die andere Öffnung angeschlossenen Schallempfänger (GARTEN benutzt hierzu seinen in Ziff. 15 beschriebenen Seifenblasenschallschreiber) registriert.

Die Resultate der mit dieser Anordnung durchgeführten Untersuchungen sind in Kapitel 10, Ziff. 11 diskutiert, es sei hier jedoch auch bemerkt, daß einige Schlüsse, welche GARTEN in seinen Aufzeichnungen zog, der physikalischen Grundlage entbehren, da keinerlei kritische Wertung der bei der geringen Dämpfung der Apparatur vorhandenen beträchtlichen Fehler durch die Aus-

[1]) Vgl. z. B. H. BACKHAUS, Wiss. Veröffentl. a. d. Siemens-Konz. IV, Heft 2, S. 209. 1925; dort weitere Literatur.

[2]) S. GARTEN u. F. KLEINKNECHT, Leipziger Abhdlgn. Bd. 38, Nr. 9. 1921.

gleichsvorgänge erfolgte. Insbesondere blieb eine prinzipielle Schwierigkeit unbeachtet: Der Resonator stellt für seine höheren Abstimmungen, bei denen seine äußere Gestaltung von der einer Kugel zu derjenigen eines langgestreckten Rotationsellipsoids übergeht, ein System von mehr als einem Freiheitsgrad dar. Die Ausgleichsvorgänge derartiger Systeme sind nun aber außerordentlich kompliziert; man hat diese Verhältnisse theoretisch und experimentell an den analogen elektrischen Schwingungssystemen eingehend studiert, von einer Proportionalität der Momentamplitude der resonierenden Schwingung zu der Momentamplitude der erregenden Kraft kann hier sicher nicht die Rede sein, die Amplitude der Resonanzschwingung ist im Gegenteil durch die überlagerten Ausgleichsvorgänge sehr starken und rechnerisch schwer zu erfassenden Schwankungen ausgesetzt. Die gewonnenen Resultate können daher nur zu genäherten Aussagen über die ungefähre Lage und die ungefähre Stärke der den Klang formenden Teilfrequenzen benutzt werden.

In neuerer Zeit wurde eine Anordnung zur automatischen Analyse mittels eines elektrischen Verfahrens von WEGEL und MOORE[1]) ausgebaut. Ein elektrischer Schallempfänger setzt die akustischen Schwingungen in solche elektrischer Natur um, diese regen einen elektrischen Resonanzkreis an, welcher nacheinander auf verschiedene, geeignet gewählte Abstimmungen eingestellt wird. Die jeder Einstellung entsprechende Amplitude der erzwungenen Schwingung wird oszillographisch registriert. Ohne Verwendung von Resonatoren arbeitet ein Verfahren zur Analyse von Wechselströmen durch periodische Unterbrechung, das BARLOW[2]) ausarbeitete und zusammen mit KEENE zur Analyse von Schallvorgängen benutzte.

Die bisher erwähnten Verfahren zur automatischen Analyse mittels akustischer oder elektrischer Resonatoren, welche durch den zu untersuchenden akustischen Vorgang unmittelbar erregt werden, sind im Hinblick auf die unvermeidlichen Ein- und Ausschwingzeiten nur für solche akustischen Vorgänge verwendbar, welche eine sehr große Anzahl einander identischer Perioden umfassen, also beispielsweise den Klang einer Orgelpfeife, einer Violine, eines gesungenen Vokals der menschlichen Stimme. Über die Zusammensetzung eines zeitlich eng umgrenzten akustischen Vorgangs (z. B. Anschlagen einer Glocke oder einer Klaviersaite, gesprochener Vokal, stimmhafter Konsonant) kann das Verfahren keine Auskunft geben. SACIA[3]) hat hier ein Verfahren ausgearbeitet, welches das Schallspektrum eines auch zeitlich eng begrenzten akustischen Vorgangs registriert: Das Klangbild des gesamten akustischen Vorgangs wird oszillographisch auf einem Filmstreifen registriert, der Film wird längs der Kurve zerschnitten und die eine Hälfte wird geschwärzt. Alsdann wird dieser Teil zu einem endlosen Band zusammengeklebt. Läuft dieses Band an einem Spalt vorüber, dessen Lichtbild durch eine Zylinderlinse punktförmig auf eine lichtempfindliche Zelle abgebildet wird, so entspricht der Momentanwert des Photostroms dem Momentanwert der Amplitude desjenigen Klangbildmomentes, welcher gerade an dem Schlitz vorüberläuft. Der Photostrom wird nun zur Erregung eines willkürlich abstimmbaren elektrischen Resonanzkreises benutzt. Erfolgt der Vorbeilauf des endlosen Filmbandes mit konstanter und gemessener Geschwindigkeit, so ergibt die Registrierung der den verschiedenen Abstimmungen entsprechenden Amplituden des Resonanzkreises das Schallspektrum.

---

[1]) R. L. WEGEL u. C. R. MOORE, Bell Syst. Techn. Journ. Bd. 3, S. 299. 1924. Ähnlich auch eine in Ziff. 5 besprochene Anordnung von J. B. CRANDALL u. D. MAC KENZIE, Bell Syst. Techn. Journ. Bd. 1, S. 116. 1922. (Anm b. d. Korr.: Über ein neues Verfahren zur automatischen Analyse mittels Überlagerung siehe C. R. MOORE u. A. S. CURTIS, Bell Syst. Techn. Journ. Bd. 6, S. 216. 1927.)

[2]) G. BARLOW u. H. B. KEENE, Phil. Trans. (A) Bd. 222, S. 131. 1922.

[3]) C. F. SACIA, Journ. Opt. Soc. Amer. Bd. 9, S. 487. 1924.

Die zeitliche Aneinanderreihung verschiedener Abstimmungen ein und desselben Resonators läßt sich auch durch gleichzeitige Erregung einer Reihe verschieden abgestimmter Resonatoren ersetzen. EDWARDS[1]) bestimmt die Amplitude der Resonanzschwingung durch Intensitätsbestimmung vermittels RAYLEIGHscher Scheiben, welche vor der Resonatorenöffnung angebracht werden, ein Verfahren, das auch HEWLETT[2]) anwendete. Er untersuchte mit dieser Methode die Klänge von Geigen.

f) Die Messung der Fortpflanzungsgeschwindigkeit.

Die Schallschwingungen sind longitudinale Schwingungen, daher gelten für ihre Ausbreitungsgeschwindigkeit die im Artikel „Schwingungen räumlich ausgedehnter Kontinua“ Ziff. 8 (ds. Bd. Kap. 4) angegebenen Gleichungen. Aus den Konstanten dieser Gleichungen kann man die Fortpflanzungsgeschwindigkeit einer akustischen Störung berechnen.

18. Berechnung der Schallgeschwindigkeit. Für Gase gilt die LAPLACEsche Gleichung

$$c = (p/\delta \cdot \varkappa)^{\frac{1}{2}} = (p \cdot g \cdot \varkappa/D)^{\frac{1}{2}} \quad [\mathrm{msec}^{-1}], \tag{17}$$

wo

c = Fortpflanzungsgeschwindigkeit,
p = Gasdruck kg/qm,
δ = Masse, D = Gewicht eines m^3 in kg,
g = Beschleunigung der Erdschwere in $\mathrm{msec}^{-2} = 9{,}81\ [\mathrm{msec}^{-2}]$,
$\varkappa = c_p/c_v$ das Verhältnis der spez. Wärmen ist.

In Flüssigkeiten bestimmt sich c durch

$$c = (\beta \cdot \delta)^{-\frac{1}{2}} \quad [\mathrm{msec}^{-1}], \tag{18}$$

wo β = Kompressibilität in $\mathrm{kg} \cdot \mathrm{m}^{-2}$. Der in gewöhnlichen Tabellen angegebene Wert der Kompressibilität β_0 ist auf Atmosphärendruck bezogen und zur Reduzierung durch 10333 zu dividieren.

δ = Masse von m^3 in kg. $D = \delta g$ = Gewicht von m^3 in kg. Benutzt man die auf Wasser = 1 bezogene Dichte s der Flüssigkeit, dann wird

$$c = 10{,}068\,(\beta_0 \cdot s)^{-\frac{1}{2}} \quad [\mathrm{msec}^{-1}]. \tag{18a}$$

Für feste Körper gilt in Stab- oder Drahtform die Gleichung

$$c = (E/\delta)^{\frac{1}{2}} \quad [\mathrm{msec}^{-1}], \tag{19}$$

wo

E = YOUNGscher Elastizitätsmodul,
δ = Masse vom m^3 in kg ist.

Der YOUNGsche Modul ist hier auf 1 m^2 des Querschnitts bezogen. Der in Tabellen gewöhnlich angegebene Wert E_0 bezieht sich auf 1 mm^2. Also ist $E = E_0 \cdot 10^6$. Führt man für die Masse δ das Gewicht $D = \delta g$ der Volumeneinheit ein, und ist s die auf Wasser bezogene Dichte des Körpers, dann ist $D = \delta g = 1000\,s$ und die Gleichung (3) geht über in:

$$c = 99{,}04\,(E_0/s)^{\frac{1}{2}}\,[\mathrm{msec}^{-1}]. \tag{19a}$$

---

[1]) P. H. EDWARDS, Phys. Rev. Bd. 32, S. 23. 1911.
[2]) C. W. HEWLETT, Phys. Rev. Bd. 35, S. 359. 1912. Vgl. hierzu auch Ziff. 3 ds. Artikels und Artikel „Musikinstrumente und ihre Klänge“, Ziff. 34 (ds. Bd. Kap. 8).

Hat man ein unbegrenztes festes Medium, so können Längs- und Querschwingungen auftreten. Für erstere erhält man als Fortpflanzungsgeschwindigkeit c_1 unter Zugrundelegung des Wertes c für die Stab- und Drahtform:

$$c_1 = c((1 - \sigma)/(1 + \sigma)\,(1\,\sigma - 2))^{\frac{1}{2}}\,[\mathrm{msec}^{-1}]\,. \tag{20}$$

Hier ist σ der POISSONsche Koeffizient der Querkontraktion.

Setzt man nach WERTHEIM $\sigma = {}^1/_3$, dann wird

$$c_1 = c\,({}^3/_2)^{\frac{1}{2}} = 1{,}225\,c\,[\mathrm{msec}^{-1}] \tag{20a}$$

für Längsschwingungen. Für die Querschwingungen gilt die Ausbreitungsgeschwindigkeit c_2

$$c_2 = c(2(1 + \sigma))^{-\frac{1}{2}}\,[\mathrm{msec}^{-1}] \tag{21}$$

und für $\sigma = {}^1/_3$ gesetzt:

$$c_2 = {}^1/_2({}^3/_2)^{\frac{1}{2}}\,c = 0{,}6125\,c\,[\mathrm{msec}^{-1}]\,.$$

19. Direkte Messung der Schallgeschwindigkeit. Die Messung der Ausbreitungsgeschwindigkeit einer akustischen Störung erfolgt am einfachsten durch genaue Bestimmung der Zeit t_1 des Schallaussendens an einem Orte x_1 oder des Passierens der Schallwelle an diesem Orte x_1 und der Zeit t_2 des Eintreffens an einem zweiten Ort x_2. Dann ist

$$c = \frac{x_2 - x_1}{t_2 - t_1} = \frac{l}{t}\,[\mathrm{msec}^{-1}]\,.$$

Diese direkte Methode, die sich fortschreitender Wellen bedient, bedarf bei Benutzung gewöhnlicher Zeitmeßinstrumente großer Strecken, ist also hier nur für Luft anzuwenden. Verwendet man jedoch besondere Kurzzeitmesser, wie sie neuerdings in Deutschland von A. BEHM[1]) für technische Zwecke entwickelt sind, oder elektrische Oszillographen, dann lassen sich auch auf kurze Entfernungen und dann auch in beliebigen Medien äußerst präzise Messungen durchführen.

Bei den älteren Messungen ist stets das Verfahren angewandt, durch denselben Prozeß einen Lichtblitz und einen Schall zu erzeugen, und an einer entfernten Stelle, wo noch beide deutlich wahrnehmbar sind, die Zeitdifferenz zwischen ihrem Eintreffen mit einem Chronometer zu bestimmen. Die Lichtgeschwindigkeit kann dabei gegenüber der Schallgeschwindigkeit als unendlich groß angenommen werden. Bei 3000 m Entfernung beträgt die Genauigkeit bei einer Zeitbestimmung bis auf ${}^1/_{10}$ sec 1%, bis auf ${}^1/_2$ sec 5%. Natürlich kann man gleichzeitig mit dem Schall auch ein funkentelegraphisches Signal senden und zur Markierung der Abgangszeit benutzen und erreicht damit eine wesentlich größere Genauigkeit[2]).

Von REGNAULT[3]) wurde in den Jahren 1862 bis 1866 zum ersten Male die Schallgeschwindigkeit nach einer objektiven Methode bestimmt. Er benutzt dazu einen berußten Zylinder, der sich mit konstanter Geschwindigkeit dreht. Auf ihm gleiten drei Schreibstifte. Der erste wird von dem Anker eines Elektromagneten gesteuert, dessen Stromkreis durch den Schallabgang unterbrochen (Durchschießen eines Drahtes) und durch die Schallankunft am Ende der zu messenden Strecke wieder geschlossen wird (Durchbiegung einer dünnen Membran, welche die Röhre abschließt, bewirkt einen Kontakt). Der Abstand dieser beiden

---

[1]) Vgl. B. SCHULZ, Geschichte und Stand der Entwicklung des Behmlotes. Ann. d. Hydrogr. Bd. 52, S. 254. 1924, u. ds. Handb. Bd. II, Kap. 6.

[2]) z. B. E. A. ECKHARDT, Phys. Rev. Bd. 24, S. 452. 1924.

[3]) V. REGNAULT, C. R. Bd. 66, S. 209. 1868.

Zeitmarken wird zeitlich durch die anderen beiden Schreibstifte festgelegt, deren einer von einer Sekundenuhr und deren anderer von einer Stimmgabel betätigt wird. Die Zeitmessung kann so auf etwa $^{1}/_{1000}$ sec genau erfolgen, wenn die Zeitkonstanten der zur Betätigung benutzten Elektromagneten bekannt sind. Diese Methode der Aufzeichnung ist in der Folgezeit vielfach benutzt worden.

In modern eingerichteten Laboratorien verwendet man statt der berußten Trommel oder berußter Papierstreifen die photographische Registrierung oder einen Oszillographen. Von letzterem sind alle Konstruktionen anwendbar. Für die genaue Messung müssen ihre Konstanten sowie die der benutzten Relais bekannt sein oder sich durch die Schaltung herausheben. Weiterhin sind für diese Schallgeschwindigkeitsmessungen, bei denen es auf die exakte Bestimmung sehr kurzer Zeitdifferenzen ankommt, alle die Methoden brauchbar, die in der Ballistik zur Messung von Geschoßgeschwindigkeiten entwickelt und benutzt werden. Die Geschwindigkeit der Geschosse ist von derselben Größenanordnung wie die der Schallwellen. Die Methoden, die entwickelten Verfahren und Instrumente sowie zahlreiche Beispiele nebst Genauigkeitsbetrachtungen sind ausgezeichnet von CRANZ[1]) zusammengestellt. Dem SCHMIDTschen Federchronographen[2]) ist der Kurzzeitmesser von BEHM[3]) nachgebildet. Da er eine äußerst kompendiöser Apparat ist, sei er kurz beschrieben (Abb. 29). Ein Elektromagnet A hält einen Anker D gegen das Widerlager K gedrückt, dabei wird die Feder F gespannt. Wird bei Beginn der Zeitmessung der Elektromagnet A stromlos, so schnellt die Feder F den Anker D fort, dadurch wird ein an dem Punkte M in Spitzen gelagerte, ausbalancierte Scheibe C in Rotation versetzt. Ihre Drehbewegung dauert so lange, bis durch das Ende der Zeitmessung der Elektromagnet E stromlos wird und seinen Anker B als Bremse gegen die Scheibe C drückt. Der Winkel, um den sich die Scheibe C gedreht hat, wird entweder direkt durch ein Schauloch G oder mittels Lichtzeiger LMH abgelesen. Bei sorgfältiger Konstruktion kann der Kurzzeitmesser mit einer größeren Genauigkeit als 10^{-4} sec arbeiten. Die Skala wird empirisch geeicht. Die längste zu messende Zeitdifferenz beträgt 1 sec. Bei größeren Zeitdifferenzen kann ein auch von BEHM[4]) entwickelter photographisch registrierender Kurzzeitmesser benutzt werden. Bei ihm wird das von SIEVEKING und BEHM[5]) angegebene Sonometer benutzt. Es besteht aus einer elektromagnetisch angezupften Feder, die durch einen dünnen Glasstab verlängert ist und am Ende eine Glaskugel trägt. Diese Kugel dient zur Konzentration eines Lichtflecks auf photographischem Papier. Gleichzeitig werden die Schwingungen einer Stimmgabel mit einer gleichen Einrichtung registriert. Die Genauigkeit ist auch größer als 10^{-3} sec.

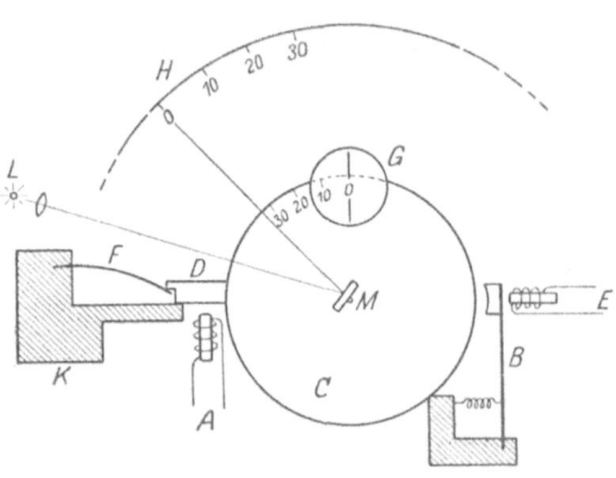

Abb. 29. Kurzzeitmesser nach BEHM.

[1]) C. CRANZ, Lehrbuch der Ballistik Bd. III. 1913; vgl. auch ds. Handb. Bd. II, Kap. 6.
[2]) C. CRANZ, ebenda S. 79.
[3]) A. BEHM, Ann. d. Hydrogr. Bd. 49, S. 241. 1921; Bd. 50, S. 289. 1922 u. B. SCHULZ, ebenda Bd. 52, S. 254ff. 1924.
[4]) B. SCHULZ, ebenda.
[5]) H. SIEVEKING u. A. BEHM, Ann. d. Phys. (4) Bd. 15, S. 793. 1904.

Von BOSSCHA[1]) ist eine Koinzidenzmethode angegeben. Hier werden in zwei getrennten Apparaten elektrisch kleine Hämmer gleichzeitig betätigt, so daß sie z. B. unisono in 1 sec 10 Schläge geben. Läßt der Beobachter den einen Schallgeber stehen und entfernt sich mit dem zweiten, dann hört man die Schläge nicht mehr gleichzeitig. Dieses tritt erst wieder auf, wenn sich der Beobachter in solchen Abständen vom Schallgeber befindet, die der Schall in 0,1, 0,2, 0,3 usw. Sekunden zurücklegt. Die Genauigkeit der Methode ist nach SZATHMÂRI[2]) etwa $^1/_{400}$ sec. Eine zweite von BOSSCHA benutzte Methode der differierenden Perioden ist noch ungenauer.

Zu den weiteren Methoden der direkten Messung der Ausbreitungsgeschwindigkeit gehört die photographische, die auf der von TOEPLER[3]) angegebenen Schlierenmethode beruht. Der Anwendungskreis dieser Methode erstreckt sich auf alle möglichen Arten von Dichteverschiedenheiten, Dichteänderungen und überhaupt Inhomogenitäten in irgendwelchem durchsichtigen Medium. Durch eine Linse wird das Bild eines hell beleuchteten Kreisausschnitts in einem Diaphragma entworfen, dem Anblick im Beobachtungsfernrohr aber dadurch wieder entzogen, daß von oben her ein Schieber mit scharfer unterer Kante genau so weit quer zum Strahlengang eingeschoben wird, daß er jenes Bild gerade vollständig verdeckt, so daß im Gesichtsfeld des Fernrohrs vollständige Dunkelheit herrscht. Tritt nun in dem Medium, durch welches der Lichtstrahl hindurchgeht, eine Inhomogenität auf, so erfolgt eine Ablenkung des Lichtbüschels, und man erblickt eine helle Stelle im Gesichtsfeld, die entweder einer Verdichtung oder einer Verdünnung entspricht. Um Schallwellen hervorzurufen, benutzt man entweder eine Explosion oder einen elektrischen Funken[4]). Zur momentanen Beleuchtung der Wellen benutzt man zweckmäßig auch Funken. Da der zeitliche Abstand der Funken sich genau festlegen läßt, kann man auf diese Weise die Schallgeschwindigkeit bestimmen. Ist die Schallgeschwindigkeit in einem Medium bekannt, dann kann man sie nach einem Vorschlag von BEHM[5]) zur Bestimmung in einem zweiten benutzen, indem man gleichzeitig in beiden Medien durch Funken Schall erregt und durch einen zweiten Funken beide Schallwellen gleichzeitig beleuchtet. Zur Beleuchtung in undurchsichtigen Körpern schlägt BEHM ultraviolettes Licht oder Röntgenstrahlen vor. Eine weitere Ausgestaltung hat die TOEPLERsche Methode von E. MACH erfahren[6]). V. OETTINGEN und v. GERNET[7]) erhalten unter Zwischenschaltung eines rotierenden Spiegels sehr brauchbare Bilder von Explosionswellen. Von Interesse ist noch die von MACH ausgearbeitete Methode des Interferenzstreifens[8]) zur Bestimmung von Schallgeschwindigkeit in explosiblen Körpern wie Knallgas und Knallquecksilber.

Für die Messung von Explosionswellen hat W. WOLFF[9]) einen besonderen Luftstoßanzeiger konstruiert. Dieser besteht aus einer Stahlmembran, die von dem Luftstoß getroffen wird; an ihr ist ein Stift befestigt, der gegen einen Hebel drückt, an dem ein Platinkontakt bei Durchbiegung der Stahlmembran unterbrochen wird. E. WIECHERT[10]) benutzt ebenso wie das aeronautische Institut

[1]) J. BOSSCHA, Pogg. Ann. Bd. 92, S. 485. 1854.
[2]) A. SZATHMÂRI, Wied. Ann. Bd. 2, S. 418. 1877.
[3]) A. TOEPLER, Pogg. Ann. Bd. 127, S. 556. 1866; Bd. 128, S. 126. 1866; Bd. 131, S. 33, 180. 1867; Ann. d. Phys. Bd. 14, S. 838. 1904.
[4]) J. E. SMITH, Phys. Rev. Bd. 25, S. 870. 1925.
[5]) B. SCHULZ, Ann. d. Hydrogr. Bd. 52, S. 260. 1924.
[6]) E. MACH u. G. GRUSS, Wiener Ber. Bd. 78, S. 14. 1878; E. u. L. MACH, ebenda Bd. 98, S. 1257. 1889; E. MACH u. P. SALCHER, Wied. Ann. Bd. 32, S. 277. 1888.
[7]) A. v. OETTINGEN u. A. v. GERNET, Wied. Ann. Bd. 33, S. 586. 1888.
[8]) E. MACH u. J. WENTZEL, Wied. Ann. Bd. 26, S. 628. 1886.
[9]) W. WOLFF, Wied. Ann. Bd. 69, S. 329. 1899 (dort weitere Literaturangaben).
[10]) E. WIECHERT, ZS. f. Geophys. Bd. 1, S. 14. 1924.

LINDENBERG einen großen Glasballon, in dessen Hals ein zylindrisches Rohr luftdicht eingelassen ist. Ein ganz leichter, die Zylinderwandungen nicht berührender Aluminiumkolben bewegt bei der durch die Luftdruckschwankung hervorgerufene Auf- und Abwärtsbewegung einen Spiegel. Das Bild des Lichtzeigers wird photographiert. Die Empfindlichkeit ist so groß, daß in einem geschlossenen Raum ein leichter Druck mit dem Finger gegen eine Fensterscheibe angezeigt wird. G. ANGENHEISTER[1]) ersetzt eine Fensterscheibe des Beobachtungsraumes durch eine Zinkplatte von 40×60 qcm Größe und 0,25 mm Dicke. Eine Hebelübersetzung mit Lichtanzeiger läßt noch einen Maximaldruck von 10^{-2} gcm^2 gut aufzeichnen.

Die Fortpflanzung der Schallwellen kann man im übrigen auch nach den in der Ballistik entwickelten photographischen Methoden verfolgen. Diese Verfahren sind hauptsächlich von CRANZ und GLATZEL durchgebildet. Es sei hier nur auf den Hochfrequenzkinematographen von CRANZ und GLATZEL[2]) und auf die Zusammenstellungen beider Gelehrter[3]) sowie auf den Band II, Kap. 6 ds. Handb. verwiesen.

Ist die Schallgeschwindigkeit in einem Körper bekannt, so kann sie nach der Theorie, die E. M. v. HORNBOSTEL und A. WERTHEIMER[4]) über den psychologischen Richtungseindruck des menschlichen Ohres aufgestellt haben, mit der von einem anderen Körper mit sehr großer Genauigkeit verglichen werden. Nach v. HORNBOSTEL und WERTHEIMER ist $\sin\alpha = \frac{d}{k} = \frac{\Delta t}{k}$, wo α der Einfallswinkel der Schallstrahlen, d die Wegdifferenz, Δt die Zeitdifferenz zwischen dem Eintreffen desselben Schallreizes an beiden Ohren und die Konstante $k = 21$ cm, gleich dem psychologisch wirksamen Ohrabstand ist. Der sog. Mitteneindruck entsteht, wenn das Schallbild in der Medianebene des Kopfes liegt. Dieses ist mit einer Genauigkeit von etwa 10^{-4} sec feststellbar. Auf die Anwendung dieser menschlichen Kurzzeitmeßeinrichtung zur Bestimmung von Schallgeschwindigkeiten hat W. KUNZE[5]) hingewiesen. Das Verfahren wird in der Weise angewandt, daß man z. B. für Gase zwei Telephone an den Enden zweier Rohre gleichzeitig am besten durch ein kurzes, markantes Geräusch erregt. In den Rohren sind verschiebbar zwei Mikrophone angebracht. Diese Mikrophone werden jetzt so gegeneinander verschoben, daß die in vollkommen getrennten Stromkreisen zu jedem Ohr des Beobachters geführten Telephone einen Mitteneindruck beim Beobachter hervorrufen. Die Zeit, die der Schall zum Zurücklegen der Strecken in den beiden Rohren braucht, ist jetzt vollkommen gleich. Die Abstände zwischen den Telephonen und Mikrophonen in den beiden Rohren verhalten sich jetzt genau wie die Schallgeschwindigkeiten in den beiden Gasen. Da die Einstellung auf etwa 10^{-1} mm genau erfolgen kann, hat man hier eine sehr schnell arbeitende und bequeme Methode, um die verschiedenen Einflüsse auf die Schallausbreitung studieren zu können. Die Methode ist auch auf Flüssigkeiten[6]) und feste Körper[7]) anwendbar.

Zur Bestimmung der Schallgeschwindigkeit in Flüssigkeiten ist eine in Abb. 30 angegebene Anordnung brauchbar. Sie besteht aus einem großen Be-

---

[1]) G. ANGENHEISTER, ZS. f. Geophys. Bd. 1, S. 20. 1924.

[2]) C. CRANZ u. B. GLATZEL, Verh. d. D. Phys. Ges. Bd. 14, S. 525. 1912.

[3]) C. CRANZ, Lehrbuch der Ballistik Bd. III, 2. Aufl. Berlin: Julius Springer 1926; B. GLATZEL, Elektr. Methoden der Momentphotographie. Braunschweig: F. Vieweg & Sohn 1915.

[4]) E. M. v. HORNBOSTEL u. A. WERTHEIMER, Berl. Ber. 1920, S. 388; vgl. Kap. E. MEYER.

[5]) W. KUNZE, Phys. ZS. Bd. 20, S. 649. 1921.2

[6]) GESINE VEENEKAMP, Dissert. Göttingen 192.

[7]) HERM. SCHMIDT, Dissert. Göttingen 1923; Jahrb. Math. Natw. Fakultät. Göttingen S. 14. 1923.

hälter K, der durch eine wasserdichte Wand A unterteilt ist. In ihrer Mitte ist die Schallquelle S angebracht, z. B. ein elektrolytischer Unterbrecher. Die Entfernungen der Mikrophone M_1 und M_2 von dem Schallgeber S sind verschieden und genau meßbar. Der von den Mikrophonen M_1, M_2 aufgenommene Schall geht über ganz symmetrisch gebaute Stromkreise mit den Batterien B_1, B_2 und Widerständen W_1, W_2 zu den Telephonen T_1, T_2. Diese sind in den Hörrohren H_1 und H_2 meßbar zu verschieben. Die Ohren des Beobachters sind mit den Ohrschläuchen L und R gleicher Länge verbunden. Durch Verschieben der Telephone kompensiert man Zeitdifferenzen, die bei dem Durchlaufen der Wege SM_1 und SM_2 für dieselbe Schallwelle auftreten. Aus der Wegdifferenz der beiden Telephone ergibt sich die zugehörige Schallgeschwindigkeit in der Flüssigkeit, wenn die Schallgeschwindigkeit für Luft in Röhren nach einem anderen Verfahren ermittelt ist. Beim Vergleich verschiedener Flüssigkeiten hält man zweckmäßig die Abstände SM_1 und SM_2 gleich.

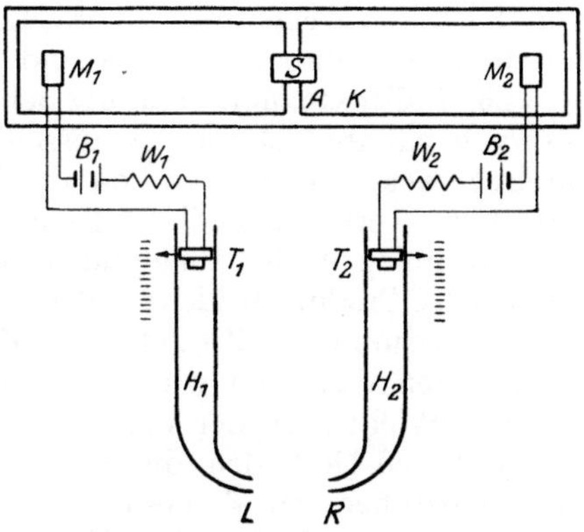

Abb. 30. Apparat zur Schallgeschwindigkeitsmessung in Flüssigkeiten nach der binauralen Hormethode.

Bei der Anwendung der Zeitkompensationsmethode auf feste Körper kann man Platten, Stäbe, Rohre und ähnliche Formen verwenden. Die Schallerregung erfolgt durch ein elektrisches Schlagwerk W (Abb. 31) mit dem Klöppel K. Zur Festlegung der Nullpunktkorrektion bei der Einstellung des Kompensators auf die Medianebene ordnet man die beiden Mikrophone O_L und O_R unmittelbar nebeneinander an. Das Mikrophon O_R ist über einen Stromkreis, Hörrohr usw. mit dem rechten Ohre verbunden, das Mikrophon O_L hat dauernd seine besondere, aber konstante Zuführung zum linken Ohre. Nach Festlegung des Nullpunktes wird in den rechten Stromkreis nacheinander das Mikrophon M_1, M_2 usw. eingeschaltet. Die mit dem Kompensator bestimmten Luftschallwegdifferenzen entsprechen den Schallwegdifferenzen $O_R M_1 = a$, $M_1 M_2 = b$ usw. in dem betreffenden Körper. Vermeidet man Reflexionen am Ende, dann ist das Verfahren auch auf weiche oder plastische Körper anwendbar, die nicht oder nur schwer zu Eigentönen anzuregen sind. Bei der von LEDEBEW angegebenen und von MLODSEJEWSKI[1]) durchgeführten Methode für Schallgeschwindigkeitsmessungen bei Tönen zwischen 10000 und 33000 Hertz werden die Schallwellen mittels Hohlspiegel durch ein Loch einer rotierenden Scheibe nach einem zweiten Hohlspiegel geworfen, von dort über zwei Planspiegel zu einem dritten Hohlspiegel, der sie durch ein zweites Loch der rotierenden Scheibe, welches dem ersten diametral gegenüberliegt, auf einen vierten Hohlspiegel weiterschickt, wo ihr Eintreffen durch eine empfindliche Flamme angezeigt wird. Durch meßbares Verschieben der Planspiegel sowie durch Verändern der Umlaufgeschwindigkeit

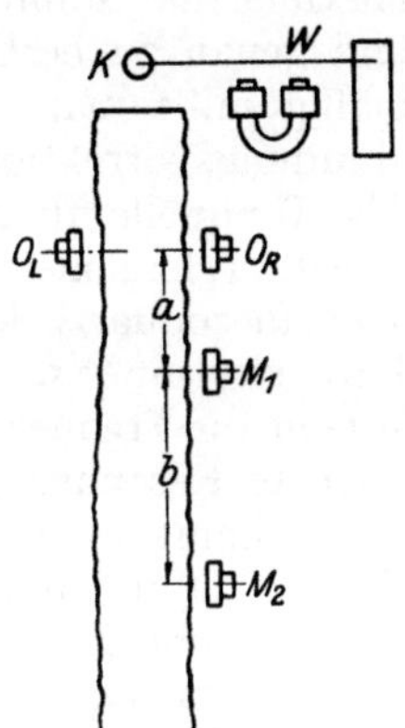

Abb. 31. Apparat zur Schallgeschwindigkeitsmessung in festen Korpern nach der binauralen Hormethode.

[1]) A. MLODSEJEWSKI, Journ. d. russ. Phys.-Chem. Ges. Bd. 42, S. 100. 1910; Fortschr. d. Phys. Bd. 66, I, S. 200. 1910.

der rotierenden Scheibe wird auf maximale einfallende Intensität eingestellt. Aus dem Abstand der Spiegel und der Rotationsgeschwindigkeit ergibt sich dabei die Fortpflanzungsgeschwindigkeit.

Weitere direkte Methoden verwenden das Echo. Es seien hier die Versuche von HESEHUS[1]) genannt. Auch HEBB[2]) arbeitete mit Schallreflexion. Er benutzte zwei Paraboloidspiegel und telephonische Sender und Empfänger.

20. Indirekte Methoden der Schallgeschwindigkeitsmessung. Während die bisher genannten Methoden ausschließlich fortlaufende Wellen benutzen und direkt Strecke und Zeit und damit die Geschwindigkeit als das Verhältnis beider ermitteln, verwenden die folgenden indirekten Methoden stehende Wellen. Sie bestimmen Wellenlänge und Schwingungszahl und dadurch die Geschwindigkeit als das Produkt beider Größen. Die hier in Frage kommenden Methoden sind teilweise schon unter Ziff. 11 dieses Kapitels angegeben. Auf die dort ausführlich behandelten Verfahren wird hier nur ganz kurz eingegangen; der Vollständigkeit und Wichtigkeit der Verfahren wegen seien sie jedoch überhaupt genannt.

Von den Methoden, die auf der Ausmessung der Wellenlänge an stehenden Wellen beruhen, sei als erste die der QUINCKEschen[3]) Resonanzröhre genannt. In einer geraden Röhre AB (Abb. 14, Ziff. 11) werden durch Reflexion an einem verschiebbaren Stempel S oder einer heb- und senkbaren Flüssigkeitsoberfläche stehende Wellen erzeugt, die von einer vor der Röhre aufgestellten Tonquelle T bekannter und konstanter Schwingungszahl angeregt werden. Der an der Mündung auftretende Schwingungsbauch wird mit einem kleinen Ansatz O nebst Schlauchleitung H auf maximale Lautstärke abgehört. Verschiebt man jetzt den Stempel oder die Flüssigkeitsoberfläche, so hört man abwechselnd Maxima und Minima der Lautstärke, letztere sind meistens die ausgeprägtesten und genau zu bestimmen. Sie entsprechen einer halben Wellenlänge. Zweckmäßig mißt man die Abstände mehrerer Maxima und vermeidet wegen der Mündungskorrektion das am nächsten zur Mündung auftretende Maximum. Als Tonquelle finden Stimmgabeln oder von Maschinen oder Röhrensendern erregte Telephone Verwendung (die Frequenz letzterer wird durch Stimmgabeln oder Piezoquarze konstant gehalten, vgl. hierzu Ziff. 9). Man kann auch wie THIESEN[4]) einen festen Abschluß des Rohres von 1 m Länge und 5,6 cm Breite benutzen, die Frequenz des Tones verändern und diejenige genau bestimmen, bei der stärkste Resonanz eintritt. Die Wellenlänge dieses Tones würde dann 2 m sein.

Nimmt man ein Rohr mit festem Boden und eine konstante Frequenz des Tones, dann kann man nach QUINCKE[5]) die durch Interferenz entstehenden Maxima und Minima mit einem engen Hörrohr bestimmen, das von oben in die Röhre hineingeschoben wird. Die Endpunkte des Hörrohres beim Auftreten der Maxima werden gemessen.

Die bei der Interferenz zweier Schallwellen auftretenden Maxima und Minima werden von NÖRREMBERG, dann von QUINCKE[6]) und in vollkommnerer Form von SCHULZE[7]) in der sog. Interferenzröhre zur Wellenlängenmessung benutzt (Abb. 15, Ziff. 11). Die Schallwelle wird in ein Rohr geleitet. Dieses verzweigt sich und in einigem Abstande werden die beiden Zweige wieder vereinigt.

---

[1]) N. HESEHUS, Journ. d. russ. Phys.-Chem. Ges. Bd. 27, S. 269. 1895.
[2]) T. C. HEBB, Phys. Rev. Bd. 20, S. 89. 1905.
[3]) G. QUINCKE, Pogg. Ann. Bd. 128, S. 190. 1866.
[4]) M. THIESEN, Ann. d. Phys. Bd. 25, S. 506. 1908.
[5]) G. QUINCKE, Pogg. Ann. Bd. 128, S. 190. 1866.
[6]) G. QUINCKE, Pogg. Ann. Bd. 128, S. 179. 1866.
[7]) F. A. SCHULZE, Marburger Ber. 1903. Eine elektrische Methode zur Beobachtung der Phasen an den Enden beider Zweigrohre mittels Mikrophonen, Verstärkern und BRAUNscher Röhre siehe P. J. WOLD u. E. B. STEPHENSON, Phys. Rev. (2) Bd. 21, S. 706. 1923.

Die Länge des einen Zweiges ist fest, die des anderen posaunenartig veränderlich. Man hört am Ende des Rohrsystems ab. Bei ungeraden Vielfachen einer halben Weglänge als Wegdifferenz in beiden Zweigen hat man eine Vernichtung beider Teilwellen, bei geraden Vielfachen eine Verstärkung. Beobachtet man also zwei aufeinanderfolgende Minima, dann entspricht die Verkürzung oder Verlängerung des einen Schallweges genau einer Wellenlänge.

Weiterhin sei die Methode von ZOCH[1]) genannt. Sie besteht darin, daß man die von einer Schallquelle ausgehenden Schwingungen auf zwei getrennten Rohrsystemen arbeiten läßt, die an den der Schallquelle entgegengesetzten Enden auf zwei getrennte Manometerkästchen wirken und so zwei manometrische Flammen[2]) beeinflussen. Durch Blenden und Spiegel wird erreicht, daß man in einem rotierenden Spiegel von der einen Flamme nur die untere, von der anderen nur die obere Hälfte zu sehen bekommt. Treffen die Schallwellen in beiden Rohren mit gleicher Phase oder mit Gangunterschieden einer ganzen Zahl von halben Wellenlängen auf die Manometer, dann schwingen beide Flammen in gleichem Tempo. In einem Drehspiegel fallen ihre Bilder genau zusammen. Eine geringe Abweichung von der geraden Anzahl halber Wellenlängen ist durch ungleichzeitiges Zucken beider Flammen leicht festzustellen. Die Länge des einen Rohrsystems wird konstant gehalten und die des anderen so lange geändert, bis wieder Gleichzeitigkeit erreicht wird. Diese Längenänderung ist gleich einer Wellenlänge.

Einen festen Körper in Drahtform spannt man als Saite aus und erregt ihn durch Reiben mit einem mit Kolophonium versehenen Lederlappen in Longitudinalschwingungen. Die Enden der Saite werden hierbei sicher zu Schwingungsknoten. Schwingt die Saite in ihrem Grundton, dann ist die Wellenlänge λ des Tones doppelt so groß wie die Saitenlänge l, also $\lambda = 2\,l$. Zur Bestimmung der Fortpflanzungsgeschwindigkeit der Schallwellen in dem festen Körper muß noch die Tonfrequenz nach einem unter Ziff. 8 bzw. 10 angegebenen Verfahren genau bestimmt werden. Man kann auch so vorgehen, daß man die Schallgeschwindigkeit in Luft voraussetzt und die Frequenz durch Wellenlängenmessung mit der QUINCKEschen Resonanzröhre festlegt. Bildet sich auf der Saite noch in der Mitte ein Knoten, dann ist $\lambda = l$ und der Ton ist die Oktave des Grundtones. Überhaupt bilden die Obertöne longitudinal schwingender Saiten eine harmonische Tonfolge.

Benutzt man Stäbe und erregt sie ebenfalls zu Longitudinalschwingungen, dann wird die Klemmstelle stets zu einem Knoten. Wird der Stab an einem Ende eingeklemmt, und gibt er seinen Grundton, dann hat er am freien Ende einen Schwingungsbauch, und seine Länge ist gleich einem Viertel der Wellenlänge. Die Obertöne entsprechen den ungeraden Zahlen der harmonischen Tonfolge. Das gleiche gilt für einen in der Mitte eingeklemmten Stab. Bei ihm bilden sich an den Enden sicher Bäuche aus. Beim Grundton ist die Stablänge gleich der halben Wellenlänge. In der Abb. 32 sind diese Verhältnisse dargestellt. $AB = l$ ist die Länge der Saite. Die Wellenlänge ist jetzt gleich $2\,l$ und die Schallgeschwindigkeit $c = \lambda N = 2\,l N$, wobei N die Frequenz des Tones in Hertz ist. Über CD sind die Verdichtungen und Verdünnungen als Ordinate aufgetragen. Wird der Stab im ersten und letzten Viertel seiner Länge eingeklemmt, dann hat man an den Enden und in der Mitte Schwingungsbäuche. Die Länge des Stabes ist jetzt gleich einer ganzen Wellenlänge. Bei dieser Anordnung ergibt er einen möglichst reinen Ton, da die an den Klemmstellen auftretenden Zug- und Druckkräfte in entgegengesetzter Richtung wirken, also keinerlei Spannung

[1]) J. B. ZOCH, Pogg. Ann. Bd. 138, S. 497. 1866.

[2]) Über manometrische Flammen vgl. Ziff. 8.

und Verschiebung an den Klemmstellen hervorrufen können. Man ersieht die Verhältnisse aus dem unteren Teil der Abb. 32. Hier ist wieder $EF = l$ die Saite, über $GH = l$ sind die Schwingungen transversal dargestellt. Jetzt ist $\lambda = l$ und die Schallgeschwindigkeit $c = 2Nl$.

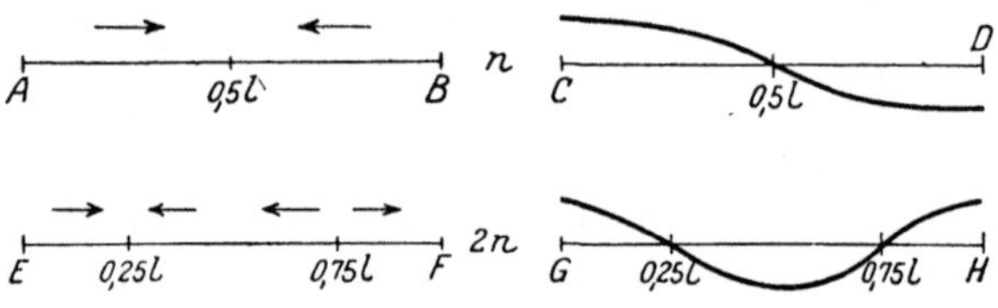

Abb. 32. Schwingungsformen von Staben.

Die Longitudinalschwingungen von Stäben und Rohren sind von CHLADNI[1]) entdeckt und verwertet worden, um nach den eben genannten Beziehungen die Fortpflanzungsgeschwindigkeit akustischer Störungen zu finden.

Kann man aus dem zu untersuchenden Material keinen genügend langen Stab herstellen, so kann man das von STEFAN[2]) angegebene, auch für Flüssigkeiten brauchbare Verfahren anwenden und an einen Stab oder ein Rohr aus einem Material bekannter Schallgeschwindigkeit ein kurzes Stäbchen oder Rohr des betreffenden Materials ansetzen und den kombinierten Ton beobachten. Für den Fall, daß die einzelnen Teile gleiche Länge und Breite haben, in der Dicke nebeneinanderliegen und fest miteinander verbunden sind (durch Leimen, Löten, Schweißen, Gießen usw.), hat WALDSTEIN[3]) für die Schwingungszahl des Grundtones N theoretisch die Formel abgeleitet

$$N^2 = \sum s q n^2 / \sum s q ,$$

wo q der Querschnitt eines Stückes, s die Dichte des Materials und n die Schwingungszahl des Grundtones eines Stabes ist, der aus diesem Material besteht und die gleiche Länge wie der zusammengesetzte Stab hat. Es muß also nicht aus den Schwingungszahlen, sondern aus den Quadraten derselben das Mittel gebildet werden.

Von KUNDT[4]) sind eingehende Versuche über die Longitudinaltöne von Stäben und Röhren ausgeführt. Er kam dabei zu einem für die Messung von Schallgeschwindigkeiten wichtigen Ergebnis. Versetzt man z. B. eine beiderseitig offene Glasröhre von 1 m Länge oder mehr und etwa 2 cm Breite in Longitudinalschwingungen und verteilt in ihr etwas Lykopodiumsamen, Korkpulver oder andere sehr leichte Materialien, dann sammelt sich dieses Pulver am Boden nur an den Knotenlinien der im Rohrinnern auftretenden stehenden Wellen. Verschließt man die Enden durch Korke, so bilden sich eine Reihe von Anhäufungen, deren jede aus einer ganzen Anzahl feiner Querstreifen besteht. Diese Querstreifen sind durch Lücken oder sternförmige Gebilde regelmäßig getrennt. Bei jeder Neuerregung wirbeln die Teilchen wieder durcheinander, um sich stets in derselben Weise wieder zu ordnen. Die entstehenden Gebilde sind die KUNDTschen Staubfiguren (Abb. 33). Der Abstand l benachbarter Knotenpunkte entspricht der halben Wellenlänge der Luftwelle. Schwingt das Rohr in seiner Grundschwingung bei Einspannung in der Mitte

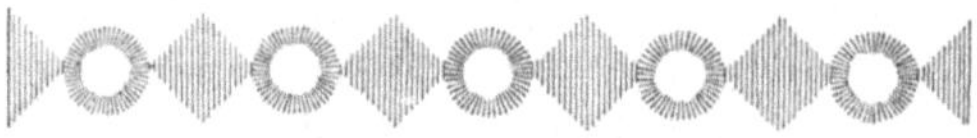
Abb. 33. KUNDTsche Staubfiguren.

[1]) E. CHLADNI, Die Akustik. Leipzig 1802; vgl. auch Art. „Schallerzeugung mit mechanischen Mitteln“, Ziff. 36 u. f. (ds. Bd. Kap. 5).
[2]) J. STEFAN, Wiener Ber. (2) Bd. 57, S. 697. 1868.
[3]) O. WALDSTEIN, Wiener Ber. Bd. 111, S. 930. 1902.
[4]) A. KUNDT, Pogg. Ann. Bd. 126, S. 513. 1865.

bei einer Gesamtlänge L, dann verhalten sich die Schallgeschwindigkeiten c_M im Rohrmaterial und c_L in Luft: $c_M : c_L = L : l$. Auf die Korrektionen der Schallgeschwindigkeit für Luft in Rohren wird im Art. „Schallgeschwindigkeit" Ziff. 9 (ds. Bd. Kap. 14) eingegangen. Statt zur Erregung und Beobachtung dasselbe Rohr zu benutzen, kann man sie für viele Zwecke mit Vorteil trennen und das erregende Rohr durch einen Stab ersetzen, der z. B. in der Mitte bei K (Abb. 13 [Ziff. 11]) eingeklemmt, an dem einen Ende E durch Reiben longitudinal erregt wird und an dem anderen Ende A zur verstärkten Übertragung der Schallwellen an die Luft eine leichte Kork- oder Papierscheibe trägt. Zur Beobachtung benutzt man immer eine Glasröhre von geeigneter Länge und wenigstens 3 cm Weite. Diese ist am hinteren Ende durch einen gut schließenden, verschiebbaren Stopfen S verschlossen. Verschiebt man jetzt den Stopfen bis zur Resonanzlage der stehenden Wellen im Rohr, dann ist die Aufwirbelung am energischsten. Für die Messung der Wellenlänge kommt es lediglich auf den Abstand der Knoten der KUNDTschen Staubfiguren an. Als Ursache für das Zustandekommen der Figuren wird das Mitnehmen der Teilchen durch die schwingenden Luftteilchen angenommen; nach W. KÖNIG[1]) sind hydrodynamische Kräfte des Mediums auf die leichten Teilchen wirksam. In weiteren Einzelheiten der Theorien und Versuche sei auf einige Originalarbeiten[2]) hingewiesen.

Die KUNDTschen Staubwellen sind eine sehr elegante Methode zur Schallgeschwindigkeitsmessung. Sie ist nicht nur für feste Körper anwendbar, sondern auch für Gase und Flüssigkeiten[3]). Man kann hierbei einen Körper mit einem anderen vergleichen, dessen Schallgeschwindigkeit bekannt ist, indem man denselben Stab zur Schallerzeugung benutzt. Die Frequenz liegt bei den KUNDTschen Röhren im allgemeinen hoch, sie kann sogar bis über die Hörgrenze des menschlichen Ohres bis auf 30000 Hertz gesteigert werden, wo man dann in einem Röhrchen einige Millimeter lange Knotenabstände feststellen kann. Für tiefe Töne muß man Stimmgabeln oder Schwingungen von Platten zur Erzielung von Staubfiguren benutzen.

Bei hohen Frequenzen kann man die Wellenlänge nach SCHULZE[4]) durch das Mitschwingen von Sand auf einem Glimmerblättchen oder nach ALTBERG[5]) durch Anwendung eines Beugungsgitters bestimmen.

Bläßt man dieselbe Pfeife mit dem zu untersuchenden Gase und dann mit einem solchen bekannter Schallgeschwindigkeit an, dann verhalten sich die Schallgeschwindigkeiten wie die Tonhöhen[6]). Ist das Verhältnis der spezifischen Wärmen zweier Gase gleich, dann verhalten sich die Tonhöhen wie die Quadratwurzeln aus den Molekulargewichten. Auf diese Weise wurde zuerst das Molekular- bzw. Atomgewicht der Edelgase festgestellt[7]). Das Verfahren ist auch für Flüssigkeiten anwendbar.

---

[1]) W. KÖNIG, Wied. Ann. Bd. 42, S. 549. 1891; ZS. f. phys.-chem. Unters. Bd. 8, S. 191. 1895.

[2]) J. BOURGET, C. R. Bd. 75, S. 1263. 1872; V. DVOŘÁK, Wiener Ber. Bd. 68, S. 489. 1874; Wied. Ann. Bd. 31, S. 536. 1887; Lord RAYLEIGH, Phil. Trans. Bd. 175, S. 1. 1883; Theorie des Schalles Bd. II, S. 56. 1888; S. R. COOK, Phil. Mag. (6) Bd. 3, S. 471. 1902; F. A. SCHULZE, Ann. d. Phys. Bd. 13, S. 1060. 1904; J. MÜLLER, Dissert. Bonn 1902; J. STURM, Dissert. Bonn 1904; H. KAYSER, Wied. Ann. Bd. 6, S. 465. 1879. Vgl. auch Ziff. 11 ds. Kap.

[3]) A. KUNDT u. O. LEHMANN, Pogg. Ann. Bd. 153, S. 1. 1874; V. DVOŘÁK, Pogg. Ann. Bd. 154, S. 156. 1875; K. DÖRSING, Dissert. Bonn 1907; Ann. d. Phys. Bd. 25, S. 227. 1908.

[4]) F. A. SCHULZE, Ann. d. Phys. (4) Bd. 24, S. 785. 1907; vgl. Ziff. 11.

[5]) W. ALTBERG, Ann. d. Phys. (4) Bd. 23, S. 267. 1907; vgl. Ziff. 11 und Kap. LÜBCKE; E. DIECKMANN, Ann. d. Phys. Bd. 27, S. 1066. 1908.

[6]) R. WACHSMUTH, Ann. d. Phys. Boltzmannband. S. 923, 1904.

[7]) U. BEHN u. H. GEIGER, Verh. d. D. Phys. Ges. Bd. 9, S. 657. 1907.

Bei der Methode der spezifischen Wärmen verwendet man die spezifischen Wärmen des Körpers und die zusammengehörigen Werte von Druck und Dichte zur Bestimmung der Schallgeschwindigkeit in Gasen [vgl. SCHEEL u. HEUSE[1])]. Es ergibt sich, daß für Luft die Schallausbreitung wirklich vollständig adiabatisch erfolgt.

Zur Messung der Schallgeschwindigkeit in Geweben, tierischen Häuten, Papier usw. ist ein besonderes Verfahren von MELDE[2]) entwickelt. Er zerschneidet den Stoff in Streifen. Diese werden an den Enden eingeklemmt und wie eine Saite gespannt. Bei longitudinaler Erregung schwingen diese Streifen im Grundton. Ihre Länge ist gleich der halben Wellenlänge. Die Tonhöhe wird mit dem Ohr bestimmt. Zur genaueren Messung ist auch die KUNDTsche Röhre benutzt. Hierbei dient der schwingende Streifen als Tonquelle. Seine Schwingungen werden durch einen in der Mitte aufgesetzten Kork übertragen. Die durch diese Belastung bewirkte Tonerniedrigung wird besonders bestimmt und berücksichtigt.

Bei der Fortpflanzung von Schallwellen im Glas beobachtete W. KÖNIG[3]) Doppelbrechung, und zwar ist diese in Schwingungsknoten und Bäuchen verschieden. Diese lassen sich optisch feststellen und erlauben damit Wellenlänge und Schallgeschwindigkeit zu bestimmen.

Bei Hartgummispänen, Federn usw. kann man das Verfahren von HESEHUS[4]) zur Geschwindigkeitsmessung benutzen. Er stellt aus einem halbkugeligen Drahtnetz eine akustische Linse her, die mit dem lockeren Material gefüllt wird. Mit kurzen Wellen wird der Brennpunkt der Linse bestimmt. Aus seinem Abstand von derselben ergibt sich der Brechungsindex des Materials. Nun verhält sich der Sinus des Einfallswinkels zum Sinus des Brechungswinkels wie das Verhältnis der Schallgeschwindigkeiten.

Bei weichen Stoffen wie Wachs, Talg usw. benutzt man das STEFANsche Verfahren oder die Anordnung von WARBURG[5]). Hier beobachtet man durch aufgestreuten Sand die Knotenlinien, die sich beim Erregen auf einem Glasstreifen und auf einem in der Mitte des Streifens aufgesetzten Wachsstreifen bilden. Die Schallgeschwindigkeiten in beiden Stoffen verhalten sich dann wie die Quadrate der Knotenabstände und umgekehrt wie die Dicken der beiden Streifen.

Die Resultate der mit den oben angegebenen Methoden durchgeführten Messungen der Schallgeschwindigkeit sind in dem Artikel „Schallgeschwindigkeit“ (ds. Bd. Kap. 14) verzeichnet.

---

1) K. SCHEEL u. W. HEUSE, Ann. d. Phys. (4) Bd. 37, S. 79. 1912; Bd. 40, S. 473. 1914 und ds. Handb. Bd. X.

2) F. MELDE, Wied. Ann. Bd. 45, S. 568, 727. 1892.

3) W. KOENIG, Ann. d. Phys. Bd. 4, S. 1. 1901.

4) N. HESEHUS, Journ. d. russ. Phys.-Chem. Ges. Bd. 22, S. 233. 1890.

5) E. WARBURG, Pogg. Ann. Bd. 136, S. 285. 1869.

IV. Die Ausbreitung akustischer Schwingungsvorgänge.

Kapitel 14.

Schallgeschwindigkeit.

Von

E. LÜBCKE, Berlin-Siemensstadt.

Mit 15 Abbildungen.

Bei der Behandlung der Ausbreitung akustischer Schwingungsvorgänge werden wir aus praktischen Gründen zunächst auf die Fortpflanzungsgeschwindigkeit akustischer Störungen in den verschiedenen Körpern und erst dann auf die Schallausbreitung und die mit ihr verbundenen Erscheinungen eingehen.

Bei der Ausbreitung von akustischen Vorgängen müssen wir ein Medium haben, das eine, zwei oder drei Dimensionen besitzt, wobei die lineare Dimension durch dünne Drähte, Saiten usw. praktisch dargestellt wird. In diesem Medium wandert die akustische Störung als fortschreitende Welle. Während die akustische Schwingung eines Elementes durch die Amplitude, die Frequenz und die Phasenkonstante gekennzeichnet ist, tritt bei den fortschreitenden Wellen noch die Ausbreitungs- oder Fortpflanzungsgeschwindigkeit hinzu. Die Wellenlänge ist dabei die Entfernung zweier aufeinanderfolgender Punkte gleicher Phase, die in der Fortschreitungsrichtung der Welle liegen. Die Wellenlänge λ, die Fortpflanzungsgeschwindigkeit c, die Periode T, die Schwingungszahl in einer Sekunde N hängen folgendermaßen zusammen: $c:\lambda = 1:T$, $\lambda = cT$ und $\lambda = c/N$, $c = \lambda N$.

1. Die Schallarten und ihre Geschwindigkeiten. Je nach der Gestaltung des Mediums hat man Wellen in ein-, zwei- und dreidimensionalen Körpern. Nach der Form der Schallquelle ergeben sich hier

1. In dreidimensionalen Körpern:

a) ebene Wellen (Erregung durch eine gleichphasig schwingende Ebene);

b) Zylinderwellen (Erregung durch einen gleichphasig schwingenden Zylinder);

c) Kugelwellen (Erregung durch einen Punkt oder eine gleichphasig schwingende kleine Kugel);

d) kompliziertere Wellen.

2. In zweidimensionalen Körpern:

a) gerade Wellen (Erregung durch eine gleichphasig schwingende Gerade);

b) Kreiswellen (Erregung durch einen Punkt);

c) kompliziertere Wellen.

3. In eindimensionalen Körpern ist nur eine Art von Schallausbreitung möglich.

Die gekennzeichneten geometrischen Verschiedenheiten der Wellenkonfiguration sind für die Fortpflanzungsgeschwindigkeit ohne Einfluß. Es treten nur je nach der Wellenart Verluste an Energie auf, die im Kap. 15, Ziff. 1 behandelt werden. Man muß für die Ausbreitungsgeschwindigkeit vielmehr sein Augenmerk auf die Schallart richten. Man hat beim Schall zwischen Longitudinal-, Transversal- und Torsionsschwingungen und ihren Übergängen zu unterscheiden.

Wir können hier unmittelbar an die in Kap. 4, Ziff. 5 abgeleitete Differentialgleichung für kleine Schwingungen anknüpfen. Diese ist für alle vorliegenden Arten von Wellen von prinzipiell gleicher Form:

$$\frac{\partial^2 \chi}{\partial t^2} = c^2 \frac{\partial^2 \chi}{\partial x^2}. \tag{1}$$

Es ist die zweite Ableitung der gesuchten Größe χ (Verrückung, Geschwindigkeit, Geschwindigkeitspotential usw.) nach der Zeit t gleich der zweiten Ableitung derselben Größe χ nach der Ausbreitungsrichtung x multipliziert mit der Konstanten c^2, wobei c die Fortpflanzungsgeschwindigkeit darstellt. Nur bei Transversalwellen in Stäben hat die Differentialgleichung eine andere Form (s. Kap. 5, Ziff. 37). Alle übrigen Fälle unterscheiden sich nur durch die Art, wie das Quadrat der Fortpflanzungsgeschwindigkeit von den übrigen, die Schwingungsbewegung bestimmenden Größen abhängt.

Betrachten wir die Ausbreitungsgeschwindigkeit longitudinaler Wellen in einem homogenen Medium, so erhalten wir die Gleichung

$$c = (-l/\delta \cdot dp/dv)^{\frac{1}{2}}, \tag{2}$$

wo l eine in der Strahlrichtung liegende Länge ist, δ die in der Volumeneinheit des Mediums enthaltene Masse, dp die Druckänderung auf der zu l senkrechten Flächeneinheit, wobei dp durch die Längenänderung dl entstanden ist. Führt man statt der Masse δ das Gewicht D der Volumeneinheit ein, so geht (2) über in

$$c = (-gl/D \cdot dp/dv)^{\frac{1}{2}}, \tag{3}$$

wo g die Erdbeschleunigung ist.

Für die Ausbreitungsgeschwindigkeit transversaler Wellen ergibt sich

$$c = (e/\delta)^{\frac{1}{2}}, \tag{4}$$

wo e die Elastizität des Mediums in der Richtung der Transversalwellen bezeichnet.

Hat man kein homogenes, sondern ein anisotropes Medium, dann hängt die Ausbreitungsgeschwindigkeit von longitudinalen Schwingungen nur von ihrer Ausbreitungsrichtung ab. Bei transversalen Schwingungen können sich zwei verschiedene Schwingungen ausbilden, und zwar in zwei senkrecht zueinander stehenden Ebenen, von denen die eine die größte, die andere die kleinste in Betracht kommende Elastizität enthält. Vorstehende Angaben sind ohne bestimmte Annahmen über die Begrenzung des schalltragenden Mediums gemacht. Wir wenden sie jetzt auf einige wichtige Fälle an.

Hat man Transversalschwingungen einer gespannten Saite, deren auf die Volumeinheit bezogene Masse δ beträgt, bei einer auf die Querschnittseinheit bezogenen Spannung S, dann ist ihre Ausbreitungsgeschwindigkeit

$$c = (S/\delta)^{\frac{1}{2}}. \tag{5}$$

Die Ausbreitungsgeschwindigkeit in Stäben ergibt sich bei Longitudinalschwingungen aus Gleichung (2) zu

$$c = (E/\delta)^{\frac{1}{2}}, \tag{6}$$

wo E der YOUNGsche Elastizitätsmodul ist.

Bei Torsionsschwingungen ergibt sich aus der Elastizitätstheorie die Fortpflanzungsgeschwindigkeit zu

$$c = (E/2(1+\mu)\,\delta)^{\frac{1}{2}} = (F/\delta)^{\frac{1}{2}}, \tag{7}$$

wo μ die POISSONsche Konstante und F der Torsionsmodul ist.

In einem unbegrenzten festen Medium ergibt sich aus der Definition des Moduls für die Geschwindigkeit von Longitudinalschwingungen aus Gleichung (2)

$$c = (E\,(1-\mu)/(1+\mu)\,(1-2\mu)\,\delta)^{\frac{1}{2}}, \tag{8}$$

während sich aus Gleichung (4) für Transversalschwingungen ergibt:

$$c = (E/2(1+\mu)\,\delta)^{\frac{1}{2}} = (F/\delta)^{\frac{1}{2}}, \tag{9}$$

d. h. die gleiche Geschwindigkeit wie für die Torsionsschwingung bei der Stabform.

In Flüssigkeiten und Gasen können keine Transversal- oder Torsionsschwingungen auftreten, hier haben wir nur Longitudinalschwingungen zu betrachten.

Für Flüssigkeiten finden wir so:

$$c = (\beta\cdot\delta)^{-\frac{1}{2}}, \tag{10}$$

wo β die Kompressibilität bezeichnet.

Bei Gasen treten bei Longitudinalschwingungen abwechselnd Verdichtungen und Verdünnungen auf. Nun ist aber mit jeder Verdichtung eines Gases eine Erwärmung, mit jeder Verdünnung eine Abkühlung verbunden. Bleibt während der Verdichtung die Temperatur konstant, dann haben wir eine isothermische Ausbreitung. Es gilt das BOYLE-MARIOTTEsche Gesetz $p\cdot v = C$. Daraus ergibt sich aus der Gleichung (2) die NEWTONsche Formel

$$c = (p/\delta)^{\frac{1}{2}}. \tag{11}$$

In dem anderen Grenzfall kann es innerhalb des Mediums zu keinem Wärmeaustausch kommen, da die Schwingungen zu schnell erfolgen. Der Vorgang ist jetzt von adiabatischem Typus. Es gilt jetzt die Gleichung $p\cdot v^{\varkappa} = C$, wo $\varkappa = c_p/c_v$ das Verhältnis der spezifischen Wärme des Gases bei konstantem Druck zu der bei konstantem Volumen bedeutet. Man kommt so zu der von LAPLACE 1816 abgeleiteten Gleichung:

$$c = (\varkappa\cdot p/\delta)^{\frac{1}{2}} = (c_p/c_v\cdot p/\delta)^{\frac{1}{2}}. \tag{12}$$

Diese Gleichung steht in ausgezeichneter Übereinstimmung mit den Beobachtungen. Der Vorgang ist zwar nicht völlig adiabatisch gegen seine Umgebung abgeschlossen, spielt sich jedoch so schnell ab, daß kein Wärmeaustausch in irgendwelcher Form zur Geltung kommt.

Bei der Schallausbreitung in Flüssigkeiten und festen Körpern kann man die Temperaturänderungen, die durch die Verdichtungen und Verdünnungen hervorgerufen werden, vernachlässigen.

Die LAPLACEsche Gleichung gilt nur für den freien Raum; in geschlossenen Räumen macht sich der Einfluß der Wandungen bemerkbar; die innere Reibung und Wärmeleitung bewirkt eine Herabsetzung der Geschwindigkeit. Ebenso gilt sie auch nur für kleine Amplituden, d. h. geringe Schallintensitäten. Bei großen Amplituden, wie sie z. B. bei Explosionsknallen auftreten können, wird die Geschwindigkeit gesteigert (s. Ziff. 10 und 14).

2. Zusammenhang zwischen den physikalischen und technischen Elastizitätskoeffizienten. In den vorstehenden Gleichungen (2) bis (12) müssen wir sämtliche Größen auf das Meter als Längeneinheit beziehen, wenn wir die Schallgeschwindigkeit auch wie üblich in m/sec erhalten wollen. Die Masse δ der Volumeneinheit ist durch ihr Gewicht D in kg, dividiert durch die Beschleunigung der Erdschwere, $g = 9{,}81$ m/sec², zu ersetzen. Der Elastizitätsmodul E ist ebenfalls auf 1 qm Querschnitt zu beziehen. In physikalischen Tabellen[1]) ist gewöhnlich der Elastizitätsmodul E_p in kg Gew./mm² angegeben. In CGS-Einheiten ist $E = E_p \cdot 9{,}81 \cdot 10^7$ Dyn/cm². In den technischen Tabellenwerken[2]) ist das Elastizitätsmaß E_t in kg/cm² verzeichnet, also $E_t = E_p \cdot 100$. Der Torsions-, Gleit-, Scherungs- oder Schiebungsmodul oder zweiter Elastizitätsmodul F_p ist in physikalischen Tabellen in kg Gew./mm² angegeben. In CGS-Einheiten ist $F = F_p \cdot 9{,}81 \cdot 10^7$ Dyn/cm². In der Technik spricht man vom Gleitmaß oder Schubelastizitätsmaß G in kg/cm², also ist $G = 100 \cdot F$. In der Physik bezeichnet die POISSONsche Konstante μ der Querkontraktion das Verhältnis der Querzusammenziehung zur Dehnung. Ihr numerischer Wert liegt zwischen 0,2 und 0,5. In der Technik bezeichnet das Längsdehnungsverhältnis m den reziproken Wert von μ. Daraus ergeben sich auch die Gleichungen

$$E : F = E_p : F_p = 2(1 + \mu) \quad \text{und} \quad E_t : G = 2(m + 1)/m\,.$$

3. Geschwindigkeiten besonderer Schallwellen. Die oben angegebenen Gleichungen für die Ausbreitungsgeschwindigkeit gelten im idealen Falle. In Wirklichkeit sind die Randbedingungen nicht zu erfüllen, daher treten Modifikationen ein. Diese sind bei der Beobachtung zu berücksichtigen. Wir können den zu untersuchenden Körper praktisch dem unbegrenzten Medium gleichsetzen, wenn seine Ausdehnung nach allen Richtungen mehrere Wellenlängen groß ist. Auf der Oberfläche fester Körper erhalten wir Oberflächenwellen. Diese sind zuerst von RAYLEIGH[3]) theoretisch studiert worden. Man nennt sie deshalb auch Rayleighwellen[4]). Wir müssen also bei Angabe oder Messung der Ausbreitungsgeschwindigkeit genau unterscheiden, welche Schallart vorliegt. Man kann nach BERGER[5]) das Verhältnis der Schallgeschwindigkeiten eines Körpers für die verschiedenen Formänderungen als Artfaktor bezeichnen.

Die gewöhnlichen longitudinalen Schwingungen oder Verdichtungswellen gehen in Dehnungs- oder Schnürwellen über, wenn der Querschnitt des Körpers klein ist oder wenn das Medium nicht von einem dicken Mantel aus schallhärterem Material (über Schallhärte s. Kap. 15, Ziff. 2) umgeben ist. Die Stellung der einzelnen Teilchen eines Stabes bei Dehnungswellen zeigt die Abb. 1. Je weiter die Teilchen von der Stabachse entfernt sind, desto stärker erfolgen ihre Bewegungen senkrecht zur Ausbreitungsrichtung.

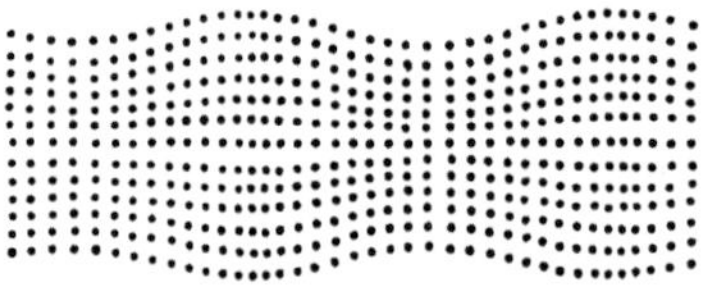

Abb. 1. Dehnungswellen.

Eine unbehinderte Querverschiebung an der Oberfläche ist Bedingung für das Auftreten reiner Dehnungswellen. Mit abnehmender POISSONscher Konstante μ der Querkontraktion für den Körper nimmt auch die Ausbreitungsgeschwindigkeit für die Dehnungswellen ab. Die Fortpflanzungsgeschwindigkeit entspricht der

[1]) LANDOLT-BÖRNSTEIN-ROTH-SCHEEL, Handb. physik.-chem. Tabellen. Berlin 1923.
[2]) Hütte. Des Ingenieurs Taschenbuch.
[3]) Lord RAYLEIGH, Proc. Math. Soc. London Bd. 17, S. 4. 1887.
[4]) An neueren Arbeiten vgl. K. ULLER, Elastische Oberflächen-Planwellen. Ann. d. Phys. Bd. 57, S. 463. 1918.
[5]) R. BERGER, Die Schalltechnik, S. 17. Braunschweig 1926.

Gleichung (8), die für feste Körper gilt. Jedoch können auch in Flüssigkeiten, Dämpfen oder Gasen Dehnungswellen auftreten, wenn wir sie in Schläuchen oder Röhren mit nachgiebigen Wänden einschließen.

Von der Größe der Wandnachgiebigkeit hängt die Querkontraktion und damit die Schallgeschwindigkeit der Wellen ab, je größer sie ist, desto kleiner werden die Geschwindigkeiten. Nur für unendlich große Wandstärke oder unendlich kleinen inneren Rohrquerschnitt wird die Ausbreitungsgeschwindigkeit für Dehnungswellen gleich der für longitudinale Wellen. Einzelheiten werden weiter unten in Ziff. 9 behandelt.

Das Vorhandensein einer freien Oberfläche übt auf die Schallwellen einen großen Einfluß aus. Diese Oberflächen — auch Mantel- oder Schälwellen — haben eine geringere Geschwindigkeit als Transversalwellen im unbegrenzten Medium, da die einzelnen Teilchen frei ausweichen können. Man hat häufig eine Bindung der Wellen an die freie Oberfläche, die Oberflächenwelle läuft an ihr entlang, hat aber nur eine geringe Tiefenwirkung. Diese Oberflächenwellen treten z. B. neben den Longitudinal- und Transversalwellen bei Erdbeben auf. Es sei deshalb auf Bd. VI ds. Handb. verwiesen. Hier interessieren sie nur insofern, als auch die durch den Verkehr oder durch Maschinen hervorgerufenen Schwingungen sich auf der Erde als Oberflächenwellen ausbilden und in Mauern, Wänden, Böden usw. Biegungsschwingungen hervorrufen, die ihrerseits wieder auf die umgebende Luft Schallschwingungen übertragen. Für diese Wellen hat Rayleigh die theoretischen Grundlagen geliefert unter der Annahme, daß die Amplituden senkrecht zur Oberfläche abnehmen. Die Gleichung für die Schallgeschwindigkeit A_R solcher Wellen hat Love[1]) aufgestellt. Sie ist von Berger[2]) mehrfach vereinfacht worden und liegt jetzt als eine für praktische Anwendungen hinreichend genaue Näherungsformel vor:

$$a_R = \frac{0{,}87 + 1{,}12\mu}{1+\mu} \left(E/2(1+\mu)\,\delta\right)^{\frac{1}{2}}, \tag{13}$$

wobei der letzte Faktor gleich der Geschwindigkeit der Transversalwellen nach Gleichung (9) ist.

Über die von Uller[3]) berechneten theoretisch möglichen Oberflächenwellen: reine Transversal- oder Schubwellen, reine Longitudinal- oder Verdünnungswellen, oder die gekoppelten Transversal- und Longitudinalwellen (Oberflächenkoppelwellen oder Oberflächenwellenpaare) muß auf Bd. VI ds. Handb. verwiesen werden.

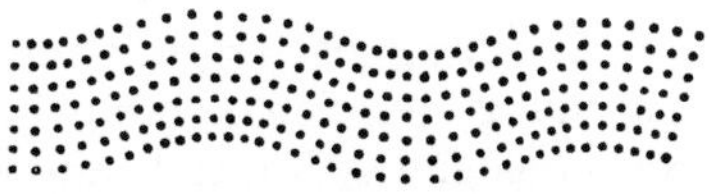

Abb. 2. Biegungswellen.

Bei der Übertragung von Teilschwingungen zwischen Flüssigkeiten und Gasen, in denen keine Transversalschwingungen auftreten, und zwischen festen Körpern sind noch die sog. Biegungswellen von Wichtigkeit. Die Abb. 2 zeigt die Art, in der die Teilchen eines Stabes bei Biegungswellen schwingen. Sie unterscheiden sich von den normalen transversalen oder Schubwellen dadurch, daß die Amplituden erheblich größer sind, daß nur die Mitte des Stabes reine Transversalschwingungen ausführt, dagegen in stetigem Übergang zum Rande der Abstand der Teilchen sich wie bei einer Longitudinalschwingung ändert. Bei ihnen ist die Ausbreitungsgeschwindigkeit nicht wie bei allen bisher behandelten Schwingungsarten unabhängig von der Frequenz. Die Beziehungen sind deshalb hier verwickelter. Ist λ die Wellenlänge des Tones der Frequenz N,

1) A. E. H. Love, Lehrbuch der Elastizität, S. 357. Leipzig 1907.
2) R. Berger, Schalltechnik, S. 25. Braunschweig 1926.
3) K. Uller, Ann. d. Phys. Bd. 57, S. 463. 1918.

q der Stabquerschnitt und Θ das Trägheitsmoment des Querschnitts, dann ist die Schallgeschwindigkeit für Biegungswellen:

$$a_B = \frac{2\pi}{\lambda}(E\,\Theta/2\,(1+\mu)\,\delta q)^{\frac{1}{2}} = 2\pi/\lambda\,(F/\delta\cdot\Theta/q)^{\frac{1}{2}} \tag{14}$$

Wir sehen also, daß der Wert gegenüber der normalen Transversalschwingung des Stabes [Gleichung (7)] durch den Faktor $2\pi/\lambda\left(\frac{\Theta}{q}\right)^{\frac{1}{2}}$ vermehrt ist. Hieraus ergibt sich mit der Frequenz oder Tonhöhe zunehmende Ausbreitungsgeschwindigkeit. Ebenso ändert sie sich mit der Dicke des Stabes. Je dünner der Stab, desto geringer die Geschwindigkeit. Ähnliche Erscheinungen haben wir auch bei Explosionswellen in Luft (vgl. Ziff. 14 und Kap. 4, Ziff. 8 ds. Bd.).

4. Fortpflanzungsgeschwindigkeiten der verschiedenen Schallarten.

Medium	Schwingungsart	Schallgeschwindigkeit a	Gleichung
1. Fest, ausgedehnt	Longitudinal	$(E/\delta\cdot(1-\mu)/(1+\mu)\,(1-2\mu))^{\frac{1}{2}}$	8
2. ,, begrenzt . .	Dehnung	$(E/\delta\cdot(1-\mu)/(1+\mu)\,(1-2\mu))^{\frac{1}{2}}$	8
3. ,, ausgedehnt .	Transversal	$(E/\delta\cdot 1/2\,(1+\mu))^{\frac{1}{2}} = (F/\delta)^{\frac{1}{2}}$	9
4. ,, begrenzt . .	RAYLEIGH(Oberfl.)	$(0{,}87+1{,}12\,\mu)/(1+\mu)\,(F/\delta)^{\frac{1}{2}}$	13
5. ,, Stab	Longitudinal	$(E/\delta)^{\frac{1}{2}}$	6
6. ,, ,, begrenzt	Dehnung	$(E/\delta\cdot(1-\mu)/(1+\mu)\,(1-2\mu))^{\frac{1}{2}}$	8
7. ,, ,, ...	Torsion	$(E/\delta\cdot 1/2\,(1+\mu))^{\frac{1}{2}} = (F/\delta)^{\frac{1}{2}}$	7
8. ,, ,, begrenzt	Biegung	$2\pi/\lambda\cdot(F/\delta\cdot\Theta/q)^{\frac{1}{2}}$	14
9. ,, ,, ...	Transversal	verschieden	
10. ,, Saite	Longitudinal	$(E/\delta)^{\frac{1}{2}}$	6
11. ,, ,, ...	Torsion	$(F/\delta)^{\frac{1}{2}}$	7
12. ,, ,, ...	Transversal	$(S/\delta)^{\frac{1}{2}}$	5
13. Flüssig	Longitudinal	$(\beta\cdot\delta)^{-\frac{1}{2}}$	10
14. ,, ...	Transversal	— — —	
15. Gasförmig	Longitudinal	$(\varkappa\cdot p/\delta)^{\frac{1}{2}} = (c_p/c_v\ \ p/\delta)^{\frac{1}{2}}$	12
16. ,, ...	Transversal	— — —	

Hier bedeutet: E Dehnungselastizitätsmodul,
δ Dichte,
μ POISSONsche Konstante der Querkontraktion,
F Torsionsmodul,
Θ Trägheitsmoment des Querschnittes q,
S Spannung der Querschnittseinheit,
β Kompressibilität,
$\varkappa$ Verhältnis der spezifischen Wärme c_p/c_v,
p Gasdruck.

5. Schallgeschwindigkeit in Luft. Die wichtigsten Methoden zur Bestimmung der Schallgeschwindigkeit in Luft sind in den Ziff. 19 und 20 des vorhergehenden Kapitels angegeben. Wir brauchen hier nur die experimentellen Ergebnisse zu betrachten. Dabei soll gesondert auf die einzelnen Faktoren eingegangen werden, welche die Schallgeschwindigkeit beeinflussen. Die hauptsächlichsten sind: Temperatur, Druck, Reibung, Wärmeleitfähigkeit und Amplitude, Form und Frequenz der akustischen Störungen. Diese erfordern alle Korrekturen an der auf direktem oder indirektem Wege bestimmten Geschwindigkeit. Setzt man die besten Werte für p, δ und $\varkappa$ in Gleichung (12), Ziff. 1 ein, dann ergibt sich der theoretisch beste Wert für trockene kohlensäurefreie atmosphärische Luft von 0° C und 1 Atm. Druck zu $c_0 = 331{,}5$ m/sec. In freier Luft ist auf größere Entfernungen mit Knallen ein etwa $2^0/_{00}$ kleinerer Wert von $c_0 = 330{,}8$ m/sec[1]) gefunden. Hiermit stimmt gut überein der bei Funkenentladungen und Pistolenknallen von VAUTIER[2]) erhaltene Wert von

[1]) E. v. ANGERER u. R. LADENBURG, Ann. d. Phys. Bd. 66, S. 293. 1921.
[2]) TH. VAUTIER, C. R. Bd. 182, S. 51. 1926.

330,58 ± 0,04 m/sec. HEBB[1]) hat mit hohen Tönen von 2377 Hertz zwischen Parabolspiegel die Wellenlängen ausgemessen und findet so $c_0 = 331{,}4$ m/sec. Für Atmosphärendruck und 15° C ergibt sich hieraus $c_{15} = 339{,}8$ m/sec, während von ESCLANGON[2]) $c_{15} = 339{,}9$ m/sec beobachtet wurde.

Präzisionsmessungen liegen von PIERCE[3]) vor. Er benutzt dazu einen piezoelektrischen Kristall, der, parallel zur Anode und zum Gitter einer Glühelektronenröhre geschaltet, Eigenschwingungen ausführt. Letztere sind von der Größe und Form des Kristalls abhängig. Die Wellenlänge wird durch Reflexion an einer genau verschiebbaren Metallplatte und aus der Rückwirkung auf den Anodenstrom bestimmt. Bei jeder halben Wellenlänge erhält man ein scharfes Maximum. (Vgl. auch Kap. 13, Ziff. 9.) So bestimmte PIERCE für 0° C eine Wellenlänge $\lambda_0 = 0{,}16131 \pm 0{,}00003$ cm bei einer Frequenz von 205620 Hertz und damit die Schallgeschwindigkeit in nicht eingeschlossener Luft von 84% mittlerer Feuchtigkeit zu $c_0 = 331{,}69 \pm 0{,}06$ m/sec. Alle übrigen Werte sind nicht an Schallwellen in der freien Atmosphäre, sondern in Röhren gemessen. Hier haben nach demselben Verfahren durch Resonanz in Röhren THIESEN[4]) $c_0 = 331{,}92 \pm 0{,}05$ m/sec und unter Ausnutzung aller modernen Laboratoriumsmittel GRÜNEISEN und MERKEL[5]) $c_0 = 331{,}57$ m/sec beobachtet. Weitere Angaben über die Schallgeschwindigkeit in Luft finden sich bei AUERBACH[6]) und im LANDOLT-BÖRNSTEIN[7]).

6. Einfluß der Temperatur. Daß die Ausbreitungsgeschwindigkeit von Schallwellen in Luft und ebenso in anderen Gasen stark von der Temperatur t abhängt, ergibt sich aus der LAPLACEschen Formel [Gleichung (12)]. Das Gewicht D eines Kubikmeters Luft hängt vom Barometerstande H und der Temperatur t ab, und zwar ist:

$$D = D_0 \cdot H/760(1 + \alpha t)\,, \tag{15}$$

wo D_0 das Gewicht bei 0° C und 760 mm Barometerstand, α der thermische Ausdehnungskoeffizient der Luft ist. Ersetzt man den Gasdruck p durch den Barometerstand H und die Dichte des Quecksilbers d, dann wird

$$c_t = (d\,k g/D_0 \cdot 760(1 + \alpha t))^{\frac{1}{2}} = c_0(1 + \alpha t)^{\frac{1}{2}}\,. \tag{16}$$

Daraus folgt, daß bei einem trockenen Gase die Schallgeschwindigkeit durch dessen Spannung nicht beeinflußt wird. Führt man die absolute Temperatur T ein, so wird

$$c_T = c_0(T/273)^{\frac{1}{2}}\,, \tag{17}$$

und die Schallgeschwindigkeit in Luft oder einem Gase der Quadratwurzel aus der absoluten Temperatur proportional. Die Schallgeschwindigkeit ist also mit der Lufttemperatur großen Schwankungen unterworfen.

Die wohl zuerst für hohe Temperaturen bis 950° von LOW[8]) experimentell bestimmten Fortpflanzungsgeschwindigkeiten hat KALÄHNE[9]) nachgeprüft. Er findet keine systematischen Abweichungen von der Gleichung (17); beachtenswerte Messungen für hohe Temperaturen haben noch STEVENS[10]) und DIXON, CAMPBELL und PARKER[11]) durchgeführt.

---

[1]) T. C. HEBB, Phys. Rev. Bd. 20, S. 89 1905 u. Bd. 14, S. 74. 1919.
[2]) E. ESCLANGON, C. R. Bd. 168, S. 165. 1919.
[3]) G. W. PIERCE, Proc. Amer. Acad. Bd. 60, S. 271. 1925.
[4]) M. THIESEN, Ann. d. Phys. Bd. 25, S. 506. 1908.
[5]) E. GRÜNEISEN u. E. MERKEL, Ann. d. Phys. Bd. 66, S. 344. 1921.
[6]) F. AUERBACH, Akustik, in Winkelmanns Handb. d. Phys. S. 500. Leipzig 1909.
[7]) LANDOLT-BÖRNSTEIN-ROTH-SCHEEL, Handb. phys.-chem. Tabellen, 5. Aufl. Berlin 1924.
[8]) J. W. LOW, Wied. Ann. Bd. 52, S. 641. 1894.
[9]) A. KALÄHNE, Ann. d. Phys. Bd. 11, S. 225. 1903; Bd. 20, S. 398. 1906.
[10]) E. H. STEVENS, Ann. d. Phys. Bd. 7, S. 285. 1902.
[11]) H. B. DIXON, C. CAMPBELL u. A. PARKER, Proc. Roy. Soc. London (A) Bd. 100. S. 1. 1921.

Bei tiefen Temperaturen hat zuerst bis — 45,6° C GREELY[1]) bei einer Polarexpedition Messungen im Freien gemacht, die sich der Gleichung (17) gut anpassen. Dasselbe gilt für Bestimmungen von WITKOWSKI[2]) bis — 140° C. Die Werte von COOK[3]), der bis zur Temperatur der flüssigen Luft — 181° C ging, zeigen eine etwas stärkere Abnahme der Geschwindigkeit, die durch eine geringe Zunahme der Dichte und Abnahme des Verhältnisses der spez. Wärme zu deuten ist. Die wahrscheinlichsten Werte sind für eine Reihe von Temperaturen in folgender Tabelle zusammengestellt[4]):

t° C	c m/sec		t° C	c m/sec		t° C	c m/sec
—140	227		+ 10	337,8	0,60	+ 200	437
—100	263		+ 20	343,8	0,58	+ 300	478
— 80	278		+ 30	349,6	0,57	+ 400	521
— 60	293		+ 40	355,3		+ 500	558
— 40	306,5		+ 60	366,5		+ 600	593
— 20	319,3	0,63	+ 80	377,5		+ 700	626
— 10	325,6	0,62	+100	387,2		+ 800	658
0	331,8	0,60	+140	408		+1000	717

Im Bereich der gewöhnlichen Temperaturen sind die Zunahmen der Schallgeschwindigkeiten für 1° C Temperaturänderung besonders angegeben, um leicht interpolieren zu können.

7. Einfluß des Druckes. Nach der in Ziff. 6 angegebenen Gleichung (16) ist die Schallgeschwindigkeit in einem trockenen Gase von dem äußeren Drucke unabhängig. Dieses Verhalten ist auch experimentell beobachtet worden, solange die Grundlagen der LAPLACEschen Formel [Gleichung (12)] $p \cdot v^{\varkappa} =$ konst. gelten. Letzteres ist jedoch bei höheren Drucken nicht mehr der Fall (vgl. Bd. IX ds. Handb.). Die Abweichungen von dem BOYLE-MARIOTTEschen Gesetz sind zunächst nur geringe, steigern sich jedoch bei höheren Drucken. Die beobachteten Resultate von WITKOWSKI[5]) bestätigen dieses. Sie sind nach den tiefen Temperaturen ausgedehnt, da dort die Abweichungen vom BOYLEschen Gesetz am stärksten werden.

Er findet so:

t	0°	—78,5°	—103,5°	—130°	—140°
$p =$ 1 Atm.	331,8	280,0	260,1	239,2	226,6
$p =$ 30 „	332,1	273,4	248,5	198,4	147,3
$p =$ 100 „	355	355			

Bei 100 Atm. Druck und —78,5° C hatte die Schallgeschwindigkeit zuerst auf 328,5 m/sec abgenommen und war dann schnell auf den angegebenen Wert von 355 m/sec gestiegen. In Abb. 3 ist die Abnahme des Verhältnisses der Schallgeschwindigkeit bei 0° C und 1 Atm. zu der bei verschiedenen Temperaturen und 1 und 30 Atm. Druck durch die Kurven 1 und 30 dargestellt.

Für die konstant gehaltenen Temperaturen von 0° C und — 79,3° C hat P. P. KOCH[6]) die Schallgeschwindigkeit bis zu 200 Atm. Druck studiert. Den Verlauf der Fortpflanzungsgeschwindigkeit zeigt die Abb. 4. Bezeichnen wir die Schallgeschwindigkeit bei 0° C und 1 Atm. Druck mit 1,000, dann ergeben

[1]) A. W. GREELY, Phil. Mag. Bd. 30, S. 507. 1890.
[2]) A. M. WITKOWSKI, Bull. Acad. Cracou 1899, S. 138.
[3]) S. R. COOK, Phys. Rev. Bd. 23, S. 212. 1906.
[4]) Vgl. auch K. L. SCHAEFER, Tabellen der Schallgeschwindigkeit und Tonwellen. Beitr. z. Anat., Physiol., Pathol. u. Therapie d. Ohres, d. Nase u. d. Halses Bd. 1, S. 76. 1908.
[5]) A. M. WITKOWSKI, Bull. Acad. Cracou 1899, S. 138.
[6]) P. P. KOCH, Ann. d. Phys. Bd. 26, S. 551. 1908.

sich die Verhältnisse der von KOCH und WITKOWSKI beobachteten Schallgeschwindigkeitsverhältnisse aus folgender Tabelle:

p Atm.	t = 0° C		t = − 79,3° C	
	KOCH	WITKOWSKI	KOCH	WITKOWSKI
1	1,000	1,000	0,842	0,844
25	1,008	1,009	0,831	0,841
50	1,022	1,021	0,830	0,837
75	1,041	1,038	0,843	0,856
100	1,064	1,062	0,885	0,901
125	1,095		0,960	
150	1,132		1,047	
175	1,173		1,140	
200	1,220		1,239	

Unter Berücksichtigung des Luftdruckunterschiedes an den Beobachtungsorten und der dadurch bedingten Temperaturverschiedenheiten ist die Übereinstimmung nahezu auf 1‰ genau.

Aber nicht nur eine Drucksteigerung, sondern auch eine Druckverminderung ruft, wie verschiedentlich nachgewiesen, eine Abnahme der Schallgeschwindigkeit hervor. Bei Röhren von 3,3 cm Weite, wo der Einfluß der Rohrwandungen nicht mehr erheblich ist, fand STOLETOW[1]) zwischen 760 mm und 70 mm Quecksilberdruck eine Abnahme der Schallgeschwindigkeit um 1%, zwischen 760 mm und 50 mm um 1,3%. STOLETOW benutzte die Methode der KUNDTschen Figuren. KRAJEWITSCH[2]) benutzte viel engere Röhren und ging zu viel kleineren Drucken über. Er fand eine wesentlich stärkere Abnahme

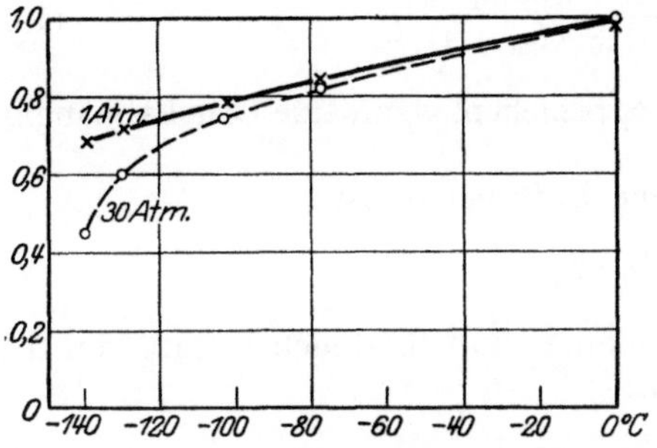

Abb. 3. Abnahme des Verhältnisses der Schallgeschwindigkeit bei 0° C und 1 Atm. mit der Temperatur bei 1 und 30 Atm. Druck.

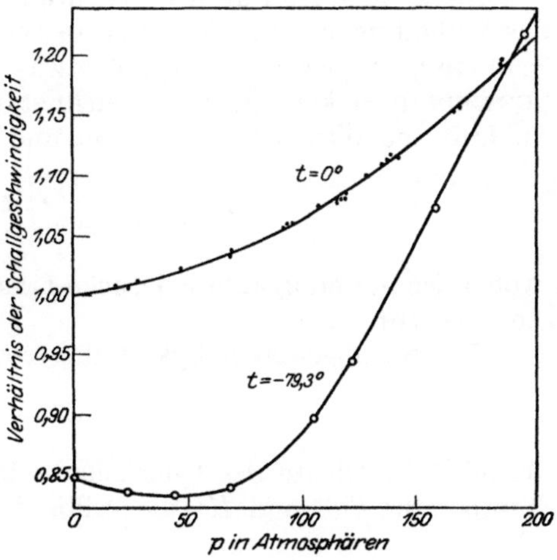

Abb. 4. Abhängigkeit der Schallgeschwindigkeit vom Druck.

und erhielt bei 3 mm Bleirohr und 2,2 mm Quecksilberdruck eine Schallgeschwindigkeit von 82 m. Die Schallenergie war dabei ganz gering.

In diesem Zusammenhang interessieren noch eine Anzahl von Arbeiten, welche die Abhängigkeit des Verhältnisses $\varkappa$ der spez. Wärmen c_p/c_v von der Temperatur und vom Druck behandeln. Hier finden KEUTEL[3]), SCHÖLER[4]) und THIBAUT[5]) auch mit zunehmendem Druck Abnahme der Schallgeschwindigkeiten, aber ganz im Sinne von KUNDT[6]), der auch schon gefunden hatte, daß sie in engen Röhren vom Drucke abhängig, in weiten dagegen unbeeinflußt sei. AMAGAT[7]) hat die Abhängigkeit von Temperatur und Druck theoretisch behandelt.

[1]) A. STOLETOW, Journ. d. russ. Phys. Chem. Ges. Bd. 18, S. 65. 1866.
[2]) K. KRAJEWITSCH, Journ. d. russ. Phys.-Chem. Ges. Bd. 17, S. 335. 1865.
[3]) F. KEUTEL, Dissert. Berlin 1910.
[4]) K. SCHÖLER, Ann. d. Phys. Bd. 45, S. 913. 1915.
[5]) B. THIBAUT, Dissert. Berlin 1910.
[6]) A. KUNDT, Pogg. Ann. Bd. 135, S. 337 u. 527. 1868.
[7]) E. H. AMAGAT, Journ. de phys. Bd. 5, S. 114. 1896.

SCHWEIKERT[1]) kommt zu folgender Abhängigkeit des Verhältnisses der spez. Wärmen vom Druck, wobei wegen der Gleichungen auf das Original verwiesen werden muß: $\varkappa$ nimmt mit wachsendem Druck für alle Gase ab, bei Luft beträgt die Abnahme für 1 Atm. Druckzunahme etwa 2‰.

8. Einfluß der Feuchtigkeit. Bisher ist immer angenommen, daß die Ausbreitung des Schalles in trockener, kohlensäurefreier Luft erfolgt. Gewöhnlich hat man aber in der Luft Wasserdampf. Sein Einfluß muß korrigiert werden, meistens beschränkt man sich auf die Korrektion der Dichte. Aus dem BOYLE-MARIOTTEschen Gesetz folgt für die Dichte der feuchten Luft:

$$D_f = D_0(H - h)/760 + d_w/760, \tag{17}$$

wo D_0 die Dichte der trockenen Luft bei 760 mm Hg-Höhe und 0° C, d_w die Dichte des Wasserdampfes, H der Luftdruck und h die Spannung des Wasserdampfes ist. Die Dichte feuchter Luft bei der Temperatur t ist dann:

$$D_{ft} = D_0(H - h\cdot(1 - 0{,}6235))/760(1 + \alpha t)\,. \tag{18}$$

Außer dem Einfluß der Feuchtigkeit auf die Dichte ist auch ihr Einfluß auf das Verhältnis der spez. Wärmen zu berücksichtigen. Diese Korrektur hat zuerst STEVENS[2]) angewandt. Seine etwas willkürlichen Annahmen werden von SCHWEIKERT[3]) korrigiert. Bezeichnet man die Verhältnisse der spez. Wärmen für Luft und Wasserdampf mit $\varkappa_1$ und $\varkappa_2$, dann ergibt das Gemisch:

$$\varkappa = \frac{(H-h)\,\varkappa_1(\varkappa_2 - 1) + h\,\varkappa_2(\varkappa_1 - 1)}{(H-h)(\varkappa_2 - 1) + h(\varkappa_1 - 1)}, \tag{19}$$

wobei sich $\varkappa_1$ und $\varkappa_2$ auf die Drucke p_1 und p_2 beziehen, wenn eine Druckabhängigkeit besteht.

Die Schallgeschwindigkeit für trockene Luft bei 0° ist:

$$c_0 = (760\,d g(/D_0\cdot k_1)^{\frac{1}{2}}, \tag{20}$$

wobei d die Dichte des Quecksilbers bezeichnet, und für feuchte Luft von der Temperatur t° C und H Quecksilberdruck:

$$c_{ft} = (H d g/D_{ft}\cdot k)^{\frac{1}{2}}. \tag{21}$$

Setzen wir (18) in (21) ein, dann wird

$$c_0 = c_{ft}[H(1 + \alpha t)\,k_1/(H - h(1 - 0{,}6235))\,k]^{\frac{1}{2}}. \tag{22}$$

Bei nicht extrem liegenden Werten kann man die Einflüsse von Temperatur und Feuchtigkeit durch eine Korrektion berücksichtigen:

$$c_{ft} = c_0(1 + 0{,}004\,t)^{\frac{1}{2}}. \tag{23}$$

In Messingröhren von 2 m Länge und bei 20° C fanden BARSS und BASTILLE[4]) bei 0% Feuchtigkeit $c = 343{,}62$ m/sec, bei 100% Feuchtigkeit $c = 344{,}19$ m/sec. Zwischenwerte stimmen mit der Beziehung $c_f = c_t(s_t/s_f)^{\frac{1}{2}}$ überein, wo der Index t Schallgeschwindigkeit und Dichte von trockener Luft und f von feuchter Luft bezeichnet.

---

1) G. SCHWEIKERT, Ann. d. Phys. Bd. 48, S. 658. 1915.
2) E. STEVENS, Ann. d. Phys. Bd. 7, S. 285. 1902.
3) G. SCHWEIKERT, Ann. d. Phys. Bd. 48, S. 593. 1915.
4) W. R. BARSS u. I. H. BASTILLE, Journ. Math. and Phys. Massachusetts Inst. of Techn. Bd. 2, S. 210. 1923.

Für die Berechnung der Schallgeschwindigkeit in freier Atmosphäre haben v. ANGERER und LADENBURG[1]) die Formel angegeben:

$$a = [760\, d g (1 + \alpha t) k / D_0 (1 - 0{,}329\, h/H]^{\frac{1}{2}}, \tag{24}$$

wobei sie zur Korrektion des Wasserdampfgehaltes $k = 1{,}402$ setzen.

Bei Frequenzen oberhalb 40000 fand PIERCE[2]) keinerlei Abhängigkeit von der Feuchtigkeit. Aus sieben Beobachtungsreihen ergibt sich bei 0° C eine mittlere Wellenlänge von:

$$\lambda_0 = 0{,}33770 \pm 0{,}00001 \text{ cm für trockene Luft}$$

und

$$\lambda_{ft} = 0{,}33769 \pm 0{,}00003 \text{ cm für } 50\% \text{ Feuchtigkeit}$$

bei einer Frequenz von 98183 Hertz. Selbst bei Feuchtigkeit über 80% ist ihr Einfluß auf die Schallgeschwindigkeit sicher kleiner als $^1/_5{}^0/_{00}$.

9. Schallgeschwindigkeit in Luft in Röhren. a) Einfluß von Reibung und Wärmeleitfähigkeit. Schon zu Anfang des vorigen Jahrhunderts hatte man gefunden, daß die Schallgeschwindigkeit in Röhren kleiner ist als die in der freien Atmosphäre. REGNAULT[3]) machte in den Jahren 1862 bis 1866 seine Versuche in Gas- und Wasserleitungsröhren von 10,8 cm, 21,6 cm und 30 cm und 110 cm Durchmesser bei Längen von 500 bis 5000 m. Er fand die Schallgeschwindigkeit um so größer, je weiter die Röhre war, wobei der in der weitesten Röhre bestimmte Wert mit dem der freien Atmosphäre annähernd übereinstimmte. KAYSER[4]) hat später nachgewiesen, daß dieser Wert von $c = 330{,}6$ m/sec und der von LE ROUX[5]) $c = 330{,}66$ m/sec wegen des Einflusses der Röhrenwandungen zu korrigieren ist. Auch KUNDT[6]) hat den Einfluß der Röhrenweite und des inneren Zustandes der Röhrenwandung bei der Anwendung der Methode der Staubfiguren zur Geschwindigkeitsbestimmung beobachtet und berücksichtigt. HELMHOLTZ[7]) führt in seiner Theorie die Verringerung der Schallgeschwindigkeit in Röhren auf die innere Reibung des Gases zurück. Später ergänzt KIRCHHOFF[8]) diese Theorie durch Hinzunahme der Wärmeleitung. Dann ergibt sich die Schallgeschwindigkeit c_R in der Röhre vom Durchmesser d zu:

$$c_R = c\left(1 - \frac{\gamma}{d\sqrt{\pi N}}\right), \quad \text{wobei} \quad \gamma = \sqrt{\frac{\eta}{\delta}} + \left(\frac{a}{b} - \frac{b}{a}\right)\sqrt{\frac{\lambda}{\delta}} = \sqrt{\nu} + \frac{\varkappa - 1}{\sqrt{\varkappa}}\sqrt{\nu'}, \tag{25}$$

in denen

a die Schallgeschwindigkeit im freien Raum nach LAPLACE [Gleichung (12)],
b die Schallgeschwindigkeit nach NEWTON [Gleichung 11)],
N die Frequenz des Tones,
δ die Dichte,
$\nu = \eta/\delta$ der kinetische Reibungskoeffizient nach MAXWELL,
$\nu' = \lambda/\delta$ der entsprechende Wärmeleitungskoeffizient ist.

Für γ ergibt sich nach AUERBACH[9]) für normale Luft: $\gamma = 0{,}00742$. Sämtliche späteren Prüfungen haben aber ergeben, daß die Beziehungen der Gleichung

---

[1]) E. v. ANGERER u. R. LADENBURG, Ann. d. Phys. Bd. 66, S. 293. 1921.
[2]) G. W. PIERCE, Proc. Amer. Acad. Bd. 60, S. 271. 1925.
[3]) V. REGNAULT, C. R. Bd. 66, S. 209. 1868.
[4]) H. KAYSER, Wied. Ann. Bd. 2, S. 218. 1877.
[5]) LE ROUX, C. R. Bd. 64, S. 392. 1867.
[6]) A. KUNDT, Pogg. Ann. Bd. 127, S. 497. 1866; Bd. 135, S. 337 u. 527. 1868.
[7]) H. HELMHOLTZ, Crelles Journ. Bd. 57, S. 1. 1859.
[8]) G. KIRCHHOFF, Pogg. Ann. Bd. 134, S. 177. 1868. Vgl. hierzu insbesondere noch Kap. 4, Ziff. 8.
[9]) F. AUERBACH, Akustik, in Winkelmanns Handb. d. Phys. S. 508. Leipzig 1909.

nicht hinreichend streng und allgemein gültig sind. KAYSER[1]) und LOW[2]) fanden die Formel richtig, nur die Konstante zu klein. SEEBECK[3]) und SCHNEEBELI[4]) erhalten eine andere Abhängigkeit von der Tonhöhe. Nach KUNDT[5]) stimmt die Formel weder bei kleinem noch bei großem Durchmesser. KIRCHHOFF hatte die Reibung an der Röhrenwandung und ihre Wärmekapazität unendlich groß angenommen. Dies ist sicher nicht richtig, andererseits kommt aber auch eine Wärmeabgabe aus dem Gase an die Wandung nicht in Frage, denn die Wärmeleitung im Gase ist sicher sehr gering. Nach KOCH[6]) ist die Wärmeänderung im Gase kleiner als 0,002° C. Erst NEUSCHELER[7]) hat bei sehr starken und tiefen Pfeifentönen adiabatische Temperaturänderungen von 0,13° C gefunden. Ein Einfluß der Reibung der Wandung ist dagegen sicher vorhanden. So fand SCHAUMBURG[8]) bei Glasröhren und auch solchen aus Holz von kreisförmigem, dreieckigem und quadratischem Querschnitt gleicher Fläche die Schallgeschwindigkeit beim Kreisquerschnitt am größten, beim quadratischen am kleinsten. Je rauher die Wand, und je größer die Wärmeleitungen des Materials der Rohrwand, desto größer ist die Verzögerung. So fand SCHULZE[9]) bei 1,0 bis 1,5 mm Durchmesser der Röhren aus Glas $\gamma = 0{,}008$, aus Messing $\gamma = 0{,}015$ und aus Kautschuk $\gamma = 0{,}025$. SCHWEIKERT[10]) führt die Verzögerungen in Röhren auf zum Teil schräg liegende Schwingungen, Abnahme der Schwingungsamplitude mit der Entfernung vom Rohranfang und unvollkommene Reflexion am offenen oder geschlossenen Ende zurück[11]).

Da die KIRCHHOFFsche Formel nur beschränkte Gültigkeit hat, tut man bei der Messung der Schallgeschwindigkeit in Röhren gut, den Einfluß der Rohrwandungen durch mehrere Messungen zu eliminieren. So hat KAYSER[12]) durch Kombination zweier verschiedener Rohrweiten d_1 und d_2 oder verschiedener Tonhöhen N_1 und N_2 (vgl. Ziff. 11) und der dabei beobachteten Schallgeschwindigkeiten c_1 und c_2 die Schallgeschwindigkeit c für die freie Atmosphäre aus folgenden Formeln bestimmt:

$$c = (c_1 d_1 - c_2 d_2)/(d_1 - d_2) \qquad \text{und} \qquad c = (c_1 (N_1)^{\frac{1}{2}} - c_2 (N_2)^{\frac{1}{2}})/(N_1^{\frac{1}{2}} - N_2^{\frac{1}{2}})\,. \quad (26)$$

GRÜNEISEN und MERKEL[13]) benutzten zur Extrapolation auf unendlich großen Durchmesser nur die Beziehung, daß die Korrektion proportional $1/d$ ist. Sie beobachteten c_1 und c_2 bei $d_1 = 5{,}0$ cm und $d_2 = 2{,}6$ cm (Wandstärke 1 mm Messing). Dann ist $c_1 = c\,(1 - \gamma/d_1\,(\pi N)^{\frac{1}{2}})$ und $c_2 = c(1 - \gamma/d_2\,(\pi N)^{\frac{1}{2}})$ und damit

$$c = c_1 + (c_1 - c_2)/(d_1/d_2 - 1)\,. \quad (27)$$

Sie finden so in CGS-Einheiten die KIRCHHOFF-HELMHOLTZsche Korrektur $\gamma = 0{,}49$, während sich aus Reibung und Wärmeleitung 0,54 berechnet.

[1]) H. KAYSER, Wied. Ann. Bd. 2, S. 218. 1877.
[2]) J. W. LOW, Wied. Ann. Bd. 52, S. 614. 1894.
[3]) A. SEEBECK, Pogg. Ann. Bd. 139, S. 104. 1870.
[4]) H. SCHNEEBELI, Pogg. Ann. Bd. 136, S. 296. 1869.
[5]) A. KUNDT, Pogg. Ann. Bd. 135, S. 337 u. 527. 1868; vgl. auch J. MÜLLER, Ann. d. Phys. Bd. 11, S. 331. 1903 u. J. STURM, ebenda Bd. 14, S. 822. 1904.
[6]) P. P. KOCH, Ann. d. Phys. Bd. 26, S. 551. 1908.
[7]) K. NEUSCHELER, Ann. d. Phys. Bd. 24, S. 131. 1911.
[8]) FR. SCHAUMBURG, ZS. f. Instrkde. Bd. 12, S. 286. 1892.
[9]) F. A. SCHULZE, Ann. d. Phys. Bd. 13, S. 1065. 1904; auch J. STURM, ebenda Bd. 14, S. 822. 1904.
[10]) G. SCHWEIKERT, Ann. d. Phys. Bd. 48, S. 628. 1915.
[11]) Vgl. über Schallfortpflanzung in Röhren auch K. F. LINDMAN, Finska Vetensk. Soc. Förhandl. Bd. 59, Afd. A., Nr. 19. 1916/17; H. LICHTE, Elektr. Nachr. Techn. Bd. 4, S. 304. 1927.
[12]) H. KAYSER, Wied. Ann. Bd. 2, S. 218. 1877.
[13]) E. GRÜNEISEN u. E. MERKEL, Ann. d. Phys. Bd. 66, S. 344. 1921.

Die Änderungen der Schallgeschwindigkeit sind oberhalb 3 cm Rohrdurchmesser gering, wie die Messungen der halben Wellenlänge von SCHWEIKERT[1]) für zwei Töne bei Luft in Glasröhren zeigen:

Rohrdurchmesser	$\lambda/2$ bei N_1	$\lambda/2$ bei N_2
8,0 cm	56,04 ± 0,014 mm	25,39 ± 0,017 mm
6,3 cm	56,07 ± 0,030 mm	25,42 ± 0,017 mm
5,0 cm	56,08 ± 0,015 mm	25,41 ± 0,006 mm

In Abb. 5 ist die Abhängigkeit der Luftschallgeschwindigkeiten für Glas- und Messingrohre nach Messungen von MÜLLER[2]) und BLAIKLEY[3]) dargestellt. Mit M sind Messingröhren bezeichnet, mit G die Glasröhren. Die Indizes H und t beziehen sich auf die Tonhöhe. Auf den Einfluß der Frequenz wird später in Ziff. 11 eingegangen.

b) Einfluß der Länge, der Enden und des Materials des Rohres. Die Frage der Korrektur der Schallgeschwindigkeit wegen der Länge des Rohres ist bisher wenig behandelt. THIESEN[4]) hat in der KIRCHHOFFschen Formel den Einfluß der Rohrlänge berücksichtigt

$$c_R = c\left[1 - \gamma/d(\pi N)^{\frac{1}{2}} + \gamma'/e(\pi N)^{\frac{1}{2}}\right], \quad (28)$$

wo $\gamma' = \gamma - (\eta)^{\frac{1}{2}}$. Hierbei entspricht das letzte Glied dem Einfluß der Endflächen. Die Beachtung dieser Korrekturen vermeiden GRÜNEISEN und MERKEL[5]) dadurch, daß sie zwei gleich weite Rohre verschiedener Länge l_1 und l_2 nehmen. Man stellt für denselben Ton N auf Resonanz ein, dann muß die Längenkorrektion x für beide Rohre gleich sein. Ist c_n die Schallgeschwindigkeit im unendlich langen Rohr, so wird jetzt $2(l_1 - x) = c_u \cdot p_1/N$ und $2(l_2 - x) = c_u \cdot p_2/N$, wo p_1 und p_2 die Ordnungszahlen des Obertones N zum Grundton sind. Es gilt dann

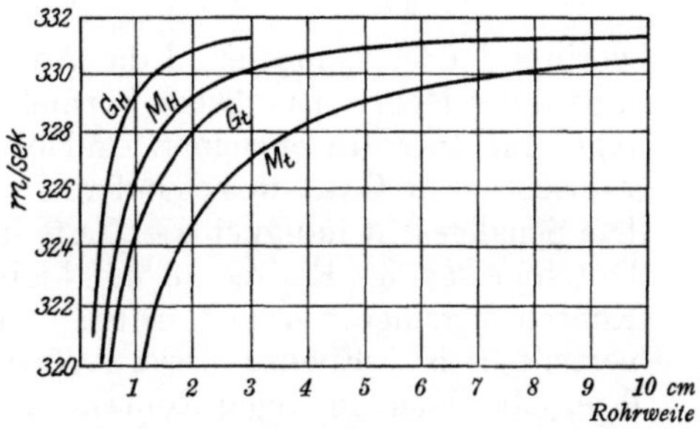

Abb. 5. Einfluß der Rohrweite, des Rohrmaterials und der Tonhohe auf die Schallgeschwindigkeit.

$$c_u = N \cdot 2(l_1 - l_2)/(p_1 - p_2) \quad \text{oder} \quad c_u = 2(l_1 - l_2)/(p_1/N_1 - p_2/N_2), \quad (29)$$

wenn die Töne N_1 und N_2 nur wenig voneinander abweichen. SCHWEIKERT[6]) erhält durch Absorption von Schallenergie eine Verschiebung der Knotenpunkte und damit eine Verzögerung der Schallfortpflanzung. Es ist so die Schallgeschwindigkeit c_R im Rohr der Länge l und des Durchmessers d für einen Ton N:

$$c_R = c\left[1 - (^1/_2 l\pi) \cdot \operatorname{arctg} c \cdot b/2\pi N\right], \quad (30)$$

wo $b = 4\gamma(\pi N)^{\frac{1}{2}}/c \cdot d$ der Absorptionskoeffizient für die Schallenergie in Röhren ist.

Es muß also alles, was die Absorption erhöht, auch die Schallgeschwindigkeit noch weiter verkleinern. Dieses stimmt auch mit dem experimentellen Befund überein. So wirken z. B. Einschieben einer zweiten Röhre in die erste, Auskleiden der Rohrwandung mit Wollstoffen, Einbringen großen und schweren Stoffes zur Bildung der KUNDTschen Figuren, Anfeuchten der Wand

[1]) G. SCHWEIKERT, Ann. d. Phys. Bd. 48, S. 599. 1915.
[2]) J. MÜLLER, Ann. d. Phys. Bd. 11, S. 331. 1903; vgl. auch J. W. LOW, Wied. Ann. Bd. 52, S. 641. 1894.
[3]) J. D. BLAIKLEY, Phil. Mag. Bd. 18, S. 328. 1884.
[4]) M. THIESEN, Ann. d. Phys. Bd. 24, S. 401. 1907.
[5]) E. GRÜNEISEN u. E. MERKEL, l. c.
[6]) G. SCHWEIKERT, Ann. d. Phys. Bd. 48, S. 641. 1915.

in gleichem Sinne verzögernd, letzteres wohl auch besonders deshalb, weil in gesättigtem Wasserdampf durch Kondensation des Dampfes Energieverluste auftreten.

Man kann aber diese ganzen Probleme noch von einer anderen Seite anfassen. Die Berechnungen der Schallgeschwindigkeit erfolgen unter der Voraussetzung von Longitudinalschwingungen in den betreffenden Medien. Nun ist aber nach den Ausführungen in Ziff. 3 die Möglichkeit von sog. Dehnungswellen gegeben. Die Rohrwandungen können nicht als absolut starr angesehen werden, sondern sie sind etwas nachgiebig. Die gegenseitige Beeinflussung des Rohrmaterials und des Schallmediums wird stark von dem Unterschied der Schallhärte beider Körper abhängen (vgl. über Schallhärte Kap. 15, Ziff. 2). KORTEWEG[1]) hat die Eigenschaften des Rohres in Rechnung gestellt und kommt zu der Formel

$$c_R = c\left(1 - \frac{d\,\delta\,c_R^2}{\varDelta E\,(1 - 5\,\varDelta/3\,d)}\right)^{\frac{1}{2}}, \tag{31}$$

worin d der Durchmesser, $\varDelta$ die Wanddicke, δ die Dichte und E der Elastizitätsmodul des Rohres ist. Diese Formel spielt vor allem bei Flüssigkeiten eine Rolle (vgl. Ziff. 16). Im einzelnen sind hier noch experimentelle Untersuchungen erwünscht. Für Gase, insbesondere Luft, kann man mit KUNDT allgemein sagen: Die Schallgeschwindigkeit der Luft in Röhren c_R nimmt von einem bestimmten Durchmesser des Rohres an mit kleiner werdendem Durchmesser ab; Pulver in Röhren verringert c nur in engen Röhren, und zwar um so stärker, je feiner verteilt es ist. Ebenso wirkt Aufrauhen der Wandung oder die Vergrößerung ihrer Oberfläche in engen Röhren. Bei engen Röhren tritt bei vermehrtem Druck eine Zunahme der Schallgeschwindigkeit auf.

10. Einfluß der Schallintensität auf die Fortpflanzungsgeschwindigkeit. In der Formel (2), Ziff. 1 kommt die Intensität der Schallwelle nicht vor. Sie hat auch so lange keinen Einfluß auf die Ausbreitungsgeschwindigkeit, solange die für kleine Schwingungen aufgestellte Theorie ihre Gültigkeit behält, solange also nur kleine Druck- und Volumenänderungen in Frage kommen. Dieses ist für normale Schallwellen erfüllt, auch bis zu physiologisch sehr erheblichen Intensitäten. KAYSER[2]) hat für Änderungen der Intensität im Verhältnis 1:70 keine außerhalb der Fehlergrenze liegende Änderung der Schallgeschwindigkeit feststellen können. Auch bei äußerst kräftigen Tönen, wie sie vor allem bei Versuchen mit den KUNDTschen Staubfiguren verwendet wurden, sind niemals Abweichungen konstatiert worden. REGNAULT[3]) hatte bei seinen Versuchen (vgl. Anfang Ziff. 9) den Schall in den Röhren mehrere Male hin und her laufen lassen. Er fand dabei für die ersten Strecken größere Werte der Geschwindigkeit, und zwar waren sie abhängig von der Stärke seines Schallgebers, eines Pistolenschusses. Wir haben hier beim Abschießen eine Explosion, bei der Luftteilchen mit großer Geschwindigkeit herausgeschleudert werden, haben es also mit großen Amplituden zu tun, die unten in Ziff. 14 gesondert behandelt sind. Eine Erklärung dieser von REGNAULT beobachteten Überschallgeschwindigkeit hat zuerst RINK[4]) gegeben.

11. Einfluß der Frequenz. In freier Luft ist die Abhängigkeit der Schallgeschwindigkeit von der Tonhöhe von PIERCE[5]) untersucht, und zwar für

[1]) D. J. KORTEWEG, Wied. Ann. Bd. 5, S. 525. 1878.
[2]) H. KAYSER, Wied. Ann. Bd. 6, S. 465. 1879.
[3]) V. REGNAULT, C. R. Bd. 66, S. 209. 1868.
[4]) H. J. RINK, Pogg. Ann. Bd. 149, S. 533. 1873.
[5]) G. W. PIERCE, Proc. Amer. Acad. Bd. 60, S. 271. 1925.

Frequenzen oberhalb 40000 Hertz. Die folgende Tabelle zeigt seine Resultate auf 0° C reduziert. In den letzten beiden Spalten ist der wahrscheinliche Fehler in m/sec angegeben, soweit er auf Fehler in der Bestimmung der Wellenlänge λ und der Frequenz N zurückzuführen ist. Die beiden ersten (eingeklammerten) Werte sind mittels Stimmgabeln in Resonanzröhren von 4 cm Weite bestimmt worden; bei Anwendung der HELMHOLTZ-KIRCHHOFFschen Korrektion ergeben sie für die freie Luft den Wert: 332,04 m/sec. Die übrigen Werte sind nach einem unter Ziff. 5 angegebenen Verfahren direkt gemessen worden. Die Abhängigkeit der Schallgeschwindigkeit von der Frequenz zeigt in übersichtlicher Weise die Abb. 6. Aus diesen Ergebnissen sowie aus den Beobachtungen über die Schallgeschwindigkeit bei Geschützknallen geringer Intensität (vgl. ESCLANGON und V. ANGERER und LADENBURG Ziff. 5) muß man schließen, daß für solche Knallwellen $c_0 = 330{,}8$ m/sec ist; für niedrige und normale Hörfrequenzen liegt c_0 wahrscheinlich zwischen 331,29 und 332,1 m/sec. Für dieses Gebiet ist der Verlauf der Kurve nur gestrichelt, erst außerhalb des Hörbereiches liegt der Verlauf nach PIERCE fest. Die erste Steigerung der Schallgeschwindigkeit kann auf die Wärmeleitung im Gase zurückgeführt werden. Unterhalb 50000 Hertz ist der Verlauf der Verdichtungen und Verdünnungen nicht adiabatisch, erst bei 50000 Frequenzen nähert man sich dem adiabatischen Verhalten. Bei höheren Frequenzen nimmt die Geschwindigkeit wieder ab, weil die Zeit zwischen den thermischen Zusammenstößen der Gasatome und Moleküle der Periodendauer der Schallschwingungen sich nähert. Wenn das zweite Maximum bei 600000 Hertz wirklich reell ist, so hat es sicher eine ganz andere Ursache als das erste bei 50000 Hertz. Zwischen 100000 und 1500000 Hertz ist der Verlauf der Schallgeschwindigkeit außerdem noch durch eine strichpunktierte Gerade dargestellt, von der die Beobachtungen höchstens um $^1/_4{}^0/_{00}$ oder um 0,09 m/sec abweichen. Dieser Wert entspricht ungefähr dem wahrscheinlichen Fehler. Das Maximum bei 600000 Hertz ist also nicht ganz sichergestellt.

Frequenz N	c_0 m/sec	wahrscheinlicher Fehler in m/sec für λ	für N
(995,88	331,94	0,07	0,02)
(2987,6	331,98	0,03	0,02)
41009	332,45	0,03	0,07
42071	332,37	0,06	0,01
50701	332,47	0,06	0,07
56319	332,32	0,08	0,07
70118	331,98	0,02	0,02
88585	331,97	0,03	0,05
98183	331,77	0,07	0,02
205620	331,67	0,06	0,07
610220	331,81	0,07	0,06
1034060	331,76	0,03	0,05
1479900	331,64	0,05	0,04

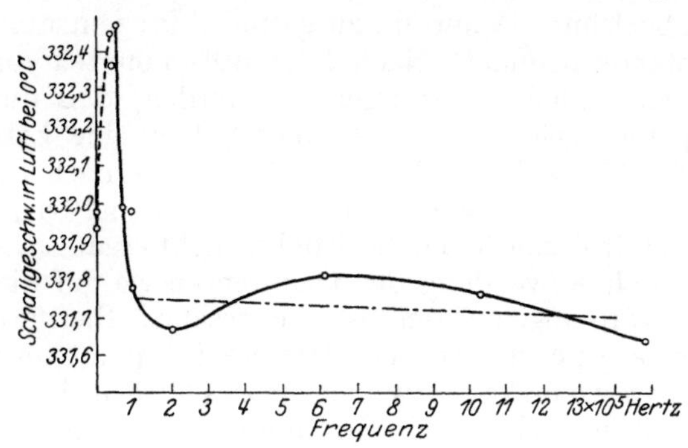

Abb. 6. Einfluß der Frequenz auf die Schallgeschwindigkeit.

In der freien Atmosphäre besteht daher nur eine geringe Abhängigkeit der Fortpflanzungsgeschwindigkeit von der Frequenz. Erst Beeinflussungen in der Ausbreitung des Schalles lassen die tieferen Frequenzen auf große Entfernungen überwiegen, die höheren werden bei gleicher Geschwindigkeit nur stärker absorbiert oder zerstreut. In Röhren macht sich dagegen eine starke Abhängigkeit von der Frequenz bemerkbar, und zwar laufen bei gleich weiten Röhren die höheren Töne schneller als die tieferen. Den Verlauf der Schallgeschwindigkeit zeigt Abb. 5. Er ist qualitativ gleich für ein Messing- und Glasrohr: die Kurven für die Messingrohre (M_t und M_H) sind von BLAIKLEY mit einem hohen und einem tiefen Ton gemessen, dessen Schwingungszahl nicht angegeben ist. Bei den Glasröhren (G_t und G_H) benutzte MÜLLER[1]) Töne von 903 und 7880 Hertz. Je niedriger die Frequenz ist, desto stärkere Abweichungen treten auf, und zwar nehmen sie mit kleiner werdendem Durchmesser zu. Diese Abhängigkeit der Geschwindigkeit ist in der HELMHOLTZ-KIRCHHOFFschen Formel [Gleichung (25), Ziff. 9a und Gleichung (28), Ziff. 9b] enthalten.

12. Einfluß von elektrischen Strahlen und Feldern. Läßt man Röntgenstrahlen auf Luft einwirken, so erhält man eine Ionisation des Gases. Gleichzeitig mit der Ionisation hatte KÜPPER[2]) in KUNDTschen Röhren auch eine Änderung der Schallgeschwindigkeit gefunden. Er führte dies auf eine teilweise Dissoziation des zweiatomigen Gases in einatomiges zurück. Man erhielt so durch Ionisation eine Annäherung an den einatomigen Zustand und damit eine Steigerung des Verhältnisses von $\varkappa = c_p/c_v = 1{,}4$ ($\varkappa = 1{,}66$ gilt für einatomige Gase). Bei Bestrahlung mit ultraviolettem Licht einer Quarzlampe oder beim Anlegen eines hohen elektrischen Wechselfeldes bildeten sich dreiatomige Ozonmolekel, und es trat eine Verringerung der Schallgeschwindigkeit ein. Bei Behandlung der Luft mit Radiumbromid war keine Wirkung festzustellen. Dagegen erhöhte eine Röntgenbestrahlung von 30 Min. Dauer die Schallgeschwindigkeit um 1,6% bei trockener Luft und 18,7° C. Eine Zurückführung dieser Erscheinungen auf eine Verringerung der Dichte des dissoziierten Gases wird von KÜPPER abgelehnt, da nur ein zu geringer Prozentsatz aller Moleküle sich in diesem Zustande befindet. Nach RICHARZ[3]) könnten Änderungen der Schallgeschwindigkeit dadurch hervorgerufen werden, daß durch Stoßionisation das Molekülgefüge gelockert ist. CZUKOR[4]) hält eine Erklärung durch Zunahme der Zahl der Moleküle durch Ionenbildung, die nach BOLTZMANN eine Vergrößerung von $\varkappa = c_p/c_v$ zur Folge hätte, für nicht haltbar, da die zu geringe Zahl der Ionen die Größenordnung des Effekts nicht ergäbe. Er gibt eine quantitative Erklärung durch Anwendung der Quantentheorie auf die Rotation der Gasmoleküle. Bei zweiatomigen Gasen ist die gesamte thermische Energie translatorischer und rotatorischer Art. Die letztere ist quantenhaft[5]). Eine Änderung der Schallgeschwindigkeit bzw. der spez. Wärmen durch Bestrahlung ist nur so möglich, daß die wellenartige Strahlung die Rotationsfrequenz direkt oder indirekt vergrößert. Bei einem HCl-Molekül führt das Elektron des Atoms unter Einwirkung der Röntgenstrahlen erzwungene Schwingungen aus, die eine Vergrößerung des Trägheitsmomentes zur Folge haben. Bei einer 50proz. Vergrößerung ändert sich k von 1,38 bis 17,5. Es könnten also ganz erhebliche Änderungen der Schallgeschwindigkeiten bereits bei geringer Vergrößerung des Atommomentes eintreten. Bemerkt sei noch, daß es WESTPHAL[6]) nicht gelungen ist, mit Röntgenstrahlen und Spitzenentladungen Schallgeschwindigkeitsänderungen hervorzurufen; seine Werte stimmten bis auf 0,1% überein. Es sind scheinbar noch weitere bisher unbekannte Bedingungen für den Effekt erforderlich.

---

[1]) Vgl. Anm. 2 u. 3 auf S. 629.

[2]) W. KÜPPER, Ann. d. Phys. Bd. 43, S. 905. 1912; auch K. H. KÜSTER, Dissert. Marburg 1911.

[3]) F. RICHARZ, Marburger Ber. 1911, S. 111 u. 1913.

[4]) K. CZUKOR, Verh. d. D. Phys. Ges. Bd. 17, S. 261. 1915.

[5]) Z. B.: P. E. EHRENFEST, Verh. d. D. Phys. Ges. Bd. 15. S. 481. 1913.

[6]) W. H. WESTPHAL, Verh. d. D. Phys. Ges. Bd. 16, S. 613. 1914.

13. Erhöhung der Schallgeschwindigkeit durch Bewegung der Luft (Wind). Bei den Messungen der Schallgeschwindigkeit in der freien Atmosphäre spielt meist der Wind eine große Rolle. In der Windrichtung überlagert sich seine Geschwindigkeit der des Schalles einfach additiv, in der entgegengesetzten subtraktiv, da der Wind einfach den Schall mit sich führt. Noch bei Windgeschwindigkeiten von 0,5 m/sec liegt der Einfluß des Windes außerhalb der Fehlergrenzen. Für Meßzwecke tut man also gut, den Schall die gleiche Strecke in genau entgegengesetzter Richtung zurücklegen zu lassen. In diesem Zusammenhang sei eine auf dieser Tatsache beruhende Methode zur Messung der Windgeschwindigkeiten von KUNZE[1]) erwähnt. Liegt die Verbindungslinie von Schallgeber und Schallempfänger geneigt zur Windrichtung, so ist der Winkel α dieser beiden Richtungen zu berücksichtigen. Als erster hat wohl VAN REES[2]) darauf hingewiesen. Er berechnet die Schallgeschwindigkeit für ruhende Luft nach der Formel:

$$c = d\left(1/t_1 t_2 + (t_2 - t_1)^2/4 t_1^2 t_2^2 \cos^2\alpha\right)^{\frac{1}{2}}, \tag{32}$$

wenn d der Abstand der beiden Beobachtungsstellen und t_1 und t_2 die in jeder Richtung beobachtete Wegzeitdifferenz ist. Auf den Einfluß des Windes bei der Ausbreitung des Schalles auf große Entfernungen wird später (Kap. 15, Ziff. 14) eingegangen werden.

14. Erhöhung der Schallgeschwindigkeit bei Explosionen. Haben wir bisher nur Erscheinungen berücksichtigt, die eine nur geringe Änderung der Schallgeschwindigkeit mit sich brachten, so haben wir bei Funken- und Explosionswellen, bei Knall und Detonationen Schallwellen mit einer teilweise ganz erheblich gesteigerten Geschwindigkeit zu betrachten.

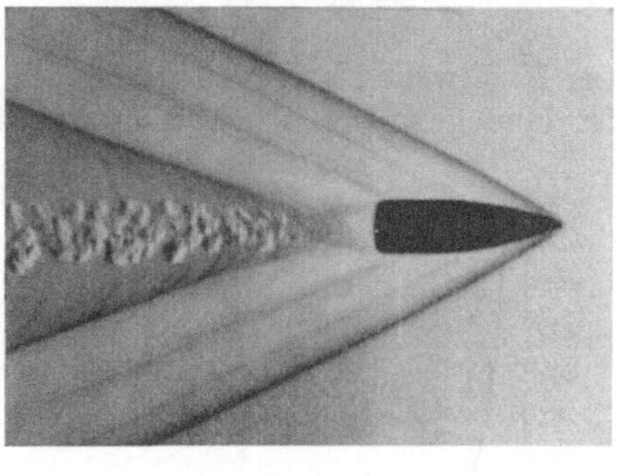

Abb. 7. Kopfknallwelle eines Geschosses.

Nach E. MACH[3]) muß man bei modernen Schußwaffen, deren Geschosse eine Überschallgeschwindigkeit besitzen, zwei Knalle unterscheiden, den Waffen- oder Mündungsknall und den Geschoßknall. Ersterer hat in nächster Nähe der Mündung auch Überschallgeschwindigkeit, weil wir hier eine Verdichtungswelle mit endlichem Überdruck haben, geht jedoch in wenigen Metern auf den normalen Wert herab. Die Kopfwelle des Geschosses erzeugt auch einen Knall, dieser Geschoßknall ist im allgemeinen hell und scharf im Gegensatz zu dem dumpferen Mündungsknall. Der Geschoßknall pflanzt sich mit einer über dem normalen Werte von c liegenden Geschwindigkeit fort, solange die Geschoßgeschwindigkeit v größer als c ist. Die Kopfwelle ist sehr gut auf Abb. 7 zu sehen. Sie liegt als Einhüllende der unendlich vielen kugelförmigen Elementarwellen der Luft, die beim Auftreffen der Geschoßspitze auf die ruhende Luft entstehen, um die Spitze herum. Wird die Geschoßgeschwindigkeit geringer, erreicht sie nahezu Schallgeschwindigkeit, dann beginnen sich wie bei Abb. 8 die Kopf- und Schwanzwelle vom Geschoß loszulösen. Näheres über diese ballistischen Fragen findet man bei C. CRANZ[4]) ausgezeichnet zusammengestellt. Der erste

[1]) W. KUNZE, Phys. ZS. Bd. 21, S. 437. 1920.

[2]) VAN REES, Pogg. Ann. Bd. 124, S. 465. 1865.

[3]) E. MACH u. Mitarbeiter, Wiener Ber. Bd. 72. 1875; Bd. 75. 1877; Bd. 77. 1878.

[4]) C. CRANZ, Lehrbuch der Ballistik Bd. II. Berlin 1926. Vgl. auch R. LADENBURG, ZS. f. techn. Phys. Bd. 1, S. 197. 1920; A. TIMPE, Phys. ZS. Bd. 20, S. 396. 1919; F. AUERBACH, Akustik, in Winkelmanns Handb. d. Physik. S. 519. 1908.

Knall, der bei einem vom Geschütz entfernten Beobachter ankommt, ist also der Geschoßknall, der zuerst als Kopfwelle mit dem Geschoß mit Überschallgeschwindigkeit geflogen ist, dann bei Verringerung der Geschoßgeschwindigkeit sich von diesem löste und vor ihm mit Schallgeschwindigkeit herflog.

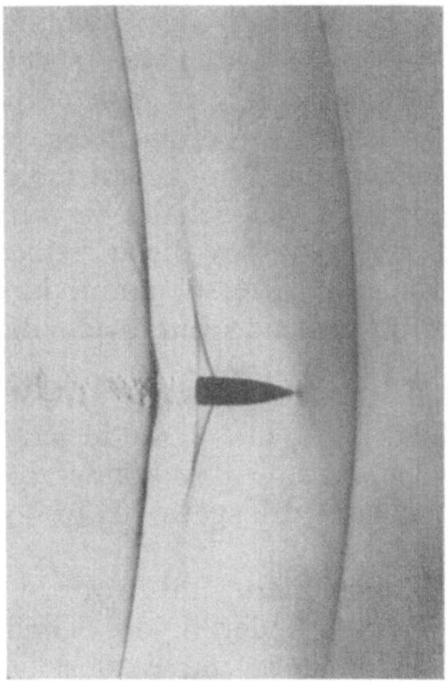

Abb. 8. Ablosen der Geschoßknallwelle vom Geschoß.

In den Knallen und Explosionen haben wir Schwingungsbewegungen der Luftteilchen von endlicher Amplitude, die Berechnung der Fortpflanzung dieser Wellen ist zuerst von RIEMANN[1]) angegeben worden. Näheres s. im Kap. 4, Ziff. 8. Man hat hier Verdichtungswellen mit endlichem Überdruck, die spontan in steile Verdichtungsstöße (Knallwellen) übergehen[2]). Ihre Geschwindigkeit ist nur im Grenzfall der unendlich kleinen Verdichtung gleich der normalen Schallgeschwindigkeit, mit steigender Intensität kann sie unbegrenzt ansteigen. Zuerst ist der Anstieg der Fortpflanzungsgeschwindigkeit von MACH (vgl. Anm. 3, S. 633) bei Funkenentladungen und bei Explosionen von Jodstickstoff beobachtet worden. WOLFF[3]) und MARTIN[4]) beobachteten Geschwindigkeiten in den Knallwellen von etwa 1000 m. BECKER[5]) fand auch in Übereinstimmung mit theoretischen Betrachtungen Geschwindigkeiten von 12000 bis 14000 m/sec bei Knallwellen in Röhren. Für die freie räumliche Ausbreitung der Knallwelle ist eine genaue Theorie noch nicht gelungen. Gute Annäherungen sind von RÜDENBERG[6]) und BECKER[7]) gegeben. Die schnelle Abnahme der Überschallgeschwindigkeit mit der Entfernung vom Ort der Explosion zeigt Abb. 9. BECKER vermeidet durch die Einführung von Reibung und Wärmeleitung eine Unstetig-

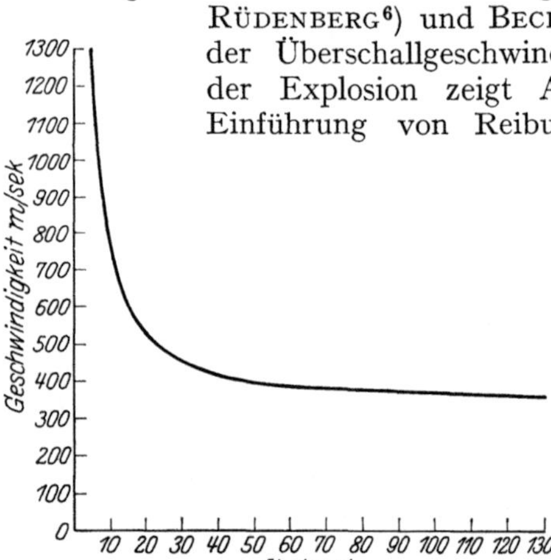

Abb. 9. Abnahme der Schallgeschwindigkeit mit dem Abstand vom Explosionsherd.

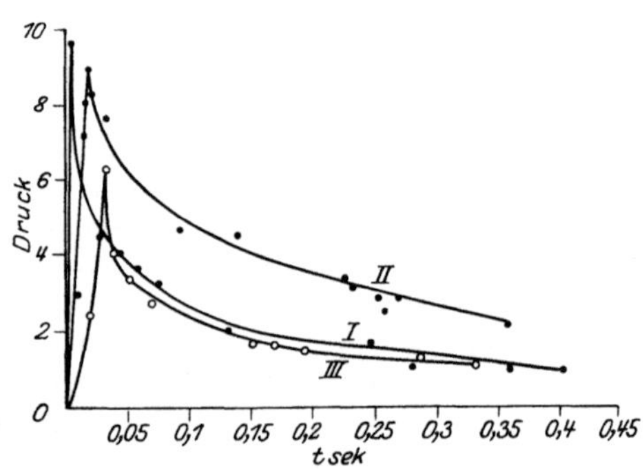

Abb. 10. Verlauf einer Explosionswelle im Wasser.

[1]) RIEMANN-WEBER, Partielle Differentialgleichungen, 5. Aufl., Bd. II, S. 507. Braunschweig 1912.
[2]) P. ZÉMPLEN, Enzykl. d. math. Wiss. Bd. IV, II, S. 1.
[3]) M. WOLFF, Wied. Ann. Bd. 69, S. 329. 1899.
[4]) MARTIN, ZS. f. Schieß- u. Sprengstoffw. Bd. 12, S. 39. 1917.
[5]) R. BECKER, ZS. f. techn. Phys. Bd. 3, S. 152 u. 249. 1922.
[6]) R. RÜDENBERG, Artiller. Monatshefte 1916, S. 237.
[7]) R. BECKER, ZS. f. Phys. Bd. 8, S. 321. 1922.

keitsfläche. Die Frontbreite (vgl. Kap. 4, Ziff. 8) beträgt bei 10 Atm. Stoßdruck $6{,}6 \cdot 10^{-6}$ cm, ist also kleiner als die mittlere freie Weglänge, und bei dem möglichen Stoßdruck von 3000 Atm. $2{,}9 \cdot 10^{-7}$ cm und damit kleiner als der mittlere Abstand zweier Moleküle. Den steilen Anstieg derartiger Explosionswellen im Wasser zeigt eine Aufnahme von KEYS[1]) mit Piezoquarzen als Druckindikatoren und BRAUNscher Röhre als Registrierinstrument (Abb. 10). Der Druck setzt um so plötzlicher ein, je kleiner der Abstand von der Explosionsstelle ist. Er fällt langsamer ab und wird dann negativ. Wie nach Untersuchungen von RITTER[2]) in Abb. 11 dargestellt, ist die Dauer des positiven Druckes kleiner, der Höchstwert größer als beim negativen Druck. Die Kurven zeigen die Höhe und den zeitlichen Verlauf des Luftdrucks bei einer 1000-kg-Sprengung in Abständen von 500 bis 2500 m vom Sprengort. Mit wachsendem Abstand flachen sich die Kurven immer mehr ab und werden schließlich sinusförmig mit einer zwischen 1 und 30 Hertz liegenden Frequenz. Der positive Höchstdruck nimmt umgekehrt proportional mit der Entfernung ab. Aus dem Verlauf der Kurven werden auch die bei Explosionen beobachteten Saugwirkungen verständlich.

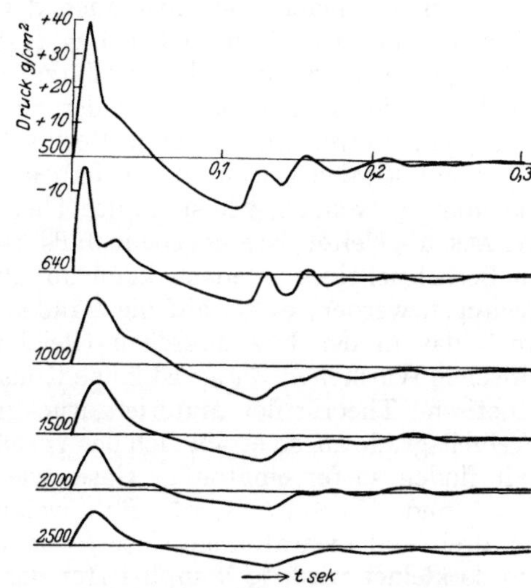

Abb. 11. Explosionswellen in Luft bei 500, 640, 1000, 1500, 2000 und 2500 Abstand vom Detonationsort.

Weiter ersieht man aus den Registrierungen, daß der Hauptwelle eine später eintreffende Nebenwelle überlagert ist (in der zweiten Hälfte des negativen Teiles sichtbar). Neuere Versuche bestätigen das Vorhandensein einer Nebenwelle und führen zu der Auffassung, daß man es bei ihr nicht mit einer nachträglichen Umsetzung der bei der Detonation gebildeten Gase zu tun hat, sondern daß es zur Ausbildung eines zweiten Knallzentrums kommt. Die Schallwelle scheint also nicht vom Orte der Detonation, sondern von einer senkrecht über ihm liegenden Stelle auszugehen. Die Welle ist überhalbkugelig, und schon aus geometrischen Gründen erhält man so zwischen zwei Punkten der Erdoberfläche eine übernormale Fortpflanzungsgeschwindigkeit, selbst wenn die Wellen längs des Radius normal fortschreiten. Im obigen Falle kann man das Zentrum der Hauptwelle 90 m hoch über dem der Nebenwelle annehmen, außerdem entstand letztere 0,14 sec später. Nach VILLARD[3]) besteht eine Abhängkeit im Schallspektrum einer Explosionswelle, eine Abhängigkeit zwischen der Wellenlänge, welche die meiste Energie trägt, und der Menge des Explosivstoffes. Dieses Verhalten ist von DUFOUR[4]) bei Explosionen von 0,5 kg, 29 kg und 10000 kg Spengstoff in La Courtine beobachtet worden, er fand die entsprechenden Schwingungsdauern für die Maximalenergie zu 0,06, 0,18 und 1,00 sec. Die Wellenlänge wächst also mit dem Gewicht des benutzten Sprengstoffs.

[1]) D. A. KEYS, Phil. Mag. Bd. 42, S. 473. 1921.

[2]) F. RITTER, Das Meßgerät, S. 67. Köln 1925; s. auch Beiträge z. Physik d. freien Atmosphäre Bd. 12, S. 1. 1925. Vgl. auch W. PAYMAN u. H. ROBINSON, Safety in Mines Research Board, Pap. Nr. 18, London 1926 u. W. PAYMAN u. W. C. F. SHEPHERD, ebenda, Pap. Nr. 29. 1926.

[3]) M. VILLARD, C. R. Bd. 179, S. 617. 1924.

[4]) A. DUFOUR, C. R. Bd. 179, S. 759. 1924.

Die Ausbreitung von Schall- und Explosionswellen auf große Entfernungen und die dabei auftretenden Erscheinungen (Zone des Schweigens usw.) sind in Kap. 15, Ziff. 14 dargestellt.

15. Schallgeschwindigkeit in Gasen und Dämpfen. Die Messung der Fortpflanzungsgeschwindigkeit von Schallwellen in Gasen und Dämpfen kann, im Gegensatz zur Luft, nur in abgeschlossenen Räumen, meistens Röhren, vorgenommen werden. Sehr häufig bestimmt man die Geschwindigkeit nicht direkt, sondern nur ihr Verhältnis zu der Schallgeschwindigkeit in Luft. In den unten angegebenen Zahlen ist diese gleich 332 m/sec gesetzt. Da die Zahlenwerte der einzelnen Beobachter für denselben Stoff meist gut übereinstimmen, ist in der Aufstellung nur der Mittelwert angegeben. Einzelwerte sind im LANDOLT-BÖRNSTEIN verzeichnet. Die obengenannten Faktoren, die auf die Schallgeschwindigkeit in Luft einwirken, sind hier natürlich ebenso zu beachten. Am stärksten macht sich hier auch der Temperatureinfluß geltend. Nach der LAPLACEschen Gleichung [Gleichung (12), Ziff. 2] müßten die Produkte aus der Schallgeschwindigkeit und der Wurzel aus der Dichte einen konstanten Wert ergeben. Dieses ist jedoch nicht der Fall. Denn erstens bestehen, vor allem bei Dämpfen, Abweichungen vom BOYLE-MARIOTTEschen Gesetz, da wir es hier nicht mit idealen Gasen zu tun haben; wir müssen also eine andere Zustandsgleichung anwenden, wie sie in der Thermodynamik für reale Gase von VAN DER WAALS abgeleitet ist, gegebenenfalls ist auch die CLAUSIUSsche Ungleichung zu berücksichtigen. Jedoch kann auf diese Beziehungen hier nicht näher eingegangen werden, es sei auf die Bände IX und X ds. Handb. verwiesen. Aber auch das in der LAPLACEschen Gleichung vorkommende Verhältnis der spezifischen Wärmen $\varkappa = c_p/c_v$ ist keine Konstante. Hier muß man auf die molekularkinetische Theorie der Materie zurückgreifen. Nehmen wir für ein Molekül f Freiheitsgrade an, so ergibt sich das Verhältnis der spez. Wärmen zu $\varkappa = (f+2)/f$. Wir finden so für einatomige Gase, wie Edelgase und Dämpfe von Metallen[1]), $f = 3$ und $\varkappa = 5/3 = 1{,}667$, für zweiatomige $f = 5$ und $\varkappa = 7/5 = 1{,}40$ und für drei- und mehratomige Gase $f = 6$ und $\varkappa = 8/6 = 1{,}33$. Man sieht, daß $\varkappa$ um so kleiner wird, je komplizierter das Molekül gebaut ist. Einzelheiten über diese Betrachtungen müssen ebenfalls in den Bänden IX und X ds. Handb. nachgelesen werden. Erwähnt sei nur, daß man in der Bestimmung der Schallgeschwindigkeit ein einfaches Mittel besitzt, um die Ein- oder Mehratomigkeit eines Gases zu bestimmen. Dies ist z. B. die bei der Untersuchung von Edelgasen (Helium) zuerst angewandte Methode[2]). Weiter kann man umgekehrt aus den Werten für die spez. Wärmen eines Körpers seine Schallgeschwindigkeit berechnen. Erwähnt sei ferner, daß die Schallgeschwindigkeit stets kleiner als die Molekulargeschwindigkeit ist, und zwar ist sie um so geringer, je mehr Atome ein Molekül enthält. Hier ergeben sich Möglichkeiten, um auf akustischem Wege Einblick in den Zustand der Gase zu erhalten. So ist von EINSTEIN[3]) die Frage aufgeworfen worden, ob sich in einem teilweise dissoziierten Gase, z. B. $N_2O_4 \rightleftarrows 2\,NO_2$, die Schallgeschwindigkeit mit der Frequenz ändert. Eine dazu geeignete Apparatur, bei der man mit kleinem Gasvolumen bequem bei tieferen Temperaturen arbeiten kann, ist von HIMSTEDT und WIDDER[4]) angegeben.

Bis zu Frequenzen von 15000 Hertz fanden GRÜNEISEN und GOENS[5]) bei Stickstofftetroxyd nach der THIESSENschen Methode keine Andeutung einer

[1]) F. RICHARZ, Marburger Ber. 1907, S. 193; M. ROBITZSCH, Ann. d. Phys. Bd. 38, S. 1027. 1912.

[2]) U. BEHN u. H. GEIGER, Verh. d. D. Phys. Ges. Bd. 9, S. 657. 1907.

[3]) A. EINSTEIN, Berl. Ber. 1920, S. 380.

[4]) F. HIMSTEDT u. R. WIDDER, ZS. f. Phys. Bd. 4, S. 355. 1921.

[5]) E. GRÜNEISEN u. E. GOENS, Ann. d. Phys. Bd. 72, S. 193. 1923.

Abhängigkeit der Schallgeschwindigkeit von der Frequenz, wie sie nach der Theorie mit einem Sprung von maximal 8% bei der kritischen Frequenz auftreten müßte, wenn die Dauer der Einstellung des Dissoziationsgleichgewichtes mit der Schwingungsdauer des Schalles vergleichbar wäre. Die Werte stimmten sehr gut mit der Annahme überein, daß die Dauer der Gleichgewichtseinstellung klein gegen die Schwingungsdauer ist. Unter Änderung des Druckes und der Temperatur erhielten sie die in folgender Tabelle links verzeichneten Werte. Die älteren Beobachtungen von NATANSON[1]) und KEUTEL[2]) sind rechts vermerkt.

Schallgeschwindigkeit in Stickstofftetroxyd.

p mm Hg	t° C	c m/sec	p mm Hg	t° C	c m/sec	Beobachter
760	25	184,1	617	21,8	193,1	NATANSON
760	35	193,8	492	21,6	194,8	,,
565	25	187,0	231	21,7	203,0	,,
440	14,2	179,5	102	23,2	216,6	,,
440	18,2	183,0	43,6	22,2	228,9	,,
440	25,0	189,6	606	25,0	196,5	KEUTEL
265	10,0	180,0	308	23,0	200,9	,,
265	20,3	190,0	221	22,0	203,8	,,
			106	23,3	216,1	,,

Die Abweichungen der Werte von NATANSON und KEUTEL sind entweder auf Verunreinigungen in N_2O_4 oder auf einen systematischen Fehler in der Schallgeschwindigkeitsmessung zurückzuführen. Im allgemeinen ergeben diese Beobachtungen aber auch einen ganz ähnlichen Verlauf der Schallgeschwindigkeitsänderung, wie ihn GRÜNEISEN und GOENS fanden.

KÜPPER[3]), der eine Dissoziation des Gases durch die Bestrahlung mit Röntgenstrahlen annahm (vgl. auch Ziff. 12), fand bei Sauerstoff und Stickstoff eine Vergrößerung der Wellenlänge um 1,5%, bei Wasserstoff nur um 0,4%. Bei Anwendung von ultraviolettem Licht trat bei Sauerstoff eine Verkleinerung wegen dreiatomiger Ozonbildung, bei Stickstoff eine Vergrößerung um etwa 1% und bei Wasserstoff um 0,25% auf. Die Änderung durch ein elektrisches Wechselfeld war gering, und zwar bei Sauerstoff negativ und bei Stickstoff positiv. TRAUTZ[4]), der ebenfalls bei Bestrahlung mit ultraviolettem Licht eine Steigerung der Schallgeschwindigkeit im Chlor maß, deutete sie durch eine Verkleinerung von c_v. STRIEDER[5]) konnte übrigens bei Argon keine Änderung der Schallgeschwindigkeit feststellen; vielleicht, weil es einatomig ist.

Die Abhängigkeit der Schallgeschwindigkeit von der Frequenz ist äußerst gering. DIECKMANN[6]) fand in Leuchtgas zwischen 78000 bis 780000 Hertz keine merkbare Änderung der Geschwindigkeit. Bei Kohlensäure stellte für sehr hohe Frequenzen PIERCE[7]) eine Zunahme mit der Frequenz fest: (s. folgende Tabelle). Bei der höchsten Frequenz war wegen der starken Energieabsorption keine Wellenlängenmessung mehr möglich. Die Geschwindigkeit nimmt unter starker Absorption mit der Frequenz stark zu, so daß wir in dem untersuchten Bereich keine vollständig adiabatischen Vorgänge haben.

Frequenz	c m/sec
42071	258,82 ± 0,08
98183	258,94 ± 0,16
205620	260,15 ± 0,23
1034060	—

[1]) E. u. L. NATANSON, Wied. Ann. Bd. 24, S. 454. 1885; Bd. 27, S. 606. 1886.
[2]) F. KEUTEL, Dissert. Berlin 1910.
[3]) W. KÜPPER, Ann. d. Phys. Bd. 43, S. 905. 1912.
[4]) M. TRAUTZ, ZS. f. Elektrochem. Bd. 18, S. 513, 657. 1912.
[5]) F. STRIEDER, Verh. d. D. Phys. Ges. Bd. 16, S. 615. 1914.
[6]) E. DIECKMANN, Ann. d. Phys. Bd. 27, S. 1066. 1908.
[7]) G. W. PIERCE, Proc. Amer. Acad. Bd. 60, S. 271. 1925

Bei Dämpfen ist auf den Zustand der Sättigung zu achten[1]). Man sieht an der Zusammenstellung über Wasserdampf, daß einzelne Werte sich nicht aneinanderreihen.

	$t°$ C	a m/sec	Beobachter
Wasserdampf	0	401	MASSON[2])
,, ...	93	402,4	JAEGER[3])
,, ...	96	410,0	,,
,, gesättigt .	110	413	TREITZ[4])
,, ,, .	120	417,5	,,
,, ,, .	130	424,4	,,

Von DIXON, CAMPBELL und PARKER[5]) sind eine ganze Anzahl Gase bei hohen Temperaturen untersucht. Sie sind in der folgenden Tabelle zusammengestellt:

Stoff	0° C	300°	600°	1000°
Argon	308,5	446,5	551,1	665,5
Kohlensäure	258,3	369,3	450,9	572,5[6])
Methan	429,2	587,3	709,2	—
Stickstoff	337,5	487,2	599,4	720,6

Für sehr tiefe Temperaturen bis $-183°$ C sind nur Messungen in Sauerstoff gemacht[7]). Er findet:

$t°$ C	+21	−28,4	−66,5	−137,5	−183
c m/sec	328,5	282,4	264,3	210,1	173,9

Hier ergibt sich ein stärkerer Abfall, als wenn die Dichte und das Verhältnis der spez. Wärme konstant wäre.

Bei Änderungen des Druckes zwischen 1 und 4 Atmosphären beobachtete SCHÖLER[8]) Änderungen der Schallgeschwindigkeit in Luft, CO_2, SO_2, NH_4 und C_2N_4. Er schloß hieraus auf eine Vergrößerung von $\varkappa$ mit steigendem Druck. Kohlensäure und Äthylen, deren kritische Temperaturen nicht weit von der normalen Zimmertemperatur entfernt liegen, zeigten größere Abweichungen von dem idealen Gasgesetz als Luft. Schweflige Säure und Ammoniak wurden bis nahe an den Sättigungszustand untersucht und ergaben die stärksten Unterschiede. Schallgeschwindigkeiten in Gasgemischen sind von DIXON u. GREENWOOD[9]) gemessen worden. Sie stimmen mit der Wirkungsregel überein.

Zum Schluß sei noch auf ein bequemes, wenn auch nicht so genaues Verfahren wie die KUNDTschen Röhren zur Messung der Schallgeschwindigkeit in Gasen und Dämpfen hingewiesen. LECHNER[10]) bläst mit dem betreffenden Dampf gefüllte Röhren an und bestimmt mit dem Monochord die Tonhöhe. Die Schallgeschwindigkeit ergibt sich aus dem Verhältnis der Schwingungszahlen für Dampf- und Luftfüllung der Röhre.

1) Vgl. für Stickstoff bei Temperatur der flüssigen Luft: S. VALENTINER, Ann. d. Phys. Bd. 15, S. 74. 1904.
2) A. MASSON, Phil. Mag. Bd. 13, S. 533. 1857.
3) W. JAEGER, Wied. Ann. Bd. 36, S. 165. 1889.
4) W. TREITZ, Dissert. Bonn 1903.
5) H. B. DIXON, C. CAMPBELL u. A. PARKER, Proc. Roy. Soc. London (A) Bd. 100, S. 1. 1921.
6) Bei 1080° C von BUCKENDAHL (Dissert. Heidelberg 1906) gemessen.
7) S. R. COOK, Phys. Rev. Bd. 23, S. 212. 1906.
8) K. SCHÖLER, Ann. d. Phys. Bd. 45, S. 913. 1915.
9) H. B. DIXON u. G. GREENWOOD, Proc. Roy. Soc. London (A) Bd. 109, S. 561. 1925.
10) A. LECHNER, Wiener Ber. Bd. 118. S. 1035. 1909. Dort auch Werte für organische Verbindungen.

Stoff	t° C	c m/sec	Stoff	t° C	c m/sec
Acethylen	0	327	Helium	0	971
Ammoniakgas	0	415	Jod	0	108
Amylalkohol	136	218	Jodwasserstoff	0	157
Argon	0	308	Kalium	850	656
Äthan	10	308	Kohlenoxyd	0	337
Äthylacetat	76	208	Kohlensäure	0	258
Äthylalkohol	80	271	Kohlenstofftetrachlorid	77	150
Äthyläther	0	176	Leuchtgas	13,6	453
Äthylen	0	317	Methan	0	430
Benzol	80	208	Methylalkohol	67	341
Brom	0	135	Quecksilber	360	208
Bromjod	0	120	Sauerstoff	0	315,5
Bromwasserstoff	0	200	Schwefelkohlenstoff	0	189
Butylalkohol, norm.	116	235	Schwefelwasserstoff	0	289
Chlor	0	206	Schweflige Säure	0	209
Chlorjod	0	135	Stickoxyd	0	324
Chloroform	100	171	Stickoxydul	0	257
Chlorwasserstoffgas	0	296	Stickstoff	0	377,6
Cyangas	0	229	Wasserdampf	0	401
Fluorsilizium	0	167	Wasserstoff	0	1261

16. Schallgeschwindigkeit in Flüssigkeiten. Nach Gleichung (10), Ziff. 2 ist die Schallgeschwindigkeit in Flüssigkeiten $c = (\beta \cdot \delta)^{-\frac{1}{2}}$. Der Schwingungsvorgang in Flüssigkeiten ist ebenso wie in Gasen als adiabatisch anzunehmen. Bei der Berechnung der Schallgeschwindigkeit müssen wir also auch die adiabatische Kompressibilität β_a und nicht die meist experimentell bestimmte isotherme Kompressibilität β_i einsetzen. Die Korrektion wird durch Division mit $\varkappa = c_p/c_v$ eingeführt. Nun ist z. B. für Wasser von 8° C $\varkappa = 1{,}001$, die Abweichung beider Kompressibilitäten beträgt nur 1‰, ist also zu vernachlässigen. Dies ist jedoch nicht immer der Fall, so ist z. B. für Äthyläther bei 18° C $\varkappa = 1{,}32$, die adiabatische Kompressibilität ist also um über 30% kleiner als die isotherme.

Die Messungen der Schallgeschwindigkeit in Flüssigkeiten können naturgemäß im freien Raume nur für Wasser erfolgen. Nur hat man hier kein destilliertes Wasser, sondern Meer- oder Flußwasser, welches stets Verunreinigungen und gelöste Stoffe enthält und bei dem Temperatur und Druck ihren Einfluß geltend machen. Im Genfer See bestimmten Colladon und Sturm[1]) die Schallgeschwindigkeit im Wasser von 8° C zu $c_8 = 1435$ m/sec, während sich aus obiger Formel $c_8 = 1441$ m/sec ergibt. Weitere Messungen fanden im freien Meere statt. Marti[2]) erhielt im Seewasser bei Cherbourg auf 900 m Entfernung, 13 m Wassertiefe, Temperatur 14,5° C und einer Dichte von 1,0245 (Salzgehalt 32,36‰) eine Geschwindigkeit von 1503,5 m/sec. Eckhardt[3]) fand an der amerikanischen Küste durch Messungen auf Entfernungen von 50 km und mehr auf etwa 30 m Wassertiefe für drei Versuchsreihen: 1491,1; 1492,34; 1494,2 m/sec. Temperaturen und Salzgehalt sind nicht angegeben. Bei —0,3° C, Salzgehalt 33,5‰, Tiefen von 50 bis 18 m war nach Stephanson[4]) $c = 1453$ m/sec. Die Genauigkeit der Messung war etwa 1‰. Aus Messungen der englischen Marine veröffentlichte Wood[5]) folgende Zahlen:

1474,0 ± 0,6 m/sec bei 6 °C und 35,1‰ Salzgehalt
1477,3 ± 0,5 „ „ 6 °C „ 35,3‰ „
1510,4 ± 0,3 „ „ 16,95 °C „ 35,0‰ „

[1]) J. D. Colladon u. J. K. F. Sturm, Pogg. Ann. Bd. 12, S. 171. 1828.
[2]) M. Marti, C. R. Bd. 169, S. 281. 1919.
[3]) E. A. Eckhardt, Phys. Rev. Bd. 24, S. 452. 1924.
[4]) E. B. Stephanson, Phys. Rev. Bd. 21, S. 181. 1923.
[5]) A. B. Wood, Proc. Roy. Soc. London (A) Bd. 103, S. 284. 1923.

Die Änderungen der Schallgeschwindigkeit betrugen zwischen 6° und 17° C etwa 3,3 m/sec pro 1° C und 0,9 bis 1,2 m/sec pro 1‰ Salzgehalt.

Da in der Praxis die Schallgeschwindigkeit in Wasser nicht nur in horizontaler Ausdehnung, sondern auch nach der Tiefe bekannt sein muß [für die Anwendungen vgl. z. B. BRAGG, LÜBCKE, SCHOTT u. SCHULZ[1])], ist auch die Abhängigkeit der Schallgeschwindigkeit vom Druck zu berücksichtigen. Es sollen die Einflüsse der Faktoren auf Dichte und Kompressibilität getrennt angegeben werden. Bei Wasser sinkt die Kompressibilität mit steigender Temperatur und steigendem Druck, in beiden Fällen vergrößert sich die Schallgeschwindigkeit. Bei allen anderen Flüssigkeiten nimmt die Kompressibilität, im Gegensatz zum Wasser, mit steigender Temperatur beträchtlich zu, bewirkt also eine Abnahme der Schallgeschwindigkeit. Die eingehenden Arbeiten von EKMANS[2]) haben die Unterlagen für die hydrographischen Tabellen von BJERKNES[3]) geliefert, mit deren Hilfe MAURER[4]) die Abhängigkeit der Schallgeschwindigkeit bei Normalseewasser von 32,35‰ Salzgehalt von der Temperatur und dem Druck (Tiefe) berechnet und folgende Mittelwerte gefunden hat:

t° C	m Tiefe				
	0	750	1500	2250	3000
0	1440	1448	1456	1462	1467
5	1462	1469	1476	1483	1489
10	1481	1488	1494	1500	1507
15	1498	1505	1511	1517	1522

Im Anschluß an EKMANS hat SCHUMACHER[5]) Tabellen zur Berechnung der Kompressibilität und der Schallgeschwindigkeit bis zu Tiefen von 9800 m bei allen vorkommenden Temperaturen und Salzgehalten angegeben. Dort sind auch Angaben über die Schallgeschwindigkeiten für verschiedene Meerestypen zu finden.

Der Salzgehalt hat zunächst Einfluß auf die Kompressibilität. Nach KRÜMMEL[6]) nimmt sie um $1{,}2 \cdot 10^{-7}$ ab, wenn der Salzgehalt um 1‰ steigt. Die Dichte δ nimmt bei derselben Steigerung um 0,8‰ zu nach einer empirischen Formel von KNUDSEN[7]) $\delta = 1 + 0{,}0008\,\sigma$, wo σ der Salzgehalt in Promille ist. Die Zunahme der Dichte mit dem statischen Druck darf für größere Tiefen auch nicht vernachlässigt werden[8]). Gleichfalls sind die Änderungen mit der Temperatur zu beachten. Für die Berechnung der Schallgeschwindigkeit in freiem Seewasser hat kürzlich MAURER[9]) folgende Formel aufgestellt:

$$c = 1445 + 4{,}46\,t - 0{,}0615\,t^2 + (1{,}2 - 0{,}015\,t)(\sigma - 35)\ \text{m/sec}\,.$$

Weitere Zusammenstellungen über die Schallgeschwindigkeiten im Meerwasser finden sich in Special Publication Nr. 4 vom März 1925 des International Hydrographic Bureau, Monaco. S. 55. Die ersten systematischen Versuche zur

[1]) H. W. BRAGG, Engineering Bd. 107, S. 776. 1919; E. LÜBCKE, ZS. d. Ver. d. Ing. Bd. 64, S. 805, 836. 1920 u. Ann. d. Hydrogr. Bd. 48, S. 339. 1920; G. SCHOTT, ebenda Bd. 51, S. 192. 1923; B. SCHULZ, ebenda Bd. 52, H. 11 u. 12. 1924.

[2]) V. W. EKMANS, Publ. de circonstance du conseil permanent pour l'exploration de la mer, Nr. 43, Kopenhagen 1908; Nr. 49. Kopenhagen 1910.

[3]) V. BJERKNES, Dynamische Meteorologie und Hydrographie, Bd. I. Braunschweig 1912.

[4]) H. MAURER, Ann. d. Hydrogr. Bd. 52, S. 75. 1924.

[5]) A. SCHUMACHER, Ann. d. Hydrogr. Bd. 52, S. 780. 1924.

[6]) A. KRÜMMEL, Handb. d. Ozeanographie Bd. I, S. 285. 1907.

[7]) Ebenda S. 237 u. 238.

[8]) Einzelheiten s. F. AIGNER, Unterwasserschalltechnik, S. 48. Berlin 1922.

[9]) H. MAURER, Ann. d. Hydrogr. Bd. 52, S. 221. 1924.

Bestimmung der Einflüsse, wozu außer den genannten noch Strömung und Seegang kommen, sind in Amerika gemacht[1]).

Bei den Messungen der Schallgeschwindigkeit in Röhren tritt der Einfluß der Rohrwandungen viel stärker als bei Gasen hervor. Man kann hier nicht mit Longitudinalschwingungen rechnen, sondern muß Dehnungswellen annehmen. Die Rohrwandungen sind immer relativ dünn, so daß sie nicht als völlig unnachgiebig fest gegen die Schwingungen in den Flüssigkeiten anzusehen sind. Außerdem ist bei gleicher Frequenz und Schallintensität die Bewegungsamplitude bei Wasser etwa 60mal kleiner als in Luft. Die Druckamplitude muß also entsprechend größer sein. Unter diesem Gesichtspunkt sind die sorgfältigen Beobachtungen von DÖRSING[2]) verständlich. Er fand nämlich, daß die Schallgeschwindigkeit von Flüssigkeiten in Röhren, entgegen dem Verhalten bei Gasen, bei gleichbleibender Wandstärke mit abnehmendem Durchmesser wächst, ebenso bei gleichem Durchmesser mit zunehmender Wandstärke. Allgemein ist die Schallgeschwindigkeit in Röhren kleiner als im freien Medium.

Die Versuche von KUNDT, LEHMANN, DVOŘÁK zur Bestimmung der Schallgeschwindigkeit mit Hilfe der KUNDTschen Staubfiguren ergaben wegen des Mitschwingens der Rohrwandungen schlechte Resultate. DÖRSING erhielt erstmalig in Flüssigkeiten klare Staubfiguren, wie die Abb. 12 zeigt. Infolge der in den Röhrenwänden auftretenden Longitudinalschwingungen stören sich die von den Schwingungen im Wasser hervorgerufenen Staubfiguren nur dann nicht, wenn die Perioden beider Schwingungen übereinstimmen oder ein einfaches Verhältnis bilden. In dem von ihm benutzten Bereich der Rohrdurchmesser d und der Wandstärken Δ ($d = 2{,}07$ bis $6{,}01$ cm und $\Delta = 0{,}14$ bis $0{,}51$ cm) ist die KORTEWEGsche Formel [Gleichung (31), Ziff. 9] hinreichend richtig. Die endgültigen Werte sind von ihm bei der Frequenz 4600 Hertz und einem Rohr von 2,71 cm und 0,32 cm Durchmesser Wandstärke gewonnen worden. Für luftfreies destilliertes Wasser fand er folgende Werte:

t° C	Schallgeschwindigkeit im Rohr	Korrigiert auf unbegrenztes Medium
13	1245 m/sec	1441 m/sec
19	1258 ,,	1461 ,,
31	1286 ,,	1505 ,,

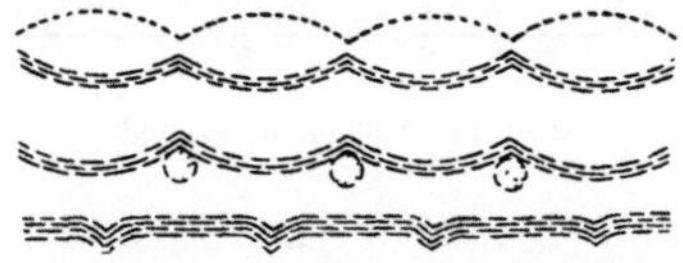

Abb. 12. KUNDTsche Staubfiguren in Flussigkeiten.

Die DÖRSINGsche Anordnung wurde von BUSSE[3]) verbessert, aber leider die KORTEWEGsche Korrektionsformel nicht nachgeprüft. Er bestimmt für eine ganze Anzahl von organischen Substanzen die Schallgeschwindigkeit, deren Werte zwischen 1100 und 1675 m/sec liegen.

A. CISMAN[4]) hat neun Flüssigkeiten in 12 Röhren untersucht. Die nach den Formeln von KORTEWEG und VAGO stimmen bis auf 2% überein. Aber in gewissen Fällen führt die Theorie von KORTEWEG zu unmöglichen und nicht erklärlichen Widersprüchen, während die VAGOsche Theorie immer mit den Ergebnissen im Einklang bleibt. Ein neues Korrektionsglied, das aus der Schallgeschwindigkeit in Röhren auf die Geschwindigkeit einer ebenen Welle im unbegrenzten Medium schließen läßt, hat GREEN[5]) aufgestellt. Es ist eine Funktion der Dichte der Flüssigkeit, des Durchmessers, der Wandstärke und der

[1]) N. N. HECK u. J. H. SERVICE, Special Publication Nr. 108. U. S. Coast and Geodetic Survey. Washington 1924.
[2]) K. DÖRSING, Ann. d. Phys. Bd. 25, S. 228. 1908. Dort die weitere Literatur.
[3]) W. BUSSE, Ann. d. Phys. Bd. 75, S. 657. 1924.
[4]) A. CISMAN, Journ. de phys. et le Radium (6) Bd. 7, S. 73 u. 345. 1926.
[5]) H. G. GREEN, Phil. Mag. (6) Bd. 45, S. 907. 1923.

elastischen Eigenschaften des Rohres. Ein Schluß auf Energieübertragung durch Wasserwellen in langen Röhren ist hiernach noch nicht möglich.

Bemerkenswert ist noch, daß in Flüssigkeiten, welche Gase absorbiert enthalten, die Schallgeschwindigkeit mit der Menge des Gases wächst, trotzdem die Geschwindigkeit in allen Gasen, Wasserstoff ausgenommen, wesentlich geringer als in Flüssigkeiten ist. Quantitative Beziehungen sind noch nicht festgestellt worden.

Die prozentualen Schwankungen in den Schallgeschwindigkeiten der verschiedenen Flüssigkeiten sind kleiner als bei Gasen und festen Körpern. Für dieselbe Flüssigkeit und verschiedene Beobachter ergeben sich aber häufig starke Abweichungen. Sie sind der Versuchsapparatur und der Nichtberücksichtigung von Dehnungsschwingungen zuzuschreiben.

Enthalten die Stoffe feste Substanzen in Lösung, so wächst die Schallgeschwindigkeit mit der gelösten Menge meist nur gering. Die Zunahme der Schallgeschwindigkeit in einer Kochsalzlösung zeigt die Abb. 13. Den Verlauf zwischen 0 und 26,5% NaCl hat G. VEENEKAMP[1]) experimentell nach der binauralen Richtungsmethode bestimmt (Kurve V). Die von DÖRSING gemessenen Werte sind durch Kurve D verbunden, während die Kurve B aus den von TAIT[2]) gemessenen Werten der Kompressibilität bei 4, 9,6, 15,4 und 21,4% NaCl nach der oben angegebenen Formel für 16° C berechnet ist. Der Verlauf von B und V ist fast linear, nur bleiben bei zunehmender Konzentration die experimentell gefundenen Werte V hinter den berechneten B zurück. Der Grund hierfür ist vielleicht in dem mit wachsendem Salzgehalt zunehmenden Bruchteil der nichtdissoziierten Moleküle zu suchen, da die elektrische Leitfähigkeitskurve einen ähnlichen Verlauf zeigt. In Leitungswasser von der Härte 20°, d. h. einer Lösung von 20 mg CaO als Bikarbonat im Liter Wasser, fand VEENEKAMP 1464,2 m/sec bei 15° C.

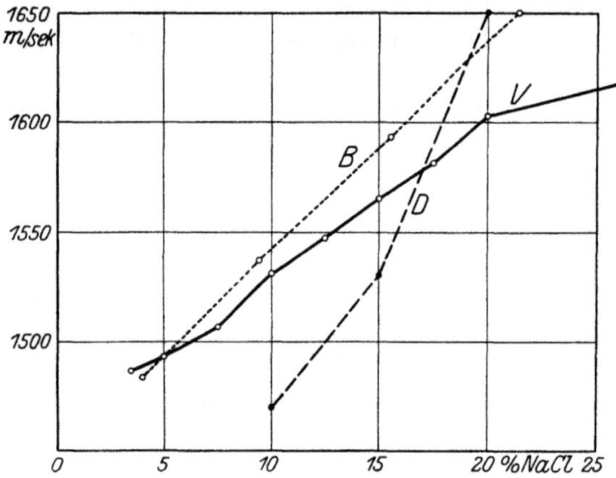

Abb. 13. Schallgeschwindigkeit in Kochsalzlösungen.

SCHMIDT[3]) bestimmte für eine ganze Anzahl von Flüssigkeiten die Schallgeschwindigkeit, indem er sie in ein unten abgeschlossenes Rohr füllte. Die Flüssigkeitssäule sollte dann eine Fortsetzung des Rohres sein (daß die Richtung sich umkehrt, ist für diese Betrachtung ohne Belang), und nach dem von STEPHAN[4]) angegebenen Verfahren konnte aus der Tonhöhe des kombinierten Systems die Schallgeschwindigkeit berechnet werden. Die erhaltenen Werte sind jedoch nicht sehr genau, da die Dehnungsschwingungen des Systems nicht in Rechnung gestellt werden können.

Den Zusammenhang der Schallgeschwindigkeit c in Flüssigkeiten mit der Verdampfungswärme L untersuchte IONESCU[5]). Seine ursprünglichen Ergeb-

[1]) G. VEENEKAMP, Dissert. Göttingen 1922; M. REICH, Verh. d. D. Phys. Ges. (3) Bd. 4, S. 24. 1923; vgl. auch Kap. TRENDELENBURG-LÜBCKE, Ziff. 19.
[2]) O. TAIT, Wied. Ann., Beibl. Bd. 13, S. 442. 1889.
[3]) W. SCHMIDT, Wiener Ber. (2a) Bd. 117, S. 945. 1905.
[4]) J. STEPHAN, Wiener Ber. Bd. 57, S. 697. 1868.
[5]) TH. IONESCU, Journ. de phys. et le Radium (6) Bd. 5. S. 377. 1924.

nisse korrigierte er später[1]). Für alle normalen Flüssigkeiten gilt die LEWIsche Formel $c = (L/\alpha T)^{\frac{1}{2}}$, wo α den Ausdehnungskoeffizient und T die absolute Temperatur bedeutet. Im übrigen werden die Versuche bei niedrigen Temperaturen durch die BOYDANsche Formel $c = (L)^{\frac{1}{2}}$, bei höheren durch die normale NEWTONsche Gleichung wiedergegeben.

Der Einfluß der Frequenz auf die Fortpflanzungsgeschwindigkeit ist bisher noch nicht festgestellt.

Bei großen Amplituden (Explosionen) treten ebenso wie in Gasen abnorm hohe Geschwindigkeiten auf. Auf kurze Entfernungen vom Explosionsherd wurden von THRELFALL und ADAIR[2]) folgende Werte gefunden:

Explosionsstoff	Fortpflanzungsgeschwindigkeit m/sec	$t°$ C	Steigerung uber Schallgeschwindigkeit bei $t°$ C
255 g Schießbaumwolle	1732 ± 22	17,8	13,7%
283 g Dynamit	1775 ± 27	14,5	17,7%
509 g Schießbaumwolle	1942 ± 8	18,3	27,3%
1811 g Schießbaumwolle	2013 ± 35	19,0	31,7%

Diese Stoßwelle läuft schneller als die eigentliche Wasserexplosionswelle[3]), sie ist von JOUGUET[4]) theoretisch nachgewiesen und von OTTENHEIMER und DUBOIS[5]) experimentell gemessen. KEYS[6]) erhielt bei 3,60 m Abstand von 1 kg Schießbaumwolle mittels eines piezoelektrischen Aufnahmeapparates den in Abb. 14 angegebenen zeitlichen Verlauf der Explosionswelle. Der erste Durchstoß ist die direkte Welle, der zweite eine vom Meeresboden reflektierte. Aus einer großen Zahl von Versuchen ergab sich für Entfernungen von 12 bis 21 m eine Fortpflanzungsgeschwindigkeit von 1646 m/sec, welche die normale um etwa 10% übersteigt. Für den Zusammenhang zwischen der Frontbreite einer Stoßwelle und dem Stoßdruck in Atmosphären berechnete BECKER[7]) für Äthyläther folgende Werte:

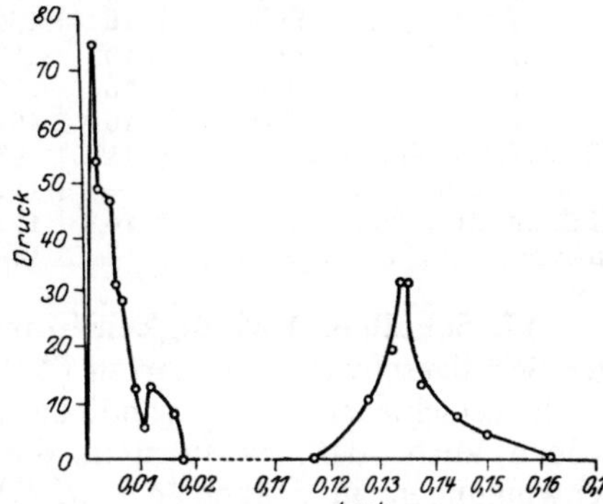

Abb. 14. Direkte und reflektierte Explosionswelle im Wasser.

Stoßdruck in Atm. . . .	100	1000	10000	100000
Frontbreite in 10^7 cm . .	52	5,3	0,65	0,14

Da der mittlere Molekülabstand nur $0{,}55 \cdot 10^{-7}$ cm beträgt und der letztgenannte Druck möglich ist, haben wir ähnlich wie in Luft außerordentliche Erscheinungen zu gewärtigen.

Für folgende Zusammenstellung der Schallgeschwindigkeit sind außer den genannten Beobachtern noch Messungen von MARTINI[8]) und WERTHEIM[9]) benutzt.

[1]) TH. IONESCU, Ann. scient. Univ. Jassy. Bd. 13, S. 278. 1926.
[2]) R. THRELFALL u. J. ADAIR, Proc. Roy. Soc. London Bd. 45, S. 450. 1889 u. Bd. 46, S. 496. 1890.
[3]) Vgl. C. RAMSAUER, Ann. d. Phys. Bd. 72, S. 265. 1924.
[4]) E. JOUGUET, C. R. Bd. 181, S. 546, 658. 1925.
[5]) J. OTTENHEIMER u. R. DUBOIS, C. R. Bd. 182, S. 618. 1926.
[6]) D. A. KEYS, Phil. Mag. Bd. 42, S. 473. 1922.
[7]) R. BECKER, ZS. f. Phys. Bd. 8, S. 321. 1922.
[8]) T. MARTINI, Cim. Bd. 18, S. 441. 1909.
[9]) G. WERTHEIM, Pogg. Ann. Bd. 77, S. 427, 544. 1849.

Schallgeschwindigkeit in Flüssigkeiten.

Stoff	$t°$ C	c m/sec	Stoff	$t°$ C	c m/sec
Aceton	—	1189	Methylalkohol	—	1143
Amylalkohol	—	1270	Natriumkarbonat konz.	22,2	1594
Anilin	—	1676	Natriumnitrat konz.	15,3	1650
Äthylalkohol 95%	12,5	1241	„ „	20,9	1670
„	20,5	1213	Natriumsulfat „	18,8	1583
Äthyläther	0	1145	„ 11,8%	20	1525
„	15	1032	Nitrobenzol	—	1506
Äthylbenzol	—	1351	Nitromethan	—	1360
Ammoniak 2,8%	—	1440	o-Nitrotoluol	—	1482
„ 7,3%	—	1470	Paraldehyd	—	1202
„ 17,5%	—	1540	Petroleum	7,2	1395
„ 23%	—	1635	„	15	1326
„ konz.	16	1663	Salzsäure konz.	15,5	1518
Benzin	17	1166	Schwefelkohlenstoff	15	1161
Chlorbenzol	—	1315	Terpentinöl	3,5	1371
Chlorcalcium Lösg. 43,4%	22,5	1980	„	15	1326
Chlornatrium Lösg. 3,5%	15	1488	„	24	1212
„ „ 5%	16	1493	o-Toluidin	—	1645
„ „ $7^1/_2$%	16	1508	n-Toluidin	—	1602
„ „ 10%	16	1531	Toluol	—	1327
„ „ $12^1/_2$%	16	1547	Wasser, Genfer See	8	1435
„ „ 15%	16	1564	„ dest. luftfr.	13	1441
„ „ $17^1/_2$%	16	1582	„ „ „	19	1461
„ „ 20%	16	1602	„ „ „	31	1505
„ „ gesätt.	16	1619	Leitungswasser, 20° Härte	15	1464
Chloroform pharm. IV	15	983	Meerwasser, 3,5% Salz	6	1474
Hexan norm.	—	1112	„	7	1477
Kaliumnitrat konz.	14,4	1515	„	17	1510
m-Kresol	—	1492			

17. Schallgeschwindigkeit in festen Körpern. Aus der Zusammenstellung der Schallgeschwindigkeitsarten (Ziff. 4) ersieht man, daß für die festen Körper zwölf verschiedene Geschwindigkeiten möglich sind. Die Gleichungen zeigen jedoch auch, daß, wenn man die Schallgeschwindigkeit von Longitudinalschwingungen in Stäben $c = (E/\delta)^{\frac{1}{2}}$ [Gleichung (6)] bestimmt hat, aus den elastischen Eigenschaften des Körpers sämtliche übrigen Geschwindigkeiten abgeleitet werden können. Das Verhältnis der Longitudinalschwingungen in ausgedehnten Körpern c_a und in Stäben c_l ist $c_a/c_l = ((1-\mu)/(1-\mu-2\mu^2)^{\frac{1}{2}})$. Bei den Metallen liegt μ etwa bei 0,3. Für eine Reihe von Zahlen der POISSONschen Konstanten μ ergeben sich folgende Werte: von c_a/c_l:

$\mu =$ 0	0,20	0,25	0,30	0,33	0,40	0,45	0,48	0,50
$c_a/c_l =$ 1,00	1,05	1,09	1,16	1,23	1,46	1,91	2,9	∞

$\mu = 0$ gilt annähernd für Kork, dort würde also überhaupt kein Unterschied wahrzunehmen sein. $\mu = 0{,}5$ wird fast von Kautschuk erreicht, d. h. eine Longitudinalwelle könnte sich dort unendlich schnell ausbreiten. Dieselben Verhältnisse gelten für Dehnungsschwingungen im begrenzten Medium und in Stäben (Röhren). Als Elastizitätsmodul E ist hierbei der kinetische und nicht der statische Wert zu benutzen. Meist bestehen zwischen beiden keine großen Unterschiede. Das Verhältnis des Longitudinalschwingungen in Stäben c_l zu Transversalschwingungen im unbegrenzten Medium c_{tr} oder zu Torsionsschwingungen in Stäben c_{to} ergibt sich aus Gleichungen (6), (7), (9) zu $c_{to}/c_l = (2(1+\mu))^{-\frac{1}{2}}$ und für verschiedene Werte von μ:

$\mu =$ 0	0,2	0,25	0,30	0,33	0,40	0,45	0,50
$c_{to}/c_l =$ 0,71	0,65	0,63	0,62	0,61	0,60	0,59	0,58

Die Schallgeschwindigkeit von Torsionsschwingungen ist also etwa $^1/_3$ kleiner als die der Longitudinalschwingungen in Stäben.

In ausgedehnten Medien erhält man für das Verhältnis von Longitudinal- zu Transversalschwingungen

$$c_a/c_{tr} = \left(2(1 - \mu^2)/(1 - \mu - 2\mu^2)\right)^{\frac{1}{2}}$$

und für die in Frage kommenden Größen:

$\mu = 0$	0,20	0,25	0,30	0,33	0,40	0,45	0,48	0,50
$c_a/c_{tr} = 1,4$	1,63	1,73	1,87	2,00	2,45	3,25	5,1	∞

Für Metalle ist also die Fortpflanzungsgeschwindigkeit von Longitudinalwellen doppelt so groß wie für Transversalschwingungen.

Da die Schallgeschwindigkeit in festen Körpern wesentlich größer ist als in Luft, kann sie auch auf direktem Wege bestimmt werden, meistens geschieht es jedoch auf indirektem. Das genaueste Verfahren ist das der KUNDTschen Staubfiguren. Die übrigen im Artikel „Akustische Meßmethoden" Ziff. 20 (ds. Bd. Kap. 13) angegebenen Verfahren von STEPHAN, WARBURG, HESEHUS und SCHMIDT sind nicht so genau. Letzterer benutzt die Methode des Richtungshörens[1]), da sie für alle Temperaturen und für alle Stoffe anwendbar ist, auch für solche, die selbst nicht in Schwingungen versetzt werden können. Man muß nur die Intensität des Anschlags so bemessen, daß die Reflexion am Ende des Körpers nicht störend auftritt. Die Abgrenzung des Körpers kann auch beliebig sein. Man muß nur irgendwie einige Schüttelmikrophone an ihm befestigen können, welche die Schwingungen zu dem Kompensationsapparat (vgl. Abb. 31, Kap. 13, Ziff. 20) übertragen. Seine Endresultate sind:

Stoff	Form	Lange	$t°$ C	c m/sec
Messing	Stab, 11 mm Dm.	490 cm	8	3546 ± 23,5
Blei	Rohr, 8 mm Außen-Dm. 3 mm Innen-Dm.	625 cm	7	1356 ± 8,84
Paraffin	Stab 1,1 · 2,56 cm	294 cm	7	1367 ± 7,84
Lehm, trocken . .	Stab 4,0 cm Dm.	176 cm	8	1659 ± 13,6

Die Schallgeschwindigkeit fester Körper ist ein wertvolles Hilfsmittel, um die Frage des Verlaufs der spez. Wärmen bei tiefen Temperaturen zu klären. Hierauf wies EINSTEIN[2]) hin. Exakt ist der Zusammenhang mit den elastischen Eigenschaften der festen Körper in den Theorien von BORN und v. KÂRMÂN[3]) und von DEBYE[4]) formuliert. Man kommt zu einem bestimmten Mittelwert der Schallgeschwindigkeit c_m, die allein die elastischen Eigenschaften des Materials enthält:

$$4\pi/c_m^3 = \int\left(\sum_{i=1}^{3} 1/c_i^3\right) d\omega\,,$$

wo $d\omega$ das Raumwinkelelement ist. Das Integral ist über die ganze Kugel zu erstrecken, c_i sind die Schallgeschwindigkeiten nach jeder Richtung. Für isotrope Körper ist diese Gleichung leicht auswertbar, da die Schallgeschwindigkeit für alle Richtungen gleich ist. Metalle sind nun keine isotropen Körper, man findet keine Übereinstimmung zwischen elastisch und thermisch bestimmten Werten von c_m, selbst wenn man die Temperaturabhängigkeit der Elastizitätskonstanten

[1]) HERMANN SCHMIDT, Dissert. Göttingen 1923 u. Jahrb. Math. Natw. Fak. Göttingen S. 14. 1923; sowie M. REICH, Verh. d. D. Phys. Ges. (3) Bd. 4, S. 24. 1923.

[2]) A. EINSTEIN, Ann. d. Phys. Bd. 34, S. 170. 1911.

[3]) M. BORN u. TH. v. KARMAN, Phys. ZS. Bd. 13, S. 297. 1912; Bd. 14, S. 15. 1913.

[4]) P. DEBYE, Ann. d. Phys. Bd. 39, S. 789. 1912.

gebührend berücksichtigt[1]). Sauberer und klarer liegen die Verhältnisse bei Kristallen. Hier finden HOPF und LECHNER[2]) die elastisch berechnete Schallgeschwindigkeit größer als die thermisch berechnete:

Kristall	c_m elst. m/sec	c_m therm. m/sec
Sylvin	2360	2300
Steinsalz	2820	2720
Flußspat	4020	3820
Pyrit	5430	5120

Die Schallgeschwindigkeit in festen Körpern unterliegt auch dem Einfluß der Temperatur. Bei Metallen nimmt mit steigender Temperatur die Dichte ab, stärker noch der Elastizitätsmodul, so daß die Schallgeschwindigkeit im allgemeinen zwischen 0 und 100° C höchstens um 2 bis 3% abnehmen wird. Stärkere Änderungen treten nur bei Al auf. Bei Glas ist kaum ein Temperatureinfluß festzustellen. Bei weichen Körpern, und wenn man sich ihrem Schmelzpunkt nähert, sinkt die Schallgeschwindigkeit erheblich. Für vulkanisierten Kautschuk fand EXNER[3]):

	bei schwarzer Farbe		bei roter Farbe			bei grauer Farbe	
und bei	0°	50°	0°	67°	70°	0°	45° C die
Schallgeschwindigkeit	54,0	30,7	69,3	36,6	33,9	43,2	32,3 m/sec

Die Messungen von SMOLOCHOWSKI[4]) für Paraffin, Stearin, gelbes Wachs und gebleichten Schellack sind in der Abb. 15 dargestellt. HESEHUS[5]) fand mittels einer akustischen Linse aus Flaumfedern die Schallgeschwindigkeit je nach der Dichte der Packung zu 197 bis 211 m/sec (vgl. auch Kap. 15, Ziff. 6).

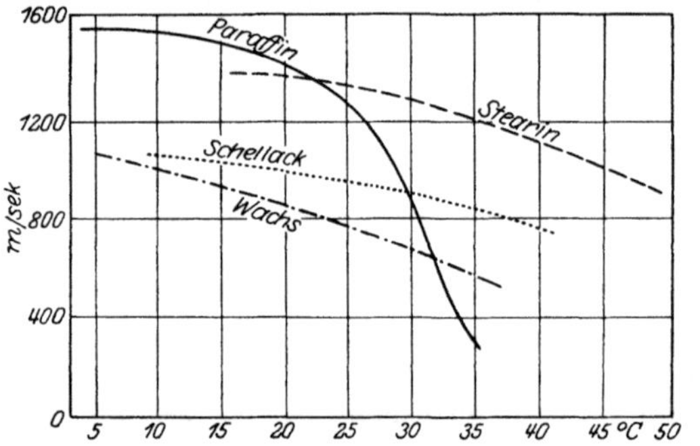

Abb. 15. Schallgeschwindigkeit in weichen Korpern.

Bei der Ausbreitung elastischer Wellen in der Erdoberfläche fand WAETZMANN[6]) im Sandboden Geschwindigkeiten von 260 bis 280 m/sec, manchmal sogar nur von 100 m/sec. (Vgl. hierzu auch Bd. VII ds. Handb.) Demgegenüber stehen Beobachtungen von BARRÉ und SCHNELL[7]), die zwar bei Explosionen die Fortpflanzungsgeschwindigkeit für Bodenschall in Sand zu 2000 m/sec und in Granit zu 8500 m/sec bestimmten.

Die in den folgenden Tabellen verzeichneten Werte der Schallgeschwindigkeiten für Longitudinalschwingungen in Stäben oder Röhren verschiedener fester Körper sind Mittelwerte. Einzelne Werte sind im LANDOLT-BÖRNSTEIN nachzulesen. Dort finden sich auch Angaben über den Beobachter nebst Literaturhinweis.

[1]) A. EUCKEN, Verh. d. D. Phys. Ges. Bd. 15, S. 571. 1913.
[2]) L. HOPF u. G. LECHNER, Verh. d. D. Phys. Ges. Bd. 16, S. 643. 1914.
[3]) F. EXNER, Wiener Ber. Bd. 69, S. 102. 1874.
[4]) M. v. SMOLOCHOWSKI, Wiener Ber. Bd. 103, S. 739. 1894.
[5]) N. HESEHUS, Journ. d. russ. phys.-chem. Ges. Bd. 22, S. 233. 1890.
[6]) E. WAETZMANN, Naturwissensch. Bd. 15, S. 401. 1927.
[7]) BARRÉ u. SCHNELL, C. R. Bd. 180, S. 1415. 1925.

Schallgeschwindigkeit in Metallen.

Stoff	c m/sec	Stoff	c m/sec
Aluminium	5105	Silber	2640
Blei	1320	Zink	3690
Kadmium	2300	Zinn	2530
Eisen	5000	Messing	3580
Gold	2080		
Kobalt	4720	Legierungen.	
Kupfer	3900	Zink + $^1/_5$ Zinn	3330
Magnesium	4600	,, + $^3/_5$,,	3100
Nickel	4970	,, + $^5/_5$,,	2980
Palladium	3160	,, + $^8/_5$,,	2850
Platin	2730	,, + $^{10}/_5$,,	2710

Die Werte gelten alle für Zimmertemperatur. Die Abweichungen der Einzelwerte sind wahrscheinlich auf Verunreinigungen oder auf Unterschiede in der metallographischen Behandlung (Gießen, Walzen, Glühen, Kaltrecken usw.) zurückzuführen.

Die Werte für Hölzer sind sicher im Einzelfall verschieden, da hier das organische Wachstum eine Rolle spielt. Als Beispiel sind einige extreme Werte angegeben. HESEHUS hat das Verhältnis der Schallgeschwindigkeit in Stäben längs zu der quer zur Faser c_l/c_q bestimmt. Dieses ist in der dritten Spalte vermerkt.

Schallgeschwindigkeit in Hölzern.

Stoff	c m/sec	c_l/c_q	Stoff	c m/sec	c_l/c_q
Buche	3400	1,34	Kirsche	4400	—
Ceder	4400	—	Nußbaum	4700	—
Eiche	3380	1,36	Tanne	5260	2.2
Eiche	4310	—	Tanne, rot	4180	1,5
Esche	3900	—			

Die Schallgeschwindigkeiten sind noch für eine Reihe weiterer Stoffe zusammengestellt. Meistens wird man es hier mit Longitudinalschwingungen zu tun haben. Natürlich ist es aber auch möglich, daß der Beobachter eine andere der möglichen Wellenformen übersehen hat. Eine Nachprüfung der Werte unter Berücksichtigung der in Ziff. 3 genannten Wellenformen ist erwünscht.

Schallgeschwindigkeit in verschiedenen Stoffen.

Stoff	c m/sec	Stoff	c m/sec	gespannt mit g
Elfenbein	3010	Baumwollschnur	1250	1000
Glas	5950	,,	1425	1500
,,	5190	Leinenschnur	1815	1000
Hartgummi	1570	,,	1940	2000
Kork	430 bis 530	Pergament	1640	1500
Lehm, trocken	1660	Schafleder	470	100
Paraffin	1300	Wachstuch	560	1000
Siegellack	1320	Papier: Lösch-	1630	500
Stearin	1380	Seiden-	2700	300
Talg	390	Schreib-	2100	900
Ton, gebrannt	3650	Paus-, dünn	2280	700
Wachs	880	Pergament-	2200	700

Kapitel 15.

Schallausbreitung.

Von

E. LÜBCKE, Berlin-Siemensstadt.

Mit 24 Abbildungen.

Im vorhergehenden Kapitel haben wir die Schallgeschwindigkeit behandelt, mit der sich akustische Störungen oder Schwingungen in Gasen, Flüssigkeiten und festen Körpern ausbreiten und welchen Einfluß hierauf andere physikalische Größen, wie Druck, Temperatur, Frequenz, Amplitude usw. ausüben. Hier sollen die Erscheinungen bei der Schallausbreitung besprochen werden, die Ursachen für die Änderungen der Schallintensität, der Richtung der Schallstrahlen und der Störungen der Ausbreitung, die durch die Begriffe: Absorption, Reflexion, Brechung, Konvektion usw. gekennzeichnet seien.

1. Schwächung der Schallintensität bei der Ausbreitung. Die Abnahme der Intensität des Schalles mit der Entfernung von seinem Ausgangspunkte ist theoretisch auf zwei Ursachen zurückzuführen, die im Versuche jedoch nicht scharf zu trennen sind. Bei der Ausbreitung der Schallwellen, deren einzelne Arten in der Ziff. 2 des Kap. 14 zusammengestellt sind, verteilt sich die Schallenergie meist auf immer größer werdende Flächen, so daß die Energiedichte entsprechend abnimmt. Außerdem wird ein Teil der Schallenergie in Energie anderer Form umgesetzt (Mediumabsorption). Bei den ebenen Wellen in dreidimensonalen, geraden in zweidimensionalen und linearen in eindimensionalen Körpern haben wir durch Zunahme des Abstandes r von der Schallquelle keine Abnahme der Schallintensität zu erwarten. Es ist also $J = J_0$. Bei Zylinder- oder Kreiswellen ändert sich die Intensität umgekehrt wie die Entfernung r: $J = J_0/r$. Bei Kugelwellen nimmt sie umgekehrt proportional zum Quadrat des Abstandes r ab: $J = J_0/r^2$. Liegen die Verhältnisse komplizierter, hat man eine Modifikation oder Kombination der genannten Wellenarten, dann liegt die Potenz des Abstandes, durch welche die ursprüngliche Intensität zu dividieren ist, sicher zwischen Null und 2. Bei Beobachtungen im Laboratorium kann man die räumliche Energieverteilung nur dann richtig berücksichtigen, wenn man in großer Nähe der Schallquelle arbeitet und die Bildung stehender Wellen verhindert. Die Reflexion an den Wänden ist stets zu beachten. Aber auch im freien Raume ist es bisher noch nicht möglich gewesen, einwandfrei die quadratische Abnahme zu messen. M. WIEN[1]) erhielt auf der Charlottenburger Rennbahn auf Entfernungen von 30 bis 150 m vom Sender eine stärkere Abnahme der Schallstärke, als sie dem quadratischen Gesetz entsprechen würde. Unter Berücksichtigung der Bodeneinflüsse kann man die Abnahme mit dem Quadrat im Abstande aber als annähernd gültig ansehen. SIEVEKING und BEHM[2]) fanden auf dem 10000 qm

[1]) M. WIEN, Wied. Ann. Bd. 36, S. 834. 1889.

[2]) H. SIEVEKING u. A. BEHM, Ann. d. Phys. Bd. 15, S. 793. 1904.

großen Exerzierplatz zu Karlsruhe keine quadratische Abnahme, da Störungen durch Reflexionen auftraten. Auf Entfernungen zwischen 120 und 270 m waren die Beobachtungen von DUFF[1]) gut durch die Form $J = J_0 \cdot e^{-2br}/r^2$ darstellbar, wo b der Schallschwächungskoeffizient ist und zu $b = 0{,}000033$ gefunden wurde, wenn r in Zentimeter gerechnet wird. Erwähnt seien noch die Versuche von K. L. SCHAEFER[2]), der in kurzen Entfernungen (2 bis 13 m) von der Schallquelle (Uhr) die Intensität durch Verdecken des Uhrtickens durch ein zweites, meßbar zu veränderndes Geräusch bestimmte. Diese Methode ist physikalisch nicht übersichtlich, also bedürfen auch die Resultate der Nachprüfung: bis 5 und 6 m eine geringere, dann eine stärkere Abnahme der Schallintensität als mit dem Quadrat der Entfernung. HART[3]) führte Messungen über die Abhängigkeit der Schallstärke von der Entfernung der Schallquelle mit Hitzdrahtmikrophonen durch.

In Wasser haben wir es bei mäßiger Tiefe und großer Entfernung mit Zylinder- oder gar Kreiswellen zu tun. Man käme hier also auf eine Abnahme der Intensität proportional der Entfernung. In Wirklichkeit ist sie aber, wie die quantitativen Unterwasserschallversuche von BARKHAUSEN und LICHTE[4]) dargelegt haben, stärker als quadratisch. Sie erfolgt nach einem exponentiellen Gesetz, von dem später die Rede sein wird.

Ebene Wellen treten in Rohrleitungen auf; ihre Intensität wird aber auch hier durch dissipative Kräfte stark beeinflußt, so daß ihre Intensität nicht unabhängig von der Entfernung ist. Daß ihre Abnahme aber wesentlich geringer ist als bei den anderen Wellenarten, zeigen die Ergebnisse bei der Benutzung von Trichtern, Sprachrohren usw.

Den obengenannten Schallschwächungskoeffizienten kann man ausgehend von den Grundlagen der LAPLACEschen Gleichung berechnen. Letztere beruht auf der Annahme, daß die Verdichtungen und Verdünnungen ohne den Transport von Wärme erfolgen. Den Einfluß der von der erhitzten Luft ausgehenden Strahlung untersuchte STOKES[5]). Eine Änderung der Schallgeschwindigkeit ist völlig zu vernachlässigen; es erfolgt nur eine Abnahme der Intensität nach der Gleichung $e^{-m \cdot x}$ in der x-Richtung, der Fortpflanzungsrichtung; dabei ist $m = \frac{\varkappa - 1}{\varkappa} \cdot \frac{q}{2c}$, wo c die Schallgeschwindigkeit und $\varkappa = c_p/c_v$ das Verhältnis der spez. Wärme ist und q sich aus dem Abkühlungsgesetz in der Form $e^{-q \cdot t}$ für eine kleine, auf konstantem Volumen gehaltene Luftmasse ergibt. Lord RAYLEIGH hat später noch Reibung und Wärmeleitung eingeführt, für die HELMHOLTZ und KIRCHHOFF schon Formeln aufgestellt hatten. Der Schallschwächungskoeffizient ist nach KIRCHHOFF unter Berücksichtigung der inneren Reibung und der Wärmeleitung

$$m' = \frac{\omega^2}{2c^3}\left(\frac{4}{3}\nu + \frac{\varkappa - 1}{\varkappa}\nu'\right). \tag{1}$$

$\nu = \eta/s$ ist der MAXWELLsche kinetische Reibungskoeffizient, $\nu' = \lambda/s$ der entsprechende Wärmeleitungskoeffizient. Über den Einfluß von Reibung und Wärmeleitung auf die Schallgeschwindigkeit vgl. Kap. 4, Ziff. 10, und Kap. 14, Ziff. 9, Gleichung (25). Im CGS-System ergibt sich dann der durch Strahlung, Reibung und Wärmeleitung bedingte Schwächungskoeffizient zu:

$$m + m' = 0{,}14\, q/c + 0{,}12\, \omega^2/c^3\ ^{6)}. \tag{2}$$

[1]) A. W. DUFF, Phys. Rev. Bd. 6, S. 129. 1898, auch Bd. 11, S. 65. 1900.
[2]) K. L. SCHAEFER, Ann. d. Phys. Bd. 57, S. 785. 1896.
[3]) M. D. HART, Proc. Roy. Soc. London (A) Bd. 105, S. 80. 1924.
[4]) H. BARKHAUSEN u. H. LICHTE, Ann. d. Phys. Bd. 62, S. 485. 1920.
[5]) G. STOKES, Math. and phys. Papers Bd. I, S. 100. Cambridge 1880.
[6]) Vgl. Kap. 4, Ziff. 11 und Lord RAYLEIGH Phil. Mag. Bd. 47, S. 308, 1899; Scientific Papers Bd. 4, S. 376f.

Für Flüssigkeiten kann man nach AIGNER[1]) den STOKESschen Wert nur unter Beachtung der inneren Reibung annehmen, da bei Wasser z. B. der Einfluß der Wärmeleitfähigkeit vernachlässigbar wird

$$m' = 8\pi^2 \eta N^2/3 s c^3 . \tag{3}$$

Dabei sind c, η und s als Konstanten des Mediums Funktionen von Temperatur und Druck. Für die Schallgeschwindigkeit c ist diese bereits oben angegeben worden. In Wasser nimmt η mit der Temperatur ab und steigt mit dem Salzgehalt, bei Druck wird η je nach der Temperatur kleiner oder größer. Aus der Formel (3) ersehen wir, daß eine geringe Abnahme der Schallgeschwindigkeit die Abschwächung wesentlich vergrößert (c^3). Für Luft und Wasser kommt man zu folgenden Vergleichwerten. Setzen wir

	Dichte	Innere Reibung	Schallgeschwindigkeit c
in Luft	0,0013	$1{,}9 \cdot 10^{-4}$	$3{,}32 \cdot 10^2$ m/sec
in Wasser	1,00	$1{,}5 \cdot 10^{-2}$	$1{,}5 \cdot 10^3$ m/sec

dann wird

$$m'_{\text{Luft}} = 1{,}16 \cdot 10^{-4} \cdot \lambda^{-2} \, (\lambda = \text{Wellenlänge})$$
$$,, \quad = 1{,}1 \cdot 10^{-13} \cdot N^2$$
$$m'_{\text{Wasser}} = 2{,}63 \cdot 10^{-6} \cdot \lambda^{-2} \, (\lambda = (\text{Wellenlänge})$$
$$,, \quad = 1{,}35 \cdot 10^{-16} \cdot N^2 .$$

Der theoretische Wert des Schallschwächungskoeffizienten ist also für gleiche Wellenlänge für Luft etwa 44mal größer als für Wasser, und bei gleicher Frequenz ist der Luftwert etwa 1000mal ungünstiger. Wir haben also für denselben Signalton die gleiche Abnahme der Schallintensität durch Mediumabsorption bei einer etwa 1000mal größeren Laufstrecke des Schalles in Wasser als in Luft. Diese Überlegenheit der Schalleitfähigkeit des Wassers ermöglicht die Wasserschalltelegraphie.

Der Einfluß von Reibung und Wärmeleitung auf die Schalleitung in Röhren kann hinreichend genau durch folgende aus der HELMHOLTZ-KIRCHHOFFschen Theorie[2]) abgeleitete Formel berücksichtigt werden:

$$m' = \gamma (\pi N)^{\frac{1}{2}}/c \cdot r , \tag{4}$$

wo r der Rohrradius ist und γ der η und λ enthaltende Faktor, der aus Gleichung (25), Kap. 14, Ziff. 9 zu ersehen ist.

Diese Gleichung ist neuerdings von LICHTE[3]) geprüft worden. Er benutzte Messingröhren von 50, 30, 4 und 1,5 mm Durchmesser; bei den zwei ersten Durchmessern wurde die Länge bis 50 m, bei dem dritten bis 8 m und beim letzten bis 2 m verändert. Die Übereinstimmung mit der KIRCHHOFFschen Formel ist für alle Durchmesser gut. Dieses steht im Gegensatz zu LINDMAN[4]), dessen Dämpfungswerte denen nach einer Formel von RAYLEIGH[5]) entsprechen. Sie sind vielleicht durch Resonanzen usw. vorgetäuscht. Im allgemeinen sind die Dämpfungsfaktoren nach RAYLEIGH etwa doppelt so groß wie nach KIRCHHOFF.

2. Schalleitung. Das Verhalten eines Körpers gegenüber der Fortleitung von Schallwellen ist hauptsächlich von zwei Größen abhängig, von der Dichte ϱ und dem Elastizitätsmodul E. Um zu kennzeichnen, daß für letztere Größe nicht die aus der Festigkeitslehre bei isothermen Formänderungen bekannte, sondern

[1]) F. AIGNER, Unterwasserschalltechnik, S. 47. Berlin 1922.
[2]) G. KIRCHHOFF, Pogg. Ann. Bd. 134, S. 177. 1868.
[3]) H. LICHTE, Elektr. Nachr. Techn. Bd. 4, S. 304. 1927.
[4]) K. F. LINDMAN, Finska Vetensk. Soc. Förh. Bd. 59, Afd. A, Nr. 19. 1916/17.
[5]) Lord RAYLEIGH, Theory of Sound. Bd. II, S. 326.

die in Kap. 4, Ziff. 3 erwähnte, auf adiabatische Vorgänge bezogene Elastizitätsgröße einzusetzen ist, wollen wir sie mit S als Schallsteifheit bezeichnen. Zur Veranschaulichung können wir die Elementarteilchen eines Schalleiters aus einem Kern, welcher der Dichte ϱ entspricht, und einer gewichtslosen Kugelschale bestehend ansehen, deren Dicke die Schallsteifheit charakterisiert[1]). Die Abb. 1 zeigt vier solche Elementarteilchen für vier verschiedene Schalleiter, von denen je zwei die gleiche Dichte und die gleiche Elastizitätsgröße haben. Der Schallwiderstand w

$$w = (\varrho \cdot S)^{\frac{1}{2}} \qquad (5)$$

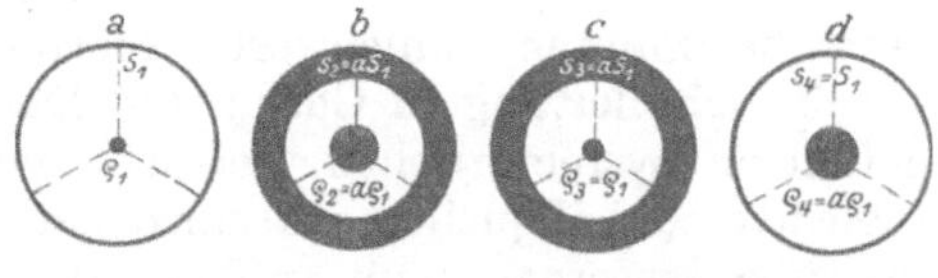

Abb. 1. Schema von Elementarteilen der Schalleitung.

ist analog dem elektrischen Widerstande bezeichnet. Er hat mit dem akustischen Strahlungswiderstand nichts zu tun. Die Schallgeschwindigkeit ist $c = (\varrho/S)^{\frac{1}{2}}$. Für die vier Teilchen *a, b, c* und *d* der Abb. 1 ergeben sich dann folgende Beziehungen (s. Tabelle). Man sieht, daß der Schallwiderstand bei gleicher Schallgeschwindigkeit am größten für einen schweren, hochelastischen Körper wie *b* ist, der also einer akustischen Störung zunächst einen großen Widerstand entgegensetzt, im Gegensatz zu *a*.

	S	ϱ	c^2	w^2
a	S_1	ϱ_1	$S_1/\varrho_1 = c_1^2$	$S_1\varrho_1 = w_1^2$
b	$x S_1$	$x \varrho_1$	$x S_1/x \varrho_1 = c_1^2$	$x S_1 \cdot x \varrho_1 = x^2 w_1^2$
c	$x S_1$	ϱ_1	$x S_1/\varrho_1 = x c_1^2$	$x S_1 \cdot \varrho_1 = x w_1^2$
d	S_1	$x \varrho_1$	$S_1/x \varrho_1 = c_1^2/x$	$S_1 \cdot x \varrho_1 = x w_1^2$

Das Verhältnis des Schallwiderstandes zweier Körper ergibt den akustischen Brechungskoeffizienten n:

$$n = w_1/w_2 = (\varrho_1 S_1/\varrho_2 S_2)^{\frac{1}{2}}. \qquad (6)$$

Von ihm hängt der Übergang der Schallwellen von einem Körper zum anderen ab. Der Schallbrechungswinkel ε ist das Verhältnis der Schallgeschwindigkeiten:

$$\varepsilon = c_1/c_2 = (\varrho_2 S_1/\varrho_1 S_2)^{\frac{1}{2}}; \qquad (7)$$

doch davon später unter Ziff. 6. Brechungsstärke n und Brechungswinkel ε sind in der Akustik im Gegensatz zur Optik verschiedene Größen. Die Abb. 2 zeigt die Elementarteilchen von Luft (*a*), von Wasser (*b*), Erdboden (*c*) und Eisen (*d*). Die Werte für S sind in CGS-Einheiten angegeben. Das akustisch verschiedene Verhalten dieser vier Medien ist sofort ersichtlich. In der Wasserschalltechnik haben HAHNEMANN und HECHT[2]) den Begriff der Schallhärte H eingeführt:

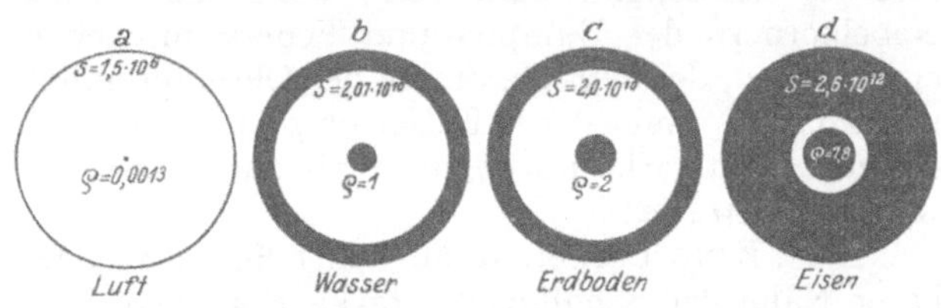

Abb. 2. Schema verschiedener Elementarteile.

$$H = w \cdot \omega = \omega\,(S \cdot \varrho)^{\frac{1}{2}} = 2\pi N\,(S \cdot \varrho)^{\frac{1}{2}}.$$

Ist P der Maximaldruck, V die Maximalgeschwindigkeit und A die Maximalamplitude eines Teilchens, dann kann man auch

$$\left.\begin{aligned} w &= P/V = (S \cdot \varrho)^{\frac{1}{2}} = c \cdot \varrho \\ H &= P/A = 2\pi N\,(S \cdot \varrho)^{\frac{1}{2}} = c \cdot \varrho \cdot \omega \end{aligned}\right\} \qquad (8)$$

und bezeichnen.

[1]) R. BERGER, Schalltechnik, S. 9. Braunschweig 1926.

[2]) W. HAHNEMANN u. H. HECHT, Phys. ZS. Bd. 17, S. 601. 1916.

Die Elementarteilchen sind entweder durch Druck wie bei Gasen und Flüssigkeiten, oder durch innere Kräfte, wie bei festen Körpern, untereinander verbunden. Das Leitvermögen des Schalles wird also in einem bestimmten Medium von einer Reihe von Faktoren abhängen, deren einzelner Einfluß auf die Absorption der Schallenergie meist nicht festzustellen ist, so daß man sich im allgemeinen auf die Messung eines Absorptionskoeffizienten beschränkt. Selbst die Angabe eines bestimmten Zahlenwertes hierfür bereitet häufig große Schwierigkeiten.

3. Schalleitung in Gasen und Dämpfen. Die ersten in freier Luft ausgeführten systematischen Versuche von ALLARD[1]) über die Reichweite verschiedener Schallquellen, verschiedener Intensität und Tonhöhe auf Entfernungen bis zu 10 km ergaben für größere Strecken eine Steigerung der Absorption. Mit steigender Tonhöhe nimmt die Reichweite ab. Diese Abhängigkeit des Absorptionskoeffizienten von der Tonhöhe hat aus einleuchtenden Überlegungen unter Berücksichtigung der physiologischen Empfindlichkeit des Ohres AIGNER[2]) abgeleitet. Er erhält so für jede Entfernung r eine ökonomischste Senderfrequenz, bei der ein Maximum an Schallenergie noch ankommt. Diese Frequenzen sind in der folgenden Tabelle für unmittelbares und mittelbares Hören aufgezeichnet. Unter mittelbarem Hören ist dabei die Aufnahme der Schallenergie durch einen Resonanzempfänger zu verstehen (vgl. hierzu Artikel „Umwandlung des Schalls in andere Energieformen", ds. Bd., Kap. 12).

Günstigste Übertragungsfrequenz in Hertz für Luftschall.

r km	unmittelbar	mittelbar	r km	unmittelbar	mittelbar
1	2000	1000	10	1020	753
2	1635	920	20	848	600
3	1446	874	30	765	654
4	1320	840	40	716	627
5	1240	820	50	658	608
6	1177	800	60	653	592
7	1123	784	70	630	578
8	1080	775	80	610	568
9	1050	763	90	593	558
10	1020	753	100	580	550

Aus der Aufstellung ergibt sich, daß es also sicher günstig ist, wenn man den Nebelhörnern der Dampfer und Feuerschiffe einen tiefen Ton gibt und nicht einen hohen, der dem Maximum der Ohrempfindlichkeit von 2000 bis 3000 Hertz nahekommt. Auf 10 km Entfernung erreicht man z. B. bei der Frequenz 1000 dieselbe Lautstärke mit weniger als ein Sechstel der abgegebenen Schalleistung wie bei 2500 Hertz.

L. V. KING[3]) arbeitete mit einer Sirene von 180 Hertz, er fand in unmittelbarer Nähe der Schallquelle starke Energieverluste, die über das quadratische Abnahmegesetz hinausgehen. Bei einer Steigerung des Betriebsdruckes der Preßluftsirene von 0,4 Atm. auf 2,6 Atm. nahm für die gleiche Entfernung und den gleichen Ton die Wirkung um zwei Drittel ab. Er führte dieses auf zu große Amplituden zurück, denn der Maximaldruck in der Schallwelle betrug in der Nähe mehr als 0,1 Atm. Man hat hier schon eine Art Stoßwelle, bei der hohe Verdichtung und starke Verdünnung unmittelbar nebeneinander arbeiten. Beim adiabatischen Heizen und Kühlen tritt der Wärmeausgleich durch Leitung energieverzehrend auf. D. C. MILLER[4]) entnahm aus den photographischen

[1]) E. ALLARD, C. R. Bd. 95, S. 1062. 1882.
[2]) F. AIGNER, ZS. f. Phys. Bd. 1, S. 161. 1920.
[3]) L. V. KING, Phil. Trans. Bd. 218, S. 211. 1919; Trans. Roy. Soc. Canada Bd. 12, S. 109. 1918.
[4]) D. C. MILLER, Trans. Roy. Soc. Canada Bd. 12, S. 161. 1918.

Aufzeichnungen seines Phonodeiks (vgl. Kap. 13, Ziff. 15), daß in unmittelbarer Nähe der Schallquelle die Intensitätsabnahme sehr kompliziert und variabel war. Bei tiefen Tönen war in 3 km Entfernung etwa noch die halbe Intensität vorhanden. Höhere Frequenzen wurden erheblich stärker geschwächt, so daß bei obertonreichem Schall auf Entfernungen über 3 km nur der Grundton bestehen blieb. Je höher die Frequenz, je kürzer die Wellenlänge, desto mehr Schallintensität wird absorbiert. Man kommt so zu einer oberen Grenze der möglichen Schallschwingungen.

Bei ganz kurzen Wellen $n = 130000$ bis $n = 400000$ Hertz hat NEKLEPAJEV[1]) den Absorptionskoeffizienten A aus der Formel:

$$J_r = J_0 e^{-br}, \tag{9}$$

wo $b = AN^2/c^2$ und $A = \frac{4\pi^2}{c\varrho}\left(\frac{4}{3}\eta + \frac{(\varkappa - 1)}{c_p}K\right)$, und $K = 5{,}3 \cdot 10^{-5}\,[\mathrm{g\,cal \cdot cm^{-1}\,sec^{-1}}]$ ist, bestimmt zu $A = 0{,}00073 \pm 0{,}00005$ in Luft von 18° C und 753 mm Druck. Der Faktor b ändert sich mit der Wellenlänge nach folgender Tabelle. Die Abstände r wurden zwischen 5 und 47 cm variiert. LEBEDEW[2]) erklärt den gefundenen etwa doppelt so großen Wert von A, der sich aus der STOKES-KIRCHHOFFschen Formel zu $A = 0{,}00037$ ergibt, durch die Annahme, daß die eingesetzten Konstanten für statische Verhältnisse bestimmt waren, während hier sehr hohe Frequenzen zur Anwendung kamen. Nimmt man den experimentell bestimmten Wert von A auch für noch kürzere Wellen als gültig an, dann ergeben sich die Strecken, auf welche die Intensität auf $^1/_{100}$ ihres ursprünglichen Betrages abfällt, zu:

λ mm	b
2,50	0,0120
2,04	0,0175
1,80	0,0196
1,62	0,0256
1,45	0,0315
1,00	0,0880
0,83	0,1040

40	10	2,5	0,6 cm, wenn die Wellenlänge des Tones sinkt auf
0,8	0,4	0,2	0,1 mm.

Daraus folgt, daß oberhalb einer Frequenz von 3000000 Hertz keine Schallwellen in Luft mehr feststellbar sind. Mit diesem Ergebnis stimmt die Beobachtung von PIERCE[3]) überein, der bei 1500000 Hertz noch Messungen mit Luftschall durchführen, dagegen bei 3000000 Hertz keine Rückwirkung der reflektierten Schallwelle auf den Piezo-Quarz-Sender feststellen konnte.

Bei Kohlensäure von 23° C liegt die Grenzfrequenz wesentlich tiefer. Bereits bei der Frequenz 98183 war die Absorption viermal größer als in Luft, bei 205620 war sie sicher 80mal größer, und bei 1000000 Hertz war die Kohlensäure praktisch völlig undurchlässig für Schallwellen.

Zu ähnlichen Ergebnissen kamen RICH und PIELEMEIER[4]). In Luft fanden sie einen Wert des Absorptionskoeffizienten, der zahlenmäßig zwischen dem von LEBEDEW berechneten und dem von NEKLEPAJEV experimentell bestimmten lag. Den hohen Wert von NEKLEPAJEV schreiben sie dem Vorhandensein von Kohlensäure in der Luft zu. Kohlensäuregehalt vermehrt die Absorption bei den hohen Frequenzen.

Bei gewöhnlichen Frequenzen hat NEYRENEUF[5]) die Schalleitung von Kohlensäure mit der von Luft verglichen und findet das Verhältnis 1,75. Dies entspricht etwa der 4/3. Potenz des Verhältnisses der Dichten. In anderen Gasen erhielt er ähnliche Werte[6]), z. B. für Äthylen, Stickoxydul und Stickoxyd. Bei

[1]) N. NEKLEPAJEV, Ann. d. Phys. Bd. 35, S. 175. 1911.
[2]) P. LEBEDEW, Ann. d. Phys. Bd. 35, S. 171. 1911.
[3]) G. W. PIERCE, Proc. Amer. Acad. Bd. 60, S. 271. 1925; vgl. auch Kap. 13, Ziff. 9.
[4]) D. L. RICH u. W. H. PIELEMEIER, Phys. Rev. Bd. 25, S. 117. 1925.
[5]) V. NEYRENEUF, C. R. Bd. 96, S. 1312. 1883.
[6]) V. NEYRENEUF, C. R. Bd. 97, S. 940. 1884.

Ammoniak war er etwas größer. Phosphorsäure und Salmiakdämpfe ergaben trotz Undurchsichtigkeit keine größere Schwächung. Leuchtgas und Wasserstoff[1]) absorbierten weniger Energie als Luft. Im Gegensatz hierzu steht die Beobachtung von LESLIE und TYNDALL, daß in Wasserstoff von Atmosphärendruck dieselbe Schalleitfähigkeit besteht wie in Luft von 50 mm Hg-Druck. Diese Erscheinung ist jedoch auf die Apparatur zurückzuführen, und von STOKES und RAYLEIGH[2]) erklärt. Die Frage des Zusammenhanges zwischen Schallgeschwindigkeit und Schalleitung hat KOLAČEK[3]) theoretisch behandelt.

Steht die Luft oder das Gas unter einem höheren Druck als Atmosphärendruck, dann ist die Schalleitfähigkeit größer, wenigstens bis zu einer bestimmten Höhe der Verdichtung. Ist der Druck geringer, dann sinkt auch die Schallleitung, wie der bekannte Versuch über die Hörbarkeit einer Glocke in einem evakuierten Gefäß zeigt. SIEVEKING und BEHM[4]) fanden in Luft erst bei 300 mm Hg eine wesentliche Verminderung der Intensität. Die stärkste Schwächung tritt zwischen 300 und 100 mm Hg ein. Das Verhältnis von Druck zu Intensität hatte bei 300 mm Hg ein Minimum.

In trüben Medien wie Nebel wird der Schall stärker als in durchsichtiger Luft absorbiert. Da bei Nebel jedoch meist Windstille herrscht, fällt der sonst stets vorhandene und sehr beachtenswerte Einfluß des Windes auf die Ausbreitung fort und die Leitfähigkeit von Nebel erscheint größer als für normale Luft. Die Einwirkung der Wassertröpfchen in der Luft beim Nebel, die entweder ruhen oder langsam fallen oder steigen, behandelte REYNOLDS[5]).

Neuerdings untersuchte SEWELL[6]) theoretisch die Absorption in trüben Medien mit suspendierten Teilchen zylindrischer oder sphärischer Form. Die Absorption steigt mit abnehmender Wellenlänge erheblich an.

Bei der Ausbreitung auf große Entfernungen machen sich jedoch die stets vorhandenen Inhomogenitäten beherrschend bemerkbar. Die Absorption durch Rauch stellten ALTBERG und HOLTZMANN[7]) fest. Die Rauchschicht war 29 bzw. 56 cm stark. Der Absorptionskoeffizient wurde für Töne zwischen 5000 und 23000 Hertz bei zwei Rauchkonzentrationen bestimmt. Die Dichte des Rauches war $s_1 = 3{,}5 \cdot 10^{-6}\,g/cm^3$ und $s_2 = 7{,}3 \cdot 10^{-6}\,g/cm^3$. Bezieht sich der Absorptionskoeffizient b_1 auf die Dichte s_1 und b_2 auf s_2, dann ist:

λ cm	1,5	2,7	3,5	4,4	6,5
b_1	0,014	0,013	0,0107	0,0076	0,0025
b_2	0,0263	0,0204	0,017	0,0122	0,0023

Man sieht, daß schon verhältnismäßig geringe Schichtdicken akustische Energie, mit abnehmender Wellenlänge stark steigend, merklich absorbieren.

In engen Röhren von 0,6 bis 2,6 cm Durchmesser stellte NEYRENEUF[8]) für die durch die Röhren hindurchgelassene Intensität J die Beziehung auf:

$$J = C \cdot d^4/l\,, \tag{10}$$

wo d der Durchmesser, l die Länge des Rohres und C eine von der Schallquelle und dem Rohrmaterial abhängige Konstante ist. In Röhren von 70 cm Durch-

[1]) V. NEYRENEUF, C. R. Bd. 97, S. 1264. 1884.

[2]) Lord RAYLEIGH, Theorie des Schalles, Bd. II, S. 271. Braunschweig 1880.

[3]) F. KOLAČEK, Wiener Ber. (2) Bd. 87, S. 1147. 1883.

[4]) H. SIEVEKING u. A. BEHM, Ann. d. Phys. Bd. 15, S. 793. 1904.

[5]) O. REYNOLDS, Proc. Roy. Soc. London Bd. 22, S. 295 u. 531. 1874.

[6]) C. SEWELL, Trans. Roy. Soc. London (A) Bd. 210, S. 239. 1911.

[7]) W. ALTBERG u. M. HOLTZMANN, Phys. ZS. Bd. 26, S. 149. 1925.

[8]) V. NEYRENEUF, C. R. Bd. 95, S. 218. 1882 u. Bd. 111, S. 28. 1890; Ann. chim. phys. Bd. 22, S. 368. 1890; vgl. auch Ende Ziff. 1, H. LICHTE, Elektr. Nachr. Techn. Bd. 4, S. 304. 1927.

messer war nach VIOLLE und VAUTIER[1]) der Absorptionsfaktor 0,000086, also sehr gering. Bei 300 cm Durchmesser und 3 km Rohrlänge konnten sie einen tiefen Orgelton ($N \backsim 170$ Hertz) nach siebenmaliger Reflexion, also auf über 20 km Entfernung, noch hören. Bei hohen Tönen, wo vielleicht aber auch die abgegebene Schallenergie kleiner geworden ist, war die Absorption wesentlich stärker und bei $n = 4600$ Hertz waren nicht 6 km zu überbrücken.

Im Anschluß an die elektrischen Filter oder Siebketten sind auch akustische Filter gebaut worden. Sie bestehen für Gase und Dämpfe meist aus einer Aneinanderreihung von Resonatoren (vgl. Kap. 4, Ziff. 16). Man kann mit ihnen bestimmte Frequenzbereiche besonders stark schwächen. Die erste akustische Siebkette ist von STEWART[2]) benutzt worden. Eine Zusammenstellung der Theorie akustischer Filter hat CRANDALL[3]) gegeben. Neuerdings hat OLSON[4]) auch Filter für feste Medien erprobt. (Über akustische Filter vgl. auch Kap. 4, Ziff. 16 und Kap. 13, Ziff. 14, dort weitere Literatur.)

Im freien Raume ist die Schallausbreitung nach allen Seiten die gleiche, wenn die Schallwellen sphärisch sind. Hierfür ist aber Voraussetzung, daß das Medium homogen ist, und daß die Schallquelle punktförmig oder sphärisch ist. Die Schwingungen einer Membran als Schallgeber müßten also auch radiale Symmetrie haben. Dieses ist nun meistens in der Praxis nicht zu verwirklichen, sobald die Wellenlänge λ gegen den Membrandurchmesser d nicht mehr klein ist. Die Schallausbreitung erfolgt dann in dem Raume eines Kegels, dessen Öffnungswinkel angenähert durch die Beziehung

$$\alpha = 0{,}6\,\lambda/R \tag{11}$$

charakterisiert ist, wo α der Sinus des halben Öffnungswinkels des Richtungskegels, λ die Wellenlänge und R der Radius der strahlenden Fläche ist. Hat man eine Membran von $18 \times 24\,\text{cm}^2$ Größe, die über die ganze Fläche mit gleicher Amplitude schwingt, so ergeben sich, wie F. TRENDELENBURG gemessen hat[5]), räumliche Änderungen in der Druckverteilung des Schallfeldes. Je höher die Frequenz wird, desto stärker treten diese hervor, wie auf der Abb. 3, linke Hälfte, zu ersehen ist. Bei 1200 Hertz ist der Halbkreis schon eingeschnürt, bei 3000 Hertz hat man bereits eine ausgesprochene Richtwirkung und bei 4500 Hertz sind schon zwei symmetrische Nebenmaxima ausgebildet. Bei einer Membranfläche von $53 \times 53\,\text{cm}^2$ treten diese Erscheinungen bei wesentlich niedrigeren Frequenzen schon auf, wie die rechte Seite der Abb. 3 zeigt. Hier hat man bereits bei 1200 Hertz zwei ausgeprägte Nebenmaxima und bei 4500 Hertz sind bereits acht beobachtet. Eine sehr eingehende theoretische Arbeit über diesen Gegenstand der Richtwirkung von Schallstrahlern liegt von STENZEL[6]) vor. Die Übereinstimmung mit den genannten Messungen der Abb. 3 ist sehr gut. Außerdem traten noch Interferenzen in dem abgestrahlten Schall auf. Die Amplitude nimmt nicht mit der Entfernung ab, sondern sie schwankt wie bei stehenden Wellen. In unmittelbarer Nähe der genannten Membranen haben H. BACKHAUS und F. TRENDELENBURG[7]) auch solche beobachtet. Die Abb. 4 zeigt den Verlauf der Druckamplitude in der Richtung senkrecht zur Membranmitte. Letztere Erscheinungen sind auf Interferenz zurückzuführen; auf sie wird in Ziff. 9

[1]) J. VIOLLE u. TH. VAUTIER, C. R. Bd. 102, S. 103. 1886; Bd. 120, S. 1402. 1895; Bd. 121, S. 51. 1895.

[2]) G. W. STEWART, Phys. Rev. Bd. 17, S. 382. 1921.

[3]) I. B. CRANDALL, Theory of vibrating systems and sound New York 1926. S. 73.

[4]) H. F. OLSON, Phys. Rev. Bd. 27, S. 116. 1926.

[5]) F. TRENDELENBURG, Wiss. Veröffentl. a. d. Siemens-Konz. Bd. 5, S. 120. 1926.

[6]) H. STENZEL, Elektr. Nachr. Techn. Bd. 4, S. 239. 1927.

[7]) H. BACKHAUS u. F. TRENDELENBURG, ZS. f. techn. Phys. Bd. 7, S. 630. 1926. Vgl. hierzu auch Kap. 4, Ziff. 12 u. 14.

näher eingegangen. Allgemein läßt sich aber sagen, daß man bei transversal tönenden Saiten, Stäben und Membranen in ihrer verlängerten Linie bzw. Ebene keinen Schall hört, senkrecht dazu den stärksten. Auch bei Glocken und Schalen hört man in der Verlängerung der Symmetrieachse keinen Schall. Man kann also einen stark gerichteten Schall, einen Schallstrahl, erzeugen. Bei der Unter-

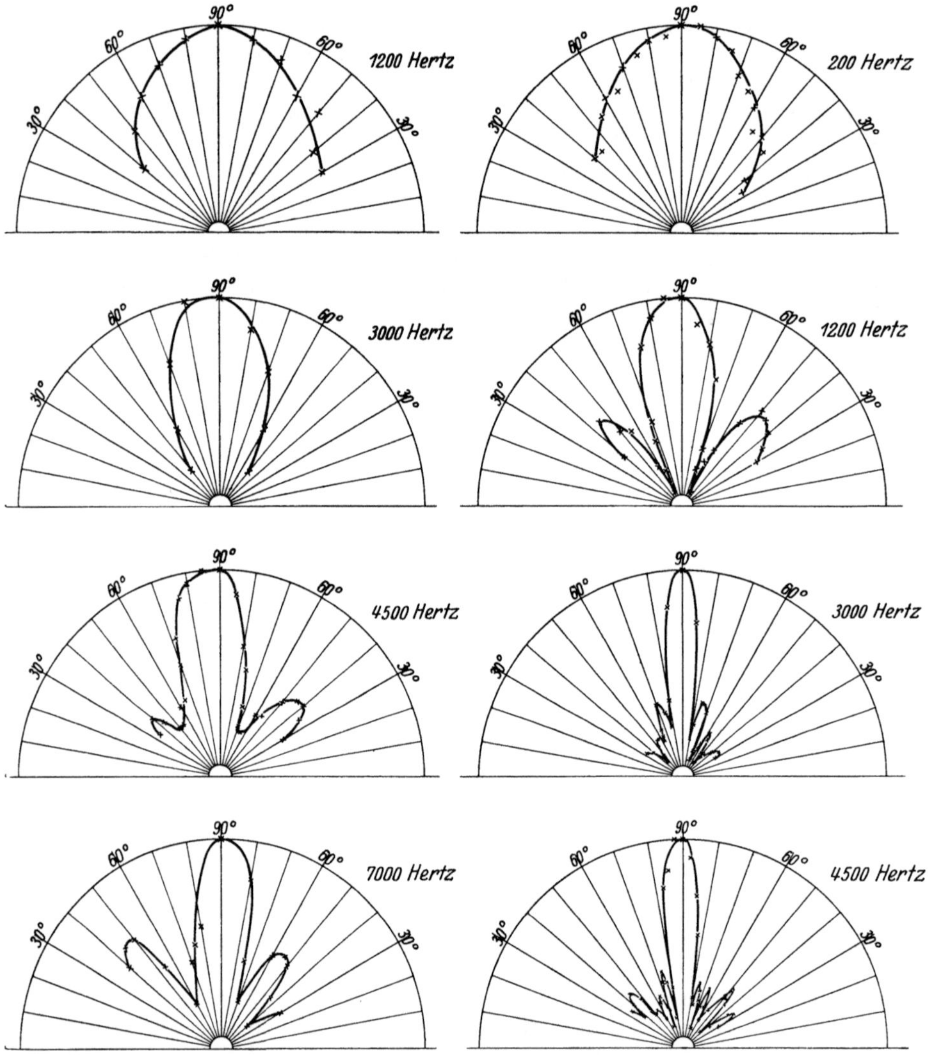

Abb. 3. Richtwirkung von Schallstrahlen.

suchung der Schallausbreitung ist häufig praktisch der Verlauf eines Schallstrahles zu verfolgen.

Unter der Einwirkung des Windes wird die Schallausbreitung stark beeinflußt. Mit dem Winde pflanzt er sich besser fort als gegen ihn. Die Reichweite einer Schallquelle ist also nicht mehr kreisförmig, sondern nähert sich der Form einer Ellipse, in deren einem Brennpunkte die Schallquelle liegt, wie Abb. 5 zeigt. Bezeichnet man mit h einen der Windstärke proportionalen Faktor, mit α den Winkel zwischen der Wind- und Fortpflanzungsrichtung und mit r_0

die Reichweite ohne Wind oder senkrecht zu ihm, dann wird die Reichweite in beliebiger Richtung durch die Formel

$$r = r_0/(1 - h\cos\alpha) \tag{12}$$

ausgedrückt. Bei mäßiger Windstärke verhält sich dann die Reichweite gegen und mit dem Winde wie etwa 1:4. Größere Unterschiede treten selten auf, da bei stärkerer Luftbewegung die Turbulenz Inhomogenitäten erzeugt, die durch Beugung, Reflexion usw. eine starke Zerstreuung der Schallintensität auch in der Windrichtung hervorrufen.

Hat man einen Schallstrahl, so bleibt dieser nicht gerade, sondern wird unter dem Einfluß des Windes gekrümmt. Die Komponente des Schallstrahles, die

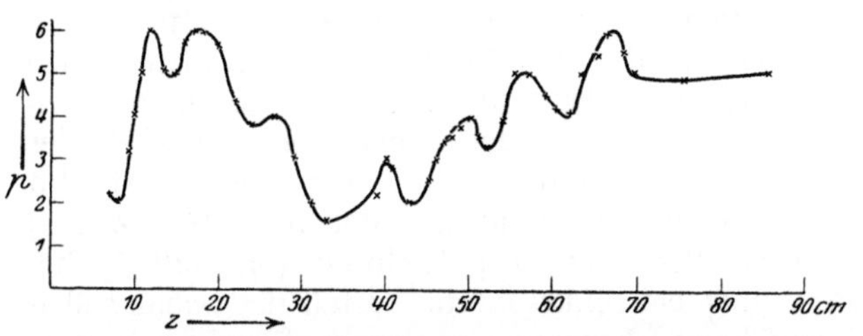

Abb. 4. Verlauf der Druckamplitude in der Nahe großflächiger Schallstrahlen.

Abb. 5. Schallausbreitung unter dem Einfluß von Wind.

in die Windrichtung fällt, wird verstärkt, die andere dazu senkrechte bleibt unbeeinflußt. Die Schallstrahlen werden also zur Windrichtung konvex. Auf der Windseite divergieren sie infolgedessen stärker, auf der abgewandten werden sie mehr zusammengedrängt. Hierdurch kann z. B. die durch die Formel (12) dargestellte Veränderung der Reichweite auch erklärt werden.

4. Schalleitung in Flüssigkeiten. Von der Leitfähigkeit des Schalles in Flüssigkeiten ist nur das Wasser genauer untersucht, und auch unter physikalisch nicht immer ganz durchsichtigen Bedingungen, so daß systematische Versuche in tiefem Wasser wesentlich zur Klärung des Schallausbreitungsvorgangs im Wasser beitragen würden. Nehmen wir einen idealisierten Sender von 100 Watt abgegebener Schallenergie J_0 bei der Frequenz von 1000 Hertz und 20 m Wassertiefe an, ferner daß ein Empfänger noch auf 10^{-15} Watt/cm² Schallintensität J_r anspricht, dann können wir die mögliche Reichweite r bei der Annahme von Zylinderwellen aus der Formel

$$J_r = J_0 \cdot e^{-2br}/r \tag{13}$$

berechnen. Der in Ziff. 1 angegebene Wert von $b = 1{,}2 \cdot 10^{-16} \cdot N^2$ führt zu $r = 250000$ km. Auch unter der Annahme des denkbar günstigsten Falles, der Abnahme nach dem quadratischen Gesetz, würde $r \sim 1000$ km sein. Nun sind Reichweiten von COLLADON und STURM[1]) von 35 km, von LUKAS[2]) in der Seine von 190 m beobachtet worden. Aus den Untersuchungen der deutschen Marine in der Ost- und Nordsee sind vereinzelte Reichweiten von 160 km festgestellt, während die normalen Reichweiten zwischen 15 und 40 km schwanken. Man ersieht aus den Zahlen, daß das Wasser selbst nicht als homogener Körper anzusprechen ist, daß wir nicht mit Zylinderwellen rechnen können, sondern Schallstrahlen betrachten müssen, deren Verlauf wieder durch Inhomogenitäten des Mediums beeinflußt werden (s. hierüber auch Ziff. 6). Die Absorption betrug

[1]) H. HENNESSY, Rep. Brit. Ass. 1861, S. 173.
[2]) F. LUCAS, C. R. Bd. 75, S. 204. 1872.

bei bestimmten Versuchsdaten in der Ostsee[1]) im Mittel etwa 1:2,3 auf 1 km Entfernung. Die Schallabnahme erfolgt hier vorwiegend exponentiell nach der Formel

$$J_r = J_0 \cdot e^{-m \cdot r}, \tag{14}$$

wo nach den Beobachtungen von BARKHAUSEN und LICHTE[1]) für den gegebenen Fall $m = 0{,}833$ gesetzt werden kann. Die Energie, die sich von einer schwingenden Membran auf Wasser übertragen läßt, ist wegen der bei großen Amplituden der Membran auftretenden Hohlraumbildung und der dabei entstehenden Luftblasen begrenzt[2]). Bei Frequenzen oberhalb der Hörgrenze soll nach BOYLE und TAYLOR[3]) diese Luftblasenbildung sehr leicht auftreten.

5. Schalleitung in festen Körpern. In festen Körpern haben wir eine sehr enge Bindung der Moleküle untereinander, also auch eine gute Fortpflanzung von Schallwellen zu erwarten. Dieses wird durch die Erfahrung im allgemeinen bestätigt. Bei der quantitativen Messung der Schalleitung in festen Körpern muß man darauf achten, ob der Schall direkt in dem Körper erzeugt wird oder erst unter Zwischenschaltung einer Luftschicht auf ihn übertragen wird. Im letzteren Falle müssen wir den Schallwiderstand w [Gleichung (5), Ziff. 2] und den akustischen Brechungskoeffizienten n [Gleichung (6), Ziff. 2] berücksichtigen. Wir haben dann selbst bei senkrechtem Auffall der Schallwellen einen erheblichen Energierückwurf beim Übergang von dem gasförmigen zu dem festen Medium. HESEHUS[4]) sprach deshalb auch von einer Schallkapazität. Dieser Fall soll hier noch nicht eingehend behandelt werden, sondern erst im Anschluß an den Abschnitt über die Schallausbreitung in inhomogenen Gebilden unter Ziff. 10. Wir betrachten hier nur die direkte Schalleitung in festen Körpern. Setzt man mit HESEHUS z. B. den Fuß einer Stimmgabel direkt auf den zu untersuchenden festen Körper auf, dann findet man für folgende Körper eine immer bessere Schalleitung: Kautschuk, Kork, Guttapercha, Holz, Stahl. In zylindrischen Stäben ist ebenso wie das elektrische und Wärmeleitvermögen, die Schalleitfähigkeit proportional dem Querschnitt und umgekehrt proportional der Länge. Für Drähte aus elf verschiedenen Metallen bestimmte HESEHUS die Schalleitung. Ordnet man sie in aufsteigender Linie, so ergibt sich diese Reihenfolge:

Blei	Aluminium	Messing	Neusilber	Nickel	Platin
Zinn	Zink	Kupfer	Eisen	Stahl	

In Hölzern ergeben sich sehr bedeutende Unterschiede bei der Schalleitung parallel oder senkrecht zur Faser. Die Verhältniswerte sind:

Erle	20	Kiefer	11	Apfelholz	2
Zeder	18	Weißbuche	9	Eiche	2
Tanne	14	Birke	6	Palmenholz	1
Zypresse	14	Ebenholz	4		

Eine Abhängigkeit der Schalleitung von der Frequenz hat WARBURG[5]) festgestellt. Er fand bei den meisten Stoffen gleich starke Dämpfung für alle Frequenzen. Kautschuk in Röhren- oder Staubform, dünner Bleidraht und schwach gespanntes Hanfseil schwächten jedoch die höheren Frequenzen so stark, daß normal nur die tiefen Frequenzen fortgeleitet wurden. Erst bei be-

[1]) H. BARKHAUSEN u. H. LICHTE, Ann. d. Phys. Bd. 62, S. 485. 1920.
[2]) R. W. BOYLE, Proc. and Trans. of Roy. Soc. Canada (3) Bd. 16, S. 157. 1922.
[3]) R. W. BOYLE u. G. B. TAYLOR, Phys. Rev. Bd. 27, S. 518. 1926.
[4]) N. HESEHUS, Journ. d. russ. phys.-chem. Ges. Bd. 17, S. 326. 1885; Bd. 25, S. 335. 1893; Bd. 26, S. 322. 1894.
[5]) E. WARBURG, Berl. Ber. 1869, S. 538.

trächtlicher Spannung des Hanfseiles und noch stärkerer des Gummischlauches wurde die Schwächung für die hohen Frequenzen geringer.

Exakte Messungen über den Absorptionskoeffizienten in festen Körpern liegen nicht vor, sicherlich ist er aber viel geringer als der von Gasen, wie die bekannten Anwendungen zeigen: Fadentelephon[1]) und Übertragung von Klavier- oder Geigentönen durch einen Stab in benachbarte Räume.

Die sog. Schalldurchlässigkeit von festen Körpern ist eine zusammengesetzte Größe und wird später in Ziff. 10 behandelt.

6. Schallausbreitung in inhomogenen Medien. Ein Medium ist als inhomogen für die Bedingungen der Schallfortpflanzung anzusehen, wenn seine Elastizität, Dichte oder beide Größen sich entweder kontinuierlich oder diskontinuierlich ändern, wenn also der Schallwiderstand w oder die Schallgeschwindigkeit c in dem Medium nicht konstant ist, sondern von Punkt zu Punkt allmählich oder plötzlich andere Werte annimmt. Der Fall des kontinuierlichen Überganges, wie er bei der Ausbreitung in der Luft oder im Wasser praktisch vorkommt, kann auf den diskontinuierlichen zurückgeführt werden, indem man die Verhältnisse für dünne Schichten als konstant annimmt. Man betrachtet zweckmäßig einen Schallstrahl und kann seinen Verlauf verfolgen. Allgemein gelten für die dabei auftretende Brechung und Reflexion der Wellen dieselben Gesetze wie in der Optik. Wie bereits in Ziff. 2 angedeutet, sind sie hier jedoch komplizierter, da wir es beim Schall mit Longitudinal- und Transversalschwingungen zu tun haben, während in der Optik nur Transversalschwingungen vorkommen. Wir betrachten den Übergang eines Schallstrahls von einem Körper 1, dessen Ausdehnung groß gegen die Wellenlänge ist, in einen Körper 2 von ebensolchen Dimensionen. Ist φ der Einfallswinkel auf die Grenzschicht, λ der Brechungs- und ψ der Reflexionswinkel, so gilt ganz allgemein:

$$\sin\varphi : \sin\chi : \sin\psi = c_E : c_D : c_R\,, \tag{15}$$

wo c_E die Fortpflanzungsgeschwindigkeit der einfallenden, c_D die der durchgehenden und c_R der reflektierten Wellenart ist. Fällt eine Longitudinalwelle eines Schallstrahles in einem festen Körper auf einen zweiten festen Körper, so entstehen, wie DRUDE und BERGER[2]) gezeigt haben, im allgemeinen bei schrägem Einfall in der durchgehenden und reflektierten Welle außer Longitudinal- noch Transversalwellen. Die Sinus der Einfalls-, Brechungs- und Reflexionswinkel der einzelnen Wellenarten verhalten sich also wie die Schallgeschwindigkeiten der betreffenden Wellenarten in den Körpern 1 und 2. Fügt man zu den Geschwindigkeiten und Winkeln die Indizes l für Longitudinal- und t für Transversalschwingungen hinzu, so gilt für eine einfallende Longitudinalwelle (Abb. 6a):

$$\sin\varphi_l : \sin\chi_l : \sin\chi_t : \sin\psi_l : \sin\psi_t = c_{l_1} : c_{l_2} : c_{t_2} : c_{l_1} : c_{t_1} \tag{16}$$

und für eine einfallende Transversalwelle (Abb. 6b):

$$\sin\varphi_t : \sin\chi_l : \sin\chi_t : \sin\psi_l : \sin\psi_t = c_{t_1} : c_{l_2} : c_{t_2} : c_{l_1} : c_{t_1}\,. \tag{17}$$

Beim Übergang von Longitudinalwellen in Gasen oder Flüssigkeiten als Körper 1 in einen festen Körper 2 enthält die reflektierte Schwingung natürlich keine Transversalwelle (Abb. 6c). Beim Übergang einer Longitudinalwelle aus einem Gas oder einer Flüssigkeit in ein zweites Gas oder eine zweite Flüssigkeit können ebenfalls keine Transversalwellen auftreten. Für die Brechung haben wir dann:

$$\sin\varphi/\sin\chi = c_1/c_2 = (\varrho_2 S_1/\varrho_1 S_2)^{\frac{1}{2}} = \varepsilon\,. \tag{18}$$

---

[1]) K. GUTHE, Dissert. Marburg 1892.

[2]) P. DRUDE, Wied. Ann. Bd. 41, S. 759. 1890; R. BERGER, Gesundheits-Ing. Bd. 38, S. 49. 1915.

Die Verhältnisse liegen jetzt genau so wie in der Optik. Bezeichnen wir den Einfallswinkel φ_g, für den $\sin\varphi_g = \varepsilon$ wird, als Grenzwinkel, so wird von ihm ab zu größeren Werten von φ_g jede Schallwelle total reflektiert und kann nicht in den zweiten Körper eindringen. In Verbindung mit festen Körpern haben wir zwei Grenzwinkel φ_{gl} und φ_{gt}, die der Longitudinal- und Transversalwelle entsprechen. In den Ziff. 5, 15, 16 und 17 des vorhergehenden Kapitels sind die Schallgeschwindigkeiten in Luft, Gasen und Dämpfen, Flüssigkeiten und festen Körpern verzeichnet. Aus den Zahlenwerten lassen sich leicht die Grenzwinkel bestimmen; bei schrägerem Einfall der Schallwellen tritt totale Reflexion ein. Dieser Grenzwinkel liegt z. B. beim Übergang des Schalles aus Luft in Wasser bei 13°, in Messing bei 5°, aus Wasser in Messing bei 25°.

Bezeichnet man von zwei Stoffen denjenigen als den „akustisch dichteren", in dem die Schallgeschwindigkeit kleiner ist, dann wird beim Übergang in das akustisch dichtere Medium der Schallstrahl dem Einfallslote genähert. So ergibt sich dann auch, daß eine aus fester oder flüssiger Substanz bestehende Bikonvexlinse in Luft die Schallstrahlen zerstreut, daß dagegen eine solche mit Kohlen-

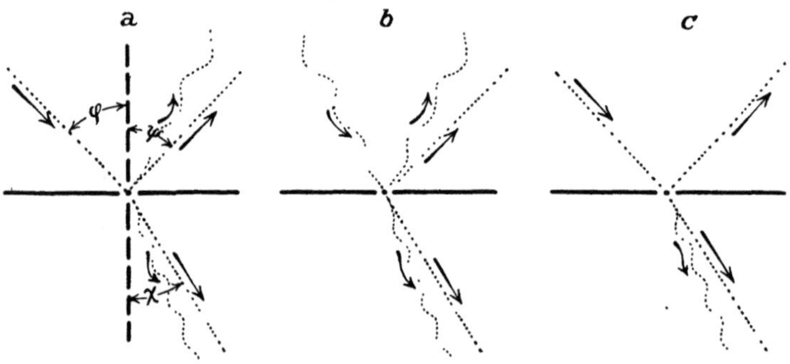

Abb. 6a—c. Schallwellen an der Grenzfläche zweier Körper.

säure gefüllte Linse z. B. aus Gummi als Sammellinse wirkt. HESEHUS[1]) stellte eine solche Linse aus einem halbkugeligen Eisendrahtnetz her, das mit Flaumfedern oder Kautschukschnitzeln gefüllt war. Mit den kurzen Wellen einer Galtonpfeife wurde der Brennpunkt dieser Linse bestimmt. Aus dessen Lage ließ sich die Schallgeschwindigkeit in dem lockeren Körper leicht ermitteln. Sie war gegenüber der in Luft wesentlich geringer, und zwar um so mehr, je dichter die lockere Masse gepackt war und je länger die benutzte Wellenlänge war. Die Verminderung der Schallgeschwindigkeit schwankte so zwischen 21 und 56%. Den Brechungswinkel von einigen Gasen und Flüssigkeiten bestimmte HAJECH[2]) dadurch, daß er sie in eine lange Röhre füllte, welche an einem Ende mit einer zur Rohrachse schiefen Membran abgeschlossen war. Der in Luft gemessene Brechungswinkel stimmte mit dem aus dem Verhältnis der Schallgeschwindigkeit berechneten gut überein.

In der Praxis interessieren beim Übergang des Schalles von einem Stoff zum anderen die durchgehende und die reflektierte Schallenergie am meisten. Die Unterlagen für die quantitativen Gesetze der Intensitätsverteilung haben POISSON, RAYLEIGH und DRUDE[3]) geliefert. Bei senkrechtem Einfall liegen die

[1]) N. HESEHUS, Journ. d. russ. phys.-chem. Ges. Bd. 22, S. 233. 1890. Vgl. auch Kap. 14, Ziff. 17.

[2]) J. HAJECH, Pogg. Ann. Bd. 103, S. 163. 1857; auch K. SCHELLBACH u. E. BOEHM, Wied. Ann. Bd. 8, S. 645. 1879.

[3]) Lord RAYLEIGH, Theorie des Schalles, Bd. II, S. 93. 1880; P. DRUDE, Wied. Ann. Bd. 41, S. 759. 1890, erweitert von R. BERGER, Gesundheits-Ing. Bd. 38, S. 49. 1915.

Verhältnisse einfach. Unter Verwendung der Schallhärte [vgl. Gleichung (8), Ziff. 12] kann man ohne Berücksichtigung der inneren Reibung für alle Schallarten ansetzen

$$J_R = J_0 (n-1)^2/(n+1)^2 \qquad (19)$$
$$J_D = J_0 4n/(n+1)^2$$

wo J_0 die einfallende, J_D die gebrochene und J_R die reflektierte Intensität und $n = w_1/w_2$ der Brechungskoeffizient [Gleichung (6), Ziff. 2] bedeutet. Unter Berücksichtigung von Gleichung (8), Ziff. 2, ist dann auch:

$$n = w_1/w_2 = c_1\varrho_1/c_2\varrho_2 = H_1/H_2 = c_1\varrho_1\omega/c_2\varrho_2\omega .$$

Die Formel (19) lautet dann:

$$J_R = J_0 (w_1 - w_2)^2/(w_1 + w_2)^2 = J_0 (H_1 - H_2)^2/(H_1 + H_2)^2 \qquad (20)$$
$$J_D = J_0 4 w_1 w_2/(w_1 + w_2)^2 = J_0 4 H_1 H_2/(H_1 + H_2)^2 .$$

Sind die Schallwiderstände oder Schallhärten gleich, so würde eine senkrecht auffallende Welle ohne Energieverlust in das zweite Medium übergehen. Bei ungleichen Schallhärten wird die durchgehende Intensität wesentlich verkleinert. Beim Übergang des Schalles

von Luft in Wasser wird: $J_D = J_0 \cdot 0{,}001\,167$
„ „ „ Messing „ $J_D = J_0 \cdot 0{,}000\,054$
„ Wasser in Messing „ $J_D = J_0 \cdot 0{,}18$.

Aus Gasen und Dämpfen geht also in Flüssigkeiten und feste Stoffe nur eine ganz geringe Schallenergie über und umgekehrt; diese wirken also als fast vollkommene Spiegel für Schallwellen. Auf die Ursachen der im täglichen Leben beobachteten Abweichungen wird in den späteren Ausführungen und im Artikel „Raumakustik" ds. Bd. Kap. 16 hingewiesen.

Drude hat die Formeln verallgemeinert durch die Annahme, daß eines der beiden Medien oder auch beide starke innere Reibung aufweisen. Praktisch kommt diese innere Reibung nur bei festen Körpern und pechartigen Flüssigkeiten in Betracht. Die Schallsteifheit ist dann eine aus den Elastizitäts- und Reibungskonstanten komplex zusammengesetze Größe. Es treten hier zu den longitudinalen die anfangs erwähnten transversalen Wellen hinzu (vgl. Abb. 6). Ist α der Absorptionskoeffizient, so wird beim senkrechten Übergang von einem fast reibungsfreien Stoff in einen zweiten mit größerer innerer Reibung:

$$\left.\begin{aligned} J_R &= J_0 \frac{1 - 2n + n^2(1+\alpha^2)}{1 + 2n + n^2(1+\alpha^2)}, \\ J_D &= J_0 \frac{4n}{1 + 2n + n^2(1+\alpha^2)}. \end{aligned}\right\} \qquad (21)$$

Ein Vergleich mit Gleichung (19) zeigt, daß die reflektierte Intensität durch die Zähigkeit des zweiten Stoffes verkleinert wird.

Bei nicht senkrechtem Einfall komplizieren sich die Verhältnisse. Es sei hierfür auf die Darstellungen von Rayleigh, Drude und Berger[1]) verwiesen.

Bei vollständiger Reflexion der Schallwellen beim Auftreffen auf den zweiten Körper außerhalb des Grenzwinkels bleibt aber dieser nicht vollständig unbeeinflußt; er schwingt vielmehr mit. Diese Schwingungen im zweiten Körper lassen sich berechnen, wenn man den bei der totalen Reflexion imaginär werdenden Wert des Brechungswinkels einsetzt. Die Schwingung schreitet in der Richtung der Grenzfläche fort. Die Amplitude nimmt mit wachsendem Abstand von der

---

1) Vgl. Fußnote 3 auf S. 660.

Grenzschicht exponentiell ab. Diese eingedrungene Energie wird dann wieder an den ersten Stoff abgegeben, so daß bei totaler Reflexion die reflektierte Energie gleich der einfallenden bleibt. Auch beim Licht treten solche Grenzwellen auf[1]).

Bei den bisherigen Betrachtungen war angenommen, daß die Ausdehnungen beider Stoffe senkrecht und parallel zur Grenzfläche groß gegen die Wellenlänge sind. Ist aber nur eine dünne Schicht aus einem anderen Material im Schallfeld eines Stoffes gelagert, dann haben wir den im Leben häufig vorkommenden Fall einer Wand, deren Schallabsorption, Reflexion und Durchlässigkeit für akustisch-technische Zwecke studiert wird. Die Grundlagen dieser Untersuchungen sind in der Ziff. 12 zusammengestellt. Einzelheiten über die Anwendungen sind aus dem Artikel „Raumakustik" ds. Bd. Kap. 16 zu sehen.

Die Brechung der Schallwellen erfolgt aber nicht nur beim Übergang von einem Stoff zum anderen, sondern auch schon, wenn in demselben Stoff sich der Schallwiderstand, d. h. die Dichte oder die Schallgeschwindigkeit von Ort zu Ort ändert. In der Luft wirken die Temperatur und der Wind auf den Schallwiderstand ein. Nimmt die Temperatur vom Erdboden aus mit der Höhe ab, so wird der Schallstrahl nach oben gekrümmt; die Ablenkung des Strahles erfolgt immer nach den kälteren Schichten. Ist eine Temperaturinversion vorhanden, liegen also z. B. in klaren Nächten die kälteren Schichten in Erdnähe, so wird der Schallstrahl wieder zur Erde gekrümmt. Dasselbe tritt ein, wenn die Fortpflanzungsgeschwindigkeit der Schallwellen durch eine mit der Höhe zunehmende Windgeschwindigkeit gesteigert wird. Die Krümmung der Schallstrahlen bei einer Zunahme der Windgeschwindigkeit um 2 m/sec für je 100 m Höhensteigerung zeigt die Abb. 7a. Für 4 m/sec auf je 100 m Höhe Abb. 7b und für 10 m/sec auf je 100 m Höhe Abb. 7c[2]). Im Wasser treten, wie LICHTE[3]) gezeigt hat, durch den Unterschied in der Temperatur und dem Salzgehalt in der Nähe der Oberfläche und des Meeresbodens ähnliche Brechungen des Schallstrahles auf. Bei warmer Oberfläche im Sommer erfolgt eine Krümmung nach dem Boden hin; im Winter, wenn die tieferen Wasserschichten die wärmeren sind, eine Krümmung nach oben. Mit der Erfahrung übereinstimmend, kann man aus diesem Verlauf der Schallstrahlen im Sommer mit geringerer Reichweite als im Winter rechnen, da bei der Reflexion an der Wasseroberfläche diese eine wesentlich vollkommenere sein soll als am Meeresboden. In demselben Sinne wie

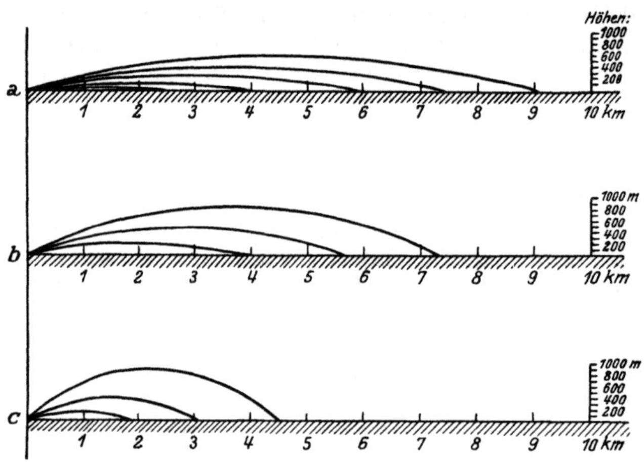

Abb. 7a—c. Krummung von Schallstrahlen unter dem Einfluß des Windes.

[1]) W. VOIGT, Wied. Ann. Bd. 67, S. 185. 1899, und E. EDSER u. E. SENIOR, Phil. Mag. Bd. 4, S. 346. 1902.

[2]) E. v. ANGERER u. R. LADENBURG, Ann. d. Phys. Bd. 66, S. 293. 1921; auch P. BEHRENS, Dissert. Rostock 1905.

[3]) H. LICHTE, Phys. ZS. Bd. 20, S. 385. 1919.

die Temperatur wirkt nach Ansicht des Verfassers auch der Gasgehalt. Letzterer ist im Sommer an der Oberfläche größer als in der Tiefe. Man kann dabei nicht nur an eine Zunahme der Schallgeschwindigkeit mit der Menge der gelösten Gase denken, sondern auch an einen Energieverlust, der durch einen nicht vollständig adiabatischen Vorgang bei der Schallausbreitung bedingt ist; denn es ist bekannt, daß Luftblasen im Wasser stark energieabsorbierend wirken. Gleichungen für die Schallausbreitung in einem Medium, in dem die Strömungsgeschwindigkeit und die Schallgeschwindigkeit als Funktionen des Ortes bekannt sind, hat MILNE[1]) aufgestellt. Weitere theoretische Ausführungen über Brechung von Schallstrahlen s. Kap. 4 Ziff. 15.

Über die Dispersion des Schalles in inhomogenen Medien hat zuerst KASTARIN[2]) theoretische und experimentelle Untersuchungen angestellt. Speziell behandelt er einen mit Kugeln oder Resonatoren erfüllten Raum. Die Absorption in einem solchen Raume hat BELIKOV[3]) experimentell gemessen. Eine ebene Welle passierte ein aus Resonatoren bestehendes Gitter. Die Schwächung des Schalles wurde bestimmt und der gefundene Absorptionskoeffizient mit dem der Theorie verglichen. Die Frequenz lag zwischen 1300 und 1800 Hertz, meist wurde mit $\lambda = 25{,}2$ cm gearbeitet. Jeder Gitterresonator war ein Zylinder von 5 cm Länge und 3,5 cm Durchmesser. Das Gitter bestand aus drei Schichten von je 82 Resonatoren. Der Abstand ihrer Mittelpunkte, die Gitterperiode, war gleich 9, 13 und 18 cm. Die durchgehende Intensität war $J = J_0 \cdot e^{-bL}$, wo L die Dicke der absorbierenden Schicht und b der Absorptionskoeffizient ist. Es sind Gebiete der Absorption nachweisbar, die vom Eigenton des Resonators und der Gitterperiode abhängig sind; sie sind relativ zur Eigenfrequenz der Resonatoren nach kürzeren Wellenlängen verschoben. Vergrößert man die Periode des Gitters, so verschiebt sich das Absorptionsmaximum nach längeren Wellen, und der Absorptionsbereich wird schmaler. Die beobachteten Maxima sind stärker nach kurzen Wellen verschoben, als die Theorie verlangt, und beträchtlich niedriger. BELIKOV erklärt dieses durch eine Überlagerung seitlicher Beugungswellen.

7. Reflexion. In dem vorstehenden Abschnitt trat bei einem Einfall einer Schallwelle innerhalb des Grenzwinkels eine durchgehende und eine reflektierte Welle auf. Im folgenden soll ohne Rücksicht auf die durchgehende Welle nur die reflektierte betrachtet werden. Abgesehen von den durch die Wellenlänge bedingten Unterschieden gelten hier dieselben Gesetze wie in der Optik (Vgl. Kap. 4, Ziff. 15). Insbesondere gilt der Satz: der einfallende und der reflektierte Strahl liegen in derselben Ebene, der Reflexionswinkel ist gleich dem Einfallswinkel. Der experimentelle Beweis für die Gültigkeit dieses Satzes wird durch die Wirkung von Hohlspiegeln geführt. Im Laboratoriumsversuch kann man so das Ticken einer Taschenuhr mit einer schallempfindlichen Flamme deutlich demonstrieren. MLODSEJEWSKI[4]) benutzte Plan- und Hohlspiegel bei dem im Kapitel 13, Ziff. 20, angegebenen Verfahren für die Bestimmung der Schallgeschwindigkeit. WAETZMANN[5]) baute Parabolspiegel von 3,2 m Durchmesser und 0,8 m Tiefe zur Feststellung von Flugzeugen, in deren Geräuschen die Schallenergie hauptsächlich in tiefen Frequenzen enthalten ist. Bei schrägem Einfall α werden die Strahlen nicht in einem Punkte A vereinigt, sondern bilden eine Art Brennfläche B (Abb. 8). Das Abhören erfolgt mit mehreren

[1]) E. A. MILNE, Phil. Mag. (6) Bd. 42, S. 96. 1921.
[2]) N. KASTARIN, Dissert. Moskau 1903 (russ.).
[3]) P. N. BELIKOV, ZS. f. Phys. Bd. 39. S. 233. 1926.
[4]) A. MLODSEJEWSKI, Fortschr. d. Phys. Bd. 66, I, S. 200. 1910.
[5]) E. WAETZMANN, ZS. f. techn. Phys. Bd. 2, S. 193. 1921.

symmetrisch zur Rotationsachse angeordneten Hörschläuchen oder Mikrophonen; die Lautstärke ist an diesen Punkten gleich, wenn die Spiegelachse mit der Richtung der Schallstrahlen zusammenfällt.

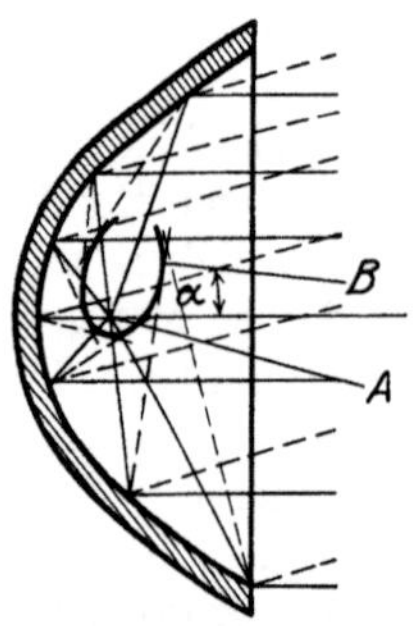

Abb. 8. Brennflache in einem akustischen Hohlspiegel[1]).

Die Reflexion von Schallwellen ist häufig photographiert worden. So hat CRANZ[2]) die Reflexion der Kopfwellen eines mit 885 m/sec Geschwindigkeit zwischen zwei parallelen Platten fliegenden Geschosses photographiert (Abb. 9 u. 10). Beim Verlauf der Schallwellen in Röhren werden sie in ganz ähnlicher Weise von den Wandungen reflektiert. Ist die Röhre an dem einen Ende geschlossen, so wird die Verdichtungswelle auch als solche reflektiert, bei offenem dagegen als Verdünnungswelle. Man hat hier also einen Phasensprung. Wird das Ende mit Watte ausgestopft, dann bleibt die Reflexion fast ganz aus, der Schall kann in das lockere Material eintreten und wird dort stark absorbiert. Bei Trichtern, wie sie für Grammophone und Radio-Lautsprecher noch vielfach angewendet werden, hat man ganz ähnliche Erscheinungen am offenen

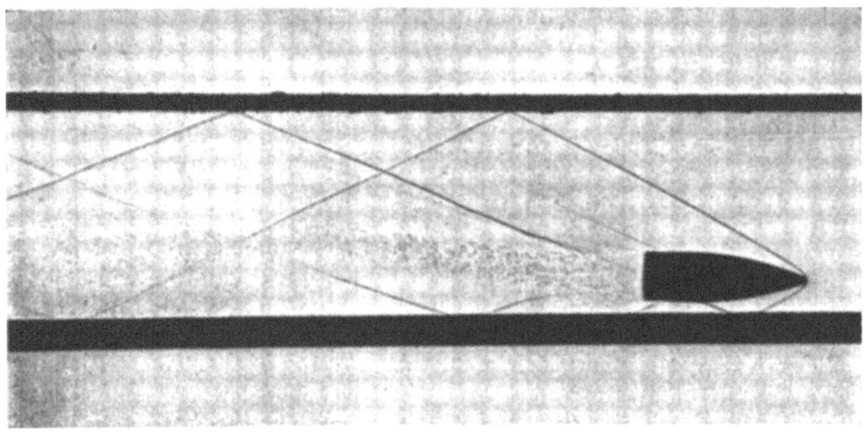
Abb. 9. Reflexion von Geschoßknallwellen.

Ende. Von dem Einfluß des Trichters auf die Erhöhung der Strahlungsdämpfung einer Membran soll hier abgesehen werden; dieses ist in Kap. 6, Ziff. 2, dargestellt. An der Trichteröffnung tritt eine Reflexion mit Phasenumkehr auf, sie ist um so stärker, je größer die Wellenlänge λ gegenüber dem Durchmesser $2r$ der Öffnung ist. Ist $\lambda = 2r$, ist die reflektierte Energie fast zu vernachlässigen. Ist $\lambda > 2r$, gilt angenähert für das Druckmaximum P_R der reflektierten Welle:

$$P_R = \frac{\lambda^2 - 6r^2}{\lambda^2 + 6r^2} P_0,$$

wo P_0 das Druckmaximum der in einem Rohr fortschreitenden Welle ist. Dasselbe gilt auch für einen Trichter, dessen Durchmesser linear oder exponentiell vom Trichtermund bis zur Endöffnung wächst. HANNA und SLEPIAN[3]) haben

[1]) Vgl. H. BERGER, Die Schalltechnik, S. 95. Braunschweig 1926.
[2]) C. CRANZ, Lehrbuch der Ballistik, Bd. II, S. 452. Berlin 1926.
[3]) C. R. HANNA u. J. SLEPIAN, Journ. Amer. Inst. Electr. Eng. Bd. 43, S. 393. 1924. Über Trichter vgl. auch A. G. WEBSTER, Proc. Nat. Acad. Amer. Bd. 5, S. 275. 1919; G. W. STEWART, Phys. Rev. Bd. 16, S. 313. 1920; E. W. KELLOGG, Gen. Electr. Rev. Bd. 27, S. 556. 1924; vgl. auch Kap. 4, Ziff. 11, und Kap. 8, Ziff. 48.

gezeigt, daß für die günstigste Wirkung eines Trichters über einen möglichst großen Frequenzbereich die Ausgangsöffnung möglichst groß gewählt werden muß; der Anfangsdurchmesser dagegen muß zur Vergrößerung der Strahlungsdämpfung der Schallgebermembran möglichst klein bleiben. Vergrößert man nun den Querschnitt Q_1 des Trichters plötzlich auf Q_2, so tritt an dieser Diskontinuitätsstelle des Querschnitts eine Reflexion auf, die der relativen Querschnittszunahme proportional ist:

$$(Q_2 - Q_1)/Q_1 .$$

Bei kontinuierlicher Änderung des Trichterquerschnitts ist der reflektierte Teil der Welle von der relativen Querschnittszunahme pro Längeneinheit abhängig:

$$\frac{1}{Q} \cdot \frac{dQ}{dx} .$$

Bei gegebenen Anfangs- und Endöffnungen verteilt man die Querschnittszunahme gleichmäßig auf die ganze Trichterlänge. Bei gleicher Länge und gleichen Öffnungen ist der Trichter, dessen Querschnitt Q nach dem Exponentialgesetz: $Q = Q_0 \cdot e^{b \cdot x}$ mit der Länge x zunimmt, dem konischen Trichter mit linearer Querschnittssteigerung $Q = a \cdot x \cdot Q_0$ überlegen. Bei exponentiellem Trichter hat man gefunden, daß oberhalb der Frequenz, bei der die Abstrahlung merklich

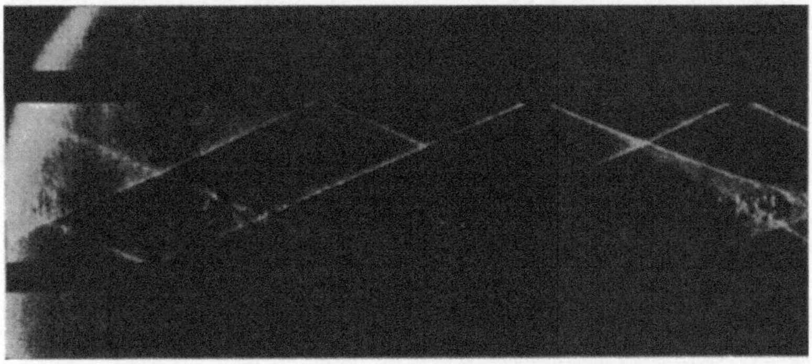

Abb. 10. Reflexion von Schallwellen an festen Wanden.

einsetzt, Resonanzen im Trichter kaum noch auftreten, wenn die Austrittsöffnung einen größeren Durchmesser als 35 cm hat. Trichter geben im allgemeinen die tiefen Frequenzen, die in der Sprache und Musik enthalten sind, in den gewöhnlichen käuflichen Typen noch nicht wieder.

Die als Echo bekannte Erscheinung besteht auch in der Reflexion von Schallwellen an Felswänden, Gebäuden, Waldrändern usw. Auch innerhalb von geschlossenen Räumen treten sie auf (vgl. hierzu Artikel „Raumakustik“ ds. Bd. Kap. 16. Dort sind auch in Ziff. 1 ff. Angaben und Abbildungen über die hierdurch hervorgerufenen Verzerrungen und Überlagerungen im Schallfeld eines geschlossenen Raumes zu finden. Man sieht so, daß die Intensität für jede Frequenz anders verteilt ist und immer an anderen Punkten Maxima und Minima aufweist. Hierdurch ändert sich auch die Klangfarbe eines zusammengesetzten Schalles. Hierher gehören die Beobachtungen in sog. Seufzer- und Flüstergalerien, wo an Pfeilern oder Kuppeln Reflexionen auftreten, die den Schall zu einem Brennpunkt führen, wo er gut aufgenommen werden kann, während er an anderen zwischen diesem Orte und der Schallquelle liegenden Punkten meist nicht wahrgenommen wird. Quantitative Ausmessungen des Schallfeldes solcher Flüstergalerien liegen noch nicht vor. Ein Echo hört man nur, wenn die Zeit zwischen Schallabgabe und

Rückkehr größer als 0,1 sec ist. Die reflektierende Fläche muß also wenigstens 17 m von der Schallquelle entfernt sein. Dieses ist in großen Sälen, Kirchen usw. der Fall. Man hat hier deshalb häufig eine als Nachhall bekannte Erscheinung, die eine verständliche oder klanggetreue Schallwiedergabe unmöglich macht. Andererseits ist eine gewisse Reflexion günstig, indem die zurückgeworfenen Schallwellen zu den direkten hinzukommen und so eine Schallverstärkung bewirken. Man kann diesen Effekt bei Sprechmaschinen auch künstlich hervorrufen[1]) („Ultraphon"). Je kleiner aber die Nachhalldauer ist, desto deutlicher ist nach KNUDSEN[2]) die Wiedergabe von Sprache, in gleicher Weise für Vokale und Konsonanten. Die Stärke der Reflexion und die Dauer des Nachhalls hängt von dem Reflexionsvermögen der einzelnen Stoffe ab, die sich in dem Raume befinden. Die Nachhalldauer t eines Raumes in Sekunden ist nach SABINE[3])

$$t = k \cdot V/a\,,$$

wo V das Volumen des Raumes, a die Absorption von dem Inhalt und den Begrenzungsflächen des Raumes und k eine Konstante bedeutet, die von SABINE zuerst gleich 0,171, später gleich 0,164, neuerdings von WATSON[4]) gleich 0,1625 gesetzt wurde. Die Absorptionszahlen für die verschiedenen Stoffe sind im Kap. 16, Ziff. 29, angegeben. Nach ANDERSON[5]) ist die Nachhalldauer eine Funktion der Reflexionen pro Zeiteinheit. Die Abb. 11 zeigt die Nachhallzeiten guter Musiksäle in Abhängigkeit von der dritten Wurzel aus dem Rauminhalt nach WATSON.

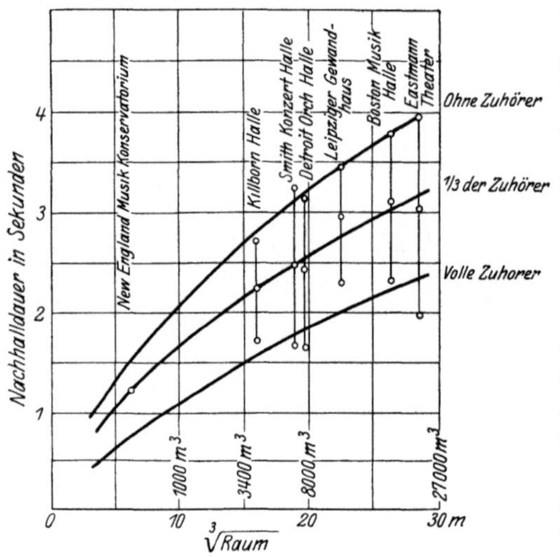

Abb. 11. Nachhallzeiten von Salen.

Reflexionen erfolgen aber nicht nur an festen Körpern, sondern, wie bereits im Abschnitt über Brechung, Ziff. 6, gezeigt ist, auch an Flüssigkeitsoberflächen, an der Grenze von Schichten verschiedener Beschaffenheit in Gasen, Flüssigkeiten und festen Körpern. Dieses hat TYNDALL[6]) experimentell festgestellt. Die akustische Durchlässigkeit z. B. der Luft ist nur von dem Grade ihrer Homogenität abhängig. Bilden sich horizontale Schichten in ihr, tritt Brechung auf, bei vertikalen Schichten Reflexion.

Erwähnt sei noch, daß bei der Reflexion eines Tones infolge regelmäßiger Anordnung der reflektierenden Flächen eine Wiederholung in geeigneter Schnelligkeit auftreten kann, so daß ein Ton entstehen muß, auch wenn der erregende Schall kein Ton, sondern ein Geräusch ist. Diese als Reflexionstöne beschriebene Art von Tönen ist in engen Straßen leicht zu beobachten. Sie sind ausführlich von OPPEL[7]) untersucht und beschrieben worden.

---

[1]) Vgl. E. LÜBCKE, ZS. d. Ver. d. Ing. Bd. 70, S. 496. 1926.
[2]) V. O. KNUDSEN, Phys. Rev. Bd. 26, S. 287. 1925.
[3]) W. C. SABINE, Coll. Papers on Acoustics, 2. Aufl. Cambridge 1923.
[4]) F. R. WATSON, Journ. Frank. Inst. Bd. 198, S. 73. 1924.
[5]) S. H. ANDERSON, Phys. Rev. Bd. 26, S. 288. 1925.
[6]) J. TYNDALL, Der Schall, 3. Aufl. Braunschweig 1897.
[7]) J. J. OPPEL, Pogg. Ann. Bd. 94, S. 357 u. 530. 1855; Bd. 101, S. 105. 1857; Bd. 122, S. 335. 1863; Bd. 144, S. 307. 1871.

8. Beugung. Trifft eine Schallwelle auf irgendein Hindernis, dann tritt nach dem HUYGENSschen Prinzip eine Beugung der Wellenfront ein. Diese Diffraktion muß um so merklicher sein, je größer die Wellenlänge ist. Da die Schallwellen z. B. im Vergleich zu den Lichtwellen sehr lang sind, ist hier eine geometrische Schattenbildung eine seltene Ausnahme. Die Abweichungen von der geradlinigen Ausbreitung des Strahles sind ganz beträchtlich. Daß der Schall um Gegenstände herum gelangt, die sich auf seinem Wege befinden, ist bekannt, auch daß tiefe Töne stärker gebeugt werden als hohe. Die Theorie der Beugung von Schallwellen ist in der Hauptsache von RAYLEIGH[1]) entwickelt. Einzelheiten darüber sind im Kap. 4, Ziff. 14, nachzulesen. Die normalen Erscheinungen des Schallschattens sind bekannt. Der schattenwerfende Körper muß bei den normalen Frequenzen, wie sie in Geräuschen des täglichen Lebens vorkommen, schon erhebliche Dimensionen haben, damit eine Schattenwirkung auftritt. Bei kleinen Objekten, wie Pfeilern in Gebäuden, Körper eines Menschen, Hand usw. muß man schon sehr hohe Frequenzen benutzen, um den Schatten nachzuweisen. Wir hatten in Ziff. 16 des vorhergehenden Kapitels gesehen, daß die Wellenbreite bei Explosionen in Wasser sehr klein ist. Die Schattenwirkung muß also besonders groß sein, wie LE CONTE[2]) auch experimentell fand. Die Beugung um einen Kreisschirm kann man mit hohen Frequenzen leicht nachweisen. Man erhält qualitativ denselben Verlauf der Intensität, wie ihn LOMMEL[3]) bei der Beugung von Licht an Kreisschirmen fand (Abb. 12). Bei der gerichteten Ausbreitung von Schall (Ziff. 3) ist in der Abb. 4 auf eine derartige Beugungserscheinung vor einer gleichmäßig erregten Membran von 18×24 cm^2 Fläche bei einer Wellenlänge von 7 cm hingewiesen. Man hat hier in etwa 30 cm Abstand von der Membran den Ort geringster Intensität, der dem ersten Minimum A entspricht, und in etwa 60 cm die größte Intensität, welche dem ersten Nebenmaximum B zugeordnet ist. Mit einem Kreisgitter konnte RAYLEIGH durch Ausblendung sämtlicher negativen HUYGENSschen Zonen an einem von der Schallquelle entfernten Orte eine wesentlich größere Intensität erhalten als ohne Zwischenschaltung des Gitters. Die Intensitätsänderung beim Passieren eines schmalen Schlitzes bei Änderung der Dimensionen des Schlitzes wurden von STEWART und STILES[4]) gemessen. Sie fanden in Übereinstimmung mit der RAYLEIGHschen Theorie, daß die Gesamtintensität viel stärker durch die Länge als durch die Breite des Schlitzes geändert wird. Bei der Beugung des Schalles durch Kreisöffnungen verschiedenen Durchmessers und durch eine Anzahl von Öffnungen gleicher Weite war die Leitfähigkeit der Öffnung annähernd ihrem Querschnitt proportional. Bei mehreren Kreisöffnungen ist sie dem Quadrat der Öffnungszahl proportional.

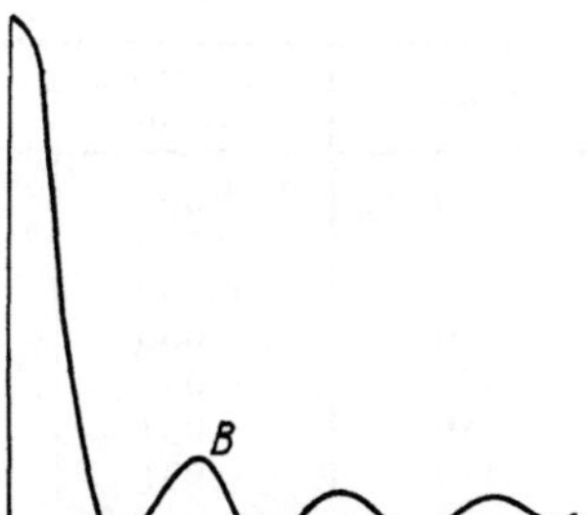

Abb. 12. Intensitätsverlauf bei der Beugung an einem Kreisschirm.

Setzt man eine Reihe von Stäben nebeneinander und macht ihren gegenseitigen Abstand gleich der Stabdicke, dann erhält man ein ebenes Gitter, das man ebenso wie in der Optik zur Wellenlängenmessung benutzen kann. Ganz kurze Wellen lassen sich auf diese Weise bequem ausmessen. ALTBERG[5]) arbeitete so

[1]) Lord RAYLEIGH, Theorie des Schalles Bd. II, S. 137ff. Braunschweig 1880.
[2]) J. LE CONTE, Phil. Mag. Bd. 13, S. 98. 1882.
[3]) E. LOMMEL, Münchener Ber., II. Kl., Bd. 15, S. 229 u. 529. 1886.
[4]) G. W. STEWART u. H. STILES, Phys. Rev. Bd. 3, S. 62. 1914.
[5]) W. ALTBERG, Ann. d. Phys. Bd. 23, S. 267. 1907.

mit Wellenlängen bis zu 0,8 mm. Seine Apparatur ist in Abb. 2, Kap. 7, Ziff. 4 (ds. Bd.) wiedergegeben. Die mit seinem Druckapparat gemessenen Drucke ändern sich mit der Drehung des Gitters G, wie es als Beispiel die Abb. 13 zeigt, und zwar ist die Wellenlänge konstant gehalten und die Gitterkonstante der Kurven 1 bis 4 immer größer gewählt. Die sich ergebende Wellenlänge ist 2,39, 2,40, 2,45 und 2,36 mm. SCHULZE[1]) suchte das Beugungsfeld hinter einem aus Karton geschnittenen Gitter mit kleinen Glimmerplättchen ab, auf denen sich bei Erregung Klangfiguren bilden.

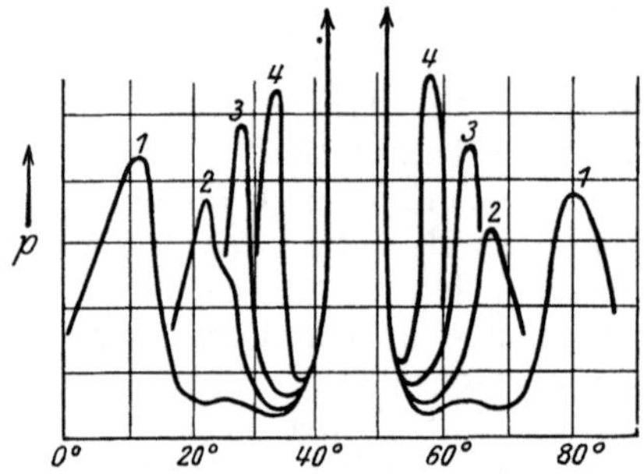

Abb. 13. Druckverlauf bei Drehung eines Beugungsgitters.

Die Beugung des Schalles um eine Kugel hat verschiedentlich RAYLEIGH theoretisch behandelt (vgl. Abb. 6, Kap. 4, Ziff. 14 ds. Bd.). STEWART[2]) hat sie für den Fall erweitert, daß der Umfang der starren Kugel gleich der Wellenlänge ist. STEWART und STILES[3]) bestimmten die Intensitätsverteilung bei der Frequenz $f = 256$ Hertz mit der RAYLEIGHschen Scheibe in verschiedenen Richtungen zur einfallenden Schallwelle. Ihre Beobachtungen stimmen sehr gut mit den berechneten Werten überein.

Richtung	Beobachtete Intensitat	Berechnete Intensitat
0°	1,00	1,00
30°	0,558	0,56
60°	0,190	0,187
90°	0,060	0,065
120°	0,039	0,034
150°	0,034	0,033
180°	0,031	0,033

Die von RAYLEIGH berechnete übernormale Intensität an der der Schallquelle um 180° abgewandten Seite fanden STEWART und STILES nicht; sie ist aber vom Verfasser an einer unter Wasser befindlichen Luftlinse von 1,5 m Durchmesser und der Frequenz $f = 1050$ Hertz beobachtet worden. Die Luftlinse saß dabei am Vorderteil eines ca. 30 m langen Bootes. Hierdurch ist natürlich die Beugungserscheinung gestört, die übernormale Intensitätszunahme im Gegenpole ist aber aus Abb. 14 deutlich zu ersehen. STEWART[4]) berechnet auch noch die Phasenbeziehungen im akustischen Schatten einer Kugel, um auf diese Weise Unterlagen für eine Theorie der Schallokalisa-

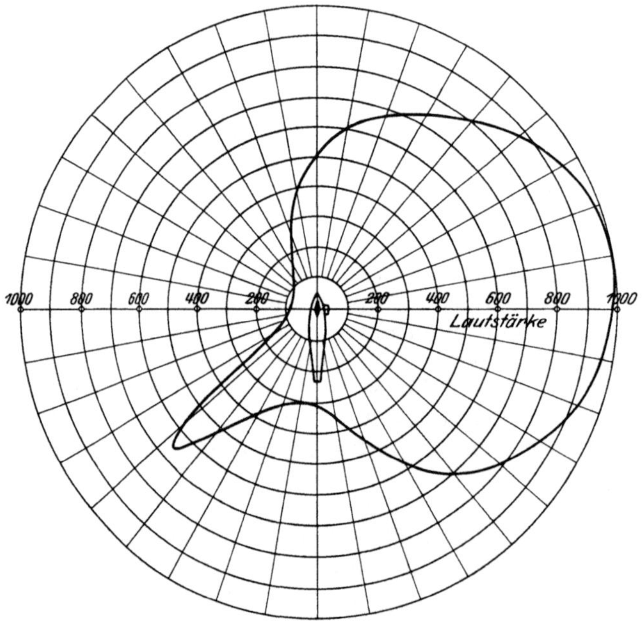

Abb. 14. Beugung von Wasserschall an einer Luftlinse.

[1]) F. A. SCHULZE, Ann. d. Phys. Bd. 24, S. 804. 1907.
[2]) G. W. STEWART, Phys. Rev. Bd. 33, S. 467. 1911.
[3]) G. W. STEWART u. H. STILES, Phys. Rev. Bd. 1, S. 309. 1913; Bd. 3, S. 62. 1914.
[4]) G. W. STEWART, Phys. Rev. Bd. 4, S. 252. 1914.

tion zu erhalten, die auf einem Phasenunterschied an beiden Ohren beim schrägen Einfall einer Schallwelle beruht. (Vgl. hierzu Kap. 11, Ziff. 44.)

Die Abb. 15, 16 und 17[1]) zeigen, in welcher Weise der Druck (beigeschriebene Zahlen) und die Bewegungsrichtung (Richtung der kleinen Striche) in einer Schallwelle beim Auftreffen auf ein Hindernis geändert werden. Hier befindet sich der Körper im Wasser. In Abb. 15 liegt die Bleiplatte A senkrecht zum Schallstrahl. Die Druckamplitude ändert sich in nächster Nähe der Platte wie 1 : 2. Bei paralleler Lage (Abb. 16) bleibt der Druck unbeeinflußt, nur die Bewegungsrichtung wird an den Rändern geändert. Bei einer Holzplatte (Abb. 17) ist das Feld praktisch ungestört.

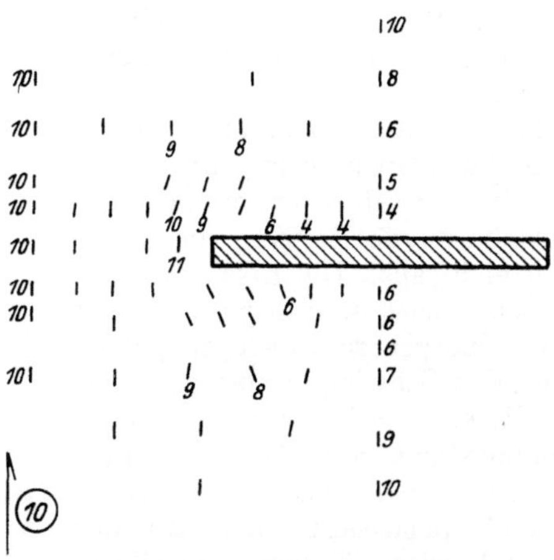

Abb. 15. Druck- und Bewegungsänderungen bei senkrechtem Auftreffen einer Wasserschallwelle auf eine Bleiplatte.

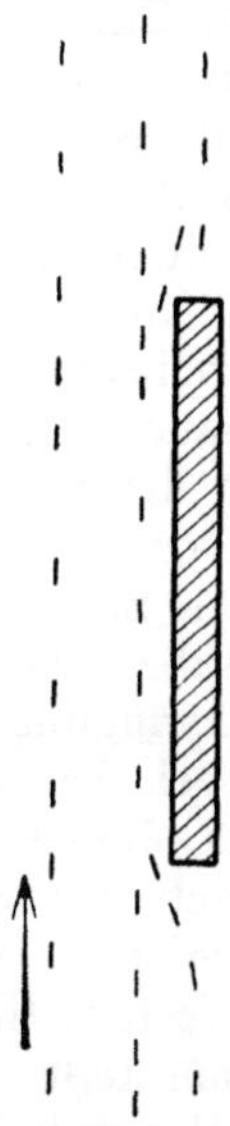

Abb. 16. Streifender Einfall einer Schallwelle.

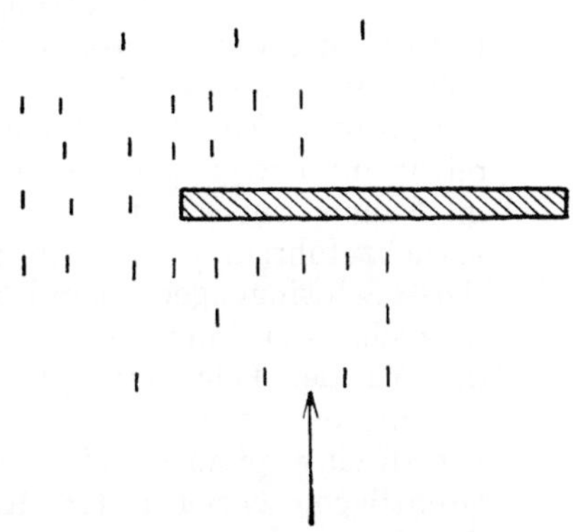

Abb. 17. Senkrechtes Auftreffen einer Wasserschallwelle auf eine Holzplatte.

Weitere Erscheinungen bei der Ausbreitung von Schallwellen.

9. Interferenz. Interferenzerscheinungen sind mit denen der Beugung, Reflexion usw. fast stets verknüpft. Wenn zwei Schallwellen gleicher Frequenz der Amplituden A und B und einem Gangunterschied d in der Phase (bezogen auf die Wellenlänge) interferieren, erhalten wir das Maximum der Amplitude $A_m = A + B$, wenn der Gangunterschied d gleich einer geraden Anzahl halber Wellenlängen ist: $d = 2n(\lambda/2)$, und das Minimum $A_w = A - B$, wenn $d = (2n + 1)(\lambda/2)$ ist. Der Zusammenhang zwischen Amplitude und Wellenlänge wird im QUINCKEschen Interferenzrohr zur Wellenlängenbestimmung benutzt. Hat man zwei Tonquellen gleicher Frequenz und Phase, so bilden sich zwischen ihnen hyperbolische Flächen aus, in denen der Schall geschwächt wird; dazwischen liegen gleiche Flächen mit vergrößerter Intensität. In entgegengesetzter Phase schwingende Platten und Membranen geben nach außen in der Symmetrieachse kaum Schall ab. Schirmt man die Teile der einen Phase ab, erhält man sofort einen lauten Ton. Bei schwingenden Stäben, deren Querschnitt von der Kreisform abweicht, erhält man ebenfalls hyperbolisch verteilte Orte größter und geringster Intensität. Die Interferenzerscheinungen sind jedoch sehr kompliziert. Die Lage der Interferenzflächen hat KIESSLING[2]) festgestellt. Bei der Stimmgabel ist die Interferenz gut bekannt. Man erhält

[1]) W. H. BRAGG, Engineering Bd. 107, S. 776. 1919.
[2]) H. KIESSLING, Pogg. Ann. Bd. 130, S. 177. 1867.

Auslöschung in allen Punkten, deren geometrischer Ort die Zweige einer Hyperbel sind, deren Brennpunkte in der Linie der Zinkenenden liegen (Abb. 18). Da die ganzen Zinken schwingen, erhält man einen hyperbolischen Zylinder mit einer Fläche doppelter Krümmung wegen der verschiedenen Amplituden längs der Zinken. Durch Reflexion an den Zinkenenden kompliziert sich die Erscheinung noch. Über die Bildung stehender Wellen durch Interferenz sei auf Kap. 4, Ziff. 7 verwiesen. Sie ist so häufig, daß sich Angaben über experimentelle Beobachtungen erübrigen.

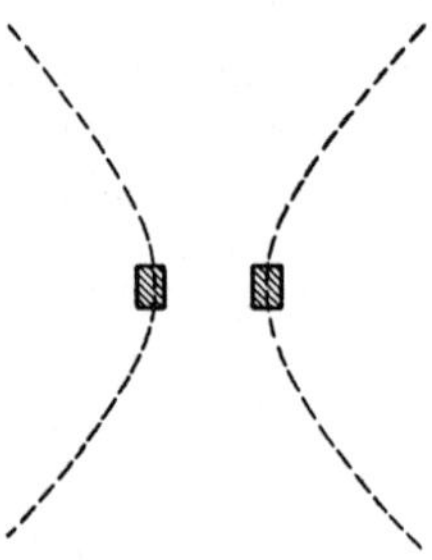

Abb. 18. Interferenz bei einer Stimmgabel.

10. Polarisation. Von Polarisation kann nur bei transversalen Wellen die Rede sein. Bei der Schallausbreitung in Flüssigkeiten und Gasen, insbesondere in Luft kann keine Polarisation auftreten, da Schwingungsrichtung und Fortpflanzungsrichtung der in diesen Medien allein auftretenden Longitudinalwellen zusammenfallen. Auch die Schallausbreitung um einen polarisiert schwingenden festen Körper, z. B. einen Strahler erster Ordnung (vgl. Kap. 4, Ziff. 12), ist nicht polarisiert, denn die innere Reibung von Gasen reicht zur Erregung transversaler Schwingungen nicht aus. Die Erscheinungen im Raume um schwingende Stäbe, Platten, Glocken usw. sind auf Interferenz zurückzuführen. — Bei den Schwingungen fester Körper sind dagegen polarisierte Schwingungen, nämlich bei den transversalen Schwingungsbewegungen, möglich. Bei eindimensionalen Gebilden, wie z. B. einer Saite, bezeichnet man die Art der Polarisation je nach der Schwingungsfigur eines Massenpunktes als lineare, zirkulare oder elliptische Polarisation. Solche polarisierte Transversalwellen pflanzen sich in festen Medien auch polarisiert fort. An der Grenzfläche zweier fester Medien teilt sich die polarisierte Transversalwelle in die Komponenten senkrecht und parallel zur Einfallsebene[1]).

11. Dopplereffekt. Die Höhe eines Tones ist gleich der Zahl der pro Sek. den Beobachter erreichenden ganzen Wellen. Sind Schallquelle und Beobachter in Ruhe, dann ist die Tonhöhe unabhängig von ihrem gegenseitigen Abstand. Bewegt sich jedoch die Schallquelle oder der Beobachter oder beide, dann treten Änderungen der Tonhöhe auf. Die Größe dieser Änderungen sind ganz allgemein im Kap. 4, Ziff. 9, abgeleitet. Ist N die Tonhöhe in Ruhe, c die Schallgeschwindigkeit, v_S die Relativgeschwindigkeit der Schallquelle, v_B die des Beobachters — positiv gerechnet, wenn der gegenseitige Abstand kleiner, negativ, wenn er größer wird —, dann ist die durch den Dopplereffekt bedingte geänderte Tonhöhe:

bei bewegtem Beobachter und feststehender Schallquelle:

$$N_1 = N(c + v_B)/c\,,$$

bei bewegter Schallquelle und feststehendem Beobachter:

$$N_2 = N \cdot c/(c - v_S)\,,$$

bei bewegtem Beobachter und bewegter Schallquelle:

$$N_3 = N(c + v_B)/(c - v_S)\,.$$

Der Einfluß beider Bewegungen ist also nur so lange derselbe, wie die Geschwindigkeit v_B bzw. v_S klein gegen die Schallgeschwindigkeit ist. Immer hat man bei Annäherung Tonerhöhung, bei Entfernung Tonerniedrigung. Für bestimmte Geschwindigkeiten in m/sec ist die Tonänderung in Hertz zu berechnen. In der folgenden Zusammenstellung bezieht sich die obere Änderung I auf die

[1]) P. DRUDE, Wied. Ann. Bd. 41, S. 759. 1890.

Vertiefung bei sich entfernendem Beobachter oder auf die Erhöhung bei sich nähernder Schallquelle. Die Änderung II gilt für die Vertauschung von Beob-

	Relativgeschwindigkeit in m/sec 4	21	43	66	111
Tonänderung I . .	Komma	Halbton	Gr. Ganzton	Gr. Terz	Quint
„ II . .	„	„	Kl. „	Kl. „	Quart

achter und Quelle. Bei Tonerhöhungen ist also die Bewegung der Schallquelle, bei Vertiefung die des Beobachters von größerem Einfluß. Die Geschwindigkeit der Schallquelle kann bis zu der des Schalles gesteigert werden, darüber hinaus wird der Schall mitgeführt, wie wir es bei der Geschoßwelle im vorhergehenden Kapitel Ziff. 14 gesehen haben.

Im täglichen Leben kann man die Erscheinung bei den akustischen Signalen der Eisenbahn, der Automobile und selbst der Fahrräder beobachten. Im Laboratorium ist der Dopplereffekt mit einer kleinen Schallquelle zu verwirklichen, die mit einem Hebelarm in rotierende Bewegung versetzt wird. In der Rotationsachse hört man einen konstanten Ton, in der Rotationsebene abwechselnd Erhöhung und Erniedrigung des Tones.

12. Schalldurchgang durch Baustoffe. In dem Artikel „Raumakustik" (ds. Bd. Kap. 16) sind die Erscheinungen der Raumakustik zusammengestellt, wie sie für die Ausbreitung von Schallwellen in Räumen gelten. Hier soll auf die Erscheinungen bei dem Durchgang von Schall durch Wände eingegangen werden. Können keine Biegungsschwingungen auftreten, bleibt also die dünne Wand (Abb. 19) vollkommen eben, und ist ihre Oberfläche groß im Vergleich zur Wellenlänge λ, dann erhält man im Anschluß an RAYLEIGH[1]) folgende Werte für die Intensität der durch die Wand von der Dicke h hindurchgehenden und der von ihr reflektierten Welle, wenn J_0 die Intensität der einfallenden Welle ist:

$$J_R = J_0 \frac{(n^2-1)^2 \sin^2 b}{(n^2-1)^2 \sin^2 b + 4n^2}, \qquad (22)$$

$$J_D = J_0 \frac{4n^2}{(n^2-1)^2 \sin^2 b + 4n^2},$$

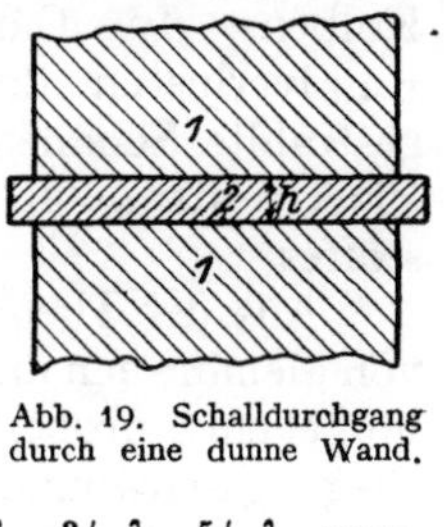

Abb. 19. Schalldurchgang durch eine dunne Wand.

wo n der akustische Brechungskoeffizient $n = w_1/w_2 = c_1\varrho_1/c_2\varrho_2$, $b = 2\pi N h/c_2 = 2\pi h/\lambda_2$, c_2 und λ_2 die Schallgeschwindigkeit und die Wellenlänge in der Wand bedeutet.

Die Reflexion verschwindet, für $h = 0$, $^1/_2\lambda_2$, $^3/_2\lambda_2$ usw. Der Schalldurchgang wird am kleinsten für $h = {}^1/_4\lambda_2$, $^3/_4\lambda_2$, $^5/_4\lambda_2$ usw. Mit Ultratönen haben BOYLE und LEHMANN[2]) dementsprechend gefunden, daß, wenn die Wanddicke gleich ein Viertel der in ihr herrschenden Wellenlänge ist, bei senkrechtem Einfall ein Maximum an Schallenergie reflektiert wird und bei halber Wellenlänge, abgesehen von der Absorption in der Wand, vollkommener Durchgang und keine Reflexion erfolgte.

Nehmen wir die Zwischenschicht in einem festen Körper sehr dünn, dann können wir in der Gleichung (22) den Sinus durch den Bogen ersetzen. Hat man eine schallweiche Schicht in einem schallhärteren Gebilde, ist also $w_1 = c_1\varrho_1 \gg w_2 = c_2\varrho_2$, dann vereinfachen sich die Formeln zu:

$$J_R = J_0 \frac{(\pi h n/\lambda_2)^2}{(\pi h n/\lambda_2)^2 + 1} \qquad (23)$$

$$J_D = J_0\left((\pi h n/\lambda_2)^2 + 1\right)^{-1}.$$

[1]) R. BERGER, Gesundheits-Ing. Bd. 38, S. 49. 1915.

[2]) R. W. BOYLE u. J. F. LEHMANN, Phys. Rev. Bd. 27, S. 518. 1926.

Um also die Schalleitung in festen Körpern, den sog. Bodenschall, zu unterbrechen, ist es günstig, Zwischenschichten mit kleinerem $w = c\varrho$ anzuwenden. Luftschichten sind in dieser Beziehung die besten. Obige Gleichungen gelten auch für den umgekehrten Fall, daß ein schallharter Körper in Luft eingebettet ist. Ist jetzt $c_2 \gg c_1$, so ergibt sich, daß die schwerere Wand besser den Luftschall reflektiert; tiefere Töne können leichter durchdringen als hohe. Wird auch $\varrho_2 \gg \varrho_1$, dann tritt im Grenzfall vollkommene Reflexion ein. Dieses gilt für eine starre Wand, die am Rande fest eingespannt ist oder sonst in ihrer freien Bewegung behindert ist. Bei nichtstarren Wänden ist bei Einspannung der Schalldurchgang erheblich behindert. Je nachgiebiger aber die Einspannung ist, desto mehr Schall wird hindurchgelassen. Die Gleichungen gelten natürlich für die Schallenergie, die in die Wand als Schall ein- und austritt. Häufig treten jedoch Biegungsschwingungen auf; diese Transversalschwingungen der Wand als Ganzes übertreffen häufig die ganzen Begleiterscheinungen erheblich an Größe[1]). Auch BERGER[2]) fand, daß bei dünnen Wänden der Luftschall von der einen Seite zur anderen hauptsächlich durch Biegungsschwingungen übertragen wird. Im gleichen Sinne formulierte OTTENSTEIN[3]), daß die Schalldurchlässigkeit umgekehrt proportional dem Elastizitätsmodul E und der dritten Potenz der Wanddicke h ist.

Für die Biegungsschwingungen einer am Rande eingespannten oder gehaltenen Wand der Fläche F, auf die Schallschwingungen des Höchstdruckes P und der Kreisfrequenz ω auffallen, hat BERGER[4]) die Bewegungsgleichung im Anschluß an RAYLEIGH aufgestellt:

$$2F \cdot P \cdot \sin\omega t = C_1 F h s \frac{d^2 x}{d t^2} + (r_v + r_B + r_S)\frac{d x}{d t} + \frac{E h^3 (a^2 + b^2)^2}{C_2 b^3 a^3}. \qquad (24)$$

Als schwingende Masse kommt nur die Wand in Frage; h ist ihre Dicke, s ihre Dichte, C_1 ein Formfaktor zur Reduktion der Schwingungen auf die eines Kolbens. Im Dämpfungsglied entspricht r_v den Reibungsverlusten, r_B den Randverlusten durch Bodenschalleitung und r_S der für die beiderseitig abgestrahlte Schallenergie in Frage kommenden Strahlungsdämpfung. E ist der Elastizitätsmodul, C_2 eine Konstante und a und b Länge und Breite des Wandstoffes.

Aus der Theorie der erzwungenen Schwingungen (vgl. hierzu Kap. 3, Ziff. 3) von Membranen und Platten ergibt sich, daß die Amplitude der Dichte der Platten umgekehrt proportional ist, also werden schwere Platten (Metall) die geringsten Biegungsschwingungen ausführen, folglich am besten den Luftschall reflektieren. Vermeidet man Biegungsschwingungen vollständig, so geht praktisch kein Schall mehr durch die Wand[5]). Um einen Raum vom Luftschall zu isolieren, z. B. eine Telephonzelle, wird man sie mit einem starken Blech auskleiden. Die Mittel zur Isolation von Luftschall und von Bodenschall sind entgegengesetzt.

Nimmt man poröse Materialien, so lassen diese durch die Poren viel Luftschall hindurch. Nach TUFTS[6]) sinkt bei porösen Stoffen die Intensität des durchgelassenen Schalles mit der Schichtdicke nach einer e-Funktion, ebenso nimmt sie mit kleiner werdendem Korn ab. Annähernd kann man die Schalldurchlässigkeit proportional der Luftdurchlässigkeit annehmen. Selbst wenn man in dünnen Geweben die Poren abdichtet, ist wegen ihrer geringen Masse

---

[1]) F. WEISSBACH, Ann. d. Phys. Bd. 33, S. 763. 1910.
[2]) R. BERGER, Dissert. München 1911.
[3]) R. OTTENSTEIN, Dissert. München 1913; Gesundheits-Ing. Bd. 36, S. 345. 1913.
[4]) R. BERGER, Schalltechnik, S. 57. Braunschweig 1926.
[5]) E. S. MCGINNIS u. M. R. HARKINS, Phys. Rev. Bd. 33, S. 128. 1911.
[6]) F. L. TUFTS, Phys. ZS. Bd. 2, S. 623. 1901.

die Schalldurchlässigkeit immer noch sehr groß. Tränkt man eine poröse Platte mit Wasser, sinkt ihre Schalldurchlässigkeit. SIEVEKING und BEHM[1]) preßten Filz und erhielten mit zunehmender Pressung Abnahme des Schalldurchgangs, hier war die Porösität kleiner geworden. Die Durchlässigkeit und das Reflexionsvermögen verschiedener Materialien hat PRECHT[2]) mit Telephon und Rayleighscheibe im Doppelresonator untersucht. Je kleiner die durchstrahlte Masse ist, desto größer ist die Durchlässigkeit. Bei geringer Reflexion ist das Absorptionsgesetz für wachsende Schichtdicken erfüllt. Lockere und feinfädige Stoffe zeigen starke Absorption.

In der Raumakustik spielt zur Beeinflussung des Nachhalls die Reflexion und Absorption an porösen Stoffen eine große Rolle. BERGER hat im Anschluß an RAYLEIGH auch Formeln für den Schalldurchgang durch eine durchlöcherte starre Wand aufgestellt. Der Durchmesser $2r$ der Löcher sei klein gegen die Wellenlänge. Ist J_0 die einfallende Energie, so wird

die reflektierte Energie: $$J_R = J_0 \frac{2M^2 - 2M + 1}{2M^2 + 2M + 1},$$

die eindringende Energie: $$J_E = J_0 \frac{4M}{2M^2 + 2M + 1}$$

und

die durchgehende Energie: $$J_D = J_0 \frac{4M}{2M^2 + 2M + 1} e^{-2mh},$$

wo $M = 2/lr(\sigma\varkappa/2\pi N)^{\frac{1}{2}}$ und $m = 2/cr(\sigma\varkappa \cdot 2\pi N)^{\frac{1}{2}}$, ferner

σ = Zähigkeitskoeffizient (für Luft 0,16 CGS),

$\varkappa$ = Verhältnis der spez. Wärmen (1,41 für Luft),

l = Verhältnis der Lochquerschnitte zur ganzen Wandfläche,

h = Wanddicke ist.

Je größer der Lochdurchmesser $2r$ ist, desto geringer wird der Verlust durch Umwandlung in Wärmeenergie. Ein Teil der eindringenden Schallenergie wird durch Leitung auf die Umrandung usw. übertragen. Man kann deshalb nach BERGER[3]) direkt ein Energieflußdiagramm aufstellen (Abb. 20). Hier bedeutet:

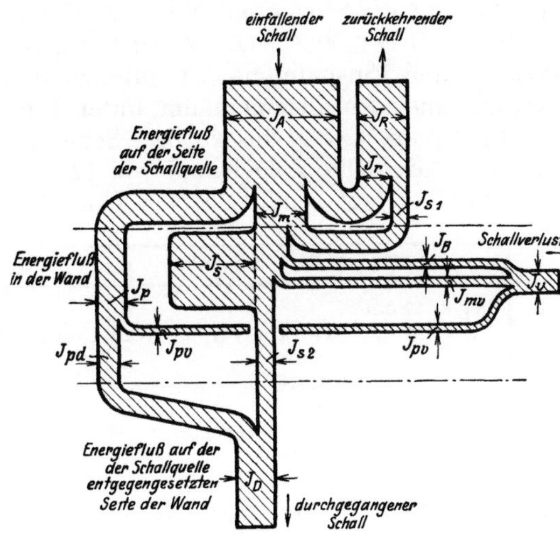

Abb. 20. Diagramm des Schallenergieflusses.

J_A = auffallender Schall,
J_R = zurückkehrender Schall,
J_V = Schallverlust,
J_D = durchgegangener Schall,
J_p = durch Ritzen und Poren eingedrungener Schall,
J_m = von der Wand aufgenommener Schall,
J_r = reflektierter Schall,

---

1) H. SIEVEKING u. A. BEHM: Ann. d. Phys. Bd. 15, S. 793. 1904.

2) J. PRECHT, Verh. d. D. Phys. Ges. (3) Bd. 6, S. 37. 1925.

3) R. BERGER, Technische Mechanik, S. 69, Ergänzungsheft zu ZS. d. Ver. d. Ing. Bd. 69. 1925.

J_{s1} = auf der Seite der Schallquelle von der schwingenden Wand ausgestrahlter Schall,

J_{s2} = auf der Gegenseite abgestrahlter Schall,

J_B = durch Schalleitung in die Umrandung und andere Räume abgeleiteter Schall,

J_{mv} = durch innere Reibung in der Wand absorbierter Schall,

J_{pv} = in den Poren usw. in Wärme verwandelter Schall,

J_{pd} = durch die Poren hindurchgedrungener Schall,

J_S = Schwingungsvorrat der Wand.

Dieser Schwingungsvorrat bewirkt eine Strahlung in die angrenzenden Räume, nachdem keine Wellen mehr auffallen (Schallkapazität). Die Abstrahlung erfolgt nach den für Membranen oder Platten geltenden Regeln[1]).

Die Versuchsanordnung zum Messen der Schalldurchlässigkeit von Wänden besteht meist aus zwei Zimmern, die durch eine starke Mauer voneinander getrennt sind. Der zu untersuchende Stoff wird in ein in dieser befindliches Fenster eingesetzt. Die relative Durchlässigkeit D ergibt sich als das Verhältnis der durchgelassenen zur auftreffenden Schallintensität. Für die freie Öffnung wird diese häufig gleich 1 gesetzt. Die Empfangswerte können durch Interferenz je nach der Frequenz und dem Empfangsort gestört werden, wie Messungen der Amplituden des durchgelassenen Schalls in verschiedenen Abständen von dem Fenster mit den Frequenzen 500, 725 und 1127 Hertz zeigten[2]). Außerdem besteht noch eine Abhängigkeit von der Frequenz; so fand KRÜEGER für eine Rabitzwand von 7,5 cm Stärke bei $N = 500$ Hertz $D = 0{,}002$ und bei $N = 725$ und 1127 Hertz $D = 0{,}0005$. Die Versuchsergebnisse werden in hohem Grade von der Größe und Einspannung der untersuchten Wand beeinflußt. Die folgenden Resultate sind also allgemein nur unter Einschränkungen gültig.

OTTENSTEIN[3]) setzt bis zu drei Schichten in das Fenster und ordnet dem Werte des durch eine Ziegelwand von 12 cm gehenden Schalles die Zahl 100 zu und bezieht hierauf seine relativen Durchlässigkeiten:

	1. Schicht	2. Schicht	3. Schicht	Relative Durchlässigkeit
1	Ziegel 12 cm	—	—	100
2	„ 12 „	Korkpulver 5 cm	Preßkork 3 cm	80
3	„ 12 „	Sand 5 „	„ 3 „	77
4	„ 12 „	Luft 5 „	„ 3 „	75
5	„ 12 „	Sand 5 „	„ 3 „	73
6	„ 12 „	Lehm trocken 3 „	—	72
7	„ 12 „	Luft 15 „	Dachziegel 2 „	70 mit ganz trockenem Verputz 0,4 cm
8	„ 12 „	„ 15 „	„ 2 „	58 mit zieml. trockenem Verputz 0,4 cm
9	„ 12 „	„ 15 „	„ 2 „	54 mit feuchtem Verputz 0,4 cm
10	„ 12 „	Lehm halb trocken 3 „	—	33
11	„ 12 „	Ziegel 6,5 „	—	30 (1 u. 2 mit Gips verbunden)
12	„ 12 „	Lehm naß	—	25
13	„ 12 „	Asphalt 4 „	—	—
14	„ 12 „	Ziegel 12 „	—	—
15	„ 12 „	„ 6,5 „	Ziegel 6,5 „	— (1, 2 u. 3 mit Gips verbund.)

[1]) Vgl. H. RIEGGER, Wiss. Veröffentl. a. d. Siemens-Konz. Bd. 3, S. 68. 1924 und W. HAHNEMANN u. H. HECHT, Phys. ZS. Bd. 18, S. 264. 1917. Vgl. auch Kap. 4, Ziff. 12.

[2]) H. KRÜEGER, Ing. Vetensk. Akad. Handl. Stockholm 1924, S. 24; auch R. BERGER, ZS. d. Ver. d. Ing. Bd. 69, Erg.-Heft S. 71. 1925.

[3]) R. OTTENSTEIN, Gesundheits-Ing. Bd. 36, S. 345. 1913.

Das Ergebnis ist: Eine schwere Wand läßt weniger Schall durch als eine leichte, Lufträume zwischen zwei schwingenden Wänden sind schlechter als Lage an Lage. Auch zwischen festen und porösen Wänden sind Lufträume tätig. Nasser Lehm wirkt besser als trockener, da die Schallwellen noch Formänderungsarbeit leisten müssen. Lockeres Material zwischen den Wänden bringt keinen Erfolg.

Hiermit in Übereinstimmung stehen Untersuchungen von P. E. SABINE[1]). der für 18 Frequenzen zwischen 128 und 4096 Hertz den Schalldurchgang nach der Methode des Nachhalls bestimmte. Hierfür hatte im Anschluß an die Theorie von W. C. SABINE[2]), BUCKINGHAM[3]) Gleichungen aufgestellt, die unabhängig von den Bedingungen des Laboratoriums, nur Größen enthält, welche für die zu untersuchende Platte charakteristisch sind. Für gemauerte Wände mit einem Wandgewicht von 48 bis 218 kg pro m^2 ist die Schallschwächung proportional (Gewicht/Fläche)$^{\frac{5}{3}}$. Stellt man zwei Gipswände in 5 cm Abstand gegenüber, dann ist Luft die am stärksten wirkende Füllung.

Neue, im Laboratorium für technische Physik in München gewonnene Werte[4]) zeigen ein besonders günstiges Ergebnis bei Wänden mit eingelegten Schichten aus luftundurchlässigen Stoffen. Die Unterschiede bei Einfach- und Doppelfenstern sind sehr groß. Ebenso wirkt eine gute Abdichtung viel. Allgemein wird aber die tiefere Frequenz $N = 265$ Hertz besser durchgelassen als die Oktave $N = 512$ Hertz. Die Versuchswände hatten eine Größe von 200·156 qcm.

	Versuchswand	Dicke cm	Rel. Durchlassigkeit $N = 256$	$N = 512$
1	Freie Öffnung	—	1	1
2	Fichtenholz auf Nut und Feder	2,0	0,13	0,09
3	Fournierholzplatten	1,2	0,052	0,075
4	Ziegelmauer trocken	12	0,001	0,001
5	Wolldecke ausgespannt	0,1	0,3	0,28
6	Korkplatten aus gemahlenem Kork ohne Zusatz	5	0,013	0,014
7	Fichtenholz (2) beide Seiten mit Papier beklebt	2,1	0,048	0,052
8	,, ,, mit 1 cm Korkplatte ohne Papier	3,0	0,10	0,12
9	,, ,, ,, 1 ,, ,, und Papierzwischenlage	3,1	0,032	0,029
10	,, ,, mit 0,4 mm Bleiblech ohne Papier	2,04	0,0022	0,0017
11	,, ,, mit 4 mm Linoleum ohne Papier	2,4	0,046	0,039
12	Korkplatte (6) beide Seiten mit Papier beklebt	5,1	0,009	0,013
13	,, ,, mit 0,4 mm Bleiblech ohne Papier	5,04	0,0022	0,0020
14	,, ,, mit Fournierholzplatten (3) ohne Papier	6,2	0,008	0,009
15	Holzhohlwand aus je 2 cm starken Brettern mit 5 cm Luftschicht	9	0,082	0,075
16	,, gefüllt mit feinem Koks	9	0,059	0,060
17	,, ,, ,, Sand	9	0,013	0,015
18	Wand aus mehreren Lagen Pappe und Wellpappe	2	0,009	0,010
19	Einfachfenster, normal, gut schließend	—	0,021	0,025
20	,, mit Wolldecke auf Seite der Schallquelle	—	0,011	0,014
21	Doppelfenster, normal, gut schließend	—	0,002	0,003
22	,, ,, schlecht schließend	—	0,15	0,154
23	,, ,, besonders sorgfältig gedichtet	—	0,0013	0,002

13. Schallvermessung. Fällt eine Schallwelle in der aus Abb. 21 ersichtlichen Weise auf die drei Empfänger A, B und C, dann erhält man nach J. ZENNECK[5]) den Einfallswinkel α bis auf etwa 30′ genau nach der Formel $\tan\alpha = \frac{c-a}{b-a}$,

[1]) P. E. SABINE, Phys. Rev. Bd. 27, S. 116. 1926.
[2]) Vgl. A. H. DAVIS, Phil. Mag. (7) Bd. 2, S. 543. 1926.
[3]) E. BUCKINGHAM, Scient. Pap. Bureau of Standards Bd. 20, S. 193. 1925.
[4]) H. REIHER, Bayr. Ind.- u. Gewerbe-Blatt Bd. 112, S. 85. 1926.
[5]) E. v. ANGERER u. R. LADENBURG, Ann. d. Phys. Bd. 66, S. 293. 1921.

wobei die Einsätze *a*, *b* und *c* des Ansprechens der Empfänger *A*, *B* und *C* auf einem Filmstreifen aufgezeichnet werden. Hierbei ist übrigens nur konstante Schall- und Filmgeschwindigkeit Voraussetzung, auf die absoluten Größen kommt es nicht an.

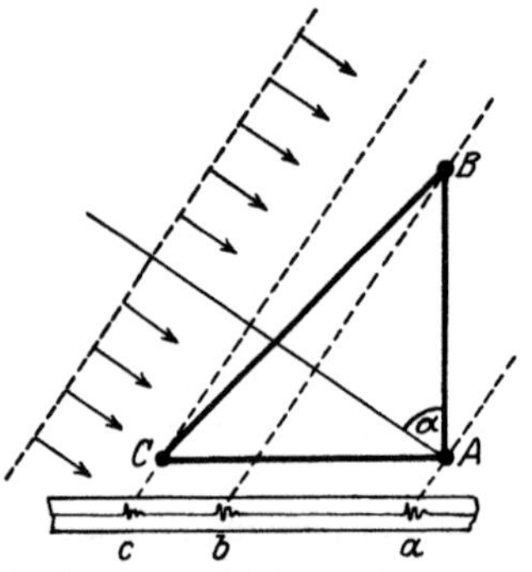

Abb. 21. Schallmeßverfahren mit 3 Empfangern.

Ist die Geschwindigkeit des Schalles bekannt, so kann man aus den Zeitunterschieden zwischen dem Eintreffen desselben Schallvorgangs (Knall, Signal) an drei Orten und mehr, deren gegenseitiger Abstand bekannt ist, den Ort der Schallquelle genau feststellen. Man stellt zwischen zwei Orte einen Zeit- und damit einen Wegunterschied für dieselbe Schallwelle fest, dann muß die Schallquelle auf einem Hyperbelaste liegen, da der geometrische Ort aller Punkte, die von zwei Punkten gleichen Wegunterschied haben, eine Hyperbel ist. Der Zeit- bzw. Wegunterschied zwischen dem zweiten und dritten Ort ergibt damit die räumliche Lage der Schallquelle[1]). Bei Geschoßknallen kompliziert sich dieses Verfahren, weil sich die Kopfwelle des Geschosses zunächst mit Überschallgeschwindigkeit ausbreitet.

Bei der Abstandsbestimmung in vertikaler Richtung nutzt man die Reflexion der Schallwellen an der Erdoberfläche oder am Meeresgrunde aus[2]). Die Zeit zwischen Abgang und Rückkehr ist für die Abstandsbestimmung zu halbieren, da der Schall den Weg hin- und zurückwandern muß. Für diesen speziellen Zweck sind eine ganze Reihe von Verfahren entwickelt. In Einzelheiten muß auf die angegebene Literatur verwiesen werden[3]). Diese sog. Echolote dienen hauptsächlich der Navigation. Für den gleichen Zweck wird vielfach auch eine Kombination von Schallsignalen in Wasser und Luft oder mit elektrischen Wellen benutzt. Die Signale gehen gleichzeitig ab. Aus der Differenz der Ankunftszeiten ergibt sich dann bei bekannten Fortpflanzungsgeschwindigkeiten der Abstand von der Schallquelle zum Beobachter.

Außer mit den genannten objektiven Mitteln kann man die Richtung von Schallwellen auch subjektiv festlegen. Man benutzt die beim beidohrigen Hören auftretenden Erregungsunterschiede zur Bestimmung der Richtung der ankommenden Schallwelle. Näheres über beidohriges (binaurales) Hören s. Artikel „Das Gehör", Ziff. 43 u. ff. (ds. Bd. Kap. 11). Über die Anwendungen zum Richtungshören vgl. die Literatur[4]).

Erwähnt sei noch, daß auch Trichter und Parabolspiegel zur Bestimmung der Richtung und damit auch des Ortes von Schallquellen benutzt worden sind[5]).

---

[1]) Vgl. für Luft z. B. R. BERGER, Schalltechnik, S. 81, Braunschweig 1926, und für Wasser W. H. BRAGG, Engineering Bd. 107, S. 776. 1919.

[2]) Ein anderes Verfahren von C. MAINKA, ZS. f. Geophys. Bd. 2, S. 35 u. 111. 1926.

[3]) B. SCHULZ, Ann. d. Hydrogr. Bd. 52, S. 254. 1924; L. SCHUBERT, ebenda Bd. 52, S. 73. 1924; H. MAURER, ebenda Bd. 52, S. 75. 1924; H. C. HAYES, Journ. Frankl. Inst. Bd. 197, S. 323. 1924; E. LÜBCKE, Radioexport 1926, S. 117 u. ZS. d. Ver. d. Ing. Bd. 71, 1927; L. V. KING, Nat. Bd. 114, S. 122. 1924; L. P. DELSASSO, Phys. Rev. Bd. 25, S. 720. 1925 u. Bd. 27, S. 643. 1926.

[4]) R. BERGER, Schalltechnik, S. 92; E. M. v. HORNBOSTEL u. M. WERTHEIMER, Berl. Ber. 1920; W. KUNZE, Phys. ZS. Bd. 23, S. 649. 1922; E. LÜBCKE, Ann. d. Hydrogr. Bd. 48, S. 339. 1920; F. AIGNER, Unterwasserschalltechnik, S. 310. Berlin 1922; H. C. HAYES, Proc. Amer. Phil. Soc. Bd. 59, S. 371. 1920.

[5]) E. WAETZMANN, ZS. f. techn. Phys. Bd. 2, S. 191. 1921; G. W. STEWART, Phys. Rev. Bd. 14, S. 167. 1919; Bd. 15, S. 229. 1920; vgl. R. BERGER, l. c. S. 94.

14. Ausbreitung von Schall auf große Entfernungen. Für die Beobachtung der Schallausbreitung auf große Entfernungen steht uns die Luft der freien Atmosphäre zur Verfügung. Wir haben in den Ziff. 6 bis 8 (Kap. 14) den Einfluß der Temperatur des Druckes und der Feuchtigkeit auf die Schallgeschwindigkeit und in den Ziff. 10 bis 14 (Kap. 14) die Abhängigkeit der Schallgeschwindigkeit von der Intensität und Höhe des Tones, von elektrischen Strahlen, Wind und bei Explosionsschall betrachtet. Alle diese Faktoren spielen bei der Ausbreitung in der Atmosphäre eine Rolle. Ferner ist die Erdatmosphäre kein einheitliches Medium, sondern Temperatur, Druck- und Windgeschwindigkeit ändern sich mit der Höhe. Auf die Erklärung der Beobachtungen sind also auch die Ausführungen der Ziff. 6 bis 8 anzuwenden. Die Erscheinungen sind nur bei sehr starken Schallquellen beobachtet. Eine Zusammenstellung der Beobachtungsergebnisse, geordnet nach Kanonendonner, Explosionskatastrophen, vulkanischen Detonationen, Meteorknallen und Sprengungen hat WEGENER[1]) gegeben. Während die ersteren Ursachen nur eine zufällige Beobachtung erlauben, sind die Sprengungen geeignet, systematische Messungen durchzuführen. Diese sind in den letzten Jahren, hauptsächlich auf Initiative von E. WIECHERT[2]), mit Unterstützung der Notgemeinschaft deutscher Wissenschaft durchgeführt worden und haben weiteres wertvolles Material geliefert. Über die von französischer Seite bei Sprengungen in La Courtine im Mai 1924 gemachten Beobachtungen berichtet MAURAIN[3]). Eine eindeutige Erklärung ist jedoch noch nicht gelungen. Aus den Beobachtungen lassen sich aber eine Reihe von allgemein gültigen Gesetzmäßigkeiten ableiten.

Um die Schallquelle herum entstehen zwei Hörbarkeitsgebiete; ein inneres und ein äußeres, die gewöhnlich durch eine Zone des Schweigens voneinander getrennt sind. Die innere Hörbarkeitszone, die sich bis etwa 150 km von der Schallquelle erstrecken kann, wird fast stets beobachtet; die äußere Zone kann bei nicht genügender Intensität des Schalles fehlen. Die Zone des Schweigens kann dagegen fehlen, wenn das innere Hörbarkeitsgebiet z. B. durch Windeinfluß so ausgedehnt ist, daß es mit dem äußeren zusammenfließt. Beim Ausbruch des Krakatau wurde sie z. B. nicht beobachtet, wahrscheinlich, weil hier die Schallintensität wesentlich größer war als bei allen anderen Beobachtungen. Der innere Rand des äußeren Bereiches liegt im Mittel 150—230 km von der Schallquelle entfernt. In dem inneren Bereich, der normalen Zone, ist die mittlere Schallgeschwindigkeit normal unter Berücksichtigung der an der Erdoberfläche gemessenen Temperatur- und Windverhältnisse. In dem äußeren Bereich, der anormalen Zone, ist sie bezogen auf den Abstand von der Schallquelle im Mittel etwa 30—50 m/sec kleiner, als sich nach den Korrekturen für Wind und Temperatur ergibt. Aufnahmen mit Registrierapparaten[4]) zeigen, daß das Gebiet normaler Schallgeschwindigkeit über die innere Zone hinausreichen kann, unter dem Einfluß des Windes kann es sich bis 350 km von der Schallquelle erstrecken. Das Auftreten der äußeren Zone ist für Europa, Japan und den Äquator, also für 0, 35 und 50° Breite, nachgewiesen. Man kann annehmen, daß die Erscheinung überall auf der Erde auftritt. Der Abstand der äußeren Zone ändert sich mit der Jahreszeit. Der innere Rand liegt im Januar und Februar bei etwa 110 km, im August bei etwa 190 km. Das Gebiet größter Intensität des äußeren Hör-

[1]) A. WEGENER, ZS. f. Geophys. Bd. 1, S. 297. 1924/25. Dort weitere reiche Literaturangaben.

[2]) E. WIECHERT, Göttinger Nachr. 1925. S. 49; Meteorol. ZS. Bd. 43, S. 81. 1926; ZS. f. Geophys. Bd. 1, S. 14. 1924/25 u. Bd. 2, S. 92. 1926.

[3]) Ch. MAURAIN, C. R. Bd. 179, S. 1334. 1924 u. Ann. Inst. de Phys. du Globe. Fasc. Spec. Paris 1926.

[4]) G. ANGENHEISTER, ZS. f. Geophys. Bd. 1, S. 20 u. 314. 1924/25; E. WIECHERT, ebenda S. 14; vgl. auch E. ESCLANGON, C. R. Bd. 178, S. 764. 1924.

barkeitsbereiches liegt dementsprechend im Winter bei etwa 125 km, im Sommer bei etwa 230 km Abstand. Diese anormale Zone erstreckt sich im Maximum bis auf etwa 350 km Entfernung. Im allgemeinen wird eine einseitige Ausbildung dieses Bereiches beobachtet, dessen Zentriwinkel zwischen 90 und 360° schwanken kann. Es können jedoch auch mehrere äußere Zonen gleichzeitig nach verschiedenen Richtungen von der Schallquelle aus auftreten. Das Außengebiet liegt im Winter vorzugsweise im Osten, im Sommer im Westen der Schallquelle. Jenseits der äußeren Zone liegt in etwa der doppelten mittleren Entfernung von der Schallquelle, also etwa 250 bis 450 km, noch eine zweite, an Intensität weit schwächere Zone. Diese ist durch eine Reflexion des Schalles am Erdboden und eine Wiederholung des Weges durch die oberen Luftschichten zu erklären. Abb. 22 zeigt die Lage der inneren und äußeren Hörbarkeitszone bei der Explosion in Wien-Neustadt am 7. VII. 1912[1]). Die Zahl der Beobachtungen an demselben Ort ist vermerkt. Der Zentriwinkel der äußeren Zone beträgt hier etwa 180°. Bei der Explosion in Moskau am 9. V. 1920 beobachtete WITKIEWITSCH[2]) eine ringförmig geschlossene Außenzone (Abb. 23). Die Schallquelle ist durch einen dicken Ring markiert.

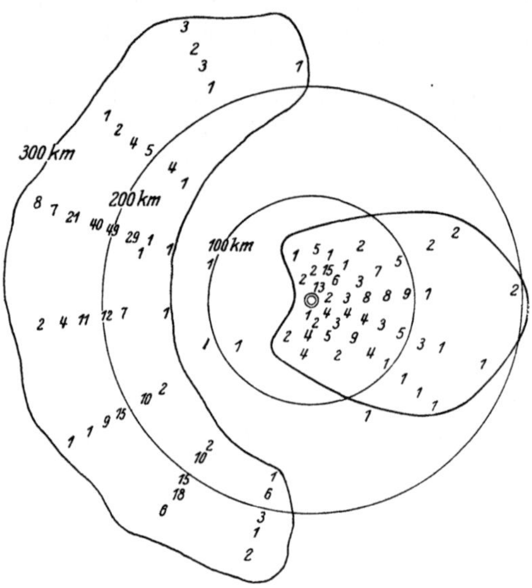

Abb. 22. Schallausbreitung bei der Explosion in Wien-Neustadt am 7. Juli 1912.

Die Beobachtungen der Schallgeschwindigkeit und Schallausbreitung innerhalb des inneren normalen Hörbarkeitsbereiches lassen sich durch die in den oben angegebenen Ziffern behandelten Ursachen eindeutig erklären. Die Zone des Schweigens ist nach ESCLANGON[3]) eine wechselnde, aber bei bekanntem meteorologischem Felde berechenbare Erscheinung.

Schwierigkeiten bestehen noch für die Deutung der äußeren Hörbarkeitszone. Zu ihrer Erklärung wäre eine genaue Kenntnis der Zusammensetzung und des physikalischen Zustandes der Atmosphäre bis etwa 100 km Höhe erforderlich. Da diese nicht bekannt sind, bemühen sich die Geophysiker umgekehrt aus den Schallbeobachtungen unter Anschluß an andere geophysikalische und meteorologische Phänomene auf den Zustand der Atmosphäre zu schließen. Hierüber muß auf geophysikalische Spezialwerke und Zeitschriften verwiesen werden. Für den äußeren Hörbarkeitsbereich ergeben sich aus den Laufzeiten, d. h. aus den Zeiten zwischen der Aussendung und dem Empfang der Schallwellen, anormale Schallgeschwindigkeiten unter 300 m/sec bis 280 m/sec[4]); es sind sogar solche bis herab zu 227 m/sec beobachtet worden. Die geringe Horizontalgeschwindigkeit ist auf eine Abweichung des Schallstrahles vom geraden Wege von der Quelle zum Beobachter zurückzuführen. Man nimmt an, daß die Schallstrahlen in große Höhen der Atmosphäre (40 bis 80 km) emporgetragen,

[1]) Nach E. v. EVERDINGEN, Proc. Amsterdam Bd. 18, S. 933. 1915.

[2]) W. J. WITKIEWITSCH, Meteorol. ZS. Bd. 43, S. 91. 1926. Vgl. A. WEGENER, ZS. f. Geophys. Bd. 1, S. 300. 1924/25.

[3]) E. ESCLANGON, C. R. Bd. 178. S. 1892. 1924.

[4]) G. ANGENHEISTER, ZS. f. Geophys. Bd. 1, S. 314. 1924/25.

dort umgeleitet und zur Erde zurückgeführt werden. Die Höhen ändern sich mit den Annahmen, die man über die Ursache der Umleitung des Schallstrahles macht. Unstetigkeitsflächen sind nicht anzunehmen, so daß eine direkte Reflexion an den oberen Schichten der Atmosphäre nicht erfolgen kann. Die Rückkehr des Schalles ist auf eine Brechung infolge erhöhter Schallgeschwindigkeit in den oberen Schichten zurückzuführen. In den niederen Schichten muß aber eine kleine Fortpflanzungsgeschwindigkeit wirksam sein. Ein Vergleich der gemessenen Laufzeit mit der auf Grund der Annahmen berechneten führt zu einem Schluß über die Möglichkeit der Voraussetzung.

Nach v. d. Borne[1]) erklärt sich die Umkehr durch eine Erhöhung der Schallgeschwindigkeit infolge Verringerung des mittleren Molekulargewichtes der Luft, da der Schall in eine bei etwa 70 km beginnende Schicht von Wasserstoff eindringt. Wegener[2]) verlegt den Kulminationspunkt etwa 20 km tiefer. Angenheister[3]) findet selbst bei Scheitelhöhen des Schallstrahles von 56 km Höhe zu große, mit der Beobachtung nicht übereinstimmende Laufzeiten.

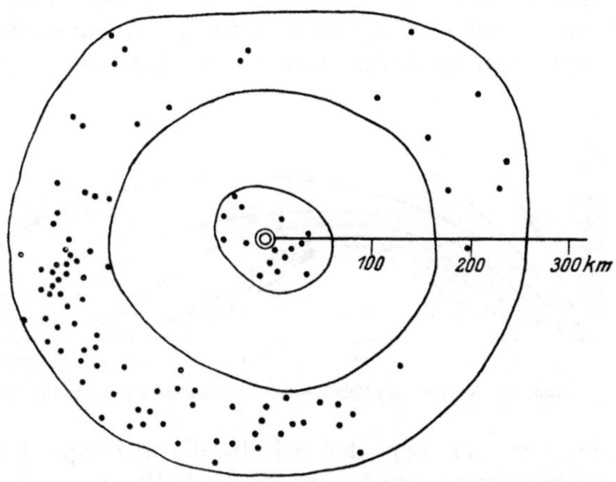

Abb. 23. Kreis- und ringförmige Hörbarkeitszonen bei der Explosion in Moskau am 9. Mai 1920.

Unter der Annahme eines bis 10 km Höhe (Troposphäre) konstanten Temperaturkoeffizienten und einer daran anschließenden isothermen Stratosphäre berechnet Angenheister in Übereinstimmung mit den Messungen der Laufzeit die Scheitelhöhe zu 37 km. Weitere Berechnungen über die Scheitelhöhe haben Angenheister[4]) und Gutenberg[5]) angestellt. Den wahrscheinlichen Verlauf der Schallbahnen zeigt Abb. 24. — Die Beeinflussung des Schalles durch die Temperatur- und Windverhältnisse der Troposphäre[6]) erklärt die anomale Zone nicht. Kölzer[7]) erweitert diese Hypothese durch Hinzunahme der Windverhältnisse in der Stratosphäre. Auch die von Wiechert[8]) geäußerte Annahme des Vorhandenseins leichteren Gases in größeren Mengen bereits in geringen Höhen erscheint nicht stichhaltig.

Im Anschluß an Untersuchungen von Lindemann und Dobson[9]) über die Temperaturab- und -zunahme mit der Höhe kommt Gutenberg[10]) zu folgenden Werten für die absolute Temperatur T, Dichte s und Schallgeschwindigkeit c (s. Tabelle).

Hohe	T	s	c cm/sec
30	220	0,00127	295
40	270	0,00126	340
50	290	0,00124	360
60	310	0,00122	380
70	330	0,00116	400

[1]) G. v. d. Borne, Phys. ZS. Bd. 11, S. 483. 1910.
[2]) A. Wegener, ZS. f. Geophys. Bd. 1, S. 297. 1924/25.
[3]) G. Angenheister, ZS. f. Geophys. Bd. 1, S. 314, 1924/25.
[4]) G. Angenheister, ZS. f. Geophys. Bd. 2, S. 88. 1926.
[5]) B. Gutenberg, ebenda S. 101 u. Phys. ZS. Bd. 27, S. 84. 1926.
[6]) R. Emden, Meteorol. ZS. Bd. 35, S. 13, 74, 114. 1918.
[7]) J. Kölzer, ZS. f. Geophys. Bd. 2, S. 229. 1926 u. Meteorol. ZS. Bd. 42, S. 457. 1925.
[8]) E. Wiechert, ZS. f. Geophys. Bd. 1, S. 14. 1924/25.
[9]) F. A. Lindemann u. G. M. B. Dobson, Proc. Roy. Soc. London (A) Bd. 102, S. 411. 1923 u. Bd. 103, S. 339. 1923.
[10]) B. Gutenberg, ZS. f. Geophys. Bd. 2, S. 101. 1926; Naturwissensch. Bd. 14, S. 338. 1926.

Für 5 km Höhe setzt er $c = 315$ m/sec und für 10 bis 35 km ein konstantes $c = 295$ m/sec an. Nimmt man das Verhältnis der spez. Wärmen für Luft als konstant an, dann kann auf die LAPLACEsche Gleichung der Schallgeschwindigkeit nur die Temperatur einen entscheidenden Einfluß ausüben. Die Änderungen der Dichte und des Ausdehnungskoeffizienten bedingen nur geringere Schallgeschwindigkeitsänderungen.

Eine Änderung der Schallgeschwindigkeit kann man auch durch Ionisation hervorrufen (vgl. Kap. 14 Ziff. 12). Die Ionisation könnte durch die durchdringende Strahlung oder durch Ultraviolettbestrahlung des Sonnenlichtes verursacht sein; auch wird die Schallgeschwindigkeit für einatomige Gase höher als für zweiatomige, da $\varkappa$ zunimmt. Auch Elektronen würden wie einatomige Gase wirken. Neuerdings ist für die elektrischen Wellen berechnet[1]), daß in 80 km Höhe eine Elektronendichte von $10^5/\text{cm}^3$ die Brechung der elektrischen Wellen und bei kurzen Wellen auch eine tote Zone erklären kann. Es ist nach Ansicht des Verfassers vielleicht möglich, beide Erscheinungen auf dieselbe Ursache, das Vorhandensein größeren Ionen- und Elektronengehaltes in den oberen Schichten der Atmosphäre zurückzuführen.

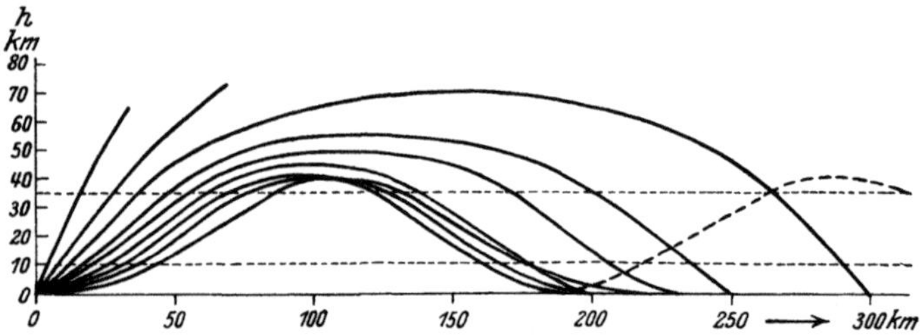

Abb. 24. Verlauf des Schalles in der Atmosphare auf große Entfernungen.

Eine weitere Hypothese von WEGENER[2]), die vor allem auf die Intensitätsverhältnisse eingeht, nimmt an, daß die Schallstrahlen auf solche Höhen hinausgetragen werden, wo der von der Schallwelle erzeugte Überdruck groß gegen den Atmosphärendruck wird und die Schallgeschwindigkeit eine größere als nach der LAPLACEschen Formel wird. Diese Annahme ist rechnerisch von R. MEYER[3]) unter Berücksichtigung der von SCHRÖDINGER[4]) berechneten Dämpfung geprüft worden. Die Erscheinungen werden qualitativ gut erklärt. Er kommt zwar auch auf Höhen von 60 bis 70 km, die mit den gemessenen Laufzeiten nicht in Einklang zu bringen sind. Bei der Betrachtung der Intensitätsverhältnisse kommt er zu dem Schluß[5]), daß die von dem Temperaturgradienten abhängige Brechung der Schallwellen eine Zusammendrängung der anfänglichen Halbkugelwelle auf eine verhältnismäßig kleine Kalotte hervorruft. Dadurch erhält man eine beträchtliche Intensitätssteigerung in der äußeren Hörbarkeitszone. Erhöhte Schallgeschwindigkeiten sind nur für einen schmalen Bereich der Welle wegen der gesteigerten Intensität zu erwarten. Jedoch wirkt sich jede Frontänderung der Welle als weitere Intensitäts- und Geschwindigkeitssteigerung aus, die somit größere Teile der Welle zur Erde zurückführt. Auf die Gegengründe dieser Hypothese, wie sie von WIECHERT[6]) aufgestellt sind, sei hingewiesen. Eine Entscheidung über die genannten Annahmen kann erst weiteres exaktes physikalisches Beobachtungsmaterial liefern, wobei auch auf die Frequenz und Amplitude der Schallwellen und ihre Änderungen mit dem Abstand von der Schallquelle zu achten ist.

---

[1]) A. HOYT TAYLOR u. E. O. HULBURT, Phys. Rev. Bd. 27, S. 189. 1926.
[2]) A. WEGENER, ZS. f. Geophys. Bd. 1, S. 207. 1924/25.
[3]) R. MEYER, ZS. f. Geophys. Bd. 2, S. 78. 1926.
[4]) E. SCHRÖDINGER, Phys. ZS. Bd. 18, S. 445. 1917.
[5]) R. MEYER, ZS. f. Geophys. Bd. 2, S. 236. 1926.
[6]) E. WIECHERT, ZS. f. Geophys. Bd. 2, S. 99. 1926.

Kapitel 16.

Raumakustik[1]).

Von

EUGEN MICHEL, Hannover.

Mit 17 Abbildungen.

a) Rückwurf (Reflex)[2]).

1. Allgemeines. Eine Schallwelle pflanzt sich von einer punktförmigen Erregungsstelle aus in einem einheitlichen Stoff nach allen Seiten hin gleichmäßig, also in Kugelgestalt fort, und zwar mit einer Geschwindigkeit[3]) von rund 340 m/sec bei einer Saalluft von mittlerer Temperatur und Feuchtigkeit. Von einer Fläche, auf die sie trifft, wird sie entsprechend den Reflexionsgesetzen zurückgeworfen, nach welchen der reflektierte Schallstrahl in derselben Ebene wie der einfallende Strahl und das Einfallslot liegt und der Reflexionswinkel gleich dem Einfallswinkel ist. Unter Schallstrahl ist hierbei das Lot auf die Tangentialebene an die Schallwelle zu verstehen.

Mit einer wirklich punktförmigen Schallquelle haben wir es streng genommen nur selten zu tun; aber für praktisch vorkommende Fälle wird es vielfach ausreichen, eine solche vorauszusetzen.

Für die Raumakustik ist es von großer Bedeutung, wie die von einem Schallstrom getroffene Fläche gestaltet und angeordnet ist und welchen Verlauf demnach die zurückgeworfenen Schallwellen nehmen müssen.

2. Zu erwartende Störungen. Ob sich in einem Raum Rückwürfe unliebsam bemerkbar machen, hängt in erster Linie von seiner Gestalt und von seinen Abmessungen sowie von den weiterhin zu besprechenden Einflüssen des Materials ab. Es sei angenommen, ein Redner spreche in einer Sekunde etwa vier Silben,

---

[1]) A. STURMHÖFEL, Akustik des Baumeisters. Berlin 1894; Zentralbau oder Langhaus? Berlin 1897; H. ZWAARDEMAKER, De Acustiek der openbare gebouwen. Vortrag b. Vlaamsch Natuur- en Geneesk. Congres te Oostende, Sept. 1911; F. WEISBACH, Bauakustik. Berlin 1913 (mit Quellenangaben); J. BIEHLE, Kirchenbau und Glockenkunde. Wittenberg 1913; Deutsch. Bauwes. 1927, S. 42; E. MICHEL, Hörsamkeit großer Raume. Braunschweig 1921 (mit Quellenangaben); Umschau 1925, S. 815; Akustik der Säle. Handb. d. Arch. Bd. IV, 1. Halbbd., Leipzig 1926 (mit Quellenangaben); Radio-Umschau 1927, S. 369; Raumakustisches Merkblatt. Hannover 1927; W. C. SABINE, Collected papers on acoustics. Cambridge 1922; F. R. WATSON, Acoustics of buildings. New York 1923; K. E. SCHUMANN, Akustik. Berlin 1925; R. BERGER, Die Schalltechnik. Samml. Vieweg, Heft 83. Braunschweig 1926; I. B. CRANDALL, Theory of vibrating systems and sound. New York 1926; G. W. C. KAYE, Engineering 1926, S. 605; Nature Bd. 119, S. 603. 1927; H. REIHER, ZS. d. Ver. d. Ing. 1926, S. 1202; Bayer. Ind.- u. Gewerbebl. 1926, S. 89; Gesundheits-Ing. 1927, S. 164. R. HEYL, Architectural Acoustics. Circular of the bureau of Standards Nr. 300. Washington 1926.

[2]) Vgl. hierzu auch Artikel ,,Schwingungen raumlich ausgedehnter Kontinua" Ziff. 15 (ds. Bd. Kap. 4) und Artikel ,,Schallausbreitung" Ziff. 7 (ds. Bd. Kap. 15).

[3]) Vgl. Artikel ,,Schallgeschwindigkeit" (ds. Bd. Kap. 14).

wobei $^1/_5$ Sek. für die Silbe und $^1/_{20}$ Sek. für die Pause zu rechnen ist. In dieser Pause legt der Schall einen Weg von 340/20 = 17 m zurück. Alle Rückwürfe, welche einen um 17 m längeren Weg gegenüber dem unmittelbaren Schall zurücklegen müssen, beginnen also um $^1/_{20}$ Sek. später im Ohr des Zuhörers zu wirken. Ihre Dauer ist gleich der des unmittelbaren Schalls, also $^1/_5$ oder $^4/_{20}$ Sek. Sie fallen demnach mit $^3/_{20}$ Sek. auf den unmittelbaren Schall und mit dem Rest von $^1/_{20}$ Sek. auf die nachfolgende Pause, d. h. es entsteht ein Nachhall, welcher die ganze Pause ausfüllt. Besser ist es, wenn die letztere nicht voll in Anspruch genommen wird, wenn also der Umweg ein Maß von 5 bis 6 m, allenfalls 8 m nicht überschreitet. Ist der Umweg größer als 17 m, so fällt der Rückwurf bereits auf die folgende Silbe und er stört dann, indem er den unmittelbaren Schall unklar macht. Bei Musik mit ihren oft sehr raschen Tonfolgen wird man als größten Wegeunterschied zwischen unmittelbarem und zurückgeworfenem Schall überhaupt nicht gern mehr als 12 m zulassen.

Kommt ein Rückwurf ganz selbständig mit zeitlicher Trennung hinter dem unmittelbaren Schall beim Hörer an, so empfindet dieser ihn als Widerhall oder Echo. Für ein einsilbiges Echo ist eine Mindestentfernung von 34 m von der zurückwerfenden Wand erforderlich, für ein zweisilbiges eine solche von 68 m usf. Wir haben also Echo nur in Räumen zu befürchten, bei denen wenigstens eine der Abmessungen über 34 m hinausgeht, während das Eintreten von Nachhall nicht an diese Grenze gebunden ist. Ganz allgemein können Schallstörungen durch Rückwurf um so eher eintreten, je größer der Raum ist.

3. Ebene Fläche. Da bei einer ebenen Fläche alle Einfallslote einander parallel sind, bilden die Schallstrahlen einer von ihr zurückgeworfenen Welle denselben Winkel zur Ebene wie vor dem Auftreffen. Die Rückwurfwelle breitet sich demnach in demselben Verhältnis wie die unmittelbare Welle aus, nur hat sie umgekehrte Fortpflanzungsrichtung, d. h. sie kommt scheinbar von einem Punkt, welcher auf dem Einfallslot ebenso weit hinter der getroffenen Fläche wie der tatsächliche Ausgangspunkt vor derselben liegt (Abb. 1)[1]. Der einem bestimmten Zeitverlauf entsprechende Stand der zurückgeworfenen Welle kann infolgedessen als Kreisbogen mit einem nach der Fortpflanzungsgeschwindigkeit des Schalls sich bestimmenden Halbmesser aufgezeichnet werden.

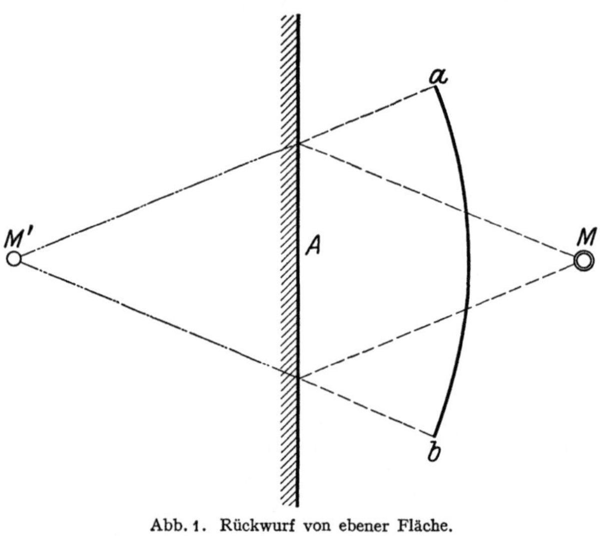

Abb. 1. Rückwurf von ebener Fläche.

4. Eingebogene (konkave) Fläche. Die Einfallslote neigen sich bei eingebogener Fläche zueinander und dementsprechend wird eine auftreffende Schallwelle so zurückgeworfen, daß sie sich mehr oder weniger scharf in einen bestimmten Bezirk wie in einen Brennpunkt zusammenzieht. Erst darüber hinaus strahlt sie neu aus, wobei sich die Rückwurfrichtungen überkreuzen (Abb. 2)[1]. Die sich so ergebenden Sammelpunkte stellen gewissermaßen Schallquellen zweiter Ordnung dar.

[1] E. MICHEL, Deutsche Bauhütte 1925, S. 336.

Hohlflächen lassen demnach die für die Raumakustik wünschenswerte gleichmäßige Schallverteilung nicht aufkommen, bedeuten vielmehr eine gewisse Gefahr, besonders wenn die Sammelpunkte auf Hörerplätze fallen und diese dann unter den auf sie einstürmenden Schallmassen leiden müssen. Besonderes Augenmerk ist in dieser Hinsicht auf gekrümmte Saaldecken, z. B. Tonnengewölbe und Kuppeln, zu richten. Gerade die letzteren, welche bei zentralen Bauanlagen wegen ihrer eindrucksvollen Raumform sehr beliebt sind, geben oft zu Störungen durch Echo und starken Nachhall Veranlassung, wie u. a. die Aussegnungshallen des Westfriedhofs und des Ostfriedhofs in München[1]), das Baptisterium in Pisa und die Stadthalle in Hannover zeigen[2]). Nur durch besondere Materialbehandlung und reichgegliederte Flächengestaltung war es z. B. BIEHLE möglich, für die Kuppel des Großen Schauspielhauses in Berlin befriedigende Verhältnisse zu schaffen. Daß sich bei Kuppeln für einen Redner oder Sänger oft der Widerhall der eigenen Stimme unliebsam bemerkbar macht, erklärt sich noch besonders daraus, daß eine halbe Kugel für eine unterhalb ihrer Basis befindliche Schallquelle immer eine Richtung nach dem Krümmungsmittelpunkt und damit ein Lot auf die gegenüber zu denkende Tangentialebene an die Halbkugel, also einen unmittelbaren Rückwurfweg ergibt.

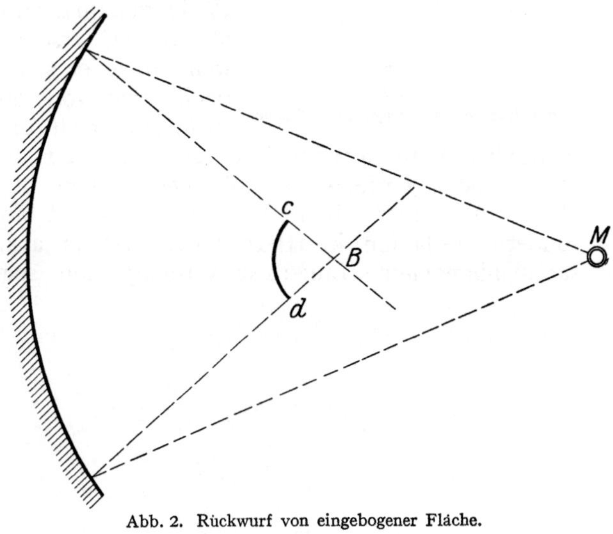

Abb. 2. Rückwurf von eingebogener Fläche.

Wie aus dem Gesagten hervorgeht, sind auch Apsiden, runde Musiknischen usw. akustisch nicht vorteilhaft. Bei Konzertsälen ist es daher für eine möglichst einheitliche und gleichmäßige Klangwirkung besser, das Musikpodium rechteckig als rund zu umgrenzen, damit sich nicht infolge von Schallsammlung der Ton einzelner Instrumente auf bestimmten Zuhörerplätzen besonders stark bemerkbar macht. Vorsicht verlangt auch der Rundhorizont der Theater. Seine glatte Gipsfläche wirft den auftreffenden Schall stark zurück und es können sich daraus Störungen ergeben, wenn ihnen im einzelnen Fall nicht durch Versatzstücke und Dekorationen entgegengewirkt wird.

Eine eigenartige Aufgabe stellt neuerdings der Bau der Planetariumskuppeln dar, weil bei diesen akustische Forderungen wie auch solche der Bildprojektion zu erfüllen sind, beide sich aber vielfach widersprechen[3]).

5. Ausgebogene (konvexe) Fläche. Der Schall wird von einer ausgebogenen Fläche zerstreut, da die Einfallslote auseinanderlaufen und dementsprechend eine auftreffende Welle stärker gestreckt wird, als wenn sie von einer ebenen Fläche käme (Abb. 3)[4]). In gleichem Maße verringert sich die auf den Hörer treffende Schallstärke. Bauchige Flächen sind daher dort zu empfehlen, wo

[1]) H. REIHER, Bayer. Ind.- u. Gewerbeblatt 1925, S. 63.
[2]) J. PRECHT, Verh. d. D. Phys. Ges. 1922, S. 24. Die Untersuchungen beziehen sich auf die Stadthalle in Hannover.
[3]) H. RITTER, Deutsche Bauztg. 1926, S. 476.
[4]) E. MICHEL, Hörsamkeit großer Räume, S. 12.

man auf Schallverteilung besonderen Wert legen muß, z. B. bei der Wahl der Deckenlinie eines Saals, bei der Ausgestaltung des Proszeniums in einem Theater u. dgl. m. Ganz von selbst ergeben sie sich bei velarienartigen Stoffgehängen, vorausgesetzt, daß derartiger Saalschmuck nicht aus ganz dünnem Material besteht und daher akustisch nahezu völlig unwirksam ist.

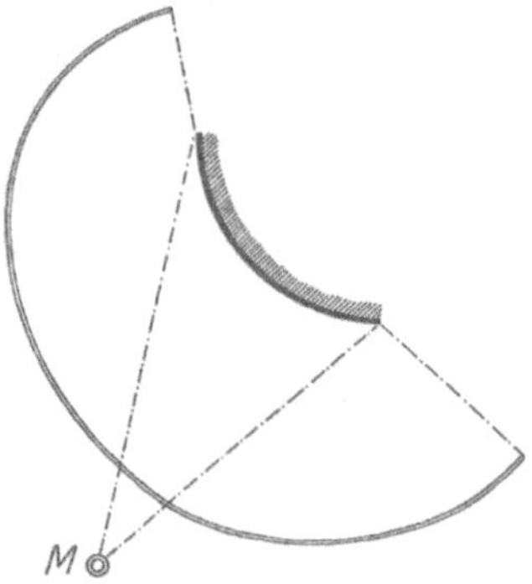

Abb. 3. Rückwurf von ausgebogener Fläche.

6. Ebenflächige Stütze. Aus den bisherigen Betrachtungen läßt sich u. a. auf das Verhalten der Schallwellen an freistehenden Stützen schließen. Sind die letzteren ebenflächig umgrenzt, d. h. als Pfeiler von quadratischem, polygonalem oder kreuzförmigem Querschnitt gebildet, so wird eine Schallwelle an jeder sich ihr entgegenstellenden Seitenfläche wie von einer sonstigen ebenen Fläche zurückgeworfen und sie breitet sich dann mit demselben Öffnungswinkel weiter aus, unter dem sie auf die Fläche zueilte. Die zurückgeworfenen Schallwellenstrecken sind aber, in der Querschnittsebene der Stütze betrachtet, nicht scharf an den Enden abgeschnitten, sondern sie laufen in HUYGENSsche Bögen aus, durch die sie zu einem zusammenhängenden Linienzug vereinigt und sogar beiderseits in den Raum hinter der Stütze herumgeführt werden (Abb. 4)[1]. Ist die Abmessung der Stütze beträchtlich, so können ihre Rückwürfe immerhin ein störendes Maß erreichen. Auch ist bei dicht aufeinanderfolgenden, schräg vom Schall getroffenen Stützen eine wandartige Gesamtrückwurfwirkung nicht ausgeschlossen. Im allgemeinen tragen aber freistehende Stützen in einem Raum zur rascheren und gleichmäßigeren Schallverteilung bei.

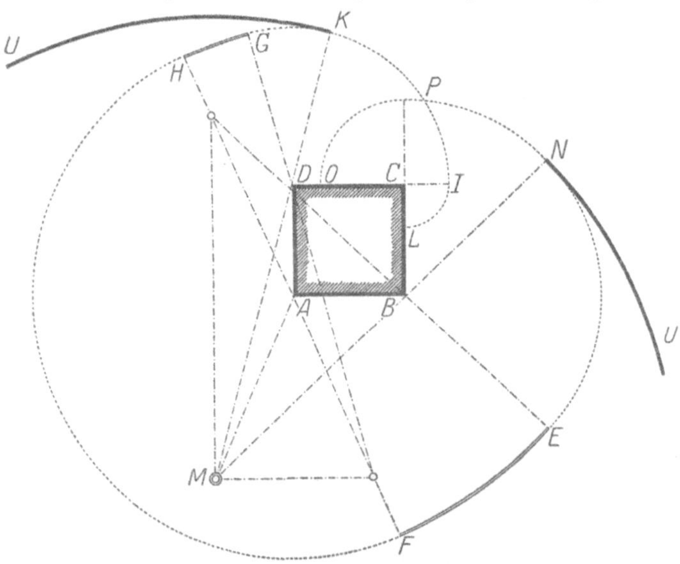

Abb. 4. Rückwurf an ebenflächiger Stütze.

7. Rundflächige Stütze. Die gegen einen runden Pfeiler oder einen Säulenschaft treffenden Schallstrahlen werden unter einem um so größeren Ausschlagwinkel zurückgeworfen, je schräger, d. h. je mehr nach der Seite hin der Strahl die Stütze anschneidet. Eine in der Querschnittsebene der Stütze sich kreisförmig abzeichnende Schallwelle wird demnach als eine sich rasch verbreiternde Kurve zurückgeworfen (Abb. 5)[2] und es verteilt sich infolgedessen im Luftraum eines Saals der Schall schneller bei runden Stützen als bei ebenflächig umgrenzten. Entsprechend kürzer verklingt der Nachhall. Hinter einer runden Stütze laufen

[1] E. MICHEL, Hörsamkeit großer Räume, S. 26.
[2] E. MICHEL, Hörsamkeit großer Räume, S. 28.

die beiderseits vorbeistreichenden Schallwellenzweige als Kreisevolventen aus, die sich immer näher rücken und schließlich überschneiden. Also auch hier ein Herumgreifen, eine Beugung, die es ermöglicht, daß man hinter einer Stütze hören kann, nur mit geringerer Stärke, entsprechend der hier bereits verminderten Schallenergie. Die Beugung tritt um so stärker auf, je größer die Wellenlänge, also je tiefer der Ton ist.

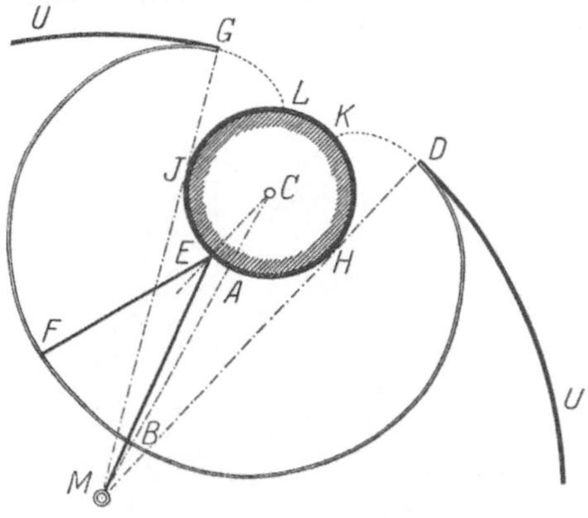

Abb. 5. Rückwurf an runder Stütze.

8. Freigestaltete Stütze. Bei reich gegliederten Stützen, wie sie sich z. B. in gotischen Domen und in barocken Kirchen finden, ist die Art der Rückwurfgestaltung nach der großen Gesamtform des Querschnitts zu beurteilen, wobei unbedeutende Einzelprofile keine Rolle spielen.

9. Beliebiges Raum-Innenprofil. In einem irgendwie gestalteten Raum ergeben sich an den Umschließungsflächen Rückwürfe, welche ein für diesen Raum besonders bezeichnendes Bild bieten[1]). Bei der großen Fortpflanzungsgeschwindigkeit des Schalls laufen sie aber sehr bald wieder an neue Umgrenzungsflächen und dies wiederholt sich in ganz kurzer Zeit so rasch, daß sie z. B. in einer Aula von 10:20 m Grundfläche schon während einer Sekunde 17mal die Längsrichtung und 34mal die Quere durchmessen. Als Durchschnittszahl der sämtlichen Rückwürfe, welche ein Schallstrahl in einem Raum während einer Sekunde erfährt, kann man mit P. E. SABINE[2]) annehmen: $n = \frac{v \cdot s}{4V}$. Hierin bedeutet v die Schallgeschwindigkeit (340 m/sec), s die gesamte Innenfläche des Raums, V den Rauminhalt desselben.

Die Schallwellen und ihre Rückwürfe verzweigen und durchdringen sich sehr bald derart, daß es nicht mehr möglich ist, ihren Verlauf bis in alle Einzelheiten hinein zu verfolgen. Indessen gewähren gerade die ersten Rückwürfe den wertvollsten Anhalt für die Beurteilung der akustischen Verhältnisse des Raums, so daß man bei graphischer Untersuchung des Schallverlaufs im allgemeinen nicht über einen Schallhalbmesser von 70 bis 100 m entsprechend einer Zeitstrecke von etwa $^1/_3$ Sekunde hinauszugehen braucht.

10. Quadratisches, polygonales und kreisförmiges Raum-Innenprofil. Verhältnismäßig einfach ist die Sachlage bei quadratischer oder annähernd quadratischer Umrißlinie (Abb. 6)[3]). Die von irgendeiner Stelle innerhalb derselben ausgehenden Schallwellen laufen zuerst an die zunächst befindliche Umgrenzung, dann an die übrigen Wandungen und schließlich kommen sie nach mehrmaligem Rückwurf mit so geringem Zeitunterschied nahe der gegenüberliegenden Seite zusammen, daß sie nicht getrennt wahrgenommen werden, sondern sich lediglich in einer verstärkten Klangwirkung bemerkbar machen. Diese gleicht in gewissem Maß den durch den zurückgelegten Weg und durch das Zurückwerfen

[1]) A. L. FOLEY, Amer. Archit. Bd. 122, S. 415. 1922; A. L. FOLEY u. W. H. SOUDER, Phys. Rev. Bd. 35, S. 373. 1912; E. MICHEL, Bauwelt 1922, S. 379; A. H. DAVIS u. N. FLEMING, Journ. scient. instr. 1926, S. 393; A. H. DAVIS, Proc. Phys. Soc. Bd. 38, S. 234. 1926; The National Physical Laboratory, Bericht über 1924 u. 1925.

[2]) G. JÄGER, Wiener Ber. (2) Bd. 120, S. 20. 1911; P. E. SABINE, Amer. Archit. Bd. 121, S. 443. 1922.

[3]) E. MICHEL, Hörsamkeit großer Räume, Tafel II.

an den Raumumschließungen entstandenen Stärkeverlust wieder aus. Ähnliches gilt auch vom Achteck und vom Kreis, und es erklärt sich damit bei Grundrissen dieser Gestalt, daß die Plätze nahe der Rückwand eines Saals nicht zu den schlechtesten gehören.

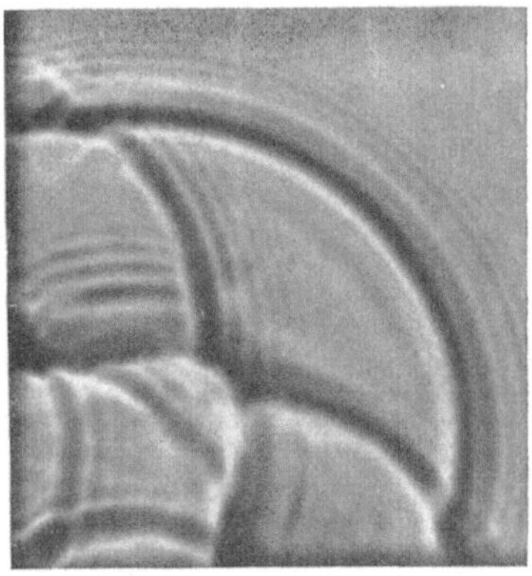

Teilbild 1.

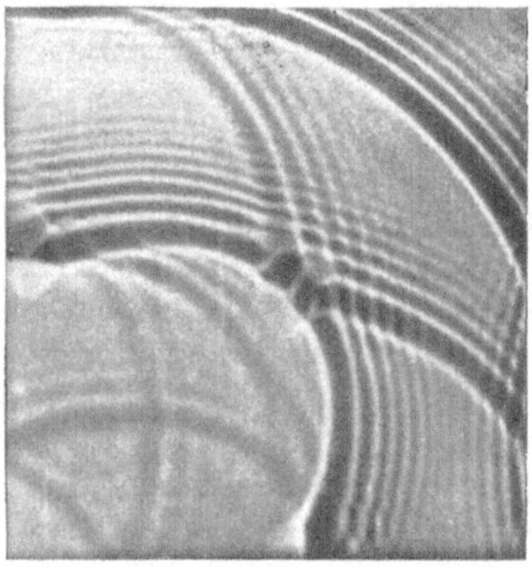

Teilbild 2.

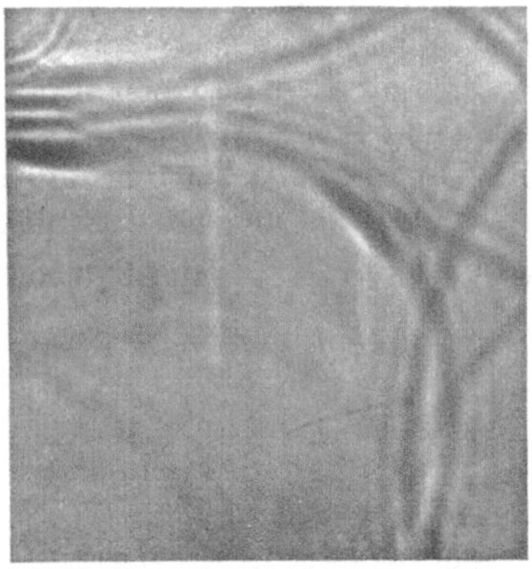

Teilbild 3.

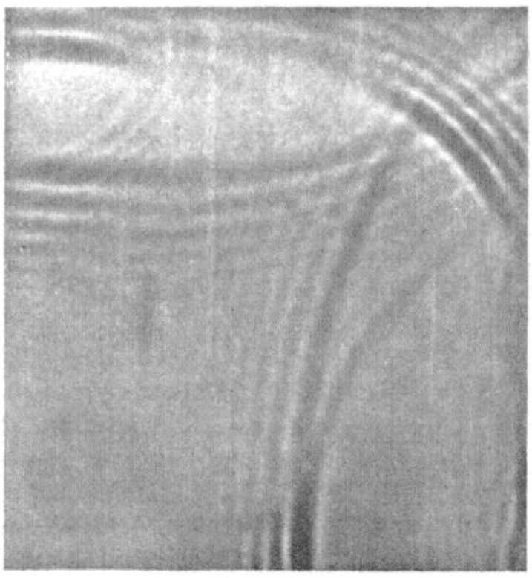

Teilbild 4.

Abb. 6. Ruckwurf in quadratischem Umriß.

11. Rechteckiges Raum-Innenprofil. In Grundrissen und Schnitten von Sälen begegnen wir vielfach der Rechteckform und es ergibt diese ein ähnliches Schallbild wie das Quadrat. Bei stark ausgesprochener Längsrichtung treffen indessen die von einer Schmalseite ausgehenden Schallwellen erst verhältnismäßig spät auf die gegenüberliegende Seite und sie führen, wenn sie von dieser nahezu ungeschwächt zurückgeworfen werden, unter Umständen zu störendem Widerhall.

Die menschliche Stimme fügt sich insofern gut in die Rechteckform, als sie nicht gleich stark nach allen Richtungen hin wirkt, vielmehr die Stärke, welche nach vorn auf 25 m Entfernung als ausreichend empfunden wird, seitwärts nur auf 13 m, rückwärts auf rund 10 m ausgibt. Ähnliche Beobachtungen des Architekten WREN haben vermutlich die Grundlage für den im Jahre 1708 gefaßten Beschluß des englischen Parlaments gebildet, wonach ein Gotteshaus der Hochkirche in der Regel nicht breiter als 60 Fuß (18,30 m) und nicht länger als 90 Fuß (27,45 m) angelegt werden soll. Während sich also die Schallwellen allseitig ausbreiten, weisen die verschiedenen Stellen derselben verschiedene Schallstärke auf. Eine Fläche gleicher Schallstärke deckt sich aber nicht mit einer Raumwellenfläche, sondern hat angenähert Eiform, wobei die Schallquelle sich nahe dem spitzen Ende befindet.

Bei rechteckig umgrenzten Sälen hat sich die Breitenlage, wie sie z. B. beim Betsaal der Brüdergemeinde in Herrnhut gewählt worden ist, im allgemeinen nicht sehr bewährt, weil der in der Mitte der Langseite stehende Redner geradeaus sprechend oft nur einem Teil der beiderseitigen Hörergruppen verständlich wird. Wendet er sich aber nach der einen Seite, so wird er auf der anderen kaum gehört. Die Kirche in Zellerfeld im Harz wurde daher nachträglich in eine dreischiffige Hallenanlage umgewandelt.

12. Kreuzförmiges Raum-Innenprofil. Rückt man in einem rechteckigen Grundriß, in dem eine Schallquelle sich nahe der Schmalseite befindet, die zunächst liegenden Teile der Längswände hinaus, um hier einen möglichst großen Zuhörerkreis zu versammeln, so gelangt man zu der im Kirchenbau viel angewandten Kreuzform. Diese hat den Vorteil, daß die von der Langhaus-Gegenwand und von den Kreuzgiebeln kommenden Rückwürfe infolge ihrer verschiedenen Weglängen nicht an einer Stelle zusammentreffen, also keine störende Anhäufung bilden. Daß trotzdem manche der in gotischem Geiste geschaffenen Predigtkirchen, wie die Nicolaikirche in Hamburg und die Peterskirche in Leipzig akustisch nicht den Erwartungen entsprochen haben, liegt wohl weniger im Grundriß als an der übermäßigen Höhenentwicklung und an der Wölbform der Raumüberdeckung.

13. Trichterförmiger Raum. Der Gestalt eines ungeheuren halben Trichters begegnen wir beim Zuschauerraum des antiken Theaters. Die Sitzstufen treten dabei nur als verhältnismäßig unbedeutende Flächenriefungen hervor, deren Einfluß auf den Schallverlauf bei der im praktisch nutzbaren Tonbereich bis zu 8,5 m großen Wellenlänge belanglos ist. Nach den Reflexionsgesetzen werden bei der angegebenen Hohlform des Zuschauerraums alle von der Bühne kommenden Schallwellen unmittelbar nach oben geworfen, wo sie sich aus dem deckenlosen Raum, ohne zu stören, in die freie Luft verlieren. Andererseits wird der unmittelbare Schall bereits am Ort seines Entstehens durch den Rückwurf der hinter dem Schauspieler sich erhebenden Bühnenwand verstärkt, und auf dem Weg zum Hörer behindern ihn keinerlei Stützen usw., auch nicht die Köpfe der vor den Hörern sitzenden Personen. Letzteres ist vor allem dem starken Ansteigen der Sitzreihen zu verdanken, welches in Orange 40 cm bei 80 cm Breite beträgt. Die Orchestra gibt ebenfalls keine Veranlassung zu Nachhall oder Echo, weil die von ihr schräg weitergeworfenen Schallwellen selbst bei großen Theatern dicht hinter dem unmittelbaren Schall folgen. Der letztere herrscht also im gesamten Schallbild unbedingt vor[1]).

14. Neuere amphitheatralische Anlagen. Der Gedanke des antiken Theaters wird späterhin bei überdeckten Anlagen, z. B. bei den Wagnertheatern und den heutigen Parterretheatern, wieder aufgenommen[2]). Ebenso in Parlamentssälen, nur daß dabei die Schallquelle insofern keine feste Anordnung hat, als manche Abgeordnete von ihrem Platz aus, nicht von der Rednertribüne sprechen; sie bringen sich allerdings dadurch selbst in eine akustisch ungünstige Lage. Auch manche Kirchen zeigen in ihrer Sitzplatzanordnung starke Anklänge, so die Neue lutherische Kirche in Amsterdam (erbaut 1666—1668) und aus unserer Zeit die Zionskirche in Dresden. Endlich sei noch auf viele große Hörsäle und auf Anlagen wie den Masonic Temple in Davenport[3]) u. a. m. hingewiesen.

---

[1]) E. MICHEL, Deutsche Bauhütte 1922, S. 23.

[2]) E. MICHEL, Deutsche Bauhütte 1923, S. 83; 1924, S. 176.

[3]) Amer. Archit. Bd. 127, S. 291. 1925.

Wichtig ist, daß die Sitzreihen, auch der Ränge und Emporen, in angemessener Weise nach rückwärts überhöht werden, damit der Schall von seiner Ursprungsstelle aus das Ohr des Hörers leicht erreichen kann. Im allgemeinen kann man dabei nach denselben Gesichtspunkten wie bei der optischen Überhöhung vorgehen[1]).

15. Parabelform. Da eine Kugelwelle, welche vom Brennpunkt einer paraboloidischen Fläche ausgeht, von der letzteren als ebene Welle zurückgeworfen wird, hat man die Wände der Hill Memorial Hall in Michigan über einem parabelförmigen Grundriß als einheitliche paraboloidische Fläche in die Decke übergeführt, um ein unvorteilhaftes Hin- und Herwerfen des Schalls zu vermeiden. Wie aber die Erfahrung bestätigt, kann die gewünschte Wirkung nur erwartet werden, wenn es sich um einen einzelnen Sänger oder Redner oder um ein einzelnes Musikinstrument handelt, dagegen nicht, wenn ein reich besetztes Orchester vorhanden ist, welches ein großes Podium in Anspruch nimmt, also nicht mehr als punktförmige Schallquelle betrachtet werden darf.

16. Reichgegliederte Räume. Verwickelt wird die Sachlage, wenn die Räume stark gegliedert sind, wenn sie mannigfaltige Aus- und Einbauten, viele Pfeiler und Säulen aufweisen und Emporen und Balkone, womöglich in mehrfacher Anordnung übereinander, wie in manchen Kirchen und Rangtheatern besitzen. Im allgemeinen ergeben sich dabei insoweit günstige Hörsamkeitsverhältnisse, als die Schallwellen vielfältig hin und her geworfen und nach den verschiedensten Richtungen zerstreut werden. Eigentümlicherweise macht man beim Aufkommen der Logentheater im 17. und 18. Jahrhundert fast nur die Grundrißgestalt des Zuschauerraums für die Hörsamkeit verantwortlich und man bemüht sich infolgedessen, eine „akustische Linie" zu ergründen, nach der sich der Aufbau als senkrechter Zylinder mit irgendeinem Deckenabschluß erhebt. So baut SOUFFLOT im Jahre 1756 das Theater in Lyon über einer Ellipse; der Lyra- oder Glockenform folgt die Oper in Berlin (1743), der Hufeisenform das Hoftheater in Dresden und die Oper in Wien. Man denkt also gewissermaßen nur in der wagerechten Ebene, ohne zu überlegen, welchen Weg die übrigen, schräg nach oben oder unten verlaufenden Schallstrahlen nehmen. In Wirklichkeit handelt es sich aber in der Akustik um eine räumliche Aufgabe, bei der es darauf ankommt, den ganzen Aufbau als einheitliches Gebilde zu erfassen und folgerichtig zu durchdenken[2]).

17. Echosäle. Auf den besonderen Formen- und Größeneigenschaften eines Raums beruhen viele auffällige Erscheinungen, z. B. der vielfältige ratternde Widerhall im Tanzsaal des Palais von Kaiser Wilhelm I. in Berlin und im Echosaal der Würzburger Residenz. Eine Absicht des Erbauers einen „Architektenscherz" in ihnen zu suchen, wie gelegentlich geschehen ist, dürfte zu weit gehen. Man wird sie vielmehr als ein Zufallsergebnis zu betrachten haben. Hauptsächlich zeigen sie sich bei flachgekrümmter Deckengestalt in Verbindung mit glatten und harten Decken- und Fußbodenflächen[3]).

18. Flüstergalerien (Sprachgewölbe). Räume, welche die Worte eines Sprechers mit überraschender Deutlichkeit und Stärke an einer verhältnismäßig weit entfernten Stelle vernehmen lassen, nennt man Flüstergalerien oder Sprachgewölbe. Ihre Wirkung beruht auf einem eigenartigen Zurückwerfen und Sammeln der Schallwellen, scheint aber im einzelnen nicht durchweg denselben Ursprung zu haben. Bei geeigneter Architekturgestaltung werden die Schallwellen wohl ähnlich wie in einer geschlossenen Röhre zusammengehalten und fast unzerstreut fortgeleitet, wie dies z. B. an einer mit Hohlkehlprofil umrahmten

---

[1]) M. SEMPER, Handb. d. Arch., 4. Teil, 6. Halbbd., Heft 5, S. 223ff. Stuttgart 1904.
[2]) E. MICHEL, Melos 1922, S. 228.
[3]) E. MICHEL, Deutsche Bauhütte 1927, S. 124.

Tür im Kloster zu Walkenried beobachtet werden kann. Auch die Kugelgewölbe des Bremer Ratskellers, das Gewölbe über der Vorhalle der Würzburger Residenz und das berühmte Ohr des Dionys in Syrakus, ein gewundener höhlenartiger Felsengang, können als Beispiele dienen. Gelegentlich macht sich auch die Eigenschaft der Ellipse geltend, die von dem einen Brennpunkt ausgehenden Strahlen in dem anderen zu sammeln; dies ist z. B. in der Karyatidenhalle des Louvre in Paris der Fall. Endlich können auch Kuppeln wie in St. Paul zu London[1]) so gestaltet sein, daß Schallwellen sich an einem Punkt zu sehr starker Wirkung vereinigen.

19. Bauliche Sonderheiten. Um unmittelbaren Schall möglichst zur Geltung zu bringen, kann eine zweckmäßige Ausgestaltung einzelner Bauteile sehr vorteilhaft sein. So ist bei Kanzeln die Anbringung einer stark zurückwerfenden Rückwand und eines Schalldeckels sehr wichtig, da beide die auf sie entfallenden Schallwellen dicht hinter dem unmittelbaren Schall der Predigerstimme herzusenden und dadurch den letzteren zu verstärken vermögen. Zugleich läßt der Schalldeckel einen Teil des Schalls nicht an die Raumdecke gelangen und es verringert sich dadurch die Nachhallwirkung. Soll der Schalldeckel seinem Zweck entsprechen, so darf er nicht zu klein sein. Die Mare Kerk in Leiden weist einen solchen von 3 m im Quadrat, die Nieuwe Kerk in Amsterdam einen noch größeren auf. In der Marienkirche zu Reutlingen bekam er ringsum 50 cm Vorsprung über den Rand der Kanzelbrüstung. Auch wurde seine Unterfläche nach dem Vorbild der ORTHschen Emmauskirche in Berlin als hängende Pyramide mit möglichst glatten Seiten hergestellt, welche vermöge ihrer Neigung den vom Prediger ausgehenden Schall gerade auf die entferntesten Sitzplätze der Kirche lenken[2]). Die Spitze der Pyramide ist abgestumpft und mit einer schallzerstreuenden Holzschnitzerei geschmückt, um den Redner selbst nicht dem Rückwurf der eigenen Stimme auszusetzen. In der Stuttgarter Markuskirche, welche sich durch ihre gute Hörsamkeit auszeichnet, ist die Unterseite des Schalldeckels in gleichem Sinne kegelförmig mit der Spitze nach unten ausgebildet.

Wenn gelegentlich die Rückwand einer Kanzel nicht von schallzurückwerfenden Flächen aus Holz o. dgl., sondern von dicken Vorhangstoffen gebildet wird, so ist dies insofern unzweckmäßig, als derartige Gewebe viel Schall absorbieren und daher dem unmittelbaren Schall keine unterstützenden und verstärkenden Rückwürfe nachsenden. Die Kanzel ohne Rückwand und ohne Schalldeckel zu lassen, ist nur bei vorzüglichen raumakustischen Verhältnissen angängig. Andererseits wäre es wünschenswert, auch den Altar nach Gesichtspunkten vorteilhaften Schallrückwurfs auszugestalten und zu diesem Zweck vor allem mit einer hochragenden, breiten Rückwand aus Holz zu versehen. Darauf ist bis jetzt leider nur wenig geachtet worden, obwohl beim Gottesdienst vielfach vom Altar aus gesungen und gesprochen wird.

Ein schräger Schallspiegel findet sich über den Bühnenöffnungen des Konzerthauses „Ludwigsbau" in Augsburg, des früher Krollschen Theaters und des großen Schauspielhauses in Berlin.

Bei Kirchen und Konzertsälen ist darauf zu achten, daß die Tonentfaltung der Orgel nicht durch ein unzweckmäßig gestaltetes Gehäuse oder durch eine nur wenig durchbrochene dekorative Orgelwand behindert wird. In einem untersuchten Fall betrugen die Durchbrechungen nur etwa 30% der gesamten Zierwand, so daß der Ton tatsächlich stark beeinträchtigt wurde. Schon besser ist es,

[1]) Lord RAYLEIGH, Phil. Mag. Bd. 20, S. 1001. 1910; C. V. RAMAN, Proc. Roy. Soc. London Bd. 100, S. 424. 1922.

[2]) H. DOLMETSCH, Christl. Kunstbl. 1907, S. 211.

von Gehäusen oder sonstigen Umbauten ganz abzusehen und die Ansicht des Orgelwerks lediglich aus freistehenden Pfeifen zu bilden, wie es in manchen neuzeitlichen Kirchen geschehen ist.

b) Mitschwingung (Resonanz).

20. Allgemeines. Bei den Hörsamkeitsverhältnissen eines Raums spielt auch die Mitschwingung oder Resonanz eine wichtige Rolle. Sie kommt dadurch zustande, daß ein Körper von einem anderen Schallschwingungen aufnimmt und dadurch in Schwingungen gleicher Art versetzt wird. Möglich ist dies, wenn er seiner ganzen Beschaffenheit nach selbst Schwingungen der betreffenden Art auszuführen und womöglich auszusenden vermag.

Da die einmal hervorgerufene Mitschwingung eine gewisse Zeit anhält, so wird durch sie der ursprüngliche Ton nicht nur verstärkt, sondern es gewinnt derselbe auch einen weicheren und volleren Klang.

21. Eigenton. Durch selbständiges Mitschwingen der im Saal enthaltenen Luft entsteht der Eigenton des Raums, und zwar wird derselbe nur von einem ganz bestimmten Ton angeregt, wie sich schon durch Singen einer Tonleiter feststellen läßt. Man sagt, der Raum „spricht auf ihn leicht an", und es sind daher Musik und Rede in ihm dann am klangvollsten, wenn die mittlere Höhenlage derselben auf den Eigenton des Raums oder auf die Oktave darunter oder darüber fällt.

Der Eigenton liegt um so höher, je kleiner der Raum ist, und es spielen bei ihm neben dem Grundton auch die Obertöne eine Rolle. Nach BERGER[1]) sind die Wellenlängen der stärksten und tiefsten Töne eines würfelförmigen Raums gleich seinen doppelten Kantenlängen. Hieraus ergibt sich, wie auch die Erfahrung bestätigt, daß große Räume der Eigentöne entbehren. Auch bei kurzen Schallimpulsen treten sie zurück. Rechnerisch lassen sich andere als rechteckige Raumformen schwer erfassen, auch fehlt es leider noch sehr an einschlägigen Untersuchungen. Solche wären aber vor allem für reich gegliederte Räume und für anschließende Raumteile, wie Nischen, Kapellen und geöffnete Nebensäle sowie hinsichtlich der Rückwirkung der letzteren auf die Hörsamkeit des Hauptraums sehr wünschenswert.

22. Mitschwingung der Raumumschließungen. Vielfach wird von der Schallquelle der eine oder andere Bestandteil, wenn nicht gar das gesamte bauliche Gefüge des Raums, in Mitschwingung versetzt. Besonders leicht gehen dünne Platten, z. B. aus Holz, Eisenbeton oder Rabitzkonstruktion auf Schallschwingungen der verschiedensten Tonreihen ein, zumal wenn sie einen tiefen Grundton besitzen und sie stark belastet oder sonstwie gespannt sind. In England und Amerika hat man in diesem Sinne gelegentlich den Fußboden von Musikräumen künstlich in Spannung versetzt.

Die Mitschwingungen wirken wohl hauptsächlich in der Weise, daß die Schallquelle, etwa ein Redner oder ein Musikinstrument, vermöge der unmittelbaren körperlichen Berührung mit dem Podium Schallschwingungen in den Fußboden und damit in die ganze Baumasse des Saals entsendet. Dort werden sie bei der den festen Stoffen eigenen großen Schallgeschwindigkeit rasch fortgeleitet, und sie erfüllen bereits die gesamte Umschließungsfläche, wenn der durch die Luft sich langsamer fortpflanzende unmittelbare Schall an diesen anlangt. Dabei werden die tiefen Töne von den baulichen Konstruktionen leichter weitergeleitet als die hohen, was man daraus erkennt, daß beim Zusammenspiel mehrerer Instrumente die Begleittöne einer Baßgeige noch in entfernten Zimmern

[1]) R. BERGER, ZS. d. Ver. d. Ing. 1922, S. 709.

eines Gebäudes gehört werden können, wenn höhere Töne nicht mehr durchdringen. Die in Mitschwingung versetzten Umschließungsflächen wirken als neue Schallerreger und sie verstärken durch die von ihnen in den Raum entsandten Schallwellen den durch die Luft auf sie zukommenden unmittelbaren Schall (Abb. 7).

Mitschwingungen werden durch unmittelbare Berührung hervorgerufen, wenn man ein Klavier oder eine Baßgeige auf einen hölzernen Unterbau stellt, um die Tonschwingungen des Instruments auf eine möglichst große Fläche zu verbreiten und damit ausgiebig an die berührende Luft überzuleiten.

Soweit die Schallschwingungen sich im Fußboden oder in den Galeriekonstruktionen eines Saals fortpflanzen, vermögen sie das Ohr des Hörers auch unmittelbar durch seinen Körper zu erreichen, wobei sie sich bei starkem Orgel-

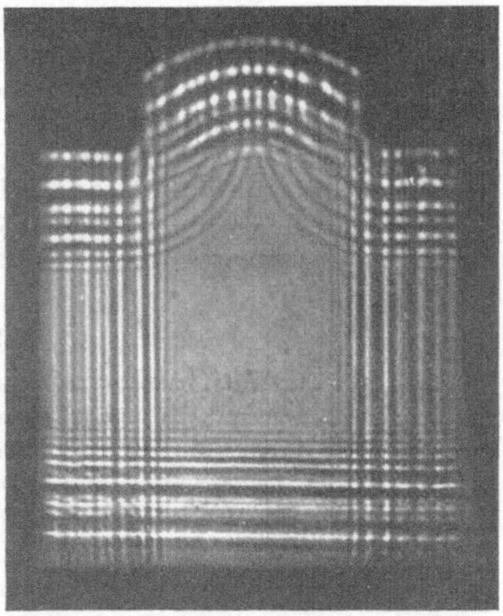

Teilbild 1. Beginn der Wellenentwicklung. Teilbild 2. Weitere Entwicklung der Wellen.

Abb. 7. Mitschwingungswellen, von der Umgrenzung eines rechteckigen Saals mit Musiknische (Grundriß) ausgesandt.

spiel usw. sogar als mechanische Erschütterungen bemerkbar machen. Endlich können die Umwandungen und Ausstattungen des Raums von der lebendigen Kraft der auftreffenden unmittelbaren Luftschallwelle nin Mitschwingungen versetzt werden, die sich wiederum der Raumluft mitteilen, wie ein Klavier oder eine Harfe mitklingt, sobald hineingesungen oder ein anderes Instrument in der Nähe gespielt wird.

23. Nutzbarmachen der Mitschwingungen. Auf die große Mitschwingungsfähigkeit des Holzes ist es zurückzuführen, daß mit reichlichem Holzaufwand hergestellte Räume eine gute Hörsamkeit aufweisen. So war der berühmte alte Gewandhaussaal in Leipzig[1]) als Holzkasten aus Fachwerk mit beiderseitiger Bretterverkleidung in das alte Zeughaus eingebaut, wobei sich die Fußbodenlage des Saals auf die Balkenlage des ersten Geschosses und diese wieder auf den Fußboden darunter abstützte, so daß sie sämtlich als Resonanzböden mitschwingen mußten. Außerdem hatten die Holzwände den Dachstuhl zu tragen und sie wurden durch diese Belastung in eine beträchtliche Spannung versetzt, welche die Empfänglichkeit für Tonschwingungen noch steigerte.

---

[1]) V. MÜLLER, ZS. f. Instrumentenbau Bd. 15, S. 478. 1894/95.

Im Kirchengemeindehaus Enge in Zürich kann bei Vorträgen die Bühnenöffnung hinter dem Rednerpult zur Erzielung verstärkender Mitschwingungen und Rückwürfe durch eine Sperrholzwand geschlossen werden[1]).

Die der Raumakustik so günstige Verwendung von Holz gewinnt neuerdings wieder erhöhte Bedeutung durch die Entwicklung der Holz-Großkonstruktion, welche es ermöglicht, selbst außergewöhnlichen Raumbedürfnissen mit Spannweiten bis zu 80 m zu entsprechen; hierfür seien nur die Dresdener Sängerhalle von 1925 und die Westfalenhalle in Dortmund als Beispiele genannt. Beachtenswert ist auch der akustische Erfolg der aus Holz gebauten Stadthallen in Ludwigshafen und Stuttgart, ferner des mit zwar eisernem Tragwerk hergestellten, aber ganz in Sperrholz ausgeschalten Konzertsaals im neuen Kölner Meßpalast und des ebenfalls mit Holz verkleideten großen Saals der Stadthalle in Mülheim a. d. Ruhr. In gleichem Sinn vermögen Holzvertäfelungen, Holzfußböden, hölzerne Galerien und Emporen beim Ausbau von Sälen viel Gutes zu wirken. Im großen Saal des Schützenhauses zu Herford und im Salzburger Festspielhaus[2]) hatte der nachträgliche Einbau einer Holzdecke guten Erfolg. An der schon erwähnten Kanzel der Markuskirche in Stuttgart wurden die Brüstungen nebst Rückwand als hölzerne Resonanzkästen mit Schallöchern ausgebildet. Und ähnliches kann bei Rednertribünen in Parlamentssälen usw. geschehen.

Leider fehlt es aber auf dem Gebiet der Mitschwingungen noch sehr an praktisch verwertbaren wissenschaftlichen Untersuchungen[3]).

c) Interferenz[4]).

24. Allgemeines. Interferenzen ergeben sich, wenn die an irgendeiner Stelle zusammentreffenden Schallwellen ihre Wirkungen vereinigen, d. h. wenn ihre Schwingungen sich je nach ihrer Phase verstärken oder tilgen. Am deutlichsten treten sie bei einem Dauerton auf, indem dieser feste Stellen besonderer Lautheit und solche verhältnismäßiger Stille bemerkbar werden läßt. Die Verteilung derselben im Raum wird hauptsächlich durch die Gestalt des letzteren und durch die Wellenlänge bestimmt. Oft genügt für den Hörer eine nur geringfügige Bewegung des Kopfes, um von der Lautheit zur Stille zu gelangen und umgekehrt. Trägt man an Hand entsprechender Beobachtungen in einen Saalgrundriß Linien gleicher Tonstärke ein, so ergibt sich ein Bild, das an die Darstellung zahlreicher Bergkuppen mit Hilfe von Höhenlinien erinnert (Abb. 8)[5]).

Abb. 8. Interferenzen im Grundriß eines rechteckigen Saals mit Bogendecke. Schallquelle in der Mitte.

Praktisch kommt indessen ein einzelner Dauerton selten vor, vielmehr handelt es sich meistens um rasch wechselnde Tonfolgen von verschiedener Höhenlage

[1]) F. M. OSSWALD, Das Werk 1925, Heft 5.

[2]) A. WEISER, Bauwelt 1926, S. 643.

[3]) E. MICHEL, Naturwissensch. 1922, S. 420; ZS. d. Ver. d. Ing. 1927, S. 899.

[4]) Vgl. hierzu auch Artikel „Schwingungen räumlich ausgedehnter Kontinua" Ziff. 7 (ds. Bd. Kap. 4).

[5]) Journ. Frankl. Inst. Bd. 179, S. 14. 1915.

und bei Orchestermusik und Chorgesang um zahlreiche, noch dazu über ein großes Podium verteilte Schallquellen. Außerdem sind den einzelnen Tönen, z. B. einer menschlichen Stimme oder eines Musikinstruments, zahlreiche Obertöne beigemengt, die unter sich wie auch mit den Grundtönen interferieren[1]). Infolgedessen hat man die mannigfaltigsten, sich beständig ändernden Interferenzsysteme zu erwarten, so daß unter Umständen dort, wo der eine Ton laut zu hören ist, ein anderer sich kaum bemerkbar macht und der Beobachter auf einem der Saalplätze den Grundton, auf einem anderen einen Oberton deutlich vernimmt. Je nach diesen Plätzen können daher musikalische Klänge, z. B. einer Violine, von ganz verschiedener Wirkung sein.

25. Kombinationstöne, Schwebungen. Bei diesen gilt gleichfalls das vorstehend Gesagte, zumal neben den Grundtönen auch die Obertöne in Betracht kommen und diese sowohl untereinander wie mit den Grundtönen Schwebungen usw. bilden.

Wie sich aus den vorstehenden Darlegungen ergibt, wird es kaum jemals möglich sein, die Interferenzen usw. vollständig zu überschauen. Sie im einzelnen zu verfolgen, hätte für die praktische Raumakustik auch um so weniger Zweck, als sich ihr Entstehen nicht vermeiden und höchstens allgemein durch Abdämpfen der die Ursache bildenden Rückwürfe beeinflussen läßt. Andererseits wird behauptet, daß ihr Auftreten wünschenswert sei, weil es einen angenehmen Reiz für das Ohr bilde.

d) Schallstärke[2]).

26. Stärkenabnahme mit der Entfernung. Bei allseitig gleichmäßiger Ausbreitung einer Schallwelle muß theoretisch die auf die wachsende Oberfläche sich verteilende Schallenergie, auf die Flächeneinheit bezogen, im Quadrat der Entfernung vom Schallmittelpunkt, also des Schallwegs, abnehmen. Dies bestätigt sich aber in der praktischen Erfahrung nicht, weil die Schallwellen nirgends einen unbegrenzten Raum vorfinden, sondern sehr bald auf benachbarte Flächen, zum mindesten auf den Erdboden, treffen, dort zurückgeworfen und dem unmittelbaren Schall nachgesandt werden und dadurch den letzteren sowohl für das Ohr wie für die Messung verstärken. Man kommt daher der Wirklichkeit näher, wenn man für die durch die Entfernung bewirkte Stärkenverminderung einen geringeren Wert, bis herab zum linearen Verhältnis annimmt.

Sehr beachtenswert sind die neueren Versuche, den in großen Räumen, z. B. im Kölner Dom, in der Kathedrale von Liverpool und in der Westminster Abtei sich ergebenden Schallstärkeverlust durch Anbringen von Lautsprechern auszugleichen[3]).

27. Physiologische und physikalische Tonstärke. Das Gefühl für eine Tonstärke, das physiologische Empfinden stimmt nicht mit der tatsächlichen physikalischen Tonstärke überein[4]), vielmehr gilt das psychophysische Grundgesetz von FECHNER-WEBER, wonach die Empfindung gleich dem Logarithmus des Reizes ist ($E = \log R$) und über eine gewisse Reizstärke hinaus die Empfindung überhaupt nicht mehr zunimmt. Ferner ist die Unterschiedsempfindlich-

---

[1]) C STUMPF, Tonpsychologie. Leipzig 1883; Beitr. z. Anat., Physiol. usw. 1921, S. 151 u. 234.; Berl. Ber. 1918, S. 333 u. 1921, S. 636; P. H. EDWARDS, Phys. Rev. Bd. 32, S. 24. 1911; D. C. MILLER, The science of musical tones. New York 1922; K. W. WAGNER, Elektrot. ZS. 1924, S. 451; F. TRENDELENBURG, Naturwissensch. 1924, S. 661.; 1925, S. 772.

[2]) Vgl. hierzu auch Artikel „Schallausbreitung“ Ziff. 1 (ds. Bd. Kap. 15).

[3]) W. O. SCHUMANN, Elektrot. ZS. 1926, S. 294; G. W. C. KAYE, Nature Bd. 119, S. 605. 1927; H. GERDIEN, Telefunken-Ztg. 1926, S. 35ff.

[4]) E. PETZOLD, D. Bauztg. 1926, S. 413 (ebenda auch Vorschläge zu einem akustischen Maßsystem); Zentralbl. d. Bauverwalt. 1926, S. 344. Vgl. auch Kap. 11, Ziff. 22.

keit des menschlichen Ohrs für Schallstärken sehr gering. Zwei Schalle, deren Stärken sich objektiv wie 3:4 verhalten, werden nur eben noch als verschieden stark empfunden. Nach MERKEL[1]) muß ein Schall um 36% stärker oder um 27% schwächer als ein anderer sein, wenn er nicht mehr gleichwertig wirken soll.

28. Stärkeverlust beim Rückwurf[2]). Trifft ein Schall auf irgendeine Fläche, so wird er von dieser mit einem gewissen Stärkeverlust zurückgeworfen, indem sie je nach ihrer Beschaffenheit einen Teil der Energie durch die Poren der Fläche in benachbarte Räume oder in freie Luft entweichen läßt und einen anderen Teil durch Reibung an den Wandungen der Poren in Wärme umsetzt. Schließlich wird ein Teil noch dazu aufgebraucht, um die betreffende Wand in Schwingungen zu versetzen, um also mechanische Arbeit zu verrichten. Wenn im letzteren Fall die Wand ihre Schwingungen an die auf der anderen Seite befindliche Luft mitteilt, so macht sie sich gewissermaßen zu einer Zwischenschallquelle. Hierbei kann sie den Eindruck erwecken, als ob sie besonders stark schalldurchlässig sei, selbst wenn sie dies tatsächlich nicht ist.

Je glatter, dichter und starrer ein Körper und je größer seine Masse ist, desto weniger Schall läßt er durchtreten oder zu Wärme werden, desto mehr wirft er zurück. Bei poliertem Granit z. B. wird ein viel größerer Bruchteil zurückgeworfen als bei weichen Teppichen. Damit erklärt sich ohne weiteres der starke Nachhall in marmorverkleideten Prachträumen, z. B. in der Walhalla bei Regensburg und in der Befreiungshalle bei Kelheim.

Poröse Stoffe dämpfen, d. h. absorbieren mehr die hohen als die tiefen Töne. Sie drängen also die Nebentöne gegenüber dem Hauptton zurück und lassen dadurch den letzteren reiner erscheinen. Trifft andererseits ein Ton auf eine unporöse Fläche, so wird er um so weniger gedämpft, je höher er ist[3]). Infolgedessen erhält jeder Rückwurf durch teilweise Abgabe des Grundtons eine schärfere Klangfarbe als der Urton. Auch werden Geräusche wie Papierknittern, Husten, Kleiderrauschen usw. infolge ihres Gehalts an hohen Teiltönen stark zurückgeworfen und sie machen sich daher besonders störend bemerkbar. Untersuchungen von P. E. SABINE[4]) haben ergeben, daß eine Dämpfung der Stoßtöne von Rechen- und Schreibmaschinen, Telegraphenapparaten usw. am wirksamsten durch Einschränken der hohen Teiltöne zwischen *C* 5 (1024 Schwingungen in der Sekunde) und *C* 6 (2048 Schwingungen) erreicht werden kann, während für die Dämpfung von Sprechtönen die Oktave darunter am bedeutungsvollsten ist.

Bei Filz hat F. R. WATSON[5]) beobachtet, daß zunächst um so mehr Schall zurückgeworfen wurde, je dicker die untersuchte Schicht gewählt wurde, daß aber über eine bestimmte Filzstärke hinaus der bis dahin erreichte Rückwurfwert nicht mehr zunahm. Die Oberfläche eines porösen Materials ergibt also für sich noch nicht den gesamten Rückwurf, vielmehr tragen auch tiefer liegende Teile dazu bei, ähnlich wie ein Echo am Waldrand von den bis zu gewisser Tiefe nach dem Innern des Waldes zu stehenden Bäumen miterzeugt wird.

Durch erstmalige Rückwürfe wird nach TH. UNGER[6]) die Stärke des unmittelbaren Schalls immer, und zwar auf ein Vielfaches, erhöht, während ihre Vermehrung durch Rückwürfe höherer Ordnung und durch Einschwingung im allgemeinen der Verminderung durch Einschwingung gleichgesetzt werden kann.

---

[1]) WINKELMANN, Handb. d. Physik 2. Aufl., Bd. 2, S 247. Vgl. hierzu auch den Artikel „Das Gehör" Ziff. 22 (ds. Bd. Kap. 11).

[2]) Vgl. hierzu auch Artikel „Schallausbreitung" Ziff. 6ff. (ds. Bd. Kap. 15).

[3]) G. JÄGER, Wiener Ber. (2a) Bd. 120, S. 631. 1911.

[4]) P. E. SABINE, Amer. Archit. Bd. 121, S. 529. 1922.

[5]) F. R. WATSON, Univ. of Illinois Bull. Nr. 127, S. 32.

[6]) TH. UNGER, Die Musik 1903. S. 265.

29. Dämpfungswerte. Wie A. STURMHÖFEL festgestellt hat, ist im Vergleich zu dem auf freiem Felde hörbaren unmittelbaren Schall bei gleichen Entfernungen die nach einmaligem Rückwurf zu erwartende geringere Stärke wie folgt einzuschätzen:

bei Wasserspiegel	zu 95%
„ polierter Steinwand	„ 95%
„ „ oder lackierter Holztäfelung	„ 95%
„ gestrichener Holztäfelung	„ 90%
„ glattgeputzter Wand	zu 80 bis 85%
„ gefugter Wand	zu 75%
„ reliefierter Wandfläche mit glattgeputztem Grund	„ 64%
„ glattgestrichenem Rapputz	„ 50%
„ ebengetretener Kiesfläche	„ 50%
„ einem mit kurzem Besen gerauhten Putz, sog. Stipputz	„ 35%
„ ausgesteifter Theaterdekoration	„ 30%
„ faltiger Plüschdraperie	„ 20%
„ Waldrand	„ 17%

Diese Werte sind aber insofern mit einer gewissen Vorsicht zu betrachten, als sie nur mit Hilfe der persönlichen Reizschwelle gewonnen wurden. Eine genaue objektive Nachprüfung wäre sehr wünschenswert.

W. C. SABINE hat mit Hilfe des Tons einer Orgelpfeife von 512 Schwingungen in der Sekunde die Dämpfungswerte der für die Ausführung und Ausstattung von Sälen wichtigsten Materialflächen und Gegenstände wie folgt ermittelt:

1. Auf 1 m^2 Fläche bezogen im Vergleich zu 1 m^2 offener Fensterfläche:

Bekleidung in Hartkiefer	0,061
Putz auf Holzlattung oder -schalung	0,033
Putz auf Drahtgeflecht	0,033
Gewöhnliches Ziegelmauerwerk	0,032
Glas, einfache Dicke	0,027
Putz auf Ziegelmauerwerk	0,025
Ziegelmauerwerk in Zementmörtel	0,025
Beton	0,015
Marmor	0,010
Haarfilz, 2,5 cm stark, mit dünnem Stoffüberzug	0,55
Desgl. wie vor, noch dazu mit Farbe gestrichen	0,25 bis 0,45
Besonders schwerer Teppich	0,29
Ölgemälde einschl. Rahmen	0,28
Bühnenöffnung	0,25 bis 0,40
Vorhang	0,23
Teppich	0,20
Kokosmatte	0,17
Kork, 2,5 cm stark, lose am Fußboden	0,16
Bespannung mit Baumwollstoff (Cretonne) von 182 g/m^2 Gewicht	0,15
Linoleum, lose am Fußboden	0,12
Bespannung mit feinem Nesselstoff von 48 g/m^2 Gewicht	0,019
Publikum, auf 1 m^2 Saalfläche	0,96

2. Stückzahlen:

Einzelne Frau	0,54
Einzelner Mann	0,48
Publikum, für 1 Person	0,44
Klavier	0,60
Gepolsterter Stuhl mit Lederbezug	0,30
Gepolsterte Bank mit Lederbezug und Lehne (5 Sitze)	1,10
Desgl. für den einzelnen Sitz	0,28
Kissenbelag für einen Sitz	0,20
Holzbank mit Lehne (5 Sitze)	0,039
Desgl. für den einzelnen Sitz	0,0077
Kirchengestühl, für den einzelnen Sitz	0,0186
Holzstuhl	0,0082

3. Auf 1 m^3 bezogen:

Hauspflanzen	0,11

Für Holz, welches nicht dicht auf massiver Fläche liegt, kann man einen höheren als den obigen Wert von 0,061 ansetzen. So ermittelte S. H. ANDERSON für die Holzverkleidung von eisernen Deckenträgern die Zahl 0,114[1]). Genauere Untersuchungen scheinen aber noch nötig zu sein. Neuerdings hat J. PRECHT noch eine Anzahl weiterer Konstanten bestimmt und zwar sowohl an frei ausgespanntem Material wie auch an solchem, welches auf eine 6 cm starke Betonplatte gelegt wurde, um den praktischen Verhältnissen einer Wandverkleidung möglichst nahe zu kommen[2]).

Wie einschlägige Versuche gezeigt haben, werden von den einzelnen Baustoffen usw. verschieden hohe Töne beim Rückwurf auch in verschiedenem Maß gedämpft. Für die Oktavenreihe von *C* 1 mit 64 Schwingungen in der Sekunde bis *C* 7 mit 4096 Schwingungen ergeben sich beispielsweise folgende Werte[3]):

	C_1^{64}	C_2^{128}	C_3^{256}	C_4^{512}	C_5^{1024}	C_6^{2048}	C_7^{4096}
Kiefernholz von $\frac{5}{8}$ Zoll (1,6 cm) Stärke	0,064	0,098	0,112	0,104	0,081	0,082	0,113
Ziegelmauer in Zementmörtel, 18 Zoll (45,72 cm) stark	0,011	0,012	0,014	0,017	0,020	0,023	0,025
Eine Person (Publikum)	0,160	0,322	0,395	0,440	0,455	0,460	0,460

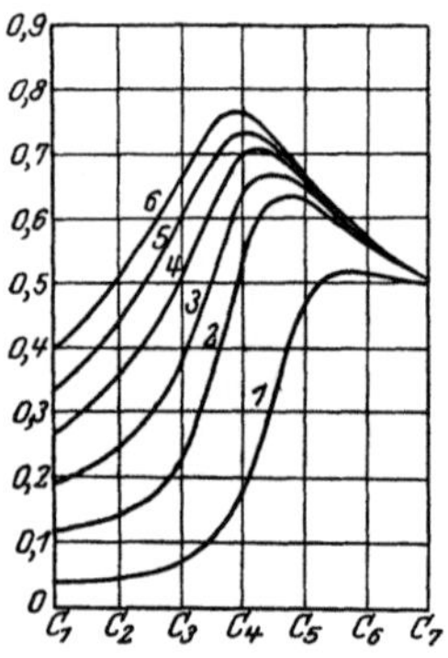

Abb. 9. Dämpfungswirkung von 1 bis 6 Filzlagen (je 1,1 cm dick) bei verschiedenen Tonhöhen (C_3 = 256 Schwingungen in der Sekunde).

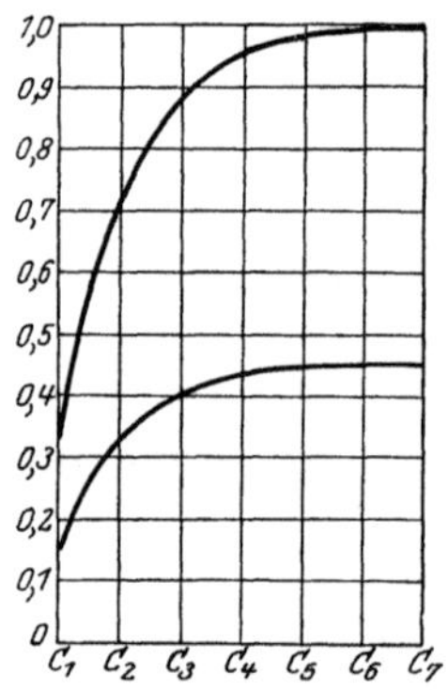

Abb. 10. Dämpfungswirkung von Publikum, unten auf 1 Person, oben auf 1 m² bezogen (C_3 = 256 Schwingungen in der Sekunde).

Die hier beigefügten Zeichnungen (Abb. 9, 10)[4]) geben für dieselben Töne wie vor die Dämpfungswerte von 1 bis 6 je 1,1 cm starken Filzlagen sowie die Dämpfung durch Publikum an, letzteres auf eine Person (untere Kurve) wie auch auf 1 m² Saalfläche (obere Kurve) bei normaler Besetzungsweise bezogen. Daß beim Filz das Maximum mit zunehmender Schichtstärke zu tieferen Tönen wandert, führt W. C. SABINE auf Resonanz des Materials zurück.

e) Nachhall.

30. Allgemeines. Neben den unter a), b) und c) bereits besprochenen akustischen Einzelerscheinungen spielt bei der Hörsamkeit eines Raums auch ihre Gesamtwirkung in Gestalt des Nachhalls eine Rolle. Der letztere besteht darin, daß beim plötzlichen Abbrechen einer Tonerzeugung der Ton selbst nicht sofort aufhört, sondern erst allmählich erlischt, und zwar nicht gleichmäßig, sondern mit immer geringer werdenden Ab- und Wiederzunahmen[5]). Die in den Raum entsandten Schallwellen werden nämlich noch eine gewisse Zeit hindurch zwischen den Raumumschließungen hin und her geworfen, bevor sie durch die mit dem jeweiligen Rückwurf verbundene Stärkenverminderung so weit geschwächt

[1]) S. H. ANDERSON, Phys. Rev. (2) Bd. 26, S. 288. 1925.
[2]) J. PRECHT, Verh. d. D. Phys. Ges. (3) Bd. 6, S. 37. 1925.
[3]) W. C. SABINE, Collected papers on acoustics S. 203ff.
[4]) W. C. SABINE, Collected papers on acoustics S. 213 u. 227.
[5]) J. BIEHLE, ZS. f. Musikwissensch. 1919, S. 129. A. QUICK, Nachhalluntersuchungen. Dissert. Hannover 1921; E. MICHEL, Deutsche Bauhütte 1924, S. 174; E. MEYER, Zeitschr. f. techn. Phys. Bd. 7, S. 609, 1926. Eine weitere Arbeit hierüber von F. TRENDELENBURG erscheint demnächst in den Wiss. Veröff. a. d. Siemens-Konzern.

sind, daß sie vom Ohr nicht mehr wahrgenommen werden können. Die bei diesem Abklingen verlaufende Zeit, die Nachhalldauer kann als Maßstab für die Beurteilung der Hörsamkeit dienen. Die entsprechenden Messungsverfahren leiden indessen unter dem Umstand, daß sich bei ihnen das subjektive Empfinden schwer ausschalten läßt, selbst nicht bei so feiner Apparatur, wie sie vor einiger Zeit im Saal der Singakademie in Berlin verwendet wurde[1]). Gewissermaßen das Gegenbild zum Nachhall ist der Anhall, d. h. das Anwachsen der Stärke eines angestimmten Tons bis zum Erreichen des Beharrungszustandes. Der Anhall ist kürzer als der abklingende Nachhall, und es wird durch ihn in Räumen von geringer Dämpfungskraft die Schärfe des Einsatzes von Musikinstrumenten oder von Gesang unter Umständen recht erheblich beeinträchtigt. Das Einbringen von schalldämpfendem Material verkürzt aber die Anhallzeit und läßt dadurch Wort und Musik deutlicher hervortreten.

Wie aus den Erörterungen unter Ziff. 28 hervorgeht, kann ein Raum je nach seiner Bauweise und Ausstattung einen verschiedenen Grad von Klangtreue besitzen. Er kann z. B. erheblichen Nachhall für tiefe Töne und nur geringen für hohe aufweisen und umgekehrt; oder er zeigt beträchtlichen Nachhall bei tiefen und hohen Tönen und nur schwachen für mittlere. Da aber jeder Ton aus einem Grundton und einer Anzahl von Obertönen besteht, so ändert sich unter Umständen bei jeder Note die Klangfarbe. Bald tritt mehr der eine, bald der andere Teilton stärker hervor und damit erklärt sich das oft so verschiedenartige Verhalten eines Saals bei Männer- und Frauenstimme, bei Flüstern und bei vollem Ton, in leerem Zustand und bei Besetzung mit Publikum, bei Musik und bei Rede. Letzteres wird z. B. vom Odeonsaal in München berichtet[2]).

Ferner klingt im besetzten Saal Musik vielfach reiner, indem die höheren Nebentöne mehr geschwächt werden als die tieferen und als der Grundton. Meistens wird es wünschenswert sein, die Töne von $C\,3$ bis $C\,6$ zu dämpfen, insbesondere die Oktave zwischen $C\,4$ und $C\,5$. Im ganzen kam W. C. Sabine bei seinen Studien zu dem Schluß, daß es ausreiche, einen Raum, der zum Sprechen bestimmt sei, nach Maßgabe einer einzigen Tonquelle, am besten einer solchen von 800 Schwingungen in der Sekunde durchzuprüfen, dagegen für Musiksäle die ganze vorgenannte Oktavenreihe in den Bereich der Untersuchung zu ziehen.

31. Anordnen von schalldämpfenden Materialien. In Räumen von mittlerer Größe hat W. C. Sabine folgendes beobachtet:

1. Die Dauer des Nachhalls ist an allen Stellen des Raums fast dieselbe, d. h. sie ist bei feststehender Schallquelle nahezu unabhängig vom Standort des Beobachters.

2. Die Dauer des Nachhalls ist fast unabhängig von der Stellung der Schallquelle, d. h. sie ändert sich im großen und ganzen nicht, wenn man die Schallquelle an verschiedenen Stellen anordnet, während der Beobachter an derselben Stelle verbleibt.

3. Die Wirkung eines Schalldämpfers ist fast unabhängig von der Stelle, an welcher er angebracht wird.

---

[1]) W. Hahn, Telefunken-Ztg. 1923, S. 31. Vgl. auch J. C. Karcher, Scient. Pap. Bureau of Stand. Bd. 19, S. 105; Engineering 1921, S. 586, 763; 1924, S. 65, 108, 810; A. H. Davis, Phil. Mag. (6) Bd. 50, S. 75. 1925; (7) Bd. 2, S. 543. 1926; A. H. Davis u. N. Fleming, Phil. Mag. (7) Bd. 2, S. 51. 1926; H. Riegger u. F. Trendelenburg, ZS. f. techn. Phys. Bd. 7, S. 187, 1926; V. O. Knudsen, Phys. Rev. (2) Bd. 27, S. 643. 1926; A. H. Davis u. T. L. Littler, Phil. Mag. (7) Bd. 3, S. 177. 1927; H. Barkhausen, ZS. f. techn. Phys. Bd. 7, S. 599. 1926; E. Meyer, ebenda S. 609; H. Gerdien, Telefunken-Ztg. 1926, S. 28; F. Trendelenburg, Wiss. Veröffentl. a. d. Siemens-Konz. Bd. 5, Heft 2, S. 120. 1926; K. W. Wagner, Forschungen u. Fortschritte 1927, S. 86.

[2]) H. Reiher, Bayer. Ind.- u. Gewerbebl. 1925, S. 64.

Bei großen Räumen kann nach den Messungen von BIEHLE[1]) und KREÜGER[2]) die Nachhalldauer je nach dem Standort des Hörers verschieden sein, wobei tiefe und hohe Töne wesentlich schneller abklingen als solche der Mittellage. Treten viele Geräusche in der Umgebung auf, so werden die tieferen Töne mehr als die hohen gedämpft. Auch die Stelle, an welcher schalldämpfendes Material angeordnet wird, ist wichtig[3]); gleiches gilt von seiner Flächengestalt. So fand P. E. SABINE, daß ein Filzbelag von 3,3 m² Größe als schmales Rechteck eine um 50% größere Dämpfungswirkung ergab als bei quadratischer Form[4]). Nach Versuchen von WATSON ergibt sich die befriedigendste Wirkung in einem Saal, wenn absorbierende Materialien im Zuhörerraum, reflektierende und mitschwingende in der Umgebung der Schallquelle untergebracht werden[5]).

32. Berechnen der Nachhalldauer. Um bei einem Bauvorhaben bereits an Hand des vorliegenden Entwurfs die für einen Saal zu erwartende Nachhalldauer abzuschätzen, kann man die von W. C. SABINE aufgestellte Formel $t_{\text{sec}} = \frac{K \cdot V}{a}$ benutzen. Hierin bedeutet K einen durch Versuche ermittelten Wert[6]), der von der Tonhöhe, Klangfarbe und Anfangsstärke der Schallquelle abhängig ist und bei einer Orgelpfeife C 4 von 512 Schwingungen in der Sekunde nach W. S. SABINE zu 0,164, nach F. R. WATSON zu 0,1625 angenommen werden kann, wenn die Pfeife so angeblasen wird, daß sie dem betreffenden Raum eine dem gewöhnlichen Gesprächston gleichkommende Durchschnittsschallstärke mitteilt. Der Wert a ist die Gesamtdämpfung des Raums und ergibt sich aus den jeweiligen Materialflächen der Raumumschließungen, multipliziert mit den zugehörigen, unter Ziff. 29 aufgeführten SABINEschen Dämpfungszahlen.

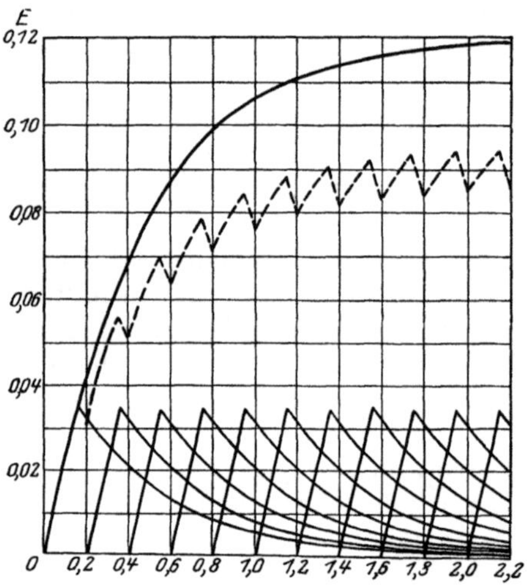

Abb. 11. An- und Abklingen von Silben bei zu geringer Gesamtdampfung.

Aus der genannten Formel geht hervor, daß zur Erzielung einer nicht zu langen Nachhalldauer der Rauminhalt V klein, der Wert a aber groß sein muß. Bei sehr kleiner Dämpfung a hält der Klang der einzelnen gesprochenen Silbe verhältnismäßig lang an und er überdeckt sich dann noch mit der folgenden Silbe. Es entwickelt sich hierdurch ein von nur kurzen Abfällen unterbrochener starker Gesamthall, der das Hören sehr erschwert (Abb. 11)[7]). Besitzt ein Raum eine ihm angemessene Dämpfung, so fällt die Gesamtstärke zwischen den einzelnen Silben deutlich ab und es wird der Sprecher gut verständlich (Abb. 12). Bei zu stark dämpfender Raumausstattung bleibt von jeder Silbe bis zum Beginn

[1]) J. BIEHLE, Raumakustische, orgeltechnische und bauliturgische Probleme; Untersuchungen am Dom zu Schleswig. Leipzig 1922.

[2]) H. KREÜGER, Deutsche Bauztg. 1927, S. 308.

[3]) E. PETZOLD, Zentralbl. d. Bauverwalt. 1927, S. 58.

[4]) P. E. SABINE, Phys. Rev. (2) Bd. 19, S. 402. 1922; A. H. DAVIS, Phil. Mag. Bd. 2, S. 543. 1926.

[5]) F. R. WATSON, Science Bd. 64, S. 209. 1926; Phys. Rev. (2) Bd. 29, S. 220. 1927; A. GRADENWITZ, Bauwelt 1927, S. 523.

[6]) Vgl. auch A. D. FOKKER, Physica 1924, S. 262; Phys. Ber. 1925, S. 1195.

[7]) E. A. ECKHARDT, Journ. Frankl. Inst. Bd. 195, S. 799. 1923.

der nächsten nur wenig Schallstärke übrig und es erscheinen daher die einzelnen Silben abgehackt. Auch erhebt sich die Stärke des Gesamthalls kaum über die der einzelnen Silbe (Abb. 13). Die Schallwirkung ist dabei unbefriedigend, zumal wir aus unserer täglichen Umgebung an ein gewisses Maß von Silbenüberdeckung gewohnt sind und daher den Fortfall einer solchen als Leere und Leblosigkeit des Klangs empfinden.

Wie V. O. KNUDSEN[1]) berichtet, haben Versuche in einem Raum von 4096 Kubikfuß (116 m^3) Größe gezeigt, daß eine durch Einbringen von Filz bewirkte Einschränkung der Nachhalldauer von 5,01 auf 0,60 Sek. die Verständlichkeit für Worte, Vokale und Konsonanten von 51, 94 und 71% auf 92, 99 und 96,5% erhöhte.

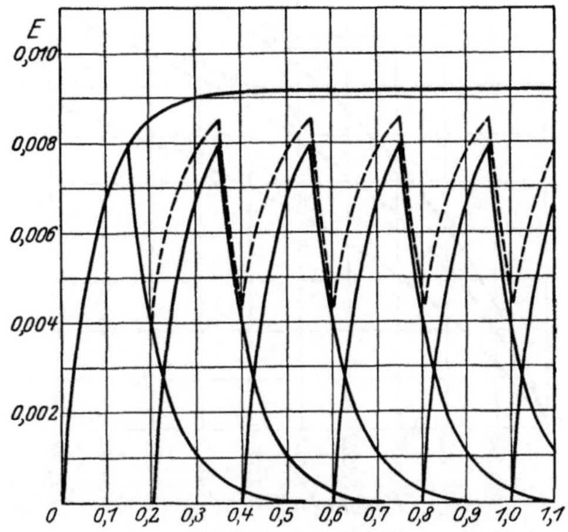

Abb. 12. An- und Abklingen von Silben bei angemessener Gesamtdampfung.

Es ist demnach wichtig, die Größe der erforderlichen Dämpfung und damit die Menge der Dämpfungswerte und Dämpfungsstoffe, welche in einem Raum vorhanden sein oder gegebenenfalls noch eingebracht werden müssen, möglichst genau abzuschätzen, also die ganze Ausstattung zweckentsprechend zu wählen. Auch die Verwendungsweise des Raums muß dabei mitberücksichtigt werden, indem z. B. Musikräume eine geringere Dämpfung besitzen müssen als Räume, welche für Rede bestimmt sind; in Kirchen erhöht sogar ein gewisser Nachhall die Feierlichkeit der gottesdienstlichen Handlung.

Die Berechnung nach W. C. SABINE ergibt vielfach eine größere Nachhalldauer als die ohne besondere Hilfsmittel vorgenommene örtliche Beobachtung[2]). Es beruht dies wohl auf Andersartigkeit der bei letzterer benutzten Schallquelle, auf Vorhandensein von Tagesgeräusch und auf sonstigen örtlichen Einflüssen sowie auf den schärferen Bedingungen, unter denen von SABINE die obigen Dämpfungszahlen bestimmt wurden.

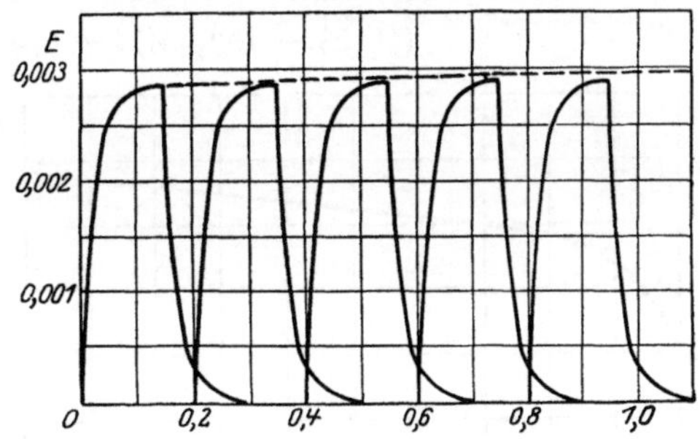

Abb. 13. An- und Abklingen von Silben bei zu großer Gesamtdampfung.

33. Angemessene Nachhalldauer. F. R. WATSON[3]) hat durch Vergleich einer Anzahl von Sälen herausgefunden, daß sich für einen nicht mit Publikum besetzten Raum die angemessene Nachhalldauer nach einer Formel berechnen läßt, welche in das metrische System übertragen lautet:

$$t_{\text{sec}} = 0{,}75 + 0{,}123\sqrt[3]{V}.$$

Hierin ist V der Rauminhalt des Saals in m^3. Das Gesetz dieses Ausdrucks stellte er auch zeichnerisch dar, wobei er es auf Vollbesetzung und auf die

[1]) V. O. KNUDSEN, Phys. Rev. (2) Bd. 26, S. 287. 1925; Bd. 27, S. 643. 1926.
[2]) S. H. ANDERSON, Phys. Rev. (2) Bd. 26, S. 288. 1925.
[3]) F. R. WATSON, Phys. Rev. (2) Bd. 25, S. 899. 1925; Bd. 27, S. 117. 1926.

dem Durchschnittsbesuch entsprechende Drittelbesetzung erweiterte. Auch diese Darstellungen sind metrisch umgesetzt hier wiedergegeben[1]) (Abb. 14, 15).

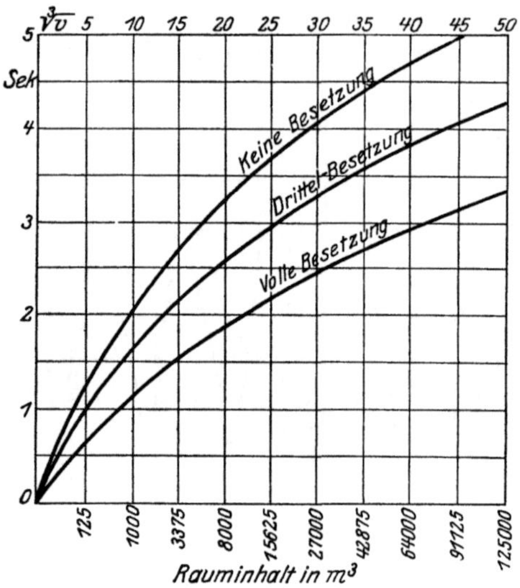

Abb. 14. Angemessene Nachhalldauer bei Räumen für Musik.

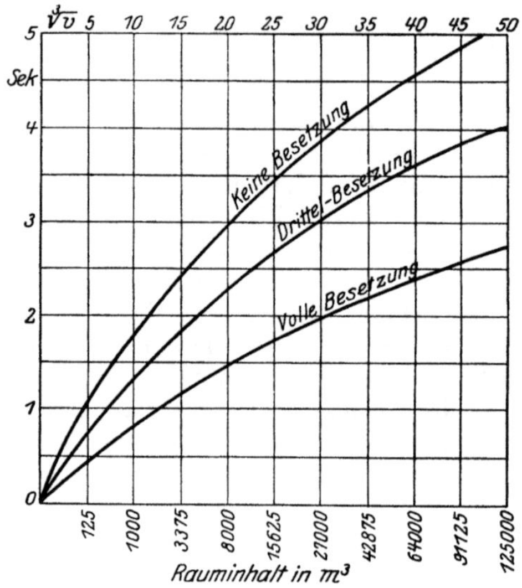

Abb. 15. Angemessene Nachhalldauer bei Raumen fur Musik und Rede.

34. Günstigste Nachhalldauer. Ganz allgemein kann man sagen, daß für Räume, in denen geredet werden soll, eine Nachhalldauer von $^1/_2$ bis 1 Sek. am günstigsten ist, während für Kirchen und Musikhallen die Dauer bis zu $1\,^1/_2$ Sek. betragen darf. Nach S. LIFSHITZ[2]) bestimmt sich die günstigste Nachhalldauer t an Hand des Rauminhalts V aus der Formel:

$$(10{,}23 - \log_{10} V)\,t + 0{,}97\,(0{,}4 - \log_{10} V)\,t^{\frac{1}{2}} = 6\,.$$

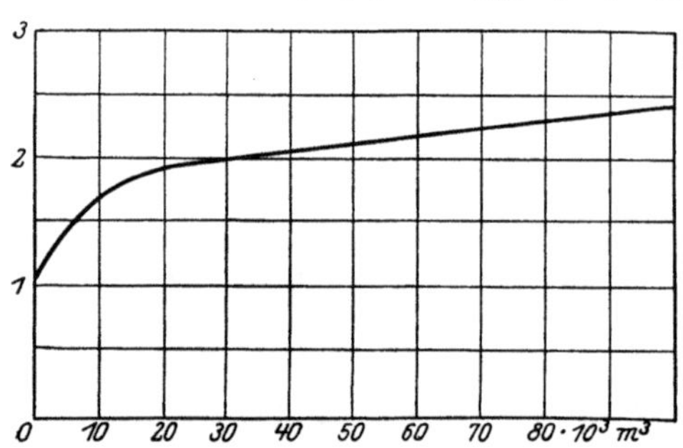

Abb. 16. Gunstigste Nachhalldauer (in Sekunden), abhängig vom Rauminhalt des Saals.

Auch das hierin enthaltene Gesetz läßt sich zeichnerisch wiedergeben (Abb. 16).

Neuerdings bringt LIFSHITZ als genauere Gleichung den Ausdruck[3]):

$$\log_{10} V = 8{,}5 + \log_{10} t - \frac{6{,}194}{\sqrt{t}}\,.$$

Zur Vereinfachung schlägt PETZOLD vor[4]): $t = 0{,}0325\,\sqrt[3]{V} + 1\,.$

Hierfür kann genauer gesetzt werden:

$$t = 0{,}036\,\sqrt[3]{V} + 0{,}907\,.$$

Für kleine Hörsäle hat W. WATERFALL[5]) Kurventafeln aufgestellt, welche die Absorption eines unbesetzten Raums von üblicher Ausstattung und andererseits die zur Erzielung bester Nachhallverhältnisse erforderliche Absorption in Beziehung zum Rauminhalt angeben.

---

1) E. MICHEL, Bauztg. 1925, S. 254.

2) S. LIFSHITZ, Phys. Rev. (2) Bd. 25, S. 391. 1925; Phys. Ber. 1926, S. 532; S. BELJAJEW, Deutsche Bauztg. 1926, S. 70.

3) S. LIFSHITZ, Phys. Rev. (2) Bd. 27, S. 618. 1926.

4) E. PETZOLD, Deutsche Bauhütte 1926, S. 246.

5) W. WATERFALL, Amer. Archit. 1926, S. 513.

Die unter Ziff. 33 und 34 gebrachten Ermittlungsweisen geben zwar schon wertvolle Handhaben für die Praxis, bedürfen aber noch einer genaueren vergleichenden Nachprüfung auf einheitlicher Grundlage.

35. Angemessene Schallstärke. Die Stärke einer in einem Saal wirkenden Schallquelle muß nach WATSON mit der Größe der Raumumschließungsfläche in Einklang stehen, wenn man die Schallverhältnisse zutreffend beurteilen will, und zwar gemäß dem Ausdruck $(\sqrt[3]{V})^2$. WATSON benutzt hierbei als Einheit das Instrument eines Orchesters von üblicher Zusammensetzung (Abb. 17)[1]. Danach würde z. B. einem Raum von 27000 m³ Inhalt die Tonstärke eines Orchesters von 95 Instrumenten angemessen sein. Dieser Maßstab ist allerdings noch etwas roh, wie sein Urheber selbst zugibt, und es wäre wünschenswert, ihn durch genauere Untersuchungen über den Einfluß von Saiten-, Holz- und Blechinstrumenten zu ergänzen. Aber immerhin gibt er dem Urteil einen gewissen Anhalt.

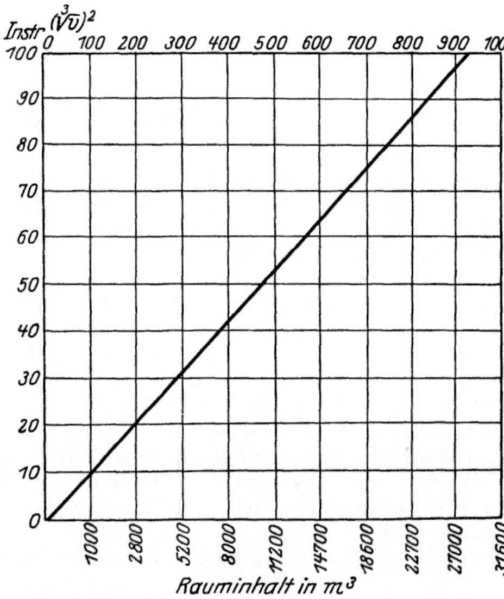

Abb. 17. Angemessene Tonstärke, ausgedruckt in der Instrumentenzahl eines Orchesters von ublicher Zusammensetzung.

E. PETZOLD bringt als genaueren Vorschlag eine Formel zur Ermittlung der erforderlichen Fülleinheiten[2]:

$$f = \frac{V^{\frac{2}{3}} \cdot \log_{10} \cdot V}{7{,}5}.$$

Der Ergebniswert wird aus der entsprechenden Anzahl von Musikinstrumenten usw. an Hand nachstehender Tafel zusammengesetzt:

Musikinstrumente	Zahl der Fulleinheiten
Flöte, Gesangstimme	1
Violine, Bratsche	2
Klarinette, Oboe, Fagott, klingende Orgelstimme	3
Violoncello, Waldhorn	4
Trompete, Piston, Pikkoloflöte	5
Tenorhorn, Posaune, Kontrabaß, Pauke, Harfe	6
Tuba, Schlagzeug, große und kleine Trommel, Flügel	8

[1]) E. MICHEL, Bauztg. 1925, S. 256.
[2]) E. PETZOLD, Bauwelt 1927, Heft 34.

Sachverzeichnis.

Druck der Spamerschen Buchdruckerei in Leipzig.

GPSR Compliance

The European Union's (EU) General Product Safety Regulation (GPSR) is a set of rules that requires consumer products to be safe and our obligations to ensure this.

If you have any concerns about our products, you can contact us on ProductSafety@springernature.com

In case Publisher is established outside the EU, the EU authorized representative is:

Springer Nature Customer Service Center GmbH
Europaplatz 3
69115 Heidelberg, Germany

Batch number: 10684222

Printed by Printforce, the Netherlands